TURING 图灵程序设计丛书

C Programming:
A Modern Approach, 2nd Edition

C语言程序设计
现代方法

第2版·修订版

[美]K.N.金（K.N.King） 著
吕秀锋 黄倩 译
李忠 审校

人民邮电出版社
北京

图书在版编目（CIP）数据

C语言程序设计：现代方法：第2版 /（美）K.N.金（K.N.King）著；吕秀锋，黄倩译. -- 修订本. -- 北京：人民邮电出版社，2021.7
（图灵程序设计丛书）
ISBN 978-7-115-56519-8

Ⅰ. ①C… Ⅱ. ①K… ②吕… ③黄… Ⅲ. ①C语言－程序设计 Ⅳ. ①TP312.8

中国版本图书馆CIP数据核字(2021)第086957号

内 容 提 要

时至今日，C 语言仍然是计算机领域的通用语言之一，但今天的 C 语言已经和最初的时候大不相同了。本书主要目的就是通过一种“现代方法”来介绍 C 语言，书中强调标准 C，强调软件工程，不再强调“手工优化”。第 2 版修订版中不仅有 C99 中的新特性，还与时俱进地增加了 C11 和 C18 中的内容。本书分为 C 语言的基础特性、C 语言的高级特性、C 语言标准库和参考资料 4 个部分。每章末尾的“问与答”部分给出一系列与该章内容相关的问题及答案，此外还包含适量的习题。

本书是 C 开发人员的理想参考书，在国外也被众多大学作为 C 语言课程的教材。

◆ 著　　　[美] K. N. 金
　译　　　吕秀锋　黄　倩
　审　　校　李　忠
　责任编辑　温　雪
　责任印制　周昇亮

◆ 人民邮电出版社出版发行　　北京市丰台区成寿寺路11号
　邮编　100164　　电子邮件　315@ptpress.com.cn
　网址　https://www.ptpress.com.cn
　北京市艺辉印刷有限公司印刷

◆ 开本：787×1092　1/16
　印张：43.5　　　　2021年7月第2版
　字数：1273千字　　2024年9月北京第16次印刷

著作权合同登记号　图字：01-2021-0898号

定价：129.80元

读者服务热线：(010)84084456-6009　印装质量热线：(010)81055316

反盗版热线：(010)81055315

广告经营许可证：京东市监广登字 20170147 号

新世纪的 C 语言“万宝全书”

C 语言，从诞生至今，已经有接近 50 年的历史。从最早期的 NB（即 New B；中文读者看到这个名字更能开怀一笑吧），到写出 UNIX 的 C，再到 ISO/IEC 9899 标准，C 语言在不知不觉中经历了很多变化。唯一变化不大的地方，似乎就是它的流行程度了。在我当年学习 BASIC 和 Pascal 时，少科站的王建德老师就对 C 非常推崇，说真正要用计算机干活还得用 C。所以，在我后来有机会从 Apple II 转向 IBM PC 时，就顺理成章地用上了 Turbo C。从那时起，就从来没有出现过一种语言，可以真正取代 C。在 TIOBE 编程社区指数上，C 长期位居前二；最近，在 Java 地位有所下降的情况下，C 又重新回归榜首的宝座。因此，学习 C 语言一直有着很强的必要性。

C 的教科书可谓汗牛充栋，并有 C 语言发明人写的经典珠玉在前，一直为人所称颂。那么，本书又有什么特点呢？

回答这个问题之前，我先来问你一下：当前的 C 标准是什么？

——如果你知道 C89，那说明你知道 C 是有标准的。嗯，这比不知道要好。

——如果你回答 C99，那说明你知道 C 还在演化。不过，那都是上个世纪的事了，对不？

——如果你答出了 C11，你厉害，我相信大部分 C 开发者并不知道不仅 C++有 11 标准，C 也有一个 11 年的标准——虽然这个标准的存在感有点弱，特别是跟 C++11 相比的话。

——最后，你居然知道 C18（也叫 C17）？太牛了，事实上，在读这本书之前，我都不确定我之前有没有听说过 C18……

而本书讨论了 C 的所有特性，从 C89 一直到 C18。内容足够新，也足够全面，这就是它的最大特点。

克尼汉（Brian W. Kernighan）和里奇（Dennis M. Ritchie）的经典著作《C 程序设计语言（第 2 版）》（以下简称为 *K&R*）出版于 1988 年，基本覆盖了 C89。显然，它不可能讨论任何属于 C99 或是更新 C 标准的内容。目前，我们日常接触的 C 代码也许用到的 C11/C18 特性还不多，但 C99 特性实际上已经挺多了：如果你的项目里用到了 `uint8_t` 或是 `bool`，那你就已经用到了 C99。C 标准后续还有很多改进（并且大部分得到 GCC 等主流编译器的支持），读完这本书你也就会基本了解这些内容了。

除了内容够新之外，书中还全面讨论了各种实际的环境和使用场景，包括 Windows、UNIX 和类 UNIX 操作系统（如 Linux）等，而不像 *K&R* 一样仅限于 UNIX。在 *K&R* 成书之际，微软还处于 DOS 的年代（Windows 尚在研发中），为 UNIX 从业者所不齿；Mac 刚刚诞生，还非常小众；Linux 则还需要一些年头才会问世。显然，*K&R* 不可能对它们进行讨论。而本书则讨论了所有这些环境，甚至还包括了今天看来已经过时的 MS DOS。比如，在第 17 章的“问与答”中提到了“Null pointer assignment”，那可真是我在 DOS 年代编程的梦魇了。虽然今天几乎应该没人会遇到这个错误了，但我还是很高兴有本书终于清楚地描述了我当年写 C 程序时遇到过的这个错误的原因。

作为一本教科书（而不是主要作为参考书），本书非常注意循序渐进，对复杂概念的讲述采用了逐步推进的方法。拿作者自己的话来说：

> 针对有一定难度的主题，我采用了螺旋式的介绍方法。也就是说，对于较难的主题先进行简要介绍，然后在后续章节中再进行一次或多次介绍，每次逐渐增加一些细节内容。本书的进度是经过深思熟虑的。每章都按照循序渐进的方式进行组织，前后内容由浅入深，相互呼应。对于大多数学生来说，这种循序渐进的方法是最合适的：既能避免产生厌倦，又能防止“信息过载”。

举一个例子，第3章就出现了指针，但作者把对指针的完整讲解放到了第11章和后续的一些其他章节中。尤其重要的是，作者把指针相关的复杂声明语法放到了第18章里，而没有早早拿出来对初学者进行“劝退”。并且，在讲述复杂声明时（书中给出的例子是“`int *(*x[10])(void);`”），作者给出了两条简单的规则帮助读者来解读，又给出图示展示解读的顺序，最后还指出可以用typedef来简化声明。回想起我初学C时教科书中的复杂声明例子，以及知乎上仍偶尔可见的让初学者更加糊涂的讲解指针的“例子”，我觉得作者的讲述方式真的对初学者非常友好——尤其考虑到C的复杂声明需要从里往外读，实在有点“反人性”（可以对比一下一个从外往里读的C++的相似声明：“`array<function<int*()>, 10> x;`”）。

这种循序渐进不仅体现在跨章节的情况，在一章之内也有类似的处理，最典型的就是把很多初学者不需要立即了解的知识放到了章尾的“问与答”里。比如，当我读到下面的句子时，“当我们把一个包含小数点的常量赋值给`float`型变量时，最好在该常量后面加一个字母`f`”，我有点奇怪作者为什么没有进一步解释。但作者在此处加上了“Q&A”的标记，对照着读一下就清楚了。在“问与答”里，作者先给出了简短的解释，然后指出，更详细的解释要看后面的第7章。这种逐步递进、而不是试图一下子就向初学者塞一大堆他们很可能暂时还不需要的知识的做法，确实对初学者比较友好。

对于我这种已经熟悉C语言的人来说，“问与答”反倒是个有意思的冷知识来源。比如，我之前也不知道，根据C89的规范，标识符只有前6个字符保证有效，而且不一定会区分大小写！（幸好大部分实现提供了更好的保证。）

作为一部教科书，代码示例和习题自然是不可缺少的。书中示例和习题都非常充足，足以满足教学和自学的需要。除了讲述清晰之外，内容的正确性也非常重要。有一部亚马逊上有很多五星好评的C教科书，却被专家评为“彻头彻尾的胡说八道（Complete Nonsense）”，就是因为作者用明白晓畅的散文写出了错误的内容，文字传达了错误的信息，代码也不能给出期望的结果。对这本书，我可以很高兴地告诉大家，迄今为止我还没发现任何错误，中文翻译也非常流畅易懂。考虑到英文版的惊人售价（超过一百美元！），中文版读者真的很幸运。

循序渐进这个优点，在一小部分（能力强的）人眼里也可能成为缺点：他们会认为本书节奏过慢（亚马逊读者评论的原话是“takes a painfully slow approach to covering even the most basic programming”），而欣赏*K&R*的简约风格（英文版正文部分不足200页，不到本书的四分之一）。我虽然对C语言已经相当熟悉，阅读本书时倒也没有这种感觉；我同样相信绝大部分读者会喜欢这种循序渐进的风格。而即使对于喜欢简约风格的人来说，我也需要指出，*K&R*距今已经超过30年，不管是背景知识（没有也不可能介绍Linux和GCC），还是代码风格（如函数前面省略`int`返回值声明），都有过时之嫌。而后人根据对C的多年实践经验总结出的陷阱和教训，克尼汉和里奇也不可能先知先觉地进行描述。尤其对于初学者，我们确实需要更好的教材。

语言在进化，新的时代需要新的经典。不管是初学者，还是需要了解C的新标准特性的老程序员，都能从这样一本好书中获益。

吴咏炜
Boolan首席咨询师

第 2 版前言

在计算领域中，把显而易见的转变为有实用价值的，这一过程是“挫折”一词的生动体现。

自本书第 1 版出版以来，基于 C 的语言大量兴起（其中最杰出的是 Java 和 C#），C++和 Perl 等相关语言也取得了更大的成就。尽管如此，C 语言仍然像当年一样流行，悄无声息地掌控着世界上的许多软件。跟 1996 年一样，C 语言仍然是计算机领域里的通用语言。

然而，即便是 C 语言也必须随着时间而发展。C99 标准的发布催生了对本书第 2 版的需求，而且，第 1 版涉及的 DOS 和 16 位处理器也趋于过时。同样，C11 和 C18 的发布促使修订版对内容进行了全面更新，并在其他许多方面做了改进。

修订版新增内容

下面列出了这一版的新特色和所做的改进。

- **完整覆盖了 C89、C99 和 C1*X* 标准**。这一版和第 1 版的最大差别就在于覆盖了 C99 和 C1*X* 标准。我的目标是覆盖 C89、C99 和 C1*X* 之间的每一个重要差别，包括新标准新增的所有语言特性和库函数。新标准中的每一处改变都会清楚地用 C99 或者 C1*X* 标出来，或者在节标题上，或者进行简短讨论时在正文左边空白处。这样做有两个目的：一是提醒读者注意新标准中的改变，二是让那些对新标准不感兴趣或没有新标准编译器的读者知道哪些内容可以跳过。新标准新增的许多内容可能只有特定的读者会感兴趣，但有些新特性几乎对所有的 C 程序员都有用。这一版中有关 C1*X* 的内容（包括整个第 28 章）是由李忠负责完成的，他修正了原书中过时的内容和不准确的表述，调整了部分术语的中文译法，并更正了上一版中的翻译问题。
- **提供了对所有 C89、C99 和 C1*X* 库函数的快速参考**。第 1 版附录 E 介绍了 C89 的所有标准库函数，这一版附录 E 给出了 C89、C99 和 C1*X* 的所有库函数。
- **扩展了 GCC 的内容**。自本书第 1 版出版以来，GCC（最初是 GNU C Compiler 的简称，现在指 GNU Compiler Collection）得到了广泛应用。GCC 有很多优点，包括高性能、低成本（不用花钱）以及在众多软硬件平台之间的可移植性等。由于认识到 GCC 日渐重要，我在这一版中介绍了更多与 GCC 相关的信息，包括如何使用 GCC 以及常见的 GCC 出错消息和警告。截至目前，GCC 尚未在它的 C 标准库实现中添加多线程支持，在学习本书第 28 章时，建议使用 Pelles C。尽管不那么有名，但它是当前对标准支持最好的 C 语言开发工具。
- **增加了对抽象数据类型的讨论**。在第 1 版中，第 19 章重点讨论了 C++。这部分内容现在看起来似乎作用不大，因为本书的读者可能已经学过 C++、Java 或者 C#了。在这一版中，我将对 C++的介绍替换为讨论如何在 C 中建立抽象数据类型。
- **扩展了国际化特性的内容**。这一版第 25 章更加详尽地讨论了 C 语言的国际化特性，重点扩展了 Unicode 字符集及编码。

- **针对 CPU 和操作系统做了更新**。当我编写本书第1版时，许多读者用的还是16位机和DOS操作系统，但现在情况不同了。在这一版中，我把讨论的重点放在32位机和64位机上。鉴于Linux和其他版本UNIX的兴起，我们会对该类操作系统给予更多关注。不过，在可能影响到C程序员的场合，我们也会提到Windows和macOS操作系统的相关方面。
- **引入了多线程的内容**。从C11开始，新标准的最大变化是引入了多线程和原子操作。这部分内容较多，而且是非常新颖的内容，值得大书特书，并作为一个整体系统性地加以介绍，为此我们把它放在第28章。市面上和C语言有关的图书多如牛毛，但据我们所知，介绍多线程和原子操作的图书，这还是第一本。
- **更多的练习题和编程题**。本书第1版包括311道习题，这一版有500多（准确地说是502）道习题，分为两组：练习题与编程题。
- **练习题和编程题的答案**。本书第1版的读者反馈最多的问题就是希望我提供习题的答案。针对读者的这一需求，我将大约三分之一的练习题和编程题的答案放到了网上，见https://exl.ptpress.cn:8442/ex/l/609033ea。这一特色对于那些没有选修相应大学课程却需要检验自己工作的读者来说是非常有用的。提供了答案的练习题和编程题[①]都用Ⓦ图标做了标记。
- **有密码保护的教师网站**。我为这一版建了一个新的教师资源网站（通过https://exl.ptpress.cn:8442/ex/l/609033ea 访问），给出了其余练习题和编程题的答案以及大部分章节的PowerPoint讲义。教师可以通过cbook@knking.com与我联系。请使用贵校的邮箱地址并给出贵系网站的链接，以便我核实您的身份。

此外，我在这一版中对全书的文字和解释说明做了改进。这些改变所需的工作量很大，过程很辛苦：每句话都检查过并（在必要的时候）重新写过。

尽管这一版改动很大，我仍然尽可能多地保持了原有的章节编号。尽管第27章和第28章的内容是全新的，但其他许多章都有新增的内容，少数原有章节的顺序也有所变动。这一版删去了一个附录（C语言语法），但新增了C1*X*、C99和C89的附录。

目标

这一版的目标与第1版一致。

- **清晰易读，并尽可能带有趣味性**。对普通读者来说，许多C语言的书过于简洁，而某些甚至不是编写得一塌糊涂，就是平淡无趣。我试图对C语言进行清晰、全面的讲解，并用适当的幽默来激发读者的阅读兴趣。
- **适用于广泛的读者**。我假设本书的读者都至少有一点点编程经验，但不需要掌握某种具体的编程语言。我尽量减少“行话”并定义用到的每一个术语。同时，为了鼓励初学者，我还会尝试将某些高级内容从基本主题中分离出来。
- **有权威性，但不是学究气十足**。为了避免武断地决定应该包含哪些内容、不应该包含哪些内容，我尽量涵盖了所有C语言的特性和库函数。同时，为了避免给读者造成负担，我还省略了一些不必要的细节。

① 《C语言程序设计：现代方法（第2版·修订版）习题解答》由人民邮电出版社图灵公司出版，敬请读者关注。

- **具备简单易学的组织结构**。根据多年教授 C 语言的经验，我强调循序渐进地展示 C 语言特性的重要性。针对有一定难度的主题，我采用了螺旋式的介绍方法。也就是说，对于较难的主题先进行简要介绍，然后在后续章节中再进行一次或多次介绍，每次逐渐增加一些细节内容。本书的进度是经过深思熟虑的。每章都按照循序渐进的方式进行组织，前后内容由浅入深，相互呼应。对于大多数学生来说，这种循序渐进的方法是最合适的：既能避免产生厌倦，又能防止“信息过载”。
- **深入探讨语言特性**。我的目标不是仅描述语言的每个特性，并展示应用该特性的几个简单示例，而是尝试深入讲解每一个特性，并且探讨如何将其应用到实际问题中。
- **强调编码风格**。对每位 C 程序员来说，采用统一的编码风格是非常重要的。但是，与指定某种风格相比，我更愿意给出多种编码风格，让读者根据自己的喜好做出选择，因为了解多种编码风格对阅读别人的程序是很有帮助的（程序员经常要花费大量时间阅读别人的程序）。
- **避免依赖任何特定的计算机、编译器或操作系统**。C 语言可以应用在许多平台上，所以我尽量避免使编写的程序依赖于任何特定的计算机、编译器或操作系统。所有程序都经过精心设计，可以移植到多种平台上去。
- **用图示来阐明关键概念**。我在书中加入了尽可能多的图，因为我认为图对于理解 C 语言的许多方面都至关重要。特别地，我尽可能地通过图来显示不同计算阶段的数据状态，以此来动态地展示算法。

现代方法到底指的是什么

本书最重要的目标之一就是通过一种“现代方法”来介绍 C 语言。我试图通过以下这些途径来实现这一目标。

- **正确看待 C 语言**。我没有把 C 语言看作唯一值得学习的编程语言，而是把它作为众多实用语言中的一种来介绍。我在书中提到了最适合用 C 语言编程的应用类型。此外，我还展示了如何扬长避短地使用 C 语言。
- **强调 C 语言的标准版本**。我尽可能少地关注 C89 标准之前的 C 语言，只是零星地提到了经典（*K&R*）C 语言（Brian W. Kernighan 和 Dennis M. Ritchie 所著的《C 程序设计语言》第 1 版中所描述的 1978 版 C 语言）。附录 D 列出了 C89 和经典 C 之间的主要差异。
- **揭穿神话**。现今的编译器常常与过去的 C 语言基本假设不一致，我很乐于揭穿 C 语言的某些神话，并挑战一些存在了很久的 C 语言信条（例如，指针的算术运算一定比数组下标操作快）。我重新审查了 C 语言的旧惯例，保留了那些仍然有帮助的惯例。
- **强调软件工程**。我把 C 语言视为一种成熟的软件工程工具，着眼于如何运用 C 语言来处理大规模程序设计过程中产生的问题。本书强调程序要易读、可维护、可靠且容易移植，尤其重视信息隐藏。
- **推迟介绍C语言的底层特性**。虽然这些特性对于那些用C语言编写的系统来说非常有用，但现在它们已经不那么适用了，因为 C 语言的应用比以前广泛得多。本书没有像诸多其他 C 语言书那样把这部分内容放在前面介绍，而是推迟到第 20 章再讲述。
- **不再强调“手工优化”**。许多书会指导读者编写一些技巧性较强的代码，以获得程序效率的些许提高。如今优化的 C 语言编译器随处可见，这些编程技巧往往已经不必要了；事实上，它们反而会降低程序的运行效率。

“问与答”部分

每章的末尾都有一个“问与答”部分，汇集了与本章内容相关的问题及其答案。“问与答”部分包括以下内容。

- **常见问题**。我尽力回答了某些频繁出现在我的课堂里、其他图书中及与 C 语言相关的新闻组里的问题。
- **对一些难以理解的问题的进一步讨论和澄清**。虽然具有多种编程语言经验的读者会满足于简明扼要的说明和少量的示例，但是缺乏经验的读者需要更多的内容以帮助理解。
- **非主流的问题**。某些问题所引出的技术问题并不是所有读者都感兴趣的。
- **某些对普通读者来说过于超前或深奥的内容**。这类问题都用星号（*）做了标记。好学且有一定编程经验的读者也许希望立刻深入研究这些问题，而另外一些读者则需要在首次阅读时跳过这部分内容。提示：这类问题往往引用后续章节的内容。
- **C 语言编译器之间的常见差异**。我讨论了某些特定编译器所提供的一些频繁使用的（非标准）特性。

“问与答”部分中的某些问题与对应章中的具体内容直接相关，我用一个专门的图标 **Q&A** 来标记这些具体内容，以提示读者有附加信息可用。

其他特色

除了“问与答”部分，我还加入了许多有用的特色，其中很多都用简单而独特的图标做了标记。

- **警告**（⚠）警示读者一些常见的缺陷。C 语言以其陷阱多而出名，要记录所有的陷阱非常困难。我试着挑选出了一些最常见或最重要的缺陷供大家参考。
- **交叉引用**（➤）提供一种类似超文本的能力来定位信息。多数引用指向后续章节中的内容，也有一些引用指向先前的内容供读者回顾。
- **惯用法**是 C 语言程序中常见的代码模式。它被标记出来以便于速查参考。
- **可移植性技巧**给出了编写不依赖于特定计算机、编译器或操作系统的程序所需的提示。
- **附加说明**包含一些严格来讲并不属于 C 语言的内容，但每位熟练的 C 程序员都应该知道。（下面的“源代码”给出了附加说明的示例。）
- **附录**提供有价值的参考资料信息。

程序

选择程序示例并不是件轻松的工作。如果程序过于简洁和做作，那么读者将无法体会如何将这些特性应用于现实世界。如果程序过于真实，那么它的要点将很容易被埋没在过多的细节中。我采取了折中方案。在首次介绍时，先通过小而简单的示例使概念清晰，然后再逐步建立完整的程序。我没有使用过长的程序，因为根据我个人的经验，教师没有时间介绍这些内容，学生也不会有耐心去阅读。但是，我并没有忽视编写大规模程序时会出现的问题，相关内容在第 15 章和第 19 章中进行了详细的介绍。

这一版的程序有些小变化。在大多数情况下，`main` 函数的格式为 `int main(void){...}`。这一改变既反映了业界的惯例，又能够与 C99 兼容：C99 要求每个函数都有一个显式的返回类型。

源　代　码

本书中所有程序的源代码都可以从 https://exl.ptpress.cn:8442/ex/l/609033ea 下载[①]。有关本书的更新、校正和最新消息也可以在此获得。

读者

本书是为大学本科阶段的 C 语言课程编写的教材。具有其他高级语言或汇编语言的编程经验会对阅读本书很有帮助，不过这些经验对于会用计算机的读者（我以前的一位编辑称他们为“熟练的初学者”）来说并不是必需的。

因为本书内容齐备、自成一体，并且既可用于学习又可作为参考，所以它非常适合作为其他一些课程的辅助读物，如数据结构、编译器设计、操作系统、计算机图形学、嵌入式系统及其他要用 C 语言进行项目设计的课程。“问与答”部分以及对实际问题的强调，使得本书对于培训班学员和自学 C 语言的人来说也很有吸引力。

组织结构

本书分为 4 个部分。

- **C 语言的基本特性**。第 1~10 章包含的 C 语言内容足以帮助读者编写出使用数组和函数的单文件程序。
- **C 语言的高级特性**。第 11~20 章建立在前面各章内容的基础上，内容有一定的难度，深入介绍了指针、字符串、预处理器、结构、联合、枚举以及 C 语言的底层特性。此外，第 15 章和第 19 章提供了程序设计方面的指导。
- **C 语言标准库**。第 21~28 章集中介绍 C 语言库——与编译器相关联的庞大函数集合。其中一部分内容适合课堂讲解，但大部分材料更适合作为参考。
- **参考资料**。附录 A 给出了 C 语言运算符的完整列表。附录 B 描述了 C1*X* 和 C99 之间的主要差别。附录 C 描述了 C99 和 C89 之间的主要差别。附录 D 讨论了 C89 和经典 C 之间的差异。附录 E 按字母顺序列出了 C89、C99 以及 C1*X* 标准库中的全部函数，并为每个函数给出了详尽的说明。附录 F 列出了 ASCII 字符集。还有一个带注解的延伸阅读列表为读者指明了其他的信息来源。

全面讲授 C 语言的课程应该按顺序覆盖前 20 章的内容，并根据需要增加第 21~28 章中的一些内容（其中讨论了文件输入/输出的第 22 章最为重要）。短期课程可以忽略以下内容而不失连贯性：8.3 节（C99 中的变长数组）、9.6 节（递归）、12.4 节（指针和多维数组）、14.5 节（其他指令）、17.7 节（指向函数的指针）、17.8 节（受限指针）、17.9 节（弹性数组成员）、18.6 节（内联函数）、第 19 章（程序设计）、20.2 节（结构中的位域）和 20.3 节（其他底层技术）。

① 本书源代码也可以在图灵网站本书主页（ituring.cn/book/2873）免费注册下载。本书中文版勘误也可在此提交。
——编者注

练习题和编程题

作为一本教材，拥有多样化的精选习题显然是非常必要的。这一版既有练习题（不需要写出完整程序的简短习题）又有编程题（需要编写或修改完整程序的习题）。

有些练习题的答案不是显而易见的（有人称其为“刁钻问题”）。因为 C 语言程序经常包含这类代码的大量案例，所以我认为有必要提供一些这样的练习，并用星号（*）做了标注。一定要谨慎地对待有星号的习题：要么格外小心，认真考虑；要么干脆绕开它。

反馈

为了保证本书内容准确，我付出了极大的努力。然而，任何这种篇幅的书都不可避免地会有一些错误。如果读者发现了错误，请通过 cbook@knking.com 这个电子邮箱与我联系。我也同样期望听到读者的其他反馈，比如，你觉得哪些内容特别有用，哪些内容没什么用，希望添加哪些内容等。

致谢

首先，我要感谢本书的编辑——Norton 出版社的 Fred McFarland 和 Aaron Javsicas。本书的编辑工作最初由 Fred 负责，随后 Aaron 加入并付出了极大努力使本书得以完成。同时，还要感谢副主编 Kim Yi、文字编辑 Mary Kelly、生产经理 Roy Tedoff 和编辑助理 Carly Fraser。

以下同事对这一版的部分或全部书稿进行了审阅，在此致以诚挚的谢意：Markus Bussmann（多伦多大学）、Jim Clarke（多伦多大学）、Karen Reid（多伦多大学）和 Peter Seebach（comp.lang.c.moderated 新闻组的主持人）。其中需要特别提到的是 Jim 和 Peter，他们的详细审阅使这一版避免了许多错误。再次感谢第 1 版书稿的审稿人（按姓氏字母排序）：Susan Anderson-Freed、Manuel E. Bermudez、Lisa J. Brown、Steven C. Cater、Patrick Harrison、Brian Harvey、Henry H. Leitner、Darrell Long、Arthur B. Maccabe、Carolyn Rosner 和 Patrick Terry。

我收到了第 1 版读者反馈的许多有用的意见，感谢每一位花时间提意见的读者。佐治亚州立大学的学生和同事也向我反馈了不少有价值的意见。Ed Bullwinkel 和他的妻子 Nancy 阅读了手稿的很多内容，在此我也要感谢他们。我还要特别感谢我的系主任 Yi Pan，他非常支持我的这项工作。

感谢我的妻子 Susan Cole 一如既往地支持着我。还有我们的猫咪 Dennis、Pounce 和 Tex，在完成本书的过程中，它们一直陪伴着我。有时，Pounce 和 Tex 的争吵使我在深夜写作时仍能保持清醒。

最后，我还要感谢已故的 Alan J. Perlis[①]。他的警句出现在本书每一章的开始。20 世纪 70 年代中期我在耶鲁大学求学期间，曾有幸在 Alan 的指导下进行过短暂的学习。我想如果他知道自己的警句出现在一本 C 语言书中，一定会非常高兴。

---

① Alan J. Perlis（1922—1990）是计算机科学先驱，1966 年首届图灵奖得主。——编者注

目　　录

第 1 章

C 语言概述

如果有人说“我想要一种语言，只需对它说我要干什么就行”，给他一支棒棒糖好了。[①]

什么是 C 语言？它是 20 世纪 70 年代初期在贝尔实验室开发出来的一种广为使用的编程语言。这一简单回答显然没能传达出 C 语言的特别之处。不过别急，在深入学习这门语言之前，让我们先来回顾一下 C 语言的起源、设计目标和这么多年来的发展（1.1 节）。我们还将讨论 C 语言的优缺点，以及如何高效地使用 C 语言（1.2 节）。

1.1　C 语言的历史

本节对 C 语言的历史做一个简单的回顾，从它的起源到它成为一种标准化语言，再到它对近代编程语言的影响。

1.1.1　起源

C 语言是贝尔实验室的 Ken Thompson、Dennis Ritchie 等人开发的 UNIX 操作系统的“副产品”。Thompson 独自编写出 UNIX 操作系统的最初版本，这套系统运行在 DEC PDP-7 计算机上。这款早期的小型计算机仅有 8KB 内存（毕竟那是在 1969 年）。

与同时代的其他操作系统一样，UNIX 系统最初也是用汇编语言编写的。用汇编语言编写的程序往往难以调试和改进，UNIX 系统也不例外。Thompson 意识到需要用一种更加高级的编程语言来完成 UNIX 系统未来的开发，于是他设计了一种小型的 B 语言。Thompson 的 B 语言是在 BCPL 语言（20 世纪 60 年代中期产生的一种系统编程语言）的基础上开发的，而 BCPL 语言又可以追溯到最早（且影响最深远）的语言之一——Algol 60 语言。

1

不久，Ritchie 也加入到 UNIX 项目中，并且开始着手用 B 语言编写程序。1970 年，贝尔实验室为 UNIX 项目争取到一台 PDP-11 计算机。当 B 语言经过改进并能够在 PDP-11 计算机上成功运行后，Thompson 用 B 语言重新编写了部分 UNIX 代码。到了 1971 年，B 语言已经明显不适合 PDP-11 计算机了，于是 Ritchie 着手开发 B 语言的升级版。最初，他将新开发的语言命名为 NB 语言（意为“New B”），但是后来新语言越来越偏离 B 语言，于是他将其改名为 C 语言。到了 1973 年，C 语言已经足够稳定，可以用来重新编写 UNIX 系统了。改用 C 语言编写程序有一个非常重要的好处：可移植性。只要为贝尔实验室的其他计算机编写 C 语言编译器，他们的团队就能让 UNIX 系统也运行在那些机器上。

1.1.2　标准化

C 语言在 20 世纪 70 年代（特别是 1977 年到 1979 年之间）持续发展。这一时期出现了第

① 每章章首的警句均选自 Alan J. Perlis 的文章“Epigrams on Programming”。该文发表在 *ACM SIGPLAN Notices*（美国计算机协会编程特别兴趣小组会刊）1982 年 9 月号第 7 ~ 13 页。

一本有关C语言的书。Brian Kernighan和Dennis Ritchie合作编写的《C程序设计语言》一书于1978年出版，并迅速成为C程序员必读的“圣经”。因为当时没有C语言的正式标准，所以这本书就成了事实上的标准，编程爱好者把它称为*K&R*或者“白皮书”。

在20世纪70年代，C程序员相对较少，而且他们中的大多数人是UNIX系统的用户。然而，到了20世纪80年代，C语言已不再局限于UNIX领域。运行在不同操作系统下的多种类型的计算机都开始使用C语言编译器，特别是迅速壮大的IBM PC平台也开始使用C语言。

随着C语言的迅速普及，一系列问题接踵而至。编写新的C语言编译器的程序员都用*K&R*作为参考。但遗憾的是，*K&R*对一些语言特性的描述非常模糊，以至于不同的编译器常常会对这些特性做出不同的处理。而且，*K&R*也没有对属于C语言的特性和属于UNIX系统的特性进行明确的区分。更糟糕的是，*K&R*出版以后C语言仍在不断变化，增加了新特性并且去除了一些旧的特性。很快，C语言需要一个全面、准确的最新描述开始成为共识。如果没有这样一种标准，就会出现各种“方言”，这势必威胁到C语言的主要优势——程序的可移植性。

1983年，在美国国家标准学会（ANSI）的推动下，美国开始制订本国的C语言标准。经过多次修订，C语言标准于1988年完成并在1989年12月正式通过，成为ANSI标准X3.159-1989。1990年，国际标准化组织（ISO）通过了此项标准，将其作为ISO/IEC 9899:1990国际标准①。我们把这一C语言版本称为C89或C90，以区别于原始的C语言版本（经典C）。附录D总结了C89和经典C之间的主要差异。

2

1995年，C语言发生了一些改变（相关描述参见Amendment 1文档）。1999年通过的ISO/IEC 9899:1999新标准中包含了一些更重要的改变，这一标准所描述的语言通常称为C99。由于存在两种标准，以前用于描述C89的ANSI C、ANSI/ISO C和ISO C等术语现在就有了二义性。

C语言的最近两次改变分别发生在2011年和2018年。国际标准化组织在2011年通过的C语言标准是ISO/IEC 9899:2011，这一标准所描述的C语言通常称为C11；在2018年通过的C语言标准是ISO/IEC 9899:2018，这一标准所描述的C语言通常称为C18。

从C99到C11再到C18的变化，没有从C89到C99那么显著。尤其是从C11到C18的变化，仅限于技术修正和澄清，总体上没有显著的改变，也没有引入新的语言特性。

在本书第1版发行的时候，C99还没有得到普遍使用，并且我们需要维护数百万（甚至数十亿）行的旧版本C代码，因此本书中我将用一个特殊图标C99来标记对C99新增特性的讨论。不能识别这些新增特性的编译器就不是“C99兼容的”。附录C列出了C99和C89的主要区别。因为从C11到C18的变化不大，所以没有将它们分开单独讨论，并且用一个特殊的图标C1X来标记从C11开始引入的新特性。附录B列出了C1*X*和C99的主要区别。

1.1.3 基于C的语言

C语言对现代编程语言有着巨大的影响，许多现代编程语言都借鉴了大量C语言的特性。在众多基于C的语言中，以下几种非常具有代表性。

- C++：包括了所有C特性，但增加了类和其他特性以支持面向对象编程。
- Java：基于C++，因此也继承了C的许多特性。
- C#：由C++和Java发展起来的一种较新的语言。
- Perl：最初是一种非常简单的脚本语言，在发展过程中采用了C的许多特性。

① 该标准对应的中国国家标准是GB/T 15272—1994。C语言目前的最新标准是2018年修订的ISO 9899:2018（称为C18）。——编者注

考虑到这些新语言的普及程度，人们自然会问："C语言还值得学习吗？"我想答案是肯定的，原因如下：第一，学习C有助于更好地理解C++、Java、C#、Perl以及其他基于C的语言的特性，而一开始就学习其他语言的程序员往往不能很好地掌握继承自C语言的基本特性；第二，目前仍有许多C程序，我们需要读懂并维护这些代码；第三，C语言仍然广泛用于新软件开发，特别是在内存或处理能力受限的情况下以及需要使用C语言简单特性的地方。

如果读者还没有学习上述任何一种基于C的语言，那么本书是一本非常好的预备教材。本书强调了数据抽象、信息隐藏和其他在面向对象编程中非常重要的原理。C++语言包含了C语言的全部特性，因此读者今后在使用C++语言时可以用到从本书中学到的所有知识。在其他基于C的语言中也能发现许多C语言的特性。

3

1.2　C语言的优缺点

与其他任何编程语言一样，C语言也有自己的优缺点。这些优缺点都源于该语言的最初用途（编写操作系统和其他系统软件）和它自身的基础理论体系。

- **C语言是一种底层语言**。为了适应系统编程的需要，C语言提供了对机器级概念（例如，字节和地址）的访问，而这些是其他编程语言试图隐藏的内容。此外，C语言还提供了与计算机内置指令紧密协调的操作，使得程序可以快速执行。应用程序的输入/输出、存储管理以及其他众多服务都依赖于操作系统，因此操作系统一定不能运行得太慢。
- **C语言是一种小型语言**。与其他许多编程语言相比，C语言提供了一套更有限的特性集合。（在*K&R*第2版的参考手册中仅用49页就描述了整个C语言。）为了保持较少量的特性，C语言在很大程度上依赖一个标准函数的"库"（"函数"类似于其他编程语言中描述的"过程""子例程"或"方法"）。
- **C语言是一种包容性语言**。C语言假设用户知道自己在做什么，因此它提供了比其他许多语言更高的自由度。此外，C语言不像其他语言那样强制进行详细的错误检查。

1.2.1　C语言的优点

C语言的众多优点有助于解释为什么这种语言如此流行。

- **高效**。高效性是C语言与生俱来的优点之一。发明C语言就是为了编写那些以往由汇编语言编写的应用程序，所以对C语言来说，能够在有限的内存空间里快速运行就显得至关重要了。
- **可移植**。虽然程序的可移植性并不是C语言的主要目标，但它还是成了C语言的优点之一。当程序必须在多种机型（从个人计算机到超级计算机）上运行时，常常会用C语言来编写。C程序具有可移植性的一个原因是该语言没有分裂成不兼容的多种分支（这要归功于C语言早期与UNIX系统的结合以及后来的ANSI/ISO标准）。另一个原因是C语言编译器规模小且容易编写，这使得它们得以广泛应用。最后，C语言自身的特性也支持可移植性（尽管它没有阻止程序员编写不可移植的程序）。
- **功能强大**。C语言拥有一个庞大的数据类型和运算符集合，这个集合使得C语言具有强大的表达能力，往往寥寥几行代码就可以实现许多功能。

4

- **灵活**。虽然C语言最初设计是为了系统编程，但是没有固有的约束将它限制在此范围内。C语言现在可以用于编写从嵌入式系统到商业数据处理的各种应用程序。此外，C语言在其特性使用上的限制非常少。在其他语言中认定为非法的操作在C语言中往往是允许的。例如，C语言允许一个字符与一个整数值相加（或者是与一个浮点数相加）。虽然灵活性可能会让某些错误溜掉，但是它使编程变得更加轻松。

- **标准库**。C 语言的一个突出优点就是它具有标准库，该标准库包含了数百个可以用于输入/输出、字符串处理、存储分配以及其他实用操作的函数。
- **与 UNIX 系统的集成**。C 语言在与 UNIX 系统（包括广为人知的 Linux）结合方面特别强大。事实上，一些 UNIX 工具甚至假定用户是了解 C 语言的。

1.2.2 C 语言的缺点

C 语言的缺点和它的许多优点是同源的，均来自 C 语言与机器的紧密结合。下面是众所周知的几个问题。

- **C 程序更容易隐藏错误**。C 语言的灵活性使得用它编程出错的概率较高。在用其他语言编程时可以发现的错误，C 语言编译器却无法检查出来。从这方面来说，C 语言与汇编语言极为相似，后者直到程序运行时才能检查到大多数错误。更糟的是，C 语言还包含大量不易觉察的隐患。在后续的章节中我们将看到，一个额外的分号可能导致无限循环，遗漏一个&可能引发程序崩溃。
- **C 程序可能会难以理解**。虽然大多数衡量标准认为 C 语言是一种小型语言，但是它有许多其他通用语言没有的特性（并且常常被误解）。这些特性可以用多种方式结合使用，其中的一些结合方式尽管编程者心知肚明，但是其他人恐怕难以理解。另一个问题就是 C 程序简洁的本质。C 语言产生的时候正是人机交互最为单调乏味的时期，因此设计者特意使 C 语言简洁以便将输入和编辑程序的用时减到最少。C 语言的灵活性也可能是一个负面因素，过于聪明的程序员甚至可以编写出除了他们自己几乎没人可以读得懂的程序。
- **C 程序可能会难以修改**。如果在设计中没有考虑维护的问题，那么用 C 语言编写的大规模程序将很难修改。现代的编程语言通常都会提供“类”和“包”之类的语言特性，这样的特性可以把大的程序分解成许多更容易管理的模块。遗憾的是，C 语言恰恰缺少这样的特性。

5

混乱的 C 语言

即使是那些最热爱 C 语言的人也不得不承认 C 代码难以阅读。每年一次的国际 C 语言混乱代码大赛（International Obfuscated C Code Contest, IOCCC）竟然鼓励参赛者编写最难以理解的 C 程序。获奖作品着实让人感觉莫名其妙，例如 1991 年的“最佳小程序”：

```
v,i,j,k,l,s,a[99];
main()
{
  for(scanf("%d",&s);*a-s;v=a[j*=v]-a[i],k=i<s,j+=(v=j<s&&
(!k&&!!printf(2+"\n\n%c"-(!l<<!j)," #Q"[l^v?(l^j)&1:2])&&
++l||a[i]<s&&v&&v-i+j&&v+i-j))&&!(l%=s),v||(i==j?a[i+=k]=0:
++a[i])>=s*k&&++a[--i])
    ;
}
```

这个程序是由 Doron Osovlanski 和 Baruch Nissenbaum 共同编写的，其功能是打印出八皇后问题（此问题要求在一个棋盘上放置 8 个皇后，使得皇后之间不会出现相互“攻击”的局面）的全部解决方案。事实上，此程序可用于求解皇后数量在 4~99 范围内的全部问题。更多的获奖程序可以到 IOCCC 网站获取。

1.2.3 高效地使用 C 语言

高效地使用 C 语言要求在利用 C 语言优点的同时要避免它的缺点。下面是一些建议。

- **学习如何规避 C 语言的缺陷**。规避缺陷的提示遍布全书，寻找⚠符号即可发现。如果想看到更详尽的缺陷列表，可以参考 Andrew Koenig 的《C 陷阱与缺陷》[①]一书。现代编译器可以检查到常见的缺陷并且发出警告，但是没有一个编译器可以发现全部缺陷。
- **使用软件工具使程序更加可靠**。C 程序员是众多软件工具的制造者（和使用者）。**Q&A** `lint` 是最著名的 C 语言工具之一，一般由 UNIX 系统提供。与大多数 C 语言编译器相比，`lint` 可以对程序进行更加广泛的错误分析。如果可以得到 `lint`（或某个类似的程序），那么使用它应该是个好主意。另一个有益的工具是调试工具。由于 C 语言的本质，许多错误无法被 C 编译器查出。这些错误会以运行时错误或不正确输出的形式表现出来。因此在实践中，C 程序员必须能够很好地使用调试工具。
- **利用现有的代码库**。使用 C 语言的一个好处是，许多人也在使用 C 语言。把别人编写好的代码用于自己的程序是一个非常好的主意。C 代码经常被打包成库（函数的集合）。获取适当的库既可以大大减少错误，也可以免去相当多的编程工作。用于常见任务（包括用户界面开发、图形学、通信、数据库管理以及网络等）的库很容易获得。有些库是公用的，有些是开源的，有些则是作为商品销售的。

6

- **采用一套切合实际的编码规范**。编码规范是一套设计风格准则，即使语言本身没有强制要求，程序员也会遵守。精心选择的规范可以使程序更加统一，并且易于阅读和修改。使用任何一种编程语言时，规范都很重要，C 语言尤其如此。正如前面所说的，C 语言本身具有高度的灵活性，这使得程序员编写的代码可能会难以理解。本书的编程示例只遵循一套编码规范，但是，还有其他一些同样有效的规范可以使用。（本书将穿插讨论一些可供选择的方法。）选用哪套编码规范并不重要，重要的是必须采纳某些规范并且坚持使用它们。
- **避免"投机取巧"和极度复杂的代码**。C 语言鼓励使用编程技巧。用 C 语言完成某项指定任务时通常会有多种解决途径，程序员经常会尝试选择最简洁的方式。但是，千万不要没有节制，因为最简略的解决方式往往也是最难以理解的。本书将给出一种相当简洁但仍然易于理解的编码风格。
- **紧贴标准**。大多数 C 编译器提供不属于 C89、C99 或者 C1*X* 标准的特性和库函数。为了程序的可移植性，若非确有必要，最好避免使用这些特性和库函数。

问与答

问：设置"问与答"的目的是什么？

答：很高兴有此一问。"问与答"将出现在每章的结尾。设置它主要有以下几个目的。

最主要的目的是解决学生学习 C 语言时经常遇到的问题。读者可以在此（从某种意义上说）与作者对话，这种形式非常像是读者置身于作者的 C 语言课堂一般。

另一个目的是为对应章中涉及的某些主题提供额外的信息。本书的读者可能会有不同的知识背景。有些读者可能具有其他编程语言的经验，而另外一些读者可能是第一次学习编程。有多种语言经验的读者也许会满足于简要的说明和几个示例，而那些缺少经验的读者则需要更多讲解。最基本的原则是，如果你觉得哪个主题讲得不够详细，可以查阅"问与答"部分以获取更多的信息。

---

① 本书由人民邮电出版社于 2008 年出版。——编者注

必要时，“问与答”中会讨论多种 C 编译器的常见差异。例如，我们将介绍一些由特定编译器提供的频繁使用（但未标准化）的特性。

7

问：`lint` 是做什么的？（p.5）

答：`lint` 检查 C 程序中潜在的错误，包括（但不限于）可疑的类型组合、未使用的变量、不可达的代码以及不可移植的代码。`lint` 会产生一系列程序员有必要从头到尾仔细阅读的诊断信息。使用 `lint` 的好处是，它可以检查出被编译器漏掉的错误。但我们需要记得使用 `lint`，因为它太容易被忘记了。更糟的是，`lint` 可以产生数百条信息，而这些信息中只有少部分指出了实际错误。

问：`lint` 这个名字是如何得来的？

答：与其他许多 UNIX 工具不同，`lint` 不是缩写。它的命名是因为它像在程序中“吹毛求疵”。

问：如何获得 `lint`？

答：如果使用 UNIX 系统，那么会自动获得 `lint`，因为它是一个标准的 UNIX 工具。如果采用其他操作系统，则可能没有 `lint`。幸运的是，`lint` 的各种版本都可以从第三方获得。在许多 Linux 发行版中都包含 `lint` 的增强版本 `splint`（Secure Programming Lint），这一工具可以免费下载。

问：有没有办法在不使用 `lint` 的情况下强制编译器进行更彻底的错误检查？

答：有。大多数编译器能根据我们的要求进行更彻底的检查。除了检查错误（毫无疑问违背 C 语言规定的情况）外，大多数编译器还提供警告，指出可能存在问题的地方。有些编译器具有多个“警告级别”，选择较高的级别能发现更多问题。如果你的编译器支持多级警告，建议选择最高级别，以便编译器执行其能力范围内最彻底的检查。第 2 章的“问与答”部分讨论了 GCC（➤2.1 节）的错误检查选项，GCC 是随 Linux 操作系统发布的。

***问：我很关心能让程序尽可能可靠的方法。除了 `lint` 和调试工具以外，还有其他有效的工具吗？**[①]

答：有的。其他常用的工具包括越界检查工具（bounds-checker）和内存泄漏监测工具（leak-finder）。C 语言不要求检查数组下标，而越界检查工具增加了此项功能。内存泄漏监测工具帮助定位“内存泄漏”，即那些动态分配却从未被释放的内存块。

8

① 星号标注的问题包含过于超前或者过于深奥的内容，而且常常涉及后续章节中的知识，普通读者可能不感兴趣。建议感兴趣且有一定编程经验的读者可以认真钻研一下，其他读者在初次阅读时可以先跳过这部分内容。

第 2 章

C 语言基本概念

某个人的常量可能是其他人的变量。

本章介绍了 C 语言的一些基本概念，包括预处理指令、函数、变量和语句。即使是编写最简单的 C 程序，也会用到这些基本概念。后续几章会更详细地描述这些概念。

首先，2.1 节给出一个简单的 C 程序，并且描述了如何对这个程序进行编译和链接。接着，2.2 节讨论如何使程序通用。2.3 节介绍如何添加说明性解释，即通常所说的注释。2.4 节介绍变量，变量用来存储程序执行过程中可能发生改变的数据。2.5 节说明利用 `scanf` 函数把数据读入变量的方法。就如 2.6 节介绍的那样，常量是程序执行过程中不会发生改变的数据，用户可以对其进行命名。最后，2.7 节解释 C 语言的命名（标识符）规则，2.8 节给出 C 程序的布局规范。

2.1 编写一个简单的 C 程序

与用其他语言编写的程序相比，C 程序较少要求“形式化的东西”。一个完整的 C 程序可以只有寥寥数行。

程序 显示双关语

在 Kernighan 和 Ritchie 编写的经典 C 语言著作《C 程序设计语言》中，第一个程序是极其简短的。它仅仅输出了一条 `hello, world` 消息。与大多数 C 语言书的作者不同，我不打算用这个程序作为第一个 C 程序示例，而更愿意尊重 C 语言的另一个传统：显示双关语。下面是一条双关语：

```
To C, or not to C: that is the question.
```

下面这个名为 pun.c 的程序会在每次运行时显示上述消息。

pun.c

```c
#include <stdio.h>

int main(void)
{
  printf("To C, or not to C: that is the question.\n");
  return 0;
}
```

2.2 节会对这段程序中的一些格式进行详尽的说明，这里仅做简要介绍。对本程序所要完成的操作来说，它的第一行

```c
#include <stdio.h>
```

是必不可少的，它“包含”了C语言标准输入/输出库的相关信息。程序的可执行代码都在main函数中，这个函数代表“主”程序。main函数中的第一行代码是用来显示期望信息的。printf函数来自标准输入/输出库，可以产生完美的格式化输出。代码\n告诉printf函数执行完消息显示后要进行换行操作。第二行代码

```
return 0;
```

表明程序终止时会向操作系统返回值0。

2.1.1　编译和链接

尽管pun.c程序十分简短，但是为运行这个程序而包含的内容可能比想象的要多。首先，需要生成一个含有上述程序代码的名为pun.c的文件（使用任何文本编辑器都可以创建该文件）。文件的名字无关紧要，但是编译器通常要求带上文件的扩展名.c。

接下来需要把程序转化为机器可以执行的形式。对于C程序来说，转化通常包含下列3个步骤。

- **预处理**。首先程序会被交给**预处理器**（preprocessor）。预处理器执行以#开头的命令（通常称为**指令**）。预处理器有点类似于编辑器，它可以给程序添加内容，也可以修改程序。
- **编译**。修改后的程序现在可以进入**编译器**（compiler）了。编译器会把程序翻译成机器指令（即**目标代码**）。然而，这样的程序还是不可以运行的。
- **链接**。在最后一个步骤中，**链接器**（linker）把由编译器产生的目标代码和所需的其他附加代码整合在一起，这样才最终产生了完全可执行的程序。这些附加代码包括程序中用到的库函数（如printf函数）。

10

幸运的是，上述过程往往是自动实现的，因此人们会发现这项工作不是太艰巨。事实上，因为预处理器通常会和编译器集成在一起，所以人们甚至可能不会注意到它在工作。

根据不同的编译器和操作系统，编译和链接所需的命令也是多种多样的。在UNIX系统环境下，通常把C编译器命名为cc。为了编译和链接pun.c程序，需要在终端或命令行窗口输入如下命令：

```
% cc pun.c
```

（字符%是UNIX系统的提示符，不需要输入。）在使用编译器cc时，系统自动进行链接操作，无须单独的链接命令。

在编译和链接好程序后，编译器cc会把可执行程序放到默认名为a.out的文件中。编译器cc有许多选项，其中一个选项（-o）允许为含有可执行程序的文件选择名字。例如，假设要把文件pun.c生成的可执行文件命名为pun，那么只需输入下列命令：

```
% cc -o pun pun.c
```

GCC

GCC是最流行的C编译器之一，它随Linux发行，但也有面向其他很多平台的版本。这种编译器的使用与传统的UNIX cc编译器相似。例如，编译程序pun.c可以使用以下命令：

```
% gcc -o pun pun.c
```

Q&A 本章最后的“问与答”部分将提供更多关于GCC的信息。

2.1.2 集成开发环境

到目前为止，我们一直通过在操作系统提供的特殊窗口中输入命令的方式来调用“命令行”编译器。事实上，还可以使用**集成开发环境**（integrated development environment, IDE）来编译。集成开发环境是一个软件包，我们可以在其中编辑、编译、链接、执行甚至调试程序。组成集成开发环境的各个部分可以协调工作。例如，当编译器发现程序中有错误时，它会让编辑器把包含出错代码的行突出显示。集成开发环境有很多种，本书不打算一一讨论它们，但我建议读者了解一下自己的平台上可以运行哪些集成开发环境。

11

2.2 简单程序的一般形式

下面一起来仔细研究一下 pun.c 程序，并且由此归纳出一些通用的程序格式。简单的 C 程序一般具有如下形式：

```
指令

int main(void)
{
  语句
}
```

在这个模板以及本书的其他类似模板中，所有以等宽（Courier）字体显示的语句都代表实际的 C 语言程序代码，所有以*中文楷体 + 斜体*显示的部分则表示需要由程序员提供的内容。

注意如何使用花括号来标出 main 函数的起始和结束。C 语言使用{和}的方式非常类似于其他语言中 begin 和 end 的用法。Q&A 这也说明了有关 C 语言一个共识：C 语言极其依赖缩写词和特殊符号，这是 C 程序非常简洁（或者不客气地说含义模糊）的一个原因。

即使是最简单的 C 程序也依赖 3 个关键的语言特性：指令（在编译前修改程序的编辑命令）、函数（被命名的可执行代码块，如 main 函数）和语句（程序运行时执行的命令）。下面将详细讨论这些特性。

2.2.1 指令

在编译 C 程序之前，预处理器会首先对其进行编辑。我们把预处理器执行的命令称为指令。第 14 章和第 15 章会详细讨论指令，这里只关注#include 指令。

程序 pun.c 由下面这行指令开始：

```
#include <stdio.h>
```

这条指令说明，在编译前把<stdio.h>中的信息“包含”到程序中。<stdio.h>包含 C 标准输入/输出库的信息。C 语言拥有大量类似于<stdio.h>的头（header，➤15.2 节），每个头都包含一些标准库的内容。这段程序中包含<stdio.h>的原因是 C 语言不同于其他的编程语言，它没有内置的“读”和“写”命令。输入/输出功能由标准库中的函数实现。

所有指令都是以字符#开始的。这个字符可以把 C 程序中的指令和其他代码区分开来。指令默认只占一行，每条指令的结尾没有分号或其他特殊标记。

12

2.2.2 函数

函数类似于其他编程语言中的“过程”或“子例程”，它们是用来构建程序的构建块。事实上，C 程序就是函数的集合。函数分为两大类：一类是程序员编写的函数，另一类则是作为 C

语言实现的一部分提供的函数。我们把后者称为**库函数**（library function），因为它们属于一个由编译器提供的函数“库”。

术语“函数”来源于数学。在数学中，函数是指根据一个或多个给定参数进行数值计算的规则：

$$f(x) = x + 1$$
$$g(y, z) = y^2 - z^2$$

C 语言对“函数”这个术语的使用则更加宽松。在 C 语言中，函数仅仅是一系列组合在一起并且被赋予了名字的语句。某些函数计算数值，某些函数则不是这样。计算数值的函数用 `return` 语句来指定所“返回”的值。例如，对参数进行加 1 操作的函数可以执行语句

```
return x + 1;
```

而当函数要计算参数的平方差时，则可以执行语句

```
return y * y - z * z;
```

虽然一个 C 程序可以包含多个函数，但只有 `main` 函数是必须有的。`main` 函数是非常特殊的：在执行程序时系统会自动调用 `main` 函数。在第 9 章，我们将学习如何编写其他函数，在此之前的所有程序都只包含一个 `main` 函数。

main 函数的名字是至关重要的，绝对不能改写成 begin 或者 start，甚至写成 MAIN 也不行。

如果 `main` 是一个函数，那么它会返回一个值吗？是的。它会在程序终止时向操作系统返回一个状态码。我们再来看看 pun.c 程序：

```
#include <stdio.h>

int main(void)
{
  printf("To C, or not to C:  that is the question.\n");
  return 0;
}
```

13

`main` 前面的 `int` 表明该函数将返回一个整数值。圆括号中的 `void` 表明 `main` 函数没有参数。语句

```
return 0;
```

有两个作用：一是使 `main` 函数终止（从而结束程序），二是指出 `main` 函数的返回值是 0。后面还将详细论述 `main` 函数的返回值（➤9.5 节）。**Q&A** 但是现在我们始终让 `main` 函数的返回值为 0，这个值表明程序正常终止。

Q&A 如果 `main` 函数的末尾没有 `return` 语句，程序仍然能终止。但是，许多编译器会产生一条警告信息（因为函数应该返回一个整数，却没有这么做）。

2.2.3　语句

语句是程序运行时执行的命令。本书后面的几章（主要集中在第 5 章和第 6 章）将进一步探讨语句。程序 pun.c 只用到两种语句：一种是**返回**（`return`）语句，另一种是**函数调用**（function call）语句。要求某个函数执行分派给它的任务称为**调用**这个函数。例如，程序 pun.c 为了在屏

幕上显示一条字符串就调用了 printf 函数：

```
printf("To C, or not to C: that is the question.\n");
```

C 语言规定每条语句都要以分号结尾。[就像任何好的规则一样，这条规则也有一个例外：后面会遇到的复合语句（➤5.2 节）就不以分号结尾。] 由于语句可以连续占用多行，有时很难确定它的结束位置，因此用分号来向编译器显示语句的结束位置。但指令通常只占一行，因此不需要用分号结尾。

2.2.4 显示字符串

printf 是一个功能强大的函数，第 3 章会进一步介绍。到目前为止，我们只是用 printf 函数显示了一条**字面串**（string literal）——用一对双引号包围的一系列字符。当用 printf 函数显示字面串时，最外层的双引号不会出现。

当显示结束时，printf 函数不会自动跳转到下一输出行。为了让 printf 跳转到下一行，必须在要显示的字符串中包含\n（**换行符**）。写换行符就意味着终止当前行，然后把后续的输出转到下一行。为了说明这一点，请思考把语句

```
printf("To C, or not to C: that is the question.\n");
```

替换成下面两个对 printf 函数的调用后所产生的效果：

```
printf("To C, or not to C: ");
printf("that is the question.\n");
```

第一条 printf 函数的调用语句显示出 To C, or not to C:，第二条调用语句显示出 that is the question.并且跳转到下一行。最终的效果和前一个版本的 printf 语句完全一样，用户不会发现什么差异。

14

换行符可以在一个字面串中出现多次。为了显示下列信息：

```
Brevity is the soul of wit.
  --Shakespeare
```

可以这样写：

```
printf("Brevity is the soul of wit.\n  --Shakespeare\n");
```

2.3 注释

我们的 pun.c 程序仍然缺乏某些重要内容：文档说明。每一个程序都应该包含识别信息，即程序名、编写日期、作者、程序的用途以及其他相关信息。C 语言把这类信息放在**注释**（comment）中。符号/*标记注释的开始，符号*/标记注释的结束。例如：

```
/* This is a comment */
```

注释几乎可以出现在程序的任何位置上。它既可以独占一行，也可以和其他程序文本出现在同一行中。下面展示的程序 pun.c 就把注释加在了程序开始的地方：

```
/* Name: pun.c                 */
/* Purpose: Prints a bad pun.  */
/* Author: K. N. King          */

#include <stdio.h>
```

```
int main(void)
{
  printf("To C, or not to C: that is the question.\n");
  return 0;
}
```

注释还可以占用多行。如果遇到符号/*，那么编译器读入（并且忽略）随后的内容直到遇到符号*/为止。如果愿意，还可以把一串短注释合并成为一条长注释：

```
/* Name: pun.c
   Purpose: Prints a bad pun.
   Author: K. N. King */
```

15 但是，上面这样的注释可能难以阅读，因为人们阅读程序时可能不易发现注释的结束位置。因此，单独把*/符号放在一行会很有帮助：

```
/* Name: pun.c
   Purpose: Prints a bad pun.
   Author: K. N. King
*/
```

更好的方法是用一个“盒形”格式把注释单独标记出来：

```
/**********************************************************
 * Name: pun.c                                            *
 * Purpose: Prints a bad pun.                             *
 * Author: K. N. King                                     *
 **********************************************************/
```

有些程序员通过忽略 3 条边框的方法来简化盒形注释：

```
/*
 * Name: pun.c
 * Purpose: Prints a bad pun.
 * Author: K. N. King
 */
```

简短的注释还可以与程序中的其他代码放在同一行：

```
int main(void)   /* Beginning of main program */
```

这类注释有时也称作“翼型注释”。

如果忘记终止注释，则可能会导致编译器忽略程序的一部分。请思考一下下面的示例：

```
printf("My ");      /* forgot to close this comment...
printf("car ");
printf("has ");     /* so it ends here */
printf("fleas");
```

因为在第一条注释中遗漏了结束标志，所以编译器忽略了中间的两条语句，因此程序最终只打印了 My fleas。

C99 C99 提供了另一种类型的注释，以//（两个相邻的斜杠）开始：

```
// This is a comment
```

这种风格的注释会在行末自动终止。如果要创建多于一行的注释，既可以使用以前的注释风格（/* ... */），也可以在每一行的前面加上//：

```
// Name: pun.c
// Purpose: Prints a bad pun.
// Author: K. N. King
```

新的注释风格有两个主要优点：首先，因为注释会在行末自动终止，所以不会出现未终止的注释意外吞噬部分程序的情况；其次，因为每行注释前面都必须有//，所以多行注释看上去更加醒目。 16

2.4 变量和赋值

很少有程序会像 2.1 节中的示例那样简单。大多数程序在产生输出之前往往需要执行一系列的计算，因此需要在程序执行过程中有一种临时存储数据的方法。和大多数编程语言一样，C 语言中的这类存储单元被称为**变量**（variable）。

2.4.1 类型

每一个变量都必须有一个**类型**（type）。类型用来说明变量所存储的数据的种类。C 语言拥有广泛多样的类型。但是现在，我们将只限定在两种类型范围内：`int` 类型和 `float` 类型。因为类型会影响变量的存储方式以及允许对变量进行的操作，所以选择合适的类型是非常关键的。数值型变量的类型决定了变量所能存储的最大值和最小值，同时也决定了是否允许在小数点后出现数字。

`int`（integer 的简写）型变量可以存储整数，如 0、1、392 或–2553。但是，整数的取值范围（➤7.1 节）是受限制的。最大的整数通常是 2 147 483 647，但在某些计算机上也可能是 32 767。

Q&A `float`（即 floating-point 的简写）型变量可以存储比 `int` 型变量大得多的数值。而且，`float` 型变量可以存储带小数位的数，如 379.125。但 `float` 型变量也有一些缺陷。进行算术运算时 `float` 型变量通常比 `int` 型变量慢；更重要的是，`float` 型变量所存储的数值往往只是实际数值的一个近似值。如果在一个 `float` 型变量中存储 0.1，以后可能会发现变量的值为 0.099 999 999 999 999 87，这是舍入造成的误差。

2.4.2 声明

在使用变量之前必须对其进行**声明**（为编译器所做的描述）。为了声明变量，首先要指定变量的*类型*，然后说明变量的*名字*。（程序员决定变量的名字，命名规则见 2.7 节。）例如，我们可能这样声明变量 `height` 和 `profit`：

```
int height;
float profit;
```

第一条声明说明 `height` 是一个 `int` 型变量，这也就意味着变量 `height` 可以存储一个整数值。第二条声明则表示 `profit` 是一个 `float` 型变量。 17

如果几个变量具有相同的类型，就可以把它们的声明合并：

```
int height, length, width, volume;
float profit, loss;
```

注意每一条完整的声明都要以分号结尾。

在 `main` 函数的第一个模板中并没有包含声明。当 `main` 函数包含声明时，必须把声明放置在语句之前：

```
int main(void)
{
  声明
  语句
}
```

第 9 章中我们会看到，函数和程序块（包含嵌入声明的语句，➤10.3 节）一般都有这样的要求。就书写格式而言，建议在声明和语句之间留出一个空行。

C99 在 C99 中，声明可以不在语句之前。例如，main 函数中可以先有一个声明，后面跟一条语句，然后再跟一个声明。为了与以前的编译器兼容，本书中的程序不会采用这一规则。

2.4.3 赋值

变量通过**赋值**（assignment）的方式获得值。例如，语句

```
height = 8;
length = 12;
width = 10;
```

把数值 8、12 和 10 分别赋给变量 height、length 和 width，8、12 和 10 称为**常量**（constant）。

变量在赋值或以其他方式使用之前必须先声明。也就是说，我们可以这样写：

```
int height;
height = 8;
```

但下面这样是不行的：

18

```
height = 8;    /*** WRONG ***/
int height;
```

赋给 float 型变量的常量通常带小数点。例如，如果 profit 是一个 float 型的变量，可能会这样对其赋值：

```
profit = 2150.48;
```

Q&A 当我们把一个包含小数点的常量赋值给 float 型变量时，最好在该常量后面加一个字母 f（代表 float）：

```
profit = 2150.48f;
```

不加 f 可能会触发编译器的警告。

正常情况下，要将 int 型的值赋给 int 型的变量，将 float 型的值赋给 float 型的变量。混合类型赋值（例如把 int 型的值赋给 float 型变量，或者把 float 型的值赋给 int 型变量）是可以的，但不一定安全，参见 4.2 节。

变量一旦被赋值，就可以用它来辅助计算其他变量的值：

```
height = 8;
length = 12;
width = 10;
volume = height * length * width;    /* volume is now 960 */
```

在 C 语言中，符号*表示乘法运算，因此上述语句把存储在 height、length 和 width 这 3 个变量中的数值相乘，然后把运算结果赋值给变量 volume。通常情况下，赋值运算的右侧可以是一个含有常量、变量和运算符的公式（在 C 语言的术语中称为**表达式**）。

2.4.4 显示变量的值

用 printf 可以显示出变量的当前值。以

```
Height: h
```

为例，这里的 *h* 表示变量 height 的当前值。我们可以通过如下的 printf 调用来实现输出上述信息的要求：

```
printf("Height: %d\n", height);
```

占位符%d 用来指明在显示过程中变量 height 的值的显示位置。注意，因为在%d 后面放置了\n，所以 printf 在显示完 height 的值后会跳到下一行。

%d 仅用于 int 型变量。如果要显示 float 型变量，则要用%f 来代替%d。默认情况下，%f 会显示出小数点后 6 位数字。如果要强制%f 显示小数点后 *p* 位数字，可以把.*p* 放置在%和 f 之间。例如，为了显示信息

```
Profit: $2150.48
```

可以把 printf 写为如下形式：

19

```
printf("Profit: $%.2f\n", profit);
```

C 语言没有限制调用一次 printf 可以显示的变量数量。为了同时显示变量 height 和变量 length 的值，可以使用下面的 printf 调用语句：

```
printf("Height: %d Length: %d\n", height, length);
```

程序 计算箱子的空间重量

运输公司特别不喜欢又大又轻的箱子，因为箱子在卡车或飞机上运输时要占据宝贵的空间。事实上，对于这类箱子，运输公司常常要求按照箱子的体积而不是重量来支付额外的费用。在美国，通常的做法是把体积除以 166（这是每磅允许的立方英寸[1]数）。如果除得的商（也就是箱子的“空间”重量或“体积”重量）大于箱子的实际重量，那么运费就按照空间重量来计算。（除数 166 是针对国际运输的，计算美国国内运输的空间重量时通常用 194 代替。）

假设运输公司雇你来编写一个计算箱子空间重量的程序。因为刚刚开始学习 C 语言，所以你决定先编写一个计算特定箱子空间重量的程序来试试身手，其中箱子的长、宽、高分别是 12 英寸、10 英寸和 8 英寸。C 语言中除法运算用符号/表示。所以，显然计算箱子空间重量的公式如下：

```
weight = volume / 166;
```

这里的 weight 和 volume 都是整型变量，分别用来表示箱子的重量和体积。但是上面这个公式并不是我们所需要的。在 C 语言中，如果两个整数相除，那么结果会被“截短”：小数点后的所有数字都会丢失。12 英寸 × 10 英寸 × 8 英寸的箱子体积是 960 立方英寸，960 除以 166 的结果是 5 而不是 5.783，这样使得重量向下舍入，运输公司则希望结果向上舍入。一种解决方案是在除以 166 之前把体积数加上 165：

```
weight = (volume + 165) / 166;
```

[1] 1 磅约为 453.59 克；1 英寸约为 2.54 厘米。——编者注

这样，体积为166立方英寸的箱子的空间重量就为331/166，舍入为1；而体积为167立方英寸的箱子的空间重量则为332/166，舍入为2。下面给出了利用这种方法编写的计算空间重量的程序。

dweight.c

20

```
/* Computes the dimensional weight of a 12" x 10" x 8" box */

#include <stdio.h>

int main(void)
{
  int height, length, width, volume, weight;

  height = 8;
  length = 12;
  width = 10;
  volume = height * length * width;
  weight = (volume + 165) / 166;

  printf("Dimensions: %dx%dx%d\n", length, width, height);
  printf("Volume (cubic inches): %d\n", volume);
  printf("Dimensional weight (pounds): %d\n", weight);

  return 0;
}
```

这段程序的输出结果是

```
Dimensions: 12x10x8
Volume (cubic inches): 960
Dimensional weight (pounds): 6
```

2.4.5　初始化

当程序开始执行时，某些变量会被自动设置为零，而大多数变量则不会（➤18.5节）。没有默认值并且尚未在程序中被赋值的变量是**未初始化的**（uninitialized）。

如果试图访问未初始化的变量（例如，用printf显示变量的值，或者在表达式中使用该变量），可能会得到不可预知的结果，如2568、–30 891或者其他同样没有意义的数值。在某些编译器中，可能会发生更坏的情况（甚至是程序崩溃）。

我们当然可以总是采用赋值的方法给变量赋初始值，但还有更简便的方法：在变量声明中加入初始值。例如，可以在一步操作中声明变量height并同时将其初始化：

```
int height = 8;
```

按照C语言的术语，数值8是一个**初始化器**（initializer）。

在同一个声明中可以对任意数量的变量进行初始化：

```
int height = 8, length = 12, width = 10;
```

注意，上述每个变量都有属于自己的初始化器。在接下来的例子中，只有变量width拥有初始化器10，而变量height和变量length都没有（也就是说这两个变量仍然未初始化）：

21

```
int height, length, width = 10;
```

2.4.6 显示表达式的值

printf 的功能不局限于显示变量中存储的数，它可以显示任意数值表达式的值。利用这一特性既可以简化程序，又可以减少变量的数量。例如，语句

```
volume = height * length * width;
printf("%d\n", volume);
```

可以用以下形式代替：

```
printf("%d\n", height * length * width);
```

printf 显示表达式的值的能力说明了 C 语言的一个通用原则：*在任何需要数值的地方，都可以使用具有相同类型的表达式。*

2.5 读入输入

程序 dweight.c 并不十分有用，因为它仅可以计算出一个箱子的空间重量。为了改进程序，需要允许用户自行输入箱子的尺寸。

为了获取输入，就要用到 scanf 函数。它是 C 函数库中与 printf 相对应的函数。scanf 中的字母 f 和 printf 中的字母 f 含义相同，都表示“格式化”的意思。scanf 函数和 printf 函数都需要使用**格式串**（format string）来指定输入数据或输出数据的形式。scanf 函数需要知道将获得的输入数据的格式，而 printf 函数需要知道输出数据的显示格式。

为了读入一个 int 型值，可以使用下面的 scanf 函数调用：

```
scanf("%d", &i);  /* reads an integer; stores into i */
```

其中，字符串"%d"说明 scanf 读入的是一个整数，而 i 是一个 int 型变量，用来存储 scanf 读入的输入。&运算符（➤11.2 节）在这里很难解释清楚，因此现在只说明它在使用 scanf 函数时通常是（但不总是）必需的。

读入一个 float 型值时，需要一个形式略有不同的 scanf 调用：

```
scanf("%f", &x);  /* reads a float value; stores into x */
```

%f 只用于 float 型变量，因此这里假设 x 是一个 float 型变量。字符串"%f"告诉 scanf 函数去寻找一个 float 格式的输入值（此数可以含有小数点，但不是必须含有）。

程序 计算箱子的空间重量（改进版）

下面是计算空间重量程序的一个改进版。在这个改进的程序中，用户可以输入箱子的尺寸。注意，每一个 scanf 函数调用都紧跟在一个 printf 函数调用的后面。这样做可以提示用户何时输入，以及输入什么。

22

dweight2.c

```
/* Computes the dimensional weight of a
   box from input provided by the user */

#include <stdio.h>

int main(void)
{
  int height, length, width, volume, weight;
```

```
  printf("Enter height of box: ");
  scanf("%d", &height);
  printf("Enter length of box: ");
  scanf("%d", &length);
  printf("Enter width of box: ");
  scanf("%d", &width);
  volume = height * length * width;
  weight = (volume + 165) / 166;

  printf("Volume (cubic inches): %d\n", volume);
  printf("Dimensional weight (pounds): %d\n", weight);

  return 0;
}
```

这段程序的输出显示如下（用户的输入用下划线标注）:

```
Enter height of box: 8
Enter length of box: 12
Enter width of box: 10
Volume (cubic inches): 960
Dimensional weight (pounds): 6
```

提示用户输入的消息（提示符）通常不应该以换行符结束，因为我们希望用户在同一行输入。这样，当用户敲回车键时，光标会自动移动到下一行，因此就不需要程序通过显示换行符来终止当前行了。

dweight2.c 程序还存在一个问题：如果用户输入的不是数值，程序就会出问题。3.2 节会更详细地讨论这个问题。

2.6　定义常量的名字

当程序含有常量时，建议给这些常量命名。程序 dweight.c 和程序 dweight2.c 都用到了常量 166。在以后阅读程序时也许会有人不明白这个常量的含义，因此可以采用称为**宏定义**（macro definition）的特性给常量命名：

23

```
#define INCHES_PER_POUND 166
```

这里的`#define`是预处理指令，类似于前面所讲的`#include`，因而在此行的结尾也没有分号。

当对程序进行编译时，预处理器会把每一个宏替换为其表示的值。例如，语句

```
weight = (volume + INCHES_PER_POUND - 1) / INCHES_PER_POUND;
```

将变为

```
weight = (volume + 166 - 1) / 166;
```

效果就如同在前一个地方写的是后一条语句。

此外，还可以利用宏来定义表达式：

```
#define RECIPROCAL_OF_PI (1.0f / 3.14159f)
```

当宏包含运算符时，建议用括号（➤14.3 节）把表达式括起来。

注意，宏的名字只用了大写字母。这是大多数 C 程序员遵循的规范，但并不是 C 语言本身的要求。（至今，C 程序员沿用此规范已经几十年了，希望读者不要背离此规范。）

程序 华氏温度转换为摄氏温度

下面的程序提示用户输入一个华氏温度，然后输出一个对应的摄氏温度。此程序的输出格式如下（跟前面的例子一样，用户的输入信息用下划线标注出来）：

```
Enter Fahrenheit temperature: 212
Celsius equivalent: 100.0
```

这段程序允许温度值不是整数，这也是摄氏温度显示为 100.0 而不是 100 的原因。首先来阅读一下整个程序，随后再讨论程序是如何构成的。

celsius.c

```
/* Converts a Fahrenheit temperature to Celsius */

#include <stdio.h>

#define FREEZING_PT 32.0f
#define SCALE_FACTOR (5.0f / 9.0f)

int main(void)
{
  float fahrenheit, celsius;

  printf("Enter Fahrenheit temperature: ");
  scanf("%f", &fahrenheit);

  celsius = (fahrenheit - FREEZING_PT) * SCALE_FACTOR;

  printf("Celsius equivalent: %.1f\n", celsius);

  return 0;
}
```

24

语句

```
celsius = (fahrenheit - FREEZING_PT) * SCALE_FACTOR;
```

把华氏温度转换为相应的摄氏温度。因为 FREEZING_PT 表示的是常量 32.0f，而 SCALE_FACTOR 表示的是表达式(5.0f / 9.0f)，所以编译器会把这条语句看成

```
celsius = (fahrenheit - 32.0f) * (5.0f / 9.0f);
```

在定义 SCALE_FACTOR 时，表达式采用(5.0f / 9.0f)的形式而不是(5 / 9)的形式，这一点非常重要，因为如果两个整数相除，那么 C 语言会对结果向下舍入。表达式(5 / 9)的值为 0，这并不是我们想要的。

最后的 printf 函数调用输出相应的摄氏温度：

```
printf("Celsius equivalent: %.1f\n", celsius);
```

注意，使用%.1f 显示 celsius 的值时，小数点后只显示一位数字。

2.7 标识符

在编写程序时，需要对变量、函数、宏和其他实体进行命名。这些名字称为**标识符**（identifier）。在 C 语言中，标识符可以含有字母、数字和下划线，但是必须以字母或者下划线开头。[C99 在 C99 中，标识符还可以使用某些“通用字符名”（➤25.4 节）。]

下面是合法标识符的一些示例：

```
times10  get_next_char  _done
```

接下来这些则是不合法的标识符：

```
10times  get-next-char
```

不合法的原因：符号 10times 是以数字而不是以字母或下划线开头的；符号 get-next-char 包含了减号，而不是下划线。

C 语言是**区分大小写**的；也就是说，在标识符中 C 语言区分大写字母和小写字母。例如，下列 8 个标识符全是不同的：

25

```
job  joB  jOb  jOB  Job JoB JOb JOB
```

上述 8 个标识符可以同时使用，且每一个都有完全不同的意义。（看起来使人困惑！）除非标识符之间存在某种关联，否则明智的程序员会尽量使标识符看起来各不相同。

因为 C 语言是区分大小写的，所以许多程序员会遵循在标识符中只使用小写字母的规范（宏命名除外）。为了使名字清晰，必要时还会插入下划线：

```
symbol_table  current_page  name_and_address
```

而另外一些程序员则避免使用下划线，他们的方法是把标识符中的每个单词用大写字母开头：

```
symbolTable  currentPage  nameAndAddress
```

（第一个字母有时候也用大写。）前一种风格在传统 C 中很常见，但现在后面的风格更流行一些，这主要归功于它在 Java 和 C#（以及 C++）中的广泛使用。当然还存在其他一些合理的规范，只要保证整个程序中对同一标识符按照同一种方式使用大写字母就行。

Q&A C 对标识符的最大长度没有限制，因此不用担心使用较长的描述性名字。例如 current_page 这样的名字比 cp 之类的名字更容易理解。

关键字

表 2-1 中的所有**关键字**（keyword）对 C 编译器而言都有着特殊的意义，因此这些关键字不能作为标识符来使用。注意，有些关键字是 C99 新增的，还有一些是 C1*X* 新增的。

表 2-1　关键字

auto	extern	short	while
break	float	signed	_Alignas②
case	for	sizeof	_Alignof②
char	goto	static	_Atomic②
const	if	struct	_Bool①
continue	inline①	switch	_Complex①
default	int	typedef	_Generic②
do	long	union	_Imaginary①
double	register	unsigned	_Noreturn②
else	restrict①	void	_Static_assert②
enum	return	volatile	_Thread_local②

① 从 C99 开始引入。②从 C11 开始引入。

因为C语言是区分大小写的，所以程序中出现的关键字必须严格按照表2-1所示的那样采用小写字母。标准库中函数（如printf）的名字也只能包含小写字母。某些可怜的程序员用大写字母输入了整个程序，结果发现编译器不能识别关键字和库函数的调用。应该避免这类情况发生。

26

请注意有关标识符的其他限制。某些编译器把特定的标识符（如asm）视为附加关键字。属于标准库的标识符也是受限的（➤21.1节）。误用这些名字可能会导致编译或链接出错。以下划线开头的标识符也是受限的。

2.8 C程序的书写规范

我们可以把C程序看成一连串**记号**（token），即许多在不改变意思的情况上无法再分割的字符组。标识符和关键字都是记号。像+和-这样的运算符、逗号和分号这样的标点符号以及字面串，也都是记号。例如，语句

```
printf("Height: %d\n", height);
```

是由7个记号组成的：

```
printf   (   "Height: %d\n"   ,   height   )   ;
  ①      ②        ③          ④      ⑤       ⑥   ⑦
```

其中记号①和记号⑤是标识符，记号③是字面串，记号②、记号④、记号⑥和记号⑦是标点符号。

大多数情况下，程序中记号之间的空格数量没有严格要求。除非两个记号合并后会产生第三个记号，否则在一般情况下记号之间根本不需要留有间隔。例如，可以删除2.6节的程序celsius.c中的大多数间隔，只保留诸如int和main之间以及float和fahrenheit之间的空格。

```
/* Converts a Fahrenheit temperature to Celsius */
#include <stdio.h>
#define FREEZING_PT 32.0f
#define SCALE_FACTOR (5.0f/9.0f)
int main(void){float fahrenheit,celsius;printf(
"Enter Fahrenheit temperature: ");scanf("%f",  &fahrenheit);
celsius=(fahrenheit-FREEZING_PT)*SCALE_FACTOR;
printf("Celsius equivalent: %.1f\n", celsius);return 0;}
```

事实上，如果这个页面足够宽，可以将整个main函数都放在一行中。但是，不能把整个*程序*写在一行内，因为每条预处理指令都要求独立成行。

当然，用这种方式压缩程序并不是个好主意。事实上，添加足够的空格和空行可以使程序更便于阅读和理解。幸运的是，C语言允许在记号之间插入任意数量的间隔，这些间隔可以是空格符、制表符和换行符。这一规则对于程序布局有如下积极意义。

27

- *语句可以分开放在任意多行内*。例如，下面的语句非常长，很难将它压缩在一行内：

```
printf("Dimensional weight (pounds): %d\n",
  (volume + INCHES_PER_POUND - 1) / INCHES_PER_POUND);
```

- *记号间的空格*使我们更容易区分记号。基于这个原因，我通常会在每个运算符的前后都放上一个空格：

```
volume = height * length * width;
```

此外，我还会在每个逗号后边放一个空格。某些程序员甚至在圆括号和其他标点符号的两边都加上空格。

- 缩进有助于轻松识别程序嵌套。Q&A 例如，为了清晰地表示出声明和语句都嵌套在 main 函数中，应该对它们进行缩进。
- 空行可以把程序划分成逻辑单元，从而使读者更容易辨别程序的结构。没有空行的程序很难阅读，就像不分章节的书一样。

2.6 节中的程序 celsius.c 体现了上面提到的几种布局方法。我们来仔细阅读一下这个程序中的 main 函数：

```
int main(void)
{
  float fahrenheit, celsius;

  printf("Enter Fahrenheit temperature: ");
  scanf("%f", &fahrenheit);

  celsius = (fahrenheit - FREEZING_PT) * SCALE_FACTOR;

  printf("Celsius equivalent: %.1f\n", celsius);

  return 0;
}
```

首先，观察一下运算符=、-和*两侧的空格是如何使这些运算符凸显出来的；其次，留心为了明确声明和语句属于 main 函数，如何对它们采取缩进格式；最后，注意如何利用空行将 main 划分为 5 部分：(1) 声明变量 fahrenheit 和 celsius；(2) 获取华氏温度；(3) 计算变量 celsius 的值；(4) 显示摄氏温度；(5) 返回操作系统。

在讨论程序布局问题的同时，还要注意一下记号{和记号}的放置方法：记号{放在了 main() 的下面，而与之匹配的记号}则放在了独立的一行中，并且与记号{排在同一列上。把记号}独立地放在一行中可以便于在函数的末尾插入或删除语句，而将记号}与记号{排在一列上是为了便于找到 main 函数的结尾。

28

最后要注意：虽然可以在记号之间添加额外的空格，但是绝不能在记号内添加空格，否则可能会改变程序的意思或者引发错误。如果写成

```
fl oat fahrenheit, celsius;    /*** WRONG ***/
```

或

```
fl
oat fahrenheit, celsius;       /*** WRONG ***/
```

在程序编译时会报错。尽管把空格加在字面串中会改变字符串的意思，但这样做是允许的。然而，把换行符加进字符串中（换句话说，就是把字符串分成两行）却是非法的：

```
printf("To C, or not to C:
that is the question.\n");     /*** WRONG ***/
```

把字符串从一行延续到下一行（➤13.1 节）需要一种特殊的方法才可以实现。这种方法将在稍后的章节中学到。

问与答

问：GCC是什么的简称？（p.8）

答：GCC 最初是 GNU C Compiler 的简称，现在指 GNU Compiler Collection，这是因为最新版本的 GCC 能够编译用 Ada、C、C++、Fortran、Java 和 Objective-C 等多种语言编写的程序。

问：明白了，但GNU又是什么意思呢？

答：GNU 指的是 “GNU's Not UNIX!”（发音为 *guh-NEW*），它是自由软件基金会（Free Software Foundation）的一个项目。自由软件基金会是由 Richard M. Stallman 发起的一个组织，旨在抗议对 UNIX 软件授权的各种限制。从它的网站可以看出，自由软件基金会认为用户应该可以自由地 “运行、复制、发布、研究、改变和改进” 软件。GNU 项目从头开始重写了许多传统的 UNIX 软件，并使公众能够免费地获得。

GCC 和其他 GNU 软件对于 Linux 操作系统来说是至关重要的。Linux 本身只是操作系统的 “内核”（处理程序调度和基本输入/输出服务的部分），为了获得具备完整功能的操作系统，GNU 软件是必要的。

GNU 网站提供了更多有关 GNU 项目的信息。

问：GCC有什么过人之处呢？

答：我们说 GCC 重要，不仅仅是因为它能免费获取、能编译很多语言。GCC 还可以在许多操作系统下运行，并为多种 CPU 生成代码（支持所有广为使用的操作系统和 CPU）。GCC 是许多基于 UNIX 的操作系统（包括 Linux、BSD 和 Mac OS X）的主要编译器，并广泛用于商业软件开发。有关 GCC 的更多信息请参考 GCC 网站。

29

问：GCC发现程序中错误的能力如何？

答：GCC 有多个命令行选项来控制程序检查的彻底程度。使用这些选项可以帮助我们有效地找出程序中潜在的故障区域。下面是一些比较常用的选项。

`-Wall`	使编译器在检测到可能的错误时生成警告消息。（`-W` 后面可以加上具体的警告代码，`-Wall` 表示 “所有的`-W` 选项”。）为了获得最好的效果，该选项应与`-O` 选项结合使用。
`-W`	除了`-Wall` 生成的警告消息外，还需要针对具体情况的额外警告消息。
`-pedantic`	根据 C 标准的要求生成警告消息。这样可以避免在程序中使用非标准特性。
`-ansi`	禁用 GCC 的非标准 C 特性，并启用一些不太常用的标准特性。
`-std=c89` 或`-std=c99`	指明使用哪个版本的 C 编译器来检查程序。

这些选项常常可以结合使用：

```
% gcc -O -Wall -W -pedantic -std=c99 -o pun pun.c
```

问：为什么C语言如此简明扼要？如果在C语言中用`begin`和`end`代替`{`和`}`，用`integer`代替`int`，等等，程序似乎更加易读。（p.9）

答：据说，C 程序的简洁性是由开发该语言时贝尔实验室的环境造成的。第一个 C 语言编译器是运行在 DEC PDP-11 计算机（一种早期的小型计算机）上的，而程序员用电传打字机（实际上是一种与计算机相连的打字机）输入程序和打印列表。因为电传打字机的速度非常慢（每秒钟只能打出 10 个字符），所以在程序中尽量减少字符数量显然是十分有利的。

问：在某些C语言书中，`main`函数的结尾使用的是`exit(0)`而不是`return 0`，二者是否一样呢？（p.10）

答：当出现在 `main` 函数中时，这两种语句是完全等价的：二者都终止程序执行，并且向操作系统返回 0 值。使用哪种语句完全依据个人喜好而定。

问：如果main函数末尾没有return语句会产生什么后果？（p.10）

30

答：return 语句不是必需的；如果没有 return 语句，程序一样会终止。在 C89 中，返回给操作系统的值是未定义的。C99 在 C99 中，如果 main 函数声明中的返回类型是 int（如我们的例子所示），程序会向操作系统返回 0；否则程序会返回一个不确定的值。

问：编译器是完全移除注释还是用空格替换注释呢？

答：一些早期的编译器会删除每条注释中的所有字符，使得语句

```
a/**/b = 0;
```

可能被编译器理解成

```
ab = 0;
```

然而，依据 C 标准，编译器必须用一个空格字符替换每条注释语句，因此上面提到的技巧并不可行。我们实际上会得到下面的语句：

```
a b = 0;
```

问：如何发现程序中未终止的注释？

答：如果运气好的话，程序将无法通过编译，因为这样的注释会导致程序非法。如果程序可以通过编译，也有几种方法可以用。通过用调试器逐行地执行程序，就会发现是否有些行被跳过了。某些集成开发环境会使用特别的颜色把注释和其他代码区分开来。如果你使用的是这样的开发环境，就很容易发现未终止的注释，因为误把程序文本包含到注释中会导致颜色不同。此外，诸如 lint（➤1.2 节）之类的程序也可以提供帮助。

问：在一个注释中嵌套另一个注释是否合法？

答：传统风格的注释（/*...*/）不允许嵌套。例如，下面的代码就是不合法的：

```
/*
    /*** WRONG ***/
*/
```

第 2 行的符号*/会和第一行的/*相匹配，所以编译器会把第 3 行的*/标记为一个错误。

C 语言禁止注释嵌套有些时候也是个问题。假设我们编写了一个很长的程序，其中包含了许多短小的注释。为了临时屏蔽程序的某些部分（比如在测试过程中），我们首先会想到用/*和*/“注释掉”相应的程序行。但是，如果这些代码行中包含有传统风格的注释，这种方法就行不通了。C99 不过，

31

C99 注释（以//开始的注释）可以嵌套在传统风格的注释中，这是这类注释的另一个优势。

后面我们将看到，可以用一种更好的方法来屏蔽部分程序（➤14.4 节）。

问：float 类型的名字由何而来？（p.13）

答：float 是 floating-point 的缩写形式，它是一种存储数的方法，而这些数中的小数点是“浮动的”。float 类型的值通常分成两部分存储：小数部分（或者称为*尾数部分*）和指数部分。例如，12.0 这个数可以以 1.5×2^3 的形式存储，其中 1.5 是小数部分，而 3 是指数部分。有些编程语言把这种类型称为 real 类型而不是 float 类型。

问：为什么浮点常量需要以字母f结尾？（p.14）

答：完整的解释见第 7 章。这里只简单回答一下：包含小数点但不以 f 结尾的常量是 double（double precision 的缩写）型的。double 型的值比 float 型的值存储得更精确，并且可以比 float 型的值大，因此在给 float 型变量赋值时需要加上字母 f。如果不加 f，编译器可能会生成一条警告消息，告诉你存储到 float 型变量中的数可能超出了该变量的取值范围。

***问：对标识符的长度真的没有限制吗？（p.20）**

答：是，又不是。C89 标准声称标识符可以是任意长，但只要求编译器记住前 31 个字符（C99 C99 中是 63 个字符）。因此，如果两个名字的前 31 个字符都相同，编译器可能会无法区分它们。

更复杂的情况是，C 标准对于具有外部链接（➤18.2 节）的标识符有特殊的规定，而大多数函数名属于这类标识符。因为链接器必须能识别这些名字，而一些早期的链接器又只能处理短名字，所以在 C89 中标识符只有前 6 个字符才是有效的。此外，C89 还不区分字母的大小写。因此 ABCDEFG 和 abcdefg 可能会被作为相同的名字处理。（C99 C99 中，前 31 个字符有效，且字母区分大小写。）

大多数编译器和链接器比标准所要求的更宽松，因此实际使用中这些规则都不是问题。不要担心标识符太长，还是注意不要把它们定义得太短吧。

问：缩进时应该使用多少空格？（p.22）

答：这是个难以回答的问题。如果预留的空间过少，会不易察觉到缩进；如果预留的空间太多，则可能会导致行宽超出屏幕（或页面）的宽度。许多 C 程序员采用 8 个空格（即一个制表键）来缩进嵌套语句，这可能太多了。研究表明，缩进 3 个空格是最合适的，但许多程序员不太习惯于非 2 的幂次。我习惯于缩进 3 或 4 个空格，但是考虑到页面的需要，本书采用了 2 个空格的缩进方式。

32

练习题[1]

2.1 节

1. 建立并运行由 Kernighan 和 Ritchie 编写的著名的“hello, world”程序：

```
#include <stdio.h>

int main(void)
{
  printf("hello, world\n");
}
```

在编译时是否有警告信息？如果有，需要如何修改呢？

2.2 节

W 2. 思考下面的程序：

```
#include <stdio.h>

int main(void)
{
  printf("Parkinson's Law:\nWork expands so as to ");
  printf("fill the time\n");
  printf("available for its completion.\n");
  return 0;
}
```

(a) 请指出程序中的指令和语句。

(b) 程序的输出是什么？

2.4 节

W 3. 通过下列方法缩写程序 dweight.c：(1) 用初始化器替换对变量 height、length 和 width 的赋值；(2) 去掉变量 weight，在最后的 printf 语句中计算 (volume + 165) / 166。

---

① W 符号标出的习题在网站 https://exl.ptpress.cn:8442/ex/l/609033ea 上有答案。以后各章也使用这一约定。

Ⓦ 4. 编写一个程序来声明几个 int 型和 float 型变量，不对这些变量进行初始化，然后显示它们的值。这些值是否有规律？（通常情况下没有。）

2.7 节

Ⓦ 5. 下列C语言标识符中，哪些是不合法的？

(a) 100_bottles
(b) _100_bottles
(c) one__hundred__bottles
(d) bottles_by_the_hundred_

6. 为什么说在标识符中使用多个相邻的下划线（如 current___balance）不太合适？

7. 下列哪些是C语言的关键字？

(a) for
(b) If
(c) main
(d) printf
(e) while

33

2.8 节

Ⓦ 8. 下面的语句中有多少个记号？

```
answer=(3*q-p*p)/3;
```

9. 在练习题8的记号之间插入空格，使该语句更易于阅读。

10. 在 dweight.c 程序（2.4节）中，哪些空格是必不可少的？

编程题

1. 编写一个程序，使用 printf 在屏幕上显示下面的图形：

```
       *
      *
     *
*   *
 * *
  *
```

2. 编写一个计算球体体积的程序，其中球体半径为10 m，参考公式 $v=4/3\pi r^3$。注意，分数4/3应写为 4.0f/3.0f。（如果分数写成 4/3 会产生什么结果？）提示：C语言没有指数运算符，所以需要对 r 自乘两次来计算 r^3。

3. 修改上题中的程序，使用户可以自行输入球体的半径。

Ⓦ 4. 编写一个程序，要求用户输入一个美元数额，然后显示出增加5%税率后的相应金额。格式如下所示：

```
Enter an amount: 100.00
With tax added: $105.00
```

5. 编程要求用户输入 x 的值，然后显示如下多项式的值：

$3x^5+2x^4-5x^3-x^2+7x-6$

提示：C语言没有指数运算符，所以需要对 x 进行自乘来计算其幂。（例如，x*x*x 就是 x 的三次方。）

6. 修改上题，用如下公式对多项式求值：

   $((((3x + 2)x - 5)x - 1)x + 7)x - 6$

   注意，修改后的程序所需的乘法次数减少了。这种多项式求值方法即 Horner 法则。

7. 编写一个程序，要求用户输入一个美元数额，然后显示出如何用最少张数的 20 美元、10 美元、5 美元和 1 美元钞票来付款：

```
Enter a dollar amount: 93

$20 bills: 4
$10 bills: 1
 $5 bills: 0
 $1 bills: 3
```

34

   提示：将付款金额除以 20，确定 20 美元钞票的数量，然后从付款金额中减去 20 美元的总金额。对其他面值的钞票重复这一操作。确保在程序中始终使用整数值，不要用浮点数。

8. 编程计算第一、第二、第三个月还贷后剩余的贷款金额：

```
Enter amount of loan: 20000.00
Enter interest rate: 6.0
Enter monthly payment: 386.66

Balance remaining after first payment: $19713.34
Balance remaining after second payment: $19425.25
Balance remaining after third payment: $19135.71
```

   在显示每次还款后的余额时保留两位小数。提示：每个月的贷款余额减去还款金额后，还需要加上贷款余额与月利率的乘积。月利率的计算方法是把用户输入的利率转换成百分数再除以 12。

35

第3章 格式化输入/输出

在探索难以实现的问题时，问题本身的简单性只会使情况更糟。

scanf 函数和 printf 函数是 C 语言编程中使用得很频繁的两个函数，它们用来格式化输入和输出。正如本章要展示的那样，虽然这两个函数功能强大，用好它们却不容易。3.1 节描述 printf 函数，3.2 节介绍 scanf 函数。但是这两节的介绍都不完整，完整的细节将留到第 22 章中介绍。

3.1 printf 函数

printf 函数被设计用来显示**格式串**（format string）的内容，并且在该串中的指定位置插入可能的值。调用 printf 函数时必须提供格式串，格式串后面的参数是需要在显示时插入到该串中的值：

```
printf(格式串, 表达式1, 表达式2, ...);
```

显示的值可以是常量、变量或者更加复杂的表达式。

格式串包含普通字符和**转换说明**（conversion specification），其中转换说明以字符%开头。转换说明是用来表示打印过程中待填充的值的占位符。跟随在字符%后边的信息指定了把数值从内部形式（二进制）转换成打印形式（字符）的方法，这就是“转换说明”这一术语的由来。例如，转换说明%d 指定 printf 函数把 int 型值从二进制形式转换成十进制数字组成的字符串，转换说明%f 对 float 型值也进行类似的转换。

格式串中的普通字符完全按照它们在字符串中出现的那样显示出来，而转换说明则要用待显示的值来替换。思考下面的例子：

```
int i, j;
float x, y;

i = 10;
j = 20;
x = 43.2892f;
y = 5527.0f;

printf("i = %d, j = %d, x = %f, y = %f\n", i, j, x, y);
```

这个 printf 函数调用会产生如下输出：

```
i = 10, j = 20, x = 43.289200, y = 5527.000000
```

格式串中的普通字符被简单复制给输出行，而变量 i、j、x 和 y 的值则依次替换了 4 个转换说明。

C 语言编译器不会检测格式串中转换说明的数量是否和输出项的数量相匹配。下面这个 printf 函数调用所拥有的转换说明的数量就多于要显示的值的数量：

```
printf("%d %d\n", i);    /*** WRONG ***/
```

printf 函数将正确显示变量 i 的值，接着显示另一个（无意义的）整数值。函数调用带有太少的转换说明也会出现类似的问题：

```
printf("%d\n", i, j);    /*** WRONG ***/
```

在这种情况下，printf 函数会显示变量 i 的值，但是不显示变量 j 的值。

此外，C 语言编译器也不检测转换说明是否适合要显示项的数据类型。如果程序员使用不正确的转换说明，程序将简单地产生无意义的输出。思考下面的 printf 函数调用，其中 int 型变量 i 和 float 型变量 x 的顺序放置错误：

```
printf("%f %d\n", i, x);    /*** WRONG ***/
```

因为 printf 函数必须服从于格式串，所以它将如实地显示出一个 float 型值，接着是一个 int 型值。可惜这两个值都是无意义的。

3.1.1 转换说明

转换说明给程序员提供了大量对输出格式的控制方法。另外，转换说明可能很复杂且难以阅读。事实上，在本节中想要完整详尽地介绍转换说明是不可能的，这里只是简要地介绍一些较为重要的性能。

38

在第 2 章中我们已经看到，转换说明可以包含格式化信息。具体来说，我们可以用%.1f 来显示小数点后带一位数字的 float 型值。更一般地，转换说明可以用%*m*.*pX*格式或%-*m*.*pX*格式，这里的 *m* 和 *p* 都是整型常量，而 *X* 是字母。*m* 和 *p* 都是可选的。如果省略 *p*，*m* 和 *p* 之间的小数点也要去掉。在转换说明%10.2f 中，*m* 是 10，*p* 是 2，而 *X* 是 f。在转换说明%10f 中，*m* 是 10，*p*（连同小数点一起）省去了；而在转换说明%.2f 中，*p* 是 2，*m* 省去了。

最小栏宽（minimum field width）*m* 指定了要显示的最少字符数量。如果要显示的数值所需的字符数少于 *m*，那么值在字段内是右对齐的。（换句话说，在值前面放置额外的空格。）例如，转换说明%4d 将以 •123 的形式显示数 123（本章用符号 • 表示空格字符）。如果要显示的值所需的字符数多于 *m*，那么栏宽会自动扩展为所需的尺寸。因此，转换说明%4d 将以 12345 的形式显示数 12345，而不会丢失数字。在 *m* 前放上一个负号会导致左对齐；转换说明%-4d 将以 123• 的形式显示 123。

精度（precision）*p* 的含义很难描述，因为它依赖于**转换指定符**（conversion specifier）*X* 的选择。*X* 表明在显示数值前需要对其进行哪种转换。对数值来说最常用的转换指定符有以下几个。

- **Q&A** d ——表示十进制（基数为 10）形式的整数。*p* 指明了待显示数字的最少个数（必要时在数前加上额外的零）；如果省略 *p*，则默认它的值为 1。
- e ——表示指数（科学记数法）形式的浮点数。*p* 指明了小数点后应该出现的数字个数（默认值为 6）。如果 *p* 为 0，则不显示小数点。
- f ——表示“定点十进制”形式的浮点数，没有指数。*p* 的含义与说明符 e 中的一样。
- g ——表示指数形式或者定点十进制形式的浮点数，形式的选择根据数的大小决定。*p* 意味着可以显示的有效数字（不是小数点后的数字）的最大数量。与转换指定符 f 不同，

g 的转换将不显示尾随的零。此外，如果要显示的数值没有小数点后的数字，g 就不会显示小数点。

编写程序时无法预知数的大小或者数值变化范围很大的情况下，说明符 g 对于数的显示是特别有用的。在用于显示大小适中的数时，说明符 g 采用定点十进制形式。但是，在显示非常大或非常小的数时，说明符 g 会转换成指数形式以便减少所需的字符数。

39

除了%d、%e、%f 和%g 以外，还有许多其他的说明符［整型说明符（➤7.1 节）、浮点型说明符（➤7.2 节）、字符说明符（➤7.3 节）和字符串说明符（➤13.3 节）］。我们将在后续章节中陆续进行介绍。转换指定符的全部列表以及转换指定符其他性能的完整解释见 22.3 节。

程序 用printf函数格式化数

下面的程序举例说明了用 printf 函数以各种格式显示整数和浮点数的方法。

tprintf.c

```
/* Prints int and float values in various formats */

#include <stdio.h>

int main(void)
{
  int i;
  float x;

  i = 40;
  x = 839.21f;

  printf("|%d|%5d|%-5d|%5.3d|\n", i, i, i, i);
  printf("|%10.3f|%10.3e|%-10g|\n", x, x, x);

  return 0;
}
```

在显示时，printf 函数格式串中的字符 | 只是用来帮助显示每个数所占用的空格数量。不同于%或\，字符 | 对 printf 函数而言没有任何特殊意义。此程序的输出如下：

```
|40|   40|40   |  040|
|   839.210| 8.392e+02|839.21    |
```

下面仔细看一下上述程序中使用的转换说明。

- %d ——以十进制形式显示变量 i，且占用最少的空间。
- %5d ——以十进制形式显示变量 i，且至少占用 5 个字符的空间。因为变量 i 只占 2 个字符，所以添加了 3 个空格。
- %-5d ——以十进制形式显示变量 i，且至少占用 5 个字符的空间。因为表示变量 i 的值不需要用满 5 个字符，所以在后续位置上添加空格（更确切地说，变量 i 在长度为 5 的字段内是左对齐的）。
- %5.3d ——以十进制形式显示变量 i，至少占用 5 个字符的空间，并至少有 3 位数字。因为变量 i 只有 2 个字符长度，所以要添加一个额外的零来保证有 3 位数字。现在只有 3 个字符长度，为了保证占有 5 个字符，还要添加 2 个空格（变量 i 是右对齐的）。

40

- %10.3f ——以定点十进制形式显示变量 x，且总共用 10 个字符，其中小数点后保留 3 位数字。因为变量 x 只需要 7 个字符（即小数点前 3 位，小数点后 3 位，再加上小数点本身 1 位），所以在变量 x 前面有 3 个空格。

- %10.3e ——以指数形式显示变量 x，且总共用 10 个字符，其中小数点后保留 3 位数字。因为变量 x 总共需要 9 个字符（包括指数），所以在变量 x 前面有 1 个空格。
- %-10g ——既可以以定点十进制形式显示变量 x，也可以以指数形式显示变量 x，且总共用 10 个字符。在这种情况下，printf 函数选择用定点十进制形式显示变量 x。负号会进行强制左对齐，因此有 4 个空格跟在变量 x 后面。

3.1.2 转义序列

格式串中常用的代码\n 被称为**转义序列**（escape sequence）。转义序列（➤7.3 节）使字符串包含一些特殊字符而不会使编译器引发问题，这些字符包括非打印的（控制）字符和对编译器有特殊含义的字符（如"）。后面会提供完整的转义序列表，现在先看一组示例。

- 警报（响铃）符：\a。
- 回退符：\b。
- 换行符：\n。
- 水平制表符：\t。

当这些转义序列出现在 printf 函数的格式串中时，它们表示在显示中执行的操作。在大多数机器上，输出\a 会产生一声鸣响，输出\b 会使光标从当前位置回退一个位置，输出\n 会使光标跳到下一行的起始位置，Q&A 输出\t 会把光标移动到下一个制表符的位置。

字符串可以包含任意数量的转义序列。思考下面的 printf 函数示例，其中的格式串包含了 6 个转义序列：

```
printf("Item\tUnit\tPurchase\n\tPrice\tDate\n");
```

执行上述语句显示出一条两行的标题：

```
Item    Unit    Purchase
        Price   Date
```

另一个常用的转义序列是\"，它表示字符"。因为字符"标记字符串的开始和结束，所以它不能出现在没有使用上述转义序列的字符串内。下面是一个示例：

```
printf("\"Hello!\"");
```

这条语句产生如下输出：

```
"Hello!"
```

41

附带提一下，不能在字符串中只放置单独一个字符\，编译器会认为它是一个转义序列的开始。为了显示单独一个字符\，需要在字符串中放置两个字符\：

```
printf("\\");    /* prints one \ character */
```

3.2 scanf 函数

就如同 printf 函数用特定的格式显示输出一样，scanf 函数也根据特定的格式读取输入。像 printf 函数的格式串一样，scanf 函数的格式串也可以包含普通字符和转换说明两部分。scanf 函数转换说明的用法和 printf 函数转换说明的用法本质上是一样的。

在许多情况下，scanf 函数的格式串只包含转换说明，如下例所示：

```
int i, j;
float x, y;

scanf("%d%d%f%f", &i, &j, &x, &y);
```

假设用户录入了下列输入行：

```
1  -20  .3  -4.0e3
```

scanf 函数将读入上述行的信息，并且把这些符号转换成它们表示的数，然后分别把 1、–20、0.3 和–4000.0 赋值给变量 i、j、x 和 y。scanf 函数调用中像"%d%d%f%f"这样“紧密压缩”的格式串是很普遍的，而 printf 函数的格式串很少有这样紧挨着的转换说明。

像 prinf 函数一样，scanf 函数也有一些不易觉察的陷阱。使用 scanf 函数时，程序员必须检查转换说明的数量是否与输入变量的数量相匹配，并且检查每个转换是否适合相对应的变量。与 printf 函数一样，编译器无法检查出可能的匹配不当。另一个陷阱与符号&有关，符号&通常被放在 scanf 函数调用中每个变量的前面。符号&常常（但不总是）是需要的，记住使用它是程序员的责任。

如果 scanf 函数调用中忘记在变量前面放置符号&，将产生不可预知甚至可能是毁灭性的结果。程序崩溃是常见的结果。最轻微的后果则是从输入读进来的值无法存储到变量中，变量将保留原有的值（如果没有给变量赋初始值，那么这个原有值可能是没有意义的）。忽略符号&是极为常见的错误，一定要小心！一些编译器可以检查出这种错误，并产生一条类似“format argument is not a pointer”的警告消息。（术语指针将在第 11 章定义，符号&用于创建一个指向变量的指针。）如果抛出警告消息，检查一下是否遗漏了符号&。

42

调用 scanf 函数是读数据的一种有效但不理想的方法。许多专业的 C 程序员会避免使用 scanf 函数，而是采用字符格式读取所有数据，然后再把它们转换成数值形式。在本书中，特别是前面的几章将相当多地用到 scanf 函数，因为它提供了一种读入数的简单方法。但是要注意，如果用户录入了非预期的输入，那么许多程序都无法正常执行。正如稍后将看到的那样，可以用程序测试 scanf 函数（➤22.3 节）是否成功读入了要求的数据（若不成功，还可以试图恢复）。但是，这样做对于本书的示例是不切实际的，因为这类测试将添加太多语句，从而掩盖示例的要点。

3.2.1 scanf 函数的工作方法

实际上 scanf 函数可以做的事情远远多于目前为止已经提到的这些。scanf 函数本质上是一种“模式匹配”函数，试图把输入的字符组与转换说明相匹配。

像 printf 函数一样，scanf 函数是由格式串控制的。调用时，scanf 函数从左边开始处理字符串中的信息。对于格式串中的每一个转换说明，scanf 函数从输入的数据中定位适当类型的项，并在必要时跳过空格。然后，scanf 函数读入数据项，并且在遇到不可能属于此项的字符时停止。如果读入数据项成功，那么 scanf 函数会继续处理格式串的剩余部分；如果某一项不能成功读入，那么 scanf 函数将不再查看格式串的剩余部分（或者余下的输入数据），并立即返回。

在寻找数的起始位置时，scanf 函数会忽略**空白字符**（white-space character，包括空格符、水平和垂直制表符、换页符和换行符）。因此，我们可以把数字放在同一行或者分为几行来输入。

考虑下面的 scanf 函数调用：

```
scanf("%d%d%f%f", &i, &j, &x, &y);
```

假设用户录入 3 行输入：

```
  1
-20   .3
   -4.0e3
```

scanf 函数会把它们看作一个连续的字符流：

```
••1¤-20•••.3¤•••-4.0e3¤
```

（这里使用符号·表示空格符，符号¤表示换行符。）因为 scanf 函数在寻找每个数的起始位置时会跳过空白字符，所以它可以成功读取这些数。在接下来的示意代码中，字符下方的 *s* 表示此项被跳过，而字符下面的 *r* 表示此项被读取为输入项的一部分：

```
••1¤-20•••.3¤•••-4.0e3¤
ssrsrrrsssrrssssrrrrrr
```

43

scanf 函数“忽略”了最后的换行符，实际上没有读取它。这个换行符将是下一次 scanf 函数调用的第一个字符。

scanf 函数遵循什么规则来识别整数或浮点数呢？当要求读入整数时，scanf 函数首先寻找正号或负号，然后读取数字，直到读到一个非数字时才停止。当要求读入浮点数时，scanf 函数会寻找一个正号或负号（可选），随后是一串数字（可能含有小数点），再往后是一个指数（可选）。指数由字母 e（或者字母 E）、可选的符号，以及一个或多个数字构成。在用于 scanf 函数时，转换说明%e、%f 和%g 是可以互换的，这 3 种转换说明在识别浮点数方面都遵循相同的规则。

当 scanf 函数遇到一个不可能属于当前项的字符时，**Q&A**它会把此字符“放回原处”，以便在扫描下一个输入项或者下一次调用 scanf 函数时再次读入。思考下面（公认有问题的）4 个数的排列：

```
1-20.3-4.0e3¤
```

我们使用与以前一样的 scanf 函数调用：

```
scanf("%d%d%f%f", &i, &j, &x, &y);
```

下面列出了 scanf 函数处理这组新输入的方法。

- 转换说明%d。第一个非空的输入字符是 1；因为整数可以以 1 开始，所以 scanf 函数接着读取下一个字符，即-。scanf 函数识别出字符-不能出现在整数内，因此把 1 存入变量 i 中，而把字符-放回原处。
- 转换说明%d。随后，scanf 函数读取字符-、2、0 和.（句点）。因为整数不能包含小数点，所以 scanf 函数把–20 存入变量 j 中，而把字符.放回原处。
- 转换说明%f。接下来 scanf 函数读取字符.、3 和-。因为浮点数不能在数字后边有负号，所以 scanf 函数把 0.3 存入变量 x 中，而把字符-放回原处。
- 转换说明%f。最后，scanf 函数读取字符-、4、.、0、e、3 和¤（换行符）。因为浮点数不能包含换行符，所以 scanf 函数把-4.0×10^3存入变量 y 中，而把换行符放回原处。

在这个例子中，scanf 函数能够把格式串中的每个转换说明与一个输入项进行匹配。因为换行符没有读取，所以它将留给下一次 scanf 函数调用。

44

3.2.2 格式串中的普通字符

通过编写含有普通字符和转换说明的格式串能进一步地理解模式匹配的概念。处理格式串中的普通字符时，scanf 函数采取的动作依赖于这个字符是否为空白字符。

- **空白字符**。当在格式串中遇到一个或多个连续的空白字符时，scanf 函数从输入中重复读空白字符，直到遇到一个非空白字符（把该字符“放回原处”）为止。格式串中空白字符的数量无关紧要，格式串中的一个空白字符可以与输入中任意数量的空白字符相匹配。（附带提一下，在格式串中包含空白字符并不意味着输入中必须包含空白字符。格式串中的一个空白字符可以与输入中任意数量的空白字符相匹配，包括零个。）
- **其他字符**。当在格式串中遇到非空白字符时，scanf 函数将把它与下一个输入字符进行比较。如果两个字符相匹配，那么 scanf 函数会放弃输入字符，并继续处理格式串。如果两个字符不匹配，那么 scanf 函数会把不匹配的字符放回输入中，然后异常退出，而不进一步处理格式串或者从输入中读取字符。

例如，假设格式串是"%d/%d"。如果输入是

```
•5/•96
```

在寻找整数时，scanf 函数会跳过第一个空格，把%d 与 5 相匹配，把/与/相匹配，在寻找下一个整数时跳过一个空格，并且把%d 与 96 相匹配。另一方面，如果输入是

```
•5•/•96
```

scanf 函数会跳过一个空格，把%d 与 5 相匹配，然后试图把格式串中的/与输入中的空格相匹配。但是二者不匹配，因此 scanf 函数把空格放回原处，把字符•/•96 留给下一次 scanf 函数调用来读取。为了允许第一个数后边有空格，应使用格式串"%d /%d"。

3.2.3 易混淆的 printf 函数和 scanf 函数

虽然 scanf 函数调用和 printf 函数调用看起来很相似，但这两个函数之间有很大的差异，忽略这些差异就是拿程序的正确性来冒险。

一个常见的错误是执行 printf 函数调用时在变量前面放置&。

45

```
printf("%d %d\n", &i, &j);    /*** WRONG ***/
```

幸运的是，这种错误是很容易发现的：printf 函数将显示一对样子奇怪的数，而不是变量 i 和 j 的值。

在寻找数据项时，scanf 函数通常会跳过空白字符。因此除了转换说明，格式串通常不需要包含字符。另一个常见错误是假定 scanf 格式串应该类似于 printf 格式串，这种不正确的假定可能引发 scanf 函数行为异常。我们来看一下执行下面这个 scanf 函数调用时，到底发生了什么：

```
scanf("%d, %d", &i, &j);
```

scanf 函数首先寻找输入中的整数，把这个整数存入变量 i 中；然后，scanf 函数将试图把逗号与下一个输入字符相匹配。如果下一个输入的字符是空格而不是逗号，那么 scanf 函数将终

止操作，而不再读取变量 j 的值。

printf 格式串经常以\n 结尾，但是在 scanf 格式串末尾放置换行符通常是一个坏主意。对 scanf 函数来说，格式串中的换行符等价于空格，两者都会导致 scanf 函数提前进入下一个非空白字符。例如，如果格式串是"%d\n"，那么 scanf 函数将跳过空白字符，读取一个整数，然后跳到下一个非空白字符处。像这样的格式串可能会导致交互式程序一直“挂起”，直到用户输入一个非空白字符为止。

程序 分数相加

为了显示 scanf 函数的模式匹配能力，考虑读入由用户输入的分数。分数通常的形式为分子/分母。scanf 函数允许读入整个分数，而不用将分子和分母视为两个整数分别读入。下面的分数相加程序体现了这一方法。

addfrac.c

```
/* Adds two fractions */

#include <stdio.h>

int main(void)
{
  int num1, denom1, num2, denom2, result_num, result_denom;

  printf("Enter first fraction: ");
  scanf("%d/%d", &num1, &denom1);

  printf("Enter second fraction: ");
  scanf("%d/%d", &num2, &denom2);

  result_num = num1 * denom2 + num2 * denom1;
  result_denom = denom1 * denom2;
  printf("The sum is %d/%d\n", result_num, result_denom);

  return 0;
}
```

46

运行这个程序，可能的显示如下：

```
Enter first fraction: 5/6
Enter second fraction: 3/4
The sum is 38/24
```

注意，结果并没有化为最简分数。

问与答

***问：转换说明%i 也可以用于读写整数。%i 和%d 之间有什么区别？（p.29）**

答：在 printf 格式串中使用时，二者没有区别。但是，在 scanf 格式串中，%d 只能与十进制（基数为 10）形式的整数相匹配，而%i 则可以匹配用八进制（基数为 8）、十进制或十六进制（基数为 16）表示的整数。如果输入的数有前缀 0（如 056），那么%i 会把它作为八进制数（➤7.1 节）来处理；如果输入的数有前缀 0x 或 0X（如 0x56），那么%i 会把它作为十六进制数（➤7.1 节）来处理。如果用户意外地将 0 放在数的开始处，那么用%i 代替%d 读取数可能有意想不到的结果。因为这是一个陷阱，所以建议坚持采用%d。

问：如果printf函数将%作为转换说明的开始，那么如何显示字符%呢？

答：如果printf函数在格式串中遇到两个连续的字符%，那么它将显示出一个字符%。例如，语句

```
printf("Net profit: %d%%\n", profit);
```

可以显示出

```
Net profit: 10%
```

问：转义序列\t会使printf函数跳到下一个水平制表符处。如何知道水平制表符到底跳多远呢？（p.31）

答：不可能知道。打印\t的效果不是由C语言定义的，而是依赖于所使用的操作系统。水平制表符之间的距离通常是8个字符宽度，但C语言本身无法保证这一点。

47

问：如果要求读入一个数，而用户录入了非数值的输入，那么scanf函数会如何处理？

答：请看下面的例子：

```
printf("Enter a number: ");
scanf("%d", &i);
```

假设用户录入了一个有效数，后边跟着一些非数值的字符：

```
Enter a number: 23foo
```

这种情况下，scanf函数读取2和3，并且将23存储在变量i中，而剩下的字符（foo）则留给下一次scanf函数调用（或者某些其他的输入函数）来读取。另外，假设输入从开始就是无效的：

```
Enter a number: foo
```

这种情况下，没有值会被存储到变量i中，字符foo会留给下一次scanf函数调用。

如何处理这种糟糕的情况呢？后面将看到检测scanf函数调用是否成功（➤22.3节）的方法。如果调用失败，可以终止或者尝试恢复程序，可能的方法是丢掉有问题的输入并要求用户重新输入。（在第22章结尾的“问与答”部分会讨论有关丢弃错误输入的方法。）

问：我不能理解scanf函数如何把字符“放回原处”并在以后再次读取。（p.33）

答：我们知道，用户从键盘输入时，程序并没有读取输入，而是把用户的输入放在一个隐藏的缓冲区中，由scanf函数来读取。scanf函数把字符放回到缓冲区中供后续读取是非常容易的。第22章会更详细地讨论输入缓冲。

问：如果用户在两个数之间加入了标点符号（如逗号），scanf函数将如何处理？

答：先来看一个简单的例子。假设我们想用scanf函数读取一对整数：

```
printf("Enter two numbers: ");
scanf("%d%d", &i, &j);
```

如果用户输入

```
4,28
```

scanf函数将读取4并且把它存储在变量i中。在寻找第二个数的起始位置时，scanf函数遇到了逗号。因为数不能以逗号开头，所以scanf函数立刻返回，而把逗号和第二个数留给下一次scanf函数调用。

当然，如果能确定数与数之间始终用逗号来分隔，我们可以很容易地解决这个问题，只要在格式串中添加逗号即可：

48

```
printf("Enter two numbers, separated by a comma: ");
scanf("%d,%d", &i, &j);
```

练习题①

3.1 节

1. 下面的 printf 函数调用产生的输出分别是什么?

   (a) `printf("%6d,%4d", 86, 1040);`
   (b) `printf("%12.5e", 30.253);`
   (c) `printf("%.4f", 83.162);`
   (d) `printf("%-6.2g", .0000009979);`

Ⓦ 2. 编写 printf 函数调用，以下列格式显示 float 型变量 x。

   (a) 指数表示形式，栏宽 8，左对齐，小数点后保留 1 位数字。
   (b) 指数表示形式，栏宽 10，右对齐，小数点后保留 6 位数字。
   (c) 定点十进制表示形式，栏宽 8，左对齐，小数点后保留 3 位数字。
   (d) 定点十进制表示形式，栏宽 6，右对齐，小数点后无数字。

3.2 节

3. 说明下列每对 scanf 格式串是否等价？如果不等价，请指出它们的差异。

   (a) `"%d"`与`" %d"`。
   (b) `"%d-%d-%d"`与`"%d -%d -%d"`。
   (c) `"%f"`与`"%f "`。
   (d) `"%f,%f"`与`"%f, %f"`。

*4. 假设 scanf 函数调用的格式如下：

```
scanf("%d%f%d", &i, &x, &j);
```

如果用户输入

```
10.3 5 6
```

调用执行后，变量 i、x 和 j 的值分别是多少?（假设变量 i 和变量 j 都是 int 型，变量 x 是 float 型。）

Ⓦ *5. 假设 scanf 函数调用的格式如下：

```
scanf("%f%d%f", &x, &i, &y);
```

如果用户输入

```
12.3 45.6 789
```

调用执行后，变量 x、i 和 y 的值分别是多少?（假设变量 x 和变量 y 都是 float 型，变量 i 是 int 型。）

6. 指出如何修改 3.2 节中的 addfrac.c 程序，使用户可以输入在字符/的前后都有空格的分数。 [49]

---

① 用 * 标注的练习题比较棘手，正确答案往往不是显而易见的。仔细研读问题，必要时回顾一下相关章节的内容，一定要小心！

编程题

Ⓦ 1. 编写一个程序，以月/日/年（即 *mm/dd/yy*）的格式接受用户输入的日期信息，并以年月日（即 *yyyymmdd*）的格式将其显示出来：

```
Enter a date (mm/dd/yyyy): 2/17/2011
You entered the date 20110217
```

2. 编写一个程序，对用户输入的产品信息进行格式化。程序会话应类似下面这样：

```
Enter item number: 583
Enter unit price: 13.5
Enter purchase date (mm/dd/yyyy): 10/24/2010

Item            Unit            Purchase
                Price           Date
583             $   13.50       10/24/2010
```

其中，产品编号和日期项采用左对齐方式，单位价格采用右对齐方式，允许美元金额最大取值为 9999.99。提示：各个列使用制表符控制。

Ⓦ 3. 图书用国际标准书号（ISBN）进行标识。2007 年 1 月 1 日之后分配的 ISBN 包含 13 位数字（旧的 ISBN 使用 10 位数字），分为 5 组，如 978-0-393-97950-3。第一组（GS1 前缀）目前为 978 或 979。第二组（组标识）指明语言或者原出版国及地区（如 0 和 1 用于讲英语的国家）。第三组（出版商编号）表示出版商（393 是 W. W. Norton 出版社的编号）。第四组（产品编号）是由出版商分配的用于识别具体哪一本书的编号（97950）。ISBN 的末尾是一个校验数字，用于验证前面数字的准确性。编写一个程序来分解用户输入的 ISBN 信息：

```
Enter ISBN: 978-0-393-97950-3
GS1 prefix: 978
Group identifier: 0
Publisher code: 393
Item number: 97950
Check digit: 3
```

注意：每组中数字的个数是可变的，不能认为每组的长度都与示例一样。用实际的 ISBN 值（通常放在书的封底和版权页上）测试你编写的程序。

4. 编写一个程序，提示用户以(xxx) xxx-xxxx 的格式输入电话号码，并以 xxx.xxx.xxxx 的格式显示该号码：

```
Enter phone number [(xxx) xxx-xxxx]: (404) 817-6900
You entered 404.817.6900
```

5. 编写一个程序，要求用户（按任意次序）输入 1~16 的所有整数，然后用 4 × 4 矩阵的形式将它们显示出来，再计算出每行、每列和每条对角线上的和：

```
Enter the numbers from 1 to 16 in any order:
16 3 2 13 5 10 11 8 9 6 7 12 4 15 14 1
16   3   2  13
 5  10  11   8
 9   6   7  12
 4  15  14   1

Row sums: 34 34 34 34
Column sums: 34 34 34 34
Diagonal sums: 34 34
```

如果行、列和对角线上的和都一样（如本例所示），则称这些数组成一个**幻方**（magic square）。这里给出的幻方出现于艺术家和数学家Albrecht Dürer创作于1514年的一幅画中。（注意，矩阵的最后一行中间的两个数给出了该画的创作年代。）

6. 修改3.2节的addfrac.c程序，使用户可以同时输入两个分数，中间用加号隔开：

```
Enter two fractions separated by a plus sign: 5/6+3/4
The sum is 38/24
```

第4章 表达式

计算器不能让我们学会算术，只会使我们忘记算术。

C语言的一个特点就是它更多地强调表达式而不是语句。表达式是表示如何计算值的公式。最简单的表达式是变量和常量。变量表示程序运行时需要计算的值，常量表示不变的值，更加复杂的表达式把运算符用于操作数（操作数自身就是表达式）。在表达式 `a+(b*c)` 中，运算符 `+` 用于操作数 `a` 和 `(b*c)`，而这两者自身又都是表达式。

运算符是构建表达式的基本工具，C 语言拥有异常丰富的运算符。首先，C 语言提供了基本运算符，这类运算符存在于大多数编程语言中。

- **算术运算符**，包括加、减、乘和除。
- **关系运算符**进行诸如“i 比 0 大”这样的比较运算。
- **逻辑运算符**实现诸如“i 比 0 大并且 i 比 10 小”这样的关系运算。

但是C语言不只包括这些运算符，还提供了许多其他运算符。事实上，运算符非常多，我们需要在本书的前 20 章中逐步进行介绍。虽然掌握如此众多的运算符可能是一件非常烦琐的事，但这对于成为C语言专家是特别重要的。

本章将涵盖一些C语言中最基础的运算符：算术运算符（4.1 节）、赋值运算符（4.2 节）和自增及自减运算符（4.3 节）。4.1 节除了讨论算术运算符外，还解释了运算符的优先级和结合性，这两个特性对含有多个运算符的表达式而言非常重要。4.4 节描述C语言表达式的求值方法。最后，4.5 节介绍表达式语句，即一种允许把任何表达式都当作语句来使用的特性。

53

4.1 算术运算符

算术运算符是包括C语言在内的许多编程语言中广泛应用的一种运算符，这类运算符可以执行加法、减法、乘法和除法。表 4-1 展示了C语言的算术运算符。

表 4-1 算术运算符

一元运算符	二元运算符	
	加 法 类	乘 法 类
+ 一元正号运算符 - 一元负号运算符	+ 加法运算符 - 减法运算符	* 乘法运算符 / 除法运算符 % 求余运算符

加法类运算符和乘法类运算符都属于**二元运算符**，因为它们需要两个操作数。**一元运算符**只需要一个操作数：

```
i = +1;    /* + used as a unary operator */
j = -i;    /* - used as a unary operator */
```

一元运算符+什么都不做；实际上，经典 C 语言中甚至不存在这种运算符。它主要用于强调某数值常量是正的。

二元运算符或许看上去很熟悉，只有求余运算符%可能除外。i%j 的值是 i 除以 j 后的余数。例如，10%3 的值是 1，12%4 的值是 0。

Q&A 除%运算符以外，表 4-1 中的二元运算符既允许操作数是整数也允许操作数是浮点数，两者混合也是可以的。当把 int 型操作数和 float 型操作数混合在一起时，运算结果是 float 型的。因此，9+2.5f 的值为 11.5，而 6.7f/2 的值为 3.35。

运算符/和运算符%需要特别注意以下几点。

- 运算符/可能产生意外的结果。当两个操作数都是整数时，运算符/会丢掉分数部分来“截取”结果。因此，1 / 2 的结果是 0 而不是 0.5。
- 运算符%要求操作数是整数。如果两个操作数中有一个不是整数，程序将无法编译通过。
- 把 0 用作/或%的右操作数会导致未定义的行为（➤4.4 节）。
- Q&A 当运算符/和运算符%用于负操作数时，其结果难以确定。根据 C89 标准，如果两个操作数中有一个为负数，那么除法的结果既可以向上舍入也可以向下舍入。（例如，-9/7 的结果既可以是-1 也可以是-2。）在 C89 中，如果 i 或者 j 是负数，i%j 的符号与具体实现有关。（例如，-9%7 的值可能是-2 或者 5。）C99 但是在 C99 中，除法的结果总是趋零截尾的（因此-9/7 的结果是-1），i%j 的值的符号与 i 的相同（因此-9%7 的值是-2）。

54

“由实现定义”的行为

术语**由实现定义**（implementation-defined）出现频率很高，因此值得花些时间讨论一下。C 标准故意对 C 语言的部分内容未加指定，并认为其细节可以由“实现”来具体定义。所谓实现是指程序在特定的平台上编译、链接和执行所需要的软件。因此，根据实现的不同，程序的行为可能会稍有差异。C89 中运算符/和运算符%对负操作数的行为就是一个由实现定义行为的例子。

留下语言的一部分内容未加指定，看起来可能有点奇怪，甚至很危险，但这正反映了 C 语言的基本理念。C 语言的目标之一是高效，这常常意味着要与硬件行为相匹配。-9 除以 7 时，有些 CPU 产生的结果是-1，有些则是-2。C89 标准简单地反映了这一现实。

最好避免编写依赖于由实现定义的行为的程序。如果不可能做到，那么起码要仔细查阅手册——C 标准要求在文档中说明由实现定义的行为。

运算符的优先级和结合性

当表达式包含多个运算符时，其含义可能不是一目了然的。例如，表达式 i+j*k 是“i 加上 j，然后结果再乘以 k”还是“j 乘以 k，然后加上 i”呢？解决这个问题的一种方法就是添加圆括号，写为(i+j)*k 或者 i+(j*k)。作为通用规则，C 语言允许在所有表达式中用圆括号进行分组。

可是，如果不使用圆括号结果会如何呢？编译器是把表达式 i+j*k 解释为(i+j)*k 还是 i+(j*k)？和其他许多语言一样，C 语言采用**运算符优先级**（operator precedence）规则来解决这种隐含的二义性问题。算术运算符的相对优先级如下：

最高优先级：`+`　`-`（一元运算符）
　　　　　　`*`　`/`　`%`
最低优先级：`+`　`-`（二元运算符）

当两个或更多个运算符出现在同一个表达式中时，可以按运算符优先级从高到低的次序重复给子表达式添加圆括号，由此来确定编译器解释表达式的方法。下面的例子说明了这种结果：

```
i + j * k     等价于   i + (j * k)
-i * -j       等价于   (-i) * (-j)
+i + j / k    等价于   (+i) + (j / k)
```

当表达式包含两个或更多个相同优先级的运算符时，仅有运算符优先级规则是不够用的。

55

这种情况下，运算符的**结合性**（associativity）开始发挥作用。如果运算符是从左向右结合的，那么称这种运算符是**左结合的**（left associative）。二元算术运算符（即`*`、`/`、`%`、`+`和`-`）都是左结合的，所以

```
i - j - k     等价于   (i - j ) - k
i * j / k     等价于   (i * j ) / k
```

如果运算符是从右向左结合的，那么称这种运算符是**右结合的**（right associative）。一元算术运算符（`+`和`-`）都是右结合的，所以

```
- + i         等价于   -(+i)
```

在许多语言（特别是 C 语言）中，优先级和结合性规则都是非常重要的。然而，C 语言的运算符太多了（差不多 50 种），很少有程序员愿意记住这么多优先级和结合性规则。程序员在有疑问时会参考运算符表（➤附录 A），或者加上足够多的圆括号。

程序　计算通用产品代码的校验位

美国和加拿大的货物生产商会在超市销售的每件商品上放置一个条形码。这种被称为**通用产品代码**（Universal Product Code, UPC）的条形码可以识别生产商和产品。每个条形码表示一个 12 位的数，通常这个数会打印在条形码下面。例如，以下的条形码来自 Stouffer's 法式面包腊肠比萨的包装：

数字`0 13800 15173 5`出现在条形码的下方。第 1 个数字表示商品的种类（大部分商品用`0`或者`7`表示，`2`表示需要称量的商品，`3`表示药品或与健康相关的商品，而`5`表示赠品）。第一组 5 位数字用来标识生产商（13800 是雀巢美国的冷冻食品公司的代码）。第二组 5 位数字用来标识产品（包括包装尺寸）。最后一位数字是"校验位"，它唯一的作用是帮助识别前面数字中的错误。如果条形码扫描出现错误，那么前 11 位数字可能会和最后一位数字不匹配，超市扫描机将拒绝整个条形码。

下面是一种计算校验位的方法：首先把第 1 位、第 3 位、第 5 位、第 7 位、第 9 位和第 11

56

位数字相加；然后把第 2 位、第 4 位、第 6 位、第 8 位和第 10 位数字相加；接着把第一次加法

的结果乘以 3，再和第二次加法的结果相加；随后再把上述结果减去 1；相减后的结果除以 10 取余数；最后用 9 减去上一步骤中得到的余数。

还用 Stouffer's 的例子，我们由 0+3+0+1+1+3 得到第一个和 8，由 1+8+0+5+7 得到第二个和 21。把第一个和乘以 3 后再加上第二个和得到 45，减 1 得到 44。把这个值除以 10 取余数为 4。再用 9 减去余数 4，结果为 5。下面还有两个通用产品代码，试着手工算出各自的校验位（不要去厨房找答案）：

Jif 牌奶油花生酱（18 盎司①）： `0 51500 24128 ?`
Ocean Spray 牌蔓越莓果酱（8 盎司）： `0 31200 01005 ?`

答案在本页最下面②。

下面编写一个程序来计算任意通用产品代码的校验位。要求用户输入通用产品代码的前 11 位数字，然后程序显示出相应的校验位。为了避免混淆，要求用户分 3 部分输入数字：左边的第一个数字、第一组 5 位数字以及第二组 5 位数字。程序会话的形式如下所示：

```
Enter the first (single) digit: 0
Enter first group of five digits: 13800
Enter second group of five digits: 15173
Check digit: 5
```

程序不是按一个 5 位数来读取每组 5 位数字的，而是将它们读作 5 个 1 位数。把数看成一个个独立的数字来读取更为方便，而且也无须担心由于 5 位数过大而无法存储到 `int` 型变量中。（某些编译器限定 `int` 型变量的最大值为 32 767。）为了读取单个的数字，我们使用带有`%1d` 转换说明的 `scanf` 函数，其中`%1d` 匹配只有 1 位的整数。

upc.c

```
/* Computes a Universal Product Code check digit */

#include <stdio.h>

int main(void)
{
  int d, i1, i2, i3, i4, i5, j1, j2, j3, j4, j5,
      first_sum, second_sum, total;

  printf("Enter the first (single) digit: ");
  scanf("%1d", &d);
  printf("Enter first group of five digits: ");
  scanf("%1d%1d%1d%1d%1d", &i1, &i2, &i3, &i4, &i5);
  printf("Enter second group of five digits: ");
  scanf("%1d%1d%1d%1d%1d", &j1, &j2, &j3, &j4, &j5);

  first_sum = d + i2 + i4 + j1 + j3 + j5;
  second_sum = i1 + i3 + i5 + j2 + j4;
  total = 3 * first_sum + second_sum;

  printf("Check digit: %d\n", 9 - ((total - 1) % 10));

  return 0;
}
```

57

① 1 盎司约为 28.35 克。——编者注

② 要计算的检验位分别为 8（Jif）和 6（Ocean Spray）。

注意，表达式 `9 - ((total - 1) % 10)` 可以写成 `9 - (total - 1) % 10`，但是额外的圆括号可使其更容易理解。

4.2　赋值运算符

求出表达式的值以后，通常需要将其存储到变量中，以便将来使用。C 语言的= [**简单赋值**（simple assignment）] 运算符可以用于此目的。为了更新已经存储在变量中的值，C 语言还提供了一种**复合赋值**（compound assignment）运算符。

4.2.1　简单赋值

表达式 $v = e$ 的赋值效果是求出表达式 e 的值，并把此值复制到 v。如下面的例子所示，e 可以是常量、变量或更为复杂的表达式：

```
i = 5;           /* i is now 5  */
j = i;           /* j is now 5  */
k = 10 * i + j;  /* k is now 55 */
```

如果 v 和 e 的类型不同，那么赋值运算发生时会把 e 的值转换为 v 的类型：

```
int i;
float f;

i = 72.99f;      /* i is now 72 */
f = 136;         /* f is now 136.0 */
```

类型转换的问题（➤7.4 节）以后再讨论。

在许多编程语言中，赋值是*语句*；然而，在 C 语言中，赋值就像+那样是*运算符*。换句话说，赋值操作产生结果，就如同两个数相加产生结果一样。赋值表达式 $v = e$ 的值就是赋值运算后 v 的值。因此，表达式 `i = 72.99f` 的值是 72（不是 72.99）。

58

副　作　用

通常我们不希望运算符修改它们的操作数，数学中的运算符就是如此。表达式 `i + j` 不会改变 `i` 或 `j` 的值，只是计算出 `i` 加 `j` 的结果。

大多数 C 语言运算符不会改变操作数的值，但是也有一些会改变。由于这类运算符所做的不再仅仅是计算出值，因此称它们有**副作用**（side effect）。简单赋值运算符是已知的第一个有副作用的运算符，它改变了运算符的左操作数。对表达式 `i = 0` 求值产生的结果为 0，并（作为副作用）把 0 赋值给 `i`。

既然赋值是运算符，那么多个赋值可以串联在一起：

```
i = j = k = 0;
```

运算符=是右结合的，因此上述赋值表达式等价于

```
i = (j = (k = 0));
```

作用是先把 0 赋值给 `k`，再把表达式 `k = 0` 的值赋值给 `j`，最后把表达式 `j = (k = 0)` 的值赋值给 `i`。

注意，由于存在类型转换，串在一起的赋值运算最终结果可能不是预期的结果：

```
int i;
float f;

f = i = 33.3f;
```

首先把数值 33 赋值给变量 i，然后把 33.0（而不是预期的 33.3）赋值给变量 f。

通常情况下，可以使用 v 类型值的地方都可以进行形如 $v=e$ 的赋值。在下面的例子中，表达式 j = i 把 i 的值复制给 j，然后再将表达式 j = i 的值（等于 j 的新值）加上 1，得到 k 的新值：

```
i = 1;
k = 1 + (j = i);
printf("%d %d %d\n", i, j, k);    /* prints "1 1 2" */
```

但是，按照上述这种形式使用赋值运算符通常不是一个好主意。其一，“嵌入式赋值”不便于程序的阅读；其二，在 4.4 节我们将看到，这样做也是潜在错误的根源。

4.2.2 左值

大多数 C 语言运算符允许它们的操作数是变量、常量或者包含其他运算符的表达式。然而，**Q&A** 赋值运算符要求它的左操作数必须是**左值**（lvalue）。左值表示对象，而不是常量或计算的结果。变量是左值，而诸如 10 或 2 * i 这样的表达式则不是左值。目前为止，变量是已知的唯一左值。在后面的章节中，我们将介绍其他类型的左值。

59

既然赋值运算符要求左操作数是左值，那么在赋值表达式的左侧放置任何其他类型的表达式都是不合法的：

```
12 = i;        /*** WRONG ***/
i + j = 0;     /*** WRONG ***/
-i = j;        /*** WRONG ***/
```

编译器会检测出这种错误，并给出“invalid lvalue in assignment”这样的出错消息。

4.2.3 复合赋值

利用变量的原有值计算出新值并重新赋值给这个变量，这种操作在 C 语言程序中是非常普遍的。例如，下面这条语句就是把变量 i 的值加上 2 后再赋值给它自己：

```
i = i + 2;
```

C 语言的**复合赋值**运算符允许缩短这个语句以及类似的语句。使用+=运算符，可以将上面的表达式简写为

```
i += 2;  /* same as i = i + 2; */
```

+=运算符把右操作数的值加到左侧的变量中去。

还有另外 9 种复合赋值运算符，包括

```
-=    *=    /=    %=
```

[其他复合赋值运算符（➤20.1 节）将在后面的章节中介绍。] 所有复合赋值运算符的工作原理大体相同。

- v += e 表示 v 加上 e，然后将结果存储到 v 中。
- v -= e 表示 v 减去 e，然后将结果存储到 v 中。
- v *= e 表示 v 乘以 e，然后将结果存储到 v 中。
- v /= e 表示 v 除以 e，然后将结果存储到 v 中。
- v %= e 表示 v 除以 e 取余数，然后将求余的结果存储到 v 中。

注意，这里没有说 v += e “等价于” $v = v + e$。问题在于运算符的优先级：表达式 `i *= j + k` 和表达式 `i = i * j + k` 是不一样的。Q&A 在极少数情况下，由于 v 自身的副作用，v += e 也不等同于 $v = v + e$。类似的说明也适用于其他复合赋值运算符。

60

在使用复合赋值运算符时，注意不要交换组成运算符的两个字符的位置。交换字符位置产生的表达式也许可以被编译器接受，但不会有预期的意义。例如，原本打算写表达式 `i += j`，却写成了 `i =+ j`，程序也能够通过编译。但是，后一个表达式 `i =+ j` 等价于表达式 `i = ( +j )`，只是简单地把 `j` 的值赋给 `i`。

复合赋值运算符有着和=运算符一样的特性。具体来说，它们都是右结合的，因此语句

```
i += j += k;
```

意味着

```
i += (j += k);
```

4.3　自增运算符和自减运算符

最常用于变量的两种运算是“自增”（加 1）和“自减”（减 1）。当然，也可以通过下列方式完成这类操作：

```
i = i + 1;
j = j - 1;
```

复合赋值运算符可以将上述这些语句缩短一些：

```
i += 1;
j -= 1;
```

Q&A 而 C 语言允许用++（**自增**）和--（**自减**）运算符将这些语句缩得更短些。

乍一看，简化的原因仅仅是使用了自增和自减运算符：++表示操作数加 1，--表示操作数减 1。但这是一种误导，实际上自增和自减运算符的使用是很复杂的，原因之一就是++和--运算符既可以作为**前缀**（prefix）运算符（如`++i` 和`--i`）也可以作为**后缀**（postfix）运算符（如 `i++`和 `i--`）使用。程序的正确性可能和选取适合的运算符形式紧密相关。

造成运算符的使用如此复杂的另一个原因是，和赋值运算符一样，++和--也有副作用：它们会改变操作数的值。计算表达式`++i`（“前缀自增”）的结果是 `i+1`，而副作用的效果是自增 `i`：

```
i = 1;
printf("i is %d\n", ++i);      /* prints "i is 2" */
printf("i is %d\n", i);        /* prints "i is 2" */
```

计算表达式 i++（“后缀自增”）的结果是 i，但是会引发 i 随后进行自增：

```
i = 1;
printf("i is %d\n", i++);      /* prints "i is 1" */
printf("i is %d\n", i);        /* prints "i is 2" */
```

61

第一个 printf 函数显示了 i 自增前的原始值，第二个 printf 函数显示了 i 变化后的新值。正如这些例子所说明的那样，++i 意味着“立即自增 i”，i++意味着“现在先用 i 的原始值，稍后再自增 i”。这个“稍后”有多久呢？Q&A C 语言标准没有给出精确的时间，但是可以放心地假设 i 将在下一条语句执行前进行自增。

--运算符具有相似的特性：

```
i = 1;
printf("i is %d\n", --i);      /* prints "i is 0" */
printf("i is %d\n", i);        /* prints "i is 0" */

i = 1;
printf("i is %d\n", i--);      /* prints "i is 1" */
printf("i is %d\n", i);        /* prints "i is 0" */
```

在同一个表达式中多次使用++或--运算符，结果往往很难理解。思考下列语句：

```
i = 1;
j = 2;
k = ++i + j++;
```

在上述语句执行后，i、j 和 k 的值分别是多少呢？因为 i 是在值被使用前进行自增，而 j 是在值被使用后进行自增，所以最后一个语句等价于

```
i = i + 1;
k = i + j;
j = j + 1;
```

因此，最终 i、j 和 k 的值分别是 2、3 和 4。如果执行语句

```
i = 1;
j = 2;
k = i++ + j++;
```

i、j 和 k 的值将分别是 2、3 和 3。

需要记住的是，后缀++和后缀--比一元的正号和负号优先级高，而且这两个后缀都是左结合的。前缀++和前缀--与一元的正号和负号优先级相同，而且这两个前缀都是右结合的。

4.4　表达式求值

62

表 4-2 总结了到目前为止讲到的运算符。（附录 A 有一个类似的展示全部运算符的表格。）表 4-2 的第一列显示了每种运算符相对于表中其他运算符的优先级（最高优先级为 1，最低优先级为 5），最后一列显示了每种运算符的结合性。

表 4-2　部分 C 语言运算符表

优先级	类型名称	符号	结合性
1	（后缀）自增	++	左结合
	（后缀）自减	--	

（续）

优先级	类型名称	符号	结合性
2	（前缀）自增 （前缀）自减 一元正号 一元负号	++ -- + -	右结合
3	乘法类	* / %	左结合
4	加法类	+ -	左结合
5	赋值	= *= /= %= += -=	右结合

表 4-2（或者附录 A 中的运算符汇总表）用途很广泛。先看其中的一种用途。假设我们读某人的程序时遇到类似这样的复杂表达式：

```
a = b += c++ - d + --e / -f
```

如果有圆括号显示表达式是如何由子表达式构成的，那么这个复杂的表达式将较容易理解。借助表 4-2，为表达式添加圆括号是非常容易的：检查表达式，找到最高优先级的运算符后，用圆括号把运算符和相应的操作数括起来，这表明在此之后圆括号内的内容将被看作一个单独的操作数。然后重复此类操作直到将表达式完全加上圆括号。

在此示例中，用作后缀运算符的++具有最高优先级，因此在后缀++和相关操作数的周围加上圆括号：

```
a = b += (c++) - d + --e / -f
```

现在在表达式中发现了前缀--运算符和一元负号运算符（优先级都为 2）：

```
a = b += (c++) - d + (--e) / (-f)
```

注意，另外一个负号的左侧紧挨着一个操作数，因此这个运算符一定是减法运算符，而不是一元负号运算符。

接下来，注意到运算符/（优先级为 3）：

```
a = b += (c++) - d + ((--e) / (-f))
```

这个表达式包含两个优先级为 4 的运算符：减号和加号。当两个具有相同优先级的运算符和同一个操作数相邻时，需要注意运算结合性。在此例中，-运算符和+运算符都和 d 毗邻，因此应用结合性规则。-运算符和+运算符都是自左向右结合，因此圆括号先括减号，然后再括加号：

63

```
a = b += (((c++) - d) + ((--e) / (-f)))
```

最后剩下运算符=和运算符+=。这两个运算符都和 b 相邻，因此必须考虑运算结合性。赋值运算符从右向左结合，因此括号先加在表达式+=周围，然后加在表达式=周围：

```
(a = (b += (((c++) - d) + ((--e) / (-f)))))
```

现在这个表达式完全加上了括号。

子表达式的求值顺序

有了运算符的优先级和结合性规则，我们就可以将任何 C 语言表达式划分成子表达式。如果表达式是完全括号化的，那么这些规则还可以确定唯一的添加圆括号的方式。与之相矛盾的是，这些规则并不总是允许我们确定表达式的值，表达式的值可能依赖于子表达式的求值顺序。

C语言没有定义子表达式的求值顺序［除了含有逻辑与运算符及逻辑或运算符（➤5.1节）、条件运算符（➤5.2节）以及逗号运算符（➤6.3节）的子表达式］。因此，在表达式(a + b) * (c - d)中，无法确定子表达式(a + b)是否在子表达式(c - d)之前求值。

不管子表达式的计算顺序如何，大多数表达式有相同的值。但是，当子表达式改变了某个操作数的值时，产生的值可能就不一致了。思考下面这个例子：

```
a = 5;
c = (b = a + 2) - (a = 1);
```

第二条语句的执行结果是未定义的，C标准没有规定。对大多数编译器而言，c的值是6或者2。如果先计算子表达式(b = a + 2)，那么b的值为7，c的值为6。但是，如果先计算子表达式(a = 1)，那么b的值为3，c的值为2。

在表达式中，既在某处访问变量的值又在别处修改它的值是不可取的。表达式(b = a + 2) - (a = 1)既访问了a的值（为了计算a + 2），又（通过赋值为1）修改了a的值。有些编译器在遇到这样的表达式时会产生一条类似“operation on ‘a’ may be undefined”的警告消息。

为了避免出现此类问题，一个好主意就是不在子表达式中使用赋值运算符，而是采用一串分离的赋值表达式。例如，上述语句可以改写成如下形式：

```
a = 5;
b = a + 2;
a = 1;
c = b - a;
```

在执行完这些语句后，c的值始终是6。

64

除了赋值运算符，仅有自增和自减运算符可以改变操作数。使用这些运算符时，要注意表达式不要依赖特定的计算顺序。在下面的例子中，j有两个可能的值：

```
i = 2;
j = i * i++;
```

人们很自然地就会认定j赋值为4。但是，该语句的执行效果是未定义的，j也可能赋值为6。这种情况具体如下：(1) 取出第二个操作数（i的原始值），然后i自增；(2) 取出第一个操作数（i的新值）；(3) i的原始值和新值相乘，结果为6。“取出”变量意味着从内存中获取它的值。变量的后续变化不会影响已取出的值，因为已取出的值通常存储在CPU中，称为**寄存器**（➤18.2节）的一个特殊位置。

未定义的行为

根据C标准，类似c = (b = a + 2) - (a = 1);和j = i * i++;这样的语句会导致“未定义的行为”（undefined behavior），这跟4.1节中讲的由实现定义的行为是不同的。当程序中出现未定义的行为时，后果是不可预料的。不同的编译器给出的编译结果可能是不同的，但这还不是唯一可能发生的事情：首先程序可能无法通过编译，就算通过了编译也可能无法运行，就算可以运行也有可能崩溃、不稳定或者产生无意义的结果。换句话说，应该像躲避瘟疫一样避免未定义的行为。

4.5 表达式语句

C 语言有一条不同寻常的规则，那就是任何表达式都可以用作语句。换句话说，不论表达式是什么类型、计算什么结果，我们都可以通过在后面添加分号将其转换成语句。例如，可以把表达式++i 转换成语句

```
++i;
```

执行这条语句时，i 先进行自增，然后把新产生的 i 值取出（与放在表达式中的效果一样）。Q&A 但是，因为++i 不是更长的表达式的一部分，所以它的值会被丢弃，执行下一条语句。（当然，对 i 的改变是持久的。）

65

因为会丢掉++i 的值，所以除非表达式有副作用，否则将表达式用作语句并没有什么意义。一起来看看下面的 3 个例子。在第一个例子中，i 存储了 1，然后取出 i 的新值，但是未使用：

```
i = 1;
```

在第二个例子中，取出 i 的值但没有使用，随后 i 进行自减：

```
i--;
```

在第三个例子中，计算出表达式 i * j - 1 的值后丢弃：

```
i * j - 1;
```

因为 i 和 j 没有变化，所以这条语句没有任何作用。

键盘上的误操作很容易造成“什么也不做”的表达式语句。例如，本想输入

```
i = j;
```

但是错误地输入了

```
i + j;
```

（因为=和+两个字符通常在键盘的同一个键上，所以这种错误发生的频率可能会超乎想象。）某些编译器可能会检查出无意义的表达式语句，会显示类似“statement with no effect”的警告。

问与答

问：我注意到 C 语言没有指数运算符。如何求一个数的幂呢？

答：通过重复乘法运算，可以进行较为简单的整数次幂运算（i * i * i 是 i 的立方运算）。如果想计算非整数次幂，可以调用 pow 函数（➤23.3 节）。

问：我想把%运算符用于浮点数，但程序无法通过编译，该怎么办？（p.41）

答：%运算符要求操作数是整数，这种情况下可以试试 fmod 函数（➤23.3 节）。

问：当/运算符和%运算符的操作数是负数时，为什么规则那么复杂？（p.41）

66

答：规则其实不像看起来那么复杂。C89 和 C99 都要确保(a / b) * b + a % b 的结果总是等于 a（事实上，只要 a / b 的值是可表示的，C89 和 C99 标准就都能确保这一点）。问题在于 C89 中，a / b 和 a % b 有两种情况可满足这一相等性：-9 / 7 为–1 且-9 % 7 为–2，或者-9 / 7 为–2 且-9 % 7 为 5。

在第一种情况下，`(-9 / 7) * 7 + -9 % 7`的值为–1 × 7 + –2 = –9；在第二种情况下，`(-9 / 7) * 7 + -9 % 7`的值为–2 × 7 + 5 = –9。C99 C99出现的时候，大多数CPU都将除法的结果趋零截尾，所以这也被写入这一标准作为唯一允许的结果。

问：如果C语言有左值，那它也有右值吗？（p.45）

答：是的，当然。不过在C语言里不叫右值，C语言中的"值"就是"右值"，都是指"表达式的值"。只有左值才可能放在赋值运算符的左侧，否则它就是一个值，或者说右值。当然，C语言不需要"右值"这个概念，C标准也不使用这个概念，这是其他语言，比如C++才使用的概念。

***问：前面提到：如果*v*有副作用，那么*v* += *e*不等价于*v* = *v* + *e*。可以解释一下吗？（p.46）**

答：计算*v* += *e*只会求一次*v*的值，而计算*v* = *v* + *e*会求两次*v*的值。在后一种情况下，对*v*求值可能引起的任何副作用也都会出现两次。在下面的例子中，`i`只自增一次：

```
a[i++] += 2;
```

如果用`=`代替`+=`，语句变成

```
a[i++] = a[i++] + 2;
```

`i`的值在别处被修改和使用了，因此上述语句的结果是未定义的。`i`的值可能会自增两次，但我们无法确定到底会发生什么。

问：C语言为什么提供++和--运算符？它们是比其他的自增、自减方法执行得快，还是仅仅更便捷？（p.46）

答：C语言从Ken Thompson早期的B语言中继承了`++`和`--`。Thompson创造这类运算符是因为他的B语言编译器可以对`++i`产生比`i = i + 1`更简洁的翻译。这些运算符已经成为C语言根深蒂固的组成部分（事实上，许多最著名的C语言惯用法都依赖于这些运算符）。对于现代编译器而言，使用`++`和`--`不会使编译后的程序变得更短小或更快，继续普及这些运算符主要是由于它们的简洁和便利。

问：++和--是否可以处理`float`型变量？

答：可以。自增和自减运算也可以用于浮点数，但实际应用中极少采用自增和自减运算符处理`float`型变量。

67

***问：在使用后缀形式的++或--时，何时执行自增或自减操作？（p.47）**

答：这是一个非常好的问题，也是一个非常难回答的问题。C语言标准引入了"序列点"的概念，并且指出"应该在前一个序列点和后一个序列点之间对存储的操作数的值进行更新"。在C语言中有多种不同类型的序列点，表达式语句的末尾是其中一种。在表达式语句的末尾，该语句中的所有自增和自减操作都必须执行完毕，否则不能执行下一条语句。

在后面章节中会遇到的一些运算符（逻辑与、逻辑或、条件和逗号）对序列点也有影响。函数调用也是如此：在函数调用执行之前，所有的实际参数必须全部计算出来。如果实际参数恰巧是含有`++`或`--`运算符的表达式，那么必须在调用前进行自增或自减操作。

问：丢掉表达式语句的值意味着什么？（p.50）

答：根据定义，一个表达式表示一个值。例如，如果`i`的值为5，那么计算`i + 1`产生的值为6。在末尾添加分号，把`i+1`变成语句：

```
i + 1;
```

执行这条语句时，我们计算出了`i + 1`的值，但是我们没有保存这个值（也没有以某种方式使用这个值），因此这个值就丢失了。

问：但是类似 i = 1;这样的语句会如何呢？我没发现有什么东西被丢掉了。

答：不要忘记在 C 语言中=是一种运算符，它可以像其他任何运算符一样产生值。赋值语句

```
i = 1;
```

把 1 赋值给 i。整个表达式的值是 1，这个值被丢掉了。编写语句的首要目的是改变 i 的值，因此丢掉表达式的值不算什么大的损失。

练习题

4.1 节

1. 给出下列程序片段的输出结果。假设 i、j 和 k 都是 int 型变量。

(a)
```
i = 5; j = 3;
printf("%d %d", i / j, i % j);
```
(b)
```
i = 2; j = 3;
printf("%d", (i + 10) % j);
```
(c)
```
i = 7; j = 8; k = 9;
printf("%d", (i + 10) % k / j);
```
68

(d)
```
i = 1; j = 2; k = 3;
printf("%d", (i + 5) % (j + 2) / k);
```

*2. 如果 i 和 j 都是正整数，(-i) / j 的值和-(i / j)的值是否总一样？验证你的答案。

3. 下列表达式在 C89 中的值是多少？（如果表达式有多个可能的值，都列出来。）

(a) 8 / 5
(b) -8 / 5
(c) 8 / -5
(d) -8 / -5

4. 对 C99 重复上题。

5. 下列表达式在 C89 中的值是多少？（如果表达式有多个可能的值，都列出来。）

(a) 8 % 5
(b) -8 % 5
(c) 8 % -5
(d) -8 % -5

6. 对 C99 重复上题。

7. 本章计算 UPC 校验位方法的最后几步是：把总的结果减去 1，相减后的结果除以 10 取余数，用 9 减去余数。换成下面的步骤也可以：总的结果除以 10 取余数，用 10 减去余数。这样做为什么可行？

8. 如果把表达式 9 - ((total - 1) % 10)改成(10 - (total % 10)) % 10，upc.c 程序是否仍然正确？

4.2 节

9. 给出下列程序片段的输出结果。假设 i、j 和 k 都是 int 型变量。

(a)
```
i = 7; j = 8;
i *= j + 1;
printf("%d %d", i, j);
```

(b)
```
i = j = k = 1;
i += j += k;
printf("%d %d %d", i, j, k);
```
(c)
```
i = 1; j = 2; k = 3;
i -= j -= k;
printf("%d %d %d", i, j, k);
```
(d)
```
i = 2; j = 1; k = 0;
i *= j *= k;
printf("%d %d %d", i, j, k);
```

69

10. 给出下列程序片段的输出结果。假设 i 和 j 都是 int 型变量。

(a)
```
i = 6;
j = i += i;
printf("%d %d", i, j);
```
(b)
```
i = 5;
j = (i -= 2) + 1;
printf("%d %d", i, j);
```
(c)
```
i = 7;
j = 6 + (i = 2.5);
printf("%d %d", i, j);
```
(d)
```
i = 2; j = 8;
j = (i = 6) + (j = 3);
printf("%d %d", i, j);
```

4.3 节

*11. 给出下列程序片段的输出结果。假设 i、j 和 k 都是 int 型变量。

(a)
```
i = 1;
printf("%d ", i++ - 1);
printf("%d", i);
```
(b)
```
i = 10; j = 5;
printf("%d ", i++ - ++j);
printf("%d %d", i, j);
```
(c)
```
i = 7; j = 8;
printf("%d ", i++ - --j);
printf("%d %d", i, j);
```
(d)
```
i = 3; j = 4; k = 5;
printf("%d ", i++ - j++ + --k);
printf("%d %d %d", i, j, k);
```

12. 给出下列程序片段的输出结果。假设 i 和 j 都是 int 型变量。

(a)
```
i = 5;
j = ++i * 3 - 2;
printf("%d %d", i, j);
```
(b)
```
i = 5;
j = 3 - 2 * i++;
printf("%d %d", i, j);
```

(c)
```
i = 7;
j = 3 * i-- + 2;
printf("%d %d", i, j);
```
(d)
```
i = 7;
j = 3 + --i * 2;
printf("%d %d", i, j);
```

13. 表达式++i和i++中只有一个是与表达式(i += 1)完全相同的，是哪一个呢？验证你的答案。

4.4节

70

14. 添加圆括号，说明C语言编译器如何解释下列表达式。

(a) `a * b - c * d + e`

(b) `a / b % c / d`

(c) `- a - b + c - + d`

(d) `a * - b / c - d`

4.5节

15. 给出下列每条表达式语句执行以后i和j的值。(假设i的初始值为1，j的初始值为2。)

(a) `i += j;`

(b) `i--;`

(c) `i * j / i;`

(d) `i % ++j;`

编程题

1. 编写一个程序，要求用户输入一个两位数，然后按数位的逆序打印出这个数。程序会话应类似下面这样：

```
Enter a two-digit number: 28
The reversal is: 82
```

用%d读入两位数，然后分解成两个数字。提示：如果n是整数，那么n % 10是个位数，而n / 10则是移除个位数后剩下的数。

2. 扩展上题中的程序，使其可以处理3位数。

3. 重新编写编程题2中的程序，使新程序不需要利用算术分割就可以显示出3位数的逆序。提示：参考4.1节的upc.c程序。

4. 编写一个程序，读入用户输入的整数并按八进制（基数为8）显示出来：

```
Enter a number between 0 and 32767: 1953
In octal, your number is: 03641
```

输出应为5位数，即便不需要这么多数位也要如此。提示：要把一个数转换成八进制，首先将其除以8，所得的余数是八进制数的最后一位（本例中为1）；然后把原始的数除以8，对除法结果重复上述过程，得到倒数第二位。(如第7章所示，printf可以显示八进制的数，所以这个程序实际上有更简单的写法。)

5. 重写4.1节的upc.c程序，使用户可以一次输入11位数字，而不用先输入1位，再输入5位，最后再输入5位。

```
Enter the first 11 digits of a UPC: 01380015173
Check digit: 5
```

6. 欧洲国家及地区不使用北美的12位通用产品代码（UPC），而使用13位的欧洲商品编码（European Article Number, EAN）。跟UPC一样，每个EAN码的最后也有一个校验位。计算校验位的方法也类似：首先把第2位、第4位、第6位、第8位、第10位和第12位数字相加；然后把第1位、第3位、第5位、第7位、第9位和第11位数字相加；接着把第一次加法的结果乘以3，再和第二次加法的结果相加；随后，再把上述结果减去1；相减后的结果除以10取余数；最后用9减去上一步骤中得到的余数。

   以Güllüoglu牌土耳其软糖（开心果和椰子口味）为例，其EAN码为8691484260008。第一个和为6+1+8+2+0+0=17，第二个和为8+9+4+4+6+0=31。第一个和乘以3再加上第二个和得到82，减1得到81。这个结果除以10的余数是1，再用9减去余数得到8，与原始编码的最后一位一致。请修改4.1节的upc.c程序以计算EAN的校验位。用户把EAN的前12位当作一个数输入：

```
Enter the first 12 digits of an EAN: 869148426000
Check digit: 8
```

71

72

第 5 章

选择语句

不应该以聪明才智和逻辑分析能力来评判程序员，而要看其分析问题是否全面。

尽管 C 语言有许多运算符，但是它所拥有的语句相对较少。到目前为止，我们只见过两种语句：`return` 语句（➤2.2 节）和表达式语句（➤4.5 节）。根据对语句执行顺序的影响，C 语言的其余语句大多属于以下 3 类。

- **选择语句**（selection statement）。`if` 语句和 `switch` 语句允许程序在一组可选项中选择一条特定的执行路径。
- **重复语句**（iteration statement）。`while` 语句、`do` 语句和 `for` 语句支持重复（循环）操作。
- **跳转语句**（jump statement）。`break` 语句、`continue` 语句和 `goto` 语句导致无条件地跳转到程序中的某个位置。（`return` 语句也属于此类。）

C 语言还有其他两类语句，一类是复合语句（把几条语句组合成一条语句），一类是空语句（不执行任何操作）。

本章讨论选择语句和复合语句。（第 6 章会介绍重复语句、跳转语句和空语句。）在使用 `if` 语句之前，我们需要介绍逻辑表达式：`if` 语句可以测试的条件。5.1 节说明如何用关系运算符（`<`、`<=`、`>`和`>=`）、判等运算符（`==`和`!=`）和逻辑运算符（`&&`、`||`和`!`）构造逻辑表达式。5.2 节介绍 `if` 语句和复合语句，以及可以在一个表达式内测试条件的条件运算符（`?:`）。5.3 节描述 `switch` 语句。

73

5.1 逻辑表达式

包括 `if` 语句在内的某些 C 语句必须测试表达式的值是“真”还是“假”。例如，`if` 语句可能需要检测表达式 `i < j`，若取得真值则说明 `i` 小于 `j`。在许多编程语言中，类似 `i < j` 这样的表达式都具有特殊的“布尔”类型或“逻辑”类型。这样的类型只有两个值，即假和真。而在 C 语言中，`i < j` 这样的比较运算会产生整数：`0`（假）或 `1`（真）。先记住这一点，下面来看看用于构建逻辑表达式的运算符。

5.1.1 关系运算符

C 语言的**关系运算符**（relational operator，见表 5-1）跟数学上的 <、>、≤和≥运算符相对应，只不过用在 C 语言的表达式中时产生的结果是 0（假）或 1（真）。例如，表达式 `10<11` 的值为 1，而表达式 `11 < 10` 的值为 0。

关系运算符可以用于比较整数和浮点数，也允许比较混合类型的操作数。因此，表达式 `1 < 2.5` 的值为 1，而表达式 `5.6 < 4` 的值为 0。

表 5-1 关系运算符

符 号	含 义
<	小于
>	大于
<=	小于等于
>=	大于等于

关系运算符的优先级低于算术运算符。例如，表达式 `i + j < k - 1` 意思是`(i + j)<(k - 1)`。关系运算符都是左结合的。

表达式 `i < j < k` 在C语言中是合法的，但可能不是你所期望的含义。因为<运算符是左结合的，所以这个表达式等价于

```
(i < j) < k
```

换句话说，表达式首先检测 `i` 是否小于 `j`，然后用比较后产生的结果（1或0）来和 `k` 进行比较。这个表达式并不是测试 `j` 是否位于 `i` 和 `k` 之间。（在本节后面会看到，正确的表达式应该是 `i<j && j<k`。）

74

5.1.2 判等运算符

C语言中表示关系运算符的符号与其他许多编程语言中的相同，但是**判等运算符**（equality operator）有着独一无二的形式（见表 5-2）。因为单独一个=字符表示赋值运算符，所以“等于”运算符是两个紧邻的=字符，而不是一个=字符。“不等于”运算符也是两个字符，即!和=。

表 5-2 判等运算符

符 号	含 义
==	等于
!=	不等于

和关系运算符一样，判等运算符也是左结合的，并且产生0（假）或1（真）作为结果。然而，判等运算符的优先级低于关系运算符。例如，表达式 `i < j == j < k` 等价于表达式`(i < j) == (j < k)`。如果 `i < j` 和 `j < k` 的结果同为真或同为假，那么这个表达式的结果为真。

聪明的程序员有时会巧妙地利用关系运算符和判等运算符返回整数值这一事实。例如，依据 `i` 是小于、大于还是等于 `j`，表达式`(i >= j) + (i == j)`的值分别是0、1、2。然而，这种技巧性编码通常不是一个好主意，因为这样会使程序难以阅读。

5.1.3 逻辑运算符

利用**逻辑运算符**（logical operator）与、或和非（见表 5-3），较简单的表达式可以构建出更加复杂的逻辑表达式。!是一元运算符，&&和||是二元运算符。

表 5-3 逻辑运算符

符 号	含 义
!	逻辑非
&&	逻辑与
||	逻辑或

逻辑运算符所产生的结果是0或1。操作数的值经常是0或1，但这不是必需的。逻辑运算符将任何非零值操作数作为真值来处理，同时将任何零值操作数作为假值来处理。

逻辑运算符的操作如下：

75

- 如果*表达式*的值为0，那么!*表达式*的结果为1；
- 如果*表达式1*和*表达式2*的值都是非零值，那么*表达式1* && *表达式2*的结果为1；
- 如果*表达式1*或*表达式2*的值中任意一个是（或者两者都是）非零值，那么*表达式1* || *表达式2*的结果为1。

在所有其他情况下，这些运算符产生的结果都为0。

运算符&&和运算符||都对操作数进行"短路"计算。也就是说，这些运算符首先计算出左操作数的值，然后计算右操作数。如果表达式的值可以仅由左操作数的值推导出来，那么将不计算右操作数的值。思考下面的表达式：

```
(i != 0) && (j / i > 0)
```

为了得到此表达式的值，首先必须计算表达式(i != 0)的值。如果i不等于0，那么需要计算表达式(j / i > 0)的值，从而确定整个表达式的值为真还是为假。但是，如果i等于0，那么整个表达式的值一定为假，所以就不需要计算表达式(j / i > 0)的值了。短路计算的优势是显而易见的，如果没有短路计算，那么表达式的求值将导致除以零的运算。

要注意逻辑表达式的副作用。有了运算符&&和运算符||的短路特性，操作数的副作用并不一定会发生。思考下面的表达式：

```
i > 0 && ++j > 0
```

虽然j因为表达式计算的副作用进行了自增操作，但并不总是这样。如果i > 0的结果为假，将不会计算表达式++j > 0，那么j也就不会进行自增。把表达式的条件变成++j > 0 && i > 0，就可以解决这种短路问题。或者更好的办法是单独对j进行自增操作。

运算符!的优先级和一元正负号的优先级相同，运算符&&和运算符||的优先级低于关系运算符和判等运算符。例如，表达式i < j && k == m等价于表达式(i < j) && (k == m)。运算符!是右结合的，而运算符&&和运算符||都是左结合的。

5.2 if语句

if语句允许程序通过测试表达式的值从两种选项中选择一种。if语句的最简单格式如下：

[if语句] if (*表达式*) *语句*

注意，表达式两边的圆括号是必需的，它们是if语句的组成部分，而不是表达式的内容。

76

还要注意，与在其他一些语言中的用法不同，单词then没有出现在圆括号的后边。

执行if语句时，先计算圆括号内表达式的值。如果表达式的值非零（C语言把非零值解释为真值），那么接着执行圆括号后边的语句。下面是一个示例：

```
if (line_num == MAX_LINES)
  line_num = 0;
```

如果条件line_num == MAX_LINES为真（有非零值），那么执行语句line_num = 0;。

不要混淆==（判等）运算符和=（赋值）运算符。语句 `if (i == 0)...`测试 i 是否等于 0，而语句 `if (i = 0)...`则是先把 0 赋值给 i，然后测试赋值表达式的结果是否是非零值。在这种情况下，测试总是会失败的。

把==运算符与=运算符相混淆是最常见的 C 语言编程错误，这也许是因为=在数学（和其他许多编程语言）中意味着“等于”。**Q&A** 如果注意到通常应该出现运算符==的地方出现的是运算符=，有些编译器会给出警告。

通常，if 语句中的表达式能判定变量是否落在某个数值范围内。例如，为了判定 0≤i<n 是否成立，可以写成

[惯用法] `if (0 <= i && i < n)...`

为了判定相反的情况（i 在此数值范围之外），可以写成

[惯用法] `if (i < 0 || i >= n)...`

注意用运算符||代替运算符&&。

5.2.1 复合语句

注意，在 if 语句模板中，语句是一条语句而不是多条语句：

if（*表达式*）*语句*

如果想用 if 语句处理两条或更多条语句，该怎么办呢？可以引入**复合语句**（compound statement）。复合语句由一对花括号，以及花括号内的声明和语句混合而成。可以有多个声明和多条语句，也可以都没有。在后一种情况下，复合语句只有一对花括号，它什么也不做。典型地，通过在一组语句周围放置花括号，可以强制编译器将其作为一条语句来处理。 77

下面是一个复合语句的示例：

```
{ line_num = 0; page_num++; }
```

为了表示清楚，通常将一条复合语句放在多行内，每行有一条语句，如下所示：

```
{
  line_num = 0;
  page_num++;
}
```

注意，每条内部语句仍然是以分号结尾的，但复合语句本身并不是。

下面是在 if 语句内部使用复合语句的形式：

```
if (line_num == MAX_LINES) {
  line_num = 0;
  page_num++;
}
```

复合语句也常出现在循环和其他需要多条语句（但 C 语言的语法要求一条语句）的地方。

5.2.2 else 子句

if 语句可以有 else 子句：

[带有 else 子句的 if 语句] if（*表达式*）*语句* else *语句*

如果圆括号内的表达式的值为 0，那么就执行 else 后边的语句。

下面是一个含有 else 子句的 if 语句的示例：

```
if (i > j)
  max = i;
else
  max = j;
```

注意，两条“内部”语句都是以分号结尾的。

if 语句包含 else 子句时，出现了布局问题：应该把 else 放置在哪里呢？和前面的例子一样，许多 C 程序员把它和 if 对齐排列在语句的起始位置。内部语句通常采用缩进格式；但是，如果内部语句很短，可以把它们与 if 和 else 放置在同一行中：

```
if (i > j) max = i;
else max = j;
```

78

C 语言对可以出现在 if 语句内部的语句类型没有限制。事实上，在 if 语句内部嵌套其他 if 语句是非常普遍的。考虑下面的 if 语句，其功能是找出 i、j 和 k 中所存储的最大值并将其保存到 max 中：

```
if (i > j)
  if (i > k)
    max = i;
  else
    max = k;
else
  if (j > k)
    max = j;
  else
    max = k;
```

if 语句可以嵌套任意层。注意，把每个 else 同与它匹配的 if 对齐排列，这样做很容易辨别嵌套层次。如果发现嵌套仍然很混乱，那么不要犹豫，直接增加花括号就可以了：

```
if (i > j) {
  if (i > k)
    max = i;
  else
    max = k;
} else {
  if (j > k)
    max = j;
  else
    max = k;
}
```

为语句增加花括号（即使有时并不是必需的）就像在表达式中使用圆括号一样，这两种方法都可以使程序更加容易阅读，同时可以避免出现编译器不能像程序员一样去理解程序的问题。

有些程序员在 if 语句（以及重复语句）中尽可能多地使用花括号。遵循这种惯例的程序员为每个 if 子句和每个 else 子句都使用一对花括号：

```
if (i > j) {
  if (i > k){
    max = i;
  } else {
    max = k;
  }
```

```
} else {
  if (j > k) {
    max = j;
  } else {
    max = k;
  }
}
```

即便在不必要的情况下也使用花括号，这样做有两个好处。首先，由于很容易添加更多的语句到任何 if 或 else 子句中，程序变得更容易修改；其次，这样做可以在向 if 或 else 子句中增加语句时避免由于忘记使用花括号而导致错误。 79

5.2.3 级联式 if 语句

编程时常常需要判定一系列的条件，一旦其中某一个条件为真就立刻停止。“级联式”if 语句常常是编写这类系列判定的最好方法。例如，下面这个级联式 if 语句用来判定 n 是小于 0、等于 0，还是大于 0：

```
if (n < 0)
  printf("n is less than 0\n");
else
  if (n == 0)
    printf("n is equal to 0\n");
  else
    printf("n is greater than 0\n");
```

虽然第二个 if 语句是嵌套在第一个 if 语句内部的，但是 C 程序员通常不会对它进行缩进，而是把每个 else 都与最初的 if 对齐：

```
if (n < 0)
  printf("n is less than 0\n");
else if (n == 0)
  printf("n is equal to 0\n");
else
  printf("n is greater than 0\n");
```

这样的安排带给级联式 if 语句独特的书写形式：

```
if (表达式)
  语句
else if (表达式)
  语句
...
else if (表达式)
  语句
else
  语句
```

当然，这种格式中的最后两行（else *语句*）不是总出现的。这种缩进级联式 if 语句的方法避免了判定数量过多时过度缩进的问题。此外，这样也向读者证明了这组语句只是一连串的判定。

请记住，级联式 if 语句不是新的语句类型，它仅仅是普通的 if 语句，只是碰巧有另外一条 if 语句作为 else 子句（而且这条 if 语句又有另外一条 if 语句作为它自己的 else 子句，以此类推）。 80

程序　计算股票经纪人的佣金

当股票通过经纪人进行买卖时，经纪人的佣金往往根据股票交易额采用某种变化的比例进行计算。表 5-4 显示了实际支付给经纪人的费用金额。

表 5-4　支付股票经纪人实际费用

交易额范围	佣　金
低于 2500 美元	30 美元 + 1.7%
2500 ~ 6250 美元	56 美元 + 0.66%
6250 ~ 20 000 美元	76 美元 + 0.34%
20 000 ~ 50 000 美元	100 美元 + 0.22%
50 000 ~ 500 000 美元	155 美元 + 0.11%
超过 500 000 美元	255 美元 + 0.09%

最低收费是 39 美元。下面的程序要求用户输入交易额，然后显示出佣金的数额：

```
Enter value of trade: 30000
Commission: $166.00
```

该程序的重点是用级联式 if 语句来确定交易额所在的数值范围。

broker.c

```
/* Calculates a broker's commission */

#include <stdio.h>

int main(void)
{
  float commission, value;

  printf("Enter value of trade: ");
  scanf("%f", &value);

  if (value < 2500.00f)
    commission = 30.00f + .017f * value;
  else if (value < 6250.00f)
    commission = 56.00f + .0066f * value;
  else if (value < 20000.00f)
    commission = 76.00f + .0034f * value;
  else if (value < 50000.00f)
    commission = 100.00f + .0022f * value;
  else if (value < 500000.00f)
    commission = 155.00f + .0011f * value;
  else
    commission = 255.00f + .0009f * value;

  if (commission < 39.00f)
    commission = 39.00f;

  printf("Commission: $%.2f\n", commission);

  return 0;
}
```

81

级联式 if 语句也可以写成下面这样（改变用粗体表示）：

```
if (value < 2500.00f)
  commission = 30.00f + .017f * value;
else if (value >= 2500.00f && value < 6250.00f)
  commission = 56.00f + .0066f * value;
else if (value >= 6250.00f && value < 20000.00f)
  commission = 76.00f + .0034f * value;
...
```

程序仍能正确运行，但新增的这些条件是多余的。例如，第一个 `if` 子句测试 `value` 的值是否小于 2500，如果小于 2500 则计算佣金。当到达第二个 `if` 测试（`value >= 2500.00f && value < 6250.00f`）时，`value` 不可能小于 2500，因此一定大于等于 2500。条件 `value >= 2500.00f` 总是为真，因此加上该测试没有意义。

5.2.4 “悬空 else”的问题

当 `if` 语句嵌套时，千万要当心著名的“悬空 `else`”的问题。思考下面这个例子：

```
if (y != 0)
  if (x != 0)
    result = x / y;
else
  printf("Error: y is equal to 0\n");
```

上面的 `else` 子句究竟属于哪一个 `if` 语句呢？缩进格式暗示它属于最外层的 `if` 语句。然而，C 语言遵循的规则是 `else` 子句应该属于离它最近的且还未和其他 `else` 匹配的 `if` 语句。在此例中，`else` 子句实际上属于最内层的 `if` 语句，因此正确的缩进格式应该如下所示：

```
if (y != 0)
  if (x != 0)
    result = x / y;
  else
    printf("Error: y is equal to 0\n");
```

为了使 `else` 子句属于外层的 `if` 语句，可以把内层的 `if` 语句用花括号括起来：

```
if (y != 0) {
  if (x != 0)
    result = x / y;
} else
    printf("Error: y is equal to 0\n");
```

这个示例表明了花括号的作用。如果把花括号用在本节第一个示例的 `if` 语句上，那么就不会有这样的问题了。

82

5.2.5 条件表达式

C 语言的 `if` 语句允许程序根据条件的值来执行两个操作中的一个。C 语言还提供了一种特殊的运算符，这种运算符允许表达式依据条件的值产生两个值中的一个。

条件运算符（conditional operator）由符号`?`和符号`:`组成，两个符号必须按如下格式一起使用：

[条件表达式] *表达式 1* ? *表达式 2* : *表达式 3*

表达式 1、*表达式 2* 和*表达式 3* 可以是任何类型的表达式，按上述方式组合成的表达式称为**条件表达式**（conditional expression）。条件运算符是 C 运算符中唯一一个要求 3 个操作数的运算符。因此，它通常被称为**三元**（ternary）运算符。

应该把条件表达式*表达式 1*?*表达式 2*:*表达式 3* 读作"如果*表达式 1* 成立，那么*表达式 2*，否则*表达式 3*"。条件表达式求值的步骤如下：首先计算出*表达式 1* 的值，如果此值不为零，那么计算*表达式 2* 的值，并且计算出来的值就是整个条件表达式的值；如果*表达式 1* 的值为零，那么*表达式 3* 的值是整个条件表达式的值。

下面的示例对条件运算符进行了演示：

```
int i, j, k;

i = 1;
j = 2;
k = i > j ? i : j;              /* k is now 2 */
k = (i >= 0 ? i : 0) + j;       /* k is now 3 */
```

在第一个对 k 赋值的语句中，条件表达式 i > j ? i : j 根据 i 和 j 的大小关系返回其中一个的值。因为 i 的值为 1、j 的值为 2，表达式 i > j 比较的结果为假，所以条件表达式的值 2 被赋给 k。在第二个对 k 赋值的语句中，因为表达式 i >= 0 比较的结果为真，所以条件表达式(i >= 0 ? i : 0)的值为 1，然后把这个值和 j 相加得到结果 3。顺便说一下，这里的圆括号是非常必要的，因为除赋值运算符以外，条件运算符的优先级低于先前介绍过的所有运算符。

条件表达式使程序更短小但也更难以阅读，因此最好避免使用。然而，在少数地方仍会使用条件表达式，其中一个就是 return 语句。许多程序员把

```
if (i > j)
  return i;
else
  return j;
```

替换为

83

```
return i > j ? i : j;
```

printf 函数的调用有时会得益于条件表达式。代码

```
if (i > j)
  printf("%d\n", i);
else
  printf("%d\n", j);
```

可以简化为

```
printf("%d\n", i > j ? i : j);
```

条件表达式也普遍用于某些类型的宏定义中（➤14.3 节）。

5.2.6 C89 中的布尔值

多年以来，C 语言一直缺乏适当的布尔类型，C89 标准中也没有定义布尔类型。因为许多程序需要变量能存储假或真值，所以缺少布尔类型可能会有点麻烦。针对 C89 的这一限制，一种解决方法是先声明一个 int 型变量，然后将其赋值为 0 或 1：

```
int flag;

flag = 0;
...
flag = 1;
```

虽然这种方法可行，但是它对程序的可读性没有多大贡献。这是因为该方法没有明确地表示

flag 的赋值只能是布尔值，并且也没有明确地指出 0 和 1 就是表示假和真。

为了使程序更易于理解，C89 的程序员通常使用 TRUE 和 FALSE 这样的名字定义宏：

```
#define TRUE 1
#define FALSE 0
```

现在对 flag 的赋值有了更加自然的形式：

```
flag = FALSE;
...
flag = TRUE;
```

为了判定 flag 是否为真，可以用

```
if (flag == TRUE) ...
```

或者只写

```
if (flag) ...
```

后一种形式更好，一是它更简洁，二是当 flag 的值不是 0 或 1 时程序也能正确运行。

为了判定 flag 是否为假，可以用

84

```
if (flag == FALSE) ...
```

或者

```
if (!flag) ...
```

为了发扬这一思想，甚至可以定义一个可用作类型的宏：

```
#define BOOL int
```

声明布尔变量时可以用 BOOL 代替 int：

```
BOOL flag;
```

现在就非常清楚 flag 不是普通的整型变量，而是表示布尔条件。（当然，编译器仍然把 flag 看作 int 型变量。）在后面的章节中，我们将介绍一些更好的方法，可以使用类型定义（➤7.5 节）和枚举（➤16.5 节）在 C89 中设置布尔类型。

5.2.7 C99 中的布尔值 C99

长期缺乏布尔类型的问题在 C99 中得到了解决。Q&A C99 提供了_Bool 型，因此在 C 语言的这一版本中，布尔变量可以声明为

```
_Bool flag;
```

_Bool 是整数类型（更准确地说是无符号整型），因此_Bool 变量实际上就是整型变量；但是和一般的整型不同，_Bool 只能赋值为 0 或 1。一般来说，往_Bool 变量中存储非零值会导致变量赋值为 1：

```
flag = 5;  /* flag is assigned 1 */
```

对于_Bool 变量来说，算术运算是合法的（不过不建议这样做），它的值也可以被打印出来（显示 0 或者 1）。当然，_Bool 变量也可以在 if 语句中测试：

```
if (flag)  /* tests whether flag is 1 */
  ...
```

除了_Bool 类型的定义，C99 还提供了一个新的头<stdbool.h>，这使得操作布尔值更加容易。该头提供了 bool 宏，用来代表_Bool。如果程序中包含了<stdbool.h>，可以这样写：

```
bool flag;  /* same as _Bool flag; */
```

85

<stdbool.h>头还提供了 true 和 false 两个宏，分别代表 1 和 0。于是可以写

```
flag = false;
...
flag = true;
```

<stdbool.h>头使用起来非常方便，因此在后面的程序中需要使用布尔变量时都用到了这个头。

5.3 switch 语句

在日常编程中，常常需要把表达式和一系列值进行比较，从中找出当前匹配的值。在 5.2 节我们已经看到，级联式 if 语句可以达到这个目的。例如，下面的级联式 if 语句根据成绩的等级显示出相应的英语单词：

```
if (grade == 4)
  printf("Excellent");
else if (grade == 3)
  printf("Good");
else if (grade == 2)
  printf("Average");
else if (grade == 1)
  printf("Poor");
else if (grade == 0)
  printf("Failing");
else
  printf("Illegal grade");
```

C 语言提供了 switch 语句作为这类级联式 if 语句的替代。下面的 switch 语句等价于前面的级联式 if 语句：

```
switch (grade)  {
  case 4:    printf("Excellent");
             break;
  case 3:    printf("Good");
             break;
  case 2:    printf("Average");
             break;
  case 1:    printf("Poor");
             break;
  case 0:    printf("Failing");
             break;
  default:   printf("Illegal grade");
             break;
}
```

执行这条语句时，变量 grade 的值与 4、3、2、1 和 0 进行比较。例如，如果值和 4 相匹配，那么显示信息 Excellent，然后 break 语句（➤6.4 节）把控制传递给 switch 后边的语句。如果 grade 的值和列出的任何选项都不匹配，那么执行 default 分支的语句，显示消息 Illegal grade。

86

switch 语句往往比级联式 if 语句更容易阅读。此外，switch 语句往往比 if 语句执行速

度快，特别是在有许多情况要判定的时候。

Q&A switch 语句最常用的格式如下：

[switch 语句]

```
switch (表达式) {
  case 常量表达式 : 语句
  ...
  case 常量表达式 : 语句
  default : 语句
}
```

switch 语句十分复杂，下面逐一看一下它的组成部分。

- **控制表达式**。switch 后边必须跟着由圆括号括起来的整型表达式。C 语言把字符（➤7.3 节）当成整数来处理，因此在 switch 语句中可以对字符进行判定。但是，这不适用于浮点数和字符串。
- **分支标号**。每个分支的开头都有一个标号，格式如下：

  ```
  case 常量表达式 :
  ```

  常量表达式（constant expression）很像普通的表达式，只是不能包含变量和函数调用。因此，5 是常量表达式，5 + 10 也是常量表达式，但 n + 10 不是常量表达式（除非 n 是表示常量的宏）。分支标号中常量表达式的值必须是整数（字符也可以）。
- **语句**。每个分支标号的后边可以跟任意数量的语句，并且不需要用花括号把这些语句括起来。（好好享受这一点，这可是 C 语言中少数几个不需要花括号的地方。）每组语句的最后一条通常是 break 语句。

C 语言不允许有重复的分支标号，但对分支的顺序没有要求，特别是 default 分支不一定要放置在最后。

case 后边只可以跟随一个常量表达式。但是，多个分支标号可以放置在同一组语句的前面：

```
switch (grade)  {
  case 4:
  case 3:
  case 2:
  case 1:    printf("Passing");
             break;
  case 0:    printf("Failing");
             break;
  default:   printf("Illegal grade");
             break;
}
```

为了节省空间，程序员有时还会把几个分支标号放置在同一行中：

87

```
switch (grade)  {
  case 4:  case 3:  case 2:  case 1:
             printf("Passing");
             break;
  case 0:    printf("Failing");
             break;
  default:   printf("Illegal grade");
             break;
}
```

可惜的是，C语言不像有些编程语言那样有表示数值范围的分支标号。

switch语句不要求一定有default分支。如果default不存在，而且控制表达式的值和任何一个分支标号都不匹配的话，控制会直接传给switch语句后面的语句。

break语句的作用

现在仔细讨论一下break语句。正如已经看到的那样，执行break语句会导致程序“跳”出switch语句，继续执行switch后面的语句。

需要break语句是由于switch语句实际上是一种“基于计算的跳转”。对控制表达式求值时，控制会跳转到与switch表达式的值相匹配的分支标号处。分支标号只是一个说明switch内部位置的标记。在执行完分支中的最后一条语句后，程序控制“向下跳转”到下一个分支的第一条语句上，忽略下一个分支的分支标号。如果没有break语句（或者其他某种跳转语句），控制将从一个分支继续流向下一个分支。思考下面的switch语句：

```
switch (grade)  {
  case 4:   printf("Excellent");
  case 3:   printf("Good");
  case 2:   printf("Average");
  case 1:   printf("Poor");
  case 0:   printf("Failing");
  default:  printf("Illegal grade");
}
```

如果grade的值为3，那么显示的消息是

```
GoodAveragePoorFailingIllegal grade
```

88

⚠ 忘记使用break语句是编程时常犯的错误。虽然有时会故意忽略break以便多个分支共享代码，但通常情况下省略break是因为疏忽。

故意从一个分支跳转到下一个分支的情况是非常少见的，因此明确指出故意省略break语句的情况是一个好主意：

```
switch (grade)  {
  case 4:  case 3:  case 2:  case 1:
            num_passing++;
            /* FALL THROUGH */
  case 0:   total_grades++;
            break;
}
```

如果没有注释，将来可能有人会通过增加多余的break语句来修正“错误”。

虽然switch语句中的最后一个分支不需要break语句，但通常还是会放一个break语句在那里，以防止将来增加分支数目时出现“丢失break”的问题。

程序　显示法定格式的日期

英文合同和其他法律文档中经常使用下列日期格式：

Dated this_____day of______, 20__.

下面编写程序，用这种格式来显示英文日期。用户以月/日/年的格式输入日期，然后计算机显示出“法定”格式的日期：

```
Enter date (mm/dd/yy): 7/19/14
Dated this 19th day of July, 2014.
```

可以使用 printf 函数实现格式化的大部分工作。然而，还有两个问题：如何为日添加“th”（或者“st”“nd”“rd”），以及如何用单词而不是数字来显示月份。幸运的是，switch 语句可以很好地解决这两个问题：我们用一个 switch 语句显示日期的后缀，再用另一个 switch 语句显示出月份名。

date.c

```
/* Prints a date in legal form */

#include <stdio.h>

int main(void)
{
  int month, day, year;

  printf("Enter date (mm/dd/yy): ");
  scanf("%d /%d /%d", &month, &day, &year);

  printf("Dated this %d", day);
  switch (day) {
    case 1: case 21: case 31:
      printf("st"); break;
    case 2: case 22:
      printf("nd"); break;
    case 3: case 23:
      printf("rd"); break;
    default: printf("th"); break;
  }
  printf(" day of ");

  switch (month) {
    case 1:  printf("January");   break;
    case 2:  printf("February");  break;
    case 3:  printf("March");     break;
    case 4:  printf("April");     break;
    case 5:  printf("May");       break;
    case 6:  printf("June");      break;
    case 7:  printf("July");      break;
    case 8:  printf("August");    break;
    case 9:  printf("September"); break;
    case 10: printf("October");   break;
    case 11: printf("November");  break;
    case 12: printf("December");  break;
  }

  printf(", 20%.2d.\n", year);
  return 0;
}
```

89

注意，%.2d 用于显示年份的最后两位数字。如果用%d 代替的话，那么倒数第二位为零的年份会显示不正确（例如 2005 会显示成 205）。

问与答

问：当我用=代替==时，我所用的编译器没有发出警告。是否有办法可以强制编译器注意这类问题？（p.59）

答：下面是一些程序员使用的技巧：他们习惯性地将

```
if (i == 0) ...
```

改写成

```
if (0 == i) ...
```

现在假设运算符= =意外地写成了=：

```
if (0 = i) ...
```

因为不可能给 0 赋值，所以编译器会产生一条出错消息。我没有用这种技巧，因为我觉得这样会使程序看上去很不自然。而且这种技巧也只能在判定条件中的一个操作数不是左值的时候使用。

90

幸运的是，许多编译器可以检测出 `if` 条件中=运算符的可疑使用。例如，GCC 会在选中`-Wparentheses`选项或`-Wall`（所有情况都警告）选项时执行这样的检查。GCC 允许程序员通过在 `if` 条件外面增加一对圆括号的方式来禁用该警告：

```
if ((i = j)) ...
```

问：针对复合语句，C 语言的书好像使用了多种缩进和放置花括号的风格。哪种风格最好呢？

答：根据 *The New Hacker's Dictionary* 的内容，共有 4 种常见的缩进和放置花括号的风格。

- *K&R* 风格，它是 Brian W. Kernighan 和 Dennis M. Ritchie 合著的《C 程序设计语言》一书中使用的风格，也是本书中的程序所采用的风格。在此风格中，左花括号出现在行的末尾：

```
if (line_num == MAX_LINES) {
  line_num = 0;
  page_num++;
}
```

  K&R 风格通过不让左花括号单独占一行来保持程序紧凑。缺点是可能很难找到左花括号。（我认为这不是什么问题，因为内部语句的缩进可以清楚地显示出左花括号的位置。）顺便提一下，*K&R* 风格是 Java 中最常使用的。

- Allman 风格，它是以 Eric Allman（`sendmail` 和其他 UNIX 工具的作者）的姓氏命名的。每个左花括号单独占一行：

```
if (line_num == MAX_LINES)
{
  line_num = 0;
  page_num++;
}
```

  这种风格易于检查括号的匹配。

- Whitesmiths 风格，它是因 Whitesmiths C 编译器而普及起来的，其中规定花括号采用缩进格式：

```
if (line_num == MAX_LINES)
  {
  line_num = 0;
  page_num++;
  }
```

- GNU 风格，它用于 GNU 项目所开发的软件中，其中的花括号采用缩进形式，然后再进一步缩进内层的语句：

```
if (line_num == MAX_LINES)
  {
    line_num = 0;
    page_num++;
  }
```

使用哪种风格因人而异，没有证据表明哪种风格明显比其他风格更好。无论如何，坚持使用某种风格比选择适当的风格更重要。

91

问：如果 i 是 int 型变量，f 是 float 型变量，那么条件表达式（i > 0 ? i: f）是哪一种类型的值？

答：如问题所述，当 int 型和 float 型的值混合在一个条件表达式中时，表达式的类型为 float 型。如果 i > 0 为真，那么变量 i 转换为 float 型后的值就是表达式的值。

问：为什么 C99 没有为布尔类型取一个更好的名字？（p.65）

答：_Bool 不算好名字，是吧？C99 C99 没有采用 bool 和 boolean 这些更常见的名字，这是因为现有的 C 程序中可能已经定义了这些名字，再使用可能会导致编译错误。

问：明白了。但是为什么_Bool 这个名字就不会影响已有的程序呢？

答：C89 标准指出，以下划线开头，后跟一个大写字母的名字是保留字，程序员不应该使用。

***问：本章中的 switch 语句模板被称为“最常用格式”，是否还有其他格式呢？（p.67）**

答：事实上，本章中描述的 switch 语句格式极具通用性，但 switch 语句还有更具通用性的格式。例如，switch 语句包含的标号（➤6.4 节）前面可以不放置单词 case，这可能会产生有趣的（？）陷阱。假设意外地拼错了单词 default：

```
switch (...) {
  ...
  defualt: ...
}
```

因为编译器认为 defualt 是一个普通标号，所以不会检查出错误。

问：我已见过一些缩进 switch 语句的方法，哪种方法最好呢？

答：至少有两种常用方法。一种方法是在每个分支的分支标号后边放置语句：

```
switch (coin)  {
  case 1:  printf("Cent");
           break;
  case 5:  printf("Nickel");
           break;
  case 10: printf("Dime");
           break;
  case 25: printf("Quarter");
           break;
}
```

92

如果每个分支只有一个简单操作（本例中只有一次对 printf 函数的调用），break 语句甚至可以和操作放在同一行中：

```
switch (coin)  {
  case 1:   printf("Cent"); break;
  case 5:   printf("Nickel"); break;
  case 10:  printf("Dime"); break;
  case 25:  printf("Quarter"); break;
}
```

另一种方法是把语句放在分支标号的下面，并且要对语句进行缩进，从而凸显出分支标号：

```
switch (coin)  {
  case 1:
```

```
    printf("Cent");
    break;
  case 5:
    printf("Nickel");
    break;
  case 10:
    printf("Dime");
    break;
  case 25:
    printf("Quarter");
    break;
}
```

在这种格式的一种变体中，每一个分支标号都和单词 switch 对齐排列。

当每个分支中的语句都较短小而且分支数相对较少时，使用第一种方法是非常好的。第二种方法更加适合于每个分支中的语句都很复杂或整体数量较多的 switch 语句。

练习题

5.1 节

1. 下列代码片段给出了关系运算符和判等运算符的示例。假设 i、j 和 k 都是 int 型变量，请给出每道题的输出结果。

(a)
```
i = 2; j = 3;
k = i * j == 6;
printf("%d", k);
```
(b)
```
i = 5; j = 10; k = 1;
printf("%d", k > i < j);
```
(c)
```
i = 3; j = 2; k = 1;
printf("%d", i < j == j < k);
```
(d)
```
i = 3; j = 4; k = 5;
printf("%d", i % j + i < k);
```

93

Ⓦ 2. 下列代码片段给出了逻辑运算符的示例。假设 i、j 和 k 都是 int 型变量，请给出每道题的输出结果。

(a)
```
i = 10; j = 5;
printf("%d", !i < j);
```
(b)
```
i = 2; j = 1;
printf("%d", !!i + !j);
```
(c)
```
i = 5; j = 0; k = -5;
printf("%d", i && j || k);
```
(d)
```
i = 1; j = 2; k = 3;
printf("%d", i < j || k);
```

*3. 下列代码片段给出了逻辑表达式的短路行为的示例。假设 i、j 和 k 都是 int 型变量，请给出每道题的输出结果。

(a)
```
i = 3; j = 4; k = 5;
printf("%d", i < j || ++j < k);
printf("%d %d %d", i, j, k);
```

(b)
```
i = 7; j = 8; k = 9;
printf("%d", i - 7 && j++ < k);
printf("%d %d %d", i, j, k);
```
(c)
```
i = 7; j = 8; k = 9;
printf("%d", (i = j) || (j = k));
printf("%d %d %d", i, j, k);
```
(d)
```
i = 1; j = 1; k = 1;
printf("%d", ++i || ++j && ++k);
printf("%d %d %d", i, j, k);
```

ⓦ*4. 编写一个表达式，要求这个表达式根据 i 小于、等于、大于 j 这 3 种情况，分别取值为-1、0、+1。

5.2 节

*5. 下面的 if 语句在 C 语言中是否合法？

```
if (n >= 1 <= 10)
  printf("n is between 1 and 10\n");
```

如果合法，那么当 n 等于 0 时会发生什么？

ⓦ*6. 下面的 if 语句在 C 语言中是否合法？

```
if (n == 1 - 10)
  printf("n is between 1 and 10\n");
```

如果合法，那么当 n 等于 5 时会发生什么？

7. 如果 i 的值为 17，下面的语句显示的结果是什么？如果 i 的值为-17，下面的语句显示的结果又是什么？

```
printf("%d\n", i >= 0 ? i : -i);
```

8. 下面的 if 语句不需要这么复杂，请尽可能地加以简化。

```
if (age >= 13)
  if (age <= 19)
    teenager = true;
  else
    teenager = false;
else if (age < 13)
  teenager = false;
```

94

9. 下面两个 if 语句是否等价？如果不等价，为什么？

```
if (score >= 90)              if (score < 60)
  printf("A");                  printf("F");
else if (score >= 80)         else if (score < 70)
  printf("B");                  printf("D");
else if (score >= 70)         else if (score < 80)
  printf("C");                  printf("C");
else if (score >= 60)         else if (score < 90)
  printf("D");                  printf("B");
else                          else
  printf("F");                  printf("A");
```

5.3 节

Ⓦ*10. 下面的代码片段的输出结果是什么？（假设 i 是整型变量。）

```
i = 1;
switch (i % 3) {
  case 0: printf("zero");
  case 1: printf("one");
  case 2: printf("two");
}
```

11. 表 5-5 给出了美国佐治亚州的电话区号，以及每个区号所对应地区最大的城市。

表 5-5　美国佐治亚州电话区号及对应的主要城市

区　号	主要城市
229	Albany
404	Atlanta
470	Atlanta
478	Macon
678	Atlanta
706	Columbus
762	Columbus
770	Atlanta
912	Savannah

编写一个 switch 语句，其控制表达式是变量 area_code。如果 area_code 的值在表中，switch 语句打印出相应的城市名；否则 switch 语句显示消息“Area code not recognized”。使用 5.3 节讨论的方法，使 switch 语句尽可能地简单。

编程题

1. 编写一个程序，确定一个数的位数：

```
Enter a number: 374
The number 374 has 3 digits
```

假设输入的数最多不超过 4 位。提示：利用 if 语句进行数的判定。例如，如果数在 0 和 9 之间，那么位数为 1；如果数在 10 和 99 之间，那么位数为 2。

95

Ⓦ 2. 编写一个程序，要求用户输入 24 小时制的时间，然后显示 12 小时制的格式：

```
Enter a 24-hour time: 21:11
Equivalent 12-hour time: 9:11 PM
```

注意不要把 12:00 显示成 0:00。

3. 修改 5.2 节的 broker.c 程序，做出下面两种改变。

(a) 不再直接输入交易额，而是要求用户输入股票的数量和每股的价格。

(b) 增加语句用来计算经纪人竞争对手的佣金（少于 2000 股时佣金为每股 33 美元+3 美分，2000 股或更多股时佣金为每股 33 美元+2 美分）。在显示原有经纪人佣金的同时，也显示出竞争对手的佣金。

Ⓦ 4. 表 5-6 中展示了用于测量风力的蒲福风级的简化版本。

表 5-6　简化的蒲福风级

速率（海里 / 小时）	描　述
小于 1	Calm（无风）
1 ~ 3	Light air（轻风）
4 ~ 27	Breeze（微风）
28 ~ 47	Gale（大风）
48 ~ 63	Storm（暴风）
大于 63	Hurricane（飓风）

编写一个程序，要求用户输入风速（海里/小时），然后显示相应的描述。

5. 在美国的某个州，单身居民需要缴纳表 5-7 中列出的所得税。

表 5-7　美国某州单身居民个人所得税缴纳标准

收入（美元）	税　金
未超过 750	收入的 1%
750 ~ 2250	7.50 美元加上超出 750 美元部分的 2%
2250 ~ 3750	37.50 美元加上超出 2250 美元部分的 3%
3750 ~ 5250	82.50 美元加上超出 3750 美元部分的 4%
5250 ~ 7000	142.50 美元加上超出 5250 美元部分的 5%
超过 7000	230.00 美元加上超出 7000 美元部分的 6%

编写一个程序，要求用户输入应纳税所得额，然后显示税金。

Ⓦ 6. 修改 4.1 节的 upc.c 程序，使其可以检测 UPC 的有效性。在用户输入 UPC 后，程序将显示 `VALID` 或 `NOT VALID`。

7. 编写一个程序，从用户输入的 4 个整数中找出最大值和最小值：

```
Enter four integers: 21 43 10 35
Largest: 43
Smallest: 10
```

要求尽可能少用 `if` 语句。提示：4 条 `if` 语句就足够了。

8. 表 5-8 给出了从一个城市到另一个城市的每日航班信息。

表 5-8　每日航班信息

起飞时间	抵达时间
8:00 a.m.	10:16 a.m.
9:43 a.m.	11:52 a.m.
11:19 a.m.	1:31 p.m.
12.47 p.m.	3:00 p.m.
2:00 p.m.	4:08 p.m.
3:45 p.m.	5:55 p.m.
7:00 p.m.	9:20 p.m.
9:45 p.m.	11:58 p.m.

96

编写一个程序，要求用户输入一个时间（用 24 小时制的时分表示）。程序选择起飞时间与用户输入最接近的航班，显示出相应的起飞时间和抵达时间。

```
Enter a 24-hour time: 13:15
Closest departure time is 12:47 p.m., arriving at 3:00 p.m.
```

提示：把输入用从午夜开始的分钟数表示。将这个时间与表格里（也用从午夜开始的分钟数表示）的起飞时间相比。例如，13:15 从午夜开始是 13×60+15 = 795 分钟，与下午 12:47（从午夜开始是 767 分钟）最接近。

9. 编写一个程序，提示用户输入两个日期，然后显示哪一个日期更早：

```
Enter first date (mm/dd/yy): 3/6/08
Enter second date (mm/dd/yy): 5/17/07
5/17/07 is earlier than 3/6/08
```

W 10. 利用 switch 语句编写一个程序，把用数字表示的成绩转换为字母表示的等级。

```
Enter numerical grade: 84
Letter grade: B
```

使用下面的等级评定规则：A 为 90 ~ 100，B 为 80 ~ 89，C 为 70 ~ 79，D 为 60 ~ 69，F 为 0 ~ 59。如果成绩高于 100 或低于 0，则显示出错消息。*提示*：把成绩拆分成 2 个数字，然后使用 switch 语句判定十位上的数字。

11. 编写一个程序，要求用户输入一个两位数，然后显示该数的英文单词：

```
Enter a two-digit number: 45
You entered the number forty-five.
```

提示：把数分解为两个数字。用一个 switch 语句显示第一位数字对应的单词（“twenty”“thirty”等），用第二个 switch 语句显示第二位数字对应的单词。不要忘记 11 ~ 19 需要特殊处理。

97

第 6 章

循　环

没有循环和结构化变量的程序不值得编写。

第 5 章介绍了 C 语言的选择语句：if 语句和 switch 语句。本章将介绍 C 语言的重复语句，这种语句允许用户设置循环。

循环（loop）是重复执行其他语句（循环体）的一种语句。在 C 语言中，每个循环都有一个**控制表达式**（controlling expression）。每次执行循环体（循环**重复**一次）时都要对控制表达式求值。如果表达式为真（即值不为零），那么继续执行循环。

C 语言提供了 3 种重复语句，即 while 语句、do 语句和 for 语句，我们将在 6.1 节、6.2 节和 6.3 节分别介绍。while 循环在循环体执行之前测试控制表达式，do 循环在循环体执行之后测试控制表达式，for 语句则非常适合那些递增或递减计数变量的循环。6.3 节还介绍了主要用于 for 语句的逗号运算符。

本章最后两节致力于讨论与循环相关的 C 语言特性。6.4 节描述了 break 语句、continue 语句和 goto 语句。break 语句用来跳出循环并把程序控制传递到循环后的下一条语句，continue 语句用来跳过本次循环的剩余部分，而 goto 语句则可以跳到函数内的任何语句上。6.5 节介绍空语句，它可以用于构造循环体为空的循环。

6.1　while 语句

在 C 语言所有设置循环的方法中，while 语句是最简单也是最基本的。while 语句的格式如下所示：

[while 语句]　while（*表达式*）*语句*

圆括号内的表达式是控制表达式，圆括号后边的语句是循环体。下面是一个示例：

```
while (i < n)   /* controlling expression */
  i = i * 2;    /* loop body */
```

注意，这里的圆括号是强制要求的，而且在右括号和循环体之间没有任何内容。（有些语言要求有单词 do。）

执行 while 语句时，首先计算控制表达式的值。如果值不为零（即真值），那么执行循环体，接着再次判定表达式。这个过程（先判定控制表达式，再执行循环体）持续进行，直到控制表达式的值变为零才停止。

下面的例子使用 while 语句计算大于或等于数 n 的最小的 2 的幂：

```
i = 1;
while (i < n)
  i = i * 2;
```

假设 n 的值为 10。下面的跟踪显示了 while 语句执行时的情况。

- `i = 1;`　　　　　　i现在值为1。
- `i < n`成立吗?　　　是的，继续。
- `i = i * 2;`　　　　i现在值为2。
- `i < n`成立吗?　　　是的，继续。
- `i = i * 2;`　　　　i现在值为4。
- `i < n`成立吗?　　　是的，继续。
- `i = i * 2;`　　　　i现在值为8。
- `i < n`成立吗?　　　是的，继续。
- `i = i * 2;`　　　　i现在值为16。
- `i < n`成立吗?　　　不成立，退出循环。

注意，只有在控制表达式 i < n 为真的情况下循环才会继续。当表达式值为假时，循环终止，而且就像描述的那样，此时 i 的值是大于或等于 n 的。

虽然循环体必须是单独的一条语句，但这只是个技术问题；如果需要多条语句，那么只要用一对花括号构造成一条复合语句（➤5.2 节）就可以了：

```
while (i > 0) {
  printf("T minus %d and counting\n", i);
  i--;
}
```

100

即使在没有严格要求的时候，一些程序员也总是使用花括号：

```
while (i < n) {   /* braces allowed, but not required */
  i = i * 2;
}
```

再看一个跟踪语句执行的示例。下面的语句显示一串“倒计数”信息。

```
i = 10;
while (i > 0) {
  printf("T minus %d and counting\n", i);
  i--;
}
```

在 while 语句执行前，把变量 i 赋值为 10。因为 10 大于 0，所以执行循环体，这导致显示出信息 T minus 10 and counting，同时变量 i 进行自减。然后再次判定条件 i > 0。因为 9 大于 0，所以再次执行循环体。整个过程持续，直到显示信息 T minus 1 and counting，并且变量 i 的值变为 0 时停止。然后判定条件 i > 0 的结果为假，导致循环终止。

“倒计数”的例子可以引发对 while 语句的一些讨论。

- 在 while 循环终止时，控制表达式的值为假。因此，由表达式 i > 0 控制的循环终止时，i 一定是小于或等于 0 的。（否则还将执行循环！）
- 可能根本不执行 while 循环体。因为控制表达式在循环体执行之前进行判定，所以循环体有可能一次也不执行。第一次进入倒计数循环时，如果变量 i 的值是负数或零，那么不会执行循环。
- while 语句通常可以有多种写法。例如，我们可以在 printf 函数调用的内部进行变量 i 的自减操作，这样可以使倒计数循环更加简洁：

Q&A
```
while (i > 0)
  printf("T minus %d and counting\n", i--);
```

无限循环

如果控制表达式的值始终非零，while 语句将无法终止。事实上，C 程序员有时故意用非零常量作为控制表达式来构造无限循环：

[惯用法] while (1)...

除非循环体中含有跳出循环控制的语句（break、goto、return）或者调用了导致程序终止的函数，否则上述形式的 while 语句将永远执行下去。

101

程序 显示平方表

现在编写一个程序来显示平方表。首先程序提示用户输入一个数 *n*，然后显示出 *n* 行的输出，每行包含一个 1 ~ *n* 的数及其平方值。

```
This program prints a table of squares.
Enter number of entries in table: 5
         1         1
         2         4
         3         9
         4        16
         5        25
```

把期望的平方数个数存储在变量 n 中。程序需要用一个循环来重复显示数 i 和它的平方值，循环从 i 等于 1 开始。如果 i 小于或等于 n，那么循环将反复进行。需要保证的是每次执行循环时对 i 的值加 1。

可以使用 while 语句编写循环。（坦白地说，现在没有更多其他的选择，因为 while 语句是目前为止我们唯一掌握的循环类型。）下面是完整的程序。

square.c

```
/* Prints a table of squares using a while statement */

#include <stdio.h>

int main(void)
{
  int i, n;

  printf("This program prints a table of squares.\n");
  printf("Enter number of entries in table: ");
  scanf("%d", &n);

  i = 1;
  while (i <= n) {
    printf("%10d%10d\n", i, i * i);
    i++;
  }

  return 0;
}
```

留意一下程序 square.c 是如何把输出整齐地排成两列的。窍门是使用类似%10d 这样的转换说明代替%d，并利用了 printf 函数在指定宽度内输出右对齐的特性。

程序 **数列求和**

在下面这个用到 while 语句的示例中，我们编写了一个程序，对用户输入的整数数列进行求和计算。下面显示的是用户能看到的内容：

102

```
This program sums a series of integers.
Enter integers (0 to terminate): 8 23 71 5 0
The sum is: 107
```

很明显，该程序需要一个循环来读入数（用 scanf 函数）并将其累加。

用 n 表示当前读入的数，而 sum 表示所有先前读入的数的总和，得到如下程序：

sum.c

```
/* Sums a series of numbers */

#include <stdio.h>

int main(void)
{
  int n, sum = 0;

  printf("This program sums a series of integers.\n");
  printf("Enter integers (0 to terminate): ");

  scanf("%d", &n);
  while (n != 0) {
    sum += n;
    scanf("%d", &n);
  }
  printf("The sum is: %d\n", sum);

  return 0;
}
```

注意，条件 n != 0 在数被读入后立即进行判断，这样可以尽快终止循环。此外，程序中用到了两个完全一样的 scanf 函数调用，在使用 while 循环时往往很难避免这种现象。

6.2 do 语句

do 语句和 while 语句关系紧密。事实上，do 语句本质上就是 while 语句，只不过其控制表达式是在每次执行完循环体之后进行判定的。do 语句的格式如下所示：

[do 语句] do *语句* while (*表达式*);

和处理 while 语句一样，do 语句的循环体也必须是一条语句（当然可以用复合语句），并且控制表达式的外面也必须有圆括号。

执行 do 语句时，先执行循环体，再计算控制表达式的值。如果表达式的值是非零的，那么再次执行循环体，然后再次计算表达式的值。在循环体执行后，若控制表达式的值变为 0，则终止 do 语句的执行。

103

下面使用 do 语句重写前面的“倒计数”程序：

```
i = 10;
do {
  printf("T minus %d and counting\n", i);
  --i;
} while (i > 0);
```

执行 do 语句时，先执行循环体，这导致显示出信息 T minus 10 and counting，并且 i 自减。接着对条件 i > 0 进行判定。因为 9 大于 0，所以再次执行循环体。这个过程持续，直到显示出信息 T minus 1 and counting 并且 i 的值变为 0。此时判定表达式 i > 0 的值为假，所以循环终止。正如此例中显示的一样，do 语句和 while 语句往往难以区别。两种语句的区别是，do 语句的循环体至少要执行一次，而 while 语句在控制表达式初始值为 0 时会完全跳过循环体。

顺便提一下，无论需要与否，最好给所有的 do 语句都加上花括号，这是因为没有花括号的 do 语句很容易被误认为 while 语句：

```
do
  printf("T minus %d and counting\n", i--);
while (i > 0);
```

粗心的读者可能会把单词 while 误认为 while 语句的开始。

程序　计算整数的位数

虽然 C 程序中 while 语句的出现次数远远多于 do 语句，但是后者对于至少需要执行一次的循环来说是非常方便的。为了说明这一点，现在编写一个程序计算用户输入的整数的位数：

```
Enter a nonnegative integer: 60
The number has 2 digit(s).
```

方法是把输入的整数反复除以 10，直到结果变为 0 时停止，除法的次数就是所求的位数。因为不知道到底需要多少次除法运算才能达到 0，所以很明显程序需要某种循环。但是应该用 while 语句还是 do 语句呢？do 语句显然更合适，因为每个整数（包括 0）都至少有一位数字。下面是这个程序。

104

numdigit.c

```
/* Calculates the number of digits in an integer */

#include <stdio.h>

int main(void)
{
  int digits = 0, n;

  printf("Enter a nonnegative integer: ");
  scanf("%d", &n);

  do {
    n /= 10;
    digits++;
  } while (n > 0);

  printf("The number has %d digit(s).\n", digits);

  return 0;
}
```

为了说明 do 语句是正确的选择，下面观察一下如果用相似的 while 循环替换 do 循环会发生什么：

```
while (n > 0) {
  n /= 10;
  digits++;
}
```

如果n初始值为0，上述循环根本不会执行，程序将打印出

```
The number has 0 digit(s).
```

6.3 for语句

现在开始介绍C语言循环中最后一种循环，也是功能最强大的一种循环：for语句。不要因为for语句表面上的复杂性而灰心；实际上，它是编写许多循环的最佳方法。for语句非常适合应用在使用“计数”变量的循环中，当然它也可以灵活地用于许多其他类型的循环中。

for语句的格式如下所示：

[for语句格式]　for (*声明或者表达式1*; *表达式2*; *表达式3*) *语句*

其中*表达式1*、*表达式2*和*表达式3*全都是表达式。下面是一个例子：

```
for (i = 10; i > 0; i--)
  printf("T minus %d and counting\n",i);
```

在执行for语句时，变量i先初始化为10，接着判定i是否大于0。因为判定的结果为真，所以打印信息T minus 10 and counting，然后变量i进行自减操作。随后再次对条件i > 0进行判定。循环体总共执行10次，在这一过程中变量i从10变化到1。

105

for语句和while语句关系紧密。Q&A事实上，除了一些极少数的情况以外，for循环总可以用等价的while循环替换：

```
表达式1;
while (表达式2) {
  语句
  表达式3;
}
```

就像上面这个模式显示的那样，*表达式1*是循环开始执行前的初始化步骤，只执行一次；*表达式2*用来控制循环的终止（只要*表达式2*的值不为零，循环就会持续执行）；*表达式3*是每次循环中最后被执行的一个操作。把这种模式用于先前的for循环示例中，可以得到：

```
i = 10;
while (i > 0) {
  printf("T minus %d and counting\n", i);
  i--;
}
```

研究等价的while语句有助于更好地理解for语句。例如，假设把先前的for循环示例中的i--替换为--i：

```
for (i = 10; i > 0; --i)
  printf("T minus %d and counting\n", i);
```

这样做会对循环产生什么样的影响呢？看看等价的while循环就会发现，这种做法对循环没有任何影响：

```
i = 10;
while (i > 0) {
  printf("T minus %d and counting\n", i);
  --i;
}
```

因为 for 语句中第一个表达式和第三个表达式都是以语句的方式执行的，所以它们的值互不相关——它们有用仅仅是因为有副作用。结果，这两个表达式常常用作赋值表达式或自增/自减表达式。

6.3.1 for 语句的惯用法

对于“向上加”（变量自增）或“向下减”（变量自减）的循环来说，for 语句通常是最好的选择。对于向上加或向下减共 n 次的情况，for 语句经常会采用下列形式中的一种。

106

- 从0向上加到n-1：

[惯用法] `for ( i = 0; i < n; i++) ...`

- 从1向上加到n：

[惯用法] `for ( i = 1; i <= n; i++) ...`

- 从n-1向下减到0：

[惯用法] `for ( i = n - 1; i >= 0; i--) ...`

- 从n向下减到1：

[惯用法] `for ( i = n; i > 0; i--) ...`

模仿这些书写格式有助于避免 C 语言初学者常犯的下列错误。

- 在控制表达式中把>写成<（或者相反）。注意，“向上加”的循环使用运算符<或运算符<=，而“向下减”的循环则依赖于运算符>或运算符>=。
- 在控制表达式中把<、<=、>或>=写成==。控制表达式的值在循环开始时应该为真，以后会变为假以便能终止循环。类似 i == n 这样的判定没什么意义，因为它的初始值不为真。
- 编写的控制表达式中把 i < n 写成 i <= n，这会犯“循环次数差一”错误。

6.3.2 在 for 语句中省略表达式

for 语句远比目前看到的更加灵活。通常 for 语句用三个表达式控制循环，但是有一些 for 循环可能不需要这么多，因此 C 语言允许省略任意或全部的表达式。

如果省略第一个表达式，那么在执行循环前没有初始化的操作：

```
i = 10;
for (; i > 0; --i)
  printf("T minus %d and counting\n", i);
```

在这个例子中，变量 i 由一条单独的赋值语句实现了初始化，因此在 for 语句中省略了第一个表达式。（注意，保留第一个表达式和第二个表达式之间的分号。即使省略掉某些表达式，控制表达式也必须始终有两个分号。）

如果省略了 for 语句中的第三个表达式，循环体需要确保第二个表达式的值最终会变为假。我们的 for 语句示例可以这样写：

```
for (i = 10; i > 0;)
  printf("T minus %d and counting\n", i--);
```

107

为了补偿省略第三个表达式产生的后果，我们使变量 i 在循环体中进行自减。

当 for 语句同时省略掉第一个和第三个表达式时，它和 while 语句没有任何分别。例如，循环

```
for (; i > 0;)
  printf("T minus %d and counting\n", i--);
```

等价于

```
while (i > 0)
  printf("T minus %d and counting\n", i--);
```

这里 while 语句的形式更清楚，因此也更可取。

如果省略第二个表达式，那么它默认为真值，因此 for 语句不会终止（除非以某种其他形式停止）。Q&A 例如，某些程序员用下列 for 语句建立无限循环：

[惯用法] `for ( ; ; )...`

6.3.3　C99 中的 for 语句 C99

在 C99 中，for 语句的第一个表达式可以替换为一个声明，这一特性使得程序员可以声明一个用于循环的变量：

```
for (int i = 0; i < n; i++)
  ...
```

变量 i 不需要在该语句前进行声明。事实上，如果变量 i 在之前已经进行了声明，这个语句将创建一个新的 i 且该值仅用于循环内。

for 语句声明的变量不可以在循环外访问（在循环外不可见）：

```
for (int i = 0; i < n; i++) {
  ...
  printf("%d", i);          /* legal; i is visible inside loop */
  ...
}
printf("%d", i);            /*** WRONG ***/
```

让 for 语句声明自己的循环控制变量通常是一个好办法：这样很方便且程序的可读性更强，但是如果在 for 循环退出之后还要使用该变量，则只能使用以前的 for 语句格式。

顺便提一下，for 语句可以声明多个变量，只要它们的类型相同：

```
for (int i = 0,  j = 0; i < n; i++)
  ...
```

108

6.3.4　逗号运算符

有些时候，我们可能喜欢编写有两个（或更多个）初始表达式的 for 语句，或者希望在每次循环时一次对几个变量进行自增操作。使用**逗号表达式**（comma expression）作为 for 语句中第一个或第三个表达式可以实现这些想法。

逗号表达式的格式如下所示：

[逗号表达式]　*表达式 1，表达式 2*

这里的*表达式 1* 和*表达式 2* 是两个任意的表达式。逗号表达式的计算要通过两步来实现：

第一步，计算*表达式 1* 并且扔掉计算出的值；第二步，计算*表达式 2*，把这个值作为整个表达式的值。对*表达式 1* 的计算应该始终会有副作用；如果没有，那么*表达式 1* 就没有了存在的意义。

例如，假设变量 i 和变量 j 的值分别为 1 和 5，当计算逗号表达式++i, i+j 时，变量 i 先进行自增，然后计算 i+j，所以表达式的值为 7。（而且，显然现在变量 i 的值为 2。）顺便说一句，逗号运算符的优先级低于所有其他运算符，所以不需要在++i 和 i+j 外面加圆括号。

有时需要把一串逗号表达式串联在一起，就如同某些时候把赋值表达式串联在一起一样。逗号运算符是左结合的，所以编译器把表达式

```
i = 1, j = 2, k = i + j
```

解释为

```
((i = 1), (j = 2)), (k = (i + j))
```

因为逗号表达式的左操作数在右操作数之前求值，所以赋值运算 i = 1、j = 2 和 k = i + j 是从左向右进行的。

提供逗号运算符是为了在 C 语言要求只能有一个表达式的情况下，可以使用两个或多个表达式。换句话说，逗号运算符允许将两个表达式“粘贴”在一起构成一个表达式。（注意它与复合语句的相似之处，后者允许我们把一组语句当作一条语句来使用。）

需要把多个表达式粘在一起的情况不是很多。正如后面的某一章将介绍的那样，某些宏定义（➤14.3 节）可以从逗号运算符中受益。除此之外，for 语句是唯一可以发现逗号运算符的地方。例如，假设在进入 for 语句时希望初始化两个变量。可以把原来的程序

```
sum = 0;
for (i =1; i <= N; i++)
  sum += i;
```

改写为

109

```
for (sum = 0, i = 1; i <= N; i++)
  sum += i;
```

表达式 sum = 0, i = 1 首先把 0 赋值给 sum，然后把 1 赋值给 i。利用附加的逗号运算符，for 语句可以初始化更多的变量。

程序 显示平方表（改进版）

程序 square.c（6.1 节）可以通过将 while 循环转换为 for 循环的方式来改进。

square2.c

```
/* Prints a table of squares using a for statement */

#include <stdio.h>

int main(void)
{
  int i, n;

  printf("This program prints a table of squares.\n");
  printf("Enter number of entries in table: ");
  scanf("%d", &n);
```

```
  for (i = 1; i <= n; i++)
    printf("%10d%10d\n", i, i * i);

  return 0;
}
```

利用这个程序可以说明 for 语句的一个要点：C 语言对控制循环行为的三个表达式没有加任何限制。虽然这些表达式通常对同一个变量进行初始化、判定和更新，但是没有要求它们之间以任何方式进行相互关联。看一下同一个程序的另一个版本。

square3.c

```
/* Prints a table of squares using an odd method */

#include <stdio.h>

int main(void)
{
  int i, n, odd, square;

  printf("This program prints a table of squares.\n");
  printf("Enter number of entries in table: ");
  scanf("%d", &n);

  i = 1;
  odd = 3;
  for (square = 1; i <= n; odd += 2) {
    printf("%10d%10d\n", i, square);
    ++i;
    square += odd;
  }

  return 0;
}
```

110

这个程序中的 for 语句初始化一个变量（square），对另一个变量（i）进行判定，并且对第三个变量（odd）进行自增操作。变量 i 是要计算平方值的数，变量 square 是变量 i 的平方值，而变量 odd 是一个奇数，需要用它来和当前平方值相加以获得下一个平方值（允许程序不执行任何乘法操作而计算连续的平方值）。

for 语句这种极大的灵活性有时是十分有用的。后面我们会发现 for 语句在处理链表（➤17.5 节）时非常有用。但是，for 语句很容易误用，所以请不要走极端。如果重新安排程序 square3.c 的各部分内容，可以清楚地表明循环是由变量 i 来控制的，这样程序中的 for 循环就清楚多了。

6.4　退出循环

我们已经知道编写循环时在循环体之前（使用 while 语句和 for 语句）或之后（使用 do 语句）设置退出点的方法。然而，有些时候也需要在循环中间设置退出点，甚至可能需要对循环设置多个退出点。break 语句可以用于有上述这些需求的循环中。

在学习完 break 语句之后，我们还将看到两个相关的语句：continue 语句和 goto 语句。continue 语句会跳过某次迭代的部分内容，但是不会跳出整个循环。goto 语句允许程序从一条语句跳转到另一条语句。因为已经有了 break 和 continue 这样有效的语句，所以很少使用 goto 语句。

6.4.1 break 语句

前面已经讨论过 break 语句把程序控制从 switch 语句中转移出来的方法。break 语句还可以用于跳出 while、do 或 for 循环。

假设要编写一个程序来测试数 n 是否为素数。我们的计划是编写一个 for 语句用 n 除以 2~n-1 的所有数。一旦发现有约数就跳出循环，而不需要继续尝试下去。在循环终止后，可以用一个 if 语句来确定循环是提前终止（因此 n 不是素数）还是正常终止（n 是素数）：

111

```
for (d = 2; d < n; d++)
  if (n % d == 0)
    break;
if (d < n)
  printf("%d is divisible by %d\n", n, d);
else
  printf("%d is prime\n", n);
```

对于退出点在循环体中间而不是循环体之前或之后的情况，break 语句特别有用。读入用户输入并且在遇到特殊输入值时终止的循环通常属于这种类型：

```
for (;;) {
  printf("Enter a number (enter 0 to stop): ");
  scanf("%d", &n);
  if (n == 0)
    break;
  printf("%d cubed is %d\n", n, n * n * n);
}
```

break 语句把程序控制从包含该语句的*最内层* while、do、for 或 switch 语句中转移出来。因此，当这些语句出现嵌套时，break 语句只能跳出一层嵌套。思考一下 switch 语句嵌在 while 语句中的情况：

```
while (...) {
  switch (...)  {
    ...
    break;
    ...
  }
}
```

break 语句可以把程序控制从 switch 语句中转移出来，但是不能跳出 while 循环。后面会继续讨论这一点。

6.4.2 continue 语句

continue 语句其实不应该放在这里，因为它无法跳出循环。但由于它和 break 类似，因此将其放在本节也不完全是任意而为的。break 语句刚好把程序控制转移到循环体末尾*之后*，而 continue 语句刚好把程序控制转移到循环体末尾*之前*。break 语句会使程序控制跳出循环，而 continue 语句会把程序控制留在循环内。break 语句和 continue 语句的另外一个区别是，break 语句可以用于 switch 语句和循环（while、do 和 for），而 continue 语句只能用于循环。

下面的例子通过读入一串数并求和的操作说明了 continue 语句的简单应用。循环在读入 10 个非零数后终止。无论何时读入数 0 都执行 continue 语句，控制将跳过循环体的剩余部分（即语句 sum += i;和语句 n++;）但仍留在循环内。

112

```
n = 0;
sum = 0;
while (n < 10) {
  scanf("%d", &i);
  if (i == 0)
    continue;
  sum += i;
  n++;
  /* continue jumps to here */
}
```

如果不用 continue 语句，上述示例可以写成如下形式：

```
n = 0;
sum = 0;
while (n < 10) {
  scanf("%d", &i);
  if (i != 0) {
    sum += i;
    n++;
  }
}
```

6.4.3 goto 语句

break 语句和 continue 语句都是跳转语句：它们把控制从程序中的一个位置转移到另一个位置。这两者都是受限制的：break 语句的目标是包含该语句的循环结束之后的那一点，而 continue 语句的目标是循环结束之前的那一点。goto 语句则可以跳转到函数中任何有标号的语句处。[C99 C99 增加了一条限制：goto 语句不可以用于绕过变长数组（➤8.3 节）的声明。]

标号只是放置在语句开始处的标识符：

[标号语句] *标识符 : 语句*

一条语句可以有多个标号。goto 语句自身的格式如下：

[goto 语句] goto *标识符*;

执行语句 goto *L*;，控制会转移到标号 *L* 后面的语句上，而且该语句必须和 goto 语句在同一个函数中。

如果 C 语言没有 break 语句，可以用下面的 goto 语句提前退出循环：

113

```
for (d = 2; d < n; d++)
  if (n % d == 0)
    goto done;
done:
if (d < n)
  printf("%d is divisible by %d\n", n, d);
else
  printf("%d is prime\n", n);
```

Q&A goto 语句在早期编程语言中很常见，但在日常 C 语言编程中已经很少用到它了。break、continue、return 语句（本质上都是受限制的 goto 语句）和 exit 函数（➤9.5 节）足以应付在其他编程语言中需要 goto 语句的大多数情况。

虽然如此，goto 语句偶尔还是很有用的。考虑从包含 switch 语句的循环中退出的问题。正如前面看到的那样，break 语句不会产生期望的效果：它可以跳出 switch 语句，但是无法跳出循环。goto 语句解决了这个问题：

```
while (...) {
  switch (...) {
    ...
    goto loop_done;      /* break won't work here */
    ...
  }
}
loop_done: ...
```

goto 语句对于嵌套循环的退出也是很有用的。

程序 账簿结算

许多简单的交互式程序是基于菜单的：它们向用户显示可供选择的命令列表。一旦用户选择了某条命令，程序就执行相应的操作，然后提示用户输入下一条命令；这个过程一直会持续到用户选择“退出”或“停止”命令。

这类程序的核心显然是循环。循环内将有语句提示用户输入命令、读命令，然后确定执行的操作：

```
for (; ;) {
  提示用户输入命令;
  读入命令;
  执行命令;
}
```

执行这个命令需要 switch 语句（或者级联式 if 语句）：

```
for (; ;) {
  提示用户输入命令;
  读入命令;
  switch (命令) {
    case 命令1: 执行操作1; break;
    case 命令2: 执行操作2; break;
    .
    .
    .
    case 命令n: 执行操作n; break;
    default: 显示出错消息; break;
  }
}
```

114

为了说明这种格式，接下来开发一个程序用来维护账簿的余额。该程序将为用户提供选择菜单：清空账户余额、往账户上存钱、从账户上取钱、显示当前余额、退出程序。选择项分别用整数 0、1、2、3 和 4 表示。程序会话类似这样：

```
*** ACME checkbook-balancing program ***
Commands: 0=clear, 1=credit, 2=debit, 3=balance, 4=exit

Enter command: 1
Enter amount of credit: 1042.56
Enter command: 2
Enter amount of debit: 133.79
Enter command: 1
Enter amount of credit: 1754.32
Enter command: 2
Enter amount of debit: 1400
Enter command: 2
Enter amount of debit: 68
Enter command: 2
Enter amount of debit: 50
Enter command: 3
```

```
Current balance: $1145.09
Enter command: 4
```

当用户输入*命令 4*（即退出）时，程序需要从 switch 语句以及外围的循环中退出。break 语句不可能做到，同时我们又不想使用 goto 语句。因此，决定采用 return 语句，这条语句将可以使程序终止并且返回操作系统。

checking.c

```
/* Balances a checkbook */

#include <stdio.h>

int main(void)
{
  int cmd;
  float balance = 0.0f, credit, debit;

  printf("*** ACME checkbook-balancing program ***\n");
  printf("Commands: 0=clear, 1=credit, 2=debit, ");
  printf("3=balance, 4=exit\n\n");
  for (;;) {
    printf("Enter command: ");
    scanf("%d", &cmd);
    switch (cmd) {
      case 0:
        balance = 0.0f;
        break;
      case 1:
        printf("Enter amount of credit: ");
        scanf("%f", &credit);
        balance += credit;
        break;
      case 2:
        printf("Enter amount of debit: ");
        scanf("%f", &debit);
        balance -= debit;
        break;
      case 3:
        printf("Current balance: $%.2f\n", balance);
        break;
      case 4:
        return 0;
      default:
        printf("Commands: 0=clear, 1=credit, 2=debit, ");
        printf("3=balance, 4=exit\n\n");
        break;
    }
  }
}
```

115

注意，return 语句后面没有 break 语句。紧跟在 return 语句后的 break 语句永远不会执行，许多编译器还将显示警告消息。

6.5　空语句

语句可以为空，也就是除了末尾处的分号以外什么符号也没有。下面是一个示例：

```
i = 0;  ;  j = 1;
```

这行含有三条语句：一条语句是给 i 赋值，一条是空语句，还有一条是给 j 赋值。

Q&A 空语句主要有一个好处：编写空循环体的循环。正如6.4节中寻找素数的循环：

```
for (d = 2; d < n; d++)
  if (n % d == 0)
    break;
```

116

如果把条件 n % d == 0 移到循环控制表达式中，那么循环体就会变为空：

```
for (d = 2; d < n && n % d != 0; d++)
  /* empty loop body */;
```

每次执行循环时，先判定条件 d < n。如果结果为假，循环终止；否则，判定条件 n % d != 0，如果结果为假则终止循环。（在后一种情况下，n % d == 0 一定为真；换句话说，找到了 n 的一个约数。）

注意上面是如何把空语句单独放置在一行的，不要写成

```
for (d = 2; d < n && n % d != 0; d++);
```

Q&A C 程序员习惯性地把空语句单独放置在一行。否则，有些人阅读程序时可能会搞不清 for 语句后边的语句是否是其循环体：

```
for (d = 2; d < n && n % d != 0; d++);
if (d < n)
  printf("%d is divisible by %d\n", n, d);
```

把普通循环转换成带空循环体的循环不会带来很大的好处：新循环往往更简洁，但通常不会提高效率。但是在一些情况下，带空循环体的循环比其他循环更高效。例如，这些带空循环体的循环更便于读取字符（➤7.3节）数据。

如果不小心在 if、while 或 for 语句的圆括号后放置分号，则会创建空语句，从而造成 if、while 或 for 语句提前结束。

- if语句中，如果在圆括号后边放置分号，无论控制表达式的值是什么，if语句执行的动作显然都是一样的：

```
if (d == 0);                              /*** WRONG ***/
  printf("Error: Division by zero\n");
```

因为 printf 函数调用不在 if 语句内，所以无论 d 的值是否等于 0，都会执行此函数调用。

- while语句中，如果在圆括号后边放置分号，会产生无限循环：

```
i = 10;
while (i > 0);                             /*** WRONG ***/
{
  printf("T minus %d and counting\n", i);
  --i;
}
```

117

另一种可能是循环终止，但是在循环终止后只执行一次循环体语句。

```
i = 11;
while (--i > 0);                          /*** WRONG ***/
  printf("T minus %d and counting\n", i);
```

这个例子显示如下消息：

```
T minus 0 and counting
```

- for语句中，在圆括号后边放置分号会导致只执行一次循环体语句：

```
for (i = 10; i > 0; i--);                    /*** WRONG ***/
  printf("T minus %d and counting\n", i);
```

这个例子也显示出如下消息：

```
T minus 0 and counting
```

问与答

问：6.1 节有如下循环：

```
while (i > 0)
  printf("T minus %d and counting\n", i--);
```

为什么不删除“> 0”判定来进一步缩短循环呢？

```
while (i)
  printf("T minus %d and counting\n", i--);
```

这种写法的循环会在 i 达到 0 值时停止，所以它应该和原始版本一样好。（p.79）

答：新写法确实更加简洁，许多 C 程序员也这样写循环。但是，它也有缺点。

首先，新循环不像原始版本那样容易阅读。新循环可以清楚地显示出在 i 达到 0 值时循环终止，但是不能清楚地表示是向上计数还是向下计数。而在原始的循环中，根据控制表达式 i > 0 可以推断出这一信息。

其次，如果循环开始执行时 i 碰巧为负值，那么新循环的行为会不同于原始版本。原始循环会立刻终止，而新循环则不会。

118

问：6.3 节提到，大多数 for 循环可以利用标准模式转换成 while 循环。能给出一个反例吗？（p.82）

答：当 for 循环体中含有 continue 语句时，6.3 节给出的 while 模式将不再有效。思考下面这个来自 6.4 节的示例：

```
n = 0;
sum = 0;
while (n < 10) {
  scanf("%d", &i);
  if (i == 0)
    continue;
  sum += i;
  n++;
}
```

乍看之下，好像可以把 while 循环转换成 for 循环：

```
sum = 0;
for (n = 0; n < 10; n++) {
  scanf("%d", &i);
  if (i == 0)
    continue;
  sum += i;
}
```

但是，这个循环并不等价于原始循环。当 i 等于 0 时，原始循环并没有对 n 进行自增操作，新循环却做了。

问：哪个无限循环格式更可取，`while(1)`还是`for(;;)`？（p.84）

答：C 程序员传统上喜欢 for(;;)的高效性。这是因为早期的编译器经常强制程序在每次执行 while 循环体时测试条件 1。但是，对于现代编译器来说，在性能上两种无限循环应该没有差别。

问：听说程序员应该永不使用 `continue` 语句。这种说法对吗？

答：continue 语句的确很少使用。尽管如此，continue 语句有时还是非常方便的。假设我们编写的循环要读入一些输入数据并测试其有效性，如果有效则以某种方法进行处理。如果有许多有效性测试，或者如果它们都很复杂，那么 continue 语句就非常有用了。循环将类似于下面这样：

```
for(; ;) {
  读入数据;
  if (数据的第一条测试失败)
    continue;
  if (数据的第二条测试失败)
    continue;
  .
  .
  .
  if (数据的最后一条测试失败)
    continue;
  处理数据;
}
```

119

问：goto 语句有什么不好？（p.88）

答：goto 语句不是天生的魔鬼，只是通常它有更好的替代方式。使用过多 goto 语句的程序会迅速退化成“垃圾代码”，因为控制可以随意地跳来跳去。垃圾代码是非常难于理解和修改的。

因为 goto 语句既可以往前跳又可以往后跳，所以使得程序难于阅读。（break 语句和 continue 语句只是往前跳。）含有 goto 语句的程序经常要求阅读者来回跳转以理解代码的控制流。

goto 语句使程序难于修改，因为它可能会使某段代码用于多种不同的目的。例如，对于前面有标号的语句，既可以在执行完其前一条语句后到达，也可以通过多条 goto 语句中的一条到达。

问：除了说明循环体为空外，空语句还有其他用途吗？（p.91）

答：非常少。空语句可以放在任何允许放语句的地方，所以有许多潜在的用途。但在实际中，空语句只有一种别的用途，而且极少使用。

假设需要在复合语句的末尾放置标号。标号不能独立存在，它后面必须有语句。在标号后放置空语句就可以解决这个问题：

```
{
  ...
  goto end_of_stmt;
  ...
  end_of_stmt: ;
}
```

问：除了把空语句单独放置在一行以外，是否还有其他方法可以凸显出空循环体？（p.91）

答：一些程序员使用虚设的 continue 语句：

```
for (d = 2; d < n && n % d != 0; d++)
  continue;
```

还有一些人使用空的复合语句：

```
for (d = 2; d < n && n % d != 0; d++)
  {}
```

120

练习题

6.1节

1. 下列程序片段的输出是什么？

```
i = 1;
while (i <= 128) {
  printf("%d ", i);
  i *= 2;
}
```

6.2节

2. 下列程序片段的输出是什么？

```
i = 9384;
do {
  printf("%d ", i);
  i /= 10;
} while (i > 0);
```

6.3节

*3. 下面这条 `for` 语句的输出是什么？

```
for (i = 5, j = i - 1; i > 0, j > 0; --i, j = i - 1)
  printf("%d ", i);
```

Ⓦ 4. 下列哪条语句和其他两条语句不等价（假设循环体都是一样的）？

(a) `for (i = 0; i < 10; i++)...`
(b) `for (i = 0; i < 10; ++i)...`
(c) `for (i = 0; i++ < 10; )...`

5. 下列哪条语句和其他两条语句不等价（假设循环体都是一样的）？

(a) `while (i < 10) {...}`
(b) `for (; i < 10;) {...}`
(c) `do {...} while (i < 10);`

6. 把练习题1中的程序片段改写为一条 `for` 语句。

7. 把练习题2中的程序片段改写为一条 `for` 语句。

*8. 下面这条 `for` 语句的输出是什么？

```
for (i = 10; i >= 1; i /= 2)
  printf("%d ", i++);
```

9. 把练习题8中的 `for` 语句改写为一条等价的 `while` 语句。除了 `while` 循环本身之外，还需要一条语句。

6.4节

Ⓦ 10. 说明如何用等价的 `goto` 语句替换 `continue` 语句。

121

11. 下列程序片段的输出是什么？

```
sum = 0;
for (i = 0; i < 10; i++) {
  if (i % 2)
    continue;
  sum += i;
}
printf("%d\n", sum);
```

Ⓦ12. 下面的“素数判定”循环作为示例出现在6.4节中：

```
for (d = 2; d < n; d++)
  if (n % d == 0)
    break;
```

这个循环不是很高效。没有必要用n除以2～n-1的所有数来判断它是否为素数。事实上，只需要检查不大于n的平方根的除数即可。利用这一点来修改循环。提示：不要试图计算出n的平方根，用d*d和n进行比较。

6.5节

*13. 重写下面的循环，使其循环体为空。

```
for (n = 0; m > 0; n++)
  m /= 2;
```

Ⓦ *14. 找出下面程序片段中的错误并修正。

```
if (n % 2 == 0);
  printf("n is even\n");
```

编程题

1. 编写程序，找出用户输入的一串数中的最大数。程序需要提示用户一个一个地输入数。当用户输入0或负数时，程序必须显示出已输入的最大非负数：

```
Enter a number: 60
Enter a number: 38.3
Enter a number: 4.89
Enter a number: 100.62
Enter a number: 75.2295
Enter a number: 0

The largest number entered was 100.62
```

注意，输入的数不一定是整数。

Ⓦ 2. 编写程序，要求用户输入两个整数，然后计算并显示这两个整数的最大公约数（GCD）：

```
Enter two integers: 12 28
Greatest common divisor: 4
```

提示：求最大公约数的经典算法是Euclid算法，方法如下。分别让变量m和n存储两个数的值。如果n为0，那么停止操作，m中的值是GCD；否则计算m除以n的余数，把n保存到m中，并把余数保存到n中。然后重复上述过程，每次都先判定n是否为0。

122

3. 编写程序，要求用户输入一个分数，然后将其约分为最简分式：

```
Enter a fraction: 6/12
In lowest terms: 1/2
```

提示：为了把分数约分为最简分式，首先计算分子和分母的最大公约数，然后分子和分母都除以最大公约数。

Ⓦ 4. 在5.2节的broker.c程序中添加循环，以便用户可以输入多笔交易，并且程序可以计算每次的佣金。程序在用户输入的交易额为0时终止。

```
Enter value of trade: 30000
Commission: $166.00
```

```
Enter value of trade: 20000
Commission: $144.00

Enter value of trade: 0
```

5. 第4章的编程题1要求编写程序显示出两位数的逆序。设计一个更具一般性的程序，可以处理一位、两位、三位或者更多位的数。提示：使用 do 循环将输入的数重复除以 10，直到值达到 0 为止。

Ⓦ 6. 编写程序，提示用户输入一个数 n，然后显示出 1~n 的所有偶数平方值。例如，如果用户输入 100，那么程序应该显示出下列内容：

```
4
16
36
64
100
```

7. 重新安排程序 square3.c，在 for 循环中对变量 i 进行初始化、判定以及自增操作。不需要重写程序，特别是不要使用任何乘法。

Ⓦ 8. 编写程序显示单月的日历。用户指定这个月的天数和该月起始日是星期几：

```
Enter number of days in month: 31
Enter starting day of the week (1=Sun, 7=Sat): 3

       1  2  3  4  5
 6  7  8  9 10 11 12
13 14 15 16 17 18 19
20 21 22 23 24 25 26
27 28 29 30 31
```

提示：此程序不像看上去那么难。最重要的部分是一个使用变量 i 从 1 计数到 n 的 for 语句（这里 n 是此月的天数），for 语句中需要显示 i 的每个值。在循环中，用 if 语句判定 i 是否是一个星期的最后一天，如果是，就显示一个换行符。

9. 第2章的编程题8要求编程计算第一、第二、第三个月还贷后剩余的贷款金额。修改该程序，要求用户输入还贷的次数并显示每次还贷后剩余的贷款金额。

123

10. 第 5 章的编程题 9 要求编写程序判断哪个日期更早。泛化该程序，使用户可以输入任意个日期。用 0/0/0 指示输入结束，不再输入日期。

```
Enter a date (mm/dd/yy): 3/6/08
Enter a date (mm/dd/yy): 5/17/07
Enter a date (mm/dd/yy): 6/3/07
Enter a date (mm/dd/yy): 0/0/0
5/17/07 is the earliest date
```

11. 数学常量 e 的值可以用一个无穷级数表示：

$e = 1 + 1/1! + 1/2! + 1/3! + \cdots$

编写程序，用下面的公式计算 e 的近似值：

$1 + 1/1! + 1/2! + 1/3! + \cdots + 1/n!$

这里 n 是用户输入的整数。

12. 修改编程题 11，使得程序持续执行加法运算，直到当前项小于 ε 为止，其中 ε 是用户输入的较小的（浮点）数。

124

第7章

基本类型

请别搞错：计算机处理的是数而不是符号。我们用对行为的算术化程度来衡量我们的理解力（和控制力）。

到目前为止，本书只使用了C语言的两种**基本（内置的）类型**：int 和 float。（我们还见过_Bool，那是C99中的一种基本类型。）本章讲述其余的基本类型，并从总体上讨论了与类型有关的重要问题。7.1节展示整数类型的取值范围，包括长整型、短整型和无符号整型。7.2节介绍 double 类型和 long double 类型，这些类型提供了更大的取值范围和比 float 类型更高的精度。7.3节讨论 char（字符）类型，这种类型用于字符数据的处理。7.4节解决重要的类型转换问题，即把一种类型的值转换成另外一种类型的等价值。7.5节展示利用 typedef 定义新类型名的方法。最后，7.6节描述 sizeof 运算符，这种运算符用来计算一种类型需要的存储空间大小。

7.1 整数类型

C语言支持两种根本不同的数值类型：整数类型（也称整型）和浮点类型（也称浮点型）。**整数类型**的值是整数，而**浮点类型**的值则可能还有小数部分。整数类型又分为两类：有符号整数和无符号整数。

有符号整数和无符号整数

有符号整数如果为正数或零，那么最左边的位（**符号位**）为0；如果是负数，则符号位为1。因此，最大的16位整数的二进制表示是0111111111111111，对应的数值是32 767（即$2^{15}-1$）。最大的32位整数的二进制表示是01111111111111111111111111111111，对应的数值是2 147 483 647（即$2^{31}-1$）。不带符号位（最左边的位是数值的一部分）的整数称为**无符号**整数。最大的16位无符号整数是65 535（即$2^{16}-1$），而最大的32位无符号整数是4 294 967 295（即$2^{32}-1$）。

默认情况下，C语言中的整型变量都是有符号的，也就是说最左位保留为符号位。若要告诉编译器变量没有符号位，需要把它声明成 unsigned 类型。无符号整数主要用于系统编程和底层与机器相关的应用。第20章将讨论无符号整数的常见应用，在此之前，我们通常回避无符号整数。

C语言的整数类型有不同的大小。int 类型通常为32位，但在老的CPU上可能是16位。有些程序所需的数很大，无法以 int 类型存储，所以C语言还提供了**长整型**。某些时候，为了节省空间，我们会指示编译器以比正常存储小的空间来存储一些数，这样的数称为**短整型**。

为了使构造的整数类型正好满足需要，可以指明变量是 long 类型或 short 类型、singed

类型或 unsigned 类型，甚至可以把说明符组合起来（如 long unsigned int）。然而，实际上只有下列 6 种组合可以产生不同的类型：

```
short int
unsigned short int

int
unsigned int

long int
unsigned long int
```

其他组合都是上述某种类型的同义词。（例如，除非额外说明，否则所有整数都是有符号的。因此，long signed int 和 long int 是一样的类型。）另外，说明符的顺序没什么影响，所以 unsigned short int 和 short unsigned int 是一样的。

C 语言允许通过省略单词 int 来缩写整数类型的名字。例如，unsigned short int 可以缩写为 unsigned short，而 long int 可以缩写为 long。C 程序员经常会省略 int。一些新出现的基于 C 的语言（包括 Java）甚至不允许程序员使用 short int 或 long int 这样的名字，而必须写成 short 或 long。基于这些原因，本书在单词 int 可有可无的情况下通常将其省略。

126

6 种整数类型的每一种所表示的取值范围都会根据机器的不同而不同，但是有两条所有编译器都必须遵守的原则。首先，C 标准要求 short int、int 和 long int 中的每一种类型都要覆盖一个确定的最小取值范围（详见 23.2 节）。其次，标准要求 int 类型不能比 short int 类型短，long int 类型不能比 int 类型短。但是，short int 类型的取值范围有可能和 int 类型的范围是一样的，int 类型的取值范围也可以和 long int 的一样。

表 7-1 说明了在 16 位机上整数类型通常的取值范围，注意 short int 和 int 有相同的取值范围。

表 7-1　16 位机的整数类型

类　型	最 小 值	最 大 值
short int	–32 768	32 767
unsigned short int	0	65 535
int	–32 768	32 767
unsigned int	0	65 535
long int	–2 147 483 648	2 147 483 647
unsigned long int	0	4 294 967 295

表 7-2 说明了 32 位机上整数类型通常的取值范围，这里的 int 和 long int 有着相同的取值范围。

表 7-2　32 位机的整数类型

类　型	最 小 值	最 大 值
short int	–32 768	32 767
unsigned short int	0	65 535
int	–2 147 483 648	2 147 483 647
unsigned int	0	4 294 967 295
long int	–2 147 483 648	2 147 483 647
unsigned long int	0	4 294 967 295

最近64位的CPU逐渐流行起来了。表7-3给出了64位机上（尤其是在UNIX系统下）整数类型常见的取值范围。

表7-3 64位机的整数类型

类 型	最 小 值	最 大 值
`short int`	−32 768	32 767
`unsigned short int`	0	65 535
`int`	−2 147 483 648	2 147 483 647
`unsigned int`	0	4 294 967 295
`long int`	−9 223 372 036 854 775 808	9 223 372 036 854 775 807
`unsigned long int`	0	18 446 744 073 709 551 615

再强调一下，表7-1、表7-2和表7-3中给出的取值范围不是C标准强制的，会随着编译器的不同而不同。对于特定的实现，确定整数类型范围的一种方法是检查`<limits.h>`头（➤23.2节）。该头是标准库的一部分，其中定义了表示每种整数类型的最大值和最小值的宏。

127

7.1.1 C99中的整数类型 C99

C99提供了两个额外的标准整数类型：`long long int`和`unsigned long long int`。增加这两种整数类型有两个原因，一是为了满足日益增长的对超大型整数的需求，二是为了适应支持64位运算的新处理器的能力。这两个`long long`类型要求至少64位宽，所以`long long int`类型值的范围通常为-2^{63}（−9 223 372 036 854 775 808）~$2^{63}-1$（9 223 372 036 854 775 807），而`unsigned long long int`类型值的范围通常为0~$2^{64}-1$（18 446 744 073 709 551 615）。

C99中把`short int`、`int`、`long int`和`long long int`类型［以及`signed char`类型（➤7.3节）］称为**标准有符号整型**，而把`unsigned short int`、`unsigned int`、`unsigned long int`和`unsigned long long int`类型［以及`unsigned char`类型（➤7.3节）和`_Bool`类型（➤5.2节）］称为**标准无符号整型**。

除了标准的整数类型以外，C99标准还允许在具体实现时定义**扩展的整数类型**（包括有符号的和无符号的）。例如，编译器可以提供有符号和无符号的128位整数类型。

7.1.2 整型常量

现在把注意力转向**常量**——在程序中以文本形式出现的数，而不是读、写或计算出来的数。C语言允许用十进制（基数为10）、八进制（基数为8）和十六进制（基数为16）形式书写整型常量。

八进制数和十六进制数

八进制数是用数字0~7书写的。八进制数的每一位表示一个8的幂（这就如同十进制数的每一位表示10的幂一样）。因此，八进制数237表示成十进制数就是$2\times8^2+3\times8^1+7\times8^0=128+24+7=159$。

十六进制数是用数字0~9加上字母A~F书写的，其中字母A~F表示10~15的数。十六进制数的每一位表示一个16的幂，十六进制数1AF的十进制数值是$1\times16^2+10\times16^1+15\times16^0=256+160+15=431$。

- **十进制**常量包含 0~9 中的数字，但是一定不能以零开头：

```
15  255  32767
```

- **八进制**常量只包含 0~7 中的数字，而且必须要以零开头：

128

```
017  0377  077777
```

- **十六进制**常量包含 0~9 中的数字和 a~f 中的字母，而且总是以 0x 开头：

```
0xf  0xff  0x7fff
```

十六进制常量中的字母既可以是大写字母也可以是小写字母：

```
0xff  0xfF  0xFf  0xFF  0Xff  0XfF  0XFf  0XFF
```

请记住八进制和十六进制只是书写数的方式，它们不会对数的实际存储方式产生影响。（整数都是以二进制形式存储的，跟表示方式无关。）任何时候都可以从一种书写方式切换到另一种书写方式，甚至可以混合使用：10 + 015 + 0x20 的值为 55（十进制）。八进制和十六进制更适用于底层程序的编写，本书直到第 20 章才会较多地用到它们。

十进制整型常量的类型通常为 int，但如果常量的值大得无法存储在 int 型中，那就用 long int 类型。如果出现 long int 不够用的罕见情况，编译器会用 unsigned long int 做最后的尝试。确定八进制和十六进制常量的规则略有不同：编译器会依次尝试 int、unsigned int、long int 和 unsigned long int 类型，直至找到能表示该常量的类型。

要强制编译器把常量作为长整数来处理，只需在后边加上一个字母 L（或 l）：

```
15L  0377L  0x7fffL
```

要指明是无符号常量，可以在常量后边加上字母 U（或 u）：

```
15U  0377U  0x7fffU
```

L 和 U 可以结合使用，以表明常量既是长整型又是无符号的：0xffffffffUL。（字母 L、U 的顺序和大小写无所谓。）

7.1.3 C99 中的整型常量 C99

在 C99 中，以 LL 或 ll（两个字母大小写要一致）结尾的整型常量是 long long int 型的。如果在 LL 或 ll 的前面或后面增加字母 U（或 u），则该整型常量为 unsigned long long int 型。

C99 确定整型常量类型的规则与 C89 有些不同。对于没有后缀（U、u、L、l、LL、ll）的十进制常量，其类型是 int、long int 或 long long int 中能表示该值的“最小”类型。对于八进制或者十六进制常量，可能的类型顺序为 int、unsigned int、long int、unsigned long int、long long int 和 unsigned long long int。常量后面的任何后缀都会改变可能类型的列表。例如，以 U（或 u）结尾的常量类型一定是 unsigned int、unsigned long int 和 unsigned long long int 中的一种，以 L（或 l）结尾的十进制常量类型一定是 long int 或 long long int 中的一种。如果常量的数值过大，以至于不能用标准的整数类型表示，则可以使用扩展的整数类型。

129

7.1.4 整数溢出

对整数执行算术运算时，其结果有可能因为太大而无法表示。例如，对两个 int 值进行算术运算时，结果必须仍然能用 int 类型来表示；否则（表示结果所需的数位太多）就会发生溢出。

整数溢出时的行为要根据操作数是有符号型还是无符号型来确定。有符号整数运算中发生溢出时，程序的行为是未定义的。回顾 4.4 节的介绍可知，未定义行为的结果是不确定的。最可能的情况是，仅仅是运算的结果出错了，但程序也有可能崩溃，或出现其他意想不到的状况。

无符号整数运算过程中发生溢出时，结果是有定义的：正确答案对 2^n 取模，其中 n 是用于存储结果的位数。例如，如果对无符号的 16 位数 65 535 加 1，其结果可以保证为 0。

7.1.5 读/写整数

假设有一个程序因为其中一个 int 变量发生了“溢出”而无法工作。我们的第一反应是把变量的类型从 int 变为 long int。但仅仅这样做是不够的，我们还必须检查数据类型的改变对程序其他部分的影响，尤其是需要检查该变量是否用在 printf 函数或 scanf 函数的调用中。如果已经用了，则需要改变调用中的格式串，因为%d 只适用于 int 类型。

读写无符号整数、短整数和长整数需要一些新的转换指定符。

- 读写无符号整数时，使用字母 u、o 或 x 代替转换说明中的 d。**Q&A**如果使用 u 说明符，该数将按十进制读写，o 表示八进制，x 表示十六进制。

```
unsigned int u;

scanf("%u", &u);    /* reads  u in base 10 */
printf("%u", u);    /* writes u in base 10 */
scanf("%o", &u);    /* reads  u in base  8 */
printf("%o", u);    /* writes u in base  8 */
scanf("%x", &u);    /* reads  u in base 16 */
printf("%x", u);    /* writes u in base 16 */
```

130

- 读写短整数时，在 d、o、u 或 x 前面加上字母 h：

```
short s;

scanf("%hd", &s);
printf("%hd", s);
```

- 读写长整数时，在 d、o、u 或 x 前面加上字母 l：

```
long l;

scanf("%ld", &l);
printf("%ld", l);
```

- **C99**读写长长整数时（仅限 C99），在 d、o、u 或 x 前面加上字母 ll：

```
long long ll;

scanf("%lld", &ll);
printf("%lld", ll);
```

程序 数列求和（改进版）

6.1 节编写了一个程序，对用户输入的整数数列求和。该程序的一个问题就是所求出的和（或其中某个输入数）可能会超出 int 型变量允许的最大值。如果程序运行在整数长度为 16 位的机器上，可能会发生下面的情况：

```
This program sums a series of integers.
Enter integers (0 to terminate): 10000 20000 30000 0
The sum is: -5536
```

求和的结果应该为 60 000，但这个值不在 int 型变量表示的范围内，所以出现了溢出。当有符号整数发生溢出时，结果是未定义的，在本例中我们得到了一个毫无意义的结果。为了改进这个程序，可以把变量改换成 long 型。

sum2.c

```
/* Sums a series of numbers (using long variables) */

#include <stdio.h>

int main(void)
{
  long n, sum = 0;

  printf("This program sums a series of integers.\n");
  printf("Enter integers (0 to terminate): ");

  scanf("%ld", &n);
  while (n != 0) {
    sum += n;
    scanf("%ld", &n);
  }
  printf("The sum is: %ld\n", sum);

  return 0;
}
```

131

这种改变非常简单：将 n 和 sum 声明为 long 型变量而不是 int 型变量，然后把 scanf 和 printf 函数中的转换说明由 %d 改为 %ld。

7.2　浮点类型

整数类型并不适用于所有应用。有些时候需要变量能存储带小数点的数，或者能存储极大数或极小数。这类数可以用浮点（因小数点是“浮动的”而得名）格式进行存储。C 语言提供了 3 种**浮点类型**，对应三种不同的浮点格式。

- float：单精度浮点数。
- double：双精度浮点数。
- long double：扩展精度浮点数。

当精度要求不严格时（例如，计算带一位小数的温度），float 类型是很适合的类型。double 提供更高的精度，对绝大多数程序来说够用了。long double 支持极高精度的要求，很少会用到。

C 标准没有说明 float、double 和 long double 类型提供的精度到底是多少，因为不同计算机可以用不同方法存储浮点数。大多数现代计算机遵循 IEEE 754 标准（即 IEC 60559）的规范，所以这里也将它作为一个示例。

IEEE 浮点标准

由 IEEE 开发的 IEEE 标准提供了两种主要的浮点数格式：单精度（32 位）和双精度（64 位）。数值以科学记数法的形式存储，每一个数都由三部分组成：**符号**、**指数**和**小数**。指数部分的位数说明了数值的可能大小程度，而小数部分的位数说明了精度。单精度格式中，指数长度为 8 位，而小数部分占了 23 位。因此，单精度数可以表示的最大值大约是 3.40×10^{38}，其中精度是 6 个十进制数字。 132

IEEE 标准还描述了另外两种格式：单扩展精度和双扩展精度。标准没有指明这些格式中的位数，但要求单扩展精度类型至少为 43 位，而双扩展精度类型至少为 79 位。想要获得更多有关 IEEE 标准和浮点算术的信息，可以参阅 David Goldberg 在 1991 年 3 月发表的文章“What Every Computer Scientist Should Know About Floating-Point Arithmetic”一文（刊载于 *ACM Computing Surveys*，第 23 卷第 1 期，第 5~48 页）。

表 7-4 给出了根据 IEEE 标准实现的浮点类型特征。[表中给出了规范化的最小正值，非规范化的数（➤23.4 节）可以更小。] long double 类型没有显示在此表中，因为它的长度随着机器的不同而变化，而最常见的大小是 80 位和 128 位。

表 7-4 浮点类型的特征（IEEE 标准）

类 型	最小正值	最 大 值	精 度
float	$1.175\,49 \times 10^{-38}$	$3.402\,82 \times 10^{38}$	6 个数字
double	$2.225\,07 \times 10^{-308}$	$1.797\,69 \times 10^{308}$	15 个数字

在不遵循 IEEE 标准的计算机上，表 7-4 是无效的。事实上，在一些机器上，float 可以有和 double 相同的数值集合，或者 double 可以有和 long double 相同的数值集合。可以在头 <float.h>（➤23.1 节）中找到定义浮点类型特征的宏。

C99 在 C99 中，浮点类型分为两种：一种是**实浮点类型**，包括 float、double 和 long double 类型；另一种是 C99 新增的**复数类型**（➤27.3 节，包括 float _Complex、double _Complex 和 long double _Complex）。

7.2.1 浮点常量

浮点常量可以有许多种书写方式。例如，下面这些常量全都是表示数 57.0 的有效方式：

```
57.0  57.  57.0e0  57E0  5.7e1  5.7e+1  .57e2  570.e-1
```

浮点常量必须包含小数点或指数；其中，指数指明了对前面的数进行缩放所需的 10 的幂次。如果有指数，则需要在指数数值前放置字母 E（或 e）。可选符号+或-可以出现在字母 E（或 e）的后边。

默认情况下，浮点常量以双精度数的形式存储。换句话说，当 C 语言编译器在程序中发现常量 57.0 时，Q&A 它会安排数据以 double 类型变量的格式存储在内存中。这条规则通常不会引发任何问题，因为在需要时 double 类型的值可以自动转换为 float 类型值。 133

在某些极个别的情况下，可能会需要强制编译器以 float 或 long double 格式存储浮点常量。为了表明只需要单精度，可以在常量的末尾处加上字母 F 或 f（如 57.0F）；而为了说明常量必须以 long double 格式存储，可以在常量的末尾处加上字母 L 或 l（如 57.0L）。

C99 C99 提供了十六进制浮点常量的书写规范。Q&A 十六进制浮点常量以 0x 或 0X 开头（跟十六进制整型常量类似）。这一特性很少用到。

7.2.2 读/写浮点数

前面已讨论过，转换说明%e、%f 和%g 用于读写单精度浮点数。读写 double 和 long double 类型的值所需的转换说明略有不同。

- 读取 double 类型的值时，在 e、f 或 g 前放置字母 l：

```
double d;

scanf("%lf", &d);
```

注意：Q&A只能在 scanf 函数格式串中使用 l，不能在 printf 函数格式串中使用。在 printf 函数格式串中，转换 e、f 和 g 可以用来写 float 类型或 double 类型的值。（C99 C99 允许 printf 函数调用中使用%le、%lf 和%lg，不过字母 l 不起作用。）

- 读写 long double 类型的值时，在 e、f 或 g 前放置字母 L：

```
long double ld;

scanf("%Lf", &ld);
printf("%Lf", ld);
```

7.3 字符类型

目前还没有讨论的唯一基本类型是Q&A char 类型，即字符类型（也称字符型）。char 类型的值可以根据计算机的不同而不同，因为不同的机器可能会有不同的字符集。

字 符 集

当今最常用的字符集是美国信息交换标准码（ASCII）字符集（➤附录 E），它用 7 位代码表示 128 个字符。在 ASCII 码中，数字 0~9 用 0110000~0111001 码来表示，大写字母 A~Z 用 1000001~1011010 码来表示。ASCII 码常被扩展用于表示 256 个字符，相应的字符集 Latin-1 包含西欧语言和许多非洲语言中的字符。

134

char 类型的变量可以用任意单字符赋值：

```
char ch;

ch = 'a';      /* lower-case a */
ch = 'A';      /* upper-case A */
ch = '0';      /* zero         */
ch = ' ';      /* space        */
```

注意，字符常量需要用单引号括起来，而不是双引号。

7.3.1 字符操作

在 C 语言中字符的操作非常简单，因为存在这样一个事实：C 语言把字符当作小整数进行处理。毕竟所有字符都是以二进制的形式进行编码的，而且无须花费太多的想象力就可以将这些二进制代码看成整数。例如，在 ASCII 码中，字符的取值范围是 0000000~1111111，可以看成 0~127 的整数。字符'a'的值为 97，'A'的值为 65，'0'的值为 48，而' '的值为 32。在 C 语言中，字符和整数之间的关联是非常强的，字符常量事实上是 int 类型而不是 char 类型（这是一个非常有趣的现象，但对我们并无影响）。

当计算中出现字符时，C 语言只是使用它对应的整数值。思考下面这个例子，假设采用 ASCII 字符集：

```
char ch;
int i;

i = 'a';        /* i is now 97   */
ch = 65;        /* ch is now 'A' */
ch = ch + 1;    /* ch is now 'B' */
ch++;           /* ch is now 'C' */
```

可以像比较数那样对字符进行比较。下面的 if 语句测试 ch 中是否含有小写字母，如果有，那么它会把 ch 转换为相应的大写字母。

```
if ('a' <= ch && ch <= 'z')
  ch = ch - 'a' + 'A';
```

像'a'<= ch 这样的比较使用的是字符所对应的整数值，这些数值因使用的字符集而有所不同，所以程序使用<、<=、>和>=来进行字符比较可能不易移植。

字符拥有和数相同的属性，这一事实会带来一些好处。例如，可以让 for 语句中的控制变量遍历所有的大写字母：

```
for (ch = 'A'; ch <= 'Z'; ch++)...
```

135

另外，以数的方式处理字符可能会导致编译器无法检查出来的多种编程错误，还可能会导致我们编写出'a' * 'b' / 'c'这类无意义的表达式。此外，这样做也可能会妨碍程序的可移植性，因为程序可能基于一些对字符集的假设。（例如，上述 for 循环假设字母 A~Z 的代码都是连续的。）

7.3.2 有符号字符和无符号字符

既然 C 语言允许把字符作为整数来使用，那么 char 类型应该像整数类型一样存在符号型和无符号型两种。通常有符号字符的取值范围是–128~127，无符号字符的取值范围是 0~255。

C 语言标准没有说明普通 char 类型数据是有符号型还是无符号型，有些编译器把它们当作有符号型来处理，有些编译器则将它们当作无符号型来处理。（甚至还有一些编译器，允许程序员通过编译器选项来选择把 char 类型当成有符号型还是无符号型。）

大多数时候，人们并不真的关心 char 类型是有符号型还是无符号型。但是，我们偶尔确实需要注意，特别是当使用字符型变量存储一个小值整数的时候。基于上述原因，Q&A 标准 C 允许使用单词 signed 和 unsigned 来修饰 char 类型：

```
signed char sch;
unsigned char uch;
```

可移植性技巧 不要假设 char 类型默认为 signed 或 unsigned。如果有区别，用 signed char 或 unsigned char 代替 char。

由于字符和整数之间的密切关系，C89 采用术语**整值类型**（integral type）来统称整数类型和字符类型。枚举类型（➤16.5 节）也属于整值类型。

C99 C99 不使用术语“整值类型”，而是扩展了整数类型的含义，使其包含字符类型和枚举类型。C99 中的_Bool 型（➤5.2 节）是无符号整数类型。

7.3.3 算术类型

整数类型和浮点类型统称为**算术类型**。下面对 C89 中的算术类型进行了总结分类。

- 整值类型：
  - 字符类型（char）；
  - 有符号整型（signed char、short int、int、long int）；
  - 无符号整型（unsigned char、unsigned short int、unsigned int、unsigned long int）；
  - 枚举类型。
- 浮点类型（float、double、long double）。

136

C99 C99的算术类型具有更复杂的层次。

- 整数类型：
  - 字符类型（char）；
  - 有符号整型，包括标准的（signed char、short int、int、long int、long long int）和扩展的；
  - 无符号整型，包括标准的（unsigned char、unsigned short int、unsigned int、unsigned long int、unsigned long long int、_Bool）和扩展的；
  - 枚举类型。
- 浮点类型：
  - 实数浮点类型（float、double、long double）；
  - 复数类型（float_Complex、double_Complex、long double_Complex）。

7.3.4　转义序列

正如在前面示例中见到的那样，字符常量通常是用单引号括起来的单个字符。然而，一些特殊符号（比如换行符）是无法采用上述方式书写的，因为它们不可见（非打印字符），或者无法从键盘输入。因此，为了使程序可以处理字符集中的每一个字符，C语言提供了一种特殊的表示法——**转义序列**（escape sequence）。

转义序列共有两种：**字符转义序列**（character escape）和**数字转义序列**（numeric escape）。在3.1节已经见过了一部分字符转义序列，表7-5给出了完整的字符转义序列集合。

表7-5　字符转义序列

名　称	转义序列	名　称	转义序列
警报（响铃）符	\a	垂直制表符	\v
回退符	\b	反斜杠	\\
换页符	\f	问号	\?
换行符	\n	单引号	\'
回车符	\r	双引号	\"
水平制表符	\t		

转义序列\a、\b、\f、\r、\t和\v表示常用的ASCII控制字符，Q&A 转义序列\n表示ASCII码的回行符，转义序列\\允许字符常量或字符串包含字符\，转义序列\'允许字符常量包含字符'，而转义序列\"则允许字符串包含字符"，Q&A 转义序列\?很少使用。

137

字符转义序列使用起来很容易，但是它们有一个问题：转义序列列表没有包含所有无法打印的ASCII字符，只包含了最常用的字符。字符转义序列也无法用于表示基本的128个ASCII

字符以外的字符。数字转义序列可以表示任何字符，所以它可以解决上述问题。

为了把特殊字符书写成数字转义序列，首先需要在类似附录 E 那样的表中查找字符的八进制或十六进制值。例如，ASCII 码中的 ESC 字符（十进制值为 27）对应的八进制值为 33，对应的十六进制值为 1B。上述八进制或十六进制码可以用来书写转义序列。

- **八进制转义序列**由字符\和跟随其后的一个最多含有三位数字的八进制数组成。（此数必须表示为无符号字符，所以最大值通常是八进制的 377。）例如，可以将转义字符写成\33 或\033。跟八进制常量不同，转义序列中的八进制数不一定要用 0 开头。
- **十六进制转义序列**由\x 和跟随其后的一个十六进制数组成。虽然标准 C 对十六进制数的位数没有限制，……示成无符号字符（因此，如果字符长度是 8 位，那么十六进制数的值不能超……可以把转义字符写成\x1b 或\x1B 的形式。字符 x 必须……）不限大小写。

作为字符常量使用……来。例如，表示转义字符的常量可以写成'\33'（或'\x1……，所以采用#define 的方式给它们命名通常是个不错的主……

```
#define ESC '\3…                                   /
```

正如 3.1 节看到的那……用。

转义序列不是唯……。三联序列（➤25.3 节）提供了一种表示字符#、[、\、]、^……些语言的键盘上是打不出来的。C99 C99 增加了通用字符名……相似，不同之处在于通用字符名可以用在标识符中。

7.3.5 字符处……

本节前面已……转换成大写字母：

```
if ('a' <…
  ch = c…
```

但这不是……植的转换方法是调用 C 语言的 toupper 库函数：

```
ch = t…                          upper case */
```

toupp……为 ch）是否为小写字母。如果是，它会把参数转换成相……会返回参数的值。上面的例子采用赋值运算符把 toupper……然也可以同样简单地进行其他的处理，比如存储到另一个……

```
if …
```

调……放置下面这条#include 指令：

```
#…
```

toupper 函……实用的字符处理函数。23.5 节会描述全部字符处理函数，并且给出了使用示例。

7.3.6　用 scanf 和 printf 读/写字符

转换说明%c 允许 scanf 函数和 printf 函数对单个字符进行读/写操作：

```
char ch;

scanf("%c", &ch);   /* reads a single character */
printf("%c", ch);   /* writes a single character */
```

在读入字符前，scanf 函数不会跳过空白字符。如果下一个未读字符是空格，那么在前面的例子中，scanf 函数返回后变量 ch 将包含一个空格。为了强制 scanf 函数在读入字符前跳过空白字符，需要在格式串中的转换说明%c 前面加上一个空格：

```
scanf(" %c", &ch); /* skips white space, then reads ch */
```

回顾 3.2 节的内容，scanf 格式串中的空白意味着"跳过零个或多个空白字符"。

因为通常情况下 scanf 函数不会跳过空白，所以它很容易检查到输入行的结尾：检查刚读入的字符是否为换行符。例如，下面的循环将读入并且忽略掉当前输入行中剩下的所有字符：

```
do {
  scanf("%c", &ch);
} while  (ch != '\n');
```

139

下次调用 scanf 函数时，将读入下一输入行中的第一个字符。

7.3.7　用 getchar 和 putchar 读/写字符

C 语言还提供了另外一些读/写单个字符的方法。特别是，Q&A 可以使用 getchar 函数和 putchar 函数来取代 scanf 函数和 printf 函数。putchar 函数用于写单个字符：

```
putchar(ch);
```

每次调用 getchar 函数时，它会读入一个字符并将其返回。为了保存这个字符，必须使用赋值操作将其存储到变量中：

```
ch = getchar();   /* reads a character and stores it in ch */
```

事实上，getchar 函数返回的是一个 int 类型的值而不是 char 类型的值（原因将在后续章节中讨论）。因此，如果一个变量用于存储 getchar 函数读取的字符，其类型设置为 int 而不是 char 也没啥好奇怪的。和 scanf 函数一样，getchar 函数也不会在读取时跳过空白字符。

执行程序时，使用 getchar 函数和 putchar 函数（胜于 scanf 函数和 printf 函数）可以节约时间。getchar 函数和 putchar 函数执行速度快有两个原因。第一个原因是，这两个函数比 scanf 函数和 printf 函数简单得多，因为 scanf 函数和 printf 函数是设计用来按不同的格式读/写多种不同类型数据的。第二个原因是，为了额外的速度提升，通常 getchar 函数和 putchar 函数是作为宏（➤14.3 节）来实现的。

getchar 函数还有一个优于 scanf 函数的地方：因为返回的是读入的字符，所以 getchar 函数可以应用在多种不同的 C 语言惯用法中，包括搜索字符或跳过所有出现的同一字符的循环。思考下面这个 scanf 函数循环，前面我们曾用它来跳过输入行的剩余部分：

```
do {
  scanf("%c", &ch);
} while  (ch != '\n');
```

用 getchar 函数重写上述循环，得到下面的代码：

```
do {
  ch = getchar();
} while  (ch != '\n');
```

把 getchar 函数调用移到控制表达式中，可以精简循环：

```
while ((ch = getchar())  != '\n')
  ;
```

这个循环读入一个字符，把它存储在变量 ch 中，然后测试变量 ch 是否不是换行符。如果测试结果为真，那么执行循环体（循环体实际为空），接着再次测试循环条件，从而读入新的字符。实际上我们并不需要变量 ch，可以把 getchar 函数的返回值与换行符进行比较：140

[惯用法]
```
while (getchar() != '\n')   /* skips rest of line */
  ;
```

这个循环是非常著名的 C 语言惯用法，虽然这种用法的含义是十分隐晦的，但是值得学习。

getchar 函数对搜索字符的循环和跳过字符的循环都很有用。思考下面这个利用 getchar 函数跳过不定数量空格字符的语句：

[惯用法]
```
while ((ch = getchar()) == ' ')    /* skips blanks */
  ;
```

当循环终止时，变量 ch 将包含 getchar 函数遇到的第一个非空白字符。

如果在同一个程序中混合使用 getchar 函数和 scanf 函数，请一定要注意。scanf 函数倾向于遗留下它“扫视”过但未读取的字符（包括换行符）。思考一下，如果试图先读入数再读入字符的话，下面的程序片段会发生什么：

```
printf("Enter an integer: ");
scanf("%d", &i);
printf("Enter a command: ");
command = getchar();
```

在读入 i 的同时，scanf 函数调用将留下没有消耗掉的任意字符，包括（但不限于）换行符。getchar 函数随后将取回第一个剩余字符，但这不是我们所希望的结果。

程序 确定消息的长度

为了说明字符的读取方式，下面编写一个程序来计算消息的长度。在用户输入消息后，程序显示长度：

```
Enter a message: Brevity is the soul of wit.
Your message was 27 character(s) long.
```

消息的长度包括空格和标点符号，但是不包含消息结尾的换行符。

程序需要采用循环结构来实现读入字符和计数器自增操作，循环在遇到换行符时立刻终止。我们既可以采用 scanf 函数也可以采用 getchar 函数读取字符，但大多数 C 程序员更愿意采用 getchar 函数。采用简明的 while 循环书写的程序如下：141

length.c

```
/* Determines the length of a message */
```

```
#include <stdio.h>

int main(void)
{
  char ch;
  int len = 0;

  printf("Enter a message: ");
  ch = getchar();
  while (ch != '\n') {
    len++;
    ch = getchar();
  }
  printf("Your message was %d character(s) long.\n", len);

  return 0;
}
```

回顾有关 while 循环和 getchar 函数惯用法的讨论，我们发现程序可以缩短成如下形式：

length2.c

```
/* Determines the length of a message */

#include <stdio.h>

int main(void)
{
  int len = 0;

  printf("Enter a message: ");
  while (getchar() != '\n')
    len++;
  printf("Your message was %d character(s) long.\n", len);

  return 0;
}
```

7.4　类型转换

在执行算术运算时，计算机比C语言的限制更多。为了让计算机执行算术运算，通常要求操作数有相同的大小（即位的数量相同），并且要求存储的方式也相同。计算机也许可以直接将两个16位整数相加，但是不能直接将16位整数和32位整数相加，也不能直接将32位整数和32位浮点数相加。

C语言则允许在表达式中混合使用基本类型。在单个表达式中可以组合整数、浮点数，甚至是字符。当然，在这种情况下C编译器可能需要生成一些指令，将某些操作数转换成不同类型，使得硬件可以对表达式进行计算。例如，如果对16位 short 型数和32位 int 型数进行加法操作，那么编译器将安排把16位 short 型值转换成32位值。如果是 int 型数据和 float 型数据进行加法操作，那么编译器将安排把 int 型值转换成为 float 格式。这个转换过程稍微复杂一些，因为 int 型值和 float 型值的存储方式不同。

142

因为编译器可以自动处理这些转换而无须程序员介入，所以这类转换称为**隐式转换**（implicit conversion）。C语言还允许程序员使用强制运算符执行**显式转换**（explicit conversion）。我们首先讨论隐式转换，显式转换将推迟到本节的最后介绍。遗憾的是，执行隐式转换的规则有些复杂，主要是因为C语言有大量不同的算术类型。

当发生下列情况时会进行隐式转换。

- 当算术表达式或逻辑表达式中操作数的类型不相同时。（C语言执行所谓的**常规算术转换**。）
- 当赋值运算符右侧表达式的类型和左侧变量的类型不匹配时。
- 当函数调用中的实参类型与其对应的形参类型不匹配时。
- 当 `return` 语句中表达式的类型和函数返回值的类型不匹配时。

这里讨论前两种情况，其他情况留到第 9 章再介绍。

7.4.1 常规算术转换

常规算术转换可用于大多数二元运算符（包括算术运算符、关系运算符和判等运算符）的操作数。例如，假设变量 `f` 为 `float` 类型，变量 `i` 为 `int` 类型。常规算术转换将应用在表达式 `f + i` 的操作数上，因为两者的类型不同。显然把变量 `i` 转换成 `float` 类型（匹配变量 `f` 的类型）比把变量 `f` 转换成 `int` 类型（匹配变量 `i` 的类型）更安全。整数始终可以转换为 `float` 类型；可能发生的最糟糕的事是精度会有少量损失。相反，把浮点数转换为 `int` 类型，将有小数部分的损失；更糟糕的是，如果原始数大于最大可能值或者小于最小可能值，那么将得到一个完全没有意义的结果。

常规算术转换的策略是把操作数转换成可以安全地适用于两个数值的"最狭小的"数据类型。（粗略地说，如果某种类型要求的存储字节比另一种类型少，那么这种类型就比另一种类型更狭小。）为了统一操作数的类型，通常可以将相对较狭小类型的操作数转换成另一个操作数的类型来实现（这就是所谓的**提升**）。**Q&A**最常用的提升是**整值提升**（integral promotion），它把字符或短整数转换成 `int` 类型（或者某些情况下是 `unsigned int` 类型）。 143

执行常规算术转换的规则可以划分成两种情况。

- **任一操作数的类型是浮点类型的情况**。按照下图将类型较狭小的操作数进行提升：

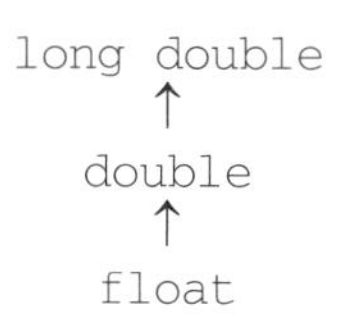

  也就是说，如果一个操作数的类型为 `long double`，那么把另一个操作数的类型转换成 `long double` 类型。否则，如果一个操作数的类型为 `double` 类型，那么把另一个操作数转换成 `double` 类型。否则，如果一个操作数的类型是 `float` 类型，那么把另一个操作数转换成 `float` 类型。注意，这些规则涵盖了混合整数和浮点类型的情况。例如，如果一个操作数的类型是 `long int` 类型，并且另一个操作数的类型是 `double` 类型，那么把 `long int` 类型的操作数转换成 `double` 类型。

- **两个操作数的类型都不是浮点类型的情况**。首先对两个操作数进行整值提升（保证没有一个操作数是字符类型或短整型）。然后按照下图对类型较狭小的操作数进行提升：

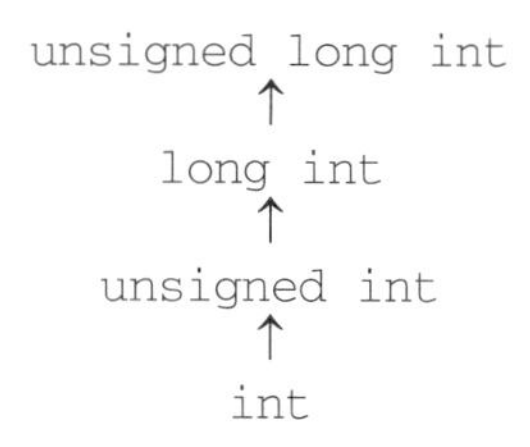

有一种特殊情况，只有在 long int 类型和 unsigned int 类型长度相同（比如 32 位）时才会发生。在这类情况下，如果一个操作数的类型是 long int，而另一个操作数的类型是 unsigned int，那么两个操作数都会转换成 unsigned long int 类型。

当有符号操作数和无符号操作数组合起来时，有符号操作数会被“转换”为无符号的值。转换过程中需要加上或者减去 n+1 的倍数，其中 n 是无符号类型能表示的最大值。这条规则可能会导致某些隐蔽的编程错误。

假设 int 类型的变量 i 值为-10，而 unsigned int 类型的变量 u 值为 10。如果用<运算符比较变量 i 和变量 u，那么期望的结果应该是 1（真）。但是，在比较前，变量 i 转换为 unsigned int 类型。因为负数不能被表示成无符号整数，所以转换后的值将不再为-10，而是加上 4 294 967 296 的结果（假定 4 294 967 295 是最大的无符号整数），即 4 294 967 286。因而 i < u 比较的结果将为 0。有些编译器会在程序试图比较有符号数与无符号数时给出一条类似“comparison between signed and unsigned”的警告消息。

144

因为此类陷阱的存在，所以最好尽量避免使用无符号整数，特别是不要把它和有符号整数混合使用。

下面的例子显示了常规算术转换的实际执行情况：

```
char c;
short int s;
int i;
unsigned int u;
long int l;
unsigned long int ul;
float f;
double d;
long double ld;

i = i + c;      /* c is converted to int                */
i = i + s;      /* s is converted to int                */
u = u + i;      /* i is converted to unsigned int       */
l = l + u;      /* u is converted to long int           */
ul = ul + l;    /* l is converted to unsigned long int */
f = f + ul;     /* ul is converted to float             */
d = d + f;      /* f is converted to double             */
ld = ld + d;    /* d is converted to long double        */
```

7.4.2 赋值过程中的转换

常规算术转换不适用于赋值运算。C 语言会遵循另一条简单的转换规则，那就是把赋值运算右边的表达式转换成左边变量的类型。如果变量的类型至少和表达式类型一样“宽”，那么这种转换将没有任何障碍。例如：

```
char c;
int i;
float f;
double d;

i = c;   /* c is converted to int    */
f = i;   /* i is converted to float  */
d = f;   /* f is converted to double */
```

其他情况下是有问题的。把浮点数赋值给整型变量会丢掉该数的小数部分：

```
int i;

i = 842.97;   /* i is now 842  */
i = -842.97;  /* i is now -842 */
```

145

此外，把某种类型的值赋给类型更狭小的变量时，Q&A如果该值在变量类型范围之外，那么将得到无意义的结果（甚至更糟）。

```
c = 10000;    /*** WRONG ***/
i = 1.0e20;   /*** WRONG ***/
f = 1.0e100;  /*** WRONG ***/
```

这类赋值可能会导致编译器或 lint 之类的工具发出警告。

如果浮点常量被赋值给 float 型变量，那么建议在浮点常量尾部加上后缀 f，本书从第 2 章开始就一直是这么做的：

```
f = 3.14159f;
```

如果没有后缀，常量 3.14159 将是 double 类型，可能会触发警告消息。

7.4.3 C99 中的隐式转换 C99

C99 中的隐式转换和 C89 中的隐式转换略有不同，这主要是因为 C99 增加了一些类型（_Bool、long long 类型、扩展的整数类型和复数类型）。

为了定义转换规则，C99 允许每个整数类型具有“整数转换等级”。下面按从最高级到最低级的顺序排列：

(1) long long int、unsigned long long int
(2) long int、unsigned long int
(3) int、unsigned int
(4) short int、unsigned short int
(5) char、signed char、unsigned char
(6) _Bool

简单起见，这里忽略了扩展的整数类型和枚举类型。

C99 用整数提升（integer promotion）取代了 C89 中的整值提升（integral promotion），可以将任何等级低于 int 和 unsigned int 的类型转换为 int（只要该类型的所有值都可以用 int 类型表示）或 unsigned int。

与 C89 一样，C99 中执行常规算术转换的规则可以分为两种情况。

- **任一操作数的类型是浮点类型的情况**。只要两个操作数都不是复数型，规则与前面一样（复数类型转换规则将在 27.3 节讨论）。
- **两个操作数的类型都不是浮点类型的情况**。首先对两个操作数进行整数提升。如果这时两个操作数的类型相同，过程结束。否则，依次尝试下面的规则，一旦遇到可应用的规则就不再考虑别的规则。
  - 如果两个操作数都是有符号型或者都是无符号型，将整数转换等级较低的操作数转换为等级较高的操作数的类型。
  - 如果无符号操作数的等级高于或等于有符号操作数的等级，将有符号操作数转换为无符号操作数的类型。

146

- 如果有符号操作数类型可以表示无符号操作数类型的所有值，将无符号操作数转换为有符号操作数的类型。
- 否则，将两个操作数都转换为与有符号操作数的类型相对应的无符号类型。

另外，所有算术类型都可以转换为_Bool 类型。如果原始值为 0 则转换结果为 0，否则结果为 1。

7.4.4 强制类型转换

虽然 C 语言的隐式转换使用起来非常方便，但我们有些时候还需要从更大程度上控制类型转换。基于这种原因，C 语言提供了**强制类型转换**。强制类型转换表达式如下所示：

[强制转换表达式]　　*(类型名) 表达式*

这里的*类型名*表示的是表达式应该转换成的类型。

下面的例子显示了使用强制类型转换表达式计算 float 类型值小数部分的方法：

```
float f, frac_part;

frac_part = f - (int) f;
```

强制类型转换表达式(int)f 表示把 f 的值转换成 int 类型后的结果。C 语言的常规算术转换则要求在进行减法运算前把(int)f 转换回 float 类型。f 和(int)f 的不同之处就在于 f 的小数部分，这部分在强制类型转换时被丢掉了。

强制类型转换表达式可以用于显示那些肯定会发生的类型转换：

```
i = (int) f;      /* f is converted to int */
```

它也可以用来控制编译器并且强制它进行我们需要的转换。思考下面的例子：

147

```
float quotient;
int dividend, divisor;

quotient = dividend / divisor;
```

正如现在写的那样，除法的结果是一个整数，在把结果存储在 quotient 变量中之前，要把结果转换成 float 格式。但是，为了得到更精确的结果，可能需要在除法执行之前把 dividend 和 divisor 的类型转换成 float 格式的。强制类型转换表达式可以完成这一点：

```
quotient = (float) dividend / divisor;
```

变量 divisor 不需要强制类型转换，因为把变量 dividend 强制转换成 float 类型会迫使编译器把 divisor 也转换成 float 类型。

顺便提一下，C 语言把(*类型名*)视为一元运算符。一元运算符的优先级高于二元运算符，因此编译器会把表达式

```
(float) dividend / divisor
```

解释为

```
((float) dividend) / divisor
```

如果感觉有点困惑，还有其他方法可以实现同样的效果：

```
quotient = dividend / (float) divisor;
```

或者

```
quotient = (float) dividend / (float) divisor;
```

有些时候，需要使用强制类型转换来避免溢出。思考下面这个例子：

```
long i;
int j = 1000;

i = j * j;    /* overflow may occur */
```

乍看之下，这条语句没有问题。表达式 j * j 的值是 1 000 000，并且变量 i 是 long int 类型的，所以 i 应该能很容易地存储这种大小的值，不是吗？问题是，当两个 int 类型值相乘时，结果也应该是 int 类型的，但是 j * j 的结果太大，以致在某些机器上无法表示为 int 型，从而导致溢出。幸运的是，可以使用强制类型转换避免这种问题发生：

```
i = (long) j * j;
```

因为强制运算符的优先级高于*，所以第一个变量 j 会被转换成 long int 类型，同时也迫使第二个 j 进行转换。注意，语句

```
i = (long) (j * j);    /*** WRONG ***/
```

是不对的，因为溢出在强制类型转换之前就已经发生了。

148

7.5 类型定义

5.2 节中，我们使用#define 指令创建了一个宏，可以用来定义布尔型数据：

```
#define BOOL int
```

但是，Q&A 一个更好的设置布尔类型的方法是利用所谓的**类型定义**（type definition）特性：

```
typedef int Bool;
```

注意，Bool 是新类型的名字。还要注意，我们使用首字母大写的单词 Bool。将类型名的首字母大写不是必需的，只是一些 C 程序员的习惯。

采用 typedef 定义 Bool 会导致编译器在它所识别的类型名列表中加入 Bool。现在，Bool 类型可以和内置的类型名一样用于变量声明、强制类型转换表达式和其他地方了。例如，可以使用 Bool 声明变量：

```
Bool flag;    /* same as int flag; */
```

编译器将把 Bool 类型看成是 int 类型的同义词；因此，变量 flag 实际就是一个普通的 int 类型变量。

7.5.1 类型定义的优点

类型定义使程序更加易于理解（假定程序员仔细选择了有意义的类型名）。例如，假设变量 cash_in 和变量 cash_out 将用于存储美元数量。把 Dollars 声明成

```
typedef float Dollars;
```

并且随后写出

```
Dollars cash_in, cash_out;
```

这样的写法比下面的写法更有实际意义：

```
float cash_in, cash_out;
```

类型定义还可以使程序更容易修改。如果稍后决定 Dollars 实际应该定义为 double 类型，那么只需要改变类型定义就足够了：

149

```
typedef double Dollars;
```

Dollars 变量的声明不需要改变。如果不使用类型定义，则需要找到所有用于存储美元数量的 float 类型变量（这显然不是件容易的工作），并且改变它们的声明。

7.5.2　类型定义和可移植性

类型定义是编写可移植程序的一种重要工具。程序从一台计算机移动到另一台计算机可能引发的问题之一就是不同计算机上的类型取值范围可能不同。如果 i 是 int 类型的变量，那么赋值语句

```
i = 100000;
```

在使用32位整数的机器上是没问题的，但是在使用16位整数的机器上就会出错。

可移植性技巧　为了更大的可移植性，可以考虑使用 typedef 定义新的整数类型名。

假设编写的程序需要用变量来存储产品数量，取值范围在0~50 000。为此可以使用 long int 类型的变量（因为这样保证可以存储至少在2 147 483 647以内的数），但是用户更愿意使用 int 类型的变量，因为算术运算时 int 类型值比 long int 类型值运算速度快；同时，int 类型变量占用的空间较少。

我们可以定义自己的“数量”类型，而避免使用 int 类型声明数量变量：

```
typedef int Quantity;
```

并且使用这种类型来声明变量：

```
Quantity q;
```

当把程序转到使用较短整数的机器上时，需要改变 Quantity 的定义：

```
typedef long Quantity;
```

可惜的是，这种技术无法解决所有的问题，因为 Quantity 定义的变化可能会影响 Quantity 类型变量的使用方式。我们至少需要改动使用了 Quantity 类型变量的 printf 函数调用和 scanf 函数调用，用转换说明%ld 替换%d。

C语言库自身使用 typedef 为那些可能因C语言实现的不同而不同的类型创建类型名。这些类型的名字经常以_t 结尾，比如 ptrdiff_t、size_t 和 wchar_t。这些类型的精确定义不尽相同，下面是一些常见的例子：

150

```
typedef long int ptrdiff_t;
typedef unsigned long int size_t;
typedef int wchar_t;
```

C99在 C99 中，<stdint.h>头使用 typedef 定义占用特定位数的整数类型名。例如，int32_t 是恰好占用 32 位的有符号整型。这是一种有效的定义方式，能使程序更易于移植。

7.6 sizeof 运算符

sizeof 运算符允许程序获取存储指定类型的值所需要的内存空间。表达式

[sizeof 表达式]　　sizeof（*类型名*）

的值是一个无符号整数，代表存储属于*类型名*的值所需要的字节数。表达式 sizeof(char)的值始终为 1，但是对其他类型计算出的值可能会有所不同。在 32 位的机器上，表达式 sizeof(int)的值通常为 4。注意，sizeof 运算符是一种特殊的运算符，Q&A因为编译器本身通常就能够确定 sizeof 表达式的值。

通常情况下，sizeof 运算符也可以应用于常量、变量和表达式。如果 i 和 j 是整型变量，那么 sizeof(i)在 32 位机器上的值为 4，这和表达式 sizeof(i+j)的值一样。跟应用于类型时不同，sizeof 应用于表达式时不要求圆括号，我们可以用 sizeof i 代替 sizeof(i)。但是，由于运算符优先级的问题，圆括号有时还是需要的。编译器会把表达式 sizeof i + j 解释为 (sizeof i) + j，这是因为 sizeof 作为一元运算符的优先级高于二元运算符+。为了避免出现此类问题，本书在 sizeof 表达式中始终加上圆括号。

显示 sizeof 值时要注意，这是因为 sizeof 表达式的类型是 size_t，一种由实现定义的类型。在 C89 中，最好在显示前把表达式的值转换成一种已知的类型。size_t 一定是无符号整型，所以最安全的方法是把 sizeof 表达式强制转换成 unsigned long 类型（C89 中最大的无符号类型），然后使用转换说明%lu 显示：

```
printf("Size of int: %lu\n", (unsigned long) sizeof(int));
```

C99在 C99 中，size_t 类型可以比 unsigned long 更长。但 C99 中的 printf 可以直接显示出 size_t 类型值而不需要强制转换。方法是在转换说明中的一般整数（通常用 u）代码前使用字母 z：

```
printf("Size of int: %zu\n", sizeof(int));     /* C99 only */
```

151

问与答

问：7.1 节说到%o 和%x 分别用于以八进制和十六进制书写无符号整数。那么如何以八进制和十六进制书写普通的（有符号）整数呢？（p.101）

答：只要有符号整数的值不是负值，就可以用%o 和%x 显示。这些转换导致 printf 函数把有符号整数看作无符号的；换句话说，printf 函数将假设符号位是数的绝对值部分。只要符号位为 0，就没有问题。如果符号位为 1，那么 printf 函数将显示出一个超出预期的大数。

问：但是，如果是负数该怎么办呢？如何以八进制或十六进制书写它？

答：没有直接的方法可以书写负数的八进制或十六进制形式。幸运的是，需要这样做的情况非常少。当然，我们可以判定这个数是否为负数，然后自己显示一个负号：

```
if (i < 0)
  printf("-%x", -i);
else
  printf("%x", i);
```

问：浮点常量为什么存储成 double 格式而不是 float 格式？（p.103）

答：由于历史的原因，C 语言更倾向于使用 double 类型，float 类型则被看作次要的。思考 Kernighan 和 Ritchie 的 *The C Programming Language* 一书中关于 float 的论述："使用 float 类型的主要原因是节省大型数组的存储空间，或者有时是为了节省时间，因为在一些机器上双精度计算的开销格外大。"经典 C 要求所有浮点计算都采用双精度的格式。（C89 和 C99 没有这样的要求。）

***问：十六进制的浮点常量是什么样子？使用这种浮点常量有什么好处？（p.103）**

答：十六进制浮点常量以 0x 或 0X 开头，且必须包含指数（指数跟在字母 P 或 p 后面）。指数可以有符号，常量可以以 f、F、l 或 L 结尾。指数以十进制数表示，但代表的是 2 的幂而不是 10 的幂。例如，0x1.Bp3 表示 $1.6875 \times 2^3 = 13.5$。十六进制位 B 对应的位模式为 1011；因为 B 出现在小数点的右边，所以其每一位代表一个 2 的负整数幂，把它们（$2^{-1} + 2^{-3} + 2^{-4}$）相加得到 0.6875。

十六进制浮点常量主要用于指定精度要求较高的浮点常量（包括 e 和 π 等数学常量）。十进制数具有精确的二进制表示，而十进制常量在转换为二进制时则可能受到舍入误差的些许影响。十六进制数对于定义极值（例如<float.h>头中宏的值）常量也是很有用的，这些常量很容易用十六进制表示，但难以用十进制表示。

152

***问：为什么使用%lf 读取 double 类型的值，却用%f 显示它呢？（p.104）**

答：这是一个很难回答的问题。首先注意，scanf 函数和 printf 函数都是不同寻常的函数，因为它们都没有将函数的参数限制为固定数量。scanf 函数和 printf 函数有可变长度的参数列表（➤26.1 节）。当调用带有可变长度参数列表的函数时，编译器会安排 float 参数自动转换成为 double 类型，其结果是 printf 函数无法区分 float 类型和 double 类型的参数。这解释了在 printf 函数调用中为何可以用%f 既表示 float 类型又表示 double 类型的参数。

另外，scanf 函数是通过指针指向变量的。%f 告诉 scanf 函数在所传地址位置上存储一个 float 类型值，而%lf 告诉 scanf 函数在该地址上存储一个 double 类型值。这里 float 和 double 的区别是非常重要的。如果给出了错误的转换说明，那么 scanf 函数将可能存储错误的字节数量（更不用说 float 类型的位模式可能不同于 double 类型的位模式）。

问：char 的正确发音是什么？（p.104）

答：没有普遍接受的发音。一些人把 char 发音成"character"的第一个音节[Kæ]，还有一些人把它念成[tʃa:(r)]，就像在 char broiled;中那样。

问：什么时候需要考虑字符变量是有符号的还是无符号的？（p.105）

答：如果在变量中只存储 7 位的字符，那么不需要考虑，因为符号位将为零。但是，如果计划存储 8 位字符，那么变量可能最好是 unsigned char 类型。思考下面的例子：

```
ch = '\xdb';
```

如果已经把变量 ch 声明成 char 类型，那么编译器可能选择把它看作有符号的字符来处理（许多编译器这么做）。只要变量 ch 仅作为字符来使用，就不会有什么问题。但是如果 ch 用在一些需要编译器将其值转换为整数的上下文中，那么可能就有问题了：转换为整数的结果将是负数，因为变量 ch 的符号位为 1。

还有另外一种情况：在一些程序中，习惯使用 char 类型变量存储单字节的整数。如果编写了这类程序，就需要决定每个变量应该是 signed char 类型还是 unsigned char 类型，这就像需要决定普通整型变量应该是 int 类型还是 unsigned int 类型一样。

问：我无法理解换行（new-line）符怎么会是 ASCII 码的回行（line-feed）符。当用户输入内容并且按下回车键时，程序不会把它作为回车符或者回车加回行符读取吗？（p.106）

153

答：不会的。作为 C 语言的 UNIX 继承部分，行的结束位置标记一直被看作单独的回行符。[在 UNIX 文本文件中，单独一个回行符（但不是回车符）会出现在每行的结束处。] C语言函数库会把用户的按键翻译成回行符。当程序读文件时，输入/输出函数库将文件的行结束标记（不管它是什么）翻译成单个的回行符。与之相对应的反向转换发生在将输出往屏幕或文件中写的时候。（详见22.1节。）

虽然这些翻译可能看上去很混乱，但是它们都为了一个重要的目的：使程序不受不同操作系统的影响。

***问：使用转义序列\?的目的是什么？（p.106）**

答：转义序列\?与三联序列（➤25.3节）有关，因为三联序列以??开头。如果需要在字符串中加入??，那么编译器很可能会把它误认为三联序列的开始。用\?代替第二个?可以解决这个问题。

问：既然getchar函数的读取速度更快，为什么仍然需要使用scanf函数读取单个的字符呢？（p.108）

答：虽然scanf函数没有getchar函数读取的速度快，但是它更灵活。正如前面已经看到的，格式串"%c"可以使scanf函数读入下一个输入字符，" %c"可以使scanf函数读入下一个非空白字符。而且，scanf函数也很擅长读取混合了其他数据类型的字符。假设输入数据中包含一个整数、一个单独的非数值型字符和另一个整数。通过使用格式串"%d%c%d"就可以利用scanf函数读取全部三项内容。

***问：在什么情况下，整值提升会把字符或短整数转换成unsigned int类型？（p.111）**

答：如果int类型整数没有大到足以包含所有可能的原始类型值，那么整值提升会产生unsigned int类型。因为字符的长度通常是8位，所以几乎总会转换为int类型（可以保证int类型至少为16位长度）。有符号短整数也总可以转换为int类型，但无符号短整数是有疑问的。如果短整数和普通整数的长度相同（例如在16位机上），那么无符号短整数必须被转换为unsigned int类型，因为最大的无符号短整数（在16位机上为65 535）要大于最大的int类型数（即32 767）。

问：如果把超出变量取值范围的值赋值给变量，究竟会发生什么？（p.113）

答：粗略地讲，如果值是整值类型并且变量是无符号类型，那么会丢掉超出的位数；如果变量是有符号类型，那么结果是由实现定义的。把浮点数赋值给整型或浮点型变量的话，如果变量太小而无法承受，会产生未定义的行为：任何事情都可能发生，包括程序终止。

154

***问：为什么C语言要提供类型定义呢？定义一个BOOL宏不是和用typedef定义一个Bool类型一样好用吗？（p.115）**

答：类型定义和宏定义存在两个重要的不同点。首先，类型定义比宏定义功能更强大。具体来说，数组和指针类型是不能定义为宏的。假设我们试图使用宏来定义一个“指向整数的指针”类型：

```
#define PTR_TO_INT int *
```

声明

```
PTR_TO_INT p, q, r;
```

在处理以后会变成

```
int * p, q, r;
```

可惜的是，只有p是指针，q和r都成了普通的整型变量。类型定义不会有这样的问题。

其次，typedef命名的对象具有和变量相同的作用域规则；定义在函数体内的typedef名字在函数外是无法识别的。另外，宏的名字在预处理时会在任何出现的地方被替换。

***问：本书中提到“编译器本身通常就能够确定sizeof表达式的值”。难道编译器不总能确定sizeof表达式的值吗？（p.117）**

答：在C89中编译器总是可以的，但在C99中有一个例外。编译器不能确定变长数组（➤8.3节）的大小，因为数组中的元素个数在程序执行期间是可变的。

练习题

7.1 节

1. 给出下列整型常量的十进制值。

   (a) `077`
   (b) `0x77`
   (c) `0XABC`

7.2 节

2. 下列哪些常量在C语言中不是合法的？区分每一个合法的常量是整数还是浮点数。

   (a) `010E2`
   (b) `32.1E+5`
   (c) `0790`
   (d) `100_000`
   (e) `3.978e-2`

155

Ⓦ 3. 下列哪些类型在C语言中不是合法的？

   (a) `short unsigned int`
   (b) `short float`
   (c) `long double`
   (d) `unsigned long`

7.3 节

Ⓦ 4. 如果变量c是char类型，那么下列哪条语句是非法的？

   (a) `i += c;     /* i has type int */`
   (b) `c = 2 * c - 1;`
   (c) `putchar(c);`
   (d) `printf(c);`

5. 下列哪条不是书写数65的合法方式？（假设字符集是ASCII。）

   (a) `'A'`
   (b) `0b1000001`
   (c) `0101`
   (d) `0x41`

6. 对于下面的数据项，指明char、short、int、long类型中哪种类型是足以存储数据的最小类型。

   (a) 一个月的天数
   (b) 一年的天数
   (c) 一天的分钟数
   (d) 一天的秒数

7. 对于下面的字符转义，给出等价的八进制转义。（假定字符集是ASCII。）可以参考附录E，其中列出了ASCII字符的数值码。

   (a) `\b`
   (b) `\n`
   (c) `\r`
   (d) `\t`

8. 重复练习题 7，给出等价的十六进制转义。

7.4 节

9. 假设变量 i 和变量 j 都是 int 类型，那么表达式 i / j + 'a'是什么类型？

W10. 假设变量 i 是 int 类型，变量 j 是 long int 类型，并且变量 k 是 unsigned int 类型，那么表达式 i + (int)j * k 是什么类型？

11. 假设变量 i 是 int 类型，变量 f 是 float 类型，变量 d 是 double 类型，那么表达式 i * f / d 是什么类型？

W12. 假设变量 i 是 int 类型，变量 f 是 float 类型，变量 d 是 double 类型，请解释在执行下列语句时发生了什么转换？

```
d = i + f;
```

156

13. 假设程序包含下列声明：

```
char c = '\1';
short s = 2;
int i = -3;
long m = 5;
float f = 6.5f;
double d = 7.5;
```

给出下列每个表达式的值和类型。

(a) c * i　　(c) f / c　　(e) f - d
(b) s + m　　(d) d / s　　(f) (int) f

W14. 下列语句是否总是可以正确地计算出 f 的小数部分（假设 f 和 frac_part 都是 float 类型的变量）？

```
frac_part = f - (int) f;
```

如果不是，那么出了什么问题？

7.5 节

15. 使用 typedef 创建名为 Int8、Int16 和 Int32 的类型。定义这些类型，使它们可以在你的机器上分别表示 8 位、16 位和 32 位的整数。

编程题

W 1. 如果 i * i 超出了 int 类型的最大取值，那么 6.3 节的程序 square2.c 将失败（通常会显示奇怪的答案）。运行该程序，并确定导致失败的 n 的最小值。尝试把变量 i 的类型改成 short 并再次运行该程序。（不要忘记更新 printf 函数调用中的转换说明！）然后尝试将其改成 long。从这些实验中，你能总结出在你的机器上用于存储整数类型的位数是多少吗？

W 2. 修改 6.3 节的程序 square2.c，每 24 次平方运算后暂停，并显示下列信息：

```
Press Enter to continue...
```

显示完上述消息后，程序应该使用 getchar 函数读入一个字符。getchar 函数读到用户输入的回车键才允许程序继续。

3. 修改 7.1 节的程序 sum2.c，对 double 型值组成的数列求和。

4. 编写可以把字母格式的电话号码翻译成数值格式的程序：

```
Enter phone number: CALLATT
2255288
```

（如果没有电话在身边，参考这里给出的字母在键盘上的对应关系：2=ABC、3=DEF、4=GHI、5=JKL、6=MNO、7=PQRS、8=TUV、9=WXYZ。）原始电话号码中的非字母字符（例如数字或标点符号）保持不变：

```
Enter phone number: 1-800-COL-LECT
1-800-265-5328
```

157

可以假设任何用户输入的字母都是大写字母。

5. 在十字拼字游戏中，玩家利用小卡片组成英文单词，每张卡片包含一个英文字母和面值。面值根据字母稀缺程度的不同而不同。（面值与字母的对应关系如下：1——AEILNORSTU；2——DG；3——BCMP；4——FHVWY；5——K；8——JX；10——QZ。）编写程序，通过对单词中字母的面值求和来计算单词的值：

```
Enter a word: pitfall
Scrabble value: 12
```

编写的程序应该允许单词中混合出现大小写字母。提示：使用 toupper 库函数。

6. 编写程序显示 sizeof(int)、sizeof(short)、sizeof(long)、sizeof(float)、sizeof(double) 和 sizeof(long double)的值。

7. 修改第 3 章的编程题 6，使得用户可以对两个分数进行加、减、乘、除运算（在两个分数之间输入+、-、*或/符号）。

8. 修改第 5 章的编程题 8，要求用户输入 12 小时制的时间。输入时间的格式为时:分后跟 A、P、AM 或 PM（大小写均可）。数值时间和 AM/PM 之间允许有空白（但不强制要求有空白）。有效输入的示例如下：

```
1:15P
1:15PM
1:15p
1:15pm
1:15 P
1:15 PM
1:15 p
1:15 pm
```

可以假定输入的格式就是上述之一，不需要进行错误判定。

9. 编写程序，要求用户输入 12 小时制的时间，然后用 24 小时制显示该时间：

```
Enter a 12-hour time: 9:11 PM
Equivalent 24-hour time: 21:11
```

参考编程题 8 中关于输入格式的描述。

10. 编写程序统计句子中元音字母（a、e、i、o、u）的个数：

```
Enter a sentence: And that's the way it is.
Your sentence contains 6 vowels.
```

11. 编写一个程序，要求用户输入英文名和姓，并根据用户的输入先显示姓，其后跟一个逗号，然后显示名的首字母，最后加一个点：

```
Enter a first and last name: Lloyd Fosdick
Fosdick, L.
```

用户的输入中可能包含空格（名之前、名和姓之间、姓氏之后）。

12. 编写程序对表达式求值：

```
Enter an expression: 1+2.5*3
Value of expression: 10.5
```

158

表达式中的操作数是浮点数，运算符是+、-、*和/。表达式从左向右求值（所有运算符的优先级都一样）。

13. 编写程序计算句子的平均词长：

```
Enter a sentence: It was deja vu all over again.
Average word length: 3.4
```

简单起见，程序中把标点符号看作其前面单词的一部分。平均词长显示一个小数位。

14. 编写程序，用牛顿方法计算正浮点数的平方根：

```
Enter a positive number: 3
Square root: 1.73205
```

设 x 是用户输入的数。牛顿方法需要先给出 x 平方根的猜测值 y（我们使用 1）。后续的猜测值通过计算 y 和 x/y 的平均值得到。表 7-6 中给出了求解 3 的平方根的过程。

表 7-6　用牛顿方法求解 3 的平方根

x	y	x/y	y 和 x/y 的平均值
3	1	3	2
3	2	1.5	1.75
3	1.75	1.714 29	1.732 14
3	1.732 14	1.731 96	1.732 05
3	1.732 05	1.732 05	1.732 05

注意，y 的值逐渐接近 x 的平方根。为了获得更高的精度，程序中应使用 double 类型的变量代替 float 类型的变量。当 y 的新旧值之差的绝对值小于 0.000 01 和 y 的乘积时程序终止。提示：调用 fabs 函数求 double 类型数值的绝对值。（为了使用 fabs 函数，需要在程序的开头包含<math.h>头。）

15. 编程计算正整数的阶乘：

```
Enter a positive integer: 6
Factorial of 6: 720
```

(a) 用 short 类型变量存储阶乘的值。为了正确打印出 n 的阶乘，n 的最大值是多少？

(b) 用 int 类型变量重复(a)。

(c) 用 long 类型变量重复(a)。

(d) 如果你的编译器支持 long long 类型，用 long long 类型变量重复(a)。

(e) 用 float 类型变量重复(a)。

(f) 用 double 类型变量重复(a)。

(g) 用 long double 类型变量重复(a)。

在(e)~(g)这几种情况下，程序会显示阶乘的近似值，不一定是准确值。

159

第8章

数　组

> 如果程序操纵着大量的数据，那它一定是用较少的方法办到的。

到目前为止，我们所见的变量都只是**标量**（scalar）：标量具有保存单一数据项的能力。C 语言也支持**聚合**（aggregate）变量，这类变量可以存储成组的数值。在 C 语言中一共有两种聚合类型：**数组**（array）和**结构**（structure）。本章介绍一维数组（8.1 节）和多维数组（8.2 节）的声明与使用。8.3 节讨论了 C99 中的变长数组。本章主要讨论一维数组，因为与多维数组相比，一维数组在 C 语言中占有更加重要的角色。后面的章节（特别是第 12 章）也包含一些与数组有关的信息，第 16 章介绍结构。

8.1　一维数组

数组是含有多个数据值的数据结构，并且每个数据值具有相同的数据类型。这些数据值称为**元素**（element），可以根据元素在数组中所处的位置把它们一个个地选出来。

最简单的数组类型就是一维数组，一维数组中的元素一个接一个地编排在单独一行（如果你喜欢，也可以说是一列）内。这里可以假设有一个名为 a 的一维数组：

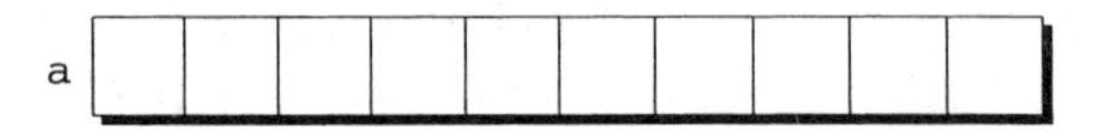

为了声明数组，需要指明数组元素的类型和数量。例如，为了声明数组 a 有 10 个 int 类型的元素，可以写成


```
int a[10];
```

数组的元素可以是任何类型，数组的长度可以用任何（整数）常量表达式（➤5.3 节）指定。因为程序以后改变时可能需要调整数组的长度，所以较好的方法是用宏来定义数组的长度：

```
#define N 10
...
int a[N];
```

8.1.1　数组下标

为了存取特定的数组元素，可以在写数组名的同时在后边加上一个用方括号围绕的整数值［这被称为对数组**取下标**（subscripting）或进行**索引**（indexing）］。Q&A 数组元素始终从 0 开始，因此长度为 n 的数组元素的索引是 0~n–1。例如，如果 a 是含有 10 个元素的数组，那么这些元素可以按如下所示，依次标记为 a[0], a[1], …, a[9]：

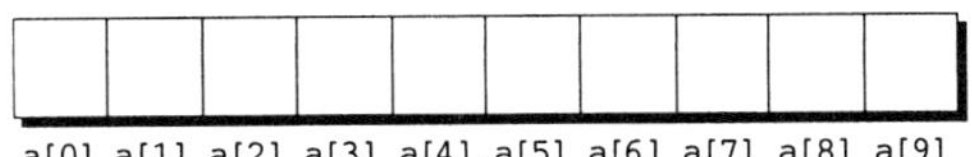

形如a[i]的表达式是左值（➤4.2节），因此数组元素可以像普通变量一样使用：

```
a[0] = 1;
printf("%d\n", a[5]);
++a[i];
```

一般说来，如果数组包含*T*类型的元素，那么数组中的每个元素均被视为*T*类型的变量。本例中，a[0]、a[5]和a[i]可以看作int类型变量。

数组和for循环结合在一起使用。许多程序所包含的for循环是为了对数组中的每个元素执行一些操作。下面给出了在长度为N的数组a上的一些常见操作示例。

[惯用法]
```
for (i = 0; i < N; i++)
  a[i] = 0;                  /* clears a */
```
[惯用法]
```
for (i = 0; i < N; i++)
  scanf("%d", &a[i]);        /* reads data into a */
```
[惯用法]
```
for (i = 0; i < N; i++)
  sum += a[i];               /* sums the elements of a */
```

注意，在调用scanf函数读取数组元素时，就像对待普通变量一样，必须使用取地址符号&。 162

C语言不要求检查下标的范围。当下标超出范围时，程序可能执行不可预知的行为。下标超出范围的原因之一是忘记了*n*元数组的索引是0~*n*–1，而不是1~*n*。（正如我认识的一位教授喜欢说的，“在这件事情上，你总是偏离了一位”。他显然是对的。）下面的例子给出了由这种常见错误导致的奇异效果：

```
int a[10], i;

for (i = 1; i <= 10; i++)
  a[i] = 0;
```

对于某些编译器来说，这个表面上正确的for语句却产生了一个无限循环！当变量i的值变为10时，程序将数值0存储在a[10]中。但是a[10]这个元素并不存在，因此在元素a[9]后数值0立刻进入内存。如果内存中变量i放置在a[9]的后边（这是有可能的），那么变量i将被重置为0，进而导致循环重新开始。

数组下标可以是任何整数表达式：

```
a[i+j*10] = 0;
```

表达式甚至可能会有副作用：

```
i = 0;
while (i < N)
  a[i++] = 0;
```

让我们一起来跟踪一下这段代码。在把变量i设置为0后，while语句判断变量i是否小于N。如果是，那么将数值0赋值给a[0]，随后i自增，然后重复循环。注意，a[++i]是不正确的，因为第一次循环体执行期间将把0赋值给a[1]。

当数组下标有副作用时一定要注意。例如，下面这个循环想把数组 b 中的元素复制到数组 a 中，但它可能无法正常工作：

```
i = 0;
while (i < N)
  a[i] = b[i++];
```

表达式 a[i]=b[i++] 访问并修改 i 的值，如 4.4 节所述，这样会导致未定义的行为。当然，通过从下标中移走自增操作可以很容易地避免此类问题的发生：

163

```
for (i = 0; i < N; i++)
  a[i] = b[i];
```

程序 数列反向

本书中第一个关于数组的程序要求用户输入一串数，然后按反向顺序输出这些数：

```
Enter 10 numbers: 34 82 49 102 7 94 23 11 50 31
In reverse order: 31 50 11 23 94 7 102 49 82 34
```

方法是在读入数时将其存储在一个数组中，然后反向遍历数组，一个接一个地显示出数组元素。换句话说，该程序不会真的对数组中的元素进行反向输出，只是使用户这样认为。

reverse.c

```
/* Reverses a series of numbers */

#include <stdio.h>

#define N 10

int main(void)
{
  int a[N], i;

  printf("Enter %d numbers: ", N);
  for (i = 0; i < N; i++)
    scanf("%d", &a[i]);

  printf("In reverse order:");
  for (i = N - 1; i >= 0; i--)
    printf(" %d", a[i]);
  printf("\n");

  return 0;
}
```

这个程序说明了宏和数组联合使用可以多么有效，其中一共 4 次用到了宏 N：在数组 a 的声明中，在显示提示的 printf 函数中，还有两个 for 循环中。如果以后需要改变数组的大小，只需要编辑 N 的定义并且重新编译程序就可以了，其他的什么也不需要改变，甚至连提示也仍然是正确的。

8.1.2 数组初始化

像其他变量一样，数组也可以在声明时获得一个初始值。但是，数组初始化的规则不太好掌握，因此我们现在介绍一些，其他的留在后面介绍（➤见 18.5 节）。

数组初始化器（array initializer）最常见的格式是一个用花括号括起来的常量表达式列表，

常量表达式之间用逗号进行分隔：

```
int a[10] = {1, 2, 3, 4, 5, 6, 7, 8, 9, 10};
```

164

如果初始化器比数组短，那么数组中剩余的元素赋值为 0：

```
int a[10] = {1, 2, 3, 4, 5, 6};
  /* initial value of a is {1, 2, 3, 4, 5, 6, 0, 0, 0, 0} */
```

利用这一特性，可以很容易地把数组初始化为全 0：

```
int a[10] = {0};
  /* initial value of a is {0, 0, 0, 0, 0, 0, 0, 0, 0, 0} */
```

初始化器完全为空是非法的，所以要在花括号内放上一个 0。初始化器比要初始化的数组长也是非法的。

如果给定了初始化器，可以省略数组的长度：

```
int a[] = {1, 2, 3, 4, 5, 6, 7, 8, 9, 10};
```

编译器利用初始化器的长度来确定数组的大小。数组仍然有固定数量的元素（此例中为 10），这跟显式地指定长度效果一样。

8.1.3 指示器 C99

经常有这样的情况：数组中只有相对较少的元素需要进行显式的初始化，而其他元素可以进行默认赋值。考虑下面这个例子：

```
int a[15] = {0, 0, 29, 0, 0, 0, 0, 0, 0, 7, 0, 0, 0, 0, 48};
```

我们希望数组元素 2 为 29，元素 9 为 7，元素 14 为 48，而其他元素为 0。对于大数组，如果使用这种方式赋值，将是冗长和容易出错的（想象一下两个非 0 元素之间有 200 个 0 的情况）。

C99 中的指示器可以用于解决这一问题。上面的例子可以用指示器写为

```
int a[15] = {[2] = 29, [9] = 7, [14] = 48};
```

方括号和其中的常量表达式一起，组成一个指示器。

除了可以使赋值变得更简短、更易读之外，指示器还有一个优点：赋值的顺序不再是一个问题，我们也可以将先前的例子重写为

```
int a[15] = {[14] = 48 , [9] = 7, [2] = 29};
```

组成指示器的方括号里必须是整型常量表达式。如果待初始化的数组长度为 *n*，则每个表达式的值都必须在 0 和 *n*–1 之间。但是，如果数组的长度是省略的，指示器可以指定任意非负整数；对于后一种情况，编译器将根据最大的值推断出数组的长度。在接下来的这个例子中，指示符的最大值为 23，因此数组的长度为 24：

165

```
int b[] = {[5] = 10 , [23] = 13, [11] = 36, [15] = 29};
```

初始化器中可以同时使用老方法（逐个元素初始化）和新方法（指示器）：

```
int c[10] = {5, 1, 9, [4] = 3, 7, 2, [8] = 6};
```

Q&A 这个初始化器指定数组的前三个元素值为 5、1 和 9，元素 4 的值为 3，其后两个元素为 7 和 2，最后元素 8 的值为 6，而没有指定值的元素均赋予默认值 0。

程序　检查数中重复出现的数字

接下来这个程序用来检查数中是否有出现多于一次的数字。用户输入数后，程序显示信息 `Repeated digit` 或 `No Repeated digit`：

```
Enter a number: 28212
Repeated digit
```

数 28212 有一个重复的数字（即 2），而 9357 这样的数则没有。

程序采用由布尔值构成的数组跟踪数中出现的数字。名为 `digit_seen` 的数组元素的下标索引为 0~9，对应于 10 个可能的数字。最初的时候，每个数组元素的值都为假。（`digit_seen` 的初始化器为 `{false}`，这实际上只初始化了数组的第一个元素。但是，编译器会自动把其他元素初始化为 0，而 0 跟 `false` 是相等的。）

当给定数 `n` 时，程序一次一个地检查 `n` 的数字，并且把每次检查的数字存储在变量 `digit` 中，然后用这个数字作为数组 `digit_seen` 的下标索引。如果 `digit_seen[digit]` 为真，那么表示 `digit` 至少在 `n` 中出现了两次。另一方面，如果 `digit_seen[digit]` 为假，那么表示 `digit` 之前未出现过，因此程序会把 `digit_seen[digit]` 设置为真并且继续执行。

repdigit.c

166

```
/* Checks numbers for repeated digits */

#include <stdbool.h>  /* C99 only */
#include <stdio.h>

int main(void)
{
  bool digit_seen[10] = {false};
  int digit;
  long n;

  printf("Enter a number: ");
  scanf("%ld", &n);

  while (n > 0) {
    digit = n % 10;
    if (digit_seen[digit])
      break;
    digit_seen[digit] = true;
    n /= 10;
  }

  if (n > 0)
    printf("Repeated digit\n");
  else
    printf("No repeated digit\n");

  return 0;
}
```

C99 这个程序用到了 `bool`、`true` 和 `false` 等名称，它们在 C99 的 `<stdbool.h>` 头（➤21.5 节）中定义。如果你的编译器不支持该头，你就需要自己定义这些名称。一种做法是在 `main` 函数的上方加上下面几行：

```
#define true 1
#define false 0
typedef int bool;
```

注意，数 n 的类型为 long，因此允许用户输入的最大数为 2 147 483 647（在某些机器上可能更大）。

8.1.4　对数组使用 **sizeof** 运算符

运算符 sizeof 可以确定数组的大小（字节数）。如果数组 a 有 10 个整数，那么 sizeof(a) 通常为 40（假定每个整数占 4 字节）。

还可以用 sizeof 来计算数组元素（如 a[0]）的大小。用数组的大小除以数组元素的大小可以得到数组的长度：

```
sizeof(a) / sizeof(a[0])
```

当需要数组长度时，一些程序员采用上述表达式。例如，数组 a 的清零操作可以写成如下形式：

```
for (i = 0; i < sizeof(a) / sizeof(a[0]); i++)
  a[i] = 0;
```

如果使用这种方法，即使数组长度在日后需要改变，也不需要改变循环。当然，利用宏来表示数组的长度也有同样的好处，但是 sizeof 方法稍微好一些，因为不需要记忆宏的名字（有可能搞错）。

有些编译器会对表达式 i < sizeof(a) / sizeof(a[0]) 给出一条警告消息，这稍微有点烦人。变量 i 的类型可能是 int（有符号类型），而 sizeof 返回的值类型为 size_t（无符号类型）。由 7.4 节可知，把有符号整数与无符号整数相比较是很危险的，尽管在本例中这样做没问题（因为 i 和 sizeof(a) / sizeof(a[0]) 都是非负值）。为了避免出现这一警告，可以将 i 的类型改成 t，或者像下面这样，将 sizeof(a) / sizeof(a[0]) 强制转换为有符号整数：

167

```
for (i = 0; i < (int) (sizeof(a) / sizeof(a[0])); i++)
  a[i] = 0;
```

表达式 (int) (sizeof(a) / sizeof(a[0])) 写起来不太方便，定义一个宏来表示它常常是很有帮助的：

```
#define SIZE ((int) (sizeof(a) / sizeof(a[0])))

for (i = 0; i < SIZE; i++)
  a[i] = 0;
```

但是，返回来使用宏的话，sizeof 的优势哪里去了呢？后面的某章将对这个问题进行回答［窍门是给宏加上“参数”，即带参数的宏（➤14.3 节）］。

程序　计算利息

下面这个程序显示一个表格，这个表格显示了在几年时间内 100 美元投资在不同利率下的价值。用户输入利率和要投资的年数。投资总价值每年计算一次，表格将显示出在输入利率和紧随其后的 4 个更高的利率下投资的总价值。程序会话如下：

```
Enter interest rate: 6
Enter number of years: 5

Years      6%      7%      8%      9%     10%
  1      106.00  107.00  108.00  109.00  110.00
  2      112.36  114.49  116.64  118.81  121.00
  3      119.10  122.50  125.97  129.50  133.10
  4      126.25  131.08  136.05  141.16  146.41
  5      133.82  140.26  146.93  153.86  161.05
```

很明显地，可以使用 for 语句显示出第一行信息。第二行的显示有点小窍门，因为它的值要依赖于第一行的数。我们的解决方案是在计算第一行的数时把它们存储到数组中，然后使用数组中的这些值计算第二行的内容。当然，从第三行到最后一行可以重复这个过程。我们总共需要用到两个 for 语句，其中一个嵌套在另一个里面。外层循环将从 1 计数到用户要求的年数，内层循环将从利率的最低值递增到最高值。

168

interest.c

```
/* Prints a table of compound interest */

#include <stdio.h>

#define NUM_RATES ((int) (sizeof(value) / sizeof(value[0])))
#define INITIAL_BALANCE 100.00

int main(void)
{
  int i, low_rate, num_years, year;
  double value[5];

  printf("Enter interest rate: ");
  scanf("%d", &low_rate);
  printf("Enter number of years: ");
  scanf("%d", &num_years);

  printf("\nYears");
  for (i = 0; i < NUM_RATES; i++) {
    printf("%6d%%", low_rate + i);
    value[i] = INITIAL_BALANCE;
  }
  printf("\n");

  for (year = 1; year <= num_years; year++) {
    printf("%3d    ", year);
    for (i = 0; i < NUM_RATES; i++) {
      value[i] += (low_rate + i) / 100.0 * value[i];
      printf("%7.2f", value[i]);
    }
    printf("\n");
  }

  return 0;
}
```

注意，这里使用 NUM_RATES 控制两个 for 循环。如果以后改变数组 value 的大小，循环会自动调整。

8.2　多维数组

数组可以有任意维数。例如，下面的声明产生一个二维数组（或者按数学上的术语称为矩阵）：

```
int m[5][9];
```

169

数组 m 有 5 行 9 列。如下所示，数组的行和列下标都从 0 开始索引：

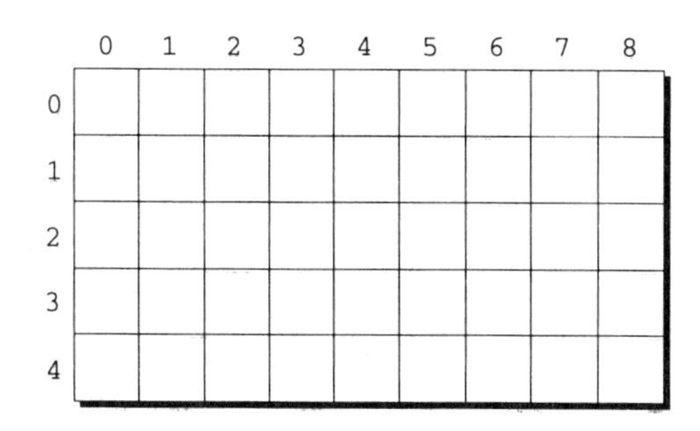

为了访问 i 行 j 列的元素，表达式需要写成 m[i][j]。表达式 m[i]指明了数组 m 的第 i 行，而 m[i][j]则选择了此行中的第 j 个元素。

不要把 m[i][j]写成 m[i,j]。如果这样写，C 语言会把逗号看作逗号运算符（➤6.3 节），因此 m[i,j]就等同于 m[j]。

虽然我们以表格形式显示二维数组，但是实际上它们在计算机内存中不是这样存储的。C 语言是按照**行主序**存储数组的，也就是从第 0 行开始，接着是第 1 行，以此类推。例如，下面显示了数组 m 的存储：

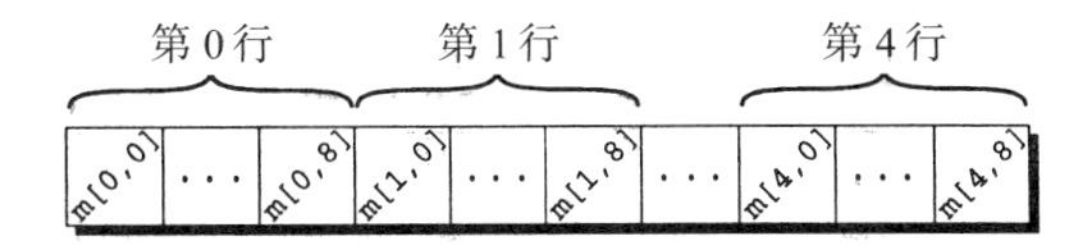

通常我们会忽略这一细节，但有时它会对我们的代码有影响。

就像 for 循环和一维数组紧密结合一样，嵌套的 for 循环是处理多维数组的理想选择。例如，思考用作单位矩阵的数组的初始化问题。（数学中，单位矩阵在主对角线上的值为 1，而其他地方的值为 0，其中主对角线上行、列的索引值是完全相同的。）我们需要以某种系统化的方式访问数组中的每一个元素。一对嵌套的 for 循环可以很好地完成这项工作——一个循环遍历每一行，另一个循环遍历每一列：

```
#define N 10

double ident[N][N];
int row, col;

for (row = 0; row < N; row++)
  for (col = 0; col < N; col++)
    if (row == col)
      ident[row][col] = 1.0;
    else
      ident[row][col] = 0.0;
```

和其他编程语言中的多维数组相比，C 语言中的多维数组扮演的角色相对较弱，这主要是因为 C 语言为存储多维数据提供了更加灵活的方法：指针数组（➤13.7 节）。 170

8.2.1 多维数组初始化

通过嵌套一维初始化器的方法可以产生二维数组的初始化器：

```
int m[5][9] = {{1, 1, 1, 1, 1, 0, 1, 1, 1},
               {0, 1, 0, 1, 0, 1, 0, 1, 0},
               {0, 1, 0, 1, 1, 0, 0, 1, 0},
```

```
                {1, 1, 0, 1, 0, 0, 0, 1, 0},
                {1, 1, 0, 1, 0, 0, 1, 1, 1}};
```

每一个内部初始化器提供了矩阵中一行的值。为高维数组构造初始化器可采用类似的方法。

C 语言为多维数组提供了多种方法来缩写初始化器。

- 如果初始化器没有大到足以填满整个多维数组，那么把数组中剩余的元素赋值为 0。例如，下面的初始化器只填充了数组 m 的前三行，后边的两行将赋值为 0：

```
int m[5][9] = {{1, 1, 1, 1, 1, 0, 1, 1, 1},
               {0, 1, 0, 1, 0, 1, 0, 1, 0},
               {0, 1, 0, 1, 1, 0, 0, 1, 0}};
```

- 如果内层的列表没有大到足以填满数组的一行，那么把此行剩余的元素初始化为 0：

```
int m[5][9] = {{1, 1, 1, 1, 1, 0, 1, 1, 1},
               {0, 1, 0, 1, 0, 1, 0, 1},
               {0, 1, 0, 1, 1, 0, 0, 1},
               {1, 1, 0, 1, 0, 0, 0, 1},
               {1, 1, 0, 1, 0, 0, 1, 1, 1}};
```

- 甚至可以省略内层的花括号：

```
int m[5][9] = {1, 1, 1, 1, 1, 0, 1, 1, 1,
               0, 1, 0, 1, 0, 1, 0, 1, 0,
               0, 1, 0, 1, 1, 0, 0, 1, 0,
               1, 1, 0, 1, 0, 0, 0, 1, 0,
               1, 1, 0, 1, 0, 0, 1, 1, 1};
```

这是因为一旦编译器发现数值足以填满一行，它就开始填充下一行。

在多维数组中省略内层的花括号可能是很危险的，因为额外的元素（更糟的情况是丢失的元素）会影响剩下的初始化器。省略花括号会导致某些编译器产生类似“missing braces around initializer”这样的警告消息。

171　C99 C99 的指示器对多维数组也有效。例如，可以这样创建 2×2 的单位矩阵：

```
double ident[2][2] = {[0][0] = 1.0, [1][1] = 1.0};
```

像通常一样，没有指定值的元素都默认值为 0。

8.2.2　常量数组

无论一维数组还是多维数组，都可以通过在声明的最开始处加上单词 const 而成为“常量”：

```
const char hex_chars[] =
  {'0', '1', '2', '3', '4', '5', '6', '7', '8', '9',
   'A', 'B', 'C', 'D', 'E', 'F'};
```

程序不应该对声明为 const 的数组进行修改，编译器能够检测到直接修改某个元素的意图。

把数组声明为 const 有两个主要的好处。它表明程序不会改变数组，这对以后阅读程序的人可能是有价值的信息。它还有助于编译器发现错误——const 会告诉编译器，我们不打算修改数组。

const 类型限定符（➤18.3 节）不限于数组，后面将看到，它可以和任何变量一起使用。但是，const 在数组声明中特别有用，因为数组经常含有一些在程序执行过程中不会发生改变的参考信息。

程序 发牌

下面这个程序说明了二维数组和常量数组的用法。程序负责发一副标准纸牌。每张标准纸牌都有一种花色（梅花、方块、红桃或黑桃）和一个点数（2、3、4、5、6、7、8、9、10、J、Q、K或A）。程序需要用户指明手里应该握有几张牌：

```
Enter number of cards in hand: 5
Your hand: 7c 2s 5d as 2h
```

如何编写这样一个程序看上去并不直观。如何从一副牌中随机抽取纸牌呢？如何避免两次抽到同一张牌呢？下面将分别处理这两个问题。

172

为了随机抽取纸牌，可以采用一些C语言的库函数。time函数（➤26.3节，来自<time.h>）返回当前的时间，用一个数表示。srand函数（➤26.2节，来自<stdlib.h>）初始化C语言的随机数生成器。通过把time函数的返回值传递给函数srand可以避免程序在每次运行时发同样的牌。rand函数（➤26.2节，来自< stdlib.h>）在每次调用时会产生一个看似随机的数。通过采用运算符%，可以缩放rand函数的返回值，使其落在0~3（用于表示牌的花色）的范围内，或者是落在0~12（用于表示纸牌的点数）的范围内。

为了避免两次都拿到同一张牌，需要记录已经选择过的牌。为此，程序将采用一个名为in_hand的二维数组，数组有4行（每行表示一种花色）和13列（每列表示一个点数）。换句话说，数组中的每个元素对应着52张纸牌中的一张。在程序开始时，所有数组元素都为假。每次随机抽取一张纸牌时，将检查数组in_hand中的对应元素为真还是为假。如果为真，那么就需要抽取其他纸牌；如果为假，则把true存储到与这张纸牌相对应的数组元素中，以提醒我们这张纸牌已经抽取过了。

一旦证实纸牌是“新”的（还没有选取过），就需要把牌的点数和花色数值翻译成字符，然后显示出来。为了把纸牌的点数和花色翻译成字符格式，程序将设置两个字符数组（一个用于纸牌的点数，另一个用于纸牌的花色），然后用点数和花色对数组取下标。这两个字符数组在程序执行期间不会发生改变，因此也可以把它们声明为const。

deal.c

```c
/* Deals a random hand of cards */

#include <stdbool.h>   /* C99 only */
#include <stdio.h>
#include <stdlib.h>
#include <time.h>

#define NUM_SUITS 4
#define NUM_RANKS 13

int main(void)
{
  bool in_hand[NUM_SUITS][NUM_RANKS] = {false};
  int num_cards, rank, suit;
  const char rank_code[] = {'2','3','4','5','6','7','8',
                            '9','t','j','q','k','a'};
  const char suit_code[] = {'c','d','h','s'};

  srand((unsigned) time(NULL));

  printf("Enter number of cards in hand: ");
  scanf("%d", &num_cards);
```

```
  printf("Your hand:");
  while (num_cards > 0) {
    suit = rand() % NUM_SUITS;      /* picks a random suit */
    rank = rand() % NUM_RANKS;      /* picks a random rank */
    if (!in_hand[suit][rank]) {
      in_hand[suit][rank] = true;
      num_cards--;
      printf(" %c%c", rank_code[rank], suit_code[suit]);
    }
  }
  printf("\n");

  return 0;
}
```

173

注意，数组 in_hand 的初始化器：

```
bool in_hand[NUM_SUITS][NUM_RANKS] = {false};
```

尽管 in_hand 是二维数组，C 语言仍允许只使用一对花括号（不过编译器可能会发出警告消息）。跟前面一样，由于我们在初始化器中只给出了一个值，编译器会把其他数组元素填充为值 0（假）。

8.3　C99 中的变长数组 C99

在 8.1 节中说到，数组变量的长度必须用常量表达式进行定义。但是在 C99 中，有时候也可以使用非常量表达式。下面是 8.1 节的 reverse.c 程序的修改版，其中用到了变长数组。

reverse2.c

```
/* Reverses a series of numbers using a variable-length array - C99 only */

#include <stdio.h>

int main(void)
{
  int i, n;

  printf("How many numbers do you want to reverse? ");
  scanf("%d", &n);

  int a[n];  /* C99 only - length of array depends on n */

  printf("Enter %d numbers: ", n);
  for (i = 0; i < n; i++)
    scanf("%d", &a[i]);

  printf("In reverse order:");
  for (i = n - 1; i >= 0; i--)
    printf(" %d", a[i]);
  printf("\n");

  return 0;
}
```

以上程序中的数组 a 是一个**变长数组**（variable-length array, VLA）。变长数组的长度是在程序执行时计算的，而不是在程序编译时计算的。变长数组的主要优点是程序员不必在构造数组时随便给定一个长度，程序在执行时可以准确地计算出所需的元素个数。如果让程序员来指定长度，数组可能过长（浪费内存）或过短（导致程序出错）。在 reverse2.c 程序中，数组 a 的长度由用户的输入确定而不是由程序员指定一个固定的值，这是与老版本不同的地方。

174

变长数组的长度不一定要用变量来指定，任意表达式（可以含有运算符）都可以。例如：

```
int a[3*i+5];
int b[j+k];
```

像其他数组一样，变长数组也可以是多维的：

```
int c[m][n];
```

变长数组的主要限制是它们不具有静态存储期（➤18.2 节；目前我们还没有发现具有这一特性的数组），另一个限制是变长数组没有初始化器。

变长数组常见于除 main 函数以外的其他函数。对于函数 f 而言，变长数组的最大优势就是每次调用 f 时长度可以不同。9.3 节将讲述这一特性。

问与答

问：为什么数组下标从 0 开始而不是从 1 开始？（p.124）

答：让下标从 0 开始可以使编译器简单一点。而且，这样也可以使得数组取下标运算的速度略有提高。

问：如果希望数组的下标从 1 到 10 而不是从 0 到 9，该怎么做呢？

答：这有一个常用的窍门：声明数组有 11 个元素而不是 10 个元素。这样数组的下标将从 0 到 10，但是可以忽略下标为 0 的元素。

问：使用字符作为数组的下标是否可行呢？

答：这是可以的，因为 C 语言把字符作为整数来处理。但是，在使用字符作为下标前，可能需要对字符进行“缩放”。举个例子，假设希望数组 letter_count 对字母表中的每个字母进行跟踪计数。这个数组将需要 26 个元素，所以可采用下列方式对其进行声明：

```
int letter_count[26];
```

然而，不能直接使用字母作为数组 letter_count 的下标，因为字母的整数值不是落在 0~25 的区间内的。为了把小写字母缩放到合适的范围内，可以简单采用减去'a'的方法；为了缩放大写字母，则可以减去'A'。例如，如果 ch 含有小写字母，为了对相应的计数进行清零操作，可以这样写：

```
letter_count[ch-'a'] = 0;
```

说明一下，这种方法不一定可移植，因为它假定字母的代码是连续的。不过，对大多数字符集（包括 ASCII）来说，这样做是没问题的。

175

问：指示器可能会对同一个数组元素进行多次初始化操作。考虑下面的数组声明：

```
int a[] = {4, 9, 1, 8, [0] = 5, 7};
```

这个声明是否合法？如果合法，数组的长度是多少？（p.127）

答：这个声明是合法的。下面是它的工作原理：编译器在处理初始化器列表时，会记录下一个待初始化的数组元素的位置。正常情况下，下一个元素是刚被初始化的元素后面的那个。但是，当列表中出现指示器时，下一个元素会被强制为指示器指定的元素，即使该元素已经被初始化了。

下面逐步分析编译器处理数组 a 的初始化器的操作：

- 用 4 初始化元素 0，下一个待初始化的是元素 1；
- 用 9 初始化元素 1，下一个待初始化的是元素 2；
- 用 1 初始化元素 2，下一个待初始化的是元素 3；
- 用 8 初始化元素 3，下一个待初始化的是元素 4；
- [0]指示符导致下一个元素是元素 0，所以用 5 初始化元素 0（替换先前存储的 4）。下一个待初始化的是元素 1；
- 用 7 初始化元素 1（替换先前存储的 9）。下一个待初始化的是元素 2（跟本例不相关，因为已经到达列表的末尾）。

最终效果跟下面的声明一样：

```
int a[] = {5, 7, 1, 8};
```

因此，数组的长度为 4。

问：如果试图用赋值运算符把一个数组复制到另一个数组中，编译器将给出出错消息。哪里错了？

答：赋值语句

```
a = b;    /* a and b are arrays */
```

看似合理，但它确实是非法的。非法的理由不是显而易见的，这需要用到 C 语言中数组和指针之间的特殊关系，这一点将在第 12 章探讨。

把一个数组复制到另一个数组中的最简单的实现方法之一是，利用循环对数组元素逐个进行复制：

```
for (i = 0; i < N; i++)
  a[i] = b[i];
```

另一种可行的方法是使用来自<string.h>头的函数 memcpy（意思是“内存复制”）。memcpy 函数（➤23.6 节）是一个底层函数，它把字节从一个地方简单地复制到另一个地方。为了把数组 b 复制到数组 a 中，使用函数 memcpy 的格式如下：

176

```
memcpy(a, b, sizeof(a));
```

许多程序员倾向于使用 memcpy 函数（特别是处理大型数组时），因为它潜在的速度比普通循环更快。

***问：6.4 节提到，C99 不允许 goto 语句绕过变长数组的声明。为什么会有这一限制呢？**

答：在程序执行过程中，遇到变长数组声明时通常就为该变长数组分配内存空间了。用 goto 语句绕过变长数组的声明可能会导致程序对未分配空间的数组中的元素进行访问。

练习题

8.1 节

Ⓦ 1. 前面讨论过，可以用表达式 sizeof(a) / sizeof(a[0])计算数组元素个数。表达式 sizeof(a) / sizeof(*t*)也可以完成同样的工作，其中 *t* 表示数组 a 中元素的类型，但我们认为这是一种较差的方法。这是为什么呢？

Ⓦ 2. “问与答”部分介绍了使用字母作为数组下标的方法。请描述一下如何使用（字符格式的）数字作为数组的下标。

3. 声明一个名为 weekend 的数组，其中包含 7 个 bool 值。要求用一个初始化器把第一个值和最后一个值置为 true，其他值都置为 false。

4. C99 重复练习题3，但这次用指示器。要求初始化器尽可能地简短。

5. 斐波那契数为 0, 1, 1, 2, 3, 5, 8, 13, ⋯，其中从第三个数开始，每个数是其前面两个数的和。编写一个程序片段，声明一个名为 `fib_number` 的长度为40的数组，并填入前40个斐波那契数。提示：先填入前两个数，然后用循环计算其余的数。

8.2 节

6. 计算器、电子手表和其他电子设备经常依靠**七段显示器**进行数值的输出。为了组成数字，这类设备需要“打开”7个显示段中的某些部分，同时“关闭”其他部分：

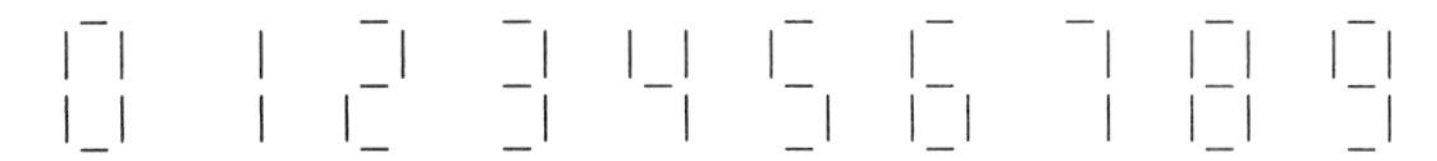

假设需要设置一个数组来记住显示每个数字时需要“打开”的显示段。各显示段的编号如下所示：

下面是数组的可能形式，每一行表示一个数字：

```
const int segments[10][7] = {{1, 1, 1, 1, 1, 1, 0}, ...};
```

上面已经给出了初始化器的第一行，请填充余下的部分。

W 7. 利用8.2节的简化方法，尽可能地缩短（练习题6中）数组 `segments` 的初始化器。 177

8. 为一个名为 `temperature_readings` 的二维数组编写声明。该数组存储一个月中每小时的温度读数。（简单起见，假定每个月有30天。）数组的每一行对应一个月中的每一天，每一列对应一天中的小时数。

9. 利用练习题8中的数组，编写一段程序计算一个月的平均温度（对每月中的每天和每天中的每小时取平均）。

10. 为一个 8×8 的字符数组编写声明，数组名为 `chess_board`。用一个初始化器把下列数据放入数组（每个字符对应一个数组元素）：

```
r n b q k b n r
p p p p p p p p
  .   .   .   .
.   .   .   .
  .   .   .   .
.   .   .   .
P P P P P P P P
R N B Q K B N R
```

11. 为一个 8×8 的字符数组编写声明，数组名为 `checker_board`。然后用一个循环把下列数据写入数组（每个字符对应一个数组元素）：

```
B R B R B R B R
R B R B R B R B
B R B R B R B R
R B R B R B R B
B R B R B R B R
R B R B R B R B
B R B R B R B R
R B R B R B R B
```

提示：如果 $i+j$ 为偶数，则 i 行 j 列的元素为 `B`。

编程题

1. 修改 8.1 节的程序 repdigit.c，使其可以显示出哪些数字有重复（如果有的话）：

```
Enter a number: 939577
Repeated digit(s): 7 9
```

Ⓦ 2. 修改 8.1 节的程序 repdigit.c，使其打印出一份列表，显示出每个数字在数中出现的次数：

```
Enter a number: 41271092
Digit:        0  1  2  3  4  5  6  7  8  9
Occurrences:  1  2  2  0  1  0  0  1  0  1
```

3. 修改 8.1 节的程序 repdigit.c，使得用户可以输入多个数进行重复数字的判断。当用户输入的数小于或等于 0 时，程序终止。

178

4. 修改 8.1 节的程序 reverse.c，利用表达式`(int)(sizeof(a) / sizeof(a[0]))`（或者具有相同值的宏）来计算数组的长度。

Ⓦ 5. 修改 8.1 节的程序 interest.c，使得修改后的程序可以每月整合一次利息，而不是每年整合一次利息。不要改变程序的输出格式，余额仍按每年一次的时间间隔显示。

6. 有一个名叫 B1FF 的人，是典型的网络新手，他有一种独特的编写消息的方式。下面是一条常见的 B1FF 公告：

```
H3Y DUD3, C 15 R1LLY C00L!!!!!!!!!!
```

编写一个“B1FF 过滤器”，它可以读取用户输入的消息并把此消息翻译成 B1FF 的表达风格：

```
Enter message: Hey dude, C is rilly cool
In B1FF-speak: H3Y DUD3, C 15 R1LLY C00L!!!!!!!!!!
```

程序需要把消息转换成大写字母，用数字代替特定的字母（A→4、B→8、E→3、I→1、O→0、S→5），然后添加 10 个左右的感叹号。*提示*：把原始消息存储在一个字符数组中，然后从数组头开始逐个翻译并显示字符。

7. 编写程序读取一个 5×5 的整数数组，然后显示出每行的和与每列的和。

```
Enter row 1:  8 3 9 0 10
Enter row 2:  3 5 17 1 1
Enter row 3:  2 8 6 23 1
Enter row 4:  15 7 3 2 9
Enter row 5:  6 14 2 6 0

Row totals:  30 27 40 36 28
Column totals:  34 37 37 32 21
```

Ⓦ 8. 修改编程题 7，使其提示用户输入每个学生 5 门测验的成绩，一共有 5 个学生。然后计算每个学生的总分和平均分，以及每门测验的平均分、高分和低分。

9. 编写程序，生成一种贯穿 10×10 字符数组（初始时全为字符'.'）的“随机步法”。程序必须随机地从一个元素“走到”另一个元素，每次都向上、向下、向左或向右移动一个元素位置。已访问过的元素按访问顺序用字母 A~Z 进行标记。下面是一个输出示例：

```
A . . . . . . . . .
B C D . . . . . . .
. F E . . . . . . .
H G . . . . . . . .
I . . . . . . . . .
J . . . . . . . Z .
K . . R S T U V Y .
L M P Q . . . W X .
. N O . . . . . . .
. . . . . . . . . .
```

提示：利用 srand 函数和 rand 函数（见程序 deal.c）产生随机数，然后查看此数除以 4 的余数。余数一共有 4 种可能的值（0、1、2 和 3），指示下一次移动的 4 种可能方向。在执行移动操作之前，需要检查两个条件：一是不能走到数组外面，二是不能走到已有字母标记的位置。只要有一个条件不满足，就得尝试换一个方向移动。如果 4 个方向都堵住了，程序就必须终止了。下面是提前结束的一个示例：

179

```
A B G H I . . . . .
. C F . J K . . . .
. D E . M L . . . .
. . . . N O . . . .
. . W X Y P Q . . .
. . V U T S R . . .
. . . . . . . . . .
. . . . . . . . . .
. . . . . . . . . .
. . . . . . . . . .
```

因为 Y 移动的 4 个方向都堵住了，所以没有地方可以放置下一步的 Z 了。

10. 修改第 5 章的编程题 8，用一个数组存储航班起飞时间，另一个数组存储航班抵达时间。（时间用整数表示，表示从午夜开始的分钟数。）程序用一个循环搜索起飞时间数组，以找到与用户输入的时间最接近的起飞时间。

11. 修改第 7 章的编程题 4，给输出加上标签：

```
Enter phone number: 1-800-COL-LECT
In numeric form: 1-800-265-5328
```

在显示电话号码之前，程序需要将其（以原始格式或数值格式）存储在一个字符数组中。可以假定电话号码的长度不超过 15 个字符。

12. 修改第 7 章的编程题 5，用数组存储字母的面值。数组有 26 个元素，对应字母表中的 26 个字母。例如，数组元素 0 存储 1（因为字母 A 的面值为 1），数组元素 1 存储 3（因为字母 B 的面值为 3），等等。每读取输入单词中的一个字母，程序都会利用该数组确定字符的拼字值。使用数组初始化器来建立该数组。

13. 修改第 7 章的编程题 11，给输出加上标签：

```
Enter a first and last name: Lloyd Fosdick
You enered the name: Fosdick, L.
```

在显示姓（不是名）之前，程序需要将其存储在一个字符数组中。可以假定姓的长度不超过 20 个字符。

14. 编写程序颠倒句子中单词的顺序：

```
Enter a sentence: you can cage a swallow can't you?
Reversal of sentence: you can't swallow a cage can you?
```

提示：用循环逐个读取字符，然后将它们存储在一个一维字符数组中。当遇到句号、问号或者感叹号（称为“终止字符”）时，终止循环并把终止字符存储在一个 char 类型变量中。然后再用一个循环反向搜索数组，找到最后一个单词的起始位置。显示最后一个单词，然后反向搜索倒数第二个单词。重复这一过程，直至到达数组的起始位置。最后显示出终止字符。

15. 目前已知的最古老的一种加密技术是恺撒加密（得名于 Julius Caesar）。该方法把一条消息中的每个字母用字母表中固定距离之后的那个字母来替代。（如果越过了字母 Z，则会绕回到字母表的起始位置。例如，如果每个字母都用字母表中两个位置之后的字母代替，那么 Y 就被替换为 A，Z 就被替换为 B。）编写程序用恺撒加密方法对消息进行加密。用户输入待加密的消息和移位计数（字母移动的位置数目）：

180

```
Enter message to be encrypted: Go ahead, make my day.
Enter shift amount (1-25): 3
Encrypted message: Jr dkhdg, pdnh pb gdb.
```

注意，当用户输入 26 与移位计数的差值时，程序可以对消息进行解密：

```
Enter message to be encrypted: Jr dkhdg, pdnh pb gdb.
Enter shift amount (1-25): 23
Encrypted message: Go ahead, make my day.
```

可以假定消息的长度不超过 80 个字符。不是字母的那些字符不要改动。此外，加密时不要改变字母的大小写。*提示*：为了解决前面提到的绕回问题，可以用表达式`((ch - 'A') + n) % 26 + 'A'`计算大写字母的密码，其中 `ch` 存储字母，`n` 存储移位计数。（小写字母也需要一个类似的表达式。）

16. 编程测试两个单词是否为变位词（相同字母的重新排列）：

```
Enter first word: smartest
Enter second word: mattress
The words are anagrams.

Enter first word: dumbest
Enter second word: stumble
The words are not anagrams.
```

用一个循环逐个字符地读取第一个单词，用一个 26 元的整数数组记录每个字母的出现次数。（例如，读取单词 `smartest` 之后，数组包含的值为 `10001000000010000122000000`，表明 `smartest` 包含一个 `a`、一个 `e`、一个 `m`、一个 `r`、两个 `s` 和两个 `t`。）用另一个循环读取第二个单词，这次每读取一个字母就把相应数组元素的值减 1。两个循环都应该忽略不是字母的那些字符，并且不区分大小写。第二个单词读取完毕后，再用一个循环来检查数组元素是否为全 0。如果是全 0，那么这两个单词就是变位词。*提示*：可以使用`<ctype.h>`中的函数，如 `isalpha` 和 `tolower`。

17. 编写程序打印 $n \times n$ 的幻方（$1, 2, \cdots, n^2$ 的方阵排列，且每行、每列和每条对角线上的和都相等）。由用户指定 n 的值：

```
This program creates a magic square of a specified size.
The size must be an odd number between 1 and 99.
Enter size of magic square: 5
   17   24    1    8   15
   23    5    7   14   16
    4    6   13   20   22
   10   12   19   21    3
   11   18   25    2    9
```

181

把幻方存储在一个二维数组中。起始时把数 1 放在第 0 行的中间，剩下的数 $2, 3, \cdots, n^2$ 依次向上移动一行并向右移动一列。当可能越过数组边界时需要“绕回”到数组的另一端。例如，如果需要把下一个数放到第 -1 行，我们就将其存储到第 $n-1$ 行（最后一行）；如果需要把下一个数放到第 n 列，我们就将其存储到第 0 列。如果某个特定的数组元素已被占用，那就把该数存储在前一个数的正下方。如果你的编译器支持变长数组，则声明数组有 n 行 n 列，否则声明数组有 99 行 99 列。

182

第 9 章

函　数

如果你有一个带了 10 个参数的过程，那么你很可能还遗漏了一些参数。

在第 2 章中我们已经知道，函数简单来说就是一连串语句，这些语句被组合在一起，并被指定了一个名字。虽然“函数”这个术语来自数学，但是 C 语言的函数不完全等同于数学函数。在 C 语言中，函数不一定要有参数，也不一定要计算数值。（在某些编程语言中，“函数”需要返回一个值，而“过程”不返回值。C 语言没有这样的区别。）

函数是 C 程序的构建块。每个函数本质上是一个自带声明和语句的小程序。可以利用函数把程序划分成小块，这样便于人们理解和修改程序。由于不必重复编写要多次使用的代码，函数可以使编程不那么单调乏味。此外，函数可以复用：一个函数最初可能是某个程序的一部分，但可以将其用于其他程序。

到目前为止，我们的程序都是只由一个 main 函数构成的。本章将学习如何编写除 main 函数以外的其他函数，并更加深入地了解 main 函数本身。9.1 节介绍定义和调用函数的方法；9.2 节讨论函数的声明，以及它和函数定义的差异；接下来，9.3 节讲述参数是怎么传递给函数的。余下的部分讨论 return 语句（9.4 节）、与程序终止相关的问题（9.5 节）和递归（9.6 节）。

9.1　函数的定义和调用

在介绍定义函数的规则之前，先来看 3 个简单的定义函数的程序。

程序　计算平均值

假设我们经常需要计算两个 double 类型数值的平均值。C 语言库没有“求平均值”函数，但是可以自己定义一个。下面就是这个函数：

```
double average(double a, double b)
{
  return (a + b) / 2;
}
```

位于函数开始处的单词 double 表示 average 函数的**返回类型**（return type），也就是每次调用该函数时返回数据的类型。**Q&A**标识符 a 和标识符 b［即函数的**形式参数**（parameter）］表示在调用 average 函数时需要提供的两个数。每一个形式参数都必须有类型（正像每个变量有类型一样），这里选择了 double 作为 a 和 b 的类型。（这看上去有点奇怪，但是单词 double 必须出现两次：一次为 a，另一次为 b。）函数的形式参数本质上是变量，其初始值在调用函数的时候才提供。

每个函数都有一个带有花括号的执行部分，称为**函数体**（body）。因此，每个函数体都是一个复合语句（➤5.2.1节）。average 函数的函数体由一对花括号，以及其中的 return 语句组成。执行 return 语句会使函数“返回”到调用它的地方，表达式(a+b)/2 的值将作为函数的返回值。

为了调用函数，需要写出函数名及跟随其后的**实际参数**（argument）[①]列表。例如，average(x, y)是对 average 函数的调用。实际参数用来给函数提供信息。在此例中，函数 average 需要知道求哪两个数的平均值。调用 average(x, y)的效果就是把变量 x 和变量 y 的值复制给形式参数 a 和 b，然后执行 average 函数的函数体。实际参数不一定是变量，任何正确类型的表达式都可以，average(5.1, 8.9)和 average(x/2, y/3)都是合法的函数调用。

我们把 average 函数的调用放在需要使用其返回值的地方。例如，为了计算并显示出 x 和 y 的平均值，可以写为

```
printf("Average: %g\n", average(x, y));
```

这条语句产生如下效果。

(1) 以变量 x 和变量 y 作为实际参数调用 average 函数。

(2) 把 x 和 y 的值复制给 a 和 b。

(3) average 函数执行自己的 return 语句，返回 a 和 b 的平均值。

(4) printf 函数显示出函数 average 的返回值。（average 函数的返回值成了函数 printf 的一个实际参数。）

注意，我们没有保存 average 函数的返回值，程序显示这个值后就把它丢弃了。如果需要在稍后的程序中用到返回值，可以把这个返回值赋值给变量：

184

```
avg = average(x, y);
```

这条语句调用了 average 函数，然后把它的返回值存储在变量 avg 中。

现在把 average 函数放在一个完整的程序中来使用。下面的程序读取了3个数并且计算它们的平均值，每次计算一对数的平均值：

```
Enter three numbers: 3.5 9.6 10.2
Average of 3.5 and 9.6: 6.55
Average of 9.6 and 10.2: 9.9
Average of 3.5 and 10.2: 6.85
```

其中值得一提的是，这个程序表明可以根据需要多次调用一个函数。

average.c

```
/* Computes pairwise averages of three numbers */

#include <stdio.h>

double average(double a, double b)
{
  return (a + b) / 2;
}

int main(void)
{
  double x, y, z;
```

① 为了行文简洁，后面会交替使用“形式参数/形参”，以及“实际参数/实参”。——编者注

```
  printf("Enter three numbers: ");
  scanf("%lf%lf%lf", &x, &y, &z);
  printf("Average of %g and %g: %g\n", x, y, average(x, y));
  printf("Average of %g and %g: %g\n", y, z, average(y, z));
  printf("Average of %g and %g: %g\n", x, z, average(x, z));

  return 0;
}
```

注意，这里把 average 函数的定义放在了 main 函数的前面。在 9.2 节我们将看到，把 average 函数的定义放在 main 函数的后面可能会有问题。

程序 显示倒计数

不是每个函数都返回一个值。例如，进行输出操作的函数可能不需要返回任何值。为了指示出不带返回值的函数，需要指明这类函数的返回类型是 void。（void 是一种没有值的类型。）思考下面的函数，这个函数用来显示信息 T minus *n* and counting，其中 *n* 的值在调用函数时提供：

```
void print_count(int n)
{
  printf("T minus %d and counting\n", n);
}
```

185

函数 print_count 有一个形式参数 n，参数的类型为 int。此函数没有返回任何值，所以用 void 指明它的返回值类型，并且省略了 return 语句。既然 print_count 函数没有返回值，那么不能使用调用 average 函数的方法来调用它。print_count 函数的调用必须自成一个语句：

```
print_count(i);
```

下面这个程序在循环内调用了 10 次 print_count 函数：

countdown.c

```
/* Prints a countdown */

#include <stdio.h>

void print_count(int n)
{
  printf("T minus %d and counting\n", n);
}

int main(void)
{
  int i;

  for (i = 10; i > 0; --i)
    print_count(i);

  return 0;
}
```

最开始，变量 i 的值为 10。第一次调用 print_count 函数时，i 被复制给 n，所以变量 n 的值也是 10。因此，第一次调用 print_count 函数会显示

```
T minus 10 and counting
```

随后，函数 print_count 返回到被调用的地方，而这个地方恰好是 for 语句的循环体。for 语

句再从调用离开的地方重新开始，先让变量 i 自减变成 9，再判断 i 是否大于 0。由于判断结果为真，因此再次调用函数 print_count，这次显示

```
T minus 9 and counting
```

每次调用 print_count 函数时，变量 i 的值都不同，所以 print_count 函数会显示 10 条不同的信息。

程序　显示双关语（改进版）

有些函数根本没有形式参数。思考下面这个 print_pun 函数，它在每次调用时显示一条双关语：

```
void print_pun(void)
{
  printf("To C, or not to C: that is the question.\n");
}
```

186

圆括号中的单词 void 表明 print_pun 函数没有实际参数。（这里使用 void 作为占位符，表示"这里没有任何东西"。）

调用不带实际参数的函数时，只需要写出函数名，并且在后面加上一对圆括号：

```
print_pun();
```

即使没有实际参数也必须给出圆括号。

下面这个小程序测试了 print_pun 函数：

pun2.c

```
/* Prints a bad pun */

#include <stdio.h>

void print_pun(void)
{
  printf("To C, or not to C: that is the question.\n");
}

int main(void)
{
  print_pun();
  return 0;
}
```

程序首先从 main 函数中的第一条语句开始执行，这里碰巧第一句就是 print_pun 函数调用。开始执行 print_pun 函数时，它会调用 printf 函数显示字符串。当 printf 函数返回时，print_pun 函数也就返回到了 main 函数。

9.1.1　函数定义

现在已经看过了一些例子，该来看看**函数定义**的一般格式了。

[函数定义]　*返回类型 函数名（形式参数）*
复合语句

函数的"返回类型"是函数返回值的类型。下列规则用来管理返回类型。

- 函数不能返回数组，但关于返回类型没有其他限制。
- 指定返回类型是 void 类型，说明函数没有返回值。
- 如果省略返回类型，C89 会假定函数返回值的类型是 int 类型，C99 但在 C99 中这是不合法的。

187

一些程序员习惯把返回类型放在函数名的上边：

```
double
average(double a, double b)
{
  return (a + b) / 2;
}
```

如果返回类型很冗长，比如 unsigned long int 类型，那么把返回类型单独放在一行是非常有用的。

函数名后边有一串形式参数列表。Q&A 需要在每个形式参数的前面说明其类型，形式参数间用逗号进行分隔。如果函数没有形式参数，那么在圆括号内应该出现 void。**注意**：即使几个形式参数具有相同的数据类型，也必须分别说明每个形式参数的类型。

```
double average(double a, b)     /*** WRONG ***/
{
  return (a + b) / 2;
}
```

这里的复合语句是函数体，函数体由一对花括号，以及内部的声明和语句组成。例如，average 函数可以写为

```
double average(double a, double b)
{
  double sum;       /* declaration */

  sum = a + b;      /* statement */
  return sum / 2;   /* statement */
}
```

函数体内声明的变量专属于此函数，其他函数不能对这些变量进行检查或修改。在 C89 中，变量声明必须出现在语句之前。C99 在 C99 中，变量声明和语句可以混在一起，只要变量在第一次使用之前进行声明就行。（有些 C99 之前的编译器也允许声明和语句混合。）

对于返回类型为 void 的函数（本书称为“void 函数”），其函数体可以只是一对花括号（空的复合语句）：

```
void print_pun(void)
{
}
```

程序开发过程中留下空函数体是有意义的。因为没有时间完成函数，所以为它预留下空间，以后可以再回来编写它的函数体。

188

9.1.2 函数调用

函数调用由函数名和跟随其后的实际参数列表组成，其中实际参数列表用圆括号括起来：

```
average(x, y)
print_count(i)
print_pun()
```

如果丢失圆括号，那么将无法进行函数调用：

```
print_pun;    /*** WRONG ***/
```

Q&A 这样的结果是合法（但没有意义）的表达式语句，虽然看上去正确，但是不起任何作用。一些编译器会发出一条类似“statement with no effect”的警告。

void 函数调用的后边始终跟着分号，使得该调用成为语句：

```
print_count(i);
print_pun();
```

另外，非 void 函数调用会产生一个值，该值可以存储在变量中，进行测试、显示或者用于其他用途：

```
avg = average(x, y);
if (average(x, y) > 0)
  printf("Average is positive\n");
printf("The average is %g\n", average(x, y));
```

如果不需要非 void 函数返回的值，总是可以将其丢弃：

```
average(x, y);    /* discards return value */
```

average 函数的这个调用就是一个表达式语句（➤4.5 节）的例子：语句计算出值，但是不保存它。

当然，丢掉 average 函数的返回值是很奇怪的一件事，但在有些情况下是有意义的。例如，printf 函数返回显示的字符个数。在下面的调用后，变量 num_chars 的值为 9：

```
num_chars = printf("Hi, Mom!\n");
```

因为我们可能对显示出的字符数量不感兴趣，所以通常会丢掉 printf 函数的返回值：

```
printf("Hi, Mom!\n");    /* discards return value */
```

189

为了清楚地表明函数返回值是被故意丢掉的，C 语言允许在函数调用前加上 (void)：

```
(void) printf("Hi, Mom!\n");
```

我们所做的工作就是把 printf 函数的返回值强制类型转换（➤7.4 节）成 void 类型。（在 C 语言中，“强制转换成 void”是对“抛弃”的一种客气说法。）使用 (void) 可以使别人知道代码编写者是故意抛弃返回值的，而不是忘记了。但是，C 语言库中大量函数的返回值通常会被丢掉，在调用它们时都使用 (void) 会很麻烦，因此本书没有这样做。

程序　判定素数

为了弄清楚函数如何使程序变得更加容易理解，现在来编写一个程序，检查一个数是否为素数。这个程序将提示用户输入一个数，然后给出一条消息说明此数是否为素数：

```
Enter a number: 34
Not prime
```

我们没有在 main 函数中加入素数判定的细节，而是另外定义了一个函数，此函数返回值为 true 就表示它的形式参数是素数，返回 false 就表示它的形式参数不是素数。给定数 n 后，is_prime 函数把 n 除以从 2 到 n 的平方根之间的每一个数，只要有一个余数为 0，n 就不是素数。

prime.c

```
/* Tests whether a number is prime */

#include <stdbool.h>   /* c99 only */
#include <stdio.h>

bool is_prime(int n)
{
  int divisor;

  if (n <= 1)
    return false;
  for (divisor = 2; divisor * divisor <= n; divisor++)
    if (n % divisor == 0)
      return false;
  return true;
}

int main(void)
{
  int n;

  printf("Enter a number: ");
  scanf("%d", &n);
  if (is_prime(n))
    printf("Prime\n");
  else
    printf("Not prime\n");

  return 0;
}
```

190

注意，main 函数包含一个名为 n 的变量，而 is_prime 函数的形式参数也叫 n。一般来说，在一个函数中可以声明与另一个函数中的变量同名的变量。这两个变量在内存中的地址不同，所以给其中一个变量赋新值不会影响另一个变量。（形式参数也具有这一性质。）10.1 节会更详细地讨论这个问题。

如 is_prime 函数所示，函数可以有多条 return 语句。但是，在任何一次函数调用中只能执行其中一条 return 语句，这是因为到达 return 语句后函数就会返回到调用点。在 9.4 节我们会更深入地学习 return 语句。

9.2 函数声明

在 9.1 节的程序中，函数的定义总是放置在调用点的上面。事实上，C 语言并没有要求函数的定义必须放置在调用点之前。假设重新编排程序 average.c，使 average 函数的定义放置在 main 函数的定义之后：

```
#include <stdio.h>

int main(void)
{
  double x, y, z;

  printf("Enter three numbers:  ");
  scanf("%lf%lf%lf", &x, &y, &z);
  printf("Average of %g and %g: %g\n", x, y, average(x, y));
  printf("Average of %g and %g: %g\n", y, z, average(y, z));
  printf("Average of %g and %g: %g\n", x, z, average(x, z));
```

```
  return 0;
}

double average (double a,  double b)
{
  return  (a + b)  / 2;
}
```

当遇到 main 函数中第一个 average 函数调用时，编译器没有任何关于 average 函数的信息：编译器不知道 average 函数有多少形式参数、形式参数的类型是什么，也不知道 average 函数的返回值是什么类型。但是，编译器不会给出出错消息，而是假设 average 函数返回 int 型的值（回顾 9.1 节的内容，可以知道函数返回值的类型默认为 int 型）。我们可以说编译器为该函数创建了一个**隐式声明**（implicit declaration）。编译器无法检查传递给 average 的实参个数和实参类型，只能进行默认实参提升（➤9.3 节）并期待最好的情况发生。当编译器在后面遇到 average 的定义时，它会发现函数的返回类型实际上是 double 而不是 int，从而我们得到一条出错消息。

191

为了避免定义前调用的问题，一种方法是使每个函数的定义都出现在其调用之前。可惜的是，有时候无法进行这样的安排；而且即使可以这样安排，程序也会因为函数定义的顺序不自然而难以阅读。

幸运的是，C 语言提供了一种更好的解决办法：在调用前声明每个函数。**函数声明**（function declaration）使得编译器可以先对函数进行概要浏览，而函数的完整定义以后再给出。函数声明类似于函数定义的第一行，不同之处是在其结尾处有分号：

[函数声明]　　*返回类型 函数名（形式参数）;*

无须多言，Q&A 函数的声明必须与函数的定义一致。

下面是为 average 函数添加了声明后程序的样子：

```
#include <stdio.h>

double average(double a, double b);     /* DECLARATION */

int main(void)
{
  double x,  y,  z;

  printf("Enter three numbers:  ");
  scanf("%lf%lf%lf",  &x,  &y,  &z);
  printf("Average of %g and %g: %g\n", x, y, average(x, y));
  printf("Average of %g and %g: %g\n", y, z, average(y, z));
  printf("Average of %g and %g: %g\n", x, z, average(x, z));

  return 0;
}

double average(double a, double b)    /* DEFINITION */
{
  return  (a + b)  / 2;
}
```

为了与过去的那种圆括号内为空的函数声明风格相区别，我们把正在讨论的这类函数声明称为**函数原型**（function prototype）。Q&A 原型为如何调用函数提供了完整的描述：提供了多少

192

实际参数、这些参数应该是什么类型，以及返回的结果是什么类型。

顺便提一句，函数原型不需要说明函数形式参数的名字，只要显示它们的类型就可以了：

```
double average(double, double);
```

通常最好是不要省略形式参数的名字，因为这些名字可以说明每个形式参数的目的，并且提醒程序员在函数调用时实际参数的出现次序。当然，Q&A省略形式参数的名字也有一定的道理，有些程序员喜欢这样做。

C99 C99 遵循这样的规则：在调用一个函数之前，必须先对其进行声明或定义。调用函数时，如果此前编译器未见到该函数的声明或定义，会导致出错。

9.3 实际参数

复习一下形式参数和实际参数之间的差异。形式参数（parameter）出现在函数定义中，它们以假名字来表示函数调用时需要提供的值；实际参数（argument）是出现在函数调用中的表达式。在形式参数和实际参数的差异不是很重要的时候，有时会用参数表示两者中的任意一个。

在C语言中，实际参数是**值传递**的：调用函数时，计算出每个实际参数的值并且把它赋给相应的形式参数。在函数执行过程中，对形式参数的改变不会影响实际参数的值，这是因为形式参数中包含的是实际参数值的副本。从效果上来说，每个形式参数的行为好像是把变量初始化成与之匹配的实际参数的值。

实际参数的值传递既有利也有弊。因为形式参数的修改不会影响到相应的实际参数，所以可以把形式参数作为函数内的变量来使用，这样可以减少真正需要的变量数量。思考下面这个函数，此函数用来计算数 x 的 n 次幂：

```
int power(int x, int n)
{
  int i, result = 1;

  for (i = 1; i <= n; i++)
    result = result * x;

  return result;
}
```

因为 n 只是原始指数的副本，所以可以在函数体内修改它，也就不需要使用变量 i 了：

193

```
int power(int x, int n)
{
  int result = 1;

  while (n-- > 0)
    result = result * x;

  return result;
}
```

可惜的是，C 语言对实际参数值传递的要求使它很难编写某些类型的函数。例如，假设我们需要一个函数，它把 double 型的值分解成整数部分和小数部分。因为函数无法返回两个数，所以可以尝试把两个变量传递给函数并且修改它们：

```
void decompose(double x, long int_part, double frac_part)
{
  int_part = (long) x;    /* drops the fractional part of x */
  frac_part = x - int_part;
}
```

假设采用下面的方法调用这个函数：

```
decompose(3.14159, i, d);
```

在调用开始时，程序把 3.14159 复制给 x，把 i 的值复制给 int_part，而且把 d 的值复制给 frac_part。然后，decompose 函数内的语句把 3 赋值给 int_part，把 .14159 赋值给 frac_part，接着函数返回。可惜的是，变量 i 和变量 d 不会因为赋值给 int_part 和 frac_part 而受到影响，所以它们在函数调用前后的值是完全一样的。正如将在 11.4 节看到的那样，稍做一点额外的工作就可以使 decompose 函数运转起来。但是，我们首先需要介绍更多 C 语言的特性。

9.3.1 实际参数的转换

C 语言允许在实际参数的类型与形式参数的类型不匹配的情况下进行函数调用。管理如何转换实际参数的规则与编译器是否在调用前遇到函数的原型（或者函数的完整定义）有关。

- **编译器在调用前遇到原型**。就像使用赋值一样，每个实际参数的值被隐式地转换成相应形式参数的类型。例如，如果把 int 类型的实际参数传递给期望得到 double 类型数据的函数，那么实际参数会被自动转换成 double 类型。
- **编译器在调用前没有遇到原型**。编译器执行默认实参提升：(1) 把 float 类型的实际参数转换成 double 类型；(2) 执行整值提升，即把 char 类型和 short 类型的实际参数转换成 int 类型。（C99 C99 实现了整数提升。）

194

默认实参提升可能无法产生期望的结果。思考下面的例子：

```
#include <stdio.h>

int main(void)
{
  double x = 3.0;
  printf("Square: %d\n", square(x));

  return 0;
}

int square(int n)
{
  return n * n;
}
```

在调用 square 函数时，编译器没有遇到原型，所以它不知道 square 函数期望 int 类型的实际参数。因此，编译器在变量 x 上执行了没有效果的、默认实参提升。因为 square 函数期望 int 类型的实际参数，却获得了 double 类型值，所以 square 函数将产生无效的结果。通过把 square 的实际参数强制转换为正确的类型，可以解决这个问题：

```
printf("Square: %d\n", square((int) x));
```

当然，更好的解决方案是在调用 square 前提供该函数的原型。C99 在 C99 中，调用 square 之前不提供声明或定义是错误的。

9.3.2 数组型实际参数

数组经常被用作实际参数。Q&A 当形式参数是一维数组时，可以（而且是通常情况下）不说明数组的长度：

```
int f(int a[])    /* no length specified */
{
  ...
}
```

实际参数可以是元素类型正确的任何一维数组。只有一个问题：f 函数如何知道数组是多长呢？可惜的是，C 语言没有为函数提供任何简便的方法来确定传递给它的数组的长度；如果函数需要，我们必须把长度作为额外的参数提供出来。

195

虽然可以用运算符 sizeof 计算出数组变量的长度，但是它无法给出关于数组型形式参数的正确答案：

```
int f(int a[])
{
  int len = sizeof(a) / sizeof(a[0]);
    /*** WRONG: not the number of elements in a ***/
  ...
}
```

12.3 节解释了原因。

下面的函数说明了一维数组型实际参数的用法。当给出具有 int 类型值的数组 a 时，sum_array 函数返回数组 a 中元素的和。因为 sum_array 函数需要知道数组 a 的长度，所以必须把长度作为第二个参数提供出来。

```
int sum_array(int a[], int n)
{
  int i, sum = 0;

  for (i = 0; i < n; i++)
    sum += a[i];

  return sum;
}
```

sum_array 函数的原型有下列形式：

```
int sum_array(int a[], int n);
```

通常情况下，如果愿意的话，则可以省略形式参数的名字：

```
int sum_array(int [], int);
```

在调用 sum_array 函数时，第一个参数是数组的名字，第二个参数是这个数组的长度。例如：

```
#define LEN 100

int main(void)
{
  int b[LEN], total;
  ...
```

```
  total = sum_array(b, LEN);
  ...
}
```

注意，在把数组名传递给函数时，不要在数组名的后边放置方括号：

196

```
total = sum_array(b[], LEN);     /*** WRONG ***/
```

一个关于数组型实际参数的重要论点：函数无法检测传入的数组长度的正确性。我们可以利用这一点来告诉函数，数组的长度比实际情况小。假设，虽然数组 b 有 100 个元素，但是实际仅存储了 50 个数。通过书写下列语句可以对数组的前 50 个元素进行求和：

```
total = sum_array(b, 50);    /* sums first 50 elements */
```

sum_array 函数将忽略另外 50 个元素。（事实上，sum_array 函数甚至不知道另外 50 个元素的存在！）

注意不要告诉函数，数组型实际参数比实际情况大：

```
total = sum_array(b, 150);    /*** WRONG ***/
```

在这个例子中，sum_array 函数将超出数组的末尾，从而导致未定义的行为。

关于数组型实际参数的另一个重要论点是，函数可以改变数组型形式参数的元素，并且改变会在相应的实际参数中体现出来。例如，下面的函数通过在每个数组元素中存储 0 来修改数组：

```
void store_zeros(int a[], int n)
{
  int i;

  for (i = 0; i < n; i++)
    a[i] = 0;
}
```

函数调用

```
store_zeros(b, 100);
```

会在数组 b 的前 100 个元素中存储 0。数组型实际参数的元素可以修改，这似乎与 C 语言中实际参数的值传递相矛盾。事实上这并不矛盾，但现在没法解释，等到 12.3 节再解释。

Q&A 如果形式参数是多维数组，声明参数时只能省略第一维的长度。例如，如果修改 sum_array 函数使得 a 是一个二维数组，我们可以不指出行的数量，但是必须指定列的数量：

```
#define LEN 10

int sum_two_dimensional_array(int a[][LEN], int n)
{
  int i, j, sum = 0;

  for (i = 0; i < n; i++)
    for (j = 0; j < LEN; j++)
      sum += a[i][j];

  return sum;
}
```

197

不能传递具有任意列数的多维数组是很讨厌的。幸运的是，我们经常可以通过使用指针数组（➤13.7 节）解决这种困难。C99 中的变长数组形式参数则提供了一种更好的解决方案。

9.3.3 变长数组形式参数 C99

C99 增加了几个与数组型参数相关的特性。第一个是变长数组，这一特性允许我们用非常量表达式指定数组的长度。变长数组也可以作为参数。

考虑本节前面提到过的函数 sum_array，这里给出它的定义，省略了函数体部分：

```
int sum_array(int a[], int n)
{
  ...
}
```

这样的定义使得 n 和数组 a 的长度之间没有直接的联系。尽管函数体会将 n 看作数组 a 的长度，但是数组的实际长度有可能比 n 大（也可能比 n 小，这种情况下函数不能正确地运行）。

如果使用变长数组形式参数，我们可以显式地说明数组 a 的长度就是 n：

```
int sum_array(int n, int a[n])
{
  ...
}
```

第一个参数（n）的值确定了第二个参数（a）的长度。注意，这里交换了形式参数的顺序，使用变长数组形式参数时参数的顺序很重要。

下面的 sum_array 函数定义是非法的：

```
int sum_array(int a[n], int n)     /*** WRONG ***/
{
  ...
}
```

编译器会在遇到 int a[n]时显示出错消息，因为此前它没有见过 n。

198

对于新版本的 sum_array 函数，其函数原型有好几种写法。一种写法是使其看起来跟函数定义一样：

```
int sum_array(int n, int a[n]);         /* Version 1 */
```

另一种写法是用*（星号）取代数组长度：

```
int sum_array(int n, int a[*]);         /* Version 2a */
```

使用*的理由如下。函数声明时，形式参数的名字是可选的。如果第一个参数定义被省略了，那么就没有办法说明数组 a 的长度是 n，而星号的使用则为我们提供了一个线索——数组的长度与形式参数列表中前面的参数相关：

```
int sum_array(int, int [*]);            /* Version 2b */
```

另外，方括号为空也是合法的。在声明数组参数时我们经常这么做：

```
int sum_array(int n, int a[]);          /* Version 3a */
int sum_array(int, int []);             /* Version 3b */
```

但是让括号为空不是一个很好的选择，因为这样并没有说明 n 和 a 之间的关系。

一般来说，变长数组形式参数的长度可以是任意表达式。例如，假设我们要编写一个函数来连接两个数组 a 和 b，要求先复制 a 的元素，再复制 b 的元素，把结果写入第三个数组 c：

```
int concatenate(int m, int n, int a[m], int b[n], int c[m+n])
{
  ...
}
```

数组 c 的长度是 a 和 b 的长度之和。这里用于指定数组 c 长度的表达式只用到了另外两个参数；但一般来说，该表达式可以使用函数外部的变量，甚至可以调用其他函数。

到目前为止，我们所举的例子都是一维变长数组形式参数，变长数组的好处还体现得不够充分。一维变长数组形式参数通过指定数组参数的长度使得函数的声明和定义更具描述性。但是，由于没有进行额外的错误检测，数组参数仍然有可能太长或太短。

如果变长数组参数是多维的，则更加实用。之前，我们尝试过写一个函数来实现二维数组中元素相加。原始的函数要求数组的列数固定。如果使用变长数组形式参数，则可以推广到任意列数的情况：

199

```
int sum_two_dimensional_array(int n, int m, int a[n][m])
{
  int i, j, sum = 0;

  for (i = 0; i < n; i++)
    for (j = 0; j < m; j++)
      sum += a[i][j];

  return sum;
}
```

这个函数的原型可以是以下几种：

```
int sum_two_dimensional_array(int n, int m, int a[n][m]);
int sum_two_dimensional_array(int n, int m, int a[*][*]);
int sum_two_dimensional_array(int n, int m, int a[][m]);
int sum_two_dimensional_array(int n, int m, int a[][*]);
```

9.3.4　在数组参数声明中使用 static C99

C99 允许在数组参数声明中使用关键字 static（C99 之前 static 关键字就已经存在，18.2 节会讨论它的传统用法）。

在下面这个例子中，将 static 放在数字 3 之前，表明数组 a 的长度至少可以保证是 3：

```
int sum_array(int a[static 3], int n)
{
  ...
}
```

这样使用 static 不会对程序的行为有任何影响。static 的存在只不过是一个“提示”，C 编译器可以据此生成更快的指令来访问数组。（如果编译器知道数组总是具有某个最小值，那么它可以在函数调用时预先从内存中取出这些元素值，而不是在遇到函数内部需要用到这些元素的语句时才取出相应的值。）

最后，关于 static 还有一点值得注意：如果数组参数是多维的，static 仅可用于第一维（例如，指定二维数组的行数）。

9.3.5 复合字面量 C99

再来看看 sum_array 函数。当调用 sum_array 函数时，第一个参数通常是（用于求和的）数组的名字。例如，可以这样调用 sum_array：

```
int b[] = {3, 0, 3, 4, 1};
total = sum_array(b, 5);
```

200

这样写的唯一问题是需要把 b 作为一个变量声明，并在调用前进行初始化。如果 b 不作他用，这样做其实有点浪费。

在 C99 中，可以使用**复合字面量**来避免该问题，复合字面量是通过指定其包含的元素而创建的没有名字的数组。下面调用 sum_array 函数，第一个参数就是一个复合字面量：

```
total = sum_array((int []){3, 0, 3, 4, 1}, 5);
```

在这个例子中，复合字面量创建了一个由 5 个整数（3、0、3、4 和 1）组成的数组。这里没有对数组的长度做特别的说明，其长度是由复合字面量的元素个数决定的。当然也可以显式地指明长度，如(int[4]){1, 9, 2, 1}，这种方式等同于(int[]){1, 9, 2, 1}。

一般来说，复合字面量的格式如下：先在一对圆括号内给定类型名，随后是一个初始化器，用来指定初始值。因此，可以在复合字面量的初始化器中使用指示器（➤8.1 节）一样，而且同样可以不提供完全的初始化（未初始化的元素默认被初始化为 0）。例如，复合字面量(int[10]){8, 6}有 10 个元素，前两个元素的值为 8 和 6，剩下的元素值为 0。

函数内部创建的复合字面量可以包含任意的表达式，不限于常量。例如：

```
total = sum_array((int []){2 * i, i + j, j * k}, 3);
```

其中 i、j、k 都是变量。复合字面量的这一特性极大地增加了其实用性。

复合字面量为左值（➤4.2 节），所以其元素的值可以改变。如果要求其值为“只读”，可以在类型前加上 const，如(const int []){5, 4}。

9.4 return 语句

非 void 的函数必须使用 return 语句来指定将要返回的值。return 语句有如下格式：

[return 语句] return *表达式*;

该表达式经常只有常量或变量：

```
return 0;
return status;
```

201

但它也可能是更加复杂的表达式。例如，在 return 语句的表达式中看到条件运算符（➤5.2 节）是很平常的：

```
return  n >= 0 ? n : 0;
```

执行这条语句时，表达式 n >= 0 ? n : 0 先被求值。如果 n 不是负值，则这条语句返回 n 的值，否则返回 0。

如果 return 语句中表达式的类型和函数的返回类型不匹配，那么系统会把表达式的类型隐式地转换成返回类型。例如，如果声明函数返回 int 类型值，但是 return 语句包含 double

类型表达式，那么系统会把表达式的值转换成 int 类型。

如果没有给出表达式，return 语句可以出现在返回类型为 void 的函数中：

```
return;  /* return in a void function */
```

Q&A 如果把表达式放置在上述这种 return 语句中，则会抛出一个编译时错误。下面的例子中，在给出负的实际参数时，return 语句会导致函数立刻返回：

```
void print_int(int i)
{
  if (i < 0)
    return;
  printf("%d", i);
}
```

如果 i 小于 0，print_int 将直接返回，不会调用 printf。

return 语句可以出现在 void 函数的末尾：

```
void print_pun(void)
{
  printf("To C, or not to C: that is the question.\n");
  return;     /* OK, but not needed */
}
```

但是，return 语句不是必需的，因为在执行完最后一条语句后函数将自动返回。

如果非 void 函数到达了函数体的末尾（也就是说没有执行 return 语句），那么如果程序试图使用函数的返回值，其行为是未定义的。有些编译器会在发现非 void 函数可能到达函数体末尾时产生“control reaches end of non-void function”这样的警告消息。

9.5　程序终止

既然 main 是函数，那么它必须有返回类型。正常情况下，main 函数的返回类型是 int 类型，因此我们目前见到的 main 函数都是这样定义的：

202

```
int main(void)
{
  ...
}
```

以往的 C 程序常常省略 main 的返回类型，这其实是利用了返回类型默认为 int 类型的传统：

```
main()
{
  ...
}
```

C99 省略函数的返回类型在 C99 中是不合法的，所以最好不要这样做。省略 main 函数参数列表中的 void 是合法的，但是（从编程风格的角度看）最好显式地表明 main 函数没有参数。[后面将看到，main 函数有时是有两个参数的，通常名为 argc 和 argv（➤13.7 节）。]

main 函数返回的值是状态码，在某些操作系统中程序终止时可以检测到状态码。Q&A 如果程序正常终止，main 函数应该返回 0；为了表示异常终止，main 函数应该返回非 0 的值。（实际上，这一返回值也可以用于其他目的。）即使不打算使用状态码，确保每个 C 程序都返回状态码也是一个很好的实践，因为以后运行程序的人可能需要测试状态码。

exit 函数

在 main 函数中执行 return 语句是终止程序的一种方法，另一种方法是调用 exit 函数，此函数属于<stdlib.h>头（➤26.2 节）。传递给 exit 函数的实际参数和 main 函数的返回值具有相同的含义：两者都说明程序终止时的状态。为了表示正常终止，传递 0：

```
exit(0);                  /* normal termination */
```

因为 0 有点模糊，所以 C 语言允许用 EXIT_SUCCESS 来代替（效果是相同的）：

```
exit(EXIT_SUCCESS);       /* normal termination */
```

传递 EXIT_FAILURE 表示异常终止：

```
exit(EXIT_FAILURE);       /* abnormal termination */
```

EXIT_SUCCESS 和 EXIT_FAILURE 都是定义在<stdlib.h>中的宏。EXIT_SUCCESS 和 EXIT_FAILURE 的值都是由实现定义的，通常分别是 0 和 1。

作为终止程序的方法，return 语句和 exit 函数关系紧密。事实上，main 函数中的语句

203

```
return 表达式;
```

等价于

```
exit(表达式);
```

return 语句和 exit 函数之间的差异是，不管哪个函数调用 exit 函数都会导致程序终止，return 语句仅当由 main 函数调用时才会导致程序终止。一些程序员只使用 exit 函数，以便更容易定位程序中的全部退出点。

9.6 递归

如果函数调用它本身，那么此函数就是**递归的**（recursive）。例如，利用公式 $n! = n \times (n-1)!$，下面的函数可以递归地计算出 $n!$ 的结果：

```
int fact(int n)
{
  if (n <= 1)
    return 1;
  else
    return n * fact(n - 1);
}
```

有些编程语言极度依赖递归，另一些编程语言则甚至不允许使用递归。C 语言介于两者的中间：它允许递归，但是大多数 C 程序员并不经常使用递归。

为了了解递归的工作原理，一起来跟踪下面这个语句的执行：

```
i = fact(3);
```

下面是实现过程：

```
fact(3)发现 3 不是小于或等于 1 的，所以 fact(3)调用
  fact(2)，此函数发现 2 不是小于或等于 1 的，所以 fact(2)调用
    fact(1)，此函数发现 1 是小于或等于 1 的，所以 fact(1)返回 1，从而导致
  fact(2)返回 2×1=2，从而导致
fact(3)返回 3×2=6。
```

注意，在 fact 函数最终传递 1 之前，未完成的 fact 函数的调用是如何“堆积”的。在最终传递 1 的那一点上，fact 函数的先前调用开始逐个地“解开”，直到 fact(3)的原始调用最终返回结果 6 为止。

下面是递归的另一个示例：利用公式 $x^n=x\times x^{n-1}$ 计算 x^n 的函数。

```
int power(int x, int n)
{
  if (n == 0)
    return 1;
  else
    return x * power(x, n - 1);
}
```

204

调用 power(5, 3)将按照如下方式执行：

```
power(5, 3)发现 3 不等于 0，所以 power(5, 3)调用
  power(5, 2)，此函数发现 2 不等于 0，所以 power(5, 2)调用
    power(5, 1)，此函数发现 1 不等于 0，所以 power(5, 1)调用
     power(5, 0)，此函数发现 0 是等于 0，所以返回 1，从而导致
    power(5, 1)返回 5×1=5，从而导致
  power(5, 2)返回 5×5=25，从而导致
power(5, 3)返回 5×25=125。
```

顺便说一句，通过把条件表达式放入 return 语句中的方法可以精简 power 函数：

```
int power(int x, int n)
{
  return n == 0 ? 1 : x * power(x, n - 1);
}
```

一旦被调用，fact 函数和 power 函数就会仔细地测试“终止条件”。调用 fact 函数时，它会立刻检查参数是否小于或等于 1；调用 power 函数时，它先检查第二个参数是否等于 0。为了防止无限递归，所有递归函数都需要某些类型的终止条件。

快速排序算法

此时你可能会好奇为什么要为递归费心，毕竟无论是 fact 函数还是 power 函数都不是真的需要递归。你说得有道理。这两个函数中递归的分量都不重，因为每个函数调用它自身只有一次。对于要求函数调用自身两次或多次的复杂算法来说，递归要用得更多。

实际上，递归经常作为**分治法**（divide-and-conquer）的结果自然地出现。这种称为分治法的算法设计方法把一个大问题划分成多个较小的问题，然后采用相同的算法分别解决这些小问题。分治法的经典示例就是流行的排序算法——**快速排序**（quicksort）。快速排序算法的操作如下（为了简化，假设要排序的数组的下标从 1 到 n）。

(1) 选择数组元素 e（作为“分割元素”），然后重新排列数组，使得元素从 1 一直到 i–1 都是小于或等于 e 的，元素 i 包含 e，而元素从 i+1 一直到 n 都是大于或等于 e 的。

(2) 通过递归地采用快速排序方法，对从 1 到 i–1 的元素进行排序。

(3) 通过递归地采用快速排序方法，对从 i+1 到 n 的元素进行排序。

执行完第(1)步后，元素 e 处在正确的位置上。因为 e 左侧的元素全都是小于或等于 e 的，所以第(2)步对这些元素进行排序时，这些小于或等于 e 的元素也会处在正确的位置上。类似的推理也可以应用于 e 右侧的元素。

显然快速排序中的第(1)步是很关键的。有许多种方法可以用来分割数组，有些方法比其他的方法好很多。下面将采用的方法是很容易理解的，但它不是特别高效。下面首先将概括地描

205

述分割算法，稍后会把这种算法翻译成 C 代码。

该算法依赖于两个命名为 low 和 high 的标记，这两个标记用来跟踪数组内的位置。开始时，low 指向数组中的第一个元素，high 指向末尾元素。首先把第一个元素（分割元素）复制给其他地方的一个临时存储单元，从而在数组中留出一个“空位”。接下来，从右向左移动 high，直到 high 指向小于分割元素的数时停止。然后把这个数复制给 low 指向的空位，这将产生一个新的空位（high 指向的）。现在从左向右移动 low，寻找大于分割元素的数。一旦找到时，就把这个找到的数复制给 high 指向的空位。重复执行此过程，交替操作 low 和 high 直到两者在数组中间的某处相遇时停止。此时，两个标记都指向空位，只要把分割元素复制给空位就够了。下面的图演示了对整数数组进行快速排序的过程。

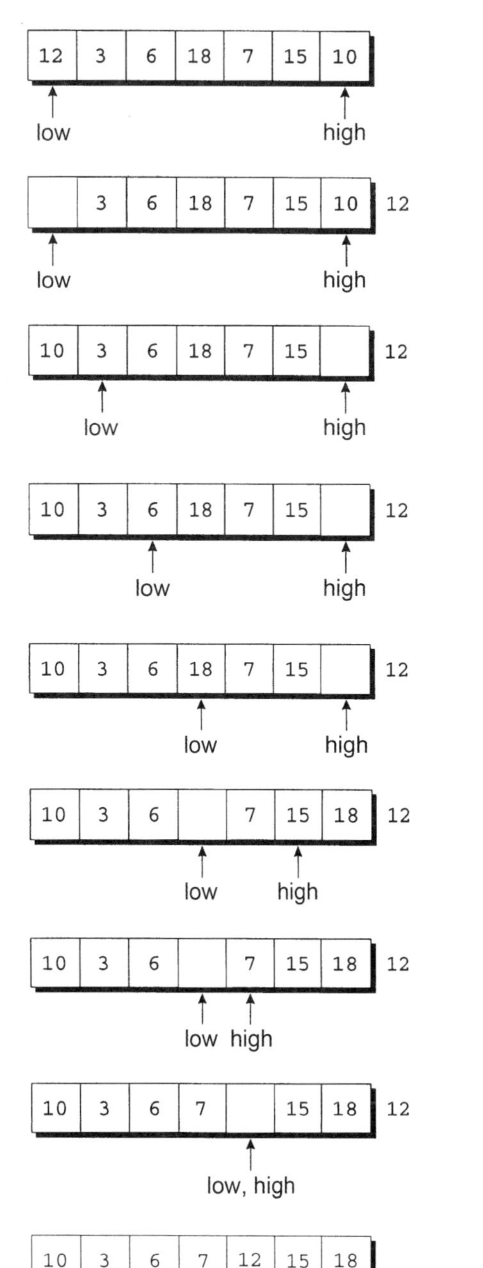

首先，假设数组包含 7 个元素。low 指向第一个元素，high 指向最后一个元素。

第一个元素 12 是分割元素。把它复制到某个位置，留出数组开始处的空位。

现在把 12 和 high 指向的元素进行比较。因为 10 小于 12，它是处在数组的错误一侧的，所以把 10 移动到空位，并且把 low 向右移动一位。

low 指向的数 3 是小于 12 的，因此不需要移动。只把 low 向右移动一位即可。

因为 6 也是小于 12 的，所以再把 low 向右移动一位。

现在 low 指向的数 18 是大于 12 的，因此 18 超出范围。在把数 18 移动到空位后，high 向左移动一位。

high 指向的数 15 是大于 12 的，因此不需要移动。只把 high 向左移动一位即可，然后继续。

high 指向的数 7 位置不对。在把 7 移动到空位后，把 low 向右移动一位。

low 和 high 现在是相等的，所以把分割元素移到空位上。

206

此时我们已经实现了目标：分割元素左侧的所有元素都小于或等于12，而其右侧的所有元素都大于或等于12。既然已经分割了数组，那就可以使用快速排序法对数组的前4个元素（10、3、6和7）和后2个元素（15和18）进行递归快速排序了。

程序 快速排序

先来开发一个名为 quicksort 的递归函数，此函数采用快速排序算法对数组元素进行排序。为了测试函数，将由 main 函数往数组中读入10个元素，调用 quicksort 函数对该数组进行排序，然后显示数组中的元素：

```
Enter 10 numbers to be sorted: 9 16 47 82 4 66 12 3 25 51
In sorted order: 3 4 9 12 16 25 47 51 66 82
```

因为分割数组的代码有一点长，所以把这部分代码放置在名为 split 的独立的函数中。

qsort.c

```
/* Sorts an array of integers using Quicksort algorithm */

#include <stdio.h>

#define N 10

void quicksort(int a[], int low, int high);
int split(int a[], int low, int high);

int main(void)
{
  int a[N], i;

  printf("Enter %d numbers to be sorted: ", N);
  for (i = 0; i < N; i++)
    scanf("%d", &a[i]);

  quicksort(a, 0, N - 1);

  printf("In sorted order: ");
  for (i = 0; i < N; i++)
    printf("%d ", a[i]);
  printf("\n");

  return 0;
}

void quicksort(int a[], int low, int high)
{
  int middle;

  if (low >= high) return;
  middle = split(a, low, high);
  quicksort(a, low, middle - 1);
  quicksort(a, middle + 1, high);
}

int split(int a[], int low, int high)
{
  int part_element = a[low];

  for (;;) {
    while (low < high && part_element <= a[high])
```

207

```
      high--;
    if (low >= high) break;
    a[low++] = a[high];

    while (low < high && a[low] <= part_element)
      low++;
    if (low >= high) break;
    a[high--] = a[low];
  }

  a[high] = part_element;
  return high;
}
```

虽然此版本的快速排序可行，但它不是最好的。有许多方法可以用来改进这个程序的性能。

- **改进分割算法**。上面介绍的方法不是最有效的。我们不再选择数组中的第一个元素作为分割元素。更好的方法是取第一个元素、中间元素和最后一个元素的中间值。分割过程本身也可以加速。特别是在两个 `while` 循环中避免测试 `low < high` 是可能的。
- **采用不同的方法进行小数组排序**。不再递归地使用快速排序法，用一个元素从头到尾地检查数组。针对小数组（比如元素数量少于 25 个的数组）更好的方法是采用较为简单的方法。
- **使得快速排序非递归**。虽然快速排序本质上是递归算法，并且递归格式的快速排序是最容易理解的，但是实际上若去掉递归会更高效。

208

改进快速排序的细节可以参考算法设计方面的书，如 Robert Sedgewick 的《算法：C 语言实现（第 1~4 部分）基础知识、数据结构、排序及搜索（原书第 3 版）》。

9.7 泛型选择 C1X

有时候你可能希望用同一个名字编写好几个函数，因为它们实现类似的功能，只是参数和返回类型不同。这在其他一些高级语言（比如 C++）里很容易，因为它们提供函数重载，但 C 语言不支持这种做法。

实际上，C 标准库已经用了这种手段。从 C99 开始，C 标准库用泛型宏（➤27.5 节）来统一数学函数的各个版本。比如对于正弦函数，为了应对 `double`、`float`、`long double`、`double _Complex`、`float _Complex` 和 `long double _Complex` 这些类型的参数，标准库定义了相应的函数：`sin`、`sinf`、`sinl`、`csin`、`csinf` 和 `csinl`。有了泛型宏之后，我们可以直接用 `sin` 来调用它们而不必关心调用的实际上是哪个版本，因为泛型宏可以根据我们传入的参数找到对应的版本。

问题在于，虽然 C99 的标准库使用了这项技术，但并没有在语言（语法）层面上提供任何支持。为了从语言层面上解决这种需求，从 C11 开始，C 标准引入了泛型选择（generic selection），它是一个表达式，其语法为

```
_Generic( 表达式 , 泛型关联列表 )
```

这里，泛型关联列表由一个或多个泛型关联组成，如果泛型关联多于一个，则它们之间用逗号“,”分隔。泛型关联的语法为

```
   类型名  : 表达式
default    : 表达式
```

泛型选择是基本表达式，它在程序翻译期间求值，其主要目的是从多个备选的表达式中挑出一个作为结果。泛型选择表达式的类型就是被挑选出的那个表达式的类型；泛型选择表达式的值取决于被挑选出的那个表达式的值。下面通过一个实例来解释泛型选择表达式的功能。

```
# include <stdio.h>
# include <math.h>
# include <complex.h>

# define sin(x) _Generic(x,\
                        float:sinf,\
                        double:sin,\
                        long double:sinl,\
                        float _Complex:csinf,\
                        double _Complex:csin,\
                        long double _Complex:csinl)(x)

int main(void)
{
  printf("%f\n", sin(.5f));            // S

  double _Complex d = sin(.3+.5i);
  printf("%.2f%+.2f*I", creal (d), cimag (d));

  return 0;
}
```

在以上代码中，标识符 sin 被定义为宏，虽然在头文件 <math.h> 里也声明了一个同名的函数，但预处理器会先将它识别为宏名并做宏替换。另外，虽然我们在这里将泛型选择表达式定义为宏体，但泛型选择表达式和宏没有任何关系，这个例子有其特殊性：我们是希望用同一个宏名 sin 来应付不同类型的操作数，并依靠泛型选择表达式解析出与此操作数的类型相匹配的库函数。

以语句 S 为例，在预处理期间，C 实现将其展开为（为了方便阅读，利用续行符做了对齐处理）

```
printf("%f\n", _Generic(.5f, \
                        float:sinf, \
                        double:sin, \
                        long double:sinl, \
                        float _Complex:csinf, \
                        double _Complex:csin, \
                        long double _Complex:csinl) \
                        (x));
```

在泛型选择表达式中，第一个表达式称为控制表达式（上例中的.5f），它并不求值，C 实现只提取它的类型信息。接着，如果某个泛型关联中的类型名和控制表达式的类型兼容（匹配），则泛型选择的结果表达式就是该泛型关联中的表达式。

在上例中，表达式.5f 的类型是 float，则最终选择的是表达式 sinf。这就是说，在程序翻译期间，上述语句进一步被简化为以下等价形式：

```
printf("%f\n", sinf(x));
```

此外，在同一个泛型选择中，不允许两个或多个泛型关联的类型名所指定的类型互相兼容。换句话说，不允许控制表达式匹配多个泛型关联的类型名。

如果需要，可以使用一个 default 泛型关联。它的价值在于，如果控制表达式的类型和任何一个泛型关联的类型名所指定的类型都不兼容（匹配），则自动选择 `default` 泛型关联中的表达式。但是，一个泛型选择中只允许有一个 `default` 泛型关联。

要特别注意的是，泛型选择不能识别数组类型，因为数组类型的表达式会被转换为指向其首元素的指针。

问与答

问：一些 C 语言书出现了采用了不同于“形式参数”和“实际参数”的术语，是否有标准术语？（p.141）

答：正如对待 C 语言的许多其他概念一样，没有通用的术语标准，但是 C89 和 C99 标准采用形式参数和实际参数。表 9-1 应该对翻译有帮助。

表 9-1 术语对照

	本 书	其 他 书
形式参数（形参）	parameter	formal argument、formal parameter
实际参数（实参）	argument	actual argument、actual parameter

请记住，在不会产生混乱的情况下，有时会故意模糊两个术语的差异，采用参数表示两者中的任意一个。

问：在程序的形式参数列表后边，我们遇见过把形式参数的类型用单独的声明进行说明的例子：

```
double average(a, b)
double a, b;
{
  return (a + b) / 2;
}
```

这种实践是合法的吗？（p.145）

答：这种定义函数的方法来自经典 C，所以可能会在较早的书和程序中遇到这种方法。C89 和 C99 支持这种格式以便于可以继续编译旧的程序。然而，由于下面两个原因，本书避免在新程序中采用此种方法。

首先，用经典 C 方法定义的函数不会经受和新格式函数一样程度的错误检查。当函数采用经典方法定义（并且没有给出原型）时，编译器不会检测调用函数的实际参数数量是否正确，也不会检测实际参数是否具有正确的类型。相反，编译器会执行默认实参提升（➤9.3 节）。

其次，C 标准提到经典格式是“逐渐消亡的”，这意味着不鼓励此种用法，并且这种格式最终可能会从 C 语言中消失。

问：一些编程语言允许过程和函数互相嵌套。C 语言是否允许函数定义嵌套呢？

209

答：不允许。C 语言不允许一个函数的定义出现在另一个函数体中。这个限制可以使编译器简单化。

***问：为什么编译器允许函数名后面不跟着圆括号？（p.146）**

答：在后面某一章中会看到，编译器把后面不跟圆括号的函数名看作指向函数的指针（➤17.7 节）。指向函数的指针有合法的应用，因此编译器不能自动假定函数名不带圆括号是错误的。语句

```
print_pun;
```

是合法的，因为编译器会把 `print_pun` 看作指针（并进一步看作表达式），从而使得上述语句被视为有效（虽然没有意义）的表达式语句（➤4.5 节）。

***问：在函数调用 f(a, b) 中，编译器如何知道逗号是标点符号还是运算符呢？**

答：函数调用中的实际参数不能是任意的表达式，而必须是标准文档中，位于赋值表达式前面的那些表达式，这些表达式不能用逗号作为运算符，除非逗号是在圆括号中的。换句话说，在函数调用 f(a, b) 中，逗号是标点符号；而在 f((a, b)) 中，逗号是运算符。

问：函数原型中形式参数的名字是否需要和后面函数定义中给出的名字相匹配？（p.148）

答：不需要。一些程序员利用这一特性，在原型中给参数一个较长名字，然后在实际定义中使用较短的名字。或者，说法语的程序员可以在函数原型中使用英语名字，然后在函数定义中切换成更为熟悉的法语名字。

问：我始终不明白为什么要提供函数原型。只要把所有函数的定义放置在 main 函数的前面，不就没有问题了吗？

答：错。首先，你是假设只有 main 函数调用其他函数，当然这是不切实际的。实际上，某些函数会相互调用。如果把所有的函数定义放在 main 的前面，就必须仔细斟酌它们之间的顺序，因为调用未定义的函数可能会导致大问题。

然而，问题还不止这些。假设有两个函数相互调用（这可不是刻意找麻烦）。无论先定义哪个函数，都将导致对未定义的函数的调用。

但是，还有更麻烦的！一旦程序达到一定的规模，在一个文件中放置所有的函数是不可行的。当遇到这种情况时，就需要函数原型告诉编译器在其他文件中定义的函数。

210

问：我看到有的函数声明忽略了形式参数的全部信息：

```
double average();
```

这种做法是合法的吗？（p.148）

答：是的。这种声明提示编译器 average 函数返回 double 类型的值，但不提供关于参数数量和类型的任何信息。（留下空的圆括号不意味着 average 函数没有参数。）

在经典 C 中，这是唯一允许的一种声明格式。我们采用的函数原型格式是包含参数信息的，这是 C89 的新特性。旧式的函数声明虽然还允许使用，但现在已逐渐废弃了。

问：为什么有的程序员在函数原型中故意省略参数名字？保留这些名字不是更方便吗？（p.149）

答：省略原型中的参数名字通常是出于防御目的。如果恰好有一个宏的名字跟参数一样，预处理时参数的名字会被替换，从而导致相应的原型被破坏。这种情况在一个人编写的小程序中不太可能出现，但在很多人编写的大型应用程序中是可能出现的。

问：把函数的声明放在另一个函数体内是否合法？

答：合法。下面是一个示例：

```
int main(void)
{
  double average(double a, double b);
  ...
}
```

average 函数的这个声明只有在 main 函数体内是有效的。如果其他函数需要调用 average 函数，那么它们每一个都需要声明它。

这种做法的好处是便于阅读程序的人弄清楚函数间的调用关系。（在这个例子中，main 函数将调用 average 函数。）另外，如果几个函数需要调用同一个函数，那么可能是件麻烦事。最糟糕的情况是，在程序修改过程中试图添加或移除声明可能会很麻烦。基于这些原因，本书将始终把函数声明放在函数体外。

问：如果几个函数具有相同的返回类型，能否把它们的声明合并？例如，既然 `print_pun` 函数和 `print_count` 函数都具有 `void` 型的返回类型，那么下面的声明合法吗？

```
void print_pun(void), print_count(int n);
```

答：合法。事实上，C 语言甚至允许把函数声明和变量声明合并在一起：

```
double x, y, average(double a, double b);
```

211

但是，此种方式的合并声明通常不是个好方法，它可能会使程序显得有点混乱。

问：如果指定一维数组型形式参数的长度，会发生什么？（p.151）

答：编译器会忽略长度值。思考下面的例子：

```
double inner_product(double v[3], double w[3]);
```

除了注明 inner_product 函数的参数应该是长度为 3 的数组以外，指定长度并不会带来什么其他好处。编译器不会检查参数实际上的长度是否为 3，所以不会增加安全性。事实上，这种做法会产生误导，因为这种写法暗示只能把长度为 3 的数组传递给 inner_product 函数，但实际上可以传递任意长度的数组。

***问：为什么可以留着数组中第一维的参数不进行说明，但是其他维数必须说明呢？（p.152）**

答：首先，需要知道 C 语言是如何传递数组的。就像 12.3 节解释的那样，在把数组传递给函数时，是把指向数组第一个元素的指针给了函数。

其次，需要知道取下标运算符是如何工作的。假设 a 是要传给函数的一维数组。在书写语句

```
a[i] = 0;
```

时，编译器计算出 a[i] 的地址，方法是用 i 乘以每个元素的大小，并把乘积加到数组 a 表示的地址（传递给函数的指针）上。这个计算过程没有依靠数组 a 的长度，这说明了为什么可以在定义函数时忽略数组长度。

那么多维数组怎么样呢？回顾一下就知道，C 语言是按照行主序存储数组的，即首先存储第 0 行的元素，然后是第 1 行的元素，以此类推。假设 a 是二维数组型的形式参数，并有语句

```
a[i][j] = 0;
```

编译器产生指令执行如下：(1) 用 i 乘以数组 a 中每行的大小；(2) 把乘积的结果加到数组 a 表示的地址上；(3) 用 j 乘以数组 a 中每个元素的大小；(4) 把乘积的结果加到第二步计算出的地址上。为了产生这些指令，编译器必须知道 a 数组中每一行的大小，行的大小由列数决定。底线：程序员必须声明数组 a 拥有的列的数量。

问：为什么一些程序员把 `return` 语句中的表达式用圆括号括起来？

答：Kernighan 和 Ritchie 写的《C 程序设计语言》第 1 版的示例中一直在 return 语句中有圆括号，尽管有时是不必要的。不少程序员（和后续书的作者）也采用了这种习惯。因为这种写法不是必需的，而且对可读性没有任何帮助，所以本书不使用这些圆括号。（Kernighan 和 Ritchie 显然也同意这一点，在《C 程序设计语言》第 2 版中，return 语句就没有圆括号了。）

212

问：非 `void` 函数试图执行不带表达式的 `return` 语句时会发生什么？（p.156）

答：这依赖于 C 语言的版本。在 C89 中，执行不带表达式的非 void 语句会导致未定义的行为（但只限于程序试图使用函数返回值的情况）。在 C99 中，这样的语句是不合法的，编译器会报错。

问：如何通过测试 `main` 的返回值来判断程序是否正常终止？（p.156）

答：这依赖于使用的操作系统。许多操作系统允许在“批处理文件”或“Shell 脚本”内测试 main 的返

回值，这类文件包含可以运行几个程序的命令。例如，Windows 批处理文件中的

```
if errorlevel 1 命令
```

会导致在上一个程序终止时的状态码大于等于1时执行命令。

在 UNIX 系统中，每种 Shell 都有自己测试状态码的方法。在 Bourne Shell 中，变量$?包含上一个程序的运行状态。C Shell 也有类似的变量，但是名字是$status。

问：在编译 main 函数时，为什么编译器会产生"control reaches end of non-void function"这样的警告？

答：尽管 main 函数有 int 作为返回类型，但编译器已经注意到 main 函数没有 return 语句。在 main 的末尾放置语句

```
return 0;
```

将保证编译顺利通过。顺便说一下，即使编译器不反对没有 return 语句，这也是一种好习惯。

C99 用 C99 编译器编译程序时，这一警告不会出现。在 C99 中，main 函数的最后可以不返回值，标准规定在这种情况下 main 自动返回 0。

问：对于前一个问题，为什么不把 main 函数的返回类型定义为 void 呢？

答：虽然这种做法非常普遍，但是根据 C89 标准，这是非法的。即使它不是非法的，这种做法也不好，因为它假设没有人会测试程序终止时的状态。

C99 C99 允许为 main 声明"由实现定义的行为"（返回类型可以不是 int 型，也可以不是标准规定的参数），从而使得这样的行为合法化了。但是，这样的用法是不可移植的，所以最好还是把 main 的返回类型声明为 int。

213

问：如果函数 f1 调用函数 f2，而函数 f2 又调用了函数 f1，这样合法吗？

答：是合法的。这是一种间接递归的形式，即函数 f1 的一次调用导致了另一次调用。（但是必须确保函数 f1 和函数 f2 最终都可以终止！）

练习题

9.1 节

1. 下列计算三角形面积的函数有两处错误，找出这些错误，并且说明修改它们的方法。（提示：公式中没有错误。）

```
double triangle_area(double base, height)
double product;
{
  product = base * height;
  return product / 2;
}
```

W 2. 编写函数 check(x, y, n)：如果 x 和 y 都落在 0~n-1 的闭区间内，那么函数返回 1；否则函数应该返回 0。假设 x、y 和 n 都是 int 类型。

3. 编写函数 gcd(m, n)来计算整数 m 和 n 的最大公约数。（第 6 章的编程题 2 描述了计算最大公约数的 Euclid 算法。）

W 4. 编写函数 day_of_year(month, day, year)，使得函数返回由这三个参数确定的那一天是一年中的第几天（1~366 范围内的整数）。

5. 编写函数 num_digits(n)，使得函数返回正整数 n 中数字的个数。提示：为了确定 n 中数字的个数，把这个数反复除以 10，当 n 达到 0 时，除法运算的次数表明了 n 最初拥有的数字的个数。

Ⓦ 6. 编写函数 digit(n, k)，使得函数返回正整数 n 中的第 k 位数字(从右边算起)。例如，digit(829, 1) 返回 9，digit(829, 2)返回 2，digit(829, 3)返回 8。如果 k 大于 n 所含有的数字个数，那么函数返回 0。

7. 假设函数 f 有如下定义：

```
int f(int a, int b) {...}
```

那么下面哪些语句是合法的？（假设 i 的类型为 int 而 x 的类型为 double。）

(a) `i = f(83, 12);`
(b) `x = f(83, 12);`
(c) `i = f(3.15, 9.28);`
(d) `x = f(3.15, 9.28);`
(e) `f(83, 12);`

9.2 节

Ⓦ 8. 对于不返回值且有一个 double 类型形式参数的函数，下列哪些函数原型是有效的？ 214

(a) `void f(double x);`
(b) `void f(double);`
(c) `void f(x);`
(d) `f(double x);`

9.3 节

*9. 下列程序的输出是什么？

```
#include <stdio.h>

void swap(int a, int b);

int main(void)
{
  int i = 1, j = 2;

  swap (i, j);
  printf("i = %d, j = %d\n", i, j);
  return 0;
}

void swap(int a, int b)
{
  int temp = a;
  a = b;
  b = temp;
}
```

Ⓦ10. 编写函数，使得函数返回下列值。(假设 a 和 n 是形式参数，其中 a 是 int 类型数组，n 是数组的长度。)

(a) 数组 a 中最大的元素。
(b) 数组 a 中所有元素的平均值。
(c) 数组 a 中正数元素的数量。

11. 编写下面的函数：

```
float compute_GPA(char grades[], int n);
```

其中grades数组包含字母等级（A、B、C、D或F，大小写皆可），n是数组的长度。函数应返回等级的平均值（假定A=4，B=3，C=2，D=1，F=0）。

12. 编写下面的函数：

```
double inner_product(double a[], double b[], int n);
```

函数应返回a[0] * b[0] + a[1] * b[1] + ... + a[n-1] * b[n-1]。

13. 编写下面的函数，对棋盘位置求值：

```
int evaluate_position(char board[8][8]);
```

board表示棋盘上方格的配置，其中字母K、Q、R、B、N、P表示白色的方格，字母k、q、r、b、n、p表示黑色的方格。evaluate_position应计算出白色方格的和（Q=9，R=5，B=3，N=3，P=1），并按类似的方法计算出黑色方格的和，然后返回这两个数的差。如果白子占优则返回值为正数，如果黑子占优则返回值为负数。

9.4节

215

14. 如果数组a中有任一元素的值为0，那么下列函数返回true；如果数组a的所有元素都是非零的，则函数返回false。可惜的是，此函数有错误。请找出错误并且说明修改它的方法。

```
bool has_zero(int a[], int n)
{
  int i;

  for (i = 0;  i < n;  i++)
    if (a[i] == 0)
      return true;
    else
      return false;
}
```

Ⓦ15. 下面这个（相当混乱的）函数找出三个数的中间数。重新编写函数，使得它只有一条return语句。

```
double median(double x, double y, double z)
{
  if (x <= y)
    if (y <= z) return y;
    else if (x <= z) return z;
    else return x;
  if (z <= y) return y;
  if (x <= z) return x;
  return z;
}
```

9.6节

16. 请采用精简power函数的方法来简化fact函数。

Ⓦ17. 请重新编写fact函数，使得编写后的函数不再有递归。

18. 编写递归版本的gcd函数（见练习题3）。下面是用于计算gcd(m, n)的策略：如果n为0，那么返回m；否则，递归地调用gcd函数，把n作为第一个实际参数进行传递，而把m % n作为第二个实际参数进行传递。

Ⓦ*19. 思考下面这个“神秘”的函数：

```
void pb(int n)
{
```

```
  if (n != 0) {
    pb(n / 2);
    putchar('0' + n % 2);
  }
}
```

手动跟踪函数的执行。然后编写程序调用此函数，把用户输入的数传递给此函数。函数做了什么？

编程题

1. 编写程序，要求用户输入一串整数（把这串整数存储在数组中），然后通过调用 selection_sort 函数来排序这些整数。在给定 n 个元素的数组后，selection_sort 函数必须做下列工作：

   (a) 搜索数组找出最大的元素，然后把它移到数组的最后；

   (b) 递归地调用函数本身来对前 $n-1$ 个数组元素进行排序。

216

2. 修改第 5 章的编程题 5，用函数计算所得税的金额。在输入应纳税所得额后，函数返回税金。

3. 修改第 8 章的编程题 9，使其包含下列函数：

```
void generate_random_walk(char walk[10][10]);
void print_array(char walk[10][10]);
```

   main 函数首先调用 generate_random_walk，该函数把所有数组元素都初始化为字符'.'，然后将其中一些字符替换为 A~Z 的字母，详见原题的描述。接着，main 函数调用 print_array 函数来显示数组。

4. 修改第 8 章的编程题 16，使其包含下列函数：

```
void read_word(int counts[26]);
bool equal_array(int counts1[26], int counts2[26]);
```

   main 函数将调用 read_word 两次，每次用于读取用户输入的一个单词。读取单词时，read_word 用单词中的字母更新 counts 数组，详见原题的描述。（main 将声明两个数组，每个数组用于一个单词。这些数组用于跟踪单词中每个字母出现的次数。）接下来，main 函数调用 equal_array 函数，以前面提到的两个数组作为参数。如果两个数组中的元素相同（表明这两个单词是变位词），equal_array 返回 true，否则返回 false。

5. 修改第 8 章的编程题 17，使其包含下列函数：

```
void create_magic_square(int n, int magic_square[n][n]);
void print_magic_square(int n, int magic_square[n][n]);
```

   获得用户输入的数 n 之后，main 函数调用 create_magic_square 函数，另一个调用参数是在 main 内部声明的 $n \times n$ 的数组。create_magic_square 函数用 $1, 2, \cdots, n^2$ 填充数组，如原题所述。接下来，main 函数调用 print_magic_square，按原题描述的格式显示数组。注意：如果你的编译器不支持变长数组，请把 main 中的数组声明为 99×99 而不是 $n \times n$，并使用下面的原型：

```
void create_magic_square(int n, int magic_square[99][99]);
void print_magic_square(int n, int magic_square[99][99]);
```

6. 编写函数计算下面多项式的值：

$$3x^5 + 2x^4 - 5x^3 - x^2 + 7x - 6$$

   编写程序要求用户输入 x 的值，调用该函数计算多项式的值并显示函数返回的值。

7. 如果换一种方法计算 x^n，9.6节的power函数速度可以更快。我们注意到，如果 n 是2的幂，则可以通过自乘的方法计算 x^n。例如，x^4 是 x^2 的平方，所以 x^4 可以用两次乘法计算，而不需要三次乘法。这种方法甚至可以用于 n 不是2的幂的情况。如果 n 是偶数，则 $x^n=\left(x^{n/2}\right)^2$；如果 n 是奇数，则 $x^n=x\cdot x^{n-1}$。编写计算 x^n 的递归函数（递归在 n=0时结束，此时函数返回1）。为了测试该函数，写一个程序要求用户输入 x 和 n 的值，调用power计算 x^n，然后显示函数的返回值。

217

8. 编写函数模拟掷骰子的游戏（两个骰子）。第一次掷的时候，如果点数之和为7或11则获胜；如果点数之和为2、3或12则落败；其他情况下的点数之和称为“目标”，游戏继续。在后续的投掷中，如果玩家再次掷出“目标”点数则获胜，掷出7则落败，其他情况都忽略，游戏继续进行。每局游戏结束时，程序询问用户是否再玩一次，如果用户输入的回答不是y或Y，程序会显示胜败的次数然后终止。

```
You rolled: 8
Your point is 8
You rolled: 3
You rolled: 10
You rolled: 8
You win!

Play again? y

You rolled: 6
Your point is 6
You rolled: 5
You rolled: 12
You rolled: 3
You rolled: 7
You lose!

Play again? y

You rolled: 11
You win!

Play again? n

Wins: 2  Losses: 1
```

编写三个函数：main、roll_dice和play_game。下面给出了后两个函数的原型：

```
int roll_dice(void);
bool play_game(void);
```

roll_dice应生成两个随机数（每个都在1~6范围内），并返回它们的和。play_game应进行一次掷骰子游戏（调用roll_dice确定每次掷的点数），如果玩家获胜则返回true，如果玩家落败则返回false。play_game函数还要显示玩家每次掷骰子的结果。main函数反复调用play_game函数，记录获胜和落败的次数，并显示“you win”和“you lose”消息。*提示*：使用rand函数生成随机数。关于如何调用rand和相关的srand函数，见8.2节deal.c程序中的例子。

218

第 10 章

程序结构

Will Rogers 也一定会说："没有自由变量这种东西。"

第 9 章已经介绍过函数了，因此本章就来讨论一个程序包含多个函数时所产生的几个问题。本章的前两节讨论局部变量（10.1 节）和外部变量（10.2 节）之间的差异，10.3 节考虑程序块（含有声明的复合语句）问题，10.4 节解决用于局部名、外部名和在程序块中声明的名字的作用域规则问题，10.5 节介绍用来组织函数原型、函数定义、变量声明和程序其他部分的方法。

10.1 局部变量

我们把在函数体内声明的变量称为该函数的**局部变量**。在下面的函数中，sum 是局部变量：

```
int sum_digits(int n)
{
  int sum = 0;    /* local variable */

  while (n > 0) {
    sum += n % 10;
    n /= 10;
  }

  return sum;
}
```

默认情况下，局部变量具有下列性质。

- **自动存储期**。变量的**存储期**（storage duration，也称为**延续**）是程序执行时，能够确保变量的存储空间必定存在的那一部分时间。通常来说，局部变量的存储空间是在包含该变量的函数被调用时"自动"分配的，函数返回时收回分配，所以称这种变量具有**自动存储期**。包含局部变量的函数返回时，局部变量的值无法保留。当再次调用该函数时，无法保证变量仍拥有原先的值。
- **块作用域**。变量的**作用域**是可以引用该变量的那一部分程序文本。局部变量拥有**块作用域**：从变量声明的点开始一直到所在函数体的末尾。因为局部变量的作用域不能延伸到其所属函数之外，所以其他函数可以把同名变量用于别的用途。

18.2 节会详细介绍上述这些内容和其他相关的概念。

C99 C99 不要求在函数一开始就进行变量声明，所以局部变量的作用域可能非常小。在接下来的这个例子中，变量 i 的作用域从声明该变量的代码行开始，此时可能已经接近函数体的末尾了：

```
void f(void)
{
  ...
  int i;  ─┐
  ...      ├─i 的作用域
}         ─┘
```

10.1.1　静态局部变量

在局部变量声明中放置单词 static 可以使变量具有**静态存储期**而不再是自动存储期。因为具有静态存储期的变量拥有永久的存储单元，所以在整个程序执行期间都会保留变量的值。思考下面的函数：

```
void f(void)
{
  static int i;     /* static local variable */
  ...
}
```

Q&A 因为局部变量 i 已经声明为 static，所以在程序执行期间它所占据的内存单元是不变的。在 f 返回时，变量 i 不会丢失其值。

静态局部变量始终有块作用域，所以它对其他函数是不可见的。概括来说，静态变量是对其他函数隐藏数据的地方，但是它会为将来同一个函数的再调用保留这些数据。

220

10.1.2　形式参数

形式参数拥有和局部变量一样的性质，即自动存储期和块作用域。事实上，形式参数和局部变量唯一真正的区别是，在每次函数调用时对形式参数自动进行初始化（调用中通过赋值获得相应实际参数的值）。

10.2　外部变量

传递参数是给函数传送信息的一种方法。函数还可以通过**外部变量**（external variable）进行通信。外部变量是声明在任何函数体外的。

外部变量（有时称为**全局变量**）的性质不同于局部变量的性质。

- **静态存储期**。就如同声明为 static 的局部变量一样，外部变量拥有静态存储期。存储在外部变量中的值将永久保留下来。
- **文件作用域**。外部变量拥有**文件作用域**：从变量被声明的点开始一直到所在文件的末尾。因此，跟随在外部变量声明之后的所有函数都可以访问（并修改）它。

10.2.1　示例：用外部变量实现栈

为了说明外部变量的使用方法，一起来看看称为**栈**（stack）的数据结构。（栈是抽象的概念，它不是 C 语言的特性。大多数编程语言都可以实现栈。）像数组一样，栈可以存储具有相同数据类型的多个数据项。然而，栈操作是受限制的：只可以往栈中**压入**数据项（把数据项加在一端——“栈顶”）或者从栈中**弹出**数据项（从同一端移走数据项）。禁止测试或修改不在栈顶的数据项。

C 语言中实现栈的一种方法是把元素存储在数组中，我们称这个数组为 contents。命名为 top 的一个整型变量用来标记栈顶的位置。栈为空时，top 的值为 0。为了往栈中压入数据项，可以把数据项简单存储在 contents 中由 top 指定的位置上，然后自增 top。弹出数据项则要求自减 top，然后用它作为 contents 的索引取回弹出的数据项。

基于上述这些概要，这里有一段代码（不是完整的程序）为栈声明了变量 contents 和 top 并且提供了一组函数来表示对栈的操作。全部 5 个函数都需要访问变量 top，而且其中 2 个函数还都需要访问 contents，所以接下来把 contents 和 top 设为外部变量。 221

```
#include <stdbool.h>    /* C99 only */

#define STACK_SIZE 100

/* external variables */
int contents[STACK_SIZE];
int top = 0;

void make_empty(void)
{
  top = 0;
}

bool is_empty(void)
{
  return top == 0;
}

bool is_full(void)
{
  return top == STACK_SIZE;
}

void push(int i)
{
  if (is_full())
    stack_overflow();
  else
    contents[top++]  = i;
}

int pop(void)
{
  if (is_empty())
    stack_underflow();
  else
    return contents [--top];
}
```

10.2.2 外部变量的利与弊

在多个函数必须共享一个变量时或者少数几个函数共享大量变量时，外部变量是很有用的。然而在大多数情况下，对函数而言，通过形式参数进行通信比通过共享变量的方法更好，原因列举如下。

- 在程序维护期间，如果改变外部变量（比方说改变它的类型），那么将需要检查同一文件中的每个函数，以确认该变化如何对函数产生影响。 222
- 如果外部变量被赋了错误的值，可能很难确定出错的函数，就好像侦察大型聚会上的谋杀案时很难缩小嫌疑人范围一样。
- 很难在其他程序中复用依赖外部变量的函数。依赖外部变量的函数不是“独立的”。为了在另一个程序中使用该函数，必须带上此函数需要的外部变量。

许多C程序员过于依赖外部变量。一个普遍的陋习是，在不同的函数中为不同的目的使用同一个外部变量。假设几个函数都需要变量 i 来控制 for 语句。一些程序员不是在使用变量 i 的每个函数中都声明它，而是在程序的顶部声明它，从而使得该变量对所有函数都是可见的。这种方式除了前面提到的几个缺点外，还会产生误导：以后阅读程序的人可能认为变量的使用彼此关联，而实际并非如此。

使用外部变量时，要确保它们都拥有有意义的名字。（局部变量不是总需要有意义的名字的，因为往往很难为 for 循环中的控制变量起一个比 i 更好的名字。）如果你发现为外部变量使用的名字就像 i 和 temp 一样，这可能意味着这些变量其实应该是局部变量。

把原本应该是局部变量的变量声明为外部变量可能导致一些令人厌烦的错误。思考下面的例子，我们希望它显示一个由星号组成的10×10的图形：

```
int i;

void print_one_row(void)
{
  for (i = 1;  i <= 10;  i++)
    printf("*");
}

void print_all_rows(void)
{
  for (i = 1;  i <= 10;  i++)  {
    print_one_row();
    printf("\n");
  }
}
```

print_all_rows 函数不是显示10行星号，而是只显示1行。在第一次调用 print_one_row 函数后返回时，i 的值将为11。然后，print_all_rows 函数中的 for 语句对变量 i 进行自增并判定它是否小于或等于10。因为判定条件不满足，所以循环终止，函数返回。

223

程序　猜数

为了获得更多关于外部变量的经验，现在编写一个简单的游戏程序。这个程序产生一个1~100的随机数，用户尝试用尽可能少的次数猜出这个数。下面是程序运行时用户将看到的内容：

```
Guess the secret number between 1 and 100.

A new number has been chosen.
Enter guess: 55
Too low; try again.
Enter guess: 65
Too high; try again.
Enter guess: 60
Too high; try again.
Enter guess: 58
You won in 4 guesses!

Play again? (Y/N) y

A new number has been chosen.
Enter guess: 78
Too high; try again.
```

```
Enter guess: 34
You won in 2 guesses!

Play again? (Y/N) n
```

这个程序需要完成几个任务：初始化随机数生成器，选择神秘数，以及与用户交互直到选出正确数为止。如果编写独立的函数来处理每个任务，那么可能会得到下面的程序。

guess.c

```
/* Asks user to guess a hidden number */

#include <stdio.h>
#include <stdlib.h>
#include <time.h>

#define MAX_NUMBER 100

/* external variable */
int secret_number;

/* prototypes */
void initialize_number_generator(void);
void choose_new_secret_number(void);
void read_guesses(void);

int main(void)
{
  char command;

  printf("Guess the secret number between 1 and %d.\n\n", MAX_NUMBER);
  initialize_number_generator();
  do {
    choose_new_secret_number();
    printf("A new number has been chosen.\n");
    read_guesses();
    printf("Play again? (Y/N) ");
    scanf(" %c", &command);
    printf("\n");
  } while (command == 'y' || command == 'Y');

  return 0;
}

/**********************************************************
 * initialize_number_generator: Initializes the random     *
 *                              number generator using     *
 *                              the time of day.           *
 **********************************************************/
void initialize_number_generator(void)
{
  srand((unsigned) time(NULL));
}

/**********************************************************
 * choose_new_secret_number: Randomly selects a number     *
 *                           between 1 and MAX_NUMBER and  *
 *                           stores it in secret_number.   *
 **********************************************************/
void choose_new_secret_number(void)
{
  secret_number = rand() % MAX_NUMBER + 1;
}
```

224

```
/**********************************************************
 * read_guesses: Repeatedly reads user guesses and tells    *
 *               the user whether each guess is too low,    *
 *               too high, or correct. When the guess is    *
 *               correct, prints the total number of        *
 *               guesses and returns.                       *
 **********************************************************/
void read_guesses(void)
{
  int guess, num_guesses = 0;

  for (;;) {
    num_guesses++;
    printf("Enter guess: ");
    scanf("%d", &guess);
    if (guess == secret_number) {
      printf("You won in %d guesses!\n\n", num_guesses);
      return;
    } else if (guess < secret_number)
      printf("Too low; try again.\n");
    else
      printf("Too high; try again.\n");
  }
}
```

225

对于随机数的生成，guess.c 程序与 time 函数（➤26.3 节）、srand 函数（➤26.2 节）和 rand 函数（➤26.2 节）有关，这些函数第一次用在 deal.c 程序（8.2 节）中。这次将缩放 rand 函数的返回值使其落在 1~MAX_NUMBER 范围内。

虽然 guess.c 程序工作正常，但是它依赖一个外部变量。把变量 secret_number 外部化以便 choose_new_secret_number 函数和 read_guesses 函数都可以访问它。如果对 choose_new_secret_number 函数和 read_guesses 函数稍做改动，应该能把变量 secret_number 移入 main 函数中。现在我们将修改 choose_new_secret_number 函数以便函数返回新值，并将重写 read_guesses 函数以便变量 secret_number 可以作为参数传递给它。

下面是新程序，修改的部分用粗体标注出来。

guess2.c

```
/* Asks user to guess a hidden number */

#include <stdio.h>
#include <stdlib.h>
#include <time.h>

#define MAX_NUMBER 100

/* prototypes */
void initialize_number_generator(void);
int new_secret_number(void);
void read_guesses(int secret_number);

int main(void)
{
  char command;
  int secret_number;

  printf("Guess the secret number between 1 and %d.\n\n", MAX_NUMBER);
  initialize_number_generator();
  do {
```

```
    secret_number = new_secret_number();
    printf("A new number has been chosen.\n");
    read_guesses(secret_number);
    printf("Play again? (Y/N) ");
    scanf(" %c", &command);
    printf("\n");
  } while (command == 'y' || command == 'Y');

  return 0;
}

/**********************************************************
 * initialize_number_generator: Initializes the random     *
 *                              number generator using     *
 *                              the time of day.           *
 **********************************************************/
void initialize_number_generator(void)
{
  srand((unsigned) time(NULL));
}

/**********************************************************
 * new_secret_number: Returns a randomly chosen number     *
 *                    between 1 and MAX_NUMBER.            *
 **********************************************************/
int new_secret_number(void)
{
  return rand() % MAX_NUMBER + 1;
}

/**********************************************************
 * read_guesses: Repeatedly reads user guesses and tells   *
 *               the user whether each guess is too low,   *
 *               too high, or correct.  When the guess is  *
 *               correct, prints the total number of       *
 *               guesses and returns.                      *
 **********************************************************/
void read_guesses(int secret_number)
{
  int guess, num_guesses = 0;

  for (;;) {
    num_guesses++;
    printf("Enter guess: ");
    scanf("%d", &guess);
    if (guess == secret_number) {
      printf("You won in %d guesses!\n\n", num_guesses);
      return;
    } else if (guess < secret_number)
      printf("Too low; try again.\n");
    else
      printf("Too high; try again.\n");
  }
}
```

10.3 程序块

5.2节遇到过复合语句，一个复合语句也是一个块（block），但块并非只有复合语句这一种形式。块也叫**程序块**。下面是程序块的示例：

226
~
227

```
if (i > j) {
  /* swap values of i and j */
  int temp = i;
  i = j;
  j = temp;
}
```

这里，整个 if 语句是一个程序块；if 语句的每一个子句也是程序块。默认情况下，声明在程序块中的变量的存储期是自动的：进入程序块时为变量分配存储单元，退出程序块时收回分配的空间。变量具有块作用域，也就是说，不能在程序块外引用。

函数体是程序块。在需要临时使用变量时，函数体内的程序块也是非常有用的。在上面这个例子中，我们需要一个临时变量以便可以交换 i 和 j 的值。在程序块中放置临时变量有两个好处：(1) 避免函数体起始位置的声明与只是临时使用的变量相混淆；(2) 减少了名字冲突。在此例中，名字 temp 可以根据不同的目的用于同一函数中的其他地方，在程序块中声明的变量 temp 严格属于局部程序块。

C99 C99 允许在程序块的任何地方声明变量，就像允许在函数体内的任何地方声明变量一样。

10.4 作用域

在 C 程序中，相同的标识符可以有不同的含义。C 语言的作用域规则使得程序员（和编译器）可以确定与程序中给定点相关的是哪种含义。

下面是最重要的作用域规则：当程序块内的声明命名一个标识符时，如果此标识符已经是可见的（因为此标识符拥有文件作用域，或者因为它已在某个程序块内声明），新的声明临时“隐藏”了旧的声明，标识符获得了新的含义。在程序块的末尾，标识符重新获得旧的含义。

228

思考下面这个（有点极端的）例子，例子中的标识符 i 有 4 种不同的含义。

- 在*声明 1* 中，i 是具有静态存储期和文件作用域的变量。
- 在*声明 2* 中，i 是具有块作用域的形式参数。
- 在*声明 3* 中，i 是具有块作用域的自动变量。
- 在*声明 4* 中，i 也是具有块作用域的自动变量。

```
int i;              /* Declaration 1 */

void f(int i)       /* Declaration 2 */
{
  i = 1;
}

void g(void)
{
  int i = 2;        /* Declaration 3 */

  if (i > 0) {
    int i;          /* Declaration 4 */

    i = 3;
  }

  i = 4;
}

void h(void)
{
  i = 5;
}
```

一共使用了5次i。C语言的作用域规则允许确定每种情况中i的含义。

- 因为*声明2*隐藏了*声明1*，所以赋值i = 1引用了*声明2*中的形式参数，而不是*声明1*中的变量。
- 因为*声明3*隐藏了*声明1*，而且*声明2*超出了作用域，所以判定i > 0引用了*声明3*中的变量。
- 因为*声明4*隐藏了*声明3*，所以赋值i = 3引用了*声明4*中的变量。
- 赋值i = 4引用了*声明3*中的变量。*声明4*超出了作用域，所以不能引用。
- 赋值i = 5引用了*声明1*中的变量。

10.5 构建C程序

我们已经看过构成C程序的主要元素，现在应该为编排这些元素开发一套方法了。目前只考虑单个文件的程序，第15章会说明如何组织多个文件的程序。 229

迄今为止，已经知道程序可以包含：

- #include和#define这样的预处理指令；
- 类型定义；
- 外部变量声明；
- 函数原型；
- 函数定义。

C语言对上述这些项的顺序要求极少：执行到预处理指令所在的代码行时，预处理指令才会起作用；类型名定义后才可以使用；变量声明后才可以使用。虽然C语言对函数没有什么要求，但是这里强烈建议在第一次调用函数前要对每个函数进行定义或声明。（C99 至少C99要求我们这么做。）

为了遵守这些规则，这里有几个构建程序的方法。下面是一种可能的编排顺序：

- #include指令；
- #define指令；
- 类型定义；
- 外部变量的声明；
- 除main函数之外的函数的原型；
- main函数的定义；
- 其他函数的定义。

因为#include指令带来的信息可能在程序中的好几个地方都需要，所以先放置这条指令是合理的。#define指令创建宏，对这些宏的使用通常遍布整个程序。类型定义放置在外部变量声明的上面是合乎逻辑的，因为这些外部变量的声明可能会引用刚刚定义的类型名。接下来，声明外部变量使得它们对于跟随在其后的所有函数都是可用的。在编译器看见原型之前调用函数，可能会产生问题，而此时声明除了main函数以外的所有函数可以避免这些问题。这种方法也使得无论用什么顺序编排函数定义都是可能的。例如，根据函数名的字母顺序编排，或者把相关函数组合在一起进行编排。在其他函数前定义main函数使得阅读程序的人容易定位程序的起始点。

最后的建议：在每个函数定义前放盒型注释可以给出函数名、描述函数的目的、讨论每个形式参数的含义、描述返回值（如果有的话）并罗列所有的副作用（如修改了外部变量的值）。

程序　给一手牌分类

为了说明构建 C 程序的方法，下面编写一个比前面的例子更复杂的程序。这个程序会对一手牌进行读取和分类。手中的每张牌都有花色（方块、梅花、红桃和黑桃）和点数（2、3、4、5、6、7、8、9、10、J、Q、K 和 A）。不允许使用王牌，并且假设 A 是最高的点数。程序将读取一手 5 张牌，然后把手中的牌分为下列某一类（列出的顺序从最好到最坏）。

230

- 同花顺（即顺序相连又都是同花色）。
- 四张（4 张牌点数相同）。
- 葫芦（3 张牌是同样的点数，另外 2 张牌是同样的点数）。
- 同花（5 张牌是同花色的）。
- 顺子（5 张牌的点数顺序相连）。
- 三张（3 张牌的点数相同）。
- 两对。
- 对子（2 张牌的点数相同）。
- 其他牌（任何其他情况的牌）。

如果一手牌可分为两种或多种类别，程序将选择最好的一种。

为了便于输入，把牌的点数和花色简化如下（字母可以是大写，也可以是小写）。

- 点数：`2 3 4 5 6 7 8 9 t j q k a`。
- 花色：`c d h s`。

如果用户输入非法牌或者输入同一张牌两次，程序将忽略此牌，产生出错消息，然后要求输入另外一张牌。如果输入为 0 而不是一张牌，就会导致程序终止。

与程序的会话如下所示：

```
Enter a card: 2s
Enter a card: 5s
Enter a card: 4s
Enter a card: 3s
Enter a card: 6s
Straight flush

Enter a card: 8c
Enter a card: as
Enter a card: 8c
Duplicate card; ignored.
Enter a card: 7c
Enter a card: ad
Enter a card: 3h
Pair

Enter a card: 6s
Enter a card: d2
Bad card; ignored.
Enter a card: 2d
Enter a card: 9c
Enter a card: 4h
Enter a card: ts
High card

Enter a card: 0
```

231

从上述程序的描述可以看出它有3个任务：

- 读入一手5张牌；
- 分析对子、顺子等情况；
- 显示一手牌的分类。

把程序分为3个函数，分别完成上述3个任务，即read_cards函数、analyze_hand函数和print_result函数。main函数只负责在无限循环中调用这些函数。这些函数需要共享大量的信息，所以让它们通过外部变量来进行交流。read_cards函数将与一手牌相关的信息存进几个外部变量中，然后analyze_hand函数将检查这些外部变量，把结果分类放在便于print_result函数显示的其他外部变量中。

基于这些初步设计可以开始勾画程序的轮廓：

```
/* #include directives go here */

/* #define directives go here */

/* declarations of external variables go here */

/* prototypes */
void read_cards(void);
void analyze_hand(void);
void print_result(void);
/**********************************************************
 * main: Calls read_cards, analyze_hand, and print_result   *
 *       repeatedly.                                        *
 **********************************************************/
int main(void)
{
  for (;;) {
    read_cards();
    analyze_hand();
    print_result();
  }
}

/**********************************************************
 * read_cards:  Reads the cards into external variables;   *
 *              checks for bad cards and duplicate cards.  *
 **********************************************************/
void read_cards(void)
{
  ...
}

/**********************************************************
 * analyze_hand: Determines whether the hand contains a     *
 *               straight, a flush, four-of-a-kind,         *
 *               and/or three-of-a-kind; determines the     *
 *               number of pairs; stores the results into   *
 *               external variables.                        *
 **********************************************************/
void analyze_hand(void)
{
  ...
}

/**********************************************************
 * print_result: Notifies the user of the result, using     *
```

232

```
 *               the external variables set by           *
 *               analyze_hand.                           *
 *********************************************************/
void print_result(void)
{
  ...
}
```

余下的最紧迫的问题是如何表示一手牌。看看 read_cards 函数和 analyze_hand 函数将对这手牌执行什么操作。分析这手牌期间，analyze_hand 函数需要知道每个点数和每个花色的牌的数量。建议使用两个数组，即 num_in_rank 和 num_in_suit。num_in_rank[r]的值是点数为 r 的牌的数量，而 num_in_suit[s]的值是花色为 s 的牌的数量。（把点数编码为 0~12 的数，把花色编码为 0~3 的数。）为了便于 read_cards 函数检查重复的牌，还需要第三个数组 card_exists。每次读取等级为 r 且花色为 s 的牌时，read_cards 函数都会检查 card_exists[r][s]的值是否为 true。如果是，则表明此张牌已经输入过；如果不是，则 read_ cards 函数把 true 赋值给 card_exists[r][s]。

read_cards 函数和 analyze_hand 函数都需要访问数组 num_in_rank 和 num_in_suit，所以这两个数组必须是外部变量；而数组 card_exists 只用于 read_cards 函数，所以可将它设为此函数的局部变量。通常只在必要时才把变量设为外部变量。

已经确定了主要的数据结构，现在可以完成程序了：

poker.c

233

```
/* Classifies a poker hand */

#include <stdbool.h>   /* C99 only */
#include <stdio.h>
#include <stdlib.h>

#define NUM_RANKS 13
#define NUM_SUITS 4
#define NUM_CARDS 5

/* external variables */
int num_in_rank[NUM_RANKS];
int num_in_suit[NUM_SUITS];
bool straight, flush, four, three;
int pairs;   /* can be 0, 1, or 2 */

/* prototypes */
void read_cards(void);
void analyze_hand(void);
void print_result(void);

/**********************************************************
 * main: Calls read_cards, analyze_hand, and print_result *
 *       repeatedly.                                      *
 **********************************************************/
int main(void)
{
  for (;;) {
    read_cards();
    analyze_hand();
    print_result();
  }
}
```

```
/**********************************************************
 * read_cards: Reads the cards into the external          *
 *             variables num_in_rank and num_in_suit;     *
 *             checks for bad cards and duplicate cards.  *
 **********************************************************/
void read_cards(void)
{
  bool card_exists[NUM_RANKS][NUM_SUITS];
  char ch, rank_ch, suit_ch;
  int rank, suit;
  bool bad_card;
  int cards_read = 0;

  for (rank = 0; rank < NUM_RANKS; rank++) {
    num_in_rank[rank] = 0;
    for (suit = 0; suit < NUM_SUITS; suit++)
      card_exists[rank][suit] = false;
  }

  for (suit = 0; suit < NUM_SUITS; suit++)
    num_in_suit[suit] = 0;

  while (cards_read < NUM_CARDS) {
    bad_card = false;

    printf("Enter a card: ");

    rank_ch = getchar();
    switch (rank_ch) {
      case '0':           exit(EXIT_SUCCESS);
      case '2':           rank = 0; break;
      case '3':           rank = 1; break;
      case '4':           rank = 2; break;
      case '5':           rank = 3; break;
      case '6':           rank = 4; break;
      case '7':           rank = 5; break;
      case '8':           rank = 6; break;
      case '9':           rank = 7; break;
      case 't': case 'T': rank = 8; break;
      case 'j': case 'J': rank = 9; break;
      case 'q': case 'Q': rank = 10; break;
      case 'k': case 'K': rank = 11; break;
      case 'a': case 'A': rank = 12; break;
      default:            bad_card = true;
    }

    suit_ch = getchar();
    switch (suit_ch) {
      case 'c': case 'C': suit = 0; break;
      case 'd': case 'D': suit = 1; break;
      case 'h': case 'H': suit = 2; break;
      case 's': case 'S': suit = 3; break;
      default:            bad_card = true;
    }

    while ((ch = getchar()) != '\n')
      if (ch != ' ') bad_card = true;

    if (bad_card)
      printf("Bad card; ignored.\n");
    else if (card_exists[rank][suit])
```

234

```
      printf("Duplicate card; ignored.\n");
    else {
      num_in_rank[rank]++;
      num_in_suit[suit]++;
      card_exists[rank][suit] = true;
      cards_read++;
    }
  }
}

/**********************************************************
 * analyze_hand: Determines whether the hand contains a    *
 *               straight, a flush, four-of-a-kind,        *
 *               and/or three-of-a-kind; determines the    *
 *               number of pairs; stores the results into  *
 *               the external variables straight, flush,   *
 *               four, three, and pairs.                   *
 **********************************************************/
void analyze_hand(void)
{
  int num_consec = 0;
  int rank, suit;

  straight = false;
  flush = false;
  four = false;
  three = false;
  pairs = 0;

  /* check for flush */
  for (suit = 0; suit < NUM_SUITS; suit++)
    if (num_in_suit[suit] == NUM_CARDS)
      flush = true;

  /* check for straight */
  rank = 0;
  while (num_in_rank[rank] == 0) rank++;
  for (; rank < NUM_RANKS && num_in_rank[rank] > 0; rank++)
    num_consec++;
  if (num_consec == NUM_CARDS) {
    straight = true;
    return;
  }

  /* check for 4-of-a-kind, 3-of-a-kind, and pairs */
  for (rank = 0; rank < NUM_RANKS; rank++) {
    if (num_in_rank[rank] == 4) four = true;
    if (num_in_rank[rank] == 3) three = true;
    if (num_in_rank[rank] == 2) pairs++;
  }
}

/**********************************************************
 * print_result: prints the classification of the hand,    *
 *               based on the values of the external       *
 *               variables straight, flush, four, three,   *
 *               and pairs.                                *
 **********************************************************/
void print_result(void)
{
  if (straight && flush) printf("Straight flush");
```

235

```
  else if (four)          printf("Four of a kind");
  else if (three &&
           pairs == 1)    printf("Full house");
  else if (flush)         printf("Flush");
  else if (straight)      printf("Straight");
  else if (three)         printf("Three of a kind");
  else if (pairs == 2)    printf("Two pairs");
  else if (pairs == 1)    printf("Pair");
  else                    printf("High card");

  printf("\n\n");
}
```

注意 read_cards 函数中 exit 函数的使用（第一个 switch 语句的分支'0'）。因为 exit 函数具有在任何地方终止程序执行的能力，所以它对于此程序是十分方便的。

236

问与答

问：具有静态存储期的局部变量会对递归函数产生什么影响？（p.172）

答：当函数是递归函数时，每次调用它都会产生其自动变量的新副本。静态变量就不会发生这样的情况，相反，所有的函数调用都共享同一个静态变量。

问：在下面的例子中，j 初始化为和 i 一样的值，但是有两个命名为 i 的变量：

```
int i = 1;

void f(void)
{
  int j = i;
  int i = 2;
  ...
}
```

这段代码是否合法？如果合法，j 的初始值是 1 还是 2？

答：代码是合法的。局部变量的作用域是从声明处开始的。因此，j 的声明引用了名为 i 的外部变量。j 的初始值是 1。

练习题

10.4 节

Ⓦ 1. 下面的程序框架只显示了函数定义和变量声明。

```
int a;

void f(int b)
{
  int c;
}

void g(void)
{
  int d;
  {
    int e;
  }
}
```

```
int main(void)
{
  int f;
}
```

237

列出下面每种作用域内所有变量的名字和形式参数的名字。

(a) f 函数。
(b) g 函数。
(c) 声明 e 的程序块。
(d) main 函数。

2. 下面的程序框架只显示了函数定义和变量声明。

```
int b, c;

void f(void)
{
  int b, d;
}

void g(int a)
{
  int c;
  {
    int a, d;
  }
}

int main(void)
{
  int c, d;
}
```

列出下面每种作用域内所有变量的名字和形式参数的名字。如果有多个同名的变量或形式参数，指明具体是哪一个。

(a) f 函数。
(b) g 函数。
(c) 声明 a 和 d 的程序块。
(d) main 函数。

*3. 如果程序只有一个函数（main），那么它最多可以包含多少个名为 i 的不同变量？

编程题

1. 修改 10.2 节的栈示例使它存储字符而不是整数。接下来，增加 main 函数，用来要求用户输入一串圆括号或花括号，然后指出它们之间的嵌套是否正确：

```
Enter parenteses and/or braces: ((){}{()})
Parenteses/braces are nested properly
```

提示：读入左圆括号或左花括号时，把它们像字符一样压入栈中。当读入右圆括号或右花括号时，把栈顶的项弹出，并且检查弹出项是否是匹配的圆括号或花括号。（如果不是，那么圆括号或花括号嵌套不正确。）当程序读入换行符时，检查栈是否为空。如果为空，那么圆括号或花括号匹配；如果栈不为空（或者如果曾经调用过 stack_underflow 函数），那么圆括号或花括号不匹配。如果调用 stack_overflow 函数，程序显示信息 Stack overflow，并且立刻终止。

238

2. 修改 10.5 节的 poker.c 程序，把数组 num_in_rank 和数组 num_in_suit 移到 main 函数中。main 函数将把这两个数组作为实际参数传递给 read_cards 函数和 analyze_hand 函数。

Ⓦ 3. 把数组 num_in_rank、num_in_suit 和 card_exists 从 10.5 节的 poker.c 程序中去掉。程序改用 5×2 的数组来存储牌。数组的每一行表示一张牌。例如，如果数组名为 hand，则 hand[0][0]存储第一张牌的点数，hand[0][1]存储第一张牌的花色。

4. 修改 10.5 节的 poker.c 程序，使其能识别牌的另一种类别——“同花大顺”（同花色的 A、K、Q、J 和 10）。同花大顺的级别高于其他所有的类别。

Ⓦ 5. 修改 10.5 节的 poker.c 程序，使其能识别“小 A 顺”（即 A、2、3、4 和 5）。

6. 有些计算器（尤其是惠普的计算器）使用逆波兰表示法（Reverse Polish Notation，RPN）来书写数学表达式。在这一表示法中，运算符放置在操作数的后面而不是放在操作数中间。例如，在逆波兰表示法中 1+2 将表示为 1 2 +，而 1+2*3 将表示为 1 2 3 * +。逆波兰表达式可以很方便地用栈求值。算法从左向右读取运算符和操作数，并执行下列步骤。

(1) 当遇到操作数时，将其压入栈中。
(2) 当遇到运算符时，从栈中弹出它的操作数，执行运算并把结果压入栈中。

编写程序对逆波兰表达式求值。操作数都是个位的整数，运算符为+、-、*、/和=。遇到运算符=时，将显示栈顶项，随后清空栈并提示用户计算新的表达式。这一过程持续进行，直到用户输入一个既不是运算符也不是操作数的字符为止：

```
Enter an RPN expression: 1 2 3 * + =
Value of expression: 7
Enter an RPN expression: 5 8 * 4 9 - / =
Value of expression: -8
Enter an RPN expression: q
```

如果栈出现上溢，程序将显示消息 Expression is too complex 并终止。如果栈出现下溢（例如遇到表达式 1 2 + +），程序将显示消息 Not enough operands in expression 并终止。提示：把 10.2 节的栈代码整合到你的程序中。使用 scanf(" %c", &ch)读取运算符和操作数。

7. 编写程序，提示用户输入一个数并显示该数，使用字符模拟七段显示器的效果：

```
Enter a number: 491-9014
     _       _   _
|_| |_|   | |_| | |   | |_|
  |  _|   |  _| |_|   |   |
```

非数字的字符都将被忽略。在程序中用一个名为 MAX_DIGITS 的宏来控制数的最大位数，MAX_DIGITS 的值为 10。如果数中包含的数位大于这个数，多出来的数位将被忽略。提示：使用两个外部数组，一个是 segments 数组（见第 8 章的练习题 6），用于存储表示数字和段之间对应关系的数据；另一个是 digits 数组，这是一个 3 行（因为显示出来的每个数字高度都是 3 个字符）、MAX_DIGITS × 4 列（数字的宽度是 3 个字符，但为了可读性需要在数字之间增加一个空格）的字符数组。编写 4 个函数：main、clear_digits_array、process_digit 和 print_digits_array。下面是后 3 个函数的原型：

239

```
void clear_digits_array(void);
void process_digit(int digit, int position);
void print_digits_array(void);
```

clear_digits_array 函数在 digits 数组的所有元素中存储空白字符。process_digit 函数把 digit 的七段表示存储到 digits 数组的指定位置（位置为 0~MAX_DIGITS−1）。print_digits_array 函数分行显示 digits 数组的每一行，产生的输出如示例图所示。

240

第11章 指　　针

> 我记不清第十一条戒律是“你应该计算”还是“你不应该计算”了。

指针是C语言最重要——也是最常被误解——的特性之一。由于指针的重要性，本书将用3章的篇幅对其进行讨论。本章侧重于基础知识，而第12章和第17章则介绍指针的高级应用。

本章将从内存地址及其与指针变量的关系入手（11.1节），然后11.2节介绍取地址运算符和间接寻址运算符，11.3节探讨指针赋值的内容，11.4节说明给函数传递指针的方法，而11.5节则讨论从函数返回指针。

11.1　指针变量

理解指针的第一步是在机器级上观察指针表示的内容。大多数现代计算机将内存分割为**字节**（byte），每个字节可以存储8位的信息。

0	1	0	1	0	0	1	1

每个字节都有唯一的**地址**（address），用来和内存中的其他字节相区别。如果内存中有 n 个字节，那么可以把地址看作 $0\sim n-1$ 的数。

地址	内容
0	01010011
1	01110101
2	01110011
3	01100001
4	01101110
	⋮
n-1	01000011

可执行程序由代码（原始C程序中与语句对应的机器指令）和数据（原始程序中的变量）两部分构成。程序中的每个变量占有一个或多个字节内存，把第一个字节的地址称为变量的地址。下图中，变量 `i` 占有地址为2000和2001的两个字节，所以变量 `i` 的地址是2000：

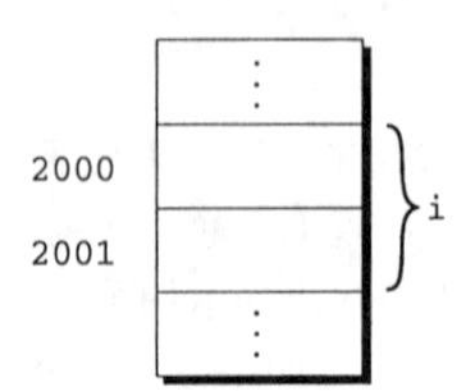

这就是指针的出处。虽然用数表示地址，但是地址的取值范围可能不同于整数的范围，所以一定不能用普通整型变量存储地址。但是，可以用特殊的**指针变量**（pointer variable）存储地址。在用指针变量 p 存储变量 i 的地址时，我们说 p“指向”i。Q&A换句话说，指针就是地址，而指针变量就是存储地址的变量。

本书的例子不再把地址显示为数，而是采用更加简单的标记。为了说明指针变量 p 存储变量 i 的地址，把 p 的内容显示为指向 i 的箭头：

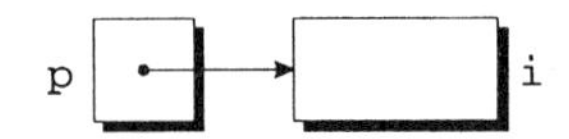

指针变量的声明

对指针变量的声明与对普通变量的声明基本一样，唯一的不同就是必须在指针变量名字前放置星号：

```
int *p;
```

上述声明说明 p 是指向 int 类型**对象**的指针变量。这里我们用术语对象来代替变量，是因为 p 可以指向不属于变量的内存区域（见第 17 章）。（注意，在第 19 章讨论程序设计时“对象”一词将有不同的含义。）

241 ~ 242

指针变量可以和其他变量一起出现在声明中：

```
int i, j, a[10], b[20], *p, *q;
```

在这个例子中，i 和 j 都是普通整型变量，a 和 b 是整型数组，而 p 和 q 是指向整型对象的指针。

C 语言要求每个指针变量只能指向一种特定类型（**引用类型**）的对象：

```
int *p;     /* points only to integers   */
double *q;  /* points only to doubles    */
char *r;    /* points only to characters */
```

至于引用类型是什么类型则没有限制。事实上，指针变量甚至可以指向另一个指针，即指向指针的指针（➤17.6 节）。

11.2　取地址运算符和间接寻址运算符

为使用指针，C 语言提供了一对特殊设计的运算符。为了找到变量的地址，可以使用&（**取地址**）运算符。如果 x 是变量，那么&x 就是 x 在内存中的地址。为了获得对指针所指向对象的访问，可以使用*（**间接寻址**）运算符。如果 p 是指针，那么*p 表示 p 当前指向的对象。

11.2.1　取地址运算符

声明指针变量是为指针留出空间，但是并没有把它指向对象：

```
int *p;     /* points nowhere in particular */
```

在使用前初始化 p 是至关重要的。一种初始化指针变量的方法是使用&运算符把某个变量的地址赋给它，或者更常采用左值（➤4.2 节）：

```
int i, *p;
...
p = &i;
```

通过把 i 的地址赋值给变量 p 的方法，上述语句把 p 指向了 i：

243

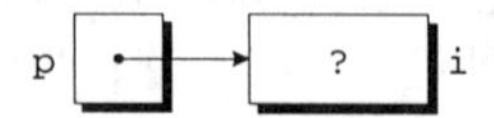

Q&A 在声明指针变量的同时对它进行初始化是可行的：

```
int i;
int *p = &i;
```

甚至可以把 i 的声明和 p 的声明合并，但是需要首先声明 i：

```
int i, *p = &i;
```

11.2.2　间接寻址运算符

一旦指针变量指向了对象，就可以使用*运算符访问存储在对象中的内容。例如，如果 p 指向 i，那么可以显示出 i 的值，如下所示：

```
printf("%d\n", *p);
```

Q&A printf 函数将显示 i 的值，而不是 i 的地址。

习惯于数学思维的读者可能希望把*想象成&的逆运算。对变量使用&运算符产生指向变量的指针，而对指针使用*运算符则可以返回到原始变量：

```
j = *&i;      /* same as j = i; */
```

只要 p 指向 i，*p 就是 i 的**别名**。*p 不仅拥有和 i 相同的值，而且对*p 的改变也会改变 i 的值。（*p 是左值，所以对它赋值是合法的。）下面的例子说明了*p 和 i 的等价关系，这些图显示了在计算中不同的点上 p 和 i 的值。

```
p = &i;
```

p [•]→[?] i

```
i = 1;
```

p [•]→[1] i

```
printf("%d\n", i);     /* prints 1 */
printf("%d\n", *p);    /* prints 1 */
*p = 2;
```

p [•]→[2] i

244

```
printf("%d\n", i);     /* prints 2 */
printf("%d\n", *p);    /* prints 2 */
```

不要把间接寻址运算符用于未初始化的指针变量。如果指针变量 p 没有初始化，那么试图使用 p 的值会导致未定义的行为：

```
int *p;
printf("%d", *p);   /*** WRONG ***/
```

给*p 赋值尤其危险。如果 p 恰好具有有效的内存地址，下面的赋值会试图修改存储在该地址的数据：

```
int *p;
*p = 1;   /*** WRONG ***/
```

如果上述赋值改变的内存单元属于该程序，那么可能会导致出乎意料的行为；如果改变的内存单元属于操作系统，那么很可能会导致系统崩溃。编译器可能会给出警告消息，告知 p 未初始化，所以请留意收到的警告消息。

11.3 指针赋值

C 语言允许使用赋值运算符进行指针的复制，前提是两个指针具有相同的类型。假设 i、j、p 和 q 声明如下：

```
int i, j, *p, *q;
```

语句

```
p = &i;
```

是指针赋值的示例，把 i 的地址复制给 p。下面是另一个指针赋值的示例：

```
q = p;
```

这条语句是把 p 的内容（即 i 的地址）复制给 q，效果是把 q 指向了 p 所指向的地方：

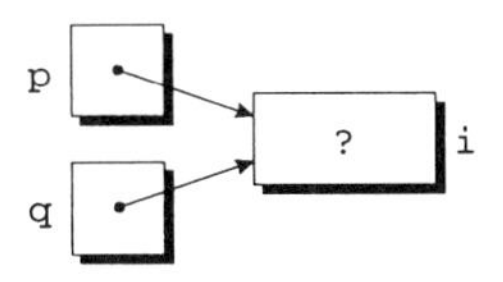

现在 p 和 q 都指向了 i，所以可以用对*p 或*q 赋新值的方法来改变 i： 245

```
*p = 1;
```

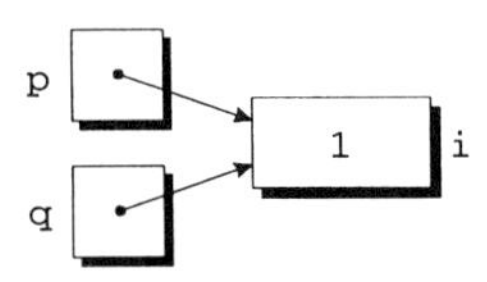


```
*q = 2;
```

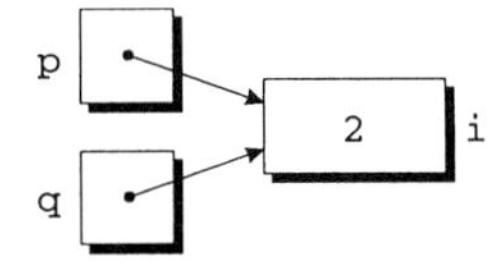

任意数量的指针变量都可以指向同一个对象。

注意不要把

```
q = p;
```

和

```
*q = *p;
```

搞混。第一条语句是指针赋值，而第二条语句不是。就如下面的例子显示的：

```
p = &i;
q = &j;
i = 1;
```

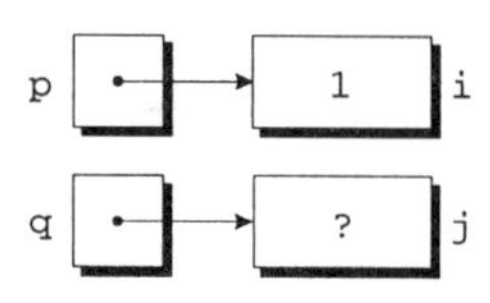


```
*q = *p;
```

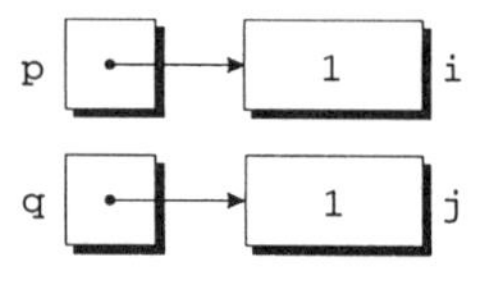

246 赋值语句`*q = *p;`是把 p 指向的值（i 的值）复制到 q 指向的对象（变量 j）中。

11.4　指针作为参数

到目前为止，我们回避了一个十分重要的问题：指针对什么有益呢？因为 C 语言中指针有几种截然不同的应用，所以此问题没有唯一的答案。在本节中，我们将看到如何把指向变量的指针用作函数的参数。指针的其他应用将在 11.5 节、第 12 章和第 17 章讨论。

在 9.3 节中我们看到，因为 C 语言用值进行参数传递，所以在函数调用中用作实际参数的变量无法改变。当希望函数能够改变变量时，C 语言的这种特性就很讨厌了。9.3 节中，我们曾试图编写能改变两个参数的 decompose 函数，但是失败了。

指针提供了此问题的解决方法：不再传递变量 x 作为函数的实际参数，而是提供&x，即指向 x 的指针。声明相应的形式参数 p 为指针。调用函数时，p 的值为&x，因此*p（p 指向的对象）将是 x 的别名。函数体内*p 的每次出现都将是对 x 的间接引用，而且函数既可以读取 x 也可以修改 x。

为了用实例证明这种方法，下面通过把形式参数 int_part 和 frac_part 声明成指针的方法来修改 decompose 函数。现在 decompose 函数的定义形式如下：

```
void decompose(double x, long *int_part, double *frac_part)
{
  *int_part = (long) x;
  *fract_part = x - *int_part;
}
```

decompose 函数的原型既可以是

```
void decompose(double x, long *int_part, double *frac_part);
```

也可以是

```
void decompose(double, long *, double *);
```

以下列方式调用 decompose 函数：

```
decompose(3.14159, &i, &d);
```

因为 i 和 d 前有取地址运算符&，所以 decompose 函数的实际参数是指向 i 和 d 的指针，而不是 i 和 d 的值。调用 decompose 函数时，把值 3.141 59 复制到 x 中，把指向 i 的指针存储在 int_part 中，把指向 d 的指针存储在 frac_part 中：

247

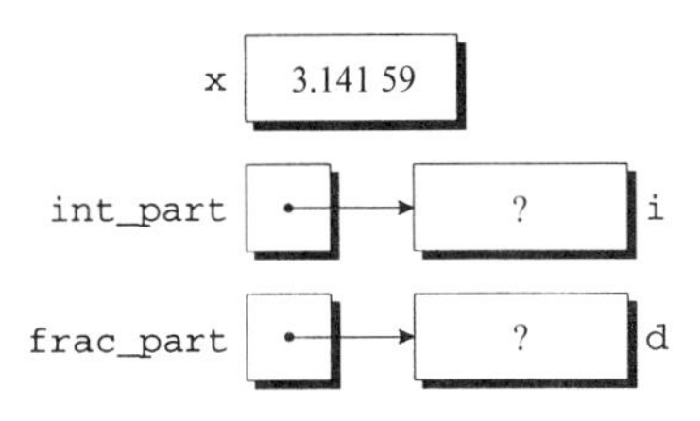

decompose 函数体内的第一个赋值把 x 的值转换为 long 类型，并且把此值存储在 int_part 指向的对象中。因为 int_part 指向 i，所以赋值把值 3 放到 i 中：

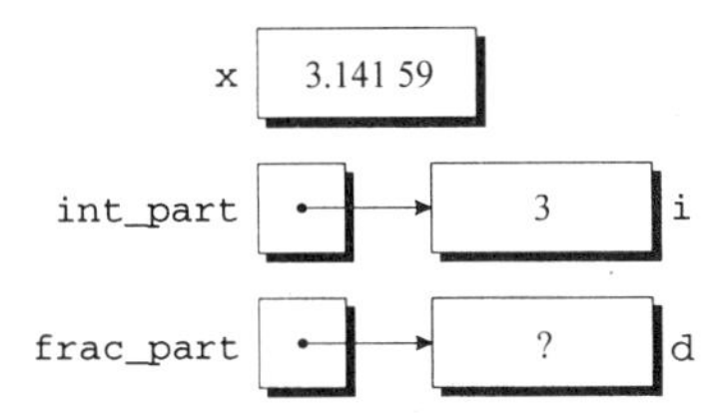

第二个赋值把 int_part 指向的值（即 i 的值）取出，现在这个值是 3。把此值转换为 double 类型，并且用 x 减去它，得到 0.141 59。然后把这个值存储在 frac_part 指向的对象中：

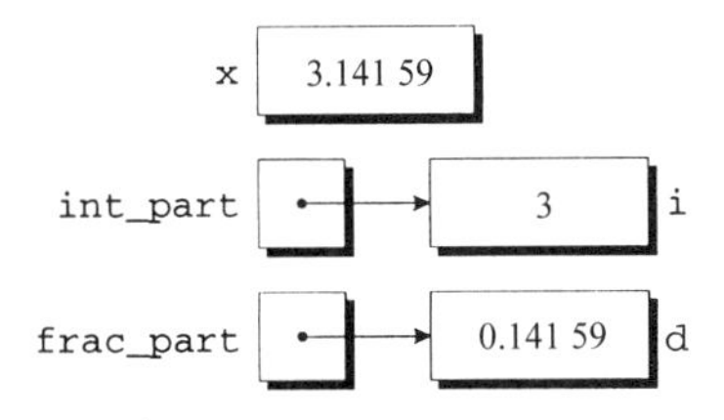

当 decompose 函数返回时，就像原来希望的那样，i 和 d 将分别有值 3 和 0.141 59。

用指针作为函数的实际参数实际上并不新鲜，从第 2 章开始你就已经在 scanf 函数调用中使用了。思考下面的例子：

```
int i;
...
scanf("%d", &i);
```

必须把&放在 i 的前面以便给 scanf 函数传递指向 i 的指针，指针会告诉 scanf 函数把读取的值放在哪里。如果没有&运算符，传递给 scanf 函数的将是 i 的值。

虽然 scanf 函数的实际参数必须是指针，但并不总是需要&运算符。在下面的例子中，我们向 scanf 函数传递了一个指针变量：

248

```
int i, *p;
...
p = &i;
scanf("%d", p);
```

既然 p 包含了 i 的地址，那么 scanf 函数将读入整数并且把它存储在 i 中。在调用中使用&运算符将是错误的：

```
scanf("%d", &p);  /*** WRONG ***/
```

scanf 函数读入整数并且把它存储在 p 中而不是 i 中。

向函数传递需要的指针却失败了，这可能会产生严重的后果。假设我们在调用 decompose 函数时没有在 i 和 d 前面加上&运算符：

```
decompose (3.14159, i, d);
```

decompose 函数期望第二个和第三个实际参数是指针，传入的却是 i 和 d 的值。decompose 函数没有办法区分，所以它会把 i 和 d 的值当成指针来使用。当 decompose 函数把值存储到*int_part 和*frac_part 中时，它会修改未知的内存地址，而不是修改 i 和 d。

如果已经提供了 decompose 函数的原型（当然，应该始终这样做），那么编译器将告诉我们实际参数的类型不对。然而，在 scanf 的例子中，编译器通常不会检查出传递指针失败，因此 scanf 函数特别容易出错。

程序　找出数组中的最大元素和最小元素

为了说明如何在函数中传递指针，下面来看一个名为 max_min 的函数，该函数用于找出数组中的最大元素和最小元素。调用 max_min 函数时，将传递两个指向变量的指针；然后 max_min 函数把答案存储在这些变量中。max_min 函数具有下列原型：

```
void max_min(int a[], int n, int *max, int *min);
```

max_min 函数的调用可以具有下列的形式：

```
max_min(b, N, &big, &small);
```

b 是整型数组，而 N 是数组 b 中的元素数量。big 和 small 是普通的整型变量。当 max_min 函数找到数组 b 中的最大元素时，通过给*max 赋值的方法把值存储在 big 中。（因为 max 指向 big，所以给*max 赋值会修改 big 的值。）类似地，可以通过给*min 赋值把 b 中最小元素的值存储在 small 中。

为了测试 max_min 函数，我们编写程序用来往数组中读入 10 个数，然后把数组传递给 max_min 函数，并且显示出结果：

249

```
Enter 10 numbers: 34 82 49 102 7 94 23 11 50 31
Largest: 102
Smallest: 7
```

下面是完整的程序：

maxmin.c

```
/* Finds the largest and smallest elements in an array */

#include <stdio.h>

#define N 10
```

```
void max_min(int a[], int n, int *max, int *min);

int main(void)
{
  int b[N], i, big, small;

  printf("Enter %d numbers: ", N);
  for (i = 0; i < N; i++)
    scanf("%d", &b[i]);

  max_min(b, N, &big, &small);

  printf("Largest: %d\n", big);
  printf("Smallest: %d\n", small);

  return 0;
}

void max_min(int a[], int n, int *max, int *min)
{
  int i;

  *max = *min = a[0];
  for (i = 1; i < n; i++) {
    if (a[i] > *max)
      *max = a[i];
    else if (a[i] < *min)
      *min = a[i];
  }
}
```

用 const 保护参数

当调用函数并且把指向变量的指针作为参数传入时，通常会假设函数将修改变量（否则，为什么函数需要指针呢？）。例如，如果在程序中看到语句

```
f(&x);
```

250

大概是希望 f 改变 x 的值。但是，f 也可能仅需要检查 x 的值而不是改变它的值。指针可能高效的原因是，如果变量需要大量的存储空间，那么传递变量的值会浪费时间和空间。（12.3 节会更详细地介绍这方面的内容。）

Q&A 可以使用单词 const 来表明函数不会改变指针参数所指向的对象。const 应放置在形式参数的声明中，后面紧跟着形式参数的类型说明：

```
void f(const int *p)
{
  *p = 0;    /*** WRONG ***/
}
```

这一用法表明 p 是指向"常整数"的指针。试图改变*p 是编译器会检查的一种错误。

11.5　指针作为返回值

我们不仅可以为函数传递指针，而且还可以编写返回指针的函数。返回指针的函数是相对普遍的，第 13 章中将遇到几个。

当给定指向两个整数的指针时，下列函数返回指向两个整数中较大数的指针：

```
int *max(int *a, int *b)
{
  if (*a > *b)
    return a;
  else
    return b;
}
```

调用 max 函数时，用指向两个 int 类型变量的指针作为参数，并且把结果存储在一个指针变量中：

```
int *p, i, j;
...
p = max(&i, &j);
```

调用 max 期间，*a 是 i 的别名，而*b 是 j 的别名。如果 i 的值大于 j，那么 max 返回 i 的地址；否则，max 返回 j 的地址。调用函数后，p 或者指向 i，或者指向 j。

这个例子中 max 函数返回的指针是作为实际参数传入的两个指针中的一个，但这不是唯一的选择。函数也可以返回指向外部变量或指向声明为 static 的局部变量的指针。

251

⚠ *永远不要返回指向自动局部变量的指针：*

```
int *f(void)
{
  int i;
  ...
  return &i;
}
```

一旦 f 返回，变量 i 就不存在了，所以指向变量 i 的指针将是无效的。有的编译器会在这种情况下给出类似“function returns address of local variable”的警告。

指针可以指向数组元素，而不仅仅是普通变量。设 a 为数组，则&a[i]是指向 a 中元素 i 的指针。当函数的参数中有数组时，返回一个指向数组中的某个元素的指针有时是挺有用的。例如，下面的函数假定数组 a 有 n 个元素，并返回一个指向数组中间元素的指针：

```
int *find_middle(int a[], int n) {
  return &a[n/2];
}
```

第 12 章会详细讨论指针和数组的关系。

问与答

***问：指针总是和地址一样吗？（p.189）**

答：通常是，但不总是。考虑用字而不是字节划分内存的计算机。字可能包含 36 位、60 位等。如果假设字包含 36 位，那么内存将有如下显示：

地址	内容
0	001010011001010011001010011001010011
1	001110101001110101001110101001110101
2	001110011001110011001110011001110011
3	001100001001100001001100001001100001
4	001101110001101110001101110001101110
	⋮
n-1	001000011001000011001000011001000011

252

当用字划分内存时，每个字都有一个地址。通常整数占一个字长度，所以指向整数的指针可以就是一个地址。但是，字可以存储多于一个的字符。例如，36 位的字可以存储 6 个 6 位的字符：

010011	110101	110011	100001	101110	000011

或者 4 个 9 位的字符：

001010011	001110101	001110011	001100001

由于这个原因，可能需要用不同于其他指针的格式存储指向字符的指针。指向字符的指针可以由地址（存储字符的字）加上一个小整数（字符在字内的位置）组成。

在一些计算机上，指针可能是"偏移量"而不完全是地址。例如，Intel x86 CPU（用于许多个人计算机）可以在多种模式下执行程序。最老的模式称为**实模式**（real mode），可以追溯到 1978 年的 8086 处理器。在这种模式下，地址有时用一个 16 位数（**偏移量**）表示，有时用两个 16 位数（**段-偏移量对**）表示。偏移量不是真正的内存地址，CPU 必须把它和存储在专用寄存器中的段值结合起来。为了支持实模式，旧的 C 语言编译器通常提供两种指针：**近指针**（16 位偏移量）和**远指针**（32 位段-偏移量对）。这些编译器通常保留单词 `near` 和 `far` 作为非标准关键字，用于指针变量的声明。

***问：如果指针可以指向程序中的数据，那么使指针指向程序代码是否可能？**

答：可能。17.7 节将介绍指向函数的指针。

问：我觉得声明

```
int *p = &i;
```

和语句

```
p = &i;
```

不一致。为什么在语句中 p 没有像其在声明中那样前面加*号呢？（p.189）

答：造成困惑的根源在于，根据使用上下文的不同，C 语言中的*号可以有多种含义。在声明

```
int *p = &i;
```

中，*号不是间接寻址运算符，其作用是指明 `p` 的类型以便告知编译器 `p` 是一个指向 `int` 类型变量的指针；而在语句中出现时，*号（作为一元运算符使用时）会执行间接寻址。语句

253

```
*p = &i;    /*** WRONG ***/
```

是不正确的，因为它把 `i` 的地址赋给了 `p` 指向的对象，而不是 `p` 本身。

问：有没有办法显示变量的地址？（p.189）

答：任何指针（包括变量的地址）都可以通过调用 `printf` 函数并在格式串中使用转换说明 `%p` 来显示。详见 22.3 节。

问：下列声明使人糊涂：

```
void f(const int *p);
```

这是说函数 f 不能修改 p 吗？（p.195）

答：不是。这说明不能改变指针 p 指向的整数，但是并不阻止 f 改变 p 自身。

```
void f(const int *p)
{
  int j;

  *p = 0;     /*** WRONG ***/
  p = &j;     /* legal */
}
```

因为实际参数是值传递的，所以通过使指针指向其他地方的方法给 p 赋新值不会对函数外部产生任何影响。

***问：声明指针类型的形式参数时，像下面这样在参数名前面放置单词 const 是否合法？**

```
void f(int * const p);
```

答：是合法的。然而效果不同于把 const 放在 p 的类型前面。在 11.4 节中已经见过在 p 的类型前面放置 const 可以保护 p 指向的对象。在 p 的类型后面放置 const 可以保护 p 本身：

```
void f(int * const p)
{
  int j;

  *p = 0;     /* legal */
  p = &j;     /*** WRONG ***/
}
```

这一特性很少用到。因为 p 仅仅是另一个指针（调用函数时的实际参数）的副本，所以极少有什么理由保护它。

254

更罕见的一种情况是需要同时保护 p 和它所指向的对象，这可以通过在 p 类型的前后都放置 const 来实现：

```
void f(const int * const p)
{
  int j;

  *p = 0;     /*** WRONG ***/
  p = &j;     /*** WRONG ***/
}
```

练习题

11.2 节

1. 如果 i 是变量，且 p 指向 i，那么下列哪些表达式是 i 的别名？

(a) *p　(b) &p　(c) *&p　(d) &*p
(e) *i　(f) &i　(g) *&i　(h) &*i

11.3 节

W 2. 如果 i 是 int 类型变量，且 p 和 q 是指向 int 的指针，那么下列哪些赋值是合法的？

(a) p = i;　(b) *p = &i;　(c) &p = q;

(d) `p = &q;`　(e) `p = *&q;`　(f) `p = q;`

(g) `p = *q;`　(h) `*p = q;`　(i) `*p = *q;`

11.4 节

3. 假设下列函数用来计算数组 a 中元素的和以及平均值，且数组 a 长度为 n。avg 和 sum 指向函数需要修改的变量。但是，这个函数有几个错误，请找出这些错误并修改。

```
void avg_sum(double a[], int n, double *avg, double *sum)
{
  int i;

  sum = 0.0;
  for (i = 0; i <n; i++)
    sum += a[i];
  avg = sum / n;
}
```

Ⓦ 4. 编写下列函数：

```
void swap(int *p, int *q);
```

当传递两个变量的地址时，swap 函数应该交换两个变量的值：

```
swap(&i, &j);  /* exchange values of i and j */
```

5. 编写下列函数：

```
void split_time(long total_sec, int *hr, int *min, int *sec);
```

total_sec 是以从午夜开始计算的秒数所表示的时间。hr、min 和 sec 都是指向变量的指针，这些变量在函数中将分别存储以小时（0~23）、分钟（0~59）和秒（0~59）为单位的等价时间。

Ⓦ 6. 编写下列函数：

```
void find_two_largest(int a[], int n, int *largest, int *second_largest) ;
```

255

当传递长度为 n 的数组 a 时，函数将在数组 a 中搜寻最大元素和第二大元素，把它们分别存储在由 largest 和 second_largest 指向的变量中。

7. 编写下列函数：

```
void split_date(int day_of_year, int year, int *month, int *day);
```

day_of_year 是 1~366 范围内的整数，表示 year 指定的那一年中的特定一天。month 和 day 是指向变量的指针，相应的变量在函数中分别存储等价的月份（1~12）和该月中的日期（1~31）。

11.5 节

8. 编写下列函数：

```
int *find_largest(int a[], int n);
```

当传入长度为 n 的数组 a 时，函数将返回指向数组最大元素的指针。

编程题

1. 修改第 2 章的编程题 7，使其包含下列函数：

```
void pay_amount(int dollars, int *twenties, int *tens, int *fives, int *ones);
```

函数需要确定：为支付参数 dollars 表示的付款金额，所需 20 美元、10 美元、5 美元和 1 美元钞票的最小数目。twenties 参数所指向的变量存储所需 20 美元钞票的数目，tens、fives 和 ones 参数类似。

2. 修改第 5 章的编程题 8，使其包含下列函数：

```
void find_closest_flight(int desired_time,
                         int *departure_time,
                         int *arrival_time);
```

函数需查出起飞时间与 desired_time（用从午夜开始的分钟数表示）最接近的航班。该航班的起飞时间和抵达时间（也都用从午夜开始的分钟数表示）将分别存储在 departure_time 和 arrival_time 所指向的变量中。

3. 修改第 6 章的编程题 3，使其包含下列函数：

```
void reduce(int numerator, int denominator,
            int *reduced_numerator,
            int *reduced_denominator);
```

numerator 和 denominator 分别是分数的分子和分母。reduced_numerator 和 reduced_denominator 是指向变量的指针，相应变量中分别存储把分数化为最简形式后的分子和分母。

4. 修改 10.5 节的 poker.c 程序，把所有的外部变量移到 main 函数中，并修改各个函数，使它们通过参数进行通信。analyze_hand 函数需要修改变量 straight、flush、four、three 和 pairs，所以它需要以指向这些变量的指针作为参数。

256

第12章

指针和数组

优化阻碍发展。

第 11 章介绍了指针，并且说明了如何把指针用作函数的实际参数和函数的返回值。本章介绍指针的另一种应用。当指针指向数组元素时，C 语言允许对指针进行算术运算（加法和减法），通过这种运算我们可以用指针代替数组下标对数组进行处理。

正如本章将介绍的那样，C 语言中指针和数组的关系是非常紧密的。后面的第 13 章（字符串）和第 17 章（指针的高级应用）将利用这种关系。理解指针和数组之间的关系对于熟练掌握 C 语言非常关键：它能使我们深入了解 C 语言的设计过程，并且能够帮助我们理解现有的程序。然而，需要知道的是，用指针处理数组的主要原因是效率，但是这里的效率提升已经不再像当初那么重要了，这主要归功于编译器的改进。

12.1 节讨论指针的算术运算，并且说明如何使用关系运算符和判等运算符进行指针的比较；12.2 节示范如何用指针处理数组元素；12.3 节揭示了一个关于数组的重要事实（即可以用数组的名字作为指向数组中第一个元素的指针），并且利用这个事实说明了数组型实际参数的真实工作机制；12.4 节讲解前 3 节的主题对于多维数组的应用；最后的 12.5 节介绍指针和变长数组之间的关系（C99 的特性）。

12.1 指针的算术运算

由 11.5 节可知，指针可以指向数组元素。例如，假设已经声明 a 和 p 如下：


```
int a[10], *p;
```

通过下列写法可以使 p 指向 a[0]：

```
p = &a[0];
```

其结果可以用图形方式表示如下：

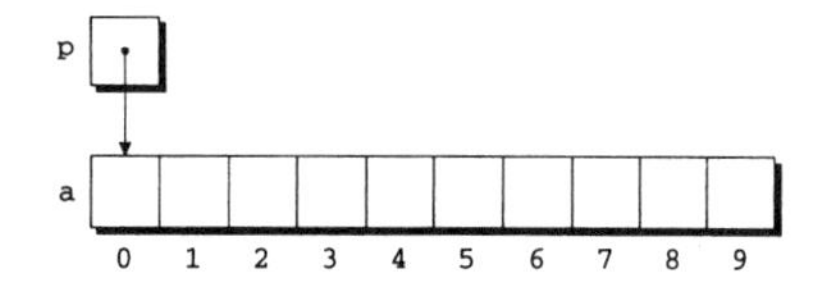

现在可以通过 p 访问 a[0]。例如，可以通过下列写法把值 5 存入 a[0] 中：

```
*p = 5;
```

下面显示的是现在的情况：

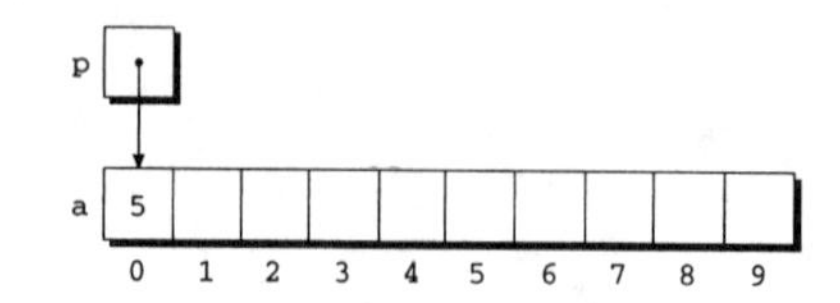

把指针p指向数组a的元素不是特别令人激动。但是，通过在p上执行**指针算术运算**（或者**地址算术运算**）可以访问数组a的其他所有元素。C语言支持3种（而且只有3种）格式的指针算术运算：

- 指针加上整数；
- 指针减去整数；
- 两个指针相减。

接下来仔细研究一下每种运算。下面的所有例子都假设有如下声明：

```
int a[10], *p, *q, i;
```

12.1.1　指针加上整数

指针p加上整数j产生指向特定元素的指针，这个特定元素是p原先指向的元素后的j个位置。更确切地说，Q&A如果p指向数组元素a[i]，那么p + j指向a[i + j]（当然，前提是a[i + j]必须存在）。

258　下面的示例说明指针的加法运算，插图说明计算中p和q在不同点的值。

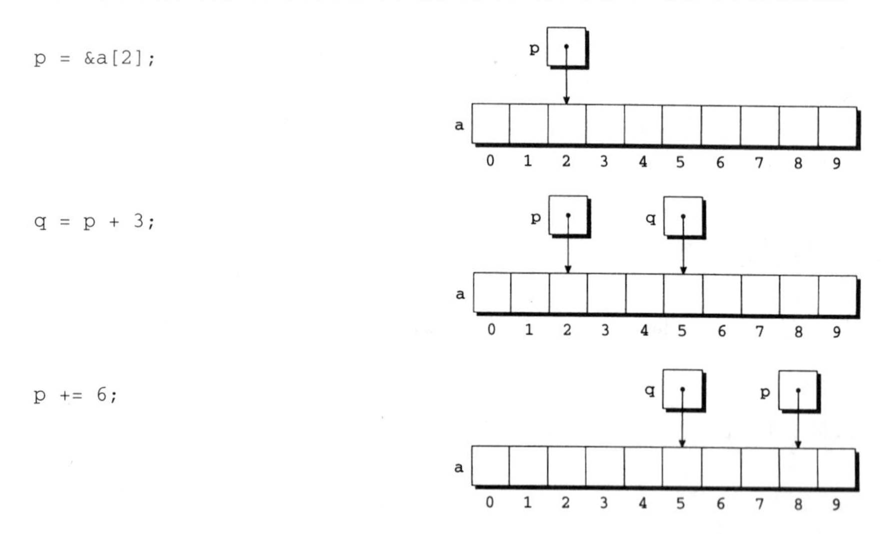

12.1.2　指针减去整数

如果p指向数组元素a[i]，那么p - j指向a[i - j]。例如：

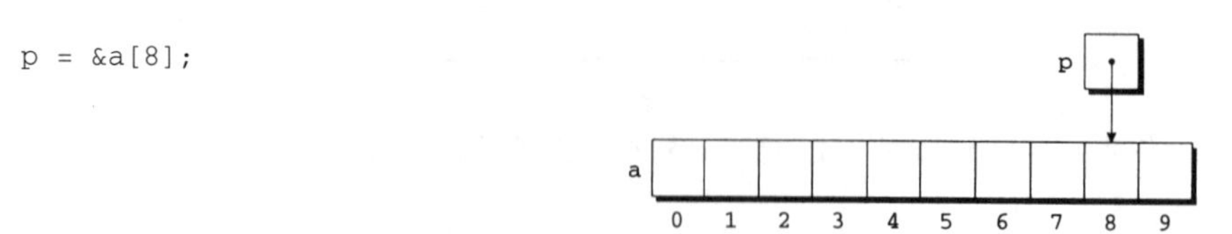

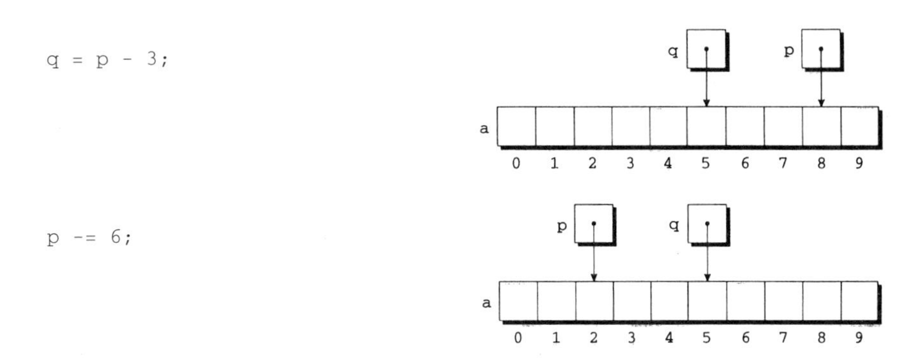

```
q = p - 3;
```

```
p -= 6;
```

12.1.3 两个指针相减

当两个指针相减时，结果为指针之间的距离（用数组元素的个数来度量）。因此，如果 p 指向 a[i]且 q 指向 a[j]，那么 p - q 就等于 i - j。例如：

259

```
p = &a[5];
q = &a[1];
```

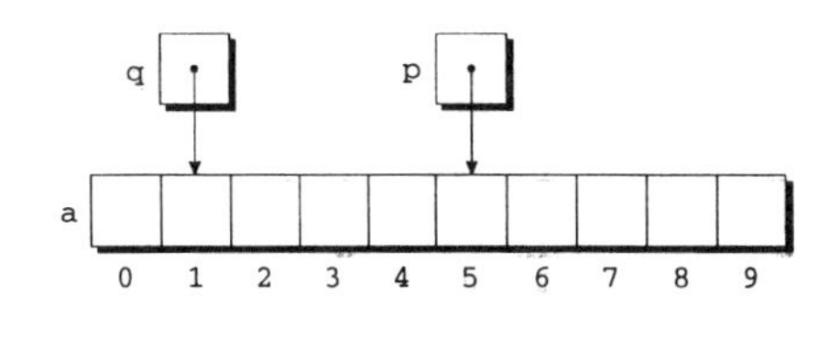

```
i = p - q;   /* i is 4 */
i = q - p;   /* i is -4 */
```

在一个不指向任何数组元素的指针上执行算术运算会导致未定义的行为。此外，只有在两个指针指向同一个数组时，把它们相减才有意义。

12.1.4 指针比较

可以用关系运算符（<、<=、>和>=）和判等运算符（==和!=）进行指针比较。只有在两个指针指向同一数组时，用关系运算符进行的指针比较才有意义。比较的结果依赖于数组中两个元素的相对位置。例如，在下面的赋值后 p <= q 的值是 0，而 p >= q 的值是 1。

```
p = &a[5];
q = &a[1];
```

12.1.5 指向复合字面量的指针 C99

指针指向由复合字面量（➤9.3 节）创建的数组中的某个元素是合法的。回顾一下，复合字面量是 C99 的一个特性，可以用于创建没有名称的数组。

考虑如下的例子：

```
int *p = (int []){3, 0, 3, 4, 1};
```

p 指向一个 5 元素数组的第一个元素，这个数组包括 5 个整数：3、0、3、4 和 1。使用复合字面量可以减少一些麻烦，我们不再需要先声明一个数组变量，然后用指针 p 指向数组的第一个元素：

```
int a[] = {3, 0, 3, 4, 1};
int *p = &a[0];
```

12.2　指针用于数组处理

指针的算术运算允许通过对指针变量进行重复自增来访问数组的元素。下面这个对数组 a 中元素求和的程序片段说明了这种方法。在这个示例中，指针变量 p 初始指向 a[0]，每次执行循环时对 p 进行自增。因此 p 先指向 a[1]，然后指向 a[2]，以此类推。在 p 指向数组 a 的最后一个元素，后循环终止。

260

```
#define N 10
...
int a[N], sum, *p;
...
sum = 0;
for (p = &a[0]; p < &a[N]; p++)
  sum += *p;
```

下图说明了前 3 次循环迭代结束时（即 p 自增操作前）a、sum 和 p 的内容。

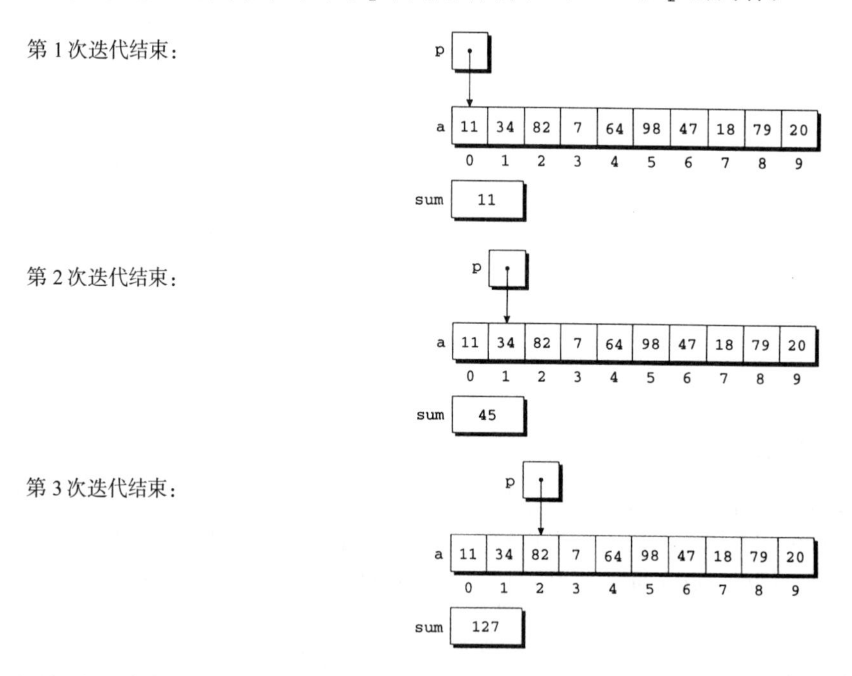

for 语句中的条件 p < &a[N]值得特别说明一下。尽管元素 a[N]不存在（数组 a 的下标为 0~N-1），但是对它使用取地址运算符是合法的。因为循环不会尝试检查 a[N]的值，所以在上述方式下使用 a[N]是非常安全的。执行循环体时 p 依次等于&a[0], &a[1], …, &a[N-1]，但是当 p 等于&a[N]时，循环终止。

当然，改用下标可以很容易地写出不使用指针的循环。支持采用指针算术运算的最常见论调是，这样做可以节省执行时间。**Q&A** 但是，这依赖于具体的实现——对有些编译器来说，实际上依靠下标的循环会产生更好的代码。

261

*运算符和++运算符的组合

C 程序员经常在处理数组元素的语句中组合*（间接寻址）运算符和++运算符。思考一个简单的例子：把值存入一个数组元素中，然后前进到下一个元素。利用数组下标可以这样写：

```
a[i++] = j;
```

如果 p 指向数组元素，那么相应的语句将是

```
*p++ = j;
```

因为后缀++的优先级高于*，所以编译器把上述语句看作

```
*(p++) = j;
```

p++的值是 p。(因为使用后缀++，所以 p 只有在表达式计算出来后才可以自增。)因此，*(p++) 的值将是*p，即 p 当前指向的对象。

当然，*p++不是唯一合法的*和++的组合。例如，可以编写(*p)++，这个表达式返回 p 指向的对象，然后对该对象进行自增（p 本身是不变化的）。如果觉得困惑，那么表 12-1 可以提供一些帮助。

表 12-1 自增表达式的含义

表达式	含义
p++或(p++)	自增前表达式的值是*p，以后再自增 p
(*p)++	自增前表达式的值是*p，以后再自增*p
++p 或(++p)	先自增 p，自增后表达式的值是*p
++*p 或++(*p)	先自增*p，自增后表达式的值是*p

这 4 种组合都可以出现在程序中，但有些组合比其他组合要常见得多。最频繁见到的就是*p++，它在循环中是很方便的。对数组 a 的元素求和时，可以把

```
for (p = &a[0]; p < &a[N]; p++)
  sum += *p;
```

改写成

```
p = &a[0];
while (p < &a[N])
  sum += *p++;
```

*运算符和--运算符的组合方法类似于*和++的组合。为了应用*和--的组合，一起回到 10.2 节的栈的例子。原始版本的栈依靠名为 top 的整型变量来记录 contents 数组中“栈顶”的位置。现在用一个指针变量来替换 top，这个指针变量初始指向 contents 数组的第 0 个元素。 262

```
int *top_ptr = &contents[0];
```

下面是新的 push 函数和 pop 函数（把更新其他栈函数留作练习）：

```
void push(int i)
{
  if (is_full())
    stack_overflow();
  else
    *top_ptr++ = i;
}

int pop(void)
{
  if (is_empty())
    stack_underflow();
  else
    return *--top_ptr;
}
```

注意，因为希望 pop 函数在取回 top_ptr 指向的值之前对 top_ptr 进行自减，所以要写成*--top_ptr，而不是*top_ptr--。

12.3　用数组名作为指针

指针的算术运算是数组和指针之间相互关联的一种方法，但这不是两者之间唯一的联系。下面是另一种关键的关系：**可以用数组的名字作为指向数组第一个元素的指针**。这种关系简化了指针的算术运算，而且使数组和指针更加通用。

例如，假设用如下形式声明 a：

```
int a[10];
```

用 a 作为指向数组第一个元素的指针，可以修改 a[0]：

```
*a = 7;          /* stores 7 in a[0] */
```

可以通过指针 a + 1 来修改 a[1]：

```
*(a+1) = 12;     /* store 12 in a[1] */
```

通常情况下，a + i 等同于&a[i]（两者都表示指向数组 a 中元素 i 的指针），并且*(a+i)等价于 a[i]（两者都表示元素 i 本身）。换句话说，可以把数组的取下标操作看作指针算术运算的一种形式。

数组名可以用作指针这一事实使得编写遍历数组的循环更加容易。思考下面这个来自 12.2 节的循环：

263

```
for (p = &a[0]; p < &a[N]; p++)
  sum += *p;
```

为了简化这个循环，可以用 a 替换&a[0]，同时用 a + N 替换&a[N]：

[惯用法]
```
for (p = a; p < a + N; p++)
  sum += *p;
```

虽然可以把数组名用作指针，但是不能给数组名赋新的值。试图使数组名指向其他地方是错误的：

```
while (*a != 0)
  a++;              /*** WRONG ***/
```

这一限制不会对我们造成什么损失。我们可以把 a 复制给一个指针变量，然后改变该指针变量：

```
p = a;
while (*p != 0)
  p++;
```

程序　数列反向（改进版）

8.1 节的程序 reverse.c 读入 10 个数，然后逆序输出这些数。程序读取数时会把这些数存入数组。一旦所有的数都读入了，程序就会反向遍历数组并打印出这些数。

原来的程序利用下标来访问数组中的元素。下面是改进后的程序，我们用指针的算术运算取代了数组的取下标操作。

reverse3.c

```
/* Reverses a series of numbers (pointer version) */

#include <stdio.h>

#define N 10

int main(void)
{
  int a[N], *p;

  printf("Enter %d numbers: ", N);
  for (p = a; p < a + N; p++)
    scanf("%d", p);

  printf("In reverse order:");
  for (p = a + N - 1; p >= a; p--)
    printf(" %d", *p);
  printf("\n");

  return 0;
}
```

在原先的程序中，整型变量 i 用来记录数组内的当前位置。新版程序用指针变量 p 替换了 i。读入的数仍然存储在数组中，只是换了一种方法来记录数组中的位置。 264

注意，scanf 函数的第二个实际参数是 p，不是&p。因为 p 指向数组的元素，所以它是满足 scanf 函数要求的参数；而&p 则是指向“指向数组元素的指针”的指针。

12.3.1　数组型实际参数（改进版）

数组名在传递给函数时，总是被视为指针。思考下面的函数，这个函数会返回整型数组中最大的元素：

```
int find_largest(int a[], int n)
{
  int i, max;

  max = a[0];
  for (i = 1; i < n; i++)
    if (a[i] > max)
      max = a[i];
  return max;
}
```

假设调用 find_largest 函数如下：

```
largest = find_largest(b, N);
```

这个调用会把指向数组 b 第一个元素的指针赋值给 a，数组本身并没有被复制。

把数组型形式参数看作指针会产生许多重要的结果。

- 在给函数传递普通变量时，变量的值会被复制。任何对相应的形式参数的改变都不会影响到变量。反之，因为没有对数组本身进行复制，所以作为实际参数的数组是可能被改变的。例如，下列函数（9.3 节见过）可以通过在数组的每个元素中存储零来修改数组：

```
void store_zeros(int a[], int n)
```

```
{
  int i;

  for (i = 0; i < n; i++)
    a[i] = 0;
}
```

为了指明数组型形式参数不会被改变，可以在其声明中包含单词 const：

```
int find_largest(const int a[], int n)
{
  ...
}
```

265

如果参数中有 const，编译器会核实 find_largest 函数体中确实没有对 a 中元素的赋值。

- 给函数传递数组所需的时间与数组的大小无关。因为没有对数组进行复制，所以传递大数组不会产生不利的结果。
- 如果需要，可以把数组型形式参数声明为指针。例如，可以按如下形式定义 find_largest 函数：

```
int find_largest(int *a, int n)
{
  ...
}
```

声明 a 是指针就相当于声明它是数组。**Q&A** 编译器把这两类声明看作完全一样的。

对于形式参数而言，声明为数组跟声明为指针是一样的；但是对变量而言，声明为数组跟声明为指针是不同的。声明

```
int a[10];
```

会导致编译器预留 10 个整数的空间，但声明

```
int *a;
```

只会导致编译器为一个指针变量分配空间。在后一种情况下，a 不是数组，试图把它当作数组来使用可能会导致极糟的后果。例如，赋值

```
*a = 0;    /*** WRONG ***/
```

将在 a 指向的地方存储 0。因为我们不知道 a 指向哪里，所以对程序的影响是无法预料的。

- 可以给形式参数为数组的函数传递数组的“片段”，所谓片段是指连续的数组元素组成的序列。假设希望用 find_largest 函数来定位数组 b 中某一部分的最大元素，比如元素 b[5],...,b[14]。调用 find_largest 函数时，将传递 b[5]的地址和数 10，表明希望 find_largest 函数从 b[5]开始检查 10 个数组元素：

```
largest = find_largest(&b[5], 10);
```

12.3.2　用指针作为数组名

既然可以用数组名作为指针，C 语言是否允许把指针看作数组名进行取下标操作呢？现在，你可能猜出答案是肯定的，你是对的。下面是一个例子：

266

```
#define N 10
...
int a[N], i, sum = 0, *p = a;
...
for (i = 0; i < N; i++)
  sum += p[i];
```

编译器把 p[i]看作*(p+i)，这是指针算术运算非常正规的用法。目前我们对能够对指针取下标还仅限于好奇，但 17.3 节会看到它实际上非常有用。

12.4 指针和多维数组

就像指针可以指向一维数组的元素一样，指针还可以指向多维数组的元素。本节将探讨用指针处理多维数组元素的常用方法。简单起见，这里只讨论二维数组，但所有内容都可以应用于更高维的数组。

12.4.1 处理多维数组的元素

从 8.2 节可知，C 语言按行主序存储二维数组；换句话说，先是第 0 行的元素，接着是第 1 行的，依此类推。*r* 行的数组可表示如下：

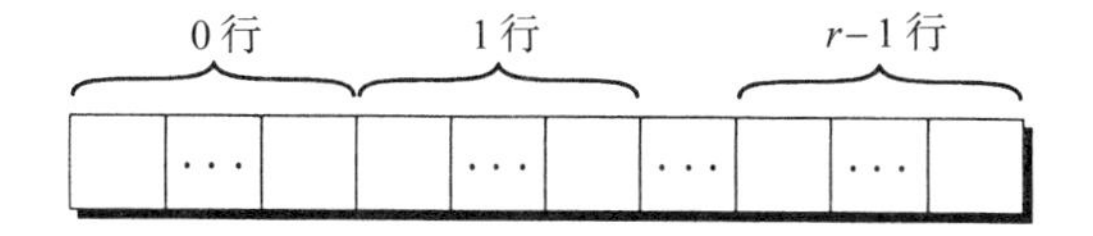

使用指针时可以利用这一布局特点。如果使指针 p 指向二维数组中的第一个元素（即第 0 行第 0 列的元素），就可以通过重复自增 p 的方法访问数组中的每一个元素。

作为示例，一起来看看把二维数组的所有元素初始化为 0 的问题。假设数组的声明如下：

```
int a[NUM_ROWS][NUM_COLS];
```

显而易见的方法是用嵌套的 for 循环：

```
int row, col;
...
for (row = 0; row < NUM_ROWS; row++)
  for (col = 0; col < NUM_COLS; col++)
    a[row][col] = 0;
```

267

但是，如果把 a 看作一维的整型数组，那么就可以把上述两个循环改成一个循环了：

```
int *p;
...
for (p = &a[0][0]; p <= &a[NUM_ROWS-1][NUM_COLS-1]; p++)
  *p = 0;
```

循环开始时 p 指向 a[0][0]。对 p 连续自增可以使指针 p 指向 a[0][1]、a[0][2]、a[0][3]等。当 p 到达 a[0][NUM_COLS-1]（即第 0 行的最后一个元素）时，再次对 p 自增将使它指向 a[1][0]，也就是第 1 行的第一个元素。这一过程持续进行，直到 p 越过 a[NUM_ROWS-1][NUM_COLS-1]（数组中的最后一个元素）为止。

Q&A 虽然把二维数组当成一维数组来处理看上去像在搞欺骗，但是对大多数 C 语言编译器而言这样做是合法的。这样做是否是个好主意则要另当别论。这类方法明显破坏了程序的可读性，但是至少对一些老的编译器来说，这种方法在效率方面进行了补偿。不过，对许多现代的编译器来说，这样所获得的速度优势往往极少，甚至完全没有。

12.4.2　处理多维数组的行

处理二维数组的一行中的元素，该怎么办呢？再次选择使用指针变量 p。为了访问到第 i 行的元素，需要初始化 p 使其指向数组 a 中第 i 行的元素 0：

```
p = &a[i][0];
```

对于任意的二维数组 a 来说，由于表达式 a[i]是指向第 i 行中第一个元素（元素 0）的指针，上面的语句可以简写为

```
p = a[i];
```

为了了解原理，回顾一下把数组取下标和指针算术运算关联起来的那个神奇公式：对于任意数组 a 来说，表达式 a[i]等价于*(a + i)。因此&a[i][0]等同于&(*(a[i] + 0))，而后者等价于&*a[i]；又因为&和*运算符可以抵消，所以也就等同于 a[i]。下面的循环对数组 a 的第 i 行清零，其中用到了这一简化：

```
int a[NUM_ROWS][NUM_COLS], *p, i;
...
for (p = a[i]; p < a[i] + NUM_COLS; p++)
  *p = 0;
```

因为 a[i]是指向数组 a 的第 i 行的指针，所以可以把 a[i]传递给需要用一维数组作为实际参数的函数。换句话说，使用一维数组的函数也可以使用二维数组中的一行。因此，诸如 find_largest 和 store_zeros 这类函数比我们预期的更加通用。思考最初设计用来找到一维数组中最大元素的 find_largest 函数，现在同样可以用它来确定二维数组 a 中第 i 行的最大元素：

268

```
largest = find_largest(a[i], NUM_COLS);
```

12.4.3　处理多维数组的列

处理二维数组的一列中的元素就没那么容易了，因为数组是按行而不是按列存储的。下面的循环对数组 a 的第 i 列清零：

```
int a[NUM_ROWS][NUM_COLS], (*p)[NUM_COLS], i;
...
for (p = &a[0]; p < &a[NUM_ROWS]; p++)
  (*p)[i] = 0;
```

这里把 p 声明为指向长度为 NUM_COLS 的整型数组的指针。在(*p)[NUM_COLS]中，*p 是需要使用括号的；如果没有括号，编译器将认为 p 是指针数组，而不是指向数组的指针。表达式 p++把 p 移到下一行的开始位置。在表达式(*p)[i]中，*p 代表 a 的一整行，因此(*p)[i]选中了该行第 i 列的那个元素。(*p)[i]中的括号是必要的，因为编译器会将*p[i]解释为*(p[i])。

12.4.4　用多维数组名作为指针

就像一维数组的名字可以用作指针一样，无论数组的维数是多少都可以采用任意数组的名字作为指针。但是，需要特别小心。思考下列数组：

```
int a[NUM_ROWS][NUM_COLS];
```

a 不是指向 a[0][0]的指针，而是指向 a[0]的指针。从 C 语言的角度来看，这样做是有意义的。C 语言认为 a 不是二维数组而是一维数组，并且这个一维数组的每个元素又是一维数组。用作指针时，a 的类型是 int (*)[NUM_COLS]（指向长度为 NUM_COLS 的整型数组的指针）。

了解 a 指向的是 a[0]有助于简化处理二维数组元素的循环。例如，为了把数组 a 的第 i 列清零，可以用

```
for (p = &a[0]; p < &a [NUM_ROWS]; p++)
  (*p)[i] = 0;
```

取代

```
for (p = a; p < a + NUM_ROWS; p++)
  (*p)[i] = 0;
```

269

另一种应用是巧妙地让函数把多维数组看作一维数组。例如，思考如何使用 find_largest 函数找到二维数组 a 中的最大元素。我们把 a（数组的地址）作为 find_largest 函数的第一个实际参数，NUM_ROWS * NUM_COLS（数组 a 中的元素总数量）作为第二个实际参数：

```
largest = find_largest(a, NUM_ROWS * NUM_COLS);    /* WRONG */
```

这条语句不能通过编译，因为 a 的类型为 int (*)[NUM_COLS]，但 find_largest 函数期望的实际参数类型是 int *。正确的调用是

```
largest = find_largest(a[0], NUM_ROWS * NUM_COLS);
```

Q&A a[0]指向第 0 行的元素 0，类型为 int *（编译器转换以后），所以这一次调用将正确地执行。

12.5 C99 中的指针和变长数组 C99

指针可以指向变长数组（➤8.3 节）中的元素，变长数组是 C99 的一个特性。普通的指针变量可以用于指向一维变长数组的元素：

```
void f(int n)
{
  int a[n], *p;
  p = a;
  ...
}
```

如果变长数组是多维的，指针的类型取决于除第一维外每一维的长度。下面是二维的情况：

```
void f(int m, int n)
{
  int a[m][n], (*p)[n];
  p = a;
  ...
}
```

因为 p 的类型依赖于 n，而 n 不是常量，所以说 p 具有**变量修改类型**。需要注意的是，编译器并非总能确定 p = a 这样的赋值语句的合法性。例如，下面的代码可以通过编译，但只有当 m = n 时才是正确的：

```
int a[m][n], (*p)[m];
p = a;
```

如果 m≠n，后续对 p 的使用都将导致未定义的行为。

270

与变长数组一样，变量修改类型也具有特定的限制，其中最重要的限制是，变量修改类型的声明必须出现在函数体内部或者在函数原型中。

变长数组中的指针算术运算和一般数组中的指针算术运算一样。回到 12.4 节中那个对二维数组 a 的一列进行清零操作的例子，这次将二维数组 a 声明为变长数组：

```
int a[m][n];
```

指向数组 a 中某行的指针可以声明为：

```
int (*p)[n];
```

把第 i 列清零的循环几乎跟 12.4 节中的完全一样：

```
for (p = a; p < a + m; p++)
  (*p)[i] = 0;
```

问与答

问：我不理解指针的算术运算。如果指针是地址，那么这是否意味着 p + j 这样的表达式是把 j 加到存储在 p 中的地址上呢？（p.202）

答：不是的。用于指针算术运算的整数需要根据指针的类型进行缩放。例如，如果 p 的类型是 int *，那么 p + j 通常给 p 加上 4 × j（假定 int 类型的值要用 4 字节存储）。但是，如果 p 的类型为 double *，那么 p + j 可能给 p 加上 8 × j，因为 double 类型的值通常是 8 字节长。

问：编写处理数组的循环时，数组取下标和指针算术运算哪种更好一些呢？（p.204）

答：这个问题不容易回答，因为答案与所使用的机器和编译器有关。对于早期 PDP-11 机器上的 C 语言，指针算术运算能生成更快的程序。如果在现在的机器上采用现在的编译器，数组取下标方法常常跟指针算术运算差不多，而且有时甚至会更好。底线是学习这两种方法，然后采用对你正在编写的程序更自然的方法。

***问：我在某些地方看到 i[a] 和 a[i] 是一样的，这是真的吗？**

答：是的，这是真的，确实很奇怪。对于编译器而言 i[a] 等同于 *(i + a)，也就是 *(a + i)（像普通加法一样，指针加法也是可交换的）。而 *(a + i) 也就是 a[i]。但是请不要在程序中使用 i[a]，除非你正计划参加下一届 C 语言混乱代码大赛。

271

问：为什么在形式参数的声明中 *a 和 a[] 是一样的？（p.208）

答：上述这两种形式都说明我们期望实际参数是指针。在这两种情况下，对 a 可进行的运算是相同的（特别是指针算术运算和数组取下标运算）。而且，在这两种情况下，可以在函数内给 a 本身赋予新的值。（C 语言要求数组变量的名字只能用作“常量指针”，但对于数组型形式参数的名字没有这一限制。）

问：把数组型形式参数声明为 *a 和 a[] 哪种风格更好呢？

答：这个问题很棘手。一种观点认为，因为 *a 是不明确的（函数到底需要多对象的数组还是指向单个对象的指针？），所以 a[] 更好是显而易见的。但是，许多程序员认为把形式参数声明为 *a 更准确，因为它会提醒我们传递的仅仅是指针而不是数组的副本。有些人则根据具体情况在两种风格之间切换，切换的依据是函数是使用指针算术运算还是使用取下标运算来访问数组的元素的。（本书也采用这种方法。）在实践中，*a 比 a[] 更常用，所以最好习惯于前者。不知道是真是假，听说现在 Dennis Ritchie 把 a[] 标记称为“活化石”，因为它“在使使学习者困惑方面起的作用与在提醒程序阅读者方面所起的作用是相同的”。

问：我们已经看到 C 语言中数组和指针之间的紧密联系。称它们是可互换的是否准确？

答：不准确。数组型形式参数和指针形式参数是可以互换的，但是数组型变量不同于指针变量。从技术上说，数组的名字不是指针，C 语言编译器会在需要时把数组的名字转换为指针。为了更清楚地看出两者的区别，思考对数组 a 使用 sizeof 运算符时会发生什么。sizeof(a)的值是数组中字节的总数，即每个元素的大小乘以元素的数量。但是，如果 p 是指针变量，那么 sizeof(p)的值则是用来存储指针值所需的字节数量。

问：书上说把二维数组视为一维数组对“大多数”编译器而言是合法的。难道不是对所有编译器都合法吗？（p.209）

答：不能说对所有编译器都合法。一些现代的“越界检查”编译器不仅记录指针的类型，还会在指针指向数组时记录数组的长度。例如，假设给 p 赋一个指向 a[0][0]的指针。从技术上讲，p 指向的是一维数组 a[0]的第一个元素。如果在遍历 a 的所有元素的过程中反复对 p 进行自增操作，当 p 越过 a[0]的最后一个元素时我们就越界了。执行越界检查的编译器会插入代码，验证 p 只能用于访问 a[0]指向的数组中的元素。一旦越过这个数组的边界，再对 p 进行自增就会导致编译器报错。

问：如果 a 是二维数组，为什么可以给 `find_largest` 函数传递 a[0]而不是数组 a 本身呢？a 和 a[0]不是都指向同一位置（数组开始的位置）吗？（p.211）

答：它们确实指向同一位置，两者都指向元素 a[0][0]。问题是 a 的类型不对。用作实际参数时，a 是一个指向数组的指针，但 find_largest 函数需要指向整数的指针作为参数。a[0]的类型为 int *，因此它可以作为 find_largest 函数的实际参数。关于类型的这种考虑实际上是很好的，如果 C 语言没这么挑剔，我们可能会犯各种各样编译器注意不到的指针错误。

272

练习题

12.1 节

1. 假设下列声明是有效的：

```
int a[] = {5, 15, 34, 54, 14, 2, 52, 72};
int *p = &a[1], *q = &a[5];
```

(a) *(p + 3)的值是多少？
(b) *(q - 3)的值是多少？
(c) q - p 的值是多少？
(d) p < q 的结果是真还是假？
(e) *p <*q 的结果是真还是假？

W *2. 假设 high、low 和 middle 是具有相同类型的指针变量，并且 low 和 high 指向数组元素。下面的语句为什么是不合法的，如何修改它？

```
middle = (low + high) / 2;
```

12.2 节

3. 下列语句执行后，数组 a 的内容是什么？

```
#define N 10

int a[N] = {1, 2, 3, 4, 5, 6, 7, 8, 9, 10};
int *p = &a[0], *q = &a[N-1], temp;

while (p < q) {
```

```
  temp = *p;
  *p++ = *q;
  *q-- = temp;
}
```

Ⓦ 4. 用指针变量 top_ptr 代替整型变量 top 来重新编写 10.2 节的函数 make_empty、is_empty 和 is_full。

12.3 节

5. 假设 a 是一维数组而 p 是指针变量。如果刚执行了赋值操作 p = a，下列哪些表达式会因为类型不匹配而不合法？其他的表达式中哪些为真（有非零值）？

(a) p == a[0]

(b) p == &a[0]

(c) *p == a[0]

(d) p[0] == a[0]

273

Ⓦ 6. 用指针算术运算代替数组取下标来重新编写下面的函数。（换句话说，消除变量 i 和所有用[]运算符的地方。）要求改动尽可能少。

```
int sum_array(const int a[], int n)
{
  int i, sum;

  sum = 0;
  for (i = 0; i < n; i++)
    sum += a[i];
  return sum;
}
```

7. 编写下列函数：

```
bool search(const int a[], int n, int key);
```

a 是待搜索的数组，n 是数组中元素的数量，key 是搜索键。如果 key 与数组 a 的某个元素匹配了，那么 search 函数返回 true；否则返回 false。要求使用指针算术运算而不是取下标来访问数组元素。

8. 用指针算术运算代替数组取下标来重新编写下面的函数。（换句话说，消除变量 i 和所有用到[]运算符的地方。）要求改动尽可能少。

```
void store_zeros(int a[], int n)
{
  int i;

  for (i = 0; i < n; i++)
    a[i] = 0;
}
```

9. 编写下列函数：

```
double inner_product(const double *a, const double *b,
                     int n);
```

a 和 b 都指向长度为 n 的数组。函数返回 a[0]*b[0]+a[1]*b[1]+...+a[n-1]*b[n-1]。要求使用指针算术运算而不是取下标来访问数组元素。

10. 修改 11.5 节的 find_middle 函数，用指针算术运算计算返回值。

11. 修改 find_largest 函数，用指针算术运算（而不是取下标）来访问数组元素。

12. 编写下面的函数：

```
void find_two_largest(const int *a, int n, int *largest,
                      int *second_largest);
```

a 指向长度为 n 的数组。函数从数组中找出最大和第二大的元素，并把它们分别存储到由 largest 和 second_largest 指向的变量中。要求使用指针算术运算而不是取下标来访问数组元素。

12.4 节

W13. 8.2 节有一个代码段用两个嵌套的 for 循环初始化用作单位矩阵的数组 ident。请重新编写这段代码，采用一个指针来逐个访问数组中的元素，且每次一个元素。提示：因为不能用 row 和 col 来索引变量，所以不会很容易知道应该在哪里存储 1。但是，可以利用数组的下列事实：第一个元素必须是 1，接着的 N 个元素都必须是 0，再接下来的元素是 1，以此类推。用变量来记录已经存储的连续的 0 的数量。当计数达到 N 时，就是存储 1 的时候了。

274

14. 假设下面的数组含有一周 7 天 24 小时的温度读数，数组的每一行是某一天的读数：

```
int temperatures[7][24];
```

编写一条语句，使用 search 函数（见练习题 7）在整个 temperatures 数组中寻找值 32。

W15. 编写一个循环来显示（练习题 14 中的）temperatures 数组中第 i 行存储的所有温度读数。利用指针来访问该行中的每个元素。

16. 编写一个循环来显示（练习题 14 中的）temperatures 数组一星期中每一天的最高温度。循环体应该调用 find_largest 函数，且一次传递数组的一行。

17. 用指针算术运算代替数组取下标来重新编写下面的函数。（换句话说，消除变量 i、j 和所有用到 [] 运算符的地方。）要求使用单层循环而不是嵌套循环。

```
int sum_two_dimensional_array(const int a[][LEN], int n)
{
  int i, j, sum = 0;

  for (i = 0; i < n; i++)
    for (j = 0; j < LEN; j++)
      sum += a[i][j];

  return sum;
}
```

18. 编写第 9 章练习题 13 中描述的 evaluate_position 函数，使用指针算术运算而不是取下标来访问数组元素。要求使用单层循环而不是嵌套循环。

编程题

W 1. (a) 编写程序读一条消息，然后逆序打印出这条消息：

```
Enter a message: Don't get mad, get even.
Reversal is: .neve teg ,dam teg t'noD
```

提示：一次读取消息中的一个字符（用 getchar 函数），并且把这些字符存储在数组中，当数组满了或者读到字符 '\n' 时停止读操作。

(b) 修改上述程序，用指针代替整数来跟踪数组中的当前位置。

2. (a) 编写程序读一条消息，然后检查这条消息是否是回文（消息中的字母从左往右读和从右往左读是一样的）：

```
Enter a message: He lived as a devil, eh?
Palindrome

Enter a message: Madam, I am Adam.
Not a palindrome
```

275

忽略所有不是字母的字符。用整型变量来跟踪数组中的位置。

(b) 修改上述程序，使用指针代替整数来跟踪数组中的位置。

3. 请利用数组名可以用作指针的事实简化编程题 1(b)的程序。

4. 请利用数组名可以用作指针的事实简化编程题 2(b)的程序。

5. 修改第 8 章的编程题 14，用指针而不是整数来跟踪包含该语句的数组的当前位置。

6. 修改 9.6 节的 qsort.c 程序，使得 `low`、`high` 和 `middle` 是指向数组元素的指针而不是整数。`split` 函数应返回指针而不再是整数。

276

7. 修改 11.4 节的 maxmin.c 程序，使得 `max_min` 函数使用指针而不是整数来跟踪数组中的当前位置。

第13章

字　符　串

字符串总是“板着一副面孔”，但它是我们唯一能指望的交流纽带。

前几章虽然使用过 char 类型变量和 char 类型数组，但我们始终没有谈到处理字符序列（C 语言的术语是字符串）的便捷方法。本章就来补上这一课，并将介绍字符串常量（在 C 标准中称为字面串）和字符串变量。其中，字符串变量可以在程序运行过程中发生改变。

13.1 节介绍有关字面串的规则，包括如何在字面串中嵌入转义序列，以及如何分割较长的字面串。13.2 节讲解声明字符串变量的方法，字符串变量其实就是字符数组，不过末尾要加上一个特殊的**空字符**来标示字符串的末尾。13.3 节描述了读/写字符串的方法。13.4 节讨论用来处理字符串的函数的编写方法。13.5 节涵盖了一些 C 语言函数库中处理字符串的函数。13.6 节介绍处理字符串时经常会采用的惯用法。13.7 节描述如何创建这样的数组：其元素是指向不同长度字符串的指针。这一节还会说明 C 语言如何使用这种数组为程序提供命令行支持。

13.1　字面串

字面串（string literal）是用一对双引号括起来的字符序列：

```
"When you come to a fork in the road, take it."
```

我们是在第 2 章中首次遇到字面串的。字面串常常作为格式串出现在 printf 函数和 scanf 函数的调用中。在标准中，字面串和字符串是彼此紧密相关但又不同的。字面串是源文件的组成部分，是程序中的一串用引号围起来的文本，仅仅是一个字面意义上的字符串，所以叫字面串。字面串经程序编译后生成字符串，而字符串是指位于系统存储器里的、以空字符终止的字符序列。

13.1.1　字面串中的转义序列

字面串可以像字符常量一样包含转义序列（➤7.3 节）。我们在 printf 函数和 scanf 函数的格式串中已经使用过转义字符。例如，字符串

```
"Candy\nIs dandy\nBut liquor\nIs quicker.\n  --Ogden Nash\n"
```

中每一个字符\n 都会导致光标移到下一行：

```
Candy
Is dandy
But liquor
Is quicker.
  --Ogden Nash
```

虽然字面串中的八进制数和十六进制数的转义序列也是合法的，但是它们不像字符转义序列那样常见。

请在字面串中小心使用八进制数和十六进制数的转义序列。八进制数的转义序列在 3 个数字之后结束，或者在第一个非八进制数字符处结束。例如，字符串"\1234"包含两个字符（\123 和 4），而字符串"\189"包含 3 个字符（\1、8 和 9）。而十六进制数的转义序列则不限于 3 个数字，而是直到第一个非十六进制数字符截止。思考一下，如果字符串包含转义序列\xfc，那么会出现什么情况。\xfc 代表 Latin1 字符集中的字符 ü，Latin1 是 ASCII 的常见扩展。字符串"Z\xfcrich"（“Zürich”）有 6 个字符（Z、\xfc、r、i、c 和 h），**Q&A** 但是字符串"\xfcber"（不是“über”）只有两个字符（\xfcbe 和 r）。大部分编译器会拒绝接收后面那种字符串，因为十六进制数的转义序列范围通常限制在\x0~\xff。

13.1.2　延续字面串

如果发现字面串太长而无法放置在单独一行以内，只要把第一行用字符\结尾，那么 C 语言就允许在下一行延续字面串。除了（看不到的）末尾的换行符，在同一行不可以有其他字符跟在\后面：

```
printf("When you come to a fork in the road, take it.    \
--Yogi Berra");
```

一般说来，字符\可以用来把两行或更多行的代码连接成一行［在 C 标准中这一过程称为“拼接（splicing）”］。14.3 节将看到更多的例子。

使用\有一个缺陷：字面串必须从下一行的起始位置继续。因此，这就破坏了程序的缩进结构。根据下面的规则，处理长字面串有一种更好的方法：当两条或更多条字面串相邻时（仅用空白字符分割），编译器会把它们合并成一条字符串。这条规则允许把字符串分割放在两行或者更多行中：

278

```
printf("When you come to a fork in the road, take it. "
       "--Yogi Berra");
```

13.1.3　如何存储字面串

我们经常在 printf 函数调用和 scanf 函数调用中用到字面串。但是，当调用 printf 函数并且用字面串作为参数时，究竟传递了什么呢？为了回答这个问题，需要明白字面串是如何存储的。

就本质而言，C 语言把字面串作为字符数组来处理。当 C 语言编译器在程序中遇到长度为 n 的字面串时，它会为字面串分配长度为 $n+1$ 的内存空间。这块内存空间将用来存储字面串中的字符，以及一个用来标志字符串末尾的额外字符（**空字符**）。空字符是一个所有位都为 0 的字节，因此用转义序列\0 来表示。

不要混淆空字符（'\0'）和零字符（'0'）。空字符的码值为 0，而零字符则有不同的码值（ASCII 中为 48）。

例如，字面串"abc"是作为有 4 个字符的数组来存储的（a、b、c 和\0）：

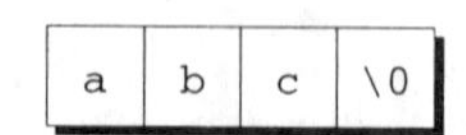

字面串可以为空。字符串""作为单独一个空字符来存储：

```
\0
```

既然字面串是作为数组来存储的，那么编译器会把它看作 char *类型的指针。例如，printf 函数和 scanf 函数都接收 char *类型的值作为它们的第一个参数。思考下面的例子：

```
printf("abc");
```

当调用 printf 函数时，会传递"abc"的地址（即指向存储字母 a 的内存单元的指针）。

13.1.4 字面串的操作

通常情况下可以在任何 C 语言允许使用 char *指针的地方使用字面串。例如，字面串可以出现在赋值运算符的右边：

279

```
char *p;

p = "abc";
```

这个赋值操作不是复制"abc"中的字符，而是使 p 指向字符串的第一个字符。

C 语言允许对指针取下标，因此可以对字面串取下标：

```
char ch;

ch = "abc"[1];
```

ch 的新值将是字母 b。其他可能的下标是 0（这将选择字母 a）、2（字母 c）和 3（空字符）。字面串的这种特性并不常用，但有时也比较方便。思考下面的函数，这个函数把 0~15 的数转换成等价的十六进制的字符形式：

```
char digit_to_hex_char(int digit)
{
  return "0123456789ABCDEF"[digit];
}
```

试图改变字面串会导致未定义的行为：

```
char *p = "abc";

*p = 'd';    /*** WRONG ***/
```

Q&A 改变字面串可能会导致程序崩溃或运行不稳定。

13.1.5 字面串与字符常量

只包含一个字符的字面串不同于字符常量。字面串"a"是用指针来表示的，这个指针指向存放字符"a"（后面紧跟空字符）的内存单元。字符常量'a'是用整数（字符集的数值码）来表示的。

不要在需要字符串的时候使用字符（反之亦然）。函数调用

```
printf("\n");
```

是合法的，因为 printf 函数期望指针作为它的第一个参数。然而，下面的调用却是非法的：

```
printf('\n');     /*** WRONG ***/
```

280

13.2　字符串变量

一些编程语言为声明字符串变量提供了专门的 string 类型。C 语言采取了不同的方式：只要保证字符串是以空字符结尾的，任何一维的字符数组都可以用来存储字符串。这种方法很简单，但使用起来有很大难度。有时很难辨别是否把字符数组作为字符串来使用。如果编写自己的字符串处理函数，请千万注意要正确地处理空字符。而且，要确定字符串长度没有比逐个字符地搜索空字符更快捷的方法了。

假设需要用一个变量来存储最多有 80 个字符的字符串。由于字符串在末尾处需要有空字符，我们把变量声明为含有 81 个字符的数组：

[惯用法]
```
#define STR_LEN 80
...
char str[STR_LEN+1];
```

这里把 STR_LEN 定义为 80 而不是 81，强调的是 str 可以存储最多有 80 个字符的字符串，然后才在 str 的声明中对 STR_LEN 加 1。这是 C 程序员常用的方式。

当声明用于存放字符串的字符数组时，要始终保证数组的长度比字符串的长度多一个字符。这是因为 C 语言规定每个字符串都要以空字符结尾。如果没有给空字符预留位置，可能会导致程序运行时出现不可预知的结果，因为 C 函数库中的函数假设字符串都是以空字符结束的。

声明长度为 STR_LEN+1 的字符数组并不意味着它总是用于存放长度为 STR_LEN 的字符串。字符串的长度取决于空字符的位置，而不是取决于用于存放字符串的字符数组的长度。有 STR_LEN+1 个字符的数组可以存放多种长度的字符串，范围是从空字符串到长度为 STR_LEN 的字符串。

13.2.1　初始化字符串变量

281 字符串变量可以在声明时进行初始化：

```
char date1[8] = "June 14";
```

编译器将把字符串"June 14"中的字符复制到数组 date1 中，然后追加一个空字符从而使 date1 可以作为字符串使用。date1 将如下所示：

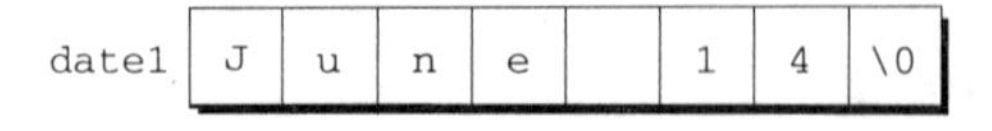

"June 14"是一个字面串初始化器，用来初始化数组。实际上，我们可以写成

```
char date1[8] = {'J', 'u', 'n', 'e', ' ', '1', '4', '\0'};
```

相信大家都会认同原来的方式更便于阅读。

如果初始化器太短以致不能填满字符串变量，会如何呢？在这种情况下，编译器会添加空字符。因此，在声明

```
char date2[9] = "June 14";
```

之后，date2 将如下所示：

date2	J	u	n	e		1	4	\0	\0

大体上来说，这种行为与C语言处理数组初始化器（➤8.1节）的方法一致。当数组的初始化器比数组本身短时，余下的数组元素会被初始化为\0。在把字符数组额外的元素初始化为\0这点上，编译器对字符串和数组遵循相同的规则。

如果初始化器比字符串变量长又会怎样呢？这对字符串而言是非法的，就如同对数组而言是非法的一样。然而，C语言允许初始化器（不包括空字符）与变量有完全相同的长度：

```
char date3[7] = "June 14";
```

因为没有给空字符留空间，所以编译器不会试图存储空字符：

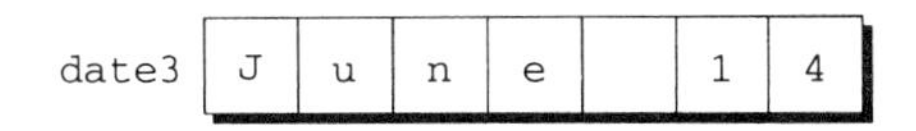

如果正在计划对用来放置字符串的字符数组进行初始化，一定要确保数组的长度长于初始化器的长度，否则编译器将忽略空字符，这将使得数组无法作为字符串使用。

字符串变量的声明中可以省略它的长度。这种情况下，编译器会自动计算长度：

282

```
char date4[] = "June 14";
```

编译器为date4分配8个字符的空间，这足够存储"June 14"中的字符和一个空字符。（不指定date4的长度并不意味着以后可以改变数组的长度。一旦编译了程序，date4的长度就固定是8了。）如果初始化器很长，那么省略字符串变量的长度是特别有效的，因为人工计算长度很容易出错。

13.2.2 字符数组与字符指针

一起来比较下面这两个看起来很相似的声明：

```
char date[] = "June 14";
char *date = "June 14";
```

前者声明date是一个数组，后者声明date是一个指针。正因为有了数组和指针之间的紧密关系，才使上面这两个声明中的date都可以用作字符串。具体来说，任何期望传递字符数组或字符指针的函数都能够接收这两种声明的date作为参数。

然而，需要注意，不能错误地认为上面这两种date可以互换。两者之间有很大的差异。

- 在声明为数组时，就像任意数组元素一样，可以修改存储在date中的字符。在声明为指针时，date指向字面串，在13.1节我们已经看到字面串是不可以修改的。
- 在声明为数组时，date是数组名。在声明为指针时，date是变量，这个变量可以在程序执行期间指向其他字符串。

如果希望可以修改字符串，那么就要建立字符数组来存储字符串，仅仅声明指针变量是不够的。下面的声明使编译器为指针变量分配了足够的内存空间：

```
char *p;
```

可惜的是，它不能为字符串分配空间。（怎么会这样呢？因为我们没有指明字符串的长度。）在使用 p 作为字符串之前，必须把 p 指向字符数组。一种可能是把 p 指向已经存在的字符串变量：

```
char str[STR_LEN+1], *p;

p = str;
```

现在 p 指向了 str 的第一个字符，所以可以把 p 作为字符串使用了。另一种可能是让 p 指向一个动态分配的字符串（➤17.2 节）。

283

使用未初始化的指针变量作为字符串是非常严重的错误。考虑下面的例子，它试图创建字符串"abc"：

```
char *p;

p[0] = 'a';    /*** WRONG ***/
p[1] = 'b';    /*** WRONG ***/
p[2] = 'c';    /*** WRONG ***/
p[3] = '\0';   /*** WRONG ***/
```

因为 p 没有被初始化，所以我们不知道它指向哪里。用指针 p 把字符 a、b、c 和\0 写入内存会导致未定义的行为。

13.3　字符串的读和写

使用 printf 函数或 puts 函数来写字符串是很容易的。读字符串却有点麻烦，主要是因为输入的字符串可能比用来存储它的字符串变量长。为了一次性读入字符串，可以使用 scanf 函数，也可以每次读入一个字符。

13.3.1　用 printf 函数和 puts 函数写字符串

转换说明%s 允许 printf 函数写字符串。考虑下面的例子：

```
char str[] = "Are we having fun yet?";

printf("%s\n", str);
```

输出会是

```
Are we having fun yet?
```

printf 函数会逐个写字符串中的字符，直到遇到空字符才停止。（如果空字符丢失，printf 函数会越过字符串的末尾继续写，直到最终在内存的某个地方找到空字符为止。）

如果只想显示字符串的一部分，可以使用转换说明%.*p*s，这里 *p* 是要显示的字符数量。语句

```
printf("%.6s\n", str);
```

会显示

284

```
Are we
```

字符串跟数一样，可以在指定的栏内显示。转换说明%*m*s 会在大小为 *m* 的栏内显示字符串。（对于超过 *m* 个字符的字符串，printf 函数会显示出整个字符串，而不会截断。）如果字符串少于 *m* 个字符，则会在栏内右对齐输出。如果要强制左对齐，可以在 *m* 前加一个减号。*m* 值和

p 值可以组合使用：转换说明%*m*.*p*s 会使字符串的前 p 个字符在大小为 m 的栏内显示。

printf 函数不是唯一一个字符串输出函数。C 函数库还提供了 puts 函数，此函数可以按如下方式使用：

```
puts(str);
```

puts 函数只有一个参数，即需要显示的字符串。在写完字符串后，puts 函数总会添加一个额外的换行符，从而前进到下一个输出行的开始处。

13.3.2 用 scanf 函数读字符串

转换说明%s 允许 scanf 函数把字符串读入字符数组：

```
scanf("%s", str);
```

在 scanf 函数调用中，不需要在 str 前添加运算符&，因为 str 是数组名，编译器在把它传递给函数时会把它当作指针来处理。

调用时，scanf 函数会跳过空白字符（➤3.2 节），然后读入字符并存储到 str 中，直到遇到空白字符为止。scanf 函数始终会在字符串末尾存储一个空字符。

用 scanf 函数读入字符串永远不会包含空白字符。因此，scanf 函数通常不会读入一整行输入。换行符会使 scanf 函数停止读入，空格符或制表符也会产生同样的结果。为了一次读入一整行输入，历史上我们一直使用 gets 函数，但是由于安全方面的原因，从 C11 开始已经将它废除。因为它毕竟存在过，所以还是应该加以介绍。类似于 scanf 函数，gets 函数把读入的字符放到数组中，然后存储一个空字符。然而，在其他方面 gets 函数有些不同于 scanf 函数。

- gets 函数不会在开始读字符串之前跳过空白字符（scanf 函数会跳过）。
- gets 函数会持续读入，直到找到换行符才停止（scanf 函数会在任意空白字符处停止）。此外，gets 函数会忽略换行符，不会把它存储到数组中，并用空字符代替换行符。

为了领会 scanf 函数与 gets 函数之间的差异，考虑下面的程序片段：

```
char sentence[SENT_LEN+1];

printf("Enter a sentence: \n");
scanf("%s", sentence);
```

285

假定用户在提示信息

```
Enter a sentence:
```

的后面输入信息

```
  To C, or not to C: that is the question.
```

scanf 函数会把字符串"To"存储到 sentence 中。下一次 scanf 函数调用将从单词 To 后面的空格处继续读入这行。

现在假设用 gets 函数替换 scanf 函数：

```
gets(sentence);
```

当用户输入和先前相同的信息时，gets 函数会把字符串

```
"  To C, or not to C: that is the question."
```

存储到 sentence 中。

在把字符读入数组时，scanf 函数和 gets 函数都无法检测数组何时被填满。因此，它们存储字符时可能越过数组的边界，这会导致未定义的行为。通过用转换说明%*n*s 代替%s 可以使 scanf 函数更安全。这里的数字 *n* 指出可以存储的最多字符数。可惜的是，gets 函数天生就是不安全的，所以新标准将它废除。相比之下，fgets 函数（➤22.5 节）则是一种好得多的选择。

13.3.3　逐个字符读字符串

因为对许多程序而言，scanf 函数和 gets 函数都有风险且不够灵活，C 程序员经常会自己编写输入函数。通过每次一个字符的方式来读入字符串，这类函数可以提供比标准输入函数更大程度的控制。

如果决定设计自己的输入函数，那么就需要考虑下面这些问题。

- 在开始存储字符串之前，函数应该跳过空白字符吗？
- 什么字符会导致函数停止读取：换行符、任意空白字符还是其他某种字符？需要存储这类字符还是将其忽略？
- 如果输入的字符串太长以致无法存储，那么函数应该做些什么：忽略额外的字符还是把它们留给下一次输入操作？

假定我们所需要的函数不会跳过空白字符，在第一个换行符（不存储到字符串中）处停止读取，并且忽略额外的字符。函数将有如下原型：

286

```
int read_line(char str[], int n);
```

str 表示用来存储输入的数组，而 n 是读入字符的最大数量。如果输入行包含多于 n 个的字符，read_line 函数将忽略多余的字符。read_line 函数会返回实际存储在 str 中的字符数量（0~n 范围内的任意数）。我们不可能总是需要 read_line 函数的返回值，但是有这个返回值也没问题。

read_line 函数主要由一个循环构成。只要 str 中还有空间，此循环就会调用 getchar 函数（➤7.3 节）逐个读入字符并把它们存储到 str 中。在读入换行符时循环终止。（**Q&A** 严格地说，如果 getchar 函数读入字符失败，也应该终止循环，但是这里暂时忽略这种复杂情况。）下面是 read_line 函数的完整定义：

```
int read_line(char str[], int n)
{
  int ch, i = 0;

  while ((ch = getchar()) != '\n')
    if (i < n)
      str[i++] = ch;
  str[i] = '\0';          /* terminates string */
  return i;               /* number of characters stored */
}
```

注意，ch 的类型为 int 而不是 char，这是因为 getchar 把它读取的字符作为 int 类型的值返回。

返回之前，read_line 函数在字符串的末尾放置一个空字符。scanf 和 gets 等标准函数会自动在输入字符串的末尾放置一个空字符；然而，如果要自己写输入函数，必须人工加上空字符。

13.4 访问字符串中的字符

字符串是以数组的方式存储的，因此可以使用下标来访问字符串中的字符。例如，为了对字符串 s 中的每个字符进行处理，可以设定一个循环来对计数器 i 进行自增操作，并通过表达式 s[i]来选择字符。

假定需要一个函数来统计字符串中空格的数量。利用数组取下标操作可以写出如下函数：

```
int count_spaces(const char s[])
{
  int count = 0, i;

  for (i = 0; s[i] != '\0';  i++)
    if (s[i] == ' ')
      count++;
  return count;
}
```

287

在 s 的声明中加上 const 表明 count_spaces 函数不会改变数组。如果 s 不是字符串，count_spaces 将需要第 2 个参数来指明数组的长度。然而，因为 s 是字符串，所以 count_spaces 可以通过测试空字符来定位 s 的末尾。

许多 C 程序员不会像例子中那样编写 count_spaces 函数，他们更愿意使用指针来跟踪字符串中的当前位置。就像在 12.2 节中见到的那样，这种方法对于处理数组来说一直有效，但在处理字符串方面尤其方便。

下面用指针算术运算代替数组取下标来重新编写 count_spaces 函数。这次不再需要变量 i，而是利用 s 自身来跟踪字符串中的位置。通过对 s 反复进行自增操作，count_spaces 函数可以逐个访问字符串中的字符。下面是 count_spaces 函数的新版本：

```
int count_spaces(const char *s)
{
  int count = 0;

  for (; *s != '\0'; s++)
    if (*s == ' ')
      count++;
  return count;
}
```

注意，const 没有阻止 count_spaces 函数对 s 的修改，它的作用是阻止函数改变 s 所指向的字符。而且，因为 s 是传递给 count_spaces 函数的指针的副本，所以对 s 进行自增操作不会影响原始的指针。

count_spaces 函数示例引出了一些关于如何编写字符串函数的问题。

- **用数组操作或指针操作访问字符串中的字符，哪种方法更好一些呢？**只要使用方便，可以使用任意一种方法，甚至可以混合使用两种方法。在 count_spaces 函数的第 2 种写法中，不再需要变量 i，而是把 s 作为指针来对函数进行一些简化。从传统意义上来说，C 程序员更倾向于使用指针操作来处理字符串。
- **字符串形式参数应该声明为数组还是指针呢？**count_spaces 函数的两种写法说明了这两种选择：第 1 种写法把 s 声明为数组，第 2 种写法把 s 声明为指针。实际上，这两种声明之间没有任何差异。回顾 12.3 节的内容就知道，编译器会把数组型的形式参数视为指针。

- **形式参数的形式（s[]或者*s）是否会对实际参数产生影响呢？**不会的。当调用 count_spaces 函数时，实际参数可以是数组名、指针变量或者字面串。count_spaces 函数无法说明差异。

288

13.5 使用 C 语言的字符串库

一些编程语言提供的运算符可以对字符串进行复制、比较、拼接、选择子串等操作，但 C 语言的运算符根本无法操作字符串。在 C 语言中把字符串当作数组来处理，因此对字符串的限制方式和对数组的一样，特别是它们都不能用 C 语言的运算符进行复制和比较操作。

直接复制或比较字符串会失败。例如，假定 str1 和 str2 有如下声明：

```
char str1[10], str2[10];
```

利用=运算符来把字符串复制到字符数组中是不可能的：

```
str1 = "abc";      /*** WRONG ***/
str2 = str1;       /*** WRONG ***/
```

从 12.3 节可知，把数组名用作=的左操作数是非法的。但是，使用=初始化字符数组是合法的：

```
char str1[10] = "abc";
```

这是因为在声明中，=不是赋值运算符。

试图使用关系运算符或判等运算符来比较字符串是合法的，但不会产生预期的结果：

```
if (str1 == str2) ...     /*** WRONG ***/
```

这条语句把 str1 和 str2 作为指针来进行比较，而不是比较两个数组的内容。因为 str1 和 str2 有不同的地址，所以表达式 str1 == str2 的值一定为 0。

幸运的是，字符串的所有操作功能都没有丢失：C 语言的函数库为完成对字符串的操作提供了丰富的函数集。这些函数的原型驻留在<string.h>头（➤23.6 节）中，所以需要字符串操作的程序应该包含下列内容：

```
#include <string.h>
```

在<string.h>中声明的每个函数至少需要一个字符串作为实际参数。字符串形式参数声明为 char *类型，这使得实际参数可以是字符数组、char *类型的变量或者字面串——上述这些都适合作为字符串。然而，要注意那些没有声明为 const 的字符串形式参数。这些形式参数可能会在调用函数时发生改变，所以对应的实际参数不应该是字面串。

289

<string.h>中有许多函数，这里将介绍几种最基本的。在后续的例子中，假设 str1 和 str2 都是用作字符串的字符数组。

13.5.1 strcpy 函数

strcpy（字符串复制）函数在<string.h>中的原型如下：

```
char *strcpy(char *s1, const char *s2);
```

strcpy 函数把字符串 s2 复制给字符串 s1。(准确地讲，应该说是“strcpy 函数把 s2 指向的字符串复制到 s1 指向的数组中”。)也就是说，strcpy 函数把 s2 中的字符复制到 s1 中，直到遇到 s2 中的第一个空字符为止（该空字符也需要复制）。strcpy 函数返回 s1（即指向目标字符串的指针）。这一过程不会改变 s2 指向的字符串，因此将其声明为 const。

strcpy 函数的存在弥补了不能使用赋值运算符复制字符串的不足。例如，假设我们想把字符串"abcd"存储到 str2 中，不能使用下面的赋值：

```
str2 = "abcd";              /*** WRONG ***/
```

这是因为 str2 是数组名，不能出现在赋值运算的左侧。但是，这时可以调用 strcpy 函数：

```
strcpy(str2, "abcd");       /* str2 now contains "abcd" */
```

类似地，不能直接把 str2 赋值给 str1，但是可以调用 strcpy：

```
strcpy(str1, str2);         /* str1 now contains "abcd" */
```

大多数情况下我们会忽略 strcpy 函数的返回值，但有时候 strcpy 函数调用是一个更大的表达式的一部分，这时其返回值就比较有用了。例如，可以把一系列 strcpy 函数调用连起来：

```
strcpy(str1, strcpy(str2, "abcd"));
  /* both str1 and str2 now contain "abcd" */
```

在 strcpy(str1, str2)的调用中，strcpy 函数无法检查 str2 指向的字符串的大小是否真的适合 str1 指向的数组。假设 str1 指向的字符串长度为 n，如果 str2 指向的字符串中的字符数不超过 $n-1$，那么复制操作可以完成。但是，如果 str2 指向更长的字符串，那么结果就无法预料了。(因为 strcpy 函数会一直复制到第一个空字符为止，所以它会越过 str1 指向的数组的边界继续复制。)

尽管执行会慢一点，但是调用 strncpy 函数（➤23.6 节）仍是一种更安全的复制字符串的方法。strncpy 类似于 strcpy，但它还有第三个参数可以用于限制所复制的字符数。为了将 str2 复制到 str1，可以使用如下的 strncpy 调用：

290

```
strncpy(str1, str2, sizeof(str1));
```

只要 str1 足够装下存储在 str2 中的字符串(包括空字符)，复制就能正确完成。当然，strncpy 本身也不是没有风险。如果 str2 中存储的字符串的长度大于 str1 数组的长度，strncpy 会导致 str1 中的字符串没有终止的空字符。下面是一种更安全的用法：

```
strncpy(str1, str2, sizeof(str1) - 1);
str1[sizeof(str1)-1] = '\0';
```

第二条语句确保 str1 总是以空字符结束，即使 strncpy 没能从 str2 中复制到空字符。

13.5.2 strlen 函数

strlen（求字符串长度）函数的原型如下：

```
size_t strlen (const char *s);
```

定义在 C 函数库中的 size_t 类型（➤7.6 节）是一个 typedef 名字，表示 C 语言中的一种无符号整型。除非处理极长的字符串，否则不需要关心其技术细节。我们可以简单地把 strlen 的返回值作为整数处理。

strlen 函数返回字符串 s 的长度：s 中第一个空字符之前的字符个数（不包括空字符）。下面是几个示例：

291

```
int len;

len = strlen("abc");       /* len is now 3 */
len = strlen("");          /* len is now 0 */
strcpy(str1, "abc");
len = strlen(str1);        /* len is now 3 */
```

最后一个例子说明了很重要的一点：当用数组作为实际参数时，strlen 不会测量数组本身的长度，而是返回存储在数组中的字符串的长度。

13.5.3 strcat 函数

strcat（字符串拼接）函数的原型如下：

```
char *strcat(char *s1, const char *s2);
```

strcat 函数把字符串 s2 的内容追加到字符串 s1 的末尾，并且返回字符串 s1（指向结果字符串的指针）。

下面列举了一些使用 strcat 函数的例子：

```
strcpy(str1, "abc");
strcat(str1, "def");    /* str1 now contains "abcdef" */
strcpy(str1, "abc");
strcpy(str2, "def");
strcat(str1, str2);     /* str1 now contains "abcdef" */
```

同使用 strcpy 函数一样，通常忽略 strcat 函数的返回值。下面的例子说明了可能使用返回值的方法：

```
strcpy(str1, "abc");
strcpy(str2, "def");
strcat(str1, strcat(str2, "ghi"));
  /* str1 now contains "abcdefghi"; str2 contains "defghi"  */
```

如果 str1 指向的数组没有大到足以容纳 str2 指向的字符串中的字符，那么调用 strcat(str1, str2)的结果将是不可预测的。考虑下面的例子：

```
char str1[6] = "abc";

strcat(str1, "def");     /*** WRONG ***/
```

strcat 函数会试图把字符 d、e、f 和\0 添加到 str1 中已存储的字符串的末尾。不幸的是，str1 仅限 6 个字符，这导致 strcat 函数写到了数组末尾的后面。

strncat 函数（➤23.6 节）函数比 strcat 更安全，但速度也慢一些。与 strncpy 一样，它有第三个参数来限制所复制的字符数。下面是调用的形式：

```
strncat(str1,  str2, sizeof(str1) - strlen(str1) - 1) ;
```

strncat 函数会在遇到空字符时终止 str1，第三个参数（待复制的字符数）没有考虑该空字符。在上面的例子中，第三个参数计算 str1 中的剩余空间（由表达式 sizeof(str1) - strlen(str1) 给出），然后减去 1 以确保为空字符留下空间。

13.5.4 strcmp 函数

strcmp（字符串比较）函数的原型如下：

```
int strcmp(const char *s1, const char *s2);
```

strcmp 函数比较字符串 s1 和字符串 s2，然后根据 s1 是小于、等于或大于 s2，Q&A 函数返回一个小于、等于或大于 0 的值。例如，为了检查 str1 是否小于 str2，可以写

```
if (strcmp(str1, str2) < 0)    /* is str1 < str2? */
  ...
```

292

为了检查 str1 是否小于或等于 str2，可以写

```
if (strcmp(str1, str2) <= 0)   /* is str1 <= str2? */
  ...
```

通过选择适当的关系运算符（<、<=、>、>=）或判等运算符（==、!=），可以测试 str1 与 str2 之间任何可能的关系。

类似于字典中单词的编排方式，strcmp 函数利用字典顺序进行字符串比较。更精确地说，只要满足下列两个条件之一，那么 strcmp 函数就认为 s1 是小于 s2 的。

- s1 与 s2 的前 i 个字符一致，但是 s1 的第 i+1 个字符小于 s2 的第 i+1 个字符。例如，"abc"小于"bcd"，"abd"小于"abe"。
- s1 的所有字符与 s2 的字符一致，但是 s1 比 s2 短。例如，"abc"小于"abcd"。

当比较两个字符串中的字符时，strcmp 函数会查看字符对应的数值码。一些底层字符集的知识可以帮助预测 strcmp 函数的结果。例如，下面是 ASCII 字符集（➤附录 E）的一些重要性质。

- A~Z、a~z、0~9 这几组字符的数值码是连续的。
- 所有的大写字母都小于小写字母。（在 ASCII 码中，65~90 的编码表示大写字母，97~122 的编码表示小写字母。）
- 数字小于字母。（48~57 的编码表示数字。）
- 空格符小于所有打印字符。（ASCII 码中空格符的值是 32。）

程序 **显示一个月的提醒列表**

为了说明 C 语言字符串函数库的用法，现在来看一个程序。这个程序会显示一个月的每日提醒列表。用户需要输入一系列提醒，每条提醒都要有一个前缀来说明是一个月中的哪一天。当用户输入的是 0 而不是有效的日期时，程序会显示出输入的全部提醒的列表，并按日期排序。下面是与程序的会话示例：

```
Enter day and reminder:  24 Susan's birthday
Enter day and reminder:  5 6:00 - Dinner with Marge and Russ
Enter day and reminder:  26 Movie - "Chinatown"
Enter day and reminder:  7 10:30 - Dental appointment
Enter day and reminder:  12 Movie - "Dazed and Confused"
Enter day and reminder:  5 Saturday class
Enter day and reminder:  12 Saturday class
Enter day and reminder:  0
Day Reminder
  5 Saturday class
  5 6:00 - Dinner with Marge and Russ
```

293

```
 7 10:30 - Dental appointment
12 Saturday class
12 Movie - "Dazed and Confused"
24 Susan's birthday
26 Movie - "Chinatown"
```

总体策略不是很复杂：程序需要读入一系列日期和提醒的组合，并且按照顺序进行存储（按日期排序），然后显示出来。为了读入日期，会用到 scanf 函数。为了读入提醒，会用到 13.3 节介绍的 read_line 函数。

把字符串存储在二维的字符数组中，数组的每一行包含一个字符串。在程序读入日期以及相关的提醒后，通过使用 strcmp 函数进行比较来查找数组从而确定这一天所在的位置。然后，程序会使用 strcpy 函数把此位置之后的所有字符串往后移动一个位置。最后，程序会把这一天复制到数组中，并且调用 strcat 函数来把提醒附加到这一天后面。（日期和提醒在此之前是分开存放的。）

当然，总会有少量略微复杂的地方。例如，希望日期在两个字符的栏中右对齐以便它们的个位可以对齐。有很多种方法可以解决这个问题。这里选择用 scanf 函数把日期读入到整型变量中，然后调用 sprintf 函数（➤22.8 节）把日期转换成字符串格式。sprintf 是个类似于 printf 的库函数，不同之处在于它会把输出写到字符串中。函数调用

```
sprintf(day_str, "%2d", day);
```

把 day 的值写到 day_str 中。因为 sprintf 在写完后会自动添加一个空字符，所以 day_str 会包含一个由空字符结尾的字符串。

另一个复杂的地方是确保用户没有输入两位以上的数字，为此将使用下列 scanf 函数调用：

```
scanf("%2d", &day);
```

即使输入有更多的数字，在%与 d 之间的数 2 也会通知 scanf 函数在读入两个数字后停止。

解决了上述细节问题之后，程序编写如下：

remind.c

```
/* Prints a one-month reminder list */

#include <stdio.h>
#include <string.h>

#define MAX_REMIND 50   /* maximum number of reminders */
#define MSG_LEN 60      /* max length of reminder message */

int read_line(char str[], int n);

int main(void)
{
  char reminders[MAX_REMIND][MSG_LEN+3];
  char day_str[3], msg_str[MSG_LEN+1];
  int day, i, j, num_remind = 0;

  for (;;) {
    if (num_remind == MAX_REMIND) {
      printf("-- No space left --\n");
      break;
    }
```

294

```
    printf("Enter day and reminder: ");
    scanf("%2d", &day);
    if (day == 0)
      break;
    sprintf(day_str, "%2d", day);
    read_line(msg_str, MSG_LEN);

    for (i = 0; i < num_remind; i++)
      if (strcmp(day_str, reminders[i]) < 0)
        break;
    for (j = num_remind; j > i; j--)
      strcpy(reminders[j], reminders[j-1]);

    strcpy(reminders[i], day_str);
    strcat(reminders[i], msg_str);

    num_remind++;
  }

  printf("\nDay Reminder\n");
  for (i = 0; i < num_remind; i++)
    printf(" %s\n", reminders[i]);

  return 0;
}

int read_line(char str[], int n)
{
  int ch, i = 0;

  while ((ch = getchar()) != '\n')
    if (i < n)
      str[i++] = ch;
  str[i] = '\0';
  return i;
}
```

虽然程序 remind.c 很好地说明了 strcpy 函数、strcat 函数和 strcmp 函数，但是作为实际的提醒程序，它还缺少一些东西。该程序显然有许多需要完善的地方，从小调整到大改进都有（例如，当程序终止时把提醒保存到文件中）。本章和后续各章末尾的编程题将讨论一些改进。

295

13.6 字符串惯用法

处理字符串的函数是特别丰富的惯用法资源。本节将探索几种最著名的惯用法，并利用它们编写 strlen 函数和 strcat 函数。当然，我们可能永远都不需要编写这两个函数，因为它们是标准函数库的一部分，但类似的函数还是有可能需要编写的。

本节使用的简洁风格是在许多 C 程序员中流行的风格。即使不准备在自己的程序中使用，也应该掌握这种风格，因为很可能会在其他程序员编写的程序中遇到。

在开始之前最后再说一点。如果你想在本节尝试自己编写 strlen 和 strcat，请修改函数的名字（比如，把 strlen 改成 my_strlen）。如 2.1.1 节中解释的那样，我们不可以编写与库函数同名的函数，即使不包含该函数所属的头也不行。事实上，所有以 str 和一个小写字母开头的名字都是保留的（以便在未来的 C 标准版本中往<string.h>头里加入函数）。

13.6.1　搜索字符串的结尾

许多字符串操作需要搜索字符串的结尾。strlen 函数就是一个重要的例子。下面的 strlen 函数搜索字符串参数的结尾，并且使用一个变量来跟踪字符串的长度：

```
size_t strlen(const char *s)
{
  size_t n;

  for (n = 0; *s != '\0'; s++)
    n++;
  return n;
}
```

指针 s 从左至右扫描整个字符串，变量 n 记录当前已经扫描的字符数量。当 s 最终指向一个空字符时，n 所包含的值就是字符串的长度。

296

现在看看是否能精简 strlen 函数的定义。首先，把 n 的初始化移到它的声明中：

```
size_t strlen(const char *s)
{
  size_t n = 0;

  for (; *s != '\0'; s++)
    n++;
  return n;
}
```

接下来注意到，条件*s != '\0'与*s != 0 是一样的，因为空字符的整数值就是 0。而测试*s != 0 与测试*s 是一样的，两者都在*s 不为 0 时结果为真。这些发现引出 strlen 函数的又一个版本：

```
size_t strlen(const char *s)
{
  size_t n = 0;

  for (; *s; s++)
    n++;
  return n;
}
```

然而，就如同在 12.2 节中见到的那样，在同一个表达式中对 s 进行自增操作并且测试*s 是可行的：

```
size_t strlen(const char *s)
{
  size_t n = 0;

   for (; *s++;)
     n++;
   return n;
}
```

用 while 语句替换 for 语句，可以得到如下版本的 strlen 函数：

```
size_t strlen(const char *s)
{
  size_t n = 0;

  while (*s++)
```

```
    n++;
  return n;
}
```

虽然前面已经对 strlen 函数进行了相当大的精简，但是可能仍没有提高它的运行速度。至少对于一些编译器来说下面的版本确实会运行得更快一些：

```
size_t strlen(const char *s)
{
  const char *p = s;

  while (*s)
    s++;
  return s - p;
}
```

297

这个版本的 strlen 函数通过定位空字符位置的方式来计算字符串的长度，然后用空字符的地址减去字符串中第一个字符的地址。运行速度的提升得益于不需要在 while 循环内部对 n 进行自增操作。请注意，在 p 的声明中出现了单词 const，如果没有它，编译器会注意到把 s 赋值给 p 会给 s 指向的字符串造成一定风险。

语句

[惯用法] `while (*s)`
`s++;`

和相关的

[惯用法] `while (*s++)`
`;`

都是“搜索字符串结尾的空字符”的惯用法。第一个版本最终使 s 指向了空字符。第二个版本更加简洁，但是最后使 s 正好指向空字符后面的位置。

13.6.2 复制字符串

复制字符串是另一种常见操作。为了介绍 C 语言中的“字符串复制”惯用法，这里将开发 strcat 函数的两个版本。首先从直接但有些冗长的 strcat 函数写法开始：

```
char *strcat(char *s1,  const char *s2)
{
  char *p = s1;

  while (*p != '\0')
    p++;
  while (*s2 != '\0') {
    *p = *s2;
    p++;
    s2++;
  }
  *p = '\0';
  return s1;
}
```

strcat 函数的这种写法采用了两步算法：(1) 确定字符串 s1 末尾空字符的位置，并且使指针 p 指向它；(2) 把字符串 s2 中的字符逐个复制到 p 所指向的位置。

函数中的第一个 while 语句实现了第(1)步。程序中先把 p 设定为指向 s1 的第一个字符。298 假设 s1 指向字符串"abc"，则有下图：

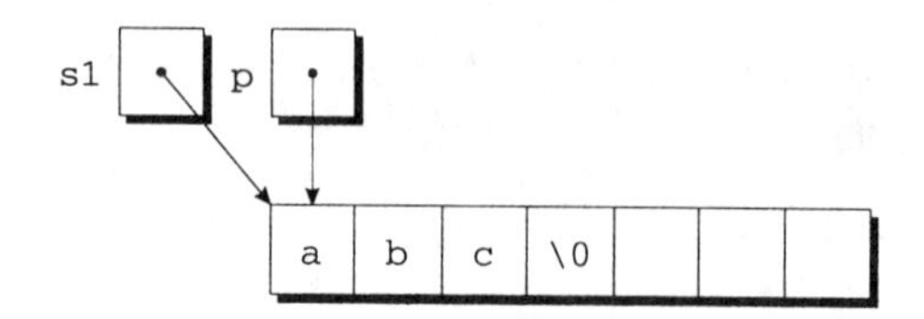

接着 p 开始自增直到指向空字符为止。循环终止时，p 指向空字符：

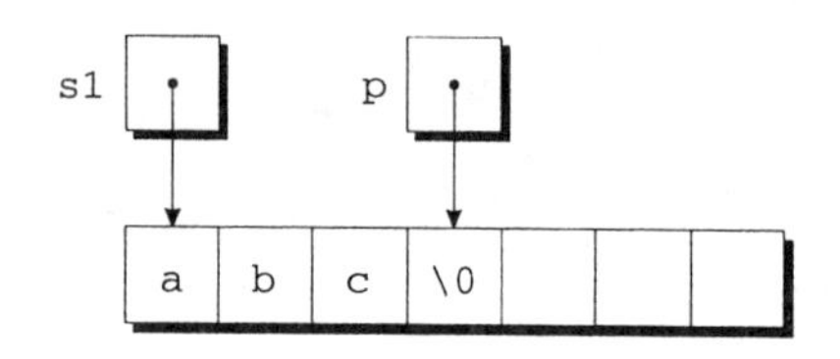

第二个 while 语句实现了第(2)步。循环体把 s2 指向的一个字符复制到 p 指向的地方，接着 p 和 s2 都进行自增。如果 s2 最初指向字符串"def"，第一次循环迭代之后各字符串如下所示：

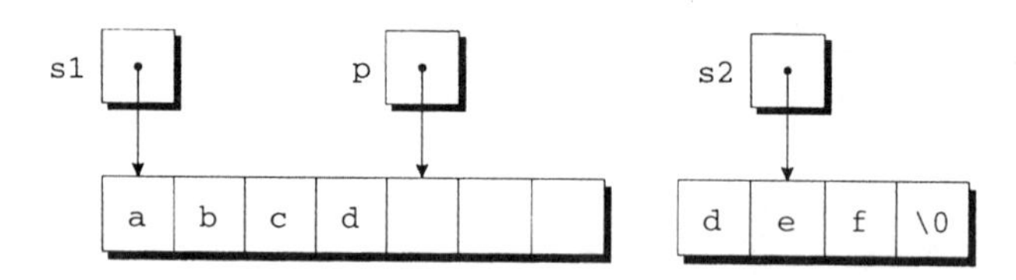

当 s2 指向空字符时循环终止：

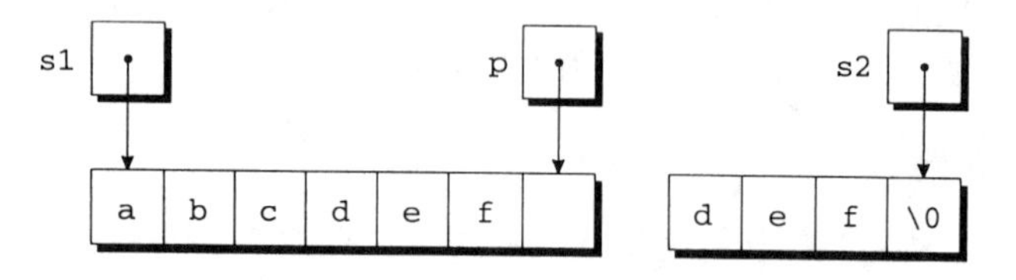

接下来，程序在 p 指向的位置放置空字符，然后 strcat 函数返回。

类似于对 strlen 函数的处理，也可以简化 strcat 函数的定义，得到下面的版本：

```
char *strcat(char *s1, const char *s2)
{
  char *p = s1;

  while (*p)
    p++;
  while (*p++ = *s2++)
    ;
  return s1;
}
```

299

改进的 strcat 函数的核心是“字符串复制”的惯用法：

[惯用法] `while (*p++ = *s2++)`
`;`

如果忽略了两个++运算符，那么圆括号中的表达式会简化为普通的赋值：

```
*p = *s2
```

这个表达式把 s2 指向的字符复制到 p 所指向的地方。正是由于有了这两个++运算符，赋值之后 p 和 s2 才进行了自增。重复执行此表达式所产生的效果就是把 s2 指向的一系列字符复制到 p 所指向的地方。

但是什么会使循环终止呢？因为圆括号中的主要运算符是赋值运算符，所以 while 语句会测试赋值表达式的值，也就是测试复制的字符。除空字符以外的所有字符的测试结果都为真，因此，循环只有在复制空字符后才会终止。而且因为循环是在赋值之后终止，所以不需要单独用一条语句来在新字符串的末尾添加空字符。

13.7 字符串数组

现在来看一个在使用字符串时经常遇到的问题：存储字符串数组的最佳方式是什么？最明显的解决方案是创建二维的字符数组，然后按照每行一个字符串的方式把字符串存储到数组中。考虑下面的例子：

```
char planets[][8] = {"Mercury", "Venus", "Earth",
                     "Mars", "Jupiter", "Saturn",
                     "Uranus", "Neptune", "Pluto"};
```

（2006年，国际天文学联合会把冥王星从“行星”降级为“矮行星”，但我出于怀旧仍然把它放在 planets 数组中。）注意，虽然允许省略 planets 数组的行数（因为这个数很容易从初始化器中元素的数量求出），但是 C 语言要求指明列数。

下面给出了 planets 数组的可能形式。并非所有的字符串都足以填满数组的一整行，所以 C 语言用空字符来填补。因为只有 3 个行星的名字需要用满 8 个字符（包括末尾的空字符），所以这样的数组有一点浪费空间。remind.c 程序（13.5 节）就是这种浪费的代表，它把提醒信息按行存储到二维字符数组中，并为每条提醒信息都分配了 60 个字符的空间。在示例中，提醒信息的长度在 18~37 个字符，因此浪费的空间相当可观。 300

	0	1	2	3	4	5	6	7
0	M	e	r	c	u	r	y	\0
1	V	e	n	u	s	\0	\0	\0
2	E	a	r	t	h	\0	\0	\0
3	M	a	r	s	\0	\0	\0	\0
4	J	u	p	i	t	e	r	\0
5	S	a	t	u	r	n	\0	\0
6	U	r	a	n	u	s	\0	\0
7	N	e	p	t	u	n	e	\0
8	P	l	u	t	o	\0	\0	\0

因为大部分字符串集是长字符串和短字符串的混合，所以这些例子所暴露的低效性是在处理字符串时经常遇到的问题。我们需要的是**参差不齐的数组**（ragged array），即每一行有不同长度的二维数组。C 语言本身不提供这种“参差不齐的数组类型”，但它提供了模拟这种数组类型的工具。秘诀就是建立一个特殊的数组，这个数组的元素都是指向字符串的指针。

下面是 planets 数组的另外一种写法，这次把它看作元素是指向字符串的指针的数组：

```
char *planets[] = {"Mercury", "Venus", "Earth",
                   "Mars", "Jupiter", "Saturn",
                   "Uranus", "Neptune", "Pluto"};
```

看上去改动不是很大，只是去掉了一对方括号，并且在 planets 前加了一个星号。但是，这对 planets 存储方式产生的影响却很大：

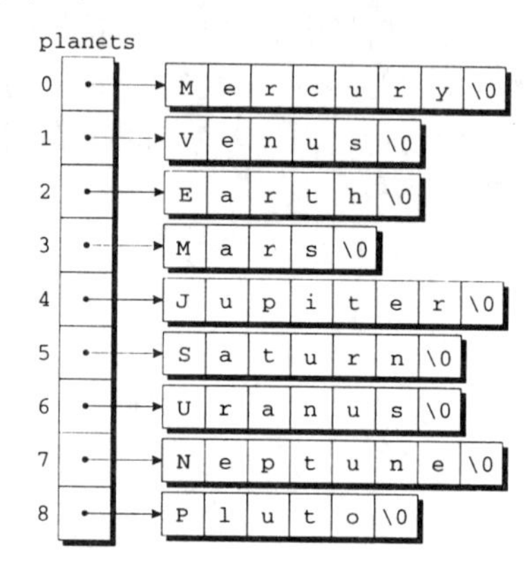

planets 的每一个元素都是指向以空字符结尾的字符串的指针。虽然必须为 planets 数组中的指针分配空间，但是字符串中不再有任何浪费的字符。

为了访问其中一个行星的名字，只需要对 planets 数组取下标。由于指针和数组之间的紧密关系，访问行星名字中的字符的方式和访问二维数组元素的方式相同。例如，为了在 planets 数组中搜寻以字母 M 开头的字符串，可以使用下面的循环：

301

```
for (i = 0; i < 9; i++)
  if (planets[i][0] == 'M')
    printf("%s begins with M\n", planets[i]);
```

命令行参数

运行程序时经常需要提供一些信息——文件名或者改变程序行为的开关。考虑 UNIX 的 ls 命令。如果我们按如下方式运行 ls，将显示当前目录中的文件名。

```
ls
```

但是，如果输入

```
ls -l
```

那么 ls 会显示一个“很长的”（详细的）文件列表，包括每个文件的大小、文件的所有者、文件最后改动的日期和时间等。为了进一步改变 ls 的行为，可以指定只显示一个文件的详细信息：

```
ls -l remind.c
```

ls 将显示名为 remind.c 的文件的详细信息。

命令行信息不仅对操作系统命令可用，而且它对所有程序都是可用的。Q&A 为了能够访问这些**命令行参数**（C 标准中称为**程序参数**），必须把 main 函数定义为含有两个参数的函数，Q&A 这两个参数通常命名为 argc 和 argv：

```
int main(int argc, char *argv[])
{
  ...
}
```

argc（“参数计数”）是命令行参数的数量（包括程序名本身），argv（“参数向量”）是指向命令行参数的指针数组，这些命令行参数以字符串的形式存储。argv[0]指向程序名，而从 argv[1]到 argv[argc-1]则指向余下的命令行参数。

argv 有一个附加元素，即 argv[argc]，这个元素始终是一个**空指针**。空指针是一种不指向任何地方的特殊指针。后面会讨论空指针（➤17.1 节），目前只需要知道宏 NULL 代表空指针就够了。

如果用户输入命令行

```
ls -l remind.c
```

那么 argc 将为 3，argv[0]将指向含有程序名的字符串，argv[1]将指向字符串"-l"，argv[2]将指向字符串"remind.c"，而 argv[3]将为空指针：

302

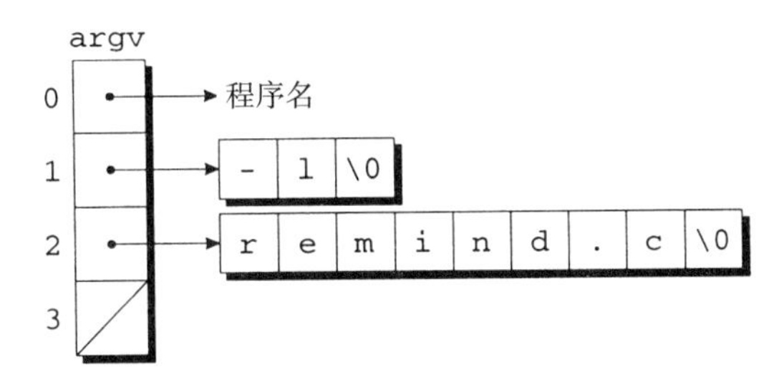

这幅图没有详细说明程序名，因为根据操作系统的不同，程序名可能会包括路径或其他信息。如果程序名不可用，那么 argv[0]会指向空字符串。

因为 argv 是指针数组，所以访问命令行参数非常容易。常见的做法是，期望有命令行参数的程序会设置循环来按顺序检查每一个参数。设定这种循环的方法之一就是使用整型变量作为 argv 数组的下标。例如，下面的循环每行一条地显示命令行参数：

```
int i;

for (i = 1; i < argc; i++)
  printf("%s\n", argv[i]);
```

另一种方法是构造一个指向 argv[1]的指针，然后对指针重复进行自增操作来逐个访问数组余下的元素。因为 argv 数组的最后一个元素始终是空指针，所以循环可以在找到数组中一个空指针时停止：

```
char **p;

for (p = &argv[1]; *p != NULL; p++)
  printf("%s\n", *p);
```

因为 p 是指向字符的指针的指针，所以必须小心使用。设置 p 等于&argv[1]是有意义的，因为 argv[1]是一个指向字符的指针。所以&argv[1]就是指向指针的指针。因为*p 和 NULL 都是指针，所以测试*p!= NULL 是没有问题的。对 p 进行自增操作看起来也是对的——因为 p 指向数组元素，所以对它进行自增操作将使 p 指向下一个元素。显示*p 的语句也是合理的，因为*p 指向字符串中的第一个字符。

程序　核对行星的名字

下一个程序 planet.c 举例说明了访问命令行参数的方法。设计此程序的目的是为了检查一系列字符串，从而找出哪些字符串是行星的名字。程序执行时，用户将把待测试的字符串放置在命令行中：

303

```
planet Jupiter venus Earth fred
```

程序会指出每个字符串是否是行星的名字。如果是，程序还将显示行星的编号（把最靠近太阳的行星编号为 1）：

```
Jupiter is planet 5
venus is not a planet
Earth is planet 3
fred is not a planet
```

注意，除非字符串的首字母大写并且其余字母小写，否则程序不会认为字符串是行星的名字。

planet.c

```
/* Checks planet names */

#include <stdio.h>
#include <string.h>

#define NUM_PLANETS 9

int main(int argc, char *argv[])
{
  char *planets[] = {"Mercury", "Venus", "Earth",
                     "Mars", "Jupiter", "Saturn",
                     "Uranus", "Neptune", "Pluto"};
  int i, j;

  for (i = 1; i < argc; i++) {
    for (j = 0; j < NUM_PLANETS; j++)
      if (strcmp(argv[i], planets[j]) == 0) {
        printf("%s is planet %d\n", argv[i], j + 1);
        break;
      }
    if (j == NUM_PLANETS)
      printf("%s is not a planet\n", argv[i]);
  }

  return 0;
}
```

程序会依次访问每个命令行参数，把它与 `planets` 数组中的字符串进行比较，直到找到匹配的名字或者到了数组的末尾才停止。程序中最有趣的部分是对 `strcmp` 函数的调用，此函数的参数是 `argv[i]`（指向命令行参数的指针）和 `planets[j]`（指向行星名的指针）。

问与答

问：字面串可以有多长？

304

答：按照 C89 标准，编译器必须最少支持 509 个字符长的字面串。（没错，就是 509。不要怀疑。）C99 C99 把最小长度增加到了 4095 个字符。

问：为什么不把字面串称为“字符串常量”？

答：这是因为它们并不一定是常量。因为字面串是通过指针访问的，所以没有办法避免程序修改字面串中的字符。

问：如果"\xfcber"的写法无效，如何书写代表“über”的字面串呢？（p.218）

答：秘诀是书写两个相邻的字面串，让编译器把它们拼接成一个。在上面的例子中，书写"\xfc" "ber"可以得到代表“über”的字面串。

问：改变字面串似乎没有什么危险。为什么会导致未定义的行为呢？（p.219）

答：一些编译器试图通过只为相同的字面串存储一份副本来节约内存。考虑下面的例子：

```
char *p = "abc", *q = "abc";
```

编译器可能只存储"abc"一次，并且把p和q都指向此字面串。如果试图通过指针p改变"abc"，那么q所指向的字符串也会受到影响。毫无疑问，这可能会导致一些非常讨厌的错误。另一个潜在的问题是，字面串可能存储在内存中的“只读”区域，试图修改这种字面串的程序会崩溃。

问：是否每个字符数组都应该包含空字符的空间呢？

答：这不是必需的，因为不是所有的字符数组都作为字符串使用。仅当我们打算把字符数组传递给一个需要以空字符结尾的字符串作为参数的函数时，才需要为空字符预留空间（并实际在数组中存储空字符）。

如果只对单个的字符进行处理，就不需要空字符。例如，字符数组可能用于从一个字符集到另一个字符集的翻译：

```
char translation_table[128];
```

对这个数组唯一可以执行的操作就是取下标。（translation_table[ch]中存储的是字符ch翻译后的值。）这里不会把translation_table看作字符串：它不需要包含空字符，而且我们也不会对它执行任何字符串操作。

问：如果printf函数和scanf函数需要char *类型的变量作为它们的第一个实际参数，那么是否意味着可以用字符串变量代替字面串作为实际参数呢？

305

答：可以，如下例所示：

```
char fmt[] = "%d\n";
int i;
...
printf(fmt, i);
```

这种能力为一些有趣的实现提供了可能。例如，把格式串作为输入读取。

问：如果想让printf函数输出字符串str，是否可以如下例所示那样仅仅把str用作格式串？

```
printf(str);
```

答：可以，但是很危险。如果str包含字符%，那么就不会获得预期的结果，因为printf函数会把%认定为转换说明的开始。

***问：read_line函数如何检测getchar函数读入字符是否失败？（p.224）**

答：如果因为错误或到达文件尾而不能读入字符，getchar函数会返回int类型的值EOF（➤22.4节）。下面是改进后的read_line函数，此函数用来检测getchar函数的返回值是否为EOF。改动部分用粗体标记：

```
int read_line(char str[], int n)
{
```

```
  int ch, i = 0;

  while ((ch = getchar()) != '\n' && ch != EOF)
    if (i < n)
      str[i++] = ch;
  str[i] = '\0';
  return i;
}
```

问：为什么 strcmp 函数会返回一个小于、等于或大于 0 的数？返回值有什么意义吗？（p.229）

答：strcmp 函数的返回值可能是源于函数的传统编写方式。看一下 Kernightan 和 Ritchie 的《C 程序设计语言》一书中的写法：

```
int strcmp(char *s, char *t)
{
  int i;

  for (i = 0; s[i] == t[i]; i++)
    if (s[i] == '\0')
      return 0;
  return s[i] - t[i];
}
```

306

函数的返回值是字符串 s 和字符串 t 中第一个"不匹配"字符的差。如果 s 指向的字符串"小于" t 指向的，那么结果为负数。如果 s 指向的字符串"大于" t 指向的，则结果为正数。但是，不能保证 strcmp 函数就是按照这种方法编写的，所以最好不要假设返回值有什么特殊的意义。

问：在尝试编译 strcat 函数中的 while 语句时，我的编译器给出警告消息。哪里出错了？

```
while (*p++ = *s2++)
  ;
```

答：没有错。如果在通常需要用==的地方使用了=，许多编译器都会给出警告，但不是所有的编译器都会这样做。这条警告消息 95%的情况下是正确的，而且如果留意到它会节约大量的调试时间。可惜的是，此消息在这个特殊的示例中是无效的。我们确实打算使用=，而不是==。为了除去警告，可以按如下方式重写 while 语句：

```
while ((*p++ = *s2++) != 0)
  ;
```

因为 while 语句通常测试*p++ = *s2++是否不为 0，所以这样做没有改变 while 语句的意思。但是警告消息没有了，原因是 while 语句现在测试的是条件，而不是赋值。对于 GCC，在赋值的外层加一对圆括号也可以避免警告消息的出现：

```
while ((*p++ = *s2++))
  ;
```

问：strlen 函数和 strcat 函数是否真的像 13.6 节所示的那样编写？

答：有可能。但是对编译器供应商来说，用汇编语言代替 C 语言来编写这些函数和许多其他字符串函数是很普遍的做法。字符串函数的处理速度越快越好，因为它们很常用并且必须能处理任意长度的字符串。利用 CPU 可能提供的专门的字符串处理指令，用汇编语言编写的这些函数能够获得很高的效率。

问：为什么 C 标准采用术语"程序参数"而不是"命令行参数"？（p.236）

答：程序不总是在命令行中运行的。例如，在常见的图形用户界面下，程序是通过点击鼠标来启动的。在这类环境中，虽然可能有给程序传递信息的其他方式，但是没有传统意义上的命令行了。术语"程序参数"适用于这样的环境。

307

问：是否必须使用 argc 和 argv 作为 main 函数的参数名？（p.236）

答：不是的。使用 argc 和 argv 作为参数名仅仅是一种习惯，而不是语言本身的要求。

问：我曾见过把 argv 声明为argv 而不是*argv[]的做法。这是否合法？**

答：当然合法。在声明形式参数时，不管 a 的元素类型是什么，*a 的写法和 a[]的写法总是一样的。

问：我们已经见过如何创建其元素是指向字面串的指针的数组。指针数组是否还有其他应用？

答：有的。虽然到目前为止主要讨论其元素是指向字符串的指针的数组，但这不是指针数组的唯一应用。我们可以同样简单地创建其元素是指向任何数据类型的指针的数组，无论该数据是否以数组的形式组织。指针数组与动态存储分配（➤17.1 节）一起使用是特别有用的。

练习题

13.3 节

1. 下面的函数调用应该只输出一个换行符，但是其中有一些是错误的。请指出哪些调用是错误的，并说明理由。

(a) printf("%c", '\n');
(b) printf("%c", "\n");
(c) printf("%s", '\n');
(d) printf("%s", "\n");
(e) printf('\n');
(f) printf("\n");
(g) putchar('\n');
(h) putchar("\n");
(i) puts('\n');
(j) puts("\n");
(k) puts("");

Ⓦ 2. 假设 p 的声明如下：

```
char *p = "abc";
```

下列哪些函数调用是合法的？请说明每个合法的函数调用的输出，并解释为什么其他的是非法的。

(a) putchar(p);
(b) putchar(*p);
(c) puts(p);
(d) puts(*p);

*3. 假设按如下方式调用 scanf 函数：

```
scanf("%d%s%d", &i, s, &j);
```

如果用户输入 12abc34 56def78，那么调用后 i、s 和 j 的值分别是多少？（假设 i 和 j 是 int 类型变量，s 是字符数组。）

Ⓦ 4. 按照下述要求分别修改 read_line 函数。

(a) 在开始存储输入字符前跳过空白字符。
(b) 在遇到第一个空白字符时停止读入。提示：调用 isspace 函数（➤23.5 节）来检查字符是否为空白字符。 308
(c) 在遇到第一个换行符时停止读入，然后把换行符存储到字符串中。
(d) 把没有空间存储的字符留下以备后用。

13.4 节

5. (a) 编写名为 capitalize 的函数，把参数中的字母都改为大写字母。参数是空字符结尾的字符串，且此字符串可以包含任意字符而不仅是字母。使用数组取下标操作访问字符串中的字符。提示：使用 toupper 函数（➤23.5 节）把每个字符转换成大写。
   (b) 重写 capitalize 函数，这次使用指针算术运算来访问字符串中的字符。

Ⓦ 6. 编写名为 censor 的函数，把字符串中出现的每一处 foo 替换为 xxx。例如，字符串"food fool"会变为"xxxd xxxl"。在不失清晰性的前提下程序越短越好。

13.5 节

7. 假设 str 是字符数组，下面哪条语句与其他 3 条语句不等价？

(a) `*str = 0;` (b) `str[0] = '\0';`
(c) `strcpy(str, "");` (d) `strcat(str, "");`

W *8. 在执行下列语句后，字符串 str 的值是什么？

```
strcpy(str, "tire-bouchon");
strcpy(&str[4], "d-or-wi");
strcat(str, "red?");
```

9. 在执行下列语句后，字符串 s1 的值是什么？

```
strcpy(s1, "computer");
strcpy(s2, "science");
if (strcmp(s1, s2) < 0)
  strcat(s1, s2);
else
  strcat(s2, s1);
s1[strlen(s1)-6] = '\0';
```

W 10. 下面的函数用于创建字符串的相同副本。请指出这个函数中的错误。

```
char *duplicate(const char *p)
{
  char *q;

  strcpy(q, p);
  return q;
}
```

11. 本章的“问与答”部分说明了利用数组取下标操作来编写 strcmp 函数的方法。请修改此函数，改用指针算术运算来编写。

309

12. 编写下面的函数：

```
void get_extension(const char *file_name, char *extension);
```

file_name 指向包含文件名的字符串。函数把文件名的扩展存储在 extension 指向的字符串中。例如，如果文件名是"memo.txt"，函数将把"txt"存储到 extension 指向的字符串中。如果文件名没有扩展名，函数将在 extension 指向的字符串中存储一个空字符串（仅由一个空字符构成）。在函数中使用 strlen 函数和 strcpy 函数，使其尽可能简单。

13. 编写下面的函数：

```
void build_index_url(const char *domain, char *index_url);
```

domain 指向包含因特网域名的字符串，例如"knking.com"。函数应在该字符串的前面加上"http://www."，在后面加上"/index.html"，并把结果存储到 index_url 指向的字符串中。（在这个例子中，结果为"http://www.knking.com/index.html"。）可以假定 index_url 所指向的变量长度足以装下整个字符串。在函数中使用 strcat 函数和 strcpy 函数，使其尽可能简单。

13.6 节

* 14. 下面程序的输出是什么？

```
#include <stdio.h>

int main(void)
{
```

```
  char s[] = "Hsjodi", *p;

  for (p = s; *p; p++)
    --*p;
  puts(s);
  return 0;
}
```

ⓦ*15. 函数 f 如下所示：

```
int f(char *s, char *t)
{
  char *p1, *p2;

  for (p1 = s; *p1; p1++)  {
    for (p2 = t; *p2; p2++)
      if (*p1 == *p2) break;
    if (*p2 == '\0') break;
  }
  return p1 - s;
}
```

(a) f("abcd", "babc")的值是多少？

(b) f("abcd", "bcd")的值是多少？

(c) 当传递两个字符串 s 和 t 时，函数 f 的返回值一般是什么？

ⓦ16. 利用 13.6 节中的方法来精简 13.4 节的 count_space 函数。具体而言要用 while 循环替换 for 语句。

17. 编写下面的函数：

```
bool test_extension(const char *file_name,
                    const char *extension);
```

310

file_name 指向包含文件名的字符串。如果文件的扩展名与 extension 指向的字符串匹配（不区分大小写），函数返回 true。例如，函数调用 test_extension("memo.txt", "TXT") 将返回 true。要求在函数中使用“搜索字符串结尾”的惯用法。提示：在比较字符之前使用 toupper 函数（➤23.5 节）把字符转换成大写形式。

18. 编写下面的函数：

```
void remove_filename(char *url);
```

url 指向一个包含以文件名结尾的统一资源定位器（Uniform Resource Locator, URL）的字符串，例如"http://www.knking.com/index.html"。函数应通过移除文件名和前面的斜杠来修改字符串。（在上面的例子中，结果为"http://www.knking.com"。）要求在函数中使用“搜索字符串结尾”的惯用法。提示：把字符串中的最后一个斜杠替换为空字符。

编程题

ⓦ 1. 编写程序找出一组单词中“最小”单词和“最大”单词。用户输入单词后，程序根据字典顺序决定排在最前面和最后面的单词。当用户输入 4 个字母的单词时，程序停止读入。假设所有单词都不超过 20 个字母。程序会话如下：

```
Enter word: dog
Enter word: zebra
Enter word: rabbit
Enter word: catfish
```

```
Enter word:  walrus
Enter word:  cat
Enter word:  fish

Smallest word: cat
Largest word: zebra
```

提示：使用两个名为 smallest_word 和 largest_word 的字符串来分别记录所有输入中的“最小”单词和“最大”单词。用户每输入一个新单词，都要用 strcmp 函数把它与 smallest_word 进行比较。如果新的单词比 smallest_word“小”，就用 strcpy 函数把新单词保存到 smallest_word 中。用类似的方式与 larges_word 进行比较。用 strlen 函数来判断用户是否输入了4个字母的单词。

2. 按如下方式改进13.5节的 remind.c 程序。

 (a) 如果对应的日期为负数或大于31，程序显示出错消息，并忽略提醒。提示：使用 continue 语句。
 (b) 允许用户输入日期、24小时格式的时间和提醒。显示的提醒列表必须先按日期排序，然后再按时间排序。（原始的 remind.c 程序允许用户输入时间，但是它把时间作为提醒的一部分来处理。）
 (c) 程序显示一年的提醒列表。要求用户按照月/日的格式输入日期。

311

3. 修改8.2节的 deal.c 程序，使它显示出牌的全名：

```
Enter number of cards in hand: 5
Your hand:
Seven of clubs
Two of spades
Five of diamonds
Ace of spades
Two of hearts
```

提示：用指向字符串的指针的数组来替换数组 rank_code 和数组 suit_code。

W 4. 编写名为 reverse.c 的程序，用来逆序输出命令行参数。如果输入

```
reverse void and null
```

运行程序，产生的输出应为

```
null and void
```

5. 编写名为 sum.c 的程序，用来对命令行参数（假设都是整数）求和。如果输入

```
sum 8 24 62
```

运行程序，产生的输出应为

```
Total: 94
```

提示：用 atoi 函数（➤26.2节）把每个命令行参数从字符串格式转换为整数格式。

W 6. 改进13.7节的程序 planet.c，使它在对命令行参数和 planets 数组中的字符串进行比较时忽略大小写。

7. 修改第5章的编程题11，用字符串指针数组取代 switch 语句。例如，现在不再用 switch 语句来显示第一位数字对应的单词，而把该数字用作下标，从包含"twenty"、"thirty"等字符串的数组中搜索。

8. 修改第7章的编程题5，使其包含如下函数：

```
int compute_scrabble_value(const char *word);
```

函数返回 word 所指向的字符串的拼字值。

9. 修改第7章的编程题10，使其包含如下函数：

```
int compute_vowel_count(const char *sentence);
```

函数返回 sentence 所指向的字符串中元音字母的个数。

10. 修改第7章的编程题11，使其包含如下函数：

```
void reverse_name(char *name);
```

在参数 name 指向的字符串中，名在前、姓在后。在修改后的字符串中，姓在前，其后跟一个逗号和一个空格，然后是名的首字母，最后加一个点。原始的字符串中，名的前面、名和姓之间、姓的后面都可以有额外的空格。

11. 修改第7章的编程题13，使其包含如下函数：

```
double compute_average_word_length(const char *sentence);
```

函数返回 sentence 所指向的字符串中单词的平均长度。

12. 修改第8章的编程题14，读取句子时把单词存储在一个二维的 char 类型数组中，每行存储一个单词。假定句子中的单词数不超过30，且每个单词的长度都不超过20个字符。注意，要在每个单词的后面存储一个空字符，使其可以作为字符串处理。 312

13. 修改第8章的编程题15，使其包含如下函数：

```
void encrypt(char *message, int shift);
```

参数 message 指向一个包含待加密消息的字符串，shift 表示消息中每个字母需要移动的位数。

14. 修改第8章的编程题16，使其包含如下函数：

```
bool are_anagrams(const char *word1, const char *word2);
```

如果 word1 和 word2 指向的字符串是变位词，函数返回 true。

15. 修改第10章的编程题6，使其包含如下函数：

```
int evaluate_RPN_expression(const char *expression);
```

函数返回 expression 指向的 RPN 表达式的值。

16. 修改第12章的编程题1，使其包含如下函数：

```
void reverse(char *message);
```

函数的作用是反转 message 指向的字符串。*提示*：使用两个指针，初始时一个指向字符串的第一个字符，另一个指向最后一个字符；交换这两个字符，然后让两个指针相向移动；重复这一过程直到两个指针相遇。

17. 修改第12章的编程题2，使其包含如下函数：

```
bool is_palindrome(const char *message);
```

如果 message 指向的字符串是回文，函数返回 true。

18. 编写程序，按“月/日/年”的格式接受用户输入的日期，然后按“月 日，年”的格式显示，其中“月”用英文全名：

```
Enter a date (mm/dd/yyyy): 2/17/2011
You entered the date February 17, 2011
```

用字符串指针数组存储月份的名字。 313

第 **14** 章

预处理器

总有一些事用什么语言都不好表达，而我们希望能通过程序把它表达出来。

前面的几章用到过#define 与#include 指令，但没有深入讨论。这些指令（以及我们还没有学到的指令）都是由**预处理器**处理的。预处理器是一个小软件，它可以在编译前处理 C 程序。C 语言（和 C++语言）因为依赖预处理器而不同于其他的编程语言。

预处理器是一种强大的工具，但它同时也可能是许多难以发现的错误的根源。此外，预处理器也可能被错误地用来编写出一些几乎不可能读懂的程序。尽管有些 C 程序员十分依赖于预处理器，我依然建议适度地使用它，就像生活中的其他许多事物一样。

本章首先描述预处理器的工作原理（14.1 节），并且给出一些会影响预处理指令（14.2 节）的通用规则。14.3 节和 14.4 节介绍预处理器最主要的两种能力：宏定义和条件编译。（而处理器另外一个主要功能，即文件包含，将留到第 15 章再详细介绍。）14.5 节讨论较少用到的预处理指令：#error、#line 和#pragma。

14.1 预处理器的工作原理

预处理器的行为是由**预处理指令**（由#字符开头的一些命令）控制的。我们已经在前面的章节中遇见过其中两种指令，即#define 和#include。

#define 指令定义了一个**宏**——用来代表其他东西的一个名字，例如常量或常用的表达式。预处理器会通过将宏的名字和它的定义存储在一起来响应#define 指令。当这个宏在后面的程序中使用到时，预处理器“扩展”宏，将宏替换为其定义内容 。

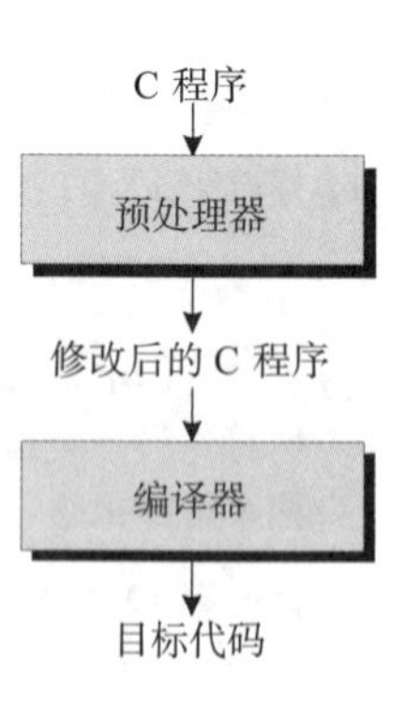

#include 指令告诉预处理器打开一个特定的文件，将它的内容作为正在编译的文件的一部分“包含”进来。例如，代码行

```
#include <stdio.h>
```

指示预处理器打开一个名为 stdio.h 的文件，并将它的内容加到当前的程序中。（stdio.h 包含了 C 语言标准输入/输出函数的原型。）

右图说明了预处理器在编译过程中的作用。预处理器的输入是一个 C 语言程序，程序可能包含指令。预处理器会执行这些指令，并在处理过程中删除这些指令。预处理器的输出是另一个 C 程序：原程序编辑后的版本，不再包含指令。预处理器的输出被直接交给编译器，编译器检查程序是否有错误，并将程序翻译为目标代码（机器指令）。

为了展现预处理器的作用，我们将它应用于 2.6 节的程序 celsius.c。下面是原来的程序：

```
/* Converts a Fahrenheit temperature to Celsius */

#include <stdio.h>

#define FREEZING_PT 32.0f
#define SCALE_FACTOR (5.0f / 9.0f)

int main(void)
{
  float fahrenheit, celsius;

  printf("Enter Fahrenheit temperature: ");
  scanf("%f", &fahrenheit);

  celsius = (fahrenheit - FREEZING_PT) * SCALE_FACTOR;

  printf("Celsius equivalent is: %.1f\n", celsius);

  return 0;
}
```

316

预处理结束后，程序是下面的样子：

```
空行
空行
从stdio.h 中引入的行
空行
空行
空行
空行
int main(void)
{
  float fahrenheit, celsius;

  printf("Enter Fahrenheit temperature:  ");
  scanf("%f", &fahrenheit);

  celsius = (fahrenheit - 32.0f) * (5.0f / 9.0f);

  printf("Celsius equivalent is: %.1f\n", celsius);

  return 0;
}
```

预处理器通过引入 stdio.h 的内容来响应`#include`指令。预处理器也删除了`#define`指令，并且替换了该文件中稍后出现在任何位置上的`FREEZING_PT`和`SCALE_FACTOR`。请注意预处理器并没有删除包含指令的行，而是简单地将它们替换为空。

正如这个例子所展示的那样，预处理器不仅仅执行了指令，还做了一些其他的事情。特别值得注意的是，它将每一处注释都替换为一个空格字符。有一些预处理器还会进一步删除不必要的空白字符，包括每一行开始用于缩进的空格符和制表符。

在 C 语言较早的时期，预处理器是一个单独的程序，它的输出提供给编译器。如今，预处理器通常和编译器集成在一起，而且其输出也不一定全是 C 代码（例如，包含`<stdio.h>`之类的标准头使得我们可以在程序中使用相应头中的函数，而不需要把头的内容复制到程序的源代码中）。然而，将预处理器和编译器看作不同的程序仍然是有用的。实际上，大部分 C 编译器提供了一种方法，使用户可以看到预处理器的输出。在指定某个特定的选项（GCC 用的是`-E`）

时编译器会产生预处理器的输出。其他一些编译器会提供一个类似于集成的预处理器的独立程序。要了解更多的信息，可以查看你使用的编译器的文档。

注意，预处理器仅知道少量C语言的规则。因此，它在执行指令时非常有可能产生非法的程序。经常是原始程序看起来没问题，使错误查找起来很难。对于较复杂的程序，检查预处理器的输出可能是找到这类错误的有效途径。

317

14.2 预处理指令

大多数预处理指令属于下面3种类型之一。

- **宏定义**。#define 指令定义一个宏，#undef 指令删除一个宏定义。
- **文件包含**。#include 指令导致一个指定文件的内容被包含到程序中。
- **条件编译**。#if、#ifdef、#ifndef、#elif、#else 和#endif 指令能根据预处理器可以测试的条件来确定，是将一段文本块包含到程序中，还是将其排除在程序之外。

剩下的#error、#line 和#pragma 指令是更特殊的指令，较少用到。本章将深入研究预处理指令。唯一一个不会在这里详细讨论的指令是#include，这个指令将在15.2节介绍。

在进一步讨论之前，先来看几条适用于所有指令的规则。

- **指令都以#开始**。#符号不需要出现在一行的行首，只要在它之前只有空白字符就行。在#后是指令名，接着是指令所需要的其他信息。
- **在指令的符号之间可以插入任意数量的空格或水平制表符**。例如，下面的指令是合法的：

```
#     define     N     100
```

- **指令总是在第一个换行符处结束，除非明确地指明要延续**。如果想在下一行延续指令，我们必须在当前行的末尾使用\字符。例如，下面的指令定义了一个宏来表示硬盘的容量，按字节计算：

```
#define DISK_CAPACITY (SIDES *              \
                       TRACKS_PER_SIDE *    \
                       SECTORS_PER_TRACK *  \
                       BYTES_PER_SECTOR)
```

- **指令可以出现在程序中的任何地方**。但我们通常将#define 和#include 指令放在文件的开始，其他指令则放在后面，甚至可以放在函数定义的中间。
- **注释可以与指令放在同一行**。实际上，在宏定义的后面加一个注释来解释宏的含义是一种比较好的习惯：

318

```
#define FREEZING_PT 32.0f    /* freezing point of water */
```

14.3 宏定义

从第2章开始使用的宏被称为简单的宏，它们没有参数。预编译器还支持带参数的宏。本节先讨论简单的宏，然后再讨论带参数的宏。在分别讨论它们之后，我们会研究一下二者共同的特性。

14.3.1 简单的宏

简单的宏（C标准中称为**对象式宏**）的定义有如下格式：

[**#define** 指令（简单的宏）] `#define 标识符 替换列表`

替换列表是一系列的预处理记号，类似于 2.8 节中讨论的记号。本章中提及“记号”时均指“预处理记号”。

宏的替换列表可以包括标识符、关键字、数值常量、字符常量、字面串、运算符和标点符号。当预处理器遇到一个宏定义时，会做一个“标识符”代表“替换列表”的记录。在文件后面的内容中，不管标识符在哪里出现，预处理器都会用替换列表代替它。

不要在宏定义中放置任何额外的符号，否则它们会被当作替换列表的一部分。一种常见的错误是在宏定义中使用 = ：

```
#define N = 100    /*** WRONG ***/
...
int a[N];          /* becomes int a[= 100]; */
```

在上面的例子中，我们（错误地）把 N 定义成两个记号（= 和 100）。

在宏定义的末尾使用分号是另一个常见错误：

```
#define N 100;     /*** WRONG ***/
...
int a[N];          /* becomes int a[100;]; */
```

这里 N 被定义为 100 和;两个记号。

编译器可以检测到宏定义中绝大多数由多余符号所导致的错误。但是，编译器只会将每一个使用这个宏的地方标为错误，而不会直接找到错误的根源——宏定义本身，因为宏定义已经被预处理器删除了。

简单的宏主要用来定义那些被 Kernighan 和 Ritchie 称为“明示常量”（manifest constant）的东西。**Q&A**我们可以使用宏给数值、字符值和字符串值命名。

319

```
#define STE_LEN 80
#define TRUE    1
#define FALSE   0
#define PI      3.14159
#define CR      '\r'
#define EOS     '\0'
#define MEM_ERR "Error: not enough memory"
```

使用#define 来为常量命名有许多显著的优点。

- **程序会更易读**。一个认真选择的名字可以帮助读者理解常量的意义。否则，程序将包含大量的“魔法数”，很容易迷惑读者。
- **程序会更易于修改**。我们仅需要改变一个宏定义，就可以改变整个程序中出现的所有该常量的值。“硬编码”的常量会更难于修改，特别是当它们以稍微不同的形式出现时。（例如，如果程序包含一个长度为 100 的数组，它可能会包含一个 0~99 的循环。如果我们只是试图找到程序中出现的所有 100，那么就会漏掉 99。）
- **可以帮助避免前后不一致或键盘输入错误**。假如数值常量 3.14159 在程序中大量出现，它可能会被意外地写成 3.1416 或 3.14195。

虽然简单的宏常用于定义常量名，但是它们还有其他应用。

- **可以对 C 语法做小的修改**。我们可以通过定义宏的方式给 C 语言符号添加别名，从而改变 C 语言的语法。例如，对于习惯使用 Pascal 的 begin 和 end（而不是 C 语言的{和}）的程序员，可以定义下面的宏：

```
#define BEGIN {
#define END   }
```

我们甚至可以发明自己的语言。例如，我们可以创建一个 LOOP“语句”，来实现一个无限循环：

```
#define LOOP for (;;)
```

当然，改变 C 语言的语法通常不是个好主意，因为它会使程序很难被其他程序员理解。

- **对类型重命名**。在 5.2 节中，我们通过重命名 int 创建了一个布尔类型：

```
#define BOOL int
```

虽然有些程序员会使用宏定义的方式来实现此目的，但类型定义（➤7.5 节）仍然是定义新类型的最佳方法。

- **控制条件编译**。如将在 14.4 节中看到的那样，宏在控制条件编译中起到了重要的作用。例如，在程序中出现的下面这行宏定义可能表明需要将程序在“调试模式”下进行编译，并使用额外的语句输出调试信息：

320

```
#define DEBUG
```

这里顺便提一下，如上面的例子所示，宏定义中的替换列表为空是合法的。

当宏作为常量使用时，C 程序员习惯在名字中只使用大写字母。但是并没有如何将用于其他目的的宏大写的统一做法。由于宏（特别是带参数的宏）可能是程序中错误的来源，一些程序员更喜欢全部使用大写字母来引起注意。有些人则倾向于小写，即按照 Kernighan 和 Ritchie 编写的《C 程序设计语言》一书中的风格。

14.3.2　带参数的宏

带参数的宏（也称为**函数式宏**）的定义有如下格式：

[#define 指令（带参数的宏）]　#define *标识符*$(x_1, x_2, \cdots, x_n)$ *替换列表*

其中 $x_1, x_2,\cdots, x_n$是标识符（宏的**参数**）。这些参数可以在替换列表中根据需要出现任意次。

在宏的名字和左括号之间必须没有空格。如果有空格，预处理器会认为在定义一个简单的宏，其中$(x_1, x_2, \cdots, x_n)$*是替换列表的一部分。*

当预处理器遇到带参数的宏时，会将宏定义存储起来以便后面使用。在后面的程序中，如果任何地方出现了*标识符*$(y_1, y_2, \cdots, y_n)$格式的宏调用（其中 $y_1, y_2, \cdots, y_n$是一系列记号），预处理器会使用*替换列表*替代——使用 y_1 替换 x_1，y_2 替换 x_2，以此类推。

例如，假定我们定义了如下的宏：

```
#define MAX(x,y)    ((x)>(y)?(x):(y))
#define IS_EVEN(n) ((n)%2==0)
```

（宏定义中的圆括号似乎过多，但本节后面将看到，这样做是有原因的。）现在如果后面的程序中有如下语句：

```
i = MAX(j+k, m-n);
if (IS_EVEN(i)) i++;
```

321

预处理器会将这些行替换为

```
i = ((j+k)>(m-n)?(j+k):(m-n));
if (((i)%2==0)) i++;
```

如这个例子所示，带参数的宏经常用作简单的函数。MAX 类似一个从两个值中选取较大值的函数，IS_EVEN 则类似一种当参数为偶数时返回 1，否则返回 0 的函数。

下面的宏也类似函数，但更为复杂：

```
#define TOUPPER(c) ('a'<=(c)&&(c)<='z'?(c)-'a'+'A':(c))
```

这个宏检测字符 c 是否在'a'与'z'之间。如果在的话，这个宏会用 c 的值减去'a'再加上'A'，从而计算出 c 所对应的大写字母。如果 c 不在这个范围，就保留原来的 c。[<ctype.h>头文件（➤23.5 节）中提供了一个类似的函数 toupper，它的可移植性更好。]

带参数的宏可以包含空的参数列表，如下例所示：

```
#define getchar() getc(stdin)
```

空的参数列表不是必需的，但这样可以使 getchar 更像一个函数。（没错，这就是<stdio.h>中的 getchar。我们将在 22.4 节中看到，getchar 经常实现为宏，也经常实现为函数。）

使用带参数的宏替代真正的函数有两个优点。

- **程序可能会稍微快些**。程序执行时调用函数通常会有些额外开销——存储上下文信息、复制参数的值等，而调用宏则没有这些运行开销。[C99 注意，C99 的内联函数（➤18.6 节）为我们提供了一种不使用宏而避免这一开销的办法。]
- **宏更“通用”**。与函数的参数不同，宏的参数没有类型。因此，只要预处理后的程序依然是合法的，宏可以接受任何类型的参数。例如，我们可以使用 MAX 宏从两个数中选出较大的一个，数的类型可以是 int、long、float、double 等。

但是带参数的宏也有一些缺点。

- **编译后的代码通常会变大**。每一处宏调用都会导致插入宏的替换列表，由此导致程序的源代码增加（因此编译后的代码变大）。宏使用得越频繁，这种效果就越明显。当宏调用嵌套时，这个问题会相互叠加从而使程序更加复杂。思考一下，如果我们用 MAX 宏来找出 3 个数中最大的数会怎样：

  ```
  n = MAX(i, MAX(j, k));
  ```

  下面是预处理后的语句：

  ```
  n = ((i)>(((j)>(k)?(j):(k)))?(i):(((j)>(k)?(j):(k))));
  ```

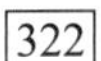

- **宏参数没有类型检查**。当一个函数被调用时，编译器会检查每一个参数来确认它们是否是正确的类型。如果不是，要么将参数转换成正确的类型，要么由编译器产生一条出错消息。预处理器不会检查宏参数的类型，也不会进行类型转换。

- **无法用一个指针来指向一个宏**。如在 17.7 节中将看到的，C 语言允许指针指向函数，这在特定的编程条件下非常有用。宏会在预处理过程中被删除，所以不存在类似的“指向宏的指针”。因此，宏不能用于处理这些情况。
- **宏可能会不止一次地计算它的参数**。函数对它的参数只会计算一次，而宏可能会计算两次甚至更多次。如果参数有副作用，多次计算参数的值可能会产生不可预知的结果。考虑下面的例子，其中 MAX 的一个参数有副作用：

  ```
  n = MAX(i++, j);
  ```

  下面是这条语句在预处理之后的结果：

  ```
  n = ((i++)>(j)?(i++):(j));
  ```

  如果 i 大于 j，那么 i 可能会被（错误地）增加两次，同时 n 可能被赋予错误的值。

由于多次计算宏的参数而导致的错误可能非常难于发现，这是因为宏调用和函数调用看起来是一样的。更糟糕的是，这类宏可能在大多数情况下可以正常工作，仅在特定参数有副作用时失效。为了自我保护，最好避免使用带有副作用的参数。

带参数的宏不仅适用于模拟函数调用，还经常用作需要重复书写的代码段模式。如果我们已经写烦了语句

```
printf("%d\n", i);
```

这是因为每次要显示一个整数 i 都要使用它。我们可以定义下面的宏，使显示整数变得简单些：

```
#define PRINT_INT(n) printf("%d\n", n)
```

一旦定义了 PRINT_INT，预处理器会将这行

```
PRINT_INT(i/j);
```

转换为

323

```
printf("%d\n", i/j);
```

14.3.3 #运算符

宏定义可以包含两个专用的运算符：#和##。编译器不会识别这两种运算符，它们会在预处理时被执行。

#运算符将宏的一个参数转换为字面串。它仅允许出现在带参数的宏的替换列表中。（Q&A #运算符所执行的操作可以理解为“串化”（stringization），这个词你在字典里肯定看不到。）

#运算符有许多用途，这里只来讨论其中的一种。假设我们决定在调试过程中使用 PRINT_INT 宏作为一个便捷的方法来输出整型变量或表达式的值。#运算符可以使 PRINT_INT 为每个输出的值添加标签。下面是改进后的 PRINT_INT：

```
#define PRINT_INT(n) printf(#n " = %d\n", n)
```

n 之前的#运算符通知预处理器根据 PRINT_INT 的参数创建一个字面串。因此，调用

```
PRINT_INT(i/j);
```

会变为

```
printf("i/j" " = %d\n", i/j);
```

从 13.1 节可知，C 语言中相邻的字面串会被合并。因此上边的语句等价于

```
printf("i/j = %d\n", i/j);
```

当程序执行时，printf 函数会同时显示表达式 i/j 和它的值。例如，如果 i 是 11，j 是 2 的话，输出为

```
i/j = 5
```

14.3.4 ##运算符

##运算符可以将两个记号（如标识符）“粘合”在一起，成为一个记号。（无须惊讶，##运算符被称为“记号粘合”。）如果其中一个操作数是宏参数，“粘合”会在形式参数被相应的实际参数替换后发生。考虑下面的宏：

```
#define MK_ID(n) i##n
```

当 MK_ID 被调用时（比如 MK_ID(1)），预处理器首先使用实际参数（这个例子中是 1）替换形式参数 n。接着，预处理器将 i 和 1 合并为一个记号（i1）。下面的声明使用 MK_ID 创建了 3 个标识符：

```
int MK_ID(1), MK_ID(2), MK_ID(3);
```

324

预处理后这一声明变为

```
int i1, i2, i3;
```

##运算符不属于预处理器最经常使用的特性。实际上，想找到一些使用它的情况是比较困难的。为了找到一个有实际意义的##的应用，我们来重新思考前面提到过的 MAX 宏。如我们所见，当 MAX 的参数有副作用时会无法正常工作。一种解决方法是用 MAX 宏来写一个 max 函数。遗憾的是，仅一个 max 函数是不够的，我们可能需要一个实际参数是 int 值的 max 函数、一个实际参数为 float 值的 max 函数，等等。除了实际参数的类型和返回值的类型之外，这些函数都一样。因此，这样定义每一个函数似乎是个很蠢的做法。

解决的办法是定义一个宏，并使它展开后成为 max 函数的定义。宏只有一个参数 type，表示实际参数和返回值的类型。这里还有个问题，如果我们用宏来创建多个 max 函数，程序将无法编译。（C 语言不允许在同一文件中出现两个同名的函数。）为了解决这个问题，我们用##运算符为每个版本的 max 函数构造不同的名字。下面是宏的形式：

```
#define GENERIC_MAX(type)          \
type type##_max(type x, type y)   \
{                                  \
  return x > y ? x : y;            \
}
```

注意，宏的定义中是如何将 type 和_max 相连来形成新函数名的。

现在，假如我们需要一个针对 float 值的 max 函数。下面是使用 GENERIC_MAX 宏来定义这一函数的方法：

```
GENERIC_MAX(float)
```

预处理器会将这行代码展开如下：

```
float float_max(float x, float y) { return x > y ? x : y; }
```

14.3.5 宏的通用属性

我们已经讨论过了简单的宏和带参数的宏，现在来看一下它们都需要遵守的规则。

- **宏的替换列表可以包含对其他宏的调用**。例如，我们可以用宏 PI 来定义宏 TWO_PI：

```
#define PI      3.14159
#define TWO_PI  (2*PI)
```

325

当预处理器在后面的程序中遇到 TWO_PI 时，会将它替换成(2*PI)。接着，预处理器会重新检查替换列表，看它是否包含其他宏的调用（在这个例子中，调用了宏 PI）。Q&A 预处理器会不断重新检查替换列表，直到将所有的宏名字都替换完为止。

- **预处理器只会替换完整的记号，而不会替换记号的片段**。因此，预处理器会忽略嵌在标识符、字符常量、字面串之中的宏名。例如，假设程序含有如下代码行：

```
#define SIZE 256

int BUFFER_SIZE;

if (BUFFER_SIZE > SIZE)
  puts("Error:  SIZE exceeded");
```

预处理后这些代码行会变为

```
int BUFFER_SIZE;

if (BUFFER_SIZE > 256)
  puts("Error: SIZE exceeded");
```

尽管标识符 BUFFER_SIZE 和字符串"Error: SIZE exceeded"都包含 SIZE，但是它们没有被预处理影响。

- **宏定义的作用范围通常到出现这个宏的文件末尾**。由于宏是由预处理器处理的，它们不遵从通常的作用域规则。定义在函数中的宏并不是仅在函数内起作用，而是作用到文件末尾。
- **宏不可以被定义两遍，除非新的定义与旧的定义是一样的**。小的间隔上的差异是被允许的，但是宏的替换列表（和参数，如果有的话）中的记号必须都一致。
- **宏可以使用#undef 指令“取消定义”**。#undef 指令有如下形式：

[#undef 指令]　#undef *标识符*

其中*标识符*是一个宏名。例如，指令

```
#undef N
```

会删除宏 N 当前的定义。（如果 N 没有被定义成一个宏，则#undef 指令没有任何作用。）#undef 指令的一个用途是取消宏的现有定义，以便于重新给出新的定义。

14.3.6 宏定义中的圆括号

326

在前面定义的宏的替换列表中有大量的圆括号。确实需要它们吗？答案是绝对需要。如果我们少用几个圆括号，宏有时可能会得到意想不到的（而且是不希望有的）结果。

至于在一个宏定义中哪里要加圆括号，有两条规则要遵守。首先，如果宏的替换列表中有运算符，那么始终要将替换列表放在括号中：

```
#define TWO_PI (2*3.14159)
```

其次，如果宏有参数，每个参数每次在替换列表中出现时都要放在圆括号中：

```
#define SCALE(x) ((x)*10)
```

没有括号的话，我们将无法确保编译器会将替换列表和参数作为完整的表达式。编译器可能会不按我们期望的方式应用运算符的优先级和结合性规则。

为了展示为替换列表添加圆括号的重要性，考虑下面的宏定义，其中的替换列表没有添加圆括号：

```
#define TWO_PI 2*3.14159
  /* 需要给替换列表加圆括号 */
```

在预处理时，语句

```
conversion_factor = 360/TWO_PI;
```

变为

```
conversion_factor = 360/2*3.14159;
```

除法会在乘法之前执行，产生的结果并不是期望的结果。

当宏有参数时，仅给替换列表添加圆括号是不够的。参数的每一次出现都要添加圆括号。例如，假设 SCALE 定义如下：

```
#define SCALE(x) (x*10)   /* 需要给 x 添加括号 */
```

在预处理过程中，语句

```
j = SCALE(i+1);
```

变为

```
j = (i+1*10);
```

由于乘法的优先级比加法高，这条语句等价于

```
j = i+10;
```

当然，我们希望的是

```
j = (i+1)*10;
```

327

在宏定义中缺少圆括号会导致 C 语言中最让人讨厌的错误。程序通常仍然可以编译通过，而且宏似乎也可以工作，仅在少数情况下会出错。

14.3.7 创建较长的宏

在创建较长的宏时，逗号运算符会十分有用。特别是可以使用逗号运算符来使替换列表包含一系列表达式。例如，下面的宏会读入一个字符串，再把字符串显示出来：

```
#define ECHO(s) (gets(s), puts(s))
```

gets 函数和 puts 函数的调用都是表达式，因此使用逗号运算符连接它们是合法的。我们甚至可以把 ECHO 宏当作一个函数来使用：

```
ECHO(str);   /* 替换为 (gets(str), puts(str)); */
```

如果不想在 ECHO 的定义中使用逗号运算符，我们还可以将 gets 函数和 puts 函数的调用放在花括号中形成复合语句：

```
#define ECHO(s)  { gets(s);  puts(s);  }
```

遗憾的是，这种方式并未奏效。假如我们将 ECHO 宏用于下面的 if 语句：

```
if (echo_flag)
  ECHO(str);
else
  gets(str);
```

将 ECHO 宏替换会得到下面的结果：

```
if (echo_flag)
  { gets(str);  puts(str);  };
else
  gets(str);
```

编译器会将头两行作为完整的 if 语句：

```
if (echo_flag)
  { gets(str);  puts(str);  }
```

编译器会将跟在后面的分号作为空语句，并且对 else 子句抛出出错消息，因为它不属于任何 if 语句。记住，永远不要在 ECHO 宏后面加分号，这样做就可以解决这个问题。但是这样做会使程序看起来有些怪异。

逗号运算符可以解决 ECHO 宏的问题，但并不能解决所有宏的问题。假如一个宏需要包含一系列的语句，而不仅仅是一系列的表达式，这时逗号运算符就起不了作用了，因为它只能连接表达式，不能连接语句。解决的方法是将语句放在 do 循环中，并将条件设置为假（因此语句只会执行一次）：

328

```
do { ... } while (0)
```

注意，这个 do 语句是不完整的——后面还缺一个分号。为了看到这个技巧（嗯，应该说是技术）的实际作用，将它用于 ECHO 宏中：

```
#define ECHO(s)        \
        do {           \
          gets(s);     \
          puts(s);     \
        } while (0)
```

当使用 ECHO 宏时，一定要加分号以使 do 语句完整：

```
ECHO(str);
  /* becomes do { gets(str); puts(str); } while (0);  */
```

14.3.8　预定义宏

C 语言有一些预定义宏，每个宏表示一个整型常量或字面串。如表 14-1 所示，这些宏提供了当前编译或编译器本身的信息。

表 14-1 预定义宏

名 字	描 述
`__LINE__`	当前宏所在行的行号
`__FILE__`	当前文件的名字
`__DATE__`	编译的日期（格式"mm dd yyyy"）
`__TIME__`	编译的时间（格式"hh:mm:ss"）
`__STDC__`	如果编译器符合C标准（C89或C99），那么值为1

__DATE__宏和__TIME__宏指明程序编译的时间。例如，假设程序以下面的语句开始：

```
printf("Wacky Windows (c) 2010 Wacky Software, Inc.\n");
printf("Compiled on %s at %s\n", __DATE__, __TIME__);
```

每次程序开始执行时，程序都会显示如下的两行内容：

```
Wacky Windows (c) 2010 Wacky Software, Inc.
Compiled on Dec 23 2010 at 22:18:48
```

这样的信息可以帮助区分同一个程序的不同版本。

我们可以使用__LINE__宏和__FILE__宏来找到错误。考虑被零除的定位问题。当C程序因为被零除而导致终止时，通常没有信息指明哪条除法运算导致错误。下面的宏可以帮助我们查明错误的根源：

329

```
#define CHECK_ZERO(divisor)  \
  if (divisor == 0) \
    printf("*** Attempt to divide by zero on line %d  "  \
           "of file %s  ***\n", __LINE__, __FILE__)
```

CHECK_ZERO宏应该在除法运算前被调用：

```
CHECK_ZERO(j);
k = i / j;
```

如果j是0，会显示出如下形式的信息：

```
*** Attempt to divide by zero on line 9 of file foo.c ***
```

类似这样的错误检测的宏非常有用。实际上，C语言库提供了一个通用的、用于错误检测的宏——assert宏（➤24.1节）。

如果编译器符合C标准（C89或C99），__STDC__宏存在且值为1。通过让预处理器测试这个宏，程序可以在早于C89标准的编译器下编译通过（14.4节会给出一个例子）。

14.3.9 C99中新增的预定义宏 C99

C99中新增了几个预定义宏（见表14-2）。

表 14-2 C99中新增的预定义宏

名 字	描 述
`__STDC_HOSTED__`	如果是托管式实现，则值为1；如果是独立式实现，则值为0
`__STDC_VERSION__`	支持的C标准版本
`__STDC_IEC_559__`①	如果支持IEC 60559浮点算术运算，则值为1
`__STDC_IEC_559_COMPLEX__`①	如果支持IEC 60559复数算术运算，则值为1
`__STDC_ISO_10646__`①	被定义为*yyyymm*L形式的整型常量，意味着可以用wchar_t类型来存储ISO 10646标准所定义的，以及在指定年月所修订和补充的Unicode字符

①有条件定义。

要了解__STDC_HOSTED__的意义需要介绍些新的名词。C 的实现（implementation）包括编译器和执行 C 程序所需要的其他软件。C99 将实现分为两种：托管式（hosted）和独立式（freestanding）。**托管式实现**（hosted implementation）能够接受任何符合 C99 标准的程序，而**独立式实现**（freestanding implementation）除了几个最基本的以外，不一定要能够编译使用复数类型（➤27.3 节）或标准头的程序。（Q&A特别是，独立式实现不需要支持<stdio.h>头。）如果编译器是托管式实现，则__STDC_HOSTED__宏代表常数 1，否则值为 0。

330

__STDC_VERSION__宏为我们提供了一种查看编译器所识别出的 C 标准版本的方法。这个宏第一次出现在 C89 标准的 Amendment 1 中，该文档指明宏的值为长整型常量 199409L（代表修订的年月）。如果编译器符合 C99 标准，其值为 199901L。对于标准的每一个后续版本（以及每一次后续修订），宏的值都有所变化。

C99 编译器可能（也可能没有）另外定义以下 3 种宏。仅当编译器满足特定条件时才会定义相应的宏。

- 如果编译器根据 IEC 60559 标准［IEEE 754 标准（➤7.2 节）的别名］执行浮点算术运算，则定义__STDC_IEC_559__宏，且其值为 1。
- 如果编译器根据 IEC 60559 标准执行复数算术运算，则定义__STDC_IEC_559_COMPLEX__宏，且其值为 1。
- __STDC_ISO_10646__定义为 *yyyymm*L 格式（如 199712L）的整型常量，前提是 wchar_t 类型（➤25.2 节）的值由 ISO/IEC 10646 标准（包括指定年月的修订版本，➤25.2 节）中的码值表示。

14.3.10　空的宏参数 C99

C99 允许宏调用中的任意或所有参数为空。当然这样的调用需要有和一般调用一样多的逗号（这样容易看出哪些参数被省略了）。

在大多数情况下，实际参数为空的效果是显而易见的。如果替换列表中出现相应的形式参数名，那么只要在替换列表中不出现实际参数即可，不需要替换。例如：

```
#define ADD(x,y) (x+y)
```

经过预处理之后，语句

```
i = ADD(j,k);
```

变成

```
i = (j+k);
```

而赋值语句

```
i = ADD(,k);
```

则变为

```
i = (+k);
```

当空参数是#或##运算符的操作数时，其用法有特殊规定。如果空的实际参数被#运算符“串化”，则结果为""（空字符串）：

```
#define MK_STR(x) #x
...
char empty_string[] = MK_STR();
```

331

预处理之后，上面的声明变成

```
char empty_string[] = "";
```

如果##运算符之后的一个实际参数为空，它将被不可见的“位置标记”记号代替。把原始的记号与位置标记记号相连接，得到的还是原始的记号（位置标记记号消失了）。如果连接两个位置标记记号，得到的是一个位置标记记号。宏扩展完成后，位置标记记号从程序中消失。考虑下面的例子：

```
#define JOIN(x,y,z) x##y##z
...
int JOIN(a,b,c), JOIN(a,b,), JOIN(a,,c), JOIN(,,c);
```

预处理之后，声明变成

```
int abc, ab, ac, c;
```

漏掉的参数由位置标记记号代替，这些记号在与非空参数相连接之后消失。JOIN 宏的 3 个参数可以同时为空，这样得到的结果为空。

14.3.11 参数个数可变的宏 C99

在 C89 中，如果宏有参数，那么参数的个数是固定的。在 C99 中，这个条件被适当放宽了，允许宏具有可变长度的参数列表（➤26.1 节）。这个特性对于函数来说早就有了，所以应用于宏也不足为奇。

宏具有可变参数个数的主要原因是，它可以将参数传递给具有可变参数个数的函数，如 printf 和 scanf。下面给出几个例子：

```
#define TEST(condition, ...) ((condition)? \
  printf("Passed test: %s\n", #condition): \
  printf(__VA_ARGS__))
```

...记号（省略号）出现在宏参数列表的最后，前面是普通参数。__VA_ARGS__是一个专用的标识符，只能出现在具有可变参数个数的宏的替换列表中，代表所有与省略号相对应的参数。（至少有一个与省略号相对应的参数，但该参数可以为空。）宏 TEST 至少要有两个参数，第一个参数匹配 condition，剩下的参数匹配省略号。

下面这个例子说明了 TEST 的使用方法：

```
TEST(voltage <= max_voltage,
     "Voltage %d exceeds %d\n", voltage, max_voltage);
```

预处理器将产生如下的输出（重排格式以增强可读性）：

332

```
((voltage <= max_voltage)?
  printf("Passed test: %s\n", "voltage <= max_voltage"):
  printf("Voltage %d exceeds %d\n", voltage, max_voltage));
```

如果 voltage 不大于 max_voltage，程序执行时将显示如下消息：

```
Passed test: voltage <= max_voltage
```

否则，将分别显示 voltage 和 max_voltage 的值：

```
voltage 125 exceeds 120
```

14.3.12 __func__标识符 C99

C99 的另一个新特性是__func__标识符。__func__与预处理器无关，所以实际上与本章内容不相关。但是，与许多预处理特性一样，它也有助于调试，所以在这里一并讨论。

每一个函数都可以访问__func__标识符，它的行为很像一个存储当前正在执行的函数的名字的字符串变量。其作用相当于在函数体的一开始包含如下声明：

```
static const char __func__[] = "function-name";
```

其中 *function-name* 是函数名。这个标识符的存在使得我们可以写出如下的调试宏：

```
#define FUNCTION_CALLED() printf("%s called\n", __func__);
#define FUNCTION_RETURNS() printf("%s returns\n", __func__);
```

对这些宏的调用可以放在函数体中，以跟踪函数的调用：

```
void f(void)
{
  FUNCTION_CALLED();     /* displays "f called" */
  ...
  FUNCTION_RETURNS();    /* displays "f returns" */
}
```

__func__的另一个用法：作为参数传递给函数，让函数知道调用它的函数的名字。

14.4 条件编译

C 语言的预处理器可以识别大量用于支持**条件编译**的指令。条件编译是指根据预处理器所执行的测试结果来包含或排除程序的片段。

333

14.4.1 #if 指令和#endif 指令

假如我们正在调试一个程序。我们想要程序显示出特定变量的值，因此将 printf 函数调用添加到程序中重要的部分。一旦找到错误，建议保留这些 printf 函数调用，以备后用。条件编译允许我们保留这些调用，但是让编译器忽略它们。

下面是我们需要采取的方式。首先定义一个宏，并给它一个非零的值：

```
#define DEBUG 1
```

宏的名字并不重要。接下来，我们要在每组 printf 函数调用的前后加上#if 和#endif：

```
#if DEBUG
printf("Value of i: %d\n", i);
printf("Value of j: %d\n", j);
#endif
```

在预处理过程中，#if 指令会测试 DEBUG 的值。由于 DEBUG 的值不是 0，因此预处理器会将这两个 printf 函数调用保留在程序中（但#if 和#endif 行会消失）。如果我们将 DEBUG 的值改为 0 并重新编译程序，预处理器则会将这 4 行代码都删除。编译器不会看到这些 printf 函数调用，所以这些调用就不会在目标代码中占用空间，也不会在程序运行时消耗时间。我们可以将#if-#endif 保留在最终的程序中，这样如果程序在运行时出现问题，可以（通过将 DEBUG 改为 1 并重新编译来）继续产生诊断信息。

一般来说，#if 指令的格式如下：

[#if 指令] `#if 常量表达式`

#endif 指令则更简单：

[#endif 指令] `#endif`

Q&A 当预处理器遇到#if 指令时，会计算常量表达式的值。如果表达式的值为 0，那么#if 与#endif 之间的行将在预处理过程中从程序中删除；否则，#if 和#endif 之间的行会被保留在程序中，继续留给编译器处理——这时#if 和#endif 对程序没有任何影响。

值得注意的是，#if 指令会把没有定义过的标识符当作值为 0 的宏对待。因此，如果省略 DEBUG 的定义，测试

334

```
#if DEBUG
```

会失败（但不会产生出错消息），而测试

```
#if !DEBUG
```

会成功。

14.4.2 defined 运算符

14.3 节中介绍过运算符#和##，还有一个专用于预处理器的运算符——defined。当 defined 应用于标识符时，如果标识符是一个定义过的宏则返回 1，否则返回 0。defined 运算符通常与#if 指令结合使用，可以这样写：

```
#if defined(DEBUG)
...
#endif
```

仅当 DEBUG 被定义成宏时，#if 和#endif 之间的代码会被保留在程序中。DEBUG 两侧的括号不是必需的，因此可以简单地写成

```
#if defined DEBUG
```

因为 defined 运算符仅检测 DEBUG 是否有定义，所以不需要给 DEBUG 赋值：

```
#define DEBUG
```

14.4.3 #ifdef 指令和#ifndef 指令

#ifdef 指令测试一个标识符是否已经定义为宏：

[#ifdef 指令] `#ifdef 标识符`

#ifdef 指令的使用与#if 指令类似：

```
#ifdef 标识符
当标识符被定义为宏时需要包含的代码
#endif
```

严格地说，Q&A 并不需要#ifdef，因为可以结合#if 指令和 defined 运算符来得到相同的效果。换言之，指令

```
#ifdef 标识符
```

等价于

```
#if defined(标识符)
```

335

#ifndef 指令与#ifdef 指令类似，但测试的是标识符是否没有被定义为宏：

[#ifndef 指令]　#ifndef *标识符*

指令

```
#ifndef 标识符
```

等价于指令

```
#if !defined(标识符)
```

14.4.4　#elif 指令和#else 指令

#if 指令、#ifdef 指令和#ifndef 指令可以像普通的 if 语句那样嵌套使用。当发生嵌套时，最好随着嵌套层次的增加而增加缩进。一些程序员对每一个#endif 都加注释，来指明对应的#if 指令测试哪个条件：

```
#if DEBUG
...
#endif /* DEBUG */
```

这种方法有助于更方便地找到#if 指令的起始位置。

为了提供更多的便利，预处理器还支持#elif 和#else 指令：

[#elif 指令]　#elif *常量表达式*

[#else 指令]　#else

#elif 指令和#else 指令可以与#if 指令、#ifdef 指令和#ifndef 指令结合使用，来测试一系列条件：

```
#if 表达式1
当表达式1 非0 时需要包含的代码
#elif 表达式2
当表达式1 为0 但表达式2 非0 时需要包含的代码
#else
其他情况下需要包含的代码
#endif
```

虽然上面的例子使用了#if 指令，但#ifdef 指令或#ifndef 指令也可以这样使用。在#if 336 指令和#endif 指令之间可以有任意多个#elif 指令，但最多只能有一个#else 指令。

14.4.5　使用条件编译

条件编译对于调试是非常方便的，但它的应用并不仅限于此。下面是其他一些常见的应用。

- **编写在多台机器或多种操作系统之间可移植的程序。**下面的例子中会根据 WIN32、MAC_OS 或 LINUX 是否被定义为宏，而将三组代码之一包含到程序中：

```
#if defined(WIN32)
...
#elif defined(MAC_OS)
...
#elif defined(LINUX)
...
#endif
```

一个程序中可以包含许多这样的#if 指令。在程序的开头会定义这些宏之一（而且只有一个），由此选择了一个特定的操作系统。例如，定义 LINUX 宏可以指明程序将运行在 Linux 操作系统下。

- **编写可以用不同的编译器编译的程序**。不同的编译器可以用于识别不同的 C 语言版本，这些版本之间会有一些差异。一些会接受标准 C，另一些则不会。一些版本会提供针对特定机器的语言扩展；另一些版本则没有，或者提供不同的扩展集。条件编译可以使程序适应于不同的编译器。考虑一下为以前的非标准编译器编写程序的问题。__STDC__ 宏允许预处理器检测编译器是否支持标准（C89 或 C99）。如果不支持，我们可能必须修改程序的某些方面，尤其是有可能必须用老式的函数声明（见第 9 章末尾的“问与答”部分）替代函数原型。对于每一处函数声明，我们可以使用下面的代码：

```
#if __STDC__
函数原型
#else
老式的函数声明
#endif
```

- **为宏提供默认定义**。条件编译使我们可以检测一个宏当前是否已经被定义了，如果没有，则提供一个默认的定义。例如，如果宏 BUFFER_SIZE 此前没有被定义的话，下面的代码会给出定义：

```
#ifndef BUFFER_SIZE
#define BUFFER_SIZE 256
#endif
```

337

- **临时屏蔽包含注释的代码**。我们不能用/*...*/直接“注释掉”已经包含/*...*/注释的代码。然而，我们可以使用#if 指令来实现：

```
#if 0
包含注释的代码行
#endif
```

Q&A 将代码以这种方式屏蔽，经常称为“条件屏蔽”。

15.2 节会讨论条件编译的另外一个常用用途：保护头文件以避免重复包含。

14.5 其他指令

在本章的最后，我们将简要地了解一下#error 指令、#line 指令和#pragma 指令。与前面讨论过的指令相比，这些指令更专业，使用频率也低得多。

14.5.1 #error 指令

#error 指令有如下格式：

[#error 指令]　　#error *消息*

其中，消息是任意的记号序列。如果预处理器遇到#error 指令，它会显示一条包含消息的出错消息。对于不同的编译器，出错消息的具体形式也可能会不一样。格式可能类似：

```
Error directive: 消息
```

或者

```
#error 消息
```

遇到#error 指令预示着程序中出现了严重的错误，有些编译器会立即终止编译，不再检查其他错误。

#error 指令通常与条件编译指令一起用于检测正常编译过程中不应出现的情况。例如，假定我们需要确保一个程序无法在一台 int 类型不能存储小于 100 000 的数的机器上编译。允许的最大 int 值用 INT_MAX 宏（➤23.2 节）表示，所以我们需要做的就是当 INT_MAX 宏小于 100 000 时调用#error 指令：

338

```
#if INT_MAX < 100000
#error int type is too small
#endif
```

如果试图在一台以 16 位存储整数的机器上编译这个程序，将产生一条出错消息：

```
Error directive: int type is too small
```

#error 指令通常会出现在#if-#elif-#else 序列中的#else 部分：

```
#if defined(WIN32)
...
#elif defined(MAC_OS)
...
#elif defined(LINUX)
...
#else
#error No operating system specified
#endif
```

14.5.2 #line 指令

#line 指令用来改变程序行的编号方法。（正如你所期望的那样，行的编号通常是按 1, 2, 3, …来进行的。）我们也可以使用这条指令使编译器认为它正在从一个有不同名字的文件中读取程序。

#line 指令有两种形式。第一种形式只指定行号：

[#line 指令（形式 1）] `#line n`

n 必须是 1~32 767（C99 C99 中是 2 147 483 647）范围内的整数。这条指令导致程序中后续的行被编号为 *n*、*n*+1、*n*+2 等。

#line 指令的第二种形式同时指定行号和文件名：

[#line 指令（形式 2）] `#line n "文件"`

指令后面的行会被认为来自文件，行号由 *n* 开始。*n* 和文件字符串的值可以用宏指定。

#line 指令的一种作用是改变__LINE__宏（可能还有__FILE__宏）的值。更重要的是，大多数编译器会使用来自#line 指令的信息生成出错消息。例如，假设下列指令出现在文件 foo.c 的开头：

339

```
#line 10 "bar.c"
```

现在，假设编译器在 foo.c 的第 5 行发现一个错误。出错消息会指向 bar.c 的第 13 行，而不是 foo.c 的第 5 行。（为什么是第 13 行呢？这是因为指令占据了 foo.c 的第 1 行，因此对 foo.c 的重新编号从第 2 行开始，并将这一行作为 bar.c 的第 10 行。）

乍一看，`#line` 指令使人迷惑。为什么要使出错消息指向另一行，甚至是另一个文件呢？这样不是会使程序变得难以调试吗？

实际上，程序员并不经常使用`#line` 指令。它主要用于那些产生 C 代码作为输出的程序。最著名的程序之一是 yacc（Yet Another Compiler-Compiler），它是一个用于自动生成编译器的一部分的 UNIX 工具（yacc 的 GNU 版本称为 bison）。在使用 yacc 之前，程序员需要准备一个包含 yacc 所需要的信息以及 C 代码段的文件。通过这个文件，yacc 生成一个 C 程序 y.tab.c，并合并程序员提供的代码。程序员接着按照正常方法编译 y.tab.c。通过在 y.tab.c 中插入`#line` 指令，yacc 会使编译器认为代码来自原始文件，也就是程序员写的那个文件。于是，任何编译 y.tab.c 时产生的出错消息会指向原始文件中的行，而不是 y.tab.c 中的行。其最终结果是，调试变得更容易，因为出错消息都指向程序员编写的文件，而不是由 yacc 生成的（那个更复杂的）文件。

14.5.3 #pragma 指令

`#pragma` 指令为要求编译器执行某些特殊操作提供了一种方法。这条指令对非常大的程序或需要使用特定编译器的特殊功能的程序非常有用。

`#pragma` 指令有如下形式：

[#pragma 指令] `#pragma` *记号*

其中，记号是任意记号。`#pragma` 指令可以很简单（只跟着一个记号），也可以很复杂：

```
#pragma data(heap_size => 1000, stack_size => 2000)
```

`#pragma` 指令中出现的命令集在不同的编译器上是不一样的。你必须通过查阅你所使用的编译器的文档来了解可以使用哪些命令，以及这些命令的功能。顺便提一下，如果`#pragma` 指令包含了无法识别的命令，预处理器必须忽略这些`#pragma` 指令，不允许给出出错消息。 340

C89 中没有标准的编译提示（pragma），它们都是在实现中定义的。C99 C99 有 3 个标准的编译提示，都使用 `STDC` 作为`#pragma` 之后的第一个记号。这些编译提示是 `FP_CONTRACT`（23.4 节）、`CX_LIMITED_RANGE`（27.4 节）和 `FENV_ACCESS`（27.6 节）。

14.5.4 _Pragma 运算符 C99

C99 引入了与`#pragma` 指令一起使用的`_Pragma` 运算符。`_Pragma` 表达式可以具有如下形式：

[_Pragma 表达式] `_Pragma` （*字面串*）

遇到该表达式时，预处理器通过移除字符串两端的双引号，并分别用字符"和\代替转义序列\"和\\来实现对字面串（C99 标准中的术语）的“去串化”。表达式的结果是一系列的记号，这些记号被当作 `pragma` 指令中的记号。例如：

```
_Pragma("data(heap_size => 1000, stack_size => 2000)")
```

与

```
#pragma data(heap_size => 1000, stack_size => 2000)
```

是一样的。

_Pragma 运算符使我们摆脱了预处理器的局限性：预处理指令不能产生其他指令。因为_Pragma 是运算符而不是指令，所以可以出现在宏定义中。这使得我们能够在#pragma 指令后面进行宏的扩展。

现在来看一个 GCC 手册中的例子。下面的宏使用了_Pragma 运算符：

```
#define DO_PRAGMA(x) _Pragma(#x)
```

宏调用如下：

```
DO_PRAGMA(GCC dependency "parse.y")
```

扩展后的结果：

```
#pragma GCC dependency "parse.y"
```

这是 GCC 支持的一种编译提示。[如果指定的文件（本例中是 parse.y）比当前文件（正被编译的文件）还要新，会给出警告消息。] 需要注意的是，DO_PRAGMA 调用的参数是一系列的记号。DO_PRAGMA 定义中的#运算符会导致这些记号被串化为"GCC dependency \"parse.y\""；这个字符串随后作为参数传递给_Pragma 运算符，该运算符对其进行去串化操作，从而得到包含原始记号的#pragma 指令。

341

问与答

问：我看到在有些程序中#单独占一行。这样是合法的吗？

答：是合法的。这就是所谓的空指令，它没有任何作用。一些程序员用空指令作为条件编译模块之间的间隔：

```
#if INT_MAX < 100000
#
#error int type is too small
#
#endif
```

当然，空行也可以。不过#可以帮助读者看清模块的范围。

问：我不清楚程序中哪些常量需要定义成宏。有没有一些可以参照的规则？（p.249）

答：一条首要的规则是，除了 0 和 1 以外的每一个数值常量都应该定义成宏。字符常量和字符串常量有一点复杂，因为使用宏来替换字符或字符串常量并不总能够提高程序的可读性。我个人建议在下面的条件下使用宏来替代字符或字面串：(1) 常量被不止一次地使用；(2) 以后可能需要修改常量。根据第二条规则，我不会像这样使用宏：

```
#define NUL '\0'
```

尽管有些程序员会使用。

问：如果要被“串化”的参数包含 " 或 \ 字符，#运算符会如何处理？（p.252）

答：它会将"转换为\"，\转换为\\。考虑下面的宏：

```
#define STRINGIZE(x) #x
```

预处理器会将 STRINGIZE("foo")替换为"\"foo\""。

***问：我无法使下面的宏正常工作：**

```
#define CONCAT(x,y) x##y
```

尽管 CONCAT(a,b)会如所期望的那样得到 ab，但 CONCAT(a,CONCAT(b,c))会给出一个怪异的结果。这是为什么？

答：这是那些连 Kernighan 和 Ritchie 都认为“怪异”的规则引起的。替换列表中依赖##的宏通常不能嵌套调用。这里的问题在于 CONCAT(a,CONCAT(b,c))不会按照“正常”的方式扩展——CONCAT(b,c)首先得出 bc，然后 CONCAT(a,bc)给出 abc。在替换列表中，位于##运算符之前和之后的宏参数在替换时不被扩展，因此 CONCAT(a,CONCAT(b,c))扩展成 aCONCAT(b,c)，而不会进一步扩展，这是因为没有名为 aCONCAT 的宏。

342

有一种办法可以解决这个问题，但不太好看。技巧是再定义一个宏来调用第一个宏：

```
#define CONCAT2(x,y) CONCAT(x,y)
```

用 CONCAT2(a,CONCAT2(b,c))就会得到我们所期望的结果。在扩展外面的 CONCAT2 调用时，预处理器会同时扩展 CONCAT2(b,c)。这里的区别在于 CONCAT2 的替换列表不包含##。如果这个也不行，那也不用担心，这种问题并不是经常会遇到。

顺便提一下，#运算符也有同样的问题。如果#x 出现在替换列表中，其中 x 是一个宏参数，其对应的实际参数也不会被扩展。因此，假设 N 是一个代表 10 的宏，且 STR(x)包含替换列表#x，那么 STR(N)扩展的结果为"N"，而不是"10"。解决的方法与处理 CONCAT 时的类似：再定义一个宏来调用 STR。

***问：如果预处理器重新扫描时又发现了最初的宏名，会如何处理呢？如下面的例子所示：**

```
#define N (2*M)
#define M (N+1)

i = N;  /* infinite loop? */
```

预处理器会将 N 替换为(2*M)，接着将 M 替换为(N+1)。预处理器还会再次替换 N，从而导致无限循环吗？（p.254）

答：一些早期的预处理器确实会进入无限循环，但新的预处理器不会。按照 C 语言标准，如果在扩展宏的过程中原先的宏名重复出现的话，宏名不会再次被替换。下面是对 i 的赋值在预处理之后的形式：

```
i = (2*(N+1));
```

一些大胆的程序员会通过编写与保留字或标准库中的函数名同名的宏来利用这一行为。以库函数 sqrt 为例。sqrt 函数（➤23.3 节）计算参数的平方根，如果参数为负数则返回一个由实现定义的值。我们可能希望参数为负数时返回 0。由于 sqrt 是标准库函数，我们无法很容易地修改它。但是我们可以定义一个 sqrt 宏，使它在参数为负数时返回 0：

```
#undef sqrt
#define sqrt(x) ((x)>=0?sqrt(x):0)
```

此后预处理器会截获 sqrt 的调用，并将它替换成上面的条件表达式。在扫描宏的过程中条件表达式中的 sqrt 调用不会被替换，因此会被留给编译器处理。（注意在定义 sqrt 宏之前先使用#undef 来删除 sqrt 定义的用法。在 21.1 节将看到，标准库允许宏和函数使用同一个名字。在定义我们自己的 sqrt 宏之前先删除 sqrt 的定义是一种防御性的措施，以防止库中已经把 sqrt 定义为宏了。）

343

问：我在使用__LINE__和__FILE__等预定义宏的时候得到出错消息。我需要包含特定的头吗？

答：不需要。这些宏可以由预处理器自动识别。请确保每个宏名的前后有两个下划线，而不是一个。

问：区分“托管式实现”和“独立式实现”的目的是什么？如果独立式实现连<stdio.h>头都不支持，它能有什么用？（p.258）

答：大多数程序（包括本书中的程序）都需要托管式实现，这些程序需要底层的操作系统来提供输入/输出和其他基本服务。C 的独立式实现用于不需要操作系统（或只需要很小的操作系统）的程序。例如，编写操作系统内核时需要用到独立式实现（这时不需要传统的输入/输出，因而不需要<stdio.h>）。独立式实现还可用于为嵌入式系统编写软件。

问：我觉得预处理器就是一个编辑器。它如何计算常量表达式呢？（p.258）

答：预处理器比你想的要复杂。虽然它不会完全按照编译器的方式去做，但它足够“了解”C 语言，所以能够计算常量表达式。（例如，预处理器认为所有未定义的名字的值为 0。其他的差异太深奥，就不再深入了。）在实际使用中，预处理器常量表达式中的操作数通常为常量、表示常量的宏或 defined 运算符的应用。

问：既然我们可以使用#if 指令和 defined 运算符达到同样的效果，为什么 C 语言还提供#ifdef 指令和#ifndef 指令？（p.261）

答：#ifdef 指令和#ifndef 指令从 20 世纪 70 年代就存在于 C 语言中了，而 defined 运算符则是在 20 世纪 80 年代的标准化过程中加到 C 语言中的。因此，实际的问题是，为什么将 defined 运算符加到 C 语言中？答案就是 defined 增加了灵活性。我们现在可以使用#if 和 defined 运算符来测试任意数量的宏，而不再是只能使用#ifdef 和#ifndef 对一个宏进行测试。例如，下面的指令检查是否 FOO 和 BAR 被定义了而 BAZ 没有被定义：

344

```
#if defined(FOO) && defined(BAR) && !defined(BAZ)
```

问：我想编译一个还没有写完的程序，因此我“条件屏蔽”未完成的部分：

```
#if 0
...
#endif
```

编译的时候，我得到了一条指向#if 和#endif 之间某一行的出错消息。预处理器不是简单地忽略#if 指令和#endif 指令之间的所有行吗？（p.261）

答：不是的，这些代码行不会被完全忽略。在执行预处理指令前，先处理注释，并把源代码分为多个预处理记号。因此，#if 和#endif 之间未终止的注释会引起出错消息。此外，不成对的单引号或双引号字符也可能导致未定义的行为。

练习题

14.3 节

1. 编写宏来计算下面的值。

   (a) x 的立方。
   (b) n 除以 4 的余数。
   (c) 如果 x 与 y 的乘积小于 100 则值为 1，否则值为 0。

   你写的宏始终正常工作吗？如果不是，哪些参数会导致失败呢？

Ⓦ 2. 编写一个宏 NELEMS(a)来计算一维数组 a 中元素的个数。提示：见 8.1 节中有关 sizeof 运算符的讨论。

3. 假定 DOUBLE 是如下宏：

```
#define DOUBLE(x) 2*x
```

   (a) DOUBLE(1+2)的值是多少？
   (b) 4/DOUBLE(2)的值是多少？
   (c) 改正 DOUBLE 的定义。

Ⓦ 4. 针对下面每一个宏，举例说明宏的问题，并提出修改方法。

(a) `#define AVG(x,y)     (x+y)/2`
(b) `#define AREA(x,y)    (x)*(y)`

Ⓦ*5. 假定 TOUPPER 定义成下面的宏：

```
#define TOUPPER(c) ('a'<=(c)&&(c)<='z'?(c)-'a'+'A':(c))
```

假设 s 是一个字符串，i 是一个 int 类型变量。给出下面每个代码段产生的输出。

(a)
```
strcpy(s, "abcd");
i = 0;
putchar(TOUPPER(s[++i]));
```

345

(b)
```
strcpy(s, "0123");
i = 0;
putchar(TOUPPER(s[++i]));
```

6. (a) 编写宏 DISP(f,x)，使其扩展为 printf 函数的调用，显示函数 f 在参数为 x 时的值。例如：

```
DISP(sqrt, 3.0);
```

应该扩展为

```
printf("sqrt(%g) = %g\n", 3.0, sqrt(3.0));
```

(b) 编写宏 DISP2(f,x,y)，类似 DISP 但应用于有两个参数的函数。

Ⓦ*7. 假定 GENERIC_MAX 是如下宏：

```
#define GENERIC_MAX(type)          \
type type##_max(type x, type y)  \
{                                  \
  return x > y ? x : y;            \
}
```

(a) 写出 GENERIC_MAX(long)被预处理器扩展后的形式。

(b) 解释为什么 GENERIC_MAX 不能应用于 unsigned long 这样的基本类型。

(c) 如何使 GENERIC_MAX 可以用于 unsigned long 这样的基本类型？提示：不要改变 GENERIC_MAX 的定义。

*8. 如果需要一个宏，使它扩展后包含当前行号和文件名。换言之，我们想把

```
const char *str = LINE_FILE;
```

扩展为

```
const char *str = "Line 10 of file foo.c";
```

其中 foo.c 是包含程序的文件，10 是调用 LINE_FILE 的行号。警告：这个练习仅针对高级程序员。尝试编写前请认真阅读“问与答”部分的内容！

9. 编写下列带参数的宏。

(a) CHECK(x,y,n)——x 和 y 都落在 0~n–1 范围内（包括端点）时值为 1。
(b) MEDIAN(x,y,z)——计算 x、y 和 z 的中位数。
(c) POLYNOMIAL(x)——计算多项式 $3x^5+2x^4-5x^3-x^2+7x-6$。

10. 函数常常（但不总是）可以写为带参数的宏。讨论函数的哪些特性会使其不适合写为宏的形式。

11. C99 C 程序员常用 fprintf 函数（➤22.3 节）来输出出错消息：

```
fprintf(stderr, "Range error: index = %d\n", index);
```

其中stderr流（➤22.1节）是C的“标准误差”流。其他参数与printf函数的参数一样，以格式串开始。编写名为ERROR的宏来生成上面的fprintf调用，宏的参数是格式串和需要显示的项：

```
ERROR("Range error: index = %d\n", index);
```

14.4节

Ⓦ12. 假定宏M有如下定义：

346

```
#define M 10
```

下面哪些测试会失败？

(a) #if M

(b) #ifdef M

(c) #ifndef M

(d) #if defined(M)

(e) #if !defined(M)

13. (a) 指出下面的程序在预处理后的形式。因为包含了<stdio.h>头而多出来的代码行可以忽略。

```
#include <stdio.h>

#define N 100

void f(void);

int main(void)
{
  f();
#ifdef N
#undef N
#endif
  return 0;
}

void f(void)
{
#if defined(N)
  printf("N is %d\n", N);
#else
  printf("N is undefined\n");
#endif
}
```

(b) 这个程序的输出是什么？

Ⓦ*14. 指出下面的程序在预处理后的形式。其中有几行可能会导致编译错误，请找出这些错误。

```
#define N = 10
#define INC(x) x+1
#define SUB (x,y) x-y
#define SQR(x) ((x)*(x))
#define CUBE(x) (SQR(x)*(x))
#deflne M1(x,y) x##y
#define M2(x,y) #x #y

int main(void)
{
  int a[N], i, j, k, m;

#ifdef N
  i = j;
```

```
#else
  j = i;
#endif

  i = 10 * INC(j);
  i = SUB(j, k);
  i = SQR(SQR(j));
  i = CUBE(j);
  i = M1(j, k);
  puts(M2(i, j));

#undef SQR
  i = SQR(j);
#define SQR
  i = SQR(j);

  return 0;
}
```

347

15. 假定程序需要用英语、法语或西班牙语显示消息。使用条件编译编写程序片段，根据指定的宏是否定义来显示出下列3条消息中的一条。

```
Insert Disk 1          (如果定义了 ENGLISH)
Inserez Le Disque 1    (如果定义了 FRENCH)
Inserte El Disco 1     (如果定义了 SPANISH)
```

14.5节

*16. C99 假定有下列宏定义：

```
#define IDENT(x) PRAGMA(ident #x)
#define PRAGMA(x) _Pragma(#x)
```

下面的代码行在宏扩展之后会变成什么样子？

```
IDENT(foo)
```

348

第15章 编写大型程序

计算机领域的进步是很难找到恰当的时间单位来衡量的。有些大教堂用了一个世纪才建成。
你能想象耗时如此之久的程序该有多么庞大、多么壮观吗？

虽然某些C程序小得足够放入一个单独的文件中，但是大多数程序不是这样的。程序由多个文件构成的原则更容易让人接受。你将在本章看到，常见的程序由多个**源文件**（source file）组成，通常还有一些**头文件**（header file）。源文件包含函数的定义和外部变量，而头文件包含可以在源文件之间共享的信息。15.1节讨论源文件，15.2节详细地介绍头文件，15.3节描述把程序分割成源文件和头文件的方法，15.4节说明如何“构建”（即编译和链接）由多个文件组成的程序，以及在改变程序的部分内容后如何“重新构建”。

15.1 源文件

到现在为止一直假设C程序是由单独一个文件组成的。事实上，可以把程序分割成任意数量的**源文件**。根据惯例，源文件的扩展名为.c。每个源文件包含程序的部分内容，主要是函数和变量的定义。其中一个源文件必须包含一个名为main的函数，此函数作为程序的起始点。

例如，假设打算编写一个简单计算器程序，用来计算按照逆波兰表示法（reverse polish notation, RPN）输入的整数表达式，在逆波兰表示法中运算符都跟在操作数的后边。如果用户输入表达式

```
30 5 - 7 *
```

我们希望程序可以显示出此表达式的值（此例中位数为175）。如果使程序逐个读入操作数和运算符，并利用栈（➤10.2节）记录中间结果，那么计算逆波兰表达式的值是很容易的。如果程序读取的是数，就把此数压入栈。如果程序读取的是运算符，则从栈顶弹出两个数进行相应的运算，然后把结果压入栈。当程序执行到用户输入的末尾时，表达式的值将在栈中。例如，程序将按照下列方式计算表达式`30 5 - 7 *`的值。

349

(1) 把30压入栈。
(2) 把5压入栈。
(3) 从栈顶弹出两个数，用30减去5，结果为25，然后把此结果压回到栈中。
(4) 把7压入栈。
(5) 从栈顶弹出两个数，将它们相乘，然后把结果压回到栈中。

完成这些步骤后，栈将包含表达式的值（即175）。

把这种策略转换为程序并不困难。程序的main函数将用循环来执行下列动作。

- 读取“记号”（数或运算符）。

- 如果记号是数，那么把它压入栈。
- 如果记号是运算符，那么从栈顶弹出它的操作数进行运算，然后把结果压入栈中。

当像这样把程序分割成文件时，将相关的函数和变量放入同一文件中是很有意义的。可以把读取记号的函数和任何需要用到记号的函数一起放到某个源文件（比如说 token.c）中。push、pop、make_empty、is_empty 和 is_full 这些与栈相关的函数可以放到另一个文件 stack.c 中。表示栈的变量也可以放入 stack.c 文件，而 main 函数则可以在另一个文件 calc.c 中。

把程序分成多个源文件有许多显著的优点。

- 把相关的函数和变量分组放在同一个文件中可以使程序的结构清晰。
- 可以分别对每一个源文件进行编译。如果程序规模很大而且需要频繁改变（这一点在程序开发过程中是非常普遍的）的话，这种方法可以极大地节约时间。
- 把函数分组放在不同的源文件中更利于复用。在示例中，把 stack.c 和 token.c 从 main 函数中分离出来使得今后更容易复用栈函数和记号函数。

15.2 头文件

当把程序分割为几个源文件时，问题也随之产生了：某文件中的函数如何调用定义在其他文件中的函数呢？函数如何访问其他文件中的外部变量呢？两个文件如何共享同一个宏定义或类型定义呢？答案取决于#include 指令，此指令使得在任意数量的源文件中共享信息成为可能，这些信息可以是函数原型、宏定义、类型定义等。

350

#include 指令告诉预处理器打开指定的文件，并且把此文件的内容插入当前文件中。因此，如果想让几个源文件可以访问相同的信息，可以把此信息放入一个文件中，然后利用 #include 指令把该文件的内容带进每个源文件中。按照此种方式包含的文件称为**头文件**（有时称为**包含文件**）。本节后面将更详细地讨论头文件。根据惯例，头文件的扩展名为.h。

注意：C 标准使用术语“源文件”来指代程序员编写的全部文件，包括.c 文件和.h 文件。本书中的“源文件”仅指.c 文件。

15.2.1 #include 指令

#include 指令主要有两种书写格式。第一种格式用于属于 C 语言自身库的头文件：

[#include 指令（格式 1）] `#include <文件名>`

第二种格式用于所有其他头文件，也包含任何自己编写的文件：

[#include 指令（格式 2）] `#include "文件名"`

这两种格式间的细微差异在于编译器定位头文件的方式。**Q&A** 下面是大多数编译器遵循的规则。

- #include <*文件名*>：搜寻系统头文件所在的目录（或多个目录）。（例如，在 UNIX 系统中，通常把系统头文件保存在目录/usr/include 中。）
- #include "*文件名*"：先搜寻当前目录，然后搜寻系统头文件所在的目录（或多个目录）。

通常可以改变搜寻头文件的位置，这种改变经常利用如-I *路径* 这样的命令行选项来实现。

不要在包含自己编写的头文件时使用尖括号：

```
#include <myheader.h>  /*** WRONG ***/
```

这是因为预处理器可能在保存系统头文件的地方寻找 myheader.h（但显然是找不到的）。

351

在#include 指令中的文件名可以含有帮助定位文件的信息，比如目录的路径或驱动器号：

```
#include "c:\cprogs\utils.h"     /* Windows path */
#include "/cprogs/utils.h"       /* UNIX path */
```

虽然#include 指令中的双引号使得文件名看起来像字面串，但是预处理器不会把它们作为字面串来处理。（这是幸运的，因为在上面的 Windows 例子中，字面串中出现的\c 和\u 会被作为转义序列处理。）

可移植性技巧　通常最好的做法是在#include 指令中不包含路径或驱动器的信息。当把程序转移到其他机器上，或者更糟的情况是转移到其他操作系统上时，这类信息会使编译变得很困难。

例如，下面的这些#include 指令指定了驱动器或路径信息，而这些信息不可能一直是有效的：

```
#include "d:utils.h"
#include "\cprogs\include\utils.h"
#include "d:\cprogs\include\utils.h"
```

下列这些指令相对好一些。它们没有指定驱动器，而且使用的是相对路径而不是绝对路径：

```
#include "utils.h"
#include "..\include\utils.h"
```

#include 指令还有一种不太常用的格式：

[#include 指令（格式 3）]　`#include 记号`

其中*记号*是任意预处理记号序列。预处理器会扫描这些记号，并替换遇到的宏。宏替换完成以后，#include 指令的格式一定与前面两种之一相匹配。第三种#include 指令的优点是可以用宏来定义文件名，而不需要把文件名“硬编码”到指令里面去，如下所示：

```
#if defined(IA32)
  #define CPU_FILE "ia32.h"
#elif defined(IA64)
  #define CPU_FILE "ia64.h"
#elif defined(AMD64)
  #define CPU_FILE "amd64.h"
#endif

#include CPU_FILE
```

352

15.2.2　共享宏定义和类型定义

大多数大型程序包含需要由几个源文件（或者，最极端的情况是用于全部源文件）共享的宏定义和类型定义。这些定义应该放在头文件中。

例如，假设正在编写的程序使用名为 BOOL、TRUE 和 FALSE 的宏。（C99 中不需要这么做，因为<stdbool.h>头中定义了类似的宏。）我们把这些定义放在一个名为 boolean.h 的头文件中，这样做比在每个需要的源文件中重复定义这些宏更有意义：

```
#define BOOL int
#define TRUE 1
#define FALSE 0
```

任何需要这些宏的源文件只需简单地包含下面这一行：

```
#include "boolean.h"
```

在下面的图中，两个文件都包含了 boolean.h。

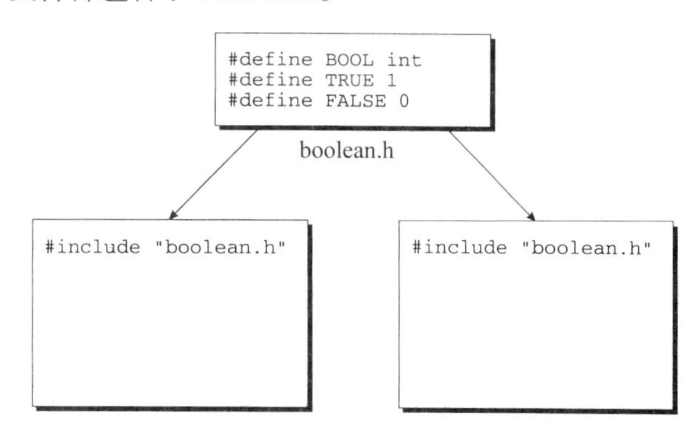

类型定义在头文件中也是很普遍的。例如，不用定义 BOOL 宏，而是可以用 typedef 创建一个 Bool 类型。如果这样做，boolean.h 文件将有下列显示：

```
#define TRUE 1
#define FALSE 0
typedef int Bool;
```

把宏定义和类型定义放在头文件中有许多显而易见的好处。首先，不把定义复制到需要它们的源文件中可以节约时间。其次，程序变得更加容易修改。改变宏定义或类型定义只需要编辑单独的头文件，而不需要修改使用宏或类型的诸多源文件。最后，不需要担心由于源文件包含相同宏或类型的不同定义而导致的矛盾。

353

15.2.3 共享函数原型

假设源文件包含函数 f 的调用，而函数 f 是定义在另一个文件 foo.c 中的。调用没有声明的函数 f 是非常危险的。如果没有函数原型可依赖，编译器会假定函数 f 的返回类型是 int 类型的，并假定形式参数的数量和函数 f 的调用中的实际参数的数量是匹配的。通过默认实参提升（➤9.3 节），实际参数自身自动转换为“标准格式”。编译器的假定很可能是错误的，但是，因为一次只能编译一个文件，所以是没有办法进行检查的。如果这些假定是错误的，那么程序很可能无法工作，而且没有线索可以用来查找原因。（基于这个原因，C99 禁止在编译器看到函数声明或定义之前对函数进行调用。）

当调用在其他文件中定义的函数 f 时，要始终确保编译器在调用之前已看到函数 f 的原型。

我们的第一个想法是在调用函数 f 的文件中声明它。这样可以解决问题，但是可能产生维护方面的“噩梦”。假设有 50 个源文件要调用函数 f，如何能确保函数 f 的原型在所有文件中都一样呢？如何能保证这些原型和 foo.c 文件中函数 f 的定义相匹配呢？如果以后函数 f 发生了改变，如何能找到所有用到此函数的文件呢？

解决办法是显而易见的：把函数 f 的原型放进一个头文件中，然后在所有调用函数 f 的地方包含这个头文件。Q&A 既然在文件 foo.c 中定义了函数 f，我们把头文件命名为 foo.h。除了在调用函数 f 的源文件中包含 foo.h，还需要在 foo.c 中包含它，从而使编译器可以验证 foo.h 中函数 f 的原型和 foo.c 中 f 的函数定义相匹配。

在含有函数 f 定义的源文件中始终包含声明函数 f 的头文件。如果不这样做，则可能导致难以发现的错误，因为在程序别处对函数 f 的调用可能会和函数 f 的定义不匹配。

如果文件 foo.c 包含其他函数，大多数函数应该在包含函数 f 的声明的那个头文件中声明。毕竟，文件 foo.c 中的其他函数大概会与函数 f 有关。任何含有函数 f 调用的文件都可能会需要文件 foo.c 中的其他一些函数。然而，仅用于文件 foo.c 的函数不需要在头文件中声明，如果声明则容易造成误解。

为了说明头文件中函数原型的使用，一起回到 15.1 节的 RPN 计算器示例。文件 stack.c 包含函数 make_empty、is_empty、is_full、push 和 pop 的定义。这些函数的原型应该放在头文件 stack.h 中：

354

```
void make_empty(void);
int is_empty(void);
int is_full(void);
void push(int i);
int pop(void);
```

（为了避免使示例复杂化，函数 is_empty 和函数 is_full 将不再返回 Boolean 类型值而返回 int 类型值。）文件 calc.c 中将包含 stack.h 以便编译器检查在后面的文件中出现的栈函数的任何调用。文件 stack.c 中也将包含 stack.h 以便编译器验证 stack.h 中的函数原型是否与 stack.c 中的定义相匹配。下面这张图展示了 stack.h、stack.c 和 calc.c。

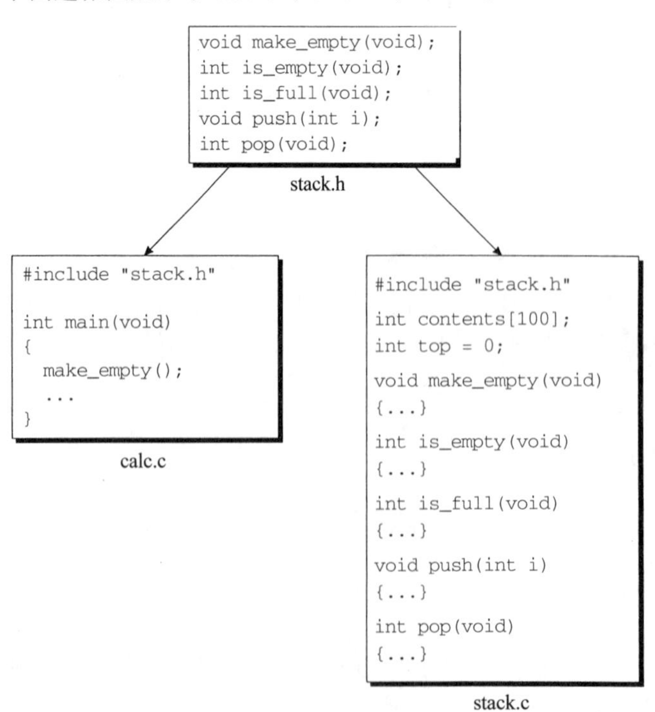

15.2.4 共享变量声明

外部变量（➤10.2 节）在文件中共享的方式与函数的共享很类似。为了共享函数，要把函数的定义放在一个源文件中，然后在需要调用此函数的其他文件中放置声明。共享外部变量的方法和此方式非常类似。

目前不需要区别变量的声明和它的定义。为了声明变量 i，可以这样写：

355

```
int i;          /* declares i and defines it as well */
```

这样不仅声明 i 是 int 类型的变量，而且也对 i 进行了定义，从而使编译器为 i 留出了空间。为了声明变量 i 而不是定义它，需要在变量声明的开始处放置 extern 关键字（➤18.2 节）：

```
extern int i;   /* declares i without defining it */
```

extern 告诉编译器，变量 i 是在程序中的其他位置定义的（很可能是在不同的源文件中），因此不需要为 i 分配空间。

顺便说一句，extern 可以用于所有类型的变量。在数组的声明中使用 extern 时，可以省略数组的长度：

Q&A
```
extern int a[];
```

因为此刻编译器不用为数组 a 分配空间，所以也就不需要知道数组 a 的长度了。

为了在几个源文件中共享变量 i，首先把变量 i 的定义放置在一个文件中：

```
int i;
```

如果需要对变量 i 初始化，可以把初始化器放在这里。在编译这个文件时，编译器会为变量 i 分配内存空间，而其他文件将包含变量 i 的声明：

```
extern int i;
```

通过在每个文件中声明变量 i，使得在这些文件中可以访问或修改变量 i。然而，由于关键字 extern 的存在，编译器不会在每次编译这些文件时都为变量 i 分配额外的内存空间。

当在文件中共享变量时，会面临和共享函数时相似的挑战：确保变量的所有声明和变量的定义一致。

当同一个变量的声明出现在不同文件中时，编译器无法检查声明是否和变量定义相匹配。例如，一个文件可以包含定义

```
int i;
```

同时另一个文件包含声明

```
extern long i;
```

这类错误可能导致程序的行为异常。

为了避免声明和变量的定义不一致，通常把共享变量的声明放置在头文件中。需要访问特定变量的源文件可以包含相应的头文件。此外，含有变量定义的源文件需要包含含有相应变量声明的头文件，这样编译器就可以检查声明与定义是否匹配。

356

虽然在文件中共享变量是 C 语言界中的长期惯例，但是它有重大的缺陷。在 19.2 节中你将看到存在的问题，并且学习如何设计不需要共享变量的程序。

15.2.5　嵌套包含

头文件自身也可以包含#include 指令。虽然这种做法可能看上去有点奇怪，但实际上是十分有用的。思考含有下列原型的 stack.h 文件：

```
int is_empty(void);
int is_full(void);
```

由于这些函数只能返回 0 或 1，将它们的返回类型声明为 Bool 类型而不是 int 类型是一个很好的主意：

```
Bool is_empty(void);
Bool is_full(void);
```

当然，我们需要在 stack.h 中包含文件 boolean.h 以便在编译 stack.h 时可以使用 Bool 的定义。（在 C99 中应包含<stdbool.h>而不是 boolean.h，并把这两个函数的返回类型声明为 bool 而不是 Bool。）

传统上，C 程序员避免使用嵌套包含。（C 语言的早期版本根本不允许嵌套包含。）但是，这种对嵌套包含的偏见正在逐渐减弱，一个原因就是嵌套包含在 C++语言中很普遍。

15.2.6　保护头文件

如果源文件包含同一个头文件两次，那么可能产生编译错误。当头文件包含其他头文件时，这种问题十分普遍。例如，假设 file1.h 包含 file3.h，file2.h 包含 file3.h，而 prog.c 同时包含 file1.h 和 file2.h（如下图所示），那么在编译 prog.c 时，file3.h 就会被编译两次。

两次包含同一个头文件不总是会导致编译错误。如果文件只包含宏定义、函数原型和/或变量声明，那么不会有任何困难。然而，如果文件包含类型定义，则会导致编译错误。

安全起见，保护全部头文件避免多次包含可能是个好主意，那样的话可以在稍后添加类型定义，不用冒因忘记保护文件而可能产生的风险。此外，在程序开发期间，避免同一个头文件的不必要重复编译可以节省一些时间。

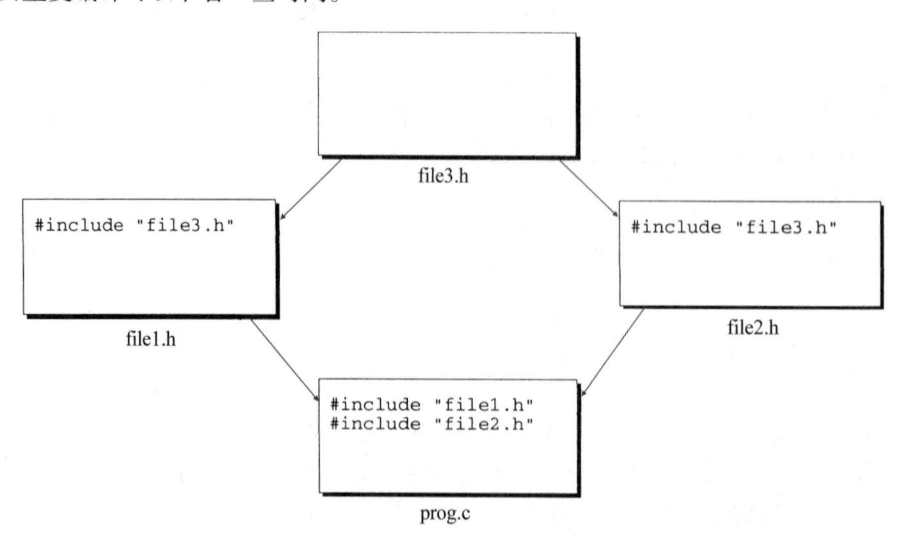

为了防止头文件多次包含，用#ifndef 和#endif 指令来封闭文件的内容。例如，可以用如

下方式保护文件 boolean.h：

```
#ifndef BOOLEAN_H
#define BOOLEAN_H

#define TRUE 1
#define FALSE 0
typedef int Bool;

#endif
```

在首次包含这个文件时，没有定义宏 BOOLEAN_H，所以预处理器允许保留#ifndef 和#endif 之间的多行内容。但是如果再次包含此文件，那么预处理器将把#ifndef 和#endif 之间的多行内容删除。

宏的名字（BOOLEAN_H）并不重要，但是，给它取类似于头文件名的名字是避免和其他的宏冲突的好方法。由于不能把宏命名为 BOOLEAN.H（标识符不能含有句点），像 BOOLEAN_H 这样的名字是个很好的选择。

15.2.7 头文件中的#error 指令

#error 指令（➤14.5 节）经常放置在头文件中，用来检查不应该包含头文件的条件。例如，如果头文件中用到了一个在最初的 C89 标准之前不存在的特性，为了避免把头文件用于旧的非标准编译器，可以在头文件中包含#ifdef 指令来检查__STDC__宏（➤14.3 节）是否存在：

357~358

```
#ifndef __STDC__
#error This header requires a Standard C compiler
#endif
```

15.3 把程序划分成多个文件

现在应用我们已经知道的关于头文件和源文件的知识来开发一种把一个程序划分成多个文件的简单方法。这里将集中讨论函数，但是同样的规则也适用于外部变量。假设已经设计好程序，换句话说，已经决定程序需要什么函数以及如何把函数分为逻辑相关的组。（第 19 章将讨论程序设计。）

下面是处理的方法。把每个函数集合放入一个不同的源文件中（比如用名字 foo.c 来表示一个这样的文件）。另外，创建和源文件同名的头文件，只是扩展名为.h（在此例中，头文件是 foo.h）。在 foo.h 文件中放置 foo.c 中定义的函数的函数原型。（在 foo.h 文件中不需要也不应该声明只在 foo.c 内部使用的函数。下面的 read_char 函数就是一个这样的例子。）每个需要调用定义在 foo.c 文件中的函数的源文件都应包含 foo.h 文件。此外，foo.c 文件也应包含 foo.h 文件，这是为了编译器可以检查 foo.h 文件中的函数原型是否与 foo.c 文件中的函数定义相一致。

main 函数将出现在某个文件中，这个文件的名字与程序的名字相匹配。如果希望称程序为 bar，那么 main 函数就应该在文件 bar.c 中。main 函数所在的文件中也可以有其他函数，前提是程序中的其他文件不会调用这些函数。

程序 文本格式化

为了说明刚刚论述的方法，现在把它用于一个小型的文本格式化程序 justify。我们用一个名为 quote 的文件作为 justify 的输入样例，quote 文件包含下列（未格式化的）引语，这些引语来自 Dennis M. Ritchie 写的“The Development of the C programming language”一文（参见 *History of Programming Language II* 一书，由 T. J. Bergin, Jr.和 R. G. Gibson, Jr.编写，第 671~687 页）：

```
   C      is quirky,   flawed,     and   an
enormous   success.       Although accidents of    history
 surely  helped,    it evidently     satisfied    a     need

     for  a    system  implementation      language      efficient
    enough     to  displace              assembly     language,
      yet sufficiently      abstract      and fluent      to describe
     algorithms    and        interactions       in a     wide      variety
of     environments.
                           --      Dennis        M.          Ritchie
```

359

为了在 UNIX 或 Windows 的命令行环境下运行这个程序，输入命令

```
justify <quote
```

符号<告诉操作系统，程序 justify 将从文件 quote 而不是从键盘读取输入。由 UNIX、Windows 和其他操作系统支持的这种特性称为**输入重定向**（input redirection，➤22.1 节）。当用给定的文件 quote 作为输入时，程序 justify 将产生下列输出：

```
C is quirky,  flawed,  and  an  enormous  success.  Although
accidents of history surely helped,  it evidently satisfied a
need for a system implementation language  efficient   enough
to displace assembly language, yet sufficiently abstract  and
fluent to describe algorithms and  interactions   in  a  wide
variety of environments.  -- Dennis M. Ritchie
```

程序 justify 的输出通常显示在屏幕上，但是也可以利用**输出重定向**（output redirection，➤22.1 节）把结果保存到文件中：

```
justify <quote >newquote
```

程序 justify 的输出将放入到文件 newquote 中。

通常情况下，justify 的输出应该和输入一样，区别仅在于删除了额外的空格和空行，并对代码行做了填充和调整。“填充”行意味着添加单词直到再多加一个单词就会导致行溢出时才停止，“调整”行意味着在单词间添加额外的空格以便于每行有完全相同的长度（60 个字符）。必须进行调整，只有这样一行内单词间的间隔才是相等的（或者几乎是相等的）。对输出的最后一行不进行调整。

假设没有单词的长度超过 20 个字符。（把与单词相邻的标点符号看作单词的一部分。）当然，这样是做了一些限制，不过一旦完成了程序的编写和调试，我们就可以很容易地把这个长度上限增加到一个事实上不可能超越的值。如果程序遇到较长的单词，它需要忽略前 20 个字符后的所有字符，用一个星号替换它们。例如，单词

```
antidisestablishmentarianism
```

将显示成

360

```
antidisestablishment*
```

现在明白了程序应该完成的内容，接下来该考虑如何设计了。首先发现程序不能像读单词一样一个一个地写单词，而必须把单词存储在一个“行缓冲区”中，直到足够填满一行。在进一步思考之后，我们决定程序的核心将是如下所示的循环：

```
for (;;) {
  读单词;
```

```
    if (不能读单词) {
        输出行缓冲区的内容，不进行调整;
        终止程序;
    }

    if (行缓冲区已经填满){
       输出行缓冲区的内容，进行调整;
       清除行缓冲区;
    }
    往行缓冲区中添加单词;
}
```

因为我们需要函数处理单词，并且还需要函数处理行缓冲区，所以把程序划分为 3 个源文件。把所有和单词相关的函数放在一个文件（word.c）中，把所有和行缓冲区相关的函数放在另一个文件（line.c）中，第 3 个文件（fmt.c）将包含 `main` 函数。除了上述这些文件，还需要两个头文件 word.h 和 line.h。头文件 word.h 将包含 word.c 文件中函数的原型，而头文件 line.h 将包含 line.c 文件中函数的原型。

通过检查主循环可以发现，我们只需要一个和单词相关的函数——`read_word`。（如果 `read_word` 函数因为到了输入文件末尾而不能读入单词，那么将通过假装读取“空”单词的方法通知主循环。）因此，文件 word.h 是一个短小的文件：

word.h

```
#ifndef WORD_H
#define WORD_H

/**********************************************************
 * read_word: Reads the next word from the input and      *
 *            stores it in word. Makes word empty if no   *
 *            word could be read because of end-of-file.  *
 *            Truncates the word if its length exceeds    *
 *            len.                                        *
 **********************************************************/
void read_word(char *word, int len);

#endif
```

注意宏 `WORD_H` 是如何防止多次包含 word.h 文件的。虽然 word.h 文件不是真的需要它，但是以这种方式保护所有头文件是一个很好的习惯。

361

文件 line.h 不会像 word.h 那样短小。主循环的轮廓显示了需要执行下列操作的函数。

- 输出行缓冲区的内容，不进行调整。
- 检查行缓冲区中还剩多少字符。
- 输出行缓冲区的内容，进行调整。
- 清除行缓冲区。
- 往行缓冲区中添加单词。

我们将要调用下面这些函数：`flush_line`、`space_remaining`、`write_line`、`clear_line` 和 `add_word`。下面是头文件 line.h 的内容。

line.h

```
#ifndef LINE_H
#define LINE_H
```

```
/**********************************************************
 * clear_line: Clears the current line.                   *
 **********************************************************/
void clear_line(void);

/**********************************************************
 * add_word: Adds word to the end of the current line.    *
 *           If this is not the first word on the line,   *
 *           puts one space before word.                  *
 **********************************************************/
void add_word(const char *word);

/**********************************************************
 * space_remaining: Returns the number of characters left *
 *                  in the current line.                  *
 **********************************************************/
int space_remaining(void);

/**********************************************************
 * write_line: Writes the current line with               *
 *             justification.                             *
 **********************************************************/
void write_line(void);

/**********************************************************
 * flush_line: Writes the current line without            *
 *             justification. If the line is empty, does  *
 *             nothing.                                   *
 **********************************************************/
void flush_line(void);

#endif
```

在编写文件 word.c 和文件 line.c 之前，可以用在头文件 word.h 和头文件 line.h 中声明的函数来编写主程序 justify.c。编写这个文件的主要工作是把原始的循环设计翻译成 C 语言。

362

justify.c

```
/* Formats a file of text */

#include <string.h>
#include "line.h"
#include "word.h"

#define MAX_WORD_LEN 20

int main(void)
{
  char word[MAX_WORD_LEN+2];
  int word_len;

  clear_line();
  for (;;) {
    read_word(word, MAX_WORD_LEN+1);
    word_len = strlen(word);
    if (word_len == 0) {
      flush_line();
      return 0;
    }
    if (word_len > MAX_WORD_LEN)
      word[MAX_WORD_LEN] = '*';
```

```
    if (word_len + 1 > space_remaining()) {
      write_line();
      clear_line();
    }
    add_word(word);
  }
}
```

包含 line.h 和 word.h 可以使编译器在编译 justify.c 时能够访问到这两个文件中的函数原型。

main 函数用了一个技巧来处理超过 20 个字符的单词。在调用 read_word 函数时，main 函数告诉 read_word 截短任何超过 21 个字符的单词。当 read_word 函数返回后，main 函数检查 word 包含的字符串长度是否超过 20 个字符。如果超过了，那么读入的单词必须至少是 21 个字符长（在截短前），所以 main 函数会用星号来替换第 21 个字符。

现在开始编写 word.c 程序。虽然头文件 word.h 只有一个 read_word 函数的原型，但是如果需要，我们可以在 word.c 中放置更多的函数。不难看出，如果添加一个小的“辅助”函数 read_char，函数 read_word 的编写就容易一些了。read_char 函数的任务就是读取一个字符，如果是换行符或制表符则将其转换为空格。在 read_word 函数中调用 read_char 函数而不是 getchar 函数，就解决了把换行符和制表符视为空格的问题。

下面是文件 word.c：

word.c

363

```
#include <stdio.h>
#include "word.h"

int read_char(void)
{
  int ch = getchar();

  if (ch == '\n' || ch == '\t')
    return ' ';
  return ch;
}

void read_word(char *word, int len)
{
  int ch, pos = 0;

  while ((ch = read_char()) == ' ')
    ;
  while (ch != ' ' && ch != EOF) {
    if (pos < len)
      word[pos++] = ch;
    ch = read_char();
  }
  word[pos] = '\0';
}
```

在讨论 read_word 函数之前，先对 read_char 函数中的 getchar 函数的使用讲两点。第一，getchar 函数实际上返回的是 int 类型值而不是 char 类型值，因此 read_char 函数中把变量 ch 声明为 int 类型，而且 read_char 函数的返回类型也是 int。第二，当不能继续读入时（通常因为读到了输入文件的末尾），getchar 的返回值为 EOF（➤22.4 节）。

read_word 函数由两个循环构成。第一个循环跳过空格，在遇到第一个非空白字符时停止。（EOF 不是空白，所以循环在到达输入文件的末尾时停止。）第二个循环读字符直到遇到空格或 EOF 时停止。循环体把字符存储到 word 中直到达到 len 的限制时停止。在这之后，循环继续读入字符，但是不再存储这些字符。read_word 函数中的最后一个语句以空字符结束单词，从而构成字符串。如果 read_word 在找到非空白字符前遇到 EOF，pos 将为 0，从而使得 word 为空字符串。

唯一剩下的文件是 line.c。这个文件提供在文件 line.h 中声明的函数的定义。line.c 文件也会需要变量来跟踪行缓冲区的状态。一个变量 line 将存储当前行的字符。严格地讲，line 是我们需要的唯一变量。然而，出于对速度和便利性的考虑，还将用到另外两个变量：line_len（当前行的字符数量）和 num_words（当前行的单词数量）。

下面是文件 line.c：

line.c

364

```
#include <stdio.h>
#include <string.h>
#include "line.h"

#define MAX_LINE_LEN 60

char line[MAX_LINE_LEN+1];
int line_len = 0;
int num_words = 0;

void clear_line(void)
{
  line[0] = '\0';
  line_len = 0;
  num_words = 0;
}

void add_word(const char *word)
{
  if (num_words > 0) {
    line[line_len] = ' ';
    line[line_len+1] = '\0';
    line_len++;
  }
  strcat(line, word);
  line_len += strlen(word);
  num_words++;
}

int space_remaining(void)
{
  return MAX_LINE_LEN - line_len;
}

void write_line(void)
{
  int extra_spaces, spaces_to_insert, i, j;

  extra_spaces = MAX_LINE_LEN - line_len;
  for (i = 0; i < line_len; i++) {
    if (line[i] != ' ')
```

```
      putchar(line[i]);
    else {
      spaces_to_insert = extra_spaces / (num_words - 1);
      for (j = 1; j <= spaces_to_insert + 1; j++)
        putchar(' ');
      extra_spaces -= spaces_to_insert;
      num_words--;
    }
  }
  putchar('\n');
}

void flush_line(void)
{
  if (line_len > 0)
    puts(line);
}
```

365

文件 line.c 中大多数函数很容易编写，唯一需要技巧的函数是 `write_line`。这个函数用来输出一行内容并进行调整。函数 `write_line` 向 `line` 中一个一个地写字符，如果需要添加额外的空格，那么就在每对单词之间停顿。额外空格的数量存储在变量 `spaces_to_insert` 中，这个变量的值由 `extra_spaces / (num_words -1)`确定，其中 `extra_spaces` 初始值是最大行长度和当前行长度的差。因为在打印每个单词之后 `extra_spaces` 和 `num_words` 都发生变化，所以 `spcaes_to_insert` 也将变化。如果 `extra_spaces` 初始值为 10，并且 `num_words` 初始值为 5，那么第 1 个单词之后将有两个额外的空格，第 2 个单词之后将有两个额外的空格，第 3 个单词之后将有 3 个额外的空格，第 4 个单词之后将有 3 个额外的空格。

15.4 构建多文件程序

在 2.1 节中，我们研究了对单个文件的程序进行编译和链接的过程。现在将把这种讨论推广到由多个文件构成的程序中。构建大型程序和构建小程序所需的基本步骤相同。

- **编译**。必须对程序中的每个源文件分别进行编译。（不需要编译头文件。编译包含头文件的源文件时会自动编译头文件的内容。）对于每个源文件，编译器会产生一个包含目标代码的文件。这些文件称为**目标文件**（object file），在 UNIX 系统中的扩展名为.o，在 Windows 系统中的扩展名为.obj。
- **链接**。链接器把上一步产生的目标文件和库函数的代码结合在一起生成可执行的程序。链接器的一个职责是解决编译器遗留的外部引用问题。（外部引用发生在一个文件中的函数调用另一个文件中定义的函数或者访问另一个文件中定义的变量时。）

大多数编译器允许一步构建程序。例如，对于 GCC 来说，可以使用下列命令行来构建 15.3 节中的 justify 程序：

```
gcc -o justify justify.c line.c word.c
```

首先把三个源文件编译成目标代码，然后自动把这些目标文件传递给链接器，链接器会把它们结合成一个文件。选项`-o` 表明我们希望可执行文件的名字是 justify。

15.4.1 makefile

把所有源文件的名字放在命令行中很快变得枯燥乏味。更糟糕的是，如果重新编译所有源文件而不仅仅是最近修改过的源文件，重新构建程序的过程中可能会浪费大量的时间。

366

为了更易于构建大型程序，UNIX 系统发明了 makefile 的概念，这个文件包含构建程序的必要信息。makefile 不仅列出了作为程序的一部分的那些文件，而且还描述了文件之间的**依赖性**。假设文件 foo.c 包含文件 bar.h，那么就说 foo.c“依赖于”bar.h，因为修改 bar.h 之后将需要重新编译 foo.c。

下面是针对程序 justify 而设的 UNIX 系统的 makefile，它用 GCC 进行编译和链接：

```
justify: justify.o word.o line.o
        gcc -o justify justify.o word.o line.o

justify.o: justify.c word.h line.h
        gcc -c justify.c

word.o: word.c word.h
        gcc -c word.c

line.o: line.c line.h
        gcc -c line.c
```

这里有 4 组代码行，每组称为一条**规则**。每条规则的第一行给出了**目标**文件，跟在后边的是它所依赖的文件。第二行是待执行的**命令**（当目标文件所依赖的文件发生改变时，需要重新构建目标文件，此时执行第二行的命令）。下面看一下前两条规则，后两条类似。

在第一条规则中，justify（可执行程序）是目标文件：

```
justify: justify.o word.o line.o
        gcc -o justify justify.o word.o line.o
```

第一行说明 justify 依赖于 justify.o、word.o 和 line.o 这三个文件。在程序的上一次构建完成之后，只要这三个文件中有一个发生改变，justify 都需要重新构建。下一行信息说明如何重新构建 justify（通过使用 `gcc` 命令链接三个目标文件）。

在第二条规则中，justify.o 是目标文件：

```
justify.o: justify.c word.h line.h
        gcc -c justify.c
```

第一行说明，如果 justify.c、word.h 或 line.h 文件发生改变，那么 justify.o 需要重新构建。（提及 word.h 和 line.h 的理由是，justify.c 包含这两个文件，它们的改变都可能会对 justify.c 产生影响。）下一行信息说明如何更新 justify.o（通过重新编译 justify.c）。选项 `-c` 通知编译器把 justify.c 编译为目标文件，但是不要试图链接它。

367　一旦为程序创造了 makefile，Q&A 就能使用 make 实用程序来构建（或重新构建）该程序了。通过检查与程序中每个文件相关的时间和日期，make 可以确定哪个文件是过期的。然后，它会调用必要的命令来重新构建程序。

如果你想试试 make，下面是一些需要了解的细节。

- makefile 中的每个命令前面都必须有一个制表符，不是一串空格。（在我们的例子中，命令看似缩进了 8 个空格，但实际上是一个制表符。）
- makefile 通常存储在一个名为 Makefile（或 makefile）的文件中。使用 make 实用程序时，它会自动在当前目录下搜索具有这些名字的文件。
- 用下面的命令调用 make：

  `make` *目标*

其中*目标*是列在 makefile 中的目标文件之一。为了用我们的 makefile 构建 justify 可执行程序，可以使用命令

```
make justify
```

- 如果在调用 make 时没有指定目标文件，则将构建第一条规则中的目标文件。例如，命令

```
make
```

将构建 justify 可执行程序，因为 justify 是我们的 makefile 中的第一个目标文件。除了第一条规则的这一特殊性质外，makefile 中规则的顺序是任意的。

make 非常复杂，复杂到可以用整本书来介绍，所以这里不打算深入研究它的复杂性。真正的 makefile 通常不像我们的示例那样容易理解。有很多方法可以减少 makefile 中的冗余，使它们更容易修改。但是，这些技术同时也极大地降低了它们的可读性。

顺便说一句，不是每个人都用 makefile 的。其他一些程序维护工具也很流行，包括一些集成开发环境支持的“工程文件”。

15.4.2 链接期间的错误

一些在编译期间无法发现的错误会在链接期间被发现。尤其是如果程序中丢失了函数定义或变量定义，那么链接器将无法解析外部引用，从而导致出现类似“undefined symbol”或“undefined reference”的消息。

链接器检查到的错误通常很容易修改。下面是一些最常见的错误起因。

368

- **拼写错误**。如果变量名或函数名拼写错误，那么链接器将进行缺失报告。例如，如果在程序中定义了函数 `read_char`，但调用时把它写为 `read_cahr`，那么链接器将报告说缺失 `read_cahr` 函数。
- **缺失文件**。如果链接器不能找到文件 foo.c 中的函数，那么它可能不知道存在此文件。这时就要检查 makefile 或工程文件来确保 foo.c 文件是列出了的。
- **缺失库**。链接器不可能找到程序中用到的全部库函数。UNIX 系统中有一个使用了 `<math.h>`的经典例子。在程序中简单地包含该头可能是不够的，很多 UNIX 版本要求在链接程序时指明选项`-lm`，这会导致链接器去搜索一个包含`<math.h>`函数的编译版本的系统文件。不使用这个选项可能会在链接时导致出现“undefined reference”消息。

15.4.3 重新构建程序

在程序开发期间，极少需要编译全部文件。大多数时候，我们会测试程序，进行修改，然后再次构建程序。为了节约时间，重新构建的过程应该只对那些可能受到上一次修改影响的文件进行重新编译。

假设按照 15.3 节的框架方法设计了程序，并对每一个源文件都使用了头文件。为了判断修改后需要重新编译的文件的数量，我们需要考虑两种可能性。

第一种可能性是修改只影响一个源文件。这种情况下，只有此文件需要重新编译。（当然，在此之后整个程序将需要重新链接。）思考程序 justify。假设要精简 word.c 中的函数 `read_char`（修改过的地方用粗体标注）：

```
int read_char(void)
{
  int ch = getchar();
```

```
  return (ch == '\n'  || ch == '\t') ? ' '  : ch;
}
```

这种改变没有影响 word.h，所以只需要重新编译 word.c 并且重新链接程序就行了。

第二种可能性是修改会影响头文件。这种情况下，应该重新编译包含此头文件的所有文件，因为它们都可能潜在地受到这种修改的影响。（有些文件可能不会受到影响，但是保守一点是值得的。）

作为示例，思考一下程序 justify 中的函数 `read_word`。注意，为了确定刚读入的单词的长度，`main` 函数在调用 `read_word` 函数后立刻调用 `strlen`。因为 `read_word` 函数已经知道了单词的长度（`read_word` 函数的变量 `pos` 负责跟踪长度），所以使用 `strlen` 就显得多余了。修改 `read_word` 函数来返回单词的长度是很容易的。首先，改变 word.h 文件中 `read_word` 函数的原型：

369

```
/**********************************************************
 * read_word: Reads the next word from the input and      *
 *            stores it in word. Makes word empty if no   *
 *            word could be read because of end-of-file.  *
 *            Truncates the word if its length exceeds    *
 *            len. Returns the number of characters       *
 *            stored.                                     *
 **********************************************************/
int read_word(char *word, int len);
```

当然，要仔细修改 `read_word` 函数的注释。接下来，修改 word.c 文件中 `read_word` 函数的定义：

```
int read_word(char *word, int len)
{
  int ch, pos = 0;

  while ((ch = read_char()) == ' ')
    ;
  while (ch != ' ' && ch != EOF)  {
    if (pos < len)
      word[pos++] = ch;
    ch = read_char();
  }
  word[pos] = '\0';
  return pos;
}
```

最后，再来修改 justify.c，方法是删除对`<string.h>`的包含，并按如下方式修改 `main` 函数：

```
int main(void)
{
  char word[MAX_WORD_LEN+2];
  int word_len;

  clear_line();
  for (;;) {
    word_len = read_word (word, MAX_WORD_LEN+1);
    if (word_len == 0) {
      flush_line();
      return 0;
    }
    if (word_len > MAX_WORD_LEN)
```

```
      word[MAX_WORD_LEN] = '*';
    if (word_len + 1 > space_remaining()) {
      write_line();
      clear_line();
    }
    add_word(word);
  }
}
```

370

一旦做了上述这些修改，就需要重新构建程序 justify，方法是重新编译 word.c 和 justify.c，然后再重新链接。不需要重新编译 line.c，因为它不包含 word.h，所以也就不会受到 word.h 改变的影响。对于 GCC，可以使用下列命令来重新构建程序：

```
gcc -o justify justify.c word.c line.o
```

注意，这里用的是 line.o 而不是 line.c。

使用 makefile 的好处之一就是可以自动重新构建。通过检查每个文件的日期，make 实用程序可以确定程序上一次构建之后哪些文件发生了改变。然后，它会把那些改变的文件和直接或间接依赖于它们的全部文件一起重新编译。例如，如果我们对 word.h、word.c 和 justify.c 进行了修改，并重新构建了 justify 程序，那么 make 将执行如下操作。

(1) 编译 justify.c 以构建 justify.o（因为修改了 justify.c 和 word.c）。
(2) 编译 word.c 以构建 word.o（因为修改了 word.c 和 word.h）。
(3) 链接 justify.o、word.o 和 line.o 以构建 justify（因为修改了 justify.o 和 word.o）。

15.4.4　在程序外定义宏

在编译程序时，C 语言编译器通常会提供一种指定宏的值的方法。这种能力使我们很容易对宏的值进行修改，而不需要编辑程序的任何文件。当利用 makefile 自动构建程序时这种能力尤其有价值。

大多数编译器（包括 GCC）支持-D 选项，此选项允许用命令行来指定宏的值：

```
gcc -DDEBUG=1 foo.c
```

在这个例子中，定义宏 DEBUG 在程序 foo.c 中的值为 1，其效果相当于在 foo.c 的开始处这样写：

```
#define DEBUG 1
```

如果-D 选项命名的宏没有指定值，那么这个值被设为 1。

许多编译器也支持-U 选项，这个选项用于删除宏的定义，效果相当于#undef。我们可以使用-U 选项来删除预定义宏（➤14.3 节）或之前在命令行方式下用-D 选项定义的宏的定义。

371

问与答

问：这里没有任何例子是使用#include 指令来包含源文件的。如果这样做了会发生什么？

答：这是合法的，但不是个好习惯。这里给出一个出问题的例子。假设 foo.c 中定义了一个在 bar.c 和 baz.c 中需要用到的函数 f，我们在 bar.c 和 baz.c 中都加上了如下指令：

```
#include "foo.c"
```

这些文件都会很好地被编译。但当链接器发现函数 f 的目标代码有两个副本时，问题就出现了。当然，如果只是 bar.c 包含此函数，而 baz.c 没有，那么将没有问题。为了避免出现问题，最好只用`#include`包含头文件而非源文件。

问：针对`#include`指令的精确搜索规则是什么？（p.273）

答：这与所使用的编译器有关。C 标准在`#include`的表述中故意模糊不清。如果文件名用*尖括号*围起来，那么预处理器会到一些“由实现定义的地方”搜索。如果文件名用*双引号*围起来，那么就“以实现定义的方式搜索”文件，如果没有找到，再按前一种方式搜索。原因很简单：不是所有操作系统都有分层的（树形的）文件系统。

更加有趣的是，标准根本不要求尖括号内的名字是文件名，因此使用`<>`的`#include`指令有可能完全在编译器内部处理。

问：我不理解为什么每个源文件都需要它自己的头文件。为什么没有一个大的头文件包含宏定义、类型定义和函数原型呢？通过包含这个文件，每个源文件都可以访问所需要的全部共享信息。（p.276）

答：只用“一个大的头文件”确实可行，许多程序员使用这种方法。而且，这种方法有一个好处：因为只有一个头文件，所以要管理的文件较少。然而，对于大型程序来说，这种方法的坏处大于它的好处。

只使用一个头文件不能为以后阅读程序的人提供有用的信息。如果有多个头文件，读者可以迅速了解到特定的源文件需要使用程序的其他哪些部分。

此外，因为每个源文件都依赖于这个大的头文件，所以改变它会导致要对全部源文件重新编译，这是大型程序中的一个显著缺陷。更糟的是，因为包含了大量信息，所以头文件可能会频繁地改变。

372

问：本章说到共享数组应该按照下列方式声明：

```
extern int a[];
```

既然数组和指针关系密切，那么用下列写法代替是否合法呢？（p.277）

```
extern int *a;
```

答：不合法。在用于*表达式*时，数组“衰退”成指针。（当数组名用作函数调用中的实际参数时，我们已经注意到这种行为。）但在变量声明中，数组和指针是截然不同的两种类型。

问：如果源文件包含了不是真正需要的头，会有损害吗？

答：不会，除非头中的声明或定义与源文件中的冲突。否则，可能发生的最坏情况就是在编译源文件时时间会有少量增加。

问：我需要调用文件 foo.c 中的函数，所以包含了匹配的头文件 foo.h。程序可以通过编译，但是不能通过链接。为什么？

答：在 C 语言中编译和链接是完全独立的。头文件的存在是为了给编译器而不是给链接器提供信息。如果希望调用文件 foo.c 中的函数，那么需要确保对 foo.c 进行了编译，还要确保链接器知道必须在 foo.c 的目标文件中搜索该函数。通常情况下，这就意味着在程序的 makefile 或工程文件中命名 foo.c。

问：如果程序调用`<stdio.h>`中的函数，这是否意味着`<stdio.h>`中的所有函数都将和程序链接呢？

答：不是的。包含`<stdio.h>`（或者任何其他头）对链接没有任何影响。在任何情况下，大多数链接器只会链接程序实际需要的函数。

问：从哪里可以得到 make 实用程序？（p.286）

答：make 是标准的 UNIX 实用程序。GNU 的版本称为 GNU Make，包含在大多数 Linux 发行版中，也可以从自由软件基金会的网站上直接获取。

练习题

15.1 节

1. 15.1 节列出了把程序分割成多个源程序的几个优点。

   (a) 请描述几个其他的优点。

   (b) 请描述一些缺点。

15.2 节

Ⓦ 2. 下面哪个不应该放置在头文件中？为什么？

   (a) 函数原型。

   (b) 函数定义。

   (c) 宏定义。

   (d) 类型定义。

373

3. 我们已经知道，如果文件是我们自己编写的，那么用`#include <文件>`代替`#include "文件"`可能无法工作。如果文件是系统头，那么用`#include "文件"`代替`#include <文件>`是否有什么问题？

4. 假设 debug.h 是具有如下内容的头文件：

```
#ifdef DEBUG
#define PRINT_DEBUG(n) printf("Value of " #n ": %d\n", n)
#else
#define PRINT_DEBUG(n)
#endif
```

   假定源文件 testdebug.c 的内容如下：

```
#include <stdio.h>

#define DEBUG
#include "debug.h"

int main(void)
{
  int i = 1, j = 2, k = 3;

#ifdef DEBUG
  printf("Output if DEBUG is defined:\n");
#else
  printf("Output if DEBUG is not defined:\n");
#endif

  PRINT_DEBUG(i);
  PRINT_DEBUG(j);
  PRINT_DEBUG(k);
  PRINT_DEBUG(i + j);
  PRINT_DEBUG(2 * i + j - k);

  return 0;
}
```

   (a) 程序执行时的输出是什么？

   (b) 如果从 testdebug.c 中删去`#define`指令，输出又是什么？

   (c) 解释(a)和(b)中的输出为什么不同。

   (d) 为了使`PRINT_DEBUG`能起到预期的效果，把`DEBUG`宏的定义放在包含 debug.h 的指令之前是否有必要？验证你的结论。

15.4 节

5. 假设程序由 3 个源文件构成，main.c、f1.c 和 f2.c，此外还包括两个头文件 f1.h 和 f2.h。全部 3 个源文件都包含 f1.h，但是只有 f1.c 和 f2.c 包含 f2.h。为此程序编写 makefile。假设使用 GCC，且可执行文件命名为 demo。

W6. 下面的问题涉及练习题 5 描述的程序。

(a) 当程序第一次构建时，需要对哪些文件进行编译？
(b) 如果在程序构建后对 f1.c 进行了修改，那么需要对哪个（些）文件进行重新编译？
(c) 如果在程序构建后对 f1.h 进行了修改，那么需要对哪个（些）文件进行重新编译？
374
(d) 如果在程序构建后对 f2.h 进行了修改，那么需要对哪个（些）文件进行重新编译？

编程题

1. 15.3 节的 justify 程序通过在单词间插入额外的空格来调整行。当前编写的函数 `writen_line` 的工作方法是，与开始处的单词间隔相比，靠近行末尾单词的间隔略微宽一些。（例如，靠近末尾的单词彼此之间可能有 3 个空格，而靠近开始的单词彼此之间可能只有 2 个空格。）请修改函数 `write_line` 来改进此程序，要求函数能够使较大的间隔交替出现在行的末尾和行的开头。

2. 修改 15.3 节的 justify 程序，在 `read_word` 函数（而不是 `main` 函数）中为被截短的单词的结尾存储 * 字符。

3. 修改 9.6 节的 qsort.c 程序，把 `quicksort` 函数和 `split` 函数放在一个单独的文件 quicksort.c 中。创建一个名为 quicksort.h 的头文件来包含这两个函数的原型，并让 qsort.c 和 quicksort.c 都包含这个头文件。

4. 修改 13.5 节的 remind.c 程序，把 `read_line` 函数放在一个单独的文件 readline.c 中。创建一个名为 readline.h 的头文件来包含这个函数的原型，并让 remind.c 和 readline.c 都包含这个头文件。

375
5. 修改第 10 章的编程题 6，使其具有独立的 stack.h 和 stack.c 文件，如 15.2 节所述。

第16章

结构、联合和枚举

> 函数延迟绑定：数据结构导致绑定。
> 记住：在编程过程后期再结构化数据。

本章介绍3种新的类型：结构、联合和枚举。结构是可能具有不同类型的值（成员）的集合。联合和结构很类似，不同之处在于联合的成员共享同一存储空间。这样的结果是，联合可以每次存储一个成员，但是无法同时存储全部成员。枚举是一种整数类型，它的值由程序员来命名。

在这3种类型中，结构是到目前为止最重要的一种，所以本章的大部分内容是关于结构的。16.1节说明了如何声明结构变量，以及如何对其进行基本操作。随后，16.2节解释了定义结构类型的方法，借助结构类型，我们就可以编写接受结构类型参数或返回结构的函数。16.3节探讨如何实现数组和结构的嵌套。本章的最后两节分别讨论了联合（16.4节）和枚举（16.5节）。

16.1 结构变量

到目前为止介绍的唯一一种数据结构就是数组。数组有两个重要特性。首先，数组的所有元素具有相同的类型；其次，为了选择数组元素需要指明元素的位置（作为整数下标）。

结构所具有的特性与数组有很大不同。结构的元素（在C语言中的说法是结构的**成员**）可能具有不同的类型。而且，每个结构成员都有名字，因此为了选择特定的结构成员需要指明结构成员的名字而不是它的位置。

由于大多数编程语言提供类似的特性，因此结构可能听起来很熟悉。在其他一些语言中，经常把结构称为**记录**（record），把结构的成员称为**字段**（field）。

16.1.1 结构变量的声明

当需要存储相关数据项的集合时，结构是一种合乎逻辑的选择。例如，假设需要记录存储在仓库中的零件。每种零件需要存储的信息可能包括零件的编号（整数）、零件的名称（字符串）以及现有零件的数量（整数）。为了产生一个可以存储全部3种数据项的变量，可以使用类似下面这样的声明：

```
struct {
  int number;
  char name[NAME_LEN+1];
  int on_hand;
} part1, part2;
```

每个结构变量都有3个成员：number（零件的编号）、name（零件的名称）和on_hand（现有数量）。注意，这里的声明格式和C语言中其他变量的声明格式一样。struct{...}指明了类型，part1和part2是具有这种类型的变量。

结构的成员在内存中是按照声明的顺序存储的。为了说明 part1 在内存中存储的形式，现在假设：(1) part1 存储在地址为 2000 的内存单元中；(2) 每个整数在内存中占 4 字节；(3) NAME_LEN 的值为 25；(4) 成员之间没有间隙。根据这些假设，part1 在内存中的样子如下所示：

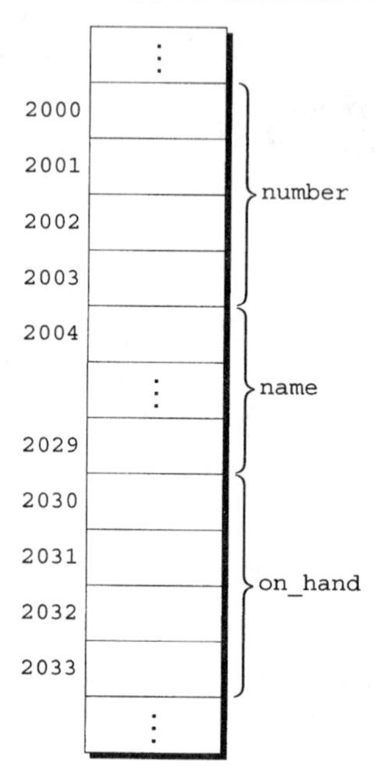

378

通常情况下不需要画出如此详细的结构。本书一般采用更加抽象的显示方法，用一系列的方框表示结构：

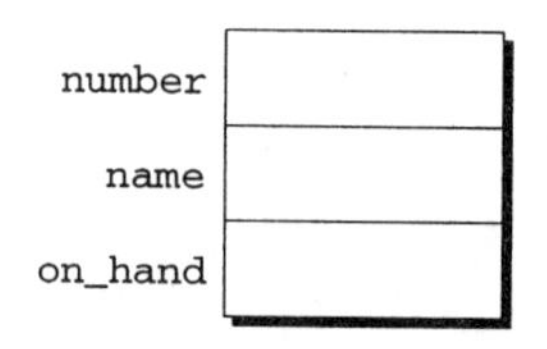

有时还会用水平方向的方框来代替垂直方向的方框：

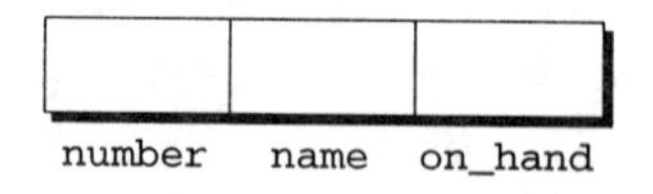

结构成员的值稍后将放入盒子中。但是现在，这里保留为空。

每个结构代表一种新的作用域。任何声明在此作用域内的名字都不会和程序中的其他名字冲突。[用 C 语言的术语可表述为，每个结构都为它的成员设置了独立的**名字空间**（name space）。] 例如，下列声明可以出现在同一程序中：

```
struct {
  int number;
  char name[NAME_LEN+1];
  int on_hand;
} part1, part2;

struct {
  char name[NAME_LEN+1];
  int number;
  char sex;
} employee1, employee2;
```

结构 part1 和 part2 中的成员 number 和成员 name 不会与结构 employee1 和 employee2 中的成员 number 和成员 name 冲突。

16.1.2 结构变量的初始化

和数组一样，结构变量也可以在声明的同时进行初始化。为了对结构进行初始化，要把待存储到结构中的值的列表准备好，并用花括号把它括起来：

```
struct {
  int number;
  char name[NAME_LEN+1];
  int on_hand;
} part1 = {528, "Disk drive", 10},
  part2 = {914, "Printer cable", 5};
```

379

初始化器中的值必须按照结构成员的顺序来显示。在此例中，结构 part1 的成员 number 值为 528，成员 name 则是"Disk drive"，以此类推。下图展示了结构 part1 初始化后的样子：

number	528
name	Disk drive
on_hand	10

结构初始化器遵循的原则类似于数组初始化器的原则。用于结构初始化器的表达式必须是常量。例如，不能用变量来初始化结构 part1 的成员 on_hand。（C99 这一限制从 C99 开始放宽了，见 18.5 节。）初始化器中的成员数可以少于它所初始化的结构，就像数组那样，任何“剩余的”成员都用 0 作为它的初始值。特别地，剩余的字符数组中的字节数为 0，表示空字符串。

16.1.3 指示器 C99

在 8.1 节学习数组时讨论过 C99 中的指示器，它在结构中也可以使用。考虑前面这个例子中 part1 的初始化器：

```
{528, "Disk drive", 10}
```

指示器与之类似，但是在初始化时需要按成员的名字来指定初值：

```
{.number = 528, .name = "Disk drive", .on_hand = 10}
```

点号和成员名称的组合也是指示器（数组元素的指示器在形式上有所不同）。

指示器有几个优点。其一，易读且容易进行验证，这是因为读者可以清楚地看出结构中的成员和初始化器中的值之间的对应关系。其二，初始化器中的值的顺序不需要与结构中成员的顺序一致。以上这个例子可以写为

```
{.on_hand = 10, .name = "Disk drive", .number = 528}
```

因为顺序不是问题，所以程序员不必记住原始声明时成员的顺序。而且成员的顺序在之后还可以改变，不会影响指示器。

指示器中列出来的值前面不一定要有指示器（数组也是如此，见 8.1 节）。考虑下面的例子：

380

```
{.number = 528, "Disk drive", .on_hand = 10}
```

值"Disk drive"的前面并没有指示器，所以编译器会认为它用于初始化结构中位于 number 之

后的成员。初始化器中没有涉及的成员都设为 0。

16.1.4　对结构的操作

既然最常见的数组操作是取下标（根据位置选择数组元素），那么也就无须惊讶结构最常用的操作是选择成员了。但是，结构成员是通过名字而不是通过位置访问的。

为了访问结构内的成员，首先写出结构的名字，然后写一个句点，再写出成员的名字。例如，下列语句将显示结构 part1 的成员的值：

```
printf("Part number: %d\n", part1.number);
printf("Part name: %s\n", part1.name);
printf("Quantity on hand: %d\n", part1.on_hand);
```

结构的成员是左值（➤4.2 节），所以它们可以出现在赋值运算的左侧，也可以作为自增或自减表达式的操作数：

```
Part1.number = 258;          /* changes part1's part number */
Part1.on_hand++;      /* increments part1's quantity on hand */
```

用于访问结构成员的句点实际上就是一个 C 语言的运算符。参考附录 A 的运算符表可知，它的运算优先级与后缀++和后缀--运算符一样，所以句点运算符的优先级几乎高于所有其他运算符。考虑下面的例子：

```
scanf("%d", &part1.on_hand);
```

表达式&part1.on_hand 包含两个运算符（即&和.）。.运算符的优先级高于&运算符，所以就像希望的那样，&计算的是 part1.on_hand 的地址。

结构的另一种主要操作是赋值运算：

```
part2 = part1;
```

这一语句的效果是把 part1.number 复制到 part2.number，把 part1.name 复制到 part2.name，以此类推。

因为数组不能用=运算符进行复制，所以结构可以用=运算符复制应该是一个惊喜。更大的惊喜是，对结构进行复制时，嵌在结构内的数组也被复制。一些程序员利用这种性质来产生“空”结构，以封装稍后将进行复制的数组：

381

```
struct { int a[10]; } a1, a2;

a1 = a2;   /* legal, since a1 and a2 are structures */
```

运算符=仅仅用于类型兼容的结构。两个同时声明的结构（比如 part1 和 part2）是兼容的。正如下一节你会看到的那样，使用同样的“结构标记”或同样的类型名声明的结构也是兼容的。

除了赋值运算，C 语言没有提供其他用于整个结构的操作。**Q&A**特别是不能使用运算符==和!=来判定两个结构相等还是不等。

16.2　结构类型

16.1 节虽然说明了声明结构变量的方法，但是没有讨论一个重要的问题：命名结构类型。假设程序需要声明几个具有相同成员的结构变量。如果一次可以声明全部变量，那么没有什么

问题。但是，如果需要在程序中的不同位置声明变量，那么问题就复杂了。如果在某处编写了

```
struct {
  int number;
  char name[NAME_LEN+1];
  int on_hand;
} part1;
```

并且在另一处编写了

```
struct {
  int number;
  char name[NAME_LEN+1];
  int on_hand;
} part2;
```

那么立刻就会出现问题。重复的结构信息会使程序膨胀。因为难以确保这些声明会保持一致，所以将来修改程序会有风险。

但是这些还不是最大的问题。根据C语言的规则，part1 和 part2 不具有兼容的类型，因此不能把 part1 赋值给 part2，反之亦然。而且，因为 part1 和 part2 的类型都没有名字，所以也就不能把它们用作函数调用的参数。

为了克服这些困难，需要定义表示结构类型（而不是特定的结构变量）的名字。**Q&A** C语言提供了两种命名结构的方法：可以声明“结构标记”，也可以使用 typedef 来定义类型名[类型定义（➤7.5节）]。

382

16.2.1 结构标记的声明

结构标记（structure tag）是用于标识某种特定结构的名字。下面的例子声明了名为 part 的结构标记：

```
struct part {
  int number;
  char name[NAME_LEN+1];
  int on_hand;
};
```

注意，右花括号后的分号是必不可少的，它表示声明结束。

如果无意间忽略了结构声明结尾的分号，可能会导致奇怪的错误。考虑下面的例子：

```
struct part {
  int number;
  char name[NAME_LEN+1];
  int on_hand;
}              /*** WRONG: semicolon missing ***/

f(void)
{
  ...
  return 0;    /* error detected at this line */
}
```

程序员没有指定函数 f 的返回类型（编程有点儿随意）。因为前面的结构声明没有正常终止，所以编译器会假设函数 f 的返回值是 struct part 类型的。编译器直到执行函数中第一条 return 语句时才会发现错误，结果得到含义模糊的出错消息。

一旦创建了标记 part，就可以用它来声明变量了：

```
struct part part1, part2;
```

但是，不能通过省略单词 struct 来缩写这个声明：

```
part part1, part2;     /*** WRONG ***/
```

part 不是类型名。如果没有单词 struct 的话，它就没有任何意义。

因为结构标记只有在前面放置了单词 struct 时才会有意义，所以它们不会和程序中用到的其他名字发生冲突。程序拥有名为 part 的变量是完全合法的（虽然有点儿容易混淆）。

383

顺便说一句，结构标记的声明可以和结构变量的声明合并在一起：

```
struct part {
  int number;
  char name[NAME_LEN+1];
  int on_hand;
} part1, part2;
```

在这里不仅声明了结构标记 part（可能稍后会用 part 声明更多的变量），而且声明了变量 part1 和 part2。

所有声明为 struct part 类型的结构彼此之间是兼容的：

```
struct part part1 = {528, "Disk drive", 10};
struct part part2;

part2 = part1;    /* legal; both parts have the same type */
```

16.2.2　结构类型的定义

除了声明结构标记，还可以用 typedef 来定义真实的类型名。例如，可以按照如下方式定义名为 Part 的类型：

```
typedef struct  {
  int number;
  char name[NAME_LEN+1];
  int on_hand;
} Part;
```

注意，类型 Part 的名字必须出现在定义的末尾，而不是在单词 struct 的后边。

可以像内置类型那样使用 Part。例如，可以用它声明变量：

```
Part part1, part2;
```

因为类型 Part 是 typedef 的名字，所以不允许书写 struct Part。无论在哪里声明，所有的 Part 类型的变量都是兼容的。

需要命名结构时，**Q&A** 通常既可以选择声明结构标记，也可以使用 typedef。但是，正如稍后将看到的，结构用于链表（➤17.5 节）时，强制使用声明结构标记。在本书的大多数例子中，我使用的是结构标记而不是 typedef 名。

16.2.3　结构作为参数和返回值

函数可以有结构类型的实际参数和返回值。下面来看两个例子。当把 part 结构用作实际参数时，第一个函数显示出结构的成员：

```
void print_part(struct part p)
{
  printf("Part number: %d\n", p.number);
  printf("Part name: %s\n", p.name);
  printf("Quantity on hand: %d\n", p.on_hand);
}
```

384

下面是 print_part 可能的调用方法：

```
print_part(part1);
```

第二个函数返回 part 结构，此结构由函数的实际参数构成：

```
struct part build_part(int number, const char * name, int on_hand)
{
  struct part p;

  p.number = number;
  strcpy (p.name, name);
  p.on_hand = on_hand;
  return p;
}
```

注意，函数 build_part 的形式参数名和结构 part 的成员名相同是合法的，因为结构拥有自己的名字空间。下面是 build_part 可能的调用方法：

```
part1 = build_part(528, "Disk drive", 10);
```

给函数传递结构和从函数返回结构都要求生成结构中所有成员的副本。这样的结果是，这些操作对程序强加了一定数量的系统开销，特别是结构很大的时候。为了避免这类系统开销，有时用传递指向结构的指针来代替传递结构本身是很明智的做法。类似地，可以使函数返回指向结构的指针来代替返回实际的结构。在 17.5 节的例子中，可以看到用指向结构的指针作为参数或者作为返回值的函数。

除了效率方面的考虑之外，避免创建结构的副本还有其他原因。例如，<stdio.h>定义了一个名为 FILE 的类型，它通常是结构。每个 FILE 结构存储的都是已打开文件的状态信息，因此在程序中必须是唯一的。<stdio.h>中每个用于打开文件的函数都返回一个指向 FILE 结构的指针，每个对已打开文件执行操作的函数都需要用 FILE 指针作为参数。

有时，可能希望在函数内部初始化结构变量来匹配其他结构（可能作为函数的形式参数）。在下面的例子中，part2 的初始化器是传递给函数 f 的形式参数：

```
void f(struct part part1)
{
  struct part part2 = part1;
  ...
}
```

385

C 语言允许这类初始化器，因为初始化的结构（此例中的 part2）具有自动存储期（➤10.1 节），也就是说它局部于函数并且没有声明为 static。初始化器可以是适当类型的任意表达式，包括返回结构的函数调用。

16.2.4 复合字面量 C99

9.3 节介绍过从 C99 开始引入的新特性**复合字面量**。在那一节中，复合字面量被用于创建没有名字的数组，这样做的目的通常是将数组作为参数传递给函数。复合字面量同样也可以用于

“实时”创建一个结构，而不需要先将其存储在变量中。生成的结构可以像参数一样传递，可以被函数返回，也可以赋值给变量。接下来看两个例子。

首先，使用复合字面量创建一个结构，这个结构将传递给函数。例如，可以按如下方式调用 print_part 函数：

```
print_part((struct part) {528, "Disk drive", 10});
```

上面的复合字面量（用加粗字体表示）创建了一个 part 结构，依次包括成员 528、"Disk drive" 和 10。这个结构之后被传递到 print_part 显示。

下面的语句把复合字面量赋值给变量：

```
part1 = (struct part) {528, "Disk drive", 10};
```

这一语句类似于包含初始化器的声明，但不完全一样——初始化器只能出现在声明中，不能出现在这样的赋值语句中。

一般来说，复合字面量包括用圆括号括住的类型名和后续的初始化器。如果复合字面量代表一个结构，类型名可以是结构标签的前面加上 struct（如本例所示）或者 typedef 名。一个复合字面量的初始化器部分可以包含指示器：

```
print_part((struct part) {.on_hand = 10,
                          .name = "Disk drive",
                          .number = 528});
```

复合字面量不会提供完全的初始化，所以任何未初始化的成员默认值为 0。

16.2.5　匿名结构 C1X

从 C11 开始，结构或者联合（➤16.4 节）的成员也可以是另一个没有名字的结构。如果一个结构或者联合包含了这样的成员：

(1) 没有名称；

(2) 被声明为结构类型，但是只有成员列表而没有标记。

则这个成员就是一个匿名结构（anonymous structure）。

在下例中，struct t 和 union u 的第二个成员都是匿名结构。

```
struct t {int i; struct {char c; float f;};};
union u {int i; struct {char c; float f;};};
```

现在的问题是，如何才能访问匿名结构的成员？若某个匿名结构 S 是结构或者联合 X 的成员，那么 S 的成员就被当作 X 的成员。进一步，对于多层嵌套的情况，如果符合以上条件，则可以递归地应用这种关系。

在下面的例子中，struct t 包含了一个没有标记、没有名称的结构成员，这个结构成员的成员 c 和 f 被认为属于 struct t。

```
struct t
{
  int i;
  struct s {int j, k:3;};          // 有标记的成员
  struct {char c; float f;};       // 无标记且未命名的成员
  struct {double d;} s;            // 命名的成员
} t;
```

```
t.i = 2006;
t.j = 5;                           // 非法
t.k = 6;                           // 非法
t.c = 'x';                         // 正确
t.f = 2.0;                         // 正确
t.s.d = 22.2;
```

出于同样的原因，下面的类型声明将在转换期间得到一个表示错误的诊断信息。因为 struct tag 的第二个成员是匿名结构，而匿名结构的成员中又有一个是匿名结构，所以，匿名结构的成员 i 和 f 被当作 struct tag 的成员，这意味着 struct tag 有两个成员的名称相同，都是 i。

```
struct tag
{
  struct {int i;};
  struct {struct {int i; float f;}; double d;};
  char c;
};
```

尽管匿名结构的成员被当作隶属于包含该结构的上层结构的成员，但它的初始化器依然必须采用被花括号包围的形式。

在下例中，尽管匿名结构的成员 x 被认为属于包含它的那个结构 struct t，但它的初始化器仍然需要使用一对花括号。

```
struct t {char c; struct {int x;};};
struct t t = {'x', 1};          // 非法
struct t t = {'x', {1}};        // 合法
```

16.3 嵌套的数组和结构

结构和数组的组合没有限制。数组可以将结构作为元素，结构也可以包含数组和结构作为成员。我们已经看过数组嵌套在结构内部的示例（结构 part 的成员 name）。下面探讨其他的可能性：成员是结构的结构和元素是结构的数组。 386

16.3.1 嵌套的结构

把一种结构嵌套在另一种结构中经常是非常有用的。例如，假设声明了如下的结构，此结构用来存储一个人的名、中间名和姓：

```
struct person_name {
  char first[FIRST_NAME_LEN+1];
  char middle_initial;
  char last[LAST_NAME_LEN+1];
};
```

可以用结构 person_name 作为更大结构的一部分内容：

```
struct student {
  struct person_name name;
  int id, age;
  char sex;
} student1, student2;
```

访问 student1 的名、中间名或姓需要应用两次.运算符。

```
strcpy(student1.name.first, "Fred");
```

使name成为结构（而不是把first、middle_initial和last作为student结构的成员）的好处之一就是可以把名字作为数据单元来处理，这样操作起来更容易。例如，如果打算编写函数来显示名字，那么只需要传递一个实际参数（person_name结构）而不是三个实际参数：

```
display_name(student1.name);
```

同样，把信息从结构person_name复制给结构student的成员name将只需要一次而不是三次赋值：

```
struct person_name new_name;
...
student1.name = new_name;
```

16.3.2　结构数组

数组和结构最常见的组合之一就是其元素为结构的数组。这类数组可以用作简单的数据库。例如，下列结构part的数组能够存储100种零件的信息：

387

```
struct part inventory[100];
```

为了访问数组中的某种零件，可以使用取下标的方式。例如，为了显示存储在位置i的零件，可以写成

```
print_part(inventory[i]);
```

访问结构part内的成员要求结合使用取下标和成员选择。为了给inventory[i]中的成员number赋值883，可以写成

```
inventory[i].number = 883;
```

访问零件名中的单个字符要求先取下标（选择特定的零件），然后选择成员（选择成员name），再取下标（选择零件名称中的字符）。为了使存储在inventory[i]中的名字变为空字符串，可以写成

```
inventory[i].name[0] = '\0';
```

16.3.3　结构数组的初始化

初始化结构数组与初始化多维数组的方法非常相似。每个结构都拥有自己的带有花括号的初始化器，数组的初始化器简单地在结构初始化器的外围括上另一对花括号。

初始化结构数组的原因之一是，我们打算把它作为程序执行期间不改变的信息的数据库。例如，假设程序在打国际长途电话时需要访问国家（地区）代码。首先，设置结构用来存储国家（地区）名和相应代码：

```
struct dialing_code {
  char *country;
  int code;
};
```

注意，country是指针而不是字符数组。如果计划用dialing_code结构作为变量，则可能有问题，但是这里没这样做。当初始化dialing_code结构时，country会指向字面串。

接下来，声明这类结构的数组并对其进行初始化，从而使此数组包含一些世界上人口最多的国家（地区）的代码：

```
const struct dialing_code country_codes[] =
  {{"Argentina",            54}, {"Bangladesh",      880},
   {"Brazil",               55}, {"Burma (Myanmar)",  95},
   {"China",                86}, {"Colombia",         57},
   {"Congo, Dem. Rep. of", 243}, {"Egypt",            20},
   {"Ethiopia",            251}, {"France",           33},
   {"Germany",              49}, {"India ",           91},
   {"Indonesia"             62}, {"Iran",             98},
   {"Italy",                39}, {"Japan",            81},
   {"Mexico",               52}, {"Nigeria",         234},
   {"Pakistan",             92}, {"Philippines",      63},
   {"Poland",               48}, {"Russia",            7},
   {"South Africa",         27}, {"Korea",            82},
   {"Spain",                34}, {"Sudan",           249},
   {"Thailand",             66}, {"Turkey",           90},
   {"Ukraine",             380}, {"United Kingdom",   44},
   {"United States",         1}, {"Vietnam",          84}};
```

388

每个结构值两边的内层花括号是可选的。然而，基于书写风格的考虑，最好不要省略它们。

C99 由于结构数组（以及包含数组的结构）很常见，因此从 C99 开始的初始化器允许指示器的组合。假定我们想初始化 inventory 数组使其只包含一个零件，零件编号为 528，现货数量为 10，名字暂时为空：

```
struct part inventory[100] =
  {[0].number = 528, [0].on_hand = 10, [0].name[0] = '\0'};
```

列表中的前两项使用了两个指示器（一个用于选择数组元素 0，即 part 结构，另一个用于选择结构中的成员）。最后一项使用了 3 个指示器：一个用于选择数组元素，一个用于选择该元素的 name 成员，还有一个用于选择 name 的元素 0。

程序 维护零件数据库

为了说明实际应用中数组和结构是如何嵌套的，现在开发一个相对大一点的程序，此程序用来维护仓库存储的零件信息数据库。程序围绕一个结构数组构建，且每个结构包含以下信息：零件的编号、名称以及数量。程序将支持下列操作。

- **添加新零件编号、名称和初始的现货数量**。如果零件已经在数据库中，或者数据库已满，那么程序必须显示出错消息。
- **给定零件编号，显示出零件的名称和当前的现货数量**。如果零件编号不在数据库中，那么程序必须显示出错消息。
- **给定零件编号，改变现有的零件数量**。如果零件编号不在数据库中，那么程序必须显示出错消息。
- **显示列出数据库中全部信息的表格**。零件必须按照输入的顺序显示出来。
- **终止程序的执行**。

389

使用 i（插入）、s（搜索）、u（更新）、p（显示）和 q（退出）分别表示这些操作。与程序的会话可能如下所示：

```
Enter operation code: i
Enter part number: 528
Enter part name: Disk drive
Enter quantity on hand: 10

Enter operation code: s
Enter part number: 528
```

```
Part name: Disk drive
Quantity on hand: 10

Enter operation code: s
Enter part number: 914
Part not found.

Enter operation code: i
Enter part number: 914
Enter part name: Printer cable
Enter quantity on hand: 5

Enter operation code: u
Enter part number: 528
Enter change in quantity on hand: -2

Enter operation code: s
Enter part number: 528
Part name: Disk drive
Quantity on hand: 8

Enter operation code: p
Part Number   Part Name                  Quantity on Hand
    528       Disk drive                        8
    914       Printer cable                     5

Enter operation code: q
```

程序将在结构中存储每种零件的信息。这里将数据库的大小限制为 100 种零件，这使得用数组来存储结构成为可能，这里称此数组为 inventory。(如果这里的限制值太小，可以在将来修改。)为了记录当前存储在数组中的零件数，使用名为 num_parts 的变量。

因为这个程序是以菜单方式驱动的，所以十分容易勾勒出主循环结构：

```
for (;;) {
  提示用户输入操作码
  读操作码
  switch (操作码) {
    case 'i': 执行插入操作; break;
    case 's': 执行搜索操作; break;
    case 'u': 执行更新操作; break;
    case 'p': 执行显示操作; break;
    case 'q': 终止程序;
    default: 显示出错消息;
  }
}
```

390

为了方便起见，接下来将分别设置不同的函数执行插入、搜索、更新和显示操作。因为这些函数都需要访问 inventory 和 num_parts，所以可以把这些变量设置为外部变量。或者把变量声明在 main 函数内，然后把它们作为实际参数传递给函数。从设计角度来说，使变量局部于函数通常比把它们外部化更好(如果忘记了原因，见 10.2 节)。然而，在此程序中，把 inventory 和 num_parts 放在 main 函数中只会使程序复杂化。

由于稍后会解释的一些原因，这里决定把程序分割为三个文件：inventory.c 文件，它包含程序的大部分内容；readline.h 文件，它包含 read_line 函数的原型；readline.c 文件，它包含 read_line 函数的定义。本节的后面将讨论后两个文件，现在先集中讨论 inventory.c 文件。

inventory.c

```
/* Maintains a parts database (array version) */

#include <stdio.h>
#include "readline.h"

#define NAME_LEN 25
#define MAX_PARTS 100

struct part {
  int number;
  char name[NAME_LEN+1];
  int on_hand;
} inventory[MAX_PARTS];

int num_parts = 0;   /* number of parts currently stored */

int find_part(int number);
void insert(void);
void search(void);
void update(void);
void print(void);

/**********************************************************
 * main: Prompts the user to enter an operation code,     *
 *       then calls a function to perform the requested   *
 *       action. Repeats until the user enters the        *
 *       command 'q'. Prints an error message if the user *
 *       enters an illegal code.                          *
 **********************************************************/
int main(void)
{
  char code;

  for (;;) {
    printf("Enter operation code: ");
    scanf(" %c", &code);
    while (getchar() != '\n')   /* skips to end of line */
      ;
    switch (code) {
      case 'i': insert();
                break;
      case 's': search();
                break;
      case 'u': update();
                break;
      case 'p': print();
                break;
      case 'q': return 0;
      default:  printf("Illegal code\n");
    }
    printf("\n");
  }
}

/**********************************************************
 * find_part: Looks up a part number in the inventory     *
 *            array. Returns the array index if the part  *
 *            number is found; otherwise, returns -1.     *
 **********************************************************/
```

391

```
int find_part(int number)
{
  int i;

  for (i = 0; i < num_parts; i++)
    if (inventory[i].number == number)
      return i;
  return -1;
}

/**********************************************************
 * insert: Prompts the user for information about a new   *
 *         part and then inserts the part into the        *
 *         database. Prints an error message and returns  *
 *         prematurely if the part already exists or the  *
 *         database is full.                              *
 **********************************************************/
void insert(void)
{
  int part_number;

  if (num_parts == MAX_PARTS) {
    printf("Database is full; can't add more parts.\n");
    return;
  }

  printf("Enter part number: ");
  scanf("%d", &part_number);

  if (find_part(part_number) >= 0) {
    printf("Part already exists.\n");
    return;
  }

  inventory[num_parts].number = part_number;
  printf("Enter part name: ");
  read_line(inventory[num_parts].name, NAME_LEN);
  printf("Enter quantity on hand: ");
  scanf("%d", &inventory[num_parts].on_hand);
  num_parts++;
}

/**********************************************************
 * search: Prompts the user to enter a part number, then  *
 *         looks up the part in the database. If the part *
 *         exists, prints the name and quantity on hand;  *
 *         if not, prints an error message.               *
 **********************************************************/
void search(void)
{
  int i, number;

  printf("Enter part number: ");
  scanf("%d", &number);
  i = find_part(number);
  if (i >= 0) {
    printf("Part name: %s\n", inventory[i].name);
    printf("Quantity on hand: %d\n", inventory[i].on_hand);
  } else
    printf("Part not found.\n");
}
```

392

```
/**********************************************************
 * update: Prompts the user to enter a part number.       *
 *         Prints an error message if the part doesn't    *
 *         exist; otherwise, prompts the user to enter    *
 *         change in quantity on hand and updates the     *
 *         database.                                      *
 **********************************************************/
void update(void)
{
  int i, number, change;

  printf("Enter part number: ");
  scanf("%d", &number);
  i = find_part(number);
  if (i >= 0) {
    printf("Enter change in quantity on hand: ");
    scanf("%d", &change);
    inventory[i].on_hand += change;
  } else
    printf("Part not found.\n");
}

/**********************************************************
 * print: Prints a listing of all parts in the database,  *
 *        showing the part number, part name, and         *
 *        quantity on hand. Parts are printed in the      *
 *        order in which they were entered into the       *
 *        database.                                       *
 **********************************************************/
void print(void)
{
  int i;

  printf("Part Number   Part Name                  "
         "Quantity on Hand\n");
  for (i = 0; i < num_parts; i++)
    printf("%7d       %-25s%11d\n", inventory[i].number,
           inventory[i].name, inventory[i].on_hand);
}
```

393

在 main 函数中，格式串" %c"允许 scanf 函数在读入操作码之前跳过空白字符。格式串中的空格是至关重要的，如果没有它，scanf 函数有时会读入前一输入行末尾的换行符。

程序包含一个名为 find_part 的函数，main 函数不调用此函数。这个“辅助”函数用于避免多余的代码和简化更重要的函数。通过调用 find_part，insert 函数、search 函数和 update 函数可以定位数据库中的零件（或者简单地确定零件是否存在）。

现在还剩下一个细节：read_line 函数。这个函数用来读零件的名字。13.3 节讨论了书写此类函数时的相关问题，但是那个 read_line 函数不能用于这个程序。请思考当用户插入零件时会发生什么：

```
Enter part number: 528
Enter part name: Disk drive
```

在输入零件的编号后，用户按回车键，输入零件的名字后再次按了回车键，这样每次都无形中给程序留下一个必须读取的换行符。为了方便讨论，现在假装这些字符都是可见的：

```
Enter part number: 528¤
Enter part name: Disk drive¤
```

当调用 scanf 函数来读零件编号时，函数读入了 5、2 和 8，但是留下了字符¤未读。如果试图用原始的 read_line 函数来读零件名称，那么函数将立刻遇到字符¤，并且停止读入。当数值输入的后边跟有字符输入时，这种问题非常普遍。解决办法就是编写 read_line 函数，使它在开始往字符串中存储字符之前跳过空白字符。这不仅解决了换行符的问题，而且可以避免存储用户在零件名称的开始处输入的任何空白。

394

因为 read_line 函数与 inventory.c 文件中的其他函数无关，而且它在其他程序中有复用的可能，所以我们决定把此函数从 inventory.c 中独立出来。read_line 函数的原型将放在头文件 readline.h 中：

readline.h

```
#ifndef READLINE_H
#define READLINE_H

/**********************************************************
 * read_line: Skips leading white-space characters, then  *
 *            reads the remainder of the input line and   *
 *            stores it in str. Truncates the line if its *
 *            length exceeds n. Returns the number of     *
 *            characters stored.                          *
 **********************************************************/
int read_line(char str[], int n);

#endif
```

我们将把 read_line 的定义放在 readline.c 文件中：

readline.c

```
#include <ctype.h>
#include <stdio.h>
#include "readline.h"

int read_line(char str[], int n)
{
  int ch, i = 0;

  while (isspace(ch = getchar()))
    ;
  while (ch != '\n' && ch != EOF) {
    if (i < n)
      str[i++] = ch;
    ch = getchar();
  }
  str[i] = '\0';
  return i;
}
```

表达式

```
isspace(ch = getchar())
```

控制第一个 while 语句。它调用 getchar 读取一个字符，把读入的字符存储在 ch 中，然后使用 isspace 函数（➤23.5 节）来判断 ch 是否是空白字符。如果不是，循环终止，ch 中包含一个非空白字符。15.3 节解释了 ch 的类型为 int 而不是 char 的原因，还解释了判定 EOF 的理由。

395

16.4 联合

像结构一样，**联合**（union）也是由一个或多个成员构成的，而且这些成员可能具有不同的类型。但是，编译器只为联合中最大的成员分配足够的内存空间。联合的成员在这个空间内彼此覆盖。这样的结果是，给一个成员赋予新值也会改变其他成员的值。

为了说明联合的基本性质，现在声明一个联合变量 u，并且这个联合变量有两个成员：

```
union {
  int i;
  double d;
} u;
```

注意，联合的声明方式非常类似于结构的声明方式：

```
struct {
  int i;
  double d;
} s;
```

事实上，结构变量 s 和联合变量 u 只有一处不同：s 的成员存储在不同的内存地址中，而 u 的成员存储在同一内存地址中。下面是 s 和 u 在内存中的存储情况（假设 int 类型的值要占用 4 字节的内存，而 double 类型的值占用 8 字节）：

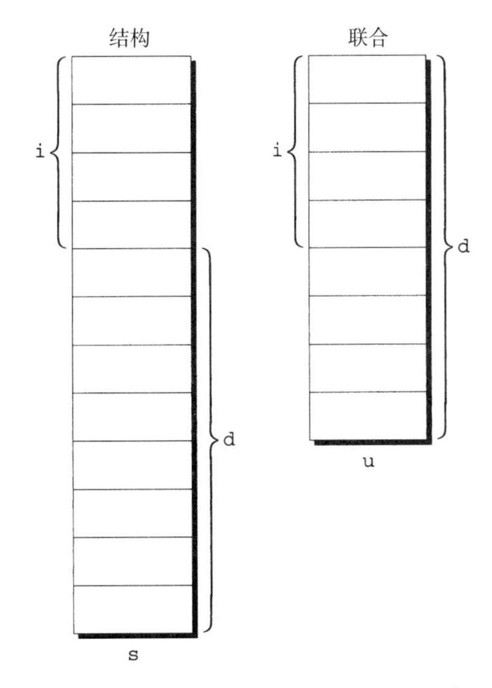

在结构变量 s 中，成员 i 和 d 占有不同的内存单元。s 总共占用了 12 字节。在联合变量 u 中，成员 i 和 d 互相交叠（i 实际上是 d 的前 4 个字节），所以 u 只占用了 8 字节；此外，i 和 d 具有相同的地址。 396

访问联合成员的方法和访问结构成员的方法相同。为了把数 82 存储到 u 的成员 i 中，可以写成

```
u.i = 82;
```

为了把值 74.8 存储到成员 d 中，可以写成

```
u.d = 74.8;
```

因为编译器把联合成员重叠存储，所以改变一个成员就会使之前存储在任何其他成员中的值发生改变。因此，如果把一个值存储到 u.d 中，那么先前存储在 u.i 中的值会丢失。（如果测试 u.i 的值，那么它会显示出无意义的内容。）类似地，改变 u.i 也会影响 u.d。由于这个性质，可以把 u 想成存储 i 或者存储 d 的地方，而不是同时存储二者的地方。（结构 s 允许存储 i 和 d。）

联合的性质和结构的性质几乎一样，因此可以用声明结构标记和类型的方法来声明联合的标记和类型。像结构一样，联合可以使用运算符=进行复制，也可以传递给函数，还可以由函数返回。

联合的初始化方式甚至也和结构的初始化很类似。但是，只有联合的第一个成员可以获得初始值。例如，可以用下列方式初始化联合 u 的成员 i 为 0：

```
union {
  int i;
  double d;
} u = {0};
```

注意，花括号是必需的。花括号内的表达式必须是常量。（从 C99 开始的规则稍有不同，在 18.5 节会看到。）

C99 指示器（我们在讨论数组和结构时介绍过的一种 C99 特性）也可以用在联合中。指示器允许我们指定需要对联合中的哪个成员进行初始化。例如，可以像下面这样初始化 u 的成员 d：

```
union {
  int i;
  double d;
} u = {.d = 10.0};
```

只能初始化一个成员，但不一定是第一个。

联合有几种应用，现在讨论其中的两种。联合的另外一个应用是用不同的方法观察存储，因为这个应用与机器高度相关，所以推迟到 20.3 节再介绍。 397

16.4.1　用联合来节省空间

在结构中经常使用联合作为节省空间的一种方法。假设打算设计的结构包含通过礼品册售出的商品的信息。礼品册上只有三种商品：图书、杯子和衬衫。每种商品都含有库存量、价格以及与商品类型相关的其他信息。

- 图书：书名、作者、页数。
- 杯子：设计。
- 衬衫：设计、可选颜色、可选尺寸。

最初的设计可能会得到如下结构：

```
struct catalog_item {
  int stock_number;
  double price;
  int item_type;
  char title[TITLE_LEN+1];
  char author[AUTHOR_LEN+1];
```

```
    int num_pages;
    char design[DESIGN_LEN+1];
    int colors;
    int sizes;
  };
```

成员 item_type 的值将是 BOOK、MUG 或 SHIRT 之一。成员 colors 和 sizes 将存储颜色和尺寸的组合代码。

虽然上述结构十分好用，但是它很浪费空间，因为对礼品册中的所有商品来说只有结构中的部分信息是常用的。比如，如果商品是图书，那么就不需要存储 design、colors 和 sizes。通过在结构 catalog_item 内部放置一个联合，可以减少结构所需要的内存空间。联合的成员将是一些特殊的结构，每种结构都包含特定类型的商品所需要的数据：

```
struct catalog_item {
  int stock_number;
  double price;
  int item_type;
  union {
    struct {
      char title[TITLE_LEN+1];
      char author[AUTHOR_LEN+1];
      int num_pages;
    } book;
    struct {
      char design[DESIGN_LEN+1];
    } mug;
    struct {
      char design[DESIGN_LEN+1];
      int colors;
      int sizes;
    } shirt;
  } item;
};
```

398

注意，联合（名为 item）是结构 catalog_item 的成员，而结构 book、mug 和 shirt 则是联合 item 的成员。如果 c 是表示图书的结构 catalog_item，那么可以用下列方法显示图书的名称：

```
printf("%s", c.item.book.title);
```

正如上边的例子显示的那样，访问嵌套在结构内部的联合是很困难的：为了定位图书的名称，不得不指明结构的名字（c）、结构的联合成员的名字（item）、联合的结构成员的名字（book），以及此结构的成员名（title）。

可以用 catalog_item 结构来说明联合有趣的一面。把值存储在联合的一个成员中，然后通过另一个名字来访问该数据通常不太可取，因为给联合的一个成员赋值会导致其他成员的值不确定。然而，C 标准提到了一种特殊情况：联合的两个或多个成员是结构，而这些结构最初的一个或多个成员是相匹配的。（这些成员的顺序应该相同，类型也要兼容，但名字可以不一样。）如果当前某个结构有效，则其他结构中的匹配成员也有效。

考虑嵌入在 catalog_item 结构中的联合。它包含三个结构成员，其中两个结构（mug 和 shirt）的起始成员（design）相匹配。现在假定我们给其中一个 design 成员赋值：

```
strcpy(c.item.mug.design, "Cats");
```

另一个结构中的 design 成员也会被定义，并具有相同的值：

```
printf("%s", c.item.shirt.design);   /* prints "Cats" */
```

16.4.2　用联合来构造混合的数据结构

联合还有一个重要的应用：创建含有不同类型混合数据的数据结构。现在假设需要数组的元素是 int 值和 double 值的混合。因为数组的元素必须是相同的类型，所以好像不可能产生如此类型的数组。但是利用联合，这件事就相对容易了。首先，定义一种联合类型，它所包含的成员分别表示要存储在数组中的不同数据类型：

399

```
typedef union {
  int i;
  double d;
} Number;
```

接下来，创建一个数组，使数组的元素是 Number 类型的值：

```
Number number_array[1000];
```

数组 number_array 的每个元素都是 Number 联合。Number 联合既可以存储 int 类型的值又可以存储 double 类型的值，所以可以在数组 number_array 中存储 int 和 double 的混合值。例如，假设需要用数组 number_array 的 0 号元素来存储 5，用 1 号元素来存储 8.395。下列赋值语句可以达到期望的效果：

```
number_array[0].i = 5;
number_array[1].d = 8.395;
```

16.4.3　为联合添加“标记字段”

联合所面临的主要问题是不容易确定联合最后改变的成员，因此所包含的值可能是无意义的。请思考下面这个问题：假设编写了一个函数，用来显示当前存储在联合 Number 中的值。这个函数可能有下列框架：

```
void print_number(Number n)
{
  if (n 包含一个整数)
    printf("%d", n.i);
  else
    printf("%g", n.d);
}
```

但是，没有方法可以帮助函数 print_number 来确定 n 包含的是整数还是浮点数。

为了记录此信息，可以把联合嵌入一个结构中，并且此结构还含有另一个成员：“标记字段”或者“判别式”，它是用来提示当前存储在联合中的内容的。在本节先前讨论的结构 catalog_item 中，item_type 就是用于此目的的。

下面把 Number 类型转换成具有嵌入联合的结构类型：

```
#define INT_KIND 0
#define DOUBLE_KIND 1

typedef struct {
  int kind;    /* tag field */
  union {
    int i;
```

```
    double d;
  } u;
} Number;
```

Number 有两个成员 kind 和 u。kind 的值可能是 INT_KIND 或 DOUBLE_KIND。

400

每次给 u 的成员赋值时，也会改变 kind，从而提示修改的是 u 的哪个成员。例如，如果 n 是 Number 类型的变量，对 u 的成员 i 进行赋值操作可以采用下列形式：

```
n.kind = INT_KIND;
n.u.i = 82;
```

注意，对 i 赋值要求首先选择 n 的成员 u，然后才是 u 的成员 i。

当需要找回存储在 Number 型变量中的数时，kind 将表明联合的哪个成员是最后被赋值的。函数 print_number 可以利用这种能力：

```
void print_number(Number n)
{
  if (n.kind == INT_KIND)
    printf("%d", n.u.i);
  else
    printf("%g", n.u.d);
}
```

每次对联合的成员进行赋值，都由程序负责改变标记字段的内容。

16.4.4 匿名联合 C1X

从 C11 开始，结构或者联合的成员也可以是另一个没有名字的联合。如果一个结构或者联合包含了这样的成员：

(1) 没有名称；

(2) 被声明为联合类型，但是只有成员列表而没有标记。

则这个成员就是一个匿名联合（anonymous union）。在下例中，struct t 和 union u 的第二个成员都是匿名联合。

```
struct t {int i; union {char c; float f;};};
union u {int i; union {char c; float f;};};
```

现在的问题是，如何才能访问匿名联合的成员？答案如下：若某个匿名联合 U 是结构或者联合 X 的成员，则 U 的成员被当作 X 的成员。进一步，对于多层嵌套的情况，如果符合以上条件，那么可以递归地应用这种关系。

在下面的例子中，struct t 包含了一个没有标记、没有名字的联合成员，这个联合的成员 c 和 f 被认为属于 struct t。

```
struct t
{
  int i;
  struct s {int j, k:3;};        // 有标记的成员
  union {char c; float f;};      // 无标记且未命名的成员
  struct {double d;} s;          // 命名的成员
} t;

t.i = 2006;
```

```
t.j = 5;                          // 非法
t.k = 6;                          // 非法
t.c = 'x';                        // 正确
t.f = 2.0;                        // 正确
t.s.d = 22.2;
```

出于同样的原因，下面的类型声明将在转换期间得到一个表示错误的诊断信息。因为 struct tag 的第二个成员是匿名联合，而匿名联合的成员中又有一个是匿名联合，所以，匿名联合的成员 i 和 f 被当作 struct tag 的成员，这意味着 struct tag 有两个成员的名称相同，都是 i。

```
struct tag
{
  struct {int i;};
  union {union {int i; float f;}; double d;};
  char c;
};
```

16.5　枚举

在许多程序中，我们会需要变量只具有少量有意义的值。例如，布尔变量应该只有 2 种可能的值：“真”和“假”。用来存储扑克牌花色的变量应该只有 4 种可能的值：“梅花”“方片”“红桃”和“黑桃”。显然可以用声明成整数的方法来处理此类变量，并且用一组编码来表示变量的可能值：

```
int s;      /* s will store a suit */
...
s = 2;      /* 2 represents "hearts" */
```

虽然这种方法可行，但是也遗留了许多问题。有些人读程序时可能不会意识到 s 只有 4 种可能的值，而且不会知道 2 的特殊含义。

401 使用宏来定义牌的花色“类型”和不同花色的名字是一种正确的措施：

```
#define SUIT        int
#define CLUBS       0
#define DIAMONDS    1
#define HEARTS      2
#define SPADES      3
```

那么前面的示例现在可以变得更加容易阅读：

```
SUIT s;
...
s = HEARTS;
```

这种方法有所改进，但它仍然不是最好的解决方案，因为这样做没有为阅读程序的人指出宏表示具有相同“类型”的值。如果可能值的数量很多，那么为每个值定义一个宏是很麻烦的。而且，因为预处理器会删除我们定义的 CLUBS、DIAMONDS、HEARTS 和 SPADES 这些名字，所以在调试期间没法使用这些名字。

C 语言为具有可能值较少的变量提供了一种专用类型。**枚举类型**（enumeration type）是一种值由程序员列出（“枚举”）的类型，而且程序员必须为每个值命名（**枚举常量**）。以下例子中枚举的值（CLUBS、DIAMONDS、HEARTS 和 SPADES）可以赋值给变量 s1 和 s2：

```
enum {CLUBS, DIAMONDS, HEARTS, SPADES} s1, s2;
```

虽然枚举和结构、联合没有什么共同的地方，但是它们的声明方法很类似。但是，与结构或联合的成员不同，枚举常量的名字必须不同于作用域范围内声明的其他标识符。

枚举常量类似于用#define 指令创建的常量，但是两者又不完全一样。特别地，枚举常量遵循C语言的作用域规则：如果枚举声明在函数体内，那么它的常量对外部函数来说是不可见的。

16.5.1 枚举标记和类型名

与命名结构和联合的原因相同，我们也常常需要创建枚举的名字。与结构和联合一样，可以用两种方法命名枚举：通过声明标记的方法，或者使用 typedef 来创建独一无二的类型名。

枚举标记类似于结构和联合的标记。例如，为了定义标记 suit，可以写成

```
enum suit {CLUBS, DIAMONDS, HEARTS, SPADES};
```

变量 suit 可以按照下列方法来声明：

```
enum suit s1, s2;
```

402

还可以用 typedef 把 Suit 定义为类型名：

```
typedef enum {CLUBS, DIAMONDS, HEARTS, SPADES} Suit;
Suit s1, s2;
```

在 C89 中，利用 typedef 来命名枚举是创建布尔类型的一种非常好的方法：

```
typedef enum {FALSE, TRUE} Bool;
```

当然，从 C99 开始，我们有内置的布尔类型，所以使用这一新特性的程序员不需要这样定义 Bool 类型。

16.5.2 枚举作为整数

在系统内部，C 语言会把枚举变量和常量作为整数来处理。默认情况下，编译器会把整数 0, 1, 2, …赋给特定枚举中的常量。例如，在枚举 suit 的例子中，CLUBS、DIAMONDS、HEARTS 和 SPADES 分别表示 0、1、2 和 3。

我们可以为枚举常量自由选择不同的值。现在假设希望 CLUBS、DIAMONDS、HEARTS 和 SPADES 分别表示 1、2、3 和 4，可以在声明枚举时指明这些数：

```
enum suit {CLUBS = 1, DIAMONDS = 2, HEARTS = 3, SPADES = 4};
```

枚举常量的值可以是任意整数，也可以不用按照特定的顺序列出：

```
enum dept {RESEARCH = 20, PRODUCTION = 10, SALES = 25};
```

两个或多个枚举常量具有相同的值甚至也是合法的。

当没有为枚举常量指定值时，它的值比前一个常量的值大 1。（第一个枚举常量的值默认为 0。）在下列枚举中，BLACK 的值为 0，LT_GRAY 为 7，DK_GRAY 为 8，而 WHITE 为 15：

```
enum EGA_colors {BLACK, LT_GRAY = 7, DK_GRAY, WHITE = 15};
```

枚举的值只不过是一些稀疏分布的整数，所以 C 语言允许把它们与普通整数进行混合：

```
int i;
enum {CLUBS, DIAMONDS, HEARTS, SPADES} s;
```

```
i = DIAMONDS;    /* i is now 1              */
s = 0;           /* s is now 0  (CLUBS)     */
s++;             /* s is now 1  (DIAMONDS) */
i = s + 2;       /* i is now 3              */
```

编译器会把 s 作为整型变量来处理，而 CLUBS、DIAMONDS、HEARTS 和 SPADES 只是数 0、1、2 和 3 的名字而已。403

虽然把枚举的值作为整数使用非常方便，但是把整数用作枚举的值是非常危险的。例如，我们可能会不小心把 4 存储到 s 中，而 4 不能跟任何花色相对应。

16.5.3　用枚举声明“标记字段”

用枚举来解决 16.4 节遇到的问题是非常合适的：用来确定联合中最后一个被赋值的成员。例如，在结构 Number 中，可以把成员 kind 声明为枚举而不是 int：

```
typedef struct {
  enum {INT_KIND, DOUBLE_KIND} kind;
  union {
    int i;
    double d;
  } u;
} Number;
```

这种新结构和旧结构的用法完全一样。这样做的好处是不仅远离了宏 INT_KIND 和 DOUBLE_KIND（它们现在是枚举常量），而且阐明了 kind 的含义，现在 kind 显然应该只有两种可能的值：INT_KIND 和 DOUBLE_KIND。

问与答

问：当试图使用 sizeof 运算符来确定结构中的字节数量时，获得的数大于成员加在一起的总数。为什么会这样？

答：看看下面这个例子：

```
struct {
  char a;
  int b;
} s;
```

如果 char 类型值占 1 字节，而 int 类型值占 4 字节，s 会是多大呢？显而易见的答案（5 字节）不一定正确。一些计算机要求特定数据项的地址是某个字节数（一般是 2、4 或 8，由数据项的类型决定）的倍数。为了满足这一要求，编译器会在邻近的成员之间留“空洞”（即不使用的字节），从而使结构的成员“对齐”。如果假设数据项必须从 4 字节的倍数开始，那么结构 s 的成员 a 后面将有 3 字节的空洞，从而 sizeof(s)为 8。404

顺便说一句，就像在成员间有空洞一样，结构末尾也可以有空洞。例如，结构

```
struct {
  int a;
  char b;
} s;
```

可能在成员 b 的后边有 3 字节的空洞。

问：结构的开始处是否可能会有“空洞”？

答：不会。C 标准指明只允许在成员之间或者最后一个成员的后边有空洞。因此可以确保指向结构第一个成员的指针就是指向整个结构的指针。（但是，注意这两个指针的类型不同。）

问：使用==来判定两个结构是否相等为什么是不合法的？（p.296）

答：这种操作超出了 C 语言的范围，因为任何实现都不能确保它始终是和语言的体系相一致的。逐个比较结构成员是极没有效率的。比较结构中的全部字节是相对较好的方法（许多计算机有专门的指令可以用来快速执行此类比较）。然而，如果结构中含有空洞，那么比较字节会产生不正确的结果。即使对应的成员有同样的值，空洞中的废弃值也可能会不同。这个问题可以通过下列方法解决，那就是编译器要确保空洞始终包含相同的值（比如零）。然而，初始化空洞会影响全部使用结构的程序的性能，所以它是不可行的。

问：为什么 C 语言提供两种命名结构类型的方法（标记命名和 `typedef` 命名）？（p.297）

答：C 语言早期没有 `typedef`，所以标记是结构类型命名的唯一有效方法。当加入 `typedef` 时，已经太晚了，以致无法删除标记了。此外，当结构的成员是指向同类型结构的指针时（见 17.5 节的 `node` 结构），标记仍然是非常必要的。

问：结构可否同时有标记名和 `typedef` 名？（p.298）

答：可以。事实上，标记名和 `typedef` 名甚至可以是一样的，虽然不要求这么做：

```
typedef struct part {
  int number;
  char name[NAME_LEN+1];
  int on_hand;
} part;
```

405

问：如何能在程序的几个文件间共享结构类型呢？

答：把结构标记（如果喜欢也可以用 `typedef`）的声明放在头文件中，然后在需要结构的地方包含此头文件就可以了。例如，为了共享结构 `part`，可以在头文件中放入下列内容：

```
struct part {
  int number;
  char name[NAME_LEN+1];
  int on_hand;
};
```

注意，这里只是声明结构标记，而没有声明具有这种类型的变量。

顺便提一句，含有结构标记声明或结构类型声明的头文件可能需要保护，以避免多次包含（➤15.2 节）。在同一文件中两次声明同一个标记或类型是错误的。类似的说明也适用于联合和枚举。

问：如果在两个不同的文件中包含了结构 `part` 的声明，那么一个文件中的 `part` 类型变量和另一个文件中的 `part` 类型变量是否一样呢？

答：从技术上来说，不一样。但是，C 标准提到，一个文件中的 `part` 类型变量所具有的类型和另一个文件中的 `part` 类型变量所具有的类型是兼容的。具有兼容类型的变量可以互相赋值，所以在实际中“兼容的”类型和“相同的”类型之间几乎没有差异。

C99 C89 和从 C99 开始的标准在有关结构兼容性的法则上稍有不同。在 C89 中，对于在不同文件中定义的结构来说，如果它们的成员具有同样的名字并且顺序一样，那么它们是兼容的，相应的成员类型也是兼容的。从 C99 开始则更进一步，它要求两个结构要么具有相同的标记，要么都没有标记。

类似的兼容性法则也适用于联合和枚举（在 C89 和从 C99 开始的标准之间的差异也一样）。

问：让指针指向复合字面量是否合法？

答：合法。考虑 16.2 节的 print_part 函数。目前这个函数的形式参数是一个 part 结构。如果将参数修改为指向 part 结构的指针，函数的效率会更高。这样，使用该函数来显示复合字面量就可以通过在参数前面加取地址&运算符的方式来完成：

```
print_part(&(struct part) {528, "Disk drive", 10});
```

问：C99 允许指针指向复合字面量似乎使我们可以修改该字面量，是这样吗？

答：是的。虽然很少这么做，但复合字面量是左值，可以修改。

406

问：我在程序中看到，枚举的最后一个常量后面有一个逗号，就像这样：

```
enum gray_values {
  BLACK = 0,
  DARK_GRAY = 64,
  GRAY = 128,
  LIGHT_GRAY = 192,
};
```

这样是否合法？

答：C99 从 C99 开始，这是合法的（C99 之前的有些编译器也允许这么做）。允许有"尾逗号"可以使修改枚举更方便，因为我们可以直接在枚举的最后增加常量而无须改变已有的代码。例如，我们可能希望在枚举中增加 WHITE：

```
enum gray_values {
  BLACK = 0,
  DARK_GRAY = 64,
  GRAY = 128,
  LIGHT_GRAY = 192,
  WHITE = 255,
};
```

LIGHT_GRAY 的定义之后的逗号使得在列表最后增加 WHITE 很容易。

做出这一修改的原因是，C89 允许在初始化器中使用尾逗号，所以在枚举中也提供这一灵活性就显得很一致。C99 顺便说一句，从 C99 开始也允许在复合字面量中使用尾逗号。

问：枚举类型的值可以用作下标吗？

答：是的，的确可以。它们是整数，值（默认）从 0 开始逐渐增加，所以是很理想的下标。此外，C99 从 C99 开始，枚举常量可以用作指示器中的下标。下面是一个例子：

```
enum weekdays {MONDAY, TUESDAY, WEDNESDAY, THURSDAY, FRIDAY};
const char *daily_specials[] = {
  [MONDAY] = "Beef ravioli",
  [TUESDAY] = "BLTs",
  [WEDNESDAY] = "Pizza",
  [THURSDAY] = "Chicken fajitas",
  [FRIDAY] = "Macaroni and cheese"
};
```

练习题

16.1 节

1. 在下列声明中，结构 x 和结构 y 都拥有名为 x 和 y 的成员：

```
struct { int x,  y; } x;
struct { int x,  y; } y;
```

单独出现时，这两个声明是否合法？两个声明是否可以同时出现在程序中呢？验证你的答案。 407

Ⓦ 2. (a) 声明名为 c1、c2 和 c3 的结构变量，每个结构变量都拥有 double 类型的成员 real 和 imaginary。
   (b) 修改(a)中的声明，使 c1 的成员初始值为 0.0 和 1.0，c2 的成员初始值为 1.0 和 0.0。（c3 不初始化。）
   (c) 编写语句把 c2 的成员复制给 c1。这项操作可以在一条语句中完成，还是必须要两条语句？
   (d) 编写语句把 c1 和 c2 的对应成员相加，并且把结果存储在 c3 中。

16.2 节

3. (a) 说明如何为具有 double 类型的成员 real 和 imaginary 的结构声明名为 complex 的标记。
   (b) 利用标记 complex 来声明名为 c1、c2 和 c3 的变量。
   (c) 编写名为 make_complex 的函数，此函数用来把两个实际参数（类型都是 double 类型）存储在 complex 结构中，然后返回此结构。
   (d) 编写名为 add_complex 的函数，此函数用来把两个实际参数（都是 complex 结构）的对应成员相加，然后返回结果（另一个 complex 结构）。

Ⓦ 4. 重做练习题 3，这次要求使用名为 Complex 的类型。

5. 编写下列函数，假定 date 结构包含三个成员：month、day 和 year（都是 int 类型）。

   (a) `int day_of_year(struct date d);`
   返回 d 是一年中的第多少天（1~366 范围内的整数）。
   (b) `int compare_dates(struct date d1, struct date d2);`
   如果日期 d1 在 d2 之前，返回-1；如果 d1 在 d2 之后，返回+1；如果 d1 和 d2 相等，返回 0。

6. 编写下列函数，假定 time 结构包含三个成员：hours、minutes 和 seconds（都是 int 类型）。

```
struct time split_time(long total_seconds);
```

   total_seconds 是从午夜开始的秒数。函数返回一个包含等价时间的结构，等价的时间用小时（0~23）、分钟（0~59）和秒（0~59）表示。

7. 假定 fraction 结构包含两个成员：numerator 和 denominator（都是 int 类型）。编写函数完成下列分数运算。

   (a) 把分数 f 化为最简形式。提示：为了把分数化为最简形式，首先计算分子和分母的最大公约数（GCD），然后把分子和分母都除以该最大公约数。
   (b) 把分数 f1 和 f2 相加。
   (c) 从分数 f1 中减去分数 f2。
   (d) 把分数 f1 和 f2 相乘。
   (e) 用分数 f1 除以分数 f2。

   分数 f、f1 和 f2 都是 struct fraction 类型的参数。每个函数返回一个 struct fraction 类型的值。(b)~(e)中函数返回的分式应为最简形式。提示：可以使用(a)中的函数辅助编写(b)~(e)中的函数。 408

8. 设 color 是如下的结构：

```
struct color {
  int red;
  int green;
  int blue;
};
```

   (a) 为 struct color 类型的 const 变量 MAGENTA 编写声明，成员的值分别为 255、0 和 255。

(b) C99 重复上题，但是使用指示器。要求不指定 green 的值，使其默认为 0。

9. 编写下列函数。（color 结构的定义见练习题 8。）

(a) struct color make_color(int red, int green, int blue);
函数返回一个包含指定的 red、green 和 blue 值的 color 结构。如果参数小于 0，把结构的对应成员置为 0。如果参数大于 255，把结构的对应成员置为 255。

(b) int getRed(struct color c);
函数返回 c 的 red 成员的值。

(c) bool equal_color(struct color color1, struct color color2);
如果 color1 和 color2 的对应成员相等，函数返回 true。

(d) struct color brighter(struct color c);
函数返回一个表示颜色 c 的更亮版本的 color 结构。该结构等同于 c，但每个成员都除以了 0.7（把结果截断为整数）。但是，有 3 种特殊情形：(1) 如果 c 的所有成员都为 0，函数返回一个所有成员的值都为 3 的颜色；(2) 如果 c 的任意成员比 0 大且比 3 小，那么在除以 0.7 之前将其置为 3；(3) 如果除以 0.7 之后得到了超过 255 的成员，将其置为 255。

(e) struct color darker(struct color c);
函数返回一个表示颜色 c 的更暗版本的 color 结构。该结构等同于 c，但每个成员都乘以了 0.7（把结果截断为整数）。

16.3 节

10. 下列结构用来存储图形屏幕上的对象信息。

```
struct point { int x,  y; };
struct rectangle { struct point upper_left, lower_right; };
```

结构 point 用来存储屏幕上点的 x 和 y 坐标，结构 rectangle 用来存储矩形的左上和右下坐标点。编写函数，要求可以在 rectangle 结构变量 r 上执行下列操作，且 r 作为实际参数传递。

(a) 计算 r 的面积。

(b) 计算 r 的中心，并且把此中心作为 point 值返回。如果中心的 x 或 y 坐标不是整数，在 point 结构中存储截断后的值。

409

(c) 将 r 沿 x 轴方向移动 x 个单位，沿 y 轴移动 y 个单位，返回 r 修改后的内容。（x 和 y 是函数的另外两个实际参数。）

(d) 确定点 p 是否位于 r 内，返回 true 或者 false。（p 是 struct point 类型的另外一个实际参数。）

16.4 节

W 11. 假设 s 是如下结构：

```
struct {
  double a;
  union {
    char b[4];
    double c;
    int d;
  } e;
  char f[4];
} s;
```

如果 char 类型值占 1 字节，int 类型值占 4 字节，double 类型值占 8 字节，那么 C 编译器将为 s 分配多大的内存空间？（假设编译器没有在成员之间留“空洞”。）

12. 假设 u 是如下联合：

```
union {
  double a;
  struct {
    char b[4];
    double c;
    int d;
  } e;
  char f[4];
} u;
```

如果char类型值占1字节，int类型值占4字节，double类型值占8字节，那么C编译器将为u分配多大的内存空间？（假设编译器没有在成员之间留“空洞”。）

13. 假设s是如下结构（point是在练习题10中声明的结构标记）：

```
struct shape {
  int shape_kind;          /* RECTANGLE or CIRCLE */
  struct point center;     /* coordinates of center */
  union {
    struct {
      int height, width;
    } rectangle;
    struct {
      int radius;
    } circle;
  } u;
} s;
```

如果 shape_kind 的值为 RECTANGLE，那么 height 和 width 成员分别存储矩形的两维。如果shape_kind的值为CIRCLE，那么radius成员存储圆形的半径。请指出下列哪些语句是合法的，并说明如何修改不合法的语句。

(a) `s.shape_kind = RECTANGLE;`
(b) `s.center.x = 10;`
(c) `s.height = 25;`
(d) `s.u.rectangle.width = 8;`
(e) `s.u.circle = 5;`
(f) `s.u.radius = 5;`

410

Ⓦ14. 假设shape是练习题13中声明的结构标记。编写函数在shape类型结构变量s上完成下列操作，并且s作为实际参数传递给函数。

(a) 计算s的面积。
(b) 将s沿*x*轴方向移动*x*个单位，沿*y*轴移动*y*个单位，返回s修改后的内容。（x和y是函数的另外两个实际参数。）
(c) 把s缩放c倍（c是double类型的值），返回s修改后的内容。（c是函数的另外一个实际参数。）

16.5节

Ⓦ15. (a) 为枚举声明标记，此枚举的值表示一周中的7天。
(b) 用typedef定义(a)中枚举的名字。

16. 下列关于枚举常量的叙述，哪些是正确的？

(a) 枚举常量可以表示程序员指定的任何整数。
(b) 枚举常量具有的性质和用#define创建的常量的性质完全一样。
(c) 枚举常量的默认值为0, 1, 2, …。

(d) 枚举中的所有常量必须具有不同的值。

(e) 枚举常量在表达式中可以作为整数使用。

W17. 假设 b 和 i 以如下形式声明：

```
enum {FALSE, TRUE} b;
int i;
```

下列哪些语句是合法的？哪些是“安全的”（始终产生有意义的结果）？

(a) `b = FALSE;`　　(b) `b = i;`

(c) `b++;`　　(d) `i = b;`

(e) `i = 2 * b + 1;`

18. (a) 国际象棋棋盘的每个方格中可能有一个棋子，即兵、马、象、车、皇后或国王，也可能为空。每个棋子可能是黑色的，也可能是白色的。请定义两个枚举类型：Piece 用来包含 7 种可能的值（其中一种为“空”），Color 用来表示 2 种颜色。

(b) 利用(a)中的类型，定义名为 Square 的结构类型，使此类型可以存储棋子的类型和颜色。

(c) 利用(b)中的 Square 类型，声明一个名为 board 的 8 × 8 的数组，使此数组可以用来存储棋盘上的全部内容。

(d) 给(c)中的声明添加初始化器，使 board 的初始值对应国际象棋比赛开始时的棋子布局。没有棋子的方格值为“空”且颜色为黑色。

19. 声明一个具有如下成员的结构，其标记为 pinball_machine：

name，字符串，最多有 40 个字符；

year，整数，表示制造年份；

type，枚举类型的值，可能的取值为 EM（机电式的）和 SS（固态电路的）；

players，整数，表示玩家的最大数目。

20. 假定 direction 变量声明如下：

411

```
enum {NORTH, SOUTH, EAST, WEST} direction;
```

设 x 和 y 为 int 类型的变量。编写 switch 语句测试 direction 的值，如果值为 EAST 就使 x 增 1，如果值为 WEST 就使 x 减 1，如果值为 SOUTH 就使 y 增 1，如果值为 NORTH 就使 y 减 1。

21. 下列声明中，枚举常量的整数值分别是多少？

(a) `enum {NUL, SOH, STX, ETX};`

(b) `enum {VT = 11, FF, CR};`

(c) `enum {SO = 14, SI, DLE, CAN = 24, EM};`

(d) `enum {ENQ = 45, ACK, BEL, LF = 37, ETB, ESC};`

22. 枚举 chess_pieces 声明如下：

```
enum chess_pieces {KING, QUEEN, ROOK, BISHOP, KNIGHT, PAWN};
```

(a) 为名为 piece_value 的整数常数数组编写声明（包含一个初始化器），这个数组存储数 200、9、5、3、3 和 1，分别表示从国王到兵这些棋子。[国王的值实际上是无穷大，因为一旦王被擒（将死）则游戏结束，但一些象棋软件会给国王分配一个类似 200 的较大值。]

(b) C99 重复上题，但是使用指示器来初始化数组。把 chess_pieces 中的枚举常量作为指示器的下标使用。（提示：参考“问与答”部分的最后一个问题。）

编程题

Ⓦ1. 编写程序要求用户输入国际电话区号，然后在数组 `country_codes` 中查找它（见 16.3 节）。如果找到对应的区号，程序需要显示相应的国家（地区）名称，否则显示出错消息。

2. 修改 16.3 节的 inventory.c 程序，使 `p`（显示）操作可以按零件编号的顺序显示零件。

Ⓦ3. 修改 16.3 节的 inventory.c 程序，使 `inventory` 和 `num_parts` 局部于 `main` 函数。

4. 修改 16.3 节的 inventory.c 程序，为结构 `part` 添加成员 `price`。`insert` 函数应该要求用户输入新商品的价格。`serach` 函数和 `print` 函数应该显示价格。添加一条新的命令，允许用户修改零件的价格。

5. 修改第 5 章的编程题 8，以便用一个单独的数组存储时间。数组的元素都是结构，每个结构包含航班的起飞时间和抵达时间。（时间都是整数，表示从午夜开始的分钟数。）程序用一个循环从数组中搜索与用户输入的时间最接近的起飞时间。

6. 修改第 5 章的编程题 9，以便用户输入的日期都存储在一个 `date` 结构（见练习题 5）中。把练习题 5 中的 `compare_dates` 函数集成到你的程序中。

412

第17章 指针的高级应用

> 人类的头脑可能更倾向于展示复杂的信息。比如视觉对移动、流转和变化景物的敏感度要高于静态画面，无论该画面有多漂亮。

前面几章描述了指针的两种重要应用。第11章说明了如何利用指向变量的指针作为函数的参数，从而允许函数修改该变量。第12章说明了如何对指向数组元素的指针进行算术运算来处理数组。本章则通过观察另外两种应用来完善指针的内容：动态存储分配和指向函数的指针。

通过使用动态存储分配，程序可以在执行期间获得需要的内存块。17.1节解释动态存储分配的基本概念。17.2节讨论动态分配字符串，这比通常的字符数组更加灵活。17.3节概括地介绍数组的动态存储分配。17.4节处理存储分配的问题，即不再需要内存单元时，动态地释放已分配的内存块。

因为动态分配的结构可以链接在一起形成表、树以及其他高度灵活的数据结构，所以它们在C语言编程中扮演着重要的角色。17.5节重点讲述链表，它是最基础的链式数据结构。这一节中引出的问题（“指向指针的指针”的概念）对引出17.6节非常重要。

17.7节介绍指向函数的指针，这是非常有用的内容。C语言中一些功能最强大的库函数期望把指向函数的指针作为参数。这里将考察其中一个函数 `qsort`，它可以对任意数组进行排序。

最后两节讨论从C99开始新出现的与指针相关的特性：受限指针（17.8节）和弹性数组成员（17.9节）。这些特性主要面向高级C程序员，初学者可以跳过。

413

17.1 动态存储分配

C 语言的数据结构通常是固定大小的。例如，一旦程序完成编译，数组元素的数量就固定了。[从 C99 开始，变长数组（➤8.3 节）的长度在运行时确定，但在数组的生命周期内仍然是固定长度的。] 因为在编写程序时强制选择了大小，所以固定大小的数据结构可能会有问题。也就是说，在不修改程序并且再次编译程序的情况下无法改变数据结构的大小。

请思考16.3节中允许用户向数据库中添加零件的 inventory 程序。数据库存储在长度为100的数组中。为了扩大数据库的容量，可以增加数组的大小并且重新编译程序。但是，无论如何增大数组，始终有可能填满数组。幸运的是，还有别的办法。C语言支持**动态存储分配**，即在程序执行期间分配内存单元的能力。利用动态存储分配，可以设计出能根据需要扩大（和缩小）的数据结构。

虽然动态存储分配适用于所有类型的数据，但主要用于字符串、数组和结构。动态分配的结构是特别有趣的，因为可以把它们链接形成表、树或其他数据结构。

17.1.1 内存分配函数

为了动态地分配存储空间，需要调用三种内存分配函数的一种，这些函数都是声明在<stdlib.h>头（➤26.2节）中的。

- malloc 函数——分配内存块，但是不对内存块进行初始化。
- calloc 函数——分配内存块，并且对内存块进行清零。
- realloc 函数——调整先前分配的内存块大小。

在这三种函数中，malloc 函数是最常用的一种。因为 malloc 函数不需要对分配的内存块进行清零，所以它比 calloc 函数更高效。

当为申请内存块而调用内存分配函数时，因为函数无法知道计划存储在内存块中的数据是什么类型的，所以它不能返回 int 类型、char 类型等普通类型的指针。因此，函数会返回 void * 类型的值。void *类型的值是"通用"指针，它本质上只是内存地址。

17.1.2 空指针

当调用内存分配函数时，总存在这样的可能性：找不到满足我们需要的足够大的内存块。如果真的发生了这类问题，函数会返回**空指针**（null pointer）。空指针是"不指向任何地方的指针"，这是一个区别于所有有效指针的特殊值。在把函数的返回值存储到指针变量中后，需要判断该指针变量是否为空指针。

414

> ⚠ 程序员的责任是测试任意内存分配函数的返回值，并且在返回空指针时采取适当的动作。试图通过空指针访问内存的效果是未定义的，程序可能会崩溃或者出现不可预测的行为。

Q&A 空指针用名为 NULL 的宏来表示，所以可以用下列方式测试 malloc 函数的返回值：

```
p = malloc(10000);
if (p == NULL) {
  /* allocation failed; take appropriate action */
}
```

一些程序员把 malloc 函数的调用和 NULL 的测试组合在一起：

```
if ((p = malloc(10000)) == NULL) {
  /* allocation failed; take appropriate action */
}
```

名为 NULL 的宏在 6 个头<locale.h>、<stddef.h>、<stdio.h>、<stdlib.h>、<string.h>和<time.h>中都有定义。（从 C99 开始引入的头<wchar.h>也定义了 NULL。）只要把这些头中的一个包含在程序中，编译器就可以识别出 NULL。当然，使用任意内存分配函数的程序都会包含<stdlib.h>，这使 NULL 必然有效。

在 C 语言中，指针测试真假的方法和数的测试一样。所有非空指针都为真，而只有空指针为假。因此，语句

```
if (p == NULL) ...
```

可以写成

```
if (!p) ...
```

而语句

```
if (p != NULL) ...
```

则可以写成

```
if (p) ...
```

415 在书写风格上，本书倾向于与 NULL 进行显式的比较。

17.2 动态分配字符串

动态内存分配对字符串操作非常有用。字符串存储在字符数组中，而且可能很难预测这些数组需要的长度。通过动态分配字符串，可以推迟到程序运行时才做决定。

17.2.1 使用 **malloc** 函数为字符串分配内存

malloc 函数具有如下原型：

```
void *malloc(size_t size);
```

malloc 函数分配 size 字节的内存块，并且返回指向该内存块的指针。注意，size 的类型是 size_t（➤7.6 节），这是在 C 语言库中定义的无符号整数类型。除非正在分配一个非常巨大的内存块，否则可以只把 size 当成普通整数。

用 malloc 函数为字符串分配内存是很容易的，因为 C 语言保证 char 类型值恰好需要 1 字节的内存（换句话说，sizeof(char)的值为 1）。为给 n 个字符的字符串分配内存空间，可以写成

```
p = malloc(n + 1);
```

这里的 p 是 char *类型变量。（实际参数是 n+1 而不是 n，这就给空字符留出了空间。）在执行赋值操作时会把 malloc 函数返回的通用指针转换为 char *类型，而不需要强制类型转换。（通常的情况下，可以把 void*类型值赋给任何指针类型的变量，反之亦然。）然而，**Q&A** 一些程序员喜欢对 malloc 函数的返回值进行强制类型转换：

```
p = (char *) malloc(n + 1);
```

当使用 malloc 函数为字符串分配内存空间时，不要忘记包含空字符的空间。

因为使用 malloc 函数分配的内存不需要清零或者以任何方式进行初始化，所以 p 指向带有 n+1 个字符的未初始化的数组：

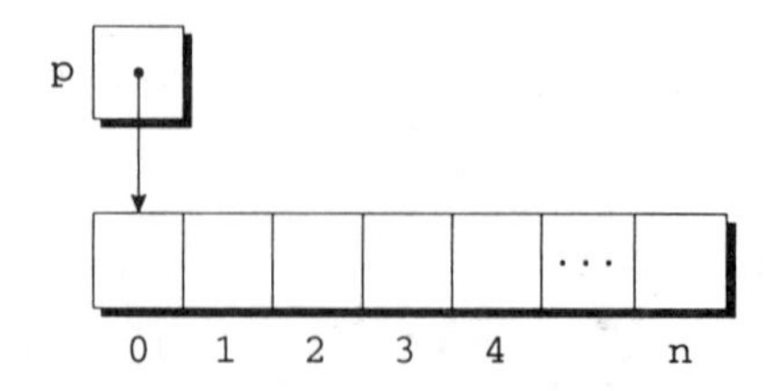

416 对上述数组进行初始化的一种方法是调用 strcpy 函数：

```
strcpy(p, "abc");
```

数组中的前 4 个字符分别为 a、b、c 和\0：

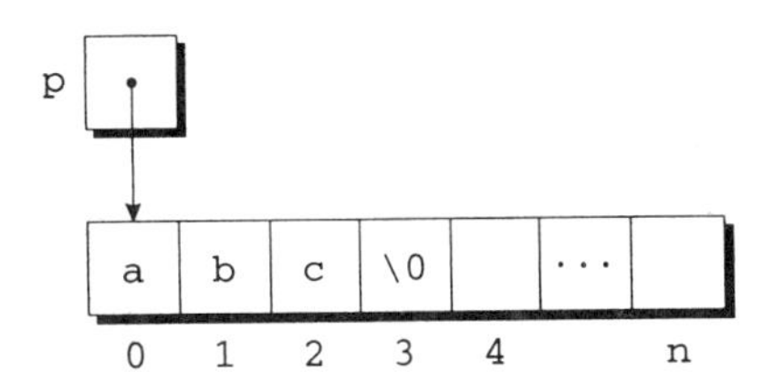

17.2.2 在字符串函数中使用动态存储分配

动态存储分配使编写返回指向“新”字符串的指针的函数成为可能，所谓新字符串是指在调用此函数之前字符串并不存在。如果编写的函数把两个字符串连接起来而不改变其中任何一个字符串，请思考一下这样做会遇到什么问题。C 标准库没有包含此类函数（因为 strcat 函数改变了作为参数传递过来的一个字符串，所以此函数并不是我们所要的函数），但是可以很容易地自行写出这样的函数。

自行编写的函数将测量用来连接的两个字符串的长度，然后调用 malloc 函数为结果分配适当大小的内存空间。接下来函数会把第一个字符串复制到新的内存空间中，并且调用 strcat 函数来拼接第二个字符串。

```
char *concat(const char *s1, const char *s2)
{
  char *result;

  result = malloc(strlen(s1) + strlen(s2) + 1);
  if (result == NULL) {
    printf("Error: malloc failed in concat\n");
    exit(EXIT_FAILURE);
  }
  strcpy(result, s1);
  strcat(result, s2);
  return result;
}
```

如果 malloc 函数返回空指针，那么 concat 函数显示出错消息并且终止程序。这并不是正确的处理措施，一些程序需要从内存分配失败后恢复并且继续运行。

下面是 concat 函数可能的调用方式：

```
p = concat("abc", "def");
```

这个调用之后，p 将指向字符串"abcdef"，此字符串是存储在动态分配的数组中的。数组（包括结尾的空字符）一共有 7 个字符长。

417

像 concat 这样动态分配存储空间的函数必须小心使用。当不再需要 concat 函数返回的字符串时，需要调用 free 函数（➤17.4 节）来释放它占用的空间。如果不这样做，程序最终会用光内存空间。

17.2.3 动态分配字符串的数组

13.7 节解决了在数组中存储字符串的问题。我们发现把字符串存储为二维字符数组中的行可能会浪费空间，所以试图建立一个指向字面串的指针的数组。如果数组元素是指向动态分配的字符串的指针，那么 13.7 节的方法是有效的。为了说明这一点，先来重新编写 13.5 节的程序 remind.c，此程序显示一个月的日常提醒列表。

程序 显示一个月的提醒列表（改进版）

原始程序 remind.c 把提醒字符串存储在二维字符数组中，且数组的每行包含一个字符串。程序读入一天和相关的提醒后，会搜索数组并使用 strcmp 函数进行比较，从而确定这一天所处的位置。然后，程序使用函数 strcpy 把该位置下面的全部字符串向下移动一个位置。最后，程序把这一天复制到数组中，并且调用 strcat 函数来添加这一天的提醒。

在新程序（remind2.c）中，数组是一维的，且数组的元素是指向动态分配的字符串的指针。在此程序中换成动态分配的字符串主要有两个好处。第一，与原先那种用固定数量的字符来存储提醒的方式相比，可以为要存储的提醒分配确切字符数量的空间，从而可以更有效地利用空间。第二，不需要为了给新提醒分配空间而调用函数 strcpy 来移动已有的字符串，只需要移动指向字符串的指针即可。

下面是新程序，程序中有改动的部分用粗体进行了标注。把二维数组换成指针数组显得异常容易：只需要改变程序的 8 行内容即可。

remind2.c

```
/* Prints a one-month reminder list (dynamic string version) */

#include <stdio.h>
#include <stdlib.h>
#include <string.h>

#define MAX_REMIND 50       /* maximum number of reminders */
#define MSG_LEN 60          /* max length of remider message */

int read_line(char str[], int n);

int main(void)
{
  char *reminders[MAX_REMIND];
  char day_str[3], msg_str[MSG_LEN+1];
  int day, i, j, num_remind = 0;

  for (;;) {
    if (num_remind == MAX_REMIND) {
      printf("-- No space left --\n");
      break;
    }

    printf("Enter day and reminder: ");
    scanf("%2d", &day);
    if (day == 0)
      break;
    sprintf(day_str, "%2d", day);
    read_line(msg_str, MSG_LEN);

    for (i = 0; i < num_remind; i++)
      if (strcmp(day_str, reminders[i]) < 0)
```

418

```
      break;
    for (j = num_remind; j > i; j--)
      reminders[j] = reminders[j-1];

    reminders[i] = malloc(2 + strlen(msg_str) + 1);
    if (reminders[i] == NULL) {
      printf("-- No space left --\n");
      break;
    }

    strcpy(reminders[i], day_str);
    strcat(reminders[i], msg_str);

    num_remind++;
  }

  printf("\nDay Reminder\n");
  for (i = 0; i < num_remind; i++)
    printf(" %s\n", reminders[i]);

  return 0;
}

int read_line(char str[], int n)
{
  int ch, i = 0;

  while ((ch = getchar()) != '\n')
    if (i < n)
      str[i++] = ch;
  str[i] = '\0';
  return i;
}
```

419

17.3 动态分配数组

动态分配数组会获得和动态分配字符串相同的好处（不用惊讶，因为字符串就是数组）。编写程序时常常很难为数组估计合适的大小。较方便的做法是等到程序运行时再来确定数组的实际大小。C 语言解决了这个问题，方法是允许在程序执行期间为数组分配空间，然后通过指向数组第一个元素的指针访问数组。数组和指针之间的紧密关系已经在第 12 章中讨论过了，这一关系使得动态分配的数组用起来就像普通数组一样简单。

虽然 malloc 函数可以为数组分配内存空间，但有时会用 calloc 函数代替 malloc，因为 calloc 函数会对分配的内存进行初始化。realloc 函数允许根据需要对数组进行“扩展”或“缩减”。

17.3.1 使用 malloc 函数为数组分配存储空间

可以使用 malloc 函数为数组分配存储空间，这种方法和用它为字符串分配空间非常相像。主要区别就是任意数组的元素不需要像字符串那样是 1 字节的长度。这样的结果是，我们需要使用 sizeof 运算符（➤7.6 节）来计算出每个元素所需要的空间数量。

假设正在编写的程序需要 n 个整数构成的数组，这里的 n 可以在程序执行期间计算出来。首先需要声明指针变量：

```
int *a;
```

一旦 n 的值已知，就让程序调用 malloc 函数为数组分配存储空间：

```
a = malloc(n * sizeof(int));
```

计算数组所需要的空间数量时始终要使用 sizeof 运算符。如果不能分配足够的内存空间，会产生严重的后果。思考下面的语句，此语句试图为 n 个整数的数组分配空间：

```
a = malloc(n * 2);
```

如果 int 类型值大于 2 字节（在大多数计算机上是如此），那么 malloc 函数将无法分配足够大的内存块。以后访问数组元素时，程序可能会崩溃或者行为异常。

420

一旦 a 指向动态分配的内存块，就可以忽略 a 是指针的事实，可以把它用作数组的名字。这都要感谢 C 语言中数组和指针的紧密关系。例如，可以使用下列循环对 a 指向的数组进行初始化：

```
for (i = 0; i < n; i++)
  a[i] = 0;
```

当然，用指针算术运算代替取下标操作来访问数组元素也是可行的。

17.3.2　calloc 函数

虽然可以用 malloc 函数为数组分配内存，但是 C 语言还提供了另外一种选择（即 calloc 函数），此函数有时会更好用一些。calloc 函数在<stdlib.h>中具有如下所示的原型：

```
void *calloc(size_t nmemb, size_t size);
```

calloc 函数为 nmemb 个元素的数组分配内存空间，其中每个元素的长度都是 size 字节。如果要求的空间无效，那么此函数返回空指针。在分配了内存之后，**Q&A** calloc 函数会通过把所有位设置为 0 的方式进行初始化。例如，下列 calloc 函数调用为 n 个整数的数组分配存储空间，并且保证所有整数初始均为零：

```
a = calloc(n, sizeof(int));
```

因为 calloc 函数会清除分配的内存，而 malloc 函数不会，所以可能有时需要使用 calloc 函数为不同于数组的对象分配空间。通过调用以 1 作为第一个实际参数的 calloc 函数，可以为任何类型的数据项分配空间：

```
struct point { int x, y; } *p;

p = calloc(1, sizeof(struct point));
```

在执行此语句之后，p 将指向一个结构，且此结构的成员 x 和 y 都会被设为零。

17.3.3　realloc 函数

为数组分配完内存后，可能会发现数组过大或过小。realloc 函数可以调整数组的大小使它更适合需要。下列 realloc 函数的原型出现在<stdlib.h>中：

```
void *realloc(void *ptr, size_t size);
```

当调用 realloc 函数时，ptr 必须指向先前通过 malloc、calloc 或 realloc 的调用获得的内存块。size 表示内存块的新尺寸，新尺寸可能会大于或小于原有尺寸。虽然 realloc 函

数不要求 ptr 指向正在用作数组的内存，但实际上通常是这样的。 421

要确定传递给 realloc 函数的指针来自先前 malloc、calloc 或 realloc 的调用。如果不是这样的指针，程序可能会行为异常。

C 标准列出了几条关于 realloc 函数的规则。

- 当扩展内存块时，realloc 函数不会对添加进内存块的字节进行初始化。
- 如果 realloc 函数不能按要求扩大内存块，那么它会返回空指针，并且在原有的内存块中的数据不会发生改变。
- 如果 realloc 函数被调用时以空指针作为第一个实际参数，那么它的行为就将像 malloc 函数一样。
- 如果 realloc 函数被调用时以 0 作为第二个实际参数，那么它会释放内存块。

C 标准没有确切地指明 realloc 函数的工作原理。尽管如此，我们仍然希望它非常有效。在要求减少内存块大小时，realloc 函数应该“在原先的内存块上”直接进行缩减，而不需要移动存储在内存块中的数据。同理，扩大内存块时也不应该对其进行移动。如果无法扩大内存块（因为内存块后边的字节已经用于其他目的），realloc 函数会在别处分配新的内存块，然后把旧块中的内容复制到新块中。

一旦 realloc 函数返回，请一定要对指向内存块的所有指针进行更新，因为 realloc 函数可能会使内存块移动到其他地方。

17.4 释放存储空间

malloc 函数和其他内存分配函数所获得的内存块都来自一个叫作**堆**（heap）的存储池。过于频繁地调用这些函数（或者让这些函数申请大内存块）可能会耗尽堆，这会导致函数返回空指针。

更糟的是，程序可能分配了内存块，然后又丢失了对这些块的记录，因而浪费了空间。请思考下面的例子：

```
p = malloc(...);
q = malloc(...);
p = q;
```

422

在执行完前两条语句后，p 指向了一个内存块，而 q 指向了另一个内存块：

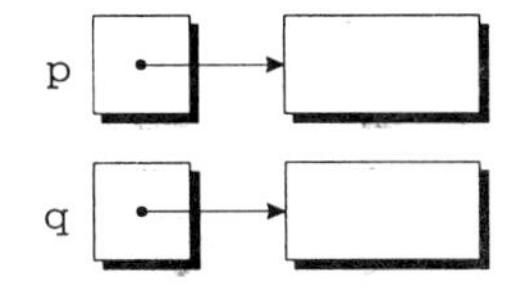

在把 q 赋值给 p 之后，两个指针现在都指向了第二个内存块：

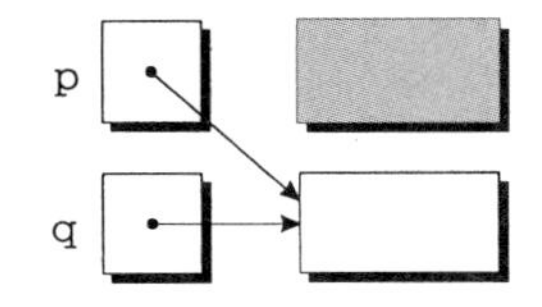

因为没有指针指向第一个内存块（上图阴影部分），所以再也不能使用此内存块了。

对程序而言，不可再访问到的内存块被称作**垃圾**（garbage）。留有垃圾的程序存在**内存泄漏**（memroy leak）现象。一些语言提供**垃圾收集器**（garbage collector）用于垃圾的自动定位和回收，但是 C 语言不提供。相反，每个 C 程序负责回收各自的垃圾，方法是调用 `free` 函数来释放不需要的内存。

17.4.1　free 函数

`free` 函数在`<stdlib.h>`中有下列原型：

```
void free(void *ptr);
```

使用 `free` 函数很容易，只需要简单地把指向不再需要的内存块的指针传递给 `free` 函数就可以了：

```
p = malloc(...);
q = malloc(...);
free(p);
p = q;
```

调用 `free` 函数会释放 `p` 所指向的内存块。然后此内存块可以被后续的 `malloc` 函数或其他内存分配函数的调用重新使用。

423

free 函数的实际参数必须是先前由内存分配函数返回的指针。（参数也可以是空指针，此时 free 调用不起作用。）如果参数是指向其他对象（比如变量或数组元素）的指针，可能会导致未定义的行为。

17.4.2　“悬空指针”问题

虽然 `free` 函数允许收回不再需要的内存，但是使用此函数会导致一个新的问题：**悬空指针**（dangling pointer）。调用 `free(p)`函数会释放 `p` 指向的内存块，但是不会改变 `p` 本身。如果忘记了 `p` 不再指向有效内存块，混乱可能随即而来：

```
char *p = malloc(4);
...
free(p);
...
strcpy(p, "abc");      /*** WRONG ***/
```

修改 `p` 指向的内存是严重的错误，因为程序不再对此内存有任何控制权了。

试图访问或修改释放的内存块会导致未定义的行为。试图修改释放的内存块可能会引起程序崩溃等损失惨重的后果。

悬空指针是很难发现的，因为几个指针可能指向相同的内存块。在释放内存块后，全部的指针都悬空了。

17.5　链表

动态存储分配对建立表、树、图和其他链式数据结构是特别有用的。本节将介绍链表，而对其他链式数据结构的讨论超出了本书的范畴。为了获取更多的信息，可以参考 Robert

Sedgewick 的《算法：C 语言实现（第 1~4 部分）基础知识、数据结构、排序及搜索（原书第 3 版）》这样的书。

链表（Linked List）是由一连串的结构（称为**结点**）组成的，其中每个结点都包含指向链中下一个结点的指针：

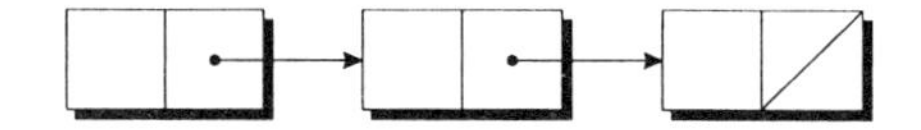

链表中的最后一个结点包含一个空指针，图中用斜线表示。

在前面几章中，我们在需要存储数据项的集合时总是使用数组，而现在链表为我们提供了另外一种选择。链表比数组更灵活，我们可以很容易地在链表中插入和删除结点，也就是说允许链表根据需要扩大和缩小。另一方面，我们也失去了数组的“随机访问”能力。我们可以用相同的时间访问数组内的任何元素，而访问链表中的结点用时不同。如果结点距离链表的开始处很近，那么访问到它会很快；反之，若结点靠近链表结尾处，访问到它就很慢。 424

本节会描述在 C 语言中建立链表的方法，还将说明如何对链表执行几个常见的操作，即在链表开始处插入结点、搜索结点和删除结点。

17.5.1 声明结点类型

为了建立链表，首先需要一个表示表中单个结点的结构。简单起见，先假设结点只包含一个整数（即结点的数据）和指向表中下一个结点的指针。下面是结点结构的描述：

```
struct node {
  int value;              /* data stored in the node  * /
  struct node *next;      /* pointer to the next node * /
};
```

注意，成员 next 具有 struct node *类型，这就意味着它能存储一个指向 node 结构的指针。顺便说一下，node 这个名字没有任何特殊含义，只是一个普通的结构标记。

关于 node 结构，有一点需要特别提一下。正如 16.2 节说明的那样，通常可以选择使用标记或者用 typedef 来定义一种特殊的结构类型的名字。但是，在结构有一个指向相同结构类型的指针成员时（就像 node 中那样），要求使用结构标记。**Q&A** 没有 node 标记，就没有办法声明 next 的类型。

现在已经声明了 node 结构，还需要记录表开始的位置。换句话说，需要有一个始终指向表中第一个结点的变量。这里把此变量命名为 first：

```
struct node *first = NULL;
```

把 first 初始化为 NULL 表明链表初始为空。

17.5.2 创建结点

在构建链表时，需要逐个创建结点，并且把生成的每个结点加入链表中。创建结点包括 3 个步骤：

(1) 为结点分配内存单元；
(2) 把数据存储到结点中；
(3) 把结点插入链表中。

本节将集中介绍前两个步骤。

为了创建结点，需要一个变量临时指向该结点（直到该结点插入链表中为止）。设此变量为 new_node：

425

```
struct node *new_node;
```

我们用 malloc 函数为新结点分配内存空间，并且把返回值保存在 new_node 中：

```
new_node = malloc(sizeof(struct node));
```

现在 new_node 指向了一个内存块，且此内存块正好能放下一个 node 结构：

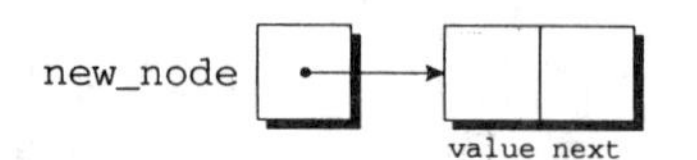

注意，传给 sizeof 的是待分配的类型的名字，而不是指向此类型的指针的名字：

```
new_node = malloc(sizeof(new_node));    /*** WRONG ***/
```

上面的代码仍然能通过编译，但是 malloc 函数将只为指向 node 结构的指针分配足够的内存单元。**Q&A** 当程序试图把数据存储到 new_node 可能指向的结点中时，可能会引起崩溃。

接下来将把数据存储到新结点的成员 value 中：

```
(*new_node).value = 10;
```

下图给出了赋值后的情形：

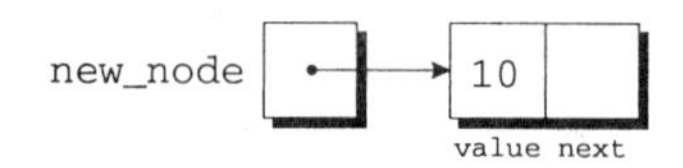

为了访问结点的成员 value，可以采用间接寻址运算符*（引用 new_node 指向的结构），然后用选择运算符.（选择此结构内的一个成员）。在*new_node 两边的圆括号是强制要求的，因为运算符.的优先级高于运算符*（运算符表▶附录 A）。

17.5.3　->运算符

在介绍往链表中插入新结点之前，先来讨论一种有用的捷径。利用指针访问结构中的成员是很普遍的，因此 C 语言专门提供了一种运算符。此运算符称为**右箭头选择**（right arrow selection），它由一个减号跟着一个>组成。利用运算符->可以编写语句

426

```
new_node->value = 10;
```

来代替语句

```
(*new_node).value = 10;
```

运算符->是运算符*和运算符.的组合，它先对 new_node 间接寻址以定位所指向的结构，然后再选择结构的成员 value。

由于运算符->产生左值（▶4.2 节），所以可以在任何允许普通变量的地方使用它。刚才已经看到一个 new_node->value 出现在赋值运算左侧的例子，在 scanf 调用中也很常见：

```
scanf("%d", &new_node->value);
```

注意，尽管 new_node 是一个指针，运算符&仍然是需要的。如果没有运算符&，就会把

new_node->value 的值传递给 scanf 函数，而这个值是 int 类型。

17.5.4 在链表的开始处插入结点

链表的好处之一就是可以在表中的任何位置添加结点：在开始处、结尾处或者中间的任何位置。然而，链表的开始处是最容易插入结点的地方，所以这里集中讨论这种情况。

如果 new_node 正指向要插入的结点，并且 first 正指向链表中的首结点，那么为了把结点插入链表将需要两条语句。首先，修改结点的成员 next，使其指向先前在链表开始处的结点：

```
new_node->next = first;
```

接下来，使 first 指向新结点：

```
first = new_node;
```

如果在插入结点时链表为空，那么这些语句是否还能起作用呢？幸运的是，可以。为了确信这是真的，一起来跟踪一下在空链表中插入两个结点的过程。首先插入含有数 10 的结点，然后插入含有数 20 的结点。空指针在下图中用斜线表示。

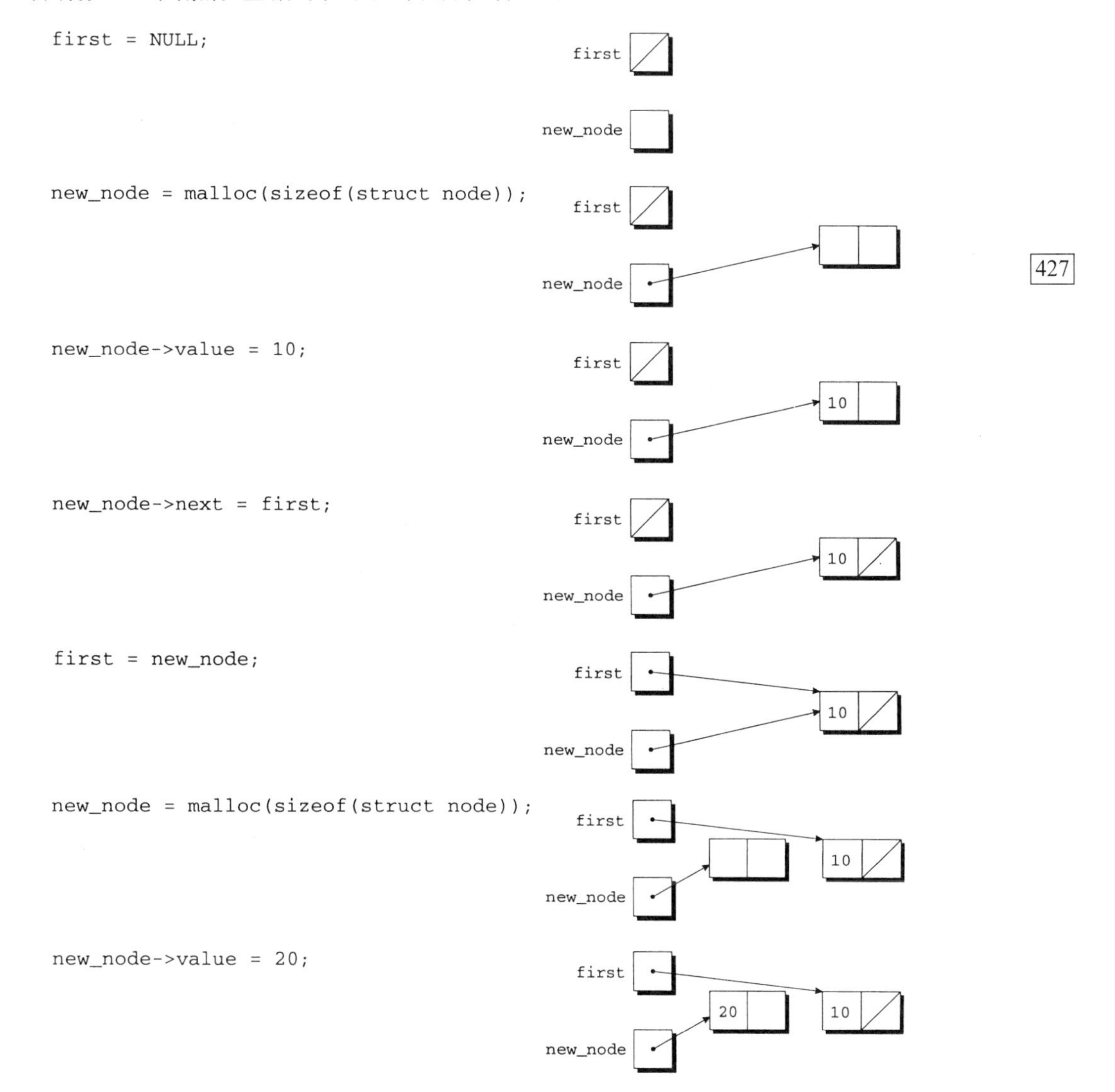

427

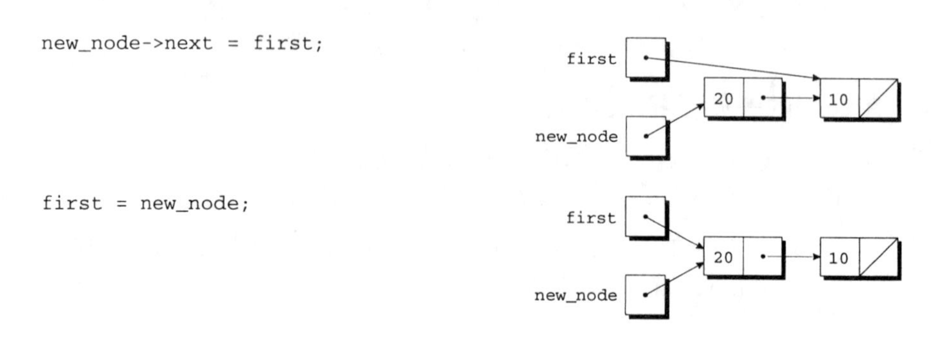

往链表中插入结点是经常用到的操作，所以希望为此编写一个函数。把此函数命名为 add_to_list。此函数有两个形式参数：list（指向旧链表中首结点的指针）和 n（需要存储在新结点中的整数）。

```
struct node *add_to_list(struct node *list, int n)
{
  struct node *new_node;

  new_node = malloc(sizeof(struct node));
  if (new_node == NULL) {
    printf("Error: malloc failed in add_to list\n");
    exit(EXIT_FAILURE);
  }
  new_node->value = n;
  new_node->next = list;
  return new_node;
}
```

428

注意，add_to_list 函数不会修改指针 list，而是返回指向新产生的结点的指针（现在位于链表的开始处）。当调用 add_to_list 函数时，需要把它的返回值存储到 first 中：

```
first = add_to_list(first, 10);
first = add_to_list(first, 20);
```

上述语句为 first 指向的链表增加了含有 10 和 20 的结点。用 add_to_list 函数直接更新 first，而不是为 first 返回新的值，这样做是个技巧。17.6 节将回到这个问题。

下列函数用 add_to_list 来创建一个含有用户输入的数的链表：

```
struct node *read_numbers(void)
{
  struct node *first = NULL;
  int n;

  printf("Enter a series of integers (0 to terminate): ");
  for (;;) {
    scanf("%d", &n);
    if (n == 0)
      return first;
    first = add_to_list(first, n);
  }
}
```

链表内的数会发生顺序倒置，因为 first 始终指向包含最后输入的数的结点。

17.5.5 搜索链表

一旦创建了链表，可能就需要为某个特殊的数据段而搜索链表。虽然 while 循环可以用于搜索链表，但是 for 语句常常是首选。我们习惯于在编写含有计数操作的循环时使用 for 语句，但是 for 语句的灵活性使它也适合其他工作，包括对链表的操作。下面是一种访问链表中结点的习惯方法，使用了指针变量 p 来跟踪“当前”结点：

[惯用法]
```
for (p = first; p != NULL; p = p->next)
  ...
```

赋值表达式 p = p->next 使指针 p 从一个结点移动到下一个结点。当编写遍历链表的循环时，在 C 语言中总是采用这种形式的赋值表达式。

429

现在编写名为 search_list 的函数，此函数为找到整数 n 而搜索链表（形式参数 list 指向它）。如果找到 n，那么 search_list 函数将返回指向含有 n 的结点的指针；否则，它会返回空指针。下面的第一版 search_list 函数依赖于“链表搜索”惯用法：

```
struct node *search_list(struct node *list, int n)
{
  struct node *p;

  for (p = list; p != NULL; p = p->next)
    if (p->value == n)
      return p;
  return NULL;
}
```

当然，还有许多其他方法可以编写 search_list 函数。其中一种替换方式是除去变量 p，而用 list 自身来跟踪当前结点：

```
struct node *search_list(struct node *list, int n)
{
  for (; list != NULL; list = list->next)
    if (list->value == n)
      return list;
  return NULL;
}
```

因为 list 是原始链表指针的副本，所以在函数内改变它不会有任何损失。

另一种替换方法是把判定 list->value == n 和判定 list != NULL 合并起来：

```
struct node *search_list(struct node *list, int n)
{
  for (; list != NULL && list->value != n; list = list->next)
    ;
  return list;
}
```

因为到达链表末尾处时 list 为 NULL，所以即使找不到 n，返回 list 也是正确的。如果使用 while 语句，那么 search_list 函数的这一版本可能会更加清楚：

```
struct node *search_list(struct node *list, int n)
{
  while (list != NULL && list->value != n)
    list = list->next;
  return list;
}
```

430

17.5.6　从链表中删除结点

把数据存储到链表中有一个很大的好处，那就是可以轻松地删除不需要的结点。就像创建结点一样，删除结点也包含 3 个步骤：

(1) 定位要删除的结点；
(2) 改变前一个结点，从而使它“绕过”删除结点；
(3) 调用 free 函数收回删除结点占用的内存空间。

第(1)步并不像看起来那么容易。如果按照显而易见的方式搜索链表，那么将在指针指向要删除的结点时终止搜索。但是，这样做就不能执行第(2)步了，因为第(2)步要求改变前一个结点。

针对这个问题有各种不同的解决办法。这里将使用“追踪指针”方法：在第(1)步搜索链表时，将保留一个指向前一个结点的指针（prev），还有指向当前结点的指针（cur）。如果 list 指向待搜索的链表，并且 n 是要删除的整数，那么下列循环就可以实现第(1)步：

```
for (cur = list, prev = NULL;
     cur  != NULL && cur->value != n;
     prev = cur, cur = cur->next)
  ;
```

这里我们看到了 C 语言中 for 语句的威力。这是个很奇异的示例，它采用了空循环体并应用逗号运算符，却能够执行搜索 n 所需的全部操作。当循环终止时，cur 指向要删除的结点，而 prev 指向前一个结点（如果有的话）。

为了看清楚这个循环的工作过程，现在假设 list 指向依次含有 30、40、20 和 10 的链表：

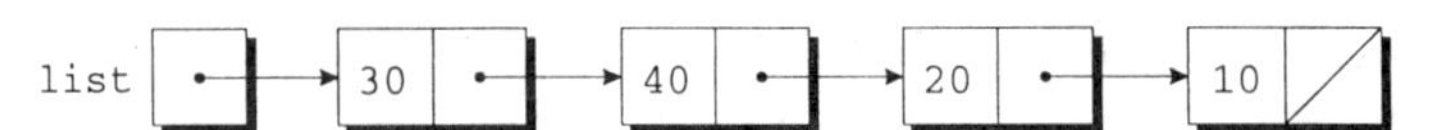

假设 n 为 20，那么目标就是删除此链表中的第 3 个结点。在执行完 cur = list, prev = NULL 后，cur 指向了链表中的第 1 个结点：

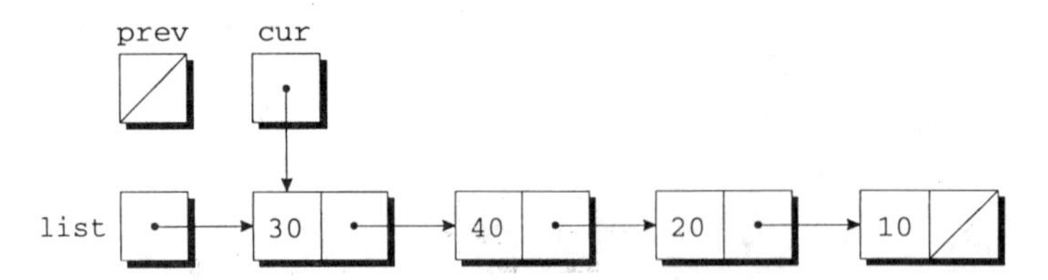

因为 cur 正指向一个结点，且此结点不含有 20，所以判定表达式 cur != NULL && cur->value != n 为真。在执行完 prev = cur, cur = cur->next 后，我们发现指针 prev 跟踪在指针 cur 的后边：

431

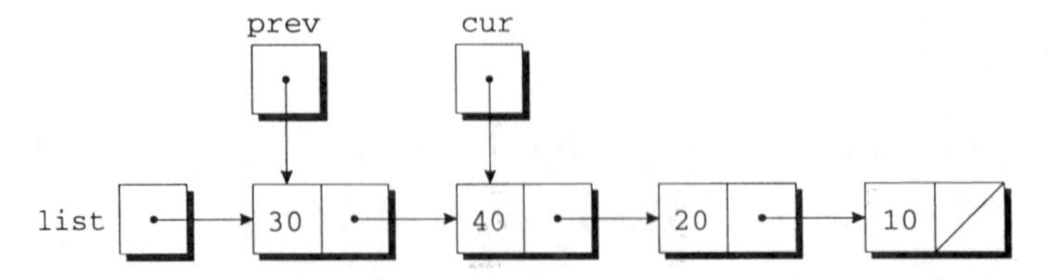

判定表达式 cur != NULL && cur->value != n 再次为真，所以再次执行 prev = cur, cur = cur->next：

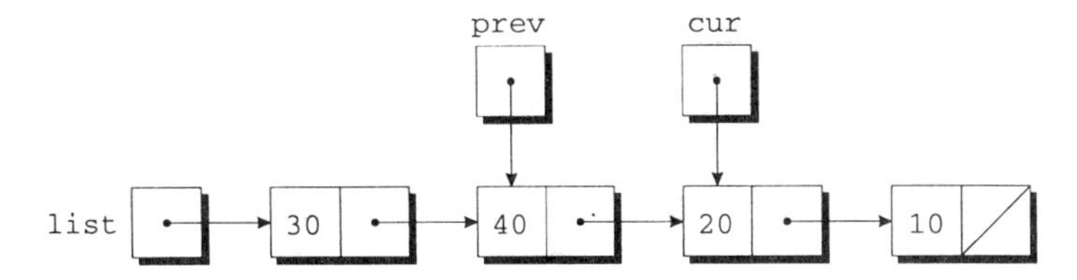

因为 cur 此时指向了含有 20 的结点，所以条件表达式 cur != NULL && cur->value != n 为假，从而循环终止。

接下来，将根据第(2)步的要求执行绕过操作。语句

```
prev->next = cur->next;
```

使前一个结点中的指针指向了当前结点后面的结点：

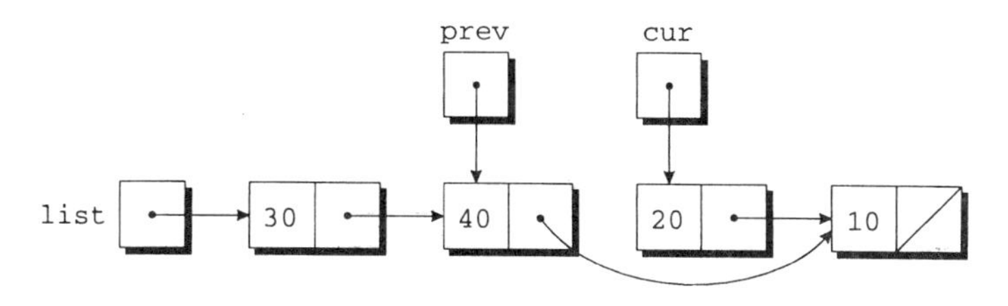

现在准备完成第(3)步，即释放当前结点占用的内存：

```
free(cur);
```

下面的函数 delete_from_list 所使用的策略就是刚刚概述的操作。在给定链表和整数 n 时，delete_from_list 函数就会删除含有 n 的第一个结点。如果没有含有 n 的结点，那么函数什么也不做。无论上述哪种情况，函数都返回指向链表的指针。

```
struct node *delete_from_list(struct node *list, int n)
{
  struct node *cur, *prev;

  for (cur = list, prev = NULL;
       cur != NULL && cur->value != n;
       prev = cur,  cur = cur->next)
    ;

  if (cur == NULL)
    return list;                  /* n was not found */
  if (prev == NULL)
    list = list->next;            /* n is in the first node */
  else
    prev->next = cur->next;       /* n is in some other node */
  free (cur);
  return list;
}
```

432

删除链表中的首结点是一种特殊情况。判定表达式 prev == NULL 会检查这种情况，这需要一种不同的绕过步骤。

17.5.7 有序链表

如果链表的结点是有序的（按结点中的数据排序），则称该链表为**有序链表**。往有序列表中

插入结点会更困难一些（因为不再始终把结点放置在链表的开始处），但是搜索会更快（在到达期望结点应该出现的位置后，就可以停止查找了）。下面的程序表明，插入结点的难度增加了，但搜索也更快了。

程序　维护零件数据库（改进版）

下面重做 16.3 节的零件数据库程序，这次把数据库存储在链表中。用链表代替数组主要有两个好处：(1) 不需要事先限制数据库的大小，数据库可以扩大到没有更多内存空间存储零件为止；(2) 可以很容易地按零件编号对数据库排序，当往数据库中添加新零件时，只要把它插入链表中的适当位置就可以了。在原来的程序中，数据库是无序的。

在新程序中，part 结构将包含一个额外的成员（指向链表中下一个结点的指针），而且变量 inventory 是指向链表首结点的指针：

```
struct part {
  int number;
  char name[NAME_LEN+1];
  int on_hand;
  struct part *next;
};

struct part *inventory = NULL;     /* points to first part */
```

新程序中的大多数函数非常类似于它们在原始程序中的版本。然而，find_part 函数和 insert 函数变得更加复杂了，这是因为把结点保留在按零件编号排序的链表 inventory 中。

433

在原来的程序中，函数 find_part 返回数组 inventory 的索引。而在新程序中，find_part 函数返回指针，此指针指向的结点含有需要的零件编号。如果没有找到该零件编号，find_part 函数会返回空指针。因为链表 inventory 是根据零件编号排序的，所以新版本的 find_part 函数可以通过在结点的零件编号大于或等于需要的零件编号时停止搜索来节省时间。find_part 函数的搜索循环形式如下：

```
for (p = inventory;
     p != NULL && number > p->number;
     p = p->next)
  ;
```

当 p 变为 NULL 时（说明没有找到零件编号）或者当 number > p->number 为假时（说明找到的零件编号小于或等于已经存储在结点中的数），循环终止。在后一种情况下，我们仍然不知道需要的数是否真的在链表中，所以还需要另一次判断：

```
if (p != NULL && number == p->number)
  return p;
```

原始版本的 insert 函数把新零件存储在下一个有效的数组元素中；新版本的函数需要确定新零件在链表中所处的位置，并且把它插入那个位置。insert 函数还要检查零件编号是否已经出现在链表中了。通过使用与 find_part 函数中类似的循环，insert 函数可以同时完成这两项任务：

```
for (cur = inventory, prev = NULL;
     cur != NULL && new_node->number > cur->number;
     prev = cur, cur = cur->next)
  ;
```

此循环依赖于两个指针：指向当前结点的指针 cur 和指向前一个结点的指针 prev。一旦终止循环，insert 函数将检查 cur 是否不为 NULL，以及 new_node->number 是否等于 cur->number。如果条件成立，那么零件的编号已经在链表中了。否则，insert 函数将把新结点插入到 prev 和 cur 指向的结点之间，所使用的策略与删除结点所采用的类似。（即使新零件的编号大于链表中的任何编号，此策略仍然有效。这种情况下，cur 将为 NULL，而 prev 将指向链表中的最后一个结点。）

下面是新程序。和原始程序一样，此版本需要 16.3 节描述的 read_line 函数。假设 realine.h 含有此函数的原型。

inventory2.c

434

```
/* Maintains a parts database (linked list version) */

#include <stdio.h>
#include <stdlib.h>
#include "readline.h"

#define NAME_LEN 25

struct part {
  int number;
  char name[NAME_LEN+1];
  int on_hand;
  struct part *next;
};

struct part *inventory = NULL;   /* points to first part */

struct part *find_part(int number);
void insert(void);
void search(void);
void update(void);
void print(void);

/**********************************************************
 * main: Prompts the user to enter an operation code,     *
 *       then calls a function to perform the requested   *
 *       action. Repeats until the user enters the        *
 *       command 'q'. Prints an error message if the user *
 *       enters an illegal code.                          *
 **********************************************************/
int main(void)
{
  char code;

  for (;;) {
    printf("Enter operation code: ");
    scanf(" %c", &code);
    while (getchar() != '\n')   /* skips to end of line */
      ;
    switch (code) {
      case 'i': insert();
                break;
      case 's': search();
                break;
      case 'u': update();
                break;
```

```
      case 'p': print();
                break;
      case 'q': return 0;
      default:  printf("Illegal code\n");
    }
    printf("\n");
  }
}

/**********************************************************
 * find_part: Looks up a part number in the inventory     *
 *            list. Returns a pointer to the node         *
 *            containing the part number; if the part     *
 *            number is not found, returns NULL.          *
 **********************************************************/
struct part *find_part(int number)
{
  struct part *p;

  for (p = inventory;
       p != NULL && number > p->number;
       p = p->next)
    ;
  if (p != NULL && number == p->number)
    return p;
  return NULL;
}

/**********************************************************
 * insert: Prompts the user for information about a new   *
 *         part and then inserts the part into the        *
 *         inventory list; the list remains sorted by     *
 *         part number. Prints an error message and       *
 *         returns prematurely if the part already exists *
 *         or space could not be allocated for the part.  *
 **********************************************************/
void insert(void)
{
  struct part *cur, *prev, *new_node;

  new_node = malloc(sizeof(struct part));
  if (new_node == NULL) {
    printf("Database is full; can't add more parts.\n");
    return;
  }

  printf("Enter part number: ");
  scanf("%d", &new_node->number);

  for (cur = inventory, prev = NULL;
       cur != NULL && new_node->number > cur->number;
       prev = cur, cur = cur->next)
    ;
  if (cur != NULL && new_node->number == cur->number) {
    printf("Part already exists.\n");
    free(new_node);
    return;
  }

  printf("Enter part name: ");
  read_line(new_node->name, NAME_LEN);
  printf("Enter quantity on hand: ");
  scanf("%d", &new_node->on_hand);
```

435

```
  new_node->next = cur;
  if (prev == NULL)
    inventory = new_node;
  else
    prev->next = new_node;
}

/**********************************************************
 * search: Prompts the user to enter a part number, then   *
 *         looks up the part in the database. If the part *
 *         exists, prints the name and quantity on hand;   *
 *         if not, prints an error message.                *
 **********************************************************/
void search(void)
{
  int number;
  struct part *p;

  printf("Enter part number: ");
  scanf("%d", &number);
  p = find_part(number);
  if (p != NULL) {
    printf("Part name: %s\n", p->name);
    printf("Quantity on hand: %d\n", p->on_hand);
  } else
    printf("Part not found.\n");
}

/**********************************************************
 * update: Prompts the user to enter a part number.        *
 *         Prints an error message if the part doesn't     *
 *         exist; otherwise, prompts the user to enter     *
 *         change in quantity on hand and updates the      *
 *         database.                                       *
 **********************************************************/
void update(void)
{
  int number, change;
  struct part *p;

  printf("Enter part number: ");
  scanf("%d", &number);
  p = find_part(number);
  if (p != NULL) {
    printf("Enter change in quantity on hand: ");
    scanf("%d", &change);
    p->on_hand += change;
  } else
    printf("Part not found.\n");
}

/**********************************************************
 * print: Prints a listing of all parts in the database,   *
 *        showing the part number, part name, and          *
 *        quantity on hand. Part numbers will appear in    *
 *        ascending order.                                 *
 **********************************************************/
void print(void)
{
  struct part *p;
```

436

437

```
  printf("Part Number   Part Name                   "
         "Quantity on Hand\n");
  for (p = inventory; p != NULL; p = p->next)
    printf("%7d       %-25s%11d\n", p->number, p->name,
           p->on_hand);
}
```

注意 insert 函数中 free 的用法。insert 函数在检查零件是否已经存在之前就为零件分配内存空间。如果已存在，那么函数 insert 释放内存以避免内存泄漏。

17.6 指向指针的指针

在 13.7 节中我们已经遇到过指向指针的指针。在那一节中，使用了元素类型为 char *的数组，指向数组元素的指针的类型为 char **。“指向指针的指针”这一概念也频繁出现在链式数据结构中。特别是，当函数的实际参数是指针变量时，有时候会希望函数能通过让指针指向别处来改变此变量。这就需要用到指向指针的指针。

请思考一下 17.5 节中的函数 add_to_list，此函数用来在链表的开始处插入结点。当调用函数 add_to_list 时，我们会传递给它指向原始链表首结点的指针，然后函数会返回指向新链表首结点的指针：

```
struct node *add_to_list(struct node *list, int n)
{
  struct node *new_node;

  new_node = malloc(sizeof(struct node));
  if (new_node == NULL)  {
    printf("Error: malloc failed in add_to_list\n");
    exit(EXIT_FAILURE);
  }
  new_node->value = n;
  new_node->next = list;
  return new_node;
}
```

假设修改了函数，使它不再返回 new_node，而是把 new_node 赋值给 list。换句话说，把 return 语句从函数 add_to_list 中移走，同时用下列语句进行替换：

```
list = new_node;
```

可惜这个想法无法实现。假设按照下列方式调用函数 add_to_list：

438

```
add_to_list(first, 10);
```

在调用点上会把 first 复制给 list。（像所有其他参数一样，指针也是值传递的。）函数内的最后一行改变了 list 的值，使它指向了新的结点。但是，此赋值操作对 first 没有影响。

让函数 add_to_list 修改 first 是可能的，但是这就要求给函数 add_to_list 传递一个指向 first 的指针。下面是此函数的正确形式：

```
void_add_to_list(struct node **list, int n)
{
  struct node *new_node;

  new_node = malloc(sizeof(struct node));
```

```
  if (new_node == NULL) {
    printf("Error: malloc failed in add_to_list\n");
    exit(EXIT_FAILURE);
  }
  new_node->value = n;
  new_node->next = *list;
  *list = new_node;
}
```

当调用新版本的函数 add_to_list 时，第一个实际参数将是 first 的地址：

```
add_to_list(&first, 10);
```

既然给 list 赋予了 first 的地址，那么可以使用*list 作为 first 的别名。特别是把 new_node 赋值给*list 会修改 first 的内容。

17.7 指向函数的指针

到目前为止，已经使用指针指向过各种类型的数据，包括变量、数组元素以及动态分配的内存块。但是C语言没有要求指针只能指向*数据*，它还允许指针指向*函数*。指向函数的指针（函数指针）不像人们所想象的那样奇怪。毕竟函数占用内存单元，所以每个函数都有地址，就像每个变量都有地址一样。

17.7.1 函数指针作为参数

可以以使用数据指针相同的方式使用函数指针。在C语言中把函数指针作为参数进行传递是十分普遍的。假设我们要编写一个名为 integrate 的函数来求函数 f 在 a 点和 b 点之间的积分。我们希望函数 integrate 尽可能具有一般性，因此把 f 作为实际参数传入。为了在C语言中达到这种效果，我们把 f 声明为指向函数的指针。假设希望对具有 double 型形式参数并且返回 double 型结果的函数求积分，函数 integrate 的原型如下所示：

439

```
double integrate(double (*f)(double), double a, double b);
```

*f 两边的圆括号说明 f 是个指向函数的指针，而不是返回值为指针的函数。把 f 当作函数声明也是合法的：

```
double integrate(double f(double), double a, double b);
```

从编译器的角度来看，这种原型和前一种形式是完全一样的。

在调用函数 integrate 时，将把一个函数名作为第一个实际参数。例如，下列调用将计算 sin 函数（➤23.3 节）从 0 到π/2 的积分：

```
result = integrate(sin, 0.0, PI / 2);
```

注意，sin 的后边没有圆括号。当函数名后边没跟着圆括号时，C 语言编译器会产生指向函数的指针，而不会产生函数调用的代码。此例中不是在调用函数 sin，而是给函数 integrate 传递了一个指向函数 sin 的指针。如果这样看上去很混乱的话，可以想想C语言处理数组的过程。如果 a 是数组的名字，那么 a[i]就表示数组的一个元素，而 a 本身则作为指向数组的指针。类似地，如果 f 是函数，那么C语言把 f(x)当作函数的*调用*来处理，而 f 本身则被视为指向函数的指针。

在 integrate 函数体内，可以调用 f 所指向的函数：

```
y = (*f)(x);
```

*f 表示 f 所指向的函数，x 是函数调用的实际参数。因此，在函数 integrate(sin, 0.0, PI/2)执行期间，*f 的每次调用实际上都是 sin 函数的调用。作为(*f)(x)的一种替换选择，C 语言允许用 f(x)来调用 f 所指向的函数。虽然 f(x)看上去更自然一些，但是这里将坚持用(*f)(x)，以提醒读者 f 是指向函数的指针而不是函数名。

17.7.2 qsort 函数

指向函数的指针看似对日常编程没有什么用处，但是从事实来看这是没有远见的。实际上，C 函数库中一些功能最强大的函数要求把函数指针作为参数。其中之一就是函数 qsort，此函数的原型可以在<stdlib.h>中找到。Q&A 函数 qsort 是给任意数组排序的通用函数。

因为数组的元素可能是任何类型的，甚至是结构或联合，所以必须告诉函数 qsort 如何确定两个数组元素哪一个“更小”。通过编写**比较函数**可以为函数 qsort 提供这些信息。当给定两个指向数组元素的指针 p 和 q 时，比较函数必须返回一个整数。如果*p“小于”*q，那么返回的数为负数；如果*p“等于”*q，那么返回的数为零；如果*p“大于”*q，那么返回的数为正数。这里把“小于”“等于”和“大于”放在双引号中是因为需要由我们来确定如何比较*p 和*q。

440

函数 qsort 具有下列原型：

```
void qsort(void *base, size_t nmemb, size_t size,
           int (*compar) (const void *, const void *));
```

base 必须指向数组中的第一个元素。（如果只是对数组的一段区域进行排序，那么要使 base 指向这段区域的第一个元素。）在一般情况下，base 就是数组的名字。nmemb 是要排序的元素数量（不一定是数组中元素的数量）。size 是每个数组元素的大小，用字节来衡量。compar 是指向比较函数的指针。当调用函数 qsort 时，它会对数组进行升序排列，并且在任何需要比较数组元素的时候调用比较函数。

为了对 16.3 节的 inventory 数组进行排序，Q&A 可以采用函数 qsort 的下列调用方式：

```
qsort(inventory, num_parts, sizeof(struct part), compare_parts);
```

请注意，第二个实际参数是 num_parts 而不是 MAX_PARTS。我们不希望对整个 inventory 数组进行排序，只是对当前存储的区域进行排序。最后一个实际参数 compare_parts 是比较两个 part 结构的函数。

编写 compare_parts 函数并不像想象中的那么容易。函数 qsort 要求它的形式参数类型为 void *，但我们不能通过 void *型的指针访问 part 结构的成员，因为我们需要指向结构 part 的指针。为了解决这个问题，要用 compare_parts 把形式参数 p 和 q 赋值给 struct part *型的变量，从而把它们转换为希望的类型。现在 compare_parts 可以使用新指针访问到 p 和 q 指向的结构的成员了。假设希望按零件编号的升序对 inventory 数组排序，下面是函数 compare_parts 可能的形式：

```
int compare_parts(const void *p, const void *q)
{
  const struct part *p1 = p;
  const struct part *q1 = q;

  if (p1->number < q1->number)
    return -1;
```

```
  else if (p1->number == q1->number)
    return 0;
  else
    return 1;
}
```

p1 和 q1 的声明中含有单词 const，以免编译器生成警告消息。由于 p 和 q 是 const 指针（表明它们指向的对象不能修改），它们只应赋值给声明为 const 的指针变量。

441

此版本的 compare_parts 函数虽然可以使用，但是大多数 C 程序员愿意编写更加简明的函数。首先，注意到能用强制类型转换表达式替换 p1 和 q1：

```
int compare_parts(const void *p, const void *q)
{
  if (((struct part *) p)->number <
      ((struct part *) q)->number)
    return -1;
  else if (((struct part *) p)->number ==
           ((struct part *) q)->number)
    return 0;
  else
    return 1;
}
```

表达式((struct part *)p)两边的圆括号是必需的。如果没有这些圆括号，那么编译器会试图把 p->number 强制转换成 struct part*类型。

通过移除 if 语句可以把函数 compare_parts 变得更短：

```
int compare_parts(const void *p, const void *q)
{
  return ((struct part *) p)->number -
         ((struct part *) q)->number;
}
```

如果 p 的零件编号小于 q 的零件编号，那么用 p 的零件编号减去 q 的零件编号会产生负值。如果两个零件编号相同，则减法结果为零。如果 p 的零件编号较大，则减法结果为正数。（注意，整数相减是有风险的，因为有可能导致溢出。我们这里假设零件编号是正整数，从而避免了风险。）

为了用零件的名字代替零件编号对数组 inventory 进行排序，可以使用函数 compare_parts 的下列写法：

```
int compare_parts(const void *p, const void *q)
{
  return strcmp(((struct part *) p)->name,
                ((struct part *) q)->name);
}
```

函数 compare_parts 需要做的事就是调用函数 strcmp，此函数会方便地返回负值、零值或正值的结果。

17.7.3 函数指针的其他用途

我们已经强调了函数指针用作其他函数的实际参数是非常有用的，但函数指针的作用不仅限于此。C 语言把指向函数的指针当作指向数据的指针对待。我们可以把函数指针存储在变量中，或者用作数组的元素，再或者用作结构或联合的成员，甚至可以编写返回函数指针的函数。

442

下面的例子中变量存储的就是指向函数的指针：

```
void (*pf)(int);
```

pf 可以指向任何带有 int 型形式参数并且返回 void 型值的函数。如果 f 是这样的一个函数，那么可以用下列方式让 pf 指向 f：

```
pf = f;
```

注意，在 f 的前面没有取地址符号(&)。一旦 pf 指向函数 f，可以用下面这种写法调用 f：

```
(*pf)(i);
```

也可以用下面这种写法调用：

```
pf(i);
```

元素是函数指针的数组应用相当广泛。例如，假设我们编写的程序需要向用户显示可选择的命令菜单。我们可以编写函数实现这些命令，然后把指向这些函数的指针存储在数组中：

```
void (*file_cmd[])(void) = {new_cmd,
                            open_cmd,
                            close_cmd,
                            close_all_cmd,
                            save_cmd,
                            save_as_cmd,
                            save_all_cmd,
                            print_cmd,
                            exit_cmd
                           };
```

如果用户选择命令 n，且 n 是范围在 0~8 的数，那么可以对数组 file_cmd 取下标，并调用相应的函数：

```
(*file_cmd[n])();   /* or file_cmd[n](); */
```

当然，通过使用 switch 语句可以获得类似的效果。然而，使用函数指针数组可以有更大的灵活性，因为数组元素可以在程序运行时发生改变。

程序　列三角函数表

下列函数用来显示含有 cos 函数、sin 函数和 tan 函数[这三个函数都在<math.h>(➤23.3 节)中]值的表格。程序围绕名为 tabulate 的函数构建。当给此函数传递函数指针 f 时，此函数会显示出函数 f 的值。

443

tabulate.c

```
/* Tabulates values of trigonometric functions */

#include <math.h>
#include <stdio.h>

void tabulate(double (*f)(double), double first,
              double last, double incr);

int main(void)
{
  double final, increment, initial;

  printf("Enter initial value: ");
  scanf("%lf", &initial);
```

```
  printf("Enter final value: ");
  scanf("%lf", &final);

  printf("Enter increment: ");
  scanf("%lf", &increment);

  printf("\n      x        cos(x)"
         "\n   -------    -------\n");
  tabulate(cos, initial, final, increment);

  printf("\n      x        sin(x)"
         "\n   -------    -------\n");
  tabulate(sin, initial, final, increment);

  printf("\n      x        tan(x)"
         "\n   -------    -------\n");
  tabulate(tan, initial, final, increment);

  return 0;
}

void tabulate(double (*f)(double), double first,
              double last, double incr)
{
  double x;
  int i, num_intervals;

  num_intervals = ceil((last - first) / incr);
  for (i = 0; i <= num_intervals; i++) {
    x = first + i * incr;
    printf("%10.5f %10.5f\n", x, (*f)(x));
  }
}
```

函数 tabulate 使用了函数 ceil，此函数也属于<math.h>。当给定 double 型的实际参数 x 时，函数 ceil 会返回大于或等于 x 的最小整数。

444

下面是运行 tabulate.c 程序的可能结果：

```
Enter initial value: 0
Enter final value: .5
Enter increment: .1

      x        cos(x)
   -------    -------
   0.00000    1.00000
   0.10000    0.99500
   0.20000    0.98007
   0.30000    0.95534
   0.40000    0.92106
   0.50000    0.87758

      x        sin(x)
   -------    -------
   0.00000    0.00000
   0.10000    0.09983
   0.20000    0.19867
   0.30000    0.29552
   0.40000    0.38942
   0.50000    0.47943
```

```
    x          tan(x)
 -------      -------
 0.00000      0.00000
 0.10000      0.10033
 0.20000      0.20271
 0.30000      0.30934
 0.40000      0.42279
 0.50000      0.54630
```

17.8 受限指针 C99

这一节和下一节将讨论从 C99 开始引入的与指针相关的两种特性。对这两种特性感兴趣的主要是高级 C 程序员，大多数读者可以跳过这两节。

从 C99 开始，关键字 restrict 可以出现在指针的声明中：

```
int * restrict p;
```

用 restrict 声明的指针叫作**受限指针**（restricted pointer）。这样做的目的是，如果指针 p 指向的对象在之后需要修改，那么该对象不会允许通过除指针 p 之外的任何方式访问（其他访问对象的方式包括让另一个指针指向同一个对象，或者让指针 p 指向命名变量）。如果一个对象有多种访问方式，通常把这些方式互称为**别名**。

下面先来看一个不适合使用受限指针的例子。假设 p 和 q 的声明如下：

445

```
int * restrict p;
int * restrict q;
```

现在假设 p 指向动态分配的内存块：

```
p = malloc(sizeof(int));
```

（如果把变量或者数组元素的地址赋给 p，也会出现类似的情况。）通常情况下可以将 p 复制给 q，然后通过 q 对整数进行修改：

```
q = p;
*q = 0;      /* causes undefined behavior */
```

但由于 p 是受限指针，语句*q = 0 的执行效果是未定义的。通过将 p 和 q 指针指向同一个对象，可以使*p 和*q 互为别名。

如果把受限指针 p 声明为局部变量而没有用 extern 存储类型（➤18.2 节），那么 restrict 在声明 p 的程序块开始执行时仅对 p 起作用。（注意，函数体是程序块。）restrict 可以用于指针类型的函数参数，这种情况下 restrict 仅在函数执行时起作用。但是，如果将 restrict 应用于文件作用域的指针变量，则在整个程序的执行过程中起作用。

使用 restrict 的规则是非常复杂的，详见 C99 及之后的标准。由受限指针创建别名也是合法的。例如，受限指针 p 可以被合法地复制到另一个受限指针变量 q 中，前提是 p 是一个函数的局部变量，而 q 则定义在一个嵌套于该函数体的程序块内。

为了说明 restrict 的使用方法，让我们首先看一下 memcpy 和 memmove 两个函数，它们都属于<string.h>（➤23.6 节）。memcpy 在标准中的原型如下：

```
void *memcpy(void * restrict s1, const void * restrict s2,
             size_t n);
```

memcpy 和 strcpy 类似，只不过它是从一个对象向另一个对象复制字节（strcpy 是从一个字符串向另一个字符串复制字符）。s2 指向待复制的数据，s1 指向复制数据存放的目的地，n 是待复制的字节数。s1 和 s2 都使用 restrict，说明复制的源和目的地不应互相重叠（但不能确保不重叠）。

与之相反，restrict 并不出现在 memmove 的原型中：

```
void *memmove(void *s1, const void *s2, size_t n);
```

memmove 所做的事情与 memcpy 相同：从一个地方把字节复制到另一个地方。不同之处是 memmove 可以保证当源和目的地相重叠时依然执行复制的过程。例如，可以用 memmove 把数组中的元素偏移一个位置：

446

```
int a[100];
...
memmove(&a[0], &a[1], 99 * sizeof(int));
```

在 C99 之前没有文档对 memmove 和 memcpy 的不同之处进行说明。两个函数的原型几乎一致：

```
void *memcpy(void *s1, const void *s2, size_t n);
void *memmove(void *s1, const void *s2, size_t n);
```

从 C99 开始的版本中，memcpy 的原型中使用了 restrict，这样程序员就知道 s1 和 s2 指向的目标不能相互重叠，否则就不能保证函数执行。

尽管在函数原型中使用 restrict 有利于文档说明，但这还不是其存在的主要原因。restrict 提供给编译器的信息可以使之产生更有效的代码，这个过程称为**优化**（optimization）。（register 存储类型提供了同样的功能。）但是，并不是所有的编译器都会尝试程序优化，而且进行优化的编译器通常也允许程序员禁用优化。一旦禁用优化，标准可以保证 restrict 不会对遵循标准的程序产生任何影响：如果从这样的程序中删除所有的 restrict，程序行为应该完全一样。

大多数程序员不会使用 restrict，除非他们要微调程序以达到可能的最佳性能。尽管如此，了解 restrict 的用法还是有用的，因为许多标准库函数原型中用到了 restrict。

17.9 弹性数组成员 C99

有时我们需要定义一个结构，其中包括未知大小的数组。例如，我们可能需要使用一种与众不同的方式来存储字符串。通常，一个字符串是一个以空字符标志结束的字符数组，但是用其他方式存储字符串是有好处的。一种选择是将字符串的长度与字符存于一起（没有空字符）。长度和字符可以存储在如下的结构中：

```
struct vstring {
  int len;
  char chars[N];
};
```

这里 N 是一个表示字符串最大长度的宏。但是，我们不希望使用这样的定长数组，因为这样会迫使我们限制字符串的长度，而且会浪费内存（大多数字符串并不需要 N 个字符）。

C 程序员解决这个问题的传统方案是声明 chars 的长度为 1，然后动态地分配每一个字符串：

447

```
struct vstring {
  int len;
  char chars[1];
};
...
struct vstring *str = malloc(sizeof(struct vstring) + n - 1);
str->len = n;
```

这里使用了一种“欺骗”的方法，分配比该结构声明时应具有的内存（这个例子中是 n–1 个字符）更多的内存，然后使用这些内存来存储 chars 数组额外的元素。这种方法在过去的这些年中非常流行，称为“struct hack”。

struct hack 不仅限于字符数组，它有很多用途。现在这种方法已很流行，被许多的编译器支持，有的编译器（包括 GCC）甚至允许 chars 数组的长度为零，这就使得这一技巧更明显了。但是 C89 标准并不能保证 struct hack 工作，也不允许数组长度为 0。

正是因为认识到 struct hack 技术是非常有用的，从 C99 开始提供了**弹性数组成员**（flexible array member）来达到同样的目的。当结构的最后一个成员是数组时，其长度可以省略：

```
struct vstring {
  int len;
  char chars[];     /* flexible array member - since C99 */
};
```

chars 数组的长度在为 vstring 结构分配内存时确定，通常调用 malloc：

```
struct vstring *str = malloc(sizeof(struct vstring) + n);
str->len = n;
```

在这个例子中，str 指向一个 vstring 结构，其中 char 数组占有 n 个字符。sizeof 操作在计算结构大小时忽略了 chars 的大小（弹性数组成员的不同寻常之处在于，它在结构内并不占空间）。

包含弹性数组成员的结构需要遵循一些专门的规则。弹性数组成员必须出现在结构的最后，而且结构必须至少还有一个其他成员。复制包含弹性数组成员的结构时，其他成员都会被复制但不复制弹性数组本身。

具有弹性数组成员的结构是**不完整类型**（incomplete type）。不完整类型缺少用于确定所需内存大小的信息。本章末尾的问与答部分以及 19.3 节会进一步讨论不完整类型，它们有许多限制。特别是不完整类型（包括含有弹性数组成员的结构）不能作为其他结构的成员和数组的元素，但是数组可以包含指向具有弹性数组成员的结构的指针，本章末尾的编程题 7 就是这样一个例子。448

问与答

问：NULL 宏表示什么？（p.325）

答：NULL 实际表示 0。当在要求指针的地方使用 0 时，C 语言编译器会把它当作空指针而不是整数 0。提供宏 NULL 只是为了避免混淆。赋值表达式

```
p = 0;
```

既可以是给数值型变量赋值为 0，也可以是给指针变量赋值为空指针。而我们无法简单地说明到底是哪一种。相反，赋值表达式

```
p = NULL;
```

可以让我们明白 p 是指针。

***问：在伴随编译器的头文件中，NULL 定义如下：**

```
#define NULL (void *) 0
```

这样把 0 强制转换为 void *型有什么好处吗？

答：这种技巧在 C 标准中是合法的。它可以帮助编译器检查到空指针的不正确使用。例如，假设试图把 NULL 赋值给整型变量：

```
i = NULL;
```

如果 NULL 定义为 0，那么这个赋值绝对是合法的。但是，如果把 NULL 定义为(void *)0，那么编译器将提示我们把指针赋值给了整型变量。

把 NULL 定义为(void *)0 还有一个更重要的好处。假设调用带有可变长度实际参数列表（➤26.1 节）的函数，并且用 NULL 作为其中一个实际参数。如果 NULL 定义为 0，那么编译器会错误地把整数值零传递给函数。（在普通函数调用中，因为编译器从函数的原型可以知道它所期望的是指针，所以 NULL 可以正常工作。然而，当函数具有可变长度实际参数列表时，编译器不会获得这类信息。）如果 NULL 定义为(void *)0，那么编译器将传递空指针。

更混乱的是，一些头文件把 NULL 定义为 0L（0 的 long 型版本）。就像把 NULL 定义为 0 一样，这种定义是 C 语言早期时代的延续，那时的指针和整数彼此兼容。但是，就大多数目的而言，NULL 究竟如何定义并不重要，把它当作空指针的名字就可以了。

问：既然 0 用来表示空指针，那么我猜想空指针就是每个位都为零的地址，对吗？

449

答：不一定。每个 C 语言编译器都被允许用不同的方式来表示空指针，而且不是所有编译器都使用零地址的。例如，一些编译器为空指针使用不存在的内存地址，这样硬件就能检查出试图通过空指针访问内存的方式。

我们不关心如何在计算机内存储空指针，那是编译器专家关注的细节。重要的是，当 0 作为指针使用时，编译器会把它转换为适当的内部形式。

问：把 NULL 用作空字符，这是否可以接受？

答：绝对不行。NULL 是用来表示空指针而不是空字符的宏。把 NULL 用作空字符对一些编译器适用，但不是全部都可以的（因为一些编译器把 NULL 定义为(void *)0）。在任何情况下，把 NULL 用作非指针的内容都会导致大量的混乱，如果希望给空字符一个名字，可以定义下面的宏：

```
#define NUL '\0'
```

***问：程序终止时得到这样一条消息“Null pointer assignment”。这是什么意思呢？**

答：早期基于 DOS 的 C 编译器生成的程序会产生这一消息。它说明程序使用坏指针（并不一定是空指针）把数据存储到内存中了。可惜的是此消息直到程序终止才显示出来，所以没有线索可以表明是哪条语句导致了错误。消息“Null pointer assignment”可能是因为在 scanf 函数中丢失&导致的：

```
scanf("%d", i);   /* should have been scanf("%d", &i); */
```

另一种可能是含有指针的赋值操作对指针未进行初始化或设为空：

```
*p = i;  /* p is uninitialized or null */
```

***问：程序如何知道发生了“空指针赋值”？**

答：此消息依赖于这样一个事实：数据在小型或中型存储模型中是存储在单个段中的，且此段的地址起始为 0。编译器会在数据段的开始处留出“空洞”，即初始化为 0 但是未被程序使用的一小块内存。当程序终止时，它会查看“空洞”中的数据是否非零。如果是，那么一定是通过坏指针改变的。

问：对 malloc 或者其他内存分配函数的返回值进行强制类型转换有什么好处吗？（p.326）

答：一般没什么好处。对这些函数返回的 void *型指针进行强制类型转换是没必要的，因为 void *型的指针会在赋值操作时自动转换为任何指针类型。对返回值进行强制类型转换的习惯来自经典 C。在经典 C 中，内存分配函数返回 char *型的值，用强制类型转换是必要的。面向 C++编译器的程序可以从强制类型转换中受益，但除此之外似乎没有其他理由这么做了。

450

在 C89 中，不执行强制类型转换实际上是有点好处的。假设我们忘了在程序中包含<stdlib.h>头，调用 malloc 时编译器会假定其返回类型为 int（任何 C 函数的默认返回类型）。如果我们不对 malloc 的返回值进行强制类型转换，C89 编译器会产生错误（至少是警告），因为我们试图把整型值赋给指针变量。另外，如果我们把返回值强制类型转换为指针，程序可能会通过编译，但是不太可能正确地运行。在 C99 中，这一好处没有了。忘记包含<stdlib.h>头会导致调用 malloc 函数时出错，因为 C99 要求函数在调用之前必须声明。

问：函数 calloc 把内存块中的位初始化为 0，这是否意味着内存块中的全部数据项都变为 0 了？（p.330）

答：通常是，但不总是。把整数设置成零位会始终使整数为 0。把浮点数设置成零位通常会使数为 0，但这是不能保证的，要依赖于浮点数的存储方式。对指针来说也是类似的，所有位都为 0 的指针并不一定是空指针。

***问：我已经知道了结构标记机制是如何允许结构包含指向自身的指针的。但是，如果两个结构都含有指向对方的指针成员，会怎么样呢？（p.333）**

答：下面是处理这种情况的方法：

```
struct s1;          /* incomplete declaration of s1 */

struct s2 {
  ...
  struct s1 *p;
  ...
};

struct s1 {
  ...
  struct s2 *q;
  ...
};
```

s1 的第一处声明创建了一个不完整的结构类型（**不完整类型**➤19.3 节），因为我们没有指明 s1 的成员。s1 的第二处声明通过描述结构的成员“完善”了该类型。虽然使用上有一些限制，但不完整的结构类型声明在 C 语言中是允许的。使用方法之一是创建一个指向这一类型的指针（上面声明 p 的时候就是这么做的）。

问：用错误的参数调用 malloc 函数（导致分配的内存过大或过小）似乎是一个常见的错误。malloc 有没有更安全的用法？（p.334）

451

答：有。在调用 malloc 为单个对象分配内存时，一些程序员使用下面的惯用法：

```
p = malloc(sizeof(*p));
```

因为 sizeof(*p)是 p 所指向的对象的大小，所以这一语句可以确保所分配到的内存大小是正确的。乍一看，这种惯用法很傻：p 似乎没有初始化，从而*p 的值没有定义。但 sizeof 并不对*p 求值，而仅仅计算其大小，所以即便 p 未初始化或者包含空指针，该惯用法也没有问题。

为了给 n 个元素的数组分配空间，可以对上述惯用法做一点小小的改动：

```
p = malloc(n * sizeof(*p));
```

问：为什么不把函数 qsort 简单命名为 sort 呢？（p.346）

答：函数 qsort 的名字来源于 1962 年 C. A. R. Hoare 提出的快速排序算法（9.6 节讨论过）。不过，尽管许多 qsort 函数的版本采用了快速排序算法，C 标准并不要求函数 qsort 使用快速排序算法。

问：就像下例所示那样，把函数 qsort 的第一个参数强制转换为 void*类型，不是必需的吧？（p.346）

```
qsort((void *) inventory, num_parts, sizeof(struct part),
      compare_parts);
```

答：不是必需的。任何类型的指针都可以自动转换为 void *类型的。

***问：我打算使用函数 qsort 对整数数组进行排序，但是在编写比较函数时遇到了问题。编写的秘诀是什么？**

答：下面是可以使用的版本：

```
int compare_ints(const void *p, const void *q)
{
  return *(int *)p - *(int *)q;
}
```

很奇怪吗？表达式(int *)p 把 p 强制转换为 int*类型，所以*(int*)p 将是 p 所指向的整数。不过需要提醒一下，整数相减可能会导致溢出。如果待排序的整数完全是任意给定的，那么使用 if 语句来比较*(int *)p 和*(int *)q 更安全。

***问：我需要对字符串数组进行排序，所以计划只使用函数 strcmp 作为比较函数。然而，当把它传递给函数 qsort 时，编译器给出了一条警告消息。我试图通过把函数 strcmp 嵌入到比较函数中的方法来解决这个问题：**

452

```
int compare_strings(const void *p, const void *q)
{
  return strcmp(p, q);
}
```

现在程序通过了编译，但是函数 qsort 好像没有对数组进行排序。我做错什么了吗？

答：首先，不能把 strcmp 本身传递给函数 qsort，因为 qsort 函数要求比较函数带有两个 const void * 型的形式参数。因为错误地把 p 和 q 假设为字符串（char *型指针），所以函数 compare_strings 无法工作。事实上，p 和 q 指向的数组元素含有 char*型指针。为了修正函数 compare_strings，需要把 p 和 q 强制转换为 char **型的，然后用*运算符减少一层间接寻址操作：

```
int compare_strings(const void *p, const void *q)
{
  return strcmp(*(char **)p, *(char **)q);
}
```

练习题

17.1 节

1. 每次调用时都检查函数 malloc（或其他任何内存分配函数）的返回值是件很烦人的事情。请编写一个名为 my_malloc 的函数作为 malloc 函数的“包装器”。当调用函数 my_malloc 并且要求分配 n 字节时，它会调用 malloc 函数，判断 malloc 函数确实没有返回空指针，然后返回来自 malloc 的指针。如果 malloc 返回空指针，那么函数 my_malloc 显示出错消息并且终止程序。

17.2 节

Ⓦ 2. 编写名为 duplicate 的函数，此函数使用动态存储分配来创建字符串的副本。例如，调用

```
p = duplicate(str);
```

将为和 str 长度相同的字符串分配内存空间，并且把字符串 str 的内容复制到新字符串，然后返回指向新字符串的指针。如果分配内存失败，那么函数 duplicate 返回空指针。

17.3 节

3. 编写下列函数：

```
int *create_array(int n, int initial_value);
```

函数应返回一个指向动态分配的 n 元 int 型数组的指针，数组的每个成员都初始化为 initial_value。如果内存分配失败，返回值为 NULL。

17.5 节

4. 假设下列声明有效：

```
struct point { int x, y; };
struct rectangle { struct point upper_left, lower_right; };
struct rectangle *p;
```

453

假设希望 p 指向一个 rectangle 结构，此结构的左上角位于(10, 25)的位置上，而右下角位于(20, 15)的位置上。请编写一系列语句用来分配这样一个结构，并且像说明的那样进行初始化。

Ⓦ 5. 假设 f 和 p 的声明如下所示：

```
struct {
  union {
    char a, b;
    int c;
  } d;
  int e[5];
} f, *p = &f;
```

那么下列哪些语句是合法的？

(a) `p->b = ' ';`

(b) `p->e[3] = 10;`

(c) `(*p).d.a = '*';`

(d) `p->d->c = 20;`

6. 请修改函数 delete_from_list 使它使用一个指针变量而不是两个（即 cur 和 prev）。

Ⓦ 7. 下列循环希望删除链表中的全部结点，并且释放它们占用的内存。但是，此循环有错误。请解释错误是什么并且说明如何修正错误。

```
for (p = first; p != NULL; p = p->next)
  free(p);
```

Ⓦ 8. 15.2 节描述的文件 stack.c 提供了在栈中存储整数的函数。在那一节中，栈是用数组实现的。请修改程序 stack.c 从而使栈现在作为链表来存储。使用单独一个指向链表首结点的指针变量（栈“顶”）来替换变量 contents 和变量 top。在 stack.c 中编写的函数要使用此指针。删除函数 is_full，用返回 true（如果创建的结点可以获得内存）或 false（如果创建的结点无法获得内存）的函数 push 来代替。

9. 判断：如果 x 是一个结构而 a 是该结构的成员，那么 (&x)->a 与 x.a 是一样的。验证你的答案。

10. 修改 16.2 节的 print_part 函数，使得它的形式参数是一个指向 part 结构的指针。请使用->运算符。

11. 编写下列函数：

```
int count_occurrences(struct node *list, int n);
```

其中形式参数 list 指向一个链表。函数应返回 n 在该链表中出现的次数。node 结构的定义见 17.5 节。

12. 编写下列函数：

```
struct node *find_last(struct node *list, int n);
```

其中形式参数 list 指向一个链表。函数应返回一个指针，该指针指向最后一个包含 n 的结点，如果 n 不存在则返回 NULL。node 结构的定义见 17.5 节。

13. 下面的函数希望在有序链表的适当位置插入一个新结点，并返回指向新链表首结点的指针。但是，函数无法做到在所有的情况下都正确。解释问题所在，并说明如何修正。node 结构的定义见 17.5 节。 454

```
struct node *insert_into_ordered_list(struct node *list, struct node *new_node)
{
  struct node *cur = list, *prev = NULL;
  while (cur->value <= new_node->value) {
    prev = cur;
    cur = cur->next;
  }
  prev->next = new_node;
  new_node->next = cur;
  return list;
}
```

17.6 节

14. 修改函数 delete_from_list（17.5 节），使函数的第一个形式参数是 struct node **类型（即指向链表首结点的指针的指针），并且返回类型是 void。在删除了期望的结点后，函数 delete_from_list 必须修改第一个实际参数，使其指向该链表。

17.7 节

W 15. 请说明下列程序的输出结果，并解释程序的功能。

```
#include <stdio.h>

int f1(int (*f)(int));
int f2(int i);

int main(void)
{
  printf("Answer: %d\n", f1(f2));
  return 0;
}

int f1(int (*f) (int))
{
  int n = 0;

  while ((*f)(n)) n++;
  return n;
}

int f2(int i)
{
  return i * i +  i - 12;
}
```

16. 编写下列函数。调用 sum(g, i, j)应该返回 g(i) + … + g(j)。

```
int sum(int (*f)(int), int start, int end);
```

W 17. 设 a 是有 100 个整数的数组。请编写函数 qsort 的调用，只对数组 a 中的后 50 个元素进行排序。（不需要编写比较函数。）

18. 请修改函数 compare_parts 使零件根据编号进行降序排列。

19. 请编写一个函数，要求在给定字符串作为实际参数时，此函数搜索下列所示的结构数组寻找匹配的命令名，然后调用和匹配名称相关的函数：

455

```
struct {
  char *cmd_name;
  void (*cmd_pointer)(void);
} file_cmd[] =
 { {"new",         new_cmd},
   {"open",        open_cmd},
   {"close",       close_cmd},
   {"close all",   close_all_cmd},
   {"save",        save_cmd},
   {"save as",     save_as_cmd},
   {"save all",    save_all_cmd},
   {"print",       print_cmd},
   {"exit" ,       exit_cmd}
 };
```

编程题

W 1. 修改 16.3 节的程序 inventory.c，使其可以对数组 inventory 进行动态内存分配，并且在以后填满时重新进行内存分配。初始使用 malloc 为拥有 10 个 part 结构的数组分配足够的内存空间。当数组没有足够的空间给新的零件时，使用 realloc 函数来使内存数量加倍。在每次数组变满时重复加倍操作步骤。

W 2. 修改 16.3 节的程序 inventory.c，使得 p 命令在显示零件前调用 qsort 对 inventory 数组排序。

3. 修改 17.5 节的程序 inventory2.c，增加一个 e 命令（擦除）以允许用户从数据库中删除一个零件。

4. 修改 15.3 节的程序 justify，重新编写 line.c 文件使其存储链表中的当前行。链表中的每个结点存储一个单词。用一个指向包含第一个单词的结点的指针变量来替换原有的 line 数组，当行为空时该变量存储空指针。

5. 编写程序对用户输入的一系列单词排序：

```
Enter word: foo
Enter word: bar
Enter word: baz
Enter word: quux
Enter word:

In sorted order: bar baz foo quux
```

假设每个单词不超过 20 个字符。当用户输入空单词（即敲击回车键而没有输入任何单词）时停止读取。把每个单词存储在一个动态分配的字符串中，像 remind2.c 程序（17.2 节）那样用一个指针数组来跟踪这些字符串。读完所有的单词后对数组排序（可以使用任何排序算法），然后用一个循环按存储顺序显示这些单词。提示：像 remind2.c 那样，使用 read_line 函数读取每个单词。

6. 修改编程题 5，用 qsort 对指针数组排序。

7. C99 修改 17.2 节的 remind2.c 程序，使得 reminders 数组中的每个元素都是指向 vstring 结构（见 17.9 节）的指针，而不是指向普通字符串的指针。

456

第18章

声　　明

定义变量很容易，但要时时刻刻控制它很难。

声明在C语言编程中起着核心的作用。通过声明变量和函数，可以在两方面为编译器提供至关重要的信息：检查程序潜在的错误，以及把程序翻译成目标代码。

前面几章已经提供了声明的示例，但是没有完整地描述，本章将弥补这个缺憾。本章会探讨可以用于声明的复杂选项，并且显示变量声明和函数声明之间的几个共同点。此外，本章还为存储、作用域以及链接这些重要概念提供了坚实的基础。

18.1节介绍声明的一般语法，这是之前我们一直回避的主题。接下来的4节将集中讨论声明中出现的数据项：存储类型（18.2节）、类型限定符（18.3节）、声明符（18.4节）和初始化器（18.5节）。18.6节讨论了`inline`关键字，它可以用在C99函数声明中。

18.1　声明的语法

声明为编译器提供有关标识符含义的信息。当编写

```
int i;
```

时，是在告诉编译器：名字`i`表示当前作用域内数据类型为`int`的变量。声明

```
float f(float);
```


则是在告诉编译器：`f`是一个返回值为`float`型的函数，并且此函数有一个实际参数，此参数类型也为`float`型。

一般地，声明具有下列形式：

[声明]　*声明指定符 声明符;*

声明指定符（declaration specifier）描述声明的变量或函数的性质。**声明符**（declarator）给出了它们的名字，并且可以提供关于其性质的额外信息。

声明指定符分为以下3类。

- **存储类型**。存储类型一共有4种：`auto`、`static`、`extern`和`register`。在声明中最多可以出现一种存储类型。如果存储类型存在，则必须把它放置在最前面。
- **类型限定符**。C89只有两种类型限定符：`const`和`volatile`。C99从C99开始还有一个限定符`restrict`；C1X从C11开始又新增了一个原子类型限定符`_Atomic`。声明可以包含零个或多个限定符。

- **类型指定符**。关键字 void、char、short、int、long、float、double、signed 和 unsigned 都是类型指定符。这些单词可以组合使用，如第 7 章所述。这些单词出现的顺序并不重要（int unsigned long 和 long unsigned int 完全一样）。类型指定符也包括结构、联合和枚举的说明（例如，struct point{int x, y;}、struct {int x, y;} 或者 struct point）。用 typedef 创建的类型名也是类型指定符。

（从 C99 开始还有第四种声明指定符，即**函数指定符**，它只用于函数声明。这一类指定符包括从 C99 开始引入的关键字 inline 和从 C11 开始引入的_Noreturn。）类型限定符和类型指定符必须跟随在存储类型的后边，但是两者的顺序没有限制。出于书写风格的考虑，这里会将类型限定符放置在类型指定符的前面。

声明符可以只是一个标识符（简单变量的名字），也可能是标识符和[]以及*的各种组合，用来表示指针、数组或者函数。声明符之间用逗号分隔。表示变量的声明符后边可以跟随初始化器。

一起看一些说明这些规则的例子。下面是一个带有存储类型和 3 个声明符的声明：

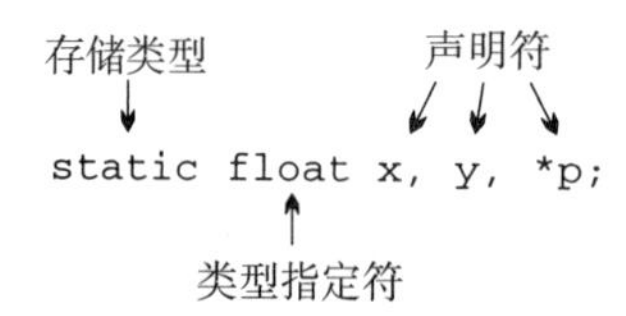

458

下列声明有类型限定符但是没有存储类型。此外，它还有初始化器：

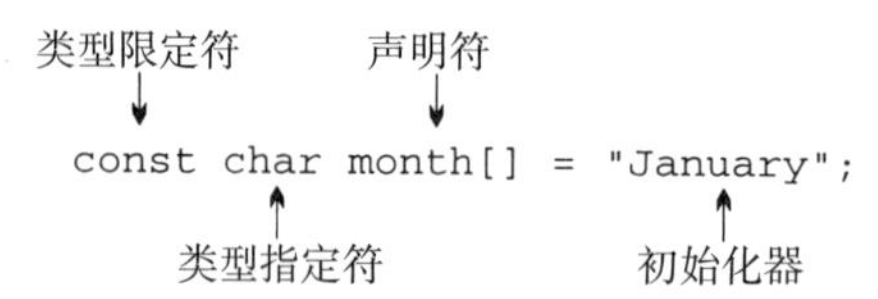

下列声明既有存储类型也有类型限定符。此外，它还有 3 个类型指定符，当然它们的顺序并不重要：

和变量声明一样，函数声明也有存储类型、类型限定符和类型指定符。下列声明具有存储类型和类型指定符：

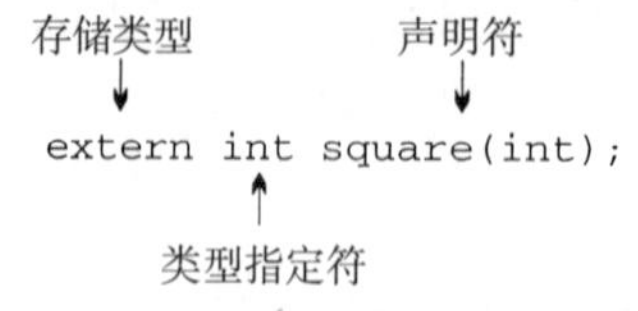

下面 4 节将详细介绍存储类型、类型限定符、声明符和初始化器。

18.2　存储类型

存储类型可以用于变量以及较小范围的函数和形式参数的说明。现在集中讨论变量的存储类型。

回顾一下 10.3 节的内容，术语**块**（block）表示函数体或者复合语句（可能包含声明）。C99从 C99 开始，Q&A选择语句（if 和 switch）、循环语句（while、do 和 for）以及它们所控制的“内部”语句也被视为块，尽管本质上有一些差别。

18.2.1 变量的性质

C 程序中的每个变量都具有以下 3 个性质。

- **存储期**。变量的存储期决定了为变量预留的内存被释放的时间。Q&A具有**自动存储期**的变量在所属块被执行时获得内存单元，并在块终止时释放内存单元，从而会导致变量失去值。具有**静态存储期**的变量在程序运行期间占有同一个存储单元，也就允许变量无限期地保留它所占用的空间。 459
- **作用域**。变量的作用域其实是变量名字的作用范围，是指可以通过名字引用变量的那部分程序文本。变量可以有**块作用域**（变量的名字从声明的地方一直到所在块的末尾都是可见的）或者**文件作用域**（变量的名字从声明的地方一直到所在文件的末尾都是可见的）。
- **链接**。Q&A实际上是指变量名字的链接属性，它确定了程序的不同部分可以通过变量名字共享此变量的范围。通过具有**外部链接**属性的名字，变量可以被程序中的几个（或许全部）文件共享。如果名字具有**内部链接**属性，变量只能属于单独一个文件，但是此文件中的函数可以共享这个变量。（如果具有相同名字的变量出现在另一个文件中，那么系统会把它作为不同的变量来处理。）名字属于**无链接**的变量属于单独一个函数，而且根本不能被共享。

默认的存储期、作用域和链接都依赖于变量声明的位置。

- 在块（包括函数体）内部声明的变量通常具有自动存储期，它的名字具有块作用域，并且无链接。
- 在程序的最外层（任意块外部）声明的变量具有静态存储期，它的名字具有文件作用域和外部链接。

下面的例子说明了变量 i 和变量 j 的默认性质：

```
int i;  /* 静态存储期, 文件作用域, 外部链接 */

void f(void)
{
  int j;  /* 自动存储期, 块作用域, 无链接 */
}
```

对许多变量而言，默认的存储期、作用域和链接是符合要求的。当这些性质无法满足要求时，可以通过指定明确的存储类型（auto、static、extern 和 register）来改变变量的性质。

18.2.2 auto 存储类型

auto 存储类型只对属于块的变量有效。auto 变量具有自动存储期（无须惊讶），它的名字具有块作用域，并且无链接。auto 存储类型几乎从来不用显式地指明，因为对于在块内部声明的变量，它是默认的。 460

18.2.3　static 存储类型

static 存储类型可以用于全部变量，而无须考虑变量声明的位置。但是，作用于块外部声明的变量和块内部声明的变量时会有不同的效果。当用在块外部时，单词 static 说明变量的名字具有内部链接。当用在块内部时，static 把变量的存储期从自动的变成了静态的。下面的图说明把变量 i 和变量 j 声明为 static 所产生的效果：

```
static int i;   — 静态存储期
                — 文件作用域
                — 内部链接

void f(void)
{
  static int j; — 静态存储期
                — 块作用域
                — 无链接
}
```

在用于块外部的声明时，static 本质上使变量只在声明它的文件内可见。只有出现在同一文件中的函数可以看到此变量。在下面的例子中，函数 f1 和函数 f2 都可以访问变量 i，但是其他文件中的函数不可以：

```
static int i;

void f1(void)
{
  /* has access to i */
}

void f2(void)
{
  /* has access to i */
}
```

static 的此种用法可以用来实现一种称为信息隐藏（➤19.2 节）的技术。

块内声明的 static 变量在程序执行期间驻留在同一存储单元内。和每次程序离开所在块就会丢失值的自动变量不同，static 变量会无限期地保留值。static 变量具有以下一些有趣的性质。

- 块内的 static 变量只在程序执行前进行一次初始化，而 auto 变量则会在每次出现时进行初始化（当然，需假设它有初始化器）。
- 每次函数被递归调用时，它都会获得一组新的 auto 变量。但是，如果函数含有 static 变量，那么此函数的全部调用都可以共享这个 static 变量。
- 虽然函数不应该返回指向 auto 变量的指针，但是函数返回指向 static 变量的指针是没有错误的。

461

声明函数中的一个变量为 static，这样做允许函数在“隐藏”区域内的调用之间保留信息。隐藏区域是程序其他部分无法访问到的地方。然而，更通常的做法是用 static 来使程序更加有效。思考下列函数：

```
char digit_to_hex_char(int digit)
{
  const char hex_chars[16] = "0123456789ABCDEF";

  return hex_chars[digit];
}
```

每次调用 digit_to_hex_char 函数时，都会把字符 0123456789ABCDEF 复制给数组 hex_chars 来对其进行初始化。现在，把数组设为 static 的：

```
char digit_to_hex_char(int digit)
{
  static const char hex_chars[16] = "0123456789ABCDEF";

  return hex_chars[digit];
}
```

由于static型变量只进行一次初始化，这样做就提升了 digit_to_hex_char 函数的速度。

18.2.4 extern 存储类型

extern 存储类型使几个源文件可以共享同一个变量。15.2 节介绍了使用 extern 的基本概念，所以这里的讨论不会太多。回顾讲过的内容可以知道，下列声明给编译器提供的信息是，i 是 int 型变量：

```
extern int i;
```

但是这样不会导致编译器为变量 i 分配存储单元。用 C 语言的术语来说，上述声明不是变量 i 的**定义**，它只是提示编译器需要访问定义在别处的变量（可能稍后在同一文件中，更常见的是在另一个文件中）。变量在程序中可以有多次**声明**，但只能有一次**定义**。

变量的 extern 声明不是定义，这一规则有一个例外。对变量进行初始化的 extern 声明是变量的定义。例如，声明

```
extern int i = 0;
```

等效于

```
int i = 0;
```

这条规则可以防止多个 extern 声明用不同方法对变量进行初始化。

462

extern 声明中的变量始终具有静态存储期。变量的作用域依赖于声明的位置。**Q&A** 如果声明在块内部，那么它的名字具有块作用域；否则，具有文件作用域：

```
extern int i;   ── 静态存储期
                ── 文件作用域
                ── 什么链接?

void f(void)
{
  extern int j;   ── 静态存储期
                  ── 块作用域
                  ── 什么链接?
}
```

确定 extern 型变量的链接有一定难度。如果变量在文件中较早的位置（任何函数定义的外部）声明为 static，那么它的名字具有内部链接；否则（通常情况下），具有外部链接。

18.2.5 register 存储类型

声明变量具有 register 存储类型就要求编译器把变量存储在寄存器中，而不是像其他变量一样保留在内存中。（**寄存器**是驻留在计算机 CPU 中的存储单元。存储在寄存器中的数据会比存储在普通内存中的数据访问和更新的速度更快。）指明变量的存储类型是 register 是一种请求，而不是命令。编译器可以选择把 register 型变量存储在内存中。

register存储类型只对声明在块内的变量有效。register变量具有和auto变量一样的存储期、名字的作用域和链接。但是，register变量缺乏auto变量所具有的一种性质：因为寄存器没有地址，所以对register变量使用取地址运算符&是非法的。即使编译器选择把变量存储在内存中，这一限制仍适用。

register存储类型最好用于需要频繁进行访问或更新的变量。例如，在for语句中的循环控制变量就比较适合声明为register：

```
int sum_array(int a[], int n)
{
  register int i;
  int sum = 0;

  for (i = 0; i < n; i++)
    sum += a[i];
  return sum;
}
```

463

现在register存储类型已经不像以前那样在C程序员中流行了。当今的编译器比早期的C语言编译器复杂多了，许多编译器可以自动确定哪些变量保留在寄存器中可以获得最大的好处。不过，使用register仍然可以为编译器优化程序性能提供有用的信息。特别地，编译器知道不能对register变量取地址，因而不能用指针对其进行修改。在这一方面，register关键字与C99的restrict关键字相关。

18.2.6　函数的存储类型

和变量声明一样，函数声明（和定义）也可以包括存储类型，但是选项只有extern和static。在函数声明开始处的单词extern说明函数的名字具有外部链接，也就是允许其他文件调用此函数；static说明是内部链接，也就是说只能在定义函数的文件内部调用此函数。如果不指明函数的存储类型，那么会假设函数具有外部链接。

思考下面的函数声明：

```
extern int f(int i);
static int g(int i);
int h(int i);
```

函数f具有外部链接，函数g具有内部链接，而函数h（默认情况下）具有外部链接。因为g具有内部链接，所以在定义它的文件之外不能直接调用它。（把g声明为static不能完全阻止在别的文件中对它进行调用，通过函数指针进行间接调用仍然是可能的。）

声明函数是extern的就如同声明变量是auto的一样，两者都没有作用。基于这个原因，本书不在函数声明中使用extern。然而你需要知道，一些程序员广泛地使用extern也是无害的。

另外，声明函数是static的十分有用。事实上，当声明不打算被其他文件调用的任意函数时，建议使用static存储类型。这样做的好处包括以下两点。

- **更容易维护**。把函数f声明为static存储类型，能保证在函数定义出现的文件之外函数f都是不可见的。因此，以后修改程序的人可以知道对函数f的修改不会影响其他文件中的函数。（一个例外是，另一个文件中的函数如果传入了指向函数f的指针，它可能会受到函数f变化的影响。幸运的是，这种问题很容易通过检查定义函数f的文件来发现，因为传递f的函数一定也定义在此文件中。）

- **减少了“名字空间污染”**。因为声明为 static 的函数具有内部链接，所以可以在其他文件中重新使用这些函数的名字。虽然我们不太可能会为一些其他目的故意重新使用函数名字，但是在大规模程序中这种现象是很难避免的。带有外部链接的大量函数名可能导致 C 程序员所说的“名字空间污染”，即不同文件中的名字意外地发生了冲突。使用 static 存储类型可以有效地预防此类问题。

464

函数的形式参数具有和 auto 变量相同的性质：自动存储期、块作用域和无链接。唯一能用于形式参数的存储类型是 register。

18.2.7 小结

目前已经介绍了各种存储类型，现在对已知内容进行一个总结。下面的代码片段说明了变量和形式参数声明中包含或者省略存储类型的所有可能的方法。

```
int a;
extern int b;
static int c;

void f(int d, register int e)
{
  auto int g;
  int h;
  static int i;
  extern int j;
  register int k;
}
```

表 18-1 说明了上述例子中每个变量和形式参数的性质。

表 18-1 变量和形式参数的性质

名 字	存 储 期	作 用 域	链 接
a	静态	文件	外部
b	静态	文件	①
c	静态	文件	内部
d	自动	块	无
e	自动	块	无
g	自动	块	无
h	自动	块	无
i	静态	块	无
j	静态	块	①
k	自动	块	无

① 因为这里没有显示出变量 b 和 j 的定义，所以无法确定它们的链接。在大多数情况下，变量会定义在另一个文件中，并且具有外部链接。

在这 4 种存储类型之中，最重要的是 extern 和 static。auto 没有任何效果，而现代编译器已经使 register 变得不如以前重要了。C1X 从 C11 开始增加了_Thread_local 存储类型和线程存储期，第 28 章中再来详细介绍。

465

18.3 类型限定符

早先在 C 语言中一共有两种类型限定符：const 和 volatile。[C99 C99 引入了第三种类型限定符，即 restrict，它只用于指针（受限指针▶17.8 节）；C11 又引入了第四种类型限定符，即_Atomic，可用于除数组和函数之外的类型，将在第 28 章中介绍]。因为 volatile 只用在底层编程中，所以本书将对此限定符的讨论推迟到 20.3 节。const 用来声明一些类似变量的对象，但这些变量是“只读”的。程序可以访问 const 型对象的值，但是无法改变它的值。例如，下面这个声明创建了名为 n 的 const 型对象，且此对象的值为 10：

```
const int n = 10;
```

而下列声明产生了名为 tax_brackets 的 const 型数组：

```
const int tax_brackets[] =  {750, 2250, 3750, 5250, 7000};
```

把对象声明为 const 有以下几个好处。

- const 是文档格式：声明对象是 const 类型可以提示任何阅读程序的人，该对象的值不会改变。
- 编译器可以检查程序没有特意地试图改变该对象的值。
- 当为特定类型的应用（特别是嵌入式系统）编写程序时，编译器可以用单词 const 来识别需要存储到 ROM（只读存储器）中的数据。

乍一看，const 好像与前面章节中用于创建常量名的#define 指令一样。然而，实际上#define 和 const 之间有明显的差异。

- 可以用#define 指令为数值、字符或字符串常量创建名字。const 可用于产生任何类型的只读对象，包括数组、指针、结构和联合。
- const 对象遵循与变量相同的作用域规则，而用#define 创建的常量不受这些规则的限制。特别是不能用#define 创建具有块作用域的常量。
- 和宏的值不同，const 对象的值可以在调试器中看到。
- 不同于宏，Q&A const 对象不可以用于常量表达式。例如，因为数组边界必须是常量表达式，所以不能写成下列形式：

```
const int n = 10;
int a[n];              /*** WRONG ***/
```

（C99 在 C99 中，如果 a 具有自动存储期，那么这个例子是合法的——它会被视为变长数组；但是如果 a 具有静态存储期，那么这个例子是不合法的。）

466

- 对 const 对象应用取地址运算符（&）是合法的，因为它有地址。宏没有地址。

没有绝对的原则说明何时使用#define 以及何时使用 const。这里建议对表示数或字符的常量使用#define。这样就可以把这些常量作为数组维数，并且在 switch 语句或其他要求常量表达式的地方使用它们。

18.4 声明符

声明符包含标识符（声明的变量或函数的名字），标识符的前边可能有符号*，后边可能有[]或()。通过把*、[]和()组合在一起，可以创建复杂声明符。

在了解较为复杂的声明符之前，先来复习一下前面讲过的声明符的知识。在最简单的情况下，声明符就是标识符，就如同下面例子中的 i：

```
int i;
```

声明符还可以包含符号*、[]和()。

- 用*开头的声明符表示指针：

```
int *p;
```

- 用[]结尾的声明符表示数组：

```
int a[10];
```

如果数组是形式参数，或者数组有初始化器，再或者数组的存储类型为 extern，那么方括号内可以为空：

```
extern int a[];
```

因为 a 是在程序的别处定义的，所以这里编译器不需要知道数组的长度。（在多维数组中，只有第一维的方括号可以为空。）C99 从 C99 开始为数组形式参数声明中方括号内的内容提供了两种额外的选项。一个是关键字 static，后面跟着的表达式指明数组的最小长度；另一个是符号*，它可以用在函数原型中以指示变长数组参数。9.3 节讨论了这两种新特性。

- 用()结尾的声明符表示函数：

```
int abs(int i);
void swap(int *a, int *b);
int find_largest(int a[], int n);
```

467

C 语言允许在函数声明中省略形式参数的名字：

```
int abs(int);
void swap(int *, int *);
int find_largest(int [], int);
```

甚至圆括号内可以为空：

```
int abs();
void swap();
int find_largest();
```

最后这组声明指明了 abs、swap 和 find_largest 的返回类型，但是没有提供有关它们的实际参数的信息。圆括号内置为空不等同于把单词 void 放置在圆括号内，后者说明没有实际参数。圆括号内为空的这种函数声明风格正在迅速消失。它比 C89 的原型形式差，因为它不允许编译器检查函数调用是否有正确的实际参数。

如果所有的声明符都这样简单，那么 C 语言的编程将一蹴而就。可惜的是，实际程序中的声明符往往组合了符号*、[]和()。我们已经见过这类组合的示例了。我们知道下列语句声明了一个数组，此数组的元素是 10 个指向整数的指针：

```
int *ap[10];
```

我们还知道下列语句声明了一个函数，此函数有一个 float 型的实际参数，并且返回指向 float 型值的指针。

```
float *fp(float);
```

此外，我们在 17.7 节学过下面这条语句，它用来声明一个指向函数的指针，此函数有 int 型实际参数和 void 型返回值：

```
void (*pf)(int);
```

18.4.1　解释复杂声明

到目前为止，我们在声明符的理解方面还没有遇到太多的麻烦。但是，下面这个声明符是什么意思呢?

```
int *(*x[10])(void);
```

这个声明符组合了*、[]和()，所以 x 是指针、数组还是函数并不明显。

幸运的是，无论多么费解，都可以根据下面两条简单的规则来理解任何声明。

468

- **始终从内往外读声明符**。换句话说，定位声明的标识符，并且从此处开始解释声明。
- **在做选择时，始终使[]和()优先于***。如果*在标识符的前面，而标识符后边跟着[]，那么标识符表示数组而不是指针。同样地，如果*在标识符的前面，而标识符后边跟着()，那么标识符表示函数而不是指针。（当然，可以使用圆括号来使[]和()相对于*的优先级无效。）

首先把这些规则应用于简单的示例。在声明

```
int *ap[10];
```

中，ap 是标识符。因为*在 ap 的前面，并且后边跟着[]，而[]优先级高，所以 ap 是指针数组。在下列声明中，

```
float *fp(float);
```

fp 是标识符。因为*在标识符的前面，并且后边跟着()，而()优先级高，所以 fp 是返回指针的函数。

下列声明是一个小陷阱：

```
void (*pf)(int);
```

因为*pf 包含在圆括号内，所以 pf 一定是指针。但是(*pf)后边跟着(int)，所以 pf 必须指向函数，且此函数带有 int 型的实际参数。单词 void 表明了此函数的返回类型。

正如最后那个例子所示，理解复杂的声明符经常需要从标识符的一边折返到另一边：

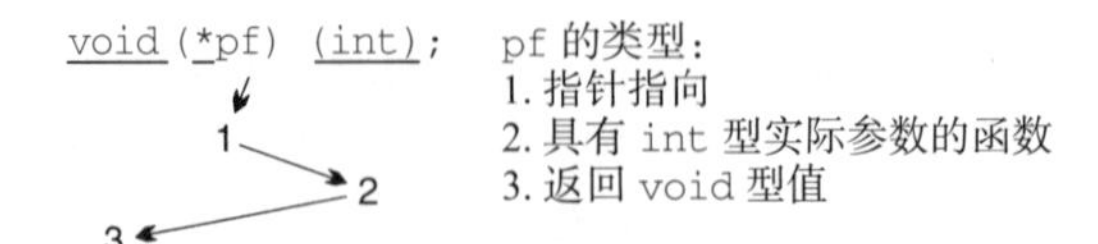

下面用这种折返方法来解释先前给出的声明：

```
int *(*x[10])(void);
```

首先，定位声明的标识符（x）。在 x 前有*，而后边又跟着[]。因为[]优先级高于*，所以取右侧（x 是数组）。接下来，从左侧找到数组中元素的类型（指针）。再接下来，到右侧找到指针所指向的数据类型（不带实际参数的函数）。最后，回到左侧看每个函数返回的内容（指向

int 型的指针)。过程图示如下:

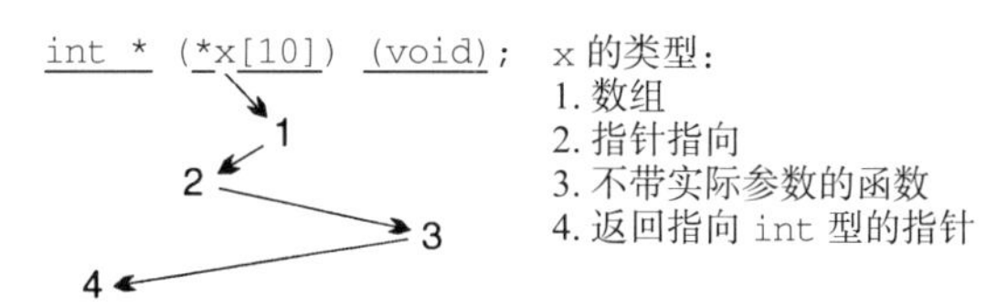

469

要想熟练掌握C语言的声明,需要花些时间,并且要多练习。唯一的好消息是在C语言中有不能声明的特定内容。函数不能返回数组:

```
int f(int)[];          /*** WRONG ***/
```

函数不能返回函数:

```
int g(int)(int);       /*** WRONG ***/
```

返回函数型的数组也是不可能的:

```
int a[10](int);        /*** WRONG ***/
```

在上述情形中,可以用指针来获得所需的效果。函数不能返回数组,但可以返回指向数组的指针;函数不能返回函数,但可以返回指向函数的指针;函数型的数组不合法,但是数组可以包含指向函数的指针。(17.7节有一个这样的数组示例。)

18.4.2 使用类型定义来简化声明

一些程序员利用类型定义来简化复杂的声明。考虑一下前面检查过的 x 的声明:

```
int *(*x[10])(void);
```

为了使 x 的类型更容易理解,可以使用下面一系列的类型定义:

```
typedef int *Fcn(void);
typedef Fcn *Fcn_ptr;
typedef Fcn_ptr Fcn_ptr_array[10];
Fcn_ptr_array x;
```

反向阅读可以发现,x 具有 Fcn_ptr_array 类型,Fcn_ptr_array 是 Fcn_ptr 值的数组,Fcn_ptr 是指向 Fcn 类型的指针,而 Fcn 是不带实际参数且返回指向 int 型值的指针的函数。

18.5 初始化器

为了方便,C 语言允许在声明变量时为它们指定初始值。为了初始化变量,可以在声明符的后边书写符号=,然后在其后加上初始化器。(不要把声明中的符号=和赋值运算符相混淆,初始化和赋值不一样。)

在前面章节中已经见过各种各样的初始化器了。简单变量的初始化器就是一个与变量类型一样的表达式:

```
int i = 5 / 2 ;   /* i is initially 2 */
```

470

如果类型不匹配,C 语言会用和赋值运算相同的规则对初始化器进行类型转换(➤7.4 节):

```
int j = 5.5;      /* converted to 5 */
```

指针变量的初始化器必须是具有和变量相同类型或 void*类型的指针表达式：

```
int *p = &i;
```

数组、结构或联合的初始化器通常是带有花括号的一串值：

```
int a[5] = {1, 2, 3, 4, 5};
```

C99 从 C99 开始，由于指示器（➤8.1 节、➤16.1 节）的存在，初始化器可以有其他形式。

为了全面覆盖声明的范围，现在来看看一些控制初始化器的额外规则。

- 具有静态存储期的变量的初始化器必须是常量：

```
#define FIRST 1
#define LAST 100

static int i = LAST - FIRST + 1;
```

  因为 LAST 和 FIRST 都是宏，所以编译器可以计算出 i 的初始值（100−1+1=100）。如果 LAST 和 FIRST 是变量，那么初始化器就是非法的。

- 如果变量具有自动存储期，那么它的初始化器不必是常量：

```
int f(int n)
{
  int last = n - 1;
  ...
}
```

- 包含在花括号中的数组、结构或联合的初始化器必须只包含常量表达式，不允许有变量或函数调用：

```
#define N 2

int powers[5] = {1, N, N * N, N * N * N, N * N * N * N};
```

  因为 N 是常量，所以 powers 的初始化器是合法的。如果 N 是变量，那么程序将无法通过编译。C99 在 C99 中，仅当变量具有静态存储期时，这一限制才生效。

471

- 自动类型的结构或联合的初始化器可以是另外一个结构或联合：

```
void g(struct part part1)
{
  struct part part2 = part1;
  ...
}
```

  虽然初始化器应该是具有适当类型的表达式，但它们不必是变量或形式参数名。例如，part2 的初始化器可以是*p，其中 p 具有 struct part *类型；也可以是 f(part1)，其中 f 是返回 part 结构类型的函数。

未初始化的变量

前面的章节中已经暗示，未初始化变量有未定义的值，但并不总是这样的，变量的初始化值依赖于变量的存储期。

- 具有自动存储期的变量没有默认的初始值。不能预测自动变量的初始值，而且每次变量变为有效时，值可能不同。

- 具有静态存储期的变量默认情况下的值为 0。用 calloc 分配的内存是简单地给字节的位设为 0，而静态变量不同于此，它是基于类型的正确初始化，即整型变量初始化为 0，浮点变量初始化为 0.0，指针初始化为空指针。

出于书写风格的考虑，最好为静态类型的变量提供初始化器，而不是依赖于它们一定为 0 的事实。如果程序访问了没有明确初始化的变量，那么以后阅读程序的人可能不容易确定变量是否为 0，或者是否在程序中的某处通过赋值初始化。

18.6 内联函数 C99

C99 及之后的函数声明中有一个 C89 中不存在的选项：可以包含关键字 inline。这个关键字是一个全新的声明指定符，不同于存储类型、类型限定符以及类型指定符。为了理解 inline 的作用，需要把 C 编译器在调用函数和从函数返回过程中产生的机器指令可视化。

在机器层面，调用函数之前可能需要预先执行一些指令。调用本身需要跳转到函数的第一条指令，函数本身可能也需要执行一些额外的指令来启动执行。如果函数有参数，参数需要被复制（因为 C 通过值传递参数）。从函数返回也需要被调用的函数和调用函数执行差不多的工作量。调用函数和从函数返回所需的工作量称为“额外开销”，因为我们并没有要求函数执行这些工作。尽管函数调用中的额外开销只是使程序稍许变慢，但在特定的情况下额外开销会产生累积效应。例如，在函数需要调用数百万次或数十亿次，使用老式的比较慢的处理器（例如在嵌套系统中），或者有着非常严格的时限要求（例如在实时系统中）时。

472

在 C89 中，避免函数额外开销的唯一方式是使用带参数的宏（➤14.3 节）。但带参数的宏也有一些缺点。C99 提供了一种更好的解决方案：创建**内联函数**（inline function）。“内联”表明编译器把函数的每一次调用都用函数的机器指令来代替。这种方法虽然会使被编译程序的大小增加一些，但可以避免函数调用的常见额外开销。

不过，把函数声明为 inline 并不是强制编译器将代码内联编译，而只是建议编译器应该使函数调用尽可能地快，也许在函数调用时才执行内联展开。编译器可以忽略这一建议。从这方面来说，inline 类似于 register 和 restrict 关键字，后两者也是用于提升程序性能的，但可以忽略。

18.6.1 内联定义

内联函数用关键字 inline 作为一个声明指定符：

```
inline double average(double a, double b)
{
  return (a + b) / 2;
}
```

下面考虑复杂一点的情形。average 有外部链接，所以在其他源文件中也可以调用 average。但编译器并没有考虑 average 的定义是外部定义（因其是**内联定义**），所以试图在别的文件中调用 average 将被当作错误。

有两种方法可以避免这一错误。一种方法是在函数定义中增加单词 static：

```
static inline double average(double a, double b)
{
  return (a + b) / 2;
}
```

现在 average 具有内部链接了，所以其他文件不能调用它。其他文件可以定义自己的 average 函数，可以与这里的定义相同，也可以不同。

473

另一种方法是为 average 提供外部定义，从而可以在其他文件中调用。一种实现方式是将该函数重新写一遍（不使用 inline），并将这一函数定义放在另一个源文件中。这样做是合法的，但为同一个函数提供两个版本不太可取，因为我们不能保证对程序进行修改时它们仍然一致。

更好的实现方式是，首先将 average 的内联定义放入头文件（命名为 average.h）中：

```
#ifndef AVERAGE_H
#define AVERAGE_H

inline double average(double a, double b)
{
  return (a + b) / 2;
}

#endif
```

接下来再创建与之匹配的源文件 average.c：

```
#include "average.h"

extern double average(double a, double b);
```

现在，任何一个需要调用 average 函数的文件只需要简单地包含 average.h 就行了，该头文件包含了 average 的内联定义。average.c 文件包含了 average 的原型。由于使用了 extern 关键字，因此 average.h 中 average 的定义在 average.c 中被当作外部定义。

C99 中的一般法则是，如果特定文件中某个函数的所有顶层声明中都有 inline 但没有 extern，则该函数定义在该文件中是内联的。如果在程序的其他地方使用该函数（包含其内联定义的文件也算在内），则需要在另一个文件中为其提供外部定义。调用函数时，编译器可以选择进行正常调用（使用函数的外部定义）或者执行内联展开（使用函数的内联定义）。我们没有办法知道编译器会怎样选择，所以一定要确保这两处定义一致。刚刚讨论过的方式（使用 average.h 和 average.c）可以保证定义的一致性。

18.6.2 对内联函数的限制

因为内联函数的实现方式和一般函数大不一样，所以需要一些不同的规则和限制。对于具有外部链接的内联函数来说，具有静态存储期的变量是一个特别的问题。因此，C99 对具有外部链接的内联函数（未对具有内部链接的内联函数做约束）做了如下限制。

474

- 函数中不能定义可改变的 static 变量。
- 函数中不能引用具有内部链接的变量。

这样的函数可以定义同时为 static 和 const 的变量，但每个内联定义都需要分别创建该变量的副本。

18.6.3 在 GCC 中使用内联函数

在 C99 标准之前，一些编译器（包括 GCC）已经可以支持内联函数了。因此，它们使用内联函数的规则可能与 C99 标准不一样。特别是前面描述的那种方案（使用 average.h 和 average.c 文件）在这些编译器中可能无效。

不论 GCC 的版本如何，被同时定义为 static 和 inline 的函数都可以工作得很好。这样做在 C99 中也是合法的，所以是最安全的。static inline 函数可以用于单个文件，也可以放在头文件中，然后在需要调用的源文件中包含进去。

还有一种方法可以在多个文件中共享内联函数。这种方法适用于旧版本的 GCC，但与 C99 相冲突。具体做法是将函数的定义放入头文件中，指明其为 extern 和 inline，然后在任何包含该函数调用的源文件中包含该头文件，并且在其中一个源文件中再次给出该函数的定义（不过这次没有 extern 和 inline 关键字）。这样即便编译器因为某种原因不能对函数进行“内联”，函数仍然有定义。

关于 GCC，最后需要注意的是，仅当通过-O 命令行选项请求进行优化时，才会对函数进行“内联”。

18.7 函数指定符_Noreturn 和头<stdnoreturn.h> C1X

在 C 语言里，有些函数是不返回的，比如 longjmp、exit 和 abort。从 C11 开始引入了一个函数指定符，也就是关键字_Noreturn，意思是“不返回”。如果在一个函数的声明里有这个函数指定符，则意味着它不返回到调用者。

C11 新增了一个头<stdnoreturn.h>，它很简单，只有一个宏 noreturn，被扩展为_Noreturn。如果在程序中包含了这个头，则可以直接使用 noreturn 来代替_Noreturn。

18.8 静态断言 C1X

函数 assert 在程序运行期间做诊断工作，从 C11 开始引入的静态断言_Static_assert 可以把检查和诊断工作放在程序编译期间进行。

[静态断言] _Static_assert(*常量表达式*，*字面串*)；

在这里，_Static_assert 是 C11 新增的关键字。“常量表达式”必须是一个整型常量表达式。如果它的值不为 0，则没有什么效果；如果值为 0，则违反约束条件，并且 C 实现应当产生一条诊断信息，在这条信息里应当包含“字面串”的内容，除非字面串的内容不是用基本源字符集[①]编码的。

C 标准规定 unsigned int 类型可表示的数值范围至少是-32 767~32 767，当然绝大多数平台支持比这个规定大得多的范围。为了保险起见，下面这个小程序要求 unsigned int 能够表示超出上述范围的数值，所以用静态断言来决定是否允许继续编译。

```
# include <limits.h>

int main(void)
{
    _Static_assert(UINT_MAX >= 32767, "Not support this platform.");
    // 其他代码
  return 0;
}
```

① C 语言使用的字符集包括基本源字符集和扩展字符集，前者包括 26 个（大小写）英文字母、数字以及标点符号等；后者由你所在地区的文字符号组成。

如果 unsigned int 的最大值大于 32 767，那么这个常量表达式的值为 1，这个静态断言什么也不做；否则编译不能继续进行，并显示第 5 行出现错误，错误的原因是静态断言失败。在 C11 中，静态断言是作为声明出现的。

在引入静态断言之前，我们通常是在预处理阶段用#if 和#error 等预处理指令做一些诊断工作，但是预处理器并不认识 C 的语法元素，这就限制了它的功能和应用范围，而引入静态断言则可以解决这个问题。

问与答

***问：C99 从 C99 开始，为什么把选择语句和重复语句（以及它们的“内部”语句）视为块？（p.361）**

答：这条奇怪的规则源于把复合字面量（➤9.3 节、➤16.2 节）用于选择语句和重复语句时出现的一个问题。该问题与复合字面量的存储期有关，所以我们先花点时间讨论一下这个问题。

C99 及之后的标准指出，如果复合字面量出现在函数体之外，那么复合字面量所表示的对象具有静态存储期。否则，它具有自动存储期，因而对象所占有的内存会在复合字面量所在块的末尾释放。

475

考虑下面的函数，该函数返回使用复合字面量创建的 point 结构：

```
struct point create_point(int x, int y)
{
  return (struct point) {x, y};
}
```

这个函数可以正确地工作，因为复合字面量创建的对象会在函数返回时被复制。原始的对象将不复存在，但副本会保留。现在假设我们对函数进行微小的改动：

```
struct point *create_point(int x, int y)
{
  return &(struct point) {x, y};
}
```

这一版本的 create_point 函数会导致未定义的行为，因为它返回的指针所指向的对象具有自动存储期，函数返回后该对象就不复存在。

现在回到开始时提到的问题：为什么把选择语句和重复语句视为块？考虑下面的示例 1：

```
/* Example 1 - if statement without braces */

double *coefficients, value;

if (polynomial_selected == 1)
  coefficients = (double[3]) {1.5, -3.0, 6.0};
else
  coefficients = (double[3]) {4.5, 1.0, -3.5};
value = evaluate_polynomial(coefficients);
```

这个程序片段显然能按需要的方式工作（但是请继续阅读）。coefficients 将指向由复合字面量创建的两个对象之一，并且该对象在调用 evaluate_polynomial 时仍然存在。现在考虑一下示例 2，如果在内部语句（if 语句控制的语句）两边加上花括号，会有什么不同：

```
/* Example 2 - if statement with braces */

double *coefficients, value;

if (polynomial_selected == 1) {
```

```
  coefficients = (double[3]) {1.5, -3.0, 6.0};
} else {
  coefficients = (double[3]) {4.5, 1.0, -3.5};
}
value = evaluate_polynomial(coefficients);
```

现在我们遇到问题了。每个复合字面量会创建一个对象，但该对象只存在于包含相应语句的花括号所形成的块内。调用 evaluate_polynomial 时，coefficients 指向一个不存在的对象，从而导致未定义的行为。

476

C99 的创立者对这种现象很不满意，因为程序员不可能预料到，在 if 语句中简单地增加花括号就会导致未定义的行为。为了避免这一问题，他们决定始终把内部语句视为块。这样一来，示例 1 和示例 2 就等价了，都会导致未定义的行为。

当复合字面量是选择语句或重复语句的控制表达式的一部分时，类似的问题也会发生。因此，我们把整个选择语句和重复语句也都看作块（就好像有一对不可见的花括号包裹在整个语句外面一样）。因此，带有 else 子句的 if 语句包含三个块：两个内部语句分别是一个块，整个 if 语句又是一个块。

问：你曾说过，具有自动存储期的变量在所在块开始执行时分配内存空间。这对于 C99 及之后的变长数组是否也成立？（p.361）

答：不成立。变长数组的空间不会在所在块开始执行时就分配，因为那时候还不知道数组的长度。事实上，在块的执行到达变长数组声明时才会为其分配空间。从这一方面说，变长数组不同于其他所有的自动变量。

问：“作用域”和“链接”之间的区别到底是什么？（p.361）

答：作用域是为编译器服务的，链接是为链接器服务的。编译器用标识符的作用域来确定在文件的给定位置访问标识符是否合法。当编译器把源文件翻译成目标代码时，它会注意到具有外部链接的名字，并最终把这些名字存储到目标文件内的一个表中。因此，链接器可以访问到具有外部链接的名字，而内部链接的名字或无链接的名字对链接器而言是不可见的。

问：我无法理解一个名字具有块作用域但又有着外部链接。可否详细解释一下？（p.363）

答：当然可以。假设某个源文件定义了变量 i：

```
int i;
```

假设变量 i 的定义放在了任意函数之外，所以默认情况下它具有外部链接。在另一个文件中，有一个函数 f 需要访问变量 i，所以 f 的函数体把 i 声明为 extern：

```
void f(void)
{
  extern int i;
  ...
}
```

477

在第一个文件中，变量 i 具有文件作用域。但在函数 f 内，i 具有块作用域。如果除函数 f 以外的其他函数需要访问变量 i，那么它们将需要单独声明 i。（或者简单地把变量 i 的声明移到函数 f 外，从而使其具有文件作用域。）在整个过程中会混淆的就是，每次声明或定义 i 都会建立不同的作用域，有时是文件作用域，有时是块作用域。

***问：为什么不能把 const 对象用在常量表达式中呢？“constant”不就是常量吗？（p.366）**

答：在 C 语言中，const 表示“只读”而不是“常量”。下面用几个例子说明为什么 const 对象不能用于常量表达式。

首先，const对象只在它的生命期内为常量，而不是在程序的整个执行期内。假设在函数体内声明了一个const对象：

```
void f(int n)
{
  const int m = n / 2;
  ...
}
```

当调用函数f时，m将被初始化为n/2，m的值在函数f返回之前都保持不变。当再次调用函数f时，m可能会得到不同的值。这就是问题出现的地方。假设m出现在switch语句中：

```
void f(int n)
{
  const int m = n / 2;
  ...
  switch (...) {
    ...
    case m: ...   /*** WRONG ***/
    ...
  }
  ...
}
```

那么直到函数f调用之前m的值都是未知的，这违反了C语言的规则——分支标号的值必须是常量表达式。

接下来看看声明在块外部的const对象。这些对象具有外部链接，并且可以在文件之间共享。如果C语言允许在常量表达式中使用const对象，就很容易遇到下列情况：

```
extern const int n;
int a[n];   /*** WRONG ***/
```

478

n可能在其他文件中定义，这使编译器无法确定数组a的长度。（假设a是外部变量，所以它不可能是变长数组。）

如果这样还不能让你信服，考虑下面的情况：如果一个const对象也用volatile类型限定符（➤20.3节）声明，它的值可能在程序执行过程中的任何时间发生改变。下面是C标准中的一个例子：

```
extern const volatile int real_time_clock;
```

程序可能不会改变变量real_time_clock的值（因为其声明为const），但可以通过其他的某种机制修改它的值（因其被声明为volatile）。

问：为什么声明符的语法如此古怪？

答：声明试图进行模拟使用。指针声明符的格式为*p，这种格式和稍后将用于p的间接寻址运算符方式相匹配。数组声明符的格式为a[...]，这种格式和数组稍后的取下标方式相匹配。函数声明符的格式为f(...)，这种格式和函数调用的语法相匹配。这种推理甚至可以扩展到最复杂的声明符上。请思考一下17.7节中的数组file_cmd，此数组的元素都是指向函数的指针。数组file_cmd的声明符格式为

```
(*file_cmd[])(void)
```

而这些函数的调用格式为

```
(*file_cmd[n])();
```

其中圆括号、方括号和*的位置都一样。

练习题

18.1 节

1. 请指出下列声明的存储类型、类型限定符、类型指定符、声明符和初始化器。

   (a) `static char **lookup(int level);`

   (b) `volatile unsigned long io_flags;`

   (c) `extern char *file_name[MAX_FILES], path[];`

   (d) `static const char token_buf[] = "";`

18.2 节

Ⓦ 2. 用 auto、extern、register 和 static 来回答下列问题。

   (a) 哪种存储类型主要用于表示能被几个文件共享的变量或函数？

   (b) 假设变量 x 需要被一个文件中的几个函数共享，但要对其他文件中的函数隐藏。那么变量 x 应该被声明为哪种存储类型呢？

   (c) 哪些存储类型会影响变量的存储期？

3. 列出下列文件中每个变量和形式参数的存储期（静态/自动）、作用域（块/文件）和链接（内部/外部/无）：

479

```
extern float a;

void f(register double b)
{
  static int c;
  auto char d;
}
```

Ⓦ 4. 假设 f 是下列函数。如果在此之前 f 从来没有被调用过，那么 f(10)的值是多少呢？如果在此之前 f 已经被调用过 5 次，那么 f(10)的值又是多少呢？

```
int f(int i)
{
  static int j = 0;
  return i * j++;
}
```

5. 指出下列语句是否正确，并验证你的答案。

   (a) 具有静态存储期的变量都具有文件作用域。

   (b) 在函数内部声明的变量都没有链接。

   (c) 具有内部连接的变量都具有静态存储期。

   (d) 每个形式参数都具有块作用域。

6. 下面的函数希望打印一条出错消息。每条消息的前面有一个整数，表明函数已经被调用了多少次。但是，消息前面的整数总是 1。找出错误所在，并说明如何在不对函数外部做任何修改的情况下修正该错误。

```
void print_error(const char *message)
{
  int n = 1;
  printf("Error %d: %s\n", n++, message);
}
```

18.3 节

7. 假设声明 x 为 const 对象，那么下列关于 x 的陈述哪条是假的呢？

(a) 如果 x 的类型是 int，那么可以把它用作 switch 语句中分支标号的值。
(b) 编译器将检查是否没有对 x 进行赋值。
(c) x 遵循和变量一样的作用域规则。
(d) x 可以是任意类型。

18.4 节

Ⓦ 8. 请按下列每个声明指定的那样编写 x 类型的完整描述。

(a) `char (*x[10])(int);`

(b) `int (*x(int))[5];`

(c) `float *(*x(void))(int);`

(d) `void (*x(int, void (*y)(int)))(int);`

9. 请利用一系列的类型定义来简化练习题 8 中的每个声明。

Ⓦ10. 请为下列变量和函数编写声明。

480

(a) p 是指向函数的指针，并且此函数以字符型指针作为实际参数，函数返回的也是字符型指针。
(b) f 是带有两个实际参数的函数：一个参数是指向结构的指针 p，且此结构标记为 t；另一参数是长整数 n。f 返回指向函数的指针，且指向的函数无实际参数也无返回值。
(c) a 是含有 4 个元素的数组，且每个元素都是指向函数的指针，而这些函数都是无实际参数且无返回值的。a 的元素初始指向的函数名分别是 insert、search、update 和 print。
(d) b 是含有 10 个元素的数组，且每个元素都是指向函数的指针，而这些函数都有两个 int 型实际参数且返回标记为 t 的结构。

11. 18.4 节讲过，下列声明是非法的：

```
int f(int)[];         /* functions can't return arrays     */
int g(int)(int);      /* functions can't return functions  */
int a[10](int);       /* array elements can't be functions */
```

然而，可以通过使用指针获得相似的效果：函数可以返回指向数组第一个元素的指针，也可以返回指向函数的指针；数组的元素可以是指向函数的指针。请根据这些描述修订上述每个声明。

* 12. (a) 假设函数 f 的声明如下，为函数 f 的类型编写完整的描述：

```
int (*f(float (*)(long), char *))(double);
```

(b) 给出一个示例，说明如何调用 f。

18.5 节

Ⓦ13. 下列哪些声明是合法的？（假设 PI 是表示 3.141 59 的宏。）

(a) `char c = 65;`
(b) `static int i = 5, j = i * i;`
(c) `double d = 2  * PI;`
(d) `double angles[] = {0, PI / 2, PI, 3 * PI / 2};`

14. 下列哪些类型的变量不能被初始化？

(a) 数组变量　(b) 枚举变量　(c) 结构变量　(d) 联合变量　(e) 上述都不能

Ⓦ15. 变量的哪种性质决定了它是否具有默认的初始值？

481

(a) 存储期　　(b) 作用域　　(c) 链接　　(d) 类型

第 19 章

程序设计

只要有模块化就有可能发生误解：隐藏信息的另一面是阻断沟通。

实际应用中的程序显然比本书中的例子要大，但你可能还没意识到会大多少。更快的 CPU 和更大的主存已经使我们可以编写一些几年前还完全不可行的程序。图形用户界面的流行大大增加了程序的平均长度。如今，大多数功能完整的程序至少有十万行代码，百万行的程序已经很常见，甚至千万行以上的程序都听说过。

Q&A 虽然 C 语言不是专门用来编写大型程序的，但许多大型程序的确是用 C 语言编写的。这会很复杂，需要很多的耐心和细心，但确实可以做到。本章将讨论那些有助于编写大型程序的技术，并且会展示 C 语言的哪些特性（例如 `static` 存储类）特别有用。

编写大型程序（通常称为“大规模程序设计”）与编写小型程序有很大的不同——就如同写一篇学期论文（当然是双倍行距 10 页）与写一本 1000 页的书之间的差别一样。大型程序需要更加注意编写风格，因为会有许多人一起工作。需要有正规的文档，同时还需要对维护进行规划，因为程序可能会经历多次修改。

相比于小型程序，编写大型程序尤其需要更仔细的设计和更详细的计划。正如 Smalltalk 编程语言的设计者 Alan Kay 所言，“You can build a doghouse out of anything”。建造犬舍不需要任何特别的设计，可以使用任何原材料，但是对于人居住的房屋就不能这么干了，后者要复杂得多。

第 15 章曾经讨论过用 C 语言编写大型程序，但更多地侧重于语言的细节。本章会再次讨论这个主题，并着重讨论好的程序设计所需要的技术。全面地讨论程序设计问题显然超出了本书的范围，但我会尽量简要地涵盖一些在程序设计中比较重要的观念，并展示如何使用它们来编写出易读、易于维护的 C 程序。

19.1 节讨论如何将 C 程序看作一组相互提供服务的模块。随后会介绍如何使用信息隐藏（19.2 节）和抽象数据类型（19.3 节）来改进程序模块。19.4 节通过一个示例（栈数据类型）展示了如何在 C 语言中定义和实现抽象数据类型。19.5 节描述了 C 语言在定义抽象数据类型方面的一些局限，并讨论了解决方案。

19.1 模块

设计 C 程序（或其他任何语言的程序）时，最好将它看作一些独立的**模块**。模块是一组服务的集合，其中一些服务可以被程序的其他部分（称为**客户**）使用。每个模块都有一个**接口**来描述所提供的服务。模块的细节（包括这些服务自身的源代码）都包含在模块的**实现**中。

在 C 语言环境下，这些“服务”就是函数。模块的接口就是头文件，头文件中包含那些可以被程序中其他文件调用的函数原型。模块的实现就是包含该模块中函数定义的源文件。

为了解释这个术语，我们来看一下第 15 章中的计算器程序。这个程序由 calc.c 文件和一个栈模块组成。calc.c 文件包含 `main` 函数，栈模块则存储在 stack.h 和 stack.c 文件中（见下面的图）。文件 calc.c 是栈模块的客户；文件 stack.h 是栈模块的**接口**，它提供了客户需要了解的全部信息；stack.c 文件是栈模块的实现，其中包括栈函数的定义以及组成栈的变量的声明。

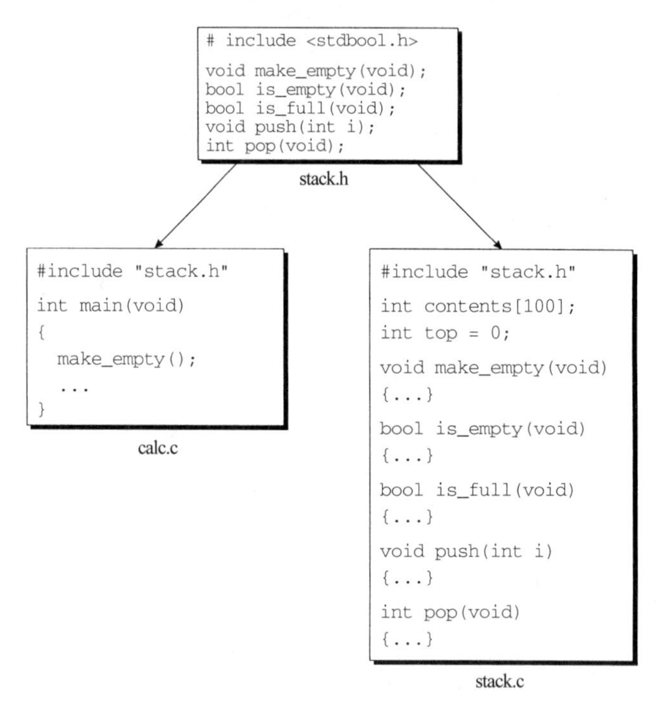

C 库本身就是一些模块的集合。库中每个头都是一个模块的接口。例如，`<stdio.h>`是包含输入/输出函数的模块的接口，`<string.h>`是包含字符串处理函数的模块的接口。

将程序分割成模块有一系列好处。

- **抽象**。如果模块设计合理，则可以将其作为**抽象**对待。我们知道模块会做什么，但不需要知道这些功能的实现细节。因为抽象的存在，所以不必为了修改部分程序而了解整个程序是如何工作的。同时，抽象让一个团队的多个程序员共同开发一个程序更容易。一旦对模块的接口达成一致，实现每一个模块的责任可以被分派到各个成员身上。团队成员可以更大程度上相互独立地工作。
- **可复用性**。任何一个提供服务的模块都可能在其他程序中复用。例如，我们的栈模块就是可复用的。由于通常很难预测模块的未来使用情况，最好将模块设计成可复用的。
- **可维护性**。将程序模块化后，程序中的错误通常只会影响一个模块实现，因而更容易找到并修正错误。在修正了错误之后，重建程序只需重新编译该模块实现（然后重新链接整个程序）即可。更广泛地说，为了提高性能或将程序移植到另一个平台上，我们甚至可以替换整个模块的实现。

上面这些好处都很重要，但其中可维护性是最重要的。现实中大多数程序会使用许多年，在使用过程中会发现问题，并做一些改进以适应需求的变化。将程序按模块来设计会使维护更容易。维护一个程序就像维护一辆汽车一样，修理轮胎应该不需要同时检修引擎。

484 ~ 485

我们就以第 16 章和第 17 章中的 inventory 程序为例。最初的程序（参见 16.3 节）将零件记录存储在一个数组中。假设在程序使用了一段时间后，客户不同意对可以存储的零件数量设置固定的上限。为了满足客户的需求，我们可能会改用链表（17.5 节就是这么做的）。为了做这个修改，需要仔细检查整个程序，找出所有依赖于零件存储方式的地方。如果一开始就采用不同的方式来设计程序（使用一个独立的模块来处理零件的存储），就可能只需要重写这一个模块的实现，而不需要重写整个程序。

一旦确定要进行模块化设计，设计程序的过程就变成了确定究竟应该定义哪些模块，每个模块应该提供哪些服务，以及各个模块之间的相互关系是什么。现在就来简要地看看这些问题。如果需要了解程序设计的更多信息，可以参考软件工程方面的图书，比如 Ghezzi、Jazayeri 和 Mandrioli 的 *Fundamentals of Software Engineering*。

19.1.1 内聚性与耦合性

好的模块接口并不是声明的随意集合。在设计良好的程序中，模块应该具有下面两个性质。

- **高内聚性**。模块中的元素应该彼此紧密相关。可以认为它们是为了同一目标而相互合作的。高内聚性会使模块更易于使用，同时使程序更容易理解。
- **低耦合性**。模块之间应该尽可能相互独立。低耦合性可以使程序更便于修改，并方便以后复用模块。

我们的计算器程序有这些性质吗？实现栈的模块明显是具有内聚性的：其中的函数表示与栈相关的操作。整个程序的耦合性也很低，文件 calc.c 依赖于 stack.h（当然 stack.c 也依赖于 stack.h），但除此之外就没有其他明显的依赖关系了。

19.1.2 模块的类型

由于需要具备高内聚性、低耦合性，模块通常分为下面几类。

- **数据池**。数据池是一些相关的变量或常量的集合。在 C 语言中，这类模块通常只是一个头文件。从程序设计的角度来说，通常不建议将变量放在头文件中，但建议把相关常量放在头文件中。在 C 库中，`<float.h>`头（➤23.1 节）和`<limits.h>`头（➤23.2 节）都属于数据池。
- **库**。库是一个相关函数的集合。例如`<string.h>`头就是字符串处理函数库的接口。 486
- **抽象对象**。抽象对象是指对于隐藏的数据结构进行操作的函数的集合。（本章中的术语“对象”含义与其他章中的不同。在 C 语言术语中，对象仅仅是可以存储值的一块内存，而在本章中，对象是一组数据以及针对这些数据的操作的集合。如果数据是隐藏起来的，那么这个对象是“抽象”的。）我们讨论的栈模块属于这一类。
- **抽象数据类型（ADT）**。将具体数据实现方式隐藏起来的数据类型叫作抽象数据类型。客户模块可以使用该类型来声明变量，但不会知道这些变量的具体数据结构。如果客户模块需要对这种变量进行操作，则必须调用抽象数据类型模块所提供的函数。抽象数据类型在现代程序设计中起着非常重要的作用。我们会在 19.3 节~19.5 节回过头来讨论。

19.2 信息隐藏

设计良好的模块经常会对它的客户隐藏一些信息。例如，我们的栈模块的客户就不需要知道栈是用数组、链表还是其他形式存储的。这种故意对客户隐藏信息的方法叫作**信息隐藏**。信息隐藏有以下两大优点。

- **安全性**。如果客户不知道栈是如何存储的，就不可能通过栈的内部机制擅自修改栈的数据。它们必须通过模块自身提供的函数来操作栈，而这些函数都是我们编写并测试过的。
- **灵活性**。无论对模块的内部机制进行多大的改动，都不会很复杂。例如，我们可以首先将栈用数组实现，以后再改用链表或其他方式实现。我们当然需要重写这个模块的实现，但只要模块是按正确的方式设计的，就不需要改变模块的接口。

在 C 语言中，强制信息隐藏的主要工具是 `static` 存储类型（➤18.2 节）。将具有文件作用域的变量声明为 `static` 可以使其具有内部链接，从而避免它被其他文件（包括模块的客户）访问。（将函数声明为 `static` 也是有用的——函数只能被同一文件中的其他函数直接调用。）

栈模块

为了清楚地看到信息隐藏所带来的好处，下面来看看栈模块的两种实现。一种使用数组，另一种使用链表。假设模块的头文件如下所示：

487

stack.h

```
#ifndef STACK_H
#define STACK_H

#include <stdbool.h>      /* C99 only */

void make_empty(void);
bool is_empty(void);
bool is_full(void);
void push(int i);
int pop(void);

#endif
```

这里包含了从 C99 开始才有的`<stdbool.h>`，从而使得 `is_empty` 和 `is_full` 函数可以返回 `bool` 结果而非 `int` 值。

首先，用数组实现这个栈：

stack1.c

```
#include <stdio.h>
#include <stdlib.h>
#include "stack.h"

#define STACK_SIZE 100

static int contents[STACK_SIZE];
static int top = 0;

static void terminate(const char *message)
{
  printf("%s\n", message);
  exit(EXIT_FAILURE);
}

void make_empty(void)
{
  top = 0;
}

bool is_empty(void)
{
```

```
  return top == 0;
}

bool is_full(void)
{
  return top == STACK_SIZE;
}

void push(int i)
{
  if (is_full())
    terminate("Error in push: stack is full.");
  contents[top++] = i;
}

int pop(void)
{
  if (is_empty())
    terminate("Error in pop: stack is empty.");
  return contents[--top];
}
```

488

组成栈的变量（contents 和 top）都被声明为 static 了，因为没有理由让程序的其他部分直接访问它们。terminate 函数也声明为 static。这个函数不属于模块的接口；相反，它只能在模块的实现内使用。

出于风格的考虑，一些程序员使用宏来指明哪些函数和变量是“公有”的（可以在程序的任何地方访问），哪些是“私有”的（只能在一个文件内访问）：

```
#define PUBLIC  /* empty */
#define PRIVATE static
```

将 static 写成 PRIVATE 是因为 static 在 C 语言中有很多用法，使用 PRIVATE 可以更清晰地指明这里它是被用来强制信息隐藏的。下面是使用 PUBLIC 和 PRIVATE 后栈实现的样子：

```
PRIVATE int contents[STACK_SIZE];
PRIVATE int top = 0;

PRIVATE void terminate(const char *message)  { ... }

PUBLIC void make_empty(void)  { ... }

PUBLIC bool is_empty(void)  { ... }

PUBLIC bool is_full(void)  { ... }

PUBLIC void push(int i)  { ... }

PUBLIC int pop(void)  { ... }
```

现在换成使用链表实现：

stack2.c

```
#include <stdio.h>
#include <stdlib.h>
#include "stack.h"

struct node {
  int data;
  struct node *next;
```

```
};
```

489

```
static struct node *top = NULL;

static void terminate(const char *message)
{
  printf("%s\n", message);
  exit(EXIT_FAILURE);
}

void make_empty(void)
{
  while (!is_empty())
    pop();
}

bool is _empty(void)
{
  return top == NULL;
}

bool is_full(void)
{
  return false;
}

void push(int i)
{
  struct node *new_node = malloc(sizeof(struct node));
  if (new_node == NULL)
    terminate("Error in push: stack is full.");

  new_node->data = i;
  new_node->next = top;
  top = new_node;
}

int pop(void)
{
  struct node *old_top;
  int i;

  if (is_empty())
    terminate("Error in pop: stack is empty.");

  old_top = top;
  i = top->data;
  top = top->next;
  free(old_top);
  return i;
}
```

注意，is_full 函数每次被调用时都返回 false。链表对大小没有限制，所以栈永远不会满。程序运行时仍然可能（不过可能性不大）出现内存不够的问题，从而导致 push 函数失败，但事先很难测试这种情况。

490

我们的栈示例清晰地展示了信息隐藏带来的好处：使用 stack1.c 还是使用 stack2.c 来实现栈模块无关紧要。这两个版本都能匹配模块的接口定义，因此相互替换时不需要修改程序的其他部分。

19.3 抽象数据类型

作为抽象对象的模块（像上一节中的栈模块）有一个严重的缺点：无法拥有该对象的多个实例（本例中指多个栈）。为了达到这个目的，需要创建一个新的类型。

一旦定义了 Stack 类型，就可以有任意个栈了。下面的程序片段显示了如何在同一个程序中有两个栈：

```
Stack s1, s2;

make_empty(&s1);
make_empty(&s2);
push(&s1, 1);
push(&s2, 2);
if (!is_empty(&s1))
  printf("%d\n", pop(&s1));     /* prints "1" */
```

我们并不知道 s1 和 s2 究竟是什么（是结构，还是指针），但这并不重要。对于栈模块的客户，s1 和 s2 是抽象，它只响应特定的操作（make_empty、is_empty、is_full、push 以及 pop）。

接下来将 stack.h 改成提供 Stack 类型的方式，其中 Stack 是结构。这需要给每个函数增加一个 Stack 类型（或 Stack *）的形式参数。stack.h 现在如下（stack.h 中改动的地方用粗体显示，未改动的部分不显示）：

```
#define STACK_SIZE 100

typedef struct {
  int contents[STACK_SIZE];
  int top;
} Stack;

void make_empty(Stack *s);
bool is_empty(const Stack *s);
bool is_full(const Stack *s);
void push(Stack *s, int i);
int pop(Stack *s);
```

函数 make_empty、push 和 pop 参数的栈变量应为指针，因为这些函数会改变栈的内容。is_empty 和 is_full 函数的参数并不需要是指针，但这里我们仍然使用了指针。给这两个函数传递 Stack 指针比传递 Stack 值更有效，因为传递值会导致整个数据结构被复制。

491

19.3.1 封装

遗憾的是，上面的 Stack 不是抽象数据类型，因为 stack.h 暴露了 Stack 类型的具体实现方式，因此无法阻止客户将 Stack 变量作为结构直接使用：

```
Stack s1;

s1.top =0;
s1.contents[top++] = 1;
```

由于提供了对 top 和 contents 成员的访问，模块的客户可以破坏栈。更糟糕的是，由于无法评估客户的修改所产生的效果，我们不能改变栈的存储方式。

我们真正需要的是一种阻止客户知道 Stack 类型的具体实现的方式。C 语言对于**封装类型**

的支持很有限。新的基于C的语言（包括C++、Java和C#）对于封装的支持更好一些。

19.3.2　不完整类型

C语言提供的唯一封装工具为**不完整类型**（incomplete type，在17.9节和第17章最后的“问与答”部分简单提过）。Q&A C标准对不完整类型的描述：“描述了对象但缺少定义对象大小所需的信息。”例如，声明

```
struct t;    /* incomplete declaration of t */
```

告诉编译器t是一个结构标记，但并没有描述结构的成员。因此，编译器并没有足够的信息来确定该结构的大小。这样做的意图是，不完整类型会在程序的其他地方将信息补充完整。

不完整类型的使用是受限的。Q&A 因为编译器不知道不完整类型的大小，所以不能用它来声明变量：

```
struct t s;   /*** WRONG ***/
```

但是完全可以定义一个指针类型引用不完整类型：

```
typedef struct t *T;
```

这个类型定义表明，类型T的变量是指向标记为t的结构的指针。现在可以声明类型T的变量，将其作为函数的参数进行传递，并可以执行其他合法的指针运算（指针的大小并不依赖于它指向的对象，这就解释了为什么C语言允许这种行为）。但我们不能对这些变量使用->运算符，因为编译器对t结构的成员一无所知。

492

19.4　栈抽象数据类型

为了说明抽象数据类型怎样利用不完整类型进行封装，需要开发一个基于19.2节描述的栈模块的栈抽象数据类型（Abstract Data Type, ADT）。这一过程中将用三种不同的方法来实现栈。

19.4.1　为栈抽象数据类型定义接口

首先，需要一个定义栈抽象数据类型的头文件，并给出代表栈操作的函数原型。现在将该头文件命名为stackADT.h。Stack类型将作为指针指向stack_type结构，该结构存储栈的实际内容。这个结构是一个不完整类型，在实现栈的文件中信息将变得完整。该结构的成员依赖于栈的实现方法。下面是stackADT.h文件的内容：

stackADT.h (version 1)

```
#ifndef STACKADT_H
#define STACKADT_H

#include <stdbool.h>     /* since C99 */

typedef struct stack_type *Stack;

Stack create(void);
void destroy(Stack s);
void make_empty(Stack s);
bool is_empty(Stack s);
bool is_full(Stack s);
void push(Stack s, int i);
```

```
int pop(Stack s);

#endif
```

包含头文件 stackADT.h 的客户可以声明 `Stack` 类型的变量，这些变量都可以指向 `stack_type` 结构。之后客户就可以调用在 stackADT.h 中声明的函数来对栈变量进行操作。但是客户不能访问 `stack_type` 结构的成员，因为该结构的定义在另一个文件中。

需要注意的是，每一个函数都有一个 `Stack` 参数或返回一个 `Stack` 值。19.3 节中的栈函数都具有 `Stack *`类型的参数。导致这种差异的原因是，`Stack` 变量现在是指针，指向存放着栈内容的 `stack_type` 结构。如果函数需要修改栈，则改变的是结构本身，而不是指向结构的指针。

同样需要注意函数 `create` 和 `destroy`。模块通常不需要这些函数，但抽象数据类型需要。493 `create` 会自动给栈分配内存（包括 `stack_type` 结构需要的内存），同时把栈初始化为“空”状态。`destroy` 将释放栈的动态分配内存。

下面的客户文件可以用于测试栈抽象数据类型。它创建了两个栈，并对它们执行各种操作：

stackclient.c

```
#include <stdio.h>
#include "stackADT.h"

int main(void)
{
  Stack s1, s2;
  int n;

  s1 = create();
  s2 = create();

  push(s1, 1);
  push(s1, 2);

  n = pop(s1);
  printf("Popped %d from s1\n", n);
  push(s2, n);
  n = pop(s1);
  printf("Popped %d from s1\n",n);
  push(s2, n);

  destroy(s1);

  while (!is_empty(s2))
    printf("Popped %d from s2\n", pop(s2));

  push(s2, 3);
  make_empty(s2);
  if (is_empty(s2))
    printf("s2 is empty\n");
  else
    printf("s2 is not empty\n");

  destroy(s2);

  return 0;
}
```

如果栈抽象数据类型的实现是正确的，程序将产生如下输出：

```
Popped 2 from s1
Popped 1 from s1
Popped 1 from s2
Popped 2 from s2
s2 is empty
```

494

19.4.2　用定长数组实现栈抽象数据类型

实现栈抽象数据类型有多种方法，这里介绍的第一种方法是最简单的。stackADT.c 文件中定义了结构 stack_type，该结构包含一个定长数组（记录栈中的内容）和一个整数（记录栈顶）：

```
struct stack_type {
  int contents[STACK_SIZE];
  int top;
};
```

stackADT.c 程序如下所示：

stackADT.c

```
#include <stdio.h>
#include <stdlib.h>
#include "stackADT.h"

#define STACK_SIZE 100

struct stack_type {
  int contents[STACK_SIZE];
  int top;
};

static void terminate (const char *message)
{
  printf("%s\n", message);
  exit(EXIT_FAILURE);
}

Stack create(void)
{
  Stack s = malloc(sizeof(struct stack_type));
  if (s == NULL)
    terminate("Error in create: stack could not be created.");
  s->top = 0;
  return s;
}

void destroy(Stack s)
{
  free(s);
}

void make_empty(Stack s)
{
  s->top = 0;
}

bool is_empty(Stack s)
{
```

495

```
  return s->top == 0;
}

bool is_full(Stack s)
{
  return s->top == STACK_SIZE;
}

void push(Stack s, int i)
{
  if (is_full(s))
    terminate("Error in push: stack is full.");
  s->contents[s->top++] = i;
}

int pop(Stack s)
{
  if (is_empty(s))
    terminate("Error in pop: stack is empty.");
  return s->contents[--s->top];
}
```

这个文件中的函数最显眼的地方是，它们用->运算符而不是.运算符来访问 stack_type 结构的 contents 和 top 成员。参数 s 是指向 stack_type 结构的指针，而不是结构本身，所以使用.运算符是非法的。

19.4.3 改变栈抽象数据类型中数据项的类型

现在我们已经有了栈抽象数据类型的一个版本，下面对其进行改进。首先，注意到栈里的项都是整数，太具有局限性了。事实上，栈中的数据项类型是无关紧要的，可以是其他基本类型（float、double、long 等），也可以是结构、联合或指针。

为了使栈抽象数据类型更易于针对不同的数据项类型进行修改，我们在 stackADT.h 中增加了一行类型定义。现在用类型名 Item 表示待存储到栈中的数据的类型。

stackADT.h(version 2)

```
#ifndef STACKADT_H
#define STACKADT_H

#include <stdbool.h>    /* since C99 */

typedef int Item;

typedef struct stack_type *Stack;

Stack create(void);
void destroy(Stack s);
void make_empty(Stack s);
bool is_empty(Stack s);
bool is_full(Stack s);
void push(Stack s, Item i);
Item pop (Stack s);

#endif
```

496

文件中改动的部分用粗体标注。除新增了 Item 类型外，push 和 pop 函数也做了修改。push 现在具有一个 Item 类型的参数，而 pop 则返回 Item 类型的值。从现在起我们将使用这一版本的 stackADT.h 来代替先前的版本。

为了跟 stackADT.h 匹配，stackADT.c 文件也需要做相应的修改，但改动很小。stack_type 结构将包含一个数组，数组的元素是 Item 类型而不是 int 类型：

```
struct stack_type {
  Item contents[STACK_SIZE];
  int top;
};
```

push 和 pop 的函数体部分没有改变，相应的改变仅仅是把 push 的第二个参数和 pop 的返回值改成了 Item 类型。

stackclient.c 文件可以用于测试新的 stackADT.h 和 stackADT.c，以验证 Stack 类型仍然可以很好地工作。（确实如此！）现在就可以通过修改 stackADT.h 中 Item 类型的定义来任意修改数据项类型了。（尽管我们不需要改变 stackADT.c 文件，但仍然需要对它进行重新编译。）

19.4.4　用动态数组实现栈抽象数据类型

栈抽象数据类型的另一个问题是，每一个栈的大小的最大值是固定的（目前设置为 100）。当然，这一上限值可以根据我们的意愿任意增加，但使用 Stack 类型创建的所有栈都会有同样的上限值。这样我们就不能拥有容量不同的栈了，也不能在程序运行的过程中设置栈的大小。

有两种方法可以解决这个问题。一种方法是把栈作为链表来实现，这样就没有固定的大小限制了。稍后我们将讨论这种方法，下面先来看看另一种方法——将栈中的数据项存放在动态分配的数组（➤17.3 节）中。

这种方法的关键在于修改 stack_type 结构，使 contents 成员为指向数据项所在数组的指针，而不是数组本身：

```
struct stack_type {
  Item *contents;
  int top;
  int size;
};
```

497

我们还增加了一个新成员 size 来存储栈的最大容量（contents 指向的数组长度）。下面将使用这个成员检查“栈满”的情况。

create 函数有一个参数指定所需栈的最大容量：

```
Stack create(int size);
```

调用 create 函数时，它会创建一个 stack_type 结构和一个长度为 size 的数组。结构的 contents 成员将指向这个数组。

除了在 create 函数中新增 size 参数外，文件 stackADT.h 和之前的一致。（重新命名为 stackADT2.h。）但文件 stackADT.c 需要进行较多的修改，改动部分用粗体表示：

stackADT2.c

```
#include <stdio.h>
#include <stdlib.h>
#include "stackADT2.h"

struct stack_type {
  Item *contents;
  int top;
  int size;
```

```
};

static void terminate (const char *message)
{
  printf("%s\n", message);
  exit(EXIT_FAILURE);
}

Stack create(int size)
{
  Stack s = malloc(sizeof(struct stack_type));
  if (s == NULL)
    terminate("Error in create: stack could not be created.");
  s->contents = malloc(size * sizeof(Item));
  if (s->contents == NULL) {
    free(s);
    terminate("Error in create: stack could not be created.");
  }
  s->top = 0;
  s->size = size;
  return s;
}

void destroy(Stack s)
{
  free(s->contents);
  free(s);
}

void make_empty(Stack s)
{
  s->top = 0;
}

bool is_empty(Stack s)
{
  return s->top == 0;
}

bool is_full (Stack s)
{
  return s->top == s->size;
}

void push(Stack s, Item i)
{
  if (is_full(s))
    terminate("Error in push: stack is full.");
  s->contents[s->top++] = i;
}

Item pop(Stack s)
{
  if (is_empty(s))
    terminate("Error in pop: stack is empty.");
  return s->contents[--s->top];
}
```

498

现在 create 函数调用 malloc 两次：一次是为 stack_type 结构分配空间，另一次是为包含栈数据项的数组分配空间。任意一处 malloc 失败都会导致调用 terminate 函数。destroy

函数必须调用 free 函数两次来释放由 create 分配的内存。

stackclient.c 文件可以再次用于测试栈抽象数据类型。但 create 函数的调用需要有所改变，因为现在的 create 函数需要参数。例如，可以将语句

```
s1 = create();
s2 = create();
```

改为

```
s1 = create(100);
s2 = create(200);
```

19.4.5 用链表实现栈抽象数据类型

使用动态分配数组实现栈抽象数据类型比使用定长数组更灵活，但客户在创建栈时仍然需要指定其最大容量。如果使用链表来实现栈，就不需要预先设定栈的大小了。

499

下面的实现与 19.2 节中的 stack2.c 文件相似。链表中的结点用如下结构表示：

```
struct node {
  Item data;
  struct node *next;
};
```

data 成员的类型现在是 Item 而不是 int，但除此之外结构和之前是一样的。

stack_type 结构包含一个指向链表首结点的指针：

```
struct stack_type {
  struct node *top;
};
```

乍一看，这个结构似乎有点冗余：我们可以简单地把 Stack 定义为 struct node*，同时让 Stack 的值为指向链表首结点的指针。但是，我们仍然需要这个 stack_type 结构，这样可以使栈的接口保持不变。（如果不这样做，任何一个对栈进行修改的函数都需要 Stack *类型的参数而不是 Stack 参数。）此外，如果将来想存储更多的信息，stack_type 结构的存在可以简化对实现的修改。例如，如果以后想给 stack_type 结构增加栈数据项的计数器，可以很容易地为 stack_type 结构增加一个成员来存储该信息。

我们不需要对 stackADT.h 做任何修改。（我们使用这个头文件，不用 stackADT2.h。）测试的时候仍然可以使用 stackclient.c 文件，但需要做一些改动，下面是新版本：

stackADT3.c

```
#include <stdio.h>
#include <stdlib.h>
#include "stackADT.h"

struct node {
  Item data;
  struct node *next;
};

struct stack_type {
  struct node *top;
};

static void terminate(const char *message)
```

```
{
  printf("%s\n", message);
  exit(EXIT_FAILURE);
}

Stack create(void)
{
  Stack s = malloc(sizeof(struct stack_type));
  if (s == NULL)
    terminate("Error in create: stack could not be created.");
  s->top = NULL;
  return s;
}

void destroy(Stack s)
{
  make_empty(s);
  free(s);
}

void make_empty(Stack s)
{
  while (!is_empty(s))
    pop(s);
}

bool is_empty(Stack s)
{
  return s->top == NULL;
}

bool is_full(Stack s)
{
  return false;
}

void push(Stack s, Item i)
{
  struct node *new_node = malloc(sizeof(struct node));
  if (new_node == NULL)
    terminate("Error in push: stack is full.");

  new_node->data = i;
  new_node->next = s->top;
  s->top = new_node;
}

Item pop(Stack s)
{
  struct node *old_top;
  Item i;

  if (is_empty(s))
    terminate("Error in pop: stack is empty.");

  old_top = s->top;
  i = old_top->data;
  s->top = old_top->next;
  free(old_top);
  return i;
}
```

500
501

注意，destroy 函数在调用 free 函数（释放 stack_type 结构所占的内存）前先调用了 make_empty（释放链表中结点所占的内存）。

19.5　抽象数据类型的设计问题

19.4 节描述了栈抽象数据类型，并介绍了几种实现方法。遗憾的是，这里的抽象数据类型存在一些问题，使其达不到工业级强度。下面一起来看看这些问题，并探讨一下可能的解决方案。

19.5.1　命名惯例

目前的栈抽象数据类型函数都采用简短、便于记忆的名字：create、destroy、make_empty、is_empty、is_full、push 和 pop。如果在一个程序中有多个抽象数据类型，两个模块中就很可能有同名函数，这样就会导致命名冲突。（例如，每个抽象数据类型都需要自己的 create 函数。）所以，我们可能需要在函数名中加入抽象数据类型本身的名字，比如使用 stack_create 代替 create。

19.5.2　错误处理

栈抽象数据类型通过显示出错消息或终止程序的方式来处理错误。这是一个不错的处理方式。程序员可以通过在每次调用 pop 之前调用 is_empty，以及在每次调用 push 之前调用 is_full，来避免从空栈中弹出数据项或者向满栈里压入数据项。因此从理论上来讲，对 pop 和 push 的调用没有理由会出错。（但在链表实现中，调用 is_full 并没有效果，后续调用 push 仍然可能出错。）不过，我们可能希望为程序提供一种从这些错误中恢复的途径，而不是简单地终止程序。

一个可选的方案是让 push 和 pop 函数返回一个 bool 值说明函数调用是否成功。目前 push 的返回类型为 void，所以很容易改为在操作成功时返回 true，当栈已满时返回 false。但修改 pop 函数就困难一些了，因为目前 pop 函数返回的是弹出的值。如果让 pop 返回一个指向弹出的值的指针而不是返回该值本身，那就可以让 pop 返回 NULL 来表示此时栈为空。

最后关于错误处理的一点评论：C 标准库包含带参数的 assert 宏（➤24.1 节），可以在指定的条件不满足时终止程序。可以用该宏的调用取代目前栈抽象数据类型中使用的 if 语句和 terminate 函数的调用。

502

19.5.3　通用抽象数据类型

在 19.4 节中，我们通过简化对存储在栈中的数据项类型的修改来改进栈抽象数据类型——我们需要做的工作只是改变 Item 类型的定义。这样做仍然有些麻烦，如果栈能够适应任意类型的值而不需要改变 stack.h 文件会更好些。同时我们注意到，现在的抽象数据类型栈还存在一个严重的问题：程序不能创建两个数据类型不同的栈。创建多个栈很容易，但这些栈中的数据项必须具有相同的类型。为了允许多个栈具有不同的数据项类型，需要复制栈抽象数据类型的头文件和源文件，并改变一组文件，使 Stack 类型及相关的函数具有不同的名字。

我们希望有一个“通用”的栈类型，可以用来创建整数栈、字符串栈或者需要的其他类型的栈。在 C 中有很多不同的途径可以做到这一点，但没有一个是完全令人满意的。最常见的一种方法是使用 void *作为数据项类型，这样就可以压入和弹出任何类型的指针了。如果使用这种方法，stackADT.h 文件和我们最初的版本相似，但 push 和 pop 函数的原型需要修改为如下形式：

```
void push(Stack s, void *p);
void *pop(Stack s);
```

pop 返回一个指向从栈中弹出的数据项的指针，如果栈为空，则返回空指针。

使用 void *作为数据项类型有两个缺点。第一，这种方法不适用于无法用指针形式表示的数据。数据项可以是字符串（用指向字符串第一个字符的指针表示）或动态分配的结构，但不能是 int、double 之类的基本类型。第二，不能进行错误检测。存放 void *数据项的栈允许各种类型的指针共存，因此无法检测出由压入错误的指针类型所导致的错误。

19.5.4 新语言中的抽象数据类型

上面讨论的问题在新的基于 C 的语言（如 C++、Java 和 C#）中处理得更好。通过在**类**中定义函数名可以避免命名冲突的问题。栈抽象数据类型可以用一个 Stack 类来表示，栈函数都属于这个类，而且仅当作用于 Stack 对象时才能被编译器识别。这些语言都提供了一种叫作**异常处理**（exception handling）的特性，允许 push 和 pop 等函数在检测出错误时“抛出”异常。客户代码可以通过“捕获”异常来处理错误。C++、Java 和 C#还专门提供了定义通用抽象数据类型的特性。例如，在 C++中可以定义一个栈**模板**而不用指定数据项的类型。

503

问与答

问：本节中提到 C 语言不是为开发大型程序设计的。UNIX 不是大型程序吗？（p.379）

答：在 C 语言被设计出来时还不是。在 1978 年的一篇论文中，Ken Thompson 估计 UNIX 内核约有 10 000 行 C 代码（加上一小部分汇编代码）。UNIX 其他部分的大小也类似。在 1978 年的另一篇论文中，Dennis Ritchie 和他的同事将 PDP-11 的 C 编译器大小设定为 9660 行。按现在的标准，这绝对只是小型程序。

问：C 库中有什么抽象数据类型吗？

答：从技术上说，没有。但有一些很接近，包括 FILE 类型（➤22.1 节，定义在<stdio.h>中）。在对文件进行操作之前，必须声明 FILE *类型的变量：

```
FILE *fp;
```

这个 fp 变量随后会被传递给不同的文件处理函数。

程序员需要把 FILE 作为一种抽象，在使用时不需要知道 FILE 具体是怎样的。FILE 可能是一个结构类型，但 C 标准并不保证这一点。实际上，最好不要管 FILE 值究竟是如何存储的，因为 FILE 类型的定义对不同的编译器可能（也确实经常）是不一样的。

当然，我们总是可以通过查看 stdio.h 文件来找到 FILE 到底是什么。如果这么做，那么就没什么可以阻止我们编写代码来访问 FILE 的内部机制。例如，我们可能发现 FILE 结构中有一个名为 bsize（文件的缓冲区大小）的成员：

```
typedef struct {
  ...
  int bsize;      /* buffer size */
  ...
} FILE;
```

一旦知道了 bsize 成员，就无法阻止我们直接访问特定文件的缓冲区大小：

```
printf("Buffer size: %d\n", fp->bsize);
```

然而，这样做并不好，因为其他 C 编译器可能将缓冲区大小存储在其他名字中，或者用不同的方式跟踪这个值。试图修改 bsize 成员则更糟糕：

```
fp->bsize = 1024;
```

这是一件非常危险的事，除非我们知道文件存储的全部细节。即使我们的确知道相关的细节，不同的编译器或是同一编译器的新版本也可能不一样。

504

问：除了不完整结构类型，还有别的不完整类型吗？（p.386）

答：最常见的不完整类型之一出现于声明数组但不指定大小时：

```
extern int a[];
```

在这个声明（第一次遇到这个声明是在 15.2 节）之后，a 具有不完整类型，因为编译器不知道 a 的大小。有可能 a 在程序的另一个文件中定义，该定义补充了缺失的长度信息。另一种不完整类型出现在没有指定数组的长度但提供了初始化器的数组声明中：

```
int a[] = {1, 2, 3};
```

在这个例子中，数组 a 刚开始具有不完整类型，但初始化器使得该类型完整了。

声明联合标记而不指明联合的成员也会创建不完整类型。C99 弹性数组成员（➤17.9 节，C99 的特性）就具有不完整类型。最后，void 也是不完整类型。void 类型具有不同寻常的性质，它永远不能变成完整类型，因此无法声明这种类型的变量。

问：不完整类型在使用上有别的限制吗？（p.386）

答：sizeof 运算符不能用于不完整类型（这不奇怪，因为不完整类型的大小未知）。结构或联合的成员（弹性数组成员除外）不可以具有不完整类型。类似地，数据元素不可以具有不完整类型。最后，函数定义中的形式参数不可以具有不完整类型（在函数声明中可以）。编译器会"调整"函数定义中的每个数组形式参数使其具有指针类型，从而阻止其具有不完整类型。

练习题

19.1 节

1. 队列类似于栈，两者的差异是队列的项从一端添加，而从另一端按 FIFO（先进先出）的方式删除。对于队列的操作可以包括以下几种。

   - 向队列的末端加入项。
   - 从队列的开始删除项。
   - 返回队列第一项（不改变队列）。
   - 返回队列的末项（不改变队列）。
   - 检查队列是否为空。

   以头文件 queue.h 的形式给队列模块定义一个接口。

19.2 节

505

Ⓦ 2. 修改文件 stack2.c，以使用 PUBLIC 宏和 PRIVATE 宏。

3. (a) 按照练习题 1 中的描述用数组实现一个队列模块。用三个整数来记录栈的状态，第一个整数存储数组中的第一个空位置（插入数据项时用到），第二个整数存储待删除的下一项位置，第三个整数存储队列中数据项的个数。插入或删除操作可能会导致前两个整数超出数组的边界，此时需要把变量置为 0，以"折返"到数组的起始位置。

(b) 按照练习题 1 中的描述用链表实现一个队列模块。使用两个指针，一个指向链表的首结点，另一个指向链表的末结点。向队列中插入数据项时，将其加到链表的最后。从队列中删除数据项时，删除链表中的第一个结点。

19.3 节

4. (a) 编写 `Stack` 类型的实现，假设 `Stack` 是一个包含定长数组的结构。
   (b) 使用链表替换数组，重写上面的 `Stack` 类型。（给出 stack.h 和 stack.c。）

5. 修改练习题 1 中的 queue.h，使之定义一个 `Queue` 类型，其中 `Queue` 是包含定长数组的结构（见练习题 3(a)）。同时修改 queue.h 中的函数，用 `Queue *`作为形式参数。

19.4 节

6. (a) 给 stackADT.c 增加一个 `peek` 函数，该函数具有 `Stack` 类型的形式参数。调用时该函数返回栈顶的数据项，但不修改栈的内容。
   (b) 重复上一题，这次修改 stackADT2.c。
   (c) 重复上一题，这次修改 stackADT3.c。

7. 修改 stackADT2.c，使得栈满时自动加倍容量。要求 `push` 函数能动态地分配一个大小是原来的两倍的新数组，并将原数组的内容复制到新数组中。一定要在数据复制结束后用 `push` 函数回收原数组所占的空间。

编程题

1. 修改第 10 章的编程题 1，改用 19.4 节描述的栈抽象数据类型。允许采用该节描述的任意抽象数据类型实现。

2. 修改第 10 章的编程题 6，改用 19.4 节描述的栈抽象数据类型。允许采用该节描述的任意抽象数据类型实现。

3. 修改 19.4 节的 stackADT3.c 文件，为 `stack_type` 结构增加一个名为 `len` 的 `int` 类型成员。该成员记录当前在栈中存储了多少数据项。增加一个名为 `length` 的新函数，要求形式参数的类型为 `Stack` 且返回 `len` 成员的值。（stackADT3.c 中的一些现有的函数也需要修改。）修改 stackclient.c，使其在每次对栈进行修改后调用 `length` 函数（并显示返回的值）。

4. 修改 19.4 节的 stackADT.h 和 stackADT3.c 文件，使栈存储 `void *`类型的值（如 19.5 节所述）而不再使用 `Item` 类型。修改 stackclient.c 使其存储指向 `s1` 和 `s2` 栈中的字符串的指针。

506

5. 从练习题 1 的 queue.h 出发，创建一个名为 queueADT.h 的文件，定义如下的 `Queue` 类型：

```
typedef struct queue_type *Queue;
```

   `queue_type` 是不完整类型。创建一个名为 queueADT.c 的文件，其中包含 `queue_type` 的完整定义以及 queue.h 中所有函数的定义。使用定长数组来存储队列中的数据项（见练习题 3(a)）。创建一个名为 queueclient.c 的文件（类似于 19.4 节的 stackclient.c 文件）来创建两个队列并执行队列操作。确保为你的抽象数据类型提供 `create` 和 `destroy` 函数。

6. 修改编程题 5，用动态分配的数组来存储队列中的数据项。动态分配的数组的长度作为参数传给 `create` 函数。

7. 修改编程题 5，用链表来存储队列中的数据项（见练习题 3(b)）。

507

第 20 章

底层程序设计

如果程序要关心不该关心的事，那这门语言就是低级的。

前面几章中讨论了 C 语言中高级的、与机器无关的特性。虽然这些特性对不少程序都够用了，但仍有一些程序需要进行位级别的操作。位操作和其他一些底层运算在编写系统程序（包括编译器和操作系统）、加密程序、图形程序以及其他一些需要高执行速度或高效地利用空间的程序时非常有用。

20.1 节介绍 C 语言的位运算符。位运算符提供了对单个位或位域的方便访问。20.2 节介绍如何声明包含位域的结构。最后，20.3 节描述如何使用一些普通的 C 语言特性（类型定义、联合和指针）来帮助编写底层程序。

本章中描述的一些技术需要用到数据在内存中如何存储的知识，可能会因不同的机器和编译器而不同。依赖于这些技术很可能会使程序丧失可移植性，因此除非必要，否则最好尽量避免使用它们。如果确实需要，尽量将使用限制在程序的特定模块中，不要将其分散在各处。同时最重要的是，确保在文档中记录所做的事！

20.1 位运算符

C 语言提供了 6 个位运算符。这些运算符可以用于对整数数据进行位运算。这里先讨论 2 个移位运算符，然后再讨论其他 4 个位运算符（按位取反、按位与、按位异或，以及按位或）。

509

20.1.1 移位运算符

移位运算符可以通过将位向左或向右移动来变换整数的二进制表示。C 语言提供了两个移位运算符，见表 20-1。

表 20-1 移位运算符

符 号	含 义
<<	左移位
>>	右移位

运算符<<和运算符>>的操作数可以是任意整数类型（包括 `char` 型）。这两个运算符对两个操作数都会进行整数提升，返回值的类型是左操作数提升后的类型。

`i << j` 的值是将 `i` 中的位左移 `j` 位后的结果。每次从 `i` 的最左端溢出一位，在 `i` 的最右端补一个 0 位。`i >> j` 的值是将 `i` 中的位右移 `j` 位后的结果。如果 `i` 是无符号数或非负值，则需要在 `i` 的左端补 0。如果 `i` 是负值，其结果是由实现定义的：一些实现会在左端补 0，其他一些实现会保留符号位而补 1。

可移植性技巧 为了可移植性，最好仅对无符号数进行移位运算。

下面的例子展示了对数13应用移位运算符的效果（简单起见，这些例子以及本节中的其他例子使用短整型，一般是16位）：

```
unsigned short i, j;

i = 13;          /* i is now 13 (binary 0000000000001101) */
j = i << 2;      /* j is now 52 (binary 0000000000110100) */
j = i >> 2;      /* j is now  3 (binary 0000000000000011) */
```

如上面的例子所示，这两个运算符都不会改变它的操作数。如果要通过移位改变变量，需要使用复合赋值运算符<<=和>>=：

```
i = 13;          /* i is now 13 (binary 0000000000001101) */
i <<= 2;         /* i is now 52 (binary 0000000000110100) */
i >>= 2;         /* i is now  3 (binary 0000000000000011) */
```

移位运算符的优先级比算术运算符的优先级低，因此可能产生意料之外的结果。例如，i << 2 + 1等同于i << (2 + 1)，而不是(i << 2) + 1。

510

20.1.2 按位取反运算符、按位与运算符、按位异或运算符和按位或运算符

表20-2列出了余下的位运算符。

表20-2 其他位运算符

符 号	含 义
~	按位取反
&	按位与
^	按位异或
|	按位或

运算符~是一元运算符，对其操作数会进行整数提升。其他运算符都是二元运算符，对其操作数进行常用的算术转换。

运算符~、&、^和|对操作数的每一位执行布尔运算。~运算符会产生对操作数求反的结果，即将每一个0替换为1，将每一个1替换为0。运算符&对两个操作数相应的位执行逻辑与运算。运算符^和|相似（都是对两个操作数执行逻辑或运算），不同的是，当两个操作数的位都是1时，^产生0而|产生1。

不要将位运算符&和|与逻辑运算符&&和||相混淆。**Q&A**有时候位运算会得到与逻辑运算相同的结果，但它们绝不等同。

下面的例子演示了运算符~、&、^、|的作用：

```
unsigned short i, j, k;

i = 21;          /* i is now    21    (binary 0000000000010101) */
j = 56;          /* j is now    56    (binary 0000000000111000) */
k = ~i;          /* k is now 65514    (binary 1111111111101010) */
k = i & j;       /* k is now    16    (binary 0000000000010000) */
k = i ^ j;       /* k is now    45    (binary 0000000000101101) */
k = i | j;       /* k is now    61    (binary 0000000000111101) */
```

其中对~i 所显示的值是基于 unsigned short 类型的值占有 16 位的假设。

对运算符~需要特别注意，因为它可以帮助我们使底层程序的可移植性更好。假设我们需要一个整数，它的所有位都为 1。最好的方法是使用~0，因为它不会依赖于整数所包含的位的个数。类似地，如果我们需要一个整数，除了最后 5 位其他的位全都为 1，我们可以写成~0x1f。

511

运算符~、&、^和 | 有不同的优先级：

最高　~
　　　&
　　　^
最低　|

因此，可以在表达式中组合使用这些运算符，而不必加括号。例如，可以写 i & ~j|k 而不需要写成(i & (~j))|k；同样，可以写 i ^ j & ~k 而不需要写成 i ^ (j & (~k))。当然，仍然可以使用括号来避免混淆。

运算符&、^和 | 的优先级比关系运算符和判等运算符低（见附录 A 的运算符表）。因此，下面的语句不会得到期望的结果：

```
if (status & 0x4000 != 0) ...
```

这条语句会先计算 0x4000 != 0（结果是 1），接着判断 status & 1 是否非 0，而不是判断 status & 0x4000 是否非 0。

复合赋值运算符&=、^=和 | =分别对应于位运算符&、^和 |：

```
i = 21;       /* i is now 21  (binary 0000000000010101) */
j = 56;       /* j is now 56  (binary 0000000000111000) */
i &= j;       /* i is now 16  (binary 0000000000010000) */
i ^= j;       /* i is now 40  (binary 0000000000101000) */
i |= j;       /* i is now 56  (binary 0000000000111000) */
```

20.1.3　用位运算符访问位

在进行底层编程时，经常会需要将信息存储为单个位或一组位。例如，在编写图形程序时，可能会需要将两个或更多个像素挤在一个字节中。使用位运算符就可以提取或修改存储在少数几个位中的数据。

假设 i 是一个 16 位的 unsigned short 变量，来看看如何对 i 进行最常用的单位运算。

- **位的设置**。假设我们需要设置 i 的第 4 位。（假定最高有效位为第 15 位，最低有效位为第 0 位。）设置第 4 位的最简单方法是将 i 的值与常量 0x0010（一个在第 4 位上为 1 的“掩码”）进行或运算：

```
i = 0x0000;         /* i is now 0000000000000000 */
i |= 0x0010;        /* i is now 0000000000010000 */
```

更通用的做法是，如果需要设置的位的位置存储在变量 j 中，可以使用移位运算符来构造掩码：

512

[惯用法] `i |= 1 << j;      /* sets bit j */`

例如，如果 j 的值为 3，则 1 << j 是 0x0008。

- **位的清除**。要清除 i 的第 4 位，可以使用第 4 位为 0、其他位为 1 的掩码：

```
i = 0x00ff;              /* i is now 0000000011111111 */
i &= ~0x0010;            /* i is now 0000000011101111 */
```

  按照类似的思路，我们可以很容易地编写语句来清除一个特定的位，这个位的位置存储在一个变量中：

  [惯用法] `i &= ~(1 << j);  /* clears bit j */`

- **位的测试**。下面的 if 语句测试 i 的第 4 位是否被设置：

```
if (i & 0x0010) ...          /* tests bit 4 */
```

  如果要测试第 j 位是否被设置，可以使用下面的语句：

  [惯用法] `if (i & 1 << j)...    /* tests bit j */`

为了使针对位的操作更容易，经常会给位命名。例如，如果想要使一个数的第 0、1 和 2 位分别对应蓝色（BLUE）、绿色（GREEN）和红色（RED）。首先，定义分别代表这三个位的位置的名字：

```
#define BLUE   1
#define GREEN  2
#define RED    4
```

设置、清除或测试 BLUE 位可以如下进行：

```
i |= BLUE;              /* sets BLUE bit   */
i &= ~BLUE;             /* clears BLUE bit */
if (i & BLUE) ...       /* tests BLUE bit  */
```

同时设置、清除或测试几个位也一样简单：

```
i |= BLUE | GREEN;               /* sets BLUE and GREEN bits   */
i &= ~(BLUE | GREEN);            /* clears BLUE and GREEN bits */
if (i & (BLUE | GREEN)) ...      /* tests BLUE and GREEN bits  */
```

其中 if 语句测试 BLUE 位或 GREEN 位是否被设置了。

20.1.4 用位运算符访问位域

处理一组连续的位（**位域**）比处理单个位要复杂一点。下面是两种最常见的位域操作的例子。

- **修改位域**。修改位域需要使用按位与（用来清除位域），接着使用按位或（用来将新的位存入位域）。下面的语句显示了如何将二进制值 101 存入变量 i 的第 4~6 位： 513

```
i = i & ~0x0070 | 0x0050;      /* stores 101 in bits 4-6 */
```

  运算符&清除了 i 的第 4 位至第 6 位，接着运算符|设置了第 6 位和第 4 位。注意，使用 i |= 0x0050 并不总是可行，这只会设置第 6 位和第 4 位，但不会改变第 5 位。为了使上面的例子更通用，我们假设变量 j 包含了需要存储到 i 的第 4~6 位的值。需要在执行按位或操作之前将 j 移至相应的位置：

```
i = (i & ~0x0070) | (j << 4);    /* stores j in bits 4-6 */
```

  运算符|的优先级比运算符&和<<的优先级低，因此可以去掉圆括号：

```
i = i & ~0x0070 | j << 4;
```

- **获取位域**。当位域处在数的右端（最低有效位）时，获得它的值非常方便。例如，下面的语句获取了变量 i 的第 0~2 位：

```
j = i & 0x0007;          /* retrieves bits 0-2 */
```

如果位域不在 i 的右端，那首先需要将位域移位至右端，再使用运算符&提取位域。例如，要获取 i 的第 4~6 位，可以使用下面的语句：

```
j = (i >> 4) & 0x0007;   /* retrieves bits 4-6 */
```

程序 XOR加密

对数据加密的一种最简单的方法就是，将每一个字符与一个密钥进行异或（XOR）运算。假设密钥是一个&字符。如果将它与字符 z 异或，会得到字符\（假定使用 ASCII 字符集，➤附录 E）。具体计算如下：

```
    00100110   （&的 ASCII 码）
XOR 01111010   （z 的 ASCII 码）
    01011100   （\的 ASCII 码）
```

要将消息解密，只需采用相同的算法。换言之，只需将加密后的消息再次加密，即可得到原始的消息。例如，如果将&字符与\字符异或，就可以得到原来的字符 z：

```
    00100110   （&的 ASCII 码）
XOR 01011100   （\的 ASCII 码）
    01111010   （z 的 ASCII 码）
```

下面的程序 xor.c 通过将每个字符与&字符进行异或来加密消息。原始消息可以由用户输入，或者使用输入重定向（➤22.1 节）从文件读入。加密后的消息可以在屏幕上显示，也可以通过输出重定向（➤22.1 节）存入文件中。例如，假设文件 msg 包含下面的内容：

514

```
Trust not him with your secrets, who, when left
alone in your room, turns over your papers.
           --Johann Kaspar Lavater (1741-1801)
```

为了对文件 msg 加密，并将加密后的消息存储在文件 newmsg 中，需要使用下面的命令：

```
xor <msg >newmsg
```

文件 newmsg 将包含下面的内容：

```
rTSUR HIR NOK QORN _IST UCETCRU, QNI, QNCH JC@R
GJIHC OH _IST TIIK, RSTHU IPCT _IST VGVCTU.
           --lINGHH mGUVGT jGPGRCT (1741-1801)
```

要恢复原始消息，需要使用命令

```
xor <newmsg
```

将原始消息显示在屏幕上。

正如在例子中看到的，程序不会改变某些字符，包括数字。将这些字符与&异或会产生不可见的控制字符，这在一些操作系统中会引发问题。在第 22 章中，我们会看到在读和写包含控制字符的文件时，如何避免问题的发生。而这里为了安全，我们将使用 isprint 函数（➤23.5 节）

来确保原始字符和新字符（加密后的字符）都是可打印字符（即不是控制字符）。如果不满足条件，就让程序写原始字符，而不用新字符。

下面是完成的程序，这个程序相当短小：

xor.c

```
/* Performs XOR encryption */

#include <ctype.h>
#include <stdio.h>

#define KEY '&'

int main(void)
{
  int orig_char, new_char;

  while ((orig_char = getchar()) != EOF) {
    new_char = orig_char ^ KEY;
    if (isprint(orig_char) && isprint(new_char))
      putchar(new_char);
    else
      putchar(orig_char);
  }

  return 0;
}
```

515

20.2　结构中的位域

虽然 20.1 节的方法可以操作位域，但这些方法不易使用，而且可能会引起一些混淆。幸运的是，C 语言提供了另一种选择——声明其成员表示位域的结构。

例如，Q&A 来看看 MS-DOS 操作系统（通常简称为 DOS）是如何存储文件的创建和最后修改日期的。由于日、月和年都是很小的数，将它们按整数存储会很浪费空间。DOS 只为日期分配了 16 位，其中 5 位用于日（day），4 位用于月（month），7 位用于年（year）。

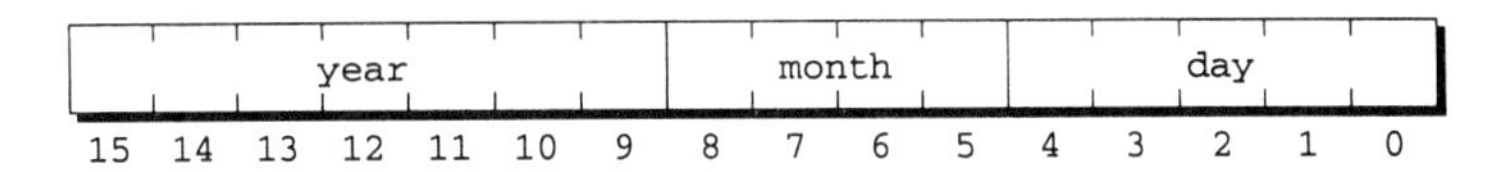

利用位域，可以定义相同形式的 C 结构：

```
struct file_date {
  unsigned int day: 5;
  unsigned int month: 4;
  unsigned int year: 7;
};
```

每个成员后面的数指定了它所占用位的长度。由于所有的成员的类型都一样，如果需要，可以简化声明：

```
struct file_date {
  unsigned int day: 5, month: 4, year: 7;
};
```

位域的类型必须是 int、unsigned int 或 signed int。使用 int 会引起二义性，因为有些编译器将位域的最高位作为符号位，另一些编译器则不会。

可移植性技巧　将所有的位域声明为 unsigned int 或 signed int。

C99 从 C99 开始，位域也可以具有类型_Bool，以及其他额外的位域类型。

可以将位域像结构的其他成员一样使用，如下面的例子所示：

```
struct file_date fd;

fd.day = 28;
fd.month = 12;
fd.year = 8;      /* represents 1988 */
```

516 注意，year 成员是根据其相距 1980 年（根据微软的描述，这是 DOS 出现的时间）的时间而存储的。在这些赋值语句之后，变量 fd 的形式如下所示：

15	14	13	12	11	10	9	8	7	6	5	4	3	2	1	0
0	0	0	1	0	0	0	1	1	0	0	1	1	1	0	0

使用位运算符可以达到同样的效果，甚至可能使程序更快些。然而，使程序更易读通常比节省几微秒更重要。

使用位域有一个限制，这个限制对结构的其他成员不适用。因为通常意义上讲，位域没有地址，所以 C 语言不允许将&运算符用于位域。由于这条规则，像 scanf 这样的函数无法直接向位域中存储数据：

```
scanf("%d", &fd.day);     /*** WRONG ***/
```

当然，可以用 scanf 函数将输入读入到一个普通的变量中，然后再赋值给 fd.day。

位域是如何存储的

我们来仔细看一下编译器如何处理包含位域成员的结构的声明。C 标准在如何存储位域方面给编译器保留了相当的自由度。

编译器处理位域的相关规则与“存储单元”的概念有关。存储单元的大小是由实现定义的，通常为 8 位、16 位或 32 位。当编译器处理结构的声明时，会将位域逐个放入存储单元，位域之间没有间隙，直到剩下的空间不够存放下一个位域。这时，一些编译器会跳到下一个存储单元的开始，而另一些则会将位域拆开跨存储单元存放。（具体哪种情况会发生是由实现定义的。）位域存放的顺序（从左至右，还是从右至左）也是由实现定义的。

前面的 file_date 例子假设存储单元是 16 位的（8 位的存储单元也可以，编译器只要将 month 字段拆开，跨两个存储单元存放即可）。也可以假设位域是从右至左存储的（第一个位域会占据低序号的位）。

C 语言允许省略位域的名字。未命名的位域经常用作字段间的“填充”，以保证其他位域存储在适当的位置。考虑与 DOS 文件关联的时间，存储方式如下：

```
struct file_time {
  unsigned int seconds: 5;
  unsigned int minutes: 6;
  unsigned int hours: 5;
};
```

517 （你可能会奇怪，怎么可能将秒——0~59 范围内的数——存储在一个 5 位的字段中呢？实际上，DOS 将秒数除以 2，因此 seconds 成员实际存储的是 0~29 范围内的数。）如果并不关心

seconds 字段，则可以不给它命名：

```
struct file_time {
  unsigned int : 5;            /* not used */
  unsigned int minutes: 6;
  unsigned int hours: 5;
};
```

其他的位域仍会正常对齐，如同 seconds 字段存在时一样。

另一个用来控制位域存储的技巧是指定未命名的字段长度为 0：

```
struct s {
  unsigned int a: 4;
  unsigned int : 0;        /* 0-length bit-field */
  unsigned int b: 8;
};
```

长度为 0 的位域是给编译器的一个信号，告诉编译器将下一个位域在一个存储单元的起始位置对齐。假设存储单元是 8 位，编译器会给成员 a 分配 4 位，接着跳过余下的 4 位直到下一个存储单元，然后给成员 b 分配 8 位。如果存储单元是 16 位，编译器会给成员 a 分配 4 位，接着跳过 12 位，然后给成员 b 分配 8 位。

20.3 其他底层技术

前面几章中讲过的一些 C 语言特性也经常用于编写底层程序。作为本章的结尾，我们来看几个重要的例子：定义代表存储单元的类型，使用联合来回避通常的类型检查，以及将指针作为地址使用。本节中还将介绍 18.3 节中没有讨论的 volatile 类型限定符。

20.3.1 定义依赖机器的类型

根据定义，char 类型占据 1 字节，因此我们有时将字符当作字节，并用它们来存储一些并不一定是字符形式的数据。但这样做时，最好定义一个 BYTE 类型：

```
typedef unsigned char BYTE;
```

对于不同的机器，我们还可能需要定义其他类型。x86 体系结构大量使用了 16 位的字，因此下面的定义会比较有用：

518

```
typedef unsigned short WORD;
```

稍后的例子中会用到 BYTE 和 WORD 类型。

20.3.2 用联合来提供数据的多个视角

虽然 16.4 节的例子中已经介绍了有关联合的便捷的使用方式，但在 C 语言中，联合经常被用于一个完全不同的目的：从两个或更多个角度看待内存块。

这里根据 20.2 节中描述的 file_date 结构给出一个简单的例子。由于一个 file_date 结构正好放入两个字节中，可以将任何两个字节的数据当作一个 file_date 结构。特别是可以将一个 unsigned short 值当作一个 file_date 结构（假设短整数是 16 位）。下面定义的联合可以使我们方便地将一个短整数与文件日期相互转换：

```
union int_date {
  unsigned short i;
  struct file_date fd;
};
```

通过这个联合，可以以两个字节的形式获取磁盘中文件的日期，然后提取出其中的 month、day 和 year 字段的值。反之，也可以以 file_date 结构构造一个日期，然后作为两个字节写入磁盘中。

下面的函数举例说明了如何使用 int_date 联合。当传入 unsigned short 参数时，这个函数将其以文件日期的形式显示出来：

```
void print_date(unsigned short n)
{
  union int_date u;

  u.i = n;
  printf("%d/%d/%d\n", u.fd.month, u.fd.day, u.fd.year + 1980);
}
```

在使用寄存器时，这种用联合来提供数据的多个视角的方法会非常有用，因为寄存器通常划分为较小的单元。以 x86 处理器为例，它包含 16 位寄存器——AX、BX、CX 和 DX。每一个寄存器都可以看作两个 8 位的寄存器。例如，AX 可以被划分为 AH 和 AL 这两个寄存器。

当针对基于 x86 的计算机编写底层程序时，可能会用到表示寄存器 AX、BX、CX 和 DX 中的值的变量。我们需要访问 16 位寄存器和 8 位寄存器，同时要考虑它们之间的关系（改变 AX 的值会影响 AH 和 AL，改变 AH 或 AL 也会同时改变 AX）。为了解决这一问题，可以构造两个结构，一个包含对应于 16 位寄存器的成员，另一个包含对应于 8 位寄存器的成员。然后构造一个包含这两个结构的联合：

519

```
union {
  struct {
    WORD ax, bx, cx,dx;
  } word;
  struct {
    BYTE al, ah, bl, bh, cl, ch, dl, dh;
  } byte;
} regs;
```

word 结构的成员会和 byte 结构的成员相互重叠。例如，ax 会使用与 al 和 ah 同样的内存空间。当然，这恰恰就是我们所需要的。下面是一个使用 regs 联合的例子：

```
regs.byte.ah = 0x12;
regs.byte.al = 0x34;
printf("AX: %hx\n", regs.word.ax);
```

对 ah 和 al 的改变也会影响 ax，所以输出是

```
AX: 1234
```

注意，尽管 AL 寄存器是 AX 的“低位”部分，AH 寄存器则是“高位”部分，但在 byte 结构中，al 在 ah 之前。究其原因，当数据项多于一个字节时，在内存中有两种存储方式：“自然”序（先存储最左边的字节）或者相反的顺序（最后存储最左边的字节）。Q&A 第一种方式叫作**大端**（big-endian），第二种方式叫作**小端**（little-endian）。C 对存储的顺序没有要求，因为这取决于程序执行时所使用的 CPU。一些 CPU 使用大端方法，另一些使用小端方法。这与 byte

结构有什么关系呢？原来，x86 处理器假设数据按小端方式存储，所以 `regs.word.ax` 的第一个字节是低位字节。

通常我们不用担心字节存储的顺序。但是，在底层对内存进行操作的程序必须注意字节的存储顺序（`regs` 的例子就是如此）。处理含有非字符数据的文件时也需要当心字节的存储顺序。

用联合来提供数据的多个视角时要特别小心。把原始格式下有效的数据看作其他格式时就不一定有效了，因此有可能会引发意想不到的问题。

20.3.3 将指针作为地址使用

在 11.1 节中我们已经看到，指针实际上就是一种内存地址。虽然通常不需要知道其细节，但在编写底层程序时，这些细节就很重要了。

520

地址所包含的位数与整数（或长整数）一致。构造一个指针来表示某个特定的地址是十分方便的：只需要将整数强制转换成指针就行。例如，下面的例子将地址 1000（十六进制）存入一个指针变量：

```
BYTE *p;

p = (BYTE *) 0x1000;       /* p contains address 0x1000 */
```

程序 查看内存单元

下一个程序允许用户查看计算机内存段，这主要得益于 C 允许把整数用作指针。大多数 CPU 执行程序时处于"保护模式"，这就意味着程序只能访问那些分配给它的内存。这种方式还可以阻止对其他应用程序和操作系统本身所占用内存的访问。因此我们只能看到程序本身分配到的内存，如果要对其他内存地址进行访问，则将导致程序崩溃。

程序 viewmemory.c 先显示了该程序主函数的地址和主函数中一个变量的地址。这可以给用户一个线索去了解哪个内存区可以被探测。程序接下来提示用户输入地址（以十六进制整数格式）和需要查看的字节数，然后从该指定地址开始显示指定字节数的内存块内容。

字节按 10 个一组的方式显示（最后一组例外，有可能少于 10 个）。每组字节的地址显示在一行的开头，后面是该组中的字节（按十六进制数形式），再后面是该组字节的字符显示（以防字节恰好是表示字符的，有时候会出现这种情况）。只有打印字符（使用 `isprint` 函数判断）才会被显示，其他字符显示为点号。

假设 `int` 类型的值使用 32 位存储，且地址也是 32 位。地址按惯例用十六进制显示。

viewmemory.c

```
/* Allows the user to view regions of computer memory */

#include <ctype.h>
#include <stdio.h>

typedef unsigned char BYTE;

int main(void)
{
  unsigned int addr;
  int i, n;
  BYTE *ptr;
```

521

```
  printf("Address of main function: %x\n", (unsigned int) main);
  printf("Address of addr variable: %x\n", (unsigned int) &addr);
  printf("\nEnter a (hex) address: ");
  scanf("%x", &addr);
  printf("Enter number of bytes to view: ");
  scanf("%d", &n);

  printf("\n");
  printf(" Address              Bytes              Characters\n");
  printf(" -------  -----------------------------------------\n");

  ptr = (BYTE *) addr;
  for (; n > 0; n -= 10) {
    printf("%8X  ", (unsigned int) ptr);
    for (i = 0; i < 10 && i < n; i++)
      printf("%.2X ", *(ptr + i));
    for (; i < 10; i++)
      printf("   ");
    printf("  ");
    for (i = 0; i < 10 && i < n; i++){
      BYTE ch = *(ptr + i);
      if (!isprint(ch))
        ch = '.';
      printf("%c", ch);
    }
    printf("\n");
    ptr += 10;
  }

  return 0;
}
```

这个程序看起来有些复杂，这是因为 n 的值有可能不是 10 的整数倍，所以最后一组可能不到 10 字节。有两条 for 语句由条件 i < 10 && i < n 控制，这个条件让循环执行 10 次或 n 次（10 和 n 中的较小值）。还有一条 for 语句处理最后一组中缺失的字节，为每个缺失的字节显示三个空格。这样，跟在最后一组字节后面的字符就可以与前面的各行对齐了。

转换说明符%X 在这个程序中与%x 是类似的，这在 7.1 节中讨论过。不同的是%X 按大写显示十六进制数位 A、B、C、D、E 和 F，而%x 按小写显示这些字母。

下面是用 GCC 编译这个程序并在运行 Linux 的 x86 系统下测试的结果：

```
Address of main function: 804847c
Address of addr variable: bff41154

Enter a (hex) address: 8048000
Enter number of bytes to view: 40

 Address              Bytes              Characters
 -------  -----------------------------  ----------
 8048000  7F 45 4C 46 01 01 01 00 00 00  .ELF......
 804800A  00 00 00 00 00 00 02 00 03 00  ..........
 8048014  01 00 00 00 C0 83 04 08 34 00  ........4.
 804801E  00 00 C0 0A 00 00 00 00 00 00  ..........
```

522

我让程序从地址 8048000 开始显示 40 个字节，这是 main 函数之前的地址。注意 7F 字节以及其后所跟的表示字母 E、L 和 F 的字节。这 4 个字节标识了可执行文件存储的格式（即 ELF）。可执行和链接格式（Executable and Linking Format, ELF）广泛应用于包括 Linux 在内的 UNIX 系统。8048000 是 x86 平台下 ELF 可执行文件的默认装载地址。

再次运行该程序，这次显示从 addr 变量的地址开始的一些字节：

```
Address of main function: 804847c
Address of addr variable: bfec5484

Enter a (hex) address: bfec5484
Enter number of bytes to view: 64

Address           Bytes                         Characters
--------  ----------------------------  ----------
BFEC5484  84 54 EC BF B0 54 EC BF F4 6F  .T...T...o
BFEC548E  68 00 34 55 EC BF C0 54 EC BF  h.4U...T..
BFEC5498  08 55 EC BF E3 3D 57 00 00 00  .U...=W...
BFEC54A2  00 00 A0 BC 55 00 08 55 EC BF  ....U..U..
BFEC54AC  E3 3D 57 00 01 00 00 00 34 55  .=W.....4U
BFEC54B6  EC BF 3C 55 EC BF 56 11 55 00  ..<U..V.U.
BFEC54C0  F4 6F 68 00                    .oh.
```

存储在这个内存区域的数据都不是字符格式，所以有点难以理解。但我们知道一点：addr 变量占了这个区域的前 4 个字节。如果对这 4 个字节进行反转，就得到了 BFEC5484，这就是用户输入的地址。为什么要反转呢？这是因为 x86 处理器按小端方式存储数据，如本节前面所述。

20.3.4 volatile 类型限定符

在一些计算机中，一部分内存空间是“易变”的，保存在这种内存空间的值可能会在程序运行期间发生改变，即使程序自身并未试图存放新值。例如，一些内存空间可能被用于保存直接来自输入设备的数据。

volatile 类型限定符使我们可以通知编译器，程序中的某些数据是“易变”的。volatile 限定符通常用于指向易变内存空间的指针的声明中：

```
volatile BYTE *p;          /* p will point to a volatile byte */
```

为了解为什么要使用 volatile，假设指针 p 指向的内存空间用于存放用户通过键盘输入的最近一个字符。这个内存空间是易变的：用户每输入一个新字符，这里的值都会发生改变。我们可能使用下面的循环获取键盘输入的字符，并将其存入一个缓冲区数组中：

523

```
while (缓冲区未满) {
  等待输入;
  buffer[i] = *p;
  if (buffer[i++] == '\n')
    break;
}
```

比较好的编译器可能会注意到这个循环既没有改变 p，也没有改变*p，因此编译器可能会对程序进行优化，使*p 只被取一次：

```
在寄存器中存储*p;
while (缓冲区未满) {
  等待输入;
  buffer[i] = 存储在寄存器中的值;
  if (buffer[i++] == '\n')
    break;
}
```

优化后的程序会不断复制同一个字符来填满缓冲区，这并不是我们想要的程序。将 p 声明为指向易变的数据的指针可以避免这一问题的发生，因为 volatile 限定符会通知编译器*p 每一次都必须从内存中重新取值。

20.4　对象的对齐 C1X

受硬件布线的限制，或者为了提高存储器访问效率，要求特定类型的对象在存储器里的位置只能开始于某些特定的字节地址[①]，而这些字节地址都是某个数值 *N* 的特定倍数（以不超过实际的存储空间为限），这称为**对齐**（alignment）。更进一步，我们称那个对象是对齐于 *N* 的。

举一个实际的例子。在编者的计算机上，`int` 类型的对象，可以位于 0x00000004、0x00000008、0x0000000C 等字节地址上，都是 4 的倍数（但不能超过物理内存芯片可以提供的实际地址范围）；`long long int` 类型的对象，只能位于 0x00000008、0x00000010、0x00000018、0x00000020 等字节地址上，都是 8 的倍数（但不能超过物理内存芯片可以提供的实际地址范围）。

再比如，`char` 类型的对象可以位于任何字节地址上，如 0x00000001、0x00000002、0x00000003 等，都是 1 的倍数（但不能超过内存的实际地址范围）。

细心的读者可能会发现，这里没有提到字节 0x00000000。在 C 中，这是一个特殊的字节地址，任何对象都不能起始于这个位置。

对于完整的对象类型来说，“对齐”限制了它在存储器中可以被分配到的地址。实际上，这是一个由 C 实现定义的整数值。

未对齐的存储器访问对不同的计算机来说会有不同的效果。在有些硬件架构上（比如 Intel x86 系列），未对齐的访问不会引发实质性的问题，也不会影响结果的正确性，但会使处理器对存储器的访问变得笨拙；在另一些硬件架构上，未对齐的访问将导致总线错误。

20.4.1　对齐运算符 _Alignof C1X

从 C11 开始，可以用运算符 `_Alignof` 得到指定类型的对齐值。`_Alignof` 运算符的操作数要求是用括号括起来的类型名：

[_Alignof 表达式]　`_Alignof(`*类型名*`)`

`_Alignof` 运算符的结果类型是 `size_t`。注意，这个运算符不能应用于函数类型和不完整的对象类型。如果应用于数组，则返回元素类型的对齐需求。下面是一个应用 `_Alignof` 运算符的例子：

```
# include <stdio.h>

void f (void)
{
  printf("%zu, %zu, %zu, %zu\n",
          _Alignof (char),
          _Alignof (int),
          _Alignof (int [33]),
          _Alignof (struct {char c; float f;})
        );
}
```

20.4.2　对齐指定符 _Alignas 和头 <stdalign.h> C1X

从 C11 开始在变量的声明里新增了对齐指定符。为此，还新增了关键字 `_Alignas`。对齐指定符的语法格式为

① 内存地址都是按字节来顺序编排的，从第一个字节开始，每个字节都有一个地址，这些地址都叫字节地址。

[对齐指定符] _Alignas(*类型名*)
_Alignas(*常量表达式*)

以上的第一种形式等价于_Alignas (_Alignof (*类型名*))。对齐指定符只能在声明里使用，或者在复合字面量中使用，强制被声明的变量按指定的要求对齐。例如：

```
int _Alignas(8) foo;
struct s {int a; int _Alignas (8) bar;};
```

以上代码将使 int 类型的对象 foo 和结构类型的成员 bar 按 8 字节对齐。

C11 新增了一个头<stdalign.h>，它很简单，只是定义了 4 个宏。宏 alignas 被定义为关键字_Alignas；宏 alignof 被定义为关键字_Alignof；宏__alignas_is_defined 和__alignof_is_defined 分别被定义为整型常量 1，并分别表示 alignas 和 alignof 已经定义。

问与答

问：为什么说&和|运算符产生的结果有时会跟&&和||一样，但又不总是如此呢？（p.399）

答：我们来比较一下 i & j 与 i && j（对|与||是类似的）。只要 i 和 j 的值是 0 或 1（任何组合都可以），两个表达式的值就是一样的。然而，一旦 i 和 j 是其他的值，两个表达式的值就不会始终一致。例如，如果 i 的值是 1，而 j 的值是 2，那么 i & j 的值是 0（i 和 j 之间没有哪一位同为 1），而 i && j 的值是 1。如果 i 的值是 3，而 j 的值是 2，那么 i & j 的值是 2，而 i && j 的值是 1。

另一个区别是副作用。计算 i & j++始终会使 j 自增，而计算 i && j++有时会使 j 自增。

问：谁还会在意 DOS 存储文件日期的方式呢？DOS 不是已经被淘汰了吗？（p.403）

答：大部分情况下是这样的。但是，目前仍然有大量的文件是多年前创建的，其日期是按 DOS 格式存储的。不管怎样，DOS 文件日期是一个很好的示例，它可以告诉我们如何使用位域。

问："大端"和"小端"这两个术语是从哪里来的？（p.406）

答：在 Jonathan Swift 的小说《格列佛游记》中，两个虚拟的小人国 Lilliput 和 Blefuscu 为煮熟的鸡蛋应该从大的一端敲开还是从小的一端敲开而争执不休。选择当然是任意的，就像数据项中字节的顺序一样。

524

练习题

20.1 节

* 1. 指出下面每一个代码段的输出。假定 i、j 和 k 都是 unsigned short 类型的变量。

(a)
```
i = 8; j = 9;
printf("%d", i >> 1 + j >> 1);
```
(b)
```
i = 1;
printf("%d", i & ~i);
```
(c)
```
i = 2; j = 1; k = 0;
printf("%d", ~i & j ^ k);
```
(d)
```
i = 7; j = 8; k = 9;
printf("%d", i ^ j & k);
```

ⓦ 2. 请说出如何简便地"切换"一个位（从 0 改为 1 或从 1 改为 0）。通过编写一条语句切换变量 i 的第 4 位来说明这种方法。

* 3. 请解释下面的宏对它的实际参数起什么作用。假设参数具有相同类型。

```
#define M(x,y) ((x)^=(y),(y)^=(x),(x)^=(y))
```

W 4. 在计算机图形学中，颜色通常是用分别代表红、绿、蓝 3 种颜色的 3 个数存储的。假定每个数需要 8 位来存储，而且我们希望将 3 个值一起存放在一个长整数中。请编写一个名为 MK_COLOR 的宏，使其包含 3 个参数（红、绿、蓝色的强度）。MK_COLOR 宏应该返回一个 long 值，其中后 3 个字节分别包含红、绿和蓝色的强度（红作为最后一个字节，绿作为倒数第二个字节）。

5. 编写名为 GET_RED、GET_GREEN 和 GET_BLUE 的宏，并以一个给定的颜色值作为参数(见练习题 4)，返回 8 位的红、绿、蓝色的强度。

W 6. (a) 使用位运算符编写如下函数：

```
unsigned short swap_bytes(unsigned short i);
```

函数 swap_bytes 的返回值是将 i 的两个字节调换后产生的结果。（在大多数计算机中，短整数占两个字节。）例如，假设 i 的值是 0x1234（二进制形式为 00010010 00110100），那么 swap_bytes 的返回值应该为 0x3412（二进制形式为 00110100 00010010）。编写一个程序来测试你的函数。程序以十六进制读入数，然后交换两个字节并显示出来：

```
Enter a hexadecimal number (up to four digits): 1234
Number with bytes swapped: 3412
```

提示：使用%hx 转换来读入和输出十六进制数。

(b) 将 swap_bytes 函数的函数体化简为一条语句。

7. 编写如下函数：

```
unsigned int rotate_left(unsigned int i, int n);
unsigned int rotate_right(unsigned int i, int n);
```

525

函数 rotate_left 返回的值应是将 i 左移 n 位并将从左侧移出的位移入 i 右端而产生的结果。（例如，假定整数占 32 位，rotate_left(0x12345678, 4)将返回 0x23456781。）函数 rotate_right 也类似，只是将数字中的位向右循环移位。

W 8. 假定函数 f 如下：

```
unsigned int f(unsigned int i, int m, int n)
{
  return (i >> (m + 1 - n)) & ~(~0 << n);
}
```

(a) ~(~0 << n)的结果是什么？

(b) 函数 f 的作用是什么？

9. (a) 编写如下函数：

```
int count_ones(unsigned char ch);
```

count_ones 应返回 ch 中 1 的位数。

(b) 编写(a)中的函数，要求不使用循环。

10. 编写如下函数：

```
unsigned int reverse_bits(unsigned int n);
```

reverse_bits 应返回一个无符号整数，该整数的数位与 n 完全相同但顺序相反。

11. 下面的每个宏定义了整数内部的单个位的位置：

```
#define SHIFT_BIT  1
#define CTRL_BIT   2
#define ALT_BIT    4
```

下面的语句希望测试这 3 个位中是否至少有一位被设置，但永远无法输出指定的消息。请解释原因，并修正该语句。假设 key_code 是 int 类型的变量。

```
if (key_code & (SHIFT_BIT | CTRL_BIT | ALT_BIT) == 0)
  printf("No modifier keys pressed\n");
```

12. 下面的函数试图把两个字节组成一个无符号短整数。解释为什么函数不能工作，并给出你的修改方案。

```
unsigned short create_short(unsigned char high_byte,
                            unsigned char low_byte)
{
  return high_byte << 8 + low_byte;
}
```

*13. 如果 n 是一个 unsigned int 类型的变量，下面的语句会对 n 中的位有什么影响？

```
n &= n - 1;
```

提示：考虑这条语句多次执行后对 n 的影响。

20.2 节

Ⓦ 14. 当按照 IEEE 浮点标准存储浮点数时，一个 float 型的值由 1 个符号位(最左边的位或最高有效位)、8 个指数位以及 23 个小数位依次组成。请设计一个 32 位的结构类型，包含与符号、指数和小数相对应的位域成员。声明位域的类型为 unsigned int。请参考你所用编译器的用户手册来决定位域的顺序。 526

*15. (a) 假设变量 s 的声明如下：

```
struct {
  int flag: 1;
} s;
```

在有些编译器下，执行下面的语句会显示 1；但在另一些编译器下，输出是-1。请解释原因。

```
s.flag = 1;
printf("%d\n", s.flag);
```

(b) 如何避免这一问题？

20.3 节

16. 从 386 处理器开始，x86 的 CPU 就有了 32 位的寄存器 EAX、EBX、ECX 和 EDX。这些寄存器的一半（最低有效位）分别与 AX、BX、CX 和 DX 一样。修改 regs 联合，使其既包含原先的寄存器，也包含这些寄存器。在联合中应进行相应的设置，使得修改 EAX 也会改动 AX，修改 AX 也会改动 EAX 的低位部分。（其他新寄存器的工作机制也类似。）你需要在 word 和 byte 结构中增加一些“哑”成员分别对应 EAX、EBX、ECX 和 EDX 的另一半。声明新寄存器的类型为 DWORD（双字），该类型应定义为 unsigned long。不要忘记 x86 体系结构是采用小端方式的。

编程题

1. 设计一个联合类型，使一个 32 位的值既可以看作一个 float 类型的值，也可以看作练习题 14 中定义的结构。写一个程序将 1 存储在结构的符号字段，将 128 存储在指数字段，0 存储在小数字段，然后按 float 值的形式显示存储在联合中的值。（如果你的位域设置正确的话，结果应该是-2.0。） 527

第21章

标 准 库

每个程序都可以是其他程序的一部分，但很少是正合适的。

前面几章中零散地介绍了一些C语言标准库的相关知识。本章将完整地讨论标准库。21.1节列举使用库的一些通用的指导原则，并介绍了会在一些库的头中发现的技巧：使用宏来“隐藏”函数。21.2节会对C89库的每个头分别做概述性介绍，21.3节会对C99库的新头做概述性介绍，21.4节会对C11库的新头做概括性介绍。

随后几章将深入讨论标准库的头，并将相关联的头放在一起讨论。其中`<stddef.h>`、`<stdbool.h>`、`<stdalign.h>`和`<stdnoreturn.h>`非常简短，所以会在本章中加以讨论（分别在21.5节、21.6节、21.7节和21.8节）。

21.1 标准库的使用

C89标准库总共划分成15个部分，每个部分用一个头描述。C99 C99新增了9个头，C1X C11新增了5个头，总共有29个（见表21-1）。

表21-1 标准库的头

`<assert.h>`	`<limits.h>`	`<stdbool.h>`①	`<threads.h>`②
`<complex.h>`①	`<locale.h>`	`<stddef.h>`	`<time.h>`
`<ctype.h>`	`<math.h>`	`<stdint.h>`①	`<uchar.h>`②
`<errno.h>`	`<setjmp.h>`	`<stdio.h>`	`<wchar.h>`①
`<fenv.h>`①	`<signal.h>`	`<stdlib.h>`	`<wctype.h>`①
`<float.h>`	`<stdarg.h>`	`<stdnoreturn.h>`②	
`<inttypes.h>`①	`<stdalign.h>`②	`<string.h>`	
`<iso646.h>`①	`<stdatomic.h>`②	`<tgmath.h>`①	

① 从C99开始引入。② 从C11开始引入。

529

大多数编译器会使用更大的库，其中包含很多表21-1中没有的头。额外添加的头当然不属于标准库的范畴，因此不能假设其他的编译器也支持这些头。这类头通常提供一些针对特定机型或特定操作系统的函数（这也解释了为什么它们不属于标准库），它们可能会提供允许对屏幕或键盘做更多控制的函数。用于支持图形或窗口界面的头也是很常见的。

标准头主要由函数原型、类型定义以及宏定义组成。如果我们的文件中调用了头中声明的函数，或是使用了头中定义的类型或宏，就需要在文件开头将相应的头包含进来。当一个文件包含多个标准头时，`#include`指令的顺序无关紧要。多次包含同一个标准头也是合法的。

21.1.1 对标准库中所用名字的限制

任何包含了标准头的文件都必须遵守两条规则。第一，该文件不能将头中定义过的宏的名字用于其他目的。例如，如果某个文件包含了<stdio.h>，就不能重新定义 NULL 了，因为使用这个名字的宏已经在<stdio.h>中定义过了。第二，具有文件作用域的库名（尤其是 typedef 名）也不可以在文件层次重定义。因此，一旦文件包含了<stdio.h>，由于<stdio.h>中已经将 size_t 定义为 typedef 名，在文件作用域内都不能将 size_t 重定义为任何标识符。

上述这些限制是显而易见的，但 C 语言还有一些其他的限制，可能是你想不到的。

- **由一个下划线和一个大写字母开头或由两个下划线开头的标识符**是为标准库保留的标识符。程序不允许为任何目的使用这种形式的标识符。
- **由一个下划线开头的标识符**被保留用作具有文件作用域的标识符和标记。除非在函数内部声明，否则不应该使用这类标识符。
- **在标准库中所有具有外部链接的标识符**被保留用作具有外部链接的标识符。特别是所有标准库函数的名字都被保留。因此，即使文件没有包含<stdio.h>，也不应该定义名为 printf 的外部函数，因为在标准库中已经有一个同名的函数了。

这些规则对程序的所有文件都起作用，不论文件包含了哪个头都是如此。虽然这些规则并不总是强制性的，但不遵守这些规则可能会导致程序不具有可移植性。

上面列出的规则不仅适用于库中现有的名字，也适用于留作未来使用的名字。至于哪些名字是保留的，完整的描述太冗长了，你可以在 C 标准的“future library directions”中找到。例如，C 保留了以 str 和一个小写字母开头的标识符，使得具有这类名字的函数可以被添加到<string.h>头中。

530

21.1.2 使用宏隐藏的函数

C 程序员经常会用带参数的宏来替代小的函数，这在标准库中同样很常见。**Q&A** C 标准允许在头中定义与库函数同名的宏，为了起到保护作用，还要求有实际的函数存在。因此，对于库的头，声明一个函数并同时定义一个有相同名字的宏的情况并不少见。

我们已经见过宏与库函数同名的例子。getchar 是声明在<stdio.h>中的库函数，具有如下原型：

```
int getchar(void);
```

<stdio.h>通常也把 getchar 定义为一个宏：

```
#define getchar() getc(stdin)
```

在默认情况下，对 getchar 的调用会被看作宏调用（因为宏名会在预处理时被替换）。

在大多数情况下，我们喜欢使用宏来替代实际的函数，因为这样可能会提高程序的运行速度。然而在某些情况下，我们需要一个真实的函数，可能是为了尽量缩小可执行代码的大小。

如果确实存在这种需求，可以使用#undef 指令（➤14.3 节）来删除宏定义。例如，可以在包含<stdio.h>后删除宏 getchar 的定义：

```
#include <stdio.h>
#undef getchar
```

即使 getchar 不是宏，这样的做法也不会带来任何坏处，因为当给定的名字没有被定义成宏时，#undef 指令不会起任何作用。

此外，也可以通过给名字加圆括号来禁用个别宏调用：

```
ch = (getchar)();      /* instead of ch = getchar(); */
```

预处理器无法分辨出带参数的宏，除非宏名后跟着一个左圆括号。编译器则不会这么容易被欺骗，它仍可以将 getchar 识别为函数。

21.2　C89 标准库概述

现在简单讨论一下 C89 标准库中的头。本节可以作为一张“路线图”，帮助你分辨出需要的是 C 标准库的哪一部分。本章及后续各章节会对每个头做更详细的介绍。

531

1. <assert.h>：诊断

<assert.h>头（➤24.1 节）仅包含 assert 宏，它允许我们在程序中插入自我检查。一旦任何检查失败，程序就会被终止。

2. <ctype.h>：字符处理

<ctype.h>头（➤23.5 节）提供用于字符分类及大小写转换的函数。

3. <errno.h>：错误

<errno.h>头（➤24.2 节）提供了 errno（“error number”）。errno 是一个左值（lvalue），可以在调用特定库函数后进行检测，从而判断调用过程中是否有错误发生。

4. <float.h>：浮点类型的特性

<float.h>头（➤23.1 节）提供了用于描述浮点类型特性的宏，包括值的范围及精度。

5. <limits.h>：整数类型的大小

<limits.h>头（➤23.2 节）提供了用于描述整数类型（包括字符类型）特性的宏，包括它们的最大值和最小值。

6. <locale.h>：本地化

<locale.h>头（➤25.1 节）提供一些函数来帮助程序适应针对某个国家或地区的特定行为方式。这些与本地化相关的行为包括显示数的方式（如用作小数点的字符）、货币的格式（如货币符号）、字符集以及日期和时间的表示形式。

7. <math.h>：数学计算

<math.h>头（➤23.3 节）提供了常见的数学函数，包括三角函数、双曲函数、指数函数、对数函数、幂函数、邻近舍入函数、绝对值运算函数以及取余函数。

8. <setjmp.h>：非本地跳转

<setjmp.h>头（➤24.4 节）提供了 setjmp 函数和 longjmp 函数。setjmp 函数会“标记”程序中的一个位置，随后可以用 longjmp 返回被标记的位置。这些函数可以用来从一个函数跳转到另一个（仍然在活动中的）函数中，而绕过正常的函数返回机制。setjmp 函数和 longjmp 函数主要用来处理程序执行过程中出现的严重问题。

532

9. <signal.h>：信号处理

<signal.h>头（➤24.3 节）提供了用于处理异常情况（信号）的函数，包括中断和运行时错误。signal 函数可以设置一个函数，使系统会在给定信号发生后自动调用该函数；raise 函数用来产生信号。

10. <stdarg.h>：可变参数

<stdarg.h>头（➤26.1 节）提供了一些工具用于编写参数个数可变的函数，就像 printf 和 scanf 函数一样。

11. <stddef.h>：常用定义

<stddef.h>头（➤21.4 节）提供了经常使用的类型和宏的定义。

12. <stdio.h>：输入/输出

<stdio.h>头（➤22.1 节~22.8 节）提供了大量的输入/输出函数，包括对顺序访问和随机访问文件的操作。

13. <stdlib.h>：常用实用程序

<stdlib.h>头（➤26.2 节）包含了大量无法归入其他头的函数。包含在<stdlib.h>中的函数可以将字符串转换成数、产生伪随机数、执行内存管理任务、与操作系统通信、执行搜索与排序，以及在多字节字符与宽字符之间进行转换。

14. <string.h>：字符串处理

<string.h>头（➤23.6 节）提供了用于进行字符串操作（包括复制、拼接、比较及搜索）的函数以及对任意内存块进行操作的函数。

15. <time.h>：日期和时间

<time.h>头（➤26.3 节）提供相应的函数来获取时间（和日期）、操纵时间，以及格式化时间的显示。

533

21.3 C99 标准库更新

C99 对标准库的改变主要分为以下三类。

- **新增头**。在 C99 标准库中有 9 个头是 C89 中没有的。事实上其中 3 个（<iso646.h>、<wchar.h>和<wctype.h>）在 1995 年修订 C89 时就增加到 C 中，另外 6 个（<complex.h>、<fenv.h>、<inttypes.h>、<stdbool.h>、<stdint.h>和<tgmath.h>）是 C99 新增的。
- **新增宏和函数**。C99 标准在一些已有的头中增加了宏和函数，这些头主要有<float.h>、<math.h>和<stdio.h>。<math.h>头中增加了非常多的内容，本书将专门用一节（即 23.4 节）来讲述。
- **对已有函数的改进**。一些已存在的函数（包括 printf 和 scanf）在 C99 中具有了更多的功能。

接下来快速浏览一下 C99 标准库中新增的 9 个头，就像在 21.2 节中浏览 C89 库中的头一样。

1. <complex.h>：复数算术

<complex.h>头（➤27.4 节）定义了 complex 和 I 宏，这两个宏对于复数运算来说非常有用。该头还提供了对复数进行数学运算的函数。

2. <fenv.h>：浮点环境

<fenv.h>头（➤27.6 节）提供了对浮点状态标志和控制模式的访问。例如，程序可以测试标志来判断浮点数运算过程中是否发生了溢出，或者设置控制模式来指定如何进行舍入。

3. <inttypes.h>：整数类型格式转换

<inttypes.h>头（➤27.2 节）定义了可用于<stdint.h>中声明的整数类型输入/输出的格式化字符串的宏，还提供了处理最大宽度整数的函数。

4. <iso646.h>：拼写转换

<iso646.h>头（➤25.3 节）定义了可代表特定运算符（包含字符&、|、~、!和^的运算符）的宏。当编程环境的本地字符集没有这些字符时，这些宏非常有用。

534

5. <stdbool.h>：布尔类型和值

<stdbool.h>头（➤21.5 节）定义了 bool、true 和 false 宏，同时还定义了一个可以用于测试这些宏是否已被定义的宏。

6. <stdint.h>：整数类型

<stdint.h>头（➤27.1 节）声明了指定宽度的整数类型，并定义了相关的宏（例如指定每种类型的最大值和最小值的宏），同时也定义了用于构建具体类型的整型常量的带参数的宏。

7. <tgmath.h>：泛型数学

在 C99 中，<math.h>和<complex.h>头中的许多数学函数有多个版本。<tgmath.h>头（➤27.5 节）中的泛型宏可以检测传递给它们的参数类型，并替代为相应的<math.h>或<complex.h>中函数的调用。

8. <wchar.h>：扩展的多字节和宽字符实用工具

<wchar.h>头（➤25.5 节）提供了宽字符输入/输出和宽字符串操作的函数。

9. <wctype.h>：宽字符分类和映射实用工具

<wctype.h>头（➤25.6 节）是<ctype.h>的宽字符版本，提供了对宽字符进行分类和修改的函数。

21.4 <stddef.h>：常用定义

<stddef.h>头提供了常用类型和宏的定义，但没有声明任何函数。定义的类型包括以下几个。

- ptrdiff_t。指针相减运算结果的类型。
- size_t。sizeof 运算符返回的类型。
- wchar_t。一种足够大的、可以用于表示所有支持的地区的所有字符的类型。

以上这 3 种类型都是整数类型。其中 ptrdiff_t 必须是有符号类型，size_t 必须是无符号类型。关于 wchar_t 的更多细节见 25.2 节。

<stddef.h>头中还定义了两个宏。一个宏是NULL，用来表示空指针。另一个宏是offsetof，需要两个参数：类型（一种结构类型）和成员指示符（结构的一个成员）。offsetof 宏会计算结构的起点到指定成员间的字节数。 535

考虑下面的结构：

```
struct s {
  char a;
  int b[2];
  float c;
};
```

offsetof(struct s, a)的值一定是 0，C 语言确保结构的第一个成员的地址与结构自身地址相同。我们无法确定地说出 b 和 c 的偏移量是多少。一种可能是 offsetof(struct s, b)是 1（因为 a 的长度是 1 字节），而 offsetof(struct s, c)是 9（假设整数是 32 位）。然而，一些编译器会在结构中留下一些空洞（不使用的字节，见第 16 章的"问与答"部分），从而会影响到 offsetof 产生的值。例如，如果编译器在 a 后面留下了 3 字节的空洞，那么 b 和 c 的偏移量分别是 4 和 12。但这正是 offsetof 宏的魅力所在：对任意编译器，它都能返回正确的偏移量，从而使我们可以编写可移植的程序。

offsetof 有很多用途。例如，假如我们需要将结构 s 的前两个成员写入文件，但忽略成员 c。我们不使用 fwrite 函数（➤22.6 节）来写 sizeof(struct s)字节，因为这样会将整个结构写入。我们只需要写 offsetof(struct s, c)字节。

最后一点：一些在<stddef.h>中定义的类型和宏在其他头中也会出现。（例如，NULL 宏不仅在 C99 的头<wchar.h>中有定义，在<locale.h>、<stdio.h>、<stdlib.h>、<string.h>和<time.h>中也有定义。）因此，只有少数程序的确需要包含<stddef.h>。

21.5 <stdbool.h>：布尔类型和值 C99

<stdbool.h>头定义了 4 个宏：

- bool（定义为_Bool）；
- true（定义为 1）；
- false（定义为 0）；
- __bool_true_false_are_defined（定义为 1）。

我们已经见过很多使用 bool、true 和 false 的例子。对__bool_true_false_are_defined 宏的应用相对少一些。在尝试定义自己的 bool、true 或 false 之前，可以使用预处理指令（如#if 或者#ifdef）来测试这个宏。 536

21.6 C11 标准库更新 C1X

从 C11 开始对标准库的改变主要体现在以下几个方面。

- **新增头**。在 C11 标准库中有 5 个头是之前没有的，它们分别是<stdatomic.h>、<threads.h>、<stdalign.h>、<uchar.h>和<stdnoreturn.h>。
- **新增宏和函数**。C11 标准在一些已有的头中增加了宏和函数，这些头主要有<float.h>、<complex.h>、<time.h>等。

- **对已有函数的改进和移除**。一些已存在的函数（包括 printf 和 scanf）在 C11 中具有了更多的功能。同时，出于对安全性的考虑，从头<stdio.h>中移除了 gets 函数，并将它从新标准中废除。

接下来我们快速浏览一下 C11 标准库中新增的 5 个头。

1. <stdatomic.h>：原子类型和原子操作

<stdatomic.h>头定义了现有数据类型的原子类型，并提供了大量的宏用于执行原子类型变量的初始化和读写操作。

2. <threads.h>：多线程环境

<threads.h>头提供了线程的创建和管理函数，以及互斥锁、条件变量和线程局部存储的功能。

3. <stdalign.h>：数据对齐

<stdalign.h>头提供了 4 个宏定义（➤21.7 节）。

4. <uchar.h>：新的宽字符类型和实用工具

<uchar.h>头定义了新的宽字符类型 char16_t 和 char32_t，并提供了从多字节字符到这些宽字符类型的转换函数。

5. <stdnoreturn.h>：函数指定符_Noreturn相关

<stdnoreturn.h>头非常简单，只定义了一个宏 noreturn（➤21.8 节）。

21.7　<stdalign.h>：地址的对齐 C1X

<stdalign.h>头定义了 4 个宏：

- alignas（定义为_Alignas）；
- alignof（定义为_Alignof）；
- __alignas_is_defined（定义为整型常量 1）；
- __alignof_is_defined（定义为整型常量 1）。

以上的后两个宏适合在预处理指令#if 中使用。如果已经定义了这两个宏，则说明另外两个宏 alignas 和 alignof 也被定义（如果你想自行定义 alignas 和 alignof，应当先做这样的测试）。

21.8　<stdnoreturn.h>：宏 noreturn 的定义 C1X

头<stdnoreturn.h>非常简单，它只是定义了宏 noreturn（被定义为_Noreturn）。

问与答

问：我注意到书中使用术语“标准头”，而不是“标准头文件”。不使用“文件”有什么具体原因吗？

答：是的。依据 C 标准，“标准头”不一定是文件。虽然大部分编译器确实将标准头以文件形式存储，但标准头实际上可以直接内置在编译器自身中。

问：14.3 节描述了用带参数的宏替代函数的一些缺点。鉴于这些缺点，为标准库函数提供同名的宏版本不是很危险吗？（p.415）

答：根据 C 标准，用于替代库函数的带参数的宏必须用圆括号“完全保护”起来，而且只能对参数进行一次求值。这些规则可以避免 14.3 节提到的大多数问题。

练习题

21.1 节

1. 在你的系统中找到存放头文件的位置。找出那些非标准头，并指明每一个的用途。
2. 在存放头文件的目录中（见练习题 1）找出一个使用宏隐藏函数的标准头。
3. 当使用宏隐藏函数时，在头文件中，宏定义和函数原型哪一个必须放在前面？验证你的结论。
4. 列出 C99 标准的“future library directions”部分的所有保留标识符。有的标识符只在具体的头文件被包含时才被保留，有的标识符被保留用作外部名字。请对这两种标识符加以区分。

*5. <ctype.h>中的 islower 函数用于测试字符是否为小写字母。下面的宏版本为什么不符合 C 标准？（假定字符集是 ASCII。）

```
#define islower(c) ((c) >= 'a' && (c) <= 'z')
```

6. <ctype.h>头通常把它的函数也定义为宏。这些宏依赖于一个在<ctype.h>中声明但在另一个文件中定义的静态数组。下面给出了常见的<ctype.h>头的一部分。使用这个例子回答下列问题。

(a) 为什么“位”宏（例如_UPPER）和_ctype 数组用下划线开头？

(b) 解释_ctype 数组包含什么内容。假设字符集是 ASCII，给出位置 9（水平制表符）、位置 32（空格符）、位置 65（字母 A）、位置 94（字符^）处的数组元素的值。关于每个宏返回什么值的描述见 23.5 节。

537

(c) 使用数组实现下面这些宏有什么好处？

```
#define _UPPER     0x01   /* upper-case letter */
#define _LOWER     0x02   /* lower-case letter */
#define _DIGIT     0x04   /* decimal digit */
#define _CONTROL   0x08   /* control character */
#define _PUNCT     0x10   /* punctuation character */
#define _SPACE     0x20   /* white-space character */
#define _HEX       0x40   /* hexadecimal digit */
#define _BLANK     0x80   /* space character */

#define isalnum(c)   (_ctype[c] & (_UPPER|_LOWER|_DIGIT))
#define isalpha(c)   (_ctype[c] & (_UPPER|_LOWER))
#define iscntrl(c)   (_ctype[c] & _CONTROL)
#define isdigit(c)   (_ctype[c] & _DIGIT)
#define isgraph(c)   (_ctype[c] &
                     (_PUNCT|_UPPER|_LOWER|_DIGIT))
#define islower(c)   (_ctype[c] & _LOWER)
#define isprint(c)   (_ctype[c] &   (_BLANK|_PUNCT|_UPPER|_LOWER|_DIGIT))
#define ispunct(c)   (_ctype[c] & _PUNCT)
#define isspace(c)   (_ctype[c] & _SPACE)
#define isupper(c)   (_ctype[c] & _UPPER)
#define isxdigit(c)  (_ctype[c] & (_DIGIT|_HEX))
```

21.2 节

W 7. 在哪个标准头中可以找到下面描述的函数或宏？

(a) 判断当前是星期几的函数。

(b) 判断字符是否是数字的函数。
(c) 给出最大的 `unsigned int` 类型值的宏。
(d) 对浮点数向上舍入的函数。
(e) 指定一个字符包含多少位的宏。
(f) 指定 `double` 类型值有效位个数的宏。
(g) 在字符串中查找特定字符的函数。
(h) 以读方式打开文件的函数。

编程题

1. 编写一个程序声明结构 `s`（见 21.4 节），并显示成员 `a`、`b`、`c` 的大小和偏移量。（使用 `sizeof` 得到大小，使用 `offsetof` 得到偏移量。）同时使程序显示整个结构的大小。根据这些信息，判断结构中是否包含空洞。如果包含空洞，指出每一个空洞的位置和大小。

538

第22章

输入/输出

> 在人与机器共存的世界中，懂得思变的一定是人，别指望机器。

C 语言的输入/输出库是标准库中最大且最重要的部分。由于输入/输出是 C 语言的高级应用，因此这里将用一整章（也是本书中最长的一章）来讨论<stdio.h>头——输入/输出函数的主要存储位置。

从第 2 章开始，我们已经在使用<stdio.h>了，而且已经对 printf 函数、scanf 函数、putchar 函数、getchar 函数、puts 函数以及 gets 函数的使用有了一定的了解。本章会提供有关这 6 个函数的更多信息，并介绍一些新的用于文件处理的函数。值得高兴的是，许多新函数和我们已经熟知的函数有着紧密的联系。例如，fprintf 函数就是 printf 函数的“文件版”。

本章将首先讨论一些基本问题：流的概念、FILE 类型、输入和输出重定向，以及文本文件和二进制文件的差异（22.1 节）。随后将讨论特别为使用文件而设计的函数，包括打开和关闭文件的函数（22.2 节）。在讨论完 printf 函数、scanf 函数以及与“格式化”输入/输出相关的函数（22.3 节）后，我们将着眼于读/写非格式化数据的函数。

- 每次读写一个字符的 getc 函数、putc 函数以及相关的函数（22.4 节）。
- 每次读写一行字符的 gets 函数、puts 函数以及相关的函数（22.5 节）。
- 读/写数据块的 fread 函数和 fwrite 函数（22.6 节）。

随后，22.7 节会说明如何对文件执行随机的访问操作。最后，22.8 节会描述 sprintf 函数、snprintf 函数和 sscanf 函数，它们是 printf 函数和 scanf 函数的变体，后两者分别用于写入和读取一个字符串。

本章涵盖了<stdio.h>中的绝大部分函数，但忽略了其中 8 个函数。perror 函数是这 8 个函数中的一个，它与<errno.h>头紧密相关，所以我把它推迟到 24.2 节讨论<errno.h>头时再来介绍。26.1 节涵盖了其余 7 个函数（vfprintf、vprintf、vsprintf、vsnprintf、vfscanf、vscanf 和 vsscanf）。这些函数依赖于 va_list 类型，该类型在 26.1 节介绍。

539

在 C89 中，所有的标准输入/输出函数都属于<stdio.h>。C99 但从 C99 开始有所不同，有些输入/输出函数在<wchar.h>头（➤25.5 节）中声明。<wchar.h>中的函数用于处理宽字符而不是普通字符，但大多数函数与<stdio.h>中的函数紧密相关。<stdio.h>中用于读或写数据的函数称为**字节输入/输出函数**，而<wchar.h>中的类似函数则称为**宽字符输入/输出函数**。

22.1 流

在 C 语言中，术语**流**（stream）表示任意输入的源或任意输出的目的地。许多小型程序（就像前面章节中介绍的那些）都是通过一个流（通常和键盘相关）获得全部的输入，并且通过另一个流（通常和屏幕相关）写出全部的输出。

较大规模的程序可能会需要额外的流。这些流常常表示存储在不同介质（如硬盘驱动器、CD、DVD 和闪存）上的文件，但也很容易和不存储文件的设备（如网络端口、打印机等）相关联。这里将集中讨论文件，因为它们常见且容易理解。（在应该说流的时候，本书有时会使用术语文件。）但是，请千万记住一点：`<stdio.h>`中的许多函数可以处理各种形式的流，而不仅限于表示文件的流。

22.1.1　文件指针

C 程序中对流的访问是通过**文件指针**（file pointer）实现的。此指针的类型为 `FILE *`（`FILE` 类型在`<stdio.h>`中声明）。用文件指针表示的特定流具有标准的名字；如果需要，还可以声明另外一些文件指针。例如，如果程序除了标准流之外还需要两个流，则可以包含如下声明：

```
FILE *fp1, *fp2;
```

虽然操作系统通常会限制可以同时打开的流的数量，但程序可以声明任意数量的 `FILE *`类型变量。

22.1.2　标准流和重定向

`<stdio.h>`提供了 3 个标准流（见表 22-1）。这 3 个标准流可以直接使用，不需要对其进行声明，也不用打开或关闭它们。

540

表 22-1　标准流

文件指针	流	默认的含义
`stdin`	标准输入	键盘
`stdout`	标准输出	屏幕
`stderr`	标准误差	屏幕

前面章节使用过的函数（`printf`、`scanf`、`putchar`、`getchar`、`puts` 和 `gets`）都是通过 `stdin` 获得输入，并且用 `stdout` 进行输出的。默认情况下，`stdin` 表示键盘，`stdout` 和 `stderr` 表示屏幕。Q&A 然而，许多操作系统允许通过一种称为**重定向**（redirection）的机制来改变这些默认的含义。

通常，我们可以强制程序从文件而不是从键盘获得输入，方法是在命令行中放上文件的名字，并在前面加上字符<：

```
demo <in.dat
```

这种方法叫作**输入重定向**（input redirection），它本质上是使 `stdin` 流表示文件（此例中为文件 `in.dat`）而非键盘。重定向的绝妙之处在于，`demo` 程序不会意识到正在从文件 `in.dat` 中读取数据，它会认为从 `stdin` 获得的任何数据都是从键盘输入的。

输出重定向（output redirection）与之类似。对 `stdout` 流的重定向通常是通过在命令行中放置文件名，并在前面加上字符>实现的：

```
demo >out.dat
```

现在所有写入 `stdout` 的数据都将进入 `out.dat` 文件中，而不是出现在屏幕上。顺便说一下，我们还可以把输出重定向和输入重定向结合使用：

```
demo <in.dat >out.dat
```

字符<和>不需要与文件名相邻，重定向文件的顺序也是无关紧要的，所以下面的例子是等效的：

```
demo < in.dat > out.dat
demo >out.dat <in.dat
```

输出重定向的一个问题是，会把写入 stdout 的所有内容都放入文件中。如果程序运行失常并且开始写出错消息，那么我们在看文件的时候才会知道，而这些应该是出现在 stderr 中的。通过把出错消息写到 stderr 而不是 stdout 中，可以保证即使在对 stdout 进行重定向时，这些出错消息仍能出现在屏幕上。（不过，操作系统通常也允许对 stderr 进行重定向。）

22.1.3　文本文件与二进制文件

<stdio.h>支持两种类型的文件：文本文件和二进制文件。在**文本文件**（text file）中，字节表示字符，这使人们可以检查或编辑文件。例如，C 程序的源代码是存储在文本文件中的。另外，在**二进制文件**（binary file）中，字节不一定表示字符，字节组还可以表示其他类型的数据，比如整数和浮点数。如果试图查看可执行 C 程序的内容，你会立刻意识到它是存储在二进制文件中的。 541

文本文件具有两种二进制文件没有的特性。

- **文本文件分为若干行**。文本文件的每一行通常以一两个特殊字符结尾，**Q&A**特殊字符的选择与操作系统有关。在 Windows 中，行末的标记是回车符（'\x0d'）与一个紧跟其后的回行符（'\x0a'）。在 UNIX 和 Macintosh 操作系统（Mac OS）的较新版本中，行末的标记是一个单独的回行符。旧版本的 Mac OS 使用一个单独的换行符。
- **文本文件可以包含一个特殊的“文件末尾”标记**。一些操作系统允许在文本文件的末尾使用一个特殊的字节作为标记。在 Windows 中，标记为'\x1a'（Ctrl+Z）。Ctrl+Z 不是必需的，但如果存在，它就标志着文件的结束，其后的所有字节都会被忽略。使用 Ctrl+Z 的这一习惯继承自 DOS，而 DOS 中的这一习惯又是从 CP/M（早期用于个人计算机的一种操作系统）来的。大多数其他操作系统（包括 UNIX）没有专门的文件末尾字符。

二进制文件不分行，也没有行末标记和文件末尾标记，所有字节都是平等对待的。

Q&A向文件写入数据时，我们需要考虑是按文本格式存储还是按二进制格式来存储。为了搞清楚其中的差别，考虑在文件中存储数 32 767 的情况。一种选择是以文本的形式把该数按字符 3、2、7、6、7 写入。假设字符集为 ASCII，那么就可以得到下列 5 个字节：

00110011	00110010	00110111	00110110	00110111
'3'	'2'	'7'	'6'	'7'

另一种选择是以二进制的形式存储此数，这种方法只会占用两个字节：

01111111	11111111

[在按小端顺序（➤20.3 节）存储数据的系统中，这两个字节的顺序相反。] 从上述示例可以看出，用二进制形式存储数可以节省相当大的空间。

编写用来读写文件的程序时，需要考虑该文件是文本文件还是二进制文件。在屏幕上显示文件内容的程序可能要把文件视为文本文件。但是，文件复制程序就不能认为要复制的文件是文本文件。如果那样做，就不能完全复制含有文件末尾字符的二进制文件了。在无法确定文件是文本形式还是二进制形式时，安全的做法是把文件假定为二进制文件。 542

22.2　文件操作

简单性是输入和输出重定向的魅力之一：不需要打开文件、关闭文件或者执行任何其他的显式文件操作。可惜的是，重定向在许多应用程序中受到限制。当程序依赖重定向时，它无法控制自己的文件，甚至无法知道这些文件的名字。更糟糕的是，如果程序需要在同一时间读入两个文件或者写出两个文件，重定向都无法做到。

当重定向无法满足需要时，我们将使用<stdio.h>提供的文件操作。本节将探讨这些文件操作，包括打开文件、关闭文件、改变缓冲文件的方式、删除文件以及重命名文件。

22.2.1　打开文件

```
FILE *fopen(const char * restrict filename, const char * restrict mode);
```

如果要把文件用作流，打开时就需要调用 **fopen** 函数。fopen 函数的第一个参数是含有要打开文件名的字符串。（“文件名”可能包含关于文件位置的信息，如驱动器符或路径。）第二个参数是“模式字符串”，它用来指定打算对文件执行的操作。例如，字符串"r"表明将从文件读入数据，但不会向文件写入数据。

注意，在 fopen 函数的原型中，restrict 关键字（➤17.8 节）出现了两次。C99 restrict 是从 C99 开始引入的关键字，表明 filename 和 mode 所指向的字符串的内存单元不共享。C89 中的 fopen 原型不包含 restrict，但也有这样的要求。restrict 对 fopen 的行为没有影响，因此通常可以忽略。在本章及后续各章的代码中会用斜体显示 restrict，以提醒读者这是 C99 的特性。

提醒 Windows 程序员：在 fopen 函数调用的文件名中含有字符\时，一定要小心。这是因为 C 语言会把字符\看作转义序列（➤7.3 节）的开始标志。

```
fopen("c:\project\test1.dat", "r")
```

以上调用会失败，因为编译器会把\t 看作转义字符。（\p 不是有效的转义字符，但看上去像。根据 C 标准，\p 的含义是未定义的。）有两种方法可以避免这一问题。一种方法是用\\代替\：

```
fopen("c:\\project\\test1.dat", "r")
```

另一种方法更简单，只要用/代替\就可以了：

```
fopen("c:/project/test1.dat", "r")
```

Windows 会把/认作目录分隔符。

543

fopen 函数返回一个文件指针。程序可以（且通常）把此指针存储在一个变量中，稍后在需要对文件进行操作时使用它。fopen 函数的常见调用形式如下所示，其中 fp 是 FILE *类型的变量：

```
fp = fopen("in.dat", "r");     /* opens in.dat for reading */
```

当程序稍后调用输入函数从文件 in.dat 中读数据时，会把 fp 作为一个实际参数。

当无法打开文件时，fopen 函数会返回空指针。这可能是因为文件不存在，也可能是因为文件的位置不对，还可能是因为我们没有打开文件的权限。

永远不要假设可以打开文件，每次都要测试 fopen 函数的返回值以确保不是空指针。

22.2.2 模式

给 fopen 函数传递哪种模式字符串不仅依赖于稍后将要对文件采取的操作，还取决于文件中的数据是文本形式还是二进制形式。要打开一个文本文件，可以采用表 22-2 中的一种模式字符串。

表 22-2 用于文本文件的模式字符串

字 符 串	含 义
"r"	打开文件用于读
"w"	打开文件用于写（文件不需要存在）
"wx"	创建文件用于写（文件不能已经存在）①
"w+x"	创建文件用于更新（文件不能已经存在）①
"a"	打开文件用于追加（文件不需要存在）
"r+"	打开文件用于读和写，从文件头开始
"w+"	打开文件用于读和写（如果文件存在就截去）
"a+"	打开文件用于读和写（如果文件存在就追加）

① 从 C11 开始引入的模式（独占的创建–打开模式）。

当使用 fopen 打开二进制文件时，Q&A需要在模式字符串中包含字母 b。表 22-3 列出了用于二进制文件的模式字符串。

表 22-3 用于二进制文件的模式字符串

字 符 串	含 义
"rb"	打开文件用于读
"wb"	打开文件用于写（文件不需要存在）
"wbx"	创建文件用于写（文件不能已经存在）①
"ab"	打开文件用于追加（文件不需要存在）
"r+b"或者"rb+"	打开文件用于读和写，从文件头开始
"w+b"或者"wb+"	打开文件用于读和写（如果文件存在就截去）
"w+bx"或者"wb+x"	创建文件用于更新（文件不能已经存在）①
"a+b"或者"ab+"	打开文件用于读和写（如果文件存在就追加）

① 从 C11 开始引入的模式（独占的创建–打开模式）。

从表 22-2 和表 22-3 可以看出<stdio.h>对写数据和追加数据进行了区分。当给文件写数据时，通常会对先前的内容进行覆盖。然而，当为追加打开文件时，向文件写入的数据添加在文件末尾，因而可以保留文件的原始内容。C1X另外，带有字母“x”的打开模式是从 C11 才开始引入的，这个字母表示独占模式。在这种模式下，如果文件已经存在或者无法创建，fopen 函数将执行失败；否则文件将以独占（非共享）模式打开。

顺便说一下，当打开文件用于读和写（模式字符串包含字符+）时，有一些特殊的规则。如果没有先调用一个文件定位函数（➤22.7 节），那么就不能从读模式转换成写模式，除非读操作遇到了文件的末尾。类似地，如果既没有调用 fflush 函数（稍后会介绍）也没有调用文件定位函数，那么就不能从写模式转换成读模式。

22.2.3 关闭文件

```
int fclose(FILE *stream);
```

fclose 函数允许程序关闭不再使用的文件。fclose 函数的参数必须是文件指针，此指针来自 fopen 函数或 freopen 函数（本节稍后会介绍）的调用。**Q&A**如果成功关闭了文件，fclose 函数会返回零；否则，它会返回错误代码 EOF（在<stdio.h>中定义的宏）。

为了说明如何在实践中使用 fopen 函数和 fclose 函数，下面给出了一个程序的框架。此程序打开文件 example.dat 进行读操作，并要检查打开是否成功，然后在程序终止前再把文件关闭：

```
#include <stdio.h>
#include <stdlib.h>

#define FILE_NAME "example.dat"

int main(void)
{
  FILE *fp;

  fp = fopen(FILE_NAME, "r");
  if (fp == NULL) {
    printf("Can't open %s\n", FILE_NAME);
    exit(EXIT_FAILURE);
  }
  ...
  fclose(fp);
  return 0;
}
```

544～545

当然，按照 C 程序员的编写习惯，通常也可以把 fopen 函数的调用和 fp 的声明结合在一起使用：

```
FILE *fp = fopen(FILE_NAME, "r");
```

还可以把函数调用与 NULL 判定相结合：

```
if ((fp = fopen(FILE_NAME, "r")) == NULL) ...
```

22.2.4 为打开的流附加文件

```
FILE *freopen(const char * restrict filename,
              const char * restrict mode,
              FILE * restrict stream);
```

freopen 函数为已经打开的流附加一个不同的文件。最常见的用法是把文件和一个标准流（stdin、stdout 或 stderr）相关联。例如，为了使程序开始往文件 foo 中写数据，可以使用下列形式的 freopen 函数调用：

```
if (freopen("foo", "w", stdout) == NULL) {
  /* error; foo can't be opened */
}
```

在关闭了先前（通过命令行重定向或者之前的 freopen 函数调用）与 stdout 相关联的所有文件之后，freopen 函数将打开文件 foo，并将其与 stdout 相关联。

freopen 函数的返回值通常是它的第三个参数（一个文件指针）。如果无法打开新文件，那么 freopen 函数会返回空指针。(如果无法关闭旧的文件，那么 freopen 函数会忽略错误。)

C99 从 C99 开始新增了一种机制。如果 filename 是空指针，freopen 会试图把流的模式修改为 mode 参数指定的模式。不过，具体的实现可以不支持这种特性；如果支持，则可以限定能进行哪些模式改变。

22.2.5 从命令行获取文件名

当正在编写的程序需要打开文件时，马上会出现一个问题：如何把文件名提供给程序呢？把文件名嵌入程序自身的做法不太灵活，Q&A 而提示用户输入文件名的做法也很笨拙。通常，最好的解决方案是让程序从命令行获取文件的名字。例如，当执行名为 demo 的程序时，可以通过把文件名放入命令行的方法为程序提供文件名：

```
demo names.dat dates.dat
```

在 13.7 节中，我们了解到如何通过定义带有两个形式参数的 main 函数来访问命令行参数：

```
int main(int argc, char *argv[])
{
  ...
}
```

546

argc 是命令行参数的数量，而 argv 是指向参数字符串的指针数组。argv[0]指向程序的名字，从 argv[1]到 argv[argc-1]都指向剩余的实际参数，而 argv[argc]是空指针。在上述例子中，argc 是 3，argv[0]指向含有程序名的字符串，argv[1]指向字符串"names.dat"，而 argv[2]则指向字符串"dates.dat"：

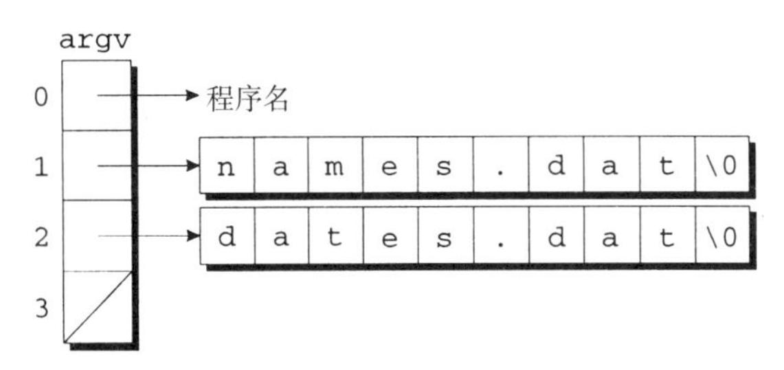

程序 检查文件是否可以打开

下面的程序判断文件是否存在，如果存在，则判断它是否可以打开并读入。在运行程序时，用户将给出要检查的文件的名字：

```
canopen file
```

然后程序将显示出 *file* can be opened 或者显示出 *file* can't be opened。如果在命令行中输入的实际参数的数量不对，那么程序将显示出消息 usage: canopen filename 来提醒用户 canopen 需要一个文件名。

canopen.c

```
/* Checks whether a file can be opened for reading */

#include <stdio.h>
#include <stdlib.h>

int main(int argc, char *argv[])
{
  FILE *fp;
```

```
    if (argc != 2) {
      printf("usage: canopen filename\n");
      exit(EXIT_FAILURE);
    }

    if ((fp = fopen(argv[1], "r")) == NULL) {
      printf("%s can't be opened\n", argv[1]);
      exit(EXIT_FAILURE);
    }

    printf("%s can be opened\n", argv[1]);
    fclose(fp);
    return 0;
  }
```

547

注意，可以使用重定向来丢弃 canopen 的输出，并简单地测试它返回的状态值。

22.2.6　临时文件

```
FILE *tmpfile(void);
char *tmpnam(char *s);
```

现实世界中的程序经常需要产生临时文件，即只在程序运行时存在的文件。例如，C 编译器就常常产生临时文件。编译器可能先把 C 程序翻译成一些存储在文件中的中间形式，稍后把程序翻译成目标代码时，编译器会读取这些文件。一旦程序完全通过了编译，就不再需要保留那些含有程序中间形式的文件了。<stdio.h>提供了两个函数用来处理临时文件，即 tmpfile 函数和 tmpnam 函数。

tmpfile 函数创建一个临时文件（用"wb+"模式打开），该临时文件将一直存在，除非关闭它或程序终止。tmpfile 函数的调用会返回文件指针，此指针可以用于稍后访问该文件：

```
FILE *tempptr;
...
tempptr = tmpfile();    /* creates a temporary file */
```

如果创建文件失败，tmpfile 函数会返回空指针。

虽然 tmpfile 函数很易于使用，但它有两个缺点：(1) 无法知道 tmpfile 函数创建的文件名是什么；(2) 无法在以后使文件变为永久的。如果这些缺陷导致了问题，备选的解决方案就是用 fopen 函数产生临时文件。当然，我们不希望此文件拥有和前面已经存在的文件相同的名字，因此需要一种方法来产生新的文件名。这也是 tmpnam 函数出现的原因。

tmpnam 函数为临时文件产生名字。如果它的实际参数是空指针，那么 tmpnam 函数会把文件名存储到一个静态变量中，并且返回指向此变量的指针：

```
char *filename;
...
filename = tmpnam(NULL);    /* creates a temporary file name */
```

否则，tmpnam 函数会把文件名复制到程序员提供的字符数组中：

```
char filename[L_tmpnam];
...
tmpnam(filename);           /* creates a temporary file name */
```

在后一种情况下，tmpnam 函数也会返回指向数组第一个字符的指针。L_tmpnam 是<stdio.h>中的一个宏，它指明了保存临时文件名的字符数组的长度。

548

确保 tmpnam 函数所指向的数组至少有 L_tmpnam 个字符。此外，还要当心不能过于频繁地调用 tmpnam 函数。宏 TMP_MAX（在<stdio.h>中定义）指明了程序执行期间由 tmpnam 函数产生的临时文件名的最大数量。如果生成文件名失败，tmpnam 返回空指针。

22.2.7 文件缓冲

```
int fflush(FILE *stream);
void setbuf(FILE * restrict stream, char * restrict buf);
int setvbuf(FILE * restrict stream, char * restrict buf, int mode, size_t size);
```

向磁盘驱动器传入数据或者从磁盘驱动器传出数据都是相对较慢的操作。因此，在每次程序想读或写字符时都直接访问磁盘文件是不可行的。获得较好性能的诀窍就是**缓冲**（buffering）：把写入流的数据存储在内存的缓冲区域内；当缓冲区满了（或者关闭流）时，对缓冲区进行“清洗”（写入实际的输出设备）。输入流可以用类似的方法进行缓冲：缓冲区包含来自输入设备的数据；从缓冲区读数据而不是从设备本身读数据。缓冲可以大幅提升效率，因为从缓冲区读字符或者在缓冲区内存储字符几乎不花什么时间。当然，把缓冲区的内容传递给磁盘，或者从磁盘传递给缓冲区是需要花时间的，但是一次大的“块移动”比多次小字节移动要快很多。

<stdio.h>中的函数会在缓冲有用时自动进行缓冲操作。缓冲是在后台发生的，我们通常不需要关心它的操作。然而，极少的情况下我们可能需要更主动。如果真是如此，可以使用 fflush 函数、setbuf 函数和 setvbuf 函数。

当程序向文件中写输出时，数据通常先放入缓冲区中。当缓冲区满了或者关闭文件时，缓冲区会自动清洗。然而，Q&A 通过调用 **fflush** 函数，程序可以按我们所希望的频率来清洗文件的缓冲区。调用

```
fflush(fp);           /* flushes buffer for fp */
```

为和 fp 相关联的文件清洗了缓冲区。调用

```
fflush(NULL);         /* flushes all buffers */
```

清洗了全部输出流。如果调用成功，fflush 函数会返回零；如果发生错误，则返回 EOF。 549

setvbuf 函数允许改变缓冲流的方法，并且允许控制缓冲区的大小和位置。函数的第三个实际参数指明了期望的缓冲类型，该参数应为以下三个宏之一。

- _IOFBF（满缓冲）。当缓冲区为空时，从流读入数据；当缓冲区满时，向流写入数据。
- _IOLBF（行缓冲）。每次从流读入一行数据或者向流写入一行数据。
- _IONBF（无缓冲）。直接从流读入数据或者直接向流写入数据，而没有缓冲区。

（所有这三种宏都在<stdio.h>中进行了定义。）对于没有与交互式设备相连的流来说，满缓冲是默认设置。

setvbuf 函数的第二个参数（如果它不是空指针的话）是期望缓冲区的地址。缓冲区可以有静态存储期、自动存储期，甚至可以是动态分配的。使缓冲区具有自动存储期可以在块退出时自动为其重新申请空间。动态分配缓冲区可以在不需要时释放缓冲区。setvbuf 函数的最后一个参数是缓冲区内字节的数量。较大的缓冲区可以提供更好的性能，而较小的缓冲区可以节省空间。

例如，下面这个 setvbuf 函数的调用利用 buffer 数组中的 N 个字节作为缓冲区，而把 stream 的缓冲变成了满缓冲：

```
char buffer[N];
...
setvbuf(stream, buffer, _IOFBF, N);
```

setvbuf 函数的调用必须在打开 stream 之后，在对其执行任何其他操作之前。

用空指针作为第二个参数来调用 setvbuf 也是合法的，这样做就要求 setvbuf 创建一个指定大小的缓冲区。如果调用成功，那么 setvbuf 函数返回零。如果 mode 参数无效或者要求无法满足，那么 setvbuf 函数会返回非零值。

setbuf 函数是一个较早期的函数，它设定了缓冲模式和缓冲区大小的默认值。如果 buf 是空指针，那么 setbuf(stream, buf)调用就等价于

```
(void) setvbuf(stream, NULL, _IONBF, 0);
```

否则，它就等价于

```
(void) setvbuf(stream, buf, _IOFBF, BUFSIZ);
```

这里的 BUFSIZ 是在<stdio.h>中定义的宏。我们把 setbuf 函数看作陈旧的内容，不建议大家在新程序中使用。

550

使用 setvbuf 函数或者 setbuf 函数时，一定要确保在释放缓冲区之前已经关闭了流。特别是，如果缓冲区是局部于函数的，并且具有自动存储期，一定要确保在函数返回之前关闭流。

22.2.8　其他文件操作

```
int remove(const char *filename);
int rename(const char *old, const char *new);
```

remove 函数和 rename 函数允许程序执行基本的文件管理操作。不同于本节中大多数其他函数，remove 函数和 rename 函数对文件名（而不是文件指针）进行处理。如果调用成功，那么这两个函数都返回零；否则，都返回非零值。

remove 函数删除文件：

```
remove("foo");        /* deletes the file named "foo" */
```

如果程序使用 fopen 函数（而不是 tmpfile 函数）来创建临时文件，那么它可以使用 remove 函数在程序终止前删除此文件。一定要确保已经关闭了要移除的文件，因为对于当前打开的文件，移除文件的效果是由实现定义的。

rename 函数改变文件的名字：

```
rename("foo", "bar");     /* renames "foo" to "bar" */
```

对于用 fopen 函数创建的临时文件，如果程序需要使文件变为永久的，那么用 rename 函数改名是很方便的。如果具有新名字的文件已经存在了，改名的效果会由实现定义。

如果打开了要改名的文件，那么一定要确保在调用 rename 函数之前关闭此文件。对打开的文件执行改名操作会失败。

22.3 格式化的输入/输出

本节将介绍使用格式串来控制读/写的库函数。这些库函数包括已经知道的 printf 函数和 scanf 函数，它们可以在输入时把字符格式的数据转换为数值格式的数据，并且可以在输出时把数值格式的数据再转换成字符格式的数据。其他的输入/输出函数不能完成这样的转换。

551

22.3.1 ...printf 函数

```
int fprintf(FILE * restrict stream, const char * restrict format, ...);
int printf(const char * restrict format, ...);
```

fprintf 函数和 **printf** 函数向输出流中写入可变数量的数据项，并且利用格式串来控制输出的形式。这两个函数的原型都是以...符号（**省略号**➤26.1 节）结尾的，表明后面还有可变数量的实际参数。这两个函数的返回值是写入的字符数，若出错则返回一个负值。

fprintf 函数和 printf 函数唯一的不同就是 printf 函数始终向 stdout（标准输出流）写入内容，而 fprintf 函数则向它自己的第一个实际参数指定的流中写入内容：

```
printf("Total: %d\n", total);      /* writes to stdout */
fprintf(fp, "Total: %d\n", total); /* writes to fp */
```

printf 函数的调用等价于 fprintf 函数把 stdout 作为第一个实际参数而进行的调用。

但是，不要以为 fprintf 函数只是把数据写入磁盘文件的函数。和<stdio.h>中的许多函数一样，fprintf 函数可以用于任何输出流。事实上，fprintf 函数最常见的应用之一（向标准误差流 stderr 写入出错消息）和磁盘文件没有任何关系。下面就是这类调用的一个示例：

```
fprintf(stderr, "Error: data file can't be opened.\n");
```

向 stderr 写入消息可以保证消息能出现在屏幕上，即使用户重定向 stdout 也没关系。

在<stdio.h>中还有另外两个函数也可以向流写入格式化的输出。这两个函数很不常见，一个是 vfprintf 函数，另一个是 vprintf 函数（➤26.1 节）。它们都依赖于<stdarg.h>中定义的 va_list 类型，因此将和<stdarg.h>一起讨论。

22.3.2 ...printf 转换说明

printf 函数和 fprintf 函数都要求格式串包含普通字符或转换说明。普通字符会原样输出，而转换说明则描述了如何把剩余的实参转换为字符格式显示出来。3.1 节简要介绍了转换说明，其后的章节中还添加了一些细节。现在，我们将对已知的转换说明内容进行回顾，并且把剩余的内容补充完整。

...printf 函数的转换说明由字符%和跟随其后的最多 5 个不同的选项构成。

552

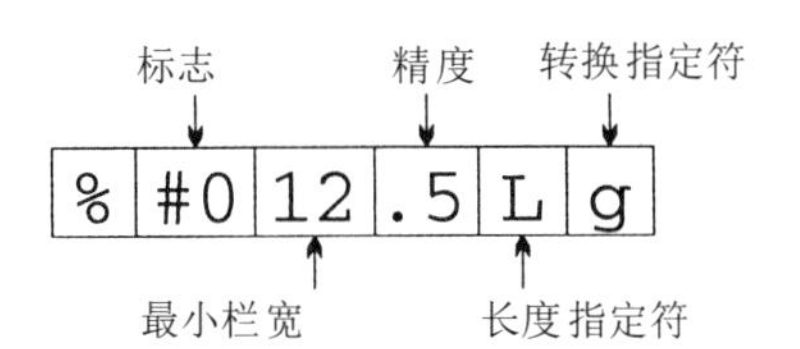

下面对上述这些选项进行详细的描述，选项的顺序必须与上面一致。

- **标志**（可选项，允许多于一个）。标志-导致在栏内左对齐，而其他标志则会影响数的显示形式。表 22-4 给出了标志的完整列表。

表 22-4　用于...printf 函数的标志

标　志	含　义
-	在栏内左对齐（默认右对齐）
+	有符号转换得到的数总是以+或-开头（通常，只有负数前面附上-）
空格	有符号转换得到的非负数前面加空格（+标志优先于空格标志）
#	以 0 开头的八进制数，以 0x 或 0X 开头的十六进制非零数。浮点数始终有小数点。不能删除由 g 或 G 转换输出的数的尾部零
0（零）	用前导零在数的栏宽内进行填充。如果转换是 d、i、o、u、x 或 X，而且指定了精度，那么可以忽略标志 0（-标志优先于 0 标志）

- **最小栏宽**（可选项）。如果数据项太小以至于无法达到这一宽度，那么会进行填充。（默认情况下会在数据项的左侧添加空格，从而使其在栏内右对齐。）如果数据项过大以至于超过了这个宽度，那么会完整地显示数据项。栏宽既可以是整数也可以是字符*。如果是字符*，那么栏宽由下一个参数决定。如果这个参数为负，它会被视为前面带-标志的正数。
- **精度**（可选项）。精度的含义依赖于转换指定符：如果转换指定符是 d、i、o、u、x、X，那么精度表示最少位数（如果位数不够，则添加前导零）；如果转换指定符是 a、A、e、E、f、F，那么精度表示小数点后的位数；如果转换指定符是 g、G，那么精度表示有效数字的个数；如果转换指定符是 s，那么精度表示最大字节数。精度是由小数点（.）后跟一个整数或字符*构成的。如果出现字符*，那么精度由下一个参数决定。（如果这个参数为负，效果与不指定精度一样。）如果只有小数点，那么精度为零。

553

- **长度指定符**（可选项）。长度指定符配合转换指定符，共同指定传入的实际参数的类型（例如，%d 通常表示一个 int 值，%hd 用于显示 short int 值，%ld 用于显示 long int 值）。表 22-5 列出了每一个长度指定符、可以使用的转换说明以及两者相结合时的类型（表中没有给出的长度指定符和转换指定符的结合会引起未定义的行为）。

表 22-5　用于...printf 函数的长度指定符

长度指定符	转换指定符	含　义
hh①	d、i、o、u、x、X	signed char，unsigned char
	n	signed char *
h	d、i、o、u、x、X	short int，unsigned short int
	n	short int *
l	d、i、o、u、x、X	long int，unsigned long int
(*ell*)	n	long int *
	c	wint_t
	s	wchar_t *
	a、A、e、E、f、F、g、G	无作用
ll①	d、i、o、u、x、X	long long int，unsigned long long int
(*ell-ell*)	n	long long int *
j①	d、i、o、u、x、X	intmax_t，uintmax_t
	n	intmax_t *

（续）

长度指定符	转换指定符	含 义
z①	d、i、o、u、x、X	size_t
	n	size_t *
t①	d、i、o、u、x、X	ptrdiff_t
	n	ptrdiff_t *
L	a、A、e、E、f、F、g、G	long double

① 仅 C99 及之后的标准才有。

- **转换指定符**。转换指定符必须是表 22-6 中列出的某一种字符。注意 f、F、e、E、g、G、a 和 A 全部设计用来输出 double 类型的值，但把它们用于 float 类型的值也可以：由于有默认实参提升（➤9.3 节），float 类型实参在传递给带有可变数量实参的函数时会自动转换为 double 类型。类似地，传递给…printf 函数的字符也会自动转换为 int 类型，所以可以正常使用转换指定符 c。

表 22-6 …printf 函数的转换指定符

转换指定符	含 义
d、i	把 int 类型值转换为十进制形式
o、u、x、X	把无符号整数转换为八进制（o）、十进制（u）或十六进制（x、X）形式。x 表示用小写字母 a~f 来显示十六进制数，X 表示用大写字母 A~F 来显示十六进制数
f、F①	把 double 类型值转换为十进制形式，并且把小数点放置在正确的位置上。如果没有指定精度，那么在小数点后面显示 6 个数字
e、E	把 double 类型值转换为科学记数法形式。如果没有指定精度，那么在小数点后面显示 6 个数字。如果选择 e，那么要把字母 e 放在指数前面；如果选择 E，那么要把字母 E 放在指数前面
g、G	g 会把 double 类型值转换为 f 形式或者 e 形式。当数值的指数部分小于-4，或者指数部分大于等于精度值时，会选择 e 形式显示。尾部的零不显示（除非使用了#标志），且小数点仅在后边跟有数字时才显示出来。G 会在 F 形式和 E 形式之间进行选择
a①、A①	使用格式[-]0x*h.hhhh*p±*d* 的格式把 double 类型值转换为十六进制科学记数法形式。其中[-]是可选的负号，*h* 代表十六进制数位，±是正号或者负号，*d* 是指数。*d* 为十进制数，表示 2 的幂。如果没有指定精度，在小数点后将显示足够的数位来表示准确的数值（如果可能的话）。a 表示用小写形式显示 a~f，A 表示用大写形式显示 A~F。选择 a 还是 A 也会影响字母 x 和 p 的情况
c	显示无符号字符的 int 类型值
s	写出由实参指向的字符。当达到精度值（如果存在）或者遇到空字符时，停止写操作
p	把 void *类型值转换为可打印形式
n	相应的实参必须是指向 int 类型对象的指针。在该对象中存储…printf 函数调用已经输出的字符数量，不产生输出
%	写字符%

① 仅 C99 及之后的标准才有。

请认真遵守这里描述的规则。使用无效的转换说明会导致未定义的行为。

22.3.3 C99 对…printf 转换说明的修改 C99

C99 对 printf 函数和 fprintf 函数的转换说明做了不少修改。

- **增加了长度指定符**。C99 中增加了 hh、ll、j、z 和 t 长度指定符。hh 和 ll 提供了额外的长度选项，j 允许输出最大宽度整数（➤27.1 节），z 和 t 分别使对 size_t 和 ptrdiff_t 类型值的输出变得更方便了。

554~555

- **增加了转换指定符**。C99 中增加了 F、a 和 A 转换指定符。F 和 f 一样，区别在于书写无穷数和 NaN（见下面的讨论）的方式。a 和 A 转换指定符很少使用，它们和十六进制浮点常量相关，后者在第 7 章末尾的"问与答"部分讨论过。
- **允许输出无穷数和 NaN**。IEEE 754 浮点标准允许浮点运算的结果为正无穷数、负无穷数或 NaN（非数）。例如，1.0 除以 0.0 会产生正无穷数，-1.0 除以 0.0 会产生负无穷数，而 0.0 除以 0.0 会产生 NaN（因为该结果在数学上是无定义的）。在 C99 中，转换指定符 a、A、e、E、f、F、g 和 G 能把这些特殊值转换为可显示的格式。a、e、f 和 g 将正无穷数转换为 inf 或 infinity（都是合法的），将负无穷数转换为-inf 或-infinity，将 NaN 转换为 nan 或-nan（后面可能跟着一对圆括号，圆括号里面有一系列的字符）。A、E、F 和 G 与 a、e、f 和 g 是等价的，区别仅在于使用大写字母（INF、INFINITY、NAN）。
- **支持宽字符**。从 C99 开始的另一个特性是使用 fprintf 来输出宽字符。%lc 转换说明用于输出一个宽字符，%ls 用于输出一个由宽字符组成的字符串。
- **之前未定义的转换指定符现在允许使用了**。在 C89 中，使用%le、%lE、%lf、%lg 以及%lG 的效果是未定义的。这些转换说明在 C99 及其之后都是合法的（l 长度指定符被忽略）。

22.3.4 ...printf 转换说明示例

现在来看一些示例。在前面的章节中我们已经看过大量日常转换说明的例子了，所以下面将集中说明一些更高级的应用示例。与前面的章节一样，这里将用·表示空格字符。

我们首先来看看标志作用于%d 转换的效果（对其他转换的效果也是类似的）。表 22-7 的第一行显示了不带任何标志的%8d 的效果。接下来的四行分别显示了带有标志-、+、空格以及 0 的效果（标志#从不用于%d）。剩下的几行显示了标志组合所产生的效果。

表 22-7　标志作用于%d 转换的效果

转换说明	对 123 应用转换说明的结果	对-123 应用转换说明的结果
%8d	•••••123	••••-123
%-8d	123•••••	-123••••
%+8d	••••+123	••••-123
% 8d	•••••123	••••-123
%08d	00000123	-0000123
%-+8d	+123••••	-123••••
%- 8d	•123••••	-123••••
%+08d	+0000123	-0000123
% 08d	•0000123	-0000123

556

表 22-8 说明了标志#作用于 o、x、X、g 和 G 转换的效果。

表 22-8　标志#的效果

转换说明	对 123 应用转换说明的结果	对 123.0 应用转换说明的结果
%8o	•••••173	
%#8o	••••0173	
%8x	••••••7b	
%#8x	••••0x7b	
%8X	••••••7B	

（续）

转换说明	对 123 应用转换说明的结果	对 123.0 应用转换说明的结果
%#8X	••••0X7B	
%8g		•••••123
%#8g		•123.000
%8G		•••••123
%#8G		•123.000

在前面的章节中，表示数值时已经使用过最小栏宽和精度了，所以这里不再给出更多的示例，只在表 22-9 中给出最小栏宽和精度作用于%s 转换的效果。

表 22-9 最小栏宽和精度作用于转换%s 的效果

转换说明	对"bogus"应用转换说明的结果	对"buzzword"应用转换说明的结果
%6s	•bogus	buzzword
%-6s	bogus•	buzzword
%.4s	bogu	buzz
%6.4s	••bogu	••buzz
%-6.4s	bogu••	buzz••

表 22-10 说明了%g 转换如何以%e 和%f 的格式显示数。表中的所有数都用转换说明%.4g 进行了书写。前两个数的指数至少为 4，因此它们是按照%e 的格式显示的。接下来的 8 个数是按照%f 的格式显示的。最后两个数的指数小于–4，所以也用%e 的格式来显示。

表 22-10 %g 转换的示例

数	对数应用转换%.4g 的结果
123456.	1.235e+05
12345.6	1.235e+04
1234.56	1235
123.456	123.5
12.3456	12.35
1.23456	1.235
0.123456	0.1235
0.0123456	0.01235
0.00123456	0.001235
0.000123456	0.0001235
0.0000123456	1.235e-05
0.00000123456	1.235e-06

557

过去，我们假设最小栏宽和精度都是嵌在格式串中的常量。用字符*取代最小栏宽或精度通常可以把它们作为格式串之后的实际参数加以指定。例如，下列 printf 函数的调用都产生相同的输出：

```
printf("%6.4d", i);
printf("%*.4d", 6, i);
printf("%6.*d", 4, i);
printf("%*.*d", 6, 4, i);
```

注意，为字符*填充的值刚好出现在待显示的值之前。顺便说一句，字符*的主要优势就是它允许使用宏来指定栏宽或精度：

```
printf("%*d", WIDTH, i);
```

我们甚至可以在程序执行期间计算栏宽或精度：

```
printf("%*d", page_width / num_cols, i);
```

最不常见的转换说明是%p 和%n。%p 转换允许显示指针的值：

```
printf("%p", (void *) ptr); /* displays value of ptr */
```

虽然在调试时%p 偶尔有用，但它不是大多数程序员日常使用的特性。C标准没有指定用%p 显示指针的形式，但很可能会以八进制或十六进制数的形式显示。

转换%n 用来找出到目前为止由...printf 函数调用所显示的字符数量。例如，在调用

```
printf("%d%n\n", 123, &len);
```

之后 len 的值将为 3，因为在执行转换%n 的时候 printf 函数已经显示 3 个字符（123）了。注意，在 len 前面必须要有&（因为%n 要求指针），这样就不会显示 len 自身的值。

22.3.5　...scanf 函数

```
int fscanf(FILE * restrict stream, const char * restrict format, ...);
int scanf(const char * restrict format, ...);
```

fscanf 函数和 **scanf** 函数从输入流读入数据，并且使用格式串来指明输入的格式。格式串的后边可以有任意数量的指针（每个指针指向一个对象）作为额外的实际参数。输入的数据项根据格式串中的转换说明进行转换并且存储在指针指向的对象中。

558

scanf 函数始终从标准输入流 stdin 中读入内容，而 fscanf 函数则从它的第一个参数所指定的流中读入内容：

```
scanf("%d%d", &i, &j);          /* reads from stdin */
fscanf(fp, "%d%d", &i, &j);     /* reads from fp */
```

scanf 函数的调用等价于以 stdin 作为第一个实际参数的 fscanf 函数调用。

如果发生**输入失败**（即没有输入字符可以读）或者**匹配失败**（即输入字符和格式串不匹配），那么...scanf 函数会提前返回。（C99 在 C99 中，输入失败还可能由**编码错误**导致。编码错误意味着我们试图按多字节字符的方式读取输入，但输入字符不是有效的多字节字符。）这两个函数都返回读入并且赋值给对象的数据项的数量。如果在读取任何数据项之前发生输入失败，那么会返回 EOF。

在 C 程序中测试 scanf 函数的返回值的循环很普遍。例如，下列循环逐个读取一串整数，在首个遇到问题的符号处停止：

```
[惯用法]  while (scanf("%d", &i) == 1) {
            ...
          }
```

22.3.6　...scanf 格式串

...scanf 函数的调用类似于...printf 函数的调用。然而，这种相似可能会产生误导，实际上...scanf 函数的工作原理完全不同于...printf 函数。我们应该把 scanf 函数和 fscanf 函数看作“模式匹配”函数。格式串表示的就是...scanf 函数在读取输入时试图匹配的模式。如果输入和格式串不匹配，那么一旦发现不匹配函数就会返回。不匹配的输入字符将被“放回”留待

以后读取。

…scanf 函数的格式串可能含有三种信息。

- **转换说明**。…scanf 函数格式串中的转换说明类似于…printf 函数格式串中的转换说明。大多数转换说明（%[、%c 和%n 例外）会跳过输入项开始处的空白字符（➤3.2 节）。但是，转换说明不会跳过尾部的空白字符。如果输入含有·123¤，那么转换说明%d 会读取·、1、2 和 3，但是留下¤不读取。（这里使用·表示空格符，用¤表示换行符。）
- **空白字符**。…scanf 函数格式串中的一个或多个连续的空白字符与输入流中的零个或多个空白字符相匹配。
- **非空白字符**。除了%之外的非空白字符和输入流中的相同字符相匹配。

559

例如，格式串"ISBN %d-%d-%ld-%d"说明输入由下列这些内容构成：字母 ISBN，可能有一些空白字符，一个整数，字符-，一个整数（前面可能有空白字符），字符-，一个长整数（前面可能有空白字符），字符-和一个整数（前面可能有空白字符）。

22.3.7 …scanf 转换说明

用于…scanf 函数的转换说明实际上比用于…printf 函数的转换说明简单一些。…scanf 函数的转换说明由字符%和跟随其后的下列选项（按照出现的顺序）构成。

- **字符***（可选项）。字符*的出现意味着**赋值屏蔽**（assignment suppression）：读入此数据项，但是不会把它赋值给对象。用*匹配的数据项不包含在…scanf 函数返回的计数中。
- **最大栏宽**（可选项）。最大栏宽限制了输入项中的字符数量。如果达到了这个最大值，那么此数据项的转换将结束。转换开始处跳过的空白字符不进行统计。
- **长度指定符**（可选项）。长度指定符表明用于存储输入数据项的对象的类型与特定转换说明中的常见类型长度不一致。表 22-11 列出了每一个长度指定符、可以使用的转换说明以及两者相结合时的类型（表中没有给出的长度指定符和转换指定符的结合会引起未定义的行为）。

表 22-11 用于…scanf 函数的长度指定符

长度指定符	转换指定符	含 义
hh①	d、i、o、u、x、X、n	signed char *, unsigned char *
h	d、i、o、u、x、X、n	short int *, unsigned short int *
l（*ell*）	d、i、o、u、x、X、n	long int *, unsigned long int *
	a、A、e、E、f、F、g、G	double *
	c、s、[	wchar_t *
ll①（*ell-ell*）	d、i、o、u、x、X、n	long long int *, unsigned long long int *
j①	d、i、o、u、x、X、n	intmax_t *, uintmax_t *
z①	d、i、o、u、x、X、n	size_t *
t①	d、i、o、u、x、X、n	ptrdiff_t *
L	a、A、e、E、f、F、g、G	long double *

① 仅 C99 及之后的标准才有。

560

- **转换指定符**。转换指定符必须是表 22-12 中列出的某一种字符。

表 22-12　用于...scanf 函数的转换指定符

转换指定符	含　义
d	匹配十进制整数，假设相应的实参是 int *类型
i	匹配整数，假设相应的实参是 int *类型。假定数是十进制形式的，除非它以 0 开头（说明是八进制形式），或者以 0x 或 0X 开头（十六进制形式）
o	匹配八进制整数。假设相应的实参是 unsigned int *类型
u	匹配十进制整数。假设相应的实参是 unsigned int *类型
x、X	匹配十六进制整数。假设相应的实参是 unsigned int *类型
a①、A①、e、E、f、F①、g、G	匹配浮点数。假设相应的实参是 float *类型。在 C99 中，该数可以是无穷大或 NaN
c	匹配 *n* 个字符，这里的 *n* 是最大栏宽。如果没有指定栏宽，那么就匹配一个字符。假设相应的实参是指向字符数组的指针（如果没有指定栏宽，就指向字符对象）。不在末尾添加空字符
s	匹配一串非空白字符，然后在末尾添加空字符。假设相应的实参是指向字符数组的指针
[	匹配来自扫描集合的非空字符序列，然后在末尾添加空字符。假设相应的实参是指向字符数组的指针
p	以...printf 函数的输出格式匹配指针值。假设相应的实参是指向 void*对象的指针
n	相应的实参必须指向 int 类型的对象。把到目前为止读入的字符数量存储到此对象中。没有输入会被吸收进去，而且...scanf 函数的返回值也不会受到影响
%	匹配字符%

① 仅 C99 及之后的标准才有。

数值型数据项可以始终用符号（+或-）作为开头。然而，说明符 o、u、x 和 X 把数据项转换成无符号的形式，所以通常不用这些说明符来读取负数。

说明符[是说明符 s 更加复杂（且更加灵活）的版本。使用[的完整转换说明格式是%[*集合*]或者%[^*集合*]，这里的*集合*可以是任意字符集。（但是，如果]是*集合*中的一个字符，那么它必须首先出现。）%[*集合*]匹配*集合*（即**扫描集合**）中的任意字符序列。%[^*集合*]匹配不在*集合*中的任意字符序列（换句话说，构成扫描集合的全部字符都不在*集合*中）。例如，%[abc]匹配的是只含有字母 a、b 和 c 的任何字符串，而%[^abc]匹配的是不含有字母 a、b 或 c 的任何字符串。

561

...scanf 函数的许多转换指定符和<stdlib.h>中的数值转换函数（➤26.2 节）有着紧密的联系。这些函数把字符串（如"-297"）转换成与其等价的数值（-297）。例如，说明符 d 寻找可选的+号或-号，后边跟着一串十进制的数字。这样就与把字符串转换成十进制数的 strtol 函数所要求的格式完全一样了。表 22-13 展示了转换指定符和数值转换函数之间的对应关系。

表 22-13　...scanf 转换指定符和数值转换函数之间的对应关系

转换指定符	字符串转换函数
d	10 作为基数的 strtol 函数
i	0 作为基数的 strtol 函数
o	8 作为基数的 strtoul 函数
u	10 作为基数的 strtoul 函数
x、X	16 作为基数的 strtoul 函数
a、A、e、E、f、F、g、G	strtod 函数

编写 scanf 函数的调用时需要十分小心。scanf 格式串中无效的转换说明就像 printf 格式串中的无效转换说明一样糟糕，都会导致未定义的行为。

22.3.8 C99 对…scanf 转换说明的改变 C99

从 C99 开始的标准对 scanf 和 fscanf 的转换说明做了一些改变，但没有…printf 函数那么多。

- **增加了长度指定符。** 从 C99 开始增加了 hh、ll、j、z 和 t 长度指定符，它们与…printf 转换说明中的长度指定符相对应。
- **增加了转换指定符。** 从 C99 开始增加了 F、a 和 A 转换指定符，提供这些转换指定符是为了与…printf 相一致。…scanf 函数把它们与 e、E、f、g 和 G 等同看待。
- **具有读无穷数和 NaN 的能力。** 正如…printf 函数可以输出无穷数和 NaN 一样，…scanf 函数可以读这些值。为了能够正确读出，这些数的形式应该与…printf 函数相同，忽略大小写（例如，INF 或 inf 都会被认为是无穷数）。
- **支持宽字符。** …scanf 函数能够读多字节字符，并在存储时将之转换为宽字符。%lc 转换说明用于读出单个的多字节字符或者一系列多字节字符；%ls 用于读取由多字节字符组成的字符串（在结尾添加空字符）。%l[*集合*] 和 %l[^*集合*] 转换说明也可以读取多字节字符串。

562

22.3.9 scanf 示例

下面三个表格包含了 scanf 的调用示例。每个示例都把 scanf 函数应用于它右侧的输入字符。用删除线显示的字符会被调用吸收。调用后变量的值会出现在输入的右侧。

表 22-14 中的示例说明了把转换说明、空白字符以及非空白字符组合在一起的效果。在这三种情况下没有对 j 赋值，所以 j 的值在 scanf 调用前后保持不变。表 22-15 中的示例显示了赋值屏蔽和指定栏宽的效果。表 22-16 中的示例描述了更加深奥的转换指定符（即 i、[和 n）。

表 22-14 scanf 示例（第一组）

scanf 函数的调用	输入	变量
`n = scanf("%d%d", &i, &j);`	~~12•~~,•34¤	n:1 i:12 j:不变
`n = scanf("%d,%d", &i, &j);`	~~12~~•,•34¤	n:1 i:12 j:不变
`n = scanf("%d ,%d", &i, &j);`	~~12•,•34~~¤	n:2 i:12 j:34
`n = scanf("%d, %d", &i, &j);`	~~12~~•,•34¤	n:1 i:12 j:不变

表 22-15　scanf 示例（第二组）

scanf 函数的调用	输　入	变　量
`n = scanf("%*d%d", &i);`	~~12•34~~¤	n:1 i:34
`n = scanf("%*s%s", str);`	~~My•Fair~~•Lady¤	n:1 str: "Fair"
`n = scanf("%1d%2d%3d", &i, &j, &k);`	~~12345~~¤	n:3 i:1 j:23 k:45
`n = scanf("%2d%2s%2d", &i, str, &j);`	~~123456~~¤	n:3 i:12 str:"34" j:56

563

表 22-16　scanf 示例（第三组）

scanf 函数的调用	输　入	变　量
`n = scanf("%i%i%i", &i, &j, &k);`	~~12•012•0x12~~¤	n:3 i:12 j:10 k:18
`n = scanf("%[0123456789]", str);`	~~123~~abc¤	n:1 Str: "123"
`n = scanf("%[0123456789]", str);`	abc123¤	n:0 str: 不变
`n = scanf("%[^0123456789]", str);`	~~abc~~123¤	n:1 Str: "abc"
`n = scanf("%*d%d%n", &i, &j);`	~~10•20~~•30¤	n:1 i:20 j:5

22.3.10　检测文件末尾和错误条件

```
void clearerr(FILE *stream);
int feof(FILE *stream);
int ferror(FILE *stream);
```

如果要求...scanf 函数读入并存储 n 个数据项，那么希望它的返回值就是 n。如果返回值小于 n，那么一定是出错了。一共有三种可能情况。

- **文件末尾**。函数在完全匹配格式串之前遇到了文件末尾。
- **读取错误**。函数不能从流中读取字符。
- **匹配失败**。数据项的格式是错误的。例如，函数可能在搜索整数的第一个数字时遇到了一个字母。

但是如何知道遇到的是哪种情况呢？在许多情况下，这是无关紧要的，程序出问题了，可以把它舍弃。然而，有时候需要查明失败的原因。

每个流都有与之相关的两个指示器：**错误指示器**（error indicator）和**文件末尾指示器**（end-of-file indicator），当打开流时会清除这些指示器。遇到文件末尾就设置文件末尾指示器，遇到读错误就设置错误指示器。（输出流上发生写错误时也会设置错误指示器。）匹配失败不会改变任何一个指示器。

一旦设置了错误指示器或者文件末尾指示器，它就会保持这种状态直到被显式地清除（可能通过 **clearerr** 函数的调用）。clearerr 会同时清除文件末尾指示器和错误指示器：

564

```
clearerr(fp);        /* clears eof and error indicators for fp */
```

Q&A 某些其他库函数因为副作用可以清除某种指示器或两种都可以清除，所以不需要经常使用 clearerr 函数。

我们可以调用 **feof** 函数和 **ferror** 函数来测试流的指示器，从而确定出先前在流上的操作失败的原因。Q&A 如果为与 fp 相关的流设置了文件末尾指示器，那么 feof(fp) 函数调用就会返回非零值。如果设置了错误指示器，那么 ferror(fp) 函数的调用也会返回非零值。而其他情况下，这两个函数都会返回零。

当 scanf 函数返回小于预期的值时，可以使用 feof 函数和 ferror 函数来确定原因。如果 feof 函数返回了非零的值，那么就说明已经到达了输入文件的末尾。如果 ferror 函数返回了非零的值，那么就表示在输入过程中产生了读错误。如果两个函数都没有返回非零值，那么一定是发生了匹配失败。不管问题是什么，scanf 函数的返回值都会告诉我们在问题产生前所读入的数据项的数量。

为了明白 feof 函数和 ferror 函数可能的使用方法，现在来编写一个函数。此函数用来搜索文件中以整数起始的行。下面是预计的函数调用方式：

```
n = find_int("foo");
```

其中，"foo"是要搜索的文件的名字，函数返回找到的整数的值并将其赋给 n。如果出现问题（文件无法打开或者发生读错误，再或者没有以整数起始的行），find_int 函数将返回一个错误代码（分别是-1、-2 或-3）。我们假设文件中没有以负整数起始的行。

```
int find_int(const char *filename)
{
  FILE *fp = fopen(filename, "r");
  int n;

  if (fp == NULL)
    return -1;              /* can't open file */

  while (fscanf(fp, "%d", &n) != 1) {
    if (ferror(fp)) {
      fclose(fp);
      return -2;            /* input error */
    }
    if (feof(fp)) {
      fclose(fp);
      return -3;            /* integer not found */
    }
    fscanf(fp, "%*[^\n]");/* skips rest of line */
  }

  fclose(fp);
  return n;
}
```

while 循环的控制表达式调用 fscanf 函数的目的是从文件中读取整数。如果尝试失败了（fscanf 函数返回的值不为 1），那么 find_int 函数就会调用 ferror 函数和 feof 函数来了解是发生了读错误还是遇到了文件末尾。如果都不是，那么 fscanf 函数一定是由于匹配错误而失败的，因此 find_int 函数会跳过当前行的剩余字符并尝试下一行。请注意用转换说明%*[^\n]跳过全部字符直到下一个换行符为止的用法。（我们对扫描集合已有所了解，可以拿出来显摆一下了！）

565

22.4 字符的输入/输出

本节将讨论用于读和写单个字符的库函数。这些函数可以处理文本流和二进制流。

请注意，本节中的函数把字符作为 int 类型而非 char 类型的值来处理。这样做的原因之一就是，输入函数是通过返回 EOF 来说明文件末尾（或错误）情况的，而 EOF 又是一个负的整型常量。

22.4.1 输出函数

```
int fputc(int c, FILE *stream);
int putc(int c, FILE *stream);
int putchar(int c);
```

putchar 函数向标准输出流 stdout 写一个字符：

```
putchar(ch);      /* writes ch to stdout */
```

fputc 函数和 **putc** 函数是 putchar 函数向任意流写字符的更通用的版本：

```
fputc(ch, fp);    /* writes ch to fp */
putc(ch, fp);     /* writes ch to fp */
```

虽然 putc 函数和 fputc 函数做的工作相同，但是 putc 通常作为宏来实现（也有函数实现），而 fputc 函数则只作为函数实现。putchar 本身通常也定义为宏：

```
#define putchar(c) putc((c), stdout)
```

标准库既提供 putc 又提供 fputc，看起来很奇怪。但是，正如在 14.3 节看到的那样，宏有几个潜在的问题。C 标准允许 putc 宏对 stream 参数多次求值，而 fputc 则不可以。**Q&A** 虽然程序员通常偏好使用 putc，因为它的速度较快，但 fputc 作为备选也是可用的。

如果出现了写错误，那么上述这 3 个函数都会为流设置错误指示器并且返回 EOF。否则，它们都会返回写入的字符。

566

22.4.2 输入函数

```
int fgetc(FILE *stream);
int getc(FILE *stream);
int getchar(void);
int ungetc(int c, FILE *stream);
```

getchar 函数从标准输入流 stdin 中读入一个字符：

```
ch = getchar();   /* reads a character from stdin */
```

fgetc 函数和 **getc** 函数从任意流中读入一个字符：

```
ch = fgetc(fp);   /* reads a character from fp */
ch = getc(fp);    /* reads a character from fp */
```

这 3 个函数都把字符看作 unsigned char 类型的值（返回之前转换成 int 类型）。因此，它们不会返回 EOF 之外的负值。

getc 和 fgetc 之间的关系类似于 putc 和 fputc 之间的关系。getc 通常作为宏来实现（也有函数实现），而 fgetc 则只作为函数实现。getchar 本身通常也定义为宏：

```
#define getchar() getc(stdin)
```

对于从文件中读取字符来说，程序员通常喜欢 getc 胜过 fgetc。因为 getc 一般是宏的形式，所以它执行起来的速度较快。如果 getc 不合适，那么可以用 fgetc 作为备选。（标准允许 getc 宏对参数多次求值，这可能会有问题。）

如果出现问题，那么这 3 个函数的行为是一样的。如果遇到了文件末尾，那么这 3 个函数都会设置流的文件末尾指示器，并且返回 EOF。如果产生了读错误，则它们都会设置流的错误指示器，并且返回 EOF。为了区分这两种情况，可以调用 feof 函数或者 ferror 函数。

fgetc 函数、getc 函数和 getchar 函数最常见的用法之一就是从文件中逐个读入字符，直到遇到文件末尾。一般习惯使用下列 while 循环来实现此目的：

[惯用法]
```
while ((ch = getc(fp)) != EOF) {
  ...
}
```

在从与 fp 相关的文件中读入字符并且把它存储到变量 ch（它必须是 int 类型的）之中后，判定条件会把 ch 与 EOF 进行比较。如果 ch 不等于 EOF，则表示还未到达文件末尾，就可以执行循环体。如果 ch 等于 EOF，则循环终止。

567

始终要把 fgetc、getc 或 getchar 函数的返回值存储在 int 类型的变量中，而不是 char 类型的变量中。Q&A 把 char 类型变量与 EOF 进行比较可能会得到错误的结果。

还有另外一种字符输入函数，即 **ungetc** 函数。此函数把从流中读入的字符“放回”并清除流的文件末尾指示器。如果在输入过程中需要往前多看一个字符，那么这种能力可能会非常有效。比如，为了读入一系列数字，并且在遇到首个非数字时停止操作，可以写成

```
while (isdigit(ch = getc(fp))) {
  ...
}
ungetc(ch, fp);   /* pushes back last character read */
```

通过持续调用 ungetc 函数而放回的字符数量（不干涉读操作）依赖于实现和所含的流类型。只有第一次的 ungetc 函数调用保证会成功。调用文件定位函数（即 fseek、fsetpos 或 rewind）（➤22.7 节）会导致放回的字符丢失。

ungetc 返回要求放回的字符。如果试图放回 EOF 或者试图放回超过最大允许数量的字符数，则 ungetc 会返回 EOF。

程序　复制文件

下面的程序用来进行文件的复制操作。当程序执行时，会在命令行上指定原始文件名和新文件名。例如，为了把文件 f1.c 复制给文件 f2.c，可以使用命令

```
fcopy f1.c f2.c
```

如果命令行上的文件名不是两个，或者至少有一个文件无法打开，那么程序 fcopy 将产生出错消息。

fcopy.c

```
/* Copies a file */

#include <stdio.h>
#include <stdlib.h>

int main(int argc, char *argv[])
{
  FILE *source_fp, *dest_fp;
  int ch;

  if (argc != 3) {
    fprintf(stderr, "usage: fcopy source dest\n");
    exit(EXIT_FAILURE);
  }

  if ((source_fp = fopen(argv[1], "rb")) == NULL) {
    fprintf(stderr, "Can't open %s\n", argv[1]);
    exit(EXIT_FAILURE);
  }

  if ((dest_fp = fopen(argv[2], "wb")) == NULL) {
    fprintf(stderr, "Can't open %s\n", argv[2]);
    fclose(source_fp);
    exit(EXIT_FAILURE);
  }

  while ((ch = getc(source_fp)) != EOF)
    putc(ch, dest_fp);

  fclose(source_fp);
  fclose(dest_fp);
  return 0;
}
```

568

采用"rb"和"wb"作为文件模式，使 fcopy 程序既可以复制文本文件也可以复制二进制文件。如果用"r"和"w"来代替，那么程序将无法复制二进制文件。

22.5　行的输入/输出

下面将介绍读和写行的库函数。虽然这些函数也可有效地用于二进制的流，但是它们多数用于文本流。

22.5.1　输出函数

```
int fputs(const char * restrict s, FILE * restrict stream);
int puts(const char *s);
```

我们在 13.3 节已经见过 **puts** 函数，它是用来向标准输出流 stdout 写入字符串的：

```
puts("Hi, there!");   /* writes to stdout */
```

569

在写入字符串中的字符以后，puts 函数总会添加一个换行符。

fputs 函数是 puts 函数的更通用版本。此函数的第二个实参指明了输出要写入的流：

```
fputs("Hi, there!", fp);   /* writes to fp */
```

不同于 puts 函数，fputs 函数不会自己写入换行符，除非字符串中本身含有换行符。

当出现写错误时，上面这两种函数都会返回 EOF。否则，它们都会返回一个非负的数。

22.5.2 输入函数

```
char *fgets(char * restrict s, int n, FILE * restrict stream);
```

在 13.3 节中已经见过在新标准中废弃的 **gets** 函数了。

fgets 函数是 gets 函数的更通用版本，它可以从任意流中读取信息。fgets 函数也比 gets 函数更安全，因为它会限制将要存储的字符的数量。下面是使用 fgets 函数的方法，假设 str 是字符数组的名字：

```
fgets(str, sizeof(str), fp);   /* reads a line from fp */
```

此调用将导致 fgets 函数逐个读入字符，直到遇到首个换行符时或者已经读入了 sizeof(str)-1 个字符时结束操作，这两种情况哪种先发生都可以。如果 fgets 函数读入了换行符，那么它会把换行符和其他字符一起存储。（因此，gets 函数从来不存储换行符，而 fgets 函数有时会存储换行符。）

如果出现了读错误，或者是在存储任何字符之前达到了输入流的末尾，那么 gets 函数和 fgets 函数都会返回空指针。（通常，可以使用 feof 函数或 ferror 函数来确定出现的是哪种情况。）否则，两个函数都会返回自己的第一个实参（指向保存输入的数组的指针）。与预期一样，两个函数都会在字符串的末尾存储空字符。

现在已经学习了 fgets 函数，那么建议大家用 fgets 函数来代替 gets 函数。对于 gets 函数而言，接收数组的下标总有可能越界，所以只有在保证读入的字符串正好适合数组大小时使用 gets 函数才是安全的。在没有保证的时候（通常是没有的），使用 fgets 函数要安全得多。注意，如果把 stdin 作为第三个实参进行传递，那么 fgets 函数就会从标准输入流中读取：

```
fgets(str, sizeof(str), stdin);
```

570

22.6 块的输入/输出

```
size_t fread(void * restrict ptr,
             size_t size, size_t nmemb,
             FILE * restrict stream);
size_t fwrite(const void * restrict ptr,
              size_t size, size_t nmemb,
              FILE * restrict stream);
```

fread 函数和 fwrite 函数允许程序在单步中读和写大的数据块。Q&A 如果小心使用，fread 函数和 fwrite 函数可以用于文本流，但是它们主要还是用于二进制的流。

fwrite 函数用来把内存中的数组复制给流。fwrite 函数调用中第一个参数是数组的地址，第二个参数是每个数组元素的大小（以字节为单位），第三个参数是要写的元素数量，第四个参数是文件指针，此指针说明了要写的数据位置。例如，为了写整个数组 a 的内容，就可以使用下列 fwirte 函数调用：

```
fwrite(a, sizeof(a[0]), sizeof(a) / sizeof(a[0]), fp);
```

没有规定必须写入整个数组，数组任何区间的内容都可以轻松地写入。fwrite 函数返回实际写入的元素（不是字节）的数量。如果出现写入错误，那么此数就会小于第三个实参。

fread 函数将从流读入数组的元素。fread 函数的参数类似于 fwrite 函数的参数：数组的地址、每个元素的大小（以字节为单位）、要读的元素数量以及文件指针。为了把文件的内容读入数组 a，可以使用下列 fread 函数调用：

```
n = fread(a, sizeof(a[0]), sizeof(a) / sizeof(a[0]), fp);
```

检查 fread 函数的返回值是非常重要的。此返回值说明了实际读的元素（不是字节）的数量。此数应该等于第三个参数，除非达到了输入文件末尾或者出现了错误。可以用 feof 函数和 ferror 函数来确定出问题的原因。

注意，不要把 fread 函数的第二个参数和第三个参数搞混了。思考下面这个 fread 函数调用：

```
fread(a, 1, 100, fp)
```

571

这里要求 fread 函数读入 100 个元素，且每个元素占 1 字节，所以它返回 0~100 范围内的某个值。下面的调用则要求 fread 函数读入一个有 100 字节的块：

```
fread(a, 100, 1, fp)
```

此情况中 fread 函数的返回值不是 0 就是 1。

当程序需要在终止之前把数据存储到文件中时，使用 fwrite 函数是非常方便的。以后程序（或者另外的程序）可以使用 fread 函数把数据读回内存中来。不考虑形式的话，数据不一定要是数组格式的。fread 函数和 fwrite 函数都可以用于所有类型的变量，特别是可以用 fread 函数读结构或者用 fwrite 函数写结构。例如，为了把结构变量 s 写入文件，可以使用下列形式的 fwrite 函数调用：

```
fwrite(&s, sizeof(s), 1, fp);
```

使用 fwrite 输出包含指针值的结构时需要小心。读回时不能保证这些值一定有效。

22.7　文件定位

```
int fgetpos(FILE * restrict stream, fpos_t * restrict pos);
int fseek(FILE *stream, long int offset, int whence);
int fsetpos(FILE *stream, const fpos_t *pos);
long int ftell(FILE *stream);
void rewind(FILE *stream);
```

每个流都有相关联的**文件位置**（file position）。打开文件时，会将文件位置设置在文件的起始处。（但如果文件按“追加”模式打开，初始的文件位置可以在文件起始处，也可以在文件末尾，这依赖于具体的实现。）然后，在执行读或写操作时，文件位置会自动推进，并且允许按照顺序贯穿整个文件。

虽然对许多应用程序来说顺序访问是很好的，但是某些程序需要具有在文件中跳跃的能力，即可以在这里访问一些数据，然后到别处访问其他数据。例如，如果文件包含一系列记录，我们可能希望直接跳到特定的记录处，并对其进行读或更新。<stdio.h>通过提供 5 个函数来支持这种形式的访问，这些函数允许程序确定当前的文件位置或者改变文件的位置。

fseek 函数改变与第一个参数（即文件指针）相关的文件位置。第三个参数说明新位置是根据文件的起始处、当前位置还是文件末尾来计算。<stdio.h>为此定义了 3 种宏。 572

- SEEK_SET：文件的起始处。
- SEEK_CUR：文件的当前位置。
- SEEK_END：文件的末尾处。

第二个参数是个（可能为负的）字节计数。例如，为了移动到文件的起始处，搜索的方向将为 SEEK_SET，而且字节计数为 0：

```
fseek(fp, 0L, SEEK_SET);       /* moves to beginning of file */
```

为了移动到文件的末尾，搜索的方向应该是 SEEK_END：

```
fseek(fp, 0L, SEEK_END);       /* moves to end of file */
```

为了往回移动 10 个字节，搜索的方向应该是 SEEK_CUR，并且字节计数为-10：

```
fseek(fp, -10L, SEEK_CUR);     /* moves back 10 bytes */
```

注意，字节计数是 long int 类型的，所以这里用 0L 和-10L 作为实参。（当然，用 0 和-10 也可以，因为参数会自动转换为正确的类型。）

通常情况下，fseek 函数返回 0。如果产生错误（例如，要求的位置不存在），那么 fseek 函数就会返回非零值。

顺便提一句，文件定位函数最适用于二进制流。C 语言不禁止程序对文本流使用这些定位函数，但考虑到操作系统的差异，要小心使用。fseek 函数对流是文本的还是二进制的很敏感。对于文本流而言，要么 offset（fseek 的第二个参数）必须为 0，要么 whence（fseek 的第三个参数）必须是 SEEK_SET，且 offset 的值通过前面的 ftell 函数调用获得。（换句话说，我们只可以利用 fseek 函数移动到文件的起始处或者文件的末尾处，或者返回前面访问过的位置。）对于二进制流而言，fseek 函数不要求支持 whence 是 SEEK_END 的调用。

ftell 函数以长整数返回当前文件位置。[如果发生错误，ftell 函数会返回-1L，并且把错误码存储到 errno（➤24.2 节）中。] ftell 可能会存储返回的值并且稍后将其提供给 fseek 函数调用，这也使返回前面的文件位置成为可能：

```
long file_pos;
...
file_pos = ftell(fp);             /* saves current position */
...
fseek(fp, file_pos, SEEK_SET);    /* returns to old position */
```

如果 fp 是二进制流，那么 ftell(fp)调用会以字节计数来返回当前文件位置，其中 0 表示文件的起始处。但是，如果 fp 是文本流，ftell(fp)返回的值不一定是字节计数，因此最好不要对 ftell 函数返回的值进行算术运算。例如，为了查看两个文件位置的距离而把 ftell 返回的值相减不是个好做法。 573

rewind 函数会把文件位置设置在起始处。调用 rewind(fp)几乎等价于 fseek(fp, 0L, SEEK_SET)，两者的差异是 rewind 函数不返回值，但会为 fp 清除错误指示器。

fseek 函数和 ftell 函数都有一个问题：它们只能用于文件位置可以存储在长整数中的文件。Q&A 为了用于非常大的文件，C 语言提供了另外两个函数：**fgetpos** 函数和 **fsetpos** 函数。这两个函数可以用于处理大型文件，因为它们用 fpos_t 类型的值来表示文件位置。fpos_t 类型值不一定就是整数，比如，它可以是结构。

调用 fgetpos(fp, &file_pos)会把与 fp 相关的文件位置存储到 file_pos 变量中。调用 fsetpos(fp, &file_pos)会为 fp 设置文件的位置，此位置是存储在 file_pos 中的值。（此值必须通过前面的 fgetpos 调用获得。）如果 fgetpos 函数或者 fsetpos 函数调用失败，那么都会把错误码存储到 errno 中。当调用成功时，这两个函数都会返回 0；否则，都会返回非零值。

下面是使用 fgetpos 函数和 fsetpos 函数保存文件位置并且稍后返回该位置的方法：

```
fpos_t file_pos;
...
fgetpos(fp, &file_pos);  /* saves current position */
...
fsetpos(fp, &file_pos);  /* returns to old position */
```

程序　修改零件记录文件

下面这个程序打开包含 part 结构的二进制文件，把结构读到数组中，把每个结构的成员 on_hand 置为 0，然后再把此结构写回到文件中。注意，程序用"rb+"模式打开文件，因此既可读又可写。

invclear.c

574

```
/* Modifies a file of part records by setting the quantity
   on hand to zero for all records*/

#include <stdio.h>
#include <stdlib.h>

#define NAME_LEN 25
#define MAX_PARTS 100

struct part {
  int number;
  char name[NAME_LEN+1];
  int on_hand;
} inventory[MAX_PARTS];

int num_parts;

int main(void)
{
  FILE *fp;
  int i;

  if ((fp = fopen("inventory.dat", "rb+")) == NULL) {
    fprintf(stderr,"Can't open inventory file\n");
    exit(EXIT_FAILURE);
  }

  num_parts = fread(inventory, sizeof(struct part),
                    MAX_PARTS, fp);

  for (i = 0; i < num_parts; i++)
    inventory[i].on_hand = 0;

  rewind(fp);
```

```
    fwrite(inventory, sizeof(struct part), num_parts, fp);
    fclose(fp);

    return 0;
}
```

顺便说一下，这里调用 rewind 函数是很关键的。在调用完 fread 函数之后，文件位置是在文件的末尾。如果没有先调用 rewind 函数，就调用 fwrite 函数，那么 fwrite 函数将在文件末尾添加新数据，而不会覆盖旧数据。

22.8 字符串的输入/输出

本节里描述的函数有一点不同，因为它们与数据流或文件并没有什么关系。相反，它们允许我们使用字符串作为流读写数据。sprintf 和 snprintf 函数将按和写到数据流一样的方式写字符到字符串，sscanf 函数从字符串中读出数据就像从数据流中读数据一样。这些函数非常类似于 printf 和 scanf 函数，也都是非常有用的。sprintf 和 snprintf 函数可以让我们使用 printf 的格式化能力，不需要真的往流中写入数据。类似地，sscanf 函数也可以让我们使用 scanf 函数强大的模式匹配能力。下面将详细讲解 sprintf、snprintf 和 sscanf 函数。

3 个相似的函数（vsprintf、vsnprintf 和 vsscanf）也属于<stdio.h>头，但这些函数依赖于在<stdarg.h>中声明的 va_list 类型。我们将推迟到 26.1 节讨论该头时再来介绍这 3 个函数。

575

22.8.1 输出函数

```
int sprintf(char * restrict s, const char * restrict format, ...);
int snprintf(char *restrict s, size_t n, const char * restrict format, ...);
```

注意：在本章和后续章节中，从 C99 开始新增的函数原型用斜体表示。

sprintf 函数类似于 printf 函数和 fprintf 函数，唯一的不同就是 sprintf 函数把输出写入（第一个实参指向的）字符数组而不是流中。sprintf 函数的第二个参数是格式串，这与 printf 函数和 fprintf 函数所用的一样。例如，函数调用

```
sprintf(date, "%d/%d/%d", 9, 20, 2010);
```

会把"9/20/2010"复制到 date 中。当完成向字符串写入的时候，sprintf 函数会添加一个空字符，并且返回所存储字符的数量（不计空字符）。如果遇到错误（宽字符不能转换成有效的多字节字符），sprintf 返回负值。

sprintf 函数有着广泛的应用。例如，有些时候可能希望对输出数据进行格式化，但不是真的要把数据写出。这时就可以使用 sprintf 函数来实现格式化，然后把结果存储在字符串中，直到需要产生输出的时候再写出。sprintf 函数还可以用于把数转换成字符格式。

snprintf 函数与 sprintf 一样，但多了一个参数 n。写入字符串的字符不会超过 n-1，结尾的空字符不算；只要 n 不是 0，就会有空字符。（我们也可以这样说：snprintf 最多向字符串中写入 n 个字符，最后一个是空字符。）例如，函数调用

```
snprintf(name, 13, "%s, %s", "Einstein", "Albert");
```

会把"Einstein, Al"写入到 name 中。

如果没有长度限制，snprintf 函数返回需要写入的字符数（不包括空字符）。如果出现编

码错误，snprintf 函数返回负值。为了查看 snprintf 函数是否有空间写入所有要求的字符，可以测试其返回值是否非负且小于 n。

22.8.2 输入函数

576

```
int sscanf(const char * restrict s, const char * restrict format, ... );
```

sscanf 函数与 scanf 函数和 fscanf 函数都很类似，唯一的不同就是 sscanf 函数是从（第一个参数指向的）字符串而不是流中读取数据。sscanf 函数的第二个参数是格式串，这与 scanf 函数和 fscanf 函数所用的一样。

sscanf 函数对于从由其他输入函数读入的字符串中提取数据非常方便。例如，可以使用 fgets 函数来获取一行输入，然后把此行数据传递给 sscanf 函数进一步处理：

```
fgets(str, sizeof(str), stdin);          /* reads a line of input */
sscanf(str, "%d%d", &i, &j);             /* extracts two integers */
```

用 sscanf 函数代替 scanf 函数或者 fscanf 函数的好处之一就是，可以按需多次检测输入行，而不再只是一次，这样使识别替换的输入格式和从错误中恢复都变得更加容易了。下面思考一下读取日期的问题。读取的日期既可以是月/日/年的格式，也可以是月-日-年的格式。假设 str 包含一行输入，那么可以按如下方法提取出月、日和年的信息：

```
if (sscanf(str, "%d /%d /%d", &month, &day, &year) == 3)
  printf("Month: %d, day: %d, year: %d\n", month, day, year);
else if (sscanf(str, "%d -%d -%d", &month, &day, &year) == 3)
  printf("Month: %d, day: %d, year: %d\n", month, day, year);
else
  printf("Date not in the proper form\n");
```

像 scanf 函数和 fscanf 函数一样，sscanf 函数也返回成功读入并存储的数据项的数量。如果在找到第一个数据项之前到达了字符串的末尾（用空字符标记），那么 sscanf 函数会返回 EOF。

问与答

问：如果我使用输入重定向或输出重定向，那么重定向的文件名会作为命令行参数显示出来吗？（p.424）

答：不会。操作系统会把这些文件名从命令行中移走。假设用下列输入运行程序：

```
demo foo <in_file bar >out_file baz
```

argc 的值为 4，argv[0] 将指向程序名，argv[1] 会指向 "foo"，argv[2] 会指向 "bar"，argv[3] 会指向 "baz"。

问：我一直认为行的末尾都是以换行符标记的，现在你说行末标记根据操作系统的不同而不同。如何解释这种差异呢？（p.425）

577

答：C 库函数使得每一行看起来都是以一个换行符结束的。不管输入文件有回车符、回行符，还是两者都有，getc 等库函数都只会返回一个换行符。输出函数执行相反的操作。如果程序调用库函数向文件中输出换行符，函数会把该字符转换成恰当的行末标记。C 语言的这种实现使得程序的可移植性更好，也更易编写。我们处理文本文件时不需要担心行的末尾到底是怎么表示的。注意，对以二进制模式打开的文件进行输入/输出操作时，不需要进行字符转换——回车符、回行符跟其他字符同等对待。

问：我正打算编写一个需要在文件中存储数据的程序，该文件可供其他程序读取。就数据的存储格式而言，文本格式和二进制格式哪种更好呢？（p.425）

答：这要看情况。如果数据全部是文本，那么用哪种格式存储没有太大的差异。然而，如果数据包含数，那么决定就比较困难一些了。

通常二进制格式更可取，因为此种格式的读和写都非常快。当存储到内存中时，数已经是二进制格式了，所以将它们复制给文件是非常容易的。用文本格式写数据相对就会慢许多，因为每个数必须要转换成字符格式（通常用 fprintf 函数）。以后读取文件同样要花费更多的时间，因为必须要把数从文本格式转换回二进制格式。此外，就像在 22.1 节看到的那样，以二进制格式存储数据常常能节省空间。

然而，二进制文件有两个缺点。一是很难阅读，这也就妨碍了调试过程；二是二进制文件通常无法从一个系统移植到另一个系统，因为不同类型的计算机存储数据的方式是不同的。比如，有些机器用 2 字节存储整数，而有些机器则用 4 字节来存储。字节顺序（大端/小端）也是一个问题。

问：用于 UNIX 系统的 C 程序好像从不在模式字符串中使用字母 b，即使待打开的文件是二进制格式也是如此。这是什么原因呢？（p.427）

答：在 UNIX 系统中，文本文件和二进制文件具有完全相同的格式，所以不需要使用字母 b。但是，UNIX 程序员仍应该包含字母 b，这样他们的程序将更容易移植到其他操作系统上。

问：我已经看过调用 fopen 函数并且把字母 t 放在模式字符串中的程序了。字母 t 意味着什么呢？

答：C 标准允许其他的字符在模式字符串中出现，但是它们要跟在 r、w、a、b 或+的后边。有些编译器允许使用 t 来说明待打开的文件是文本模式而不是二进制模式。当然，无论如何文本模式都是默认的，所以字母 t 没有任何作用。在可能的情况下，最好避免使用字母 t 和其他不可移植的特性。

问：为什么要调用 fclose 函数来关闭文件呢？当程序终止时，所有打开的文件都会自动关闭，难道不是这样吗？（p.428）

578

答：通常情况下是这样的，但如果调用 abort 函数（➤26.2 节）来终止程序就不是了。即使在不用 abort 函数的时候，调用 fclose 函数仍有许多理由。首先，这样会减少打开文件的数量。操作系统对程序每次可以打开的文件数量有限制，而大规模的程序可能会与此种限制相冲突。（定义在<stdio.h>中的宏 FOPEN_MAX 指定了可以同时打开的文件的最少数量。）其次，这样做使程序更易于理解和修改。通过寻找 fclose 函数，读者更容易确定不再使用此文件的位置。最后，这样做很安全。关闭文件可以确保正确地更新文件的内容和目录项。如果将来程序崩溃了，至少该文件不会受到影响。

问：我正在编写的程序会提示用户输入文件的名字。我要设置多长的字符数组才可以存储这个文件名字呢？（p.429）

答：这与使用的操作系统有关。好在你可以使用宏 FILENAME_MAX（定义在<stdio.h>中）来指定数组的大小。FILENAME_MAX 是字符串的长度，这个字符串用于存储保证可以打开的最长的文件名。

问：fflush 可以清除同时为读和写而打开的流吗？（p.431）

答：根据 C 标准，当流(1)为输出打开，或者(2)为更新打开并且最后一个操作不是读时，调用 fflush 的结果才有定义。在其他所有情况下，调用 fflush 函数的结果是未定义的。当传递空指针给 fflush 函数时，它会清除所有满足(1)或(2)的流。

问：在...printf 函数或...scanf 函数调用中，格式串可以是变量吗？

答：当然。它可以是 char *类型的任意表达式。这个性质使...printf 函数和...scanf 函数比我们想象的更加多样。请看下面这个来自 Kernighan 和 Ritchie 所著的《C 程序设计语言》一书的经典示例。此示例显示程序的命令行参数，以空格分隔：

```
while (--argc > 0)
  printf((argc > 1) ? "%s " : "%s", *++argv);
```

这里的格式串是表达式(argc > 1) ? "%s " : "%s"，其结果是除了最后一个参数以外，对其他所有命令行参数都会使用"%s "。

问：除了 clearerr 函数，哪些库函数可以清除流的错误指示器和文件末尾指示器？（p.443）

答：调用 rewind 函数可以清除这两种指示器，就好像打开或重新打开流一样；调用 ungetc 函数、fseek 函数或者 fsetpos 函数仅可以清除文件末尾指示器。

579

问：我无法使 feof 函数工作。这是因为即使到了文件末尾，它好像还是返回 0。我做错了什么吗？（p.443）

答：当前面的读操作失败时，feof 函数只会返回一个非零值。在尝试读之前，不能使用 feof 函数来检查文件末尾。相反，你应该首先尝试读，然后检查来自输入函数的返回值。如果返回的值表明操作不成功，那么你可以随后使用 feof 函数来确定失败是不是因为到了文件末尾。换句话说，最好不要认为调用 feof 函数是检测文件末尾的方法，而应把它看作确认读取操作失败是因为到了文件末尾的方法。

问：我始终不明白为什么输入/输出库除了提供名为 fputc 和 fgetc 的函数以外，还提供名为 putc 和 getc 的宏。依据 21.1 节的介绍，putc 和 getc 已经有两种版本了（宏和函数）。如果需要真正的函数而不是宏，我们可以通过取消宏的定义来显示 putc 函数或 getc 函数。那么，为什么要有 fputc 和 fgetc 存在呢？（p.444）

答：这是历史原因造成的。在标准化以前，C 语言没有规则要求用真正的函数在库中备份每个带参数的宏。putc 函数和 getc 函数传统上只作为宏来实现，而 fputc 函数和 fgetc 函数则只作为函数来实现。

***问：把 fgetc 函数、getc 函数或者 getchar 函数的返回值存储到 char 类型变量中会有什么问题？我不明白为什么判断 char 类型变量的值是否为 EOF 会得到错误的结果。（p.445）**

答：有两种情况可能导致该判定得出错误的结果。为了使下面的讨论更具体，这里假设使用二进制补码存储方式。

首先，假定 char 类型是无符号类型。（回忆一下，有些编译器把 char 作为有符号类型来处理，而有些编译器则把它看成无符号类型的。）现在假设 getc 函数返回 EOF，把该返回值存储在名为 ch 的 char 类型变量中。如果 EOF 表示-1（通常如此），那么 ch 的值将为 255。把 ch（无符号字符）与 EOF（有符号整数）进行比较就要求把 ch 转换为有符号整数（在这个例子中是 255）。因为 255 不等于-1，所以与 EOF 的比较失败了。

反之，现在假设 char 是有符号类型。如果 getc 函数从二进制流中读取了一个含有值 255 的字节，这样会产生什么情况呢？因为 ch 是有符号字符，所以把 255 存储在 char 类型变量中将为它赋值-1。如果判断 ch 是否等于 EOF，则会（错误地）产生真结果。

问：22.4 节描述的字符输入函数要求在读取用户输入之前看到回车键。如何编写能直接响应键盘输入的程序？

答：我们注意到，getc、fgetc 和 getchar 都是分配缓冲区的，这些函数在用户按下回车键时才开始读取输入。为了实时读取键盘输入（这对某些类型的程序很重要），需要使用适合你的操作系统的非标准库。例如，UNIX 中的 curses 库通常提供这一功能。

580

问：正在读取用户输入时，如何跳过当前输入行中剩下的全部字符呢？

答：一种可能是编写一个小函数来读入并且忽略第一个换行符之前的所有字符（包含换行符）：

```
void skip_line(void)
{
```

```
    while (getchar() != '\n')
      ;
}
```

另外一种可能是要求 scanf 函数跳过第一个换行符前的所有字符：

```
scanf("%*[^\n]");     /* skips characters up to new-line */
```

scanf 函数将读取第一个换行符之前的所有字符，但是不会把它们存储下来（*表示赋值屏蔽）。使用 scanf 函数的唯一问题是它会留下换行符不读，所以可能需要单独丢弃换行符。

无论做什么，都不要调用 fflush 函数：

```
fflush(stdin);    /* effect is undefined */
```

虽然某些实现允许使用 fflush 函数来“清洗”未读取的输入，但是这样做并不好。fflush 函数是用来清洗输出流的。C 标准规定 fflush 函数对输入流的效果是未定义的。

问：为什么把 fread 函数和 fwrite 函数用于文本流是不好的呢？（p.447）

答：困难之一是，在某些操作系统中对文本文件执行写操作时，会把换行符变成一对字符（详细内容见 22.1 节）。我们必须考虑这种扩展，否则就很可能搞错数据的位置。例如，如果使用 fwrite 函数来写含有 80 个字符的块，因为换行符可能被扩展，所以有些块可能会占用多于 80 字节的空间。

问：为什么有两套文件定位函数（即 fseek/ftell 和 fsetpos/fgetpos）呢？一套函数难道不够吗？（p.450）

答：fseek 函数和 ftell 函数作为 C 库的一部分已有些年头了，但它们有一个缺点：它们假定文件位置能够用 long int 类型的值表示。由于 long int 通常是 32 位的类型，当文件大小超过 2 147 483 647 字节时，fseek 函数和 ftell 函数可能无法使用。针对这个问题，创建 C89 标准时在<stdio.h>中增加了 fsetpos 和 fgetpos。这两个函数不要求把文件位置看作数，因此就没有 long int 的限制了。但是也不要认为必须使用 fsetpos 和 fgetpos，如果你的实现支持 64 位的 long int 类型，即使对很大的文件也可以使用 fseek 和 ftell。 581

问：为什么本章不讨论屏幕控制，即移动光标、改变屏幕上字符颜色等呢？

答：C 语言没有提供用于屏幕控制的标准函数。标准只发布那些通过广泛的计算机和操作系统可以合理标准化的问题，而屏幕控制超出了这个范畴。在 UNIX 中解决这个问题的习惯做法是使用 curses 库，这个库支持不依赖终端方式的屏幕控制。

类似地，也没有标准函数可以用来构建带有图形用户界面的程序。不过，可以用 C 函数调用来访问操作系统中的窗口 API（应用程序接口）。

练习题

22.1 节

1. 指出下列每个文件更可能包含文本数据还是二进制数据。

    (a) C 编译器产生的目标代码文件。
    (b) C 编译器产生的程序列表。
    (c) 从一台计算机发送到另一台计算机的电子邮件消息。
    (d) 含有图形图像的文件。

22.2 节

Ⓦ 2. 指出在下列每种情况下最可能把哪种模式字符串传递给 fopen 函数。

(a) 数据库管理系统打开含有将被更新的记录的文件。
(b) 邮件程序打开存有消息的文件以便在文件末尾添加额外的消息。
(c) 图形程序打开含有将被显示在屏幕上的图片的文件。
(d) 操作系统命令解释器打开含有将被执行的命令的“shell 脚本”（或者“批处理文件”）。

3. 找出下列程序片段中的错误，并说明如何修正。

```
FILE *fp;
if (fp = fopen(filename, "r")) {
  读取字符直到文件末尾
}
fclose(fp);
```

22.3 节

W 4. 如果 printf 函数用%#012.5g 作为转换说明来执行显示操作，请指出下列数字显示的形式。

(a) 83.7361
(b) 29748.6607
(c) 1054932234.0
(d) 0.000 023 521 8

582 5. printf 函数的转换说明%.4d 和%04d 有区别吗？如果有，请说明区别是什么。

W *6. 编写 printf 函数的调用，要求：如果变量 widget（int 类型）的值为 1，则显示 1 widget；如果值为 *n*，则显示 *n* widgets。不允许使用 if 语句或任何其他语句，答案必须是一个单独的 printf 调用。

*7. 假设按照下列形式调用 scanf 函数：

```
n = scanf("%d%f%d", &i, &x, &j);
```

（其中，i、j 和 n 都是 int 类型变量，而 x 是 float 类型变量。）假设输入流含有下面所示的字符，请指出这个调用后 i、j、n 和 x 的值。此外，请说明一下这个调用会消耗哪些字符。

(a) 10•20•30¤
(b) 1.0•2.0•3.0¤
(c) 0.1•0.2•0.3¤
(d) .1•.2•.3¤

W 8. 在前面几章中，当希望跳过空白字符而读取非标准空白字符时，已经使用过 scanf 函数的" %c"格式串。而一些程序员用"%1s"来代替。这两种方法等效吗？如果不等效，区别是什么？

22.4 节

9. 如果要想从标准输入流中读取一个字符，下列调用方式哪种是无效的？

(a) getch()
(b) getchar()
(c) getc(stdin)
(d) fgetc(stdin)

W 10. 程序 fcopy 有一个小缺陷：当它向目标文件写入时无法检查错误。虽然在写操作过程中错误是极少见的，但是偶尔会发生（比如，磁盘可能会变满）。假设一旦发生错误，希望程序可以显示一条消息并立刻终止，请说明如何为 fcopy.c 添加遗漏的错误检查。

11. 在程序 fcopy.c 中出现了下列循环：

```
while ((ch = getc(source_fp)) != EOF)
  putc(ch, dest_fp);
```

假设省略表达式 ch = getc(source_fp) 两边的圆括号：

```
while (ch = getc(source_fp) != EOF)
  putc(ch, dest_fp);
```

程序可以无错通过编译吗？如果可以，那么运行时程序会做些什么呢？

12. 找出下列函数中的错误，并说明如何修正。

```
int count_periods(const char *filename)
{
  FILE *fp;
  int n = 0;
  if ((fp = fopen(filename, "r")) != NULL) {
    while (fgetc(fp) != EOF)
      if (fgetc(fp) == '.')
        n++;
    fclose(fp);
  }

  return n;
}
```

583

13. 编写下列函数：

```
int line_length(const char *filename, int n);
```

函数应返回名为 filename 的文本文件中第 n 行的长度（假定文件的第一行是行 1）。如果该行不存在，函数返回 0。

22.5 节

Ⓦ14. (a) 编写自己版本的 fgets 函数，使此函数的操作尽可能与实际的 fgets 函数相同。特别是一定要确保函数具有正确的返回值。为了避免和标准库发生冲突，请不要把自己编写的函数也命名为 fgets。
(b) 请编写自己版本的 fputs 函数，规则和(a)要求的一样。

22.7 节

Ⓦ15. 编写 fseek 函数的调用来在二进制文件中执行下列文件定位操作，其中，二进制文件的数据以 64 字节“记录”的形式进行排列。采用 fp 作为下列每种情况中的文件指针。

(a) 移动到记录 n 的开始处（假设文件中的首记录为记录 0）。
(b) 移动到文件中最后一条记录的开始处。
(c) 向前移动一条记录。
(d) 向后移动两条记录。

22.8 节

16. 假设 str 是包含“销售排行”的字符串，它紧跟在符号#的后面（#的前面可能有其他字符，销售排行的后面也可能有其他字符）。销售排行是一系列的十进制数，可能包含逗号，示例如下：

```
989
24,675
1,162,620
```

编写 sscanf 的调用，提取出销售排行（不要#号）并将其存储在一个名为 sales_rank 的字符串变量中。

编程题

1. 扩展22.2节的canopen.c程序，以便用户把任意数量的文件名放置在命令行中：

```
canopen foo bar baz
```

这个程序应该为每个文件分别显示出can be opended消息或者can't be opened消息。如果一个或多个文件无法打开，程序以EXIT_FAILURE状态终止。

2. 编写程序，把文件中的所有字母转换成大写形式（非字母字符不改变）。程序应从命令行获取文件名并把输出写到stdout中。

584

3. 编写一个名为fcat的程序，通过把任意数量的文件写到标准输出中而把这些文件一个接一个地“拼接”起来，并且文件之间没有间隙。例如，下列命令将在屏幕上显示文件f1.c、f2.c和f3.c：

```
fcat f1.c f2.c f3.c
```

如果任何文件都无法打开，那么程序 fcat 应该发出出错消息。*提示*：因为每次只可以打开一个文件，所以程序fcat只需要一个文件指针变量。一旦对一个文件完成操作，程序fcat在打开下一个文件时可以使用同一个文件指针变量。

4. (a) 编写程序统计文本文件中字符的数量。
(b) 编写程序统计文本文件中单词的数量。（此处“单词”指不含空白字符的任意序列。）
(c) 编写程序统计文本文件中行的数量。

要求每一个程序都通过命令行获得文件名。

5. 20.1节中的程序xor.c拒绝对原始格式或加密格式中是控制字符的字节进行加密。现在可以摆脱这种限制了。修改此程序，使输入文件名和输出文件名都是命令行参数。以二进制模式打开这两个文件，并且把用来检查原始字符或加密字符是否是控制字符的判断删除。

6. 编写程序，按字节方式和字符方式显示文件的内容。用户通过命令行指定文件名。程序用于显示2.1节的pun.c文件时，输出如下：

```
Offset              Bytes              Characters
------  -----------------------------  ----------
     0  23 69 6E 63 6C 75 64 65 20 3C  #include <
    10  73 74 64 69 6F 2E 68 3E 0D 0A  stdio.h>..
    20  0D 0A 69 6E 74 20 6D 61 69 6E  ..int main
    30  28 76 6F 69 64 29 0D 0A 7B 0D  (void)..{.
    40  0A 20 20 70 72 69 6E 74 66 28  .  printf(
    50  22 54 6F 20 43 2C 20 6F 72 20  "To C, or
    60  6E 6F 74 20 74 6F 20 43 3A 20  not to C:
    70  74 68 61 74 20 69 73 20 74 68  that is th
    80  65 20 71 75 65 73 74 69 6F 6E  e question
    90  2E 5C 6E 22 29 3B 0D 0A 20 20  .\n");..
   100  72 65 74 75 72 6E 20 30 3B 0D  return 0;.
   110  0A 7D                          .}
```

每行分别以字节方式和字符方式显示文件中的10个字节。Offset一栏中的数值表示该行的第一个字节在文件中的位置。只显示打印字符（由isprint函数确定），其他字符显示为点。注意，根据字符集和操作系统的不同，文本文件的形式可能不同。上面的示例假设pun.c是Windows文件，因此在每行的最后有0D和0A（ASCII码的回车和回行符）。*提示*：确保用"rb"模式打开文件。

7. 在文件内容压缩的众多方法中，最快捷的方法之一是**行程长度编码**（run-length encoding）。这种方法通过用一对字节替换相同的字节序列来压缩文件：第一个字节是重复计数，第二个字节是需要重复的字节。例如，假设待压缩的文件以下列字节序列开始（以十六进制形式显示）：

585

```
46 6F 6F 20 62 61 72 21 21 21 20 20 20 20 20
```

压缩后的文件将包含下列字节：

```
01 46 02 6F 01 20 01 62 01 61 01 72 03 21 05 20
```

如果原始文件包含许多相同字节的长序列，那么行程长度编码的方法非常适用。最差的情况（文件中没有连续的重复字节）下，行程长度编码实际上可能使文件的长度加倍。

(a) 编写名为 compress_file 的程序，此程序使用行程长度编码方法来压缩文件。为了运行程序 compress_file，将使用下列格式的命令：

compress_file *原始文件*

程序 compress_file 将把*原始文件*的压缩版本写入到“原始文件.rle”文件中。例如，命令

```
compress_file foo.txt
```

将使程序 compress_file 把文件 foo.txt 的压缩版写到名为 foo.txt.rle 的文件中。提示：编程题 6 描述的程序可以用来调试。

(b) 编写名为 uncompress_file 的程序，此程序是程序 compress_file 的反向操作。程序 uncompress_file 的命令格式为

uncompress_file *compressed-file*

压缩后的文件（*compressed-file*）扩展名为.rle。例如，命令

```
uncompress_file foo.txt.rle
```

会使程序 uncompress_file 打开文件 foo.txt.rle，并且把未压缩版的内容写入 foo.txt。如果命令行参数的扩展名不是.rle，uncompress_file 应显示一条出错消息。

8. 通过添加两个新的操作来修改 16.3 节中的 inventory.c 程序：

- 在指定文件中保存数据库；
- 从指定文件中装载数据库。

分别使用代码 d（转储）和 r（恢复）来表示这两种操作。与用户的交互应该按照下列显示进行：

```
Enter operation code: d
Enter name of output file: inventory.dat

Enter operation code: r
Enter name of input file: inventory.dat
```

9. 编写程序对由 inventory 程序存储的含有零件记录的两个文件进行合并（见编程题 8）。假设每个文件中的记录都是根据零件编号进行排序的，且我们希望结果文件也应是排好序的。如果两个文件中存在编号相同的零件，那么要对记录中存储的数量进行合并。（作为一致性的检查，程序要比较零件的名称，并且在不匹配时显示出错消息。）程序从命令行获取输入文件名以及合并后的文件名。

* 10. 修改 17.5 节中的程序 inventory2.c，方法是添加编程题 8 中描述的 d（转储）操作和 r（恢复）操作。因为零件的结构不存储在数组中，所以 d 操作无法通过单独一个 fwrite 调用来保存所有内容。因而，它需要访问链表中的每个结点，把零件的编号、名称以及现有的零件数量保存到文件中。（不保存指针 next，因为一旦程序终止，这一指针就不再有效。）当程序从文件中读取零件时，r 操作将重新构建列表（每次恢复一个结点）。

586

11. 编写程序从命令行读取日期，并且按照下列格式显示：

```
September 13, 2010
```

允许用户以 9-13-2010 或者 9/13/2010 的形式输入日期，并假设日期中没有空格。如果没有按照指定格式输入日期，那么程序显示出错消息。提示：使用 sscanf 函数从命令行参数中提取月、日和年的信息。

12. 修改第 3 章的编程题 2，让程序从文件中读取一系列数据项并按列显示数据。文件的每一行具有如下形式：

    数据项,价格,月/日/年

    例如，假设文件包含下列两行：

```
583,13.5,10/24/2005
3912,599.99,7/27/2008
```

    程序的输出形式如下：

```
Item      Unit          Purchase
          Price         Date
583       $  13.50      10/24/2005
3912      $ 599.99      7/27/2008
```

    程序从命令行获取文件名。

13. 修改第 5 章的编程题 8，让程序从名为 flights.dat 的文件中获取起飞时间和抵达时间。文件的每一行先给出起飞时间再给出抵达时间，中间用一个或多个空格隔开。时间用 24 小时制表示。例如，如果文件包含的是原题中的航班信息，则 flights.dat 如下：

```
8:00 10:16
9:43 11:52
11:19 13:31
12:47 15.00
14:00 16:08
15:45 17:55
19:00 21:20
21:45 23:58
```

14. 修改第 8 章的编程题 15，让程序提示用户输入包含待加密消息的文件名：

```
Enter name of file to be encrypted: message.txt
Enter shift amount (1-25): 3
```

    接下来，程序把加密后的消息写入另一个文件，该文件在所读取的文件名之后加上扩展名.enc。在上面的例子中，原始文件名为 message.txt，所以加密消息存储在名为 message.txt.enc 的文件中。待加密文件的大小不限，文件中每行的长度也不限。

15. 修改 15.3 节的 justify 程序，使其从一个文本文件中读取并写入另一个文本文件。程序从命令行获取这两个文件名。

587

16. 修改 22.4 节的 fcopy.c 程序，使其用 fread 和 fwrite 来复制文件，复制时使用 512 字节的块。（当然，最后一个块包含的字节数可能少于 512。）

17. 编写程序，从文件中读取一系列电话号码并以标准格式显示。文件的每一行只包含一个电话号码，但可能存在多种格式。可以假定每行包含 10 个数字，可能夹杂着其他字符（可以忽略）。例如，假定文件包含如下内容：

```
404.817.6900
(215) 686-1776
312-746-6000
877 275 5273
6173434200
```

程序的输出如下：

```
(404) 817-6900
(215) 686-1776
(312) 746-6000
(877) 275-5273
(617) 343-4200
```

程序从命令行获取文件名。

18. 编写程序从文本文件中读取整数，文本文件的名字由命令行参数给出。文件的每一行可以包含任意数量的整数（也可以没有），中间用一个或多个空格隔开。程序显示文件中最大的数、最小的数以及中位数（整数有序情况下最接近中间的那个数）。如果文件包含偶数个整数，中间会有两个整数，程序将显示它们的均值（向下舍入）。可以假定文件包含的整数个数不超过 10 000。提示：把整数存储在数组中并对其排序。

19. (a) 编写程序把 Windows 的文本文件转换成 UNIX 的文本文件。（见 22.1 节关于两者区别的讨论。）
    (b) 编写程序把 UNIX 的文本文件转换成 Windows 的文本文件。

    每种情况下都从命令行获取两个文件的名字。提示：以"rb"模式打开输入文件，以"wb"模式打开输出文件。

588

第23章

库对数值和字符数据的支持

与计算机过长时间的接触会把数学家变成书记员，也会把书记员变成数学家。

本章会介绍5个函数库的头，这5个头提供了对数值、字符和字符串的支持。23.1节和23.2节分别介绍了`<float.h>`和`<limits.h>`头，它们包含了用于描述数值和字符类型特性的宏。23.3节和23.4节描述`<math.h>`头，它提供了数学函数。23.3节讨论C89版本的`<math.h>`头，而23.4节则讲述C99中新增的内容，因为内容很多，所以将分别介绍。23.5节和23.6节分别讨论`<ctype.h>`和`<string.h>`头，这两个头分别提供了字符函数和字符串函数。

C99增加了几个也能处理数、字符和字符串的头。`<wchar.h>`和`<wctype.h>`头在第25章中讨论。第27章讨论`<complex.h>`、`<fenv.h>`、`<inttypes.h>`、`<stdint.h>`和`<tgmath.h>`。

23.1 `<float.h>`：浮点类型的特性

`<float.h>`中提供了用来定义`float`、`double`和`long double`类型的范围及精度的宏。在`<float.h>`中没有类型和函数的定义。

有两个宏对所有浮点类型适用。`FLT_ROUNDS`表示当前浮点加法的舍入方向（➤23.4节）。表23-1列出了`FLT_ROUNDS`的可能值。（对于表中没有给出的值，舍入行为由实现定义。）

589

表23-1　舍入方向

取　值	含　义
-1	不确定
-0	趋零截尾
-1	向最近的整数舍入
-2	向正无穷方向舍入
-3	向负无穷方向舍入

与`<float.h>`中的其他宏（表示常量表达式）不同，`FLT_ROUNDS`的值在执行期间可以改变。（`fesetround`函数允许程序改变当前的舍入方向。）另一个宏`FLT_RADIX`指定了指数表示中的基数，它的最小值为2（表明二进制表示）。

其他宏用来描述具体类型的特性，这里会用一系列的表格来描述。根据宏是针对`float`、`double`还是`long double`类型，每个宏都会以`FLT`、`DBL`或`LDBL`开头。C标准对这些宏给出了相当详细的定义，因此这里的介绍会更注重通俗易懂，不追求十分精确。依据C标准，表中列出了部分宏的最大值和最小值。

表23-2列出了定义每种浮点类型的有效数字个数的宏。

表 23-2 <float.h>中的有效数字宏

宏 名	取 值	宏的描述
FLT_MANT_DIG DBL_MANT_DIG LDBL_MANT_DIG		有效数字的个数（基数 FLT_RADIX）
FLT_DIG	≥6	有效数字的个数（十进制）
DBL_DIG	≥10	
LDBL_DIG	≥10	

表 23-3 列出了与指数相关的宏。

表 23-3 <float.h>中的指数宏

宏 名	取 值	宏的描述
FLT_MIN_EXP		FLT_RADIX 的最小（负的）次幂
DBL_MIN_EXP		
LDBL_MIN_EXP		
FLT_MIN_10_EXP	≤-37	10 的最小（负的）次幂
DBL_MIN_10_EXP	≤-37	
LDBL_MIN_10_EXP	≤-37	
FLT_MAX_EXP		FLT_RADIX 的最大次幂
DBL_MAX_EXP		
LDBL_MAX_EXP		
FLT_MAX_10_EXP	≥+37	10 的最大次幂
DBL_MAX_10_EXP	≥+37	
LDBL_MAX_10_EXP	≥+37	

590

表 23-4 列出的宏描述了最大值、最接近 0 的值以及两个连续的数之间的最小差值。

表 23-4 <float.h>中的最大值、最小值和差值宏

宏 名	取 值	宏的描述
FLT_MAX	$\geq 10^{+37}$	最大的有限值
DBL_MAX	$\geq 10^{+37}$	
LDBL_MAX	$\geq 10^{+37}$	
FLT_MIN	$\leq 10^{-37}$	最小的正值
DBL_MIN	$\leq 10^{-37}$	
LDBL_MIN	$\leq 10^{-37}$	
FLT_EPSILON	$\leq 10^{-5}$	两个数之间可表示的最小差值
DBL_EPSILON	$\leq 10^{-9}$	
LDBL_EPSILON	$\leq 10^{-9}$	

C99 C99 提供了另外两个宏：DECIMAL_DIG 和 FLT_EVAL_METHOD。DECIMAL_DIG 表示所支持的最大浮点类型的有效数字个数（以 10 为基数）。FLT_EVAL_METHOD 的值说明具体的实现中是否用到了超出实际需要的范围和精度的浮点运算。例如，如果该宏的值为 0，那么对两个 float 类型的值相加就按照正常的方法进行；但如果该宏的值为 1，在执行加法之前需要先把 float 类型的值转换为 double 类型的值。表 23-5 列出了 FLT_EVAL_METHOD 可能的取值。（表中没有给出的负值表示由实现定义的行为。）

表 23-5　求值方法

取　值	含　义
-1	不确定
0	根据类型的范围和精度对所有运算和常量求值
1	根据 double 类型的范围和精度对所有 float 类型和 double 类型的运算和常量求值
2	根据 long double 类型的范围和精度对所有类型的运算和常量求值

<float.h>中定义的大多数宏只有数值分析领域的专家才会感兴趣，因此这可能是标准库中最不常用的头。

23.2　<limits.h>：整数类型的大小

<limits.h>中提供了用于定义每种整数类型（包括字符类型）取值范围的宏。在<limits.h>中没有声明类型或函数。

<limits.h>中的一组宏用于字符类型：char、signed char 和 unsigned char。表 23-6 列举了这些宏以及它们的最大值或最小值。

表 23-6　<limits.h>中的字符类型宏

宏　名	取　值	宏的描述
CHAR_BIT	≥8	每个字符包含位的位数
SCHAR_MIN	≤−127	最小的 signed char 类型值
SCHAR_MAX	≥+127	最大的 signed char 类型值
UCHAR_MAX	≥255	最大的 unsigned char 类型值
CHAR_MIN	①	最小的 char 类型值
CHAR_MAX	②	最大的 char 类型值
MB_LEN_MAX	≥1	多字节字符最多包含的字节数

① 如果 char 类型被当作有符号类型，则 CHAR_MIN 与 SCHAR_MIN 相等，否则 CHAR_MIN 为 0。
② 根据 char 类型被当作有符号类型还是无符号类型，CHAR_MAX 分别与 SCHAR_MAX 或 UCHAR_MAX 相等。

其他在<limits.h>中定义的宏针对整数类型：short int、unsigned short int、int、unsigned int、long int 以及 unsigned long int。表 23-7 列举了这些宏以及它们的最大值或最小值，并给出了计算各个值的公式。C99 注意，C99 及之后的标准提供了三个宏来描述 long long int 类型的特性。

表 23-7　<limits.h>中整数类型的宏

宏　名	取　值	公　式	宏的描述
SHRT_MIN	≤−32 767	$-(2^{15}-1)$	最小的 short int 类型值
SHRT_MAX	≥+32 767	$2^{15}-1$	最大的 short int 类型值
USHRT_MAX	≥65 535	$2^{16}-1$	最大的 unsigned short int 类型值
INT_MIN	≤−32 767	$-(2^{15}-1)$	最小的 int 类型值
INT_MAX	≥+32 767	$2^{15}-1$	最大的 int 类型值
UINT_MAX	≥65 535	$2^{16}-1$	最大的 unsigned int 类型值
LONG_MIN	≤−2 147 483 647	$-(2^{31}-1)$	最小的 long int 类型值
LONG_MAX	≥+2 147 483 647	$2^{31}-1$	最大的 long int 类型值
ULONG_MAX	≥4 292 967 295	$2^{32}-1$	最大的 unsigned long int 类型值

（续）

宏 名	取 值	公 式	宏的描述
LLONG_MIN[①]	≤-9 223 372 036 854 775 807	$-(2^{63}-1)$	最小的 long long int 类型值
LLONG_MAX[①]	≥+9 223 372 036 854 775 807	$2^{63}-1$	最大的 long long int 类型值
ULLONG_MAX[①]	≥18 446 744 073 709 551 615	$2^{64}-1$	最大的 unsigned long long int 类型值

① 仅 C99 及之后的标准才有。

<limits.h>中定义的宏在查看编译器是否支持特定大小的整数时十分方便。例如，如果要判断 int 类型是否可以用来存储像 100000 一样大的数，可以使用下面的预处理指令：

```
#if INT_MAX < 100000
#error int type is too small
#endif
```

如果 int 类型不适用，#error 指令（➤14.5 节）会导致预处理器显示一条出错消息。

291~292

进一步讲，可以使用<limits.h>中的宏来帮助程序选择正确的类型定义。假设 Quantity 类型的变量必须可以存储像 100000 一样大的整数。如果 INT_MAX 至少为 100000，就可以将 Quantity 定义为 int；否则，要定义为 long int：

```
#if INT_MAX >= 100000
typedef int Quantity;
#else
typedef long int Quantity;
#endif
```

23.3 <math.h>：数学计算（C89）

C89 的<math.h>中定义的函数包含下面 5 种类型：

- 三角函数；
- 双曲函数；
- 指数和对数函数；
- 幂函数；
- 就近舍入函数、绝对值函数和取余函数。

C99 在这 5 种类型中增加了许多函数，并且新增了一些其他类型的数学函数。C99 中对<math.h>所做的改动很大，下一节将专门讨论相关内容。如果读者主要对 C89 的<math.h>感兴趣或者所用的编译器不支持 C99，那么就不必阅读 C99 的相关内容了。

在深入讨论<math.h>提供的函数之前，先来简单地了解一下这些函数是如何处理错误的。

23.3.1 错误

<math.h>中的函数对错误的处理方式与其他库函数不同。当发生错误时，<math.h>中的大多数函数会将一个错误码存储到[在<errno.h>（➤24.2 节）中声明的]一个名为 errno 的特殊变量中。此外，一旦函数的返回值大于 double 类型的最大取值，<math.h>中的函数会返回一个特殊的值，这个值由 HUGE_VAL 宏定义（这个宏在<math.h>中定义）。HUGE_VAL 是 double 类型的，但不一定是普通的数。[IEEE 浮点运算标准定义了一个值叫“无穷数”（➤23.4 节），这个值是 HUGE_VAL 的一个合理的选择。]

<math.h>中的函数检查下面两种错误。

- **定义域错误**。函数的实参超出了函数的定义域。当定义域错误发生时，函数的返回值是由实现定义的，同时EDOM（“定义域错误”）会被存储到errno中。在<math.h>的某些实现中，当定义域错误发生时，函数会返回一个特殊的值NaN（“非数”）。

593

- **取值范围错误**。函数的返回值超出了double类型的取值范围。如果返回值的绝对值过大（上溢出），函数会根据正确结果的符号返回正的或负的HUGE_VAL。此外，值ERANGE（“取值范围错误”）会被存储到errno中。如果返回值的绝对值太小（下溢出），函数返回零；一些实现可能也会将ERANGE存储到errno中。

本节不讨论取余时可能发生的错误。附录D中的函数描述会解释导致每种错误的情况。

23.3.2　三角函数

```
double acos(double x);
double asin(double x);
double atan(double x);
double atan2(double y, double x);
double cos(double x);
double sin(double x);
double tan(double x);
```

cos、**sin**和**tan**函数分别用来计算余弦、正弦和正切。假定PI被定义为3.14159265，那么以PI/4为参数调用cos、sin和tan函数会产生如下的结果：

```
cos(PI/4) ⇒ 0.707107
sin(PI/4) ⇒ 0.707107
tan(PI/4) ⇒ 1.0
```

注意，传递给cos、sin和tan函数的实参是以弧度表示的，而不是以角度表示的。

acos、**asin**和**atan**函数分别用来计算反余弦、反正弦和反正切：

```
acos(1.0) ⇒ 0.0
asin(1.0) ⇒ 1.5708
atan(1.0) ⇒ 0.785398
```

对cos函数的计算结果直接调用acos函数不一定会得到最初传递给cos函数的值，因为acos函数始终返回一个$0\sim\pi$的值。asin函数与atan函数会返回$-\pi/2\sim\pi/2$的值。

atan2函数用来计算y/x的反正切值,其中y是函数的第一个参数,x是第二个参数。atan2函数的返回值在$-\pi\sim\pi$范围内。调用atan(x)与调用atan2(x, 1.0)等价。

594

23.3.3　双曲函数

```
double cosh(double x);
double sinh(double x);
double tanh(double x);
```

cosh、**sinh**和**tanh**函数分别用来计算双曲余弦、双曲正弦和双曲正切：

```
cosh(0.5) ⇒ 1.12763
sinh(0.5) ⇒ 0.521095
tanh(0.5) ⇒ 0.462117
```

传递给cosh、sinh和tanh函数的实参必须以弧度表示，而不能以角度表示。

23.3.4 指数函数和对数函数

```
double exp(double x);
double frexp(double value, int *exp);
double ldexp(double x, int exp);
double log(double x);
double log10(double x);
double modf(double value, double *iptr);
```

exp 函数返回 e 的幂：

```
exp(3.0) ⇒ 20.0855
```

log 函数是 exp 函数的逆运算，它计算以 e 为底的对数。**log10** 计算“常用”（以 10 为底）对数：

```
log(20.0855) ⇒ 3.0
log10(1000)  ⇒ 3.0
```

对于不以 e 或 10 为底的对数，计算起来也不复杂。例如，下面的函数对任意的 x 和 b，计算以 b 为底 x 的对数：

```
double log_base(double x, double b)
{
  return log(x) / log(b);
}
```

modf 函数和 frexp 函数将一个 double 型的值拆解为两部分。modf 将它的第一个参数分为整数部分和小数部分，返回其中的小数部分，并将整数部分存入第二个参数所指向的对象中： 595

```
modf(3.14159, &int_part) ⇒ 0.14159 (int_part 被赋值为 3.0)
```

虽然 int_part 的类型必须为 double，但我们始终可以随后将它强制转换成 int 或 long int。

frexp 函数将浮点数拆成小数部分 f 和指数部分 n，使得原始值等于 $f \times 2^n$，其中 $0.5 \leqslant f \leqslant 1$ 或 $f=0$。函数返回 f，并将 n 存入第二个参数所指向的（整数）对象中：

```
frexp(12.0, &exp) ⇒ 0.75 (exp 被赋值为 4)
frexp(0.25, &exp) ⇒ 0.5 (exp 被赋值为-1)
```

ldexp 函数会抵消 frexp 产生的结果，将小数部分和指数部分组合成一个数：

```
ldexp(.75, 4)  ⇒ 12.0
ldexp(0.5, -1) ⇒ 0.25
```

一般而言，调用 ldexp(x, exp)将返回 $x \times 2^{exp}$。

modf、frexp 和 ldexp 函数主要供<math.h>中的其他函数使用，很少在程序中直接调用。

23.3.5 幂函数

```
double pow(double x, double y);
double sqrt(double x);
```

pow 函数计算第一个参数的幂，幂的次数由第二个参数指定：

```
pow(3.0, 2.0)  ⇒ 9.0
pow(3.0, 0.5)  ⇒ 1.73205
pow(3.0, -3.0) ⇒ 0.037037
```

sqrt 函数计算平方根：

```
sqrt(3.0) ⇒  1.73205
```

由于通常 sqrt 函数比 pow 函数的运行速度快得多，因此使用 sqrt 计算平方根更好。

23.3.6　就近舍入函数、绝对值函数和取余函数

596

```
double ceil(double x);
double fabs(double x);
double floor(double x);
double fmod(double x, double y);
```

ceil 函数返回一个 double 类型的值，这个值是大于或等于其参数的最小整数。**floor** 函数则返回小于或等于其参数的最大整数：

```
ceil(7.1)    ⇒  8.0
ceil(7.9)    ⇒  8.0
ceil(-7.1)   ⇒ -7.0
ceil(-7.9)   ⇒ -7.0

floor(7.1)   ⇒  7.0
floor(7.9)   ⇒  7.0
floor(-7.1)  ⇒ -8.0
floor(-7.9)  ⇒ -8.0
```

换言之，ceil“向上舍入”到最近的整数，floor“向下舍入”到最近的整数。C89 没有标准库函数可以用来舍入到最近的整数，但我们可以简单地使用 ceil 函数和 floor 函数来实现一个这样的函数：

```
double round_nearest(double x)
{
  return x < 0.0 ? ceil(x - 0.5) : floor(x + 0.5);
}
```

C99 C99 提供了几个可以舍入到最近的整数的函数，下一节中会介绍。

fabs 函数计算参数的绝对值：

```
fabs(7.1)  ⇒ 7.1
fabs(-7.1) ⇒ 7.1
```

fmod 函数返回第一个参数除以第二个参数所得的余数：

```
fmod(5.5, 2.2) ⇒ 1.1
```

C 语言不允许对%运算符使用浮点操作数，不过 fmod 函数足以用来替代%运算符。

23.4　<math.h>：数学计算 C99

C99 的<math.h>包含了所有 C89 版本的内容，同时增加了许多的类型、宏和函数。相关的改动很多，我们将分别介绍。标准委员会为<math.h>增加这么多内容，有以下几个原因。

597

- **更好地支持 IEEE 浮点标准**。C99 不强制使用 IEEE 标准，其他表示浮点数的方法也是允许的。但是，大多数 C 程序运行于支持 IEEE 标准的系统上。
- **更好地控制浮点运算**。对浮点运算加以更好的控制可以使程序达到更高的精度和速度。

- **使 C 对 Fortran 程序员更具吸引力**。增加了许多数学函数，并在 C99 中做了一些增强（例如，加入了对复数的支持），可以增强 C 语言对曾经使用过其他编程语言的程序员（主要是 Fortran 程序员）的吸引力。

本书决定专门花一节的篇幅来讨论 C99 中的`<math.h>`头，还有一个原因：普通的 C 程序员可能对这一节并不很感兴趣。把 C 语言用于传统应用程序（包括系统编程和嵌入式系统）的人可能不需要用到 C99 提供的新函数。但是，开发工程、数学或科学应用程序的程序员可能会觉得这些函数非常有用。

23.4.1 IEEE 浮点标准

改动`<math.h>`头的动机之一是为了更好地支持 IEEE 754 标准，这是应用最广的浮点数表示方法。这个标准完整的名称为“IEEE Standard for Binary Floating-Point Arithmetic”（ANSI/IEEE 标准 754-1985），也叫作 3IEC 60599，这是 C99 标准中的叫法。

7.2 节描述了 IEEE 标准的一些基本性质。该标准提供了两种主要的浮点数格式：单精度（32 位）和双精度（64 位）。数值按科学记数法存储，每个数包括三个部分：符号、指数和小数。对 IEEE 标准的这一有限了解足以有效地使用 C89 的`<math.h>`了。但是，要了解 C99 的`<math.h>`，则需要更详细地了解 IEEE 标准。下面是一些我们需要了解的信息。

- **正零/负零**。在浮点数的 IEEE 表示中有一位代表数的符号。因此，根据该位的不同取值，零既可以是正数也可以是负数。零具有两种表示这一事实有时要求我们把它与其他浮点数区别对待。
- **非规范化的数**。进行浮点运算的时候，结果可能会太小以至于不能表示，这种情况称为**下溢出**。考虑使用计算器反复除以一个数的情况：结果最终为零，这是因为数值会变得太小，以至于计算器无法显示。IEEE 标准提供了一种方法来减弱这种现象的影响。通常浮点数按“规范”格式存储，二进制小数点的左边恰好只有一位数字。当数变得足够小时，就按另一种非规范化的形式来存储。这些**非规范化的数**（subnormal number 也叫作 denormalized number 或 denormal）可以比规范化的数小很多，代价是当数变得越来越小时精度会逐渐降低。
- **特殊值**。每个浮点格式允许表示三种特殊值：**正无穷数**、**负无穷数**和 **NaN**（非数）。正数除以零产生正无穷数，负数除以零产生负无穷数，数学上没有定义的运算（如零除以零）产生的结果是 NaN（更准确的说法是“结果是一种 NaN”而不是“结果是 NaN”，因为 IEEE 标准有多种表示 NaN 的方式。NaN 的指数部分全为 1，但小数部分可以是任意的非零位序列）。后续的运算中可以用特殊值作为操作数。对无穷数的运算与通常的数学运算是一样的。例如，正数除以正无穷数结果为零（需要注意，算术表达式的中间结果可能会是无穷数，但最终结果不是无穷数）。对 NaN 进行任何运算，结果都为 NaN。
- **舍入方向**。当不能使用浮点表示法精确地存储一个数时，当前的**舍入方向**（或者叫**舍入模式**）可以确定选择哪个浮点值来表示该数。一共有 4 种舍入方向：(1) *向最近的数舍入*，向最接近的可表示的值舍入，如果一个数正好在两个数值的中间就向“偶”值（最低有效位为 0）舍入；(2) *趋零截尾*；(3) *向正无穷方向舍入*；(4) *向负无穷方向舍入*。默认的舍入方向是向最近的数舍入。
- **异常**。有 5 种类型的浮点异常：*上溢出*、*下溢出*、*除零*、*无效运算*（算术运算的结果是 NaN）和*不精确*（需要对算术运算的结果舍入）。当检查到其中任何一个条件时，我们称**抛出**异常。

598

23.4.2　类型

C99 在<math.h>中加入了两种类型：float_t 和 double_t。float_t 类型至少和 float 型一样“宽”（意思是说有可能是 float 型，也可能是 double 等更宽的类型）。同样地，double_t 要求宽度至少是 double 类型的（至少和 float_t 一样宽）。这些类型提供给程序员以最大限度地提高浮点运算的性能。float_t 应该是宽度至少为 float 的最有效的浮点类型，double_t 应该是宽度至少为 double 的最有效的浮点类型。

599　float_t 和 double_t 类型与宏 FLT_EVAL_METHOD（➤23.1 节）相关，如表 23-8 所示。

表 23-8　float_t 和 double_t 类型与 FLT_EVAL_METHOD 宏的关系

FLT_EVAL_METHOD 的值	float_t 的含义	double_t 的含义
0	float	double
1	double	double
2	long double	long double
其他	由实现定义	由实现定义

23.4.3　宏

C99 给<math.h>增加了许多宏，这里只介绍其中的两个：INFINITY 表示正无穷数和无符号无穷数的 float 版本（如果实现不支持无穷数，那么 INFINITY 表示编译时会导致上溢出的 float 类型值）；NAN 宏表示“非数”的 float 版本，更具体地说，它表示“安静的”NaN（用于算术表达式时不会抛出异常）。如果不支持安静的 NaN，NAN 宏不会被定义。

本节后面将介绍<math.h>中类似于函数的宏以及普通的函数。只和具体函数相关的宏与该函数一起讨论。

23.4.4　错误

在大多数情况下，C99 版本的<math.h>在处理错误时和 C89 版本的相同，但有几点需要讨论。

首先，C99 提供的一些宏允许在实现时选择如何提示出错消息：通过存储在 errno 中的值、通过浮点异常，或者两者都有。宏 MATH_ERRNO 和 MATH_ERREXCEPT 分别表示整型常量 1 和 2。另一个宏 math_errhandling 表示一个 int 表达式，其值可以是 MATH_ERRNO、MATH_ERREXCEPT 或者两者按位或运算的结果（math_errhandling 也可能不是一个真正的宏，它可能是一个具有外部链接的标识符）。在程序内 math_errhandling 的值不会改变。

其次，我们来看看在调用<math.h>的函数时出现定义域错误的情形。C89 会把 EDOM 存放在 errno 中。在 C99 标准中，如果表达式 math_errhandling & MATH_ERRNO 非零（即设置了 MATH_ERRNO 位），那么会把 EDOM 存放在 errno 中；如果表达式 math_errhandling & MATH_ERREXCEPT 非零，会抛出无效运算浮点异常。根据 math_errhandling 取值的不同，这两种情况都有可能出现。

最后，讨论一下在函数调用过程中出现取值范围错误的处理方式。根据返回值的大小有两种情形。

600　**上溢出**（overflow）。如果返回的值太大，C89 标准要求函数根据正确结果的符号返回正的或负的 HUGE_VAL。另外，把 ERANGE 存储在 errno 中。C99 标准在发生上溢出时会有更复杂的处理方式。

- 如果采用默认的舍入方向或返回值是“精确的无穷数”（如 log(0.0)），根据返回类型的不同，函数会返回 HUGE_VAL、HUGE_VALF 或者 HUGE_VALL（HUGE_VALF 和 HUGE_VALL 是 C99 新增的，分别表示 HUGE_VAL 的 float 和 long double 版本。与 HUGE_VAL 一样，它们可以表示正无穷数）。返回值与正确结果的符号相同。
- 如果 math_errhandling & MATH_ERRNO 的值非零，把 ERANGE 存于 errno 中。
- 如果 math_errhandling & MATH_ERREXCEPT 的值非零，当数学计算的结果是精确的无穷数时抛出除零浮点异常，否则抛出上溢出异常。

下溢出（underflow）。如果返回的值太小而无法表示，C89 要求函数返回 0，一些实现可能也会将 ERANGE 存入 errno。C99 中的处理有点不同。

- 函数返回值小于或等于相应返回类型的最小规范化正数。（这个值可以是 0 或者非规范化的数。）
- 如果 math_errhandling & MATH_ERRNO 的值非零，实现中有可能把 ERANGE 存于 errno 中。
- 如果 math_errhandling & MATH_ERREXCEPT 的值非零，实现中有可能抛出下溢出浮点异常。

注意后两种情况中的“有可能”，为了执行的效率，实现不要求修改 errno 或抛出下溢出异常。

23.4.5 函数

现在可以讨论 C99 在<math.h>中新增的函数了。我将使用 C99 标准中的分类方法把函数分组讨论，这种分类和 23.3 节中来自 C89 的分类有些不一致。

在 C99 版本中，对<math.h>的最大改动是大部分函数都新增了两个或两个以上的版本。在 C89 中，每个数学函数只有一种版本，通常至少有一个 double 类型的参数或返回值是 double 类型。C99 另外新增了两个版本：float 类型和 long double 类型。这些函数名和原本的函数名相同，只不过增加了后缀 f 或 l。例如，原来的 sqrt 函数对 double 类型的值求平方根，现在就有了 sqrtf（float 版本）和 sqrtl（long double 版本）。我将列出新版本的原型（用斜体表示，我习惯对 C99 中的新函数用斜体），但不会深入讨论相应的函数，因为它们本质上与 C89 中的对应函数一样。

601

C99 版本的<math.h>中也有许多全新的函数（以及类似函数的宏）。我将对每一个函数进行简要的介绍。与 23.3 节一样，我不会讨论这些函数的错误条件，但是在附录 D（按字母序列出了所有的标准库函数）中会给出相关信息。我没有对所有新函数进行详细描述，而只是描述主要的函数。例如，有三个函数可以计算反双曲余弦，即 acosh、acoshf 和 acoshl，我将只描述 acosh。

一定要记住：很多新的函数是非常特别的。因此我们的描述看起来可能会很粗略，对这些函数具体用法的讨论超出了本书的范围。

23.4.6 分类宏

```
int fpclassify(实浮点 x);
int isfinite(实浮点 x);
int isinf(实浮点 x);
int isnan(实浮点 x);
int isnormal(实浮点 x);
int signbit(实浮点 x);
```

我们介绍的第一类包括类似函数的宏，它们用于确定浮点数的值是“规范化”的数还是无穷数或 NaN 之类的特殊值。这组宏的参数都是任意的实浮点类型（float、double 或者 long double）。

fpclassify 宏对参数分类，返回表 23-9 中的某个数值分类宏。具体的实现可以通过定义以 FP_和大写字母开头的其他宏来支持其他分类。

表 23-9　数值分类宏

名　称	含　义
FP_INFINITE	无穷数（正或负）
FP_PAN	非数
FP_NORMAL	规范化的数（不是 0、非规范化的数、无穷数或 NaN）
FP_SUBNORMAL	非规范化的数
FP_ZERO	0（正或负）

如果 **isfinite** 宏的参数具有有限值（0、非规范化的数，或是除无穷数与 NaN 之外的规范化的数），该宏返回非零值。如果 **isinf** 的参数值为无穷数（正或负），该宏返回非零值。如果 **isnan** 的参数值是 NaN，该宏返回非零值。如果 **isnormal** 的参数是一个正常值（不是 0、非规范化的数、无穷数或 NaN），该宏返回非零值。

最后一个宏与其他几个有点区别。如果参数的符号为负，**signbit** 返回非零值。参数不一定是有限数，signbit 也可以用于无穷数和 NaN。

602

23.4.7　三角函数

```
float acosf(float x);                                见 acos
long double acosl(long double x);                    见 acos

float asinf(float x);                                见 asin
long double asinl(long double x);                    见 asin

float atanf(float x);                                见 atan
long double atanl(long double x);                    见 atan

float atan2f(float y float x);                       见 atan2
long double atan2l(long double y,
                   long double x);                   见 atan2

float cosf(float x);                                 见 cos
long double cosl(long double x);                     见 cos

float sinf(float x);                                 见 sin
long double sinl(long double x);                     见 sin

float tanf(float x);                                 见 tan
long double tanl(long double x);                     见 tan
```

C99 中的新三角函数与 C89 中的函数相似，具体描述见 23.3 节的对应函数。

23.4.8　双曲函数

```
double acosh(double x);
float acoshf(float x);
long double acoshl(long double x);
```

```
double asinh(double x);
float asinhf(float x);
long double asinhl(long double x);

double atanh(double x);
float atanhf(float x);
long double atanhl(long double x);

float coshf(float x);                                    见 cosh
long double coshl(long double x);                        见 cosh

float sinhf(float x);                                    见 sinh
long double sinhl(long double x);                        见 sinh

float tanhf(float x);                                    见 tanh
long double tanhl(long double x);                        见 tanh
```

603

这一组的 6 个函数与 C89 函数中的 **cosh**、**sinh** 和 **tanh** 相对应。新的函数 acosh 计算双曲余弦，asinh 计算双曲正弦，atanh 计算双曲正切。

23.4.9 指数函数和对数函数

```
float expf(float x);                                     见 exp
long double expl(long double x);                         见 exp

double exp2(double x);
float exp2f(float x);
long double exp2l(long double x);

double expm1(double x);
float expm1f(float x);
long double expm1l(long double x);

float frexpf(float value, int *exp);                     见 frexp
long double frexpl(long double value,
                   int *exp);                            见 frexp

int ilogb(double x);
int ilogbf(float x) ;
int ilogbl(long double x);

float ldexpf(float x, int exp);                          见 ldexp
long double ldexpl(long double x, int exp);              见 ldexp

float logf(float x);                                     见 log
long double logl(long double x);                         见 log

float log10f(float x);                                   见 log10
long double log10l(long double x);                       见 log10

double log1p(double x);
float log1pf(float x);
long double log1pl(long double x);

double log2(double x);
float log2f(float x);
long double log2l(long double x);

double logb(double x);
float logbf(float x);
```

```
long double logbl(long double x);

float modff(float value, float *iptr);                  见 modf
long double modfl(long double value, long double *iptr);   见 modf

double scalbn(double x, int n);
float scalbnf(float x, int n);
long double scalbnl(long double x, int n);
double scalbln(double x, long int n);
float scalblnf(float x, long int n);
long double scalblnl(long double x, long int n);
```

604

除了 exp、frexp、ldexp、log、log10 和 modf 的新版本以外，这一类中还有一些全新的函数。其中 **exp2** 和 **expm1** 是 exp 函数的变体。当应用于参数 x 时，exp2 函数返回 2^x，Q&A expm1 返回 e^x-1。

logb 函数返回参数的指数。更准确地说，调用 logb(x) 返回 $\log_r(|x|)$，其中 r 是浮点算术的基数（由宏 FLT_RADIX 定义，通常值为 2）。**ilogb** 函数把 logb 的值强制转换为 int 类型并返回。**log1p** 函数返回 ln(1+x)，其中 x 是参数。**log2** 函数以 2 为底计算参数的对数。

函数 **scalbn** 返回 x × FLT_RADIX^n，这个函数能有效地进行计算（不会显式地计算 FLT_RADIX 的 n 次幂）。**scalbln** 除第二个参数是 long int 类型之外，其他和 scalbn 函数相同。

23.4.10　幂函数和绝对值函数

```
double cbrt(double x);
float cbrtf(float x);
long double cbrtl(long double x);

float fabsf(float x);                          见 fabs
long double fabsl(long double x);              见 fabs

double hypot(double x, double y);
float hypotf(float x, float y);
long double hypotl(long double x, long double y);

float powf(float x, float y);                  见 pow
long double powl(long double x, long double y);   见 pow

float sqrtf(float x);                          见 sqrt
long double sqrtl(long double x);              见 sqrt
```

这一组中的大部分函数是已有函数（fabs、pow 和 sqrt）的新版，只有 cbrt 和 hypot（以及它们的变体）是全新的。

cbrt 函数计算参数的立方根。pow 函数同样可用于这个目的，但 pow 不能处理负参数（负参数会导致定义域错误）。cbrt 既可以用于正参数也可以用于负参数，当参数为负时返回负值。

605

hypot 函数应用于参数 x 和 y 时返回 $\sqrt{x^2+y^2}$。换句话说，这个函数计算的是边长为 x 和 y 的直角三角形的斜边。

23.4.11　误差函数和伽马函数

```
double erf(double x);
float erff(float x);
```

```
long double erfl(long double x);

double erfc(double x);
float erfcf(float x);
long double erfcl(long double x);

double lgamma(double x);
float lgammaf(float x);
long double lgammal(long double x);

double tgamma(double x);
float tyammaf(float x);
long double tgammal(long double x);
```

函数 **erf** 计算误差函数 erf（通常也叫**高斯误差函数**），常用于概率、统计和偏微分方程。erf 的数学定义如下：

$$\mathrm{erf}(x)=\frac{2}{\sqrt{\pi}}\int_0^x \mathrm{e}^{-t^2}\,\mathrm{d}t$$

erfc 计算余误差函数（complementary error function），$\mathrm{erfc}(x) = 1 - \mathrm{erf}(x)$。

伽马函数（gamma function）Γ 是阶乘函数的扩展，不仅可以应用于整数，还可以应用于实数。当应用于整数 n 时，$\Gamma(n)=(n-1)!$。用于非整数的 Γ 函数定义更为复杂。Q&A **tgamma** 函数计算 Γ 。**lgamma** 函数计算 $\ln(|\Gamma(x)|)$，它是伽马函数绝对值的自然对数。lgamma 有些时候会比伽马函数本身更有用，因为伽马函数增长太快，计算时容易导致溢出。

23.4.12 就近舍入函数

```
float ceilf(float x);                              见 ceil
long double ceill(long double x);                  见 cail

float floorf(float x);                             见 floor
long double floorl(long double x);                 见 floor

double nearbyint(double x);
float nearbyintf(float x);
long double nearbyintl(long double x);

double rint(double x);
float rintf(float x);
long double rintl(long double x);

long int lrint (double x);
long int lrintf(float x);
long int lrintl(long double x);
long long int llrint(double x);
long long int llrintf(float x);
long long int llrintl(long double x);

double round(double x);
float roundf(float x);
long double roundl(long double x);

long int lround (double x);
long int lroundf(float x);
long int lroundl(long double x);
long long int llround(double x);
```

606

```
long long int llroundf(float x);
long long int llroundl(long double x);

double trunc(double x);
float truncf(float x);
long double truncl(long double x);
```

除了 ceil 和 floor 的新增版本，C99 还新增了许多函数，用于把浮点值转换为最接近的整数。在使用这些函数时需要注意：尽管它们都返回整数，但一些函数按浮点格式（如 float、double 或 long double 值）返回，一些函数按整数格式（如 long int 或 long long int 值）返回。

nearbyint 函数对参数舍入，并以浮点数的形式返回。nearbyint 使用当前的舍入方向，且不会抛出不精确浮点异常。**rint** 与 nearbyint 相似，但当返回值与参数不相同时，有可能抛出不精确浮点异常。

lrint 函数根据当前的舍入方向对参数向最近的整数舍入。lrint 返回 long int 类型的值。**llrint** 与 lrint 相似，但返回 long long int 类型的值。

round 函数对参数向最近的整数舍入，并以浮点数的形式返回。round 函数总是向远离零的方向舍入（如 3.5 舍入为 4.0）。

607

lround 函数对参数向最近的整数舍入，并以 long int 类型值的形式返回。和 round 函数一样，它总是向远离零的方向舍入。**llround** 与 lround 相似，但返回 long long int 类型的值。

trunc 函数对参数向不超过参数的最近的整数舍入。（换句话说，它把参数趋零截尾。）trunc 以浮点数的形式返回结果。

23.4.13　取余函数

```
float fmodf(float x, float y);                              见 fmod
long double fmodl(long double x, long double y);            见 fmod

double remainder(double x, double y);
float remainderf(float x, float y);
long double remainderl(long double x, long double y);

double remquo(double x, double y, int *quo);
float remquof(float x, float y, int *quo);
long double remquol(long double x, long double y, int *quo);
```

除了 fmod 的新版本之外，这一类还包含两种新增的函数：remainder 和 remquo。

remainder 返回的是 x REM y 的值，其中 REM 是 IEEE 标准定义的函数。当 y 不等于 0 时，x REM y 的值为 r=x-ny，其中 n 是与 x/y 的准确值最接近的整数。（如果 x/y 的值恰好位于两个整数的中间，n 取偶数。）如果 r=0，则与 x 的符号相一致。

remquo 函数的前两个参数值与 remainder 的相等时，其返回值也与 remainder 的相等。另外，remquo 函数会修改参数 quo 指向的对象，使其包含整数商|x/y|的 n 个低位字节，其中 n 依赖于具体的实现但至少为 3。如果 x/y<0，存储在该对象中的值为负。

23.4.14 操作函数

```
double copysign(double x, double y);
float copysignf(float x, float y);
long double copysignl(long double x, long double y);

double nan(const char *tagp);
float nanf(const char *tagp);
long double nanl(const char *tagp);

double nextafter(double x, double y);
float nextafterf(float x, float y);
long double nextafterl(long double x, long double y);

double nexttoward(double x, long double y);
float nexttowardf(float x, long double y);
long double nexttowardl(long double x, long double y);
```

608

这些神秘的“操作函数”都是C99新增的。它们提供了对浮点数底层细节的访问。

copysign 函数复制一个数的符号到另一个数。函数调用 copysign(x, y)返回的值大小与 x 相等，符号与 y 一样。

nan 函数将字符串转换为 NaN 值。调用 nan("*n* 个字符的序列")等价于 strtod("NAN(*n* 个字符的序列)",(char**) NULL)。[讨论 strtod 函数（➤26.2 节）时描述了 *n* 个字符的序列的格式。] 调用 nan("")等价于 strtod("NAN()", (char**) NULL)。如果 nan 的参数既不是"*n* 个字符的序列"又不是""，那么该调用等价于 strtod("NAN", (char**) NULL)。如果系统不支持安静的 NaN，那么 nan 返回 0。对 nanf 和 nanl 的调用分别等价于对 strtof 和 strtold 调用。这个函数用于构造包含特定二进制模式的 NaN 值。（回忆一下本节前面的论述，NaN 值的小数部分是任意的。）

nextafter 函数用于确定数值 x 之后的可表示的值（如果 x 类型的所有值都按序排列，这个值将恰好在 x 之前或 x 之后）。y 的值确定方向：如果 y<x，则函数返回恰好在 x 之前的那个值；如果 x<y，则返回恰好在 x 之后的那个值；**Q&A** 如果 x 和 y 相等，则返回 y。

nexttoward 函数和 nextafter 函数相似，区别在于参数 y 的类型为 long double 而不是 double。如果 x 和 y 相等，nexttoward 将返回被转换为函数的返回类型的 y。nexttoward 函数的优势在于，任意（实）浮点类型都可以作为第二个参数，而不用担心会错误地将其转换为较窄的类型。

23.4.15 最大值函数、最小值函数和正差函数

```
double fdim(double x, double y);
float fdimf(float x, float y);
long double fdiml(long double x, long double y);

double fmax(double x, double y);
float fmaxf(float x, float y);
long double fmaxl(long double x, long double y);

double fmin(double x, double y);
float fminf(float x, float y);
long double fmainl(long double x, long double y);
```

609

函数 fdim 计算 x 和 y 的正差：

$$\begin{cases} x-y & \text{如果} x > y \\ +0 & \text{如果} x \leqslant y \end{cases}$$

fmax 函数返回两个参数中较大的一个，fmin 返回较小的一个。

23.4.16　浮点乘加

```
double fma(double x, double y, double z);
float fmaf(float x, float y, float z);
long double fmal(long double x, long double y, long double z);
```

fma 函数是将它的前两个参数相乘再加上第三个参数。换句话说，我们可以将语句

```
a = b * c + d;
```

替换为

```
a = fma(b, c, d);
```

在 C99 中增加这个函数是因为一些新的 CPU 具有“融合乘加”（fused multiply-add）指令，该指令既执行乘法也执行加法。调用 fma 告诉编译器使用这个指令（如果可以的话），这样比分别执行乘法指令和加法指令要快。而且，融合乘加指令只进行一次舍入，而不是两次，所以可以产生更加精确的结果。融合乘加指令特别适用于需要执行一系列乘法和加法运算的算法，如计算两个向量点积的算法或两个矩阵相乘的算法。

为了确定是否可以调用 fma 函数，C99 程序可以测试 FP_FAST_FMA 宏是否有定义。如果有定义，那么调用 fma 应该会比分别进行乘法运算和加法运算要快（至少一样快）。对于 fmaf 函数和 fmal 函数，FP_FAST_FMAF 和 FP_FAST_FMAL 宏分别扮演着同样的角色。

把乘法和加法合并成一条指令来执行是 C99 标准中所说的“紧缩”（contraction）的一个例子。紧缩把两个或多个数学运算合并起来，当成一条指令来执行。从 fma 函数可以看出，紧缩通常可以获得更快的速度和更高的精度。但是，因为紧缩可能会导致结果发生细微的变化，所以程序员希望能控制紧缩是否自动进行（上面的 fma 是显式要求进行紧缩的）。极端情况下，紧缩可以避免抛出浮点异常。

610

C99 中可以用包含 FP_CONTRACT 的#pragma 指令来实现对紧缩的控制，用法如下：

```
#pragma STDC FP_CONTRACT 开关
```

*开关*的值可以是 ON、OFF 或 DEFAULT。如果选择 ON，编译器允许对表达式进行紧缩；如果选择 OFF，编译器禁止对表达式进行紧缩；DEFAULT 用于恢复默认设置（ON 或 OFF）。如果在程序的外层（所有函数定义的外部）使用该指令，该指令将持续有效，直到在同一个文件中遇到另一条包含 FP_CONTRACT 的#pragma 指令或者到达文件末尾。如果在复合语句（包括函数体）中使用该指令，必须将其放在所有声明和语句之前；在到达复合语句的末尾之前，该指令都是有效的，除非被另一条#pragma 覆盖。即使用 FP_CONTRACT 禁止了对表达式的自动紧缩，程序仍然可以调用 fma 执行显式的紧缩。

23.4.17　比较宏

```
int isgreater(实浮点 x, 实浮点 y);
int isgreaterequal(实浮点 x, 实浮点 y);
```

```
int isless(实浮点 x, 实浮点 y);
int islessequal(实浮点 x, 实浮点 y);
int islessgreater(实浮点 x, 实浮点 y);
int isunordered(实浮点 x, 实浮点 y);
```

最后一类类似函数的宏对两个数进行比较，它们的参数可以是任意实浮点类型。

增加比较宏是因为使用普通的关系运算符（如<和>）比较浮点数时会出现问题。如果任一操作数（或两个）是NaN，那么这样的比较就可能导致抛出*无效运算浮点异常*，因为NaN的值（不同于其他浮点数的值）被认为是无序的。比较宏可以用来避免这种异常。这些宏可以称作关系运算符的"安静"版本，因为它们在执行时不会抛出异常。

isgreater、**isgreaterequal**、**isless**和**islessequal**宏分别执行与>、>=、<和<=相同的运算，区别在于，当参数无序时它们不会抛出*无效运算浮点异常*。

调用**islessgreater**(x, y)等价于(x) < (y) || (x) > (y)，唯一的区别在于前者不会对x和y求两次值，而且（与之前提到的宏一样）当x和y无序时不会导致抛出*无效运算浮点异常*。

isunordered宏在参数无序（其中至少一个是NaN）时返回1，否则返回0。 611

23.5 <ctype.h>：字符处理

<ctype.h>提供了两类函数：字符分类函数（如isdigit函数，用来检测一个字符是否是数字）和字符大小写映射函数（如toupper函数，用来将一个小写字母转换成大写字母）。

虽然C语言并不要求必须使用<ctype.h>中的函数来测试字符或进行大小写转换，但我们仍建议使用<ctype.h>中定义的函数来进行这类操作。第一，这些函数已经针对运行速度进行过优化（实际上，大多数都是用宏实现的）；第二，使用这些函数会使程序的可移植性更好，因为这些函数可以在任何字符集上运行；第三，当地区（locale➤25.1节）改变时，<ctype.h>中的函数会相应地调整其行为，使我们编写的程序可以正确地运行在世界上不同的地点。

<ctype.h>中定义的函数都具有int类型的参数，并返回int类型的值。许多情况下，参数事先存放在一个int型的变量中（通常是调用fgetc、getc或getchar读取的结果）。当参数类型为char时，需要小心。C语言可以自动将char类型的参数转换为int类型；如果char是无符号类型或者使用ASCII之类的7位字符集，转换不会出问题，但如果char是有符号类型且有些字符需要用8位来表示，那么把这样的字符从char转换为int就会得到负值。当参数为负时，<ctype.h>中的函数行为是未定义的（EOF除外），这样可能会造成一些严重的问题。这种情况下应把参数强制转换为unsigned char类型以确保安全。（为了最大化可移植性，一些程序员在使用<ctype.h>中的函数之前总是把char类型的参数强制转换为unsigned char类型。）

23.5.1 字符分类函数

```
int isalnum(int c);
int isalpha(int c);
int isblank(int c);
int iscntrl(int c);
int isdigit(int c);
int isgraph(int c);
int islower(int c);
int isprint(int c);
```

```
int ispunct(int c);
int isspace(int c);
int isupper(int c);
int isxdigit(int c);
```

612

如果参数具有某种特定的性质，字符分类函数会返回非零值。表 23-10 列出了每个函数所测试的性质。

表 23-10　字符分类函数

取　　值	取值对应的舍入模式
isalnum(c)	c 是否是字母或数字
isalpha(c)	c 是否是字母
isblank(c)	c 是否是标准空白字符①
iscntrl(c)	c 是否是控制字符②
isdigit(c)	c 是否是十进制数字
isgraph(c)	c 是否是可显示字符（除空格外）
islower(c)	c 是否是小写字母
isprint(c)	c 是否是可打印字符（包括空格）
ispunct(c)	c 是否是标点符号③
isspace(c)	c 是否是空白字符④
isupper(c)	c 是否是大写字母
isxdigit(c)	c 是否是十六进制数字

① 标准空白字符是空格和水平制表符（\t）。这是 C99 中的新函数。
② 在 ASCII 字符集中，控制字符包括\x00 至\x1f，以及\x7f。
③ 标点符号包括所有可打印字符，但要除掉使 isspace 或 isalnum 为真的字符。
④ 空白字符包括空格、换页符（\f）、换行符（\n）、回车符（\r）、水平制表符（\t）和垂直制表符（\v）。

C99 ispunct 在 C99 中的定义与在 C89 中的定义略有不同。在 C89 中，ispunct(c)测试 c 是否为除空格符和使 isalnum(c)为真的字符以外的可打印字符。在 C99 中，ispunct(c)测试 c 是否为除了使 isspace(c)或 isalnum(c)为真的字符以外的可打印字符。

程序　测试字符分类函数

下面的程序通过将字符分类函数应用于字符串"azAZ0 !\t"中的字符，来展示这些函数（不包括 C99 新增的 isblank 函数）的作用。

tchrtest.c

```
/* Tests the character-classification functions */

#include <ctype.h>
#include <stdio.h>

#define TEST(f) printf(" %c ", f(*p) ? 'x' : ' ')

int main(void)
{
  char *p;

  printf("      alnum      cntrl       graph     print"
         "      space    xdigit\n"
         "            alpha       digit      lower      punct"
         "      upper\n");
```

613

```
  for (p = "azAZ0 !\t"; *p != '\0'; p++) {
    if (iscntrl(*p))
      printf("\\x%02x:", *p);
    else
      printf("   %c:", *p);
    TEST(isalnum);
    TEST(isalpha);
    TEST(iscntrl);
    TEST(isdigit);
    TEST(isgraph);
    TEST(islower);
    TEST(isprint);
    TEST(ispunct);
    TEST(isspace);
    TEST(isupper);
    TEST(isxdigit);
    printf("in");
  }

  return 0;
}
```

这段程序产生的输出如下：

```
    alnum     cntrl     graph     print     space    xdigit
         alpha     digit     lower     punct     upper
   a:  x    x              x    x    x                   x
   z:  x    x              x    x    x
   A:  x    x              x         x              x    x
   Z:  x    x              x         x              x
   0:  x              x    x         x                   x
    :                                x         x
   !:                      x         x    x
\x09:            x                             x
```

23.5.2 字符大小写映射函数

```
int tolower(int c);
int toupper(int c);
```

tolower 函数返回与作为参数传递的字母相对应的小写字母，而 toupper 函数返回与作为参数传递的字母相对应的大写字母。对于这两个函数，如果所传参数不是字母，那么将返回原始字符，不加任何改变。

程序 测试大小写映射函数

下面的程序对字符串"aA0!"中的字符进行大小写转换。 614

tcasemap.c

```
/* Tests the case-mapping functions */

#include <ctype.h>
#include <stdio.h>

int main(void)
{
  char *p;
```

```
  for (p = "aA0!"; *p != '\0'; p++) {
    printf("tolower('%c') is '%c'; ", *p, tolower(*p));
    printf("toupper('%c') is '%c'\n", *p, toupper(*p));
  }
  return 0;
}
```

这段程序产生的输出如下：

```
tolower('a') is 'a'; toupper('a') is 'A'
tolower('A') is 'a'; toupper('A') is 'A'
tolower('0') is '0'; toupper('0') is '0'
tolower('!') is '!'; toupper('!') is '!'
```

23.6　<string.h>：字符串处理

我们第一次见到<string.h>是在 13.5 节，那一节中讨论了最基本的字符串操作：字符串复制、字符串拼接、字符串比较以及字符串长度计算。接下来我们将看到，除了用于字符数组（不需要以空字符结尾）的字符串处理函数之外，<string.h>中还有许多其他字符串处理函数。前一类函数的名字以 mem 开头，以表明它们处理的是内存块而不是字符串。这些内存块可以包含任何类型的数据，因此 mem 函数的参数类型为 void *而不是 char *。

<string.h>提供了 5 种函数。

- **复制函数**，将字符从内存中的一处复制到另一处。
- **拼接函数**，向字符串末尾追加字符。
- **比较函数**，用于比较字符数组。
- **搜索函数**，在字符数组中搜索一个特定字符、一组字符或一个字符串。
- **其他函数**，初始化字符数组或计算字符串的长度。

615

下面来分别讨论每一类函数。

23.6.1　复制函数

```
void *memcpy(void * restrict s1, const void * restrict s2, size_t n);
void *memmove(void * s1, const void * s2, size_t n);
char *strcpy(char * restrict s1, const char * restrict s2);
char *strncpy(char * restrict s1, const char * restrict s2, size_t n);
```

Q&A 这一类函数将字符（字节）从内存的一处（源）移动到另一处（目的地）。每个函数都要求第一个参数指向目的地，第二个参数指向源。所有的复制函数都会返回第一个参数（即指向目的地的指针）。

memcpy 函数从源向目的地复制 n 个字符，其中 n 是函数的第三个参数。如果源和目的地之间有重叠，memcpy 函数的行为是未定义的。**memmove** 函数与 memcpy 函数类似，只是在源和目的地重叠时它也可以正常工作。

strcpy 函数将一个以空字符结尾的字符串从源复制到目的地。**strncpy** 与 strcpy 类似，只是它不会复制多于 n 个字符，其中 n 是函数的第三个参数。（如果 n 太小，strncpy 可能无法复制结尾的空字符。）如果 strncpy 遇到源字符串中的空字符，它会向目的字符串不断追加空字符，直到写满 n 个字符为止。与 memcpy 类似，strcpy 和 strncpy 不保证当源和目的地相重叠时可以正常工作。

下面的例子展示了所有的复制函数，注释中给出了哪些字符会被复制。

```
char source[] = {'h', 'o', 't', '\0', 't', 'e', 'a'};
char dest[7];

memcpy(dest, source, 3);    /* h, o, t                  */
memcpy(dest, source, 4);    /* h, o, t, \0              */
memcpy(dest, source, 7);    /* h, o, t, \0, t, e, a     */

memmove(dest, source, 3);   /* h, o, t                  */
memmove(dest, source, 4);   /* h, o, t, \0              */
memmove(dest, source, 7);   /* h, o, t, \0, t, e, a     */

strcpy(dest, source);       /* h, o, t, \0              */

strncpy(dest, source, 3);   /* h, o, t                  */
strncpy(dest, source, 4);   /* h, o, t, \0              */
strncpy(dest, source, 7);   /* h, o, t, \0, \0, \0, \0 */
```

注意，memcpy、memmove 和 strncpy 都不要求使用空字符结尾的字符串，它们对任意内存块都可以正常工作。而 strcpy 函数则会持续复制字符，直到遇到一个空字符为止，因此 strcpy 仅适用于以空字符结尾的字符串。

616

13.5 节给出了 strcpy 和 strncpy 的常见用法示例。这两个函数都不完全安全，但至少 strncpy 提供了一种方法来限制所复制字符的个数。

23.6.2 拼接函数

```
char *strcat(char * restrict s1, const char * restrict s2);
char *strncat(char * restrict s1, const char * restrict s2, size_t n);
```

strcat 函数将它的第二个参数追加到第一个参数的末尾。两个参数都必须是以空字符结尾的字符串。strcat 函数会在拼接后的字符串末尾添加空字符。考虑下面的例子：

```
char str[7] = "tea";

strcat(str, "bag");      /* adds b, a, g, \0 to end of str */
```

字母 b 会覆盖"tea"中字符 a 后面的空字符，因此现在 str 包含字符串"teabag"。strcat 函数会返回它的第一个参数（指针）。

strncat 函数与 strcat 函数基本一致，只是它的第三个参数会限制所复制字符的个数：

```
char str[7] = "tea";

strncat(str, "bag", 2);  /* adds b, a, \0 to str    */
strncat(str, "bag", 3);  /* adds b, a, g, \0 to str */
strncat(str, "bag", 4);  /* adds b, a, g, \0 to str */
```

正如上面的例子所示，strnact 函数会保证其结果字符串始终以空字符结尾。

在 13.5 节中我们发现，strncat 的调用通常具有如下形式：

```
strncat(str1, str2, sizeof(str1) - strlen(str1) - 1);
```

第三个参数计算 str1 中剩余的空间大小（由表达式 sizeof(str1) - strlen(str1) 给定），然后减 1 以确保给空字符留出空间。

23.6.3 比较函数

```
int memcmp(const void *s1, const void *s2, size_t n);
int strcmp(const char *s1, const char *s2);
int strcoll(const char *s1, const char *s2);
int strncmp(const char *s1, const char *s2, size_t n);
size_t strxfrm(char * restrict s1, const char * restrict s2, size_t n);
```

617

比较函数分为两组。第一组中的函数（memcmp、strcmp 和 strncmp）比较两个字符数组的内容，第二组中的函数（strcoll 函数和 strxfrm 函数）在需要考虑地区（➤25.1 节）时使用。

memcmp、**strcmp** 和 **strncmp** 函数有许多共性。这三个函数都需要以指向字符数组的指针作为参数，然后用第一个字符数组中的字符逐一地与第二个字符数组中的字符进行比较。这三个函数都是在遇到第一个不匹配的字符时返回。另外，这三个函数都根据比较结束时第一个字符数组中的字符是小于、等于还是大于第二个字符数组中的字符，而相应地返回负整数、0 或正整数。

这三个函数之间的差异在于，如果数组相同，则何时停止比较。memcmp 函数包含第三个参数 n，n 会用来限制参与比较的字符个数，但 memcmp 函数不会关心空字符。strcmp 函数没有对字符数设定限制，因此会在其中任意一个字符数组中遇到空字符时停止比较。（因此，strcmp 函数只能用于以空字符结尾的字符串。）strncmp 结合了 memcmp 和 strcmp，当比较的字符数达到 n 个或在其中任意一个字符数组中遇到空字符时停止比较。

下面的例子展示了 memcmp、strcmp 和 strncmp 的用法：

```
char s1[] = {'b', 'i', 'g', '\0', 'c', 'a', 'r'};
char s2[] = {'b', 'i', 'g', '\0', 'c', 'a', 't'};

if (memcmp(s1, s2, 3) == 0) ...     /* true  */
if (memcmp(s1, s2, 4) == 0) ...     /* true  */
if (memcmp(s1, s2, 7) == 0) ...     /* false */

if (strcmp(s1, s2) == 0)...         /* true  */

if (strncmp(s1, s2, 3) == 0) ...    /* true  */
if (strncmp(s1, s2, 4) == 0) ...    /* true  */
if (strncmp(s1, s2, 7) == 0) ...    /* true  */
```

strcoll 函数与 strcmp 函数类似，但比较的结果依赖于当前的地区。

大多数情况下，strcoll 都足够用来处理依赖于地区的字符串比较。但有些时候，我们可能需要多次进行比较（strcoll 的一个潜在问题是，它不是很快），或者需要改变地区而不影响比较的结果。在这些情况下，strxfrm 函数（“字符串变换”）可以用来代替 strcoll 使用。

strxfrm 函数会对它的第二个参数（一个字符串）进行变换，将变换的结果放在第一个参数所指向的字符串中。第三个参数用来限制向数组输出的字符个数，包括最后的空字符。用两个变换后的字符串作为参数调用 strcmp 函数所产生的结果应该与用原始字符串作为参数调用 **strcoll** 函数所产生的结果相同（负、0 或正）。

618

strxfrm 函数返回变换后字符串的长度，因此 strxfm 函数通常会被调用两次：一次用于判断变换后字符串的长度，一次用来进行变换。下面是一个例子：

```
size_t len;
char *transformed;
```

```
len = strxfrm(NULL, original, 0);
transformed = malloc(len + 1);
strxfrm(transformed, original, len);
```

23.6.4 搜索函数

```
void *memchr(const void *s, int c, size_t n);
char *strchr(const char *s, int c);
size_t strcspn(const char *s1, const char *s2);
char *strpbrk(const char *s1, const char *s2);
char *strrchr(const char *s, int c);
size_t strspn(const char *s1, const char *s2);
char *strstr(const char *s1, const char *s2);
char *strtok(char * restrict s1, const char * restrict s2);
```

strchr 函数在字符串中搜索特定字符。下面的例子说明了如何使用 strchr 函数在字符串中搜索字母 f：

```
char *p, str[] = "Form follows function.";

p = strchr(str, 'f');      /* finds first 'f' */
```

strchr 函数会返回一个指针，这个指针指向 str 中出现的第一个 f（即单词 follows 中的 f）。如果需要多次搜索字符也很简单，例如，可以使用下面的调用搜索 str 中的第二个 f（即单词 function 中的 f）：

```
p = strchr(p + 1, 'f');    /* finds next 'f' */
```

如果不能定位所需的字符，strchr 返回空指针。

memchr 函数与 strchr 函数类似，但 memchr 函数会在搜索了指定数量的字符后停止搜索，而不是当遇到首个空字符时才停止。memchr 函数的第三个参数用来限制搜索时需要检测的字符总数。当不希望对整个字符串进行搜索或搜索的内存块不是以空字符结尾时，memchr 函数会十分有用。下面的例子用 memchr 函数在一个没有以空字符结尾的字符数组中进行搜索：

619

```
char *p, str[22] = "Form follows function.";

p = memchr(str, 'f', sizeof(str));
```

与 strchr 函数类似，memchr 函数也会返回一个指针指向该字符第一次出现的位置。如果找不到所需的字符，memchr 函数返回空指针。

strrchr 函数与 strchr 类似，但它会反向搜索字符：

```
char *p, str[] = "Form follows function.";

p = strrchr(str, 'f');    /* finds last 'f' */
```

在此例中，strrchr 函数会首先找到字符串末尾的空字符，然后反向搜索字母 f（单词 function 中的 f）。与 strchr 和 memchr 一样，如果找不到指定的字符，strrchr 函数也返回空指针。

strpbrk 函数比 strchr 函数更通用，它返回一个指针，该指针指向第一个参数中与第二个参数中任意一个字符匹配的最左边一个字符：

```
char *p, str[] = "Form follows function.";
```

```
p = strpbrk(str, "mn");    /* finds first 'm' or 'n' */
```

在此例中，p 最终会指向单词 Form 中的字母 m。当找不到匹配的字符时，strpbrk 函数返回空指针。

strspn 函数和 **strcspn** 函数与其他的搜索函数不同，它们会返回一个表示字符串中特定位置的整数（size_t 类型）。当给定一个需要搜索的字符串以及一组需要搜索的字符时，**Q&A** strspn 函数返回字符串中第一个不属于该组字符的字符的下标。对于同样的参数，strcspn 函数返回第一个属于该组字符的字符的下标。下面是使用这两个函数的例子：

```
size_t n;
char str[] = "Form follows function.";

n = strspn(str, "morF");   /* n = 4 */
n = strspn(str, " \t\n"); /* n = 0 */
n = strcspn(str, "morF"); /* n = 0 */
n = strcspn(str, " \t\n");/* n = 4 */
```

strstr 函数在第一个参数（字符串）中搜索第二个参数（也是字符串）。在下面的例子中，strstr 函数搜索单词 fun：

```
char *p, str[] = "Form follows function.";

p = strstr(str, "fun");    /* locates "fun" in str */
```

strstr 函数返回一个指向待搜索字符串第一次出现的地方的指针。如果找不到，则返回空指针。在上例的调用后，p 会指向 function 中的字母 f。

strtok 函数是最复杂的搜索函数。它的目的是在字符串中搜索一个“记号”——就是一系列不包含特定分隔字符的字符。调用 strtok(s1, s2)会在 s1 中搜索不包含在 s2 中的非空字符序列。strtok 函数会在记号末尾的字符后面存储一个空字符作为标记，然后返回一个指针指向记号的首字符。

620

strtok 函数最有用的特点是以后可以调用 strtok 函数在同一字符串中搜索更多的记号。调用 strtok(NULL, s2)就可以继续上一次的 strtok 函数调用。和上一次调用一样，strtok 函数会用一个空字符来标记新的记号的末尾，然后返回一个指向新记号的首字符的指针。这个过程可以持续进行，直到 strtok 函数返回空指针，这表明找不到符合要求的记号。

为了解 strtok 函数的工作原理，我们用它从以下面的格式书写的日期中提取出月、日和年：

月 日, 年

其中月与日之间、日与年之间以空格或制表符分隔。此外，逗号之前可能有空格或制表符。假定开始时，字符串 str 有如下形式：

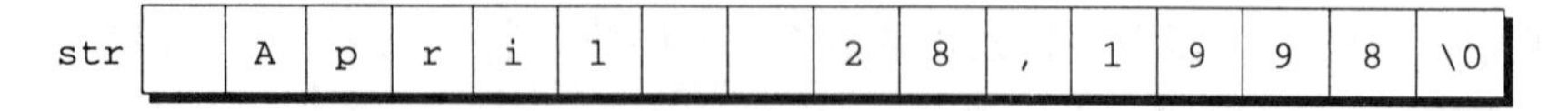

在调用

```
p = strtok(str, " \t");
```

后，字符串 str 的形式如下：

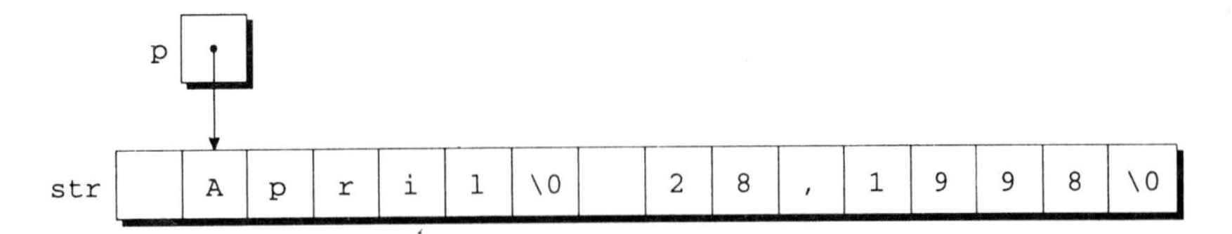

p 指向月字符串的第一个字符，同时在月字符串的末尾加上空字符。使用空指针作为第一个参数再次调用 strtok 函数，会从上次结束的位置继续搜索：

```
p = strtok(NULL, " \t,");
```

这个调用后，p 指向日的第一个字符：

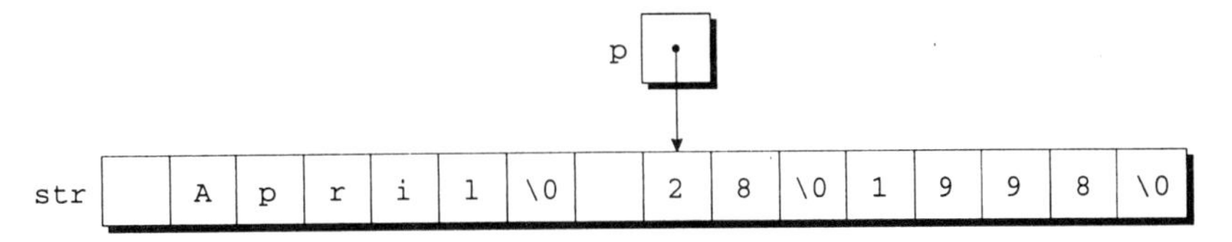

strtok 函数的最后一个调用用来找到年：

```
p = strtok(NULL, " \t");
```

621

这次调用后，str 的形式如下所示：

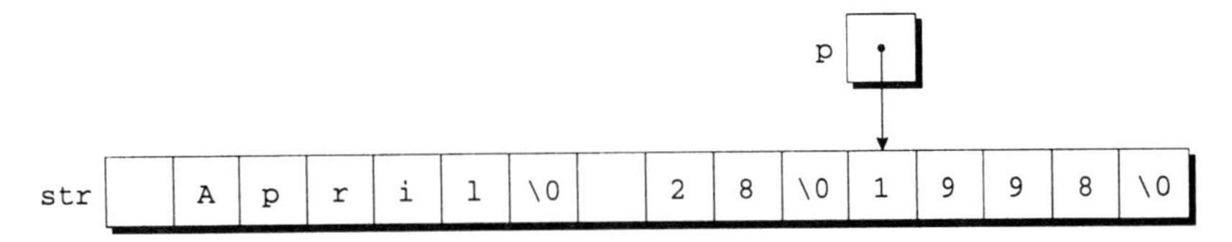

当重复调用 strtok 函数将一个字符串分隔成记号时，每次调用的第二个参数并不需要保持一致。在这个例子中，strtok 函数的第二次调用使用 " \t,"而不是" \t"。

strtok 有几个众所周知的问题，这些问题限制了它的使用。这里只说以下两个问题。首先，strtok 每次只能处理一个字符串，不能同时搜索两个不同的字符串。其次，strtok 把一组分隔符与一个分隔符同等看待；因此，如果字符串中有些字段用分隔符（例如逗号）分开，有些字段为空，那么 strtok 就不适用了。

23.6.5 其他函数

```
void *memset(void *s, int c, size_t n);
size_t strlen(const char *s);
```

memset 函数会将一个字符的多个副本存储到指定的内存区域。假设 p 指向一块 N 字节的内存，调用

```
memset(p, ' ', N);
```

会在这块内存的每个字节中存储一个空格。memset 函数的一个用途是将数组全部初始化为 0：

```
memset(a, 0, sizeof(a));
```

memset 函数会返回它的第一个参数（指针）。

strlen 函数返回字符串的长度，字符串末尾的空字符不计算在内。strlen 函数的调用示

例见 13.5 节。

此外还有一个字符串函数——strerror 函数（➤24.2 节），会和<errno.h>一起讨论。

问与答

问：expm1 函数的作用仅仅是从 exp 函数的返回值里减去 1，为什么需要这个函数呢？（p.474）

答：把 exp 函数应用于接近 0 的数时，其返回结果非常接近 1。因为舍入误差的存在，从 exp 的返回值里减去 1 可能不精确。这种情况下 expm1 可以用来获得更精确的结果。

622

log1p 函数的作用也是类似的。对于接近 0 的 x 值，log1p(x)比 log(1 + x)更精确。

问：计算伽马函数的函数为什么命名为 tgamma 而不是 gamma 呢？（p.475）

答：起草 C99 标准的时候，有些编译器已提供了名为 gamma 的函数，但计算的是伽马函数的对数。这个函数后来重命名为 lgamma。把伽马函数的名字选为 gamma 可能会和已有的程序相冲突，所以 C99 委员会决定改用 tgamma（意为"true gamma"）。

问：描述 nextafter 函数时，为什么说当 x 和 y 相等时返回 y 呢？如果 x 和 y 相等，返回 x 与返回 y 有区别吗？（p.477）

答：考虑调用 nextafter(-0.0, +0.0)，从数学上讲两个参数是相等的。如果返回 y 而不是 x，函数的返回值为+0.0（而不是–0.0，那样有违直觉）。类似地，调用 nextafter(+0.0, -0.0)返回–0.0。

问：为什么<string.h>中提供了那么多方法来做同一件事呢？真的需要 4 个复制函数（memcpy、memmove、strcpy 和 strncpy）吗？（p.482）

答：我们先看 memcpy 函数和 strcpy 函数，使用这两个函数的目的是不同的：strcpy 函数只会复制一个以空字符结尾的字符数组（也就是字符串），memcpy 函数可以复制没有这一终止字符的内存块（如整数数组）。

另外两个函数可以使我们在安全性和运行速度之间做出选择。strncpy 函数比 strcpy 函数更安全，因为它限制了复制字符的个数。当然安全也是有代价的，因为 strncpy 函数比 strcpy 函数慢一点。使用 memmove 函数也需要做出类似的抉择。memmove 函数可以将字符从一块内存区域复制到另一块可能会与之相重叠的内存区域中。在同样的情况下，memcpy 函数无法保证能够正常工作；然而，如果可以确保没有重叠，memcpy 函数很可能会比 memmove 函数要快一些。

问：为什么 strspn 函数有这么一个奇怪的名字？（p.486）

答：不要将 strspn 函数的返回值理解为不属于指定字符集合的第一个字符的下标，而要将它的返回值理解为属于指定字符集合的字符的最长"跨度"（span）。

练习题

23.3 节

W 1. 扩展 round_nearest 函数，使它可以将浮点数 x 舍入成小数点后 n 位。例如，调用 round_nearest(3.14159, 3)会返回 3.142。*提示*：将 x 乘以 10^n，舍入成最接近的整数，再除以 10^n。确保你的函数在 x 为正数和负数的情况下都可以正常工作。

623

23.4 节

2. C99 编写下列函数：

```
double evaluate_polynomial(double a[], int n, double x);
```

函数应返回多项式 $a_n x^n + a_{n-1} x^{n-1} + \cdots + a_0$ 的值，其中 a_i 存储在数组 a 的相应元素中，数组 a 的长度为 n+1。使用 Horner 法则计算多项式的值：

$$\left(\left(\cdots\left(\left(a_n x + a_{n-1}\right)x + a_{n-2}\right)x + \cdots\right)x + a_1\right)x + a_0$$

使用 fma 函数执行乘法和加法。

3. C99 查看你的编译器文档，看它是否对算术表达式进行了紧缩；如果进行了紧缩，看看在什么条件下这么做。

23.5 节

4. 使用 isalpha 和 isalnum 编写一个函数，用来检查一个字符串是否符合 C 语言标识符的语法（由字母、数字和下划线组成，并以字母或下划线开始）。

5. 使用 isxdigit 编写一个函数，用来检查一个字符串是否表示有效的十六进制数（只包含十六进制数字）。如果是，则函数把该数作为 long int 类型的值返回；否则函数返回–1。

23.6 节

W 6. 对于下面列举的每种情况，指出使用 memcpy、memmove、strcpy 和 strncpy 中哪一个函数最好。假定所列举的行为都是由一个函数调用完成的。

(a) 将数组中的每个元素都“下移”一个位置，以便将第 0 个位置空出给新元素。

(b) 通过将后面的所有字符都前移一个位置，来删除以空字符结尾的字符串中的第一个字符。

(c) 将一个字符串复制到一个字符数组中，这个字符数组的大小可能不够存放整个字符串。如果数组太小，就将字符串截断，末尾不需要空字符。

(d) 将一个数组变量的内容复制到另一个数组变量中。

7. 在 23.6 节中阐述了如何反复调用 strchr 函数在字符串中找到指定字符的所有出现位置。能否通过反复调用 strrchr 函数反向找到指定字符的所有出现位置呢？

W 8. 使用 strchr 函数编写如下函数：

```
int numchar(const char *s, char ch);
```

函数 numchar 返回字符 ch 在字符串 s 中出现的次数。

9. 使用一个 strchr 函数调用来替换下面 if 语句中的测试条件：

```
if (ch == 'a' || ch == 'b' || ch == 'c') ...
```

W 10. 使用一个 strstr 函数调用来替换下面 if 语句中的测试条件：

```
if (strcmp(str, "foo") == 0 || strcmp(str, "bar") == 0 ||
    strcmp(str, "baz") == 0) ...
```

提示：将字面串合并到一个字符串中，并使用一个特殊字符分隔它们。你的答案是否需要对 str 的内容做一定的假设？

624

W 11. 编写一个 memset 函数的调用，将一个以空字符结尾的字符串 s 的最后 n 个字符替换为!字符。

12. <string.h>的许多版本提供了额外的（非标准）函数，例如下面列出的一些函数。使用 C 标准的特性给出每一个函数的实现。

(a) strdup(s)：返回一个指针，该指针指向通过调用 malloc 函数获得的内存中保存的 s 的一个副本。如果没有足够的内存可分配，则返回空指针。

(b) stricmp(s1, s2)：与 strcmp 函数类似，但不考虑字母的大小写。

(c) strlwr(s)：将 s 中的大写字母转换为小写字母，其他字符不变，返回 s。

(d) strrev(s)：反转字符串 s 中的字符顺序（空字符除外），返回 s。
(e) strset(s, ch)：将 s 用 ch 的副本填充，返回 s。

如果要对这些函数进行测试，需要修改其名字。以 str 开头的函数名是 C 标准保留的。

13. 使用 strtok 编写下列函数：

```
int count_words(char *sentence);
```

count_words 返回字符串 sentence 中单词的数量，其中“单词”是任意的非空白字符序列。允许 count_words 修改字符串。

编程题

1. 编写一个程序，使用下面的公式求方程 $ax^2+bx+c=0$ 的根：

$$x=\frac{-b\pm\sqrt{b^2-4ac}}{2a}$$

程序提示用户输入 a、b 和 c 的值，然后显示出 x 的两个解。（如果 b^2-4ac 的值小于 0，那么程序需要显示一条消息，指出根是复数。）

2. 编写一个程序，将文本文件从标准输入复制到标准输出，并删除每行开头的空白字符。不要复制仅包含空白字符的行。

3. 编写一个程序，将文本文件从标准输入复制到标准输出，将每个单词的首字母大写。

4. 编写一个程序，提示用户输入一系列单词，单词之间用一个空格隔开，然后按相反的顺序显示出来。将输入按字符串的形式读入，然后使用 strtok 函数将它们分隔成单词。

5. 假定把钱存入一个储蓄账户 t 年。设年利率为 r，且利息逐年复合。公式 $A(t)=Pe^{rt}$ 可以用于计算账户的最终余额，其中 P 是初始的存款。例如，按年利率 6%把 1000 美元存 10 年可以得到 $1000\times e^{0.06\times 10}=1000\times e^{0.6}=1000\times 1.822\,118\,8\approx 1822.12$ 美元。编写程序提示用户输入初始存款、利率和年数，然后显示计算结果。

625

6. 编写一个程序，将文本文件从标准输入复制到标准输出，将除\n 之外的控制字符替换为问号。

7. 编写一个程序，统计文本文件（从标准输入获取）中句子的数目。假定每个句子以.、?或!结尾，且后面有一个空白字符（包括\n）。

626

第24章

错误处理

编写无错程序的方法有两种，但只有第三种写程序的方法才行得通。

学习C语言的学生所编写的程序在遇到异常输入时经常无法正常运行，但真正商业用途的程序却必须“非常稳健”，即能够从错误中恢复正常而不至于崩溃。为了使程序非常稳健，我们需要能够预见程序执行时可能遇到的错误，包括对每个错误进行检测，并提供错误发生时的合适行为。

本章讲述两种在程序中检测错误的方法：调用 assert 宏以及测试 errno 变量。24.1 节介绍了<assert.h>头，assert 宏就是在这里定义的。24.2 节讨论了<errno.h>头，其中定义了 errno 变量。这一节还包含 perror 函数与 strerror 函数，这两个函数分别来自<stdio.h>和<string.h>，它们与 errno 变量紧密相关。

24.3 节讲解如何检测并处理称为信号的条件，一些信号用于表示错误。处理信号的函数在<signal.h>头中声明。

最后，24.4 节探讨 setjmp/longjmp 机制，它们经常用于响应错误。setjmp 和 longjmp 都属于<setjmp.h>头。

错误的检测和处理并不是C语言的强项。C语言对运行时错误以多种形式表示，而没有提供一种统一的方式。而且，在C程序中，需要由程序员编写检测错误的代码。因此，很容易忽略一些可能发生的错误。一旦发生某个被忽略的错误，程序经常可以继续运行，虽然这样也不是很好。C++、Java 和 C#等较新的语言具有“异常处理”特性，可以更容易地检测和响应错误。 627

24.1 <assert.h>：诊断

```
void assert(scalar expression);
```

assert 定义在<assert.h>中。它使程序可以监控自己的行为，并尽早发现可能会发生的错误。

虽然 assert 实际上是一个宏，但它是按照函数的使用方式设计的。assert 有一个参数，这个参数必须是一种“断言”—— 一个我们认为在正常情况下一定为真的表达式。每次执行 assert 时，它都会检查其参数的值。如果参数的值不为 0，assert 什么也不做；如果参数的值为 0，assert 会向 stderr（标准误差流，➤22.1 节）写一条消息，并调用 abort 函数（➤26.2 节）终止程序执行。

例如，假定文件 demo.c 声明了一个长度为 10 的数组 a，我们关心的是 demo.c 程序中的语句

```
a[i] = 0;
```

可能会由于 i 不在 0~9 之间而导致程序失败。可以在给 a[i]赋值前使用 assert 宏检查这种情况：

```
assert(0 <= i && i < 10) ;          /* checks subscript first */
a[i] = 0;                           /* now does the assignment */
```

如果 i 的值小于 0 或者大于等于 10，程序在显出类似下面的消息后会终止：

```
Assertion failed: 0 <= i && i < 10, file demo.c, line 109
```

C99 C99 对 assert 做了两处小修改。C89 标准指出，assert 的参数必须是 int 类型的。C99 放宽了要求，允许参数为任意标量类型（因此在 assert 的原型中出现了单词 *scalar*）。例如，现在参数可以为浮点数或指针。此外，C99 要求失败的 assert 显示其所在的函数名。（C89 只要求 assert 以文本格式显示参数、源文件及源文件中的行号。）C99 建议的消息格式为

Assertion failed: *expression*, function *abc*, file *xyz*, line *nnn*.

根据编译器的不同，assert 生成的消息格式也不尽相同，但它们都应包含标准要求的信息。例如，GCC 在上述情况下给出如下的消息：

628

```
a.out: demo.c:109: main: Assertion '0 <= i && i < 10' failed.
```

assert 有一个缺点：因为它引入了额外的检查，所以会增加程序的运行时间。偶尔使用一次 assert 可能对程序的运行速度没有很大影响，但在实时程序中，这么小的运行时间增加可能也是无法接受的。因此，许多程序员在测试过程中会使用 assert，但当程序最终完成时就会禁止 assert。要禁止 assert 很容易，只需要在包含<assert.h>之前定义宏 NDEBUG 即可：

```
#define NDEBUG
#include <assert.h>
```

NDEBUG 宏的值不重要，只要定义了 NDEBUG 宏即可。一旦之后程序又有错误发生，就可以去掉 NDEBUG 宏的定义来重新启用 assert。

不要在 assert 中使用有副作用的表达式（包括函数调用）。万一某天禁止了 assert，这些表达式将不会再被求值。考虑下面的例子：

```
assert((p = malloc(n)) != NULL);
```

一旦定义了 NDEBUG，assert 就会被忽略并且 malloc 不会被调用。

C1X 函数 assert 是在程序运行期间做诊断工作，从 C11 开始引入的静态断言_Static_assert 可以把检查和诊断工作放在程序编译期间进行（➤18.7 节）。

24.2 <errno.h>：错误

标准库中的一些函数通过向<errno.h>中声明的 int 类型 errno 变量存储一个错误码（正整数）来表示有错误发生。[errno 可能实际上是个宏。如果确实是宏，C 标准要求它表示左值（➤4.2 节），以便像变量一样使用。] 大部分使用 errno 变量的函数集中在<math.h>，但也有一些在标准库的其他部分中。

假设我们需要使用一个库函数，该库函数通过给 errno 赋值来产生程序运行出错的信号。在调用这个函数之后，我们可以检查 errno 的值是否为零。如果不为零，则表示在函数调用过程中有错误发生。举例来说，假如需要检查 sqrt 函数（➤23.3 节）的调用是否出错，可以使用

类似下面的代码：

```
errno = 0;
y = sqrt(x);
if (errno != 0 ) {
  fprintf(stderr, "sqrt error; program terminated.\n");
  exit(EXIT_FAILURE);
}
```

当使用 errno 来检测库函数调用中的错误时，Q&A在函数调用前将 errno 置零非常重要。虽然在程序刚开始运行时 errno 的值为零，但有可能在随后的函数调用中已经被改动了。库函数不会将 errno 清零，这是程序需要做的事情。

629

Q&A当错误发生时，向 errno 中存储的值通常是 EDOM 或 ERANGE。（这两个宏都定义在<errno.h>中。）这两个值代表调用数学函数时可能发生的两种错误。

- **定义域错误**（EDOM）：传递给函数的一个参数超出了函数的定义域。例如，用负数作为sqrt的参数就会导致定义域错误。
- **取值范围错误**（ERANGE）：函数的返回值太大，无法用返回类型表示。例如，用1000作为exp函数（➤23.3节）的参数就经常会导致取值范围错误，因为e^{1000}太大导致无法在大多数计算机上用double类型表示。

一些函数可能会同时导致这两种错误。可以用 errno 分别与 EDOM 和 ERANGE 比较，然后确定究竟发生了哪种错误。

C99 C99 在<errno.h>中增加了 EILSEQ 宏。特定头（尤其是<wchar.h>头，➤25.5 节）中的库函数在发生编码错误（➤22.3 节）时把 EILSEQ 的值存储到 errno 中。

perror 函数和 strerror 函数

```
void perror(const char *s);            来自<stdio.h>
char *strerror(int errnum);            来自<string.h>
```

下面看两个与变量 errno 有关的函数，不过这两个函数都不属于<errno.h>。

当库函数向 errno 存储了一个非零值时，可能会希望显示一条描述这种错误的消息。一种实现方式是调用 **perror** 函数（在<stdio.h>中声明），它会按顺序显示以下信息：(1) 调用 perror 的参数；(2) 一个冒号；(3) 一个空格；(4) 一条出错消息，消息的内容根据 errno 的值决定；(5) 一个换行符。perror 函数会输出到 stderr 流（➤22.1 节）而不是标准输出。

下面是一个使用 perror 的例子：

```
errno = 0;
y = sqrt(x);
if (errno != 0) {
  perror("sqrt error");
  exit(EXIT_FAILURE);
}
```

如果 sqrt 调用因定义域错误而失败，perror 会产生如下输出：

```
sqrt error: Numerical argument out of domain
```

perror 函数在 sqrt error 后所显示的出错消息是由实现定义的。在这个例子中，Numerical argument out of domain 是与 EDOM 错误相对应的消息。ERANGE 错误通常会对应于不同的消息，例如 Numerical result out of range。

630

strerror 函数属于<string.h>。当以错误码为参数调用 strerror 时，函数会返回一个指针，它指向一个描述这个错误的字符串。例如，调用

```
puts(strerror(EDOM));
```

可能会显示

```
Numerical argument out of domain
```

strerror 函数的参数通常是 errno 的值，但以任意整数作为参数时 strerror 都能返回一个字符串。

strerror 与 perror 函数密切相关。如果 strerror 的参数为 errno，那么 perror 所显示的出错消息与 strerror 所返回的消息是相同的。

24.3 <signal.h>：信号处理

<signal.h>提供了处理异常情况（称为**信号**）的工具。信号有两种类型：运行时错误（例如除以 0）和发生在程序以外的事件。例如，许多操作系统都允许用户中断或终止正在运行的程序，C 语言把这些事件视为信号。当有错误或外部事件发生时，我们称**产生**了一个信号。大多数信号是异步的：它们可以在程序执行过程中的任意时刻发生，而不仅是在程序员所知道的特定时刻发生。由于信号可能会在任何意想不到的时刻发生，因此必须用一种独特的方式来处理它们。

本节按 C 标准中的描述来介绍信号。这里对信号谈得很有限，但实际上信号在 UNIX 中的作用很大。有关 UNIX 信号的信息，见延伸阅读中列出的 UNIX 编程书。

24.3.1 信号宏

<signal.h>定义了一系列的宏，用于表示不同的信号。**Q&A**表 24-1 中列出了这些宏以及它们的含义。每个宏的值都是一个正整型常量。C 语言的实现可以提供更多的信号宏，只要宏的名字以 SIG 和一个大写字母开头就行。（特别地，UNIX 实现提供许多额外的信号宏。）

表 24-1 信号

宏名	含义
SIGABRT	异常终止（可能由于调用 abort 导致）
SIGFPE	在算术运算中发生错误（可能是除以 0 或溢出）
SIGILL	无效指令
SIGINT	中断
SIGSEGV	无效存储访问
SIGTERM	终止请求

C 标准并不要求表 24-1 中列出的信号都自动产生，因为对于某个特定的计算机或操作系统，不是所有的信号都有意义。大多数 C 语言的实现都至少支持其中的一部分。

24.3.2 signal 函数

```
void (*signal(int sig, void (*func)(int)))(int);
```

<signal.h>提供了两个函数：raise 和 signal。这里先讨论 **signal** 函数，它会安

装一个信号处理函数，以便将来给定的信号发生时使用。signal 函数的使用比它的原型看起来要简单得多。它的第一个参数是特定信号的编码，第二个参数是一个指向会在信号发生时处理这一信号的函数的指针。例如，下面的 signal 函数调用为 SIGINT 信号安装了一个处理函数：

```
signal(SIGINT, handler);
```

handler 就是信号处理函数的函数名。一旦随后在程序执行过程中出现了 SIGINT 信号，handler 函数就会自动被调用。

每个信号处理函数都必须有一个 int 类型的参数，且返回类型为 void。当一个特定的信号产生并调用相应的处理函数时，信号的编码会作为参数传递给处理函数。知道是哪种信号导致了处理函数被调用是十分有用的，尤其是它允许我们对多个信号使用同一个处理函数。

信号处理函数可以做许多事。这可能包含忽略该信号、执行一些错误恢复或终止程序。然而，除非信号是由调用 abort 函数（➤26.2 节）或 raise 函数引发的，否则信号处理函数不应该调用库函数或试图使用具有静态存储期（➤18.2 节）的变量。（Q&A 但这些规则也有例外。）

一旦信号处理函数返回，程序就会从信号发生点恢复并继续执行，但有两种例外情况：(1) 如果信号是 SIGABRT，当处理函数返回时程序会（异常地）终止；(2) 如果处理的信号是 SIGFPE，那么处理函数返回的结果是未定义的。（也就是说，不要处理它。）

虽然 signal 函数有返回值，但经常被丢弃。返回值是指向指定信号的前一个处理函数的指针。如果需要，可以将它保存在变量中。特别是，如果打算恢复原来的处理函数，那么就需要保留 signal 函数的返回值：

```
void (*orig_handler)(int);     /* function pointer variable */
...
orig_handler = signal(SIGINT, handler);
```

631
~
632

这条语句将 handler 函数安装为 SIGINT 的处理函数，并将指向原来的处理函数的指针保存在变量 orig_handler 中。如果要恢复原来的处理函数，我们需要使用下面的代码：

```
signal(SIGINT, orig_handler); /* restores original handler */
```

24.3.3 预定义的信号处理函数

除了编写自己的信号处理函数，还可以选择使用<signal.h>提供的预定义的处理函数。有两个这样的函数，每个都是用宏表示的。

- **SIG_DFL**。SIG_DFL按“默认”方式处理信号。可以使用下面的调用安装SIG_DFL：

  ```
  signal(SIGINT, SIG_DFL);     /* use default handler */
  ```

调用 SIG_DFL 的结果是由实现定义的，但大多数情况下会导致程序终止。

- **SIG_IGN**。调用

  ```
  signal(SIGINT, SIG_IGN);     /* ignore SIGINT signal */
  ```

指明随后当信号 SIGINT 产生时，忽略该信号。

除了 SIG_DFL 和 SIG_IGN，<signal.h>可能还会提供其他的信号处理函数，其函数名必须是以 SIG_和一个大写字母开头。当程序刚开始执行时，根据不同的实现，每个信号的处理函数都会被初始化为 SIG_DFL 或 SIG_IGN。

<signal.h>还定义了另一个宏 SIG_ERR，它看起来像是个信号处理函数。实际上，SIG_ ERR 是用来在安装处理函数时检测是否发生错误的。如果一个 signal 调用失败（即不能对所指定的信号安装处理函数），就会返回 SIG_ERR 并在 errno 中存入一个正值。因此，为了测试 signal 调用是否失败，可以使用如下代码：

```
if (signal(SIGINT, handler) == SIG_ERR) {
  perror("signal(SIGINT, handler) failed");
  ...
}
```

在整个信号处理机制中，有一个棘手的问题：如果信号是由处理这个信号的函数引发的，那会怎样呢？为了避免无限递归，C89 标准为程序员安装的信号处理函数引发信号的情况规定了一个两步的过程。首先，要么把该信号对应的处理函数重置为 SIG_DFL（默认处理函数），要么在处理函数执行的时候阻塞该信号。（SIGILL 是一个特殊情况，当 SIGILL 发生时这两种行为都不需要。）然后，再调用程序员提供的处理函数。

633

信号处理完之后，处理函数是否需要重新安装是由实现定义的。UNIX 实现通常会在使用处理函数之后保持其安装状态，但其他实现可能会把处理函数重置为 SIG_DFL。在后一种情况下，处理函数可以通过在其返回前调用 signal 函数来实现自身的重新安装。

C99 C99 对信号处理过程做了一些小的改动。当信号发生时，实现不仅可以禁用该信号，还可以禁用别的信号。对于处理 SIGILL 或 SIGSEGV 信号（以及 SIGFPE 信号）的信号处理函数，函数返回的结果是未定义的。C99 还增加了一条限制：如果信号是因为调用 abort 函数或 raise 函数而产生的，信号处理函数本身一定不能调用 raise 函数。

24.3.4 raise 函数

```
int raise(int sig);
```

通常信号是由于运行时错误或外部事件而产生的，但有时候如果程序可以触发信号会非常方便。**raise** 函数就可以实现这一目的。raise 函数的参数指定所需信号的编码：

```
raise(SIGABRT);   /* raises the SIGABRT signal */
```

raise 函数的返回值可以用来测试调用是否成功：0 代表成功，非 0 则代表失败。

程序　测试信号

下面的程序说明了如何使用信号。首先，给 SIGINT 信号安装了一个惯用的处理函数（并小心地保存了原先的处理函数），然后调用 raise_sig 产生该信号；接下来，程序将 SIG_IGN 设置为 SIGINT 的处理函数并再次调用 raise_sig；最后，它重新安装信号 SIGINT 原先的处理函数，并最后调用一次 raise_sig。

tsignal.c

```
/* Tests signals */

#include <signal.h>
#include <stdio.h>

void handler(int sig);
void raise_sig(void);
```

634

```
int main(void)
{
  void (*orig_handler)(int);

  printf("Installing handler for signal %d\n", SIGINT);
  orig_handler = signal(SIGINT, handler);
  raise_sig();

  printf("Changing handler to SIG_IGN\n");
  signal(SIGINT, SIG_IGN);
  raise_sig();

  printf("Restoring original handler\n");
  signal(SIGINT, orig_handler);
  raise_sig();

  printf("Program terminates normally\n");
  return 0;
}

void handler(int sig)
{
  printf("Handler called for signal %d\n", sig);
}

void raise_sig(void)
{
  raise(SIGINT);
}
```

当然，调用 raise 并不需要在单独的函数中。这里定义 raise_sig 函数只是为了说明一点：无论信号是从哪里产生的（无论是在 main 函数中还是在其他函数中），它都会被最近安装的该信号的处理函数捕获。

这段程序的输出可能会有多种。下面是一种可能的输出形式：

```
Installing handler for signal 2
Handler called for signal 2
Changing handler to SIG_IGN
Restoring original handler
```

这个输出结果表明，我们的实现把 SIGINT 的值定义为 2，而且 SIGINT 原先的处理函数一定是 SIG_DFL。（如果是 SIG_IGN，应该会看到信息 Program terminates normally。）最后，我们注意到 SIG_DFL 会导致程序终止，但不会显示出错消息。

24.4 <setjmp.h>：非局部跳转

635

```
int setjmp(jmp_buf env);
_Noreturn void longjmp(jmp_buf env, int val);
```

通常情况下，函数会返回到它被调用的位置。我们无法使用 goto 语句（➤6.4 节）使它转到其他地方，因为 goto 只能跳转到同一函数内的某个标号处。但是<setjmp.h>可以使一个函数直接跳转到另一个函数，不需要返回。

在<setjmp.h>中最重要的内容就是 setjmp 宏和 longjmp 函数。setjmp 宏“标记”程序中的一个位置，随后可以使用 longjmp 跳转到该位置。虽然这一强大的机制可以有多种潜在的用途，但它主要被用于错误处理。

如果要为将来的跳转标记一个位置，可以调用 **setjmp** 宏，调用的参数是一个 jmp_buf 类型（在<setjmp.h>中声明）的变量。Q&A setjmp 宏会将当前“环境”（包括一个指向 **setjmp** 宏自身位置的指针）保存到该变量中，以便将来可以在调用 longjmp 函数时使用，然后返回 0。

要返回 setjmp 宏所标记的位置可以调用 **longjmp** 函数，调用的参数是调用 setjmp 宏时使用的同一个 jmp_buf 类型的变量。longjmp 函数会首先根据 jmp_buf 变量的内容恢复当前环境，然后从 setjmp 宏调用中返回——这是最难以理解的。这次 setjmp 宏的返回值是 val，就是调用 longjmp 函数时的第二个参数。（如果 val 的值为 0，那么 setjmp 宏会返回 1。）

一定要确保作为 longjmp 函数的参数之前已经被 setjmp 调用初始化了。还有一点很重要：包含 setjmp 最初调用的函数一定不能在调用 longjmp 之前返回。如果两个条件都不满足，调用 longjmp 会导致未定义的行为。（程序很可能会崩溃。）

总而言之，setjmp 会在第一次调用时返回 0；随后，longjmp 将控制权重新转给最初的 setjmp 宏调用，而 setjmp 在这次调用时会返回一个非零值。明白了吗？我们可能需要一个例子。

程序　测试setjmp和longjmp

下面的程序使用 setjmp 宏在 main 函数中标记一个位置，然后函数 f2 通过调用 longjmp 函数返回到这个位置。

tsetjmp.c

```
/* Tests setjmp/longjmp */

#include <setjmp.h>
#include <stdio.h>

jmp_buf env;

void f1(void);
void f2(void);

int main(void)
{
  if (setjmp(env) == 0)
    printf("setjmp returned 0\n");
  else {
    printf("Program terminates: longjmp called\n");
    return 0;
  }

  f1();
  printf("Program terminates normally\n");
  return 0;
}

void f1(void)
{
  printf("f1 begins\n");
  f2();
  printf("f1 returns\n");
}
```

636

```
void f2(void)
{
  printf("f2 begins\n");
  longjmp(env, 1);
  printf("f2 returns\n");
}
```

这段程序的输出如下：

```
setjmp returned 0
f1 begins
f2 begins
Program terminates: longjmp called
```

setjmp 宏的最初调用返回 0，因此 main 函数会调用 f1。接着，f1 调用 f2，f2 使用 longjmp 函数将控制权重新转给 main 函数，而不是返回到 f1。当 longjmp 函数被执行时，控制权重新回到 setjmp 宏调用。这一次 setjmp 宏返回 1（就是在 longjmp 函数调用时所指定的值）。

问与答

问：书上说，在调用可能修改 errno 的库函数之前把 errno 设置为 0 是很重要的。但是，我见过一些 UNIX 程序在没有把 errno 设置为 0 的情况下就对其进行测试。这是什么缘故呢？（p.493）

答：UNIX 程序通常包含对操作系统函数的调用。这些**系统调用**需要用到 errno，但使用方法与本节提到的方法略有不同。当这样的调用失败时，除了在 errno 中存储一个值之外，还会返回一个特殊的值（例如-1 或空指针）。程序不需要在这些调用之前往 errno 中存储 0，因为函数的返回值本身就可以表明发生了错误。C 标准库中的一些函数也是这样的：errno 更多地用于指明错误类型而不是用于发出出错信号。

637

问：我使用的<errno.h>版本中除了 EDOM 和 ERANGE 以外，还定义了其他的宏。这是合法的吗？（p.493）

答：是合法的。C 标准允许使用宏表示其他错误条件，只要宏的名字以字母 E 开头并且其后有一个数字或大写字母。UNIX 实现中通常会定义许多这样的宏。

问：一些表示信号的宏的名字含义比较模糊，比如 SIGFPE 和 SIGSEGV。这些名字是如何得来的呢？（p.494）

答：信号的名字可以追溯到早期的 C 编译器，这些编译器运行在 DEC PDP-11 计算机上。PDP-11 的硬件可以检测一些错误，诸如“Floating Point Exception”和“Segmentation Violation”。

问：我很好奇。书上说除非信号是由 abort 函数或 raise 函数引发的，否则信号处理函数不应该调用库函数。但你又说有例外情况，是什么例外呢？（p.495）

答：信号处理函数可以调用 singal 函数，只要第一个参数是当前正在处理的信号就可以。这一限定条件很重要，因为它允许信号处理函数自身进行重新安装。C99 在 C99 中，信号处理函数还可以调用 abort 函数或_Exit 函数（➤26.2 节）。

***问：接着上一个问题，信号处理函数通常不能访问具有静态存储期的变量。这个规则的例外是什么？**

答：这个问题要难回答一些。答案涉及<signal.h>头中声明的一个名为 sig_atomic_t 的类型。根据 C 标准，sig_atomic_t 是一个可以作为一个“原子实体”访问的整型。换句话说，CPU 可以用一条指令从内存中取出 sig_atomic_t 的值或将其存放到内存中，而不需要用两条或更多条指令。通常把 sig_atomic_t 定义为 int，因为大多数 CPU 可以用一条指令存取 int 类型的值。

下面谈谈信号处理函数不可以访问静态变量这一规则的例外情况。C 标准允许信号处理函数在 sig_atomic_t 类型的变量中存储值（即使该变量具有静态存储期也可以），前提是该变量声明为 volatile。为了了解这一不可思议的规则产生的原因，考虑信号处理函数要修改一个类型比

sig_atomic_t 宽一些的静态变量的情况。如果程序在信号发生之前从内存中取出了该变量的一部分，并在信号处理完毕后取完该变量，那么这个值就没有价值了。sig_atomic_t 类型的变量可以一步取出，所以不会出现这种问题。把变量声明为 volatile 会警告编译器，变量的值随时可能改变。（信号可能突然产生，并调用信号处理函数来修改该变量。）

638

问：程序 tsignal.c 在信号处理函数内调用了 printf 函数。这不是非法的吗？

答：如果信号处理函数是由 raise 或 abort 调用的，那么就可以调用库函数。tsignal.c 使用 raise 来调用信号处理函数。

问：setjmp 会如何修改传递给它的参数呢？C 语言不是始终以值的形式传递参数吗？（p.498）

答：C 标准要求 jmp_buf 必须是一个数组类型，因此传递给 setjmp 的实际上是一个指针。

问：我在使用 setjmp 时遇到一些问题。使用 setjmp 有什么限制吗？

答：按照 C 标准，只有两种使用 setjmp 的方式是合法的。

- 作为表达式语句中的表达式（可能会强制转换成void）。
- 作为if、swtich、while、do或for语句中控制表达式的一部分。整个控制表达式必须符合下面的形式之一，其中*constexp*是一个整型常量表达式，而*op*是关系或判等运算符。

```
setjmp(...)
!setjmp(...)
constexpr op setjmp(...)
setjmp(...) op constexpr
```

其他的用法会导致未定义的行为。

问：调用 longjmp 函数后，程序中变量的值是什么？

答：大部分变量的值保留了 longjmp 函数被调用时的值。然而，包含 setjmp 宏的函数中，自动变量的值是不确定的，除非该变量被声明为 volatile 或者在执行 setjmp 时没有被修改过。

问：在信号处理函数里调用 longjmp 函数合法吗？

答：是合法的，只要该信号处理函数的调用不是由某个信号处理函数执行过程中触发的信号引发的。C99（C99 删除了这一限制。）

练习题

24.1 节

1. (a) 断言可以用来检测两种问题：第一种是如果程序正确就不应该发生的问题，第二种是超出程序控制范围的问题。请解释为什么 assert 更适用于第一种问题。
   (b) 请举出三个超出程序控制范围的问题的例子。

639

2. 编写 assert 函数调用，当名为 top 的变量取值为 NULL 时使程序终止。
3. 修改 19.4 节的 stackADT2.c 文件，用 assert 取代 if 语句来测试错误。（注意，不再需要 terminate 函数了，可以删除它。）

24.2 节

W 4. (a) 编写一个名为 try_math_fcn 的“包装”函数来调用数学函数（假定有一个 double 类型的参数，并返回一个 double 类型的值），然后检查调用是否成功。下面是使用 try_math_fnc 函数的例子：

```
y = try_math_fcn(sqrt, x, "Error in call of sqrt");
```

如果调用 sqrt(x)成功，try_math_fcn 返回 sqrt 函数的计算结果。如果调用失败，try_math_fcn 需要调用 perror 显示消息 Error in call of sqrt，然后调用 exit 函数终止程序。

(b) 编写一个与 try_math_fcn 具有相同效果的宏，但要求使用函数的名字来构造出错消息：

```
y = TRY_MATH_FCN(sqrt, x);
```

如果调用 sqrt 失败，显示的出错消息应该是“Error in call of sqrt”。提示：让 TRY_MATH_FCN 调用 try_math_fcn。

24.3 节

Ⓦ 5. 在 inventory.c 程序（见 16.3 节）中，main 函数用一个 for 循环来提示用户输入一个操作码，然后读入码并调用 insert、search、update 或 print。在 main 函数中加入一个 setjmp 调用，要求使随后的 longjmp 调用会返回到 for 循环。（在调用 longjmp 函数后，提示用户输入一个操作码，随后程序正常执行。）setjmp 需要一个 jmp_buf 类型的变量，这个变量应该在哪儿声明呢？ 640

第25章

国际化特性

即使你的计算机说英语，它也可能产自日本。

过去，C 语言并不十分适合在非英语国家（地区）使用。C 语言最初假定字符都是单字节的，并且所有计算机都能识别字符#、[、\、]、^、{、|、}和~，因为这些字符都需要在 C 程序中用到。遗憾的是这些假定并不是在世界的任何地方都适用。因此，创建 C89 的专家又添加了新的特性和函数库，以使 C 语言更加国际化。

1994 年，针对 ISO C 标准的修正草案 Amendment 1 被批准通过，这一增强的 C89 版本有时也称为 C94 或 C95。这一草案通过双联符语言特性以及<iso646.h>、<wchar.h>和<wctype.h>提供了对国际化编程的额外函数库支持。C99 以通用字符名的形式为国际化提供了更多的支持。C1*X* 继续以<uchar.h>改进了这些支持。本章介绍 C 语言的所有国际化特性，这些特性可能来自 C89、Amendment 1、C99 或 C1*X*。虽然来自 Amendment 1 的修改事实上先于 C99，但我们也将其标记为 C99 的修改。

<locale.h>头（25.1 节）提供了允许程序员针对特定的“地区”（通常是国家或者说某种特定语言的地理区域）调整程序行为的函数。多字节字符和宽字符（25.2 节）使程序可以工作在更大的字符集上，例如亚洲国家的字符集。通过双联符、三联符和<iso646.h>（25.3 节）可以在一些不支持某些 C 语言编程中常用字符的机器上编写程序。通用字符名（25.4 节）允许程序员把通用字符集中的字符嵌入程序的源代码中。<wchar.h>（25.5 节）提供了用于宽字符输入/输出以及宽字符串操作的函数。<wctype.h>头（25.6 节）提供了宽字符分类函数和大小写映射函数。 最后，<uchar.h>头（25.7 节）提供了 Unicode 字符处理函数。

641

25.1 <locale.h>：本地化

<locale.h>提供的函数用于控制 C 标准库中对于不同的地区会产生不一样的行为的部分。[**地区**（locale）通常是国家或者说某种特定语言的地理区域。]

在标准库中，依赖地区的部分包括以下几项。

- **数字量的格式**。例如，在一些地区小数点是圆点（297.48），在另一些地区则是逗号（297,48）。
- **货币量的格式**。例如，不同国家或地区的货币符号不同。
- **字符集**。字符集通常依赖于特定地区的语言。亚洲国家或地区所需的字符集通常比西方国家或地区大得多。
- **日期和时间的表示形式**。例如，一些地区习惯在写日期时先写月（8/24/2012），而另一些地区习惯先写日（24/8/2012）。

25.1.1 类项

通过修改地区，程序可以改变它的行为来适应世界的不同区域。但地区改动可能会影响库的许多部分，其中一部分可能是我们不希望改变的。幸好，我们不需要同时对库的所有部分进行改动。实际上，可以使用下列宏中的一种来指定一个**类项**。

- `LC_COLLATE`。影响两个字符串比较函数（`strcoll`和`strxfrm`）的行为。[这两个函数都在`<string.h>`（➤23.6节）中声明。]
- `LC_CTYPE`。影响`<ctype.h>`（➤23.5节）中的函数（`isdigit`和`isxdigit`除外）的行为。同时还影响本章讨论的多字节函数和宽字符函数的行为。
- `LC_MONETARY`。影响由`localeconv`函数返回的货币格式信息。
- `LC_NUMERIC`。影响格式化输入/输出函数（如`printf`和`scanf`）使用的小数点字符以及`<stdlib.h>`中的数值转换函数（如`strtod`，➤26.2节），还会影响`localeconv`函数返回的非货币格式信息。
- `LC_TIME`。影响`strftime`函数（在`<time.h>`中声明，➤26.3节）的行为，该函数将时间转换成字符串。C99 在C99中，还会影响`wcsftime`函数（➤25.5节）的行为。

C 语言的具体实现中可以提供其他类项，并定义上面未列出的以 `LC_`开头的宏。例如，大多数 UNIX 系统提供了一个 `LC_MESSAGES` 类项，它会影响系统的肯定和否定响应格式。

642

25.1.2 setlocale 函数

```
char *setlocale(int category, const char *locale);
```

`setlocale` 函数修改当前的地区，可以是针对一个类项的，也可以是针对所有类项的。如果第一个参数是 `LC_COLLATE`、`LC_CTYPE`、`LC_MONETARY`、`LC_NUMERIC` 或 `LC_TIME` 之一，那么 `setlocale` 调用只会影响一个类项。如果第一个参数是 `LC_ALL`，调用就会影响所有类项。C 标准对第二个参数仅定义了两种可能值："C"和""。如果有其他地区，则由具体的实现自行处理。

在任意程序执行开始时，都会隐式执行调用

```
setlocale(LC_ALL, "C");
```

当地区设置为"C"时，库函数按“正常”方式执行，小数点是一个点。

如果在程序运行起来后想改变地区，就需要显式调用 `setlocale` 函数。用" "作为第二个参数调用 `setlocale` 函数可以切换到**本地**（native locale）模式。这种模式下程序会适应本地的环境。C 标准并没有定义切换到本地模式的具体影响。`setlocale` 函数的有些实现会检查当前的运行环境 [与 `getenv` 函数（➤26.2 节）的方式一样]，查找特定名字（可能与表示类项的宏同名）的环境变量；有些实现则根本什么都不做。（C 标准并没有要求 `setlocale` 有什么特定的作用。当然，如果库中的 `setlocale` 什么都不做，那么这个库在一些地区可能不会卖得很好。）

地　区

对于除"C"和""以外的其他地区，不同的编译器之间有很大的差异。GNU 的 C 库（称为 glibc）提供了"POSIX"地区，该地区与" "一样。glibc 用于 Linux，允许在需要的时候增加额外的地区。地区的格式为

```
语言[_地域][.码集][@指定符]
```

其中方括号中的项是可选的。语言的可能值列在 ISO 639 标准中，“地域”来自另一个标准（ISO 3166），“码集”指明字符集或字符集的编码方案。下面给出了几个例子：

```
"swedish"
"en_GB"
"en_IE"
"fr_CH"
```

"en_IE"地区有几种变体，包括"en_IE@euro"（使用欧元）、"en_IE.iso88591"（使用
643
ISO/IEC 8859-1 字符集）、"en_IE.iso885915@euro"（使用 ISO/IEC 8859-15 字符集和欧元）以及"en_IE.utf8"（使用通用字符集的 UTF-8 编码方案）。

Linux 和其他一些版本的 UNIX 支持 locale 命令，该命令可以用于获取地区信息。locale 命令的用法之一是获取所有可用地区的列表，这可以通过在命令行输入

```
locale -a
```

来实现。

地区信息正变得越来越重要，因此统一字符联盟（Unicode Consortium）设立了一个泛区域数据仓库（Common Locale Data Repository, CLDR）项目来建立标准的地区集合。

当 setlocale 函数调用成功时，它会返回一个指向字符串的指针，这个字符串与新地区的类项相关联。（例如，这个字符串可能就是地区名字自身。）如果调用失败，setlocale 函数返回空指针。

setlocale 函数也可以当作查询函数使用。如果第二个参数是空指针，setlocale 函数会返回一个指向字符串的指针，这个字符串与当前地区类项相关联。这一特性在第一个参数为 LC_ALL 时特别有用，因为可以获取所有类项的当前设置。Q&A setlocale 函数返回的字符串可以（通过复制到变量中）保存起来，以便日后调用 setlocale 函数时使用。

25.1.3 localeconv 函数

```
struct lconv *localeconv(void);
```

虽然可以通过调用 setlocale 函数来获取当前地区的信息，但 setlocale 函数可能不是以最有效的形式返回信息的。为了找到关于当前地区的很具体的信息（小数点字符是什么，货币符号是什么），只需要用到声明在<locale.h>中的另一个函数 **localeconv**。

localeconv 函数返回指向 struct lconv 类型结构的指针。该结构的成员包含了当前地区的详细信息。该结构具有静态存储期，以后可以通过调用 localeconv 函数或者 setlocale 函数来修改。在使用上述函数之一擦除结构信息之前，请确保已经从 lconv 结构中提取了所需要的信息。

lconv 结构中的一些成员具有 char *类型，另一些成员则具有 char 类型。表 25-1 列出了 char *类型的成员，其中前三个成员描述了非货币数值的格式，其他成员则处理货币数值。
644
此表还给出了"C"地区（默认情况）中每个成员的值，值为""意味着“不可用”。

表 25-1 lconv 结构的 char*类型的成员

名称		在"C"地区中的值	描述
非货币类的	decimal_point	"."	十进制小数点字符
	thousands_sep	""	在十进制小数点前用来分隔数字组的字符
	grouping	""	数字组的大小

（续）

	名 称	在"C"地区中的值	描 述
货币类的	mon_decimal_point	""	十进制小数点字符
	mon_thousands_sep	""	在十进制小数点前用来分隔数字组的字符
	mon_grouping	""	数字组的大小
	positive_sign	""	表示非负值的字符串
	negative_sign	""	表示负值的字符串
	currency_symbol	""	本地货币符号
	int_curr_symbol	""	国际货币符号[1]

① 分隔符（常常是空格或者点）后边跟着 3 个字母的缩写。例如，瑞士、英国和美国的国际货币符号分别是"CHF"、"GBP"和"USD"。

这里需要特别说明一下成员 grouping 和成员 mon_grouping。这两个字符串中的每个字符都说明了一组数字的大小。（分组工作是从十进制小数点开始自右向左进行的。）值 CHAR_MAX 说明不需要继续分组了，0 说明前面的元素应该用于其余的数字。例如，字符串"\3"（\3 的后边跟着\0）说明第一组应该有 3 个数字，以后所有其他数字也应该以 3 为单位分组。

lconv 结构的 char 类型成员分为两组。第一组的成员（见表 25-2）影响货币数值的本地格式化，第二组的成员（见表 25-3）影响货币数值的国际格式化。表 25-3 中只有一个成员不是 C99 新增的。如表 25-2 和表 25-3 所示，"C"地区中每个 char 类型成员的值为 CHAR_MAX，表示“不可用”。

表 25-2 lconv 结构的 char 类型成员（本地格式化）

名 称	在"C"地区中的值	描 述
frac_digits	CHAR_MAX	十进制小数点后的数字个数
p_cs_precedes	CHAR_MAX	如果 currency_symbol 在非负值之前，则为 1；如果 currency_symbol 在数值之后，则为 0
n_cs_precedes	CHAR_MAX	如果 currency_symbol 在负值之前，则为 1；如果 currency_symbol 在数值之后，则为 0
p_sep_by_space	CHAR_MAX	把 currency_symbol 和数值符号字符串与非负值分隔开（见表 25-4）
n_sep_by_space	CHAR_MAX	把 currency_symbol 和数值符号字符串与负值分隔开（见表 25-4）
p_sign_posn	CHAR_MAX	用于非负值时 positive_sign 的位置（见表 25-5）
n_sign_posn	CHAR_MAX	用于负值时 negative_sign 的位置（见表 25-5）

645

表 25-3 lconv 结构的 char 类型成员（国际格式化）

名 称	在"C"地区中的值	描 述
int_frac_digits	CHAR_MAX	十进制小数点后的数字个数
int_p_cs_precedes[1]	CHAR_MAX	如果 int_curr_symbol 在非负值之前，则为 1；如果 int_curr_symbol 在数值之后，则为 0
int_n_cs_precedes[1]	CHAR_MAX	如果 int_curr_symbol 在负值之前，则为 1；如果 int_curr_symbol 在数值之后，则为 0
int_p_sep_by_space[1]	CHAR_MAX	把 int_curr_symbol 和数值符号字符串与非负值分隔开（见表 25-4）
int_n_sep_by_space[1]	CHAR_MAX	把 int_curr_symbol 和数值符号字符串与负值分隔开（见表 25-4）
int_p_sign_posn[1]	CHAR_MAX	用于非负值时 positive_sign 的位置（见表 25-5）
int_n_sign_posn[1]	CHAR_MAX	用于负值时 negative_sign 的位置（见表 25-5）

① 仅 C99 有。

表 25-4 解释了成员 p_sep_by_space、n_sep_by_space、int_p_sep_by_space 和 int_n_sep_by_space 值的含义。C99 成员 p_sep_by_space 和 n_sep_by_space 的含义在 C99 中有所改变。在 C89 中，它们只有两种可能的值：1（currency_symbol 和货币量之间有空格）和 0（currency_symbol 和货币量之间没有空格）。

表 25-4　...sep_by_space 成员的值

值	含　义
0	货币符号与量之间没有空格
1	如果货币符号与量的符号相邻，用空格把它们与量分隔开；否则，用空格把货币符号与量分隔开
2	如果货币符号与量的符号相邻，用空格把它们分隔开；否则，用空格把量的符号与量分隔开

表 25-5 解释了成员 p_sign_posn、n_sign_posn、int_p_sign_posn 和 int_n_sign_posn 的含义。

表 25-5　...sign_posn 成员的值

值	含　义
0	量和货币符号的外面有圆括号
1	量的符号在量和货币符号的前面
2	量的符号在量和货币符号的后面
3	量的符号刚好在货币符号的前面
4	量的符号刚好在货币符号的后面

为了说明 lconv 结构的成员如何随着地区的不同而不同，下面来看两个示例。表 25-6 显示了 lconv 货币成员用于美国和芬兰两国时的常见值（芬兰使用欧元作为货币）。

646

表 25-6　lconv 货币成员用于美国和芬兰两国时的常见值

成　员	美　国	芬　兰
mon_decimal_point	"."	","
mon_thousands_sep	","	" "
mon_grouping	"\3"	"\3"
positive_sign	""	""
negative_sign	"-"	"-"
currency_symbol	"$"	"EUR"
frac_digits	2	2
p_cs_precedes	1	0
n_cs_precedes	1	0
p_sep_by_space	0	2
n_sep_by_space	0	2
p_sign_posn	1	1
n_sign_posn	1	1
int_curr_symbol	"USD "	"EUR "
int_frac_digits	2	2
int_p_cs_precedes	1	0
int_n_cs_precedes	1	0
int_p_sep_by_space	1	2
int_n_sep_by_space	1	2
int_p_sign_posn	1	1
int_n_sign_posn	1	1

表 25-7 是把 7593.86 格式化成上述两个地区的货币数值的情况，具体形式与数值符号以及是本地化还是国际化有关。

表 25-7 美国（美元）和芬兰（欧元）货币数值对比

	美 国	芬 兰
本地格式（正数）	`$7,593.86`	`7 593, 86 EUR`
本地格式（负数）	`-$7,593.86`	`- 7 593, 86 EUR`
国际化格式（正数）	`USD 7,593.86`	`7 593, 86 EUR`
国际化格式（负数）	`-USD 7,593.86`	`- 7 593, 86 EUR`

请记住 C 语言的库函数不能自动格式化货币量，需要由程序员使用 `lconv` 结构中的信息来完成格式化。

25.2 多字节字符和宽字符

程序在适应不同地区的过程中最大的难题之一就是字符集的问题。北美地区主要使用 ASCII 字符集及其扩展，包括 Latin-1（➤7.3 节）；其他地区的情况较为复杂。在许多国家，计算机采用类似于 ASCII 的字符集，但是缺少了某些字符。25.3 节将进一步讨论这个问题。其他国家或地区，尤其是在亚洲则面临着另一个问题：书写的语言需要巨大的字符集，字符个数通常是以千计的。

647

因为定义已经把 `char` 类型值的大小限制为 1 字节，所以通过改变 `char` 类型的含义来处理更大的字符集显然是不可能的。取而代之的是，C 语言允许编译器提供一种**扩展**字符集。这种字符集可以用于编写 C 程序（例如，在注释和字符串中），也可以用于程序运行的环境中，或者两者都有。**Q&A** C 语言提供了两种对扩展字符集进行编码的方法：**多字节字符**（multibyte character）和**宽字符**（wide character）。C 语言还提供了把一种编码转换成另外一种编码的函数。

25.2.1 多字节字符

在多字节字符编码中，用一个或多个字节表示一个扩展字符。根据字符的不同，字节的数量可能发生变化。C 语言要求任何扩展字符集必须包含特定的基本字符（即字母、数字、运算符、标点符号和空白字符）。这些字符都必须是单字节的。其他字节可以解释为多字节字符的开始。

日文字符集

日文采用了几种不同的书写系统。最复杂的 kanji 包含数以千计的符号——符号实在是太多了，以至于不能用单字节编码表示。（kanji 符号实际上源自中国的汉字，汉字也有类似的大字符集问题。）没有统一的方法对 kanji 编码，常用的编码包括 JIS（日本工业标准）、Shift-JIS（最流行的编码）和 EUC（扩展的 UNIX 编码）。

一些多字节字符集依靠**状态相关编码**（state-dependent encoding）。在这类编码中，每个多字节字符序列都以**初始迁移状态**（initial shift state）开始。以后遇到的特定字节（称为**迁移序列**）会改变迁移状态，从而影响后续字节的含义。例如，日本的 JIS 编码混合使用单字节码与双字节码，嵌在字符串中的“转义序列”说明何时对单字节模式和双字节模式进行切换。（与之相反，Shift-JIS 编码不是状态相关的。每个字符要求一个或者两个字节，但是双字节字符的第一个字

节总可以区别于单字节字符。）

在任何编码中，无论迁移状态如何，C 标准都要求始终用零字节来表示空字符。而且，零字节不能是多字节字符的第二个（或者更后面的）字节。

C 语言库提供了两个与多字节字符相关的宏：MB_LEN_MAX 和 MB_CUR_MAX，这两个宏说明了多字节字符中字节的最大数量。宏 MB_LEN_MAX（定义在<limits.h>中）给出了任意支持地区的最大值，而宏 MB_CUR_MAX（定义在<stdlib.h>中）则给出了当前地区的最大值。（改变地区可能会影响多字节字符的解释。）显然，宏 MB_CUR_MAX 不可能大过宏 MB_LEN_MAX。

648

任何字符串都可能包含多字节字符，尽管字符串的长度指的是字符串中字节的数目（由 strlen 函数确定）而不是字符的数目。特别地，...printf 和...scanf 函数调用中的格式串可以包含多字节字符。因此，C99 标准把术语**多字节字符串**定义为字符串的同义词。

25.2.2　宽字符

另外一种对扩展字符集进行编码的方法是使用**宽字符**（wide character）。宽字符是一种整数，其值代表字符。不同于长度可变的多字节字符，特定实现中所支持的所有宽字符有着相同的字节数。**宽字符串**是指由宽字符组成的字符串，其末尾有一个**空宽字符**（数值为零的宽字符）。

宽字符具有 wchar_t 类型（在<stddef.h>和其他一些头中声明），wchar_t 必须是可以表示任何支持地区的最大扩展字符集的整数类型。例如，如果两个字节足够表示任何扩展字符集，那么可以把 wchar_t 定义成 unsigned short int。

C 语言支持宽字符常量和宽字面串。宽字符常量类似于普通的字符常量，但需要有字母 L 作为前缀：

```
L'a'
```

而宽字面串也需要用字母 L 作为前缀：

```
L"abc"
```

此字符串表示一个含有宽字符 L'a'、L'b'和 L'c'并且后跟一个空的宽字符的数组。

25.2.3　Unicode 和通用字符集

多字节字符和宽字符的差异在讨论 Unicode 时比较明显。Unicode 是 **Unicode 联盟**（Unicode Consortium）开发的巨大字符集。Unicode 联盟是由一些计算机制造商成立的，目的在于创建用于计算机的国际化字符集。Unicode 的前 256 个字符与 Latin-1 一样（所以 Unicode 的前 128 个字符与 ASCII 字符集相匹配）。但是 Unicode 所包括的范围远远超过 Latin-1，提供的字符几乎可以满足所有现代语言和旧式语言的需求。Unicode 还包括许多专用符号，如在数学和音乐中使用的符号。Unicode 标准最早出版于 1991 年。

Unicode 与国际标准 ISO/IEC 10646 紧密相关，该标准定义了一种称为**通用字符集**（Universal Character Set, UCS）的字符编码方案。UCS 是国际标准化组织（ISO）开发的，差不多与 Unicode 同一时间启动。尽管 UCS 最初和 Unicode 不同，但二者后来统一了。ISO 现在与 Unicode 联盟紧密合作，以确保 ISO/IEC 10646 和 Unicode 保持一致。Q&A 因为 Unicode 和通用字符集非常相似，所以本书经常将这两个术语互换使用。

649

Unicode 最初只有 65 536 个字符（16 位所能表示的字符数目），后来发现这是不够的，现在 Unicode 的字符已超过 100 000 个。（欲了解最新版本，请访问 Unicode 官方网站。）Unicode 的前 65 536 个字符（包括最常用的字符）称作**基本多语种平面**（Basic Multilingual Plane, BMP）。

25.2.4　Unicode 编码

Unicode 为每一个字符分配一个唯一的数（称为码点）。可以有多种方式使用字节来表示这些码点。我将介绍两种简单的方法，一种使用宽字符，另一种使用多字节字符。

UCS-2 是一种宽字符编码方案，它把每一个 Unicode 码点存储为两个字节。USC-2 可以表示基本多语种平面上的所有字符（码点在十六进制的 0000 和 FFFF 之间），但是不能够表示不属于 BMP 的 Unicode 字符。

另一种流行的方式是 **8 位的 UCS 转换格式**（UTF-8），该方案使用多字节字符。UTF-8 是由 Ken Thompson 和他在贝尔实验室的同事 Rob Pike 于 1992 年设计的（就是设计 B 语言的那个 Ken Thompson，B 语言是 C 语言的前身）。UTF-8 的一个有用的性质就是 ASCII 字符在 UTF-8 中保持不变：每个字符都是一个字节且使用同样的二进制编码。所以，设计用于读取 UTF-8 数据的软件同样可以处理 ASCII 数据，而不需要任何改变。基于这些原因，UTF-8 广泛用于因特网上基于文本的应用程序（如网页和电子邮件）。

在 UTF-8 中每个码点需要 1~4 字节。UTF-8 中常用字符所需的字节数较少，如表 25-8 所示。

表 25-8　UTF-8 编码

码点范围（十六进制）	UTF-8 字节序列（二进制）
000000 ~ 00007F	0xxxxxxx
000080 ~ 0007FF	110xxxxx 10xxxxxx
000800 ~ 00FFFF	1110xxxx 10xxxxxx 10xxxxxx
010000 ~ 10FFFF	11110xxx 10xxxxxx 10xxxxxx 10xxxxxx

UTF-8 读取码点值中的位，将其分为几组（由表 25-8 中的 x 来表示），并把每一组分配给不同的字节。最简单的情况是码点在 0~7F 范围（ASCII 字符）内，此时只要在原数的 7 位之前加一个 0 即可。

650

码点在 80~7FF 范围（包括所有的 Latin-1 字符）内时，需要将码点值的位分为两组，一组 5 位另一组 6 位。5 位组的前缀为 110，6 位组的前缀为 10。例如，字符 ä 的码点为 E4（十六进制）或 11100100（二进制）。在 UTF-8 中可以将其表示为双字节序列 11000011 10100100。注意标下划线的部分，连起来就是 00011100100。

如果字符的码点落在 800~FFFF 范围（包含基本多语种平面中的剩余字符）内，那么需要 3 字节。其他的 Unicode 字符（大多数很少用到）都分配 4 字节。

UTF-8 有以下几个有用的性质。

- 128 个 ASCII 字符中的每一个字符都可以用一个字节表示。仅由 ASCII 字符组成的字符串在 UTF-8 中保持不变。
- 对于 UTF-8 字符串中的任意字节，如果其最左边的位是 0，那么它一定是 ASCII 字符，因为其他所有字节都以 1 开始。
- 多字节字符的第一个字节指明了该字符的长度。如果字节开头 1 的个数为 2，那么这个字符的长度为 2 字节。如果字节开头 1 的个数为 3 或 4，那么这个字符的长度分别为 3 字节或 4 字节。
- 在多字节序列中，每隔一个字节就以 10 作为最左边的位。

最后三个性质特别重要，因为它们可以保证一个多字节字符中的字节序列不会是另一个有效的多字节字符。这样一来，简单地进行字节比较就可以从多字节字符串中搜索一个特定的字符或字符序列。

现在来看看 UTF-8 相比于 UCS-2 的优缺点。UCS-2 的优点在于，字符都是以最自然的格式存储的。UTF-8 的优点在于，它能处理所有的 Unicode 字符（而不仅仅是 BMP 中的字符）、所需的空间比 UCS-2 少且兼容 ASCII。UCS-2 用于 Windows NT 操作系统，但不如 UTF-8 流行；使用 4 字节的新版本（UCS-4）正在逐渐取代 UCS-2 的地位。一些系统把 UCS-2 扩展为一种多字节编码方案，方法是允许用可变数量的字节对来表示字符（UCS-2 使用一个字节对来表示字符）。这样的编码方案称为 UTF-16，它的优点是能够兼容 UCS-2。

25.2.5　多字节/宽字符转换函数

```
int mblen(const char *s, size_t n);                    来自<stdlib.h>
int mbtowc(wchar_t * restrict pwc,
           const char * restrict s,
           size_t n);                                  来自<stdlib.h>
int wctomb(char *s, wchar_t wc);                       来自<stdlib.h>
```

尽管 C89 引入了多字节字符和宽字符的概念，它只提供了 5 个函数来处理这些字符。现在介绍一下这些函数，它们都属于<stdlib.h>头。C99 的<wchar.h>和<wctype.h>头新增了许多多字节和宽字符函数，25.5 节和 25.6 节将加以讨论。

651

C89 的多字节/宽字符函数分为两组。第一组把多字节格式的单个字符转换为宽字符格式，或者进行反向转换。这些函数的行为依赖于当前地区的 LC_CTYPE 类项。如果多字节编码是依赖状态的，函数的行为还依赖于当前的**转换状态**。转换状态不仅包含当前在多字节字符中的位置，还包含当前的迁移状态。以空指针作为 char *类型参数的值来调用这些函数会导致函数的内部转换状态设为**初始转换状态**。该状态表明当前没有正在处理的多字节字符，且初始迁移状态有效。对函数的后续调用会更新其内部转换状态。

mblen 函数检测第一个参数是否指向形成有效多字节字符的字节序列。如果是，则函数返回字符中的字节数；如果不是，则函数返回-1。作为一种特殊情况，如果函数的第一个参数指向空字符，则 mblen 函数返回 0。函数的第二个参数限制了 mblen 函数将检测的字节的数量，通常情况下会传递 MB_CUR_MAX。

下面的函数来自 P. J. Plauger 的《C 标准库》一书，它使用 mblen 函数来确定字符串是否由有效的多字节字符构成。如果 s 指向有效字符串，则函数返回 0。

```
int mbcheck(const char *s)
{
  int n;

  for (mblen(NULL, 0); ; s += n)
    if ((n = mblen(s, MB_CUR_MAX)) <= 0)
      return n;
}
```

mbcheck 函数有两点需要特别说明一下。首先是 mblen(NULL, 0)的神秘调用。此调用把 mblen 的内部转换状态设置为初始转换状态（针对多字节编码依赖状态的情况）。其次是有关终止的问题。要记住 s 指向的是以空字符结尾的普通字符串。当 mblen 函数遇到这个空字符时将返回 0，这样会导致 mbcheck 函数返回。如果 mblen 因为遇到无效的多字节字符而返回-1，那么 mbcheck 会提前返回。

mbtowc 函数把（第二个参数指向的）多字节字符转换为宽字符。第一个参数指向函数用于存储结果的 wchar_t 类型变量，第三个参数限制了 mbtowc 函数将检测的字节的数量。mbtowc 函数返回和 mblen 函数一样的值：如果多字节字符有效，则返回多字节字符中字节的数量；如果多字节字符无效，则返回-1；如果第二个参数指向空字符，则返回 0。

652

wctomb 函数把宽字符（第二个参数）转换为多字节字符，并把该多字节字符存储到第一个参数指向的数组中。wctomb 函数可以向数组中存储多达 MB_LEN_MAX 个字符，但是在最后不附加空字符。如果宽字符能与有效的多字节字符相对应，wctomb 函数会返回多字节字符中字节的数量，否则返回-1。（注意，如果要求转换空的宽字符，wctomb 函数返回 1。）

下面这个函数（也来自 Plauger 的《C 标准库》一书）使用 wctomb 函数来确定是否可以把宽字符字符串转换为有效的多字节字符：

```
int wccheck(wchar_t *wcs)
{
  char buf[MB_LEN_MAX];
  int n;

  for (wctomb(NULL, 0); ; ++wcs)
    if ((n = wctomb (buf, *wcs)) <= 0)
      return -1;          /* invalid character */
    else if (buf[n-1] == '\0')
      return 0;           /* all characters are valid */
}
```

顺便说一下，mblen、mbtowc 和 wctomb 都可以用来测试多字节编码是否依赖状态。当传递空指针作为 char *类型的参数时，如果多字节字符的编码是依赖状态的，那么上述每种函数都会返回非零值，否则返回 0。

25.2.6 多字节/宽字符串转换函数

```
size_t mbstowcs(wchar_t * restrict pwcs,
                const char * restrict s,
                size_t n);                              来自<stdlib.h>
size_t wcstombs(char * restrict s,
                const wchar_t * restrict pwcs,
                size_t n);                              来自<stdlib.h>
```

剩下的 C89 多字节/宽字符函数把包含多字节字符的字符串转换为宽字符字符串，或者进行反向转换。如何进行转换依赖于当前地区的 LC_CTYPE 类项。

mbstowcs 函数把多字节字符序列转换为宽字符。函数的第二个参数指向包含待转换的多字节字符的数组，第一个参数指向宽字符数组，第三个参数限制了可以存储在数组中的宽字符数量。当达到上限或者遇到（存储在宽字符数组中的）空字符时，mbstowcs 函数就停止。函数会返回修改的数组元素的数量（不包括末尾的空的宽字符）。如果遇到无效的多字节字符，mbstowcs 函数返回-1（强制转换为 size_t 类型）。

653

wcstombs 函数和 mbstowcs 函数正好相反：它把宽字符序列转换为多字节字符。函数的第二个参数指向宽字符串，第一个参数指向用于存储多字节字符的数组，第三个参数限制了可以存储在数组中的字节的数量。当达到上限或者遇到（自己存入的）空字符时，wcstombs 函数就停止。函数会返回存储的字节数量（不包括用于终止的空字符）。如果遇到无法对应任何多字节字符的宽字符，wcstombs 函数返回-1（强制转换为 size_t 类型）。

mbstowcs 函数假设要转换的字符串以初始迁移状态开始。由 wcstombs 函数产生的字符串始终是以初始迁移状态开始的。

25.3　双联符和三联符

某些国家或地区的程序员常常因为键盘缺少 C 语言需要的字符而无法进入 C 程序。在欧洲尤其如此，那里的老式键盘提供的是欧洲语言所用的古老字符而不是 C 语言需要的字符，如#、[、\、]、^、{、|、}和~。C89 引入了三联符（表示问题字符的三字符编码）来解决这一问题。但是三联符没能流行起来，所以标准的 Amendment 1 增加了两处改进：双联符和<iso646.h>头，前者比三联符易读，后者定义了表示特定 C 运算符的宏。

25.3.1　三联符

三联序列（trigraph sequence，或者简称为**三联符**）是一种三字符编码，它可以用于替代 ASCII 字符。表 25-9 给出了三联符的完整列表。所有三联符都以??开始，这样做虽然并不足够醒目，但至少便于发现。

表 25-9　三联序列

三联序列	等价的 ASCII 码
??=	#
??(	[
??/	\
??)	]
??'	^
??<	{
??!	|
??>	}
??-	~

654

三联符可以自由地替换成等价的 ASCII 码。例如，程序

```
#include <stdio.h>

int main(void)
{
  printf("hello, world\n");
  return 0;
}
```

可以写成

```
??=include <stdio.h>

int main(void)
??<
  printf("hello, world??/n");
  return 0;
??>
```

尽管三联符很少用到，但遵循 C89 或 C99 标准的 C 编译器都必须能接受三联符。这个特性有时可能会导致问题。

⚠ 在字面串中请小心放置??，因为编译器可能会把它视为三联符的开始标志。如果发生这种情况，那么通过在第二个?字符的前面放置字符\来把第二个字符?变成转义序列?\?。这样组合的结果就不会被看作三联符的开始了。

25.3.2 双联符

因为三联符较难读懂，所以C89标准的Amendment 1增加了**双联符**（digraph）表示法。顾名思义，双联符只需要两个字符而不是三个。双联符可以用于替代表25-10中的6个记号。

表25-10 双联符

双 联 符	记 号
<:	[
:>	]
<%	{
%>	}
%:	#
%:%:	##

双联符（不同于三联符）是记号的替代品，而不是字符的替代品。因此，字面串或字符常量中的双联符不会被识别出来。例如，字符串"<::>"长度为4，它包括字符<、:、:和>，而不包括字符[和]。相反，字符串"??(??)"长度为2，因为编译器将三联序列??(替换为[，并把三联序列??)替换为]。

655

双联符比起三联符来说功能更有限。第一，如我们所见，双联符在字面串和字符常量中不起作用，所以在这些情况下仍然需要三联符。第二，双联符不能为字符\、^、|和~提供替代的表示方法。接下来讨论的<iso646.h>可以解决这一问题。

25.3.3 <iso646.h>：拼写替换

<iso646.h>头相当简单。它只定义了表25-11所示的11个宏，除此之外什么都没有。每一个宏表示一个包含字符&、|、~、!或^的C运算符。这样一来，即使键盘上缺少这些字符，也仍然能够使用表中列出的运算符。

表25-11 <iso646.h>中的宏定义

宏	值
and	&&
and_eq	&=
bitand	&
bitor	|
compl	~
not	!
not_eq	!=
or	||
or_eq	|=
xor	^
xor_eq	^=

这个头的名字源于 ISO/IEC 646，这是用于类 ASCII 字符集的旧版标准。该标准允许“国别变体”，各个国家或地区可以用本地字符替换特定的 ASCII 字符，从而导致双联符和<iso646.h>试图解决的那个问题。

25.4　通用字符名 C99

25.2 节讨论了通用字符集（UCS），它与 Unicode 紧密相关。C99 提供了一种专门的特性——**通用字符名**，它允许我们在程序源代码中使用 UCS 字符。

通用字符名类似于转义序列。但是，普通的转义序列只能出现于字符常量和字面串中，而通用字符名还可以用于标识符。这个特性允许程序员在为变量、函数等命名时使用他们的本地语言。

656

可以用两种方式书写通用字符名（\u*dddd* 和\U*dddddddd*），每个 *d* 都是一个十六进制的数字。在格式\U*dddddddd* 中，8 个 *d* 组成一个 8 位的十六进制数用于标识目标字符的 UCS 码点。格式\u*dddd* 可以用于码点的十六进制值为 FFFF 或更小的字符，包括基本多语种平面上的所有字符。

例如，希腊字母 β 的 UCS 码点是 000003B2，所以该字符的通用字符名为\U000003B2（或者是\U000003b2，因为大小写在十六进制中无所谓）。因为 UCS 码点的十六进制前 4 位是 0，所以也可以使用\u 表示法，将字符写为\u03B2 或\u03b2。（与 Unicode 相匹配的）UCS 码点的值可以在 Unicode 官方网站的 Code Charts 页面上找到。

并不是所有的通用字符名都可以用于标识符，C99 标准列出了哪些通用字符名可以用于标识符。此外，标识符不能以表示数字的通用字符名开头。

25.5　<wchar.h>：扩展的多字节和宽字符实用工具 C99

<wchar.h>头提供了宽字符输入/输出和宽字符串处理的函数。<wchar.h>头中的绝大部分函数都是其他头（主要是<stdio.h>和<string.h>）中函数的宽字符版本。

<wchar.h>头声明了以下一些类型和宏。

- mbstate_t：把多字节字符序列转换为宽字符序列或进行反向转换时，可以用这个类型的值来存储转换状态。
- wint_t：一种整数类型，它的值表示扩展字符。
- WEOF：一个表示 wint_t 类型值的宏，该 wint_t 类型值与任何扩展字符不同。WEOF 的用法与 EOF 很相似，通常用于指明错误或文件末尾条件。

注意，<wchar.h>为宽字符提供了函数但没有为多字节字符提供函数。这是因为 C 的普通库函数能够处理多字节字符，所以不需要专门的函数。例如，fprintf 函数允许格式串包含多字节字符。

大多数宽字符函数的行为与标准库其他地方的某个函数一致。通常，所做的修改仅仅是把参数和返回值的类型从 char 改成了 wchar_t（或者从 char *改成了 wchar_t *）。另外，表示字符计数的参数和返回值用宽字符而不是字节的个数来衡量。在本节下面的内容中，将指出与每个宽字符函数对应的库函数（如果存在的话）。这里不会详细讨论宽字符函数，除非它与相应的“非宽”版本有显著差异。

657

25.5.1 流的倾向性

在讨论<wchar.h>提供的输入/输出函数前，先理解**流的倾向性**（stream orientation）是很重要的，这个概念在C89中并不存在。

每个流要么是**面向字节的**（传统方式），要么是**面向宽字符的**（把数据当成宽字符写入流中）。第一次打开流时，它没有倾向性。[特别地，标准流（➤22.1节）stdin、stdout和stderr在程序刚开始执行时是没有倾向性的。]使用字节输入/输出函数在流上执行操作会使流成为面向字节的，使用宽字符输入/输出函数执行操作会使流成为面向宽字符的。流的倾向性可以调用fwide函数进行选择（本节后面会讲到）。流只要保持打开状态，就能保持其倾向性。调用freopen函数（➤22.2节）重新打开流会删除其倾向性。

往面向宽字符的流中写入宽字符时，首先将宽字符转换为多字节字符然后再存入与流相关的文件。相反，当从面向宽字符的流中读取输入时，需要把流中的多字节字符转换为宽字符。文件中的多字节编码与程序中的字符和字符串编码相类似，不同之处在于，文件中的编码可能包含空字节。

每一个面向宽字符的流都有一个相关联的mbstate_t对象，该对象用于记录流的转换状态。当写入流中的宽字符不能与任何多字节字符相对应，或者从流中读取的字符序列不能构成有效的多字节字符时，会出现编码错误。在上述任何一种情况下，EILSEQ宏（定义在<errno.h>头中）的值会存储到errno变量（➤24.2节）中，以指明错误的性质。

一旦流是面向字节的，对其应用宽字符输入/输出函数就不合法了。类似地，对面向宽字符的流应用字节输入/输出函数也是不合法的。其他流函数可以用于两种倾向性的流，不过对于面向宽字符的流有以下几点需要特别考虑。

- 面向宽字符的二进制流受限于文本文件和二进制文件的文件定位限制。
- 对面向宽字符的流执行文件定位操作之后，宽字符输出函数也许会覆盖多字节字符的一部分。这样会导致文件的其他部分处于不确定的状态。
- 对面向宽字符的流调用fgetpos函数（➤22.7节）会获取流的mbstate_t对象，使其成为与流相关联的fpos_t对象的一部分。

以后如果使用该fpos_t对象来调用fsetpos函数（➤22.7节），mabstate_t对象会恢复以前的值。

658

25.5.2 格式化宽字符输入/输出函数

```
int fwprintf(FILE * restrict stream,
             const wchar_t * restrict format, ...);
int fwscanf(FILE * restrict stream,
            const wchar_t * restrict format, ...);
int swprintf(wchar_t * restrict s, size_t n,
             const wchar_t * restrict format, ...);
int swscanf(const wchar_t * restrict s,
            const wchar_t * restrict format, ...);
int vfwprintf(FILE * restrict stream,
              const wchar_t * restrict format, va_list arg);
int vfwscanf(FILE * restrict stream,
             const wchar_t * restrict format, va_list arg);
int vswprintf(wchar_t * restrict s, size_t n,
              const wchar_t * restrict format, va_list arg);
int vswscanf(const wchar_t * restrict s,
             const wchar_t * restrict format, va_list arg);
int vwprintf(const wchar_t * restrict format, va_list arg);
```

```
int vwscanf(const wchar_t * restrict format, va_list arg);
int wprintf(const wchar_t * restrict format, ...);
int wscanf(const wchar_t * restrict format, ...);
```

这一组函数是<stdio.h>中的格式化输入/输出函数（在 22.3 节讨论过）的宽字符版本。<wchar.h>中的函数的参数类型为 wchar_t *而不是 char *，但函数的行为与<stdio.h>中的函数基本相同。表 25-12 给出了<stdio.h>中的函数与宽字符函数的对应关系。如果没有特别说明，表中左边一列的函数与它右边的函数功能相同。

表 25-12　格式化的宽字符输入/输出函数及其在<stdio.h>中的对应函数

<wchar.h>函数	<stdio.h>中的对应函数
fwprintf	fprintf
fwscanf	fscanf
swprintf	snprintf、sprintf
swscanf	sscanf
vfwprintf	vfprintf
vfwscanf	vfscanf
vswprintf	vsnprintf、vsprintf
vswscanf	vsscanf
vwprintf	vprintf
vwscanf	vscanf
wprintf	printf
wscanf	scanf

这一组中的所有函数有以下几个共同特性。

- 都有包含宽字符的格式串。
- ...printf 函数返回输出的字符数量，但现在是对宽字符计数。
- %n 转换说明表示到目前为止输出（...printf 函数）或读入（...scanf 函数）的宽字符的数量。

fwprintf 和 fprintf 还有以下不同。

- %c 转换说明用于参数为 int 类型的情况。如果存在长度指定符 l（转换为%lc），则假定参数的类型为 wint_t。在上述两种情形下，相应的参数都输出为宽字符。
- %s 转换说明用于指向字符数组的指针，该字符数组可以包括多字节字符。（fprintf 对多字节字符没有特殊规定。）如果存在长度指定符 l（%ls），相应的参数应该是包含宽字符的数组。在上述两种情形下，数组里的字符都输出为宽字符。（用于 fprintf 时，%ls 转换说明也表示宽字符数组，但是在输出之前会将数组中的字符转换为多字节字符。）

fwscanf 函数不同于 fscanf 函数，它读取宽字符。%c、%s 和%[转换需要特别提一下。这些转换符都可以读取宽字符，并在存入字符数组前将其转换为多字节字符。fwscanf 使用 mbstate_t 对象来记录这一过程中的转换状态；每次转换开始时，把该对象设置为 0。如果存在长度指定符 l（转换分别为%lc、%ls 和%l[），那么输入字符不需要转换，而是直接存入 wchar_t 型的数组元素中。因此，如果希望把宽字符字符串中的字符存为宽字符，需要使用%ls。如果用%s 而不是%ls，宽字符能够从输入流中读出，但是在存储之前会被转换为多字节字符。

swprintf 将宽字符写入 wchar_t 类型的数组。它类似于 sprintf 和 snprintf，但不完全等同于这两个函数。类似于 snprintf 函数，它用参数 n 来限制需要输出的（宽）字符的数目，但 swprintf 返回实际输出的宽字符的数目（不包括空字符）。在这一点上，它类似于 sprintf 函数而非 snprintf 函数，swprintf 函数返回没有长度限制的情况下应输出的字符数（不包括

659～660

空字符）。如果待输出的宽字符数目为 n 或者更多，swpritf 函数返回负值，这与 sprintf 函数和 snprintf 函数均不一样。

vswprintf 函数与 swprintf 函数等价，只是用 arg 取代了 swprintf 函数的可变参数列表。与 swprintf 函数（类似但不等同于 sprintf 函数和 snprintf 函数）一样，vswprintf 函数是 vsprintf 函数和 vsnprintf 函数的结合。如果尝试输出 n 个或者更多个宽字符，vswprintf 函数返回一个负整数，这与 swprintf 函数类似。

25.5.3 宽字符输入/输出函数

```
wint_t fgetwc(FILE *stream);
wchar_t *fgetws(wchar_t * restrict s, int n, FILE * restrict stream);
wint_t fputwc(wchar_t c, FILE *stream);
int fputws(const wchar_t * restrict s, FILE *restrict stream);
int fwide(FILE *stream, int mode);
wint_t getwc(FILE *stream);
wint_t getwchar(void);
wint_t putwc(wchar_t c, FILE *stream);
wint_t putwchar(wchar_t c);
wint_t ungetwc(wint_t c, FILE *stream);
```

这一组函数是<stdio.h>中的字符输入/输出函数（在 22.4 节讨论过）的宽字符版本。表 25-13 给出了<stdio.h>中的函数与宽字符函数的对应关系。如表所示，fwide 是唯一的全新函数。

表 25-13 宽字符输入输出函数及其在<stdio.h>中的对应函数

<wchar.h>函数	<stdio.h>中的对应函数
fgetwc	fgetc
fgetws	fgets
fputwc	fputc
fputws	fputs
fwide	—
getwc	getc
getwchar	getchar
putwc	putc
putwchar	putchar
ungetwc	ungetc

除非特别说明，可以认为表 25-13 中所列出的<wchar.h>中的函数和<stdio.h>中的对应函数行为一致。但是，多数对应函数之间有一点细微的差别。为了指示错误或者文件结尾条件，<stdio.h>中的一些字符输入/输出函数返回 EOF，但<wchar.h>中的对应函数返回 WEOF。 661

还有一个问题会影响宽字符输入函数。调用读取单字符的函数（**fgetwc**、**getwc** 和 **getwchar**）时，可能会因为输入流中的字节不能组成有效的宽字符或者可用的字节不够而导致调用失败。这样会造成编码错误，进而导致函数将 EILSEQ 存入 errno 并返回 WEOF。**fgetws** 函数（读取宽字符串）也可能因为编码错误而失败，这种情况下它会返回空指针。

宽字符输出函数也可能遇到编码错误。用于输出单字符的函数（**fputwc**、**putwc** 和 **putwchar**）在出现编码错误时将 EILSEQ 存入 errno 并返回 WEOF。但用于输出宽字符字符串的 **fputws** 函数有所不同：它在出现编码错误时返回 EOF（而不是 WEOF）。

fwide 函数在 C89 函数中没有相对应的函数。fwide 函数用于确定流的当前倾向性，如果需要还可以设置流的倾向性。mode 参数决定函数的行为。

- mode>0：如果没有倾向性，尝试使流面向宽字符。
- mode<0：如果没有倾向性，尝试使流面向字节。
- mode=0：不改变倾向性。

如果流已经有了倾向性，fwide 不会改变其倾向性。

fwide 返回的值依赖于函数调用后流的倾向性。如果流为面向宽字符的，返回的值为正；如果流为面向字节的，返回的值为负；如果流没有倾向性，返回 0。

25.5.4 通用的宽字符串实用工具

<wchar.h>头提供了许多函数来对宽字符串进行操作。它们是<stdlib.h>和<string.h>中函数的宽字符版本。

1. 宽字符串数值转换函数

662

```
double wcstod(const wchar_t * restrict nptr,
              wchar_t ** restrict endptr);
float wcstof(const wchar_t * restrict nptr,
             wchar_t ** restrict endptr);
long double wcstold(const wchar_t * restrict nptr,
                    wchar_t ** restrict endptr);
long int wcstol(const wchar_t * restrict nptr,
                wchar_t ** restrict endptr, int base);
long long int wcstoll(const wchar_t * restrict nptr,
                      wchar_t ** restrict endptr, int base);
unsigned long int wcstoul(
                      const wchar_t * restrict nptr,
                      wchar_t ** restrict endptr, int base);
unsigned long long int wcstoull(
                      const wchar_t * restrict nptr,
                      wchar_t ** restrict endptr, int base);
```

这一组函数是<stdlib.h>中的数值转换函数（将在 26.2 节讨论）的宽字符版本。<wchar.h>中的函数的参数类型为 wchar_t *和 wchar_t **而不是 char *和 char **，但它们的行为与<stdlib.h>中的函数基本一样。表 25-14 给出了<stdlib.h>中的函数及其对应的宽字符版本。

表 25-14　宽字符串数值转换函数及其在<stdlib.h>中的对应函数

<wchar.h>函数	<stdlib.h>中的对应函数
wcstod	strtod
wcstof	strtof
wcstold	strtold
wcstol	strtol
wcstoll	strtoll
wcstoul	strtoul
wcstoull	strtoull

2. 宽字符串复制函数

```
wchar_t *wcscpy(wchar_t * restrict s1,
                const wchar_t * restrict s2);
wchar_t *wcsncpy(wchar_t * restrict s1,
                 const wchar_t * restrict s2, size_t n);
wchar_t *wmemcpy(wchar_t * restrict s1,
                 const wchar_t * restrict s2, size_t n);
wchar_t *wmemmove(wchar_t *s1, const wchar_t *s2, size_t n);
```

这一组函数是<string.h>中的字符串复制函数（在 23.6 节讨论过）的宽字符版本。<wchar.h>头中的函数的参数类型为 wchar_t *而不是 char *，但它们的行为与<string.h>中的函数基本一致。表 25-15 给出了<string.h>中的函数及其对应的宽字符版本。

663

表 25-15 宽字符串复制函数及其在<string.h>中的对应函数

<wchar.h>函数	<string.h>中的对应函数
wcscpy	strcpy
wcsncpy	strncpy
wmemcpy	memcpy
wmemmove	memmove

3. 宽字符串拼接函数

```
wchar_t *wcscat(wchar_t * restrict s1, const wchar_t * restrict s2);
wchar_t *wcsncat(wchar_t * restrict s1,
                 const wchar_t * restrict s2, size_t n);
```

这一组函数是<string.h>中的字符串拼接函数（在 23.6 节讨论过）的宽字符版本。<wchar.h>中的函数的参数类型是 wchar_t *而不是 char *，但它们的行为与<string.h>中的函数基本一样。表 25-16 给出了<string.h>中的函数及其对应的宽字符版本。

表 25-16 宽字符串拼接函数及其在<string.h>中的对应函数

<wchar.h>函数	<string.h>中的对应函数
wcscat	strcat
wcsncat	strncat

4. 宽字符串比较函数

```
int wcscmp(const wchar_t *s1, const wchar_t *s2);
int wcscoll(const wchar_t *s1, const wchar_t *s2);
int wcsncmp(const wchar_t *s1, const wchar_t *s2, size_t n);
size_t wcsxfrm(wchar_t * restrict s1,
               const wchar_t * restrict s2, size_t n);
int wmemcmp(const wchar_t * s1, const wchar_t * s2, size_t n);
```

这一组函数是<string.h>中的字符串比较函数（在 23.6 节讨论过）的宽字符版本。<wchar.h>中的函数的参数类型是 wchar_t *而不是 char *，但它们的行为与<string.h>中的函数基本一样。表 25-17 给出了<string.h>中的函数及其对应的宽字符版本。

664

表 25-17 宽字符串比较函数及其在<string.h>中的对应函数

<wchar.h>函数	<string.h>中的对应函数
wcscmp	strcmp
wcscoll	strcoll
wcsncmp	strncmp
wcsxfrm	strxfrm
wmemcmp	memcmp

5. 宽字符串搜索函数

```
wchar_t *wcschr(const wchar_t *s, wchar_t c);
size_t wcscspn(const wchar_t *s1, const wchar_t *s2);
wchar_t *wcspbrk(const wchar_t *s1, const wchar_t *s2);
wchar_t *wcsrchr(const wchar_t *s, wchar_t c);
size_t wcsspn(const wchar_t *s1, const wchar_t *s2);
wchar_t *wcsstr(const wchar_t *s1, const wchar_t *s2);
```

```
wchar_t *wcstok(wchar_t * restrict s1,
                const wchar_t * restrict s2,
                wchar_t ** restrict ptr);
wchar_t *wmemchr(const wchar_t *s, wchar_t c, size_t n);
```

这一组函数是<string.h>中的字符串搜索函数（在 23.6 节讨论过）的宽字符版本。<wchar.h>中的函数的参数类型是 wchar_t *和 wchar_t **而不是 char *和 char **，但它们的行为与<string.h>中的函数基本一样。表 25-18 给出了<string.h>中的函数及其对应的宽字符版本。

表 25-18　宽字符串搜索函数及其在<string.h>中的对应函数

<wchar.h>函数	<string.h>中的对应函数
wcschr	strchr
wcscspn	strcspn
wcspbrk	strpbrk
wcsrchr	strrchr
wcsspn	strspn
wcsstr	strstr
wcstok	strtok
wmemchr	memchr

wcstok 函数与 strtok 函数作用相同，但由于有第三个参数，所以用法略有不同。（strtok 函数只有两个参数。）要了解 wcstok 的工作原理，首先需要回顾一下 strtok 的行为。

665

23.6 节讲到 strtok 在字符串中搜索一个"记号"，就是一系列不包含特定分隔符的字符。调用 strtok(s1, s2)会在 s1 中搜索一系列不包含在 s2 中的非空字符。strtok 函数会在记号末尾的字符后面存储一个空字符作为标记，然后返回一个指针指向记号的首字符。

以后可以调用 strtok 函数在同一字符串中搜索更多的记号。调用 strtok(NULL, s2)就可以继续上一次的 strtok 函数调用。和上一次调用一样，strtok 函数会用一个空字符来标记记号的末尾，然后返回一个指针指向记号的首字符。这个过程可以持续进行，直到 strtok 函数返回空指针，这表明找不到符合要求的记号。

strtok 的一个问题是在搜索的时候使用静态变量来记录，这样就无法同时对两个或更多个字符串进行搜索。而 wcstok 由于多了一个参数，不存在这一问题。

wcstok 的前两个参数与 strtok 是相同的（当然，它们指向宽字符串）。第三个参数 ptr 将指向 wchr_t *类型的变量。函数将在这个变量中存储信息，使得之后调用 wcstok 时能够继续扫描同一个字符串（当第一个参数为空指针时）。当通过后续的 wcstok 调用继续进行搜索时，用指向同一个变量的指针作为第三个参数；这个变量的值在 wcstok 函数调用之间不能改变。

为了了解 wcstok 的工作原理，让我们再来看看 23.6 节中的例子。假设 str、p 和 q 声明如下：

```
wchar_t str[] = L" April  28,1998";
wchar_t *p, *q;
```

最初的 wcstok 调用用 str 作为第一个参数：

```
p = wcstok(str, L" \t", &q);
```

现在 p 指向 April 的第一个字符，April 之后有一个空的宽字符。用空指针作为第一个参数、&q 作为第三个参数调用 wcstok，可以从上次停下来的地方继续搜索：

```
p = wcstok(NULL, L" \t,", &q);
```

在这个调用之后，p 指向 28 的第一个字符，现在 28 的后面有一个用于终止的空的宽字符。再次调用 wcstok 可以定位年：

```
p = wcstok(NULL, L" \t", &q);
```

p 现在指向 1998 的第一个字符。

6. 其他函数

```
size_t wcslen(const wchar_t *s);
wchar_t *wmemset(wchar_t *s, wchar_t c, size_t n);
```

666

这一组函数是<string.h>中的其他字符串函数（在 23.6 节讨论过）的宽字符版本。<wchar.h>中的函数的参数类型是 wchar_t *而不是 char *，但它们的行为与<string.h>中的函数基本一样。表 25-19 给出了<string.h>中的函数及其对应的宽字符版本。

表 25-19 宽字符串其他函数与<string.h>中的对应函数

<wchar.h>函数	<string.h>中的对应函数
wcslen	strlen
wmemset	memset

25.5.5 宽字符时间转换函数

```
size_t wcsftime(wchar_t * restrict s, size_t maxsize,
                const wchar_t * restrict format,
                const struct tm * restrict timeptr);
```

wcsftime 函数是<time.h>头中的 strftime 函数（将在 26.3 节讨论）的宽字符版本。

25.5.6 扩展的多字节/宽字符转换实用工具

本节讨论<wchar.h>中用于在多字节字符和宽字符之间进行转换的函数。其中有 5 个函数（mbrlen、mbrtowc、wcrtomb、mbsrtowcs 和 wcsrtombs）与<stdlib.h>中的多字节/宽字符转换函数以及多字节/宽字符串转换函数相对应。<wchar.h>中的函数具有一个额外的参数——一个指向 mbstate_t 类型变量的指针。这个变量记录多字节字符序列向宽字符序列转换（或反向转换）的当前转换状态。因此，<wchar.h>中的函数是"可再次启动的"：以前一次函数调用中修改过的指向 mbstate_t 类型变量的指针作为参数，可以用该调用的转换状态"再次启动"函数。这样的好处之一是可以让两个函数共享同样的转换状态。例如，处理单个多字节字符构成的字符串时，mbrtowc 和 mbsrtowcs 函数调用可以共享同一个 mbstate_t 类型变量。

存储在 mbstate_t 类型变量中的转换状态包括当前迁移状态和多字节字符内的当前位置。将 mbstate_t 类型变量的字节设为 0 会使其处于初始转换状态，这意味着还没有开始处理多字节字符，且初始迁移状态有效：

```
mbstate_t state;
...
memset (&state, '\0', sizeof(state));
```

667

把&state 传递给任何一个可再次启动的函数，将导致从初始转换状态开始进行转换。一旦在这些函数中修改了 mbstate_t 类型变量，该变量就不能用于转换不同的多字节字符序列了，也不能用于反向的转换，否则会导致未定义的行为。改变某个地区的 LC_CTYPE 之后使用该变量也会导致未定义的行为。

1. 单字节/宽字符转换函数

```
wint_t btowc(int c);
int wctob(wint_t c);
```

这一组函数把单字节字符转换为宽字符，或执行反向转换。

如果 c 等于 EOF 或者在初始迁移状态时 c（强制转换为 unsigned char）不是有效的单字节符号，那么 **btowc** 函数返回 WEOF。否则，btowc 返回 c 的宽字符表示。

wctob 函数执行 btowc 的反向操作。如果 c 在初始迁移状态时没有对应的多字节字符，则返回 EOF；否则返回 c 的单字节表示。

2. 转换状态函数

```
int mbsinit(const mbstate_t *ps);
```

这一组只有一个函数 **mbsinit**。如果 ps 是空指针或者它指向一个描述初始转换状态的 mbstate_t 型变量，函数返回非零值。

3. 可重启动的多字节/宽字符转换函数

```
size_t mbrlen(const char * restrict s, size_t n, mbstate_t * restrict ps);
size_t mbrtowc(wchar_t * restrict pwc,
               const char * restrict s, size_t n,
               mbstate_t * restrict ps);
size_t wcrtomb(char * restrict s, wchar_t wc, mbstate_t * restrict ps);
```

这一组函数是<stdlib.h>中的 mblen、mbtowc 和 wctomb 函数（在 25.2 节讨论过）的可重启动版本。新函数 mblen、mbtowc 和 wctomb 与<stdlib.h>中的对应函数有如下区别。

668

- mbrlen、mbrtowc 和 wcrtomb 函数新增了一个参数 ps。当这些函数中的任一函数被调用时，相应的参数指向一个 mbstate_t 类型的变量；函数会在这个变量中存储转换状态。如果与 ps 对应的实参是空指针，函数将使用内部变量来存储转换状态（在程序执行的一开始，这个变量设置为初始转换状态）。
- 当 s 参数是空指针时，旧版的 mblen、mbtowc 和 wctomb 函数在多字节字符编码依赖状态时返回非零值，否则返回 0。新版的函数不具有该行为。
- mbrlen、mbrtowc 和 wcrtomb 函数的返回值为 size_t 类型而不是 int 类型，旧版函数的返回值为 int 类型。

调用 **mbrlen** 等同于调用

```
mbrtowc(NULL, s, n, ps)
```

但当 ps 是空指针时，使用内部变量的地址来代替。

如果 s 是空指针，调用 **mbrtowc** 等同于调用

```
mbrtowc(NULL, "", 1, ps)
```

否则，mbrtowc 至多检查由 s 指向的 n 个字节来判断是否已处理完一个有效的多字节字符。（注意，在函数调用之前可能已经在处理多字节字符了，这由 ps 指向的 mbstate_t 类型变量来记录。）如果是这样，这些字节将被转换为宽字符。只要 pwc 不为空，就把该宽字符存于 pwc 指向的位置。如果该字符是空的宽字符，把函数调用中使用的 mbstate_t 类型变量置为初始转换状态。

mbrtowc 有多种可能的返回值。如果转换产生了空的宽字符，其返回值为 0。如果转换产生了非空的宽字符，则返回一个范围在 1~n 的数，该返回值是用于完成多字节字符的字节数。如果 s 指向的 n 个字节不足以完成多字节字符（尽管这些字节本身是有效的），则返回-2。最后，如果出现编码错误（函数遇到了不能形成有效的多字节字符的字节），则返回-1；在这种情况下，mbrtowc 仍会将 EILSEQ 存于 errno 中。

如果 s 是空指针，调用 **wcrtomb** 等同于

```
wcrtomb(buf, L'\0', ps)
```

这里 buf 是内部缓冲区。否则，wcrtomb 将 wc 从宽字符转换为多字节字符，并将其存于 s 指向的数组中。如果 wc 是空的宽字符，wcrtomb 中存储空字节，如果必要，前面还可以放一个迁移序列用于存储初始迁移状态。这种情况下，调用中所用的 mbstate_t 类型变量置为初始转换状态。wcrtomb 返回所存储的字节数，包括迁移序列。如果 wc 不是有效的宽字符，函数返回-1 并将 EILSEQ 存于 errno 中。 669

4. 可重启动的多字节/宽字符串转换函数

```
size_t mbsrtowcs(wchar_t * restrict dst,
                 const char ** restrict src,
                 size_t len,
                 mbstate_t * restrict ps);
size_t wcsrtombs(char * restrict dst,
                 const wchar_t ** restrict src,
                 size_t len,
                 mbstate_t * restrict ps);
```

mbsrtowcs 和 **wcsrtombs** 函数是<stdlib.h>中的 mbstowcs 和 wcstombs 函数（在 25.2 节讨论过）的可重启动版本。mbsrtowcs 和 wcsrtombs 函数与<stdlib.h>中的对应函数基本一样，只有如下区别。

- mbsrtowcs 和 wcsrtombs 都有一个额外的参数 ps。当它们中的一个函数被调用时，对应的参数指向一个 mbstate_t 类型的变量，函数将使用该变量存储转换状态。如果 ps 对应的参数是空指针，函数将使用内部变量来存储转换状态。（在程序一开始执行时，这个变量设置为初始转换状态。）这两个函数在转换过程中都会更新状态。如果转换因为遇到空字符而停止，mbstate_t 型变量将置为初始转换状态。
- src 参数表示包含待转换字符的数组（源数组），它是一个指向指针的指针。（在旧版的 mbstowcs 函数和 wcstombs 函数中，对应参数只是一个普通指针。）这个变化使得 mbsrtowcs 和 wcsrtombs 可以记录转换停止的位置。如果转换因为达到空字符而停止，则把 src 指向的指针设置为空；否则使该指针刚好越过上一次转换成功的源字符。
- dst 参数有可能是空指针，在这种情况下不存储已转换的字符，也不修改 src 指向的指针。
- 当这两个函数在源数组里遇到无效字符时，它们会将 EILSEQ 存于 errno 中（同时返回-1，而 mbstowcs 和 wcstombs 函数仅返回-1）。 670

25.6 <wctype.h>：宽字符分类和映射实用工具 C99

<wctype.h>头是<ctype.h>头（➤23.5 节）的宽字符版本。<ctype.h>提供了两类函数：字符分类函数（如 isdigit，测试一个字符是否是数字）和字符映射函数（如 toupper，把小写

字母转换为大写字母)。<wctype.h>为宽字符提供了类似的函数，但与<ctype.h>有一点重要区别：<wctype.h>中的一些函数是“可扩展的”，这意味着它们可以执行自定义的字符分类和映射。

<wctype.h>声明了三个类型和一个宏。wint_t 类型和 WEOF 宏在 25.5 节中讨论过。另外两种类型是 wctype_t（其值表示特定于地区的字符分类）和 wctrans_t（其值表示特定于地区的字符映射）。

<wctype.h>中的大部分函数要求参数为 wint_t 类型。这个参数的值必须是一个宽字符（wchar_t 类型的值）或 WEOF，传递其他参数会引起未定义的行为。

<wctype.h>中函数的行为受当前地区的 LC_CTYPE 类项的影响。

25.6.1　宽字符分类函数

```
int iswalnum(wint_t wc);
int iswalpha(wint_t wc);
int iswblank(wint_t wc);
int iswcntrl(wint_t wc);
int iswdigit(wint_t wc);
int iswgraph(wint_t wc);
int iswlower(wint_t wc);
int iswprint(wint_t wc);
int iswpunct(wint_t wc);
int iswspace(wint_t wc);
int iswupper(wint_t wc);
int iswxdigit(wint_t wc);
```

对于每一个宽字符分类函数，如果它的参数有特定的性质，则返回非零值。表 25-20 列出了每个函数测试的性质。

表 25-20　宽字符分类函数

函　数	测　试
iswalnum(wc)	wc 是否是字母或数字
iswalpha(wc)	wc 是否是字母
iswblank(wc)	wc 是否是标准空白①
iswcntrl(wc)	wc 是否是控制字符
iswdigit(wc)	wc 是否是十进制数字
iswgraph(wc)	wc 是否是打印字符（空格除外）
iswlower(wc)	wc 是否是小写字母
iswprint(wc)	wc 是否是打印字符（包含空格）
iswpunct(wc)	wc 是否是标点符号
iswspace(wc)	wc 是否是空白字符
iswupper(wc)	wc 是否是大写字母
iswxdigit(wc)	wc 是否是十六进制数字

① 标准空白字符是空格（L' '）和水平制表符（L'\t'）。

表 25-20 的描述中忽略了宽字符的一些细节。例如，C99 标准中 iswgraph 的定义指出，该函数“对任意给定的宽字符，测试 iswprint 为真且 iswspace 为假”，因此存在这样的可能性：多个宽字符都可以被认作“空格”。附录 D 对这些函数给出了更详细的描述。

671

在大多数情况下，宽字符分类函数与<ctype.h>中对应的函数一致：如果<ctype.h>中的函数对某个字符返回非零值（表明“真”），那么<wctype.h>中相应的函数对该字符的宽字符版本返回真。唯一的例外是宽的空白字符（不是空格）中属于打印字符的那些字符，用 iswgraph 和 iswpunct 分类的结果与用 isgraph 和 ispunct 分类的结果不同。例如，使 isgraph 返回真的字符可能会使 iswgraph 返回假。

25.6.2 可扩展的宽字符分类函数

```
int iswctype(wint_t wc, wctype_t desc);
wctype_t wctype(const char *property);
```

前面讨论的每一个宽字符分类函数都可以测试一个固定的条件。wctype 和 iswctype 函数（被设计为同时使用）可以用于测试其他条件。

wctype 函数的参数是一个描述一类宽字符类的字符串，它返回一个表示这个类的 wctype_t 类型值。例如，调用

```
wctype("upper")
```

返回一个 wctype_t 类型的值表示大写字母类。C99 标准要求允许用以下字符串作为 wctype 的参数：

```
"alnum"  "alpha"  "blank"  "cntrl"  "digit"  "graph"
"lower"  "print"  "punct"  "space"  "upper"  "xdigit"
```

其他字符串可以由实现提供。哪些字符串可以用作 wctype 的合法参数依赖于当前地区的 LC_CTYPE 类项。上面列出的 12 个字符串在所有地区都合法。如果当前地区不支持传递给 wctype 的字符串，函数返回 0。 672

调用 **iswctype** 函数需要用到两个参数：wc（宽字符）和 desc（wctype 返回的值）。如果 wc 属于与 desc 相对应的字符类，那么 iswctype 函数返回非零值。例如，调用

```
iswctype(wc, wctype("alnum"))
```

等价于 iswalnum(wc)。如果传递给 wctype 的字符串不是上面列出的标准字符串，则 wctype 和 iswctype 尤其有用。

25.6.3 宽字符大小写映射函数

```
wint_t towlower(wint_t wc);
wint_t towupper(wint_t wc);
```

towlower 和 **towupper** 函数分别是 tolower 和 toupper 对应的宽字符版本。例如，towlower 在参数是大写字母时返回参数的小写形式；否则，保持参数不变并将其返回。一般说来，处理宽字符时会有一些突发情况。例如，某个字母在当前地区可能有多种小写字母，在这种情况下 towlower 可以返回其中任意一个。

25.6.4 可扩展的宽字符大小写映射函数

```
wint_t towctrans(wint_t wc, wctrans_t desc);
wctrans_t wctrans(const char *property);
```

wctrans 和 towctrans 函数一起使用，以支持一般性的宽字符大小写映射。

wctrans 函数的参数是一个字符串，用于描述字符的大小写映射。它返回一个 wctrans_t 类型的值来表示该映射关系。例如，调用

```
wctrans("tolower")
```

返回一个表示从大写字母向小写字母映射的 wctrans_t 类型值。C99标准要求字符串"tolower"和"toupper"可以作为 wctrans 的参数。具体实现中还可以提供其他的字符串。哪些字符串可以用作 wctrans 的合法参数依赖于当前地区的 LC_CTYPE 类项。"tolower"和"toupper"在所有地区都合法。如果当前地区不支持传递给 wctrans 的字符串，函数返回 0。

673

调用 **towctrans** 函数需要用到两个参数：wc（宽字符）和 desc（wctrans 返回的值）。towctrans 根据 desc 所指定的大小写映射关系，将 wc 映射为另一个宽字符。例如，调用

```
towctrans(wc, wctrans("tolower"))
```

等价于

```
towlower(wc)
```

与实现定义的大小写映射一起使用时，towctrans 特别有用。

25.7 <uchar.h>：改进的 Unicode 支持 C1X

在 C99 中，可以用 wchar_t 类型的变量保存宽字符。尽管绝大多数计算机系统开始支持 Unicode 字符集，使用 wchar_t 类型保存的字符也都是 Unicode 字符，但是 C 语言没有规定这种类型的长度，再加上不同的操作系统使用不同的 Unicode 编码方案，这就影响了文本的交换以及程序的可移植性。

举例来说，Windows 使用 UTF-16 编码，因为单一 16 位只能表示基本多语种平面内的字符，它使用的实际上是变长 UTF-16 编码：对于基本多语种平面内的字符，使用一个 16 位来表示；对于其他字符，则使用两个 16 位来表示（代理对）。与 Windows 不同，Linux 直接使用 32 位的 UTF-32 来编码字符。因为长度不统一，所以当程序在不同的平台之间移植时，就需要做麻烦的转换工作。

从 C11 开始，标准库提供了头<uchar.h>并定义了两种具有明确长度的宽字符类型，它们分别是 char16_t 和 char32_t。char16_t 是一个无符号整数类型，和 uint_least16_t 相同，用来保存长度为 16 位的字符，通常用于保存 UTF-16 编码的字符；char32_t 也是一个无符号整数类型，和 uint_least32_t 相同，用来保存长度为 32 位的字符，通常用于保存 UTF-32 编码的字符。

25.7.1 带 u、U 和 u8 前缀的字面串

和 C99 相比，C1*X* 的另一个显著变化是支持 u、U 和 u8 前缀的字面串，以及 u 和 U 前缀的字符常量。带 u 前缀的字面串用于在程序编译期间创建一个元素类型为 char16_t 的静态数组，带 u 前缀的字符常量是宽字符常量，它的类型是 char16_t，例如：

```
char16_t c = u'a';
char16_t * p = u"Aye aye sir!\n";
```

带 U 前缀的字面串用于在程序编译期间创建一个元素类型为 char32_t 的静态数组，带 U 前缀的字符常量是宽字符常量，它的类型是 char32_t，例如：

```
char32_t d = U'a';
char32_t * q = U"Yes captain!\n";
```

u8 前缀只适用于字面串，用来明确指定字面串采用 UTF-8 编码方案，例如：

```
char s [] = u8"As you wish!\n";
```

注意，在 u、U、u8 和它们后面的"之间不能有任何空白，否则将导致语法错误。

25.7.2 可重启动的多字节/宽字符转换函数

```
size_t mbrtoc16(char16_t * restrict pc16, const char * restrict s, size_t n,
                mbstate_t * restrict ps);
size_t c16rtomb(char * restrict s, char16_t c16, mbstate_t restrict ps);
size_t mbrtoc32(char32_t * restrict pc32, const char * restrict s, size_t n,
                mbstate_t * restrict ps);
size_t c32rtomb(char * restrict s, char32_t c32, mbstate_t * restrict ps);
```

这些函数拥有一个参数 ps，它是指向 mbstate_t 的指针，可用于完整地描述受这些函数影响的多字节字符序列的当前转换状态。如果与 ps 对应的实参是空指针，函数将使用一个 mbstate_t 类型的内部变量来存储转换状态。在程序启动时，这个变量被初始化到一个起始的转换状态。

函数 **mbrtoc16** 用来将多字节字符转换为用 char16_t 类型来表示的宽字符。如果 s 是空指针，调用 mbrtoc16 等同于调用

```
mbrtoc16(NULL, "", 1, ps)
```

否则，mbrtoc16 至多检查由 s 指向的 n 个字节，以确定完成下一个多字节字符所需要的字节数（包括任何迁移序列）。如果能够确定 s 中的下一个多字节字符是完整且有效的，则将其转换为相应的 16 位宽字符，并保存在 pc16 指向的位置（如果 pc16 不是空指针的话）。

如果宽字符是变长编码的（比如 UTF-16 代理对），可能需要执行该函数一次以上。换句话说，上一次调用只是得到了宽字符编码的前一部分。后续的调用不会消费额外的输入，还是在指定的 n 个字节内处理，并转换和保存下一个宽字符。

如果转换后的结果是一个空宽字符，则 ps 指向的转换状态恢复到最初的时候。表 25-21 列出了该函数的返回值及其含义：

表 25-21 mbrtoc16 函数的转换结果

返回值	含义
0	转换后的结果是空宽字符
1~n	实际用了几个字节完成的宽字符转换
(size_t) -3	本次调用是延续上一次的调用，并已成功转换和保存宽字符
(size_t) -2	接下来的 n 个字节不足以表示一个多字节字符，但它依然可能是有效的，只是需要后面的字节才能完整表示
(size_t) -1	编码错误，接下来的 n 个字节不能表示一个完整有效的多字节字符。此时，errno 的值是 EILSEQ 且转换状态是未指定的

函数 **c16rtomb** 将 char16_t 类型的宽字符转换为多字节字符。如果参数 s 为空指针，则该函数等同于

```
c16rtomb(buf, L'\0', ps)
```

否则，该函数计算将参数 c16 中的宽字符转换成多字节字符需要几个字节，并将转换后的结果保存到参数 s 所指向的内存位置，但是至多保存 MB_CUR_MAX 个字节。如果参数 c16 中是空宽字符，则转换和保存的是以任意迁移序列为前导的空字节，这个迁移序列用于恢复初始迁移状态。这种情况下，调用中所用的 mbstate_t 类型变量置为初始转换状态。

此函数的返回值是转换并保存的字节数，包括任何迁移序列。如果参数 c16 的值不代表有效的宽字符，将发生编码错误：保存的值是 EILSEQ 并且返回值是(size_t)-1。

函数 **mbrtoc32** 用于将多字节字符转换为 char32_t 类型的宽字符。如果 s 是空指针，调用 mbrtoc32 等同于调用

```
mbrtoc32(NULL, "", 1, ps)
```

否则，mbrtoc32 至多检查由 s 指向的 n 个字节，以确定完成下一个多字节字符所需要的字节数（包括任何迁移序列）。如果能够确定 s 中的下一个多字节字符是完整且有效的，则将其转换为相应的 32 位宽字符，并保存在 pc32 指向的位置（如果 pc32 不是空指针的话）。

如果宽字符是变长编码的（这对于 UTF-32 来说是不可能的，但是库函数不会预设任何具体的编码方案），可能需要执行该函数一次以上。换句话说，上一次调用只是得到了宽字符编码的前一部分。后续的调用不会消费额外的输入，还是在指定的 n 个字节内处理，并转换和保存下一个宽字符。

如果转换后的结果是一个空宽字符，则 ps 指向的转换状态恢复到最初的时候。表 25-22 列出了该函数的返回值及其含义：

表 25-22　**mbrtoc32** 函数的转换结果

返　回　值	含　　义
0	转换后的结果是空宽字符
1~n	实际用了几个字节完成的宽字符转换
(size_t) -3	本次调用是延续上一次的调用，并已成功转换和保存宽字符
(size_t) -2	接下来的 n 个字节不足以表示一个多字节字符，但它依然可能是有效的，只是需要后面的字节才能完整表示
(size_t) -1	编码错误，接下来的 n 个字节不能表示一个完整有效的多字节字符。此时，errno 的值是 EILSEQ 且转换状态是未指定的

函数 **c32rtomb** 用于将 char32_t 类型的宽字符转换为多字节字符。如果参数 s 为空指针，则该函数等同于

```
c32rtomb (buf, L'\0', ps)
```

否则，该函数计算将参数 c32 中的宽字符转换成多字节字符需要几个字节，并将转换后的结果保存到参数 s 所指向的内存位置，但是至多保存 MB_CUR_MAX 个字节。如果参数 c32 中是空宽字符，则转换和保存的是以任意迁移序列为前导的空字节，这个迁移序列用于恢复初始迁移状态。这种情况下，调用中所用的 mbstate_t 类型变量置为初始转换状态。

此函数的返回值是转换并保存的字节数，包括任何迁移序列。如果参数 c32 的值不代表有效的宽字符，将发生编码错误：保存的值是 EILSEQ 并且返回值是(size_t)-1。

问与答

问：**setlocale** 函数可以返回多长的地区信息字符串？（p.504）

答：不存在最大长度。这就引发了一个问题：如果不知道字符串的长度，如何为字符串设置空间呢？当然，答案就是动态存储分配。下面这个程序段（基于 Harbison 和 Steele 写的《C 语言参考手册》一书中的类似示例）说明了如何确定需要的空间数量，动态地分配内存，然后再把地区信息复制到此内存空间中：

```
char *temp, *old_locale;

temp = setlocale(LC_ALL, NULL);
if (temp == NULL) {
  /* locale information not available */
}
old_locale = malloc (strlen (temp) + 1);
if (old_locale == NULL) {
  /* memory allocation failed */
}
strcpy(old_locale, temp);
```

现在可以先切换到另一个地区，然后再恢复到旧的地区：

```
setlocale(LC_ALL, "");              /* switches to native locale */
...
setlocale(LC_ALL, old_locale);      /* restorees old locale */
```

问：为什么 C 语言同时提供多字节字符和宽字符呢？两者选其一难道不够吗？（p.507）

答：这两种编码分别用于不同的目的。多字节字符用于输入/输出目的很方便，因为输入/输出设备经常是面向字节的。但是宽字符更适用于程序内部，因为每个宽字符占有相同的空间。因此，程序可以读入多字节字符输入，把它转换为便于程序内部操作的宽字符格式，然后再把宽字符转换回用于输出的多字节格式。

674

问：Unicode 和通用字符集（UCS）看起来很相似，两者的区别是什么？（p.509）

答：这两者所包含的字符一样，而且表示字符所用的码点也一样。不过，Unicode 不仅仅是一个字符集。例如，Unicode 支持“双向显示”。有些语言（包括阿拉伯语和希伯来语）允许从右向左书写，而不是从左向右书写。Unicode 可以用于指定字符的显示顺序，它允许文本中同时包含从左向右显示的字符和从右向左显示的字符。

练习题

25.1 节

1. 请确定你用的编译器支持哪些地区。

25.2 节

2. 用于 `kanji`（日文中的汉字）的 Shift-JIS 编码要求每个字符是单字节或者是双字节的。如果字符的第一个字节位于 `0x81` 和 `0x9f` 之间，或者位于 `0xe0` 和 `0xef` 之间，那么就需要第二个字节。（把任何其他字节看成是整个字符。）第二个字节必须在 `0x40` 和 `0x7e` 之间，或者在 `0x80` 和 `0xfc` 之间。（所有的范围都包含边界值。）请指出以下面的每个字符串作为参数时，25.2 节的 `mbcheck` 函数的返回值。假定多字节字符用当前地区的 Shift-JIS 编码。

   (a) `"\x05\x87\x80\x36\xed\xaa"`

   (b) `"\x20\xe4\x50\x88\x3f"`

   (c) `"\xde\xad\xbe\xef"`

   (d) `"\x8a\x60\x92\x74\x41"`

3. UTF-8 的一个有用的性质是，多字节字符内的字节序列不可能表示其他的有效多字节字符。用于 kanji 的 Shift-JIS 编码（见练习题 2）是否具有这一性质？

4. 给出表示如下短语的 C 语言字面串。假设字符 à、è、é、ê、î、ô、û 和 ü 用单字节的 Latin-1 字符表示。（需要查出这些字符的 Latin-1 码点。）例如，短语 déjà vu 可以用字符串`"d\xe9j\xe0 vu"`表示。

   (a) Côte d'Azur

(b) crème brûlée

(c) crème fraîche

(d) Fahrvergnügen

(e) tête-à-tête

675

5. 重复练习题 4，这次采用 UTF-8 多字节编码。例如，短语 déjà vu 可以用字符串"d\xc3\xa9j\xc3\xa0 vu"表示。

25.3 节

W 6. 请通过尽可能多地用三联符替换字符的方法来修改下面的程序段。

```
while ((orig_char = getchar()) != EOF) {
  new_char = orig_char ^ KEY;
  if (isprint(orig_char) && isprint(new_char))
    putchar(new_char);
  else
    putchar(orig_char);
}
```

7. C99 修改练习题 6 中的程序段，用双联符和<iso646.h>中定义的宏来替换尽可能多的记号。

编程题

W 1. 编写一个程序，用来测试你用的编译器的""（本地）地区是否和"C"地区一样。

2. 编写一个程序，从命令行获取地区的名字，然后显示存储在相应的 lconv 结构中的值。例如，如果地区是"fi_FI"（芬兰），程序的输出可能如下：

```
decimal_point = ","
thousands_sep = " "
grouping = 3
mon_decimal_point = ","
mon_thousands_sep = " "
mon_grouping = 3
positive_sign = ""
negative_sign = "-"
currency_symbol = "EUR"
frac_digits = 2
p_cs_precedes = 0
n_cs_precedes = 0
p_sep_by_space = 2
n_sep_by_space = 2
p_sign_posn = 1
n_sign_posn = 1
int_curr_symbol = "EUR "
int_frac_digits = 2
int_p_cs_precedes = 0
int_n_cs_precedes = 0
int_p_sep_by_space = 2
int_n_sep_by_space = 2
int_p_sign_posn = 1
int_n_sign_posn = 1
```

676

出于可读性的考虑，grouping 和 mon_grouping 中的字符应显示为十进制数。

第 26 章

其他库函数

> 确定程序参数的应该是用户，而不应该是它们的创造者。

<stdarg.h>、<stdlib.h>和<time.h>（前面几章中未讨论过的 C89 头只有这三个了）不同于标准库中的其他头。<stdarg.h>头（26.1 节）可使编写的函数带有可变数量的参数，<stdlib.h>头（26.2 节）是一类不适合放在其他库中的函数，<time.h>头（26.3 节）允许程序处理日期和时间。

26.1 <stdarg.h>：可变参数

```
类型 va_arg(va_list ap, 类型);
void va_copy(va_list dest, va_list src);
void va_end(va_list ap);
void va_start(va_list ap, parmN);
```

printf 和 scanf 这样的函数具有一个不同寻常的性质：它们允许任意数量的参数。而且，这种能处理可变数量的参数的能力并不仅限于库函数。<stdarg.h>头提供的工具使我们能够自己编写带有变长参数列表的函数。<stdarg.h>声明了一种类型（va_list）并定义了几个宏。C89 中一共有三个宏，分别名为 va_satrt、va_arg 和 va_end。C99 C99 增加了一个类似函数的宏 va_copy。

为了了解这些宏的工作原理，这里将用它们来编写一个名为 max_int 的函数。此函数用来在任意数量的整数参数中找出最大数。下面是此函数的调用过程：

```
max_int(3, 10, 30, 20)
```

函数的第一个实参指明后面有几个参数。这里的 max_int 函数调用将返回 30（即 10、30 和 20 中的最大数）。

下面是 max_int 函数的定义：

```
int max_int(int n, ...)      /* n must be at least 1 */
{
  va_list ap;
  int i, current, largest;

  va_start(ap, n);
  largest = va_arg(ap, int);

  for (i = i; i < n; i++) {
    current = va_arg(ap, int);
    if (current > largest)
      largest = current;
  }
```

```
  va_end(ap);
  return largest;
}
```

形式参数列表中的...符号（省略号）表示参数 n 后面有可变数量的参数。

max_int 函数体从声明 va_list 类型的变量开始：

```
va_list ap;
```

为了使 max_int 函数可以访问到跟在 n 后边的实参，必须声明这样的变量。

语句

```
va_start(ap, n);
```

指出了参数列表中可变长度部分开始的位置（这里从 n 后边开始）。带有可变数量参数的函数必须至少有一个“正常的”形式参数；省略号总是出现在形式参数列表的末尾，在最后一个正常参数的后边。

语句

```
largest = va_arg(ap, int);
```

获取 max_int 函数的第二个参数（n 后面的那个）并将其赋值给变量 largest，然后自动前进到下一个参数处。语句中的单词 int 表明我们希望 max_int 函数的第二个实参是 int 类型的。当程序执行内部循环时，语句

```
current = va_arg(ap, int);
```

678 会逐个获取 max_int 函数余下的参数。

不要忘记在获取当前参数后，宏 va_arg 始终会前进到下一个参数的位置上。正是由于这个特点，这里不能用如下方式编写 max_int 函数的循环：

```
for (i = 1; i < n; i++)
  if (va_arg(ap, int) > largest)    /*** WRONG ***/
    largest = va_arg(ap, int);
```

在函数返回之前，要求用语句 **va_end**(ap);进行“清理”。（如果不返回，函数可以调用 va_start 并且再次遍历参数列表。）

va_copy 宏把 src（va_list 类型的值）复制到 dest（也是 va_list 类型的值）中。va_copy 之所以能起作用，是因为在把 src 复制到 dest 之前可能已经多次用 src 来调用 va_arg 了。调用 va_copy 可以使函数记住在参数列表中的位置，从而以后可以回到同一位置继续处理相应的参数（及其后面的参数）。

每次调用 va_start 或 va_copy 时都必须与 va_end 成对使用，而且这些成对的调用必须在同一个函数中。所有的 va_arg 调用必须出现在 va_start（或 va_copy）与配对的 va_end 调用之间。

当调用带有可变参数列表的函数时，编译器会在省略号对应的所有参数上执行默认实参提升（➤9.3 节）。特别地，char 类型和 short 类型的参数会被提升为 int 类型，float 类型的值会被提升为 double 类型。因此把 char、short 或 float 类型的值作为参数传递给 va_arg 是没有意义的，（提升后的）参数不可能具有这些类型。

26.1.1 调用带有可变参数列表的函数

调用带有可变参数列表的函数存在固有的风险。早在第 3 章我们就认识到，给 printf 函数和 scanf 函数传递错误的参数是很危险的。其他带有可变参数列表的函数也同样很敏感。主要的难点在于，带有可变参数列表的函数无法确定参数的数量和类型。这一信息必须被传递给函数或者由函数来假定。示例中的 max_int 函数依靠第一个参数来指明后面有多少参数，并且它假定参数都是 int 类型的。而像 printf 和 scanf 这样的函数则是依靠格式串来描述其他参数的数量以及每个参数的类型。 679

另外一个问题是关于以 NULL 作为参数的。NULL 通常用于表示 0。当把 0 作为参数传递给带有可变参数列表的函数时，编译器会假定它表示一个整数——无法用于表示空指针。解决这一问题的方法就是添加一个强制类型转换，用(void *)NULL 或(void *)0 来代替 NULL。(关于这一点的更多讨论见第 17 章末尾的“问与答”部分。)

26.1.2 v...printf 函数

```
int vfprintf(FILE * restrict stream,
             const char * restrict format,
             va_list arg);                          来自<stdio.h>
int vprintf(const char * restrict format,
            va_list arg);                           来自<stdio.h>
int vsnprintf(char * restrict s, size_t n,
              const char * restrict format,
              va_list arg);                         来自<stdio.h>
int vsprintf(char * restrict s,
             const char * restrict format,
             va_list arg);                          来自<stdio.h>
```

vfprintf、**vprintf** 和 **vsprintf** 函数（即 v...printf 函数）都属于<stdio.h>。这些函数放在本节讨论，是因为它们总是和<stdarg.h>中的宏联合使用。C99 C99 增加了 vsnprintf 函数。

v...printf 函数和 fprintf、printf 以及 sprinf 函数密切相关。但是，不同于这些函数的是，v...printf 函数具有固定数量的参数。每个 v...printf 函数的最后一个参数都是一个 va_list 类型的值，这表明 v...printf 函数将由带有可变参数列表的函数调用。实际上，v...printf 函数主要用于编写具有可变数量的参数的“包装”函数，包装函数会把参数传递给 v...printf 函数。

举一个例子，假设程序需要不时地显示出错消息，而且我们希望每条消息都以下列格式的前缀开始：

```
** Error n:
```

这里的 *n* 在显示第一条出错消息时是 1，以后每显示一条出错消息就增加 1。为了使产生出错消息更加容易，我们将编写一个名为 errorf 的函数。此函数类似于 printf 函数，但它总在输出的开始处添加** Error *n*:，并且总是向 stderr 而不是向 stdout 输出。errorf 函数将调用 vfprintf 函数来完成大部分的实际输出工作。下面是 errorf 函数可能的写法： 680

```
int errorf(const char *format, ...)
{
  static int num_errors = 0;
  int n;
  va_list ap;
```

```
  num_errors++;
  fprintf(stderr, "** Error %d: ", num_errors);
  va_start(ap, format);
  n = vfprintf(stderr, format, ap);
  va_end(ap);
  fprintf(stderr, "\n");
  return n;
}
```

包装函数（本例中是 errorf）需要在调用 v...printf 函数之前调用 va_start，并在 v...printf 函数返回后调用 va_end。在调用 v...printf 函数之前，包装函数可以对 va_arg 调用一次或多次。

C99 版本的<stdio.h>中新增了 **vsnprintf** 函数，该函数与 snprintf 函数（22.8 节讨论过）相对应。snprintf 也是 C99 新增的函数。

26.1.3　v...scanf 函数 C99

```
int vfscanf(FILE * restrict stream,
            const char * restrict format,
            va_list arg);                          来自<stdio.h>
int vscanf(const char * restrict format,
           va_list arg);                           来自<stdio.h>
int vsscanf(const char * restrict s,
            const char * restrict format,
            va_list arg);                          来自<stdio.h>
```

C99 在<stdio.h>中增加了一组“v...scanf 函数”。**vfscanf**、**vscanf** 和 **vsscanf** 分别与 fscanf、scanf 和 sscanf 等价，区别在于前者具有一个 va_list 类型的参数用于接受可变参数列表。与 v...printf 函数一样，v...scanf 函数也主要用于具有可变数量参数的包装函数。包装函数需要在调用 v...scanf 函数之前调用 va_start，并在 v...scanf 函数返回后调用 va_end。

681

26.2　<stdlib.h>：通用的实用工具

<stdlib.h>涵盖了全部不适合于其他头的函数。<stdlib.h>中的函数可以分为以下 8 组：

- 数值转换函数；
- 伪随机序列生成函数；
- 内存管理函数；
- 与外部环境的通信；
- 搜索和排序工具；
- 整数算术运算函数；
- 多字节/宽字符转换函数；
- 多字节/宽字符串转换函数。

下面将逐个介绍每组函数，但是有三组例外：内存管理函数、多字节/宽字符转换函数以及多字节/宽字符串转换函数。

内存管理函数（即 malloc、calloc、realloc 和 free）允许程序分配内存块，以后再释放或者改变内存块的大小。第 17 章已经详细描述了这 4 个函数。

多字节/宽字符转换函数用于把多字节字符转换为宽字符或执行反向转换。多字节/宽字符串转换函数在多字节字符串与宽字符串之间执行类似的转换。这两组函数都在 25.2 节讨论过。

26.2.1 数值转换函数

```
double atof(const char *nptr);

int atoi(const char *nptr);
long int atol(const char *nptr);
long long int atoll(const char *nptr);

double strtod(const char * restrict nptr, char ** restrict endptr);
float strtof(const char * restrict nptr, char ** restrict endptr);
long double strtold(const char * restrict nptr, char ** restrict endptr);

long int strtol(const char * restrict nptr, char ** restrict endptr, int base);
long long int strtoll(const char * restrict nptr,
                      char ** restrict endptr, int base);
unsigned long int strtoul(
  const char * restrict nptr,
  char ** restrict endptr, int base);
unsigned long long int strtoull(
  const char * restrict nptr,
  char ** restrict endptr, int base);
```

682

数值转换函数（C89 中称为“字符串转换函数”）会把含有数值的字符串从字符格式转换成等价的数值。这些函数中有 3 个函数是非常旧的，另外有 3 个函数是在创建 C89 标准时添加的，C99 其余的 5 个函数是 C99 新增的。

所有的数值转换函数（不论新旧）的工作原理都差不多。每个函数都试图把（nptr 参数指向的）字符串转换为数。每个函数都会跳过字符串开始处的空白字符，并且把后续字符看作数（可能以加号或减号开头）的一部分，而且还会在遇到第一个不属于数的字符处停止。此外，如果不能执行转换（字符串为空，或者前导空白之后的字符的形式不符合函数的要求），每个函数都会返回 0。

旧函数（**atof**、**atoi** 和 **atol**）把字符串分别转换成 double、int 或者 long int 类型值。不过，这些函数不能指出转换过程中处理了字符串中的多少字符，也不能指出转换失败的情况。[这些函数的一些实现可以在转换失败时修改 errno 变量（➤24.2 节），但不能保证会这么做。]

C89 中的函数（**strtod**、**strtol** 和 **strtoul**）更复杂一些。首先，它们会通过修改 endptr 指向的变量来指出转换停止的位置。（如果不在乎转换结束的位置，那么函数的第二个参数可以为空指针。）为了检测函数是否可以对整个字符串完成转换，只需检测此变量是否指向空字符。如果不能进行转换，将把 nptr 的值赋给 endptr 指向的变量（前提是 endptr 不是空指针）。此外，strtol 和 strtoul 还有一个 base 参数用来说明待转换数的基数。基数在 2~36 范围内都可以（包括 2 和 36）。

除了比原来的旧函数更通用以外，strtod、strtol 和 strtoul 函数还更善于检测错误。如果转换得到的值超出了函数返回类型的表示范围，那么每个函数都会在 errno 变量中存储 ERANGE。此外，strtod 函数返回正的或负的 HUGE_VAL（➤23.3 节），strtol 函数和 strtoul 函数返回相应返回类型的最小值或最大值。（strtol 返回 LONG_MIN 或 LONG_MAX，strtoul 返回 ULONG_MAX。）

683

C99 增加了函数 **atoll**、**strtof**、**strtold**、**strtoll** 和 **strtoull**。atoll 与 atol 类似，区别在于前者把字符串转换为 long long int 类型的值。strtof 和 strtold 与 strtod 类似，区别在于前两者分别把字符串转换为 float 和 long double 类型的值。strtoll 与 strtol

类似，区别在于前者把字符串转换为 long long int 类型的值。strtoull 与 strtoul 类似，区别在于前者把字符串转换为 unsigned long long int 类型的值。C99 还对浮点数值转换函数做了一些小的改动：Q&A 传递给 strtod（以及 strtof 和 strtold）的字符串可以包含十六进制的浮点数、无穷数或 NaN。

程序 测试数值转换函数

下面这个程序通过应用 C89 中的 6 个数值转换函数中的每一个来把字符串转换为数值格式。在调用了 strtod、strtol 和 stroul 函数之后，程序还会显示出是否每种转换都产生了有效的结果，以及是否每种转换可以对整个字符串完成转换。程序将从命令行中获得输入字符串。

tnumconv.c

```
/* Tests C89 numeric conversion functions */

#include <errno.h>
#include <stdio.h>
#include <stdlib.h>

#define CHK_VALID  printf("    %s            %s\n",           \
                          errno != ERANGE ? "Yes" : "No ", \
                          *ptr == '\0' ? "Yes" : "No")

int main(int argc, char *argv[])
{
  char *ptr;

  if (argc != 2) {
    printf("usage: tnumconv string\n");
    exit(EXIT_FAILURE);
  }

  printf("Function   Return Value\n");
  printf("--------   ------------\n");
  printf("atof       %g\n", atof(argv[1]));
  printf("atoi       %d\n", atoi(argv[1]));
  printf("atol       %ld\n\n", atol(argv[1]));

  printf("Function   Return Value   Valid?   "
         "String Consumed?\n"
         "--------   ------------   ------   "
         "----------------\n");

  errno = 0;
  printf("strtod     %-12g", strtod(argv[1], &ptr));
  CHK_VALID;

  errno = 0;
  printf("strtol     %-12ld", strtol(argv[1], &ptr, 10));
  CHK_VALID;

  errno = 0;
  printf("strtoul    %-12lu", strtoul(argv[1], &ptr, 10));
  CHK_VALID;

  return 0;
}
```

684

如果 3000000000 是命令行参数，那么程序的输出可能如下：

```
Function      Return Value
--------     ------------
atof          3e+09
atoi          2147483647
atol          2147483647

Function      Return Value      Valid?     String Consumed?
--------      ------------      ------     ----------------
strtod        3e+09              Yes              Yes
strtol        2147483647         No               Yes
strtoul       3000000000         Yes              Yes
```

虽然 3 000 000 000 是有效的无符号长整数，但它对许多机器而言都太长了，以至于无法表示为长整数。atoi 函数和 atol 函数无法指出参数所表示的数值越界。在给出的输出中，它们都返回 2 147 483 647（最大的长整数），但 C 标准不能保证总会如此。strtoul 函数能够正确地执行转换，而 strtol 函数则会返回 2 147 483 647（标准要求它返回最大的长整数）并且把 ERANGE 存储到 errno 中。

如果命令行参数是 123.456，那么输出将是

```
Function     Return Value
--------     ------------
atof         123.456
atoi         123
atol         123

Function     Return Value     Valid?     String Consumed?
--------     ------------     ------     ----------------
strtod       123.456           Yes              Yes
strtol       123               Yes              No
strtoul      123               Yes              No
```

685

所有这 6 个函数都会把这个字符串看作有效的数，但是整数函数会在小数点处停止。strtol 函数和 strtoul 函数可以指出它们没有能够对整个字符串完成转换。

如果命令行参数是 foo，那么输出将是

```
Function     Return Value
--------     ------------
atof         0
atoi         0
atol         0

Function     Return Value     Valid?     String Consumed?
--------     ------------     ------     ----------------
strtod       0                 Yes              No
strtol       0                 Yes              No
strtoul      0                 Yes              No
```

所有函数看到字母 f 都会立刻返回 0。str…函数不会改变 errno，但是从函数没有处理字符串这一事实可以知道一定出错了。

26.2.2 伪随机序列生成函数

```
int rand(void);
void srand(unsigned int seed);
```

rand 函数和 **srand** 函数都可以用来生成伪随机数。这两个函数用于模拟程序和玩游戏程序（例如，在纸牌游戏中用来模拟骰子滚动或者发牌）。

每次调用 rand 函数时，它都会返回一个 0~RAND_MAX（定义在<stdlib.h>中的宏）的数。rand 函数返回的数事实上不是随机的，这些数是由“种子”值产生的。但是，对于偶然的观察者而言，rand 函数似乎能够产生不相关的数值序列。

调用 srand 函数可以为 rand 函数提供种子值。如果在 srand 函数之前调用 rand 函数，那么会把种子值设定为 1。每个种子值确定了一个特定的伪随机序列。srand 函数允许用户选择自己想要的序列。

始终使用同一个种子值的程序总会从 rand 函数得到相同的数值序列。这个性质有时是非常有用的：程序在每次运行时按照相同的方式运行，这样会使测试更加容易。但是，用户通常希望每次程序运行时 rand 函数都能产生不同的序列。（玩纸牌的程序如果总是发同样的牌，估计就没人玩了。）使种子值“随机化”的最简单方法就是调用 time 函数（➤26.3 节），它会返回一个对当前日期和时间进行编码的数。把 time 函数的返回值传递给 srand 函数，这样可以使 rand 函数在每次运行时的行为都不相同。这种方法的示例见 10.2 节中的 guess.c 程序和 guess2.c 程序。

686

程序　测试伪随机序列生成函数

下面这个程序首先显示由 rand 函数返回的前 5 个值，然后让用户选择新的种子值。此过程会反复执行直到用户输入零作为种子值为止。

trand.c

```
/* Tests the pseudo-random sequence generation functions */

#include <stdio.h>
#include <stdlib.h>

int main(void)
{
  int i, seed;

  printf("This program displays the first five values of "
         "rand.\n");

  for (;;) {
    for (i = 0; i < 5; i++)
      printf("%d ", rand());
    printf("\n\n");
    printf("Enter new seed value (0 to terminate): ");
    scanf("%d", &seed);
    if (seed == 0)
      break;
    srand(seed);
  }

  return 0;
}
```

下面给出了可能的程序会话：

```
This program displays the first five values of rand.
1804289383 846930886 1681692777 1714636915 1957747793

Enter new seed value (0 to terminate): 100
677741240 611911301 516687479 1039653884 807009856
```

```
Enter new seed value (0 to terminate): 1
1804289383 846930886 1681692777 1714636915 1957747793

Enter new seed value (0 to terminate): 0
```

编写 rand 函数的方法有很多，所以这里不保证每种 rand 函数的版本都能生成这些数。注意，选择 1 作为种子值与不指定种子值所得到的数列相同。

26.2.3 与环境的通信

687

```
_Noreturn void abort(void);
int atexit(void (*func)(void));
_Noreturn int at_quick_exit(void (* func) (void));
_Noreturn void exit(int status);
_Noreturn void _Exit(int status);
_Noreturn void quick_exit(int status);
char *getenv(const char *name);
int system(const char *string);
```

这一组函数提供了简单的操作系统接口。它们允许程序：(1) 正常或不正常地终止，并且向操作系统返回一个状态码；(2) 从用户的外部环境获取信息；(3) 执行操作系统的命令。C99 其中_Exit 是 C99 新增的；C1X at_quick_exit 和 quick_exit 是 C11 新增的。尤其需要注意的是，从 C11 开始，为那些不返回的函数添加了函数指定符_Noreturn。

Q&A 在程序中的任何位置执行 **exit**(*n*) 调用通常等价于在 main 函数中执行 return *n*;语句：程序终止，并且把 *n* 作为状态码返回给操作系统。<stdlib.h>定义了宏 EXIT_FAILURE 和宏 EXIT_SUCCESS，这些宏可以用作 exit 函数的参数。exit 函数仅有的另一个可移植参数是 0，它和宏 EXIT_SUCCESS 意义相同。返回除这些以外的其他状态码也是合法的，但是不一定对所有操作系统都可移植。

程序终止时，它通常还会在后台执行一些最后的动作，包括清洗包含未输出数据的输出缓冲区，关闭打开的流，以及删除临时文件。我们也可以定义其他希望程序终止时执行的“清理”操作。**atexit** 函数允许用户“注册”在程序终止时要调用的函数。例如，为了注册名为 cleanup 的函数，可以用如下方式调用 atexit 函数：

```
atexit(cleanup);
```

当把函数指针传递给 atexit 函数时，它会把指针保存起来留给将来引用。以后当程序（通过 exit 函数调用或 main 函数中的 return 语句）正常终止时，atexit 注册的函数都会被自动调用。（如果注册了两个或更多的函数，那么将按照与注册顺序相反的顺序调用它们。）

_Exit 函数类似于 exit 函数，但是_Exit 不会调用 atexit 注册的函数，也不会调用之前传递给 signal 函数（➤24.3 节）的信号处理函数。此外，_Exit 函数不需要清洗输出缓冲区，关闭打开的流，以及删除临时文件，是否会执行这些操作是由实现定义的。

abort 函数也类似于 exit 函数，但调用它会导致异常的程序终止。atexit 函数注册的函数不会被调用。根据具体的实现，它可能不会清洗包含未输出数据的输出缓冲区，不会关闭打开的流，也不会删除临时文件 Q&A abort 函数返回一个由实现定义的状态码来指出“不成功的终止”。

quick_exit 使程序正常终止，但不会调用那些用 atexit 和 signal 注册的函数。它首先按照和注册时相反的顺序调用那些用 at_quick_exit 注册的函数，然后调用_Exit 函数。

at_quick_exit 注册由参数 func 指向的函数，这些函数在用 quick_exit 函数快速终止程序时调用。当前的标准至少支持注册32个函数。如果注册成功，该函数返回0；失败返回非零值。

688

许多操作系统都会提供一个“环境”，即一组描述用户特性的字符串。这些字符串通常包含用户运行程序时要搜索的路径、用户终端的类型（多用户系统的情况）等。例如，UNIX系统的搜索路径可能如下所示：

```
PATH=/usr/local/bin:/bin:/usr/bin:.
```

getenv函数提供了访问用户环境中的任意字符串的功能。例如，为了找到PATH字符串的当前值，可以这样写：

```
char *p = getenv("PATH");
```

p现在指向字符串"/usr/local/bin:/bin:/usr/bin:."。留心getenv函数：它返回一个指向静态分配的字符串的指针，该字符串可能会被后续的getenv函数调用改变。

system函数允许C程序运行另一个程序（可能是一个操作系统命令）。system函数的参数是包含命令的字符串，类似于我们在操作系统提示下输入的内容。例如，假设正在编写的程序需要当前目录中的文件列表。UNIX程序将按照下列方式调用system函数：

```
system("ls >myfiles");
```

这会调用UNIX的ls命令，并要求其把当前目录下的文件列表写入名为myfiles的文件中。

system函数的返回值是由实现定义的。通常情况下，system函数会返回要求它运行的那个程序的终止状态码，测试这个返回值可以检测程序是否正常工作。以空指针作为参数调用system函数有特殊的含义：如果命令处理程序是有效的，那么函数会返回非零值。

26.2.4　搜索和排序实用工具

```
void *bsearch(const void *key, const void *base,
              size_t nmemb, size_t size,
              int (*compar)(const void *, const void *));
void qsort(void *base, size_t nmemb, size_t size,
           int (*compar)(const void *, const void *));
```

bsearch函数在有序数组中搜索一个特定的值（键）。当调用bsearch函数时，形式参数key指向键，base指向数组，nmemb是数组中元素的数量，size是每个元素的大小（按字节计算），而compar是指向比较函数的指针。比较函数类似于qsort函数所需的函数：当（按顺序）把指向键的指针和指向数组元素的指针传递给比较函数时，函数必须根据键是小于、等于还是大于数组元素而分别返回负整数、零或正整数。bsearch函数返回一个指向与键匹配的元素的指针；如果找不到匹配的元素，那么bsearch函数会返回一个空指针。

689

虽然C标准不要求，但是bsearch函数通常会使用二分搜索算法来搜索数组。bsearch函数首先把键与数组的中间元素进行比较。如果相匹配，那么函数就返回。如果键小于数组的中间元素，那么bsearch函数将把搜索限制在数组的前半部分。如果键大于数组的中间元素，那么bsearch函数只搜索数组的后半部分。bsearch函数会重复这种方法直到它找到键或者没有元素可搜索。这种方法使bsearch运行起来很快——搜索有1000个元素的数组最多只需进行10次比较。搜索有1 000 000个元素的数组需要的比较次数不超过20。

17.7节讨论了可以对任何数组进行排序的**qsort**函数。bsearch函数只能用于有序数组，但我们总可以在用bsearch函数搜索数组之前先用qsort函数对其进行排序。

程序 确定航空里程

下面的程序用来计算从纽约到不同的国际城市之间的航空里程。程序首先要求用户输入城市的名称，然后显示从纽约到这一城市的里程：

```
Enter city name: Shanghai
Shanghai is 7371 miles from New York City.
```

程序将把城市/里程数据对存储在数组中。通过使用 bsearch 函数在数组中搜索城市名，程序可以很容易地找到相应的里程数。

airmiles.c

```
/* Determines air mileage from New York to other cities */

#include <stdio.h>
#include <stdlib.h>
#include <string.h>

struct city_info {
  char *city;
  int miles;
};

int compare_cities(const void *key_ptr,
                   const void *element_ptr);

int main(void)
{
  char city_name[81];
  struct city_info *ptr;
  const struct city_info mileage[] =
    {{"Berlin",         3965}, {"Buenos Aires",   5297},
     {"Cairo",          5602}, {"Calcutta",       7918},
     {"Cape Town",      7764}, {"Caracas",        2132},
     {"Chicago",         713}, {"Honolulu",       4964},
     {"Istanbul",       4975}, {"Lisbon",         3364},
     {"London",         3458}, {"Los Angeles",    2451},
     {"Manila",         8498}, {"Mexico City",    2094},
     {"Montreal",        320}, {"Moscow",         4665},
     {"Paris",          3624}, {"Rio de Janeiro", 4817},
     {"Rome",           4281}, {"San Francisco",  2571},
     {"Shanghai",       7371}, {"Stockholm",      3924},
     {"Sydney",         9933}, {"Tokyo",          6740},
     {"Warsaw",         4344}, {"Washington",      205}};

  printf("Enter city name: ");
  scanf("%80[^\n]", city_name);
  ptr = bsearch(city_name, mileage,
                sizeof(mileage) / sizeof(mileage[0]),
                sizeof(mileage[0]), compare_cities);
  if (ptr != NULL)
    printf("%s is %d miles from New York City.\n", city_name, ptr->miles);
  else
    printf("%s wasn't found.\n", city_name);

  return 0;
}

int compare_cities(const void *key_ptr, const void *element_ptr)
{
  return strcmp((char *) key_ptr, ((struct city_info *) element_ptr)->city);
}
```

690

26.2.5 整数算术运算函数

```
int abs(int j);
long int labs(long int j);
long long int llabs(long long int j);

div_t div(int numer, int denom);
ldiv_t ldiv(long int numer, long int denom);
lldiv_t lldiv(long long int number, long long int denom);
```

abs 函数返回 int 类型值的绝对值，**labs** 函数返回 long int 类型值的绝对值。

div 函数用第一个参数除以第二个参数，并且返回一个 div_t 类型值。div_t 是一个含有商成员（命名为 quot）和余数成员（命名为 rem）的结构。例如，如果 ans 是 div_t 类型的变量，那么可以写出下列语句：

691

```
ans = div(5, 2);
printf("Quotient: %d Remainder: %d\n", ans.quot, ans.rem);
```

Q&A **ldiv** 函数和 div 函数很类似，但用于处理长整数。ldiv 函数返回 ldiv_t 类型的结构，该结构也包含 quot 和 rem 两个成员。（div_t 类型和 ldiv_t 类型在<stdlib.h>中声明。）

C99 C99 提供了两个新函数。**llabs** 函数返回 long lont int 类型值的绝对值。**lldiv** 类似于 div 和 ldiv，区别在于它把两个 long long int 类型的值相除，并返回 lldiv_t 类型的结构。（lldiv_t 类型也是 C99 新增的。）

26.2.6 地址对齐的内存分配 C1X

```
void * aligned_alloc(size_t alignment, size_t size);
```

aligned_alloc 函数为对象分配存储空间，空间的位置必须符合参数 alignment 指定的对齐要求，空间的大小由参数 size 指定。如果 alignment 指定了当前平台不支持的无效对齐要求，则该函数执行失败并返回空指针。下面的语句要求分配 80 字节的空间，而且必须起始于能被 8 整除的内存地址：

```
if ((ptr = aligned_alloc(8, 80)) == NULL)
  printf("Aligned allocation failed.\n");
```

26.3 <time.h>：日期和时间

<time.h>提供了用于确定时间（包括日期）、对时间值进行算术运算以及为了显示而对时间进行格式化的函数。在介绍这些函数之前，我们先讨论一下时间是如何存储的。<time.h>提供了四种类型，每种类型表示一种存储时间的方法。

- clock_t：按照“时钟嘀嗒”进行度量的时间值。
- time_t：紧凑的时间和日期编码（**日历时间**）。
- struct tm：把时间分解成秒、分、时等。struct tm 类型的值通常称为**分解时间**。表 26-1 给出了 tm 结构的成员，所有成员都是 int 类型的。

表 26-1　tm 结构的成员

名　称	描　述	最 小 值	最 大 值
tm_sec	分钟后边的秒	0	61[①]
tm_min	小时后边的分钟	0	59

（续）

名称	描述	最小值	最大值
tm_hour	从午夜开始计算的小时	0	23
tm_mday	月内的第几天	1	31
tm_mon	一月以来的月数	0	11
tm_year	1900 年以来的年数	0	—
tm_wday	星期日以来的天数	0	6
tm_yday	1 月 1 日以来的天数	0	365
tm_isdst	夏令时标志	②	②

① 允许两个额外的“闰秒”。C99 中最大值为 60。

② 如果夏令时有效，就为正数；如果无效，就为零；如果这一信息未知，就为负数。

- struct timespec：C1X 这是从 C11 开始新增的结构类型，用来保存一个用秒和纳秒来指定的时间间隔，可用于描述一个基于特定时期的日历时间。表 26-2 给出了这种结构类型的成员。

表 26-2 struct timespec 结构的成员

名称	描述	最小值	最大值
tv_sec	完整的秒数	0	取决于实现
tv_nsec	纳秒	0	999 999 999

这些类型用于不同的目的。clock_t 类型的值只能表示时间区间。而 time_t 类型的值、struct tm 类型的值和 struct timespec 类型的值则可以存储完整的日期和时间。time_t 类型的值是紧密编码的，所以它们占用的空间很少。struct tm 和 struct timespec 类型的值需要的空间大得多，但是这类值通常易于使用。C 标准规定 clock_t 和 time_t 必须是“算术运算类型”，但没有细说。我们甚至不知道 clock_t 值和 time_t 值是作为整数存储还是作为浮点数存储的。

现在来看看<time.h>中的函数。这些函数分为两组：时间处理函数和时间转换函数。 692

26.3.1 时间处理函数

```
clock_t clock(void);
double difftime(time_t time1, time_t time0);
time_t mktime(struct tm *timeptr);
time_t time(time_t *timer);
int timespec_get (struct timespec * ts, int base);
```

clock 函数返回一个 clock_t 类型的值，这个值表示程序从开始执行到当前时刻的处理器时间。为了把这个值转换为秒，将其除以 CLOCKS_PER_SEC（<time.h>中定义的宏）。

当用 clock 函数来确定程序已运行多长时间时，习惯做法是调用 clock 函数两次：一次在 main 函数开始处，另一次在程序就要终止之前。

```
#include <stdio.h>
#include <time.h>

int main(void)
{
  clock_t start_clock = clock();
  ...
  printf("Processor time used: %g sec.\n",
         (clock() - start_clock) / (double) CLOCKS_PER_SEC);
  return 0;
}
```

初始调用 clock 函数的理由是，由于有隐藏的“启动”代码，程序在到达 main 函数之前会使用一些处理器时间。在 main 函数开始处调用 clock 函数可以确定启动代码需要多长时间，以后可以减去这部分时间。

C89 标准只提到 clock_t 是算术运算类型，没有说明宏 CLOCKS_PER_SEC 的类型。因此，表达式

```
(clock() - start_clock) / CLOCKS_PER_SEC
```

的类型可能会因具体实现的不同而不同，这样就很难用 printf 函数来显示其内容。为了解决这个问题，我们在示例中把宏 CLOCKS_PER_SEC 转换成 double 类型，从而使整个表达式具有 double 类型。C99 C99 把 CLOCKS_PER_SEC 的类型指定为 clock_t，但 clock_t 仍然是由实现定义的类型。

time 函数返回当前的日历时间。如果实参不是空指针，那么 time 函数还会把日历时间存储在实参指向的对象中。time 函数以两种不同方式返回时间有其历史原因，不过这也为用户提供了两种书写的选择，既可以用

```
cur_time = time(NULL);
```

693 也可以用

```
time(&cur_time);
```

这里的 cur_time 是 time_t 类型的变量。

difftime 函数返回 time0（较早的时间）和 time1 之间按秒衡量的差值。因此，为了计算程序的实际运行时间（不是处理器时间），可以采用下列代码：

```
#include <stdio.h>
#include <time.h>

int main(void)
{
  time_t start_time = time(NULL);
  ...
  printf("Running time: %g sec.\n", difftime(time(NULL), start_time));
  return 0;
}
```

mktime 函数把分解时间（存储在函数参数指向的结构中）转换为日历时间，然后返回该日历时间。作为副作用，mktime 函数会根据下列规则调整结构的成员。

- mktime 函数会改变值不在合法范围（见表 26-1）内的所有成员，这样的改变可能会进一步要求改变其他成员。例如，如果 tm_sec 过大，那么 mktime 函数会把它减少到合适的范围内（0~59），并且会把额外的分钟数加到 tm_min 上。如果现在 tm_min 过大，那么 mktime 函数会减少 tm_min，同时把额外的小时数加到 tm_hour 上。如果必要，此过程还将继续对成员 tm_mday、tm_mon 和 tm_year 进行操作。
- 在调整完结构的其他成员后（如果必要），mktime 函数会给 tm_wday（一星期的第几天）和 tm_yday（一年的第几天）设置正确的值。在调用 mktime 函数之前，从来不需要对 tm_wday 和 tm_yday 的值进行任何初始化，因为 mktime 函数会忽略这些成员的初始值。

mktime 函数调整 tm 结构成员的能力对于和时间相关的算术计算非常有用。例如，现在用 mktime 函数来回答下面这个问题：如果 2012 年的奥林匹克运动会从 7 月 27 日开始，并且历时 16 天，那么结束的日期是哪天？我们首先把日期 2012 年 7 月 27 日存储到 tm 结构中：

```
struct tm t;

t.tm_mday = 27;
t.tm_mon = 6;      /* July */
t.tm_year  112;    /* 2012 */
```

我们还要对结构的其他成员进行初始化（成员 tm_wday 和 tm_yday 除外），以确保它们不包含可能影响结果的未定义的值：

694

```
t.tm_sec = 0;
t.tm_min = 0;
t.tm_hour = 0;
t.tm_isdst = -1;
```

接下来，给成员 tm_mday 加上 16：

```
t.tm_mday += 16;
```

这样就使成员 tm_mday 变成了 43，这个值超出了这一成员的取值范围。调用 mktime 函数可以使该结构的这一成员恢复到正确的取值范围内：

```
mktime(&t);
```

这里将舍弃 mktime 函数的返回值，因为我们只对函数在 t 上的效果感兴趣。现在，t 的相关成员具有如表 26-3 所示的值：

表 26-3　t 的相关成员值及其对应含义

成　　员	值	含　　义
tm_mday	12	12 日
tm_mon	7	8 月
tm_year	112	2012 年
tm_wday	0	星期日
tm_yday	224	这一年的第 225 天

C1X 从 C11 开始新增了一个时间处理函数 timespec_get。该函数将参数 ts 所指向的对象设置为基于指定基准时间的日历时间。

如果传递给 base 的参数是 TIME-UTC [这是从 C11 开始，头<time.h>中定义的宏，用来表示以世界协调时间（UTC）为基准]，那么，tv_sec 成员被设置为自 C 实现定义的某个时期以来所经历的秒数；tv_nsec 成员被设置为纳秒数，按系统时钟的分辨率进行舍入。该函数执行成功后返回值是传入的 base（非零值）；否则返回 0。

26.3.2 时间转换函数

```
char *asctime(const struct tm *timeptr);
char *ctime(const time_t *timer);
struct tm *gmtime(const time_t *timer);
struct tm *localtime(const time_t *timer);
size_t strftime(char * restrict s, size_t maxsize,
                const char * restrict format,
                const struct tm * restrict timeptr);
```

时间转换函数可以把日历时间转换成分解时间，还可以把时间（日历时间或分解时间）转换成字符串格式。下图说明了这些函数之间的关联关系：

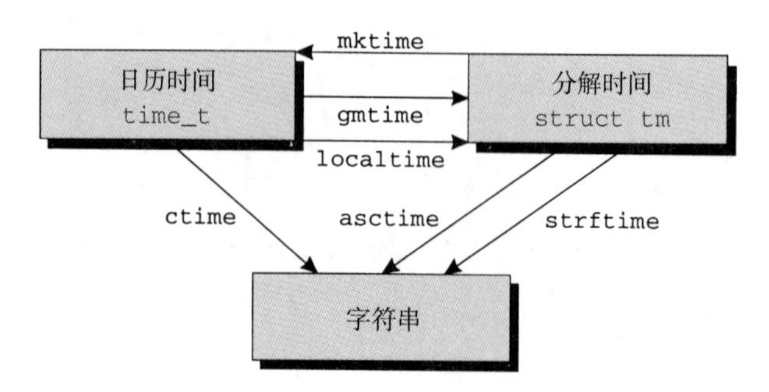

695

图中包含了 mktime 函数。C 标准把此函数划分为“处理”函数而不是“转换”函数。

gmtime 函数和 **localtime** 函数很类似。当传递指向日历时间的指针时，这两种函数都会返回一个指向结构的指针，该结构含有等价的分解时间。localtime 函数会产生本地时间，Q&A 而 gmtime 函数的返回值则是用 UTC 表示的。gmtime 函数和 localtime 函数的返回值指向一个静态分配的结构，该结构可以被后续的 gmtime 或 localtime 调用修改。

asctime（ASCII 时间）函数返回一个指向以空字符结尾的字符串的指针，字符串的格式如下：

```
Sun Jun  3 17:48:34 2007\n
```

此字符串由函数参数所指向的分解时间构成。

ctime 函数返回一个指向描述本地时间的字符串的指针。如果 cur_time 是 time_t 类型的变量，那么调用

```
ctime(&cur_time)
```

就等价于调用

```
asctime(localtime(&cur_time))
```

asctime 函数和 ctime 函数的返回值指向一个静态分配的结构，该结构可以被后续的 asctime 或 ctime 调用修改。

strftime 函数和 asctime 函数一样，也把分解时间转换成字符串格式。然而，不同于 asctime 函数的是，strftime 函数提供了大量对时间进行格式化的控制。事实上，strftime 函数类似于 sprintf 函数（➤22.8 节），因为 strftime 函数会根据格式串（函数的第三个参数）把字符“写入”到字符串 s（函数的第一个参数）中。格式串可能含有普通字符（原样不动地复制给字符串 s）和表 26-4 中的转换说明（用指定的字符串代替）。函数的最后一个参数指向 tm 结构，此结构用作日期和时间的来源。函数的第二个参数是对可以存储在字符串 s 中的字符数量的限制。

表 26-4　用于 **strftime** 函数的转换说明

转换说明	替换的内容
%a	缩写的星期名（如 Sun）
%A	完整的星期名（如 Sunday）
%b	缩写的月份名（如 Jun）
%B	完整的月份名（如 June）
%c	完整的日期和时间（如 Sun Jun 3 17:48:34 2007）
%C①	把年份除以 100 并向下截断舍入（00~99）

（续）

转换说明	替换的内容
%d	月内的第几天（01～31）
%D[①]	等价于%m/%d/%y
%e[①]	月内的第几天（1～31），单个数字前加空格
%F[①]	等价于%Y-%m-%d
%g[①]	ISO 8601 中按星期计算的年份的最后两位数字（00~99）
%G[①]	ISO 8601 中按星期计算的年份
%h[①]	等价于%b
%H	24 小时制的小时（00～23）
%I	12 小时制的小时（01～12）
%j	年内的第几天（001～366）
%m	月份（01～12）
%M	分钟（00～59）
%n[①]	换行符
%p	AM/PM 指示符（AM 或 PM）
%r[①]	12 小时制的时间（如 05:48:34 PM）
%R[①]	等价于%H:%M
%S	秒（00～61），C99 中最大值为 60
%t[①]	水平制表符
%T[①]	等价于%H:%M:%S
%u[①]	ISO 8601 中的星期（1～7），星期一为 1
%U	星期的编号（00～53），第一个星期日是第 1 个星期的开始
%V[①]	ISO 8601 中星期的编号（01～53）
%w	星期几（0～6），星期天为 0
%W	星期的编号（00～53），第一个星期一是第 1 个星期的开始
%x	完整的日期（如 06/03/07）
%X	完整的时间（如 17:48:34）
%y	年份的最后两位数字（00～99）
%Y	年份
%z[①]	与 UTC 时间的偏差，用 ISO 8601 格式表示（比如-0530 或+0200）
%Z	时区名或缩写（如 EST）
%%	%

① 从 C99 开始有。

strftime 函数不同于<time.h>中的其他函数，它对当前地区（➤25.1 节）是很敏感的。改变 LC_TIME 类别可能会影响转换说明的行为。表 26-4 中的例子仅针对"C"地区。在德国地区，%A 可能会产生 Dienstag 而不是 Tuesday。

C99 C99 标准精确地指出了一些转换说明在"C"地区的替换字符串。（C89 没有这么详细。）表 26-5 列出了这些转换说明及相应的替换字符串。

表 26-5 strftime 转换说明在"C"地区的替换字符串

转换说明	替换的内容
%a	%A 的前三个字符
%A	"Sunday"、"Monday" …… "Saturday"之一
%b	%B 的前三个字符

（续）

转换说明	替换的内容
%B	"January"、"February" …… "December"之一
%c	等价于"%a %b %e %T %Y"
%p	"AM"或"PM"其中之一
%r	等价于"%I:%M:%S %p"
%x	等价于"%m/%d/%y"
%X	等价于%T
%Z	由实现定义

696～697

C99 C99 还增加了许多 strftime 转换说明，如表 26-4 所示。增加这些转换说明的原因之一是需要支持 ISO 8601 标准。

ISO 8601

ISO 8601 是一个描述日期和时间的表示方法的国际标准。它最初出版于 1988 年，2000 年和 2004 年分别更新过一次。根据这一标准，日期和时间完全是数值（也就是说，月份不用名字表示）且时间用 24 小时制表示。

ISO 8601 为日期和时间提供了多种格式，其中一些可以被 C99 的 strftime 转换说明直接支持。ISO 8601 的主要日期格式（*YYYY-MM-DD*）和主要时间格式（*hh:mm:ss*）分别对应于%F 和%T 转换说明。

ISO 8601 中有一个对星期进行编号的系统，支持该系统的转换说明有%g、%G 和%V。星期从星期一开始，第一个星期是包含一年中的第一个星期四的星期。因此，一月份的前几天（最多三天）可能属于前一年的最后一个星期。例如，考虑 2011 年 1 月的日历（见表 26-6）：

表 26-6　2011 年 1 月日历

星期一	星期二	星期三	星期四	星期五	星期六	星期日	年份	星期编号
					1	2	2010	52
3	4	5	6	7	8	9	2011	1
10	11	12	13	14	15	16	2011	2
17	18	19	20	21	22	23	2011	3
24	25	26	27	28	29	30	2011	4
31							2011	5

1 月 6 日是一年中的第一个星期四，所以 1 月 3 日—1 月 9 日的那个星期是第一个星期。1 月 1 日和 1 月 2 日属于前一年的最后一星期（第 52 个星期）。对于这两个日子，strftime 将把%g 替换为 10，%G 替换为 2010，%V 替换为 52。注意，12 月的最后几天有时属于后一年的第一个星期，当 12 月 29 日、30 日或者 31 日是星期一时会出现这种情况。

%z 转换说明对应于 ISO 8601 的时区规范：*-hhmm* 表示时区在 UTC 之后 *hh* 小时 *mm* 分钟，字符串+*hhmm* 表示时区在 UTC 之前 *hh* 小时 *mm* 分钟。

C99 C99 允许用 E 或 O 来修改特定的 strftime 转换说明的含义。以 E 或 O 指定符开头的转换说明会导致以一种依赖于当前地区的备选格式来执行替换。如果该格式在当前地区不存在，那么指定符不起作用。（"C"地区忽略 E 和 O。）表 26-7 列出了所有可以加 E 或 O 指定符的转换说明。

表 26-7 可以用 E 或 O 修饰的 strftime 转换说明（从 C99 开始）

转换说明	替换的内容
%Ec	备选的日期和时间表示
%EC	基年（期）名字的备选表示
%Ex	备选的日期表示
%EX	备选的时间表示
%Ey	与%EC（仅基年）的偏移量的备选表示
%EY	完整的年份的备选表示
%Od	月内的第几日，用备选的数值符号表示（前面加零；如果没有用于零的备选符号，前面加空格）
%Oe	月内的第几日，用备选的数值符号表示（前面加空格）
%OH	24 小时制的小时，用备选的数值符号表示
%OI	12 小时制的小时，用备选的数值符号表示
%Om	月份，用备选的数值符号表示
%OM	分钟，用备选的数值符号表示
%OS	秒，用备选的数值符号表示
%Ou	ISO 8601 中的星期，用备选的格式表示该数，星期一为 1
%OU	星期的编号，用备选的数值符号表示
%OV	ISO 8601 中星期的编号，用备选的数值符号表示
%Ow	星期几的数值表示，用备选的数值符号表示
%OW	星期的编号，用备选的数值符号表示
%Oy	年份的最后两位数字，用备选的数值符号表示

程序 显示日期和时间

现在需要一个显示当前日期和时间的程序。当然，程序的第一步是要调用 time 函数来获得日历时间，第二步是把时间转换成字符串格式并显示出来。第二步最简单的做法就是调用 ctime 函数，它会返回一个指向含有日期和时间的字符串的指针，然后把此指针传递给 puts 函数或 printf 函数。

到目前为止，一切都很顺利。可是，如果希望程序按照特定的方式显示日期和时间会怎样呢？假设这里需要如下的显示格式：

```
06-03-2007  5:48p
```

其中 06 是月份，03 是月内的第几日。ctime 函数总是对日期和时间采用相同的格式，所以对此无能为力。strftime 函数相对好一些，使用它基本可以满足需求。但是 strftime 函数无法显示不以零开头的单数字小时数，而且 strftime 函数使用 AM 和 PM，而不是 a 和 p。

看来 strftime 函数还不够好，因此我们采用另外一种方法：把日历时间转换为分解时间，然后从 tm 结构中提取相关的信息，并使用 printf 函数或类似的函数对信息进行格式化。我们甚至可以使用 strftime 函数来实现某些格式化，然后用其他函数来完成整个工作。

下面的程序说明了这种方案。程序用三种格式显示了当前日期和时间：一种格式是由 ctime 函数格式化的，一种格式是接近于我们需求的（由 strftime 函数产生的），还有一种则是所需的格式（由 printf 函数产生的）。采用 ctime 函数的版本容易实现，采用 strftime 函数的版本稍微难一些，而采用 printf 函数的版本最难。

698 ~ 699

datetime.c

```
/* Displays the current date and time in three formats */

#include <stdio.h>
#include <time.h>

int main(void)
{
  time_t current = time(NULL);
  struct tm *ptr;
  char date_time[21];
  int hour;
  char am_or_pm;

  /* Print date and time in default format */
  puts(ctime(&current));

  /* Print date and time, using strftime to format */
  strftime(date_time, sizeof(date_time),
           "%m-%d-%Y  %I:%M%p\n", localtime(&current));
  puts(date_time);

  /* Print date and time, using printf to format */
  ptr = localtime(&current);
  hour = ptr->tm_hour;
  if (hour <= 11)
    am_or_pm = 'a';
  else {
    hour -= 12;
    am_or_pm = 'p';
  }
  if (hour == 0)
    hour = 12;
  printf("%.2d-%.2d-%d  %2d:%.2d%c\n", ptr->tm_mon + 1, ptr->tm_mday,
         ptr->tm_year + 1900, hour, ptr->tm_min, am_or_pm);

  return 0;
}
```

datetime.c 的输出如下：

```
Sun Jun  3 17:48:34 2007

06-03-2007  05:48PM

06-03-2007   5:48p
```

问与答

700

问：**虽然`<stdlib.h>`提供了许多把字符串转换成数的函数，但是它没有给出任何把数转换成字符串的函数。为什么呢？**

答：C 的某些库提供名字类似 `itoa` 的函数来把数转换为字符串。但是，使用这类函数不是一个好主意，因为它们不是 C 标准的一部分，无法移植。把数转换成为字符串的最好做法就是调用诸如 `sprintf`（➤22.8 节）这样的函数来把格式化的输出写入字符串：

```
char str[20];
int i;
```

```
...
sprintf(str, "%d", i);    /* writes i into the string str */
```

sprintf 函数不但可以移植，而且可以对数的显示提供了大量的控制。

***问：strtod 函数的描述指出，C99 允许字符串参数包含十六进制浮点数、无穷数以及 NaN。这些数的格式是怎样的呢？（p.536）**

答：十六进制浮点数以 0x 或 0X 开头，后面跟着一个或多个十六进制数字（可能包括小数点字符），然后是二进制的指数。（第 7 章末尾的“问与答”部分讨论了十六进制浮点常量的格式，该格式与十六进制浮点数类似，但不完全一样。）无穷数的形式为 INF 或 INFINITY，其中的任何字母都可以小写，都小写也没问题。NaN 用字符串 NAN（也可以忽略大小写）表示，后面可能有一对圆括号。圆括号里面可以为空，也可以包含一系列字符，其中每个字符可以是字母、数字或下划线。这些字符可以用于为 NaN 值的二进制表示指定某些位，但准确的含义是由实现定义的；这些字符（C99 标准称之为 *n* 个字符的序列）还可以用于 nan 函数（➤23.4 节）的调用。

***问：你曾说过，在程序的任何地方调用 exit(*n*) 通常都等价于执行 main 函数中的语句 return n;。什么时候两者不等价呢？（p.539）**

答：存在两种情况。首先，当 main 函数返回时，其局部变量的生命周期结束［假定它们具有自动存储期（➤18.2 节），没有声明为 static 的局部变量都具有自动存储期］，但是调用 exit 函数时没有这种现象。如果程序终止时需要访问这些变量（例如调用之前用 atexit 注册的函数，或者清洗输出流的缓冲区），那么就会出问题了。特别地，程序可能已经调用了 setvbuf 函数（➤22.2 节），并用 main 中的变量作为缓冲区。可见，个别情况下从 main 中返回可能不合适，而调用 exit 则可行。

C99 另一种情况只在 C99 中出现。C99 允许 main 函数使用 int 之外的返回类型，当然前提是具体的实现显式地允许程序员这么做。在这样的情况下，exit(n) 函数调用不一定等价于执行 main 函数中的 return n;。事实上，语句 return n; 可能是不合法的（比如 main 的返回类型为 void 的时候）。

701

***问：abort 函数和 SIGABRT 信号之间是否存在联系呢？（p.539）**

答：存在。调用 abort 函数时，实际上会产生 SIGABRT 信号。如果没有处理 SIGABRT 的函数，那么程序会像 26.2 节中描述的那样异常终止。如果（通过调用 signal 函数，➤24.3 节）为 SIGABRT 安装了处理函数，那么就会调用处理函数。如果处理函数返回，随后程序会异常终止。但是，如果处理函数不返回（比如它调用了 longjmp 函数，➤24.4 节），那么程序就不终止。

问：为什么存在 div 函数和 ldiv 函数呢？难道只用 / 和 % 运算符不行吗？（p.542）

答：div 函数和 ldiv 函数同 / 运算符和 % 运算符不完全一样。回顾 4.1 节就会知道，如果把 / 运算符和 % 运算符用于负的操作数，在 C89 中无法得到可移植的结果。如果 i 或 j 为负数，那么 i / j 的值是向上舍入还是向下舍入是由实现定义的；i % j 的符号也是如此。但是，由 div 函数和 ldiv 函数计算的答案是不依赖于实现的。商趋零截尾，余数则根据公式 $n=q\times d+r$ 计算得出，其中 n 是原始数，q 是商，d 是除数，而 r 是余数。下面是几个例子：

n	d	q	r
7	3	2	1
−7	3	−2	−1
7	−3	−2	1
−7	−3	2	−1

C99 C99 中，/ 运算符和 % 运算符同 div 函数和 ldiv 函数的结果一样。

效率是 div 函数和 ldiv 函数存在的另一个原因。许多机器可以在一条指令里计算出商和余数，所以调用 div 函数或 ldiv 函数可能比分别使用 / 运算符和 % 运算符要快。

问：**gmtime** 函数的名字如何而来？（p.546）

答：gmttime 代表格林尼治标准时间（Greenwich Mean Time, GMT），它是英国格林尼治皇家天文台的本地时间（太阳时）。1884 年，GMT 被采纳为国际参考时间，其他时区都用“GMT 之前”或“GMT 之后”的小时数来表示。1972 年，世界协调时间（UTC）取代 GMT 称为了国际时间参考，该系统基于原子钟而不是对太阳的观察。通过每隔几年加一个“闰秒”，UTC 与 GMT 的时间差可以控制在 0.9 秒以内。所以如果不考虑最精确的时间度量，可以认为这两个系统基本上是一样的。

练习题

26.1 节

702

1. 重新编写 max_int 函数，要求不再把整数的个数作为第一个参数，我们必须采用 0 作为最后一个参数。提示：max_int 函数必须至少有一个“正常的”参数，所以不能把参数 n 移走，可以假设 n 是要比较的数之一。

2. 编写 printf 函数的简化版，要求新函数只有一种转换说明%d，并且第一个参数后边的所有参数都必须是 int 类型的。如果函数遇到的%字符后面没有紧跟着字符 d，那么同时忽略这两个字符。函数应调用 putchar 来生成所有的输出。可以假定格式串不包含转义序列。

3. 扩展练习题 2 中的函数，使其允许两种转换说明：%d 和%s。格式串中的每个%d 表示一个 int 类型的参数，每个%s 表示一个 char *类型的参数（字符串）。

4. 编写名为 display 的函数，要求支持任意数量的参数。第一个参数必须是整数，其余参数是字符串。第一个参数指明调用包含多少个字符串。函数在一行内打印出这些字符串，相邻字符串之间用一个空格隔开。例如，调用

```
display(4, "Special", "Agent", "Dale", "Cooper");
```

将产生下列输出：

```
Special Agent Dale Cooper
```

5. 编写下列函数：

```
char *vstrcat(const char *first, ...);
```

假设 vstrcat 函数除最后一个参数必须是空指针（强制转换成 char *类型）外，其他参数都是字符串。函数返回一个指向动态分配的字符串的指针，该字符串包含参数的拼接。如果没有足够的内存，那么 vstrcat 函数应该返回空指针。提示：让 vstrcat 函数两次遍历参数，一次用来确定返回字符串需要的内存大小，另一次用来把参数复制到字符串中。

6. 编写下列函数：

```
char *max_pair(int num_pairs, ...);
```

假设 max_pair 的参数是整数与字符串对，num_pairs 的值表明后面有多少对。（每一对包含一个 int 类型的参数和一个跟随其后的 char *类型参数。）函数从整数中搜索出最大的一个，然后返回它后面的字符串。考虑如下函数调用：

```
max_pair(5, 180, "Seinfeld", 180, "I Love Lucy",
            39, "The Honeymooners", 210, "All in the Family",
            86, "The Sopranos")
```

最大的 int 类型参数是 210，所以函数返回参数列表中跟随其后的"All in the Family"。

26.2 节

Ⓦ 7. 解释下列语句的含义。假设 value 是 long int 类型的变量，p 是 char *类型的变量。

```
value = strtol(p, &p, 10);
```

8. 编写一条可以从 7、11、15 或 19 中随机取一个数赋值给变量 n 的语句。

Ⓦ 9. 编写一个可以返回随机的 double 类型值 *d* 的函数，*d* 的取值范围为 0.0≤*d*< 1.0。

26.3 节

10. 把下面的 atoi、atol 和 atoll 调用分别转换为 strtol、strtol 和 strtoll 调用。 703

(a) atoi(str)

(b) atol(str)

(c) atoll(str)

11. bsearch 函数通常用于有序数组，但有时也可以用于部分有序的数组。如果要确保 bsearch 能搜到一个特定的键，数组必须满足什么条件？提示：C 标准中有答案。

12. 编写一个函数，要求当向此函数传递年份时，函数返回一个 time_t 类型的值表示该年第一天的 12:00 a.m。

13. 26.3 节描述了一些 ISO 8601 的日期和时间格式。下面给出了另一些格式。

(a) 年份后面跟着月中的第几天：*YYYY-DDD*，其中 *DDD* 是 001~366 范围内的数。

(b) 年份、星期、星期几：*YYYY*-W*ww*-*D*，其中 *ww* 是 01~53 范围内的数；*D* 是 1~7 范围内的数字，以星期一开始，星期日结束。

(c) 结合日期与时间：*YYYY-MM-DD*T*hh:mm:ss*

给出与上述每种格式相对应的 strftime 字符串。

编程题

Ⓦ 1. (a) 编写一个程序，使它可以调用 rand 函数 1000 次，并且显示函数返回的每个值的最低位（如果返回值是偶数，则为 0；如果返回值为奇数，则为 1）。你发现什么模式了吗？（rand 的返回值的最后几位往往不是特别随机的。）

(b) 如何改进 rand 函数的随机性，使它可以在一个小范围内产生数？

2. 编写程序测试 atexit 函数。除 main 函数外，程序还应包含两个函数。一个函数显示 That's all,，另一个显示 folks!。用 atexit 函数来注册这两个函数，使其可以在程序终止时被调用。请一定确保这两个函数按照正确的顺序进行调用，从而可以在屏幕上看到 That's all, folks!。

Ⓦ 3. 编写一个程序，用 clock 函数来度量 qsort 函数对有 1000 个整数的数组进行排序所用的时间，这些整数初始时是逆序的。然后再把完成的程序用于有 10 000 个整数和 100 000 个整数的数组。

Ⓦ 4. 编写一个程序，提示用户输入一个日期（月、日和年）和一个整数 n，然后显示 n 天后的日期。

5. 编写一个程序，提示用户输入两个日期，然后显示两个日期之间相差的天数。提示：使用 mktime 函数和 difftime 函数。

Ⓦ 6. 编写一个程序，分别按照下列每种格式显示当前的日期和时间。使用 strftime 函数来完成全部或大部分的格式化工作。

(a) `Sunday, June 3, 2007   05:48p`

(b) `Sun, 3 Jun 07   17:48`

(c) `06/03/07   5:48:34 PM` 704

第27章

C99对数学计算的新增支持

先繁后简，而非先简后繁。

本章介绍C99新增的5个标准头，对标准库的介绍至此将全部结束。这些头与其他头一样，也提供了处理数的方法，但更有针对性。其中一些只对工程师、科研人员和数学工作者有用，他们可能需要在数的表示和浮点运算的执行方式上进行更多的控制，还可能需要用到复数。

前两节讨论与整数类型相关的头。`<stdint.h>`头（27.1节）声明了具有指定位数的整数类型。`<inttypes.h>`头（27.2节）提供了可读写`<stdint.h>`型值的宏。

之后的两节描述了C99对复数的支持。27.3节回顾了复数的概念，并讨论了C99中的复数类型。随后27.4节介绍了`<complex.h>`头，它提供了对复数进行数学运算的函数。

最后两节讨论的头与浮点类型有关。`<tgmath.h>`头（27.5节）提供了泛型宏，这使得调用`<complex.h>`和`<math.h>`中的函数更方便。`<fenv.h>`头（27.6节）中的函数允许程序访问浮点状态标志和控制模式。

27.1 <stdint.h>：整数类型 C99

705

`<stdint.h>`声明了包含指定位数的整数类型。另外，它还定义了表示其他头中声明的整数类型和自己声明的整数类型的最小值和最大值的宏［这些宏是对`<limits.h>`头（➤23.2节）中的宏的补充］。`<stdint.h>`还定义了构建具体类型的整型常量的带参数的宏。`<stdint.h>`中没有函数。

7.5节讨论了类型定义对程序可移植性的作用，C99增加`<stdint.h>`的动机即源于这一认识。例如，如果`i`是`int`型的变量，那么赋值语句

```
i = 100000;
```

在`int`是32位的类型时是没问题的，但如果`int`是16位的类型就会出错。问题在于C标准没有精确地说明`int`值有多少位。标准可以保证`int`型的值一定包括`-32767~32767`范围内的所有整数（要求至少16位），但没有进一步的规定。示例中的变量`i`需要存储`100000`，传统的解决方案是把`i`的类型声明为某种由`typedef`创建的类型`T`，然后在特定的实现中根据整数的大小调整`T`的声明。（`T`在16位的机器上应该是`long int`类型，但在32位的机器上可以是`int`类型。）这是7.5节中提到的策略。

如果编译器支持C99，还有一种更好的方法。`<stdint.h>`基于类型的**宽度**（存储该类型的值所需的位数，包括可能出现的符号位）声明类型的名字。`<stdint.h>`中声明的`typedef`名字可以涉及基本类型（如`int`、`unsigned int`和`long int`），也可以涉及特定实现所支持的扩展整数类型。

27.1.1 <stdint.h>类型

<stdint.h>中声明的类型可分为以下 5 组。

- **精确宽度整数类型**。每个形如 int*N*_t 的名字表示一种 *N* 位的有符号整数类型，存储为 2 的补码形式。（2 的补码是一种用二进制表示有符号整数的方法，在现代计算机中非常普遍。）例如，int16_t 型的值可以是 16 位的有符号整数。形如 uint*N*_t 的名字表示一种 *N* 位的无符号整数类型。如果某个具体的实现支持宽度 *N* 等于 8、16、32 和 64 的整数，它需要同时提供 int*N*_t 和 uint*N*_t。
- **最小宽度整数类型**。每个形如 int_least*N*_t 的名字表示一种至少 *N* 位的有符号整数类型。形如 uint_least*N*_t 的名字表示一种至少 *N* 位的无符号整型。<stdint.h>至少应提供下列最小宽度类型：

```
int_least8_t        uint_least8_t
int_least16_t       uint_least16_t
int_least32_t       uint_least32_t
int_least64_t       uint_least64_t
```

706

- **最快的最小宽度整数类型**。每个形如 int_fast*N*_t 的名字表示一种至少 *N* 位的最快的有符号整型。（“最快”的含义因实现的不同而不同。如果没有办法分辨一种特定的类型是否为最快的，则可以选择任何一种至少 *N* 位的有符号整型。）每个形如 uint_fast*N*_t 的名字表示一种至少 *N* 位的最快的无符号整型。<stdint.h>至少应提供下列最快的最小宽度类型：

```
int_fast8_t         uint_fast8_t
int_fast16_t        uint_fast16_t
int_fast32_t        uint_fast32_t
int_fast64_t        uint_fast64_t
```

- **可以保存对象指针的整数类型**。intptr_t 类型表示可以安全存储任何 void *型值的有符号整型。更准确地说，如果把 void *型指针转换为 intptr_t 类型然后再转换回 void *类型，所得的指针应该和原始指针相等。uintptr_t 类型是一种无符号整型，其性质和 intptr_t 相同。<stdint.h>不一定要提供这两种类型。
- **最大宽度整数类型**。intmax_t 是一种有符号整型，包括任意有符号整型的值。uintmax_t 是一种无符号整型，包括任意无符号整型的值。<stdint.h>应提供这两种类型，它们的宽度可能超过 long long int。

前 3 组中的名字使用 typedef 声明。

除了上面列出的类型外，实现中还可以提供值为 *N* 的精确宽度整数类型、最小宽度整数类型以及最快的最小宽度整数类型。此外，*N* 可以不是 2 的幂（不过一般为 8 的倍数）。例如，实现可以提供名为 int24_t 和 uint24_t 的类型。

27.1.2 对指定宽度整数类型的限制

<stdint.h>为其中的每一个有符号整数类型定义了两个宏，用于指明该类型的最小值和最大值，并为其中的每一个无符号整数类型定义了一个宏，用于指明该类型的最大值。表 27-1 中的前三行给出了精确宽度整数类型对应的宏的值，其他的行给出了 C99 对<stdint.h>中其他类型的最小值和最大值的约束。（这些宏的精确值由实现定义。）表中所有的宏都是常量表达式。 707

表 27-1　<stdint.h>对指定宽度整数类型进行限制的宏

名　称	值	含　义
INT*N*_MIN	$-(2^{N-1})$	最小的 int*N*_t 值
INT*N*_MAX	$2^{N-1}-1$	最大的 int*N*_t 值
UINT*N*_MAX	$2^{N}-1$	最大的 uint*N*_t 值
INT_LEAST*N*_MIN	$\leqslant-(2^{N-1}-1)$	最小的 int_least*N*_t 值
INT_LEAST*N*_MAX	$\geqslant 2^{N-1}-1$	最大的 int_least*N*_t 值
UINT_LEAST*N*_MAX	$\geqslant 2^{N}-1$	最大的 uint_least*N*_t 值
INT_FAST*N*_MIN	$\leqslant-(2^{N-1}-1)$	最小的 int_fast*N*_t 值
INT_FAST*N*_MAX	$\geqslant 2^{N-1}-1$	最大的 int_fast*N*_t 值
UINT_FAST*N*_MAX	$\geqslant 2^{N}-1$	最大的 uint_fast*N*_t 值
INTPTR_MIN	$\leqslant-(2^{15}-1)$	最小的 intptr_t 值
INTPTR_MAX	$\geqslant 2^{15}-1$	最大的 intptr_t 值
UINTPTR_MAX	$\geqslant 2^{16}-1$	最大的 uintptr_t 值
INTMAX_MIN	$\leqslant-(2^{63}-1)$	最小的 intmax_t 值
INTMAX_MAX	$\geqslant 2^{63}-1$	最大的 intmax_t 值
UINTMAX_MAX	$\geqslant 2^{64}-1$	最大的 uintmax_t 值

27.1.3　对其他整数类型的限制

C99 委员会在创建<stdint.h>时认为，这个地方也应该存放对不在其中声明的整数类型进行限制的宏。这些类型有 ptrdiff_t、size_t、wchar_t［这三个属于<stddef.h>（➤21.4 节）］、sig_atomic_t［在<signal.h>（➤24.3 节）中声明］和 wint_t［在<wchar.h>（➤25.5 节）中声明］。表 27-2 列出了这些宏以及它们的值（或者 C99 标准中的约束）。在一些情况下，对类型的最小值和最大值限制与该类型是有符号型还是无符号型有关。与表 27-1 相似，表 27-2 中的宏都是常量表达式。

表 27-2　<stdint.h>对其他整数类型进行限制的宏

名　称	值	含　义
PTRDIFF_MIN	≤−65 535	最小的 ptrdiff_t 值
PTRDIFF_MAX	≥+65 535	最大的 ptrdiff_t 值
SIG_ATOMIC_MIN	≤−127（如果有符号） 0（如果无符号）	最小的 sig_atomic_t 值
SIG_ATOMIC_MAX	≥+127（如果有符号） ≥255（如果无符号）	最大的 sig_atomic_t 值
SIZE_MAX	≥65 535	最大的 size_t 值
WCHAR_MIN	≤−127（如果有符号） 0（如果无符号）	最小的 wchar_t 值
WCHAR_MAX	≥+127（如果有符号） ≥255（如果无符号）	最大的 wchar_t 值
WINT_MIN	≤−32 767（如果有符号） 0（如果无符号）	最小的 wint_t 值
WINT_MAX	≥+32 767（如果有符号） ≥65 535（如果无符号）	最大的 wint_t 值

27.1.4 用于整型常量的宏

<stdint.h>还提供了类似函数的宏，这些宏能够将（用十进制、八进制或十六进制表示，但是不带后缀 U 或者 L 的）整型常量（➤7.1 节）转换为属于最小宽度整数类型或最大宽度整数类型的常量表达式。

<stdint.h>为其中声明的每一个 int_least*N*_t 类型定义了一个名为 INT*N*_C 的带参数的宏，用于将整型常量转换为这个类型（可能会用整数提升，➤7.4 节）。对于每一个 uint_least*N*_t 类型，也有一个类似的带参数的宏 UINT*N*_C。这些宏对于变量初始化非常有用（当然，还有别的作用）。例如，如果 i 是 int_least32_t 型的变量，这样的写法

```
i = 100000;
```

会有问题，因为常量 100000 可能会因为太大而不能用 int 型表示（如果 int 是 16 位的类型）。但是如果写成

```
i = INT32_C(100000);
```

则是安全的。如果 int_least32_t 表示 int 类型，那么 INT32_C(100000)是 int 型。但如果 int_least32_t 表示 long int 类型，那么 INT32_C(100000)是 long int 型。

<stdint.h>还有另外两个带参数的宏：INTMAX_C 将整型常量转换为 intmax_t 类型，UINTMAX_C 将整型常量转换为 uintmax_t 类型。

708 ~ 709

27.2 <inttypes.h>：整数类型的格式转换 C99

<inttypes.h>与上一节讨论的<stdint.h>紧密相关。事实上，Q&A <inttypes.h>包含了<stdint.h>，所以包含了<inttypes.h>的程序就不需要再包含<stdint.h>了。<inttypes.h>从两方面对<stdint.h>进行了扩展。首先，它定义了可用于...printf 和...scanf 格式串的宏，这些宏可以对<stdint.h>中声明的整数类型进行输入/输出操作。其次，它提供了可以处理最大宽度整数的函数。

27.2.1 用于格式指定符的宏

<stdint.h>中声明的类型可以使程序更易于移植，但也给程序员带来了新的麻烦。考虑这个问题：显示 int_least32_t 型变量 i 的值。语句

```
printf("i = %d\n",i);
```

有可能不会工作，因为 i 不一定是 int 型的。如果 int_least32_t 是 long int 型的别名，那么正确的转换说明应为%ld 而不是%d。为了按可移植的方式使用...printf 和...scanf 函数，我们需要使所书写的转换说明能对应于<stdint.h>中声明的每一种类型。这就是<inttypes.h>的由来。对于<stdint.h>中的每一种类型，<inttypes.h>都提供了一个宏，该宏可以扩展为一个包含该类型对应的转换指定符的字面串。

每个宏名由以下三个部分组成。

- 名字以 PRI 或 SCN 开始，具体以哪个开始取决于宏是用于...printf 函数调用还是用于...scanf 函数调用。
- 接下来是一个单字母的转换指定符（有符号类型用 d 或 i，无符号类型用 o、u、x 或 X）。

- 名字的最后一个部分用于指明该宏对应于`<stdint.h>`中的哪种类型。例如，与`int_leastN_t`类型对应的宏的名字应该以`LEASTN`结尾。

回到前面那个显示`int_least32_t`型整数的例子。我们把转换指定符从`d`改成了`PRIdLEAST32`宏。为了使用这个宏，我们将`printf`格式串分为三个部分，并把`%d`中的`d`替换为`PRIdLEAST32`：

```
printf("i = %" PRIdLEAST32 "\n", i);
```

`PRIdLEAST32`的值可能是`"d"`（如果`int_least32_t`等同于`int`类型）或`"ld"`（如果`int_least32_t`等同于`long int`类型）。为了讨论方便，我们假定其为`"ld"`。宏替换之后，语句变为

```
printf("i = %" "ld" "\n", i);
```

一旦编译器将这三个字面串连成一个（自动完成），语句将变成如下形式：

```
printf("i = %ld\n",i);
```

注意，转换说明中仍然可以包含标志、栏宽和其他选项。`PRIdLEAST32`只提供转换指定符，可能还有一个长度指定符，比如字母`l`。

710

表 27-3 列出了`<inttypes.h>`中的宏。

表 27-3　`<inttypes.h>`中用于格式说明的宏

用于有符号整数的...printf 宏				
PRIdN	PRIdLEASTN	PRIdFASTN	PRIdMAX	PRIdPTR
PRIiN	PRIiLEASTN	PRIiFASTN	PRIiMAX	PRIiPTR
用于无符号整数的...printf 宏				
PRIoN	PRIoLEASTN	PRIoFASTN	PRIoMAX	PRIoPTR
PRIuN	PRIuLEASTN	PRIuFASTN	PRIuMAX	PRIuPTR
PRIxN	PRIxLEASTN	PRIxFASTN	PRIxMAX	PRIxPTR
PRIXN	PRIXLEASTN	PRIXFASTN	PRIXMAX	PRIXPTR
用于有符号整数的...scanf 宏				
SCNdN	SCNdLEASTN	SCNdFASTN	SCNdMAX	SCNdPTR
SCNiN	SCNiLEASTN	SCNiFASTN	SCNiMAX	SCNiPTR
用于无符号整数的...scanf 宏				
SCNoN	SCNoLEASTN	SCNoFASTN	SCNoMAX	SCNoPTR
SCNuN	SCNuLEASTN	SCNuFASTN	SCNuMAX	SCNuPTR
SCNxN	SCNxLEASTN	SCNxFASTN	SCNxMAX	SCNxPTR

27.2.2　用于最大宽度整数类型的函数

```
intmax_t imaxabs(intmax_t j);
imaxdiv_t imaxdiv(intmax_t numer, intmax_t denom);
intmax_t strtoimax(const char * restrict nptr,
                   char ** restrict endptr, int base);
uintmax_t strtoumax(const char * restrict nptr,
                    char ** restrict endptr, int base);
intmax_t wcstoimax(const wchar_t * restrict nptr,
                   wchar_t ** restrict endptr, int base);
uintmax_t wcstoumax(const wchar_t * restrict nptr,
                    wchar_t ** restrict endptr, int base);
```

除了定义宏之外，<inttypes.h>还提供了用于最大宽度整数类型（在 27.1 节介绍过）的函数。最大宽度整数的类型为 intmax_t（实现所支持的最宽的有符号整数类型）或 uintmax_t（最宽的无符号整数类型）。这些类型可能与 long long int 型具有相同的宽度，也可以更宽。例如，long long int 型可能是 64 位宽，而 intmax_t 和 uintmax_t 可能是 128 位宽。

imaxabs 和 **imaxdiv** 函数是<stdlib.h>（➤26.2 节）中声明的整数算术运算函数的最大宽度版本。imaxabs 函数返回参数的绝对值。参数和返回值的类型都是 intmax_t。imaxdiv 函数用第一个参数除以第二个参数，返回 imaxdiv_t 型的值。imaxdiv_t 是一个包含商（quot）成员和余数（rem）成员的结构，这两个成员的类型都是 intmax_t。

711

strtoimax 和 **strtoumax** 函数是<stdlib.h>中的数值转换函数的最大宽度版本。strtoimax 函数与 strtol 和 strtoll 类似，但返回值的类型是 intmax_t。strtoumax 函数与 strtoul 和 strtoull 类似，但返回值的类型是 uintmax_t。如果没有执行转换，strtoimax 和 strtoumax 都返回零。如果转换产生的值超出函数返回类型的表示范围，两个函数都将 ERANGE 存于 errno 中。另外，strtoimax 返回最小或最大的 intmax_t 型值（INTMAX_MIN 或 INTMAX_MAX），strtoumax 返回最大的 uintmax_t 型值（UINTMAX_MAX）。

wcstoimax 和 **wcstoumax** 函数是<wchar.h>中的宽字符串数值转换函数的最大宽度版本。wcstoimax 函数与 wcstol 和 wcstoll 类似，但返回值的类型是 intmax_t。wcstoumax 函数与 wcstoul 和 wcstoull 类似，但返回值的类型是 uintmax_t。如果没有执行转换，wcstoimax 和 wcstoumax 都返回零。如果转换产生的值超出函数返回类型的表示范围，两个函数都将 ERANGE 存于 errno 中。另外，wcstoimax 返回最小或最大的 intmax_t 型值（INTMAX_MIN 或 INTMAX_MAX），strtoumax 返回最大的 uintmax_t 型值（UINTMAX_MAX）。另外，wcstoimax 返回最小或最大的 intmax_t 型值（INTMAX_MIN 或 INTMAX_MAX），wcstoumax 返回最大的 uintmax_t 型值（UINTMAX_MAX）。

27.3 复数 C99

除了数学领域之外，复数还用于科学和工程应用领域。C99 提供了几种复数类型，允许操作符的操作数为复数，同时将<complex.h>加入了标准函数库。不过，并非所有的 C99 实现都支持复数。14.3 节中讨论过托管式 C99 实现和独立式实现之间的区别。托管式实现必须能够接受符合 C99 标准的程序，而独立式实现不需要能够编译使用复数类型或除<float.h>、<iso646.h>、<limits.h>、<stdarg.h>、<stdbool.h>、<stddef.h>和<stdint.h>之外的头的程序。所以，独立式实现有可能同时缺少复数类型和<complex.h>。

我们先回顾一下复数的数学定义和复数运算，然后再看看 C99 的复数类型以及对这些类型的值可以进行哪些运算。27.4 节会继续讨论复数，那里主要描述<complex.h>。

712

27.3.1 复数的定义

设 i 是−1 的平方根（满足条件 $i^2=-1$）。i 称为**虚数单位**（imaginary unit）——工程师通常用符号 j 而不是 i 来表示虚数单位。**复数**的形式为 $a+b\mathrm{i}$，其中 a 和 b 是实数。我们称 a 为该数的**实部**，b 为**虚部**。注意，实数是复数的特例（$b=0$ 的情况）。

复数有什么用呢？首先，它可以解决之前不能解决的问题。考虑方程 $x^2+1=0$，如果限定 x 为实数则无解，如果允许复数，这个方程有两个解：$x=\mathrm{i}$ 和 $x=-\mathrm{i}$。

可以把复数想象为二维空间中的点，该二维空间称为**复平面**（complex plane）。每个复数（复平面中的点）用笛卡儿坐标表示，其中复数的实部对应于点的 x 轴坐标，虚部对应于 y 轴坐标。例如，复数 2+2.5i、1−3i、−3−2i 和−3.5+1.5i 可以作图为

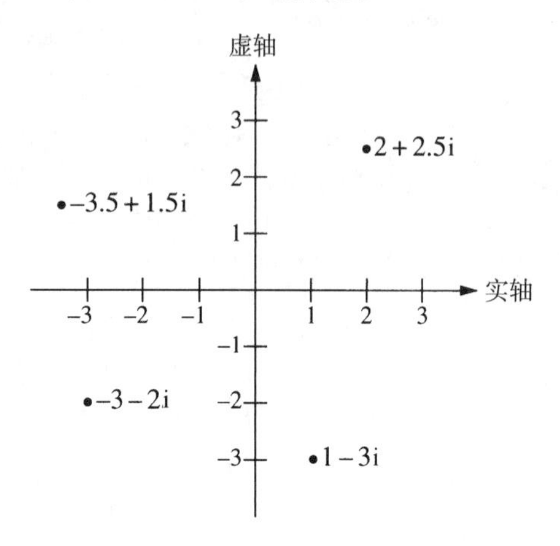

另一种称为**极坐标**（polar coordinates）的系统也可以用于描述复平面中的点。在极坐标系中，复数 z 用 r 和 θ 表示，其中 r 是原点到 z 的线段长度，θ 是该线段和实轴之间的夹角：

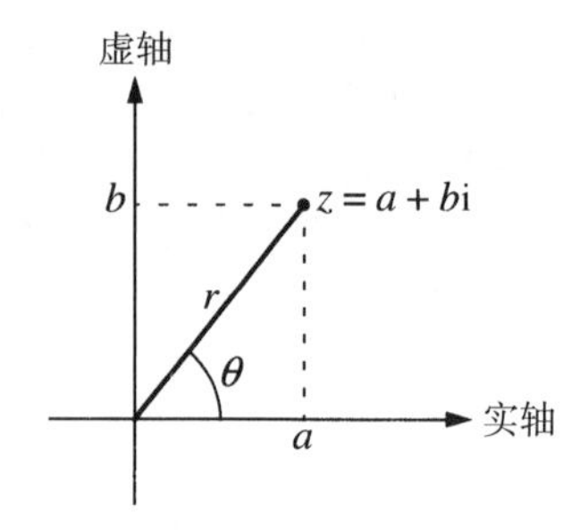

713

r 称作 z 的**绝对值**（绝对值也称为范数、模或幅值），θ 称为 z 的辐角（或相角）。$a+b$i 的绝对值由下式给出：

$$|a+b\mathrm{i}|=\sqrt{a^2+b^2}$$

有关笛卡儿坐标与极坐标相互转换的更多信息，见本章末尾的编程题。

27.3.2 复数的算术运算

两个复数相加等价于把它们的实部和虚部分别相加。例如：

$$(3-2\mathrm{i})+(1.5+3\mathrm{i})=(3+1.5)+(-2+3)\mathrm{i}=4.5+\mathrm{i}$$

两个复数相减的计算也是类似的，把它们的实部和虚部分别相减即可。例如：

$$(3-2\mathrm{i})-(1.5+3\mathrm{i})=(3-1.5)+(-2-3)\mathrm{i}=1.5-5\mathrm{i}$$

两个复数相乘，需要把第一个复数的每一项乘以第二个复数的每一项，然后把乘积相加：

$$(3-2\mathrm{i})\times(1.5+3\mathrm{i})=(3\times1.5)+(3\times3\mathrm{i})+(-2\mathrm{i}\times1.5)+(-2\mathrm{i}\times3\mathrm{i})$$
$$=4.5+9\mathrm{i}-3\mathrm{i}-6\mathrm{i}^2=10.5+6\mathrm{i}$$

注意，这里用恒等式 $\mathrm{i}^2=-1$ 来简化计算结果。

复数的除法相对难一些。首先需要了解一下**复共轭**的概念，一个数的复共轭通过变换其虚部的符号得到。例如，7−4i 是 7+4i 的共轭，7+4i 也是 7−4i 的共轭。我们用 z^* 来表示复数 z

的共轭。

复数 y 和 z 的商由下面的公式给出：

$$y/z = yz^*/zz^*$$

zz^*总是实数，所以用 yz^*除以 zz^*非常容易（只要将 yz^*的实部和虚部分别除以 zz^*即可）。下面的示例展示了 10.5+6i 除以 3−2i 的计算过程：

$$\frac{10.5+6\mathrm{i}}{3-2\mathrm{i}} = \frac{(10.5+6\mathrm{i})(3+2\mathrm{i})}{(3-2\mathrm{i})(3+2\mathrm{i})} = \frac{19.5+39\mathrm{i}}{13} = 1.5+3\mathrm{i}$$

27.3.3 C99 中的复数类型

C99 内建了许多对复数的支持。我们不需要包含任何头就可以声明表示复数的变量，然后对这些变量进行算术和其他运算。

714

C99 提供了 3 种复数类型（7.2 节曾提到过）：`float _Complex`、`double _Complex` 和 `long double _Complex`。这些类型的使用方法与 C 中其他类型的使用方法一样，可以用于声明变量、参数、返回类型、数组元素以及结构和联合的成员等。例如，我们可以这样声明 3 个变量：

```
float _Complex x;
double _Complex y;
long double _Complex z;
```

上面每个变量的存储与包含两个普通浮点数的数组的存储一样。所以，`y` 存储为两个相邻的 `double` 型值，其中第一个值包含 `y` 的实部，第二个值包含 `y` 的虚部。

C99 还允许实现提供虚数类型（关键字`_Imaginary` 就是为这个目的保留的），但并不做强制要求。

27.3.4 复数的运算

复数可以用在表达式中，但只有以下这些运算符允许操作数为复数：

- 一元的`+`和`-`；
- 逻辑非（`!`）；
- `sizeof`；
- 强制类型转型；
- 乘法类运算（仅`*`和`/`）；
- 加法类运算（`+`和`-`）；
- 判等（`==`和`!=`）；
- 逻辑与（`&&`）；
- 逻辑或（`||`）；
- 条件（`?:`）；
- 简单赋值（`=`）；
- 复合赋值（仅`*=`、`/=`、`+=`和`-=`）；
- 逗号（`,`）。

不在此列的主要运算符包括关系运算符（`<`、`<=`、`>`和`>=`），以及自增运算符（`++`）和自减运算符（`--`）等。

27.3.5　复数类型的转换规则

7.4 节描述了 C99 的类型转换规则，但没有涉及复数类型，本节就来补上相应内容。不过，在介绍转换规则之前，我们需要知道一些新的术语。对于每一种浮点类型，都有一种**对应实数类型**（corresponding real type）。对于实浮点类型（float、double 和 long double）来说，对应实数类型与原始类型一样。对于复数类型而言，对应实数类型是原始类型去掉_Complex。（例如，float_Complex 的对应实数类型为 float。）

715

现在可以讨论有关复数类型的转换规则了。这些规则分为 3 类。

- **复数转换为复数**。第一条规则考虑从一种复数类型到另一种复数类型的转换，例如把 float_Complex 转换为 double_Complex。在这种情况下，实部和虚部分别使用对应实数类型的转换规则（见 7.4 节）进行转换。在这个例子中，float_Complex 值的实部转换为 double 型，得到 double_Complex 值的实部，虚部用类似的方式转换为 double 型。
- **实数转换为复数**。把实数类型的值转换为复数类型时，使用实数类型之间的转换规则生成复数的实部，虚部设置为正的零或者无符号的零。
- **复数转换为实数**。把复数类型的值转换为实数类型时，丢弃虚部并使用实数类型之间的转换规则生成实部。

常规算术转换指的是一组特定的类型转换，它们可以自动作用于大多数二元运算符的操作数。当两个操作数中至少有一个为复数类型的情况下，执行常规算术转换还有一些特殊的规则：

(1) 如果任一操作数的对应实数类型为 long double，那么对另一个操作数进行转换，使它的对应实数类型为 long double；

(2) 否则，如果任一操作数的对应实数类型为 double 型，那么对另一个操作数进行转换，使它的对应实数类型为 double；

(3) 否则，必然有一个操作数的对应实数类型为 float。对另一个操作数进行转换，使它的对应实数类型也为 float。

转换之后，实操作数仍然属于实数类型，复操作数仍然属于复数类型。

通常，常规算术转换的目的是使两个操作数具有共同的类型。但是，当同时使用实操作数和复操作数时，常规算术转换会使两个操作数具有共同的实数类型，但并不一定是同一种类型。例如，如果把 float 型的操作数和 double_Complex 型的操作数相加，float 型的操作数将转换为 double 型而不是 double_Complex 型。结果的类型是一个复数类型，其对应实数类型与共同的实数类型相匹配。在这个例子中，结果的类型是 double_Complex。

716

27.4　<complex.h>：复数算术运算 C99

从 27.3 节可以看到，C99 内建了许多支持复数的特性。<complex.h>不仅提供了一些有用的宏和一条#pragma 指令，还以数学函数的形式提供了一些额外的支持。我们先来看看宏。

27.4.1　<complex.h>宏

<complex.h>定义了表 27-4 所示的宏。

表 27-4 <complex.h>宏

名　称	值
complex	_Complex
_Complex_I	虚数单位，类型为 const float _Complex
I	_Complex_I

complex 是关键字_Complex 的别名。之前在讨论布尔类型时遇到过类似的情况：在不破坏已有程序的前提下，C99 委员会选择了一个新的关键字_Bool，但是在<stdbool.h>（➤21.5 节）中以宏的方式提供了一个更好的名字 bool。包含<complex.h>的程序可以用 complex 来代替_Complex，就像包含<stdbool.h>的程序可以用 bool 来代替_Bool 一样。

I 宏在 C99 中扮演着重要的角色。没有专门的语言特性可以用于从实部和虚部创建复数，因此可以把虚部乘以 I 再和实部相加：

```
double complex dc = 2.0 + 3.5 * I;
```

变量 dc 的值为 2+3.5i。

注意，_Complex_I 和 I 都表示虚数单位 i。大多数程序员可能会使用 I 而不是_Complex_I。不过，如果已有的代码已经把 I 用于其他目的，则可以使用备选的_Complex_I。如果 I 的名字引发了冲突，可以删除其定义：

```
#include <complex.h>
#undef I
```

接下来程序员可以为 i 定义一个新的名字（不过仍然很短），比如 J：

```
#define J _Complex_I
```

717

需要注意的是，_Complex_I 的类型（即 I 的类型）是 float_Complex 而不是 double_Complex。用于表达式时，I 可以根据需要自动扩展为 double_Complex 或者 long double_Complex 类型。

27.4.2 CX_LIMITED_RANGE 编译提示

<complex.h>提供了一个名为 CX_LIMITED_RANGE 的编译提示，允许编译器使用如下标准公式进行乘、除和绝对值运算：

$$(a+b\mathrm{i})\times(c+d\mathrm{i})=(ac-bd)+(bc+ad)\mathrm{i}$$

$$(a+b\mathrm{i})/(c+d\mathrm{i})=[(ac+bd)+(bc-ad)\mathrm{i}]/(c^2+d^2)$$

$$|a+b\mathrm{i}|=\sqrt{a^2+b^2}$$

使用这些公式有时会因为上溢出或下溢出而导致反常的结果；此外，这些公式不能非常好地处理无穷数。由于以上问题的存在，C99 仅在程序员允许时才会使用这些公式。

CX_LIMITED_RANGE 编译提示的形式如下：

```
#pragma STDC CX_LIMITED_RANGE 开关
```

其中*开关*可以是 ON、OFF 或者 DEFAULT。如果值为 ON，该编译提示允许编译器使用上面列出的公式；如果值为 OFF，编译器会以一种更加安全的方式进行计算，但速度也可能要慢一些；DEFAULT 是默认设置，效果等同于 OFF。

CX_LIMITED_RANGE 编译提示的有效期限与它在程序中出现的位置有关。如果它出现在源文件的最顶层，也就是说在任何外部声明之外，那么它将持续有效，直到遇到下一个 CX_LIMITED_RANGE 编译提示或者到达文件结尾。除此之外，CX_LIMITED_RANGE 编译提示只可能出现在复合语句（可能是函数体）的开始处；这种情况下，该编译提示将持续有效直到遇到下一个 CX_LIMITED_RANGE 编译提示（甚至可能出现在内嵌的复合语句中）或者到达复合语句的结尾。在复合语句的结尾处，开关的状态会恢复为进入复合语句之前的值。

27.4.3　<complex.h>函数

<complex.h>所提供的函数与 C99 版本的<math.h>所提供的函数类似。与<math.h>中的函数一样，<complex.h>中的函数也可以分成几组：三角函数、双曲函数、指数和对数函数以及幂和绝对值函数。复数所独有的一组函数是操作函数，将在本节的最后加以讨论。

718

<complex.h>中的每一个函数都有 3 种版本：float complex 版本、double complex 版本和 long double complex 版本。float complex 版本的名字以 f 结尾，long double complex 版本的名字以 l 结尾。

在讨论<complex.h>中的函数之前，需要说明几点。首先，与<math.h>中的函数一样，<complex.h>中的函数以弧度而不是角度对角进行度量。其次，当发生错误时，<complex.h>中的函数可能会在 errno 变量（➤24.2 节）中存储值，但不强制要求这么做。

最后还要提一点：描述有多个可能的返回值的函数时，经常会提到术语**分支切割**（branch cut）。在复数领域，选择返回值会导致一种分支切割：复平面中的一条曲线（通常是直线），函数在其周围是不连续的。分支切割通常不是唯一的，但一般按习惯确定。分支切割的精确定义涉及复分析的知识，超出了本书的范围，因此这里只介绍一下 C99 标准的相关约束条件，不做进一步的解释。

27.4.4　三角函数

```
double complex cacos(double complex z);
float complex cacosf(float complex z);
long double complex cacosl(long double complex z);

double complex casin(double complex z);
float complex casinf(float complex z);
long double complex casinl(long double complex z);

double complex catan(double complex z);
float complex catanf(float complex z);
long double complex catanl(long double complex z);

double complex ccos(double complex z);
float complex ccosf(float complex z);
long double complex ccosl(long double complex z);

double complex csin(double complex z);
float complex csinf(float complex z);
long double complex csinl(long double complex z);

double complex ctan(double complex z);
float complex ctanf(float complex z);
long double complex ctanl(long double complex z);
```

719

cacos 函数计算复数的反余弦，分支切割在实轴区间[−1, +1]之外进行。返回值位于一个条状区域中，该条状区域在虚轴方向可以无限延伸，在实轴方向上位于区间[0, π]。

casin 函数计算复数的反正弦，分支切割在实轴区间[−1, +1]之外进行。返回值位于一个条状区域中，该条状区域在虚轴方向可以无限延伸，在实轴方向上位于区间[−π/2，+π/2]。

catan 函数计算复数的反正切，分支切割在虚轴区间[−i, +i]之外进行。返回值位于一个条状区域中，该条状区域在虚轴方向可以无限延伸，在实轴方向上位于区间[−π/2，+π/2]。

ccos 函数计算复数的余弦，**csin** 函数计算复数的正弦，**ctan** 函数计算复数的正切。

27.4.5 双曲函数

```
double complex cacosh(double complex z);
float complex cacoshf(float complex z);
long double complex cacoshl(long double complex z);

double complex casinh(double complex z);
float complex casinhf(float complex z);
long double complex casinhl(long double complex z);

double complex catanh(double complex z);
float complex catanhf(float complex z);
long double complex catanhl(long double complex z);

double complex ccosh(double complex z);
float complex ccoshf(float complex z);
long double complex ccoshl(long double complex z);

double complex csinh(double complex z);
float complex csinhf(float complex z);
long double complex csinhl(long double complex z);

double complex ctanh(double complex z);
float complex ctanhf(float complex z);
long double complex ctanhl(long double complex z);
```

cacosh 函数计算复数的反双曲余弦，分支切割在实轴上小于 1 的值上进行。返回值位于一个半条状区域中，该区域在实轴方向取非负值，在虚轴方向上位于区间[−iπ, +iπ]。

casinh 函数计算复数的反双曲正弦，分支切割在虚轴区间[−i, +i]之外进行。返回值位于一个条状区域中，该条状区域在实轴方向可以无限延伸，在虚轴方向上位于区间[−iπ/2, +iπ/2]。

catanh 函数计算复数的反双曲正切，分支切割在实轴区间[−1, +1]之外进行。返回值位于一个条状区域中，该条状区域在实轴方向可以无限延伸，在虚轴方向上位于区间[−iπ/2, +iπ/2]。 720

ccosh 函数计算复数的双曲余弦，**csinh** 函数计算复数的双曲正弦，**ctanh** 函数计算复数的双曲正切。

27.4.6 指数函数和对数函数

```
double complex cexp(double complex z);
float complex cexpf(float complex z);
long double complex cexpl(long double complex z);

double complex clog(double complex z);
float complex clogf(float complex z);
long double complex clogl(long double complex z);
```

cexp 函数计算复数基于 e 的指数值。

clog 函数计算复数的自然对数（以 e 为底数）值，分支切割在负的实轴方向上进行。返回值位于一个条状区域中，该条状区域在实轴方向可以无限延伸，在虚轴方向上位于区间[−iπ, +iπ]。

27.4.7　幂函数和绝对值函数

```
double cabs(double complex z);
float cabsf(float complex z);
long double cabsl(long double complex z);

double complex cpow(double complex x, double complex y);
float complex cpowf(float complex x, float complex y);
long double complex cpowl(long double complex x, long double complex y);

double complex csqrt(double complex z);
float complex csqrtf(float complex z);
long double complex csqrtl(long double complex z);
```

cabs 函数计算复数的绝对值。

cpow 函数返回 x 的 y 次幂，分支切割在负的实轴方向上对第一个参数进行。

csqrt 函数计算复数的平方根，分支切割在负的实轴方向上进行。返回值位于右边的半平面（包括虚轴）。

721

27.4.8　操作函数

```
double carg(double complex z);
float cargf(float complex z);
long double cargl(long double complex z);

double cimag(double complex z);
float cimagf(float complex z);
long double cimagl(long double complex z);

double complex conj(double complex z);
float complex conjf(float complex z);
long double complex conjl(long double complex z);

double complex cproj(double complex z);
float complex cprojf(float complex z);
long double complex cprojl(long double complex z);

double creal(double complex z);
float crealf(float complex z);
long double creall(long double complex z);
```

carg 函数返回 z 的辐角（相角），分支切割在负的实轴方向上进行。返回值位于区间[−π, +π]。

cimag 函数返回 z 的虚部。

conj 函数返回 z 的复共轭。

cproj 函数计算 z 在黎曼球面上的投影。返回值一般等于 z；但是当实部和虚部中存在无穷数时，返回值为 `INFINITY + I * copysign(0.0, cimag(z))`。

creal 函数返回 z 的实部。

程序 求二次方程的根

二次方程

$$ax^2+bx+c=0$$

的根由下面的**二次公式**（quadratic formula）给出：

$$x=\frac{-b\pm\sqrt{b^2-4ac}}{2a}$$

一般来说，x 的值是复数，因为当 b^2-4ac（称为**判别式**）小于 0 时其平方根为虚数。

例如，假设 a=5，b=2，c=1，于是得到二次方程

$$5x^2+2x+1=0$$

判别式的值为 4−20=−16，所以这个方程的根是复数。下面的程序使用了<complex.h>中的一些函数来计算并显示该方程的根。 722

quadratic.c

```
/*Finds the roots of the equation 5x**2 + 2x + 1 = 0 */

#include <complex.h>
#include <stdio.h>

int main(void)
{
  double a = 5, b = 2, c = 1;
  double complex discriminant_sqrt = csqrt(b * b - 4 * a * c);
  double complex root1 =  (-b + discriminant_sqrt) / (2 * a);
  double complex root2 =  (-b - discriminant_sqrt) / (2 * a);

  printf("root1 = %g + %gi\n", creal(root1),  cimag(root1));
  printf("root2 = %g + %gi\n", creal(root2),  cimag(root2));

  return 0;
}
```

程序的输出如下：

```
root1 = -0.2 + 0.4i
root2 = -0.2 + -0.4i
```

程序 quadratic.c 说明了如何显示复数：提取实部和虚部，把它们分别当作浮点数输出。printf 没有用于复数的转换指定符，因此没有更简单的方法。读取复数也没有捷径可走，程序需要分别获取实部和虚部，然后将它们合并为一个复数。

27.5 <tgmath.h>：泛型数学 C99

<tgmath.h>提供了带参数的宏，宏的名字与<math.h>和<complex.h>中的函数名相匹配。这些**泛型宏**（type-generic macro）可以检测参数的类型，然后调用<math.h>或<complex.h>中相应的函数。

从 23.3 节、23.4 节和 27.4 节可以看出，C99 中的许多数学函数有多个版本。例如，sqrt 函数不仅有 3 种复数版本（csqrt、csqrtf 和 csqrtl），还有 double（sqrt）、float（sqrtf）以及 long double 版本（sqrtl）。使用<tgmath.h>之后，程序员可以直接使用 sqrt，而不用

担心需要的到底是哪个版本：根据 x 类型的不同，函数调用 sqrt(x)有可能是 6 个版本的 sqrt 中的任何一个。

723

使用<tgmath.h>的好处之一是数学函数的调用更容易书写（也更易读懂）。更重要的是，将来参数类型改变时，不需要修改泛型宏的调用。

顺便提一下，<tgmath.h>包含了<math.h>和<complex.h>。因此只要在程序中包含了<tgmath.h>，就可以访问<math.h>和<complex.h>中的函数。

27.5.1　泛型宏

根据泛型宏是对应于<math.h>中的函数、<complex.h>中的函数，还是对应于同时存在于<math.h>和<complex.h>中的函数，可以把<tgmath.h>中定义的泛型宏分为 3 组。

表 27-5 列出了与同时存在于<math.h>和<complex.h>中的函数相对应的泛型宏。注意，每个泛型宏的名字与<math.h>中“不带后缀”的函数的名字（例如 acos，而不是 acosf 或 acosl）相对应。

表 27-5　<tgmath.h>中的泛型宏（第一组）

<math.h>中的函数	<complex.h>中的函数	泛型宏
acos	cacos	acos
asin	casin	asin
atan	catan	atan
acosh	cacosh	acosh
asinh	casinh	asinh
atanh	catanh	atanh
cos	ccos	cos
sin	csin	sin
tan	ctan	tan
cosh	ccosh	cosh
sinh	csinh	sinh
tanh	ctanh	tanh
exp	cexp	exp
log	clog	log
pow	cpow	pow
sqrt	csqrt	sqrt
fabs	cabs	fabs

第二组宏（见表 27-6）仅对应于<math.h>中的函数。每个宏的名字与<math.h>中不带后缀的函数的名字一样。用复数作为这些宏的参数会导致未定义的行为。

表 27-6　<tgmath.h>中的泛型宏（第二组）

atan2	fma	llround	remainder
cbrt	fmax	log10	remquo
ceil	fmin	log1p	rint
copysign	fmod	log2	round
erf	frexp	logb	scalbn
erfc	hypot	lrint	scalbln
exp2	ilogb	lround	tgamma
expm1	ldexp	nearbyint	trunc
fdim	lgamma	nextafter	
floor	llrint	nexttoward	

724

最后一组宏（见表 27-7）仅对应于<complex.h>中的函数。

表 27-7 <tgmath.h>中的泛型宏（第三组）

carg	conj	creal
Cimag	cproj	

Q&A 除 modf 函数外，上面的 3 个表覆盖了<math.h>和<complex.h>中所有有多个版本的函数。

27.5.2 调用泛型宏

为了解泛型宏的调用过程，首先需要了解泛型参数（generic parameter）的概念。考虑 nextafter 函数（来自<math.h>）的 3 个版本的原型：

```
double nextafter(double x, double y);
float nextafterf(float x, float y);
long double nextafterl(long double x, long double y);
```

x 和 y 的类型根据 nextafter 函数的版本变化，所以这两个参数都是泛型参数。现在再来看看 nexttoward 函数 3 个版本的原型：

```
double nexttoward(double x, long double y);
float nexttowardf(float x, long double y);
long double nexttowardl(long double x, long double y);
```

第一个参数是泛型参数，但第二个参数不是（其类型总是 long double）。在不带后缀的函数版本中，泛型参数的类型总是 double（或者 double complex）。

调用泛型宏时，首先需要确定应该用<math.h>中的函数还是<complex.h>中的函数来替换它。（对于表 27-6 和表 27-7 中的宏，不需要这一步，因为表 27-6 中的宏总会被替换为<math.h>中的函数，而表 27-7 中的宏总会被替换为<complex.h>中的函数。）判断的规则很简单：如果泛型参数对应的参数是复数，那么选择<complex.h>中的函数，否则选择<math.h>中的函数。

接下来需要分析应调用<math.h>中的函数或<complex.h>中的函数的哪个版本。假定需要调用的函数在<math.h>中（对于<complex.h>中的函数，规则是类似的），那么依次使用下面的规则。

(1) 如果与泛型参数对应的实参为 long double 型，那么调用函数的 long double 版本。

(2) 如果与泛型参数对应的实参为 double 型或整数类型，那么调用函数的 double 版本。

(3) 其他情况下调用函数的 float 版本。

第(2)条规则有一些特别，它说 Q&A 整数类型的实参会导致调用函数的 double 版本，而不是我们预料中的 float 版本。 725

举个例子，假设声明了如下变量：

```
int i;
float f;
double d;
long double ld;
float complex fc;
double complex dc;
long double complex ldc;
```

对于表 27-8 左列的每个宏调用，相应的函数调用在右列给出。

表 27-8　宏调用所对应的等价函数调用

宏　调　用	等价的函数调用
`sqrt(i)`	`sqrt(i)`
`sqrt(f)`	`sqrtf(f)`
`sqrt(d)`	`sqrt(d)`
`sqrt(ld)`	`sqrtl(ld)`
`sqrt(fc)`	`csqrtf(fc)`
`sqrt(dc)`	`csqrt(dc)`
`sqrt(ldc)`	`csqrtl(ldc)`

注意，宏调用 `sqrt(i)`会调用 `sqrt` 函数的 `double` 版本，而不是 `float` 版本。

这些规则同样适用于带有多个参数的宏。例如，宏调用 `pow(ld,f)`将被替换为 `powl(ld, f)`。`pow` 的两个参数都是泛型参数。由于有一个参数是 `long double` 型，根据规则 1，将调用 `pow` 函数的 `long double` 版本。

27.6 `<fenv.h>`：浮点环境 C99

IEEE 754 标准在表示浮点数时使用最广泛。（C99 标准把 IEEE 754 称为 IEC 60559。）`<fenv.h>`的目的是使程序可以访问 IEEE 标准指定的浮点状态标志和控制模式。虽然对`<fenv.h>`的设计具有一般性，也考虑到了用于其他浮点表示法的情况，但创建`<fenv.h>`的目的是支持 IEEE 标准。

有关程序为什么可能需要访问状态标志和控制模式的讨论超出了本书的范围。读者可以参考 David Goldberg 撰写的“What Every Computer Scientist Should Know About Floating-Point Arithmetic”一文（发表在 1991 年 3 月的 *ACM Computing Surveys* 上，第 23 卷，第 1 期，第 5~48 页），该文章可以在网上找到。

726

27.6.1　浮点状态标志和控制模式

7.2 节讨论了 IEEE 754 标准的一些基本性质，23.4 节给出了进一步的细节，讨论了 C99 在`<math.h>`中新增的内容。其中一些讨论是与`<fenv.h>`直接相关的，尤其是有关异常和舍入方向的讨论。在继续介绍之前，首先回顾一下 23.4 节的一些内容并定义几个新的术语。

浮点状态标志是一个系统变量，在发生浮点异常时设置。在 IEEE 标准中，有 5 种类型的浮点异常：上溢出、下溢出、除零、无效运算（算术运算的结果是 NaN）和不精确（需要对算术运算的结果舍入）。每种异常都有一种相对应的状态标志。

`<fenv.h>`声明了一种名为 `fexcept_t` 的类型，用于浮点状态标志。`fexcept_t` 型的对象表示这些标志的整体值。可以简单地把 `fexcept_t` 设成整数类型，其中每个位表示一个标志，不过 C99 标准没有做这样的要求。因此其他方案也存在，比如可以把 `fexcept_t` 设成结构类型，其中每个成员表示一种异常。成员中还可以存储有关异常的其他信息，比如导致该异常的浮点指令的地址。

浮点控制模式是一个系统变量，程序可以通过设置该变量来改变浮点运算的未来行为。当不能用浮点表示方法精确地表示一个数时，IEEE 标准要求用“定向舍入”模式来控制其舍入方向。舍入方向有 4 种：(1) *向最近的数舍入*，向最接近的可表示的值舍入，如果一个数正好在两个数值的中间，就向“偶”值（最低有效位为 0）舍入；(2) *趋零截尾*；(3) *向正无穷方向舍入*；(4) *向负无穷方向舍入*。默认的舍入方向是向最近的数舍入。IEEE 标准的有些实现还提供了另外两种控制模式：一种是用于控制舍入精度的模式，另一种是“陷阱”模式，它用于在发生异常时判断浮点处理器是否掉入陷阱（或停止）。

术语**浮点环境**（floating-point environment）是指特定实现所支持的浮点状态标志和控制模式的结合。fenv_t 类型的值表示整个浮点环境。fenv_t 类型与 fexcept_t 类型一样，都声明在<fenv.h>中。

27.6.2 <fenv.h>宏

表 27-9 列出了<fenv.h>中可能会定义的宏，但这些宏中只有两个宏（FE_ALL_EXCEPT 和 FE_DEL_ENV）是必须有的。实现中也可以定义表中没有列出的宏，宏的名字必须以 FE_后跟一个大写字母开头。

727

表 27-9 <fenv.h>中的宏

名称	值	说明
FE_DIVBYZERO FE_INEXACT FE_INVALID FE_OVERFLOW FE_UNDERFLOW	整型常量表达式，位不重叠	仅当实现支持相应的浮点异常时才定义。实现可以定义其他表示浮点异常的宏
FE_ALL_EXCEPT	见说明	实现所定义的所有浮点异常宏的按位或。如果没有定义这样的宏，则值为 0
FE_DOWNWARD FE_TONEAREST FE_TOWARDZERO FE_UPWARD	整型常量表达式,.值是非负离散的	仅当相应的浮点异常可以通过 fegetround 和 fesetround 函数来获得和设置时才定义。实现可以定义其他表示舍入方向的宏
FE_DFL_ENV	const fenv_t *类型的值	表示（程序启动时的）默认浮点环境。实现可以定义其他表示浮点环境的宏

27.6.3 FENV_ACCESS 编译提示

<fenv.h>提供了一个名为 FENV_ACCESS 的编译提示，用于通知编译器：程序想使用该头提供的函数。知道程序中的哪些部分会使用<fenv.h>对编译器来说很重要，因为如果控制模式不是按习惯设置的，或者在程序执行过程中控制模式可能改变，那么有些常见的优化方法将不能使用。

FENV_ACCESS 编译提示的形式如下：

```
#pragma STDC FENV_ACCESS 开关
```

其中*开关*可以是 ON、OFF 或 DEFAULT。如果值为 ON，该编译提示告诉编译器程序可能会测试浮点状态标志或者修改浮点控制模式；如果值为 OFF，那么不会对标志进行测试，且使用默认的控制模式；DEFAULT 的含义由实现定义，它可能表示 ON 也可能表示 OFF。

FENV_ACCESS 编译提示的有效期限与它在程序中出现的位置有关。如果它出现在源文件的最顶层，也就是说在任何外部声明之外，那么它将持续有效直到遇到下一个 FENV_ACCESS 编译提示或者到达文件结尾。除此之外，FENV_ACCESS 编译提示只可能出现在复合语句（可能是函数体）的开始处；这种情况下，该编译提示将持续有效，直到遇到下一个 FENV_ACCESS 编译提示（甚至可能出现在内嵌的复合语句中）或者到达复合语句的结尾。在复合语句的结尾处，开关的状态会恢复为进入复合语句之前的值。

728

程序员应使用 FENV_ACCESS 编译提示来指明程序的哪些部分需要对浮点硬件进行底层访问。在编译提示的开关值为 OFF 的程序区域，测试浮点状态标志或者以非默认的控制模式运行都会导致未定义的行为。

通常把指定开关值为 ON 的 FENV_ACCESS 编译提示置于函数体的开始位置：

```
void f(double x, double y)
{
  #pragma STDC FENV_ACCESS ON
  ...
}
```

函数 f 可以根据需要测试浮点状态标志或改变控制模式。在 f 函数体的末尾，编译提示的开关将恢复以前的状态。

程序执行过程中，从 FENV_ACCESS 编译提示的开关值为 OFF 的区域进入开关值为 ON 的区域时，浮点状态标志没有指定的值，控制模式采用默认设置。

27.6.4　浮点异常函数

```
int feclearexcept(int excepts);
int fegetexceptflag(fexcept_t *flagp, int excepts);
int feraiseexcept(int excepts);
int fesetexceptflag(const fexcept_t *flagp, int excepts);
int fetestexcept(int excepts);
```

<fenv.h>中的函数分为 3 组。第一组函数用于处理浮点状态标志。这 5 个函数都有一个名为 excepts 的 int 型形式参数，它是一个或多个浮点异常宏（表 27-9 列出的第一组宏）的按位或。例如，传递给这些函数的参数可能是 FE_INVALID|FE_OVERFLOW|FE_UNDERFLOW，表示 3 种状态标志的组合；这些参数也可能是 0，表示没有选择任何标志。

feclearexcept 函数试图清除 excepts 所表示的浮点异常。如果 excepts 为 0 或者所有指定的异常都成功清除，feclearexcept 函数返回 0；否则返回非零值。

fegetexceptflag 函数试图获取 excepts 所表示的浮点状态标志。该数据存储在 flagp 指向的 fexcept_t 型对象中。如果状态标志成功存储，fegetexceptflag 函数返回 0；否则返回非零值。

feraiseexcept 函数试图产生 excepts 所表示的浮点异常。产生上溢出或下溢出异常时，729 feraiseexcept 是否还会同时产生不精确浮点异常由实现定义。（符合 IEEE 标准的实现会这样做。）如果 excepts 为 0 或者所有指定的异常都成功产生，feraiseexcept 函数返回 0；否则返回非零值。

fesetexceptflag 函数试图设置 excepts 所表示的浮点状态标志。这些数据存储在 flagp 指向的 fexcept_t 型对象中，且该对象必须已经由前面的 fegetexceptflag 函数调用设置过了。此外，前面的 fegetexceptflag 函数调用的第二个参数必须包含了 excepts 所表示的所有浮点异常。如果 excepts 为 0 或者所有指定的异常都成功设置，fesetexceptflag 函数返回 0；否则返回非零值。

fetestexcept 函数只测试 excepts 所表示的浮点状态标志，它返回与当前设置的标志相对应的浮点异常宏的按位或。例如，如果 excepts 的值是 FE_INVALID | FE_OVERFLOW | FE_UNDERFLOW，fetestexcept 函数可能会返回 FE_INVALID | FE_UNDERFLOW；这表明在 FE_INVALID、FE_OVERFLOW 和 FE_UNDERFLOW 所表示的异常中，只有 FE_INVALID 和 FE_UNDERFLOW 的标志是当前设置的。

27.6.5 舍入函数

```
int fegetround(void);
int fesetround(int round);
```

fegetround 函数和 fesetround 函数用于确定和修改舍入方向。这两个函数都依赖于舍入方向宏（见表 27-9 中的第三组）。

fegetround 函数返回与当前舍入方向相匹配的舍入方向宏的值。如果不能确定当前舍入方向或者当前舍入方向不能和任何舍入方向宏相匹配，fegetround 函数返回负数。

以舍入方向宏的值作为参数时，**fesetround** 函数会试图确立相应的舍入方向。如果调用成功，fesetround 函数返回 0；否则返回非零值。

27.6.6 环境函数

```
int fegetenv(fenv_t *envp);
int feholdexcept(fenv_t *envp);
int fesetenv(const fenv_t *envp);
int feupdateenv(const fenv_t *envp);
```

730

<fenv.h>中的最后 4 个函数是针对整个浮点环境的，而不仅仅针对状态标志或控制模式。如果成功完成了所需进行的操作，每个函数都会返回 0；否则返回非零值。

fegetenv 函数试图从处理器获取当前的浮点环境，并将其存储在 envp 指向的对象中。

feholdexcept 函数需完成 3 个操作：(1) 把当前浮点环境存入 envp 指向的对象中；(2) 消除浮点状态标志；(3) 尝试为所有的浮点异常安装不阻塞模式（从而以后发生的异常不会导致陷阱或停止）。

fesetenv 函数试图建立 envp 所表示的浮点环境。其中 envp 既可以指向由之前的 fegetenv 或 feholdexcept 函数调用所存储的浮点环境，也可以等于 FE_DFL_ENV 之类的浮点环境宏。与 feupdateenv 函数不同，fesetenv 函数不会产生任何异常。如果用 fegetenv 函数调用来保存当前的浮点环境，那么以后可以调用 fesetenv 函数来恢复之前的浮点环境。

feupdateenv 函数试图完成 3 个操作：(1) 保存当前产生的浮点异常；(2) 安装 envp 指向的浮点环境；(3) 产生所保存的异常。envp 既可以指向由之前的 fegetenv 或 feholdexcept 函数调用所存储的浮点环境，也可以等于 FE_DFL_ENV 之类的浮点环境宏。

问与答

问：既然<inttypes.h>包含了<stdint.h>，为什么还需要<stdint.h>呢？（p.557）

答：主要是为了让独立式实现（➤14.3 节）中的程序可以包含<stdint.h>。（C99 要求托管式实现和独立式实现都提供<stdint.h>，但只要求托管式实现提供<inttypes.h>。）即便在托管式环境中，包含<stdint.h>而不是<inttypes.h>可能也是有益的，因为这样可以避免对属于后者的所有宏都进行定义。

***问：<math.h>中的 modf 函数有 3 个版本，为什么没有名为 modf 的泛型宏呢？（p.569）**

答：我们来看看 modf 函数的 3 个版本的原型：

```
double modf(double value, double *iptr);
float modff(float value, float *iptr);
long double modfl(long double value, long double *iptr);
```

731 modf 的与众不同之处在于，它有一个指针类型的参数，而且指针的类型在函数的 3 个版本之间还不一样。（frexp 和 remquo 也有指针参数，但类型总是 int *。）如果为 modf 给出一个泛型宏，会引起一些难题。例如，modf(d, &f)（其中 d 的类型为 double，f 的类型为 float）的含义不清楚：我们应该调用 modf 函数还是应该调用 modff 函数？C99 委员会认为，与其为某一个函数（可能还考虑到 modf 不是很常用的函数）定义一组复杂的规则，还不如不为它提供泛型宏。

问：当使用整数参数调用<tgmath.h>中的宏时，会调用相应函数的 double 版本。根据常规算术转换（➤7.4 节），应该调用 float 版本吧？（p.569）

答：我们处理的是宏，而不是函数，所以常规算术转换不适用。C99 标准委员会需要创建一条规则，以确定当传递给<tgmath.h>中的宏的参数为整数时，应该调用函数的哪个版本。委员会曾经考虑过调用 float 版本（与常规算术转换一致），但最终还是认为调用 double 版本更合适。首先，这样更安全：把整数转换为 float 型可能会导致精度的丢失，当整数类型的宽度为 32 位或更大时尤其如此。其次，这样做给程序员带来的惊讶程度要小一些。假定 i 是一个整数变量，如果不包含<tgmath.h>，那么调用 sin(i)会调用 sin 函数；如果包含了<tgmath.h>，那么调用 sin(i)会调用 sin 宏。由于 i 是整数，预处理器会把 sin 宏替换为 sin 函数，从而使最终的结果与上一种情况一致。

问：当程序调用<tgmath.h>中的泛型宏时，实现如何确定应调用哪个函数呢？宏有没有办法测试参数的类型？

答：<tgmath.h>与众不同的一个方面在于，其中的宏需要能够测试传递给它们的参数的类型。C 语言不具备测试类型的特性，所以通常无法写出这样的宏。<tgmath.h>中的宏需要依靠特定编译器所提供的特殊工具来进行这样的测试。我们不清楚这些工具是什么，而且这些工具也不一定能够从一个编译器移植到另一个编译器。

练习题

27.1 节

1. C99 在你系统上安装的<stdint.h>中，找出 int*N*_t 和 uint*N*_t 类型的声明。*N* 可以是哪些值？

2. C99 编写如下带参数的宏：INT32_C(n)、UINT32_C(n)、INT64_C(n)和 UINT64_C(n)。假设 int 类型和 long int 类型为 32 位宽，而 long long int 类型为 64 位宽。提示：使用##预处理运算符把一个包含字符 L 和 U 的组合的后缀加到 n 的后面。（7.1 节介绍了如何在整型常量中使用后缀 L 和 U。）732

27.2 节

3. C99 在下面的每条语句中，假设变量 i 的类型是原始类型。用<inttypes.h>中的宏修改每条语句，使得 i 的类型变为指定的新类型时，语句仍能正常工作。

(a) printf("%d",i);	原始类型：int	新类型：int8_t
(b) printf("%12.4d", i);	原始类型：int	新类型：int32_t
(c) printf("%-6o", i);	原始类型：unsigned int	新类型：uint16_t
(d) printf("%#x", i);	原始类型：unsigned int	新类型：uint64_t

27.5 节

4. C99 假设有下列变量声明：

```
int i;
float f;
double d;
long double ld;
float complex fc;
```

```
double complex dc;
long double complex ldc;
```

下面都是<tgmath.h>中的宏的调用，请给出预处理（用<math.h>或<complex.h>中的函数替代宏）之后的形式。

(a) `tan(i)`
(b) `fabs(f)`
(c) `asin(d)`
(d) `exp(ld)`
(e) `log(fc)`
(f) `acosh(dc)`
(g) `nexttoward(d,ld)`
(h) `remainder(f, i)`
(i) `copysign(d, ld)`
(j) `carg(i)`
(k) `cimag(f)`
(l) `conj(ldc)`

编程题

1. C99 对 27.4 节的 quadratic.c 程序做如下修改。

   (a) 让用户输入多项式的系数（变量 a、b、c 的值）。

   (b) 让程序在显示根的值之前对判别式进行测试。如果判别式为负，按以前的方式显示根的值；如果判别式非负，以实数（无虚部）的形式显示根的值。例如，如果二次方程为 $x^2+x-2=0$，那么程序的输出为

   ```
   root1 = 1
   root2 = -2
   ```

   733

   (c) 修改程序，使得虚部为负的复数的显示形式为 $a-bi$ 而不是 $a+-bi$。例如，程序使用原始系数的输出将变为

   ```
   root1 = -0.2 + 0.4i
   root2 = -0.2 - 0.4i
   ```

2. C99 编写程序，把用笛卡儿坐标表示的复数转换为极坐标形式。用户输入 a 和 b（复数的实部和虚部），程序显示 r 和 θ 的值。

3. C99 编写程序，把用极坐标表示的复数转换为笛卡儿形式。用户输入 r 和 θ 的值，程序以 $a+bi$ 的形式显示该数，其中

   $$a = r\cos\theta$$
   $$b = r\sin\theta$$

4. C99 编写程序，当给定正整数 n 时显示单位元素（unity，幺元）的 n 次方根。单位元素的 n 次方根由公式 $e^{2\pi ik/n}$ 给出，其中 k 是 $0\sim n-1$ 范围内的整数。

   734

第 28 章 C1*X* 新增的多线程和原子操作支持

在现代计算机中，我们可以同时执行多个程序。比如，可以在 Windows 系统里打开多个应用程序，这样就可以一边听歌，一边处理电子表格。当然，能够这样做的前提是处理器越来越快、越来越强。

在计算机领域，进程（process）是一个常见的术语。一个程序被加载到计算机内部执行时，就成为一个进程。为了充分利用处理器的计算能力，一台计算机上通常会有多个进程同时运行。我们运行的每个应用程序都对应着一个进程。本书中的所有程序，运行时都是一个进程，或者说运行时都会被操作系统创建为一个独立的进程。

早期的进程在结构上比较简单，它们都按照单一流程执行。以 C 程序为例，当它作为一个进程被创建和启动后，先完成一些初始化工作，比如创建和初始化全局变量，然后调用它的第一个函数（通常是 `main` 函数）。如果在 `main` 函数内又调用了其他函数，则转入其他函数执行，并返回到调用点继续执行。从 `main` 函数返回后，整个进程就完成了一次执行，随后被撤销。进程的执行可能不是连续的，操作系统可能会在多个进程之间调度，让它们轮流执行，但这种调度和轮转对计算机用户来说可能是无法察觉的。

为了加快进程的执行速度，并缩短进程的执行时间，可以把进程进一步划分为若干可并行执行的部分，并把每一个可独立执行的部分叫作一个线程（thread）。实际上，在引入线程这个概念之后，即使一个进程还是按单一流程执行，其中不存在并行处理的部分，它也将包含一个线程。原先的进程变成一个容器，实际的工作交给线程来完成。换句话说，每个进程至少包含一个线程。如此一来，从某种意义上来说，原先的进程调度更像是在一大堆线程中间进行调度。

将进程划分为一个或者多个线程之后，如果处理器的利用率原本就不高，这将可以提高整个进程的执行速度。在一个多处理器（核）的系统中，甚至可以将线程指派给不同的处理器（核）来达到负载均衡的效果。

C 语言一开始并不支持多线程，但这不能怪它，毕竟在那个时代，多线程并没有像今天这样流行。但是，后来的 C89、C99 也没有提供语言层面上的支持，这多少让人觉得有点奇怪。这并不是说 C 语言不能用来编写多线程应用程序，而是指 C 语言在语法和标准库的层面缺乏对多线程的支持。随着在 C 语言中加入线程支持的呼声越来越高，多线程支持最终被添加到 2011 年的 C 语言版本（C11）中，作为一个可选的特性。

多线程提高了程序的性能，但如果线程之间需要通信和同步，这也带来了问题，而且这些问题随着多处理器（核）技术的应用而越发严重。所以，线程库中也包括了互斥锁和条件变量。同时，在 C11 中也引入了原子类型和原子操作以支持锁无关的编程。

在本章中，我们先学习如何创建线程（➤28.1.2 节），然后讨论因多线程而引发的数据竞争问题（➤28.1.3 节），并由此引出原子类型和原子操作（➤28.2 节）。即使是引入了原子操作，也不能完全解决数据访问的同步问题，为此还将学习如何用内存屏障技术来同步线程间的内存访问（➤28.2.8 节）。

28.1 <threads.h>：多线程执行支持 C1X

从 C11 开始，C 语言提供了头<threads.h>。这个头包含了若干宏定义、类型定义、枚举常量以及函数声明，用来对多线程应用程序的编写和执行提供支持。

但是，以上特性是可选的，而不是强制性的，如果 C 实现不打算支持以上特性，则它必须定义一个宏__STDC_NO_THREADS__，表明它未提供头<threads.h>，从而也不包括上述宏定义、类型定义和函数。因此，在决定使用 C 语言的多线程特性前，程序员应当先用预处理指令判断这个宏是否存在：

```
# ifdef __STDC_NO_THREADS__
# error "Not support multi-theads. "
# endif
```

可能和你预期的相反：如果这个宏存在，实际上表明头<threads.h>是不存在的且不可用的。不存在这个宏，才是好消息。

截至本章写作时，很多 C 实现还没有提供上述支持。这背后的原因其实很简单。实际上，在 C 标准引入多线性的特性之前，很多 C 实现本身就已经支持多线程了。比如 GCC，它早就支持多线程了，只不过它有自己的线程库，提供的头是<pthreads.h>，里面的函数也和 C 标准不一样。

本章中主要介绍 C 标准的多线程特性，为了编译本章中的代码，可以使用 pelles C 编译器，这个编译器已经完整地实现了 C 标准的多线程特性。

28.1.1 线程启动函数

线程本质上是一个程序的组成部分。这个程序被创建为一个**进程**，而程序的特定部分则被创建为线程。这些特定的部分，也就是作为线程来执行的部分，形式上和普通的函数没有任何区别，但它们具有特定的参数和返回类型。

在程序中，作为线程来执行的函数叫作**线程函数**，或者**线程启动函数**，因为线程是从这个函数开始执行的。进一步来讲，这也暗示着在线程启动函数内可以调用其他函数。按照标准的要求，线程启动函数的原型必须是下面这样的（函数的名字无关紧要，可以用你自己喜欢的名字替换这里的 thread_function）：

```
int thread_function (void *);
```

在创建一个线程时，可以给它传递一个指向 void 类型的指针作为参数。这个参数是一个指针，可以指向任何类型的变量。比如，如果要传递的内容很多，它可以是一个指向结构变量的指针，转换为指向 void 类型的指针后再传递。当线程开始执行后，可以通过这个指针取得这些参数。

线程启动函数的返回类型是 int，通常用于在线程结束时返回一个状态码。状态码反映了线程结束时的状态，可以自行定义，比如用 0 表示线程正常结束。

用 C 标准库函数创建线程时，需要提供一个指向线程启动函数的指针。上面已经给出了线程启动函数的原型，那么类型 int (*) (void *)就是指向线程启动函数的指针。为了方便起见，<threads.h>头定义了 thrd_start_t 类型，它是 int (*) (void *)类型的别名。

28.1.2　线程的创建和管理函数

```
int thrd_create(thrd_t * thr, thrd_start_t func, void * arg);
thrd_t thrd_current(void);
int thrd_detach(thrd_t thr);
int thrd_equal(thrd_t thr0, thrd_t thr1);
_Noreturn void thrd_exit (int res);
int thrd_join(thrd_t thr, int * res);
int thrd_sleep(const struct timespec * duration, struct timespqc * remaining);
void thrd_yield(void);
```

thrd_create 函数创建一个新的线程。线程创建后，用参数 thr 返回一个标识，用来标记一个线程，方便后续的管理。线程标识的类型是 thrd_t，它是在头<threads.h>中定义的。

创建线程时，要传入指向线程启动函数的指针，这是通过参数 func 传入的。参数 arg 是传递给线程启动函数的参数。从实际效果来看，thrd_create 函数的工作是执行函数调用 func (arg)。

如果线程成功创建，thrd_create 函数返回 thrd_success（包括下面的 thrd_nomem 和 thrd_error 都是在<threads.h>中定义的宏）。如果无法为线程的请求分配内存空间，则返回 thrd_nomem。如果线程创建失败，则返回 thrd_error。

thrd_current 函数返回它当前所在线程的标识。它的工作很简单，在哪个线程内调用了这个函数，这个函数就返回哪个线程的标识。

thrd_detach 函数将指定的线程设置为分离线程。一个具有分离属性的线程是由操作系统来管理的，当它结束后，由操作系统负责回收它所占用的资源。thrd_detach 函数执行成功时返回 thrd_success，失败则返回 thrd_error。如果以前曾经将线程设置为结合线程或者分离线程，则不可再次设置，否则会返回 thrd_error。

thrd_equal 函数对两个线程标识进行比较，看它们是否为同一线程，参数 thr0 和 thr1 的内容是两个线程的标识。如果两个线程标识不同（即不同的线程），则函数返回 0；否则返回非零值。

thrd_exit 函数终止执行它所在的当前线程（即调用这个函数的线程），并将线程的返回码设置为参数 res 的值。注意，这个函数是不返回的。

thrd_join 函数将指定的线程同当前线程（即调用此函数的线程）相结合。这将阻塞当前线程的执行，直到指定的线程终止执行。如果参数 res 不是空指针，则它将返回指定线程的返回码。注意，参数 thr 指定的线程不能是此前曾设置为分离或者结合的线程。在执行成功时该函数返回 thrd_success，否则返回 thrd_error。

thrd_sleep 函数将当前线程（即调用此函数的线程）挂起，经过由参数 duration 指定的时间间隔之后，或者某个信号产生时，才恢复执行。如果恢复执行是因信号而引起，而且第二个参数 remaining 不为空指针，则剩余的时间（指定的间隔减去实际休眠的时间）将存储到第一个参数 duration 中。实际上，duration 和 remaining 可以指向同一个对象。

此函数的两个参数都是指向结构类型 struct timespec 的指针。结构类型 struct timespec 是在<time.h>头中定义的（➤26.3 节），<threads.h>头中包含<time.h>，所以可在包含<threads.h>的情况下直接使用。结构类型 struct timespec 用来保存一个用秒和纳秒来指定的时间间隔，因此从理论上来说，它的时间精度还是非常高的。

线程挂起的时间可能会长于要求的时间间隔，毕竟时间间隔会根据实际的系统定时器精度进行舍入，还要加上系统调度的时间开销。如果 thrd_sleep 函数返回 0，表明指定的时间间隔已经到达；如果返回-1，表明遇到了中断信号；如果返回任何负值，表明执行失败。

thrd_yield 函数试图主动将执行的机会让渡给其他线程，即使当前线程（即执行此函数的线程）其实可以继续正常执行。

程序 多线程同时运行的实例

下面通过示例程序 mthrs.c 来演示如何在一个程序中创建多个线程。程序本身并不复杂，但它可以使我们了解多线程编程的基本要素、线程函数的用法，以及多线程的工作特点。

mthrs.c

```
# include <stdio.h>
# include <threads.h>

int thread_proc(void * arg)
{
  unsigned cnt = 5;
  struct timespec interv = {1, 0};

  while (cnt --)
  {
    printf("%s\t", (char *) arg);
    thrd_sleep (& interv, 0);
  }

  return 0;
}

int main(void)
{
  thrd_t t0, t1;

  thrd_create(& t0, thread_proc, "A");
  thrd_create(& t1, thread_proc, "b");

  thrd_detach(t0);
  thrd_detach(t1);

  printf("+\t");
  thrd_sleep(& (struct timespec) {1, 500000000}, 0);
  printf("+\t");

  thrd_exit(0);
}
```

在这个程序中可以看到，main 函数首先开始执行。在 main 函数内调用线程创建函数 thrd_create 创建了两个线程，并用变量 t0 和 t1 保存这两个线程的标识。这两个线程来自同一个线程启动函数 thread_proc，这是允许的。这样做的结果是用同一个线程启动函数创建了两个独立执行的线程，线程的代码一模一样，完成的工作也相同。虽然在程序中只有一份线程代码，但是两个线程有自己完全独立的执行环境以及执行流程，而且互不影响。

在创建线程时，我们还给它传递了参数。我们给第一个线程传递的参数是指向字符串"A"的指针，给第二个线程传送的参数是指向字符串"b"的指针。接下来看看线程启动函数

thread_proc 会完成什么工作。

线程启动函数的主体是用变量 cnt 和 while 语句构造一个循环。在循环体内，先打印输出传入的字符串，然后输出一个制表符。输出之后，再用 thrd_sleep 挂起当前线程，时间间隔为 1 秒。其实线程很简单，这样做是为了延长线程的执行时间，方便我们观察线程之间的同时执行以及交替输出过程。

传递给 thrd_sleep 的第一个参数是指向 struct timespec 结构的指针，之前讲过这个结构。该结构的第一个成员用来指定秒，第二个成员用来指定纳秒。因为是传入指针，而且需要在循环中反复使用，所以我们声明了一个结构变量 interv。从它的初始化器可以知道，我们指定的时间间隔是 1 秒（即 1 秒 0 纳秒）。

在线程启动函数的最后，我们用 return 语句返回，这将结束线程的执行。当一个线程结束后，如果它是分离的，则由系统负责清理；如果它是与其他线程相结合的，则由生成结合关系的那个 thrd_join 函数负责清理。

再回到 main 函数，两个线程创建之后，紧接着用 thrd_detach 函数将它们设置为分离线程。这意味着，两个线程运行结束后，将由系统负责清理。

注意，我们创建的两个线程和 main 函数是同时运行的，而且实际上，main 函数也代表了一个线程，它是整个进程的主线程。

尽管这是本书中第一次提及线程，但实际上你可能一直在与线程打交道。现在的主流操作系统都支持多线程，你用 C 语言编写一个带有 main 函数的程序，在运行时会创建一个进程，你已经知道了。进一步来讲，这个进程会用 main 函数作为启动函数创建一个主线程。从这个意义上来说，你编写的每一个 C 语言程序，在运行时至少会创建一个线程。

就当前程序来说，它会用 main 函数创建一个主线程，这个线程又创建两个线程，所以现在是有 3 个线程在同时运行。当两个新线程打印字符串时，主线程先打印一个字符串"b"以及一个制表符，然后休眠 1.5 秒。我们在函数中指定的是 1 秒零 500000000 纳秒，折合 1.5 秒。休眠之后，再接着打印一个字符串"b"以及一个制表符，最后执行 thrd_exit 函数终止主线程。

在这个程序中，用 main 函数创建的主线程是非常特殊的，因为 main 函数返回时，会隐式地调用 exit 函数结束整个进程并返回到操作系统。所以，为了让其他线程正常结束，应当阻止 main 函数过早地返回。

为此，需要在 main 函数中调用 thrd_exit 来结束当前线程，而不是任由它返回。该函数仅仅结束当前主线程，但整个进程不会结束，进程内的其他线程也不会结束。只有进程内的所有线程都结束后，整个进程才会结束。

根据以上叙述也可以知道，在任何一个线程中调用 exit 函数都会导致整个进程结束，而进程内的所有线程也将结束。

另外，**Q&A** 在这个 main 函数内没有 return 语句，这是允许的。从 C99 开始，如果 main 函数内没有 return 语句，则它执行到组成函数体的右花括号“}”时，相当于执行

```
return 0;
```

本程序执行时，3 个线程都在屏幕上输出，但底层的输入/输出系统每次只能输出一个线程的内容，其结果就是 3 个线程的输出呈现交错的状态。比如，屏幕上的输出可能是这样的：

```
+ A b b A + b A b A A b
```

28.1.3 数据竞争

引入多线程，可以加快程序的执行速度，并提高程序的执行效率。如果每个线程的工作是独立的，线程之间彼此无关，也不需要访问同一个变量，那将是最理想的。但现实中，多个线程之间分工协作的情况很常见，而且必要时还必须进行同步，一个线程需要另一个线程完成特定的工作之后才能继续执行。

多线程给编程工作带来了挑战。如果多个线程访问同一个变量，那么线程之间的同步就变得尤其重要。一个线程在修改一个变量时，如果其他线程也同时在读取或者修改这个变量，它们之间就会产生冲突，这也叫作**数据竞争**（data race）。此时，必须有一种机制来保证多个线程对同一变量的读取和更新按有序的方式进行。否则，我们将得不到正确的结果。

程序 多线程引发数据竞争的实例

下面通过示例程序 datarace.c 来演示多线程的数据竞争，以及它所造成的后果，并解释这种竞争是如何发生的。

datarace.c

```
# include <stdio.h>
# include <threads.h>

long long counter = 0;

int thrd_proc1(void * arg)
{
  struct timespec interv = {0, 20};

  for (size_t x = 0; x < 5000; x ++)
  {
    counter += 1;
    thrd_sleep(& interv, 0);
  }

  return 0;
}

int thrd_proc2(void * arg)
{
  struct timespec interv = {0, 30};

  for (size_t x = 0; x < 5000; x ++)
  {
    counter -= 1;
    thrd_sleep(& interv, 0);
  }

  return 0;
}

int main(void)
{
  thrd_t t0, t1;

  thrd_create(& t0, thrd_proc1, 0);
  thrd_create(& t1, thrd_proc2, 0);

  thrd_join(t0, & (int){0});
  thrd_join(t1, & (int){0});

  printf("%lld\n", counter);
}
```

在这个程序中，有一个自动创建的主线程，它对应于函数 main。主线程中创建了两个新的线程，它们的线程启动函数分别是 thrd_proc1 和 thrd_proc2。

这个程序的另一个特点是，它有一个静态存储期的变量 counter，而且这个变量在所有线程内都可见，也都可以访问。线程 thrd_proc1 的任务是对变量 counter 执行 5000 次加 1 操作；线程 thrd_proc2 的任务正好相反，是对变量 counter 执行 5000 次减 1 操作。

表面上看，这两个线程的工作是相反的，因其效果互相抵消。在 main 函数里，thrd_join 函数等待线程结束并释放它所占用的资源，如果线程已经结束则直接释放它占用的资源并立即返回。两个线程结束之后，我们打印了变量 counter 的值，它应当是初始的数值 0。但实际上，打印的结果是不确定的，有时是正值，有时是负值，当然也可能偶尔会是 0，而且每次打印的结果都不一样。

那么，为什么会出现这种情况呢？这其实和 C 语言无关。在 C 语言的层面上，程序的结构和功能是清晰的、完整的，语法和程序逻辑也没有任何问题。实际上，问题出在 C 语言之下的层面和工作机制上。C 语言是高级语言，最终要转换成更低层次的机器指令。举个例子来说，语句

```
counter += 1;
```

会被编译成 3 条机器指令，这 3 条机器指令对应于完成上述语句的功能所需要的 3 个步骤：

- 读变量 counter 的值；
- 将读来的值加 1；
- 将加 1 后的值更新（写入）到变量 counter。

同样，语句

```
counter -= 1;
```

会被编译成 3 条机器指令，这 3 条机器指令对应于完成上述语句的功能所需要的 3 个步骤：

- 读变量 counter 的值；
- 将读来的值减 1；
- 将减 1 后的值更新（写入）到变量 counter。

在多线程环境下，属于不同线程的机器指令可能会同时执行（多处理器或者多核的情况下），也可能会交错执行（单处理器或者单核的情况下）。因此，在这里，前 3 条机器指令（来自线程 thrd_proc1）和后 3 条机器指令（来自线程 thrd_proc2）可能会交错执行。并且由于它们访问的是同一个变量，因此必然会发生数据竞争问题。

如表 28-1 所示，假定这两个线程只循环 1 次，而不是 5000 次。即使是这样，第一个线程将 counter 加 1，第二个线程将 counter 减 1，变量 counter 的值应该依然是原先的 0。但是，由于数据竞争的缘故，在最坏的情况下，两个线程执行结束后，变量 counter 的值是-1 而不是 0。分析如下。

表 28-1　单次循环时线程间数据竞争的过程分析

时间点序列	线程 thrd_proc1 的操作	线程 thrd_proc2 的操作	counter 的值
0	读 counter 的值（得到 0）		0
1	将读取的值加 1（得到 1）	读 counter 的值（得到 0）	0
2	将加 1 后的值写回 counter	将读取的值减 1（得到-1）	1
3		将减 1 后的值写回 counter	-1

- 在时间点 0 上，线程 thrd_proc1 读变量 counter 的值，读到的值是 0。在这个时间点上，线程 thrd_proc2 不能读变量 counter，因为已经有一个线程在执行读操作，它只能等待。
- 在时间点 1 上，线程 thrd_proc1 将刚刚读到的值（0）加 1，结果是 1；与此同时，线程 thrd_proc2 开始读变量 counter，读到的值是 0。
- 在时间点 2 上，线程 thrd_proc1 将加 1 后的新值 1 写回到变量 counter，变量 counter 的值是 1；与此同时，线程 thrd_proc2 将读来的值（0）减 1，结果是-1。
- 在时间点 3 上，线程 thrd_proc1 已经完成了对变量 counter 的操作，线程 thrd_proc2 开始将减 1 后的新值-1 写回到变量 counter，变量 counter 的值是-1。

显然，如果两个线程都只循环一次，在以上最坏的情况下，变量 counter 的值并不会因为减 1 和加 1 互相抵消而保持不变（0），而是-1。机器指令交错执行的概率取决于程序的复杂程度，为了提高这种概率，我们在线程中使用了循环，循环的次数是 5000 次。非但如此，我们还用 thrd_sleep 函数延迟线程的执行时间。如果你的计算机速度很快，那么可以适当增加循环的次数，或者增加延迟的时间。

通过以上分析可以看出，尽管在 C 语言的语法层面上，语句

```
counter += 1;
```

描述了一个完整的变量更新动作，但它在底层被分割为 3 个动作，而且这些动作之间可以被打断。在多线程环境中，要想解决数据竞争的问题，必须使这 3 个动作不能被别的线程打断。要做到这一点，可以使用锁，比较典型的锁就是**互斥锁**（mutex lock）。

对互斥锁的操作是通过**互斥函数**进行的，这些互斥函数在<threads.h>头中声明。除此之外，<threads.h>中还定义了与互斥锁相关的类型。

28.1.4 互斥函数

```
void mtx_destroy(mtx_t * mtx);
int mtx_init(mtx_t * mtx, int type);
int mtx_lock(mtx_t * mtx);
int mtx_timedlock(mtx_t * restrict mtx, const struct timespec * restrict ts);
int mtx_trylock(mtx_t * mtx);
int mtx_unlock(mtx_t * mtx);
```

mtx_destroy 函数释放参数 mtx 指向的互斥锁所占用的任何资源。释放之后，任何等待该锁的线程都不再被阻塞。参数 mtx 是一个指针，指向 mtx_t 类型的对象，这种类型是在<threads.h>头中定义的，这种类型的值用于标识互斥对象。mtx_destroy 函数不返回任何值。

mtx_init 函数创建一个互斥对象，互斥对象的属性（类型）由参数 type 指定，一共有 6 种，可以用下面的宏来指定，这些宏是在<threads.h>头中定义的。

- mtx_plain：简单的非递归互斥锁。
- mtx_timed：支持超时设定的非递归互斥锁。
- mtx_plain | mtx_recursive：简单的递归互斥锁。
- mtx_timed | mtx_recursive：支持超时设定的递归互斥锁。

有关这些属性值的含义，本节的后面会介绍。如果 mtx_init 函数执行成功，则将为 mtx 指向的互斥对象设置一个新值，这个值唯一地标识新创建的互斥锁，然后该函数返回 thrd_success；如果创建失败，则返回 thrd_error。

mtx_lock 函数阻塞当前线程的执行，直到它锁定由参数 mtx 指向的互斥锁。如果互斥锁是非递归的，在调用此函数之前，它不能已经被当前线程锁定。如果此函数执行成功，则返回 thrd_success；否则返回 thrd_error。

mtx_timedlock 函数试图阻塞当前线程的执行，直到它锁定由参数 mtx 指向的互斥锁，或者在经过了由参数 ts 所指向的日历时间之后（这个日历时间是基于 TIME-UTC 的，➤26.3.1 节）返回。参数 mtx 指向的互斥锁必须支持超时设置。如果此函数执行成功，则返回 thrd_success；如果指定的时间已到，但未成功加锁，则返回 thrd_timedout（这是一个在<threads.h>头中定义的宏）；在其他情况下返回 thrd_error 表示执行失败。

mtx_trylock 函数尝试锁定由参数 mtx 指向的互斥锁。如果它原先已经被锁定，则此函数无阻塞地立即返回。在成功锁定时返回 thrd_success；返回 thrd_busy 意味着互斥锁已经处于锁定状态；返回 thrd_error 表示执行失败。

mtx_unlock 函数释放（解锁）由参数 mtx 指向的互斥锁。参数 mtx 指向的互斥锁必须在此之前已经被当前线程锁定。若解锁成功，此函数返回 thrd_success；否则返回 thrd_error。

程序　互斥锁应用的实例

下面的程序 mtxlock.c 是 datarace.c 的修改版本，它通过在访问变量前加锁、访问变量后解锁的方式，来协调线程间的数据访问竞争。

mtxlock.c

```
# include <stdio.h>
# include <threads.h>

long long counter = 0;
mtx_t mtx;

int thrd_proc1(void * arg)
{
  struct timespec interv = {0, 20};

  for (size_t x = 0; x < 5000; x++)
  {
    mtx_lock(& mtx);
    counter += 1;
    mtx_unlock(& mtx);
    thrd_sleep(& interv, 0);
  }

  return 0;
}

int thrd_proc2(void * arg)
{
  struct timespec interv = {0, 30};

  for (size_t x = 0; x < 5000; x++)
  {
    mtx_lock(& mtx);
    counter -= 1;
    mtx_unlock(& mtx);
    thrd_sleep(& interv, 0);
  }
```

```
    return 0;
}

int main(void)
{
    thrd_t t0, t1;
    mtx_init(& mtx, mtx_plain);

    thrd_create(& t0, thrd_proc1, 0);
    thrd_create(& t1, thrd_proc2, 0);

    thrd_join(t0, & (int){0});
    thrd_join(t1, & (int){0});

    printf("%d\n", counter);
}
```

在这个示例程序中，我们声明了一个 mtx_t 类型的互斥对象，它代表一个互斥锁，但并非一开始就有效，而是直到在 main 函数内用 mtx_init 创建一个真正的互斥对象时才开始工作。注意，锁的类型是 mtx_plain，这是一个非递归的互斥锁。

紧接着，我们创建两个线程 thrd_proc1 和 thrd_proc2，这和前面是一样的。这两个线程的内容变化不大，只是各自增加了两条语句，但是很关键。在线程 thrd_proc1 中，执行语句

```
counter += 1;
```

之前，先调用函数 mtx_lock 执行一个加锁的动作，之后再调用函数 mtx_unlock 解锁；在线程 thrd_proc2 中，执行语句

```
counter -= 1;
```

之前，先调用函数 mtx_lock 执行一个加锁的动作，之后再调用函数 mtx_unlock 解锁。

我们知道，这两条语句在编译后，都对应着 3 条机器指令，分别用于读变量 counter、执行计算，以及更新变量 counter。如果能够保证这 3 条指令不和其他线程交错执行，就能避免数据竞争，所以要在这两条语句的前面执行加锁操作。

不管两个线程中的哪一个先执行到 mtx_lock 函数，在同一时刻，只能有一个加锁成功，然后继续往下执行。另一个线程加锁不成功，只能原地等待。也就是说，mtx_lock 函数不会返回，从而导致线程被阻塞，直到它等待的那个锁被另一个线程用 mtx_unlock 函数释放。

利用这种加锁和解锁的方法，可以保证每个线程都能完整地执行读和更新操作，而不被其他线程打断，这从程序 mtxlock.c 的运行结果始终为 0 就可以看出。

28.1.5 条件变量

到目前为止，我们已经学习了如何用互斥锁来协调多个线程访问同一个变量时的数据竞争问题。互斥锁是排他性的，多个线程之间通过抢占互斥锁来完成数据访问，只有抢到锁的线程可以访问数据，没有抢到锁的线程只能阻塞等待。

互斥锁是排他性的，因为多个线程之间没有通信渠道，它们之间是单纯的竞争关系，往往缺乏沟通。但是线程之间也未必总是竞争关系，也可能需要同步和协作。比如说，一个线程需要等待另一个线程完成了某个工作之后才能继续执行。

由于这个原因，C 语言的线程库引入了条件变量。条件变量用于在两个线程之间形成同步关系，类似于在线程之间传递消息。在这种情况下，一个线程可以处于阻塞或者休眠状态以等

待某个事件的发生。如果条件满足，它可以立即获得通知，并重新开始运行。

程序 线程间协作的例子

下面的程序 thrdcoop.c 用来说明单纯使用互斥锁的局限性。在这个例子中，我们需要汇总两个数，但这两个数是需要通过计算才能得到的。为了加快计算速度，我们创建了两个线程，让它们各自计算两个数中的一个。

除了并行计算，这两个线程还需要在执行的过程中进行同步：如果一个线程完成了自己的计算，它需要看一下另一个线程是否也完成了计算。如果另一个线程还没有完成计算，它需要等待；如果另一个线程也完成了计算，它就把两个线程的结果相加，并打印这个结果，然后结束线程。

thrdcoop.c

```
# include <stdio.h>
# include <threads.h>

int data1 = -1, data2 = -1;
mtx_t mtx;

int thrd_task1(void * arg)
{
  thrd_sleep(& (struct timespec){3, 0}, 0);
  data1 = 12000;

again:
  mtx_lock(& mtx);
  if (data2 != -1)
  {
    printf("%d\n", data1 + data2);
    mtx_unlock(& mtx);
    return 0;
  }
  mtx_unlock(& mtx);
  goto again;
}

int thrd_task2(void * arg)
{
  thrd_sleep(& (struct timespec){2, 0}, 0);
  data2 = 306;

again:
  mtx_lock(& mtx);
  if (data1 != -1)
  {
    printf("%d\n", data1 + data2);
    mtx_unlock(& mtx);
    return 0;
  }
  mtx_unlock(& mtx);
  goto again;
}

int main(void)
{
  thrd_t t0, t1;
  mtx_init(& mtx, mtx_plain);
```

```
    thrd_create(& t0, thrd_task1, 0);
    thrd_create(& t1, thrd_task2, 0);

    thrd_join(t0, & (int){0});
    thrd_join(t1, & (int){0});
}
```

在这个示例程序中，两个线程有点相似。在线程 thrd_task1 中，语句

```
thrd_sleep(& (struct timespec){3, 0}, 0);
data1 = 12000;
```

用延时 3 秒的方式来表示(模拟)一个复杂的数据计算过程,而且假定最终的计算结果是 12000，它保存在全局变量 data1 中；在线程 thrd_task2 中，语句

```
thrd_sleep(& (struct timespec){2, 0}, 0);
data2 = 306;
```

也用延时（2 秒）的方式来表示（模拟）一个复杂的数据计算过程，而且假定最终的计算结果是 306，它保存在全局变量 data2 中。

在两个线程中，接下来的代码都是用 goto 语句组成的循环，用来等待另一个线程的计算结果。如果看到对方的结果不是初始值-1，就意味着对方也算出了结果，就可以直接打印这两个结果的相加和；否则就继续判断和等待。

在这个过程中，对全局变量 data1 和 data2 的读写操作是用互斥锁保护的，在同一时间只能由一个线程访问它们，这是最基本的要求。

需要说明的是，这两个线程中的一个会在等待另一个线程的过程中占用和消耗大量的 CPU 时间。等待的时间越长，占用和消耗的 CPU 时间就越多，程序的效率就越低。原因很简单，只要获得互斥锁，线程就开始用 if 语句判断对方线程的数值是否为-1，然后做相应的处理。

实际上最好的方法是，每个线程在完成自己的计算之后，如果对方线程还没有计算完成，它可以进入阻塞和休眠状态，等待对方线程在完成之后给自己发一个信号，这样就不会无谓地浪费 CPU 时间。

一个线程可以给其他线程发送通知信号，也可以等待其他线程的信号。为此，需要定义条件变量，并使用条件变量函数来发送和等待信号。条件变量是一个特殊的变量，它的类型是 cnd_t，这种类型是在<threads.h>头中定义的。在使用条件变量前，必须先声明一个这种类型的变量。

28.1.6 条件变量函数

```
int cnd_broadcast(cnd_t * cond);
void cnd_destroy(cnd_t * cond);
int cnd_init(cnd_t * cond);
int cnd_signal(cnd_t * cond);
int cnd_timedwait(cnd_t * restrict cond, mtx_t * restrict mtx,
                  const struct timespec * restrict ts);
int cnd_wait(cnd_t * cond, mtx_t * mtx);
```

cnd_broadcast 用来解除被参数 cond 指向的条件变量阻塞的所有线程。调用此函数时，如果此前有任何线程被参数 cond 指向的条件变量阻塞，则此函数解除它们的阻塞状态。如果没有任何线程被参数 cond 指向的条件变量阻塞，则此函数什么也不做。此函数执行成功则返回 thrd_success，否则返回 thrd_error。

cnd_destroy 函数注销参数 cond 指向的条件变量，释放它所使用的所有资源。调用此函数的前提是没有任何线程正在被参数 cond 指向的条件变量阻塞。

cnd_init 函数用于创建一个条件变量。如果创建成功，则参数 cond 指向的变量会有一个合法的值，这个值用于标识新创建的条件变量。在任何线程内，使用这个新条件变量来调用 cnd_wait 函数时都会被阻塞。cnd_init 函数执行成功返回 thrd_success；如果不能为新条件变量分配足够的内存，则返回 thrd_nomem；因其他原因不能完成条件变量的创建操作，则返回 thrd_error。

cnd_signal 函数解除被参数 cond 指向的条件变量阻塞的某一个线程。注意，此函数只是解除某一个线程，而不是所有被此条件变量阻塞的线程。调用此函数时，如果没有任何线程被参数 cond 指向的条件变量阻塞，则此函数什么也不做，并返回表示成功的状态值。此函数执行成功，则返回 thrd_success；执行失败，则返回 thrd_error。

cnd_timedwait 函数自动解除参数 mtx 指向的互斥锁并尝试阻塞（当前线程），直到参数 cond 指向的条件变量被（其他线程的）cnd_signal 或者 cnd_broadcast 函数调用触发，或者在经过了由参数 ts 所指向的日历时间之后（这个日历时间是基于 TIME-UTC 的，➤26.3.1 节）才返回。

在调用此函数之前，要求参数 mtx 指向的互斥锁已经被调用它的线程锁定。正常情况下，当此函数返回时，它会重新锁定由参数 mtx 所指向的互斥锁。

此函数成功执行时返回 thrd_success。若因超时而返回，返回值是 thrd_timedout，其他情况下返回 thrd_error。

cnd_wait 函数自动解除参数 mtx 指向的互斥锁并尝试阻塞（当前线程），直到参数 cond 指向的条件变量被（其他线程的）cnd_signal 或者 cnd_broadcast 函数调用触发。

在调用此函数之前，要求参数 mtx 指向的互斥锁已经被调用它的线程锁定。正常情况下，当此函数返回时，它会重新锁定由参数 mtx 所指向的互斥锁。此函数执行成功时将返回 thrd_success，否则返回 thrd_error。

程序　使用条件变量等待和激活线程

下面的程序 condcoop.c 是在上一个程序 thrdcoop.c 的基础上修改来的，主要的变化是使用条件变量在两个线程间形成一种等待和通知的关系，从而使它们的执行在某个特定的时间点上保持同步。

condcoop.c

```
# include <stdio.h>
# include <threads.h>

int data1 = -1, data2 = -1;
mtx_t mtx;
cnd_t cnd;

int thrd_task1(void * arg)
{
  thrd_sleep (& (struct timespec){3, 0}, 0);
  data1 = 12000;

  mtx_lock(& mtx);
  if (data2 != -1) cnd_signal (& cnd);
  else cnd_wait (& cnd, & mtx);
```

```
  printf("%d\n", data1 + data2);
  mtx_unlock(& mtx);

  return 0;
}

int thrd_task2(void * arg)
{
  thrd_sleep(& (struct timespec){2, 0}, 0);
  data2 = 306;

  mtx_lock(& mtx);
  if (data1 != -1) cnd_signal (& cnd);
  else cnd_wait (& cnd, & mtx);
  printf("%d\n", data1 + data2);
  mtx_unlock(& mtx);

  return 0;
}

int main(void)
{
  thrd_t t0, t1;
  mtx_init(& mtx, mtx_plain);
  cnd_init(& cnd);

  thrd_create(& t0, thrd_task1, 0);
  thrd_create(& t1, thrd_task2, 0);

  thrd_join(t0, & (int){0});
  thrd_join(t1, & (int){0});
}
```

在这个程序中，变量 cnd 的值用来标识一个条件变量。当然，这个值在程序刚启动时不代表有效的条件变量，所以要在 main 函数里调用 cnd_init 来创建一个条件变量。

条件变量不能解决数据竞争，它只是用来同步线程的执行。也就是说，如果仅仅是为了在多个线程之间共享变量，可以只使用锁。但是，要想让多个线程的执行在某个时间点会合或者说同步，为了不把时间浪费在无谓的、无休止的反复查询上，条件变量用来和代表运行状态的全局变量一起，使线程进入休眠状态或者发送通知。因为用到了全局变量，而且可能产生数据竞争，所以条件变量必须和锁一起使用。

因为线程 thrd_task1 和 thrd_task2 的工作流程相同，所以我们以 thrd_task1 为例描述一下它们的执行过程。

当线程 thrd_task1 完成数据计算后，它会尝试调用 mtx_lock 函数加锁。如果加锁不成功则将阻塞，同时也说明另一个线程抢先一步完成数据计算并加锁成功。如果加锁成功则将执行语句

```
if (data2 != -1) cnd_signal(& cnd);
else cnd_wait(& cnd, & mtx);
```

这条 if 语句用来看一下线程 thrd_task2 的数据计算过程是否已经完成，这是通过判断全局变量 data2 的原始值-1 是否被改写来进行的。

如果线程 thrd_task2 也已经完成数据计算，即变量 data2 的值不等于原始数值-1，那么线程 thrd_task2 将处于以下 3 种可能的状态之一。

(1) 已经完成数据计算，但没有抢到锁，正阻塞于函数 mtx_lock。

(2) 早就完成数据计算，也抢到了锁，但发现线程 thrd_task1 还没有完成数据计算，于是调用 cnd_wait 函数阻塞自己并释放锁。这也是线程 thrd_task1 能够加锁并正在执行的原因。

(3) 已经完成数据计算，而且先一步抢到了锁，同时发现线程 thrd_task1 也完成了数据计算（但没有抢到锁），于是调用 cnd_signal 发送一个信号后打印相加结果并释放锁，目前已经结束执行，或者正在执行 mtx_unlock 后面的指令。而这也是线程 thrd_task1 能够加锁并正在执行的原因。

不管线程 thrd_task2 处于什么状态，因为它已经完成了数据计算，所以线程 thrd_task1 只需要用 cnd_signal 发送一个信号。

如果线程 thrd_task2 处在状态(1)或(3)，这个信号将消失而不起任何作用，线程 thrd_task1 继续往下执行，打印相加的结果并释放锁，然后结束线程。如果线程 thrd_task2 处在状态(2)，则函数 cnd_signal 会把线程 thrd_task2 从阻塞状态中唤醒，于是线程 thrd_task2 的 cnd_wait 函数开始尝试加锁。不过这个时候互斥锁仍在被线程 thrd_task1 占有。好在函数 cnd_signal 也返回到线程 thrd_task1 继续往下执行，而且迟早会执行到 mtx_unlock 函数。此时，线程 thrd_task1 释放锁，而线程 thrd_task2 中的 cnd_wait 函数立即执行加锁操作。

一旦线程 thrd_task2 因函数 cnd_signal 而获得了锁，它就可以继续往下执行，打印相加的结果并释放锁，然后结束线程。与此同时，线程 thrd_task1 也因执行 return 语句而早就结束了。

回到上面的 if 语句，如果线程 thrd_task1 发现线程 thrd_task2 尚未完成数据计算，那么它将执行 cnd_wait 来阻塞自己，并释放互斥锁，这是等待对方计算完成的意思。当线程 thrd_task2 完成数据计算后，就可以获得锁并继续执行。

在线程 thrd_task2 里，语句

```
if (data1 != -1) cnd_signal(& cnd);
else cnd_wait(& cnd, & mtx);
```

用来看一下线程 thrd_task1 的数据计算过程是否已经完成。基于以上流程，它会发现线程 thrd_task1 已经完成数据计算，于是调用 cnd_signal 给它发送一个信号。这个函数将线程 thrd_task1 从阻塞状态唤醒（解除阻塞），于是 cnd_wait 函数开始尝试加锁。不过这个时候互斥锁仍被线程 thrd_task2 占有。好在函数 cnd_signal 也返回到线程 thrd_task2 继续往下执行，而且迟早会执行到 mtx_unlock 函数。此时，线程 thrd_task2 释放锁，而线程 thrd_task1 中的 cnd_wait 函数立即执行加锁操作。

一旦线程 thrd_task1 因函数 cnd_signal 而获得了锁，它就可以继续往下执行，打印相加的结果并释放锁，然后结束线程。与此同时，线程 thrd_task2 也因执行 return 语句而早就结束了。

综上，因为两个线程是以通知和等待的方式进行同步的，所以无论谁先完成计算，其中一方都可以进入阻塞状态等待对方完成并发送通知，也就避免了用反复查询的方式来获取对方的状态，从而节省了 CPU 时间。程序执行后，将打印

```
12306
12306
```

28.1.7 递归锁和非递归锁

前面提到了递归锁和非递归锁。那么，什么是递归锁，什么是非递归锁？来看一个函数：

```
void func(int x)
{
  mtx_lock(& mtx);
  if (x) func(-- x);
  mtx_unlock(& mtx);
}
```

函数 func 是递归调用的，如果参数 x 的值不为 0，递归调用 func，否则返回上一层调用。但是我们也要注意到，在进入函数后调用了 mtx_lock 加锁，在函数返回前也要调用 mtx_unlock 解锁。显然，每递归调用一次，都会重复加一次锁。

如果锁是非递归的，那么在尝试加锁时，如果锁本身已经处于锁定状态，本次加锁操作将被阻塞，并等待锁被释放。就这个对函数 func 的递归调用而言，第一次调用这个函数时，加锁可以成功。第二次递归调用时，加锁操作被阻塞，因为它需要先将第一次调用时加的锁释放，但这是不可能的，于是就形成了死锁。

为了解决锁在函数递归调用时的问题，可以允许互斥锁**在同一个线程中**被重复锁定，这就形成了所谓的递归锁。如果一个锁是递归锁，则上面的递归调用就不会存在死锁。任何时候，锁在线程之间都是竞争关系，如果线程 A 获得了锁，它可以递归加锁。但是，只有在线程 A 释放了这个锁的时候，其他线程才能解除阻塞并获得这个锁。

28.1.8 初始化函数

```
void call_once(once_flag * flag, void (* func) (void));
```

来看一个问题。在前面的例子中，线程 thrd_task1 和 thrd_task2 都需要使用全局变量 cnd、mtx、data1 和 data2，也都会打印 data1+data2 的结果。当然，这些全局变量在使用前需要初始化，而且我们是在 main 函数内初始化的。

如果因为某种原因，只能将这些变量的初始化工作放在线程内进行，而且要求打印工作只能进行一次（毕竟两个线程打印的结果是一样的），该怎么办呢？

变量的初始化只需要进行一次，而且应该由那个最先开始执行的线程来完成。如果不是这样的话，当某个线程使用这些变量时，它们可能还没有初始化。问题在于，在多线程环境中，哪个线程先开始执行是不确定的。因此，我们需要使用一些技巧，比如将初始化工作放在一个函数里，所有线程都可以调用这个函数，但需要做一些判断，看别的线程是否已经调用了这个函数。

为了简化这样的问题，C 标准库提供了“只执行一次”的解决方案，或者叫“单次调用”，在多线程环境下，如果多个线程都调用某个函数，则它可以保证只调用一次。但是，这个函数的原型必须是

```
void func(void);
```

也就是说，这个函数必须无参数，而且不返回任何值。函数的名字是无所谓的，这里的 func 可以用你喜欢的名字来代替。同时，这个函数也不是在线程中直接调用的，它需要借助于 C 标准库函数 call_once 来进行。

函数 **call_once** 的功能是间接调用 func 所指向的函数，而且要使用参数 flag 指向的

once_flag 对象来确保这个函数只被调用一次。当然，这个保证的前提是，参数 flag 的值在 call_once 函数的第一次调用和后续调用中都保持不变，即始终指向同一个 once_flag 类型的对象。

类型 once_flag 是在<threads.h>头中定义的，用来保存一个供 call_once 函数使用的标志。这种类型的变量可以用一个宏 ONCE_FLAG_INIT 来初始化，这个宏也是在<threads.h>头中定义的。

从现实角度来说，单次调用通常用来做一些初始化工作，所以 call_once 函数被归类为初始化函数。

程序 单次调用的例子

下面的程序 callonce.c 是在上一个程序 condcoop.c 的基础上修改来的，它增加了两个函数 do_init 和 do_print，这两个函数都只会被调用一次。

callonce.c

```
# include <stdio.h>
# include <threads.h>

int data1 = -1, data2 = -1;
mtx_t mtx;
cnd_t cnd;
once_flag flag1 = ONCE_FLAG_INIT, flag2 = ONCE_FLAG_INIT;

void do_init(void)
{
  mtx_init(& mtx, mtx_plain);
  cnd_init(& cnd);
  printf("Mutex and condition variable is created.\n");
}

void do_print(void)
{
  printf("The combined result is %d.\n", data1 + data2);
}

int thrd_task1(void * arg)
{
  call_once(& flag1, do_init);

  thrd_sleep(& (struct timespec){3, 0}, 0);
  data1 = 12000;

  mtx_lock(& mtx);
  if (data2 != -1) cnd_signal(& cnd);
  else cnd_wait(& cnd, & mtx);
  call_once(& flag2, do_print);
  mtx_unlock(& mtx);

  return 0;
}

int thrd_task2(void * arg)
{
  call_once(& flag1, do_init);

  thrd_sleep(& (struct timespec){2, 0}, 0);
```

```
  data2 = 306;

  mtx_lock(& mtx);
  if (data1 != -1) cnd_signal(& cnd);
  else cnd_wait(& cnd, & mtx);
  call_once(& flag2, do_print);
  mtx_unlock(& mtx);

  return 0;
}

int main(void)
{
  thrd_t t0, t1;

  thrd_create(& t0, thrd_task1, 0);
  thrd_create(& t1, thrd_task2, 0);

  thrd_join(t0, & (int){0});
  thrd_join(t1, & (int){0});
}
```

从程序中可以看出，函数 do_init 用来初始化变量 mtx 和 cnd，这些工作原先是在函数 main 中进行的。为了能够看出 do_init 是否真的只调用了一次，初始化之后，我们特意打印了一条信息“Mutex and condition variable is created.”。

函数 do_print 也很简单，它只是打印变量 data1 的值和变量 data2 的值相加的结果。

程序的其他部分变化不大。首先，在线程 thrd_task1 和 thrd_task2 中，都是先用函数 call_once 来调用 do_init，然后再用 call_once 来调用 do_print。为了保证函数 do_init 只会被调用一次，使用的标志变量是 flag1；为了保证函数 do_print 只会被调用一次，使用的标志变量是 flag2，这两个标志变量是在程序的起始处声明的，并用宏 ONCE_FLAG_INIT 做了初始化。

尽管两个线程都调用了 do_init 和 do_print，但实际上它们各自只被调用了一次。因此，程序的输出如下：

```
Mutex and condition variable is created.
The combined result is 12306.
```

28.1.9 _Thread_local 存储类和线程存储期C1X

通常来说，一个具有外部链接的全局变量具有静态存储期，而且整个程序的所有部分都可以共享它。即使是在多线程环境下，所有线程也共享这个变量。但是从 C11 开始，C 语言引入了一个新的存储类指定符_Thread_local，这也是一个新的关键字，可用在变量的声明中，指定该变量具有线程存储期。

具有线程存储期的变量，其生存期贯穿于线程的执行过程，而且为线程所私有。当线程启动时创建和初始化这个变量，当线程结束时就将其销毁。

程序 打印线程存储期的变量地址

下面通过一个示例程序 thrdloca.c 来说明具有线程存储期的变量的特点。在这个程序中声明一个全局变量 g，且在它的声明中使用了存储类指定符_Thread_local，所以这个变量为每个线程所私有，在每个线程中访问的 g 是该线程私有的变量 g。

thrdloca.c

```
# include <stdio.h>
# include <threads.h>

_Thread_local int g;

void do_print(void * arg)
{
  printf("%s:%s\t%p.\n", (char *) arg, __func__,  & g);
}

void do_calc(void * arg)
{
  printf("%s:%s\t%p.\n", (char *) arg, __func__,  & g);
  do_print(arg);
}

int thrd_proc(void * arg)
{
  printf("%s:%s\t%p.\n", (char *) arg, __func__,  & g);
  do_calc(arg);
  return 0;
}

int main(void)
{
  thrd_t t0, t1;

  thrd_create(& t0, thrd_proc, "A");
  thrd_create(& t1, thrd_proc, "B");

  printf("%s:%s\t%p.\n", "main", __func__, & g);
  do_calc("main");

  thrd_join(t0, & (int){0});
  thrd_join(t1, & (int){0});
}
```

要证明每个线程中的变量 g 不同于其他线程中的变量 g，只需要打印变量 g 在每个线程中的地址即可。这个程序里一共有 3 个线程：自动创建的默认主线程，它的线程启动函数是 main；在主线程内又创建了两个线程，它们的启动函数都是 thrd_proc。为了区分后两个线程，我们在创建它们的时候分别传入字符串“A”和“B”。

在线程启动函数 thrd_proc 内部，先打印变量 g 的地址。为了区分是哪个线程，打印的内容包括线程创建时传入的字符串，以及当前函数的名字。当前函数的名字来自一个预定义的宏 __func__（➤14.3.12 节）。

对于每一个线程，函数 thrd_proc 还要调用 do_calc。函数 do_calc 以同样的方法打印变量 g 的地址，然后调用 do_print，函数 do_print 也以同样的方法打印变量 g 的地址，这样就形成一个调用链。

在程序的主线程内，除了创建两个线程，也打印变量 g 的地址，打印的内容还包括字符串“main”以及当前函数的名字，它们也来自 __func__。然后，主线程调用 do_calc 并且也将形成一个调用链。

最后，程序的打印输出可能是下面这样的。如果你的打印输出与此不同，请不要感到惊讶，你已经学了多线程，对此应该有心理准备。即使是在我的计算机上，每次的输出也不一定完全相同。

```
main:main        000001f8ff6852d0.
main:do_calc     000001f8ff6852d0.
main:do_print    000001f8ff6852d0.
B:thrd_proc      000001f8ff6858a0.
B:do_calc        000001f8ff6858a0.
B:do_print       000001f8ff6858a0.
A:thrd_proc      000001f8ff6859d0.
A:do_calc        000001f8ff6859d0.
A:do_print       000001f8ff6859d0.
```

以上打印输出中，每一行的左侧是线程的标记，以及它正在执行哪个函数；右侧的十六进制数是变量 g 的地址。显然，不同线程（A、B 或者 main）内的变量 g 也各不相同。尽管每个线程都调用了 thrd_proc、do_calc 和 do_print，但在这些函数内部所访问的变量 g 是每个线程自己独立的变量 g。

定义一个全局变量，但是让它为每个线程私有，乍一看有点滑稽，但在现实中确实会遇到不得不这样做的情况。如果一个线程很复杂，由很多函数组成，那么在函数之间共享变量可能会比互相传递参数更方便。进一步地，如果有多个这样的线程，但不需要在线程之间共享变量，那么让共享的变量具有线程存储期是一个好主意。

除了现实因素之外，存储类指定符_Thread_local 的引入也和历史有关。从传统的单线程（进程）进入多线程之后，很多公司和个人面临的问题之一是，如何将以前的程序迁移到多线程环境中。这个迁移的过程面临很多问题，解决起来可能很简单，也可能非常麻烦。

从传统的单线程迁移到多线程，问题之一如何处理共享变量。在单线程时代，多个函数可能需要访问同一个变量。为了方便，我们将它定义在所有函数之外。在这个时期，因为程序的执行是单一线条的，函数的调用也是依次进行的，所以对共享变量的访问也是有序的。

这里有一个非常典型的例子。C 标准库里有很多函数在调用失败后却不能给出一个明确的原因。比如，我们熟悉的函数 fopen 在调用成功后返回一个指向 FILE 类型的指针，但如果失败则返回 NULL 值。失败的原因很多，诸如访问权限不够、给出的文件名不合法、文件不存在等，但该函数没办法告诉你确切的原因。

为了解决这个问题，C 标准库的做法是在 <errno.h> 头中声明一个变量 errno，整个 C 标准库共享同一个变量 errno（➤24.2 节）。对于很多库函数来说，它可以在执行失败的时候把一个代表错误原因的整数值写入变量 errno。当然，你的程序也可以访问这个变量，并从中取得错误号，但必须在调用一个库函数之后立即使用它。这是不言自明的，如果你连续调用了好几个库函数，后面的库函数将有可能覆盖先前的错误号。

首次引入 errno 的时候，多线程还没有流行，所以这种做法很奏效。就像我们刚才所说的，因为程序的执行是单一线条的，函数的调用也是依次进行的，所以对共享变量的访问也是有序的。

后来，多线程开始流行了。在这个时候，因为 errno 是全局变量，所以它对所有线程都是可见的、可用的。如果在线程 A 中调用库函数失败了，它会用 errno 变量的值来观察错误原因。然而，还没等它开始读 errno 变量，线程 B 也调用某个库函数，并且因失败而覆盖了变量 errno 的值。如此一来，线程 A 将读到一个不正确的错误代码。显然，要解决这个问题，最好的办法就是让每个线程都有自己独立的 errno 变量。因此，C 标准库的做法是将 errno 定义为具有线程存储期的变量。

28.1.10 线程专属存储

用存储类指定符 _Thread_local 来创建线程存储期的变量，这种方式不够灵活，也不具有弹性。为此，C 标准库提供了**线程专属存储**（thread-specific storage），它支持动态分配内存以应对复杂的数据类型和数据处理；如果需要，还可以提供专门的析构函数，在线程退出的时候释放所分配的内存。

和 _Thread_local 不同，线程专属存储的方案是所有线程共享同一个键（key），但是这个键在不同的线程内指示不同的存储区。

键的类型是 tss_t，它是在头 <threads.h> 中定义的。在所有线程使用它们的专属存储区之前，必须先创建这个公有的键。为了创建一个键，并且用键来访问线程专属存储，标准库提供了线程专属存储函数。

28.1.11 线程专属存储函数

```
int tss_create(tss_t * key, tss_dtor_t dtor);
void tss_delete(tss_t key);
void * tss_get(tss_t key);
int tss_set(tss_t key, void * val);
```

tss_create 函数创建一个线程专属存储的指针（或者叫键）并将它存放在参数 key 指向的变量中。创建键的同时，还可以注册一个清理函数，用于在线程返回时做一些清理工作。如果线程是用 return 语句或者函数调用 thrd_exit 返回的，那么将自动调用这个函数做清理工作。被注册的函数必须具有如下原型：

```
void func(void *);
```

在这里，函数的名字是无所谓的，可以将 func 替换为任何你喜欢的名字。这个函数必须由你自己编写，然后将它的指针传递给 tss_create 函数的 dtor 参数。为了方便，在 <threads.h> 头中定义了指向这种函数的指针类型 tss_dtor_t。所以，正如你现在看到的，参数 dtor 的类型是 tss_dtor_t。

用 thrd_create 函数创建的键应当存放在一个所有线程可见的全局变量中，这个键对每个线程来说都完全相同，但它会在每个线程内部关联一个指针类型的值。

每创建一个新键的时候，在所有已经存在的线程内，这个键所关联的值都被设置为空指针。对于后续创建的线程，这个键所关联的值也被初始化为空指针。

如果 tss_create 函数成功执行，它将生成一个唯一的键并返回 thrd_success，否则返回 thrd_error，并且键在数值上是不确定的。

函数 **tss_delete** 释放由参数 key 标识的线程专属存储。

函数 **tss_get** 返回参数 key 所指定的键在当前线程中所关联的值。如果函数执行不成功，返回值是 0（空指针）。

函数 **tss_set** 将参数 key 所指定的键在当前线程中所关联的值设置为参数 val 的值。这个替换动作不会触发对清理函数的调用。该函数执行成功时返回 thrd_success，执行失败则返回 thrd_error。

程序 为线程分配专属存储

下面通过示例程序 tssdemo.c 来演示如何创建和使用每个线程专属的存储区，以及在这个过程中需要注意的要点。

tssdemo.c

```
# include <stdio.h>
# include <stdlib.h>
# include <string.h>
# include <threads.h>

tss_t key;

void destructor(void * data)
{
  free (data);
  printf("freed.\n");
}

void do_print(void)
{
  printf("%s.\n", (char *) tss_get (key));
  thrd_sleep(& (struct timespec){2, 0}, 0);
}

int thrd_proc(void * arg)
{
  tss_set(key, malloc (strlen ((char *) arg) + 10));

  strcpy((char *) tss_get (key), "hello,");
  strcat((char *) tss_get (key), (char *) arg);

  do_print();

  return 0;
}

int main(void)
{
  tss_create(& key, destructor);

  thrd_t t0, t1;

  thrd_create(& t0, thrd_proc, "world");
  thrd_create(& t1, thrd_proc, "kitty");

  thrd_join(t0, & (int){0});
  thrd_join(t1, & (int){0});

  tss_delete(key);
}
```

为了给每个线程分配专属的存储区，需要声明一个全局共享的键。在程序中，这个键保存在全局变量 key 中，它的类型是 tss_t。这个变量的内容一开始是无效的，所以接下来必须调用 tss_create 函数来创建一个有效的键，并将它的标识保存到变量 key 中。

在本程序中，键的创建工作是在主线程的启动函数 main 内完成的，这将在当前线程内为这个键关联一个值，而且被初始化为 0（空指针）。在创建这个键的时候我们还注册了一个清理函数 destructor 用来做最后的清理工作。当然，很多时候这是不必要的，所以函数 tss_create 的第二个参数可以是空指针。

紧接着，主线程创建了两个线程，并分别传入两个字符串“world”和“kitty”。这两个线程创建后，将各自用 key 关联一个值，而且初始化为 0（空指针）。这两个线程用的是同一个线程启动函数 thrd_proc，所以功能是一样的，执行流程也是一样的。

尽管 key 在每个线程内都有一个关联的值，但它只是一个指针类型的值，通常来说用处不大。但因为它是一个指针，因此可以指向其他变量，或者指向一个动态分配的内存区域，这就带来了应用上的灵活性。

在这两个线程的启动函数内部，我们用 tss_set 函数设置 key 在当前线程内所关联的值，这个值是一个指针，来自 malloc 函数的返回值。换句话说，修改之后，键 key 在当前线程内所关联的值指向一个动态分配的内存块。内存分配的长度是这样计算的：先调用函数 strlen 来计算传入的字符串的长度，然后在这个基础上加 10。

接下来用字符串复制函数 strcpy 将字符串“hello,”复制到我们刚才分配的内存区中。目标位置的地址来自函数 tss_get 的返回值，这个函数返回 key 在当前线程内对应的值。返回值的类型是 void *，但 strcpy 要求第一个参数的类型是 char *，因此要做类型转换。

紧接着，我们再调用字符串拼接函数 strcat 将刚才的“hello,”和传入的字符串连接到一起。这一步的工作和上一步在形式上相似，不用多说。唯一要注意的是，必须根据函数原型的要求对传入的实际参数做类型转换。

将两个字符串连接到一起后，接下来调用 do_print 函数。这个函数调用 printf 函数打印刚才拼接好的字符串，这个字符串的首地址是 key 在当前线程内所关联的值，所以要用 tss_get 函数取得，并将它的类型从 void * 转换为 char *。打印完成后，再调用 thrd_sleep 函数阻塞当前线程 2 秒。

在线程返回之前，应当做一些清理工作，特别是要释放动态分配的内存。如果已经注册了清理函数，则这些工作可以放到清理函数内进行。示例程序中已经注册了这样一个函数 destructor，它就用来做最后的清理工作。

在调用这个函数之前，key 在当前线程内所关联的值会被设置为 0（空指针），然后调用清理函数，并把设置为 0 前的原值传递给它。从清理函数返回后，系统将检查这个值是否依然为 0，如果不为 0 则再次调用清理函数。如果这个值一直不为 0，则重复调用的次数取决于一个宏 TSS_DTOR_ITERATIONS，它是在 <threads.h> 头中定义的，是一个整型常量表达式，用来指定清理函数被重复调用的最大次数。在本示例程序中，如果你将清理函数改成这样：

```
void destructor(void * data)
{
  free(data);
  tss_set(key, malloc (1));
  printf("freed.\n");
}
```

那么你会发现，这个函数会被调用很多次（可以从字符串“freed.”被重复打印很多次上看出来），因为我们总是在清理函数 destructor 返回前重新将 key 在当前线程内所关联的值修改为非零值。

在程序中，key 在当前线程内所关联的值被设置为 0，设置为 0 前的原值被传递给清理函数 destructor 的参数 data。于是，我们就可以在函数内调用 free 函数来释放先前分配的内存，释放之后打印字符串“freed.”来表明清理工作已经结束。

本程序执行后将打印 4 行文本，由于是在多线程环境下，所以这 4 行文本的顺序可能并不固定。我的计算机上的某次执行打印如下内容：

```
hello,kitty.
hello,world.
freed.
freed.
```

28.2 _Atomic、<stdatomic.h>：原子类型和原子操作支持 C1X

早期的计算环境比较简单，这体现在两个方面：首先，只有一个处理器，而且不存在多核的概念；其次，指令的执行是按照它们在内存中的自然顺序进行的，处理器取一条指令，译码然后加以执行，接着再取下一条指令，译码并加以执行。

随着时间推移，处理器变得越来越快，内存的速度却没有跟上，还是一如既往地缓慢。忘了是谁说过，"相比于处理器，内存慢得出奇"。为此，在处理器内部开始出现了高速缓存（cache），用来缓存最常用的数据。当处理器需要从内存中读取或者写入数据时，它会先检查它是否在高速缓存中。如果它在高速缓存中，则可以直接操作高速缓存，而不用等待较慢的内存。

在这个阶段，多线程开始流行并工作得很好。所谓的多线程，实际上表现为所有线程在一个处理器上交错执行，这也叫作**并发**（concurrency）执行。为了解决线程间因共享数据而引发的数据竞争，各种类型的锁——比如前面介绍的互斥锁——被发明出来。不过这个时候锁的实现并不复杂，只需要用一个数据结构控制好线程间交替执行的节奏就可以了。

然而，使用锁的弊端是增加了系统开销，因为有很多时间花在线程的状态切换上。为此，人们希望能够在避免使用锁的情况下编写程序，从而降低系统开销并提高软件的性能，这就是**锁无关**（lock-free）的程序设计。锁无关的程序设计本身就有难度，再加上我们已经进入多处理器（核）的时代，这个任务就更具挑战性了。

现代计算环境不同于以往，已经完成了从单处理器到多处理器（核）的过渡。在多处理器（核）的环境下，可以把线程分发给不同的处理器（核），让它们各自独立地同时执行，或者说**并行**（parallelism）执行。在这个时代，每个线程的行为从它们内部来看没有任何变化，这一点可以保证。如果线程间没有任何依赖，那么它们都可以开足马力，全速地并行执行，我们就可以享受多处理器（核）带来的好处。

但是，如果线程之间要共享变量并进行同步操作，事情就开始变得古怪而不可捉摸：一个线程给共享变量赋值，其他线程也许能看到新值，也许根本看不到；线程间的同步关系也变得混乱和不可预测。这也进一步增加了锁无关程序的设计难度，因为它不单单涉及锁无关如何实现，也涉及并行执行的效率。有关这方面的细节以及具体的解决方案，将在后面的 28.2.7 节中讨论。

几十年来，C 语言社区一直通过线程、互斥锁和条件变量来探索并发这一课题，并描述各种粒度的并行性，这些成果最终出现在 C11（ISO/IEC 9899:2011）及其之后的标准中。新标准加入了原子类型，以及一个用来执行原子操作的标准库。对原子类型的支持是通过新增一个关键字 `_Atomic` 来实现的，它被用作类型指定符和类型限定符。对原子操作的支持则是通过引入一个新的头 `<stdatomic.h>` 来实现的。

注意，和多线程一样，原子特性是可选的，而不是强制性的，如果 C 实现并未支持这个特性，则它必须定义一个宏 `__STDC_NO_ATOMICS__`，表明它不支持关键字 `_Atomic`，也未提供 `<stdatomic.h>` 头。因此，在决定使用 C 语言的原子特性前，程序员应当先用预处理指令判断这个宏是否存在：

```
# ifdef __STDC_NO_ATOMICS__
# error"Not support atomic facilities."
# endif
```

28.2.1 _Atomic：类型指定符/类型限定符C1X

从 C11 开始，C 语言引入了关键字_Atomic，用来指定原子类型。这个关键字既用作类型指定符，也用作类型限定符。用作类型指定符的时候，它的格式为

```
_Atomic (类型名)
```

这里的“类型名”所指代的类型不能是数组、函数、原子或者限定的类型。无论什么时候，如果关键字_Atomic 后面跟着一个左圆括号，则它被解释为类型指定符。当它作为类型限定符的时候，和其他类型限定符 const、volatile 及 restrict 相比在语法上没有什么区别，但是含义不同。

- 用来指示一个原子类型。用 _Atomic 限定的类型在大小（数据长度）、数据的内部表示方法以及内存对齐方面可以和限定前的类型不同。
- 不能用来修饰数组和函数类型。

基于以上所述可知，要声明一个原子类型的变量，可以采用如下两种方式，它们是等效的：

```
const _Atomic (int) atom_i;
```

或者

```
const _Atomic int atom_i;
```

28.2.2 标准库定义的原子类型

为了方便，<stdatomic.h> 头里定义了很多原子类型。表 28-2 的第一列给出了这些原子类型的类型名，可直接用于声明原子变量；第二列是直接用传统方式声明的等价形式，所以叫直接类型。

表 28-2 标准库定义的原子类型与其直接类型对照表

原子类型名	直接类型
atomic_bool	_Atomic(_Bool)
atomic_char	_Atomic(char)
atomic_schar	_Atomic(signed char)
atomic_uchar	_Atomic(unsigned char)
atomic_short	_Atomic(short)
atomic_ushort	_Atomic(unsigned short)
atomic_int	_Atomic(int)
atomic_uint	_Atomic(unsigned int)
atomic_long	_Atomic(long)
atomic_ulong	_Atomic(unsigned long)
atomic_llong	_Atomic(long long)
atomic_ullong	_Atomic(unsigned long long)
atomic_char16_t	_Atomic(char16_t)
atomic_char32_t	_Atomic(char32_t)
atomic_wchar_t	_Atomic(wchar_t)
atomic_int_least8_t	_Atomic(int_least8_t)
atomic_uint_least8_t	_Atomic(uint_least8_t)
atomic_int_least16_t	_Atomic(int_least16_t)
atomic_uint_least16_t	_Atomic(uint_least16_t)
atomic_int_least32_t	_Atomic(int_least32_t)
atomic_uint_least32_t	_Atomic(uint_least32_t)

（续）

原子类型名	直接类型
atomic_int_least64_t	_Atomic(int_least64_t)
atomic_uint_least64_t	_Atomic(uint_least64_t)
atomic_int_fast8_t	_Atomic(int_fast8_t)
atomic_uint_fast8_t	_Atomic(uint_fast8_t)
atomic_int_fast16_t	_Atomic(int_fast16_t)
atomic_uint_fast16_t	_Atomic(uint_fast16_t)
atomic_int_fast32_t	_Atomic(int_fast32_t)
atomic_uint_fast32_t	_Atomic(uint_fast32_t)
atomic_int_fast64_t	_Atomic(int_fast64_t)
atomic_uint_fast64_t	_Atomic(uint_fast64_t)
atomic_intptr_t	_Atomic(intptr_t)
atomic_uintptr_t	_Atomic(uintptr_t)
atomic_size_t	_Atomic(size_t)
atomic_ptrdiff_t	_Atomic(ptrdiff_t)
atomic_intmax_t	_Atomic(intmax_t)
atomic_uintmax_t	_Atomic(uintmax_t)

28.2.3 初始化原子变量

原子变量可能有特殊的实现方式，以及相关的状态。依原子变量的声明而定，如果它是具有静态存储期（➤18.2.1 节）或者线程存储期（➤28.1.9 节）的变量且没有初始化，则将自动初始化为 0 值，并保证处于有效状态；相反，如果它是具有自动存储期（➤18.2.1 节）的变量且没有初始化，则将处于不确定的状态。

因此，那些具有自动存储期的变量必须进行初始化，使其处于有效的初始状态。从 C11 开始提供了一个宏 ATOMIC_VAR_INIT，它是在 <stdatomic.h> 头中定义的，可以用来初始化原子变量。例如：

```
_Atomic int atom_i = ATOMIC_VAR_INIT(77);
```

不建议使用这个宏来初始化原子变量，因为按照 C18 的说法，下一个版本的 C 标准将会废除它。因此，你应该使用下一节将要介绍的原子变量初始化函数 atomic_init。除此之外，在本章接下来的内容中还要介绍更多函数，它们都是泛型函数，参数的类型不固定，所以要使用字母来表示。因此，在继续下面的内容之前，我们有必要先达成以下共识：

- 用 *A* 指代某种原子类型；
- 用 *C* 指代与 *A* 相对应的非原子类型；
- 用 *M* 指代执行算术操作的其他参数的类型。对于原子的整数类型，*M* 是 *C*；对于原子的指针类型，*M* 是 ptrdiff_t。

28.2.4 原子变量的初始化函数

```
void atomic_init(volatile A * obj, C value);
```

atomic_init 是一个泛型函数，它用参数 value 的值初始化参数 obj 指向的原子对象，同时为该对象设置一些由实现定义的附加状态。尽管这个函数初始化的是一个原子对象，但它并不能防止数据竞争。在初始化期间，对当前对象的其他并发访问都将造成数据竞争，即使它们也是原子操作。

正如上面所说的，对于具有自动存储期的原子变量，应当显式地初始化。下面是一个用函数 atomic_init 来初始化原子变量的示例：

```
atomic_int atom_i;
atomic_init(& atom_i, 77);
```

28.2.5 原子操作

和原子类型指定符/限定符 _Atomic 紧密关联的概念是原子操作。“原子操作”是一个名词而不是一个动词，它指一个完整的操作，比如一个读操作、一个写操作，或者一个完整的读-改-写操作。这个概念的引入是因为存在数据竞争——如果两个线程同时发起这样一个操作，在这个操作执行期间，其他处理器、进程或者线程不能访问相同的内存位置。从程序员的直觉来看，原子操作起码应该具有以下特征。

- 一个读对象 M 的操作在执行期间，其他线程不能访问对象 M。
- 一个写对象 M 的操作在执行期间，其他线程不能访问对象 M。
- 任何一个对象 M 的读-改-写操作在执行期间，其他线程不能访问对象 M；或者，至少在写入新值的时候，必须确保对象的值没有因其他线程的写操作而发生变化，否则应该重新执行读-改-写过程。

在 C 语言里，原子操作是对原子对象（变量）施加的操作。在处理器的层面上，原子操作和机器指令紧密相关，比如一个对齐于对象自然边界的内存操作指令，一个会导致总线锁定的内存操作指令，或者一个带有总线锁定前缀的内存操作指令。

首先，存（写）取（读）原子变量的操作是原子操作。进一步来讲，**Q&A** 在 C 语言里，所有复合赋值运算符，诸如+=、/=、*=等，以及所有形式的 ++ 和 -- 运算符，在用于修改原子变量时都执行原子操作。这些操作的原子性可能是借助于处理器的硬件指令实现的，也可能是通过内联（后面将要讲的）原子操作函数来实现的。当然，内联的代码也可能直接来自编译器，而不是标准库。

其次，在 <stdatomic.h> 头里定义了很多库函数（➤28.2.6 节），它们用来存取原子变量，这些库函数也都执行原子操作。

程序　用运算符+=和-=修改原子变量

在本章开始（➤28.1.3 节），我们写了一个存在数据竞争的程序 datarace.c。为了协调数据竞争，传统的解决方案是采用互斥锁，因此我们曾经编写过一个采用互斥锁的版本（➤28.1.4 节）。

引入原子类型和原子操作的目的是支持锁无关（lock-free）的程序设计，从而降低系统开销，并提高程序的执行效率。因此，所幸我们只需要将 datarace.c 做一处小小的修改，就可以达到和采用互斥锁一样的目的，也就是解决数据竞争的问题。

那么，这一处神奇的、小小的修改在哪里呢？答案是将全局变量 counter 声明为原子类型。尽管这是一处不起眼的修改，文件的内容变化并不大，但为了方便讨论，这里还是给出了修改后的文件内容，新文件的名字是 atomic.c。

atomic.c

```
# include <stdio.h>
# include <threads.h>

_Atomic long long counter = 0;

int thrd_proc1(void * arg)
{
```

```
  struct timespec interv = {0, 20};

  for (size_t x = 0; x < 5000; x ++)
  {
    counter += 1;
    thrd_sleep(& interv, 0);
  }

  return 0;
}

int thrd_proc2(void * arg)
{
  struct timespec interv = {0, 30};

  for (size_t x = 0; x < 5000; x ++)
  {
    counter -= 1;
    thrd_sleep(& interv, 0);
  }

  return 0;
}

int main(void)
{
  thrd_t t0, t1;

  thrd_create(& t0, thrd_proc1, 0);
  thrd_create(& t1, thrd_proc2, 0);

  thrd_join(t0, & (int){0});
  thrd_join(t1, & (int){0});

  printf("%lld\n", counter);
}
```

对比一下旧文件 datarace.c 和新文件 atomic.c 就能发现，我们只是把旧文件中的这一行：

```
long long counter = 0;
```

在新文件中改成了这样：

```
_Atomic long long counter = 0;
```

除此之外，其他内容没有任何变化。但是无论什么时候运行这个新程序，它打印输出的数字永远是 0，这表明修改起了作用，数据竞争被消除了。

但是，如果我们将线程 thrd_proc1 中的

```
counter += 1;
```

改成

```
counter = counter + 1;
```

将线程 thrd_proc2 中的

```
counter -= 1;
```

改成

```
counter = counter - 1;
```

然后重新编译和运行程序，会发现数据竞争又出现了，每次运行程序都可能得到和上一次不同的结果，只有在极其偶然的情况下才能出现正确的结果 0。我们说过，给一个原子变量赋值，这个操作是原子性的，但为什么改了一下赋值的形式，就不灵了呢？

用复合赋值运算符给原子变量赋值，或者用任何形式的++、--运算符来操作原子变量，都是“读–改–写”的原子操作。这种原子性保证“读–改–写”是个单一操作，不管它是如何实现的，其实际效果等同于在这个读–改–写期间，其他线程不能访问同一个变量。

但是，语句

```
counter = counter + 1;
```

就不同了，它是按顺序执行以下几个操作：

(1) 读变量 counter 的值；
(2) 将读来的值加 1；
(3) 将加 1 后的新值写回变量 counter。

因为运算符=的原子性仅仅体现在赋值动作本身，所以(3)是原子性的，只能保证在执行(3)期间，其他线程不会访问变量 counter。按照程序的逻辑和我们的意图，从(1)开始一直到(3)，其他线程都不应该访问 counter，但这是无法保证的。

在实际的编程工作中类似这样的情形还是比较常见的，区别仅仅在于(2)通常不会是加 1 或者减 1 这么简单，而更可能是对读来的值做一些复杂的运算，再将运算后的新值更新（写入）到原来变量。但你也看到了，如果多个线程都对同一个变量执行上述过程，数据竞争依然存在，即使这个共享变量是一个原子变量。

那么，难不成我们还要退回去使用互斥锁和条件变量吗？这倒不必。要知道，引入原子类型和<stdatomic.h>头的动机之一就是尽量减少对锁的依赖。<stdatomic.h>头中声明了一些函数，我们可以用它们来解决上述问题。

28.2.6　原子操作函数

```
void atomic_store(volatile A * object, C desired);
void atomic_store_explicit(volatile A * object, C desired,
                    memory_order order order);
C atomic_load(const volatile A * object);
C atomic_load_explicit(const volatile A * object,
                    memory_order order);
C atomic_exchange(volatile A * object, C desired);
C atomic_exchange_explicit(volatile A * object, C desired,
                    memory_order order);
_Bool atomic_compare_exchange_strong(volatile A * object,
                    C * expected, C desired);
_Bool atomic_compare_exchange_strong_explicit(
                    volatile A * object, C * expected,
                    C desired, memory_order success,
                    memory_order failure);
_Bool atomic_compare_exchange_weak(volatile A * object,
                    C * expected, C desired);
_Bool atomic_compare_exchange_weak_explicit(
                    volatile A * object, C * expected,
                    C desired, memory_order success,
                    memory_order failure);
C atomic_fetch_add(volatile A * object, M operand);
C atomic_fetch_add_explicit(volatile A * object, M operand,
                    memory_order order);
```

```
C atomic_fetch_sub(volatile A * object, M operand);
C atomic_fetch_sub_explicit(volatile A * object, M operand,
                        memory_order order);
C atomic_fetch_or(volatile A * object, M operand);
C atomic_fetch_or_explicit(volatile A * object, M operand,
                        memory_order order);
C atomic_fetch_xor(volatile A * object, M operand);
C atomic_fetch_xor_explicit(volatile A * object, M operand,
                        memory_order order);
C atomic_fetch_and(volatile A * object, M operand);
C atomic_fetch_and_explicit(volatile A * object, M operand,
                        memory_order order);
```

这一节函数很多，而且在形式上明显不同于以往，也许会让你感到迷惑。不过不要紧，我们先来了解它们的用途，再通过一个实例来理解提供这些函数的意图，然后你就会开始熟悉它们，并能主动地学习如何使用它们。

以上我们给出了 10 种函数，每一种函数都包括两个版本：不带_explicit 后缀的版本和带有_explicit 后缀的版本。这两个版本完成相同的功能，区别在于，不带_explicit 后缀的版本使用默认的 memory_order_seq_cst 内存顺序，而带有_explicit 后缀的版本要求显式地指定内存顺序。

原子操作函数所使用的内存顺序对编译器和处理器都有影响。首先，它决定了编译器能够在多大程度上对当前函数前后的指令进行优化和重排；其次，在函数执行时，它也会对处理器的乱序执行进行干预，这主要是解决线程之间的同步问题（➤28.2.7 节）。

这些函数都是泛型函数，所以参数类型和返回类型只能按照前面 28.2.3 节的约定，用字母 *A* 和 *C* 泛指。注意，*A* 是原子类型。

泛型函数 **atomic_store** 原子地用参数 desired 的值替换参数 object 所指向的原子对象的值。在带有_explicit 后缀的版本中，参数 order 用来显式地指定内存顺序，但指定的内存顺序不能是 memory_order_acquire、memory_order_consume 和 memory_order_acq_rel。函数执行时，将按照默认或者指定的内存顺序对处理器进行干预。

泛型函数 **atomic_load** 用来原子地读取并返回参数 object 所指向的对象的值。在带有_explicit 后缀的版本中，指定的内存顺序不能是 memory_order_release 和 memory_order_acq_rel。函数执行时，将按照默认或者指定的内存顺序对处理器进行干预。

泛型函数 **atomic_exchange** 及其带有_explicit 后缀的版本执行交换操作：原子地用参数 value 的值替换参数 object 所指向的原子对象的值，并返回这个对象被替换前的原值。这两个函数执行的是“读–改–写”操作。函数执行时，将按照默认或者指定的内存顺序对处理器进行干预。

泛型函数 **atomic_compare_exchange_strong** 及其带有_explicit 后缀的版本执行比较–交换操作。假定参数 object 指向原子对象 ao，参数 expected 指向对象 e，那么此函数执行以下原子操作：比较 ao 和 e 的值，如果相等则用参数 desired 的值替换 ao 的值，如果不相等则用 ao 的值去更新 e 的值。函数的返回值是比较的结果。

需要补充说明的是，如果比较的结果是相等，将按照参数 success 指定的内存顺序对处理器进行干预；如果不相等，则按照参数 failure 指定的内存顺序对处理器进行干预。

泛型函数 **atomic_compare_exchange_weak** 及其带有_explicit 后缀的版本同样执行比较–交换操作。不同的是，比较的结果有可能是**伪**不相等。出现这种情况的原因是，举例来说，

+0.0 和-0.0 在逻辑上是相等的，但它们具有不同的内部表示，所以这个函数将其按照不相等来处理。

在以 atomic_compare_exchange_开头的原子操作函数中，为参数 failure 指定的内存顺序不能是 memory_order_release 和 memory_order_acq_rel。这些函数执行的是“读–改–写”操作。

以 **atomic_fetch_**开头的泛型函数及其带有_explicit 后缀的版本原子地执行以下“读–改–写”操作：读参数 object 所指向的原子对象；用读来的值和参数 operand 的值一起做算术运算或者位运算（add 是做加法，sub 是做减法，or 是逐位或，xor 是逐位异或，and 是逐位与）；运算的结果再写回 object 所指向的原子对象。

以上所有这些操作都适用于任何原子整数类型的对象，除了 atomic_bool。有符号整数类型使用 2 的补码来表示其数据，运算溢出后将自动回绕。带后缀版本和不带后缀版本的区别仅在于使用的内存顺序是明确指定的还是默认的。这些函数统一返回修改之后的值，同时按照默认或者指定的内存顺序对处理器进行干预。

对于以上函数，在本节中只需要关注其功能即可，不必纠结于它们的内存顺序，有关这方面的内容参见 28.2.7 节。

程序　用原子操作函数更新共享变量

下面这个程序 atomoprs.c 是 atomic.c 的改进版本（➤28.2.5 节），同样是多个线程访问同一个共享变量，但这次使用了刚才介绍的原子操作函数。

atomoprs.c

```
# include <stdio.h>
# include <threads.h>
# include <stdatomic.h>

_Atomic long long counter = 0;

int thrd_proc1(void * arg)
{
  struct timespec interv = {0, 20};

  for (size_t x = 0; x < 5000; x++)
  {
    long long old = atomic_load (& counter), new;

    do
    {
      new = old + 1;
    } while (! atomic_compare_exchange_weak (& counter, & old, new));

    thrd_sleep(& interv, 0);
  }

  return 0;
}

int thrd_proc2(void * arg)
{
  struct timespec interv = {0, 30};

  for (size_t x = 0; x < 5000; x++)
```

```
    {
      long long old = atomic_load (& counter), new;

      do
      {
        new = old - 1;
      } while (! atomic_compare_exchange_weak (& counter, & old, new));

      thrd_sleep(& interv, 0);
    }

    return 0;
  }

  int main(void)
  {
    thrd_t t0, t1;

    thrd_create(& t0, thrd_proc1, 0);
    thrd_create(& t1, thrd_proc2, 0);

    thrd_join(t0, & (int){0});
    thrd_join(t1, & (int){0});

    printf("%lld\n", counter);
  }
```

在这个程序中，和往常一样，线程 thrd_proc1 和 thrd_proc2 功能相反，只要搞懂了一个，另一个也就懂了。所以，接下来我们以线程 thrd_proc1 为例进行说明。需要注意的是，在程序中用到了原子操作函数，因此要包含 <stdatomic.h> 头。

线程 thrd_proc1 的工作是将共享变量 counter 反复加 1。这件事本来很简单，因为 counter 是一个原子变量，使用复合赋值运算符+=就能轻松完成。但是我们不想用复合赋值运算符，而只想用简单赋值运算符=（好在不是所有程序员都这么任性），于是这就麻烦了。这是因为，在 28.2.5 节中已经说过，如果使用简单赋值运算符的话，需要三步：读、加 1 和赋值。而且只有读和赋值是原子的，在这两个原子操作中间，别的线程也可以访问 counter 并改变它。

不过没有关系，我们可以换一种思路，而且不在乎别的线程是否会来横插一杠子。如程序中所示，先用 atomic_load 函数原子地读变量 counter 的值到临时变量 old，然后用一个 do 循环执行如下操作。

(1) 计算 old 加 1 的值。

(2) 将计算结果赋给临时变量 new。

(3) 用 atomic_compare_exchange_weak 函数原子地执行比较–交换操作。它先看变量 old 和 counter 是否具有相同的值。如果相同的话，将变量 new 的值写入变量 counter；如果不相同，说明在步骤(1)或者步骤(1)和(3)之间，别的线程改变了变量 counter，此时只能放弃修改，并将 counter 的当前值读到 old，然后返回到步骤(1)从新的起点上重新开始。

在以上过程中，第(3)步的 atomic_compare_exchange_weak 函数起了最重要也是最关键的作用，因为它将“比较–改/回读”封装为原子操作。在它执行期间，其他线程无法对 counter 进行操作。

和互斥锁相比，采用原子操作的优势是明显的：所有线程都可以全速开动，一个线程的执行不是以其他线程的阻塞为代价。使用互斥锁，如果持有锁的线程出了问题，其他线程也会因为得不到锁而一直阻塞；但是在这里不会，即使线程 thrd_proc1 出了问题，另一个线程

thrd_proc2 也会继续执行，并率先完成自己的工作。实际上，这也是锁无关程序设计的主要特征。

当然，正如我们已经看到的，锁无关的执行机制有可能是以增加线程内部的执行时间为代价的，因为这种工作方式的特点是重复尝试，大不了前面的工作白做，从头再来。

28.2.7　内存顺序

在前面我们已经谈到了高速缓存和多处理器（核）技术。从现在开始，你需要换一换脑子，摒弃一些传统的想法，比如“线程一直是交错执行的”，以及“处理器将顺序执行指令并按顺序得到结果”。来看一段代码：

```
a = 1;          ①
b = a + 3;      ②
c = 7;          ③
d = 9;          ④
e = c + d;      ⑤
```

按照语法规则，先执行①，然后是②……最后是⑤。处理器遵循这个顺序，但只是按这个顺序将它们拆分成微操作，然后送入流水线。这样做是为了尽量填满流水线，从而提高工作效率，在单位时间里执行完更多的指令。

流水线中指令的执行是并行的，一旦进入了流水线，所有指令就具有了同时执行的特征：前面的指令还没有执行完毕，后面的指令就开始执行，这就造成了所谓的乱序执行现象。但是，指令的执行可能会卡在某些环节上。比如，要访问的数据不在高速缓存中，需要执行一个慢速的内存访问及高速缓存填充操作；再比如，当前指令的执行依赖于其他指令的执行结果。不管是什么原因，都可能导致前面的指令后执行完毕，后面的指令反而先执行完毕。

就上面这个例子来说，它们可能是按①、③、②、④、⑤的顺序依次执行完毕。注意，由于指令间的依赖关系，②不会在①之前执行完毕，⑤不会在③和④之前执行完毕。但是无论如何，从指令执行完毕的顺序来看，它们就像被处理器按下面的顺序重排过一样：

```
a = 1;          ①
c = 7;          ③
b = a + 3;      ②
d = 9;          ④
e = c + d;      ⑤
```

相比于处理器，编译器的指令重排才是真正的重排。如果在编译程序时启用了特定的优化，则编译器可能会在物理上调整指令间的顺序。

不管指令的重排是由于乱序执行引起的，还是由编译器安排的，对当前线程的执行结果都不会有任何影响。进一步地，在线程内部修改一个变量的值，不管它是当前线程内部私有的变量，还是在线程之间共享的变量，这个修改对当前线程的其他部分来说始终可见。但如果是一个共享变量，而且线程都位于不同的处理器（核）上，那么，在一个线程内的修改未必立即对另一个线程可见。原因很简单，直接写高速缓存和内存会导致一个处理器（核）间的同步（扩散）过程，这会影响到处理器的执行速度。为此，有些处理器会延缓向高速缓存和内存发布这些写入[①]。相应地，向其他处理器（核）间的数据更新与同步也被延迟，并导致它们读到旧数据。

---

① 比如某些型号的 INTEL 处理器会使用 store buffer 缓存写入，并在执行输入/输出指令、带有总线锁定效果的指令或者内存屏障指令时才会将它们发送至高速缓存和内存，然后由高速缓存的一致性协议确保它们同步（扩散）到其他处理器。

这里有一个例子：线程 1 和线程 2 共享变量 x 和 a 且它们的初始值为 0，同时假定这两个线程运行在不同的处理器（核）上。

线程 1	线程 2
`x = 1;`	`a = 1;`
`y = a;`	`b = x;`

如果线程 1 和线程 2 同时运行，即使它们按照程序中的顺序执行，执行的结果也可能是违反直觉的：y 和 b 的值有可能同时为 0！在这里，线程 1 给变量 x 写 1，但这个写入并未通知线程 2 所在的处理器，所以线程 2 读到了 x 的旧值 0 并写入变量 b；线程 2 给变量 a 写 1，这个写入也未及时通知线程 1 所在的处理器，所以线程 1 读到了 a 的旧值 0 并写入变量 y。

除此之外，还有另一种可能的情况：即使变量值被改变的消息已经到达每一个处理器（核），它们也可能不会立即处理它。因此，不同的处理器（核）也不会在同一时间完成变量值的更新。

乱序执行、写操作的延迟，再加上变量值同步的延迟，将导致不同的处理器（核）在关于变量的值是否已经改变以及改变的顺序上有不同表现。

为了加深你的印象，让你进一步认识到这种混乱会给日常的程序设计带来什么麻烦，再来看一个例子。假定变量 data 和 ready 的初始值都为 0，线程 1 给 data 和 ready 赋值，然后线程 2 等待 ready 的值变为非零后执行断言。这个断言会触发吗？

线程 1	线程 2
`data = 68;`	`while (! ready) ;`
`ready = 1;`	`assert(data == 68);`

答案是可能会，也可能不会。通常，如果这两个线程是在不同的处理器（核）上执行的，且实际执行的效果如同指令被重排成如下的顺序：

线程 1	线程 2
`ready = 1;`	`while (! ready) ;`
`data = 68;`	`assert(data == 68);`

那么，当线程 2 中的断言执行时，对变量 data 的修改可能还没有更新到线程 2 所在的处理器（核），或者

```
data = 68;
```

还没有开始执行。

从表面上看，为了追求性能，处理器已经疯了，它不可能为线程之间共享变量并保持同步关系提供任何保障。但是请你把心放到肚子里，在把自己变成野马之前，它也为你提供了缰绳和鞭子。也就是说，你可以根据自己的需要和实际情况来控制这种混乱的程度，从而在性能和需求之间维持适当的平衡。这就产生了所谓的内存顺序。

内存顺序共有 6 种，它们在原子操作函数中用来执行内存的同步化操作。为了方便，<stdatomic.h>头里将这 6 种内存顺序定义为枚举常量，并将它们指定为枚举类型 memory_order 的成员。表 28-3 中给出了这些枚举常量。

表 28-3　内存顺序一览表

内存顺序	语　义
memory_order_relaxed	具有“松散”的语义，没有同步效果
memory_order_release	具有“发布”的语义
memory_order_acquire	具有“获取”的语义
memory_order_consume	具有“消费”的语义
memory_order_acq_rel	兼具“发布”和“获取”的语义
memory_order_seq_cst	具有顺序一致性语义

表中这 6 种内存顺序通常用于原子操作函数中（➤28.2.6 节），使之除了完成数据的读写操作外，还按照“松散”“发布”和“获取”的语义对乱序执行进行干预。这里有一个例子或者说场景可以帮你快速入门：

假设在某个线程中，原子操作函数 *F* 用来写原子变量 x 且指定了具有发布语义的内存顺序，例如：

```
atomic_store_explicit (& x, 7, memory_order_release);        // F
```

再假设，另一个线程中，原子操作函数 *H* 用来读原子变量 x 且指定了具有获取语义的内存顺序，例如：

```
y = atomic_load_explicit (& x, memory_order_acquire);        // H
```

现在可以保证，如果 *H* 能够读到 *F* 写入 x 的值，那么，*F* 之前的所有写操作，不管它们是原子的还是非原子的，都对 *H* 之后的读操作可见。

来看一个具体的例子。如下面的程序所示，线程 1 给 data 和 ready 赋值，然后线程 2 等待 ready 的值变为非零之后执行断言，这个断言会触发吗？

```
atomic_int ready = 0;
int data = 0;

// 线程 1
data = 68;
atomic_store_explicit(& ready, 1, memory_order_release);

// 线程 2
while (! atomic_load_explicit(& ready, memory_order_acquire));
assert(data == 68);
```

注意，对变量 ready 的读写都是用原子操作函数进行的，所以它必须是原子类型。在线程 2 中，while 语句等待 ready 由 0 变成非 0。一旦退出 while 循环，就可以断定我们也能读到 data 的新值 68，因此断言一定不会触发。

很显然，为了保证线程 2 在看到 ready 改变时也能够得到 data 的新值，语句

```
data = 68;
```

不允许重排到语句

```
atomic_store_explicit(& ready, 1, memory_order_release);
```

之后。这种约束来自我们指定的 memory_order_release。同理，为了保证一定能够用上（获取到）线程 1 发布的新值，语句

```
assert(data == 68);
```

不允许重排到语句

```
while (! atomic_load_explicit (& ready, memory_order_acquire));
```

之前。这种约束来自我们指定的 memory_order_acquire。

这 6 种内存顺序的作用大体上就是这样，它们之间的区别仅在于强度不同，下面我们将逐一进行介绍。

memory_order_release 具有“发布”语义，而且只能用在执行“写”或者“读–改–写”功能的原子操作函数中，可认为它是用来“发布”前面写入的内容。这意味着，函数前的读写操作，不管它们是原子的还是非原子的，都不能重排到函数之后，但函数之后的可以重排到函数之前。也就是说，可以提前“发布”但不能推迟。如果其他线程能够看见此函数的写入，则它们也能看见函数前的写入。

memory_order_acquire 具有“获取”语义，而且只能用在执行“读”或者“读–改–写”功能的原子操作函数中，可认为它之后的内容用来获取其他线程发布的结果。这意味着，函数前的读写操作，不管它们是原子的还是非原子的，都可以重排到函数之后，但函数之后的不允许重排到函数之前。也就是说，可以推迟“获取”但不允许提前。通常来说，在其他线程中应该有一个具有发布语义的原子写操作与之相对应。如果此函数能够看到那个写操作的结果，则之前的写操作也对当前线程可见。

memory_order_consume 具有“消费”语义，和 memory_order_acquire 基本相同，都是“获取”性质的，但 memory_order_consume 稍微宽松一点：函数之后的读写操作也可以重排到函数之前，但前提是它们不依赖当前函数的返回值。通常来说，在其他线程中应该有一个具有发布语义的原子写操作与之相对应。如果此函数能够看到那个写操作的结果，则之前的写操作也对当前线程内与返回值有依赖关系的读写操作可见。

在下面的例子中，①和②都不会触发，因为它们都用到了变量 d 的值，而变量 d 的值来自具有获取语义的原子操作函数，所以形成了依赖关系。③可能会触发，因为它与 d 没有依赖关系，所以有可能被重排到 while 语句之前。

```
atomic_int ready = 0;
int a = 0, b = 0, c = 0;

// 线程 1
a = 1;
b = 1;
c = 1;
atomic_store_explicit(& ready, 1, memory_order_release);

// 线程 2
int d;
while (! (d = atomic_load_explicit(& ready, memory_order_consume)));
assert(d == a);        ①
assert(d == b);        ②
assert(c == 1);        ③
```

memory_order_acq_rel 兼具发布和获取的语义，只能用于具有“读–改–写”性质的原子操作函数中。因为它既发布又获取，所以函数前的读写操作，不管是原子的还是非原子的，都不能重排到函数之后。函数后的读写操作，不管是原子的还是非原子的，也不能重排到函数之前。从另一方面来说，此函数之前的写操作对获取同一个原子变量的其他线程可见；同时，如果其他线程修改了同一个原子变量，则修改之前的其他写操作也对当前线程可见。

memory_order_seq_cst 具有顺序一致性的语义，可用于任何原子操作函数。如果用在具有“写（存）”性质的原子操作函数中，则具有发布语义；如果用在具有“读（取）”性质的原子操作函数中，则具有获取语义；如果用在具有“读–改–写”操作的原子操作函数中，则兼具发布和获取语义。除此之外最重要的是，在这种内存顺序上还施加了一个单一全序（single total order）。那么，单一全序意味着什么呢？

首先，在一个线程中，所有使用了 memory_order_seq_cst 内存顺序的写操作，都会按它们在程序中的顺序执行，并按这个顺序同步（扩散）到其他处理器。因此，在所有处理器看来，这些写操作在这个线程内的顺序都是一致的。

其次，如果多个线程内都有使用了 memory_order_seq_cst 内存顺序的写操作，那么，不管哪个线程先执行，也不管线程之间如何交错执行，所有线程就都会观察到相同的执行顺序。来看一个例子：

```
atomic_int x = 0, y = 0;

// 线程 1
atomic_store_explicit(& x, 1, memory_order_seq_cst);

// 线程 2
atomic_store_explicit(& y, 1, memory_order_seq_cst);

// 线程 3
assert(atomic_load_explicit(& x, memory_order_seq_cst) == 1 &&
  atomic_load_explicit(& y, memory_order_seq_cst) == 0);

// 线程 4
assert(atomic_load_explicit(& x, memory_order_seq_cst) == 1 &&
  atomic_load_explicit(& y, memory_order_seq_cst) == 0);
```

在以上示例中，不管线程 1 和线程 2 按什么顺序执行，所有线程都能看到 x 和 y 的变化顺序，而且看到的顺序是一样的。假定这 4 个线程的执行顺序是 1 、 3 、 2 、 4 ，那么，线程 3 将看到 x 为 1、y 为 0，因此断言为真；顺序一致性保证线程 4 看到的顺序和线程 3 一样，所以线程 3 将看到 x 为 1、y 也是 1，因此断言为假。

显然，获取操作能够看到的写操作依赖于发布操作，而且发布操作和获取操作的顺序并没有保证，但顺序一致性操作的顺序则是可以保证的。但是，顺序一致性是以严重损失性能为代价的，因为它禁止任何潜在的硬件或软件优化。

在➤28.2.6 节中，每个原子操作函数都有一个不带_explicit 的版本，这个版本都默认使用 memory_order_seq_cst 的内存顺序。

同时，在 C 语言里，对原子变量的读操作和写操作（简单赋值、复合赋值、前后缀形式的递增和递减），都具有 memory_order_seq_cst 语义。所以，上面的例子其实还可以改成以下简单的形式：

```
atomic_int x = 0, y = 0;

// 线程 1
x = 1;

// 线程 2
y = 1;
```

```
// 线程 3
assert(x == 1 && y == 0);

// 线程 4
assert(x == 1 && y == 0);
```

这里，线程 1 和线程 2 中的赋值操作具有顺序一致性语义；线程 3 和线程 4 中，对原子变量 x 和 y 的读操作具有顺序一致性语义。

memory_order_relaxed 具有“松散”的语义，可用在任何原子操作函数中。但是它不具有同步效果，所有读写操作的重排可以不受约束地随意进行。

在进入后面的内容之前，我们约定：如果原子操作函数在执行时具有“发布”语义，则它执行的是“发布性的原子操作”；如果原子操作函数在执行时具有“获取”语义，则它执行的是“获取性的原子操作”。

28.2.8 围栏函数

```
void atomic_thread_fence(memory_order order);
void atomic_signal_fence(memory_order order);
```

在前面的内容中，我们是基于原子操作函数来强化对乱序执行和指令重排的约束。但是，我们也可以在不修改任何数据的情况下，即不需要用上面的原子操作函数读写原子变量，就可以实现这种约束。为此，需要引入一个叫作“围栏”或者“内存屏障”的同步原语，它是通过围栏函数 atomic_thread_fence 和 atomic_signal_fence 来构建的。

围栏可以具有“发布”的语义，叫作发布围栏；也可以具有“获取”的语义，叫作获取围栏；或者兼而有之。具体是哪种语义，可以在构建围栏时，通过参数 order 来指定，如表 28-4 所示。

表 28-4 内存围栏的类型

指定的内存顺序	设置的围栏类型
memory_order_relaxed	无同步效果
memory_order_release	发布围栏
memory_order_acquire	获取围栏
memory_order_consume	获取围栏
memory_order_acq_rel	获取和发布围栏
memory_order_seq_cst	顺序一致性的获取和发布围栏

函数 **atomic_thread_fence** 用于线程间的同步；**atomic_signal_fence** 用于线程内的同步（信号处理函数内外的同步）。先来看 atomic_thread_fence 函数，与它有关的同步包括以下几种情况。

1. 发布围栏和获取性原子操作的同步

如下例所示，假设线程 1 中有发布围栏 *F* 和原子操作 *X*，且 *F* 前序于 *X*；线程 2 中有获取性原子操作 *Y*，且 *Y* 看到了 *X* 所写的值。在这种情况下，*F* 和 *Y* 同步，所有前序于 *F* 的写操作，无论是原子的还是非原子的，都在 *Y* 之后可见。

```
atomic_int ready = 0;
int d = 0;

// 线程 1
d = 1;
```

```
atomic_thread_fence(memory_order_release);                          // F
atomic_store_explicit(& ready, 1, memory_order_relaxed);            // X

// 线程2
while (! atomic_load_explicit(& ready, memory_order_acquire));      // Y
assert(d == 1);   // 不会触发
```

2. 发布性原子操作和获取围栏的同步

如下例所示，假设线程1中有一个发布性原子操作 X；线程2中有一个原子操作 Y 和一个获取围栏 F，且 Y 前序于 F。如果 Y 读到了 X 写入的值，则 X 和 F 同步。所有前序于 X 的写操作，无论是原子的还是非原子的，都在 Y 之后可见。

```
atomic_int ready = 0;
int d = 0;

// 线程1
d = 1;
atomic_store_explicit(& ready, 1, memory_order_release);            // X

// 线程2
while (! atomic_load_explicit(& ready, memory_order_relaxed));      // Y
atomic_thread_fence(memory_order_acquire);                          // F
assert(d == 1);   // 不会触发
```

3. 发布围栏和获取围栏的同步

如下例所示，假设线程1中有一个原子操作 X 和一个发布围栏 F_R，且 F_R 前序于 X；在线程2中有一个原子操作 Y 和一个获取围栏 F_A，且 Y 前序于 F_A。如果 Y 读到了 X 所写的值，则所有前序于 F_R 的写操作，无论是原子的还是非原子的，都在 Y 之后可见。

```
atomic_int ready = 0;
int d = 0;

// 线程1
d = 1;
atomic_thread_fence(memory_order_release);                          // FR
atomic_store_explicit(& ready, 1, memory_order_relaxed);            // X

// 线程2
while (! atomic_load_explicit(& ready, memory_order_relaxed));      // Y
atomic_thread_fence(memory_order_acquire);                          // FA
assert(d == 1);  //不会触发
```

函数 atomic_thread_fence 用于达成线程之间的同步，通常这些线程在不同的处理器（核）上并行执行。相比之下，另一个函数 atomic_signal_fence 用于在线程内部构造同步条件。

如下例所示，thrd_proc 是线程启动函数，用来创建一个线程。在线程的一开始，我们用 signal 函数将信号处理过程 sig_handler 与当前线程绑定，指向旧处理过程的指针被保存在 oldsig 中以便将来恢复。

接下来的工作是初始化全局变量 w，如果 w 是一个很大的数组或者一个包含了很多成员的结构变量，那么对它的初始化可能要花一点时间。在此期间，可能会发生信号。我们知道信号是异步发生的，即你不知道它什么时候发生，所以它也可能在初始化变量 w 的过程中发生。为此，在信号处理函数内部可能需要知道变量 w 是否已经完成了初始化，并据此做适当的处理。

按照传统的方法，我们通常会用另外一个变量，比如这里的 r 作为标志。变量 r 的初始值为 0，但我们会在完成变量 w 的初始化后将 r 置 1。于是，在信号处理函数内部就可以根据 r 的值是 0 还是非 0 来判断变量 w 是否已经完成了初始化。但是，由于设置变量 r 的代码和初始化 w 的代码没有依赖关系，它可能被重排到前面。因此，在信号处理函数的内部和外部需要一个同步关系。

```
# include <stdio.h>
# include <assert.h>
# include <signal.h>
# include <threads.h>
# include <stdatomic.h>

struct {int a; int b; int c;} w;
atomic_int r = 0;

void sig_handler(int arg)
{
  if (atomic_load_explicit(& r, memory_order_relaxed))
  {
    atomic_signal_fence(memory_order_acquire);

    // 此处可以保证 w 已经完整初始化
  }
}

int thrd_proc(void * arg)
{
  void (* oldsig) (int) = signal(SIGINT, sig_handler);

  w.a = 3;
  w.b = 7;
  w.c = 9;
  atomic_signal_fence(memory_order_release);
  atomic_store_explicit(& r, 1, memory_order_relaxed);

  // 处理其他事务

  signal(SIGINT, oldsig);
  return 0;
}
```

如程序中所示，为了阻止这种可能的重排，初始化变量 w 的代码被放在一个发布围栏之前，对变量 r 的原子写操作被放在发布围栏之后。在信号处理函数内部，获取围栏用于确保在看到 r 的新值后，也能保证变量 w 已经初始化完成。

与 atomic_thread_fence 不同，atomic_signal_fence 只在线程和线程内的信号处理函数之间建立同步，而且不使用处理器硬件指令构建同步围栏，它只是指令编译器不要将写操作移到发布围栏之后，或者将读操作移到获取围栏之前。除此之外，它们在别的方面是等效的，比如，都禁止编译期间的优化和代码重排。

28.2.9 锁无关判断函数

```
_Bool atomic_is_lock_free(const volatile A * obj);
```

锁无关的程序设计依赖于原子操作，原子操作需要处理器硬件指令的支持。但是处理器千差万别，在这方面的能力有强有弱，不是所有原子类型的原子操作都能够得到来自底层的支持，所以到头来有可能还必须借助于互斥锁。

泛型函数 **atomic_is_lock_free** 用来确定某个原子类型上的原子操作是不是锁无关的，这个类型取自参数 obj 所指向的对象。如果确定是锁无关的，则函数返回非零值。

为了方便，<stdatomic.h>头里还定义了一组宏，用来确定一些预定义原子类型的锁无关性，列举如下：

- ATOMIC_BOOL_LOCK_FREE
- ATOMIC_CHAR_LOCK_FREE
- ATOMIC_CHAR16_T_LOCK_FREE
- ATOMIC_CHAR32_T_LOCK_FREE
- ATOMIC_WCHAR_T_LOCK_FREE
- ATOMIC_SHORT_LOCK_FREE
- ATOMIC_INT_LOCK_FREE
- ATOMIC_LONG_LOCK_FREE
- ATOMIC_LLONG_LOCK_FREE
- ATOMIC_POINTER_LOCK_FREE

以上多数宏从名字上就可以看出它们的作用，比如 ATOMIC_BOOL_LOCK_FREE 表示原子 _Bool 类型的锁无关性。唯一需要说明的是 ATOMIC_POINTER_LOCK_FREE，它代表任意类型指针的锁无关性。

这些宏都被定义为整数值，或者说它们都代表一个整数值。这个值如果是 0，表明这种类型根本不是锁无关的；如果是 1，表明它在某些时候是锁无关的；如果是 2，表明它总是锁无关的。下面用一个例子来演示这些宏以及 atomic_is_lock_free 的用法。

```
void flockfree(void)
{
  _Atomic struct {int x; float y;} a;
  _Atomic struct {int x; float y; char c;} b;
  _Atomic int c;

  printf("%d.\n", ATOMIC_BOOL_LOCK_FREE);
  printf("%s.\n", atomic_is_lock_free (& a) ? "yes" : "no");
  printf("%s.\n", atomic_is_lock_free (& b) ? "yes" : "no");
  printf("%s.\n", atomic_is_lock_free (& c) ? "yes" : "no");
  printf("%s.\n", atomic_is_lock_free ((_Atomic void *) 0) ? "yes" : "no");
}
```

在我的机器上，输出是

```
2.
yes.
no.
yes.
no.
```

在你的机器上可能输出不一样的结果，但没有关系，那也是正确的。注意最后一行，我们传入的是空指针(_Atomic void *) 0，这是允许的。本质上，重点在于指针所指向的类型。

28.2.10　原子标志类型及其操作函数

```
_Bool atomic_flag_test_and_set(volatile atomic_flag * object);
_Bool atomic_flag_test_and_set_explicit(
            volatile atomic_flag * object, memory_order order);
void atomic_flag_clear(volatile atomic_flag * object);
```

```
void atomic_flag_clear_explicit(volatile atomic_flag * object,
                memory_order order);
```

<stdatomic.h>头提供了一种原子类型 atomic_flag，叫作原子标志类型。在所有原子类型中，只有它可以保证一定是锁无关的。原子标志类型用于提供经典的“测试和设置”功能。

函数 **atomic_flag_test_and_set** 及其带有_explicit 后缀的版本用于原子地置位参数 object 所指向的原子标志并返回置位前的状态。因为这个过程是原子的，所以没有数据竞争。

这两个函数不会阻塞当前程序的执行，因此，对它们的使用完全依靠自律。通常在多线程的环境下，如果函数的返回值为真，说明原子标志原先就是置位的，可认为其他线程正拥有这个标志；如果返回值为假，说明原子标志原先是清零的，可认为本次操作使当前线程拥有了这个标志。而在此之前，没有线程拥有这个标志。

函数 **atomic_flag_clear** 及其带有_explicit 后缀的版本用于原子地清零参数 object 所指向的原子标志。参数 order 不能是 memory_order_acquire 以及 memory_order_acq_rel。

以上函数中，不带_explicit 后缀的版本默认使用 memory_order_seq_cst 内存顺序。函数执行时，将依照默认或者指定的内存顺序对处理器进行干预。

程序 基于原子类型的自旋锁

下面这个程序 spinlock.c 是 atomic.c 的改进版本（➤28.2.5 节），同样是多个线程访问同一个共享变量，但这次使用了原子标志及原子标志函数。从下面的程序可以看出，原子标志的使用很像互斥锁，但它不会阻塞线程，也没有线程调度方面的开销。原子标志虽然不是锁，但可以用来完成锁的功能，本程序就是用它实现了一个自旋锁。

spinlock.c

```
# include <stdio.h>
# include <threads.h>
# include <stdatomic.h>

atomic_llong counter = 0;
atomic_flag aflag = ATOMIC_FLAG_INIT;

int thrd_proc1(void * arg)
{
  struct timespec interv = {0, 20};

  for (size_t x = 0; x < 5000; x++)
  {
    while (atomic_flag_test_and_set(& aflag));
    counter = counter + 1;
    atomic_flag_clear (& aflag);

    thrd_sleep(& interv, 0);
  }

  return 0;
}

int thrd_proc2(void * arg)
{
  struct timespec interv = {0, 30};
```

```
    for (size_t x = 0; x < 5000; x++)
    {
      while (atomic_flag_test_and_set(& aflag));
      counter = counter - 1;
      atomic_flag_clear(& aflag);

      thrd_sleep(& interv, 0);
    }

    return 0;
  }

  int main(void)
  {
    thrd_t t0, t1;

    thrd_create(& t0, thrd_proc1, 0);
    thrd_create(& t1, thrd_proc2, 0);

    thrd_join(t0, & (int){0});
    thrd_join(t1, & (int){0});

    printf("%lld\n", counter);
  }
```

由于你对这个程序已经熟得不能再熟，所以我们直接进入重点。在程序一开始，我们声明了原子标志类型的变量 aflag 并用 ATOMIC_FLAG_INIT 进行初始化。ATOMIC_FLAG_INIT 是一个宏，是在头<stdatomic.h>里定义的，它用于初始化原子标志对象并使之处于清零状态。这是很重要的，如果原子标志对象没有明确地用 ATOMIC_FLAG_INIT 初始化，那么它将处于不确定的状态。

因为表达式 counter = counter + 1 和 counter = counter - 1 的求值过程都不是原子操作，所以必须避免它们并行执行。与以往不同，这次我们用一个原子标志来实施警戒。

函数 atomic_flag_test_and_set 是非阻塞的，但它会告诉我们 aflag 原先是什么状态。如果它返回“真”，说明原子标志原先就是置位的，可认为其他线程正拥有这个标志，所以不能做会导致数据竞争的事。如果没有什么别的事可做，那么，就像程序中所做的那样，我们可以用 while 循环反复执行这个函数，直到返回值为“假”。注意，尽管这是一个循环，而且这个函数执行原子操作，但在这个函数的某一次执行和它的下一次执行期间，其他线程可能已经改变了原子标志的状态，也就是已经将它清零。

在 while 循环中，如果函数 atomic_flag_test_and_set 的返回值为假，说明原子标志原先是清零的（其他线程刚刚将这个标志清零）。在这种情况下，当前线程便拥有了这个标志（因为已经将它置位）。只要其他线程也使用同样的策略工作，就可以保证现在能够安全地对变量 counter 进行操作而不会引发数据竞争。当然，在完成工作之后，还必须用函数 atomic_flag_clear 将原子标志清零，这样其他处于监视状态的线程就有机会将它置位并自然地获得执行机会。

函数 atomic_flag_test_and_set 及其带_explicit 后缀的版本是非阻塞的，所以，如果它的返回值是“真”，当前线程可以选择先去做别的事，或者在原地循环等待。这很像是在原地打转消磨时间，故称之为“自旋”。用这种方法来实现互斥锁的功能，叫作**自旋锁**。具体如何选择，要视情况而定。就像去坐火车，如果还有半个小时开车，你可以在候车室转转消磨时间；如果还有 5 个小时才开车，你完全可以出去逛逛商场，或者离家不远的话，回去睡一觉。

不管如何选择，当前线程都不会被阻塞，所以不会有线程调度的开销，而只会增加处理器的执行时间。这也意味着，为了避免让其他线程因等待而浪费过多的处理器时间，与数据竞争有关的事务处理应尽量简短。

问与答

问：除了没有 `return` 语句，本章中的程序既没有判断编译器是否支持多线程和原子操作，也没有在调用函数时检测其返回值。这是为什么？（p.580）

答：除了 `main` 函数返回时没有 `return` 语句，我们也没有用预处理指令判断编译器是否定义了宏 `__STDC_NO_THREADS__`以及`__STDC_NO_ATOMICS__`。非但如此，我们在调用库函数时都没有根据返回值做对应的处理工作。首先，支持 C99 的编译器允许 `main` 函数没有 `return` 语句；同时，如果编译器支持 C11 的多线程和原子特性，说明它是必然支持 C99 的。对于所有已知的 C 编译器来说，如果它不支持多线程和原子操作，则它也不会提供`<threads.h>`和`<stdatomic.h>`头，而且在编译程序时会报告错误，提示我们它找不到这两个头文件。如果能够在程序开头用预处理器指令检测这两个宏是否定义，并在编译器不支持多线程和原子操作时报告错误，那当然更好。至于没有检测库函数的返回值，这样做是为了让程序简单明了，让读者更快地理解程序的功能和意图。当然，我在此要求读者在验证这些程序时，一定要加上这些内容。

问：我可以把++、--和复合赋值运算符叫作原子操作运算符吗？（p.602）

答：在不那么严格的场合，这样叫也没什么问题，但并不是所有人都认同。有些人觉得，这些运算符并不是原子操作运算符，但它用于原子变量时，具有单一操作的性质。事实上，就倾向性而言，C11 的原子操作是指原子操作库函数。至于这些运算符，只是表明它们具有 `memory_order_seq_cst` 语义，但没有明确它们归类于原子操作。除了界定不清而引发的一致性问题，实际上，在 C11 和 C18 中还存在其他一些与原子操作有关的问题。ISO 的 C 语言工作组（WG14）在他们的工作文档 N2389 中做了必要的澄清和修正，2019 年的伦敦会议同意了这些非规范性变化，并可能出现在下一个标准中。

练习题

1. 给定以下代码，主线程 `main` 中的断言有可能触发吗？

```
# include <stdio.h>
# include <assert.h>
# include <threads.h>
# include <stdatomic.h>

atomic_int x = 0, y = 0, z = 0;

int w_x(void * arg)
{
  atomic_store_explicit(& x, 1, memory_order_relaxed);

  return 0;
}

int w_y(void * arg)
{
  atomic_store_explicit(& y, 1, memory_order_relaxed);

  return 0;
}
```

```
int if_x_wz(void * arg)
{
  while (! atomic_load_explicit(& x, memory_order_relaxed));

  if (atomic_load_explicit(& y, memory_order_relaxed))
    z = 1;

  return 0;
}

int if_y_wz(void * arg)
{
  while (! atomic_load_explicit(& y, memory_order_relaxed));

  if (atomic_load_explicit(& x, memory_order_relaxed))
    z = 1;

  return 0;
}

int main(void)
{
  thrd_t t0, t1, t2, t3;

  thrd_create(& t0, w_x, 0);
  thrd_create(& t1, w_y, 0);
  thrd_create(& t2, if_x_wz, 0);
  thrd_create(& t3, if_y_wz, 0);

  thrd_join(t0, & (int){0});
  thrd_join(t1, & (int){0});
  thrd_join(t2, & (int){0});
  thrd_join(t3, & (int){0});

  assert(z == 1);
}
```

2. 如果将以上程序中的 memory_order_relaxed 全部替换为 memory_order_seq_cst，主线程 main 中的断言有可能触发吗？

编程题

1. 用原子操作函数 atomic_fetch_add 和 atomic_fetch_sub 改写前面的 atomic.c，使之同样能够避免数据竞争。
2. 统计 1~1 000 000 000 的所有整数中，各数位之和为奇数的有几个。要求：先用一个线程来统计并打印所用的时间，再用 10 个线程分段各自统计并打印总体所用的时间。

附录 A

C 语言运算符

<table>
<tr><th>优先级</th><th>名　称</th><th>符　号</th><th>结合性</th></tr>
<tr><td>1</td><td>数组取下标</td><td>[]</td><td>左结合性</td></tr>
<tr><td>1</td><td>函数调用</td><td>()</td><td>左结合性</td></tr>
<tr><td>1</td><td>取结构和联合的成员</td><td>. -></td><td>左结合性</td></tr>
<tr><td>1</td><td>自增（后缀）</td><td>++</td><td>左结合性</td></tr>
<tr><td>1</td><td>自减（后缀）</td><td>--</td><td>左结合性</td></tr>
<tr><td>2</td><td>自增（前缀）</td><td>++</td><td>右结合性</td></tr>
<tr><td>2</td><td>自减（前缀）</td><td>--</td><td>右结合性</td></tr>
<tr><td>2</td><td>取地址</td><td>&</td><td>右结合性</td></tr>
<tr><td>2</td><td>间接寻址</td><td>*</td><td>右结合性</td></tr>
<tr><td>2</td><td>一元正号</td><td>+</td><td>右结合性</td></tr>
<tr><td>2</td><td>一元负号</td><td>-</td><td>右结合性</td></tr>
<tr><td>2</td><td>按位取反</td><td>~</td><td>右结合性</td></tr>
<tr><td>2</td><td>逻辑非</td><td>!</td><td>右结合性</td></tr>
<tr><td>2</td><td>计算所需空间</td><td>sizeof</td><td>右结合性</td></tr>
<tr><td>3</td><td>强制类型转换</td><td>()</td><td>右结合性</td></tr>
<tr><td>4</td><td>乘法类运算符</td><td>* / %</td><td>左结合性</td></tr>
<tr><td>5</td><td>加法类运算符</td><td>+ -</td><td>左结合性</td></tr>
<tr><td>6</td><td>移位</td><td><< >></td><td>左结合性</td></tr>
<tr><td>7</td><td>关系</td><td>< > <= >=</td><td>左结合性</td></tr>
<tr><td>8</td><td>判等</td><td>== !=</td><td>左结合性</td></tr>
<tr><td>9</td><td>按位与</td><td>&</td><td>左结合性</td></tr>
<tr><td>10</td><td>按位异或</td><td>^</td><td>左结合性</td></tr>
<tr><td>11</td><td>按位或</td><td>|</td><td>左结合性</td></tr>
<tr><td>12</td><td>逻辑与</td><td>&&</td><td>左结合性</td></tr>
<tr><td>13</td><td>逻辑或</td><td>||</td><td>左结合性</td></tr>
<tr><td>14</td><td>条件</td><td>?:</td><td>右结合性</td></tr>
<tr><td>15</td><td>赋值</td><td>= *= /= %=
+= -= <<= >>=
&= ^= |=</td><td>右结合性</td></tr>
<tr><td>16</td><td>逗号</td><td>,</td><td>左结合性</td></tr>
</table>

附录B

C1*X*与C99的比较

本附录列出了C99与C1*X*之间的许多显著差异，以下标题指明了有关C1*X*每种特性的主要讨论出现在本书的哪一章。

第2章　C语言基本概念

关键字　C11新增了7个关键字：_Generic、_Noreturn、_Static_assert、_Alignas、_Alignof、_Atomic和_Thread_local。

第9章　函数

泛型选择　C11新增了一个表达式_Generic，用来根据类型选择对应的子表达式。

第13章　字符串

废除gets函数　C11开始废除了gets函数，建议使用fgets。

第16章　结构、联合和枚举

匿名结构和匿名联合　从C11开始，结构或者联合的成员也可以是另一个没有名字的结构或者联合。

第18章　声明

新的类型限定符/类型指定符　C11新增了关键字_Atomic，既用作类型限定符，也用作原子类型指定符。

新的函数指定符　C11新增了函数指定符_Noreturn，用于说明不返回的函数。

静态断言　C11新增了静态断言_Static_assert。

第20章　底层程序设计

<stdalign.h>头　<stdalign.h>是C11新增的，它定义了alignas、alignof、__alignas_is_defined和__alignof_is_defined宏。

新的关键字　C11新增了关键字_Alignas和_Alignof。

第22章　输入/输出

函数fopen新增了打开模式　C11为fopen新增了独占的创建-打开模式“x”。

第 25 章 国际化特性

新增的 u 前缀 C11 为字符常量和字面串新增 u 前缀，用来描述 16 位编码长度的宽字符。

新增的 U 前缀 C11 为字符常量和字面串新增 U 前缀，用来描述 32 位编码长度的宽字符。

新增的 u8 前缀 C11 为字面串新增 u8 前缀，指定字符串的内容采用 UTF-8 编码。

新增的头 <uchar.h> C11 新增<uchar.h>头以改进对 Unicode 的支持。

新增的字符转换函数 C11 在<uchar.h>头中提供了 4 个函数，用于在多字节字符和宽字符之间转换。

第 26 章 其他库函数

<stdlib.h>中新增的函数 C11 在<stdlib.h>中新增了 aligned_alloc、at_quick_exit 和 quick_exit 函数。

<time.h>中新增的类型和函数 C11 在<time.h>中新增了 struct timespec 类型以及 timespec_get 函数。

第 28 章 C1X 新增的多线程和原子操作支持

新增的关键字 关键字_Thread_local 用于指定线程存储期；关键字_Atomic 用于指定原子类型，它是类型指定符，也是类型限定符。

<threads.h>头 <threads.h>是 C11 新增的，提供了和多线程有关的宏、类型及函数。

<stdatomic.h>头 <stdatomic.h>是 C11 新增的，它提供了原子类型以及与原子操作有关的宏、类型及函数。

附录 C

C99 与 C89 的比较

本附录列出了 C89 与 C99 之间的许多显著差异。(较小的差异太多了，无法在这里一一列举。)以下标题指明了有关 C99 每种特性的主要讨论出现在本书的哪一章。归到 C99 的有些改动实际上先于 C99，在 C89 标准的 Amendment 1 中就有了，我们为其加上标记"Amendment 1"。

第 2 章　C 语言基本概念

//注释　C99 增加了另一种类型的注释，以//开头。

标识符　C89 要求编译器记住标识符的前 31 个字符；在 C99 中，要求改成了 63 个字符。在 C89 中，对于具有外部链接的标识符，只有名字的前 6 个字符才是有效的。此外，C89 不区分字母的大小写。在 C99 中，对于具有外部链接的标识符，前 31 个字符有效，且字母区分大小写。

关键字　C99 新增了 5 个关键字：inline、restrict、_Bool、_Complex 和_Imaginary。

从 main 函数返回　在 C89 中，如果程序到达 *main* 函数的末尾而没有执行 *return* 语句，返回给操作系统的值是未定义的。在 C99 中，如果 *main* 函数声明的返回类型为 *int*，程序会向操作系统返回 0。

第 4 章　表达式

/运算符和%运算符　根据 C89 标准，如果两个操作数中有一个为负数，那么除法的结果既可以向上舍入也可以向下舍入。此外，如果 i 或者 j 是负数，那么在 C89 中 i % j 的符号与具体实现有关。在 C99 中，除法的结果总是趋零截尾，i % j 的值与 i 符号相同。

第 5 章　选择语句

_Bool 类型　C99 提供了名为_Bool 的布尔类型，C89 没有布尔类型。

第 6 章　循环

for 语句　在 C99 中，for 语句的第一个表达式可以替换为一个声明，这一特性使得该语句可以声明自己的控制变量。

第 7 章　基本类型

long long 整数类型　C99 新增了两种标准整数类型：long long int 和 unsigned long long int。

扩展的整数类型　除了标准整数类型之外，C99 还允许在实现中定义扩展的有符号整数类型或扩展的无符号整数类型。

long long 整型常量　C99 提供了一种方法，允许我们指明整型常量的类型为 long long int 或 unsigned long long int。

整型常量的类型　C99 中用于确定整型常量类型的方法不同于 C89。

十六进制浮点常量　C99 提供了一种书写十六进制浮点常量的方法。

隐式转换　C99 中的隐式转换规则和 C89 中的隐式转换规则略有不同，这主要是因为 C99 增加了一些基本类型。

第 8 章　数组

指示器　C99 支持指示器，指示器可以用于初始化数组、结构和联合。

变长数组　在 C99 中，数组的长度可以用不是常量的表达式指定，前提是数组不具有静态存储期且数组的声明中不包含初始化器。

第 9 章　函数

没有默认返回类型　如果省略函数的返回类型，C89 会假定函数返回值的类型是 int。但在 C99 中，省略函数的返回类型是不合法的。

声明和语句的混合　在 C89 的程序块（包括函数体）中，变量声明必须出现在语句之前。在 C99 中，变量声明和语句可以混在一起，只要变量在第一次使用之前被声明就行。

738

函数调用前需要先声明或定义　C99 要求在调用函数之前，必须先对其进行声明或定义。C89 没有这样的要求；如果调用函数之前没有对其进行声明或定义，编译器会假定函数返回 int 型的值。

变长数组形式参数　C99 允许变长数组形式参数。在函数声明中，可以在方括号内使用星号（*）来表明数组形式参数的长度可变。

static 数组形式参数　C99 允许在数组形式参数的声明中使用单词 static，以指明数组第一维的最小长度。

复合字面量　C99 允许使用复合字面量来创建没有名字的数组和结构值。

main 的声明　C99 允许以实现所定义的方式声明 main：返回类型可以不是 int，形式参数也可以不是标准所指定的。

没有表达式的 return 语句　在 C89 中，在非 void 函数中执行没有表达式的 return 语句会导致未定义的行为（但仅当程序试图使用函数的返回值时才会出问题）。在 C99 中，这样的语句是不合法的。

第 14 章　预处理器

新增的预定义宏　C99 提供了几种新的预定义宏。

空的宏参数　C99 允许宏调用中的任意或所有参数为空，前提是这样的调用需要有和一般调用一样多的逗号数目。

参数个数可变的宏　在 C89 中，如果宏有参数，那么参数的个数一定是固定的。C99 允许宏具有不限数量的参数。

__func__ 标识符　在 C99 中，__func__ 标识符的行为很像一个存储正在执行的函数的名字的字符串变量。

标准编译提示　C89中没有标准编译提示，C99有3个：CX_LIMITED_RANGE、FENV_ACCESS和FP_CONTRACT。

_Pragma运算符　C99引入了与#pragma指令一起使用的_Pragma运算符。

第16章　结构、联合和枚举

结构类型的兼容性　在C89中，对于在不同文件中定义的结构来说，如果它们的成员具有相同的名字并且顺序一样，那么它们是兼容的，相应的成员类型也是兼容的。C99还要求两个结构要么具有相同的标记，要么都没有标记。

739

枚举中的尾逗号　在C99中，枚举的最后一个常量后面可以有一个逗号。

第17章　指针的高级应用

受限指针　C99有一个新的关键字restrict，可以出现在指针的声明中。

弹性数组成员　C99允许结构的最后一个成员是未指定长度的数组。

第18章　声明

选择语句和重复语句的块作用域　在C99中，选择语句（if和switch）、重复语句（while、do和for）以及它们所控制的“内部”语句也被视为块。

数组、结构和联合的初始化器　在C89中，包含在花括号中的数组、结构或联合的初始化器必须只能包含常量表达式。在C99中，仅当变量具有静态存储期时才有这一限制。

内联函数　C99允许把函数声明为inline。

第21章　标准库

<stdbool.h>头　<stdbool.h>是C99新增的，它定义了bool、true和false宏。

第22章　输入/输出

…printf转换说明　C99对…printf函数的转换说明做了许多修改：增加了长度指定符，增加了转换指定符，允许输出无穷数和NaN，支持宽字符。此外，%le、%lE、%lf、%lg以及%lG转换在C99中是合法的，它们在C89中会导致未定义的行为。

…scanf转换说明　在C99中，…scanf函数的转换说明具有新的长度指定符、新的转换指定符、读取无穷数和NaN的能力，并且能支持宽字符。

Snprintf函数　C99在<stdio.h>中新增了函数snprintf。

第23章　库对数值和字符数据的支持

<float.h>中新增的宏　C99在<float.h>中新增了两个宏：DECIMAL_DIG和FLT_EVAL_METHOD。

740

<limits.h>中新增的宏　C99中的<limits.h>包含3个新的宏，用于描述long long int类型的特性。

math_errhandling宏　C99允许实现选择如何告诉程序，在某个数学函数中出现了错误：通过存储在errno中的值、通过浮点异常，或者两者都有。math_errhandling宏（在<math.h>中定义）的值表明特定的实现如何处理错误。

<math.h>中新增的宏　C99为<math.h>中的大多数函数新增了两种版本，一种用于float型，一种用于long double型。C99还在<math.h>中增加了许多全新的函数以及类似函数的宏。

第 24 章　错误处理

EILSEQ 宏　C99 在<errno.h>中新增了 EILSEQ 宏。

第 25 章　国际化特性

双联符　双联符是 C99 新增的，它们是由两个字符组成的符号，可以用于代替[、]、{、}、#和##标记。（Amendment 1）

<iso646.h>头　<iso646.h>是 C99 新增的，它定义的宏表示包含字符&、|、~、!和^的运算符。（Amendment 1）

通用字符名　通用字符名是 C99 新增的，它提供了一种在程序源代码中嵌入 UCS 字符的方法。

<wchar.h>头　<wchar.h>是 C99 新增的，它提供了可以用于宽字符输入/输出和宽字符串操作的函数。（Amendment 1）

<wctype.h>头　<wctype.h>是 C99 新增的，它是<ctype.h>的宽字符版本。<wctype.h>提供了用于对宽字符分类以及改变大小写的函数。（Amendment 1）

第 26 章　其他库函数

va_copy 宏　C99 在<stdarg.h>中新增了名为 va_copy 的类似函数的宏。

<stdio.h>中新增的函数　C99 在<stdio.h>中新增了 vsnprintf、vfscanf、vscanf 和 vsscanf 函数。

<stdlib.h>中新增的函数　C99 在<stdlib.h>中新增了 5 个数值转换函数、_Exit 函数以及 abs 函数和 div 函数的 long long 版本。

新增的 strftime 转换指定符　C99 增加了许多新的 strftime 转换说明。它还允许用字符 E 和 O 来修改特定转换指定符的含义。

741

第 27 章　C99 对数学的新增支持

<stdint.h>头　<stdint.h>是 C99 新增的，它声明了具有指定宽度的整数类型。

<inttypes.h>头　<inttypes.h>是 C99 新增的，它提供的宏可以用于<stdint.h>中的整数类型的输入/输出。

复数类型　C99 提供了 3 种复数类型：float _Complex、double _Complex 和 long double _Complex。

<complex.h>头　<complex.h>是 C99 新增的，它提供了可以对复数进行算术运算的函数。

<tgmath.h>头　<tgmath.h>是 C99 新增的，它提供的泛型宏可以简化对<math.h>和<complex.h>中的库函数的调用。

<fenv.h>头　<fenv.h>是 C99 新增的，它使程序可以访问浮点状态标志和控制模式。

742

C89 与经典 C 的比较

本附录列出了 C89 与经典 C（即 Brian W. Kernighan 和 Dennis M. Ritchie 合著的《C 程序设计语言》一书第 1 版所描述的语言）之间的大多数显著差异。以下标题指明了 C89 的每种特性在本书的哪一章讨论。本附录没有介绍 C 库，因为多年来它的变动很大。如果要了解 C89 与经典 C 之间的其他（不十分重要的）差异，请参考《C 程序设计语言》一书第 2 版的附录 A 和附录 C。

现在的大多数编译器能处理所有的 C89 特性，但如果你碰巧遇到了面向 C89 之前的编译器的老程序，本附录对你就有帮助了。

第 2 章　C 语言基本概念

标识符　在经典 C 中，只有标识符的前 8 个字符是有意义的。

关键字　经典 C 缺少关键字 `const`、`enum`、`signed`、`void` 和 `volatile`。在经典 C 中，单词 `entry` 是关键字。

第 4 章　表达式

一元+　经典 C 不提供一元+运算符。

第 5 章　选择语句

`switch`　在经典 C 中，`switch` 语句中的控制表达式（和分支标号）在提升后必须具有 `int` 类型。而在 C89 中，表达式和标号可以是任何一种整值类型，包括 `unsigned int` 类型和 `long int` 类型。

743

第 7 章　基本类型

无符号类型　经典 C 只提供一种无符号类型（`unsigned int`）。

`signed`　经典 C 不支持 `signed` 类型指定符。

数值后缀　说明整型常量是无符号的情况时，经典 C 不支持 `U`（或 `u`）后缀，而且说明浮点常量应作为 `float` 型而不是 `double` 型存储时，经典 C 也不支持 `F`（或 `f`）后缀。在经典 C 中，`L`（或 `l`）后缀不能用于浮点常量。

`long float`　经典 C 把 `long float` 用作 `double` 的同义词，而这种用法在 C89 中是不合法的。

`long double`　经典 C 不支持 `long double` 类型。

转义序列　在经典 C 中不存在转义序列`\a`、`\v` 和`\?`，而且经典 C 也不支持十六进制的转义序列。

`size_t`　在经典 C 中，`sizeof` 运算符返回 `int` 型的值。而在 C89 中，`sizeof` 返回 `size_t` 型的值。

常规算术转换　经典 C 要求把 `float` 型操作数转换成 `double` 型；而且，经典 C 指出，较短的无符号整数与较长的有符号整数相结合总会得出无符号的结果。

第 9 章　函数

函数定义　在 C89 的函数定义中，参数列表中含有参数的类型：

```
double square(double x)
{
  return x * x;
}
```

经典 C 则要求在单独的列表中说明参数的类型：

```
double square(x)
double x;
{
  return x * x;
}
```

函数声明　C89 的函数声明（原型）指明了函数参数的类型（如果需要，也可以有参数的名字）：

```
double square(double x);
double square(double);          /* alternate form */
int rand(void);                 /* no parameters  */
```

744

经典 C 的函数声明省略了有关形式参数的全部信息：

```
double square();
int rand();
```

函数调用　当使用经典 C 的定义或声明时，编译器不会检查被调用函数是否有正确的参数数量和类型。此外，实际参数也不会被自动转换成相应形式参数的类型。相反，编译器会执行整值提升，并把 `float` 型的实际参数转换成 `double` 型。

void　经典 C 不支持 `void` 类型。

第 12 章　指针和数组

指针减法　两个指针相减，在经典 C 中会得到 `int` 类型的值，而在 C89 中则会得到 `ptrdiff_t` 类型的值。

第 13 章　字符串

字面串　在经典 C 中，相邻的字面串不会被拼接起来。而且，经典 C 不禁止对字面串的修改。

字符串初始化　在经典 C 中，长度为 n 的字符数组的初始化器限制在 n–1 个字符之内（为结尾的空字符预留空间）。而 C89 允许初始化器的长度为 n。

第 14 章　预处理器

#elif、#error、#pragma　经典 C 不支持`#elif`、`#error` 和`#pragma` 指令。

#、##、defined　经典 C 不支持`#`、`##`和 `defined` 运算符。

第16章 结构、联合和枚举

结构和联合的成员与标记 在C89中，每个结构和联合都有属于自己的名字空间来存放成员，且结构和联合的标记被保存在单独一个名字空间中。而经典C只用一个名字空间来存放成员和标记，所以成员不能具有相同的名字（但也有一些例外），而且成员和标记不能重叠。

对整个结构的操作 经典C不允许对结构赋值、把结构作为参数传递或通过函数返回。

745

枚举 经典C不支持枚举。

第17章 指针的高级应用

void * C89把void *用作“通用的”指针类型。例如，malloc函数返回void *类型的值。而经典C则把char *用于此目的。

指针混合 经典C允许在赋值和比较中混合不同类型的指针。而在C89中，可以把void *类型的指针与其他类型指针混合，但是其他不带强制类型转换的混合是不允许的。类似地，经典C允许在赋值和比较中混合整数和指针，而C89则要求进行强制类型转换。

指向函数的指针 如果pf是指向函数的指针，那么C89允许使用(*pf)(...)或pf(...)来调用函数，而经典C只允许使用(*pf)(...)来调用函数。

第18章 声明

const和volatile 经典C不支持const和volatile类型限定符。

数组、结构和联合的初始化 经典C不允许对具有自动存储期的数组和结构进行初始化，也不允许对联合（不管存储期）进行初始化。

第25章 国际化特性

宽字符 经典C不支持宽字符常量和宽字面串。

三联序列 经典C不支持三联序列。

第26章 其他库函数

746

可变参数 经典C不提供可移植的方法来书写具有可变数量参数的函数，而且也没有...(省略号)表示法。

附录 E

标准库函数

本附录描述了 C89、C99 和 C1*X* 支持的所有库函数[1]。使用此附录时，请记住下列要点。

- 为了简洁清楚，这里删除了许多细节。本书的其他地方已经对一些函数（特别是 printf 函数、scanf 函数以及它们的变体）做了详细介绍，所以这里只对这类函数做简短的描述。有关某个函数的更详细信息（包括如何使用这个函数的示例），见函数描述右下角列出的节号。
- 与本书的其他部分一样，这里用斜体来表示 C99 与 C89 的不同。C99 中新增函数的名字和原型用斜体标明。对 C89 原型所做的修改（在某些参数之前增加了关键字 restrict）也用斜体标明。C1*X* 中新增的函数用阴影标明。
- 本附录中包含类似函数的宏（<tgmath.h>中的泛型宏除外）。每个宏的原型后面有一个“宏”字。
- 在 C99 之后，<math.h>中的一些函数具有三种版本（float、double 和 long double 版本）。本附录把这三种类型归为一项，以 double 版本的名字为准。例如，对于 acos 函数、acosf 函数和 acosl 函数，只提供了一个入口 acos。其他两个版本（本例中是 acosf 和 acosl）的名字出现在其原型的左边。<complex.h>中的函数也有三种版本，处理方式是类似的。
- <wchar.h>中的大多数函数以及<uchar.h>中的函数是其他头中函数的宽字符版本。如果与别处的函数没有重大区别，在描述宽字符函数时仅简单地提一下别处的函数。
- 如果把函数行为的某个方面描述为由实现定义的，那么这意味着此函数依赖于 C 库的实现方式。函数的行为始终一致，结果却可能由于系统的不同而不同。（换句话说，请参考手册了解函数的功能。）另外，出现未定义的行为就很糟糕了：不仅函数的行为可能会因系统不同而不同，而且程序也可能会行为异常甚至崩溃。
- 描述<math.h>中的许多函数时提到了定义域错误和取值范围错误这两个术语。C89 和 C99 之后对这些错误的提示方式有所不同。C89 中的错误处理方式见 23.3 节，C99 之后的错误处理方式见 23.4 节。
- 下列函数的行为受当前地区的影响：
    - <ctype.h>中的所有函数；
    - <stdio.h>中的格式化输入/输出函数；
    - <stdlib.h>中的多字节/宽字符转换函数、数值转换函数；
    - <string.h>中的 strcoll、strxfrm；
    - <time.h>中的 strftime；

[1] 这些材料改编自国际标准 ISO/IEC 9899:1999、ISO/IEC 9899:2011 和 ISO/IEC 9899:2018。

- <wchar.h>中的 wcscoll、wcsftime、wcsxfrm、格式化输入/输出函数、数值转换函数、扩展的多字节/宽字符转换函数；
- <uchar.h>中的字符转换函数；
- <wctype.h>中的所有函数。

例如，isalpha 函数通常检测字符是否在 a~z 或者 A~Z 范围内。在某些地区，其他字符也可能被看作字母。

---

abort 异常终止程序 <stdlib.h>

void abort(void);

产生 SIGABRT 信号。如果无法捕获信号（或者信号处理函数返回），那么程序会异常终止，并且返回一个由实现定义的编码来指明终止不成功。是否清洗输出缓冲区，是否关闭打开的流，以及是否移除临时文件，都是由实现定义的 26.2 节

---

abs 整数的绝对值 <stdlib.h>

int abs(int j);

返回 整数 j 的绝对值。如果 j 的绝对值不能表示，函数的行为是未定义的 26.2 节

---

acos 反余弦 <math.h>

748

double acos(double x);

acosf *float acosf(float x);*

acosl *long double acosl(long double x);*

返回 x 的反余弦值。返回值的范围是 0~π。如果 x 的值不在-1~1 范围内，就会发生定义域错误 23.3 节

---

acosh 反双曲余弦（C99） <math.h>

double acosh(double x);

acoshf *float acoshf(float x);*

acoshl *long double acoshl(long double x);*

返回 x 的反双曲余弦。返回值的范围是 0~+∞。如果 x 的值小于 1，就会发生定义域错误 23.4 节

---

aligned_alloc 按指定的对齐要求分配存储空间（C1*X*） <stdlib.h>

void *aligned_alloc(size_t alignment, size_t size);

根据 alignment 指定的对齐要求，以及 size 指定的字节数分配内存空间。

返回 若成功，则返回指向已分配空间的指针；若失败，则返回空指针 26.2 节

---

asctime 把分解时间转换成字符串 <time.h>

char *asctime(const struct tm *timeptr);

返回 指向以空字符结尾的字符串的指针，字符串的格式如下：

Sun Jun 3 17:48:34 2007\n

此字符串根据 timeptr 指向的结构中的分解时间来构造 26.3 节

---

asin 反正弦 <math.h>

double asin(double x);

asinf *float asinf(float x);*

asinl *long double asinl(long double x);*

返回 x 的反正弦。返回值的范围是-π/2~π/2。如果 x 的值不在-1~1 范围内，就会发生定义域错误 23.3 节

---

asinh 反双曲正弦（C99） <math.h>

double asinh(double x);

asinhf *float asinhf(float x);*

asinhl *long double asinhl(long double x);*

返回 x 的反双曲正弦 23.4 节

assert 诊断表达式的真值 <assert.h>

void assert(*标量* expression);

如果 expression 的值非零，那么 assert 函数什么也不做。如果 expression 的值为零，那么 assert 函数向 stderr 写一条消息（说明 expression 的文本、含有 assert 函数的源文件名以及 assert 函数的行号），然后通过调用 abort 函数终止程序。如果想禁用 assert 函数，需要在包含<assert.h>之前定义宏 NDEBUG。C99 允许参数为任意标量类型，而 C89 要求类型是 int；此外，C99 要求 assert 所写的消息中含有调用 assert 的函数名，而 C89 没有这样的要求 24.1 节

---

at_quick_exit 注册快速退出时将要被调用的函数（C1X） <stdlib.h>

int at_quick_exit(void (*func)(void));

注册 func 指向的函数。这些函数会在 quick_exit 被调用时做无参数的调用。C 标准要求实现至少要支持注册 32 个函数

返回 注册成功返回非零，返回零意味着注册失败 26.2 节

749

atan 反正切 <math.h>

double atan(double x);

atanf *float atanf(float x);*

atanl *long double atanl(long double x);*

返回 x 的反正切。返回值的范围是–π/2~π/2 23.3 节

---

atan2 商的反正切 <math.h>

double atan2(double y, double x);

atan2f *float atan2f(float y, float x);*

atan2l *long double atan2l(long double y, long double x);*

返回 y/x 的反正切。返回值的范围是–π~π。如果 x 和 y 的值都为 0，就会发生定义域错误 23.3 节

---

atanh 反双曲正切（C99） <math.h>

double atanh(double x);

atanhf *float atanhf(float x);*

atanhl *long double atanhl(long double x);*

返回 x 的反双曲正切。如果 x 的值不在–1~1 范围内，那么就会发生定义域错误。如果 x 等于–1 或 1，就会发生取值范围错误 23.4 节

---

atexit 注册在程序退出时要调用的函数 <stdlib.h>

int atexit(void (*func)(void));

把 func 指向的函数注册为终止函数。如果程序（通过 return 或 exit，而不是 abort）正常终止，这个函数将被调用

返回 如果成功，返回 0。如果不成功（达到由实现定义的限制），则返回非零值 26.2 节

---

atof 把字符串转换成浮点数 <stdlib.h>

double atof(const char *nptr);

返回 与 nptr 所指向的字符串中能形成浮点数的最长起始部分相对应的 double 类型值。如果不能执行转换，函数返回 0；如果此数无法表示，则函数的行为是未定义的 26.2 节

---

atoi 把字符串转换成整数 <stdlib.h>

int atoi(const char *nptr);

返回 与 nptr 所指向的字符串中能形成整数的最长起始部分相对应的 int 类型值。如果不能执行转换，函数返回 0；如果此数无法表示，则函数的行为是未定义的 26.2 节

750

atol 把字符串转换成长整数 <stdlib.h>

long int atol(const char *nptr);

返回 与 nptr 所指向的字符串中能形成整数的最长起始部分相对应的 long int 类型值。如果不能执行转换，函数返回 0；如果此数无法表示，则函数的行为是未定义的 26.2 节

atoll 把字符串转换成长长整数（C99） <stdlib.h>

*long long int atoll(const char *nptr);*

返回 与nptr所指向的字符串中能形成整数的最长起始部分相对应的long long int类型值。如果不能执行转换，函数返回0；如果此数无法表示，则函数的行为是未定义的 26.2节

atomic_compare_exchange_strong 强的原子比较-交换（C1X） <stdatomic.h>

atomic_compare_exchange_strong_explicit

```
_Bool atomic_compare_exchange_strong (volatile A * object,
                       C * expected, C desired);
_Bool atomic_compare_exchange_strong_explicit (
                       volatile A * object, C * expected,
                       C desired, memory_order success,
                       memory_order failure);
```

返回 返回比较的结果 28.2节

atomic_compare_exchange_weak 弱的原子比较-交换（C1X） <stdatomic.h>

atomic_compare_exchange_weak_explicit

```
_Bool atomic_compare_exchange_weak (volatile A * object,
                       C * expected, C desired);
_Bool atomic_compare_exchange_weak_explicit (
                       volatile A * object, C * expected,
                       C desired, memory_order success,
                       memory_order failure);
```

返回 返回比较的结果 28.2节

atomic_exchange 原子交换（C1X） <stdatomic.h>

atomic_exchange_explicit

```
C atomic_exchange (volatile A * object, C desired);
C atomic_exchange_explicit (volatile A * object, C desired,
                       memory_order order);
```

返回 返回原子对象在交换前的原值 28.2节

atomic_fetch_add 原子相加（C1X） <stdatomic.h>

atomic_fetch_add_explicit

```
C atomic_fetch_add (volatile A * object, M operand);
C atomic_fetch_add_explicit (volatile A * object, M operand,
                       memory_order order);
```

```
void atomic_init(volatile A *obj, C value);
```

将obj指向的原子对象初始化为参数value的值，同时也初始化一些C实现认为必要的附加状态

尽管是用来初始化一个原子对象，但该函数并不保证可以防止数据竞争。对正在初始化的对象的并发访问，即使是通过原子操作，也将构成数据竞争关系

返回 返回修改之后的值，同时按照默认或者指定的内存顺序对处理器进行干预 28.2节

atomic_fetch_sub　原子相减（C1X）　<stdatomic.h>

atomic_fetch_sub_explicit

```
C atomic_fetch_sub (volatile A * object, M operand);
C atomic_fetch_sub_explicit (volatile A * object, M operand,
                             memory_order order);
```

返回　返回修改之后的值，同时按照默认或者指定的内存顺序对处理器进行干预　28.2 节

atomic_fetch_or　原子逻辑或（C1X）　<stdatomic.h>

atomic_fetch_or_explicit

```
C atomic_fetch_or (volatile A * object, M operand);
C atomic_fetch_or_explicit (volatile A * object, M operand,
                            memory_order order);
```

返回　返回修改之后的值，同时按照默认或者指定的内存顺序对处理器进行干预　28.2 节

atomic_fetch_xor　原子逻辑异或（C1X）　<stdatomic.h>

atomic_fetch_xor_explicit

```
C atomic_fetch_xor (volatile A * object, M operand);
C atomic_fetch_xor_explicit (volatile A * object, M operand,
                             memory_order order);
```

返回　返回修改之后的值，同时按照默认或者指定的内存顺序对处理器进行干预　28.2 节

atomic_fetch_and　原子逻辑与（C1X）　<stdatomic.h>

atomic_fetch_and_explicit

```
C atomic_fetch_and (volatile A * object, M operand);
C atomic_fetch_and_explicit (volatile A * object, M operand,
                             memory_order order);
```

返回　返回修改之后的值，同时按照默认或者指定的内存顺序对处理器进行干预　28.2 节

atomic_init　初始化原子对象（C1X）　<stdatomic.h>

```
void atomic_init(volatile A *obj, C value);
```

将 obj 指向的原子对象初始化为参数 value 的值，同时也初始化一些 C 实现认为必要的附加状态

尽管是用来初始化一个原子对象，但该函数并不保证可以防止数据竞争。对正在初始化的对象的并发访问，即使是通过原子操作，也将构成数据竞争关系　28.2 节

atomic_is_lock_free　判断对象是否为锁无关（lock-free）的（C1X）　<stdatomic.h>

```
_Bool atomic_is_lock_free(const volatile A *obj);
```

判断针对参数 obj 所指向对象的原子操作是否为锁无关的

返回　当且仅当对象的操作是锁无关时返回非零值　28.2 节

atomic_load　原子地取值（C1X）　<stdatomic.h>

atomic_load_explicit

```
C atomic_load(volatile A *object);
C atomic_load_explicit(volatile A *object, memory_order order);
```

参数 order 既不能是 memory_order_release 也不能是 memory_order_acq_rel。

返回　原子地读取并返回参数 object 所指向的对象的值，并按照默认或者指定的内存顺序对处理器进行干预　28.2 节

---

atomic_signal_fence　创建信号围栏（C1*X*）　<stdatomic.h>

创建用于线程内同步（信号处理函数内外同步）的内存屏障

```
void atomic_signal_fence(memory_order order);
```

28.2 节

---

atomic_store
atomic_store_explicit　原子地存值（C1*X*）　<stdatomic.h>

```
void atomic_store(volatile A *object, C desired);
void atomic_store_explicit(volatile A *object, C desired,
                           memory_order order);
```

原子地用参数 desired 的值替换参数 object 所指向的原子对象的值。在带有 _explicit 后缀的版本中，参数 order 用来明确指定内存顺序，但指定的内存顺序不能是 memory_order_acquire、memory_order_consume 和 memory_order_acq_rel。函数执行时，将按照默认或者指定的内存顺序对处理器进行干预　28.2 节

---

atomic_thread_fence　创建线程围栏（C1*X*）　<stdatomic.h>

创建用于线程间同步的内存屏障

```
void atomic_thread_fence(memory_order order);
```

28.2 节

---

bsearch　二分搜索　<stdlib.h>

```
void *bsearch(const void *key, const void *base,
              size_t memb, size_t size,
              int (*compar)(const void *, const void *));
```

在 base 指向的有序数组中搜索由 key 指向的值。数组有 nmemb 个元素，每个元素大小为 size 字节。compar 是指向比较函数的指针。当按顺序把指向键的指针和指向数组元素的指针传递给比较函数时，比较函数根据键是小于、等于还是大于数组元素而分别返回负整数、零和正整数

返回　指向与键相等的数组元素的指针。如果没有找到该键，返回空指针　26.2 节

---

btowc　把字节转换为宽字符（C99）　<wchar.h>

```
wint_t btowc(int c);
```

返回　c 的宽字符表示。如果 c 等于 EOF 或者 c（强制转换成 unsigned char 类型）在初始迁移状态下不是有效的单字节字符，返回 WEOF　25.5 节

---

c16rtomb　将 **char16_t** 类型的宽字符转换为多字节字符（C1*X*）　<uchar.h>

```
size_t c16rtomb(char * restrict s, char16_t c16, mbstate_t * restrict ps);
```

返回　此函数的返回值是转换并保存的字节数，包括任何迁移序列。如果参数 c16 的值不代表有效的宽字符，将发生编码错误：保存的值是 EILSEQ 并且返回值是 (size_t)-1　25.7 节

---

c32rtomb　将 char32_t 类型的宽字符转换为多字节字符（C1*X*）　<uchar.h>

```
size_t mbrtoc32(char32_t * restrict pc32, const char * restrict s, size_t n,
                mbstate_t * restrict ps);
```

返回　此函数的返回值是转换并保存的字节数，包括任何迁移序列。如果参数 c32 的值不代表有效的宽字符，将发生编码错误：保存的值是 EILSEQ 并且返回值是 (size_t)-1　25.7 节

---

cabs
cabsf
cabsl　复数绝对值（C99）　<complex.h>

```
double cabs(double complex z);
float cabsf(float complex z);
long double cabsl(long double complex z);
```

返回　z 的复数绝对值　27.4 节

cacos 复数反余弦（C99） <complex.h>
double complex cacos(double complex z);
cacosf *float complex cacosf(float complex z);*
cacosl *long double complex cacosl(long double complex z);*
返回 z的复数反余弦，分支切割在实轴区间[-1,1]之外进行。返回值位于一个条状区域中，该条状区域在虚轴方向可以无限延伸，在实轴方向上位于区间[0, π] 27.4节

751

cacosh 复数反双曲余弦（C99） <complex.h>
double complex cacosh(double complex z);
cacoshf *float complex cacoshf(float complex z);*
cacoshl *long double complex cacoshl(long double complex z);*
返回 z的复数反双曲余弦，分支切割在实轴上小于1的值上进行。返回值位于一个半条状区域中，该区域在实轴方向取非负值，在虚轴方向上位于区间[−iπ, iπ] 27.4节

calloc 分配并清零内存块 <stdlib.h>
void *calloc(size_t nmemb, size_t size);
为带有nmemb个元素的数组分配内存块，其中每个数组元素占size字节。通过设置所有位为零来清零内存块
返回 指向内存块开始处的指针。如果不能分配所要求大小的内存块，返回空指针 17.3节

call_once 单次初始化(C1X) <threads.h>
间接调用func所指向的函数，而且要使用参数flag指向的once_flag对象来确保这个函数只被调用一次
28.1节

carg 复数参数（C99） <complex.h>
double carg(double complex z);
cargf *float cargf(float complex z);*
cargl *long double cargl(long double complex z);*
返回 z的辐角（相角），分支切割在负的实轴方向上进行。返回值位于区间[−π, +π] 27.4节

casin 复数反正弦（C99） <complex.h>
double complex casin(double complex z);
casinf *float complex casinf(float complex z);*
casinl *long double complex casinl(long double complex z);*
返回 z的复数反正弦，分支切割在实轴区间[−1, +1]之外进行。返回值位于一个条状区域中，该条状区域在虚轴方向可以无限延伸，在实轴方向上位于区间[−π/2，+π/2] 27.4节

casinh 复数反双曲正弦（C99） <complex.h>
double complex casinh(double complex z);
casinhf *float complex casinhf(float complex z);*
casinhl *long double complex casinhl(long double complex z);*
返回 z的复数反双曲正弦，分支切割在虚轴区间[−i, +i]之外进行。返回值位于一个条状区域中，该条状区域在实轴方向可以无限延伸，在虚轴方向上位于区间[−iπ/2, +iπ/2] 27.4节

catan 复数反正切（C99） <complex.h>
double complex catan(double complex z);
catanf *float complex catanf(float complex z);*
catanl *long double complex catanl(long double complex z);*
返回 z的复数反正切，分支切割在虚轴区间[−i,+i]之外进行。返回值位于一个条状区域中，该条状区域在虚轴方向可以无限延伸，在实轴方向上位于区间[−π/2，+π/2] 27.4节

752

catanh 复数反双曲正切（C99） <complex.h>
double complex catanh(double complex z);
catanhf *float complex catanhf(float complex z);*
catanhl *long double complex catanhl(long double complex z);*
返回 z的复数反双曲正切，分支切割在实轴区间[−1, +1]之外进行。返回值位于一个条状区域中，该条状区域在实轴方向可以无限延伸，在虚轴方向上位于区间[−iπ/2,+iπ/2] 27.4节

cbrt 立方根（C99） <math.h>

double cbrt(double x);

cbrtf *float cbrtf(float x);*

cbrtl *long double cbrtl(long double x);*

返回 x的实立方根 23.4节

ccos 复数余弦（C99） <complex.h>

double complex ccos(double complex z);

ccosf *float complex ccosf(float complex z);*

ccosl *long double complex ccosl(long double complex z);*

返回 z的复数余弦 27.4节

ccosh 复数双曲余弦（C99） <complex.h>

double complex ccosh(double complex z);

ccoshf *float complex ccoshf(float complex z);*

ccoshl *long double complex ccoshl(long double complex z);*

返回 z的复数双曲余弦 27.4节

ceil 向上舍入 <math.h>

double ceil(double x);

ceilf *float ceilf(float x);*

ceill *long double ceill(long double x);*

返回 大于或等于x的最小整数 23.3节

cexp 复数基于e的指数（C99） <complex.h>

double complex cexp(double complex z);

cexpf *float complex cexpf(float complex z);*

cexpl *long double complex cexpl(long double complex z);*

返回 z的基于e的复数指数 27.4节

753

cimag 复数的虚部（C99） <complex.h>

double cimag(double complex z);

cimagf *float cimagf(float complex z);*

cimagl *long double cimagl(long double complex z);*

返回 z的虚部 27.4节

clearerr 清除流错误 <stdio.h>

void clearerr(FILE *stream);

为stream指向的流清除文件末尾指示器和错误指示器 22.3节

clock 处理器时钟 <time.h>

clock_t clock(void);

返回 从程序开始执行起所经过的处理器时间(以“时钟嘀嗒”来衡量)。(除以CLOCKS_PER_SEC将其转换成秒。)如果时间无效或者无法表示，返回(clock_t)(-1) 26.3节

clog 复数自然对数（C99） <complex.h>

double complex clog(double complex z);

clogf *float complex clogf(float complex z);*

clogl *long double complex clogl(long double complex z);*

返回 z的复数自然对数(以e为底)，分支切割在负的实轴方向上进行。返回值位于一个条状区域中，该条状区域在实轴方向可以无限延伸，在虚轴方向上位于区间[$-i\pi$,$+i\pi$] 27.4节

cnd_broadcast 唤醒所有被阻塞的线程（C1X） <threads.h>

int cnd_broadcast (cnd_t * cond);

解除被参数cond指向的条件变量阻塞的所有线程。调用此函数时，如果此前有任何线程被参数cond指向的条件变量阻塞，则此函数解除它们的阻塞状态。如果没有任何线程被参数cond指向的条件变量阻塞，则此函数什么也不做

返回 执行成功返回thrd_success；否则返回thrd_error 28.1节

cnd_destroy 销毁条件变量（C1X） <threads.h>

```
void cnd_destroy (cnd_t * cond);
```
28.1节

cnd_init 创建一个条件变量（C1X） <threads.h>

```
int cnd_init (cnd_t * cond);
```
返回 函数执行成功返回 thrd_success；如果不能为新条件变量分配足够的内存则返回 thrd_nomem；因其他原因不能完成条件变量的创建操作时返回 thrd_error 28.1节

cnd_signal 解除被条件变量阻塞的某一个线程（C1X） <threads.h>

```
int cnd_signal (cnd_t * cond);
```
返回 如果没有任何线程被参数 cond 指向的条件变量阻塞，则此函数什么也不做并返回表示成功的状态值。此函数执行成功返回 thrd_success；失败则返回 thrd_error 28.1节

cnd_timedwait 带超时的线程阻塞和等待（C1X） <threads.h>

```
int cnd_timedwait (cnd_t * restrict cond, mtx_t * restrict mtx,
                   const struct timespec * restrict ts);
```
返回 函数成功执行时返回 thrd_success；若因超时而返回，返回值是 thrd_timedout，其他情况下返回 thrd_error 28.1节

cnd_wait 阻塞线程并等待信号（C1X） <threads.h>

```
int cnd_wait (cnd_t * cond, mtx_t * mtx);
```
返回 函数执行成功时将返回 thrd_success；否则返回 thrd_error 28.1节

conj 复共轭（C99） <complex.h>

```
double complex conj(double complex z);
float complex conjf(float complex z);
long double complex conjl(long double complex z);
```
conjf、*conjl*

返回 z 的复共轭 27.4节

copysign 复制符号（C99） <math.h>

```
double copysign(double x, double y);
float copysignf(float x, float y);
long double copysignl(long double x, long double y);
```
copysignf、*copysignl*

返回 具有 x 的幅值及 y 的符号的值 23.4节

cos 余弦 <math.h>

```
double cos(double x);
float cosf(float x);
long double cosl(long double x);
```
cosf、*cosl*

返回 x 的余弦（以弧度来衡量） 23.3节

cosh 双曲余弦 <math.h>

```
double cosh(double x);
float coshf(float x);
long double coshl(long double x);
```
coshf、*coshl*

返回 x 的双曲余弦。如果 x 的幅值过大，会发生取值范围错误 23.3节

754

cpow 复数幂（C99） <complex.h>

```
double complex cpow(double complex x, double complex y);
float complex cpowf(float complex x, float complex y);
long double complex cpowl(long double complex x,
                          long double complex y);
```
cpowf、*cpowl*

返回 x 的 y 次幂，分支切割在负的实轴方向上对第一个参数进行 27.4节

cproj　复数投影（C99）　<complex.h>

double complex cproj(double complex z);

cprojf　*float complex cprojf(float complex z);*

cprojl　*long double complex cprojl(long double complex z);*

返回　z在黎曼球面的投影。返回值一般等于z，但是当实部和虚部中存在无穷数时，返回值为INFINITY + I * copysign(0.0, cimag(z))　27.4节

creal　复数的实部（C99）　<complex.h>

double creal(double complex z);

crealf　*float crealf(float complex z);*

creall　*long double creall(long double complex z);*

返回　z的实部　27.4节

csin　复数正弦（C99）　<complex.h>

double complex csin(double complex z);

csinf　*float complex csinf(float complex z);*

csinl　*long double complex csinl(long double complex z);*

返回　z的复数正弦　27.4节

csinh　复数双曲正弦（C99）　<complex.h>

double complex csinh(double complex z);

csinhf　*float complex csinhf(float complex z);*

csinhl　*long double complex csinhl(long double complex z);*

返回　z的复数双曲正弦　27.4节

csqrt　复数平方根（C99）　<complex.h>

double complex csqrt(double complex z);

csqrtf　*float complex csqrtf(float complex z);*

755

csqrtl　*long double complex csqrtl(long double complex z);*

返回　z的复数平方根，分支切割在负的实轴方向上进行。返回值位于右边的半平面（包括虚轴）　27.4节

ctan　复数正切（C99）　<complex.h>

double complex ctan(double complex z);

ctanf　*float complex ctanf(float complex z);*

ctanl　*long double complex ctanl(long double complex z);*

返回　z的复数正切　27.4节

ctanh　复数双曲正切（C99）　<complex.h>

double complex ctanh(double complex z);

ctanhf　*float complex ctanhf(float complex z);*

ctanhl　*long double complex ctanhl(long double complex z);*

返回　z的复数双曲正切　27.4节

ctime　把日历时间转换成字符串　<time.h>

char *ctime(const time_t *timer);

返回　指向描述了与timer指向的日历时间相等价的本地时间的字符串的指针。等价于asctime(localtime(timer))　26.3节

difftime　时间差　<time.h>

double difftime(time_t time1, time_t time0);

返回　time0（较早的时间）和time1之间的差值，此值以秒来衡量　26.3节

div　整数除法　<stdlib.h>

div_t div(int numer, int denom);

返回　包含成员quot（numer除以denom的商）和成员rem（余数）的div_t类型结构。如果结果的quot成员或rem成员无法表示，函数的行为是未定义的　26.2节

erf 错误函数（C99） <math.h>

double erf(double x);

erff *float erff(float x);*

erfl *long double erfl(long double x);*

返回 erf(x)，其中 erf 是高斯错误函数 23.4 节

erfc 余误差错误函数（C99） <math.h>

double erfc(double x);

erfcf *float erfcf(float x);*

erfcl *long double erfcl(long double x);*

返回 erf(x)=1−erf(x)，其中 erf 是高斯错误函数。如果 x 过大，会出现取值范围错误 23.4 节

756

exit 退出程序 <stdlib.h>

void exit(int status);

调用所有用 atexit 函数注册的函数，清洗全部输出缓冲区，关闭所有打开的流，移除任何由 tmpfile 产生的文件，并终止程序。status 的值说明程序是否正常终止。status 的可移植的值是 0、EXIT_SUCCESS（两者都说明成功终止）以及 EXIT_FAILURE（不成功的终止） 9.5 节，26.2 节

_Exit 退出程序（C99） <stdlib.h>

void _Exit(int status);

引起正常的程序终止。不调用用 atexit 注册的函数以及用 signal 注册的信号处理函数。返回状态的确定与 exit 相类似。是否清洗输出缓冲区，是否关闭打开的流，以及是否移除临时文件都是由实现定义的 26.2 节

exp 基于 e 的指数 <math.h>

double exp(double x);

expf *float expf(float x);*

expl *long double expl(long double x);*

返回 e 的 x 次幂。如果 x 的幅值过大，那么会发生取值范围错误 23.3 节

exp2 基于 2 的指数（C99） <math.h>

double exp2(double x);

exp2f *float exp2f(float x);*

exp2l *long double exp2l(long double x);*

返回 2 的 x 次幂。如果 x 的幅值过大，会发生取值范围错误 23.4 节

expm1 基于 e 的指数减 1（C99） <math.h>

double expm1(double x);

expm1f *float expm1f(float x);*

expm1l *long double expm1l(long double x);*

返回 e 的 x 次幂减 1。如果 x 过大，会发生取值范围错误 23.4 节

fabs 浮点绝对值 <math.h>

double fabs(double x);

fabsf *float fabsf(float x);*

fabsl *long double fabsl(long double x);*

757

返回 x 的绝对值 23.3 节

fclose 关闭文件 <stdio.h>

int fclose(FILE *stream);

关闭由 stream 指向的流。清洗保留在流缓冲区内的任何未写的输出。如果缓冲区是自动分配的，那么就释放缓冲区

返回 如果成功，就返回 0。如果检测到错误，就返回 EOF 22.2 节

fdim 正差（C99） <math.h>

double fdim(double x, double y);

fdimf *float fdimf(float x, float y);*

fdiml *long double fdiml(long double x, long double y);*

返回 x 和 y 的正差：

$$\begin{cases} x-y & (x>y) \\ +0 & (x \leqslant y) \end{cases}$$

有可能会发生取值范围误差 23.4 节

---

feclea-rexcept **清除浮点异常（C99）** <fenv.h>

int feclearexcept(int excepts);

尝试清除 excepts 表示的浮点异常

返回 如果 excepts 为 0，或所有的异常都被成功清除，那么返回 0；否则返回非零值 27.6 节

---

fegetenv **获得浮点环境（C99）** <fenv.h>

*int fegetenv(fenv_t *envp);*

尝试存储 envp 所指向的对象的当前浮点环境

返回 如果存储成功则返回 0，否则返回非零值 27.6 节

---

fegetex-ceptflag **获取浮点环境标志（C99）** <fenv.h>

*int fegetexceptflag(fexcept_t *flagp, int excepts);*

尝试获取 excepts 表示的浮点状态标志的状态，并将其存于 flagp 指向的对象中

返回 如果状态标志的状态存储成功则返回 0，否则返回非零值 27.6 节

758

fegetr-ound **获取浮点舍入方向（C99）** <fenv.h>

int fegetround(void);

返回 表示当前舍入方向的舍入方向宏的值。如果不能确定当前舍入方向，或者当前舍入方向不能与任何舍入方向宏相匹配，返回负值 27.6 节

---

fehold-except **存储浮点环境（C99）** <fenv.h>

*int feholdexcept(fenv_t *envp);*

把当前的浮点环境存入 envp 指向的对象中，清除浮点状态标志并尝试对所有的浮点异常安装不阻塞模式

返回 如果不阻塞的浮点异常处理成功安装，返回 0；否则返回非零值 27.6 节

---

feof **检测文件末尾** <stdio.h>

int feof(FILE *stream);

返回 如果为 stream 指向的流设置了文件末尾指示器，返回非零值；否则返回 0 22.3 节

---

ferias-eexcept **产生浮点异常（C99）** <fenv.h>

int feraiseexcept(int excepts);

尝试产生 excepts 所表示的浮点异常

返回 如果 excepts 为 0 或者所有指定的异常都成功产生，返回 0；否则，返回非零值 27.6 节

---

ferror **检测文件错误** <stdio.h>

int ferror(FILE *stream);

返回 如果为 stream 指向的流设置了错误指示器，返回非零值；否则返回 0 22.3 节

---

fesetenv **设置浮点环境（C99）** <fenv.h>

*int fesetenv(const fenv_t *envp);*

尝试建立 envp 指向的对象所表示的浮点环境

返回 如果环境建立成功，返回 0；否则返回非零值 27.6 节

fesetexceptflag　设置浮点异常标志（C99）　<fenv.h>

*int fesetexceptflag(const fexcept_t *flagp, int excepts);*

尝试把 excepts 所表示的浮点状态标志设置为 flagp 所指向的对象中存储的状态

返回　如果 excepts 为 0 或者所有指定的异常都成功设置，返回 0；否则返回非零值　27.6 节

759

fesetround　设置浮点舍入方向（C99）　<fenv.h>

int fesetround(int round);

尝试确立 round 所表示的舍入方向

返回　如果要求的舍入方向成功确立，返回 0；否则返回非零值　27.6 节

fetestexcept　测试浮点异常标志（C99）　<fenv.h>

int fetestexcept(int excepts);

返回　与当前为 excepts 所表示的异常设置的标志相对应的浮点异常宏的按位或　27.6 节

feupdateenv　更新浮点环境（C99）　<fenv.h>

*int feupdateenv(const fenv_t *envp);*

尝试存储当前产生的浮点异常，安装 envp 指向的对象所表示的浮点环境，然后再次产生所存储的异常

返回　如果所有行为都成功执行，返回 0；否则返回非零值　27.6 节

fflush　清洗文件缓冲区　<stdio.h>

int fflush(FILE *stream);

把任何未写入的数据写到和 stream 相关联的缓冲区中，其中 stream 指向用于输出或更新的已打开的流。如果 stream 是空指针，那么对于所有在缓冲区中有未写数据的流，fflush 函数都会对其进行清洗

返回　如果成功，就返回 0。如果检测到写错误，就返回 EOF　22.2 节

fgetc　从文件中读取字符　<stdio.h>

int fgetc(FILE *stream);

从 stream 指向的流中读取字符

返回　从流中读到的字符。如果 fgetc 函数遇到流的末尾，则设置流的文件末尾指示器并返回 EOF。如果发生读取错误，fgetc 函数则设置流的错误指示器并且返回 EOF　22.4 节

fgetpos　获得文件位置　<stdio.h>

int fgetpos(FILE * *restrict* stream, fpos_t * *restrict* pos);

把 stream 指向的流的当前位置存储到 pos 指向的对象中

返回　如果成功，就返回 0。如果调用失败，则返回非零值并把由实现定义的正值存储到 errno 中　22.7 节

fgets　从文件中读字符串　<stdio.h>

char *fgets(char * *restrict* s, int n, FILE * *restrict* stream);

760

从 stream 指向的流中读取字符，并且把读入的字符存储到 s 指向的数组中。遇到第一个换行符时、已经读取了 n-1 个字符时或到了文件末尾时，读取操作都会停止（第一种情况下，换行符会被存入字符串中）。fgets 函数会在字符串的最后添加一个空字符

返回　s（指针，指向存储输入的数组）。如果出现读取错误或 fgets 函数在存储任何字符之前遇到了流的末尾，都会返回空指针　22.5 节

fgetwc　从文件中读宽字符（C99）　<wchar.h>

*wint_t fgetwc(FILE *stream);*

fgetc 的宽字符版本　25.5 节

fgetws　从文件中读宽字符串（C99）　<wchar.h>

*wchar_t *fgetws(wchar_t * restrict s, int n, FILE * restrict stream);*

fgets 的宽字符版本　25.5 节

floor 向下舍入 <math.h>
double floor(double x);
floorf *float floorf(float x);*
floorl *long double floorl(long double x);*
返回 小于或等于 x 的最大整数 23.3 节

---

fma 浮点乘加（C99） <math.h>
double fma(double x, double y, double z);
fmaf *float fmaf(float x, float y, float z);*
fmal *long double fmal(long double x, long double y, long double z);*
返回 (x×y)+z。对结果仅进行一次舍入，舍入时用的是与 FLT_ROUNDS 对应的舍入模式。可能会发生取值范围错误 23.4 节

---

fmax 浮点最大值（C99） <math.h>
double fmax(double x, double y);
fmaxf *float fmaxf(float x, float y);*
fmaxl *long double fmaxl(long double x, long double y);*
返回 x 和 y 中的最大值。如果其中一个参数为 NaN 而另一个参数是数值，返回该数值。23.4 节

---

fmin 浮点最小值（C99） <math.h>
double fmin(double x, double y);
fminf *float fminf(float x, float y);*
fminl *long double fminl(long double x, long double y);*
761
返回 x 和 y 中的最小值。如果其中一个参数为 NaN 而另一个参数是数值，返回该数值 23.4 节

---

fmod 浮点取余 <math.h>
double fmod(double x, double y);
fmodf *float fmodf(float x, float y);*
fmodl *long double fmodl(long double x, long double y);*
返回 x 除以 y 的余数。如果 y 为 0，要么发生定义域错误，要么返回 0 23.3 节

---

fopen 打开文件 <stdio.h>
FILE *fopen(const char * *restrict* filename, const char * *restrict* mode);
打开 filename 指向的文件并把它与一个流关联起来。mode 指明了打开文件的方式。为该流清除错误指示器和文件末尾指示器。
返回 对文件执行后续操作时需要用到的文件指针。如果无法打开文件则返回空指针 22.2 节

---

fpclas-sify 浮点分类（C99） <math.h>
int fpclassify(实浮点 x);
返回 FP_INFINITE、FP_NAN、FP_NORMAL、FP_SUBNORMAL 或 FP_ZERO。具体返回哪个值依赖于 x 是无穷数、非数、规范化的数、非规范化的数还是 0 23.4 节

---

fprintf 格式化文件写 <stdio.h>
int fprintf(FILE * *restrict* stream,
            const char * *restrict* format, ...);
向 stream 指向的流写输出。format 指向的字符串说明了后续参数的显示格式
返回 写入的字符数量。如果发生错误就返回负值 22.3 节

---

fputc 向文件写字符 <stdio.h>
int fputc(int c, FILE *stream);
把字符 c 写到 stream 指向的流中。
返回 c（写入的字符）。如果发生写错误，fputc 函数会为 stream 设置错误指示器，并且返回 EOF 22.4 节

---

fputs 向文件写字符串 <stdio.h>
int fputs(const char * *restrict* s, FILE * *restrict* stream);

把 s 指向的字符串写到 stream 指向的流中。

返回 如果成功，返回非负值。如果发生写错误，则返回 EOF 22.5 节

762

---

fputwc 向文件写宽字符（C99） <wchar.h>

*wint_t fputwc(wchar_t c, FILE *stream);*

返回 fputc 的宽字符版本 22.5 节

---

fputws 向文件写宽字符串（C99） <wchar.h>

*int fputws(const wchar_t * restrict s, FILE * restrict stream);*

返回 fputs 的宽字符版本 22.5 节

---

fread 从文件读块 <stdio.h>

```
size_t fread(void * restrict ptr, size_t size,
             size_t nmemb, FILE * restrict stream);
```

尝试从 stream 指向的流中读取 nmemb 个元素，每个元素大小为 size 字节，并且把读入的元素存储到 ptr 指向的数组中。

返回 实际读入的元素数量。如果 fread 遇到文件末尾或检测到读错误，此数将小于 nmemb。如果 nmemb 或 size 为 0，则返回 0 22.6 节

---

free 释放内存块 <stdlib.h>

```
void free (void *ptr);
```

释放 ptr 指向的内存块。（ptr 为空指针时调用无效。）块必须是调用 calloc、malloc 或 realloc 函数来分配的 17.4 节

---

freopen 重新打开文件 <stdio.h>

```
FILE *freopen(const char * restrict filename,
              const char * restrict mode,
              FILE * restrict stream);
```

关闭和 stream 相关联的文件，然后打开 filename 指向的文件并将其与 stream 相关联。mode 参数的含义和在 fopen 函数调用中相同。C99 的改动：如果 filename 是空指针，freopen 会尝试把流的模式修改为 mode 指定的模式

返回 如果操作成功，返回 stream 的值。如果无法打开文件，则返回空指针 22.2 节

---

frexp 分解成小数和指数 <math.h>

frexpf

frexpl

```
double frexp(double value, int *exp);
float frexpf(float value, int *exp);
long double frexpl(long double value, int *exp);
```

763

按照下列形式把 value 分解成小数部分 f 和指数部分 n：

value $= f \times 2^n$

其中 f 规范化为 $0.5 \leq f < 1$ 或者 $f = 0$。把 n 存储在 exp 指向的对象中

返回 f，即 value 的小数部分 23.3 节

---

fscanf 格式化文件读 <stdio.h>

```
int fscanf(FILE * restrict stream,
           const char * restrict format, ...);
```

从 stream 指向的流中读取输入项。format 指向的字符串指明了读入项的格式。跟在 format 后边的参数指向用于存储这些项的对象

返回 成功读入并且存储的输入项的数量。如果还没有读取任何项就发生了输入失败，则返回 EOF 22.3 节

---

fseek 文件查找 <stdio.h>

```
int fseek(FILE *stream, long int offset, int whence);
```

为 stream 指向的流改变文件位置指示器。如果 whence 是 SEEk_SET，那么新位置是在文件开始处加上 offset 字节。如果 whence 是 SEEK_CUR，那么新位置是在当前位置加上 offset 字节。如果 whence 是 SEEK_END，那么新位置是在文件末尾加上 offset 字节。offset 的值可以为负。对于文本流而言，要么 offset 必须是 0，要么 whence 必须是

SEEK_SET 并且 offset 的值是由前面的 ftell 函数调用获得的。对于二进制流而言，fseek 函数可能不支持 whence 是 SEEK_END 的调用

返回　如果操作成功就返回 0，否则返回非零值　22.7 节

---

fsetpos　**设置文件位置**　<stdio.h>

```
int fsetpos(FILE *stream, const fpos_t *pos);
```

根据 pos（之前调用 fgetpos 函数获得）指向的值来为 stream 指向的流设置文件位置指示器

返回　如果成功就返回 0。如果调用失败，返回非零值，并且把由实现定义的正值存储在 errno 中　22.7 节

---

ftell　**确定文件位置**　<stdio.h>

```
long int ftell(FILE *stream);
```

返回　返回 stream 指向的流的当前文件位置指示器。如果调用失败，返回-1L，并且把由实现定义的正值存储在 errno 中　22.7 节

---

fwide　**获取和设置流倾向（C99）**　<wchar.h>

```
int fwide(FILE *stream, int mode);
```

确定流的当前倾向，如果需要，还要试图设置其倾向。如果 mode 大于 0 且流没有倾向，fwide 会尝试使流成为面向宽字符的。如果 mode 小于 0 且流没有倾向，fwide 会尝试使流成为面向字节的。如果 mode 为 0，倾向不会改变

764

返回　如果在调用之后流具有面向宽字符的倾向，返回正值；如果在调用之后流具有面向字节的倾向，返回负值；如果在调用之后流没有倾向，返回 0　25.5 节

---

fwprintf　**宽字符格式化文件写（C99）**　<wchar.h>

```
int fwprintf(FILE *restrict stream,
             const wchar_t * restrict format, ...);
```

fprintf 的宽字符版本　25.5 节

---

fwrite　**向文件写块**　<stdio.h>

```
size_t fwrite(const void * restrict ptr, size_t size,
              size_t nmemb, FILE * restrict stream);
```

从 ptr 指向的数组中写 nmemb 个元素到 stream 指向的流中，且每个元素大小为 size 字节

返回　实际写入的元素数量。如果发生写错误，这个数会小于 nmemb。在 C99 中，如果 nmemb 或 size 为 0，返回 0　22.6 节

---

fwscanf　**宽字符格式化文件读（C99）**　<wchar.h>

```
int fwscanf(FILE * restrict stream,
            const wchar_t * restrict format, ...);
```

fscanf 的宽字符版本　25.5 节

---

getc　**从文件读字符**　<stdio.h>

```
int getc(FILE *stream);
```

从 stream 指向的流中读一个字符。注意：getc 通常是作为宏来实现的，它可能多次计算 stream

返回　从流中读入的字符。如果 getc 函数遇到流的末尾，它会设置流的文件末尾指示器并且返回 EOF。如果发生读错误，getc 函数设置流的错误指示器并且返回 EOF　22.4 节

---

getchar　**读字符**　<stdio.h>

```
int getchar(void);
```

从 stdin 流中读一个字符。注意：getchar 通常是作为宏来实现的

返回　从流中读入的字符。如果 getc 函数遇到输入流的末尾，它会设置 stdin 流的文件末尾指示器并且返回 EOF。如果发生读错误，getc 函数设置 stdin 流的错误指示器并且返回 EOF　7.3 节，22.4 节

getenv 获取环境字符串 <stdlib.h>

```
char *getenv(const char *name);
```

搜索操作系统的环境列表，检查是否有能够与 name 指向的字符串相匹配的字符串

765

返回 指向与匹配名相关联的字符串的指针。如果没有找到匹配的字符串则返回空指针 26.2 节

getwc 从文件读宽字符（C99） <wchar.h>

```
wint_t getwc(FILE *stream);
```

getc 的宽字符版本 25.5 节

getwchar 读宽字符（C99） <wchar.h>

```
wint_t getwchar(void);
```

getchar 的宽字符版本 25.5 节

gmtime 把日历时间转换成分解的 UTC 时间 <time.h>

```
struct tm *gmtime(const time_t *timer);
```

返回 指向结构的指针，此结构包含与 timer 指向的日历时间等价的分解的 UTC 时间。如果日历时间不能转换成 UTC 时间，则返回空指针 26.3 节

hypot 直角三角形的斜边（C99） <math.h>

```
double hypot(double x, double y);
```

hypotf

```
float hypotf(float x, float y);
```

hypotl

```
long double hypotl(long double x, long double y);
```

返回 $\sqrt{x^2+y^2}$（以 x 和 y 为直角边的直角三角形的斜边）。有可能发生取值范围错误 23.4 节

ilogb 无偏指数（C99） <math.h>

```
int ilogb(double x);
```

ilogbf

```
int ilogbf(float x);
```

ilogbl

```
int ilogbl(long double x);
```

返回 以有符号整数的形式返回 x 的指数，等价于调用相应的 logb 函数并把返回值强制转换成 int 类型。如果 x 为 0，则返回 FP_ILOGB0；如果 x 是无穷数，则返回 INT_MAX；如果 x 是 NaN，则返回 FP_ILOGBNAN。有可能发生取值范围错误 23.4 节

imaxabs 最大宽度整数的绝对值（C99） <inttypes.h>

766

```
intmax_t imaxabs(intmax_t j);
```

返回 j 的绝对值。如果 j 的绝对值无法表示，函数的行为是未定义的 27.2 节

imaxdiv 最大宽度整数的除法（C99） <inttypes.h>

```
imaxdiv_t imaxdiv(intmax_t numer, intmax_t denom);
```

返回 imaxdiv_t 类型的结构，该结构包含成员 quot（number 除以 denom 的商）和 rem（余数）。如果结果的 quot 成员或 rem 成员无法表示，函数的行为是未定义的 27.2 节

isalnum 测试是否是字母或数字 <ctype.h>

```
int isalnum(int c);
```

返回 如果 c 是字母或数字，返回非零值；否则返回 0（如果 isalph(c)或 isdigit(c)为真，则 c 是字母或数字） 23.5 节

isalpha 测试是否是字母 <ctype.h>

```
int isalpha(int c);
```

返回 如果 c 是字母，返回非零值；否则返回 0。在"C"地区，如果 islower(c)或 isupper(c)为真，则 c 是字母 23.5 节

isblank 测试是否是标准空白（C99） <ctype.h>

```
int isblank(int c);
```

返回 如果 c 是用于分隔一行文本中的单词的标准空白字符，则返回非零值。在"C"地区，标准空白字符为空格（' '）和水平制表符（'\t'） 23.5 节

iscntrl　测试是否是控制字符　<ctype.h>

`int iscntrl(int c);`

返回　如果c是控制字符，返回非零值；否则返回0　23.5节

isdigit　测试是否是数字　<ctype.h>

`int isdigit(int c);`

返回　如果c是数字，返回非零值；否则返回0　23.5节

isfinite　测试是否是有限数（C99）　<math.h>

int isfinite(实浮点 x);

返回　如果x是有限数（0、非规范化的数、规范化的数，但不包括无穷数或NaN），返回非零值；否则返回0　23.4节

isgraph　测试是否是图形字符　<ctype.h>

`int isgraph(int c);`

返回　如果c是（除空格之外的）可打印字符，返回非零值；否则返回0　23.5节

isgreater　测试是否大于（C99）　<math.h>

int isgreater(实浮点 x, 实浮点 y);　宏

返回　(x)>(y)。与>运算符不同，在一个或两个参数是NaN的情况下，isgreater不会产生无效运算浮点异常。　23.4节

767

isgreaterequal　测试是否大于等于（C99）　<math.h>

int isgreaterequal(实浮点 x, 实浮点 y);

返回　(x) >= (y)。与>=运算符不同，在一个或两个参数是NaN的情况下，isgreaterequal不会产生无效运算浮点异常　23.4节

isinf　测试是否是无穷数（C99）　<math.h>

int isinf(实浮点 x);

返回　如果x是（正的或负的）无穷数，则返回非零值；否则返回0　23.4节

isless　测试是否小于（C99）　<math.h>

int isless(实浮点 x, 实浮点 y);

返回　(x) < (y)。与<运算符不同，在一个或两个参数是NaN的情况下，isless不会产生无效运算浮点异常　23.4节

islessequal　测试是否小于等于（C99）　<math.h>

int islessequal(实浮点 x, 实浮点 y);

返回　(x) <= (y)。与<=操作符不同，在一个或两个参数是NaN的情况下，islessequal不会产生无效运算浮点异常　23.4节

islessgreater　测试是否小于或大于（C99）　<math.h>

int islessgreater(实浮点 x, 实浮点 y);

返回　(x) < (y) || (x) > (y)。与该表达式不同，在一个或两个参数是NaN的情况下，islessgreater不会产生无效运算浮点异常；此外，对x和y只求值一次　23.4节

islower　测试是否是小写字母　<ctype.h>

`int islower(int c);`

返回　如果c是小写字母，则返回非零值；否则返回0　23.5节

isnan　测试是否是NaN（C99）　<math.h>

int isnan(实浮点 x);

返回　如果x是NaN值，则返回非零值；否则返回0　23.4节

isnormal　测试是否是规范化的数（C99）　<math.h>

int isnormal(实浮点 x);

返回 如果 x 是规范化的数（不是 0、非规范化的数、无穷数或 NaN），则返回非零值；否则返回 0 23.4 节

---

isprint 测试是否是可打印字符 <ctype.h>

`int isprint(int c);`

返回 如果 c 是可打印字符（包括空格），则返回非零值；否则返回 0 23.5 节

768

---

ispunct 测试是否是标点字符 <ctype.h>

`int ispunct(int c);`

返回 如果 c 是标点符号字符，则返回非零值；否则返回 0。除了空格、字母和数字字符以外，所有的可打印字符都看成是标点符号。C99 改动：在"C"地区，除了使 isspace 或 isalnum 为真的字符外，所有的可打印字符都被看作标点 23.5 节

---

isspace 测试是否是空白字符 <ctype.h>

`int isspace(int c);`

返回 如果 c 是空白字符，返回非零值；否则返回 0。在"C"地区，空白字符有空格（' '）、换页符（'\f'）、换行符（'\n'）、回车符（'\r'）、水平制表符（'\t'）和垂直制表符（'\v'） 23.5 节

---

isunordered 测试是否是无序数（C99） <math.h>

`int isunordered(实浮点 x, 实浮点 y);`

返回 如果 x 和 y 是无序数（至少有一个是 NaN），则返回 1；否则返回 0 23.4 节

---

isupper 测试是否是大写字母 <ctype.h>

`int isupper(int c);`

返回 如果 c 是大写字母，则返回非零值；否则返回 0 23.5 节

---

iswalnum 测试是否是宽字符的字母或数字（C99） <wctype.h>

`int iswalnum(wint_t wc);`

返回 如果 wc 是字母或数字，则返回非零值；否则返回 0（如果 iswalpha(wc)或 iswdigit(wc)为真，那么 wc 是字母或数字） 25.6 节

---

iswalpha 测试是否是宽字符的字母（C99） <wctype.h>

`int iswalpha(wint_t wc);`

返回 如果 wc 是字母，则返回非零值；否则返回 0（如果 iswupper(wc)或 iswlower(wc)为真，那么 wc 是字母；否则，如果 wc 是特定于地区的宽字符字母且 iswcntrl、iswdigit、iswpunct 和 iswspace 都不为真，那么 wc 是字母） 25.6 节

---

iswblank 测试是否是宽字符的标准空白（C99） <wctype.h>

`int iswblank(wint_t wc);`

返回 如果 wc 是标准的宽字符标准空白，或者是满足两个条件的特定于地区的宽字符字母，即 iswspace 为真且该字符用于分隔一行文本内的单词，那么返回非零值。在"C"地区，iswblank 只对标准空白字符返回真，标准空白字符包括空格（L' '）和水平制表符（L'\t'） 25.6 节

769

---

iswcntrl 测试是否是宽字符的控制字符（C99） <wctype.h>

`int iswcntrl(wint_t wc);`

返回 如果 wc 是宽字符的控制字符，则返回非零值；否则返回 0 25.6 节

---

iswctype 测试宽字符的类型（C99） <wctype.h>

`int iswctype(wint_t wc, wctype_t desc);`

返回 如果宽字符 wc 具有 desc 描述的性质，则返回非零值；否则返回 0（desc 必须是调用 wctype 返回的值；在两个调用中，LC_CTYPE 类别的当前设置必须相同） 25.6 节

---

iswdigit 测试是否是宽字符的数字（C99） <wctype.h>

`int iswdigit(wint_t wc);`

返回 如果 wc 对应于一个十进制数字，则返回非零值；否则返回 0 25.6 节

iswgraph 测试是否是宽字符的图形字符（C99） <wctype.h>

int iswgraph(wint_t wc);

返回 如果 iswprint(wc)为真且 iswspace(wc)为假，则返回非零值；否则返回 0 25.6 节

iswlower 测试是否是宽字符的小写字母（C99） <wctype.h>

int iswlower(wint_t wc);

返回 如果 wc 对应于一个小写字母，或者 wc 是特定于地区的宽字符且 iswcntrl、iswdigit、iswpunct 和 iswspace 都不为真，则返回非零值；否则返回 0 25.6 节

iswprint 测试是否是宽字符的可打印字符（C99） <wctype.h>

int iswprint(wint_t wc);

返回 如果 wc 是宽字符的可打印字符，则返回非零值；否则返回 0 25.6 节

iswpunct 测试是否是宽字符的标点字符（C99） <wctype.h>

int iswpunct(wint_t wc);

返回 如果 wc 是特定于地区的可打印的宽标点字符，且 iswspace 和 iswalnum 都不为真，则返回非零值；否则返回 0 25.6 节

iswspace 测试是否是宽字符的空白字符（C99） <wctype.h>

int iswspace(wint_t wc);

返回 如果 wc 是特定于地区的宽空白字符，且 iswalnum、iswgraph 或 iswpunct 都不为真，则返回非零值；否则返回 0 25.6 节

770

iswupper 测试是否是宽字符的大写字符（C99） <wctype.h>

int iswupper(wint_t wc);

返回 如果 wc 对应于一个大写字母，或者 wc 是特定于地区的宽字符且 iswcntrl、iswdigit、iswpunct 和 iswspace 都为假，则返回非零值；否则返回 0 25.6 节

iswxdigit 测试是否是宽字符的十六进制数字（C99） <wctype.h>

int iswxdigit(wint_t wc);

返回 如果 wc 对应于一个十六进制数字（0~9、a~f、A~F），则返回非零值；否则返回 0 25.6 节

isxdigit 测试是否是十六进制数字 <ctype.h>

int isxdigit(int c);

返回 如果 c 是十六进制数字（0~9、a~f、A~F），则返回非零值；否则返回 0 23.5 节

labs 长整数的绝对值 <stdlib.h>

long int labs(long int j);

返回 j 的绝对值。如果 j 的绝对值不能表示，函数的行为是未定义的 26.2 节

ldexp 组合小数和指数 <math.h>

double ldexp(double x, int exp);

ldexpf *float ldexpf(float x, int exp);*

ldexpl *long double ldexpl(long double x, int exp);*

返回 $x \times 2^{exp}$ 的值。可能会发生取值范围错误 23.3 节

ldiv 长整数除法 <stdlib.h>

ldiv_t ldiv(long int numer, long int denom);

返回 包含成员 quot（numer 除以 denom 的商）和成员 rem（余数）的 ldiv_t 类型结构。如果结果的 quot 成员或 rem 成员无法表示，函数的行为是未定义的 26.2 节

lgamma 伽马函数的对数（C99） <math.h>

double lgamma(double x);

lgammaf *float lgammaf(float x);*

lgammal *long double lgammal(long double x);*

返回 $\ln(|\Gamma(x)|)$，其中 Γ 是伽马函数。如果 x 太大，会发生取值范围错误；如果 x 是负整数或 0，也可能会发生取值范围错误 23.4 节

llabs　**长长整数绝对值（C99）**　<stdlib.h>

```
long long int llabs(long long int j);
```

返回　j 的绝对值。如果 j 的绝对值不能表示，函数的行为是未定义的　26.2 节

771

lldiv　**长长整数除法（C99）**　<stdlib.h>

```
lldiv_t lldiv(long long int numer,
              long long int denom);
```

返回　包含成员 quot（numer 除以 denom 的商）和成员 rem（余数）的 lldiv_t 类型结构。如果结果的 quot 成员或 rem 成员无法表示，函数的行为是未定义的　26.2 节

llrint　**使用当前方向舍入到长长整数（C99）**　<math.h>

```
long long int llrint(double x);
long long int llrintf(float x);
long long int llrintl(long double x);
```

llrintf、**llrintl**

返回　使用当前的舍入方向舍入到最接近的整数后的 x。如果舍入值超出了 long long int 的表示范围，结果是未定义的，而且可能会出现定义域错误或取值范围错误　23.4 节

llround　**舍入到最近的长长整数（C99）**　<math.h>

```
long long int llround(double x);
long long int llroundf(float x);
long long int llroundl(long double x);
```

llroundf、**llroundl**

返回　舍入到最接近的整数后的 x。如果 x 恰好在两个整数之间，按远离零的方向舍入。如果舍入值超出了 long long int 的表示范围，结果是未定义的，而且可能会出现定义域错误或取值范围错误　23.4 节

localeconv　**获取地区信息**　<locale.h>

```
struct lconv *localeconv(void);
```

返回　指向含有当前地区的信息的结构的指针　25.1 节

localtime　**把日历时间转换成分解的本地时间**　<time.h>

```
struct tm *localtime(const time_t *timer);
```

返回　指向含有的分解时间等价于 timer 指向的日历时间的结构的指针。如果不能把日历时间转换成本地时间，返回空指针　6.3 节

log　**自然对数**　<math.h>

```
double log(double x);
float logf(float x);
long double logl(long double x);
```

logf、**logl**

返回　以 e 为底的 x 的对数。如果 x 是负数，会发生定义域错误；如果 x 是 0，可能会发生取值范围错误　23.3 节

772

log10　**常用对数**　<math.h>

```
double log10(double x);
float log10f(float x);
long double log10l(long double x);
```

log10f、**log10l**

返回　以 10 为底的 x 的对数。如果 x 是负数，会发生定义域错误；如果 x 是 0，可能会发生取值范围错误　23.3 节

log1p　**参数加 1 的自然对数（C99）**　<math.h>

```
double log1p(double x);
float log10f(float x);
long double log1pl(long double x);
```

log1pf、**log1pl**

返回　以 e 为底的 1+x 的对数。如果 x 小于-1，会发生定义域错误；如果 x 等于-1，可能会发生取值范围错误　23.4 节

log2　**以 2 为底的对数（C99）**　<math.h>

```
double log2(double x);
```

log2f *float log2f(float x);*

log2l *long double log2l(long double x);*

返回 以2为底的x的对数。如果x是负数，会发生定义域错误；如果x是0，可能会发生取值范围错误 23.4节

---

logb **基数无关的指数（C99）** <math.h>

double logb(double x);

logbf *float logbf(float x);*

logbl *long double logbl(long double x);*

返回 $\log_r(|x|)$，其中r是浮点运算的基（由FLT_RADIX宏定义，通常值为2）。如果x等于0，可能会发生定义域错误或取值范围错误 23.4节

---

longjmp **非本地跳转** <setjmp.h>

void longjmp(jmp_buf env, int val);

恢复存储在env中的环境，并且从初始保存env的setjmp调用中返回。如果val非零，它将是setjmp的返回值；如果val为0，则setjmp返回1 24.4节

---

lrint **使用当前方向舍入到长整数（C99）** <math.h>

long int lrint(double x);

lrintf *long int lrintf(float x);*

lrintl *long int lrintl(long double x);*

返回 使用当前的舍入方向舍入到最接近的整数后的x。如果舍入值超出了long int类型的表示范围，结果是未定义的，而且可能会出现定义域错误或取值范围错误 23.4节

773

---

lround **舍入到最近的长整数（C99）** <math.h>

long int lround(double x);

lroundf *long int lroundf(float x);*

lroundl *long int lroundl(long double x);*

返回 舍入到最接近的整数后的x。如果x恰好在两个整数之间，按远离零的方向舍入。如果舍入值超出了long int类型的表示范围，结果是未定义的，而且可能会出现定义域错误或取值范围错误 23.4节

---

malloc **分配内存块** <stdlib.h>

void *malloc(size_t size);

分配size字节的内存块。不对内存块进行清零

返回 指向内存块开始处的指针。如果无法分配要求尺寸的内存块，返回空指针 17.2节

---

mblen **计算多字节字符的长度** <stdlib.h>

int mblen(const char *s, size_t n);

返回 如果s是空指针，根据多字节字符的编码是否依赖于状态而返回非零值或0。如果s指向空字符则返回0；否则，如果接下来的n个或更少个数的字节能够形成有效的多字节字符，那么返回s指向的多字节字符中的字节数量；否则返回-1 25.2节

---

mbrlen **多字节字符的长度——可再次启动（C99）** <wchar.h>

```
size_t mbrlen(const char * restrict s, size_t n,
              mbstate_t * restrict ps);
```

确定s所指向的数组中构成多字节字符所需的字节数量。ps应指向mbstate_t类型的对象，该对象包含当前的转换状态。一般情况下，mbrlen的调用等价于

mbrtowc(NULL, s, n, ps)

但是当ps是空指针的时候，使用内部对象的地址来代替

返回 见mbrtowc 25.5节

---

mbrtowc **把多字节字符转换成宽字符——可再次启动（C99）** <wchar.h>

```
size_t mbrtowc(wchar_t * restrict pwc,
               const char * restrict s, size_t n,
               mbstate_t * restrict ps);
```

如果s是空指针，mbrtowc的调用等价于

mbrtowc(NULL, "", 1, ps)
否则，mbrtowc 在 s 所指向的数组中最多检查 n 个字节，看它们是否能组成有效的多字节字符。如果能，把该多字节字符转换成宽字符。如果 pwc 不是空指针，把宽字符存于 pwc 指向的对象中。ps 的值应该是指向 mbstate_t 类型对象的指针，该对象包含当前的转换状态。如果 ps 是空指针，mbrtowc 使用一个内部对象来存储转换状态。如果转换的结果是空的宽字符，那么在调用中所用到的 mbstate_t 类型对象会保持初始转换状态

774

返回 如果转换产生了空的宽字符，返回 0。如果转换结果为非空的宽字符，则返回 1~n 范围内的一个数，该值是能够组成多字节字符的字节数目。如果 s 指向的 n 个字节不能构成多字节字符，返回(size_t)(-2)。如果出现编码错误，则返回(size_t)(-1)并把 EILSEQ 存于 errno 中 25.5 节

---

mbrtoc16 把多字节字符转换为用 char16_t 类型来表示的宽字符（C1X） <uchar.h>

*size_t mbrtoc16 (char16_t * restrict pc16, const char * restrict s, size_t n, mbstate_t * restrict ps);*

返回 返回 0 表示转换后的结果是空宽字符；返回 1~n 的值表示实际用了几个字节完成的宽字符转换；返回(size_t) -3 表示本次调用是延续上一次的调用，并已成功转换和保存宽字符；返回(size_t) -2 表示接下来的 n 个字节不足以表示一个多字节字符，但它依然可能是有效的，只是需要后面的字节才能完整表示；返回(size_t) -1 表示编码错误，接下来的 n 个字节不能表示一个完整有效的多字节字符。此时，errno 的值是 EILSEQ 且转换状态是未指定的 25.7 节

---

mbrtoc32 把多字节字符转换为用 char32_t 类型来表示的宽字符（C1X） <uchar.h>

*size_t mbrtoc32 (char32_t * restrict pc32, const char * restrict s, size_t n, mbstate_t * restrict ps);*

返回 返回 0 表示转换后的结果是空宽字符；返回 1~n 的值表示实际用了几个字节完成的宽字符转换；返回(size_t) -3 表示本次调用是延续上一次的调用，并已成功转换和保存宽字符；返回(size_t) -2 表示接下来的 n 个字节不足以表示一个多字节字符，但它依然可能是有效的，只是需要后面的字节才能完整表示；返回(size_t) -1 表示编码错误，接下来的 n 个字节不能表示一个完整有效的多字节字符。此时，errno 的值是 EILSEQ 且转换状态是未指定的 25.7 节

---

mbsinit 测试初始转换状态（C99） <wchar.h>

*int mbsinit(const mbstate_t *ps);*

返回 如果 ps 是空指针或指向描述初始转换状态的 mbstate_t 对象，则返回非零值；否则返回 0 25.5 节

---

mbsrtowcs 把多字节字符串转换成宽字符串——可再次启动（C99） <wchar.h>

*size_t mbsrtowcs(wchar_t * restrict dst, const char ** restrict src, size_t len, mbstate_t * restrict ps);*

把 src 间接指向的数组中的一系列多字节字符转换成相应的宽字符。ps 应指向 mbstate_t 类型的对象，该对象包含当前的转换状态。如果与 ps 相对应的参数是空指针，那么 mbsrtowcs 使用一个内部对象来存储转换状态。如果 dst 不是空指针，把转换后的字符存于它指向的数组中。转换一直进行到遇到终止空字符为止，对该空字符也进行转换并存储。如果已有的字节不能组成有效的多字节字符，或者（在 dst 不是空指针的情况下）已经往数组中存储了 len 个宽字符，那么转换提前终止。如果 dst 不是空指针，要么把空指针（遇到终止空字符）赋给 src 指向的对象，要么把上一个转换成功的多字节字符之后的地址（如果有的话）赋给 src 指向的对象。如果转换在空字符处停止，且 dst 不是空指针，那么最终的状态是初始转换状态

返回 转换成功的多字节字符的数量，不包括终止空字符。如果遇到无效的多字节字符，那么返回(size_t)(-1)并将 EILSEQ 存于 errno 中 25.5 节

mbstowcs　把多字节字符串转换成宽字符串　<stdlib.h>

775

```
size_t mbstowcs(wchar_t * restrict pwcs, const char
                * restrict s, size_t n);
```

把s指向的多字节字符序列转换为宽字符序列，并在pwcs指向的数组中存储最多n个宽字符。如果遇到空字符则结束转换，并把空字符转换为空的宽字符

返回　修改过的数组元素的个数，不包括终止空字符。如果遇到无效的多字节字符，则返回(size_t)(-1)　25.2节

mbtowc　把多字节字符转换成宽字符　<stdlib.h>

```
int mbtowc(wchar_t * restrict pwcs,
           const char * restrict s, size_t n);
```

如果s不是空指针，把s指向的多字节字符转换成宽字符，最多检查n个字节。如果该多字节字符有效，并且pwc不是空指针，则把宽字符的值存储到pwc指向的对象中

返回　如果s是空指针，根据多字节字符的编码是否依赖于状态而返回非零值或0。如果s指向空字符，则返回0；否则，如果接下来的n个或更少个数的字节能够形成有效的多字节字符，那么返回s指向的多字节字符中的字节数量；否则返回–1　25.2节

memchr　在内存块中搜索字符　<string.h>

```
void *memchr(const void *s, int c, size_t n);
```

返回　指向s所指向对象的前n个字符中字符c的第一次出现位置的指针。如果没有找到c，则返回空指针　23.6节

memcmp　比较内存块　<string.h>

```
int memcmp(const void *s1, const void *s2, size_t n);
```

返回　根据s1所指向对象的前n个字符是小于、等于还是大于s2所指向对象的前n个字符，分别返回负整数、零和正整数　23.6节

memcpy　复制内存块　<string.h>

```
void *memcpy(void * restrict s1,
             const void * restrict s2, size_t n);
```

把s2所指向的对象中的n个字符复制到s1所指向的对象中。如果对象重叠，函数的行为是未定义的

返回　s1（指向目的地的指针）　23.6节

memmove　复制内存块　<string.h>

```
void *memmove(void *s1, const void *s2, size_t n);
```

776

把s2所指向的对象中的n个字符复制到s1所指向的对象中。即使对象重叠，memmove函数也能正确地工作

返回　s1（指向目的地的指针）　23.6节

memset　初始化内存块　<string.h>

```
void *memset(void *s, int c, size_t n);
```

把c存储到s指向的对象的前n个字符中

返回　s（指向对象的指针）　23.6节

mktime　把分解的本地时间转换成日历时间　<time.h>

```
time_t mktime(struct tm *timeptr);
```

把分解的本地时间（存储在timeptr指向的结构中）转换成日历时间。结构的成员不要求一定在合法的取值范围内。而且，会忽略tm_wday（一个星期的第几天）的值和tm_yday（一年的第几天）的值。在把其他成员调整到正确的取值范围内之后，mktime函数把值存储在tm_wday和tm_yday中

返回　与timeptr指向的结构相对应的日历时间。如果该日历时间不能表示，则返回(time_t)(-1)　26.3节

modf 分解成整数部分和小数部分 <math.h>

```
double modf(double value, double *iptr);
```
modff *float modff(float value, float *iptr);*
modfl *long double modfl(long double value, long double *iptr);*

把 value 分解成整数部分和小数部分。把整数部分存储到 iptr 指向的对象中

返回 value 的小数部分 23.3 节

---

mtx_destroy 释放互斥锁（C1X） <threads.h>

```
void mtx_destroy (mtx_t * mtx);
```

函数释放参数 mtx 所指向的互斥锁所占用的任何资源。释放之后，任何等待该锁的线程都不再被阻塞 28.1 节

---

mtx_init 创建互斥锁（C1X） <threads.h>

```
int mtx_init (mtx_t * mtx, int type);
```

返回 函数执行成功，则将为 mtx 指向的互斥对象设置一个新值，这个值唯一地标识新创建的互斥锁，然后该函数返回 thrd_success；否则，如果创建失败，则返回 thrd_error 28.1 节

---

mtx_lock 加锁（C1X） <threads.h>

```
int mtx_lock (mtx_t * mtx);
```

返回 函数执行成功则返回 thrd_success；否则返回 thrd_error 28.1 节

---

mtx_timedlock 尝试在指定的时间内加锁（C1X） <threads.h>

```
int mtx_timedlock (mtx_t * restrict mtx, const struct timespec * restrict ts);
```

返回 函数执行成功则返回 thrd_success；如果指定的时间已到但未成功加锁，则返回 thrd_timedout；在其他情况下返回 thrd_error 表示执行失败 28.1 节

---

mtx_trylock 尝试加锁（C1X） <threads.h>

```
int mtx_trylock (mtx_t * mtx);
```

返回 成功锁定时返回 thrd_success；返回 thrd_busy 意味着互斥锁已经处于锁定状态；返回 thrd_error 表示执行失败 28.1 节

---

mtx_unlock 解锁（C1X） <threads.h>

```
int mtx_unlock (mtx_t * mtx);
```

返回 解锁成功，此函数返回 thrd_success；否则返回 thrd_error 28.1 节

---

nan 创建 NaN（C99） <math.h>

*double nan(const char *tagp);*
nanf *float nanf(const char *tagp);*
nanl *long double nanl(const char *tagp);*

返回 “安静的”NaN，其二进制模式是由 tagp 指向的字符串确定的。如果不支持安静的 NaN，则返回 0 23.4 节

---

nearbyint 使用当前方向舍入到整数（C99） <math.h>

double nearbyint(double x);
nearbyintf *float nearbyintf(float x);*
nearbyintl *long double nearbyintl(long double x);*

返回 使用当前的舍入方向舍入到整数后的（浮点格式的）x。不产生不精确浮点异常 23.4 节

nextafter 下一个数（C99） <math.h>

double nextafter(double x, double y);

nextafterf *float nextafterf(float x, float y);*

nextafterl *long double nextafterl(long double x, long double y);*

返回 y 方向上 x 之后的可表示的值。如果 y<x，则函数返回恰好在 x 之前的那个值；如果 x<y，则返回恰好在 x 之后的那个值；如果 x 和 y 相等，则返回 y。如果 x 的幅值是可表示的最大值，那么可能会出现取值范围错误，且结果是无穷数或无法表示 23.4 节

nexttoward 下一个数（C99） <math.h>

double nexttoward(double x, long double y);

nexttowardf *float nexttowardf(float x, long double y);*

nexttowardl *long double nexttowardl(long double x, long double y);*

777

返回 y 方向上 x 之后的可表示的值（见 nextafter）。如果 x 和 y 相等，把 y 转换成函数的类型并返回 23.4 节

perror 显示出错消息 <stdio.h>

void perror(const char *s);

向 stderr 流中写下列消息：

字符串：出错消息

这里的*字符串*是 s 所指向的字符串。*出错消息*是由实现定义的，它与 strerror (errno) 函数调用返回的消息相匹配 24.2 节

pow 幂 <math.h>

double pow(double x, double y);

powf *float pow(float x, float y);*

powl *long double pow(long double x, long double y);*

返回 x 的 y 次幂。有时候会发生定义域错误或取值范围错误，具体情况在 C89 和 C99 中有所不同 23.3 节

printf 格式化写 <stdio.h>

int printf(const char * *restrict* format, ...);

把输出写入到 stdout 流。format 指向的字符串说明了后续参数的显示格式。

返回 写入的字符数量。如果发生错误就返回负值 3.1 节，22.3 节

putc 向文件写字符 <stdio.h>

int putc(int c, FILE *stream);

把字符 c 写到 stream 指向的流中。注意：putc 通常是作为宏来实现的，它可以多次计算 stream

返回 c（写入的字符）。如果发生写错误，putc 会设置流的错误指示器，并且返回 EOF 22.4 节

putchar 写字符 <stdio.h>

int putchar(int c);

把字符 c 写到 stdout 流中。注意：putchar 通常是作为宏来实现的

返回 c（写入的字符）。如果发生写错误，putchar 会设置流的错误指示器，并且返回 EOF

778

7.3 节，22.4 节

puts 写字符串 <stdio.h>

int puts(const char *s);

把 s 指向的字符串写到 stdout 流中，然后写一个换行符

返回 如果成功，返回非负值。如果发生写错误，则返回 EOF 13.3 节，22.5 节

putwc 向文件写宽字符（C99） <wchar.h>

*wint_t putwc(wchar_t c, FILE *stream);*

putc 的宽字符版本 25.5 节

putwchar　写宽字符（C99）　<wchar.h>

wint_t putwchar(wchar_t c);

putchar 的宽字符版本　25.5 节

qsort　对数组排序　<stdlib.h>

```
void qsort(void *base, size_t memb, size_t size,
           int (*compar)(const void *, const void *));
```

对 base 指向的数组排序。数组有 nmemb 个元素，每个元素大小为 size 字节。compar 是指向比较函数的指针。当把两个指向数组元素的指针传递给比较函数时，比较函数根据第一个数组元素是小于、等于还是大于第二个数组元素分别返回负整数、零和正整数　17.7 节，26.2 节

quick_exit　快速退出（C1X）　<stdlib.h>

```
_Noreturn void quick_exit (int status);
```

使程序正常终止，但不会调用那些用 atexit 和 signal 注册的函数。它首先按照和注册时相反的顺序调用那些用 at_quick_exit 注册的函数，然后调用_Exit 函数　26.2 节

raise　产生信号　<signal.h>

```
int raise(int sig);
```

产生数为 sig 的信号。

返回　如果成功，返回 0；否则返回非零值　24.3 节

rand　产生伪随机数　<stdlib.h>

```
int rand(void);
```

返回　0 到 RAND_MAX（包括 0 和 RAND_MAX）之间的伪随机整数　17.3 节

realloc　调整内存块大小　<stdlib.h>

```
void *realloc(void *ptr, size_t size);
```

假设 ptr 指向先前由 calloc、malloc 或 realloc 函数获得内存块。realloc 函数分配 size 字节的内存块，如果需要可以复制旧内存块的内容

返回　指向新内存块开始处的指针。如果无法分配要求尺寸的内存块，那么返回空指针

779

remainder　计算余数（C99）　<math.h>

double remainder(double x, double y);

remainderf　*float remainderf(float x, float y);*

remainderl　*long double remainderl(long double x, long double y);*

返回　x–*n*y，其中 *n* 是最接近于 x/y 的精确值的整数（如果 x/y 恰好在两个整数的中间，*n* 取偶数）。如果 x–*n*y=0，返回值的符号与 x 相同。如果 y 为 0，要么发生定义域错误，要么返回 0　23.4 节

remove　移除文件　<stdio.h>

```
int remove(const char *filename);
```

删除文件名由 filename 指向的文件

返回　如果成功，就返回 0；否则返回非零值　22.2 节

remquo　计算余数和商（C99）　<math.h>

*double remquo(double x, double y, int *quo);*

remquof　*float remquof(float x, float y, int *quo);*

remquol　*long double remquol(long double x, long double y, int *quo);*

计算 x 除以 y 的余数和商。修改 quo 指向的对象，使其包含整数商|x/y|的 *n* 个低位。其中 *n* 是由实现定义的，但至少 3 位。如果 x/y < 0，存于这个对象中的值将是负数

返回　与对应的 remainder 函数一样。如果 y 为 0，要么发生定义域错误，要么返回 0　23.4 节

rename　重命名文件　<stdio.h>

```
int rename(const char *old, const char *new);
```

改变文件的名字。old 和 new 分别指向包含旧文件名和新文件名的字符串

返回　如果改名成功就返回 0。如果操作失败，返回非零值（可能因为旧文件当前是打开的）

22.2 节

rewind　返回到文件起始处　<stdio.h>

```
void rewind(FILE *stream);
```

为 stream 指向的流设置文件位置指示器到文件的起始处。清除该流的错误指示器和文件末尾指示器

22.7 节

rint　使用当前方向舍入到整值（C99）　<math.h>

```
double rint(double x);
float rintf(float x);
long double rintl(long double x);
```

rintf

rintl

返回　使用当前的舍入方向舍入到整数后的（浮点格式的）x。如果结果不等于 x，可能会产生不精确浮点异常

23.4 节

round　舍入到最接近的整值（C99）　<math.h>

```
double round(double x);
float roundf(float x);
long double roundl(long double x);
```

roundf

780

roundl

返回　舍入到最接近的整数后的（浮点格式的）x。如果 x 恰好位于两个整数的中间，那么向远离 0 的方向舍入

23.4 节

scalbln　使用长整数表示浮点数的数量级（C99）　<math.h>

```
double scalbln(double x, long int n);
float scalblnf(float x, long int n);
long double scalblnl(long double x, long int n);
```

scalblnf

scalblnl

返回　按有效方式计算出的 $x \times$ FLT_RADIX^n 的结果。可能会发生取值范围错误　23.4 节

scalbn　使用整数表示浮点数的数量级（C99）　<math.h>

```
double scalbn(double x, int n);
float scalbnf(float x, int n);
long double scalbnl(long double x, int n);
```

scalbnf

scalbnl

返回　按有效方式计算出的 $x \times$ FLT_RADIX^n 的结果。可能会发生取值范围错误　23.4 节

scanf　格式化读　<stdio.h>

```
int scanf(const char * restrict format, ...);
```

从 stdin 流读取输入项。format 指向的字符串指明了读入项的格式。跟在 format 后边的参数指向用于存储这些项的对象

返回　成功读入并且存储的输入项的数量。如果还没有读取任何项就发生了输入失败，则返回 EOF

3.2 节，22.3 节

setbuf　设置缓冲区　<stdio.h>

```
void setbuf(FILE * restrict stream,
            char * restrict buf);
```

如果 buf 不是空指针，那么 setbuf 的调用就等价于

```
(void) setvbuf(stream, buf, _IOFBF, BUFSIZ);
```

否则，它等价于

```
(void) setvbuf(stream, NULL, _IONBF, 0);
```

22.2 节

setjmp　准备非本地跳转　<setjmp.h>

```
int setjmp(jmp_buf env);
```

把当前的环境存储到 env 中，以便用于后面的 longjmp 函数调用

781

返回　当直接调用时，返回 0。当从 longjmp 函数调用中返回时，返回非零值　24.4 节

setlocale 设置地区 <locale.h>

```
char *setlocale(int category, const char *locale);
```

设置程序的地区部分。category 说明哪部分有效。locale 指向代表新地区的字符串

返回 如果 locale 是空指针，就返回一个指向与当前地区的 category 相关的字符串的指针；否则，返回一个指向与新地区的 category 相关的字符串的指针。如果操作失败，则返回空指针 25.1 节

setvbuf 设置缓冲区 <stdio.h>

```
int setvbuf(FILE * restrict stream,
            char * restrict buf,
            int mode, size_t size);
```

改变由 stream 指向的流的缓冲。mode 的值可以是_IOFBF（满缓冲）、_IOLBF（行缓冲）或者_IONBF（不缓冲）。如果 buf 是空指针，那么若需要则自动分配缓冲区；否则，buf 指向可以用作缓冲区的内存块，size 是该内存块中字节的数量。注意：必须在打开流之后、对流执行任何操作之前调用 setvbuf 函数

返回 如果操作成功，就返回 0。如果 mode 无效或者无法满足要求，则返回非零值 22.2 节

signal 安装信号处理函数 <signal.h>

```
void (*signal(int sig, void (*func)(int)))(int);
```

安装 func 指向的函数作为其数为 sig 的信号的处理函数。以 SIG_DFL 作为第二个参数会导致按“默认”方式处理信号，以 SIG_IGN 作为第二个参数会导致忽略该信号

返回 指向此信号前一个处理函数的指针。如果无法安装处理函数，则返回 SIG_ERR 并在 errno 中存储正值 24.3 节

signbit 符号位（C99） <math.h>

int signbit(实浮点 x); 宏

返回 如果 x 的值为负，则返回非零值；否则返回 0。x 的值可以是任何数，包括无穷数和 NaN 23.4 节

sin 正弦 <math.h>

```
double sin(double x);
```

sinf *float sinf(float x);*

sinl *long double sinl(long double x);* 23.3 节

返回 x 的正弦（以弧度来衡量）

sinh 双曲正弦 <math.h>

```
double sinh(double x);
```

sinhf *float sinhf(float x);*

sinhl *long double sinhl(long double x);*

返回 x 的双曲正弦。如果 x 的幅值过大，会发生取值范围错误 23.3 节

snprintf 受限的格式化字符串写（C99） <stdlib.h>

*int snprintf(char * restrict s, size_t n,*
*const char * restrict format, ...);*

和 fprintf 类似，但是把字符存储在 s 指向的数组中而不是把它们写入流中。最多往数组中写入 n–1 个字符。format 指向的字符串说明了后续参数的显示格式。在输出的最后，往数组中存入一个空字符

返回 没有长度限制的情况下应该往数组中存入的字符数量（不计空字符）。如果出现编码错误则返回负值 22.8 节

sprintf 格式化字符串写 <stdio.h>

```
int sprintf(char * restrict s, const char * restrict format, ...);
```

与 fprintf 类似，但是把字符存储在 s 指向的数组中而不是把它们写入流中。format 指向的字符串说明了后续参数的显示格式。在输出的最后，往数组中存入一个空字符

返回 往数组中存入的字符数量，不计空字符。在 C99 中，如果出现编码错误则返回负值 22.8 节

782

sqrt　平方根　<math.h>

```
double sqrt(double x);
float sqrtf(float x);
long double sqrtl(long double x);
```

返回　x 的非负平方根。如果 x 是负数，会发生定义域错误　23.3 节

srand　为伪随机数生成器设置种子　<stdlib.h>

```
void srand(unsigned int seed);
```

使用 seed 来初始化通过调用 rand 函数产生的伪随机数序列　26.2 节

sscanf　格式化字符串读　<stdio.h>

```
int sscanf(const char * restrict s,
           const char * restrict format, ...);
```

783

与 fscanf 类似，但是从 s 指向的字符串中读取字符而不是从流中读取。format 指向的字符串指明了读入项的格式。跟在 format 后边的参数指向用于存储项的对象

返回　成功读入并且存储的输入项的数量。如果还没有读取任何项就发生了输入失败，那么返回 EOF　22.8 节

strcat　字符串拼接　<string.h>

```
char *strcat(char * restrict s1,
             const char * restrict s2);
```

把 s2 指向的字符串中的字符拼接到 s1 指向的字符串后边

返回　s1（指向拼接后的字符串的指针）　13.5 节，23.6 节

strchr　搜索字符串中的字符　<string.h>

```
char *strchr(const char *s, int c);
```

返回　指向 s 所指向的字符串中字符 c 的第一次出现位置的指针。如果没有找到 c，则返回空指针。　23.6 节

strcmp　字符串比较　<string.h>

```
int strcmp(const char *s1, const char *s2);
```

返回　根据 s1 所指向的字符串是小于、等于还是大于 s2 所指向的字符串，分别返回负整数、零和正整数　13.5 节，23.6 节

strcoll　使用特定于地区的对照序列比较字符串　<string.h>

```
int strcoll(const char *s1, const char *s2);
```

返回　根据 s1 所指向的字符串是小于、等于还是大于 s2 所指向的字符串，分别返回负整数、零和正整数。根据当前地区的 LC_COLLATE 类别的规则来执行比较操作　23.6 节

strcpy　字符串复制　<string.h>

```
char *strcpy(char * restrict s1,
             const char * restrict s2);
```

把 s2 指向的字符串复制到 s1 所指向的数组中

返回　s1（指向目的地的指针）　13.5 节，23.6 节

strcspn　搜索字符串中不包含指定字符的初始跨度　<string.h>

```
size_t strcspn(const char *s1, const char *s2);
```

返回　s1 指向的字符串中满足下列条件的初始部分的最大长度：不包含 s2 指向的字符串中的任何字符　23.6 节

strerror　把错误编号转换成字符串　<string.h>

```
char *strerror(int errnum);
```

784

返回　指向含有与 errnum 的值相对应的出错消息的字符串的指针　24.2 节

strftime　把格式化的日期和时间写到字符串中　<time.h>

```
size_t strftime(char * restrict s, size_t maxsize,
                const char * restrict format,
                const struct tm * restrict timeptr);
```

在 format 指向的字符串的控制下把字符存储到 s 指向的数组中。格式串可能含有普通字符和转换指定符，其中普通字符可以不做修改地直接复制，转换指定符要用 timeptr 指向的结构中的值替换。maxsize 参数限制了可以存储的字符的数量（包括空字符）

返回　存储的字符的数量（不包括终止空字符）。如果待存储的字符数量（包括终止空字符）超过 maxsize，则返回 0　26.3 节

---

strlen　字符串长度　<string.h>

```
size_t strlen(const char *s);
```

返回　s 指向的字符串的长度，不包括空字符　13.5 节，23.6 节

---

strncat　受限的字符串拼接　<string.h>

```
char *strncat(char * restrict s1,
              const char * restrict s2, size_t n);
```

把来自 s2 所指向的数组的字符连接到 s1 指向的字符串后边。当遇到空字符或已经复制了 n 个字符时，复制操作停止

返回　s1（指向连接后的字符串的指针）　13.5 节，23.6 节

---

strncmp　受限的字符串比较　<string.h>

```
int strncmp(const char *s1, const char * s2, size_t n);
```

返回　根据 s1 所指向的数组的前 n 个字符是小于、等于还是大于 s2 所指向的数组的前 n 个字符，分别返回负整数、零和正整数。如果在其中任何一个数组中遇到空字符，比较都会停止　23.6 节

---

strncpy　受限的字符串复制　<string.h>

```
char *strncpy(char * restrict s1,
              const char * restrict s2, size_t n);
```

把 s2 指向的数组的前 n 个字符复制到 s1 所指向的数组中。如果在 s2 指向的数组中遇到空字符，那么 strncpy 函数会为 s1 指向的数组添加空字符直到所写的字符数达到 n 个

返回　s1（指向目的地的指针）　13.5 节，23.6 节

785

---

strpbrk　在字符串中搜索一组字符之一　<string.h>

```
char *strpbrk(const char *s1, const char *s2);
```

返回　字符指针，指向 s1 所指向的字符串中与 s2 所指向的字符串中任意一个字符匹配的最左边一个字符。如果找不到匹配，则返回空指针　23.6 节

---

strrchr　在字符串中反向搜索字符　<string.h>

```
char *strrchr(const char *s, int c);
```

返回　字符指针，指向 s 所指向的字符串中字符 c 的最后一次出现。如果没有找到 c，则返回空指针　23.6 节

---

strspn　搜索字符串中包含指定字符的初始跨度　<string.h>

```
size_t strspn(const char *s1, const char *s2);
```

返回　s1 指向的字符串中满足下列条件的初始部分的最大长度：完全由 s2 指向的字符串中的字符组成　23.6 节

---

strstr　搜索字符串的子串　<string.h>

```
char *strstr(const char *s1, const char *s2);
```

返回　指向 s1 所指向的字符串中的字符在 s2 所指向的字符串中第一次出现的位置的指针。如果找不到匹配，则返回空指针　23.6 节

---

strtod　把字符串转换成双精度浮点数　<stdlib.h>

```
double strtod(const char * restrict nptr,
              char ** restrict endptr);
```

跳过 nptr 所指向的字符串中的空白字符，然后把后续字符转换成 double 类型的值。如果 endptr 不是空指针，那么 strtod 就修改 endptr 指向的对象，使其指向第一个剩余

字符。如果没有找到 double 类型的值或者格式不对，那么 strtod 函数把 nptr 存储到 endptr 指向的对象中。如果数过大或者过小而不能表示，函数就把 ERANGE 存储到 errno 中。*C99 改动*：nptr 指向的字符串可以包含十六进制的浮点数、无穷数或 NaN。当要表示的数过大或者过小时，是否把 ERANGE 存储到 errno 中是由实现定义的

返回 转换后的数。如果不能执行转换，就返回 0。如果数过大而不能表示，则根据数的符号返回正的或负的 HUGE_VAL。如果数过小而不能表示，则返回 0。*C99 改动*：如果数过小而不能表示，strtod 会返回一个值，其幅值不超过最小的规范化的 double 类型正数

26.2 节

---

strtof **把字符串转换成单精度浮点数（C99）** <stdlib.h>

```
float strtof(const char * restrict nptr,
             char ** restrict endptr);
```

strtof 与 strtod 相类似，但它把字符串转换为 float 类型的值

返回 转换后的数。如果不能执行转换，就返回 0。如果数过大而不能表示，则根据数的符号返回正的或负的 HUGE_VALF。如果数过小而不能表示，strtof 会返回一个值，其幅值不超过最小的规范化的 float 类型正数

786

26.2 节

---

strtoimax **把字符串转换成最大宽度整数（C99）** <inttypes.h>

```
intmax_t strtoimax(const char * restrict nptr,
                   char ** restrict endptr, int base);
```

strtoimax 与 strtol 相类似，但它把字符串转换为 intmax_t 类型（最宽的有符号整型）的值

返回 转换后的数。如果不能执行转换，就返回 0。如果数不能表示，则根据数的符号返回 INTMAX_MAX 或 INTMAX_MIN

27.2 节

---

strtok **搜索字符串中的记号** <string.h>

```
char *strtok(char * restrict s1,
             const char * restrict s2);
```

在 s1 指向的字符串中搜索满足下列条件的“记号”：组成此记号的字符不在 s2 指向的字符串中。如果存在这样的记号，则把跟在该记号后边的字符变为空字符。如果 s1 是空指针，则继续最近的一次 strtok 调用——搜索刚好从前一个记号尾部的空字符之后开始

返回 指向记号的第一个字符的指针。如果找不到记号，就返回空指针

23.6 节

---

strtol **把字符串转换成长整数** <stdlib.h>

```
long int strtol(const char * restrict nptr,
                char ** restrict endptr, int base);
```

跳过 nptr 所指向的字符串中的空白字符，然后把后续字符转换成 long int 类型的值。如果 base 在 2 和 36 之间，则把它用作数的基数。如果 base 为 0，除非数是以 0（八进制）或者 0x/0X（十六进制）开头的，否则就把数假定为十进制的。如果 endptr 不是空指针，那么 strtol 函数会修改 endptr 指向的对象使其指向第一个剩余字符。如果没有发现 long int 类型的值或者格式不对，那么 strtol 函数把 nptr 存储到 endptr 指向的对象中。如果该数不能表示，函数会把 ERANGE 存储到 errno 中

返回 转换后的数。如果不能执行转换，就返回 0。如果不能表示该数，则根据数的符号返回 LONG_MAX 或者 LONG_MIN

26.2 节

---

strtold **把字符串转换成长双精度浮点数（C99）** <stdlib.h>

```
long double strtold(const char * restrict nptr,
                    char ** restrict endptr);
```

787

strtold 与 strtod 相类似，但它把字符串转换为 long double 类型的值

返回 转换后的数。如果不能执行转换，就返回 0。如果数过大而不能表示，则根据数的符号返回正的或负的 HUGE_VALL。如果数过小而不能表示，函数会返回一个值，其幅值不超过最小的规范化的 long double 类型正数

26.2 节

strtoll 把字符串转换成长长整数（C99） <stdlib.h>

```
long long int strtoll(const char * restrict nptr,
                      char ** restrict endptr, int base);
```

strtoll 与 strtol 相类似，但它把字符串转换为 long long int 类型的值

返回 转换后的数。如果不能执行转换，就返回 0。如果不能表示该数，则根据数的符号返回 LLONG_MAX 或者 LLONG_MIN 26.2 节

strtoul 把字符串转换成无符号长整数 <stdlib.h>

```
unsigned long int strtoul(const char * restrict nptr,
                          char ** restrict endptr, int base);
```

Strtoul 与 strtol 相类似，但它把字符串转换为 unsigned long int 类型的值

返回 转换后的数。如果不能执行转换，就返回 0。如果该数不能表示，则返回 ULONG_MAX 26.2 节

strtoull 把字符串转换成无符号长长整数（C99） <stdlib.h>

```
unsigned long long int strtoull(
  const char * restrict nptr,
  char ** restrict endptr, int base);
```

Strtoull 与 strtol 相类似，但它把字符串转换为 unsigned long long int 类型的值

返回 转换后的数。如果不能执行转换，就返回 0。如果该数不能表示，则返回 ULLONG_MAX 26.2 节

strtoumax 把字符串转换成最大宽度的无符号整数（C99） <inttypes.h>

```
uintmax_t strtoumax(const char * restrict nptr,
                    char ** restrict endptr, int base);
```

strtoumax 与 strtol 相类似，但它把字符串转换为 uintmax_t 类型的值（最宽的无符号整型）

返回 转换后的数。如果不能执行转换，就返回零。如果该数不能表示，则返回 UINTMAX_MAX 27.2 节

788

strxfrm 变换字符串 <string.h>

```
size_t strxfrm(char * restrict s1,
               const char * restrict s2, size_t n);
```

变换 s2 指向的字符串，把结果的前 n 个字符（包括空字符）放到 s1 指向的数组中。用两个变换后的字符串作为参数调用 strcmp 函数所产生的结果应该与用原始字符串作为参数调用 strcoll 函数所产生的结果相同（负、0 或正）。如果 n 为 0，s1 可以是空指针

返回 变换后的字符串的长度。如果这个值为 n 或者大于 n，那么 s1 所指向的数组的内容是不确定的 23.6 节

swprintf 宽字符格式化字符串写（C99） <wchar.h>

```
int swprintf(wchar_t * restrict s, size_t n,
             const wchar_t * restrict format, ...);
```

等价于 fwprintf，但是把宽字符存储在 s 指向的数组中而不是把它们写入流中。format 指向的字符串指定了后续参数的显示格式。往数组中写入的宽字符不超过 n 个，包括用于终止的空的宽字符

返回 数组中存储的宽字符的数量，不计空的宽字符。如果发生编码错误或者待写入的宽字符数量大于等于 n，则返回负值 25.5 节

swscanf 宽字符格式化字符串读（C99） <wchar.h>

```
int swscanf(const wchar_t * restrict s,
            const wchar_t * restrict format, ...);
```

sscanf 的宽字符版本 25.5 节

system　执行操作系统命令　<stdlib.h>

```
int system(const char *string);
```

把 string 指向的字符串传递给操作系统的命令处理器（shell）来执行。执行该命令可能会导致程序终止

返回　如果 string 是空指针，在命令处理器可用时返回非零值。如果 string 不是空指针，则（如果能返回的话）会返回由实现定义的值　26.2 节

tan　正切　<math.h>

```
double tan(double x);
float tanf(float x);
long double tanl(long double x);
```

tanf
tanl

789

返回　x 的正切（以弧度来衡量）　23.3 节

tanh　双曲正切　<math.h>

```
double tanh(double x);
float tanhf(float x);
long double tanhl(long double x);
```

tanhf
tanhl

返回　x 的双曲正切　23.3 节

tgamma　伽马函数（C99）　<math.h>

```
double tgamma(double x);
float tgammaf(float x);
long double tgammal(long double x);
```

tgammaf
tgammal

返回　Γ(x)，其中 Γ 是伽马函数。如果 x 是负整数或零，可能会发生定义域错误或取值范围错误。如果 x 的值过大或者过小，可能会发生取值范围错误　23.4 节

thrd_create　创建一个线程（C1X）　<threads.h>

```
int thrd_create (thrd_t * thr, thrd_start_t func, void * arg);
```

返回　如果线程成功创建，返回 thrd_success；如果无法为线程的请求分配内存空间，则返回 thrd_nomem；如果线程创建失败，则返回 thrd_error　28.1 节

thrd_current　返回当前线程的标识（C1X）　<threads.h>

```
thrd_t thrd_current (void);
```

返回　当前线程的标识　28.1 节

thrd_detach　将当前线程设置为分离状态（C1X）　<threads.h>

```
int thrd_detach (thrd_t thr);
```

返回　执行成功时返回 thrd_success，失败则返回 thrd_error。如果以前曾经将线程设置为结合线程或者分离线程，则不可再次设置，否则会返回 thrd_error　28.1 节

thrd_equal　判断是否为同一线程（C1X）　<threads.h>

```
int thrd_equal (thrd_t thr0, thrd_t thr1);
```

返回　如果两个线程标识不同（即不同的线程），则函数返回 0；否则返回非零值　28.1 节

thrd_exit　线程返回（C1X）　<threads.h>

```
_Noreturn void thrd_exit (int res);
```

终止当前线程，并将线程的返回码设置为参数 res 的值　28.1 节

thrd_join　将当前线程设置为结合状态（C1X）　<threads.h>

```
int thrd_join (thrd_t thr, int * res);
```

返回　执行成功时该函数返回 thrd_success，否则返回 thrd_error　28.1 节

thrd_sleep　休眠（挂起）当前线程（C1X）　<threads.h>

```
int thrd_sleep (const struct timespec * duration, struct timespqc * remaining);
```

返回　返回 0，表明指定的时间间隔已经到达；返回-1 表明遇到了中断信号；返回任何负值都表明执行失败　28.1 节

thrd_yield　转让执行权给其他线程（C1X）　<threads.h>

```
void thrd_yield (void);
```

主动将执行的机会让渡给其他线程，即使当前线程（执行此函数的线程）其实可以继续正常执行　28.1 节

time　当前时间　<time.h>

```
time_t time(time_t *timer);
```

返回　当前的日历时间。如果日历时间无效，则返回(time_t)(-1)。如果 timer 不是空指针，还要把返回值存储到 timer 指向的对象中　26.3 节

timespec_get　设置基于指定基准时间的日历时间（C1X）　<time.h>

```
int timespec_get (struct timespec * ts, int base);
```

返回　执行成功后返回值是传入的 base（非零值）；否则返回 0　26.3 节

tmpfile　创建临时文件　<stdio.h>

```
FILE *tmpfile(void);
```

创建临时文件，此文件在被关闭或者程序结束时会被自动删除。按照"wb+"模式打开文件。

返回　文件指针，对此文件指向后续操作时需要用到此指针。如果无法创建临时文件，则返回空指针　22.2 节

tmpnam　产生临时文件名　<stdio.h>

```
char *tmpnam(char *s);
```

产生临时文件名。如果 s 是空指针，那么 tmpnam 把文件名存储在一个静态对象中；否则它把文件名复制到 s 指向的字符数组中（数组的长度必须足以存储 L_tmpnam 个字符）

返回　指向文件名的指针。如果不能产生文件名，则返回空指针　22.2 节

tolower　转换成小写字母　<ctype.h>

```
int tolower(int c);
```

返回　如果 c 是大写字母，则返回对应的小写字母。如果 c 不是大写字母，则返回 c 而不做改动　23.5 节

toupper　转换成大写字母　<ctype.h>

```
int toupper(int c);
```

返回　如果 c 是小写字母，则返回对应的大写字母。如果 c 不是小写字母，则返回 c 而不做改动　23.5 节

790

towctrans　宽字符变换（C99）　<wctype.h>

```
wint_t towctrans(wint_t wc, wctrans_t desc);
```

返回　使用 desc 描述的映射对 wc 进行变换后的值（desc 必须是调用 wctrans 返回的值；在这两个函数调用中，LC_CTYPE 类别的当前设置必须一致）　25.6 节

towlower　把宽字符转换成小写（C99）　<wctype.h>

```
wint_t towlower(wint_t wc);
```

返回　如果 iswupper(wc)为真，则返回当前地区中使 iswlower 为真的对应宽字符（如果存在这样的字符的话）。否则，返回 wc 而不做改动　25.6 节

towupper　把宽字符转换成大写（C99）　<wctype.h>

wint_t towupper(wint_t wc);

返回　如果 iswlower(wc) 为真，则返回当前地区中使 iswupper 为真的对应宽字符（如果存在这样的字符的话）。否则，返回 wc 而不做改动　25.6 节

trunc　截断为最近的整值（C99）　<math.h>

double trunc(double x);

truncf　*float truncf(float x);*

truncl　*long double truncl(long double x);*

返回　舍入到最接近的整数后，不超过原始值的（浮点格式的）x　23.4 节

tss_create　创建线程专属存储（C1X）　<threads.h>

int tss_create (tss_t * key, tss_dtor_t dtor);

返回　函数成功执行，它将生成一个唯一的键并返回 thrd_success；否则返回 thrd_error，并且键在数值上是不确定的　28.1 节

tss_delete　释放线程专属存储（C1X）　<threads.h>

void tss_delete (tss_t key);

释放由参数 key 标识的线程专属存储　28.1 节

tss_get　返回线程专属存储中的值（C1X）　<threads.h>

void * tss_get (tss_t key);

返回　返回参数 key 所指定的键在当前线程中所关联的值。如果函数执行不成功，返回值是 0（空指针）　28.1 节

tss_set　设置线程专属存储的值（C1X）　<threads.h>

int tss_set (tss_t key, void * val);

返回　执行成功时返回 thrd_success；执行失败则返回 thrd_error　28.1 节

ungetc　取消读入的字符　<stdio.h>

int ungetc(int c, FILE *stream);

把字符 c 回退到 stream 指向的流中，并且清除流的文件末尾指示器。连续的 ungetc 函数调用可以回退的字符数量不是确定的，只能保证第一次调用成功。调用文件定位函数（fseek、fsetpos 或者 rewind）会导致回退的字符丢失

返回　c（回退的字符）。如果试图回退 EOF，或者试图在没有读操作或者文件定位操作的情况下回退过多的字符，函数将返回 EOF　22.4 节

ungetwc　取消读入的宽字符（C99）　<wchar.h>

*wint_t ungetwc(wint_t c, FILE *stream);*

ungetc 的宽字符版本　25.5 节

791

va_arg　从可变参数列表中获取参数　<stdarg.h>

类型 va_arg(va_list ap, *类型*);　*宏*

从与 ap 相关联的可变参数列表中获取一个参数，然后修改 ap 使 va_arg 的下一次使用可以获取后面的参数。在第一次使用 va_arg 之前，必须用 va_start（C99 中是 va_copy）对 ap 进行初始化

返回　实际参数的值，假设其类型（在采用了默认实参提升之后）与这里的*类型*兼容　26.1 节

va_copy　复制可变参数列表（C99）　<stdarg.h>

void va_copy(va_list dest, va_list src);　*宏*

把 src 复制到 dest 中。如果先对 dest 应用 va_start，然后再应用达到当前的 src 状态所需的那些 va_arg，所得的结果将与 dest 的值是一样的　26.1 节

va_end　结束对可变参数列表的处理　<stdarg.h>

void va_end(va_list ap);　*宏*

结束对与 ap 相关的可变参数列表的处理　26.1 节

va_start 开始对可变参数列表的处理 <stdarg.h>

`void va_start(va_list ap, parmN);` 宏

必须在访问参数列表中的变量之前调用它。初始化 ap 以便后面的 va_arg 和 va_end 可以使用。*parmN* 是最后一个普通参数的名字（此参数后边跟着，...）。 26.1 节

vfprintf 用到可变参数列表的格式化文件写 <stdio.h>

```
int vfprintf(FILE * restrict stream,
             const char * restrict format, va_list arg);
```

等价于用 arg 替换可变参数列表的 fprintf 函数

返回 写入的字符数量。如果发生错误就返回负值 26.1 节

vfscanf 用到可变参数列表的格式化文件读（C99） <stdio.h>

```
int vfscanf(FILE * restrict stream,
            const char * restrict format,
            va_list arg);
```

等价于用 arg 替换可变参数列表的 fscanf 函数

返回 成功读取并存储的输入项的数量。如果还没有读取任何项就发生了输入失败，则返回 EOF 26.1 节

792

vfwprintf 用到可变参数列表的宽字符格式化文件写（C99） <wchar.h>

```
int vfwprintf(FILE * restrict stream,
              const wchar_t * restrict format,
              va_list arg);
```

vfprintf 的宽字符版本 25.5 节

vfwscanf 用到可变参数列表的宽字符格式化文件读（C99） <wchar.h>

```
int vfwscanf(FILE * restrict stream,
             const wchar_t * restrict format,
             va_list arg);
```

vfscanf 的宽字符版本 25.5 节

vprintf 用到可变参数列表的格式化写 <stdio.h>

```
int vprintf(const char * restrict format, va_list arg);
```

等价于用 arg 替换可变参数列表的 printf 函数

返回 写入的字符数量。如果发生错误就返回负值 26.1 节

vscanf 用到可变参数列表的格式化读（C99） <stdio.h>

```
int vscanf(const char * restrict format, va_list arg);
```

等价于用 arg 替换可变参数列表的 scanf 函数

返回 成功读取并存储的输入项的数量。如果还没有读取任何项就发生了输入失败，则返回 EOF 26.1 节

vsnprintf 用到可变参数列表的受限的格式化字符串写（C99） <stdio.h>

```
int vsnprintf(char * restrict s, size_t n,
              const char * restrict format,
              va_list arg);
```

等价于用 arg 替换可变参数列表的 snprintf 函数

返回 没有长度限制的情况下应该往 s 指向的数组中存入的字符的数量（不计空字符）。如果出现编码错误则返回负值 26.1 节

vsprintf 用到可变参数列表的格式化字符串写 <stdio.h>

```
int vsprintf(char * restrict s,
             const char * restrict format,
             va_list arg);
```

等价于用 arg 替换可变实际参数列表的 sprintf 函数

返回 往 s 指向的数组中存储的字符的数量，不计空字符。在 C99 中，如果出现编码错误则返回负值 26.1 节

793

vsscanf 用到可变参数列表的格式化字符串读（C99） <stdio.h>

```
int vsscanf(const char * restrict s,
            const char * restrict format,
            va_list arg);
```

等价于用 arg 替换可变实际参数列表的 sscanf 函数

返回 成功读入并且存储的输入项的数量。如果还没有读取任何项就发生了输入失败，那么返回 EOF 26.1 节

vswprintf 用到可变实际参数列表的宽字符格式化字符串写（C99） <wchar.h>

```
int vswprintf(wchar_t * restrict s, size_t n,
              const wchar_t * restrict format,
              va_list arg);
```

等价于用 arg 替换可变实际参数列表的 swprintf 函数。

返回 s 指向的数组中存储的宽字符的数量，不计空的宽字符。如果发生编码错误或者待写入的宽字符数量大于等于 n，则返回负值 25.5 节

vswscanf 用到可变参数列表的宽字符格式化字符串读（C99） <wchar.h>

```
int vswscanf(const wchar_t * restrict s,
             const wchar_t * restrict format,
             va_list arg);
```

vsscanf 的宽字符版本 25.5 节

vwprintf 用到可变参数列表的宽字符格式化写（C99） <wchar.h>

```
int vwprintf(const wchar_t * restrict format,
             va_list arg);
```

vprintf 的宽字符版本 25.5 节

vwscanf 用到可变参数列表的宽字符格式化读（C99） <wchar.h>

```
int vwscanf(const wchar_t * restrict format,
            va_list arg);
```

Vscanf 的宽字符版本 25.5 节

wcrtomb 把宽字符转换成多字节字符——可再次启动（C99） <wchar.h>

```
size_t wcrtomb(char * restrict s, wchar_t wc,
               mbstate_t * restrict ps);
```

如果 s 是空指针，调用 wcrtomb 等价于

```
wcrtomb(buf, L'\0', ps)
```

794

其中 buf 是一个内部缓冲区。否则，wcrtomb 把 wc 从宽字符转换为多字节字符（可能包含迁移序列），并存储在 s 指向的数组中。ps 的值应该是一个指向 mbstate_t 类型对象的指针，该对象包含当前的转换状态。如果 ps 为空指针，wcrtomb 使用一个内部对象来存储转换状态。如果 wc 是空的宽字符，wcrtomb 存储一个空字节，如果需要的话其前面还会有一个迁移序列用于恢复初始迁移状态。调用过程中所用到的 mbstate_t 对象始终处于初始转换状态

返回 存储在数组中的字节数，包括迁移序列。如果 wc 不是有效的宽字符，则返回 (size_t)(-1) 并把 EILSEQ 存于 errno 中 25.5 节

wcscat 宽字符串拼接（C99） <wchar.h>

```
wchar_t *wcscat(wchar_t * restrict s1,
                const wchar_t * restrict s2);
```

strcat 的宽字符版本 25.5 节

wcschr 搜索宽字符串中的字符（C99） <wchar.h>

```
wchar_t *wcschr(const wchar_t *s, wchar_t c);
```

strchr 的宽字符版本 25.5 节

wcscmp 宽字符串比较（C99） <wchar.h>

```
int wcscmp(const wchar_t *s1, const wchar_t *s2);
```

strcmp 的宽字符版本 25.5 节

wcscoll 使用特定于地区的对照序列比较宽字符串（C99） <wchar.h>

```
int wcscoll(const wchar_t *s1, const wchar_t *s2);
```

strcoll 的宽字符版本 25.5 节

wcscpy 宽字符串复制（C99） <wchar.h>

```
wchar_t *wcscpy(wchar_t * restrict s1,
                const wchar_t * restrict s2);
```

strcpy 的宽字符版本 25.5 节

wcscspn 搜索宽字符串中不包含指定字符的初始跨度（C99） <wchar.h>

```
size_t wcscspn(const wchar_t *s1, const wchar_t *s2);
```

strcspn 的宽字符版本 25.5 节

wcsftime 把格式化的日期和时间写到宽字符串中（C99） <wchar.h>

```
size_t wcsftime(wchar_t * restrict s, size_t maxsize,
                const wchar_t * restrict format,
                const struct tm* restrict timeptr);
```

strftime 的宽字符版本 25.5 节

795

wcslen 宽字符串长度（C99） <wchar.h>

```
size_t wcslen(const wchar_t *s);
```

strlen 的宽字符版本 25.5 节

wcsncat 受限的宽字符串拼接（C99） <wchar.h>

```
wchar_t *wcsncat(wchar_t * restrict s1,
                 const wchar_t * restrict s2, size_t n);
```

strncat 的宽字符版本 25.5 节

wcsncmp 受限的宽字符串比较（C99） <wchar.h>

```
int wcsncmp(const wchar_t *s1, const wchar_t *s2, size_t n);
```

strncmp 的宽字符版本 25.5 节

wcsncpy 受限的宽字符串复制（C99） <wchar.h>

```
wchar_t *wcsncpy(wchar_t * restrict s1,
                 const wchar_t * restrict s2, size_t n);
```

strncpy 的宽字符版本 25.5 节

wcspbrk 在宽字符串中搜索一组字符之一（C99） <wchar.h>

```
wchar_t *wcspbrk(const wchar_t *s1, const wchar_t *s2);
```

strpbrk 的宽字符版本 25.5 节

wcsrchr 在宽字符串中反向搜索字符（C99） <wchar.h>

```
wchar_t *wcsrchr(const wchar_t *s, wchar_t c);
```

strrchr 的宽字符版本 25.5 节

wcsrtombs 把宽字符串转换成多字节字符串——可再次启动（C99） <wchar.h>

```
size_t wcsrtombs(char * restrict dst,
                 const wchar_t ** restrict src, size_t len,
                 mbstate_t * restrict ps);
```

把 src 间接指向的数组中的宽字符序列转换为相应的多字节字符序列，多字节字符序列以 ps 指向的对象所描述的转换状态开始。如果 ps 为空指针，wcsrtombs 使用一个内部对象存储转换状态。如果 dst 不是空指针，把转换后的字符存于 dst 指向的数组中。转换一直进行到遇到终止的空的宽字符为止，对该空的宽字符也被存储。如果到达了一个

796

不能与任何有效的多字节字符相对应的宽字符，或者（在 dst 不是空指针的情况下）下一个多字节字符会导致在 dst 所指向的数组中存储的字节数超出 len 的限制，那么转换提前停止。如果 dst 不是空指针，要么把空指针（遇到终止空字符）赋给 src 指向的对象，要么把上一个转换成功的宽字符之后的地址（如果有的话）赋给 src 指向的对象。如果转换在空的宽字符处停止，那么最终的状态是初始转换状态

返回 所得到的多字节字符序列中的字节数，不包括任何终止空字符。如果遇到了一个不能与任何有效的多字节字符相对应的宽字符，则返回(size_t)(-1)并将 EILSEQ 存于 errno 中 25.5 节

---

wcsspn 搜索宽字符串中包含指定字符的初始跨度（C99） <wchar.h>

```
size_t wcsspn(const wchar_t *s1, const wchar_t *s2);
```

strspn 的宽字符版本 25.5 节

---

wcsstr 搜索宽字符串的子串（C99） <wchar.h>

```
wchar_t *wcsstr(const wchar_t *s1, const wchar_t *s2);
```

strstr 的宽字符版本 25.5 节

---

wcstod 把宽字符串转换成双精度浮点数（C99） <wchar.h>

```
double wcstod(const wchar_t * restrict nptr,
              wchar_t ** restrict endptr);
```

strtod 的宽字符版本 25.5 节

---

wcstof 把宽字符串转换成单精度浮点数（C99） <wchar.h>

```
float wcstof(const wchar_t * restrict nptr,
             wchar_t ** restrict endptr);
```

strtof 的宽字符版本 25.5 节

---

wcstoimax 把宽字符串转换成最大宽度整数（C99） <inttypes.h>

```
intmax_t wcstoimax(const wchar_t * restrict nptr,
                   wchar_t ** restrict endptr,
                   int base);
```

strtoimax 的宽字符版本 27.2 节

---

wcstok 搜索宽字符串中的记号（C99） <wchar.h>

```
wchar_t *wcstok(wchar_t * restrict s1,
                const wchar_t * restrict s2,
                wchar_t ** restrict ptr);
```

在 s1 指向的宽字符串中搜索满足下列条件的“记号”：组成此记号的宽字符不在 s2 指向的宽字符串中。如果存在这样的记号，则把跟在记号后边的字符变为空的宽字符。如果 s1 是空指针，则继续之前的 wcstok 调用——搜索刚好从前一个记号尾部的空的宽字符之后开始。ptr 指向一个 wchar_t *类型的对象，wcstok 通过修改这个对象来记录这个过程。如果 s1 是空指针，这个对象必须与前面的 wcstok 调用中的 wchar_t *类型对象一样，它决定搜索哪个宽字符串，以及从哪里开始搜索

797

返回 指向该记号的第一个宽字符的指针。如果找不到记号，就返回空指针 25.5 节

---

wcstol 把宽字符串转换成长整数（C99） <wchar.h>

```
long int wcstol(const wchar_t * restrict nptr,
                wchar_t ** restrict endptr, int base);
```

strtol 的宽字符版本 25.5 节

---

wcstold 把宽字符串转换成长双精度浮点数（C99） <wchar.h>

```
long double wcstold(const wchar_t * restrict nptr,
                    wchar_t ** restrict endptr);
```

strtold 的宽字符版本 25.5 节

wcstoll 把宽字符串转换成长长整数（C99） <wchar.h>

```
long long int wcstoll(const wchar_t * restrict nptr,
                      wchar_t ** restrict endptr,
                      int base);
```

strtoll 的宽字符版本 25.5 节

wcstombs 把宽字符串转换成多字节字符串 <stdlib.h>

```
size_t wcstombs(char * restrict s, const wchar_t *
                restrict pwcs, size_t n);
```

把宽字符序列转换成为对应的多字节字符。pwcs 指向包含宽字符的数组。多字节字符存储在 s 指向的数组中。如果存储的是空字符，或者要存储的多字节字符会导致超出 n 个字节的限制，则转换结束

返回 存储的字节数，不包括终止空字符。如果遇到一个不能与任何有效的多字节字符相对应的宽字符，则返回(size_t)(-1) 25.2 节

wcstoul 把宽字符串转换成无符号长整数（C99） <wchar.h>

```
unsigned long int wcstoul(
  const wchar_t * restrict nptr,
  wchar_t ** restrict endptr, int base);
```

strtoul 的宽字符版本 25.5 节

wcstoull 把宽字符串转换成无符号长长整数（C99） <wchar.h>

```
unsigned long long int wcstoull(
  const wchar_t * restrict nptr,
  wchar_t ** restrict endptr, int base);
```

strtoull 的宽字符版本 25.5 节

798

wcstoumax 把宽字符串转换成最大宽度的无符号整数（C99） <inttypes.h>

```
uintmax_t wcstoumax(const wchar_t * restrict nptr,
                    wchar_t ** restrict endptr,
                    int base);
```

strtoumax 的宽字符版本 27.2 节

wcsxfrm 变换宽字符串（C99） <wchar.h>

```
size_t wcsxfrm(wchar_t * restrict s1,
               const wchar_t * restrict s2, size_t n);
```

strxfrm 的宽字符版本 25.5 节

wctob 把宽字符转换成字节（C99） <wchar.h>

```
int wctob(wint_t c);
```

返回 c 的单字节表示（先把 c 看作 unsigned char 类型，再转换为 int 类型）。如果 c 不能与初始迁移状态下的多字节字符相对应，则返回 EOF 25.5 节

wctomb 把宽字符转换成多字节字符 <stdlib.h>

```
int wctomb(char *s, wchar_t wc);
```

把存储在 wc 中的宽字符转换成多字节字符。如果 s 不是空指针，则把结果存储到 s 指向的数组中

返回 如果 s 是空指针，根据多字节字符的编码是否依赖于状态而分别返回非零值或 0；否则，返回多字节字符中与 wc 相对应的字节数。如果 wc 不能与任何有效的多字节字符相对应，那么返回-1 25.2 节

wctrans 定义宽字符映射（C99） <wctype.h>

```
wctrans_t wctrans(const char *property);
```

返回 如果根据当前地区的 LC_CTYPE 类别，property 表示有效的宽字符映射，返回一个可以用作 towctrans 函数的第二个参数的非零值；否则返回 0 25.6 节

wctype　定义宽字符类型（C99）　<wctype.h>

*wctype_t wctype(const char *property);*

返回　如果根据当前地区的 LC_CTYPE 类别，property 表示有效的宽字符类型，返回一个可以用作 iswctype 函数的第二个参数的非零值；否则返回 0　25.6 节

wmemchr　在内存块中搜索宽字符（C99）　<wchar.h>

*wchar_t *wmemchr(const wchar_t *s, wchar_t c, size_t n);*

memchr 的宽字符版本　25.5 节

799

wmemcmp　比较宽字符内存块（C99）　<wchar.h>

*int wmemcmp(const wchar_t * s1, const wchar_t * s2, size_t n);*

memcmp 的宽字符版本　25.5 节

wmemcpy　复制宽字符内存块（C99）　<wchar.h>

```
wchar_t *wmemcpy(wchar_t * restrict s1,
                 const wchar_t * restrict s2,
                 size_t n);
```

memcpy 的宽字符版本　25.5 节

wmemmove　复制宽字符内存块（C99）　<wchar.h>

*wchar_t *wmemmove(wchar_t *s1, const wchar_t *s2, size_t n);*

memmove 的宽字符版本　25.5 节

wmemset　初始化宽字符内存块（C99）　<wchar.h>

*wchar_t *wmemset(wchar_t *s, wchar_t c, size_t n);*

memset 的宽字符版本　25.5 节

wprintf　宽字符格式化写（C99）　<wchar.h>

*int wprintf(const wchar_t * restrict format, ...);*

printf 的宽字符版本　25.5 节

wscanf　宽字符格式化读（C99）　<wchar.h>

*int wscanf(const wchar_t * restrict format, ...);*

scanf 的宽字符版本　25.5 节

800

附录F

ASCII 字符集

十进制	转义序列			字符	十进制	字符	十进制	字符	十进制	字符
	八进制	十六进制	字符							
0	\0	\x00		*nul*	32		64	@	96	`
1	\1	\x01		*soh* (^A)	33	!	65	A	97	a
2	\2	\x02		*stx* (^B)	34	"	66	B	98	b
3	\3	\x03		*etx* (^C)	35	#	67	C	99	c
4	\4	\x04		*eot* (^D)	36	$	68	D	100	d
5	\5	\x05		*enq* (^E)	37	%	69	E	101	e
6	\6	\x06		*ack* (^F)	38	&	70	F	102	f
7	\7	\x07	\a	*bel* (^G)	39	'	71	G	103	g
8	\10	\x08	\b	*bs* (^H)	40	(	72	H	104	h
9	\11	\x09	\t	*ht* (^I)	41	)	73	I	105	i
10	\12	\x0a	\n	*lf* (^J)	42	*	74	J	106	j
11	\13	\x0b	\v	*vt* (^K)	43	+	75	K	107	k
12	\14	\x0c	\f	*ff* (^L)	44	,	76	L	108	l
13	\15	\x0d	\r	*cr* (^M)	45	-	77	M	109	m
14	\16	\x0e		*so* (^N)	46	.	78	N	110	n
15	\17	\x0f		*si* (^O)	47	/	79	O	111	o
16	\20	\x10		*dle* (^P)	48	0	80	P	112	p
17	\21	\x11		*dc1* (^Q)	49	1	81	Q	113	q
18	\22	\x12		*dc2* (^R)	50	2	82	R	114	r
19	\23	\x13		*dc3* (^S)	51	3	83	S	115	s
20	\24	\x14		*dc4* (^T)	52	4	84	T	116	t
21	\25	\x15		*nak* (^U)	53	5	85	U	117	u
22	\26	\x16		*syn* (^V)	54	6	86	V	118	v
23	\27	\x17		*etb* (^W)	55	7	87	W	119	w
24	\30	\x18		*can* (^X)	56	8	88	X	120	x
25	\31	\x19		*em* (^Y)	57	9	89	Y	121	y
26	\32	\x1a		*sub* (^Z)	58	:	90	Z	122	z
27	\33	\x1b		*esc*	59	;	91	[	123	{
28	\34	\x1c		*fs*	60	<	92	\	124	|
29	\35	\x1d		*gs*	61	=	93	]	125	}
30	\36	\x1e		*rs*	62	>	94	^	126	~
31	\37	\x1f		*us*	63	?	95	_	127	*del*

延 伸 阅 读

对外行来说编程方面最好的书是《爱丽丝梦游仙境》，因为对外行而言，这本书在任何领域都是最好的。

C 语言编程

Feuer, A. R., *The C Puzzle Book*, Revised Printing, Addison-Wesley, Reading, Mass., 1999.

书中包含了众多“谜题”，并要求读者预测这些小程序的输出。书中给出了每个程序的正确输出，并详细解释了工作原理。这本书对于检验 C 语言知识和复习语言的重点内容都是非常有益的。

Harbison, S. P., III, and G. L. Steele, Jr., *C：A Reference Manual*, Fifth Edition, Prentice-Hall, Upper Saddle River, N.J., 2002.

对任何想成为 C 语言专家的人来说，这本书都是上佳的参考手册。书中详细介绍了 C89 和 C99，并经常讨论 C 编译器之间的实现差异。但是，这本书不适合当作入门教程，它要求读者已经比较精通 C 语言了。

Kernighan, B. W., and D. M. Ritchie, *The C Programming Language*, Second Edition, Prentice-Hall, Englewood Cliffs, N. J., 1988.

这是最早的 C 语言书之一，大家都亲切地称它为 *K&R*，或者简单地称为“白皮书”。这本书既是 C 语言的入门教程又是完整的 C 语言参考手册。第 2 版反映了 C89 的改进。

Koenig, A., *C Traps and Pitfalls*, Addison-Wesley, Reading, Mass., 1989.

这是一本有关 C 语言普遍（和一些不是很普遍的）缺陷的出色概述。有备无患！

Plauger, P. J.，*The Standard C Library*, Prentice-Hall, Englewood Cliffs, N.J., 1992.

这本书不仅解释了 C89 标准库的各个方面，而且还提供了完整的源代码。用这本书学习标准库再适合不过了。即使你对标准库没多大兴趣，这也是向专家学习编写 C 代码的好机会。

Ritchie, D. M., “The development of the C programming”, in *History of Programming Languages II*, edited by T. J. Bergin, Jr., and R. G. Gibson, Jr., Addison-Wesley, Reading, Mass., 1996, pages 671-687.

这是 C 语言设计者为 1993 年举办的第 2 届 ACM SIGPLAN History of Programming Languages Conference 撰写的简要的 C 语言历史。本文之后就是 Ritchie 在会上的讲稿以及与听众的问答。

Ritchie, D. M., S .C. Johnson, M. E. Lesk, and B. W. Kernighan, “UNIX time-sharing system: the C programming language”, *Bell System Technical Journal* 57, 6（July-August 1978）, 1991-2019.

这是一篇非常著名的文章。它讨论了 C 语言的起源，而且描述了 C 语言在 1978 年时的情况。

Rosler, L., “The UNIX system: the evolution of C—past and future”, *AT&T Bell Laboratories Technical Journal* 63, 8（October 1984）, 1685-1699.

这篇文章描绘了 1978—1984 年甚至更早之前的 C 语言发展历史。

Summit, S., *C Programming FAQs: Frequently Asked Questions*, Addison-Wesley, Reading, Mass., 1996.

这是多年来在 *com.lang.c* 新闻组中发表的常见问题解答列表的扩充版。

van der Linden, P., *Expert C Programming*, Prentice-Hall, Englewood Cliffs, N.J., 1994.

这本书是由 Sun 公司的一位 C 语言专家编写的，很好地做到了寓教于乐。这本书通过丰富的奇闻轶事和笑话，使学习 C 语言重点内容的过程变得轻松愉快。

UNIX 编程

Rochkind, M. J., *Advanced UNIX Programming*, Second Edition, Addison-Wesley, Boston, Mass., 2004.

这本书相当详细地介绍了 UNIX 系统调用。本书与 Stevens 和 Rago 的书一样，是使用 UNIX 操作系统或其变体的 C 程序员必备的。(英文影印版《高级 UNIX 程序设计（第 2 版）》已由人民邮电出版社出版，中文版《高级 UNIX 编程（第 2 版）》已由机械工业出版社出版。)

Stevens, W. R., and S. A. Rago, *Advanced Programming in the UNIX Evironment*, Second Edition, Addison-Wesley, Upper Saddle River, N. J., 2005.

这本书对于在 UNIX 操作系统环境下工作的程序员非常有用。本书着重使用 UNIX 系统调用，既包括标准 C 库函数，也包括 UNIX 系统特有的函数。

通用编程

Bentley, J., *Programming Pearls*, Second Edition, Addison-Wesley, Reading, Mass., 2000.

这是 Bentley 的经典编程书的新版本，它着重讨论了如何编写高效的程序，同时还涉及其他一些对专业程序员十分重要的内容。本书深入浅出，做到了趣味性与教育性并重。

Kernighan, B.W., and D.M. Ritchie, *The Practice of Programming*, Addison-Wesley, Reading, Mass., 1999.

这本书给出了有关编程风格、选择正确的算法、测试与调试以及编写可移植的程序等方面的建议。书中的示例用 C、C++和 Java 等语言给出。

McConnell S., *Code Complete*, Second Edition, Microsoft Press, Redmond, Wash., 2004.

本书尝试通过已被证明有效的实战编程经验来填补编程理论和实践之间的鸿沟。书中包含大量的以各种编程语言展现的示例。强烈推荐。

Raymond, E. S., ed., *The New Hacker's Dictionary*, Third Edition, MIT Press, Cambridge, Mass., 1996.

解释了程序员使用的许多行话，读起来也很有趣。

网页资源

ANSI Webtore

从这个网站可以购买 C99 标准（ISO/IEC 9899:1999）。标准的每一组修订（称为技术勘误）都可以免费下载。

com.lang.c 常见问题

com.lang.c 新闻组是 C 程序员必读的。

Dinkumware

Dinkumware 属于公认的 C 和 C++标准库大师 P. J. Plauger。该网站给出了 C99 标准库参考等内容。

Google 网上论坛

查找编程问题答案最好的方法之一就是用 Google 的网上论坛搜索引擎搜索网上的新闻组。对于你的问题，其他人可能已经在某个新闻组里问过了，并且已经有人回答过了。C 程序员特别感兴趣的新闻组包括 alt.comp.lang.learn.c-c++（适合 C 和 C++初学者）、comp.lang.c（最主要的 C 语言新闻组）和 comp.std.c（专门讨论 C 标准）。

国际 C 语言混乱代码大赛（IOCCC）

一项年度大赛的主页。参加者比赛谁能写出最难看懂的 C 程序。

ISO/IEC JTC1/SC22/WG14

WG14 的官方网站。WG14 是创建 C99 标准并不断对其进行更新的国际性工作组。在网站提供的众多文档中，最让人感兴趣的是有关 C99 基本原理的文档，它解释了对标准进行修改的原因。

Lysator

Lysator 维护的一组与 C 相关的网站。Lysator 是一个学术性的计算机协会，位于瑞典的林雪平大学（Linköping University）。